U0349986

精品实例教程丛书

中文版 AutoCAD 2014 机械设计实例教程

李红萍　编著

清华大学出版社
北　京

内 容 简 介

本书系统全面地讲解了 AutoCAD 2014 的基本功能及其在机械绘图中的具体应用。全书分为 19 章，内容包括：AutoCAD 2014 入门、基本操作、绘制基本机械图形、绘制复杂机械图形、编辑机械图形、快速绘制图形、使用图层管理图形、文字和表格的创建、尺寸标注、机械制图基础及标准、绘制机械标准件和常用件、轴类零件图的绘制、盘盖类零件的绘制、叉架类零件图的绘制、箱体类零件图的绘制、轴测图的绘制、二维装配图的绘制、三维实体的创建和编辑、三维零件图的绘制与装配。

本书的讲解过程由浅入深，从易到难，对于每一个命令，都详细讲解此命令行中各选项的含义，以方便读者理解和掌握所学内容。每章最后还提供了综合本章所学知识的综合实例及思考与练习，提高读者学以致用的能力。

本书免费赠送 DVD 多媒体教学光盘，其中提供了本书实例涉及的所有素材、结果文件及语音视频教学。

本书具有很强的针对性和实用性，结构严谨、实例丰富，既可作为大中专院校相关专业以及 CAD 培训机构的教材，也可作为从事 CAD 工作的工程技术人员的自学指南。

图书在版编目(CIP)数据

中文版 AutoCAD 2014 机械设计实例教程/李红萍编著. --北京：清华大学出版社，2015
(精品实例教程丛书)
ISBN 978-7-302-36708-6

Ⅰ. ①中…　Ⅱ. ①李…　Ⅲ. ①机械设计—计算机—辅助设计—AutoCAD 软件—教材　Ⅳ. ①TH122

中国版本图书馆 CIP 数据核字(2014)第 116940 号

责任编辑：秦　甲
封面设计：杨玉兰
责任校对：李玉萍
责任印制：何　芊

出版发行：清华大学出版社
网　　址：http://www.tup.com.cn，http://www.wqbook.com
地　　址：北京清华大学学研大厦 A 座　　邮　　编：100084
社 总 机：010-62770175　　邮　　购：010-62786544
投稿与读者服务：010-62776969，c-service@tup.tsinghua.edu.cn
质 量 反 馈：010-62772015，zhiliang@tup.tsinghua.edu.cn
课 件 下 载：http://www.tup.com.cn,010-62791865
印 刷 者：清华大学印刷厂
装 订 者：三河市吉祥印务有限公司
经　　销：全国新华书店
开　　本：185mm×260mm　　印　　张：31.25　　字　　数：756 千字
(附光盘 1 张)
版　　次：2015 年 1 月第 1 版　　印　　次：2015 年 1 月第 1 次印刷
印　　数：1～3000
定　　价：62.00 元

产品编号：054204-01

前　言

关于 AutoCAD 2014

AutoCAD 是 Autodesk 公司开发的计算机辅助绘图和设计软件，被广泛应用于机械、建筑、电子、航天、石油化工、土木工程、冶金、气象、纺织、轻工业等领域。在中国，AutoCAD 已成为工程设计领域应用最广泛的计算机辅助设计软件之一。

AutoCAD 2014 是 AutoCAD 公司开发的 AutoCAD 最新版本。与以前的版本相比，AutoCAD 2014 具有更完善的绘图界面和设计环境，在性能和功能方面都有较大的增强，同时保证与低版本完全兼容。

本书内容

本书是一本中文版 AutoCAD 2014 机械设计的案例教程。全书结合 170 多个知识点案例和综合实例，包含以下内容。

- 第 1 章：主要介绍 AutoCAD 2014 的基本功能和入门知识，包括 AutoCAD 概述、基本文件操作、绘图环境设置等内容。
- 第 2 章：主要介绍 AutoCAD 2014 基本操作，包括命令调用方法、坐标系统及坐标点的输入、视图操作等。
- 第 3 章：主要介绍基本机械图形的绘制，包括点、直线、射线、构造线、圆、椭圆、多边形、矩形等。
- 第 4 章：主要介绍复杂机械图形的绘制，包括多段线、样条曲线、多线、面域、图案填充等。
- 第 5 章：介绍了二维图形编辑的方法，包括对象的选择、图形修整、移动和拉伸、倒角和圆角、夹点编辑、图形复制等。
- 第 6 章：主要介绍高效绘制图形的工具，包括对象捕捉、追踪、图块和属性、设计中心的使用等。
- 第 7 章：介绍图层和图层特性的设置，以及对象特性的修改等内容。
- 第 8 章：介绍了文字与表格的创建和编辑的功能。
- 第 9 章：介绍了为图形添加注释的方法。包括尺寸标注样式的设置、各类尺寸标注的用途及操作、尺寸标注的编辑、多重引线标注的使用方法。
- 第 10 章：介绍了机械制图的各种制图规范。
- 第 11 章：以实例的形式，介绍了机械标准件和常用件的绘制方法。
- 第 12 章：以实例的形式，介绍了机械中轴类零件图的绘制方法。
- 第 13 章：以实例的形式，介绍了机械中盘盖类零件图的绘制方法。
- 第 14 章：以实例的形式，介绍了机械中叉架类零件图的绘制方法。
- 第 15 章：以实例的形式，介绍了机械中箱体类零件图的绘制方法。
- 第 16 章：介绍了等轴测图和斜二测图的绘制方法。
- 第 17 章：介绍了二维装配图的绘制规则和方法。

- 第 18 章：介绍在 AutoCAD 2014 中创建三维实例模型的方法，以及拉伸、旋转、扫掠、放样等常用建模工具和三维实体编辑的方法。
- 第 19 章：以实例的形式，讲解了三维零件图和装配图的绘制方法。

本书特色

- 零点起步 轻松入门

  本书内容讲解循序渐进、通俗易懂、易于入手，每个重要的知识点都采用实例讲解，读者可以边学边练，通过实际操作理解各种功能的应用。
- 实战演练 逐步精通

  安排了行业中大量经典的实例，每个章节都有实例示范来提升读者的实战经验。实例串起多个知识点，提高读者的应用水平，快步迈向高手行列。
- 多媒体教学 身临其境

  光盘内容丰富超值，不仅有实例的素材文件和结果文件，还有由专业领域的工程师录制的全程同步语音视频教学，让读者仿佛亲临课堂，工程师“手把手”带领您完成行业实例，让您的学习之旅轻松而愉快。
- 以一抵四 物超所值

  本书不仅是掌握相关知识和应用技巧的书，也是把所学的知识应用到实际中的书，更是一本在学习和工作中随时能查阅的书，且配有多媒体光盘进行辅助练习。

本书作者

本书由李红萍编著，具体参加图书编写和资料整理的有：陈运炳、申玉秀、陈志民、李红艺、李红术、陈云香、陈文香、陈军云、彭斌全、林小群、刘清平、钟睦、刘里锋、朱海涛、廖博、喻文明、易盛、陈晶、张绍华、黄柯、何凯、黄华、陈文轶、杨少波、杨芳、刘有良等。

由于编者水平有限，书中疏漏和不足之处在所难免。在感谢您选择本书的同时，也希望您能够把对本书的意见和建议告诉我们，可发至 E-mail：lushanbook@gmail.com。

编 者

目　录

第 1 章

AutoCAD 2014 快速入门

本章导读

AutoCAD 是 Autodesk 公司开发的一款绘图软件，也是目前市场上使用率极高的辅助设计软件，被广泛应用于建筑、机械、电子、服装、化工及室内装潢等工程设计领域。它可以更轻松地帮助用户实现数据设计、图形绘制等多项功能，从而极大地提高了设计人员的工作效率，并成为广大工程技术人员必备的工具。

作为全书的开篇，本章首先介绍 AutoCAD 2014 的基本功能、启动与退出、图形文件管理及绘图环境等基本知识，为后面章节的深入学习奠定坚实的基础。

学习目标

- 了解 AutoCAD 软件的基本功能和应用范围。
- 掌握 AutoCAD 文件的新建、打开、保存等操作方法。
- 了解 AutoCAD 的用户界面构成，掌握工作空间的切换方法。
- 掌握 AutoCAD 的图形界限、绘图单位、背景颜色等环境设置操作。

1.1 认识 AutoCAD 2014

AutoCAD 作为一款通用的计算机辅助设计软件，它可以帮助用户在统一的环境下灵活地完成概念和细节设计，并创作、管理和分享设计作品，适用于广大普通用户。AutoCAD 是目前世界上应用最广的 CAD 软件之一，市场占有率居世界第一。AutoCAD 软件具有以下特点。

- 具有完善的图形绘制功能。
- 具有强大的图形编辑功能。
- 可以采用多种方式进行二次开发或用户定制。
- 可以进行多种图形格式的转换，具有较强的数据交换能力。
- 支持多种硬件设备。
- 支持多种操作平台。
- 具有通用性、易用性，适用于各类用户。

与以往版本相比，AutoCAD 2014 增添了许多强大的功能，从而使 AutoCAD 系统更加完善。虽然 AutoCAD 本身的功能集已经足以协助用户完成各种设计工作，但用户还可以通过 AutoCAD 的脚本语言——Auto Lisp 进行二次开发，将 AutoCAD 改造成为满足各专业领域的专用设计工具，包括建筑、机械、电子、室内装潢以及航空航天等工程设计领域。

1.1.1 启动与退出 AutoCAD 2014

要使用 AutoCAD 绘制和编辑图形，首先必须启动 AutoCAD 软件。下面介绍启动与退出 AutoCAD 2014 的方法。

1. 启动 AutoCAD 2014

启动 AutoCAD 有以下几种方法。

- 【开始】菜单：单击【开始】按钮，在【开始】菜单中选择【程序】| Autodesk | AutoCAD 2014-Simplified Chinese | AutoCAD 2014-Simplified Chinese 命令，如图 1-1 所示。

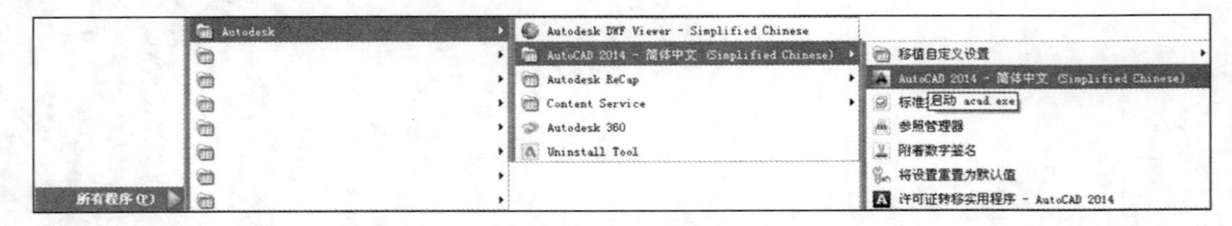

图 1-1 使用【开始】菜单打开 AutoCAD 2014

- 桌面：双击桌面上的快捷图标。
- 双击已经存在的 AutoCAD 2014 图形文件(*.dwg 格式)，如图 1-2 所示。

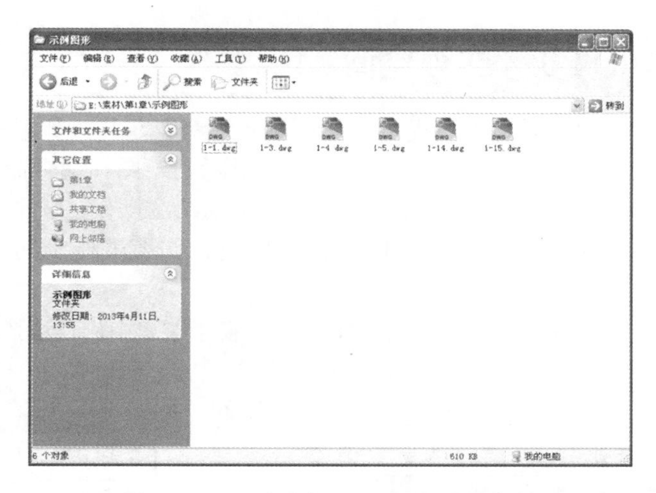

图 1-2　已经存在的 AutoCAD 图形文件

2. 退出 AutoCAD 2014

退出 AutoCAD 有以下几种方法。

- 软件窗口：单击窗口右上角的【关闭】按钮。
- 菜单栏：选择【文件】|【退出】命令。
- 命令行：在命令行中输入 QUIT/EXIT 命令并按 Enter 键。
- 快捷键：按 Alt+F4 或 Ctrl+Q 组合键。
- 【应用程序菜单】按钮：单击窗口左上角的【应用程序菜单】按钮，在展开菜单中选择【关闭】命令，如图 1-3 所示。

技巧

若在退出 AutoCAD 2014 之前未进行文件的保存，系统会弹出如图 1-4 所示的提示对话框，提示使用者在退出软件之前是否保存当前绘图文件。单击【是】按钮，可以进行文件的保存；单击【否】按钮，将不对之前的操作进行保存而退出；单击【取消】按钮，将返回操作界面，不执行退出软件的操作。

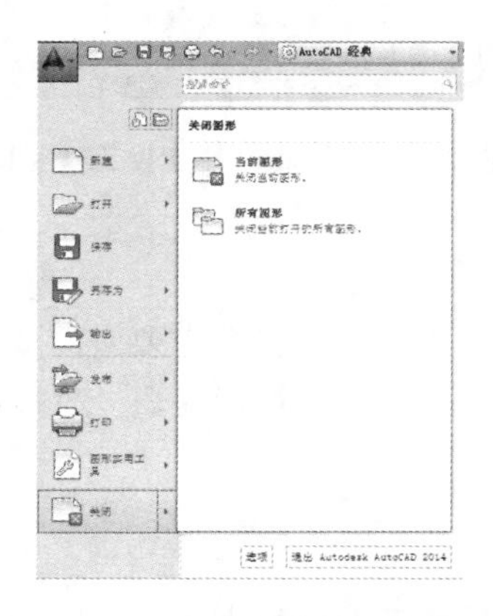

图 1-3　应用程序关闭软件

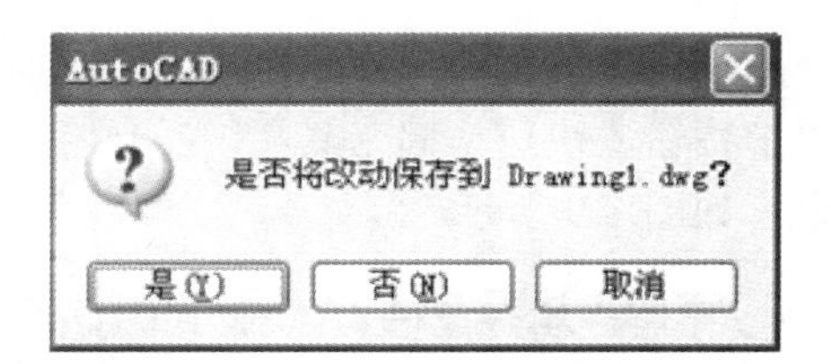

图 1-4　退出提示对话框

1.1.2 AutoCAD 2014 工作空间

中文版 AutoCAD 2014 为用户提供了【草图与注释】、【三维基础】、【AutoCAD 经典】和【三维建模】4 种工作空间。不同的空间显示的绘图和编辑命令也不同，例如在【三维建模】空间下，可以方便地进行三维建模为主的绘图操作。

AutoCAD 2014 的 4 种工作空间可以相互切换。切换工作空间的操作方法有以下几种。

- 菜单栏：选择【工具】|【工作空间】命令，在子菜单中进行选择，如图 1-5 所示。
- 快速访问工具栏：单击快速访问工具栏中的【切换工作空间】下拉按钮 AutoCAD，在弹出的下拉列表中选择工作空间，如图 1-6 所示。

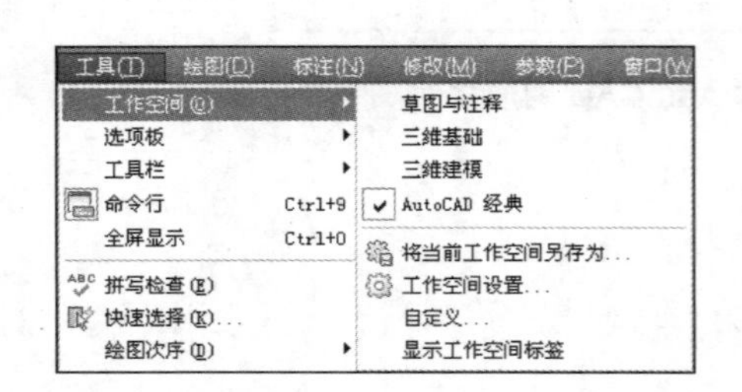

图 1-5 通过菜单栏切换工作空间

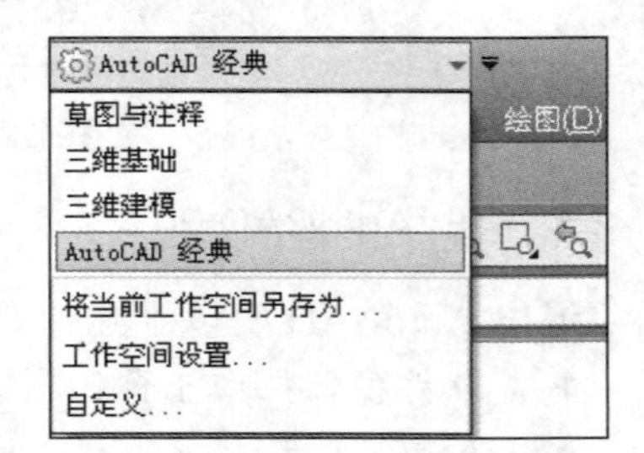

图 1-6 通过下拉列表切换工作空间

- 工具栏：在【工作空间】工具栏的【工作空间控制】下拉列表框中进行选择，如图 1-7 所示。
- 状态栏：单击状态栏右侧的【切换工作空间】按钮，在弹出的下拉菜单中进行选择，如图 1-8 所示。

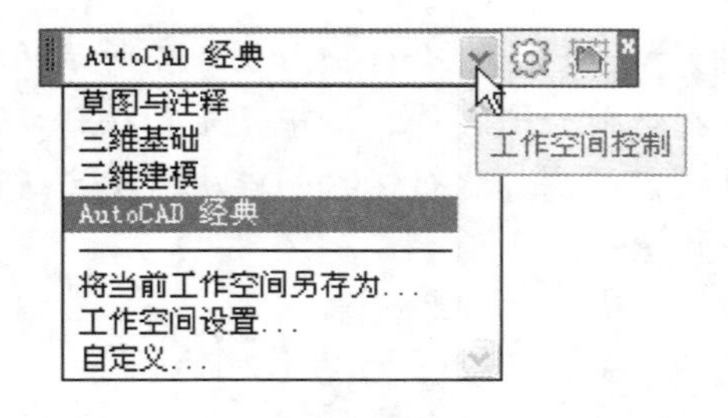

图 1-7 通过工具栏切换工作空间

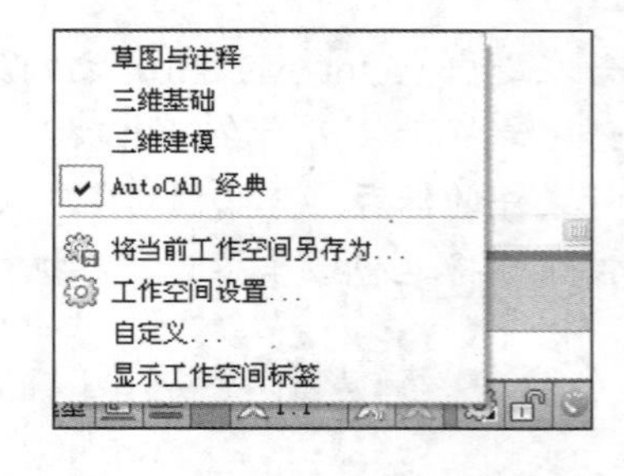

图 1-8 通过状态栏切换工作空间

1. AutoCAD 经典空间

AutoCAD 2014 经典空间与 AutoCAD 传统界面较相似，其界面主要有：【应用程序菜单】按钮、快速访问工具栏、菜单栏、工具栏、绘图区、文本窗口与命令行、状态栏等元素，如图 1-9 所示。

2. 草图与注释空间

AutoCAD 2014 默认的工作空间为【草图与注释】空间。其界面主要由【应用程序菜

单】按钮、快速访问工具栏、功能区选项卡、绘图区、命令行窗口和状态栏等元素组成。在该空间中，可以方便地使用【默认】选项卡中的【绘图】、【修改】、【图层】、【标注】、【文字】和【表格】等面板绘制和编辑二维图形，如图 1-10 所示。

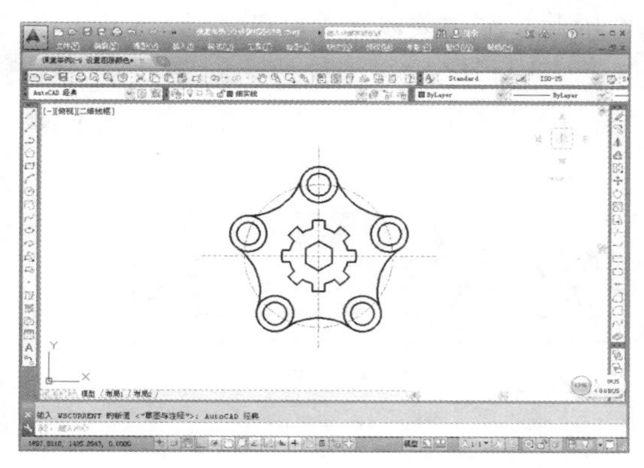

图 1-9　【AutoCAD 经典】空间

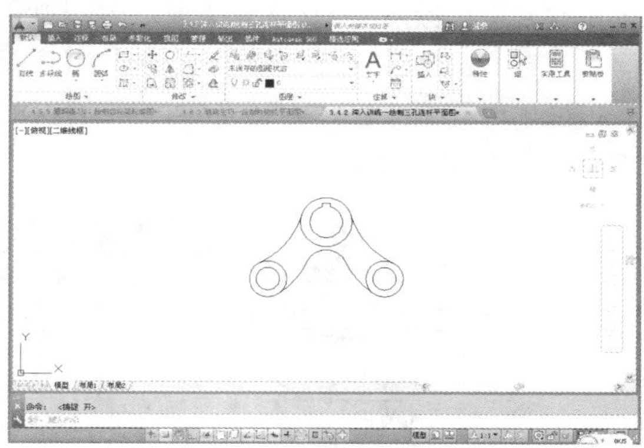

图 1-10　【草图与注释】空间

3. 三维基础空间

在【三维基础】空间中能非常简单方便地创建基本的三维模型，其功能区提供了各种常用的三维建模、布尔运算以及三维编辑工具按钮。【三维基础】空间界面如图 1-11 所示。

4. 三维建模空间

【三维建模】空间界面与【草图与注释】空间界面较相似，但侧重的命令不同。其功能区选项卡中集中了实体、曲面和网格的多种建模和编辑命令，以及视觉样式、渲染等模型显示工具，为绘制和观察三维图形、附加材质、创建动画、设置光源等操作提供了非常便利的环境，如图 1-12 所示。

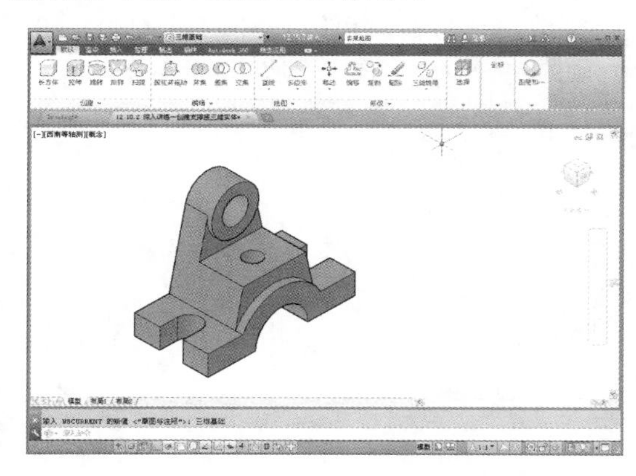

图 1-11　【三维基础】空间

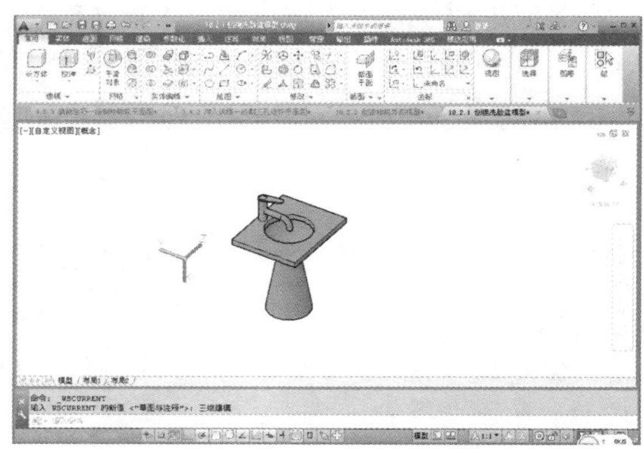

图 1-12　【三维建模】空间

1.1.3 AutoCAD 2014 工作界面

启动 AutoCAD 2014 后，默认的界面为【草图与注释】工作空间，在前边介绍的 4 种工作空间中，以 AutoCAD 经典界面最为常用，因此本书主要以【AutoCAD 经典】工作空间讲解 AutoCAD 的各种操作。该空间界面包括应用程序按钮、快速访问工具栏、标题栏、菜单栏、工具栏、十字光标、绘图区、坐标系、命令行、标签栏、状态栏及文本窗口等，如图 1-13 所示。

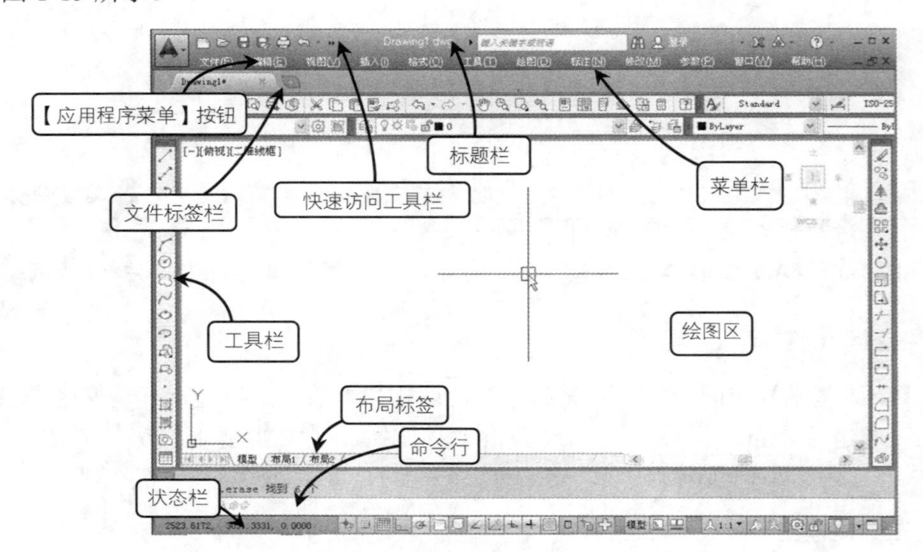

图 1-13 AutoCAD 2014 经典空间界面

下面将对 AutoCAD 工作界面中的各元素进行详细介绍。

1. 【应用程序菜单】按钮

【应用程序菜单】按钮位于窗口的左上角，单击该按钮，可以展开 AutoCAD 2014 管理图形文件的命令，如图 1-14 所示，用于新建、打开、保存、打印、输出及发布文件等。

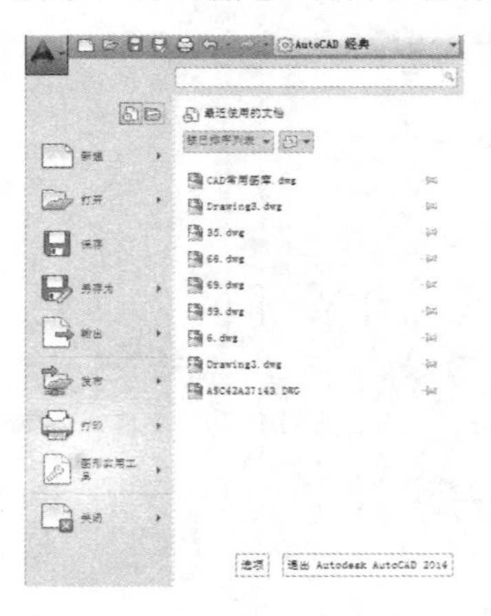

图 1-14 应用程序菜单

2. 标题栏

标题栏位于 AutoCAD 窗口的顶部，如图 1-15 所示，它显示了系统正在运行的应用程序和用户正打开的图形文件的信息。第一次启动 AutoCAD 时，标题栏中显示的是 AutoCAD 启动时创建并打开的图形文件名，名称为 Drawing1.dwg，可以在保存文件时对其进行重命名操作。

图 1-15　标题栏

3. 快速访问工具栏

快速访问工具栏位于标题栏的左侧，它提供了常用的快捷按钮，可以给用户提供更多的方便。默认的【快速访问工具栏】由 7 个快捷按钮组成，依次为【新建】、【打开】、【保存】、【另存为】、【打印】、【放弃】和【重做】，如图 1-16 所示。

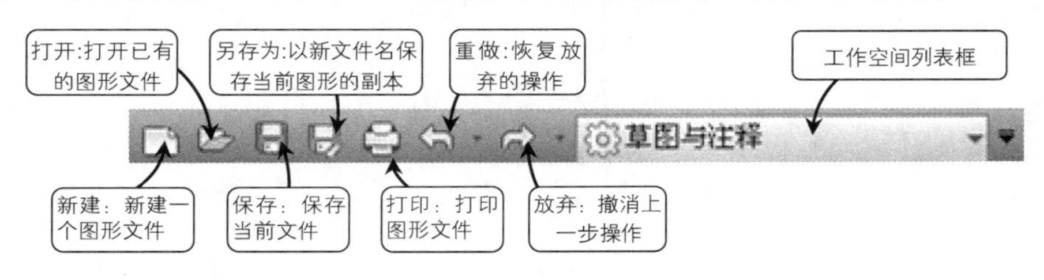

图 1-16　快速访问工具栏

AutoCAD 2014 提供了自定义快速访问工具栏的功能，可以在快速访问工具栏中增加或删除命令按钮。单击快速访问工具栏后面的展开箭头，如图 1-17 所示，在展开菜单中选中某一命令，即可将该命令按钮添加到快速访问工具栏中。选择【更多命令】还可以添加更多的其他命令按钮。

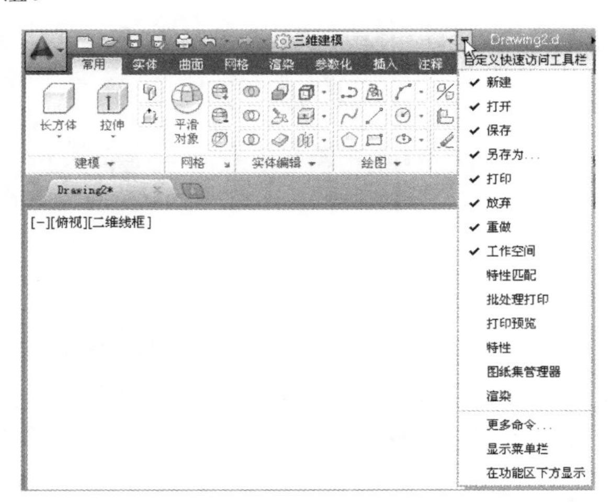

图 1-17　自定义快速访问工具栏

4. 菜单栏

只有在【AutoCAD 经典】工作空间才会默认显示菜单栏。AutoCAD 2014 的菜单栏包括 12 个菜单：【文件】、【编辑】、【视图】、【插入】、【格式】、【工具】、【绘图】、【标注】、【修改】、【参数】、【窗口】和【帮助】，几乎包含了所有的绘图命令和编辑命令，其作用分别如下。

- 文件：用于管理图形文件，例如新建、打开、保存、另存为、输出、打印和发布等。
- 编辑：用于对文件图形进行常规编辑，例如剪切、复制、粘贴、清除、链接、查找等。
- 视图：用于管理 AutoCAD 的操作界面，例如缩放、平移、动态观察、相机、视口、三维视图、消隐和渲染等。
- 插入：用于在当前 AutoCAD 绘图状态下，插入所需的图块或其他格式的文件，例如 PDF 参考底图、字段等。
- 格式：用于设置与绘图环境有关的参数，例如图层、颜色、线型、线宽、文字样式、标注样式、表格样式、点样式、厚度和图形界限等。
- 工具：用于设置一些绘图的辅助工具，例如选项板、工具栏、命令行、查询和向导等。
- 绘图：提供绘制二维图形和三维模型的所有命令，例如直线、圆、矩形、正多边形、圆环、边界和面域等。
- 标注：提供对图形进行尺寸标注时所需的命令，例如线性标注、半径标注、直径标注、角度标注等。
- 修改：提供修改图形时所需的命令，例如删除、复制、镜像、偏移、阵列、修剪、倒角和圆角等。
- 参数：提供对图形约束时所需的命令，例如几何约束、动态约束、标注约束和删除约束等。
- 窗口：用于在多文档状态时设置各个文档的屏幕，例如层叠、水平平铺和垂直平铺等。
- 帮助：提供使用 AutoCAD 2014 所需的帮助信息。

提示

菜单栏在【草图与注释】、【三维基础】和【三维建模】空间中默认为隐藏状态，但可以在快速访问工具栏中的展开菜单(见图 1-17)中选择【显示菜单栏】命令将菜单栏显示出来。

5. 文件标签栏

文件标签栏位于绘图窗口上方，每个打开的图形文件都会在标签栏显示一个标签，单击文件标签即可快速切换至相应的图形文件窗口，如图 1-18 所示。

单击标签上的按钮，可以关闭该文件；单击标签栏右侧的按钮，可以快速新建文件；右击标签栏空白处，会弹出快捷菜单(见图 1-19)，利用该快捷菜单可以选择【新建】、【打开】、【全部保存】、【全部关闭】命令。

6. 绘图区

图形窗口是屏幕上的一大片空白区域，是用户进行绘图的主要工作区域，如图 1-20

所示。图形窗口的绘图区域实际上是无限大的，用户可以通过【缩放】、【平移】等命令来观察绘图区的图形。有时为了增大绘图空间，可以根据需要关闭其他界面元素，例如工具栏和选项板等。

图 1-18　标签栏

图 1-19　快捷菜单

图 1-20　绘图区

图形窗口左上角有 3 个快捷功能控件，可以快速修改图形的视图方向和视觉样式，如图 1-21 所示。

在图形窗口左下角显示有一个坐标系图标，以方便绘图人员了解当前的视图方向及视觉样式。此外，绘图区还会显示一个十字光标，其交点为光标在当前坐标系中的位置。移动鼠标时，光标的位置也会相应地改变。

绘图区右上角同样也有 3 个按钮：【最小化】按钮、【最大化】按钮和【关闭】按钮，在 AutoCAD 中同时打开多个文件时，可通过这些按钮来切换和关闭图形文件。

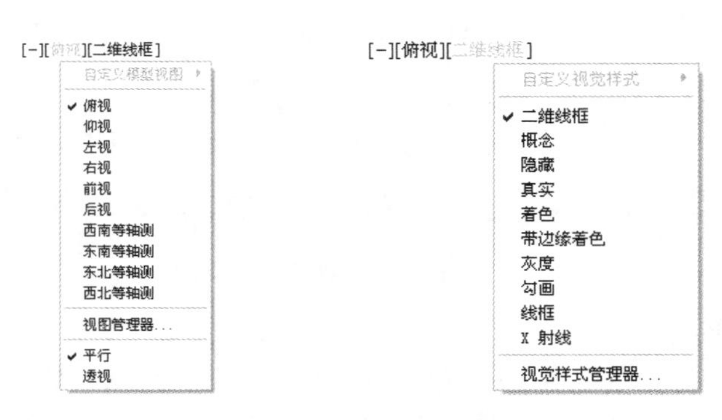

图 1-21　快捷功能控件菜单

7. 命令行

命令行窗口位于绘图窗口的底部，用于接收输入的命令，并显示 AutoCAD 提示信息。在 AutoCAD 2014 中，命令行可以拖动为浮动窗口，如图 1-22 所示。

图 1-22　命令行浮动窗口

提示

将光标移至命令行窗口的上边缘，按住鼠标左键向上拖动即可增加命令窗口的高度。

AutoCAD 文本窗口是记录 AutoCAD 命令的窗口，是放大的命令行窗口。执行 TEXTSCR 命令或按 F2 键，可打开文本窗口，如图 1-23 所示，记录了文档进行的所有编辑操作。

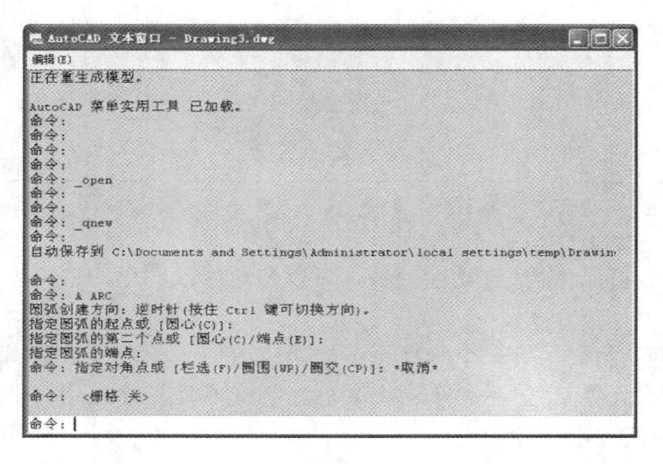

图 1-23　AutoCAD 文本窗口

8. 状态栏

状态栏位于屏幕的底部，显示 AutoCAD 当前的状态，主要由 5 部分组成，如图 1-24 所示。

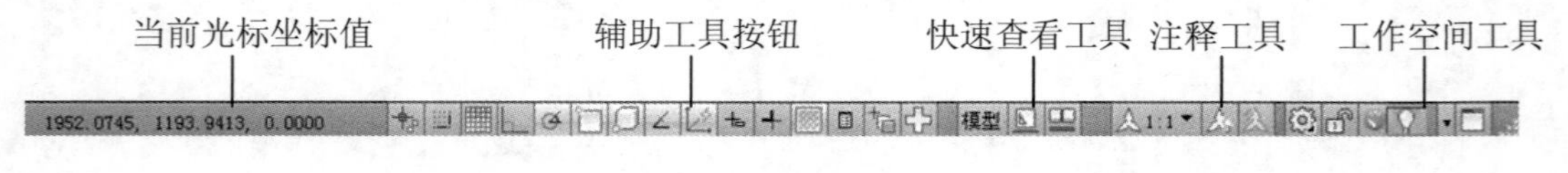

图 1-24　状态栏

1)　当前光标坐标区

当前光标坐标区从左至右 3 个数值分别是十字光标所在 X、Y、Z 轴的坐标数据，光标坐标值显示了绘图区中光标的位置。移动光标，坐标值也会随之变化。

2)　辅助工具按钮

辅助工具按钮主要用于控制绘图的性能，其中包括推断约束、捕捉模式、栅格显示、正交模式、极轴追踪、对象捕捉、三维对象捕捉、对象捕捉追踪、允许/禁止动态 UCS、动态输入、显示/隐藏线宽、显示/隐藏透明度、快捷特性和选择循环等工具。各工具按钮的具体说明如下。

- 推断约束：该按钮用于开启或者关闭推断约束。推断约束即自动在正在创建或编辑的对象与对象捕捉的关联对象或点之间应用约束，如平行、垂直等。
- 捕捉模式：该按钮用于开启或者关闭捕捉。捕捉模式可以使光标很容易地抓取到每一个栅格上的点。
- 栅格显示：该按钮用于开启、关闭栅格显示，以及栅格与图幅的显示范围。
- 正交模式：该按钮用于开启或者关闭正交模式。正交即光标只能走与 X 轴或者 Y 轴平行的方向，不能画斜线。
- 极轴追踪：该按钮用于开启或者关闭极轴追踪模式。用于捕捉和绘制与起点水平线成一定角度的线段。
- 对象捕捉：该按钮用于开启或者关闭多项捕捉。对象捕捉可使光标在接近某些特殊点时能够自动指引到那些特殊的点，如中点、垂足点等。
- 对象捕捉追踪：该按钮用于开启或者关闭对象捕捉追踪。该功能和对象捕捉功能一起使用，用于追踪捕捉点在线性方向上与其他对象的特殊交点。
- 允许/禁止动态 UCS：用于切换允许和禁止动态 UCS。
- 动态输入：动态输入的开启和关闭。
- 显示/隐藏线宽：该按钮控制线宽的显示或者隐藏。
- 快捷特性：控制快捷特性面板的禁用或者开启。

3)　快速查看工具

使用快速查看工具可以方便地预览打开的图形，以及打开图形的模型空间与布局，并在其间进行切换。图形将以缩略图形式显示在应用程序窗口的底部。

- 模型模型：用于模型与图纸空间之间的转换。
- 快速查看布局：快速查看绘制图形的图幅布局。
- 快速查看图形：快速查看图形。

4)　注释工具

注释工具用于显示缩放注释的若干工具。对于模型空间和图纸空间而言，将显示不同的工具。当图形状态栏打开后，注释工具将显示在绘图区域的底部；当图形状态栏关闭时，图形状态栏上的注释工具将移至应用程序状态栏。

- 注释比例1:1：注释时可通过此按钮调整注释的比例。
- 注释可见性：单击该按钮，可选择仅显示当前比例的注释或是显示所有比例的注释。
- 自动添加注释比例：注释比例更改时，通过该按钮可以自动将比例添加至注释性对象。

5)　工作空间工具

- 切换工作空间：切换绘图空间，可通过此按钮切换 AutoCAD 2014 的工作空间。

- 锁定窗口：用于控制是否锁定工具栏和窗口的位置。
- 硬件加速：用于在绘制图形时通过硬件的支持提高绘图性能，如刷新频率。
- 隔离对象：当需要对大型图形的个别区域重点进行操作并需要显示或隐藏部分对象时，可以使用该功能在图形中临时隐藏和显示选定的对象。
- 全屏显示：用于开启或退出 AutoCAD 2014 的全屏显示。

9. 工具栏

工具栏是一组图标型工具的集合，其中每个图标都形象地显示出了该工具的作用。

AutoCAD 2014 共有 50 余种工具栏，在【AutoCAD 经典】工作空间中，默认只显示【标准】、【图层】、【绘图】、【编辑】等几个常用的工具栏，但通过下列方法可以显示更多的工具栏。

- 菜单栏：选择【工具】|【工具栏】| AutoCAD 命令，在子菜单中进行选择，如图 1-25 所示。
- 右键菜单：在任意工具栏上右击，在弹出的快捷菜单中进行选择，如图 1-26 所示。

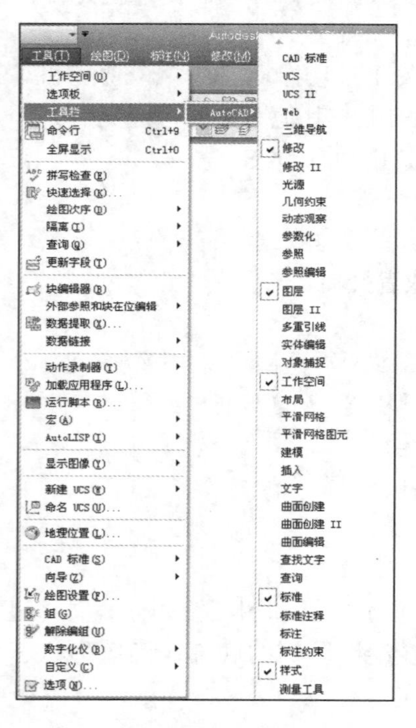

图 1-25 通过标题栏显示工具栏

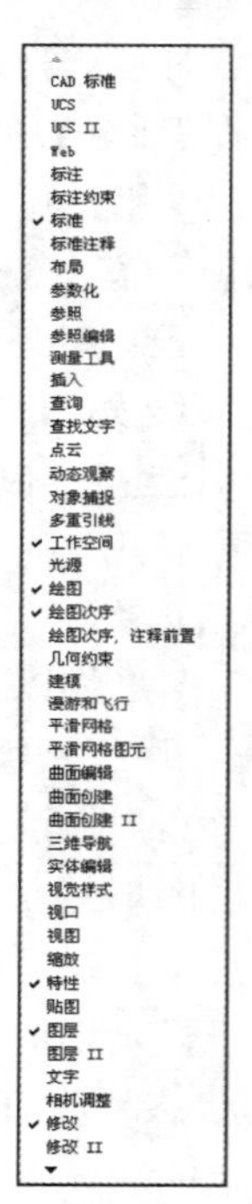

图 1-26 快捷菜单

1.1.4 实例——设置 AutoCAD 2014 工作界面

(1) 启动 AutoCAD 2014。双击桌面上的 AutoCAD 2014 快捷图标，启动软件，结果如图 1-27 所示。

(2) 切换工作空间。关闭欢迎界面，单击快速访问工具栏上的【切换工作空间】下拉

按钮，在弹出的下拉列表中，选择【AutoCAD 经典】工作空间，结果如图 1-28 所示。

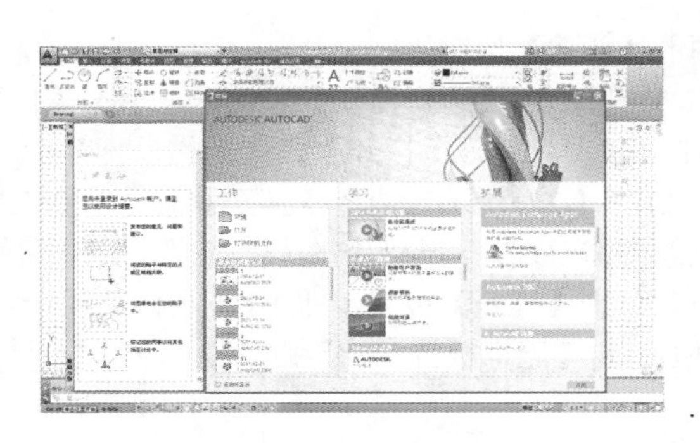

图 1-27　默认工作空间

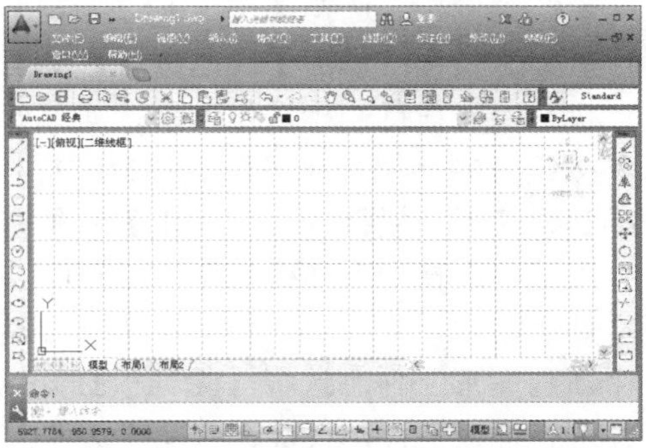

图 1-28　AutoCAD 经典空间

(3) 设置工具栏，系统默认打开了【绘图】、【标注】、【修改】3 个工具栏，在任意一个工具栏上右击，在弹出的快捷菜单中选择【标注】命令，即打开【标注】工具栏，如图 1-29 所示。

(4) 拖动【标注】工具栏到窗口左侧，呈竖直放置，如图 1-30 所示。

(5) 锁定工具栏。单击窗口右下角的【锁定】按钮，在弹出的下拉菜单中选择【全部】|【锁定】命令，锁定工具栏和窗口的位置，工作界面设置完成。

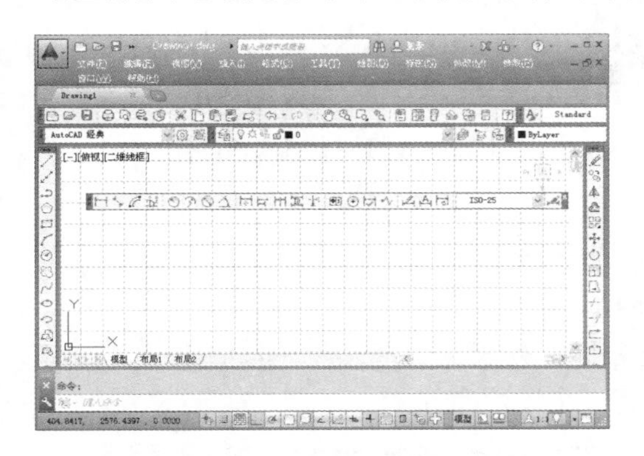

图 1-29　【标注】工具栏

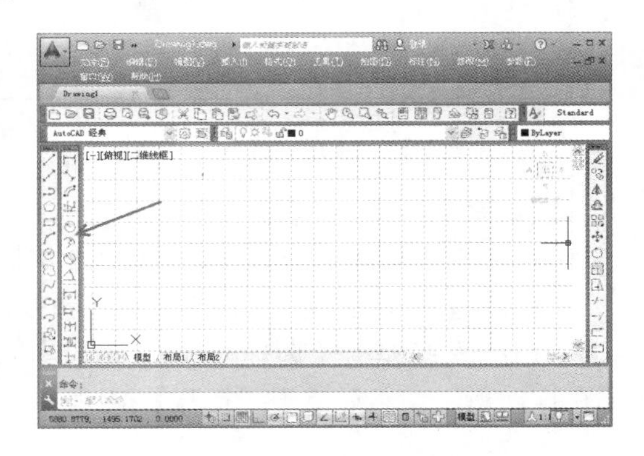

图 1-30　拖动工具栏到窗口左侧

1.2　AutoCAD 2014 图形文件管理

AutoCAD 2014 图形文件的基本操作主要包括【新建】图形文件、【打开】图形文件、【保存】图形文件以及图形文件加密保护等。

1.2.1　新建图形文件

在 AutoCAD 2014 中新建图形文件的方法有以下几种。

- 快捷键：按 Ctrl+N 组合键。
- 应用程序菜单：单击【应用程序菜单】按钮，在下拉菜单中选择【新建】命令。

- 命令行：在命令行中输入 QNEW 并按 Enter 键。
- 菜单栏：选择【文件】|【新建】命令。
- 工具栏：单击【快速访问】工具栏中的【新建】按钮。

执行以上任意一种操作，系统弹出如图 1-31 所示的【选择样板】对话框。单击【打开】按钮旁的下拉按钮可以选择打开样板文件的方式，共有【打开】、【无样板打开-英制(I)】、【无样板打开-公制(M)】3 种方式，如图 1-32 所示。选择【打开】命令，则需在列表框中选择一个样板文件，用户可以根据绘图需要选择不同的绘图样板。选择绘图样板文件后，对话框右上角会出现样板内容预览，单击【打开】按钮，即可以样板文件创建一个新的图形文件。选择【无样板打开-英制(I)】和【无样板打开-公制(M)】打开方式则无须选择样板文件，直接进入新建文件。

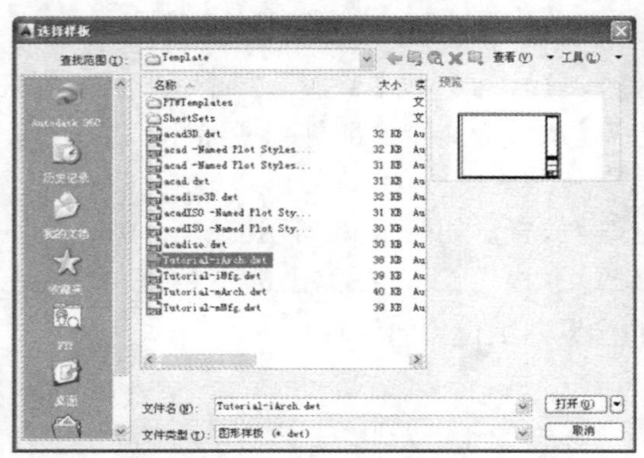

图 1-31 【选择样板】对话框

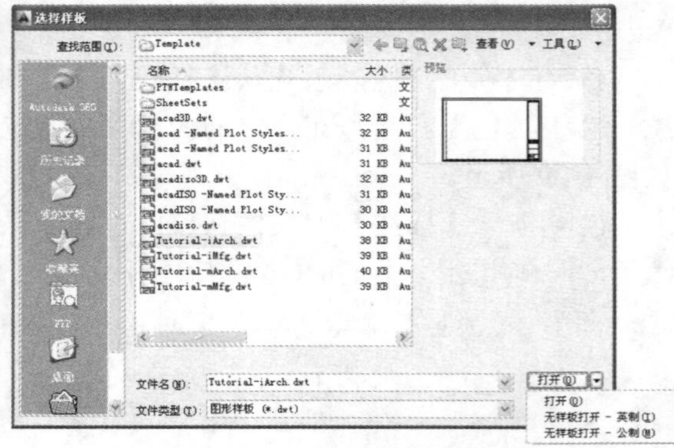

图 1-32 【打开】方式的选择

【案例 1-1】 新建一个图形文件。

(1) 双击桌面上的 AutoCAD 2014 快捷图标，启动软件。

(2) 选择【文件】|【新建】菜单命令，如图 1-33 所示。

(3) 系统弹出【选择样板】对话框，在【名称】列表框中选择一个适合的样板，如图 1-34 所示。然后单击【打开】按钮，即可新建一个图形文件。

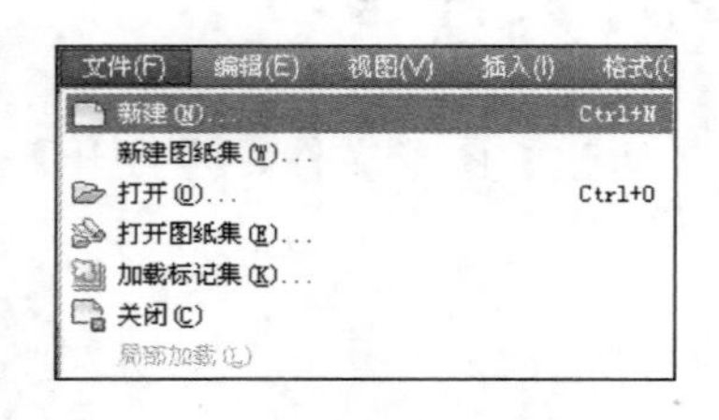

图 1-33 【文件】菜单

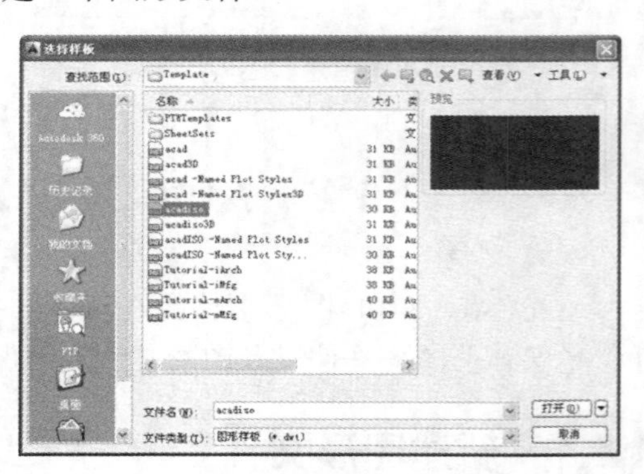

图 1-34 【选择样板】对话框

1.2.2　保存图形文件

在绘图过程中，应该经常保存正在绘制的文件，以防止一些突发情况造成绘制的图形丢失。保存文件有以下几种常用方式。

1. 保存图形文件

保存文件是将当前文件按原路径和名称保存，将文件更新为最新的修改结果。执行【保存】命令的方法有以下几种。

- 快捷键：按 Ctrl+S 组合键。
- 应用程序菜单：单击【应用程序菜单】按钮，在下拉菜单中选择【保存】命令，如图 1-35 所示。
- 菜单栏：选择【文件】|【保存】命令。
- 工具栏：单击快速访问工具栏中的【保存】按钮。
- 命令行：在命令行中输入 QSAVE 并按 Enter 键。

如果文件是第一次保存，则在保存时会弹出【图形另存为】对话框，如图 1-36 所示，可以在【文件名】下拉列表框中输入新的文件名或默认文件名，选择保存路径后单击【保存】按钮即可。

图 1-35　【应用程序菜单】中的【保存】命令

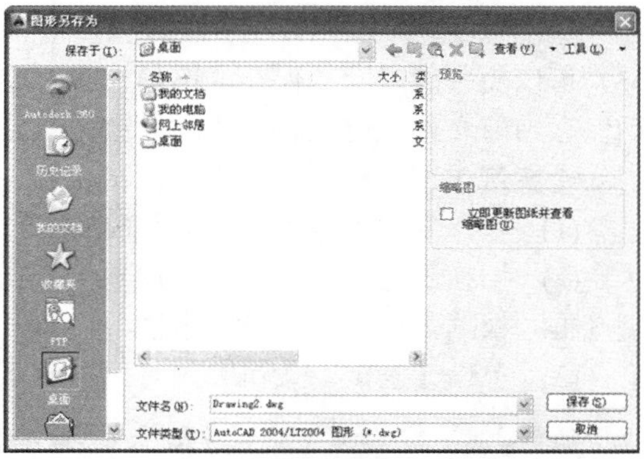

图 1-36　【图形另存为】对话框

2. 另存图形文件

另存图形是将文件以新路径或新文件名进行保存。例如打开某个图形文件并进行编辑之后，若不希望覆盖原文件，就可以将文件另存，而原文件仍保持未修改的状态。

执行【另存为】命令的方法有以下几种。

- 菜单栏：选择【文件】|【另存为】命令。
- 工具栏：单击快速访问工具栏中的【另存为】按钮。
- 命令行：在命令行中输入 SAVE\SAVEAS 并按 Enter 键。
- 快捷键：按 Ctrl+Shift+S 组合键。

- 应用程序菜单：单击【应用程序菜单】按钮，在下拉菜单中选择【另存为】命令，如图 1-37 所示。

图 1-37 【应用程序菜单】中的【另存为】命令

提示

如果另存为的文件与原文件保存在同一文件夹中，则不能使用相同的文件名称。

3. 定时保存图形文件

除了以上两种保存方法外，还有一种比较好的保存文件的方法，即定时保存图形文件，可以免去随时手动保存的麻烦。设置定时保存后，系统会在一定的时间间隔内实行自动保存当前文件，避免意外情况导致文件丢失。

【案例 1-2】 设置定时保存图形文件。

(1) 在命令行中输入 OP 并按 Enter 键，系统弹出【选项】对话框，如图 1-38 所示。

(2) 切换到【打开和保存】选项卡，在【文件安全措施】选项组中选中【自动保存】复选框，根据需要在下面的文本框中输入合适的间隔时间和保存方式，如图 1-39 所示。

(3) 单击【确定】按钮关闭对话框，定时保存设置即可生效。

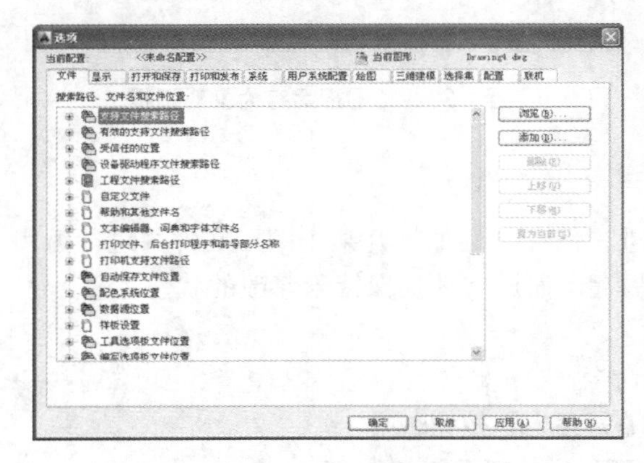

图 1-38 【选项】对话框

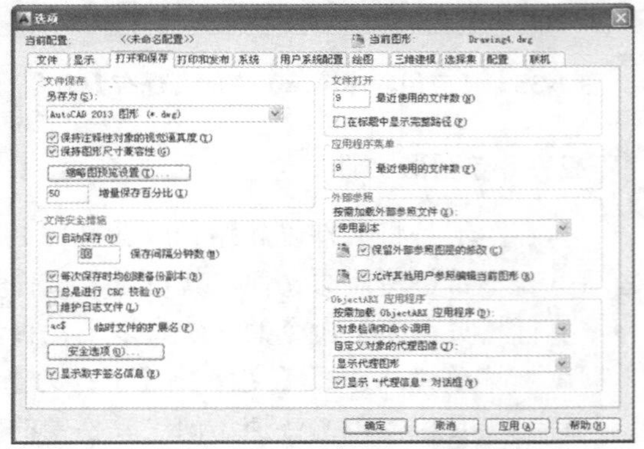

图 1-39 设置定时保存文件

提示

定时保存的时间间隔不宜设置过短，这样会影响软件正常使用；也不宜设置过长，这样不利于实时保存，一般设置在 10 分钟左右较为合适。

1.2.3　打开图形文件

在 AutoCAD 2014 中打开已有图形文件的方法有以下几种。

- 快捷键：按 Ctrl+O 组合键，这是最常用的方法。
- 应用程序菜单：在应用程序下拉菜单中选择【打开】命令。
- 命令行：在命令行输入 OPEN 并按 Enter 键。
- 菜单栏：选择【文件】|【打开】命令。

执行以上任意一种方式，弹出【选择文件】对话框，如图 1-40 所示。

选择文件，然后单击【打开】按钮即可打开该图形；按住 Ctrl 键选择多个文件，然后单击【打开】按钮可同时打开选中的多个文件。此外【打开】按钮下拉菜单中提供了 4 种打开方式，如图 1-41 所示，其中各选项的含义如下。

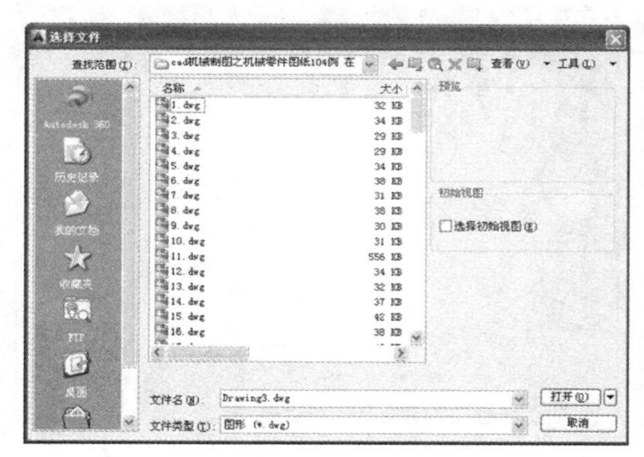

图 1-40　【选择文件】对话框

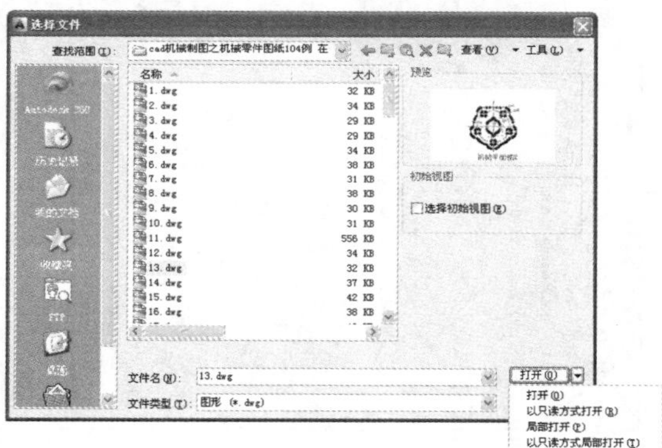

图 1-41　4 种打开方式

- 打开：直接打开所选择的目标文件。
- 以只读方式打开：选择的目标文件将以只读的方式打开，打开的文件如果进行过修改而需要保存，必须进行另存，原文件将不会发生改变。
- 局部打开：选择该种方式打开后，系统将弹出如图 1-42 所示的【局部打开】对话框，在对话框左侧可以选中将要打开的某些图层，选择完成后单击【打开】按钮，AutoCAD 只打开选中图层内的图形，此时可以对图形的局部效果进行查看与修改。
- 以只读方式局部打开：以只读方式打开目标文件中某些图层内的图形。

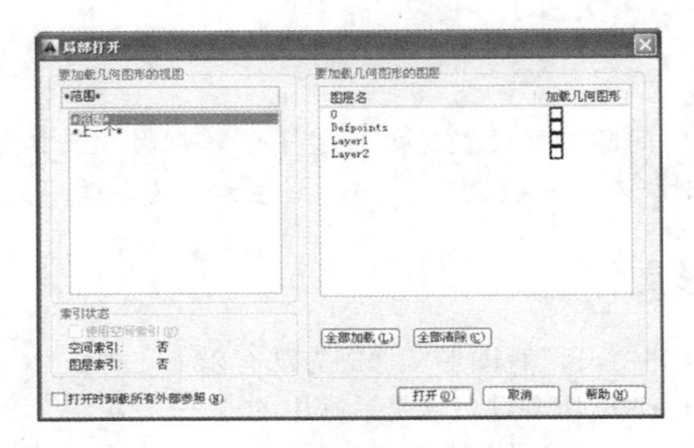

图 1-42　【局部打开】对话框

【案例 1-3】 使用【打开】命令打开文件。

(1) 启动 AutoCAD 2014，选择【文件】|【打开】命令，或者按 Ctrl+O 组合键，打开【选择文件】对话框，如图 1-43 所示。

(2) 在【选择文件】对话框中浏览到素材文件夹并选择素材文件“第 01 章\练习 1-3.dwg”，如图 1-44 所示。

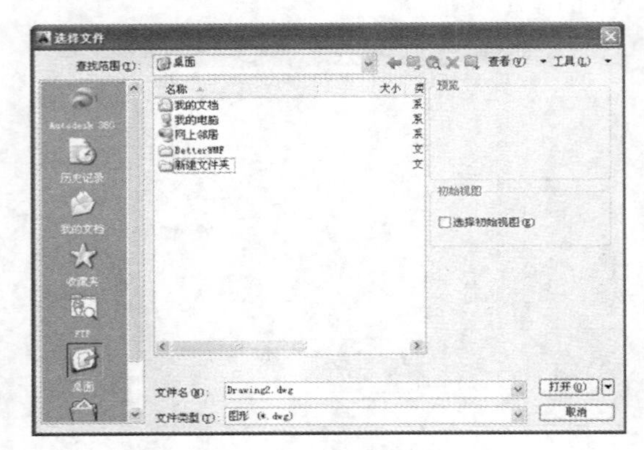

图 1-43　【选择文件】对话框

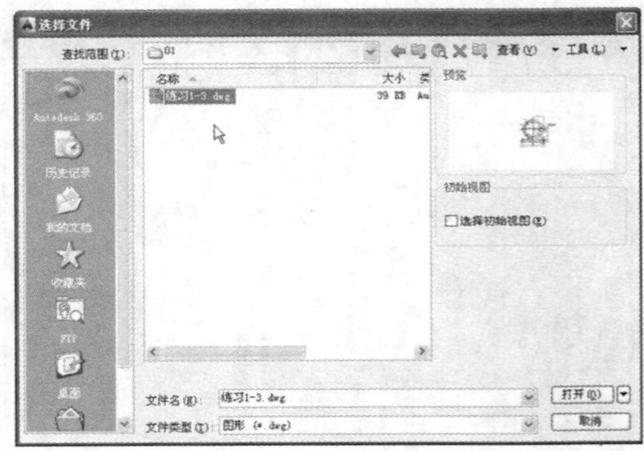

图 1-44　选择要打开的文件

(3) 单击【打开】按钮，打开图形如图 1-45 所示。

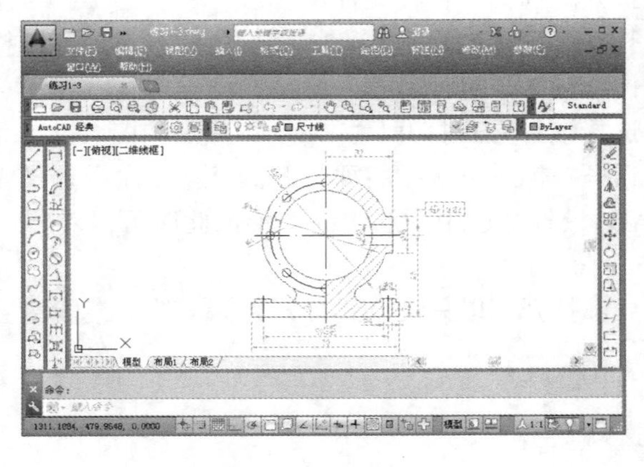

图 1-45　打开文件后的效果

1.2.4　加密图形文件

出于对图形文件的安全性考虑，可以对文件进行加密保护，以防止被非法打开或修改。设置密码后的文件在打开时需要输入正确的密码，否则不能打开图形文件。

下面通过一个练习来学习如何加密图形文件。

【案例 1-4】 为图形文件加密，设置密码为“123456”。

(1) 单击快速访问工具栏中的【打开】按钮，打开“练习 1-3”中的素材图形文件。

(2) 单击快速访问工具栏中的【另存为】按钮，弹出【图形另存为】对话框，单击对话框右上角的【工具】按钮，在弹出的下拉菜单中选择【安全选项】命令，如图 1-46 所示。

(3) 弹出【安全选项】对话框，在文本框中输入密码“123456”，如图 1-47 所示，单击【确定】按钮。

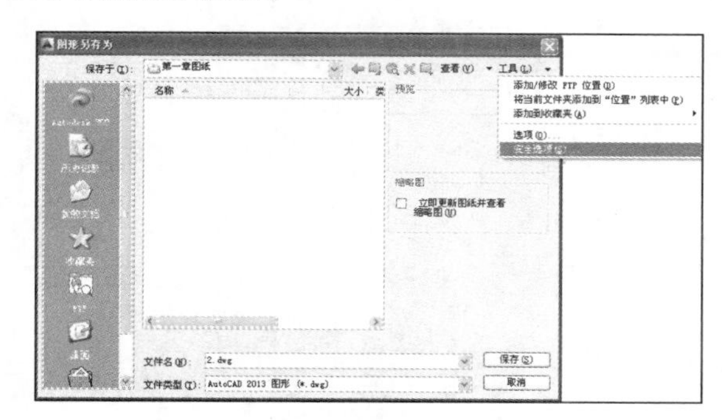

图 1-46　【图形另存为】对话框

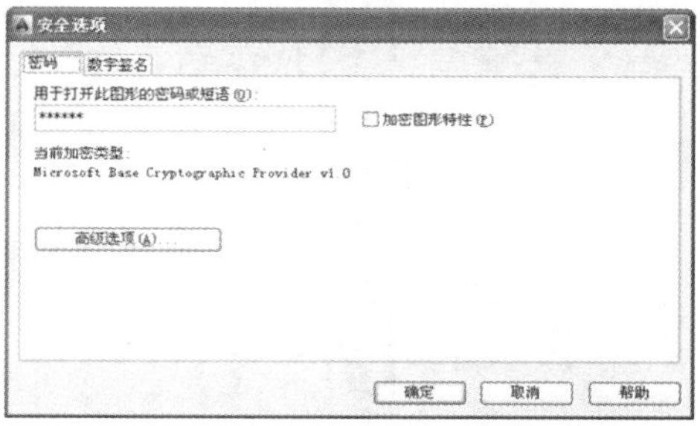

图 1-47　【安全选项】对话框

(4) 弹出【确认密码】对话框，提示用户再次确认上一步设置的密码，此时要输入与上一步完全相同的密码，如图 1-48 所示。

(5) 密码设置完成后，系统返回【图形另存为】对话框，设置合适的保存路径和文件名称，单击【保存】按钮即可保存文件。

(6) 再次打开加密文件时，弹出如图 1-49 所示的对话框，正确输入密码后才能打开文件。

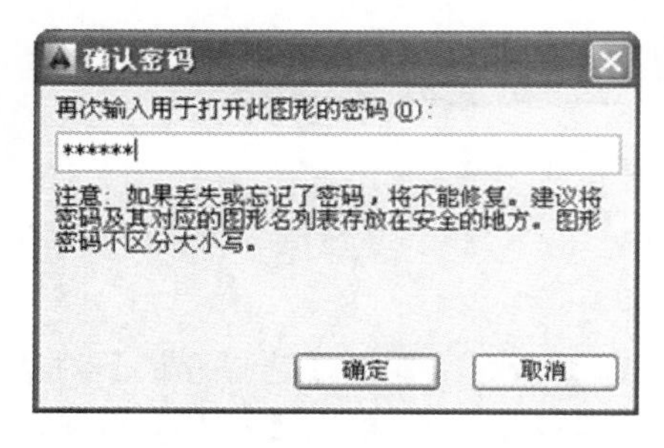

图 1-48　【确认密码】对话框

图 1-49　【密码】对话框

1.2.5 关闭图形文件

为了避免同时打开过多的图形文件，需要关闭不再使用的文件，执行【关闭】命令的方法如下。

- 菜单栏：选择【文件】|【关闭】命令。
- 【关闭】按钮：单击文件窗口上的【关闭】按钮。注意不是软件窗口的【关闭】按钮，否则会退出软件。
- 文件标签栏：单击文件标签栏上的【关闭】按钮，如图 1-50 所示。
- 命令行：在命令行中输入 CLOSE 并按 Enter 键。
- 快捷键：按 Ctrl+F4 组合键。

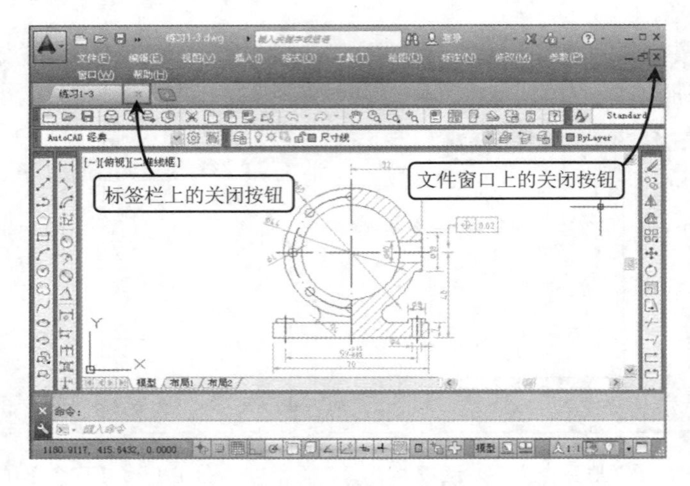

图 1-50　通过【关闭】按钮关闭文件

执行该命令后，如果当前图形文件没有保存，系统将弹出如图 1-51 所示的对话框。在该提示对话框框中，需要保存修改时，则单击【是】按钮，否则单击【否】按钮，单击【取消】按钮则取消关闭操作。

图 1-51　系统提示对话框

1.2.6 实例——管理机械图形文件

(1) 启动 AutoCAD 2014，选择【文件】|【新建】命令，弹出【选择样板】对话框，在【名称】列表框中选择样板文件 acad.dwt，如图 1-52 所示。单击【打开】按钮，新建图形文件。

(2) 加密文件。单击快速访问工具栏中的【另存为】按钮，弹出【图形另存为】对

话框，单击对话框右上角的【工具】按钮，在弹出的下拉菜单中选择【安全选项】命令，如图 1-53 所示。

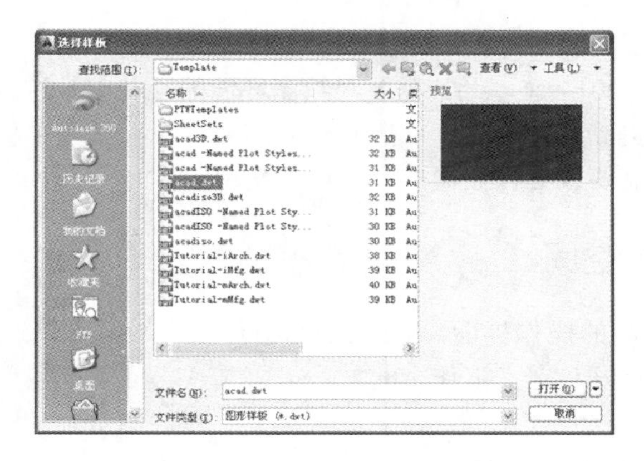

图 1-52　【选择样板】对话框

(3) 弹出【安全选项】对话框，在文本框中输入密码“888888”，单击【确定】按钮，如图 1-54 所示。弹出【确认密码】对话框，再次确认上一步设置的密码 888888。

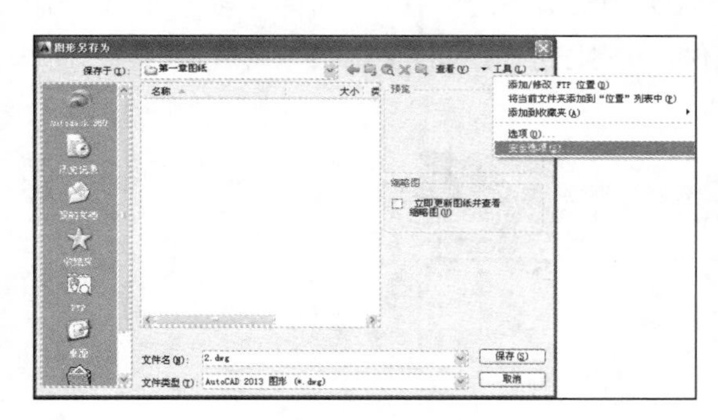

图 1-53　【图形另存为】对话框

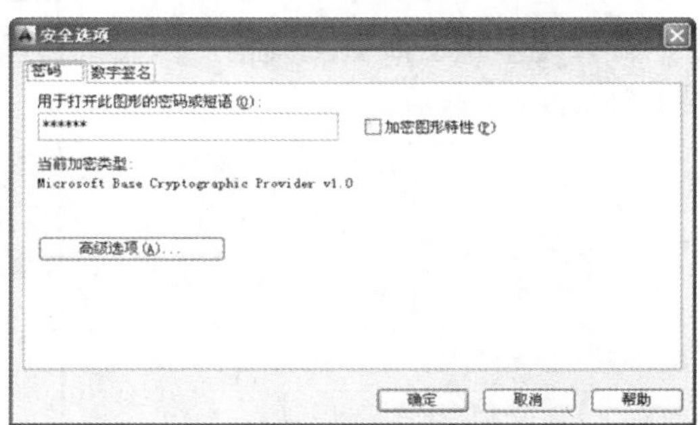

图 1-54　【安全选项】对话框

(4) 系统返回【图形另存为】对话框，选择合适的保存路径，输入【文件名】为“新建图形 1”，如图 1-55 所示。

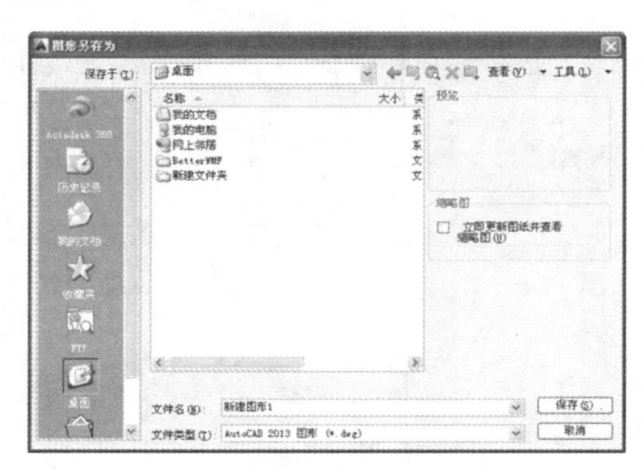

图 1-55　保存文件

(5) 关闭文件。单击标签栏上的【关闭】按钮，关闭文件。

1.3 AutoCAD 2014 绘图环境

在使用 AutoCAD 2014 前，经常需要对绘图环境的某些参数进行设置，使其更符合自己的使用习惯，从而提高绘图效率。一般新建绘图文件后，绘图单位和绘图界限都采用默认设置，此时可根据需要或者行业规定进行自定义设置。

1.3.1 设置工作空间

工作空间就是绘图的操作界面。在 AutoCAD 中，不但可以选择系统默认的工作空间，还可以根据个人喜好自定义工作空间。

【案例 1-5】 自定义工作空间。

(1) 启动 AutoCAD 2014 软件。

(2) 单击快速访问工具栏中的【工作空间】下拉按钮，在弹出的下拉列表中选择【AutoCAD 经典】工作空间。

(3) 选择【工具】|【工具栏】| AutoCAD 命令，在子菜单中选择【多重引线】命令，打开【多重引线】工具栏。重复上述操作，分别打开【标注】和【文字】工具栏，如图 1-56 所示。

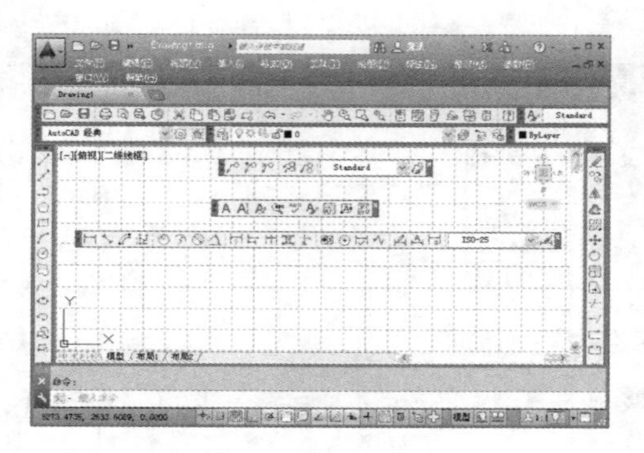

图 1-56 打开工具栏

(4) 将鼠标指针移到工具栏头部位置，拖动工具栏到绘图区上部，如图 1-57 所示。

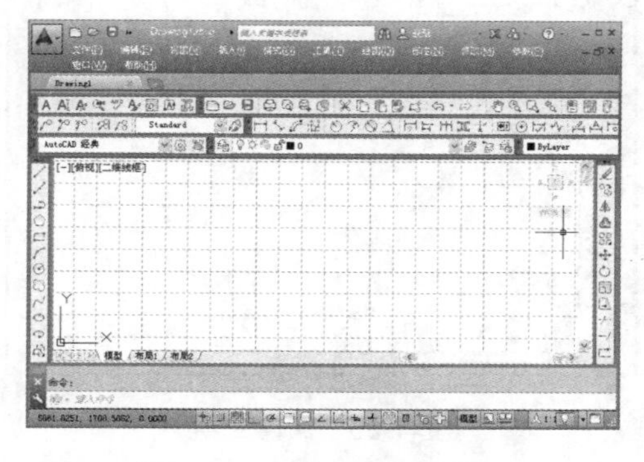

图 1-57 调整工具栏的位置

(5)　单击状态栏中的【锁定】按钮，在弹出的快捷菜单中选择【全部】|【锁定】命令，锁定窗口元素的位置。

(6)　单击【工作空间】下拉按钮，在弹出的下拉列表中选择【将当前工作空间另存为】选项，如图 1-58 所示，弹出【保存工作空间】对话框，在该对话框中输入自定义的空间名称为“我的工作空间 1”，如图 1-59 所示。单击【保存】按钮完成工作空间的保存。

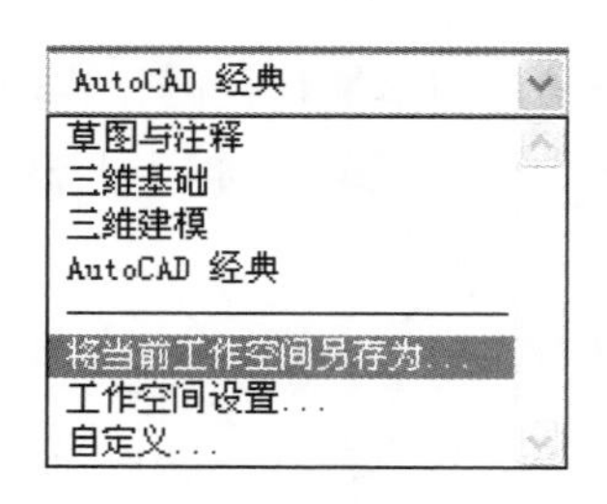

图 1-58　保存工作空间

图 1-59　【保存工作空间】对话框

(7)　在【工作空间】下拉列表中选择【工作空间设置】选项，弹出【工作空间设置】对话框。

(8)　在【我的工作空间(M)=】下拉列表框中选中【我的工作空间 1】复选框，如图 1-60 所示。若选中【自动保存工作空间修改】单选按钮，则可以在切换工作空间时自动保存工作空间的修改。

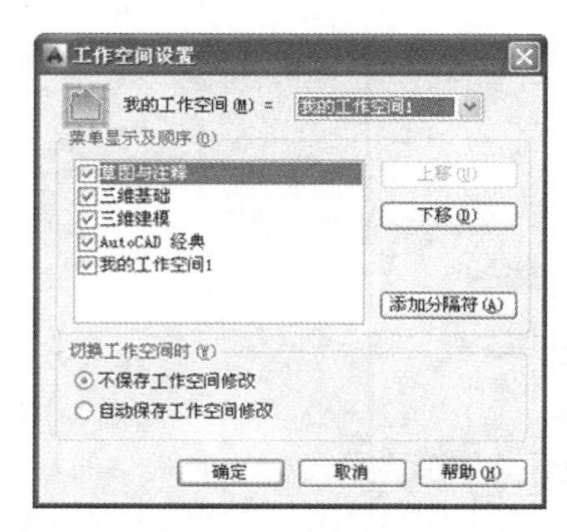

图 1-60　【工作空间设置】对话框

1.3.2　设置图形界限

图形界限就是绘图区域，由于 AutoCAD 中默认的绘图边界为无限大，而标准的机械图纸都有固定的尺寸，因此在绘图之前需要先设置图形界限以指定绘图范围。启动图形界限功能后，操作范围超出界限时则无法进行操作。

设置绘图界限的方法有以下几种。

- 菜单栏：选择【格式】|【图形界限】命令。
- 命令行：在命令行中输入 LIMITS 并按 Enter 键。

【案例 1-6】 设置图形界限为 A4(210×297)图幅大小。

(1) 单击快速访问工具栏中的【新建】按钮，新建图形文件。在命令行中输入 LIMITS 并按 Enter 键，设置图形界限，命令行操作过程如下。

```
命令: _limits                                           //执行【图形界限】命令
重新设置模型空间界限。
指定左下角点或 [开(ON)/关(OFF)] <0.0,0.0>: 0,0↙      //指定坐标原点为图形界限左下角点
指定右上角点 <420.0,297.0>: 210,297↙                  //指定右上角点
```

(2) 查看图形界限范围。按 F7 键，单击状态栏中的【栅格】按钮，在绘图窗口中显示栅格，执行【缩放】命令，将设置的图形界限放大至全屏显示，如图 1-61 所示，以便于观察图形。

提示

AutoCAD 2014 默认在绘图界限外也显示栅格，如果只需要在界限内显示栅格，可以选择【工具】|【草图设置】命令，弹出【草图设置】对话框，如图 1-62 所示。在【捕捉和栅格】选项卡中取消选中【显示超出界限的栅格】复选框。

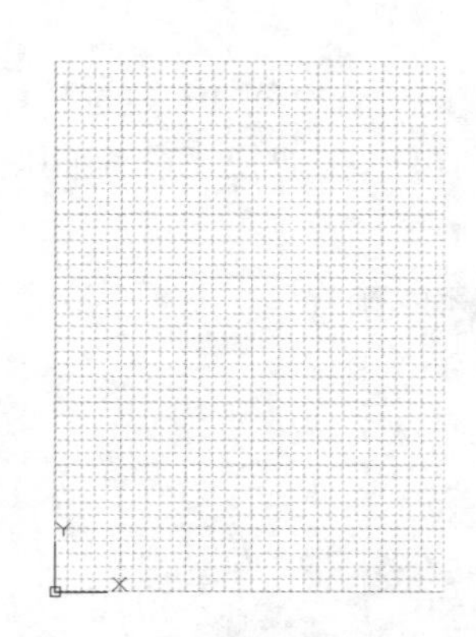

图 1-61 显示图形界限范围

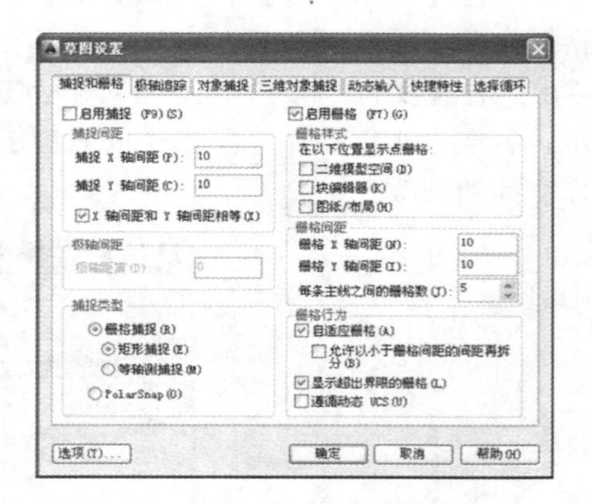

图 1-62 设置栅格的显示

一般工程图纸规格有 A0、A1、A2、A3、A4。如果按 1∶1 绘图，为使图形按比例绘制在相应图纸上，关键是设置好图形界限。表 1-1 提供的数据是按 1∶50 和 1∶100 出图，图形编辑区则按 1∶1 绘图的图形界限，设计时可根据实际出图比例选用相应的图形界限。

表 1-1 图纸规格和图形编辑区图形界限对照表

图纸规格	A0(mm×mm)	A1(mm×mm)	A2(mm×mm)	A3(mm×mm)	A4(mm×mm)
实际尺寸	841×1189	594×841	420×594	297×420	210×297
比例 1∶50	42050×59450	29700×42050	21000×29700	14850×21000	10500×14850
比例 1∶100	84100×118900	5940×84100	42000×59400	29700×42000	21000×29700

1.3.3 设置绘图单位

在绘制图纸前，一般需要先设置绘图单位，例如绘图比例设置为 1∶1，则所有图形

的尺寸都会按照实际绘制尺寸标出。设置绘图单位，主要包括长度和角度的类型、精度和起始方向等内容。

设置图形单位主要有以下几种方法。

- 菜单栏：选择【格式】|【单位】命令。
- 命令行：在命令行中输入 UNITS/UN 并按 Enter 键。

执行以上任意方法后，将弹出【图形单位】对话框，如图 1-63 所示。

该对话框中各选项的含义如下。

- 【长度】选项组：用于设置长度单位的类型和精度。
- 【角度】选项组：用于控制角度单位的类型和精度。
- 【顺时针】复选框：用于设置旋转方向。如选中该复选框，则表示按顺时针旋转的角度为正方向；取消选中该复选框，则表示按逆时针旋转的角度为正方向。
- 【插入时的缩放单位】选项组：用于选择插入图块时的单位，也是当前绘图环境的尺寸单位。
- 【方向】按钮：用于设置角度方向。单击该按钮，将弹出【方向控制】对话框，如图 1-64 所示，以控制角度的起点和测量方向。默认的起点角度为 0°，方向正东。在其中可以设置基准角度，即设置 0° 角。如将基准角度设为“北”则绘图时的 0° 实际上在 90° 方向上。如果选中【其他】单选按钮，则可以单击【拾取角度】按钮，切换到图形窗口中，通过拾取两个点来确定基准角度 0° 的方向。

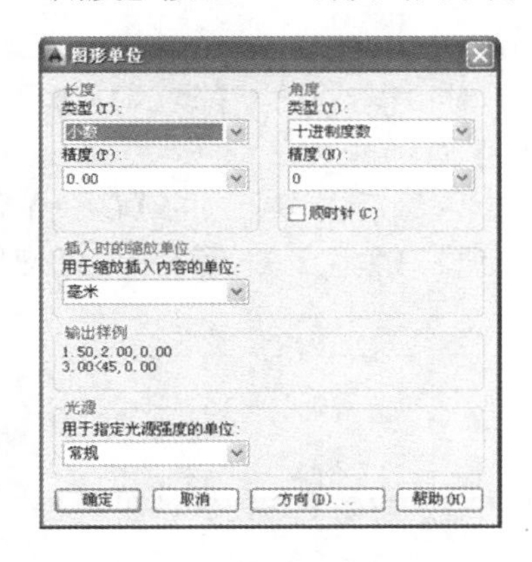

图 1-63 【图形单位】对话框

图 1-64 【方向控制】对话框

提示

毫米(mm)是国内工程绘图领域最常用的绘图单位，AutoCAD 默认的绘图单位也是毫米(mm)，所以有时可以省略绘图单位的设置。

1.3.4 设置十字光标大小

在 AutoCAD 中，十字光标随着鼠标的移动而变换位置，十字光标代表当前点的坐标，为了满足绘图的需要，有时需对光标的大小进行设置。

选择【工具】|【选项】命令，弹出如图 1-65 所示的【选项】对话框，在【显示】选

项卡中，拖动【十字光标大小】选项组中的滑块可以设置十字光标的大小。

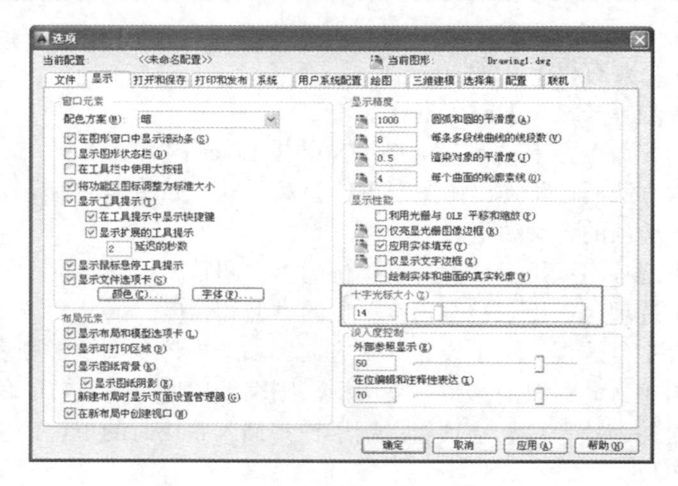

图 1-65　【选项】对话框

1.3.5　设置绘图区颜色

用户在绘制图形的过程中，为了使读图和绘图效果更清楚，就需要对绘图区的颜色进行设置。

【案例 1-7】 设置绘图区背景。

(1) 选择【工具】|【选项】命令，弹出【选项】对话框，单击【显示】选项卡中的【颜色】按钮，弹出如图 1-66 所示的【图形窗口颜色】对话框。

(2) 在【上下文】列表框中选择【二维模型空间】，然后在右上方的【颜色】下拉列表框中选择【白】选项，如图 1-67 所示。单击【图形窗口颜色】对话框中的【应用并关闭】按钮，绘图区背景即变为白色。

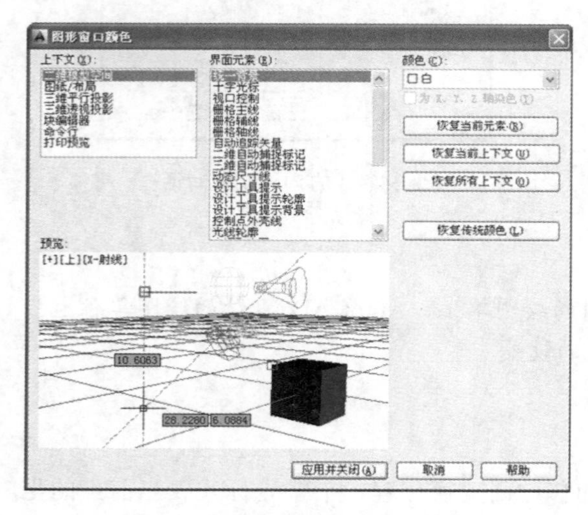

图 1-66　【图形窗口颜色】对话框

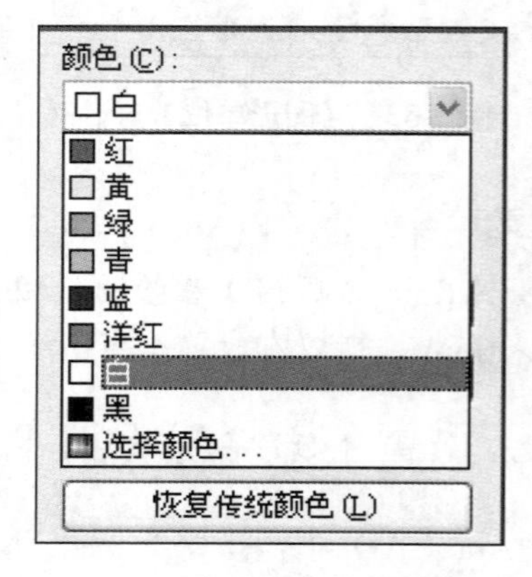

图 1-67　【颜色】下拉列表

提示

AutoCAD 默认绘图区颜色为黑色，单击【恢复传统颜色】按钮，系统将自动恢复到默认颜色。

1.3.6　设置鼠标右键功能

为了更快速、高效地绘制图形，可以对鼠标右键功能进行设置。

执行 OP 命令，在弹出的【选项】对话框中切换到【用户系统配置】选项卡，单击【自定义右键单击】按钮，弹出【自定义右键单击】对话框，如图 1-68 所示。在该对话框中，可以设置在各种工作模式下鼠标右键单击的快捷功能，设定后单击【应用并关闭】按钮即可。

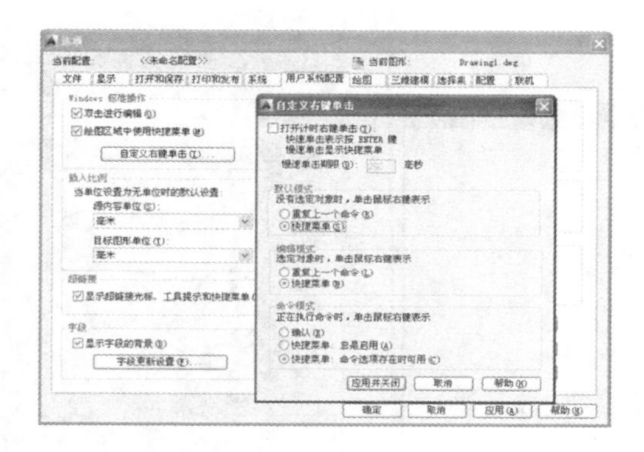

图 1-68　【自定义右键单击】对话框

1.4　综合实例——设置机械绘图工作环境

(1) 启动 AutoCAD 2014。双击桌面上的快捷图标，启动 AutoCAD 2014，如图 1-69 所示。

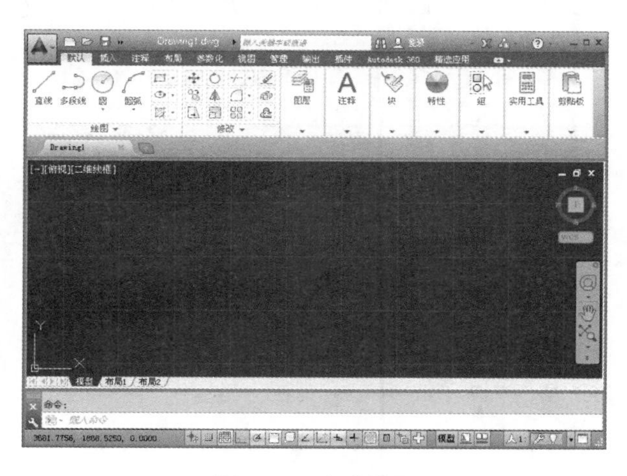

图 1-69　启动界面

(2) 切换工作空间。在快速访问工具栏中的【工作空间】下拉列表框中选择【AutoCAD 经典】选项，工作界面切换到经典工作界面。

(3) 在命令行输入 LIMITS 并按 Enter 键，设置图形界限为 1189×841。命令行操作过程如下。

```
命令: _limits                                          //执行【图形界限】命令
重新设置模型空间界限。
指定左下角点或 [开(ON)/关(OFF)] <0.0,0.0>: 0,0↙      //指定坐标原点为图形界限左下角点
指定右上角点 <420.0,297.0>: 1189,841↙                //指定右上角点
```

(4) 显示绘图区。在命令行输入 DS 并按 Enter 键，弹出【草图设置】对话框。在【捕捉和栅格】选项卡中选择【显示超出界限的栅格】复选框，如图 1-70 所示。单击【确定】按钮，图形界限的栅格显示效果如图 1-71 所示。

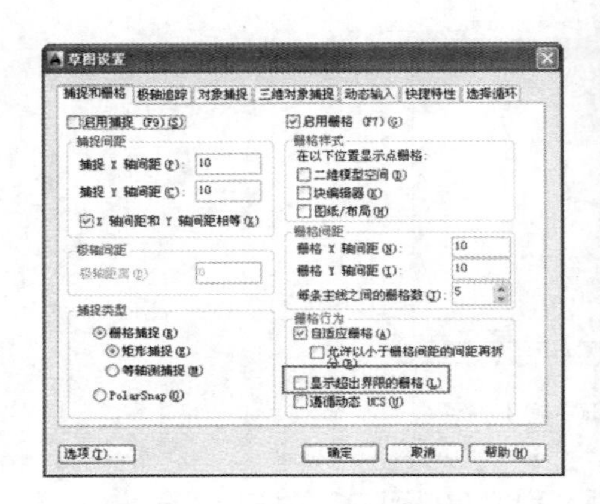

图 1-70 【草图设置】对话框

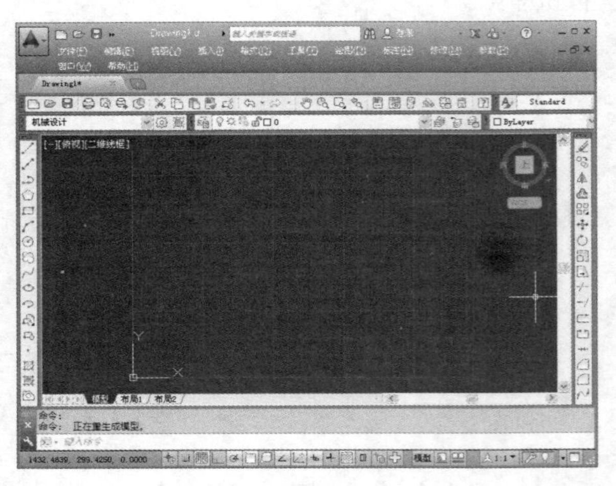

图 1-71 图形界限的栅格显示效果

(5) 设置绘图区颜色。选择【工具】|【选项】命令，弹出【选项】对话框，单击【显示】选项卡中的【颜色】按钮，弹出【图形窗口颜色】对话框，在【上下文】列表框中选择【二维模型空间】选项，在【颜色】下拉列表中选择白色，结果如图 1-72 所示。

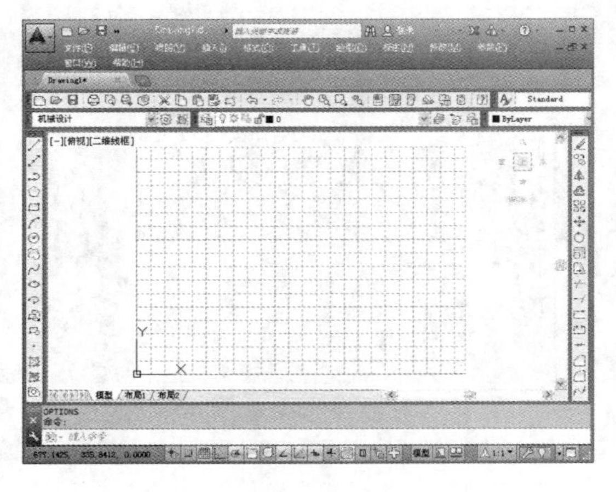

图 1-72 设置颜色后的效果

(6) 保存自定义工作空间。在【工作空间】下拉列表框中选择【将当前工作空间另存为】选项，如图 1-73 所示，弹出【保存工作空间】对话框。

(7) 在打开的对话框中输入自定义的空间名称为“机械设计”，如图 1-74 所示，单击【保存】按钮完成创建。

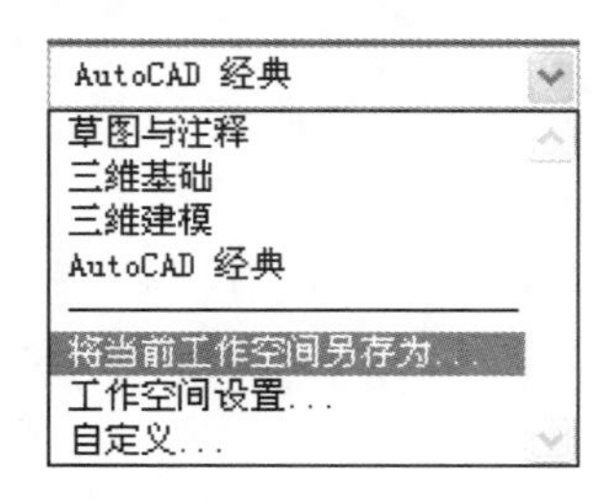

图 1-73　保存工作空间

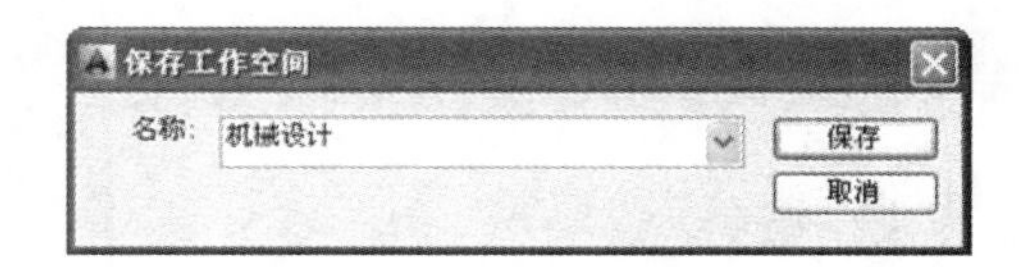

图 1-74　【保存工作空间】对话框

(8) 关闭文件。单击软件窗口左上角的【关闭】按钮，系统提示是否保存文件，单击【否】按钮，退出软件。以后启动 AutoCAD 软件时，【机械设计】工作空间仍保留在空间选项列表框中。

1.5　思考与练习

一、简答题

1. AutoCAD 2014 中有几个工作空间？分别是什么？
2. AutoCAD 2014 默认情况下线宽的单位是什么？
3. AutoCAD 2014 如何加密图形文件？

二、操作题

1. 通过设置【选项】对话框中的参数，改变绘图区域光标的大小为 10。

2. 打开本章素材文件“第 01 章\习题 2.dwg”，并切换到“草图与注释空间”，如图 1-75 所示。然后另存文件并加密，文件名为“零件 1”。

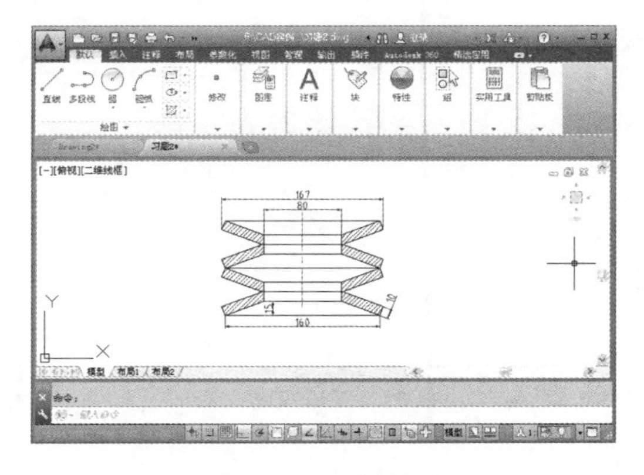

图 1-75　示例图形

第 2 章

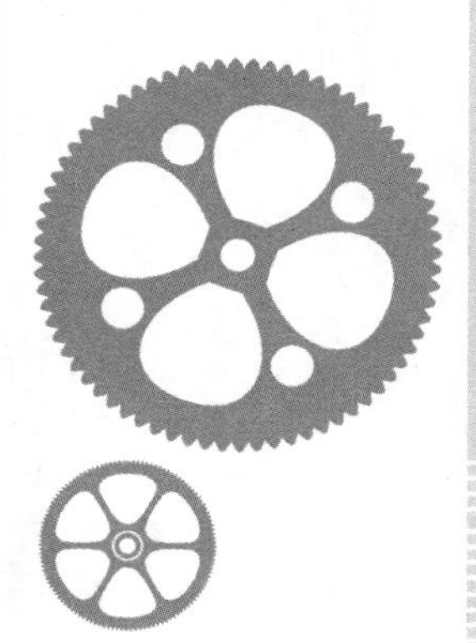

AutoCAD 2014 基本操作

本章导读

本章主要介绍 AutoCAD 2014 的基本操作，包括 AutoCAD 命令的使用、AutoCAD 坐标点和坐标系、AutoCAD 视图操作等。通过本章的学习，全面了解 AutoCAD 2014 的基本功能和基本操作。

学习目标

- 掌握 AutoCAD 命令的各种执行方式，包括菜单方式、工具按钮方式和命令行方式。
- 了解 WCS 和 UCS 两种坐标系的区别，掌握 AutoCAD 中坐标的输入方式，包括笛卡儿坐标和极坐标，掌握相对坐标的输入格式。
- 掌握 AutoCAD 视图的基本操作，包括平移、缩放、视图命名等，掌握使用菜单、按钮和鼠标实现视图操作的方法。

2.1 命令操作

2.1.1 执行命令

命令是 AutoCAD 用户与软件交换信息的重要方式，AutoCAD 命令的执行方式有多种，主要有：使用鼠标操作执行命令、使用键盘操作执行命令、使用命令行操作和系统变量执行命令等。例如执行直线命令的方式有以下 3 种。

- 菜单栏：选择【绘图】|【直线】命令，如图 2-1 所示。
- 工具栏：单击【绘图】工具栏中的【直线】按钮，如图 2-2 所示。
- 命令行：在命令行中输入 LINE 或 L 并按 Enter 键。

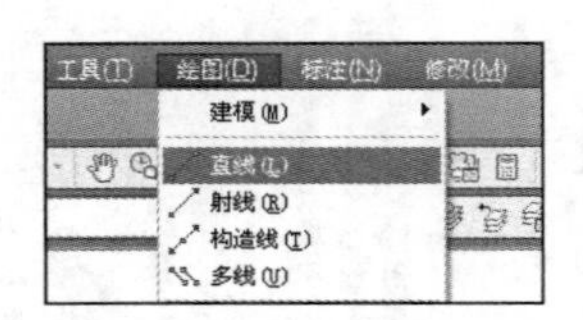

图 2-1　通过菜单栏执行命令

图 2-2　通过【绘图】工具栏执行命令

下面分别介绍各种命令的执行方式。

1. 使用鼠标操作执行命令

鼠标是绘制图形时使用频率较高的工具，在绘图区以十字线形式显示，在各选项板、对话框中以箭头显示。当单击或按住鼠标键时，都会执行相应的命令或动作。在 AutoCAD 中，鼠标键的作用如下。

- 左键：主要用于指定绘图区的对象、选择工具按钮和菜单命令等。
- 右键：主要用于结束当前使用的命令或执行部分快捷操作，系统会根据当前的绘图状态弹出不同的快捷菜单。
- 滑轮：按住滑轮拖动可执行平移命令，滚动滑轮可执行视图的缩放命令。
- Shift+鼠标右键：使用此组合键，系统将弹出一个快捷菜单，用于设置捕捉点的方法，如图 2-3 所示。

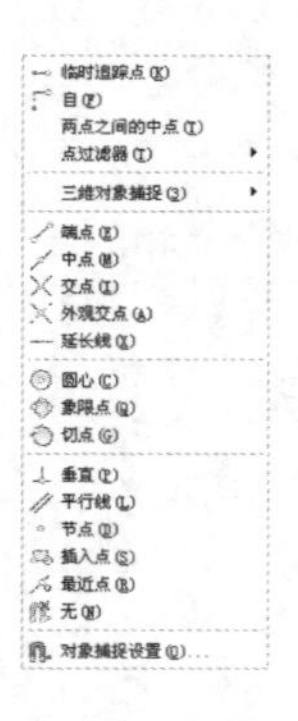

图 2-3　快捷菜单

2. 使用键盘操作执行命令

AutoCAD 2014 还可以通过键盘直接执行一些快捷命令，其中部分快捷命令是和 Windows 程序通用的，如使用 Ctrl+O 组合键可以打开文件，使用 Ctrl+Z 组合键可以撤销操作等。此外，AutoCAD 2014 还赋予键盘上的功能键对应各种快捷功能，如按 F7 键可以打开或关闭栅格。各键盘按键对应的功能如表 2-1 所示。

表 2-1　键盘功能键及其功能

快 捷 键	命令说明	快 捷 键	命令说明
Esc	取消命令执行	Ctrl+G	栅格显示<开或关>，功能同 F7 键
F1	帮助	Ctrl+H	Pickstyle<开或关>
F2	图形/文本窗口切换	Ctrl+K	超链接
F3	对象捕捉<开或关>	Ctrl+L	正交模式，功能同 F8 键
F4	数字化仪作用开关	Ctrl+M	同 Enter 键
F5	等轴测平面切换<上/右/左>	Ctrl+N	新建文件
F6	坐标显示<开或关>	Ctrl+O	打开旧文件
F7	栅格显示<开或关>	Ctrl+P	打印输出
F8	正交模式<开或关>	Ctrl+Q	退出 AutoCAD
F9	捕捉模式<开或关>	Ctrl+S	快速保存
F10	极轴追踪<开或关>	Ctrl+T	数字化仪模式
F11	对象捕捉追踪<开或关>	Ctrl+U	极轴追踪<开或关>，功能同 F10 键
F12	动态输入<开或关>	Ctrl+V	从剪贴板粘贴
窗口键+D	Windows 桌面显示	Ctrl+W	对象捕捉追踪<开或关>
窗口键+E	Windows 文件管理	Ctrl+X	剪切到剪贴板
窗口键+F	Windows 查找功能	Ctrl+Y	取消上一次的操作
窗口键+R	Windows 运行功能	Ctrl+Z	取消上一次的命令操作
Ctrl+0	全屏显示<开或关>	Ctrl+Shift+C	带基点复制
Ctrl+1	特性 Properties<开或关>	Ctrl+Shift+S	另存为
Ctrl+2	AutoCAD 设计中心<开或关>	Ctrl+Shift+V	粘贴为块
Ctrl+3	工具选项板<开或关>	Alt+F8	VBA 宏管理器
Ctrl+4	图纸管理器<开或关>	Alt+F11	AutoCAD 和 VAB 编辑器切换
Ctrl+5	信息选项板<开或关>	Alt+F	【文件】菜单
Ctrl+6	数据库链接<开或关>	Alt+E	【编辑】菜单
Ctrl+7	标记集管理器<开或关>	Alt+V	【视图】菜单
Ctrl+8	快速计算机<开或关>	Alt+I	【插入】菜单
Ctrl+9	命令行<开或关>	Alt+O	【格式】菜单
Ctrl+A	选择全部对象	Alt+T	【工具】菜单
Ctrl+B	捕捉模式<开或关>，功能同 F9 键	Alt+D	【绘图】菜单
Ctrl+C	复制内容到剪贴板	Alt+N	【标注】菜单

续表

快 捷 键	命令说明	快 捷 键	命令说明
Ctrl+D	坐标显示<开或关>，功能同F6键	Alt+M	【修改】菜单
Ctrl+E	等轴测平面切换<上/左/右>	Alt+W	【窗口】菜单
Ctrl+F	对象捕捉<开或关>，功能同F3键	Alt+H	【帮助】菜单

3. 使用菜单栏执行命令

通过菜单栏执行命令是最直接以及最全面的方式，特别是对于新手来说执行方式更加方便。除了【AutoCAD 经典】空间以外，其余 3 个绘图空间在默认情况下没有菜单栏，需要用户自行调出。

【案例 2-1】 用菜单命令绘制直线。

(1) 单击快速访问工具栏中的【新建】按钮，新建空白文件。

(2) 选择【绘图】|【直线】命令，在绘图区任意位置单击确定直线的起点，然后在另一位置单击确定直线的终点，系统默认继续绘制相连直线，此时右击，弹出的快捷菜单如图 2-4 所示。选择【确认】命令，完成直线的绘制。

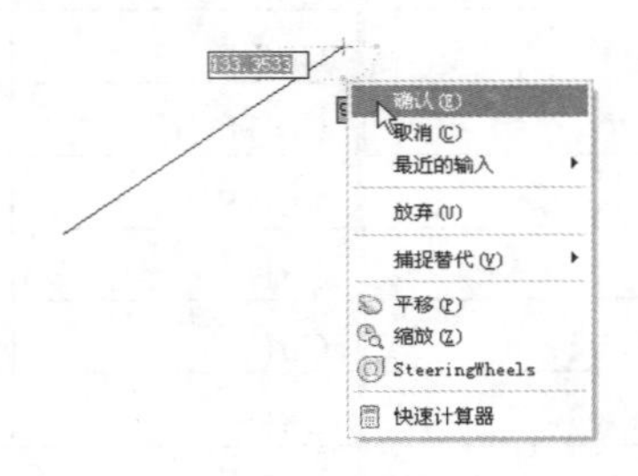

图 2-4 绘制直线

4. 使用命令行执行命令

在默认状态下，命令行是一个固定在绘图区下方、状态栏上方的长条形窗口，可以在当前命令提示符下输入命令、对象参数等内容，按 Enter 键就能完成命令的执行，提高绘图速度。

【案例 2-2】 用命令行绘制一个圆

(1) 在命令行中输入 CIRCLE 或 C 并按 Enter 键，根据命令行提示绘制一个圆，命令行的操作过程如下。

```
命令: C↙                                              //输入命令并按 Enter 键
CIRCLE
指定圆的圆心或 [三点(3P)/两点(2P)/切点、切点、半径(T)]:   //鼠标在绘图区指定一点
指定圆的半径或 [直径(D)]: 15↙                           //输入半径并按 Enter 键
```

(2) 绘制的圆如图 2-5 所示。

5. 使用工具栏执行命令

工具栏默认显示于【AutoCAD 经典】绘图空间，用户在其他绘图空间可根据实际需要调出工具栏，如 UCS、【三维导航】、【建模】、【视图】、【视口】工具栏等。

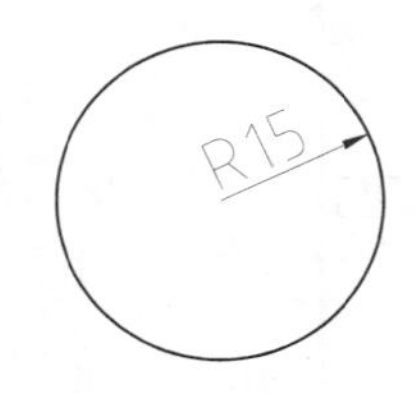

图 2-5　绘制圆

6. 使用近期使用的命令输入内容

在实际绘图中常常需要多次输入相同的参数。例如需要以同样的半径来绘制几个圆形，就可以直接在近期输入列表中选择最近绘制图形时使用的半径，而无须再次输入。

在输入提示中右击，然后在弹出的快捷菜单中选择【最近的输入】命令，然后从列表中选择一个近期输入项，如图 2-6 所示。选择 CIRCLE 命令，命令行提示如下，只需输入半径即可绘制圆。

```
命令: CIRCLE↙                                              //在最近的输入选择CIRCLE选项
指定圆的圆心或 [三点(3P)/两点(2P)/切点、切点、半径(T)]://在绘图区指定一点
指定圆的半径或 [直径(D)] <15.0000>:20↙                     //输入半径值
```

图 2-6　快捷菜单

2.1.2　退出正在执行的命令

在绘图过程中，如执行某一命令后才发现无须执行此命令，此时就需要退出正在执行的命令。

退出正在执行的命令方法有以下几种。

- 右键菜单：在绘图区域右击，在弹出的快捷菜单中选择【取消】命令。
- 快捷键：按 Esc 键。

执行该命令即可退出正在执行的命令，如图 2-7 所示为执行直线命令，只指定了起点，需退出该命令。命令行操作如下。

```
命令: L↙                                       //输入命令
LINE
指定第一个点:                                  //绘图区指定直线起点
指定下一点或 [放弃(U)]: *取消*                  //按 Esc 键退出命令
```

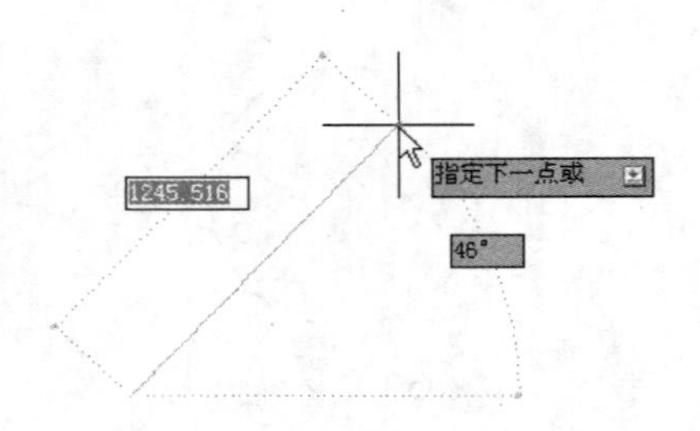

图 2-7　指定直线起点

2.1.3　重复使用命令

重复执行命令的方法有以下几种。

- 命令行中右键菜单：在命令行中右击，在弹出的快捷菜单中选择【最近使用命令】下需要重复的命令，可重复调用上一个使用的命令。
- 绘图区右键菜单：在绘图区中右击，在弹出的快捷菜单中选择【重复】命令。
- 快捷键：按 Enter 键或按 Space 键重复使用上一个命令。
- 命令行：在命令行中输入 MULTIPLE 并按 Enter 键。

【案例 2-3】 运用重复命令绘制两个同心圆。

(1) 单击快速访问工具栏中的【新建】按钮，新建空白文件。

(2) 绘制第一个圆。在命令行输入 C 并按 Enter 键，在绘图区空白处绘制 R15 的圆，如图 2-8 所示。命令行操作过程如下。

```
命令：C↙                                                //执行【圆】命令
CIRCLE
指定圆的圆心或 [三点(3P)/两点(2P)/切点、切点、半径(T)]://在绘图区任意一点单击确定圆心
指定圆的半径或 [直径(D)] <20.0000>: 15↙                 //输入圆的半径
```

(3) 按 Enter 键重复执行【圆】命令，绘制 R10 的同心圆，如图 2-9 所示。命令行的操作过程如下。

```
命令：↙                                                   //按 Enter 键重复上一命令
MULTIPLE
指定圆的圆心或 [三点(3P)/两点(2P)/切点、切点、半径(T)]:    //捕捉到上一个圆的圆心
指定圆的半径或 [直径(D)] <15.0000>: 10 ↙                  //输入圆的半径
```

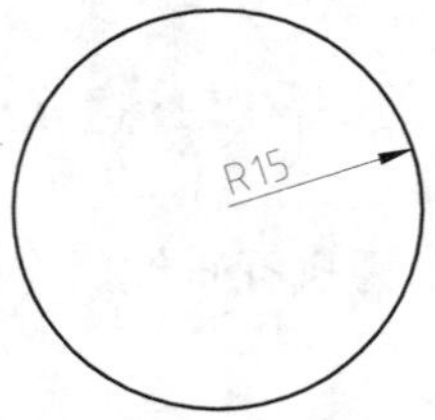

图 2-8　执行【圆】命令

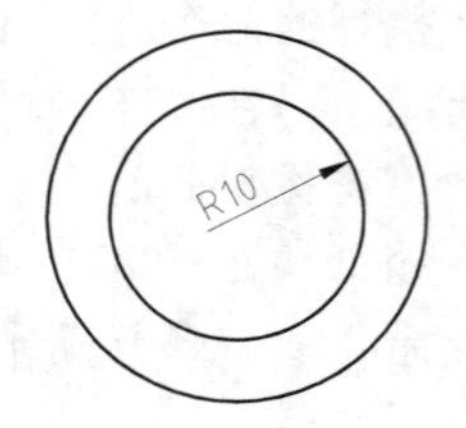

图 2-9　执行【重复】命令

2.2　输入坐标点

在绘图过程中常需要使用某个坐标系作为参照来拾取点的位置，以精确定位某个对象，要想正确、高效地绘图，必须先理解各种坐标系的概念，然后再掌握图形坐标点的输入方法。

2.2.1　认识坐标系

AutoCAD 的坐标系包括世界坐标系(WCS)和用户坐标系(UCS)。在 AutoCAD 2014 中，为了使用户实现快捷绘图，可以直接操作坐标系图标以快速创建用户坐标系。

1. 世界坐标系统

世界坐标系统(World Coordinate System，WCS)是 AutoCAD 的基本坐标系统，由 3 个相互垂直的坐标轴——X 轴、Y 轴和 Z 轴组成。在绘制和编辑图形的过程中，它的坐标原点和坐标轴的方向是不变的。

如图 2-10 所示，在默认情况下，世界坐标系统的 X 轴正方向水平向右，Y 轴正方向垂直向上，Z 轴正方向垂直于屏幕平面方向，指向用户。坐标原点在绘图区的左下角，在其上有一个方框标记，表明是世界坐标系统。

2. 用户坐标系统

为了更好地辅助绘图，经常需要修改坐标系的原点位置和坐标方向，这就需要使用可变的用户坐标系统(User Coordinate System，UCS)。在默认情况下，用户坐标系统和世界坐标系统重合，用户可以在绘图过程中根据需要来定义 UCS。

为表示用户坐标 UCS 的位置和方向，AutoCAD 在 UCS 原点或当前视窗的左下角显示了 UCS 图标，如图 2-11 所示为用户坐标系图标。

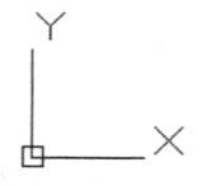

图 2-10　世界坐标系统图标

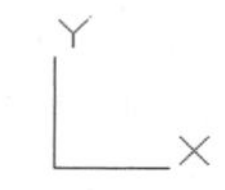

图 2-11　用户坐标系图标

2.2.2　输入坐标

在 AutoCAD 2014 中，点的坐标通常采用以下 4 种输入方法：绝对直角坐标、相对直角坐标、绝对极坐标和相对极坐标。

1. 直角坐标

直角坐标系又称笛卡儿坐标系，由一个原点(坐标为 0,0)和两条通过原点的、互相垂直的坐标轴构成，如图 2-12 所示。其中，水平方向的坐标轴为 X 轴，以右方向为其正方向；垂直方向的坐标轴为 Y 轴，X 轴以上方向为其正方向。平面上任何一点 P 都可以由

X 轴和 Y 轴的坐标来定义，即用一对坐标值(X，Y)来定义一个点。

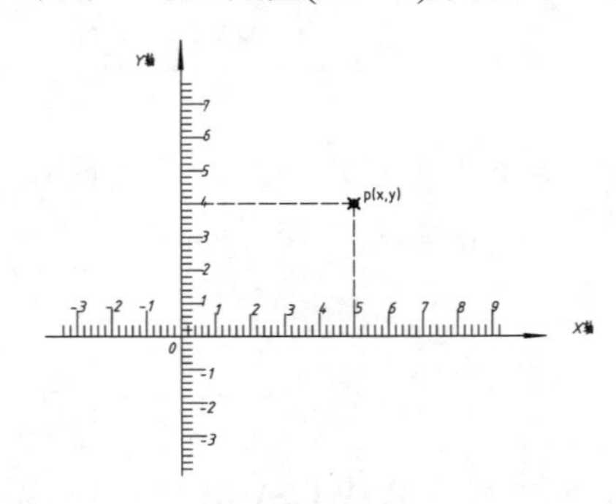

图 2-12　直角坐标系

2. 极坐标

极坐标系由一个极点和一根极轴构成，极轴的方向为水平向右，如图 2-13 所示。平面上任何一点 P 都可以由该点到极点的连线长度(L>0)和连线与极轴的夹角α(极角，逆时针方向为正)来定义，即用一对坐标值($L<\alpha$)来定义一个点，其中“<”表示角度。

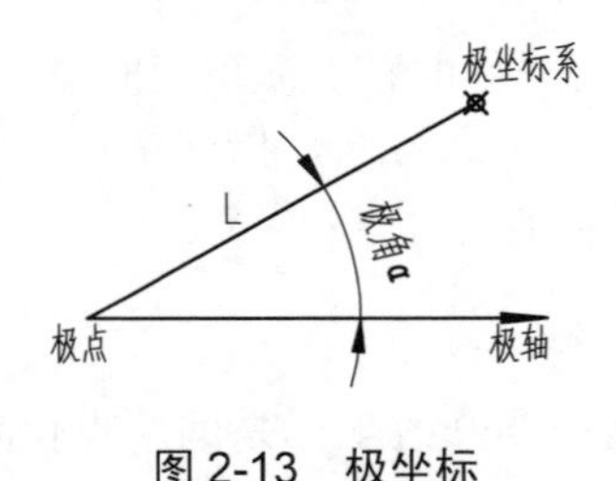

图 2-13　极坐标

3. 相对坐标

前面介绍的直角坐标和极坐标是绝对直角坐标和绝对极坐标，均以坐标原点为基点定位。很多情况下，用户需要通过点与点之间的相对位置来绘制图形，而不是指定每个点的绝对坐标。所谓的相对坐标，就是某点相对于另一点的坐标值。在 AutoCAD 中，相对坐标是在绝对坐标之前加上“@”表示。在直角坐标前加上“@”即为相对直角坐标，在极坐标前加上“@”即为相对极坐标。在 AutoCAD 中相对坐标均以上一个点作为参考。

【案例 2-4】 绘制楼梯台阶

(1) 在命令行中输入 L 并按 Enter 键，绘制多条直线，命令行操作过程如下。

```
命令: L↙                                  //执行【直线】命令并按 Enter 键
指定第一个点:                              //在绘图区任意一段单击确定 A 点
指定下一点或 [放弃(U)]: @300<90↙            //输入 B 点的相对极坐标
指定下一点或 [放弃(U)]: @300<0↙             //输入 C 点的相对极坐标
指定下一点或 [闭合(C)/放弃(U)]: @300<90↙    //输入 D 点的相对极坐标
指定下一点或 [闭合(C)/放弃(U)]: @300<0 ↙    //输入 E 点的相对极坐标
指定下一点或 [闭合(C)/放弃(U)]: @0,300 ↙    //输入 F 点的相对直角坐标
指定下一点或 [闭合(C)/放弃(U)]: @300,0 ↙    //输入 G 点的相对直角坐标
指定下一点或 [闭合(C)/放弃(U)]: @900<270↙   //输入 H 点的相对极坐标
指定下一点或 [闭合(C)/放弃(U)]: C↙          //选择【闭合】选项，闭合图形到 A 点
```

(2) 绘制完成的楼梯台阶，如图 2-14 所示。

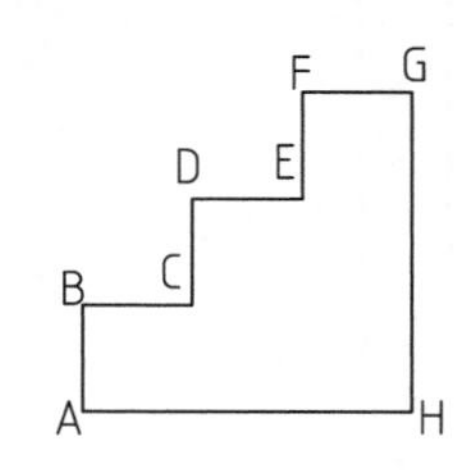

图 2-14　绘制的楼梯台阶

4. 坐标值的显示

在 AutoCAD 状态栏的左侧区域，会显示当前光标所处位置的坐标值，该坐标值有 3 种显示状态。

- 绝对坐标状态：显示光标所在位置的绝对直角坐标。
- 相对极坐标状态：在相对于前一点来指定第二点时可以使用此状态。
- 关闭状态：颜色会变为灰色，并“冻结”关闭时所显示的坐标值。

用户可以使用多种方式来控制坐标值是否显示，以及坐标值的显示状态，具体如下。

- 单击坐标值显示区域，可以控制坐标值显示与否。
- 在坐标值显示区域右击，然后在快捷菜单中选择所需的显示状态，如图 2-15 所示。

图 2-15　快捷菜单

2.2.3　实例——绘制定位块

(1) 单击快速访问工具栏中的【新建】按钮，新建空白文件。

(2) 绘制底边。单击【绘图】工具栏中的【直线】按钮。以坐标系原点作为起点，即输入坐标(0,0)，结果如图 2-16 所示。输入坐标(200,0)绘制水平直线，如图 2-17 所示。

图 2-16　坐标系原点　　　　图 2-17　输入绝对直角坐标

(3) 绘制侧边和顶边。依次输入坐标(@0,100)、(@-40,0)绘制垂直直线，如图 2-18 所示。

(4) 绘制斜线。输入相对极坐标(@65<225)绘制斜线，结果如图 2-19 所示。

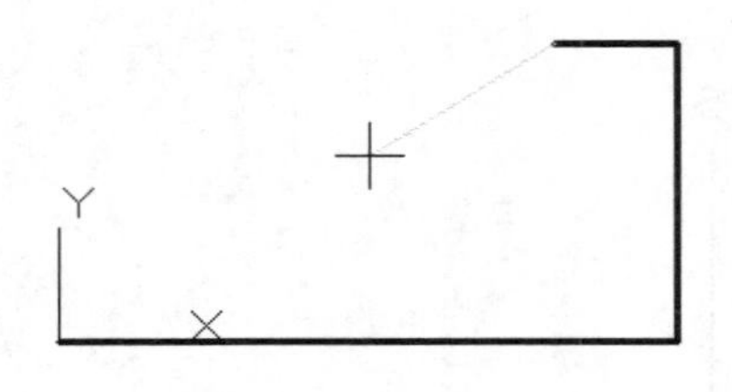

图 2-18　输入相对直角坐标

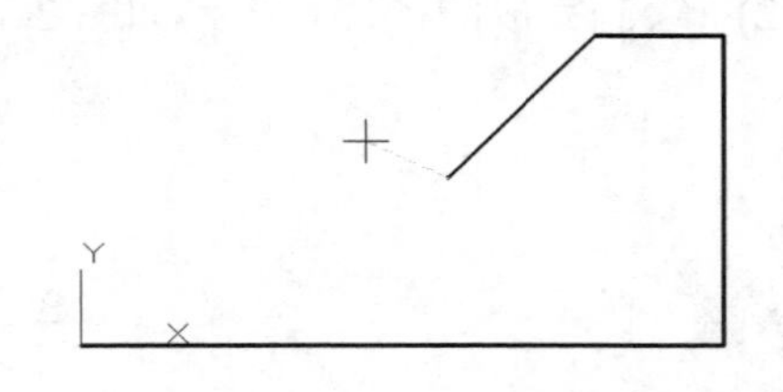

图 2-19　输入相对极坐标

(5) 绘制对称部分的图形。依次输入坐标(@-28,0)、(@65<135)、(@-40,0)，再选择【闭合(C)】选项，结果如图 2-20 所示。

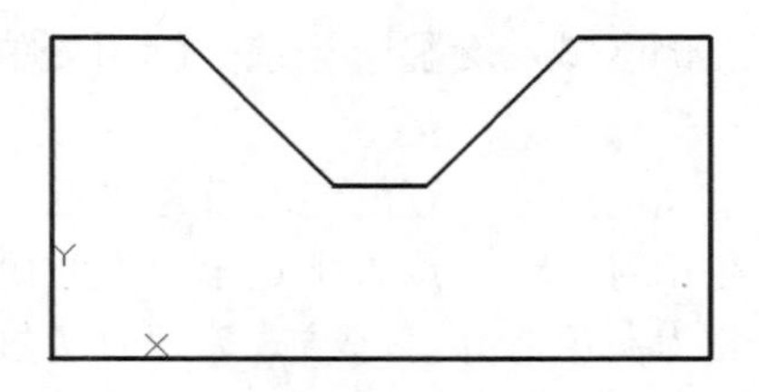

图 2-20　绘制的定位块

2.3　AutoCAD 2014 视图操作

在绘图过程中经常需要对视图进行平移、缩放、重生成等操作，利用这些功能，可以从整体上对所绘制的图形进行有效地控制，从而可以辅助设计人员对图形进行整体观察、对比和校准，以达到提高绘图效率和准确性的目的。

2.3.1　缩放视图

视图缩放就是将图形进行放大或缩小，但不改变图形的实际大小，以便于观察和继续绘制。

执行视图缩放命令的方式有以下几种。

- 菜单栏：选择【视图】|【缩放】命令，如图 2-21 所示。
- 工具栏：单击【缩放】工具栏中的按钮，如图 2-22 所示。
- 命令行：在命令行中输入 ZOOM 或 Z 并按 Enter 键。

执行该命令后，命令行提示如下。

```
命令: Z↙                                                    //执行【缩放】命令
ZOOM
指定窗口的角点，输入比例因子 (nX 或 nXP)，或者
[全部(A)/中心(C)/动态(D)/范围(E)/上一个(P)/比例(S)/窗口(W)/对象(O)]<实时>:
                                                            //缩放选项
```

命令行中各个选项功能和【缩放】工具栏中各选项的含义相同，下面将做详细的介绍。

图 2-21　【缩放】子菜单

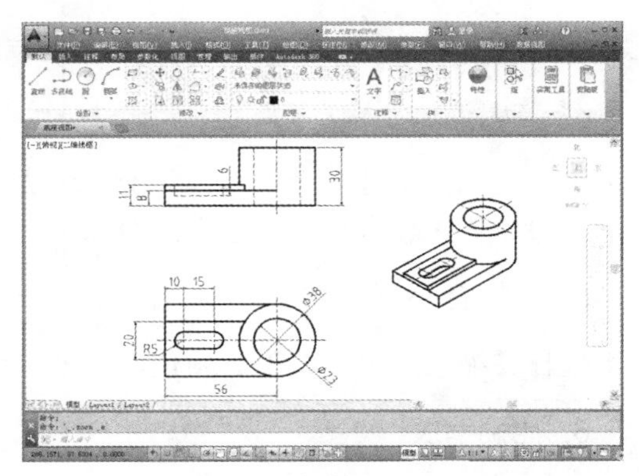

图 2-22　【缩放】工具栏

1. 全部缩放

【全部缩放】就是最大化显示整个绘图区的所有图形对象(包括绘图界限范围内和范围外的所有对象)和视图辅助工具(例如栅格)，如图 2-23 所示为缩放前后的对比效果。

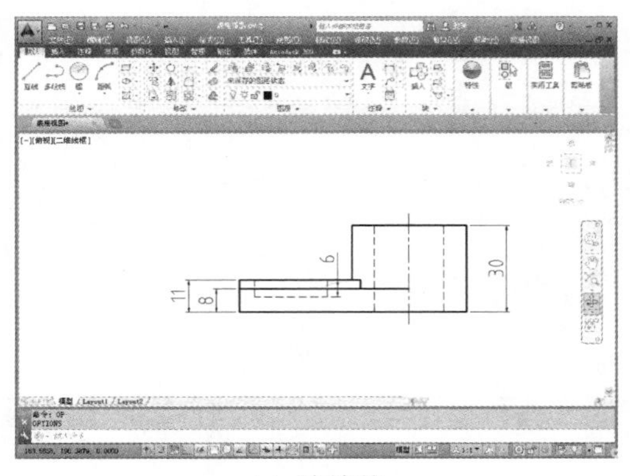

(a) 缩放前　　(b) 缩放后

图 2-23　全部缩放前后的对比效果

2. 中心缩放

中心缩放是以指定点为中心点，整个图形按照指定的缩放比例缩放，而这个点在缩放操作之后将称为新视图的中心点。中心缩放命令行的提示如下。

```
命令 ZOOM↙                                              //执行【缩放】命令
指定窗口的角点，输入比例因子 (nX 或 nXP)，或者
[全部(A)/中心(C)/动态(D)/范围(E)/上一个(P)/比例(S)/窗口(W)/对象(O)] <实时>:
                                                        //激活中心缩放
指定中心点:                                             //指定一点作为新视图显示的中心点
输入比例或高度 <当前值>:                                //输入比例或高度
```

“当前值”就是当前视图的纵向高度。如果输入的高度值比当前值小，则视图将放大；若输入的高度值比当前值大，则视图将缩小。缩放系数等于“当前窗口高度/输入高度”的比值，也可以直接输入比例。

3. 动态缩放

选择【动态缩放】选项后，绘图区将显示几个不同颜色的方框，拖动当前视区框到所需位置，通过单击调整大小后按 Enter 键即可将当前视区框内的图形最大化显示。如图 2-24 所示为缩放前后的对比效果。

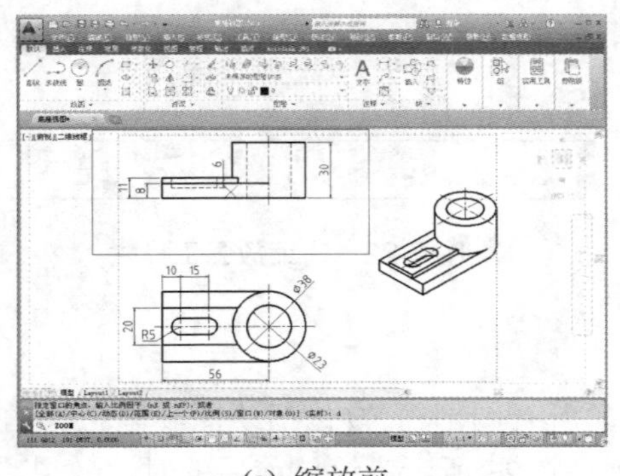

(a) 缩放前　　　　(b) 缩放后

图 2-24　动态缩放前后的对比效果

4. 范围缩放

选择【范围】选项使所有图形对象最大化显示，充满整个视口。视图包含已关闭图层上的对象，但不包含冻结图层上的对象。

5. 缩放上一个

选择【缩放到上一个】选项使图形恢复到前一个视图显示的图形状态。

6. 比例缩放

选择【比例缩放】是使用图形按输入的比例值进行缩放，有以下 3 种输入方法。

- 直接输入数值，表示相对于图形界限进行缩放。
- 在数值后加 X，表示相对于当前视图进行缩放。
- 在数值后加 XP，表示相对于图纸空间单位进行缩放。

如图 2-25 所示为相当于当前视图缩放 2 倍后的对比效果。

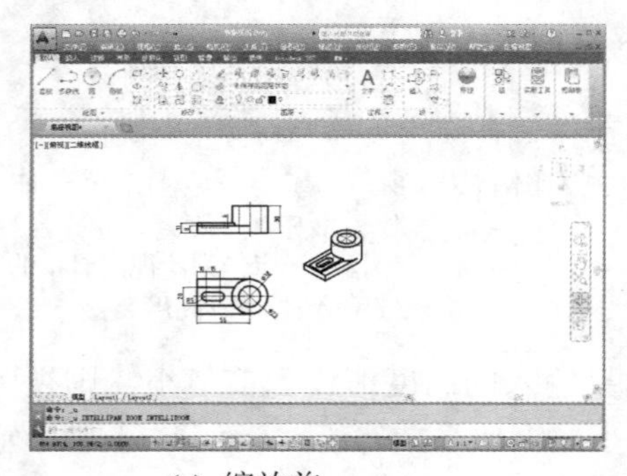

(a) 缩放前

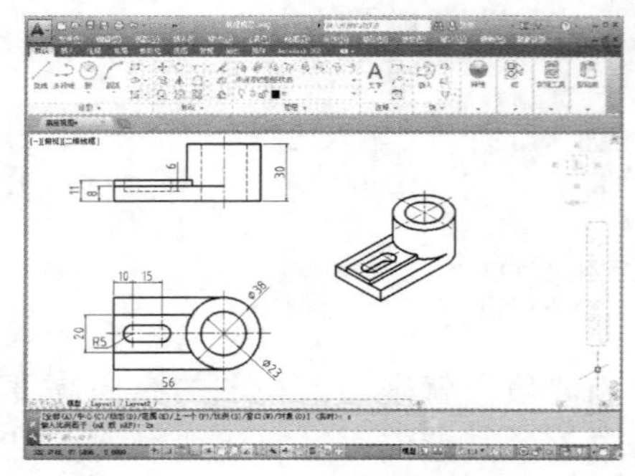

(b) 缩放后

图 2-25　比例缩放前后的对比效果

7. 窗口缩放

窗口缩放可以将矩形窗口内选择的图形充满当前视窗。执行窗口缩放操作后，用光标确定窗口的对角点，这两个对角点即确定了一个矩形框窗口，系统将矩形框窗口内的图形放大至整个屏幕，如图 2-26 所示。

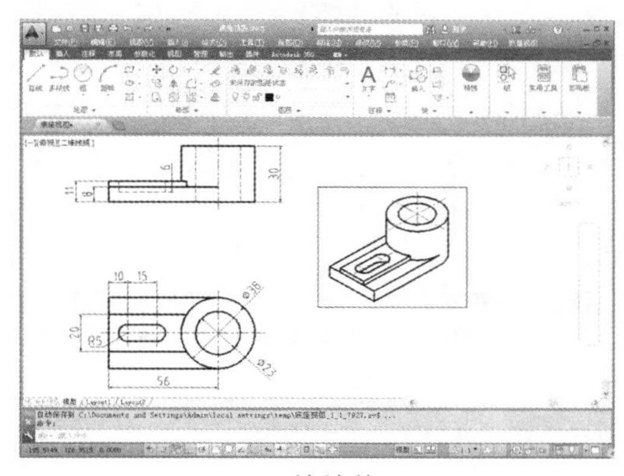

(a) 缩放前

(b) 缩放后

图 2-26　窗口缩放前后的对比效果

8. 缩放对象

选择的图形对象最大限度地显示在屏幕上，如图 2-27 所示为将圆对象缩放前后的对比效果。

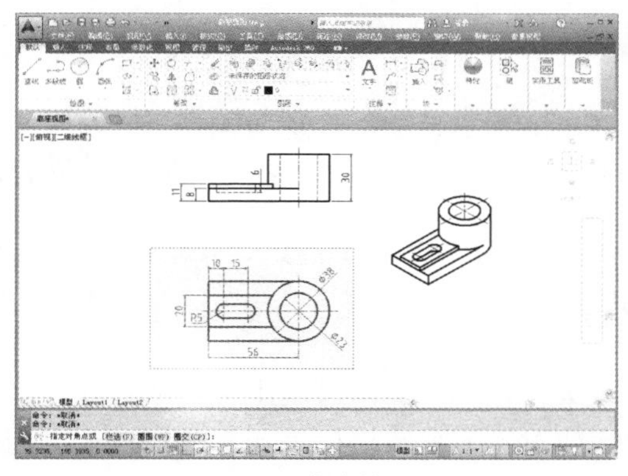

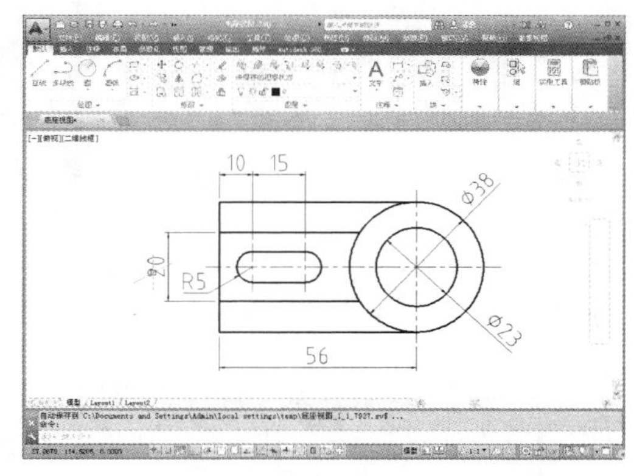

(a)　缩放前

(b)　缩放后

图 2-27　对象缩放前后的对比效果

9. 实时缩放

实时缩放为默认选项。执行该命令后直接按 Enter 键即可使用该选项。在屏幕上会出现形状的光标，按住鼠标左键不放向上或向下移动，则可实现图形的放大或缩小。

2.3.2　平移视图

视图平移即不改变视图的大小，只改变其位置，以便观察图形的其他组成部分，如

图 2-28 所示。图形显示不全面，且部分区域不可见时，便可以使用视图平移，在不改变视图大小的情况下观察图形。

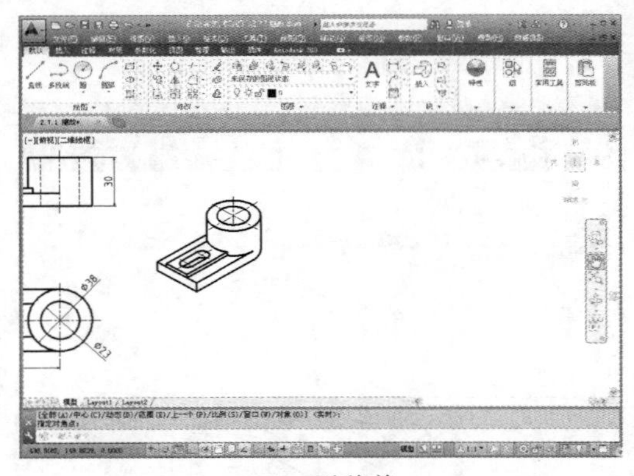

(a) 平移前

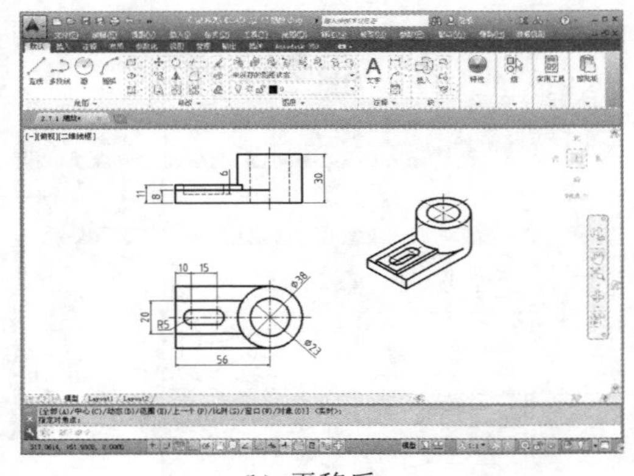

(b) 平移后

图 2-28　视图平移前后的对比效果

执行【平移视图】命令的方法如下。

- 菜单栏：选择【视图】|【平移】命令，然后在弹出的子菜单中选择相应的命令。
- 工具栏：单击【标准】工具栏中的【实时平移】按钮。
- 命令行：在命令行中输入 PAN 或 P 并按 Enter 键。

视图平移可以分为实时平移和定点平移两种，其含义如下。

- 实时平移：光标形状变为手形，按住鼠标左键拖动可以使图形的显示位置随鼠标向同一方向移动。
- 定点平移：通过指定平移起始点和目标点的方式进行平移。

"上"、"下"、"左"、"右" 4 个平移命令表示将图形分别向上、下、左、右方向平移一段距离。必须注意的是，该命令并不是真的移动图形对象，只是观察位置的变化。

2.3.3　重画与重生成

在 AutoCAD 中，某些操作完成后，操作效果往往不会立即显示出来，或者在屏幕上留下绘图的痕迹与标记。因此，需要通过视图刷新对当前视图进行重新生成，以观察到最新的编辑效果。

视图刷新命令主要有两个：【重生成】和【重画】。这两个命令都是 AutoCAD 自动完成的，不需要输入任何参数，也没有备选项。

1. 重画

AutoCAD 常用数据库以浮点数据的形式储存图形对象的信息，浮点格式精度高，但计算时间长。AutoCAD 重生成对象时，需要把浮点数值转换为适当的屏幕坐标。因此对于复杂的图形，重新生成需要花费很长的时间。

重画只刷新屏幕显示；而重生成不仅刷新显示，还更新图形数据库中所有图形对象的

屏幕坐标。

执行【重画】命令的方法如下。

- 菜单栏：选择【视图】|【重画】命令。
- 命令行：在命令行中输入 REDRAWALL 或 RADRAW 或 RA 并按 Enter 键。

2. 重生成

【重生成】命令不仅重新计算当前视区中所有对象的屏幕坐标，并重新生成整个图形，还重新建立图形数据库索引，从而优化显示和对象选择的性能。

执行【重生成】命令的方式有以下几种。

- 菜单栏：选择【视图】|【重生成】命令，如图 2-29 所示。
- 命令行：在命令行中输入 REGEN 或 RE 并按 Enter 键。

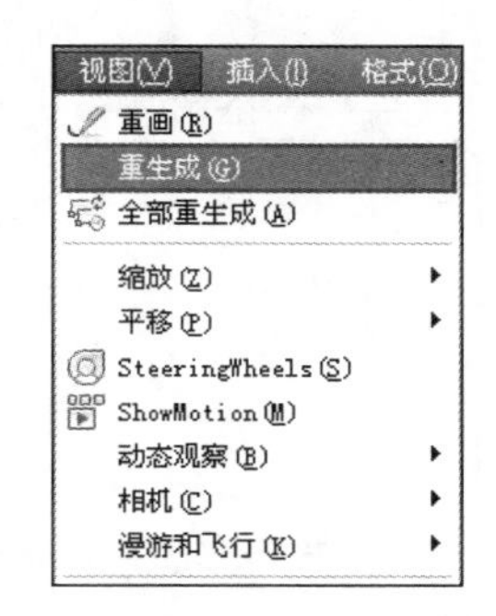

图 2-29　菜单栏调用【重生成】命令

执行重生成操作后，图形中的圆弧显示精度可能会增加，效果如图 2-30 所示。

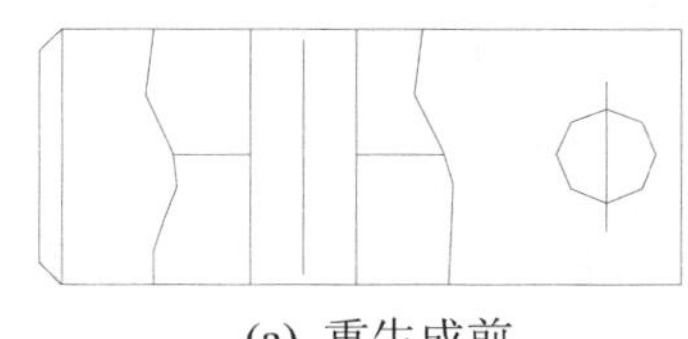

(a) 重生成前

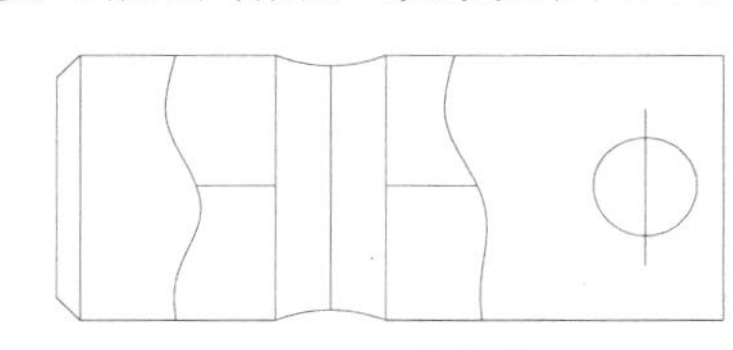

(b) 重生成后

图 2-30　图形重生成前后的对比效果

【重生成】命令只对当前视区中的内容重新生成，而【全部重生成】命令则重生成文件中所有的图形。

执行【全部重生成】命令的方式有以下几种。

- 菜单栏：选择【视图】|【全部重生成】命令。
- 命令行：在命令行中输入 REGENALL 或 REA 并按 Enter 键。

在进行复杂的图形处理时，应当充分考虑到【重画】和【重生成】命令的不同工作机制，合理使用。【重画】命令耗时较短，可以经常使用以刷新屏幕。每隔一段较长的时间，或【重画】命令无效时，可以使用一次【重生成】命令更新后台数据库。

2.3.4　实例——查看机械零件图

(1) 启动 AutoCAD，打开素材文件“第 02 章\2.3.4 .dwg”，如图 2-31 所示。

(2) 平移视图。单击【标准】工具栏中的【实时平移】按钮，按住左键向右移动鼠标，直至零件图完全出现在绘图区中心为止，结果如图 2-32 所示。按 Esc 键退出平移命令。

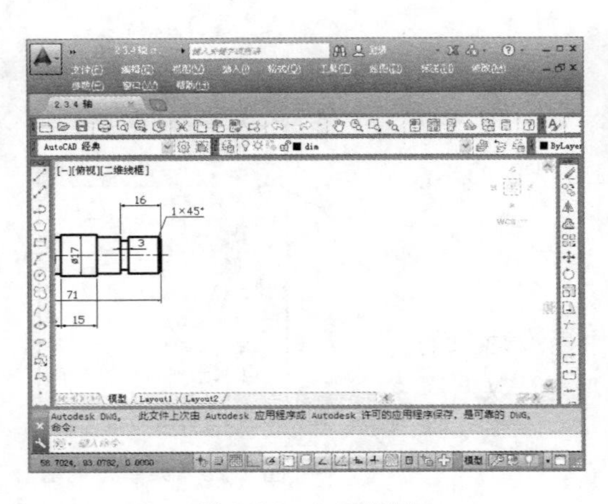

图 2-31　打开图形

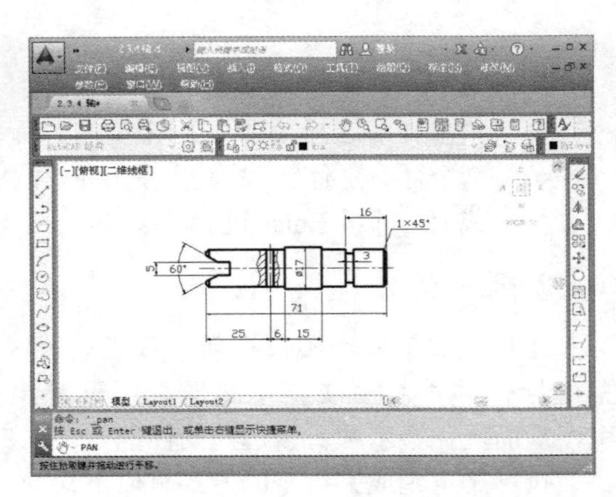

图 2-32　平移图形

(3) 缩放图纸。为了能更清楚地看清图纸，需要对其缩放，执行【缩放】命令，命令行操作过程如下。

```
命令: Z↙                                        //执行【缩放】命令
ZOOM
指定窗口的角点，输入比例因子 (nX 或 nXP)，或者
[全部(A)/中心(C)/动态(D)/范围(E)/上一个(P)/比例(S)/窗口(W)/对象(O)] <实时>: W↙
                                                //激活【窗口】选项
指定第一个角点: 指定对角点:                       //由如图 2-33 所示的两个角点定义窗口范围
```

(4) 缩放图纸的结果如图 2-34 所示。

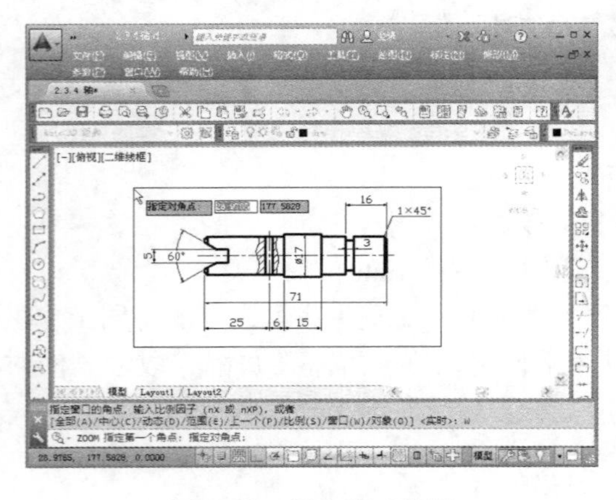

图 2-33　指定窗口范围

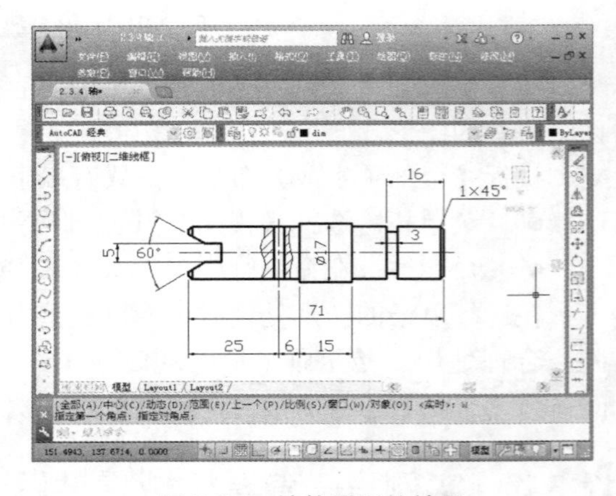

图 2-34　缩放图形的结果

2.4 综 合 实 例

本实例运用本章所学知识绘制如图 2-35 所示的零件。

(1) 单击快速访问工具栏中的【新建】按钮，新建空白文件，并打开【缩放】工具栏。

(2) 单击【绘图】工具栏中的【直线】按钮，输入坐标(0,0)作为直线的起点，输入

坐标(50,0)作为直线终点，绘制的直线未显示在视区中，如图 2-36 所示。

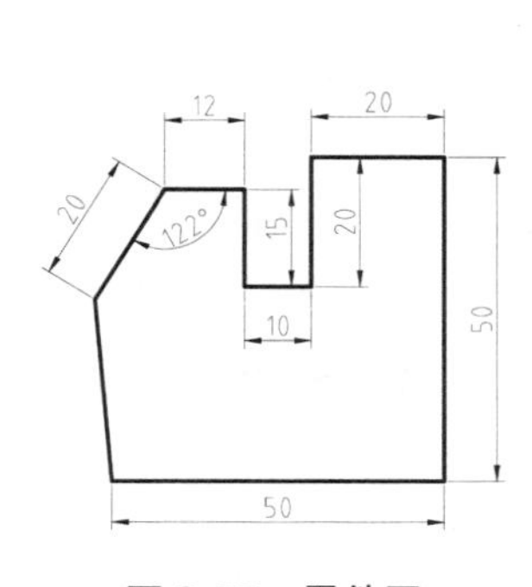

图 2-35　零件图

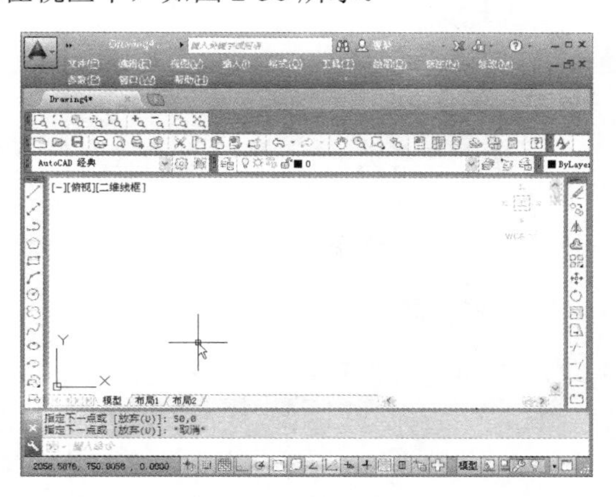

图 2-36　绘制直线

(3) 平移视图。无须退出直线命令，按住左键拖动鼠标，将直线视图拖到窗口中心，如图 2-37 所示。

(4) 缩放图形。向前滚动鼠标中键，适当放大视图，如图 2-38 所示。

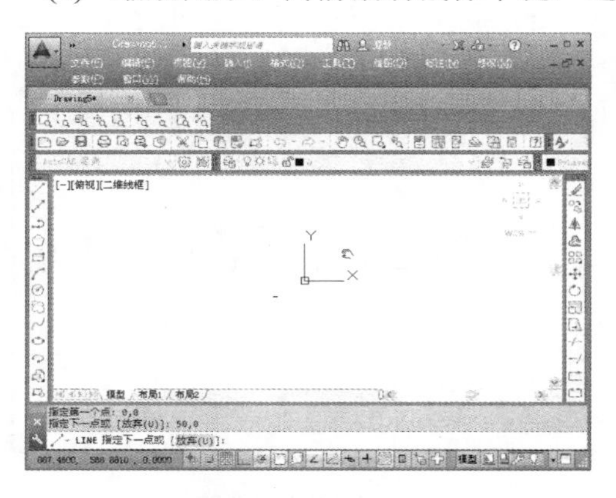

图 2-37　平移视图

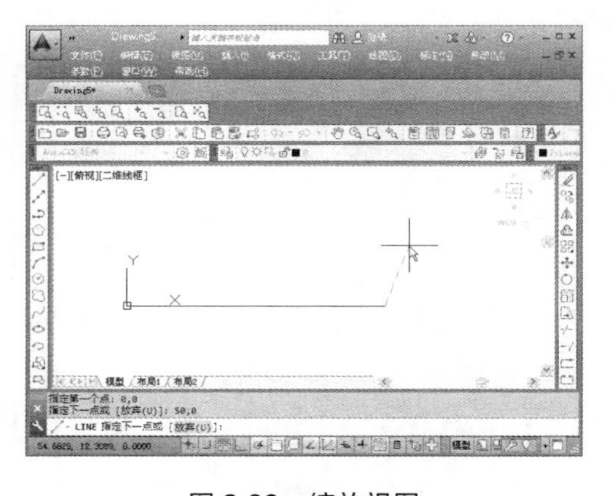

图 2-38　缩放视图

(5) 继续绘制直线，依次输入相对坐标(@0,50)、(@-20,0)、(@0,-20)、(@-10,0)、(@0,15)、(@-12,0)、(@20<-122)，最后选择【闭合(C)】选项，结果如图 2-39 所示。

(6) 如果此时操作效果仍未显示出来，则可以执行【重画】命令刷新屏幕显示。

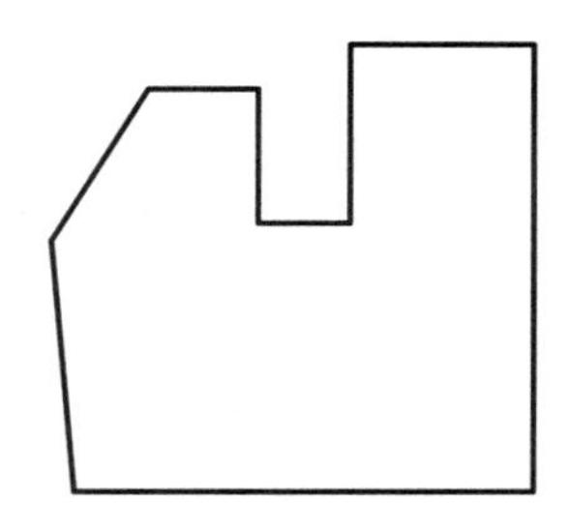

图 2-39　绘制结果

2.5 思考与练习

一、简答题

1. 退出正在执行的命令方法有几种，分别是什么？
2. 绝对坐标和相对坐标的原点分别是什么？
3. 缩放的快捷命令是什么？平移的快捷命令是什么？

二、操作题

1. 利用【直线】命令，结合直角坐标和极坐标的输入，绘制如图 2-40 所示的图形。

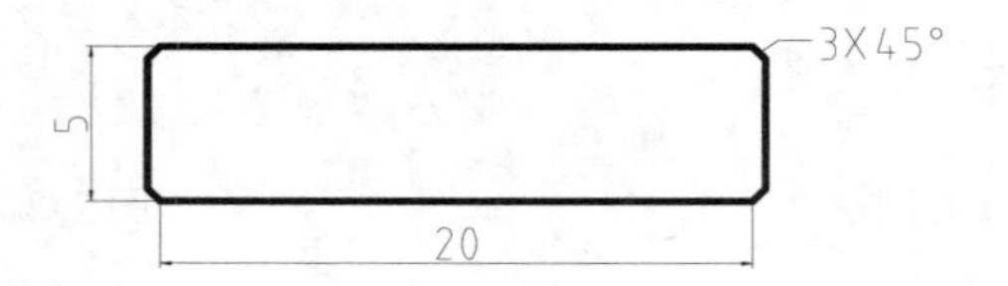

图 2-40 绘制圆柱销

2. 打开本章素材文件“第 02 章\练习 2.dwg”绘制，如图 2-41 所示。利用 AutoCAD 视图操作，放大视图到局部放大图的位置，如图 2-42 所示。

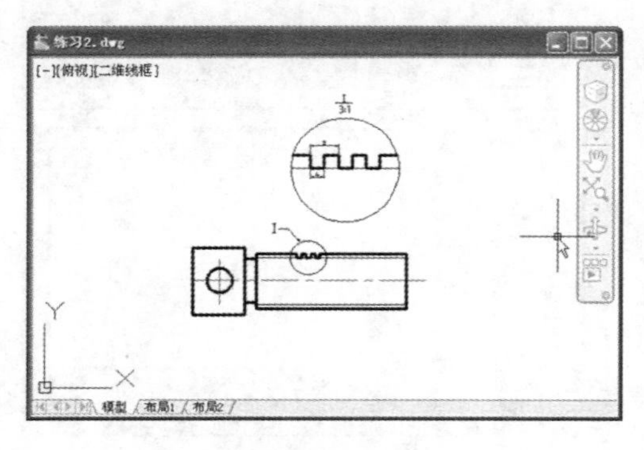

图 2-41 操作题 2 素材

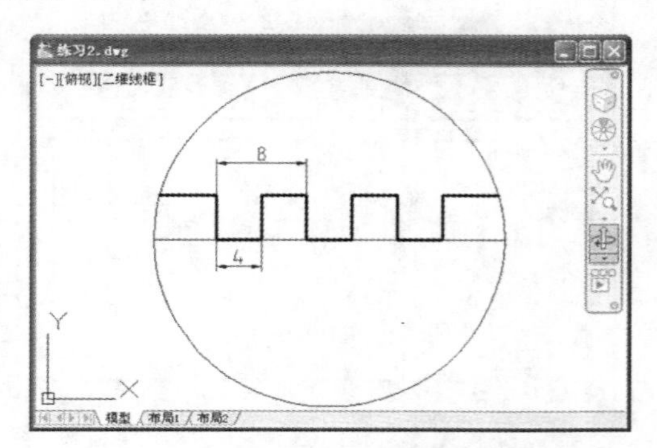

图 2-42 缩放视图的结果

第3章 绘制基本机械图形

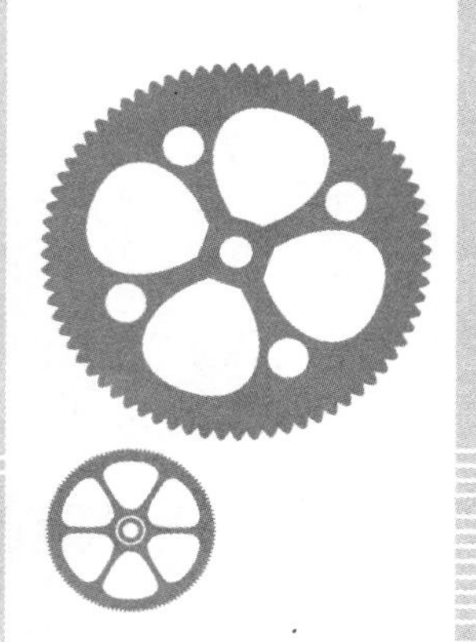

本章导读

任何复杂的图形都可以分解成多个基本的二维图形，这些图形包括点、直线、圆、多边形和圆弧等，AutoCAD 2014 为用户提供了丰富的绘图功能，用户可以非常轻松地绘制这些图形。通过本章的学习，用户将会对基本机械图形的绘制方法有一个全面的了解和认识，并能熟练使用常用的绘图命令。

学习目标

- 掌握点的绘制方法，掌握点样式的设置和两种等分点的绘制方法。
- 掌握直线和构造线的绘制方法，能够在不同角度绘制直线和构造线。
- 掌握圆和圆弧的绘制方法，特别是根据不同的已知条件绘制圆和圆弧。掌握椭圆和椭圆弧的绘制方法，了解椭圆在等轴测图中的作用。
- 掌握矩形和多边形的绘制方法，掌握圆角和倒角矩形的绘制方法，了解内切圆和外接圆两种多边形的定义方式。

3.1 绘制点样式

点是所有图形中最基本的图形对象，可以用来作为捕捉和偏移对象的参考点。在AutoCAD 2014 中，可以通过单点、多点、定数等分和定距等分 4 种方法创建点对象。

3.1.1 设置点样式

从理论上来讲，点是没有长度和大小的图形对象。在 AutoCAD 中，系统默认情况下绘制的点显示为一个小圆点，在屏幕中很难看清，因此可以为点设置显示样式，使其清晰可见。

执行【点样式】命令的方法有以下几种。

- 菜单栏：选择【格式】|【点样式】命令。
- 命令行：在命令行中输入 DDPTYPE 并按 Enter 键。

执行该命令后，将弹出如图 3-1 所示的【点样式】对话框，可以在其中设置点的显示样式和大小。

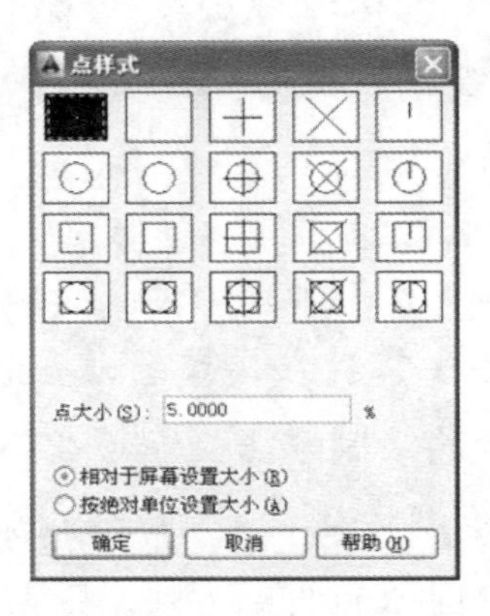

图 3-1 【点样式】对话框

3.1.2 绘制点

在 AutoCAD 2014 中，点的绘制有【单点】和【多点】两个命令。

1. 单点

绘制单点就是执行一次命令只能指定一个点。执行【单点】命令有以下几种方法。

- 菜单栏：选择【绘图】|【点】|【单点】命令。
- 命令行：在命令行中输入 PONIT/PO 并按 Enter 键。

【案例 3-1】 绘制一个单点。

(1) 设置点样式。选择【格式】|【点样式】命令，在弹出的【点样式】对话框中选择一种点样式，以便于观察。

(2) 绘制单点。选择【绘图】|【点】|【单点】命令，根据命令行提示，在绘图区任

意位置单击，即完成单点的绘制，结果如图 3-2 所示。命令行操作如下。

```
命令: _point
当前点模式:  PDMODE=33  PDSIZE=0.0000
指定点:                    //选择任意坐标作为点的位置
```

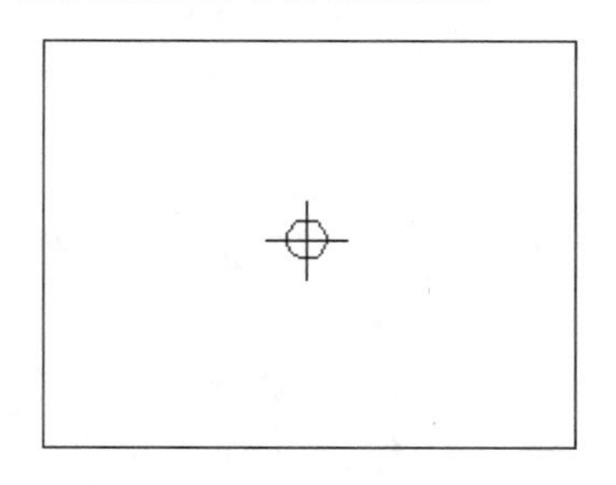

图 3-2　绘制单点效果

2. 多点

绘制多点就是指执行一次命令后可以连续指定多个点，直到按 Esc 键结束命令。执行【多点】命令有以下几种方法。

- 菜单栏：选择【绘图】|【点】|【多点】命令。
- 工具栏：单击【绘图】工具栏中的【多点】按钮。

【案例 3-2】 绘制任意 6 个多点。

(1) 设置点样式。选择【格式】|【点样式】命令，在弹出的【点样式】对话框中选择一种点样式，以便于观察。

(2) 绘制多点。单击【绘图】工具栏中的【多点】按钮，根据命令行提示，在绘图区任意 6 个位置单击，按 Esc 键退出，完成多点的绘制，结果如图 3-3 所示。命令行操作如下。

```
命令: _point
当前点模式:  PDMODE=33  PDSIZE=0.0000      //在任意 6 个位置单击
指定点: *取消*                              //按 Esc 键取消多点绘制
```

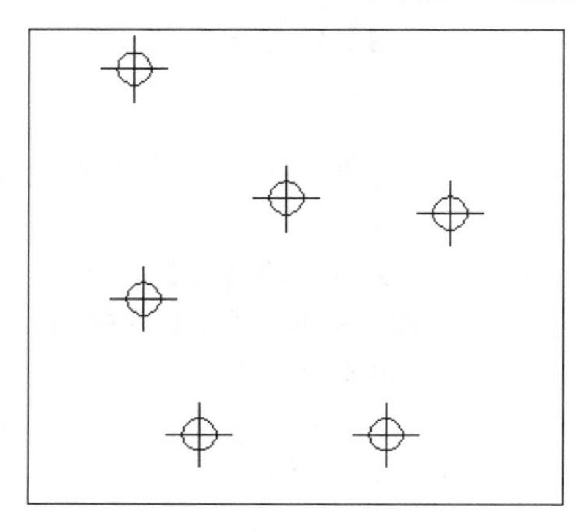

图 3-3　绘制多点效果

3.1.3 绘制等分点

绘制等分点是将指定的对象以一定的数量或距离进行等分，在等分的位置生成点对象，被等分的对象可以是直线、圆、圆弧和多段线等实体。

点的等分有两种方式：定数等分和定距等分。

1. 定数等分

定数等分是将对象按指定的数量分为等长的多段，在等分位置生成点。执行【定数等分】命令的方法有以下几种。

- 菜单栏：选择【绘图】|【点】|【定数等分】命令。
- 命令行：在命令行中输入 DIVIDE 或 DIV 并按 Enter 键。

【案例 3-3】 定数等分直线。

(1) 绘制直线。打开 AutoCAD 2014，绘制一条任意长度的直线。

(2) 设置点样式。选择【格式】|【点样式】命令，在弹出的【点样式】对话框中选择一种点样式，以便于观察。

(3) 等分直线。在命令行中输入 DIV 并按 Enter 键，将直线等分为 5 份，如图 3-4 所示。定数等分命令行操作过程如下。

```
命令: DIVIDE↙                              //执行定数等分命令
选择要定数等分的对象:                          //选择直线
输入线段数目或 [块(B)]: 5↙                    //输入要等分的段数，结果如图 3-4 所示
                                           //按 Esc 键退出
```

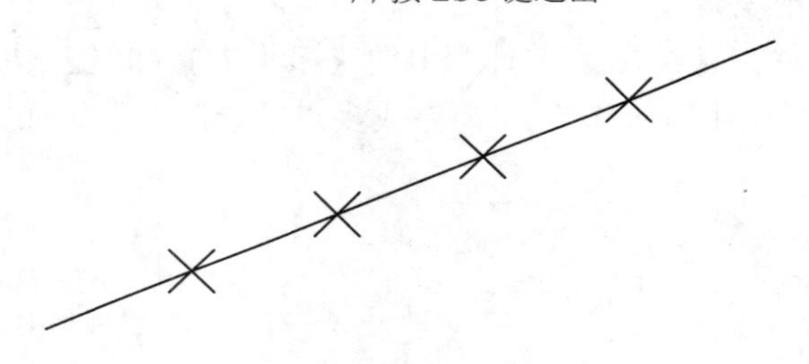

图 3-4 等分结果

2. 定距等分

定距等分是将对象分为长度为定值的多段，在等分位置生成点。执行【定距等分】命令的方法有以下几种。

- 菜单栏：选择【绘图】|【点】|【定距等分】命令。
- 命令行：在命令行中输入 MEASURE 或 ME 并按 Enter 键。

【案例 3-4】 运用定距等分绘制距离为 20 的直线上的点。

(1) 绘制直线。打开 AutoCAD 2014，绘制一条长度大于 100 的直线，如图 3-5 所示。

(2) 设置点样式。选择【格式】|【点样式】命令，在弹出的【点样式】对话框中选择一种点样式。

(3) 等分直线。在命令行中输入 ME 命令并按 Enter 键，如图 3-6 所示。命令行操作过程如下。

```
命令：ME↙                              //绘制等分点
选择要定数等分的对象：                  //靠近 A 点单击选择直线
输入线段数目或 [块(B)]：20↙             //输入等分的距离
```

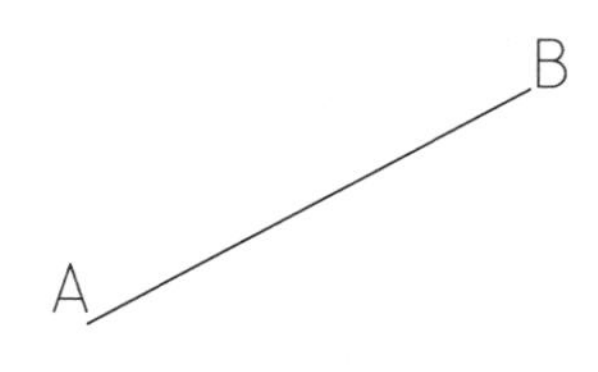

图 3-5　绘制直线

图 3-6　定距等分结果

3.1.4　实例——绘制棘轮

(1) 打开素材文件“第 03 章\3.1.4.dwg”。素材中绘制了 3 个同心圆，如图 3-7 所示。

(2) 设置点样式。选择【格式】|【点样式】命令，在弹出的【点样式】对话框中选择点样式为⊕，如图 3-8 所示。

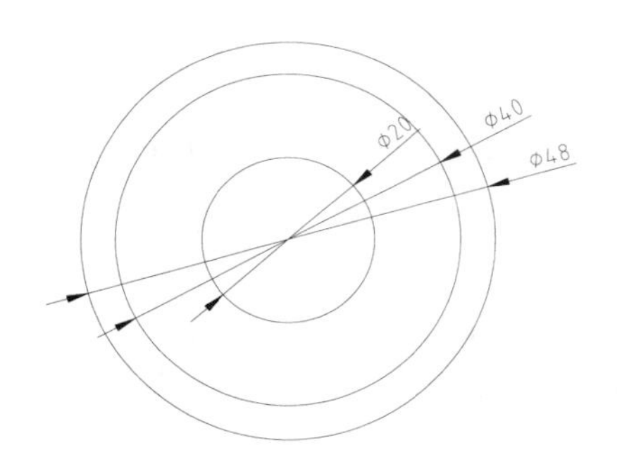

图 3-7　3 个同心圆

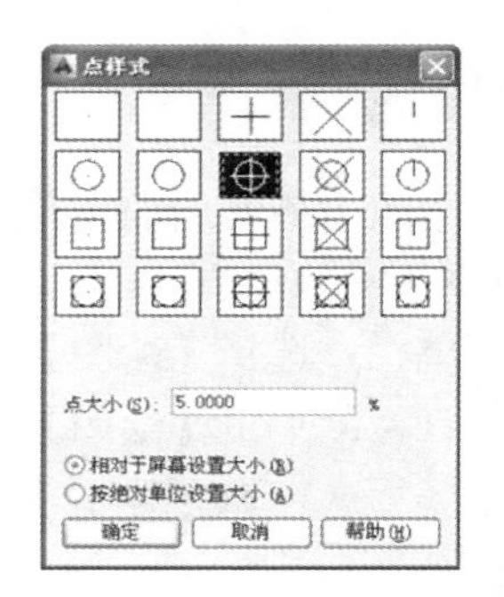

图 3-8　【点样式】对话框

(3) 利用【定数等分】命令绘制齿轮顶点。选择【绘图】|【点】|【定数等分】命令，选取半径为 40 和 48 的圆，各等分为 20 段，绘制的等分点如图 3-9 所示。

(4) 利用【直线】命令来绘制轮齿。单击【绘图】工具栏中的【直线】按钮，连接内外圆相邻的点，绘制轮齿，如图 3-10 所示。

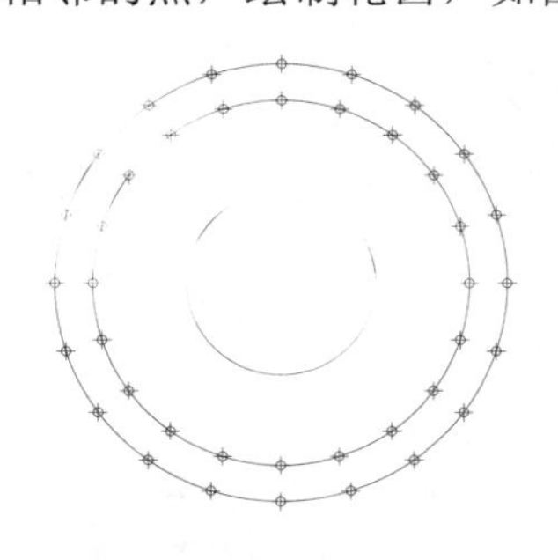

图 3-9　等分同心圆

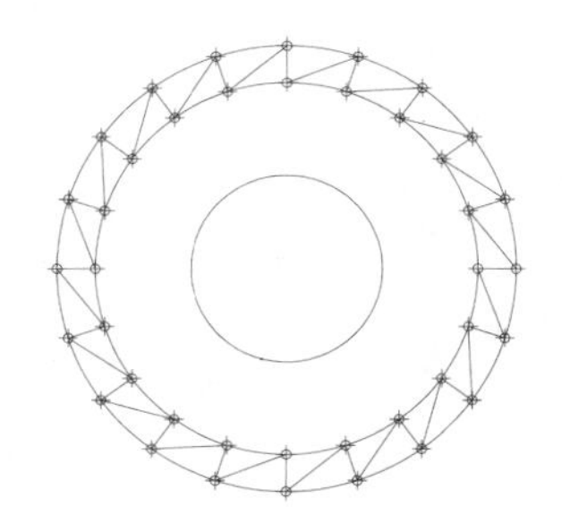

图 3-10　直线连接后的棘轮

(5) 删除外侧的两个圆，然后重新修改点样式，将点修改为空白样式，结果如图 3-11

所示。

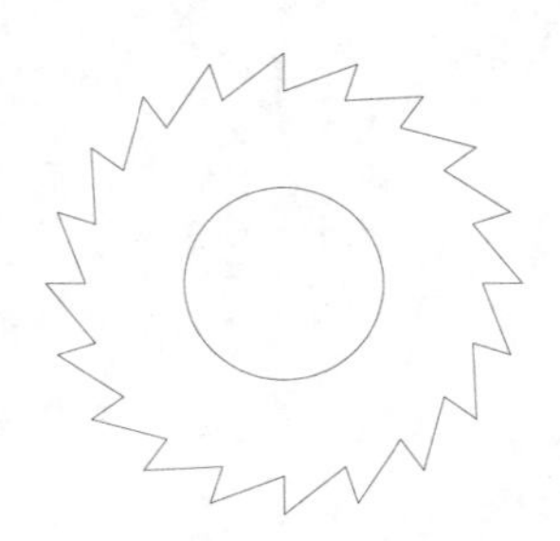

图 3-11　棘轮效果图

3.2　绘制直线对象

直线是图形中一类基本的图形对象，在 AutoCAD 中，根据用途的不同，可以将线分类为直线、射线、构造线、多线和多线段。不同的直线对象具有不同的特性，下面进行详细讲解。

3.2.1　直线

直线是绘图中最常用的图形对象，只要指定了起点和终点，就可绘制出一条直线。执行【直线】命令的方法有以下几种。

- 菜单栏：选择【绘图】|【直线】命令。
- 工具栏：单击【绘图】工具栏中的【直线】按钮。
- 命令行：在命令行中输入 LINE 或 L 并按 Enter 键。

注意

在绘制直线的过程中，准确地绘制水平直线和垂直直线时，需要单击状态栏中的【正交】按钮，以打开正交模式。

【案例 3-5】 使用【直线】命令绘制如图 3-12 所示的梯形。

(1) 打开正交模式，以便绘制完全水平和垂直的线段。

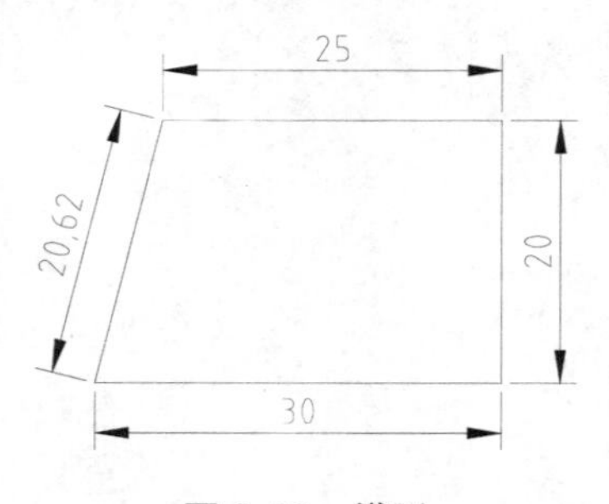

图 3-12　梯形

(2) 单击【绘图】工具栏中的【直线】按钮，连续绘制多条相连直线，命令行操作如下。

```
命令: _line                                      //单击【直线】按钮
指定第一个点:                                    //指定第一个点
指定下一点或 [放弃(U)]: 30↙                      //光标向右移动，输入底边长度30
指定下一点或 [放弃(U)]: 20↙                      //光标向上移动，输入侧边长度20
指定下一点或 [闭合(C)/放弃(U)]: 25↙              //光标向左移动，输入顶边长度25
指定下一点或 [闭合(C)/放弃(U)]: c ↙              //输入c，闭合图形，结果如图3-12所示
```

提示

命令行中命令字符前的下划线“_”表示该命令是由工具按钮或菜单等方式调用的命令，是系统自动出现的，而用户直接输入的命令前则没有此下划线。

3.2.2　构造线

构造线是两端无限延伸的直线，没有起点和终点，主要用于绘制辅助线和修剪边界。指定两个点即可确定构造线的位置和方向。执行【构造线】命令的方法有以下几种。

- 菜单栏：选择【绘图】|【构造线】命令。
- 工具栏：单击【绘图】工具栏中的【构造线】按钮。
- 命令行：在命令行中输入 XLINE 或 XL 并按 Enter 键。

执行该命令后命令提示如下。

```
命令: _xline 指定点或[水平(H)/垂直(V)/角度(A)/二等分(B)/偏移(O)]:
```

选择【水平】和【垂直】选项，可以绘制水平和垂直的构造线，如图 3-13 所示。选择【角度】选项，可以绘制一定倾斜角度的构造线，如图 3-14 所示。

选择【二等分】选项，可以绘制两条相交直线的角平分线，如图 3-15 所示。绘制角平分线时，使用捕捉功能依次拾取顶点 O、起点 A 和端点 B 即可。

选择【偏移】选项，可以由已有直线偏移出平行线。该选项的功能类似于【偏移】命令。通过输入偏移距离和选择要偏移的直线来绘制与该直线平行的构造线。

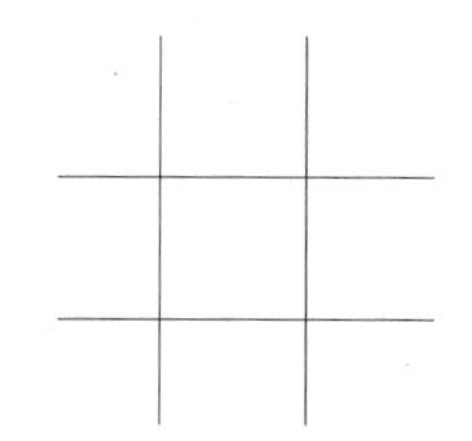

图 3-13　水平和垂直构造线

图 3-14　绘制 45°角的构造线

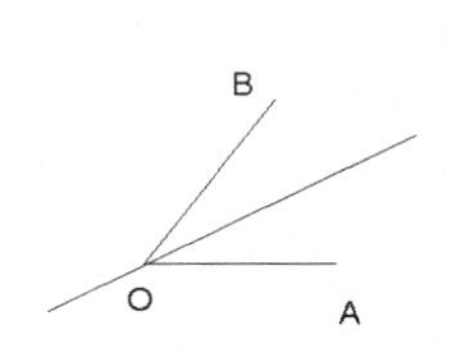

图 3-15　绘制角平分线

3.2.3　实例——绘制粗糙度符号

(1) 单击【绘图】工具栏中的【构造线】按钮，绘制 60°倾斜角的构造线，如图 3-16 所示。命令行操作过程如下。

```
命令: _xline                                                   //执行【构造线】命令
指定点或 [水平(H)/垂直(V)/角度(A)/二等分(B)/偏移(O)]: A↙     //选择【角度】选项
```

```
输入构造线的角度 (0) 或 [参照(R)]:  60↙         //输入构造线的角度
指定通过点:                                      //在绘图区任意一点单击确定通过点
指定通过点: *取消*                               //按 Esc 键退出【构造线】命令
```

(2) 重复【构造线】命令，绘制第二条构造线，如图 3-17 所示。命令行操作过程如下。

```
命令:
XLINE
指定点或 [水平(H)/垂直(V)/角度(A)/二等分(B)/偏移(O)]: A↙     //选择【角度】选项
输入构造线的角度 (0) 或 [参照(R)]:  R↙                       //使用参照角度
选择直线对象:                                   //选择上一条构造线作为参照对象
输入构造线的角度 <0>: 60   ↙                    //输入构造线角度
指定通过点:                                     //任意单击一点确定通过点
指定通过点:                                     //按 Esc 键退出命令
```

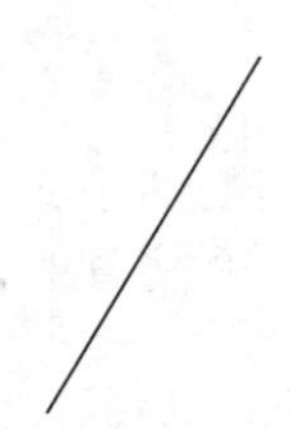

图 3-16　绘制倾斜构造线

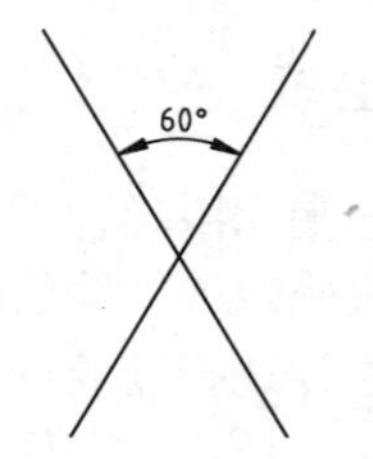

图 3-17　绘制第二条构造线

(3) 重复【构造线】命令，绘制水平的构造线，如图 3-18 所示。命令行操作过程如下。

```
命令: _xline
指定点或 [水平(H)/垂直(V)/角度(A)/二等分(B)/偏移(O)]: H        //选择【水平】选项
指定通过点:                                 //选择两条构造线的交点作为通过点
```

(4) 重复【构造线】命令，绘制与水平构造线平行的构造线，如图 3-19 所示。命令行操作过程如下。

```
命令: _xline
指定点或 [水平(H)/垂直(V)/角度(A)/二等分(B)/偏移(O)]: O ↙     //选择【偏移】选项
指定偏移距离或 [通过(T)] <150.0000>: 15↙              //输入偏移距离
选择直线对象:                                          //选择第一条水平构造线
指定向哪侧偏移:                                        //在所选构造线上侧单击
选择直线对象:                                          //选择生成的第二条水平构造线
指定向哪侧偏移:                                        //在所选构造线上侧单击
```

(5) 单击【直线】按钮。以构造线交点 A、B、C、D 绘制直线，然后删除多余的构造线，结果如图 3-20 所示。

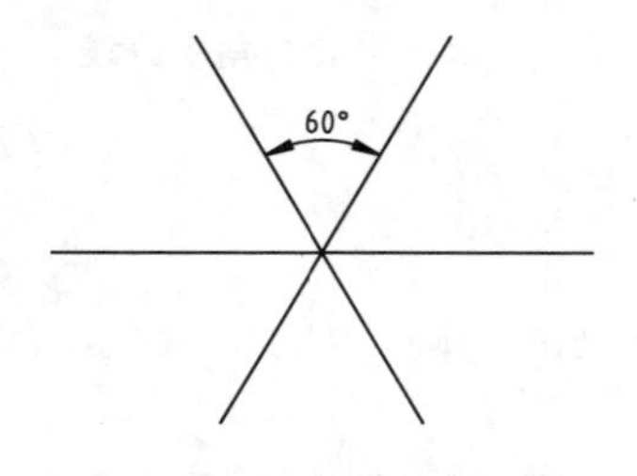

图 3-18　绘制水平构造线

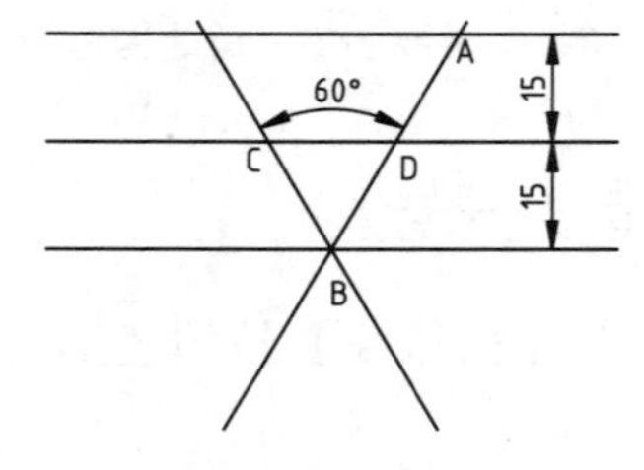

图 3-19　偏移构造线

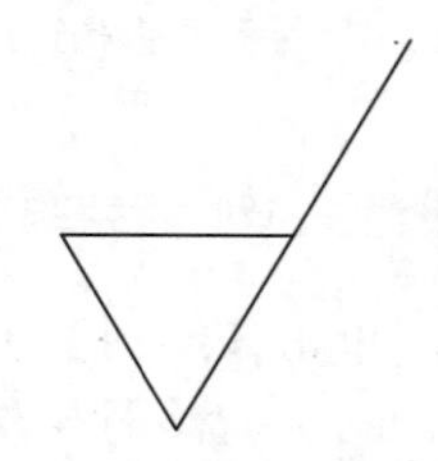

图 3-20　粗糙度符号

3.3　绘制圆类图形

在 AutoCAD 2014 中，圆、圆弧、椭圆、椭圆弧和圆环都属于圆类图形，其绘制方法相对于直线对象较复杂，下面分别对其进行讲解。

3.3.1　圆

圆在 AutoCAD 工程制图中常用来表示柱、孔、轴等基本构件。执行【圆】命令有以下几种方法。

- 菜单栏：选择【绘图】|【圆】命令，然后在子菜单中选择一种绘圆方法。
- 工具栏：单击【绘图】工具栏中的【圆】按钮。
- 命令行：在命令行中输入 CIRCLE 或 C 并按 Enter 键。

在【绘图】|【圆】命令中提供了 6 种绘制圆的命令，各命令的含义如下。

- 圆心、半径(R)：用圆心和半径方式绘制圆。
- 圆心、直径(D)：用圆心和直径方式绘制圆。
- 两点(2P)：通过直径的两个端点绘制圆，系统会提示指定圆直径的第一端点和第二端点。
- 三点(3P)：通过圆上 3 点绘制圆，系统会提示指定圆直径的第一点、第二点和第三点。
- 相切、相切、半径(T)：通过圆与其他两个对象的切点和半径值来绘制圆。系统会提示指定圆的第一切点和第二切点及圆的半径。
- 相切、相切、相切(A)：通过三条切线绘制圆。

以上各种绘圆方式如图 3-21 所示。

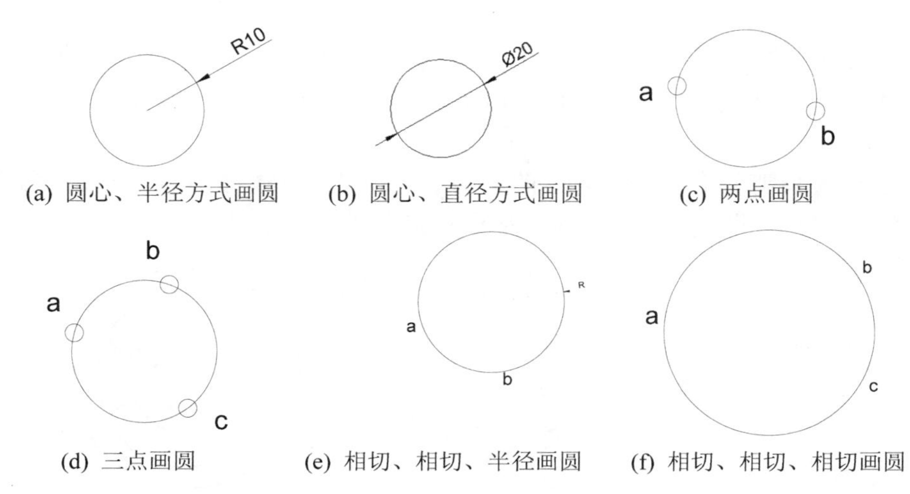

(a) 圆心、半径方式画圆　(b) 圆心、直径方式画圆　(c) 两点画圆

(d) 三点画圆　(e) 相切、相切、半径画圆　(f) 相切、相切、相切画圆

图 3-21　几种绘圆方式

【案例 3-6】 运用【圆】命令画轴承主视图。

(1) 首先打开正交模式，绘制水平和垂直的直线作为中心线，如图 3-22 所示。

(2) 单击【绘图】工具栏中的【圆】按钮，绘制直径为 6 的圆，如图 3-23 所示。命令行操作过程如下。

```
命令: _circle
指定圆的圆心或 [三点(3P)/两点(2P)/切点、切点、半径(T)]:    //捕捉中心线交点为圆心
指定圆的半径或 [直径(D)] <775.3486>: 6↙
```

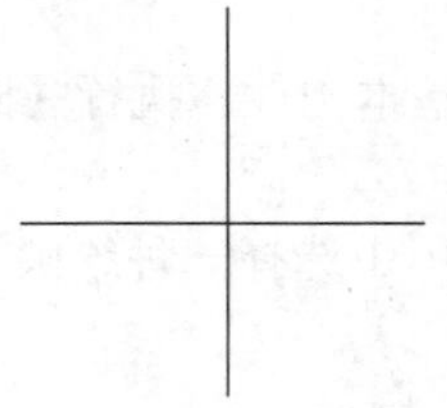

图 3-22　绘制中心线

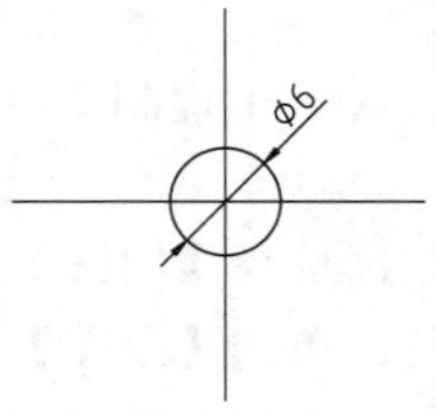

图 3-23　绘制直径为 6 的圆

(3) 重复【圆】命令，以中心线交点为圆心，绘制直径分别为 10、13、16 和 20 的同心圆，如图 3-24 所示。

(4) 单击【绘图】工具栏中的【圆】按钮，以中心线和ϕ13 的圆的交点作为圆心，绘制直径为 5 的圆，如图 3-25 所示。

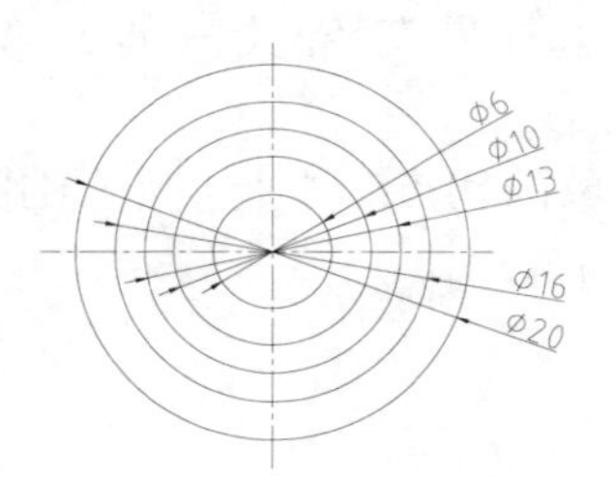

图 3-24　绘制同心圆

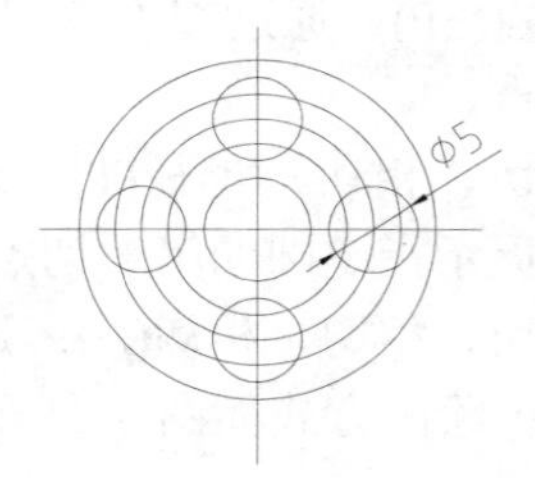

图 3-25　绘制中心线上的圆

(5) 选择【绘图】|【圆】|【相切、相切、半径】命令。依次绘制出与之相切的圆，如图 3-26 所示。

(6) 利用【修剪】命令修剪多余的辅助圆。在【绘图】工具栏中单击【修剪】按钮，修剪多余的辅助圆，完成轴承主视图的绘制，如图 3-27 所示。

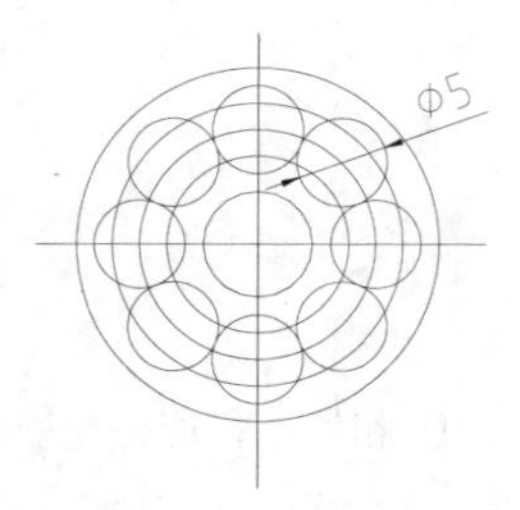

图 3-26　绘制相切圆

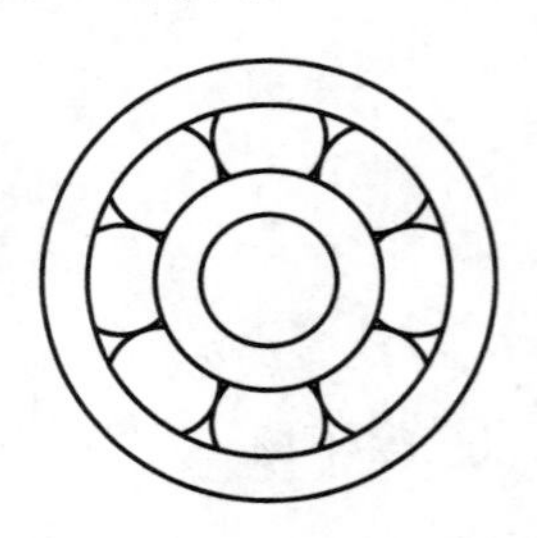

图 3-27　修剪图形

3.3.2 圆弧

圆弧即圆的一部分，在机械制图中，经常需要用圆弧来光滑连接已知直线和圆弧。执行【圆弧】命令的方法有以下几种。

- 菜单栏：选择【绘图】|【圆弧】命令。
- 工具栏：单击【绘图】工具栏中的【圆弧】按钮。
- 命令行：在命令行中输入 ARC 或 A 并按 Enter 键。

在【绘图】|【圆弧】命令中提供了 11 种绘制圆弧的命令，各命令的含义如下。

- 三点：通过指定圆弧上的三点绘制圆弧，需要指定圆弧的起点、通过的第二个点和端点。
- 起点、圆心、端点：通过指定圆弧的起点、圆心、端点绘制圆弧。
- 起点、圆心、角度：通过指定圆弧的起点、圆心、包含角度绘制圆弧，执行此命令时会出现“指定包含角”的提示，在输入角时，如果当前环境设置逆时针方向为角度正方向，且输入正的角度值，则绘制的圆弧是从起点绕圆心沿逆时针方向绘制，反之则沿顺时针方向绘制。
- 起点、圆心、长度：通过指定圆弧的起点、圆心、弧长绘制圆弧。另外，在命令行提示的“指定弧长”提示信息下，如果所输入的值为负，则该值的绝对值将作为对应整圆的空缺部分的圆弧的弧长。
- 起点、端点、角度：通过指定圆弧的起点、端点、包含角绘制圆弧。
- 起点、端点、方向：通过指定圆弧的起点、端点和圆弧的起点切向绘制圆弧。命令执行过程中会出现“指定圆弧的起点切向”提示信息，此时拖动鼠标动态地确定圆弧在起始点处的切线方向和水平方向的夹角。拖动鼠标时，AutoCAD 会在当前光标与圆弧起始点之间形成一条线，即为圆弧在起始点处的切线。确定切线方向后，单击拾取键即可得到相应的圆弧。
- 起点、端点、半径：通过指定圆弧的起点、端点和圆弧半径绘制圆弧。
- 圆心、起点、端点：以圆弧的圆心、起点、端点方式绘制圆弧。
- 圆心、起点、角度：以圆弧的圆心、起点、圆心角方式绘制圆弧。
- 圆心、起点、长度：以圆弧的圆心、起点、弧长方式绘制圆弧。
- 继续：绘制其他直线与非封闭曲线后选择【圆弧】|【圆弧】|【圆弧】命令，系统将自动以刚才绘制的对象的终点作为即将绘制的圆弧的起点。

常用的各种圆弧绘制方式如图 3-28 所示。

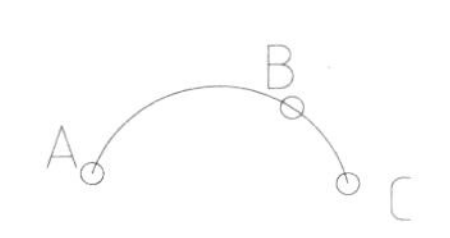

(a) 三点画弧

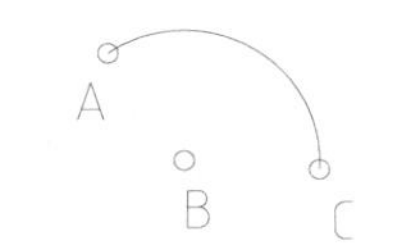

(b) 起点、圆心、端点画弧

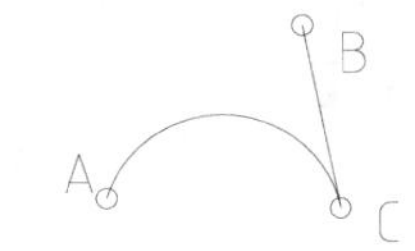

(c) 起点、端点、切向画弧

图 3-28　几种常用的绘制圆弧方式

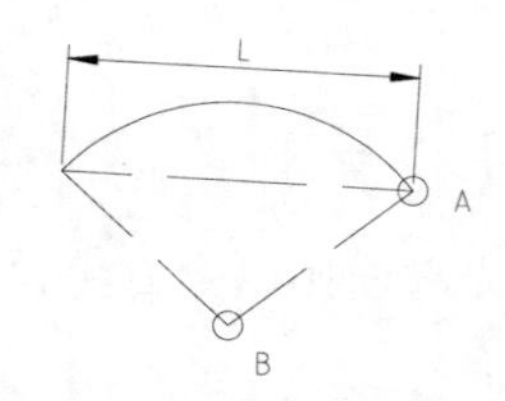

(d) 起点、圆心、长度画弧

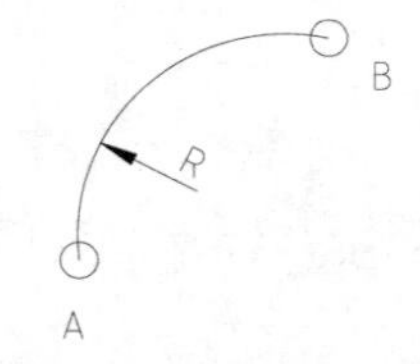

(e) 起点、端点、半径画弧

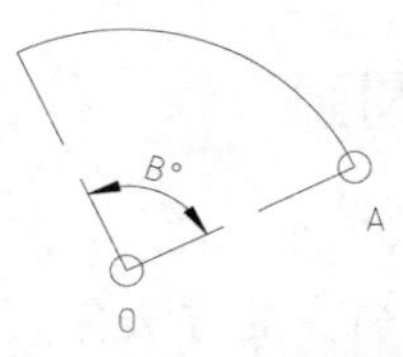

(f) 圆心、起点、角度画弧

图 3-28 几种常用的绘制圆弧方式(续)

【案例 3-7】 运用【圆弧】命令绘制风扇叶片

(1) 打开正交模式。单击【绘图】工具栏中的【构造线】按钮，绘制水平和垂直的两条构造线，如图 3-29 所示。

(2) 单击【绘图】工具栏中的【构造线】按钮，在命令行中选择【偏移】选项，将水平构造线向上分别偏移 60、70，将垂直构造线向两侧分别偏移 40、50，绘制 4 条构造线，如图 3-30 所示。

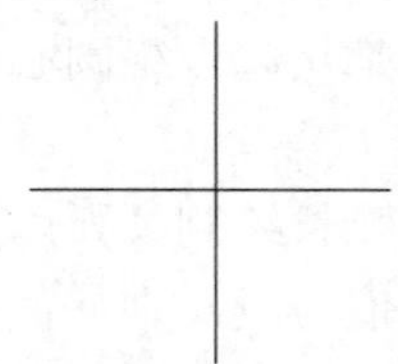

图 3-29 绘制构造线

图 3-30 绘制偏移构造线

(3) 选择【绘图】|【圆】|【圆心，半径】命令，依次在 A、B 点绘制半径为 20、40 的圆，如图 3-31 所示。

(4) 在【绘图】工具栏中单击【修剪】按钮，修剪出圆弧，如图 3-32 所示。

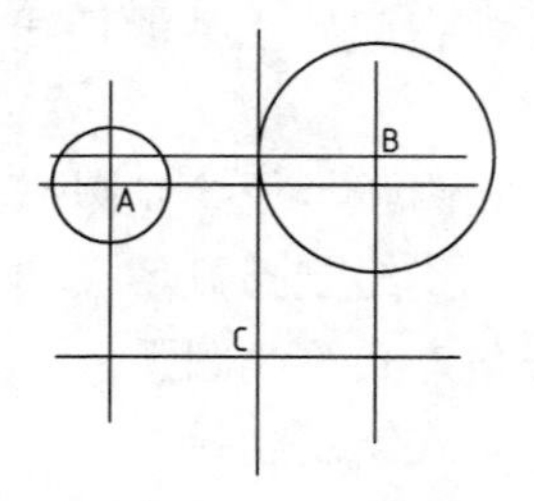

图 3-31 绘制两个圆

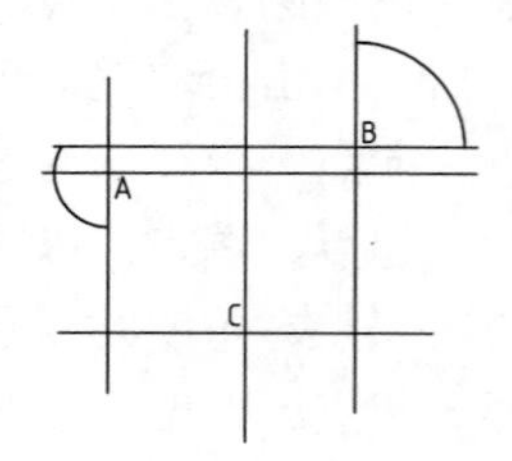

图 3-32 修剪出圆弧

(5) 选择【绘图】|【圆】|【圆心、半径】命令，以 C 点为圆心绘制直径为 20 和 40 的同心圆，如图 3-33 所示。

(6) 选择【绘图】|【圆弧】|【起点、端点、半径】命令，依次绘制出半径分别为 40、72、126 的圆弧，如图 3-34 所示。风扇叶片绘制完成。

提示

在绘制圆弧的过程中，圆弧端点的选取顺序关系到圆弧的方向，一般第二个端点在第一个端点逆时针方向。

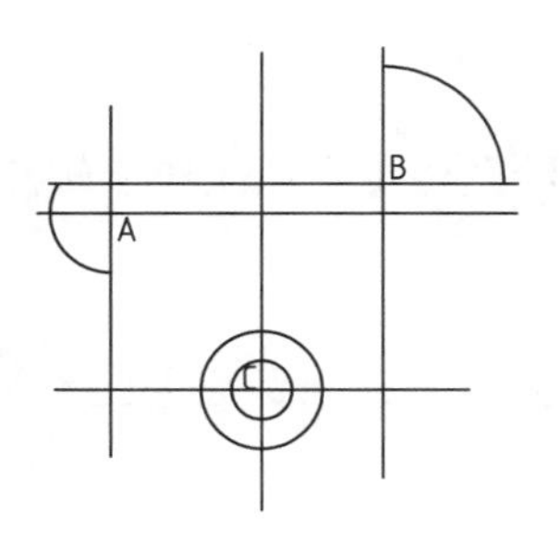

图 3-33　绘制同心圆

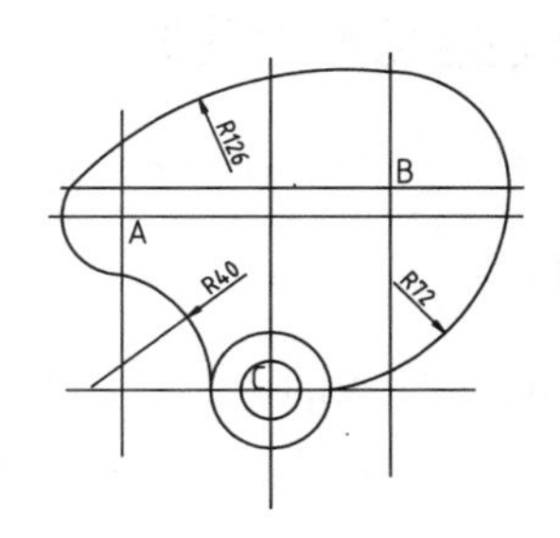

图 3-34　绘制圆弧

3.3.3　圆环

圆环是由同一圆心、不同直径的两个同心圆组成的，控制圆环的参数是圆心、内直径和外直径。执行【圆环】命令的方法有以下几种。

- 菜单栏：选择【绘图】|【圆环】命令。
- 命令行：在命令行中输入 DONUT 或 DO 并按 Enter 键。

默认情况下，所绘制的圆环为填充的实心图形。如果在绘制圆环之前在命令行中输入 FILL，则可以控制圆环和圆的填充可见性。执行 FILL 命令后，命令行提示如下。

```
命令：FILL↙
输入模式[开(ON)]|[关(OFF)]<开>:                    //选择填充开、关
```

选择【开(ON)】模式，表示填充绘制的圆环和圆，如图 3-35 所示。

(a) 内外直径不相等

(b) 内直径为 0

(c) 内外直径相等

图 3-35　填充的圆环

选择【关(OFF)】模式，表示绘制的圆环和圆不予填充，如图 3-36 所示。

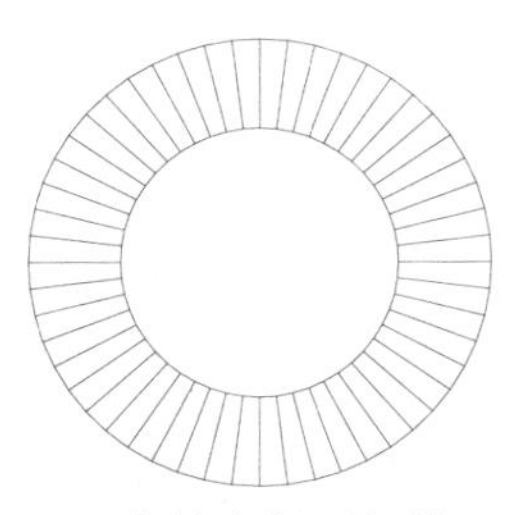

(a) 内外直径不相等

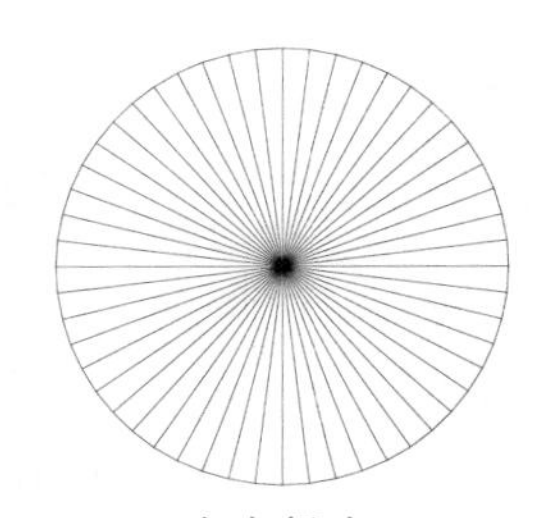

(b) 内直径为 0

图 3-36　不填充的圆环

3.3.4 椭圆与椭圆弧

椭圆和椭圆弧图形在建筑绘图中经常出现，在机械绘图中也常用来绘制轴测图。

1. 椭圆

椭圆是特殊样式的圆，是指平面上到定点的距离与到定直线间距离之比为常数的所有点的集合。执行【椭圆】命令的方法有以下几种。

- 菜单栏：选择【绘图】|【椭圆】命令。
- 工具栏：单击【绘图】工具栏中的【椭圆】按钮。
- 命令行：在命令行中输入 ELLIPSE 或 EL 并按 Enter 键。

在【绘图】|【椭圆】命令中提供了两种绘制椭圆的命令。各子命令的含义如下。

- 圆心：通过指定椭圆的中心点、一条轴的一个端点及另一条轴的半轴长度来绘制椭圆。
- 轴、端点：通过指定椭圆一条轴的两个端点及另一条轴的半轴长度来绘制椭圆。

2. 椭圆弧

椭圆弧是椭圆的一部分。绘制椭圆弧需要确定的参数有：椭圆弧所在椭圆的两条轴及椭圆弧的起点和终点的角度。执行【椭圆弧】命令的方法有以下几种。

- 菜单栏：选择【绘图】|【椭圆】|【椭圆弧】命令。
- 工具栏：单击【绘图】工具栏中的【椭圆弧】按钮。

3.4 绘制多边形对象

在 AutoCAD 2014 中，多边形图形包括矩形、正多边形等，是绘图过程中使用较多的一类图形。

3.4.1 矩形

矩形就是通常所说的长方形，是通过输入矩形的任意两个对角点位置确定的。在 AutoCAD 2014 中，绘制矩形可以为其设置倒角、圆角，以及宽度和厚度值，如图 3-37 所示。

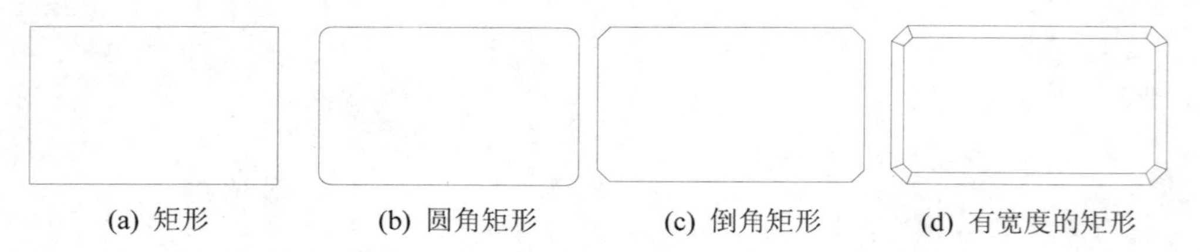

(a) 矩形 (b) 圆角矩形 (c) 倒角矩形 (d) 有宽度的矩形

图 3-37 各种样式的矩形效果

执行【矩形】命令的方法有以下几种。

- 菜单栏：选择【绘图】|【矩形】命令。
- 工具栏：单击【绘图】工具栏中的【矩形】按钮□。
- 命令行：在命令行中输入 RECTANG 或 REC 并按 Enter 键。

执行该命令后，命令行提示如下。

```
指定第一个角点或[倒角(C)/标高(E)/圆角(F)/厚度(T)/宽度(W)]
```

其中各选项的含义如下。

- 倒角(C)：用来绘制倒角矩形，选择该选项后可指定矩形的倒角距离。设置该选项后，执行矩形命令时此值成为当前的默认值，若不需要设置倒角，则要再次将其设置为 0。
- 标高(E)：矩形的高度。默认情况下，矩形在 *X*、*Y* 平面内。该选项一般用于三维绘图。
- 圆角(F)：绘制带圆角的矩形。选择该选项后可指定矩形的圆角半径。
- 厚度(T)：定义矩形的厚度，该选项一般用于三维绘图。
- 宽度(W)：定义矩形的宽度。

提示

在绘制圆角或倒角矩形时，如果矩形的长度和宽度太小而无法使用当前设置创建圆角时，绘制出来的矩形将不进行圆角或倒角。

3.4.2 实例——绘制插板平面图

(1) 在命令行中输入 FILL 并按 Enter 键，关闭图形填充。命令行操作如下。

```
命令: FILL↙
输入模式[开(ON)]|[关(OFF)]<开>:
命令: off↙                                        //关闭图形填充
```

(2) 绘制插板轮廓。单击【绘图】工具栏中的【矩形】按钮□，绘制矩形，如图 3-38 所示。命令行操作过程如下。

```
命令: _rectang
指定第一个角点或 [倒角(C)/标高(E)/圆角(F)/厚度(T)/宽度(W)]: C↙
指定矩形的第一个倒角距离 <0.0000>: 1↙
指定矩形的第二个倒角距离 <1.0000>: 1↙
指定第一个角点或 [倒角(C)/标高(E)/圆角(F)/厚度(T)/宽度(W)]: W↙
指定矩形的线宽 <0.0000>: 1↙
指定第一个角点或 [倒角(C)/标高(E)/圆角(F)/厚度(T)/宽度(W)]: 0,0
指定另一个角点或 [面积(A)/尺寸(D)/旋转(R)]: 35,40↙
```

(3) 绘制辅助线。单击【绘图】工具栏中的【直线】按钮，以矩形中点为端点，绘制两条正交辅助线，如图 3-39 所示。

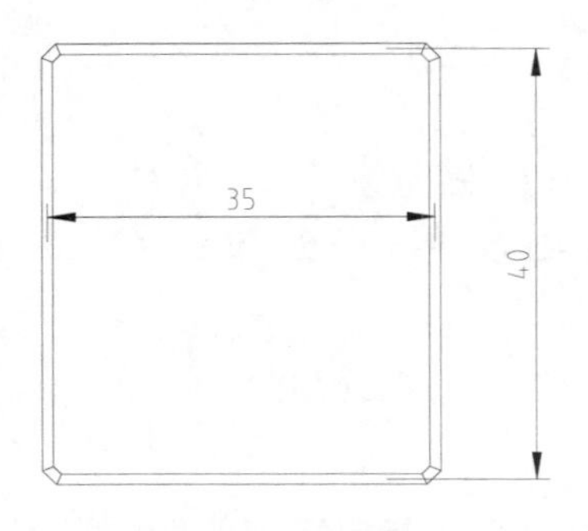

图 3-38　绘制插板轮廓

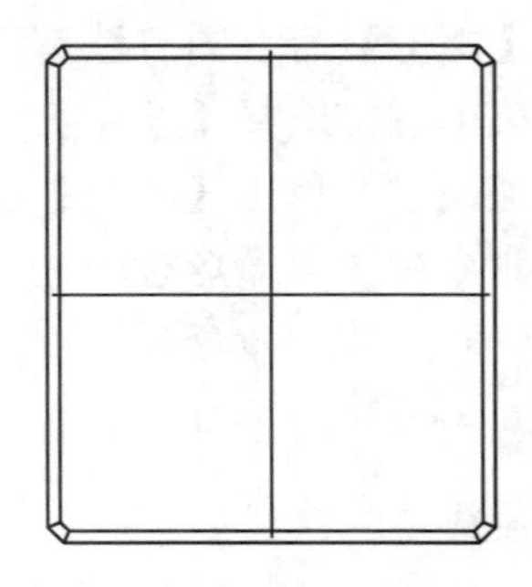

图 3-39　绘制辅助线

(4) 偏移中心线。单击【修改】工具栏中的【偏移】按钮，分别偏移水平和竖直中心线，如图 3-40 所示。

(5) 绘制垂直插孔。单击【绘图】工具栏中的【矩形】按钮，设置倒角距离为 0，矩形宽度为 1，以辅助线交点为对角点，绘制如图 3-41 所示的插孔，绘制完成之后删除多余的构造线。

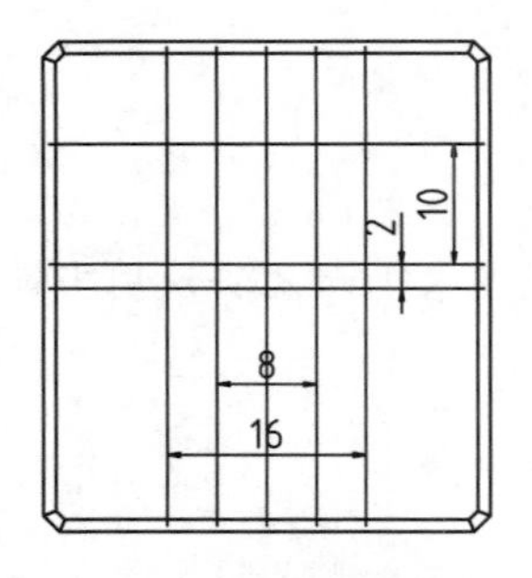

图 3-40　偏移辅助线

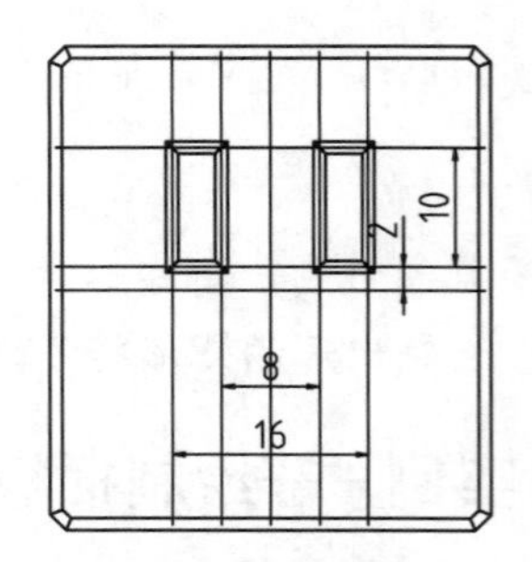

图 3-41　绘制插孔矩形

(6) 再次偏移辅助线。单击【修改】工具栏中的【偏移】按钮，分别偏移水平和竖直中心线，如图 3-42 所示。

(7) 单击【绘图】工具栏中的【矩形】按钮，保持矩形参数不变，以构造线交点为对角点绘制矩形，如图 3-43 所示。插板平面图绘制完成。

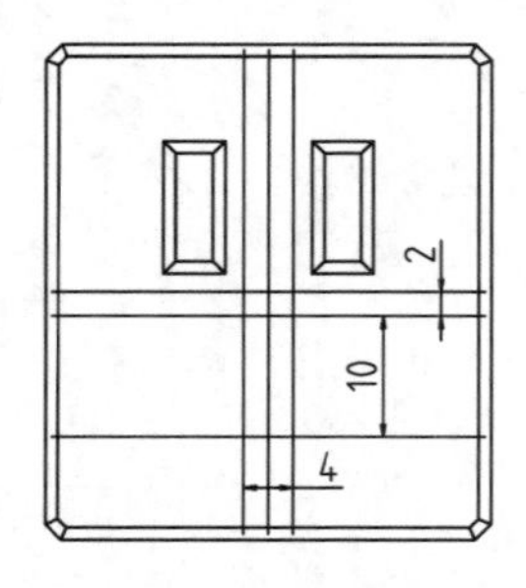

图 3-42　偏移辅助线

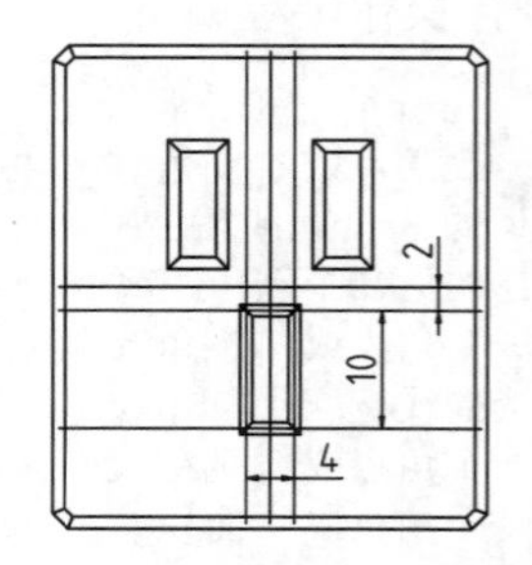

图 3-43　绘制插孔矩形

3.4.3　正多边形

正多边形是各边长和各内角都相等的多边形，其边数范围在 3～1024 之间，如图 3-44

所示为各种多边形效果。

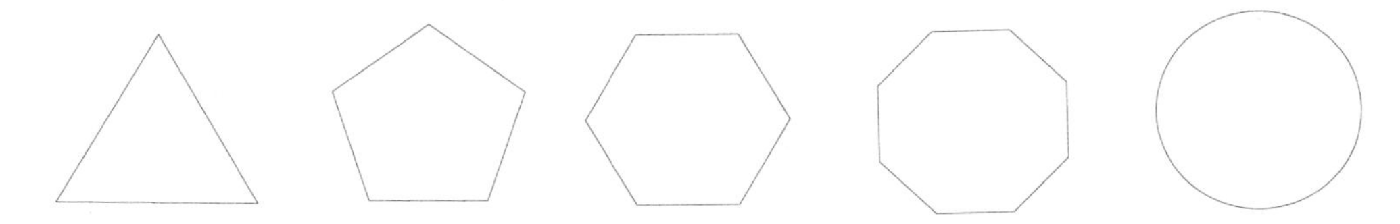

图 3-44　各种正多边形效果

执行【正多边形】命令的方法有以下几种。

- 菜单栏：选择【绘图】|【正多边形】命令。
- 工具栏：单击【绘图】工具栏中的【正多边形】按钮。
- 命令行：在命令行中输入 POLYGON 或 POL 并按 Enter 键。

执行该命令并指定正多边形的边数后，命令行将出现如下提示。

```
指定正多边形的中心点或[边(E)]:
```

命令行中各选项的含义如下。

- 中心点：通过指定正多边形中心点的方式来绘制正多边形。选择该选项后，会提示“输入选项[内接于圆(I)/外切于圆<I>:]”的信息，内接于圆表示以指定正多边形内接圆半径的方式来绘制正多边形；外切于圆表示以指定正多边形外切圆半径的方式来绘制正多边形。
- 边(E)：通过指定多边形的方式来绘制正多边形。该方式将通过边的数量和长度确定正多边形。

3.4.4　实例——绘制扳手

(1) 绘制中心线。单击【绘图】工具栏中的【直线】按钮，以任意一点为起点，以相对坐标(@200,-80)为终点绘制一条辅助直线,如图 3-45 所示。

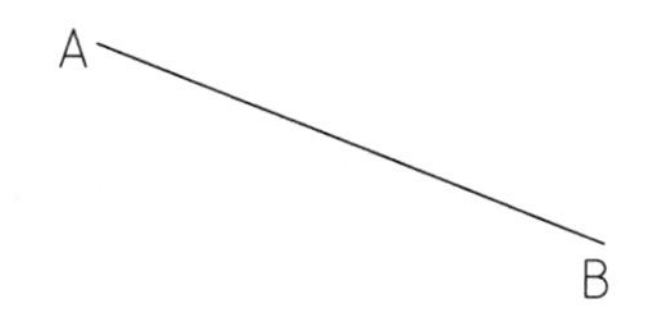

图 3-45　绘制辅助线

(2) 绘制正多边形。单击【绘图】工具栏中的【正多边形】按钮。在 A 点绘制正六边形，内接圆的半径为 30，结果如图 3-46 所示。命令行操作如下。

```
命令: _polygon
输入侧面数 <4>: 6↙
指定正多边形的中心点或 [边(E)]:                    //指定 A 点为中心点
输入选项 [内接于圆(I)/外切于圆(C)] <I>: I↙
指定圆的半径: 30↙
```

(3) 重复【多边形】命令，以同样的方法在 B 点绘制正六边形，设置外接圆半径为

15，如图 3-47 所示。

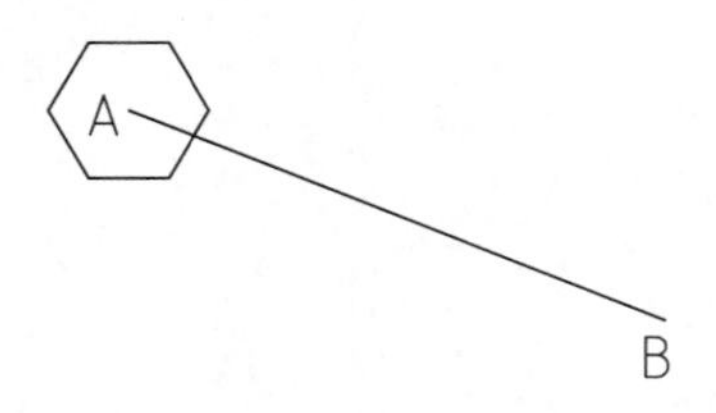

图 3-46　绘制正多边形

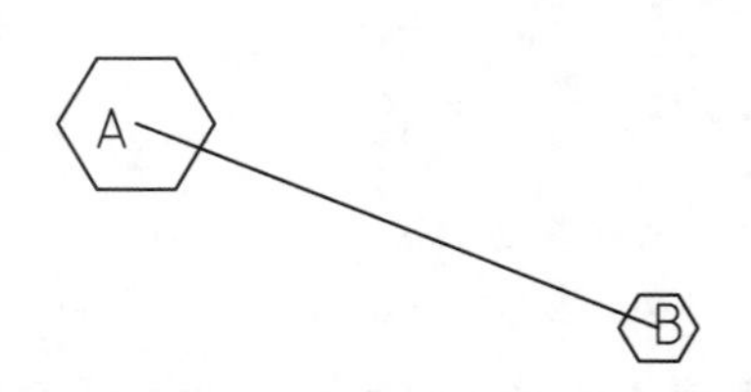

图 3-47　绘制另一个正多边形

(4) 绘制圆。单击【绘图】工具栏中的【圆】按钮，以 A、B 点作为圆心分别绘制半径为 60、30 的圆，如图 3-48 所示。

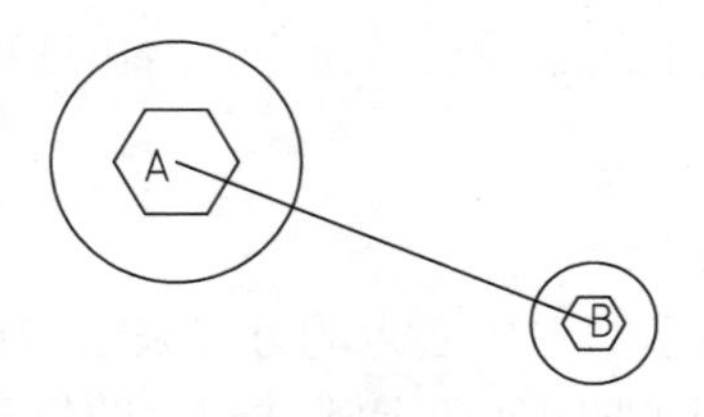

图 3-48　绘制两个圆

(5) 绘制圆弧。单击【绘图】工具栏中的【圆】按钮，选择【切点、切点、半径】选项，绘制与已知圆相切的圆，设置圆半径为 300，如图 3-49 所示。

(6) 修剪图形。单击【修改】工具栏中的【修剪】按钮，修剪多余的圆弧，完成扳手图形的绘制，结果如图 3-50 所示。

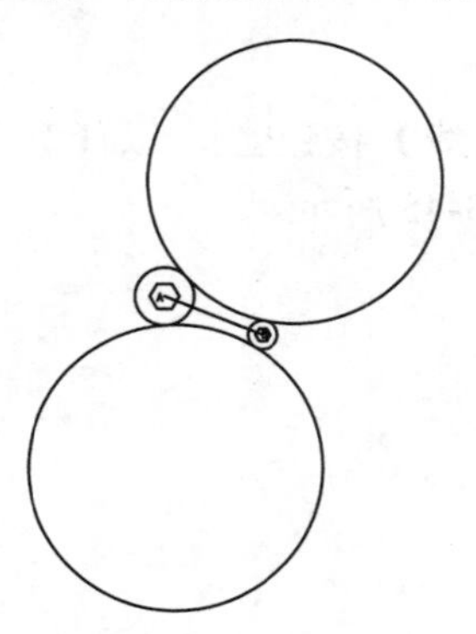

图 3-49　绘制相切圆

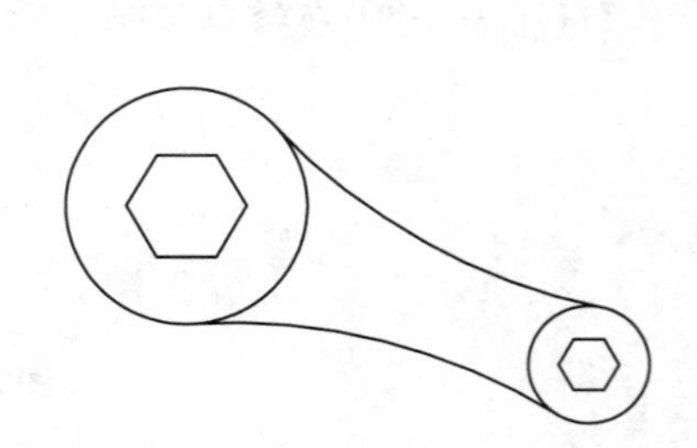

图 3-50　修剪图形

3.5 综合实例

运用本章所学知识绘制如图 3-51 所示的图形(可不进行标注)

(1) 绘制中心线。单击【绘图】工具栏中的【直线】按钮，绘制如图 3-52 所示的辅助线。

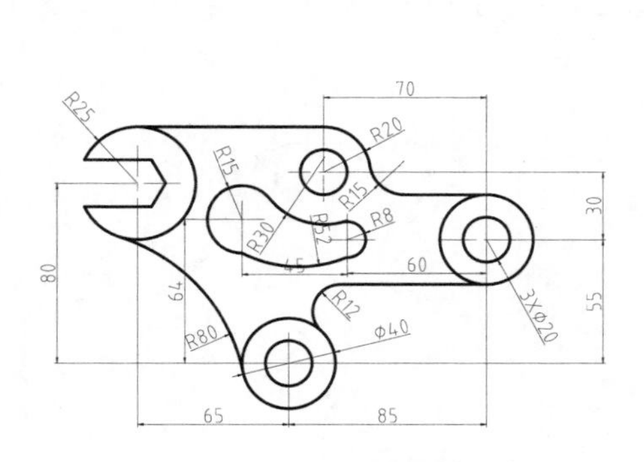

图 3-51　示例图形

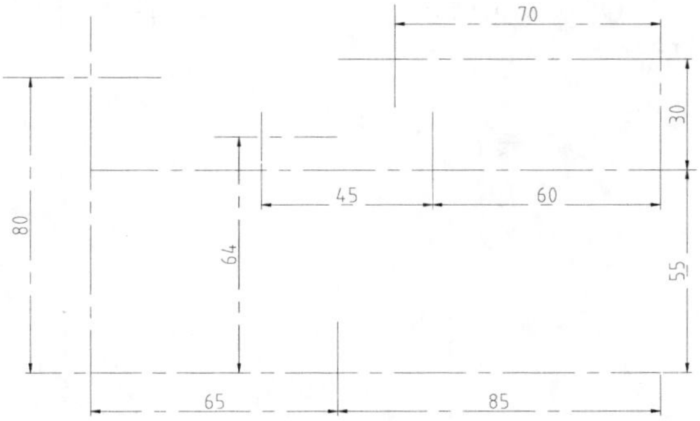

图 3-52　绘制辅助线

(2) 绘制圆。单击【绘图】工具栏中的【圆】按钮，依次绘制如图 3-53 所示尺寸的圆。

(3) 绘制切线。单击【绘图】工具栏中的【直线】按钮，分别绘制 R20 和 R25 圆的水平切线，结果如图 3-54 所示。

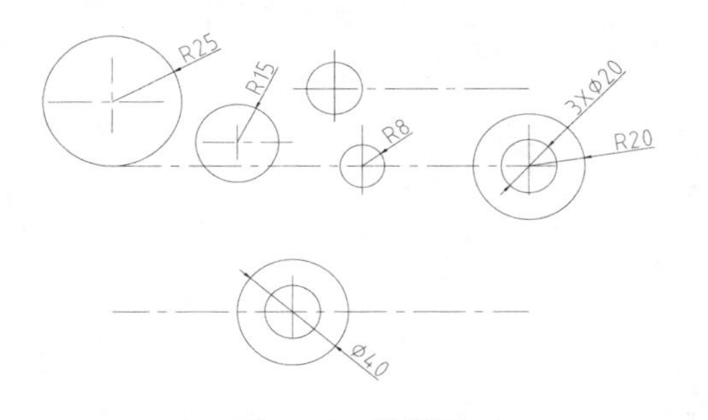

图 3-53　绘制圆

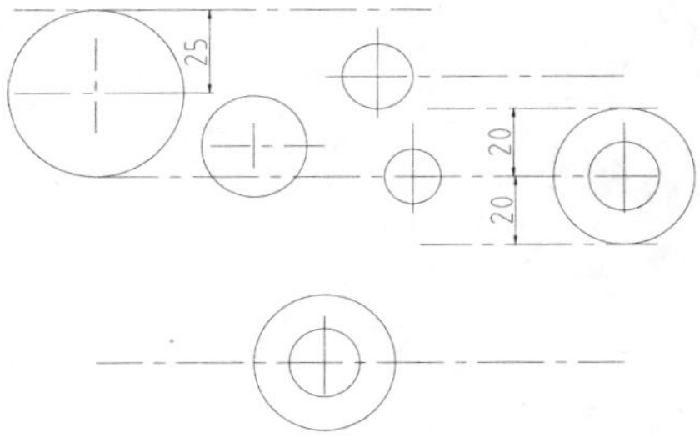

图 3-54　绘制切线

(4) 绘制相切圆。单击【绘图】工具栏中的【圆】按钮，选择【切点、切点、半径】选项，绘制相切圆，结果如图 3-55 所示。

(5) 绘制连接圆弧。选择【绘图】|【圆弧】|【起点、端点、半径】命令，绘制 R52 的圆弧，如图 3-56 所示。

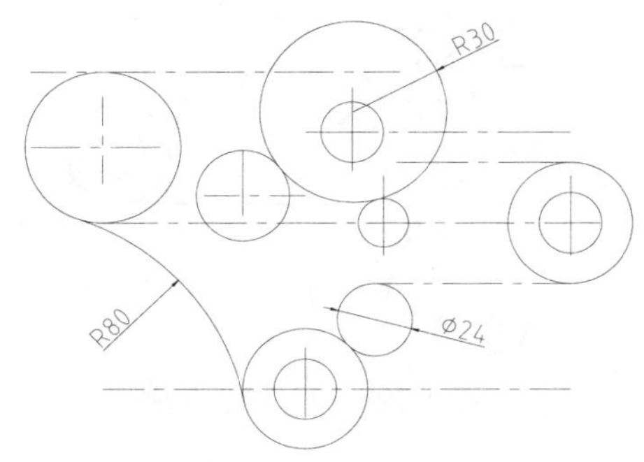

图 3-55　绘制相切圆

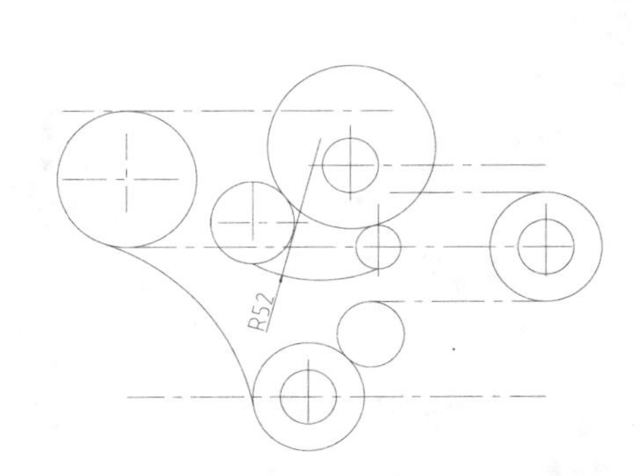

图 3-56　绘制连接圆弧

(6) 修剪图形。单击【修剪】按钮，修剪直线、辅助圆，结果如图 3-57 所示。

(7) 绘制连接圆弧。选择【绘图】|【圆】命令，绘制 R15、R20 的圆，结果如图 3-58 所示。

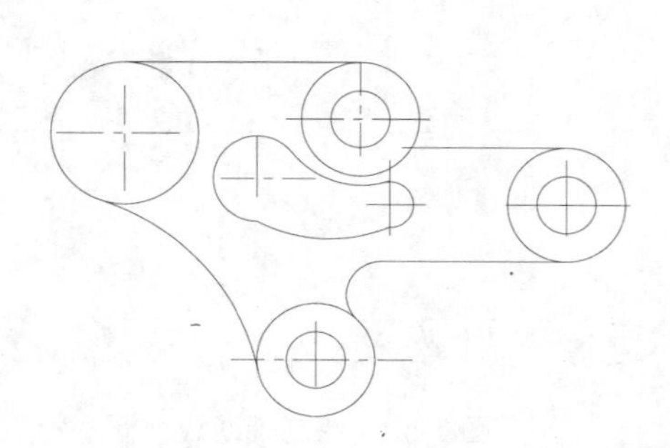

图 3-57　修剪图形

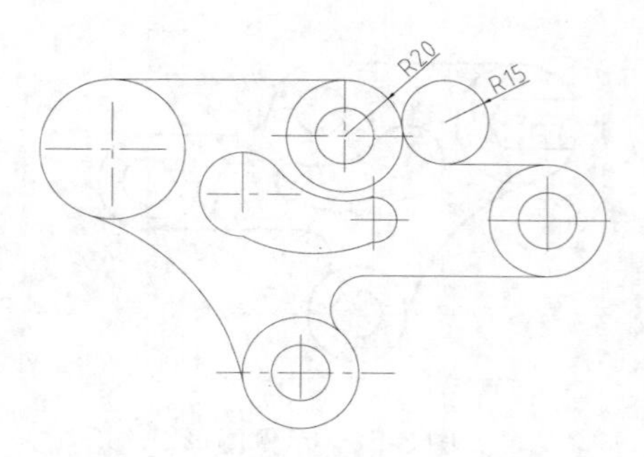

图 3-58　绘制的连接圆弧

(8) 修剪图形。单击【修剪】按钮，修剪直线、辅助圆，结果如图 3-59 所示。

(9) 绘制正多边形。单击【绘图】工具栏中的【正多边形】按钮，绘制外接圆半径为 12 的正六边形，结果如图 3-60 所示。

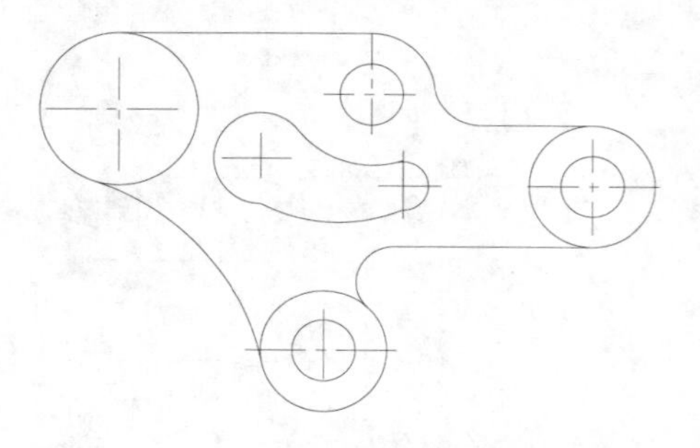

图 3-59　修剪图形

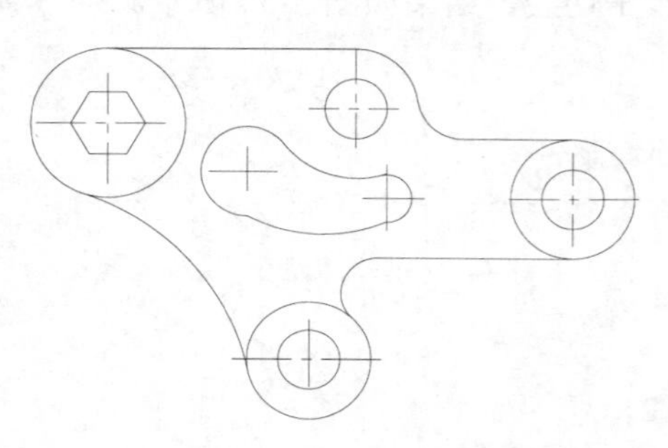

图 3-60　绘制正多边形

(10) 绘制连接线。单击【绘图】工具栏中的【直线】按钮，连接正六边形与圆，结果如图 3-61 所示。

(11) 修剪图形。单击【修剪】按钮，修剪图形，结果如图 3-62 所示。

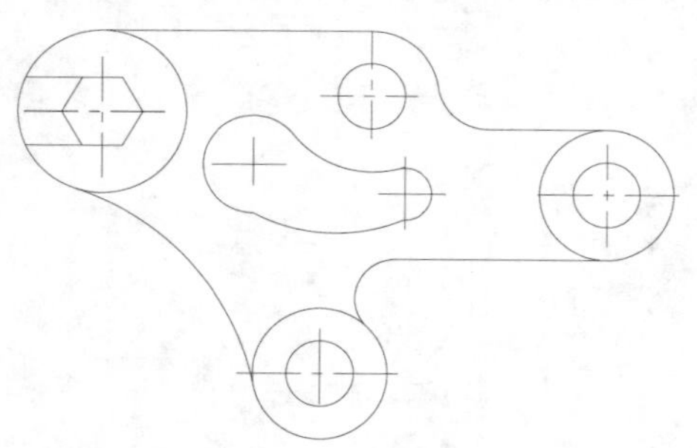

图 3-61　绘制连接线

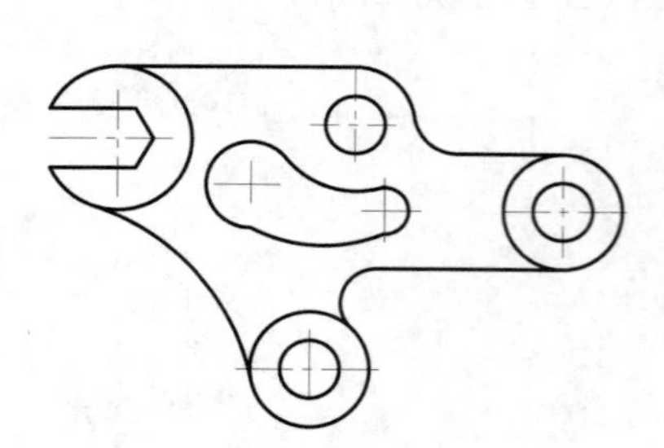

图 3-62　图形绘制完成

3.6　思考与练习

一、简答题

1. AutoCAD 2014 中绘制直线、圆、椭圆、多边形的快捷命令分别是什么？
2. 在 AutoCAD 2014 中，圆弧的绘制方法有几种？分别是什么？
3. 定距等分直线时，如何确定从起点等分、终点等分？

二、操作题

1. 绘制如图 3-63 所示的图形(可不进行标注)。
2. 绘制如图 3-64 所示的图形。

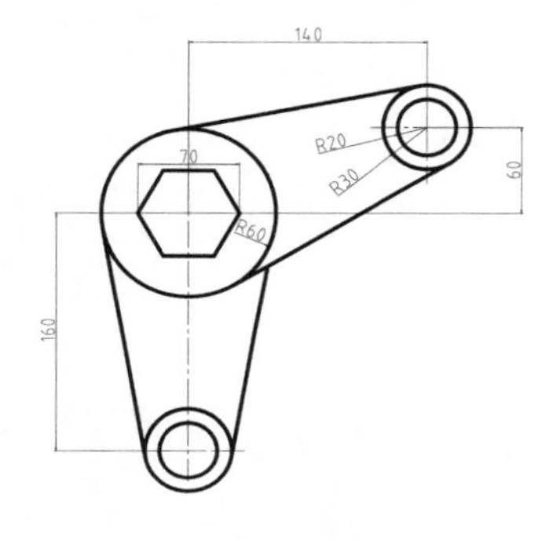

图 3-63　曲柄

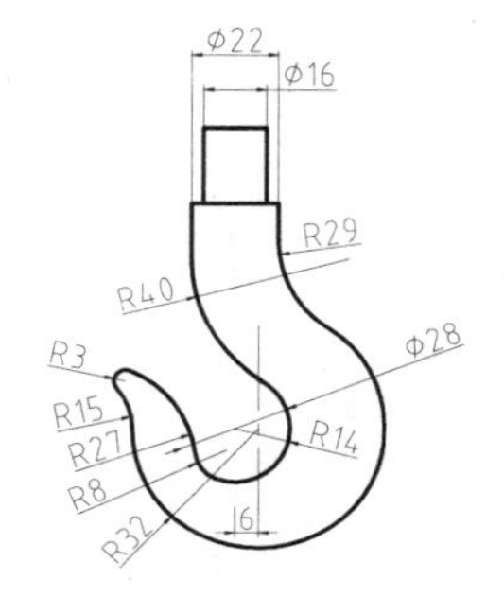

图 3-64　吊钩

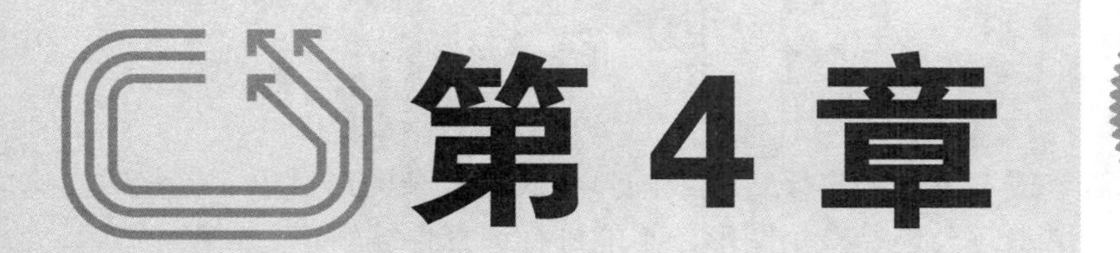

第 4 章

绘制复杂机械图形

本章导读

本章讲解多段线、样条曲线、多线、图案填充等复杂图形对象的绘制方法。这些对象一般用于复杂图形边界的绘制和填充。

学习目标

- 掌握多段线的绘制方法，重点是直线和圆弧方式的切换和多段线线宽的设置。
- 掌握样条曲线的绘制方法和修改方法，了解控制点样条曲线和拟合点样条曲线的区别。
- 掌握多线样式的设置方法和多线的绘制方法，掌握多线的编辑方法。
- 掌握图案填充的操作方法，了解各填充参数对填充效果的影响。

4.1 多 段 线

多段线是由等宽或不等宽的多段直线或圆弧构成的复杂图形对象，这些线段构成的图形成为一个整体，单击时会选择整个图形，不能进行选择性编辑。

4.1.1 绘制多段线

执行【多线段】命令的方法有以下几种。

- 菜单栏：选择【格式】|【多段线】命令。
- 工具栏：单击【绘图】工具栏中的【多段线】按钮。
- 命令行：在命令行中输入 PLINE 或 PL 并按 Enter 键。

执行【多段线】命令之后，先选择多段线起点，命令行提示如下。

```
命令: _pline
指定起点:
当前线宽为 0.0000
指定下一个点或 [圆弧(A)/半宽(H)/长度(L)/放弃(U)/宽度(W)]:
```

命令行中各选项的含义如下。

- 圆弧(A)：选择该选项，将以绘制圆弧的方式绘制多段线。
- 半宽(H)：选择该选项，将指定多段线的半宽值，AutoCAD 将提示用户输入多段线的起点宽度和终点宽度。常用此选项绘制箭头。
- 长度(L)：选择该选项，将定义下一条多段线的长度。
- 放弃(U)：选择该选项，将取消上一次绘制的一段多段线。
- 宽度(W)：选择该选项，可以设置多段线宽度值。建筑制图中常用此选项来绘制具有一定宽度的地平线等元素。

【案例 4-1】 利用多段线绘制框架。

(1) 绘制多段线。在命令行中输入 PLINE 或 PL 并按 Enter 键，绘制外轮廓如图 4-1 所示。命令行操作过程如下。

```
命令:PLINE↙                                          //执行【多段线】命令
指定起点:                                             //在绘图区任意指定一点 A
当前线宽为 0.0000
指定下一个点或 [圆弧(A)/半宽(H)/长度(L)/放弃(U)/宽度(W)]: @1000,0↙
                                                      //输入 B 点的相对坐标
指定下一点或 [圆弧(A)/闭合(C)/半宽(H)/长度(L)/放弃(U)/宽度(W)]: @0,600↙
                                                      //输入 C 点的相对坐标
指定下一点或 [圆弧(A)/闭合(C)/半宽(H)/长度(L)/放弃(U)/宽度(W)]:A↙
                                                      //激活【圆弧】选项
指定圆弧的端点或[角度(A)/圆心(CE)/闭合(CL)/方向(D)/半宽(H)/直线(L)/半径(R)/第二
个点(S)/放弃(U)/宽度(W)]:A↙                           //激活【角度】选项
指定包含角:90↙                                        //指定角度
指定圆弧的端点或 [圆心(CE)/半径(R)]:@-400,400↙         //输入 D 点的相对坐标
指定圆弧的端点或 [角度(A)/圆心(CE)/闭合(CL)/方向(D)/半宽(H)/直线(L)/半径(R)/第二
个点(S)/放弃(U)/宽度(W)]:L↙                           //激活【直线】选项
```

```
指定下一点或 [圆弧(A)/闭合(C)/半宽(H)/长度(L)/放弃(U)/宽度(W)]:@-200,0↙
                                                //输入 E 点坐标
指定下一点或 [圆弧(A)/闭合(C)/半宽(H)/长度(L)/放弃(U)/宽度(W)]:A↙
                                                //激活【圆弧】选项
指定圆弧的端点或[角度(A)/圆心(CE)/闭合(CL)/方向(D)/半宽(H)/直线(L)/半径(R)/第二个点(S)/放弃(U)/宽度(W)]:A↙
指定包含角: 90↙                                  //指定角度
指定圆弧的端点或 [圆心(CE)/半径(R)]: @-400,-400↙  //输入 F 点相对坐标
指定圆弧的端点或
[角度(A)/圆心(CE)/闭合(CL)/方向(D)/半宽(H)/直线(L)/半径(R)/第二个点(S)/放弃(U)/宽度(W)]: L↙
                                                //激活【直线】选项
指定下一点或 [圆弧(A)/闭合(C)/半宽(H)/长度(L)/放弃(U)/宽度(W)]:C↙ //闭合多段线
```

(2) 偏移多线段。单击【修改】工具栏中的【偏移】按钮，将绘制的多段线向内侧偏移，偏移距离为 100；然后单击【绘图】工具栏中的【圆】按钮，在合适的位置绘制半径为 60 的圆，结果如图 4-2 所示。

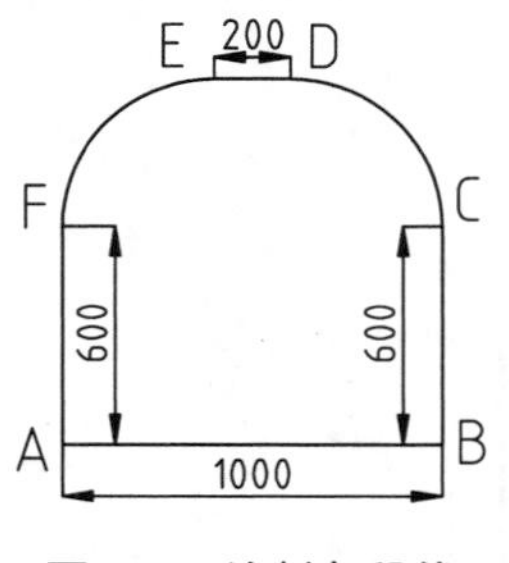

图 4-1　绘制多段线

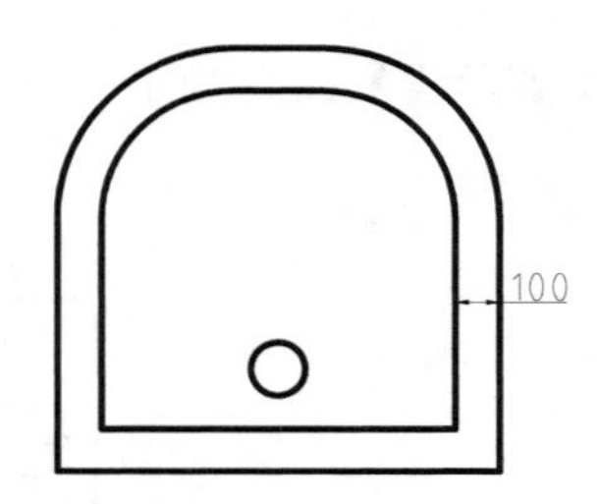

图 4-2　偏移多段线

4.1.2 编辑多段线

多段线绘制完成以后，可以根据不同的需要进行编辑，除了可以使用修剪的方式编辑多段线外，还可以使用多段线编辑命令进行编辑。执行编辑多段线命令的方法有以下几种。

- 菜单栏：选择【修改】|【对象】|【多段线】命令。
- 命令行：在命令行中输入 PEDIT 或 PE 并按 Enter 键。

执行该命令后命令行提示如下。

```
命令：PEDIT 选择多段线或 [多条(M)]:
```

选择多线段后，命令行提示如下。

```
输入选项 [闭合()/合并(J)/宽度(W)/编辑顶点(E)/拟合(F)/样条曲线(S)/非曲线化(D)/线型生成(L)/反转(R)/放弃(U)]:
```

其中各选项的含义如下。

- 闭合(C)：可以将原多段线通过修改的方式闭合起来。执行此选项后，命令将自动变为【打开(O)】，如果再执行【打开】命令又会切换回来。
- 合并(J)：可以将多段线与其他直线合并成一个整体。注意，“其他直线”必须是要与多段线首或尾相连接的直线。此选项在绘图过程中应用相当广泛。

- 宽度(W)：可以将多线段的各部分线宽设置所输入的宽度(不管原线宽为多少)。
- 编辑顶点(E)：通过在屏幕上绘制×来标记多段线的第一个顶点。如果已指定此顶点的切线方向，则在此方向上绘制箭头。
- 拟合(F)：创建连接每一对顶点的平滑圆弧曲线。曲线经过多段线的所有顶点并使用任何指定的切线方向。
- 样条曲线(S)：将选定多段线的顶点用作样条曲线拟合多段线的控制点或边框。除非原始多段线闭合，否则曲线经过第一个和最后一个控制点。
- 非曲线化(D)：删除圆弧拟合或样条曲线拟合多段线插入的其他顶点并拉直多段线的所有线段。
- 线型生成(L)：生成通过多段线顶点的连续图案的线型。此选项关闭时，将生成始末顶点处为虚线的线型。

4.1.3 实例——绘制插销座

利用【多段线】命令绘制如图 4-3 所示的插销座。

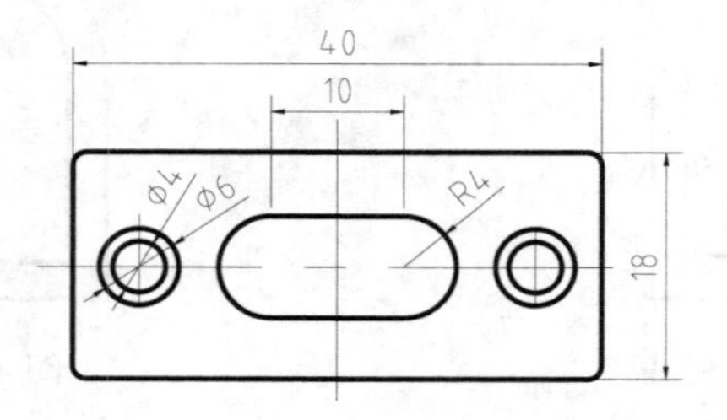

图 4-3　插销座

(1) 绘制中心线。单击【绘图】工具栏中的【直线】按钮，绘制如图 4-4 所示的中心线。

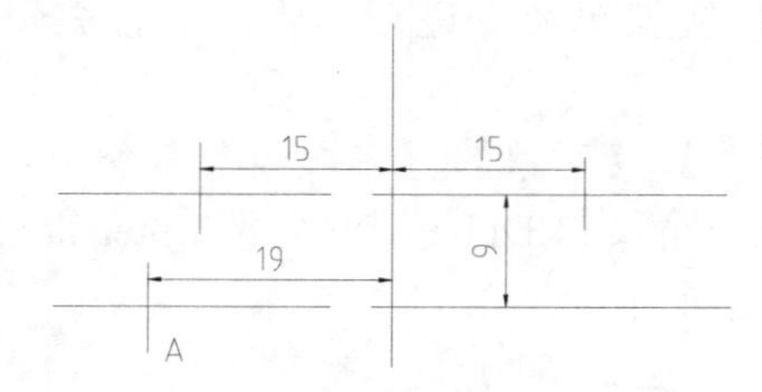

图 4-4　绘制中心线

(2) 绘制插销外轮廓。单击【绘图】工具栏中的【多段线】按钮，以 A 为起点，绘制外轮廓如图 4-5 所示。命令行操作过程如下。

```
命令: _pline                                                    //输入命令 PL
指定起点:                                                       //以 A 点为多段线的起点
当前线宽为 0.0000
指定下一个点或 [圆弧(A)/半宽(H)/长度(L)/放弃(U)/宽度(W)]: 38↙    //输入直线长度
指定下一点或 [圆弧(A)/闭合(C)/半宽(H)/长度(L)/放弃(U)/宽度(W)]: a↙
                                                                //激活圆弧选项
指定圆弧的端点或
```

```
[角度(A)/圆心(CE)/闭合(CL)/方向(D)/半宽(H)/直线(L)/半径(R)/第二个点(S)/放弃
(U)/宽度(W)]: a↙                                      //激活【角度】选项
指定包含角: 90↙                                       //指定角度
指定圆弧的端点或 [圆心(CE)/半径(R)]: r↙               //激活【半径】选项
指定圆弧的半径: 1↙                                    //输入半径
指定圆弧的弦方向 <0>: 45↙                             //输入圆弧的弦方向
指定圆弧的端点或
[角度(A)/圆心(CE)/闭合(CL)/方向(D)/半宽(H)/直线(L)/半径(R)/第二个点(S)/放弃
(U)/宽度(W)]: l↙                                      //激活【直线】选项
……重复上述命令，直至外轮廓线闭合。
```

(3) 绘制圆。单击【绘图】工具栏中的【圆】按钮，在中心线上绘制 R2 和 R3 的同心圆，结果如图 4-6 所示。

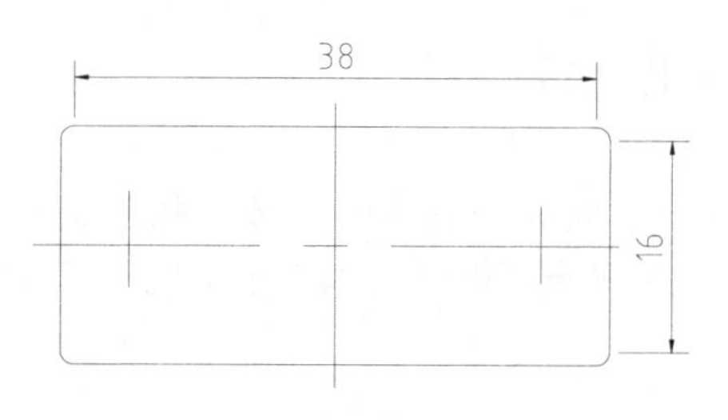

图 4-5　绘制外轮廓

图 4-6　绘制圆

(4) 偏移中心线。单击【修改】工具栏中的【偏移】按钮，将竖直中心线向左偏移 5，将水平中心线向下偏移 4，结果如图 4-7 所示。

(5) 绘制多段线。单击【绘图】工具栏中的【多段线】按钮，以 B 为起点，绘制轮廓线，结果如图 4-8 所示，命令行操作过程如下。

```
命令: <正交 开>                                       //按 F8 键打开正交功能
命令: _pline                                          //执行【多段线】命令
指定起点:                                             //以 B 点为多段线的起点
当前线宽为 0.0000
指定下一个点或 [圆弧(A)/半宽(H)/长度(L)/放弃(U)/宽度(W)]: 10↙
                                                      //水平向右移动指针，输入直线长度
指定下一点或 [圆弧(A)/闭合(C)/半宽(H)/长度(L)/放弃(U)/宽度(W)]: A↙
                                                      //激活【圆弧】选项
指定圆弧的端点或
[角度(A)/圆心(CE)/闭合(CL)/方向(D)/半宽(H)/直线(L)/半径(R)/第二个点(S)/放弃
(U)/宽度(W)]: A↙                                      //激活【角度】选项
指定包含角: 180↙                                      //指定角度
指定圆弧的端点或 [圆心(CE)/半径(R)]: R↙               //激活【半径】选项
指定圆弧的半径: 4↙                                    //指定半径
指定圆弧的弦方向 <0>: 90↙                             //指定圆的弧弦方向
指定圆弧的端点或
[角度(A)/圆心(CE)/闭合(CL)/方向(D)/半宽(H)/直线(L)/半径(R)/第二个点(S)/放弃
(U)/宽度(W)]: L↙                                      //激活【直线】选项
指定下一点或 [圆弧(A)/闭合(C)/半宽(H)/长度(L)/放弃(U)/宽度(W)]: 10↙
                                                      //水平向左移动指针，输入直线长度
指定下一点或 [圆弧(A)/闭合(C)/半宽(H)/长度(L)/放弃(U)/宽度(W)]: A↙
                                                      //激活【圆弧】选项
```

```
指定圆弧的端点或
[角度(A)/圆心(CE)/闭合(CL)/方向(D)/半宽(H)/直线(L)/半径(R)/第二个点(S)/放弃(U)/宽度(W)]:CL↙
                                        //选择【闭合】选项，完成多段线
```

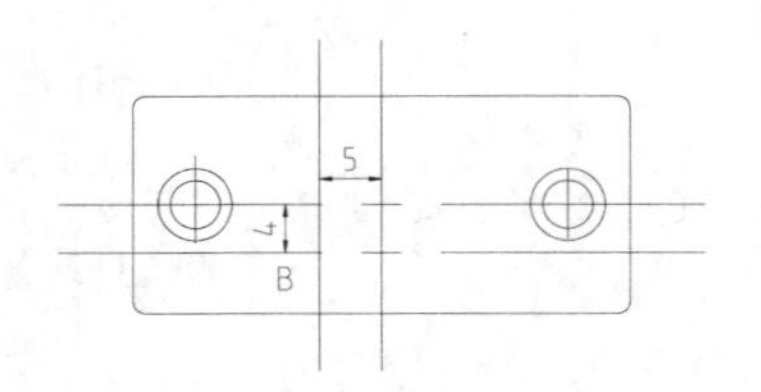

图 4-7　偏移图形

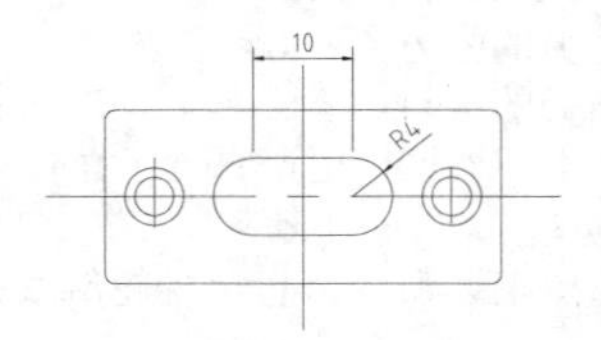

图 4-8　绘制内部多段线

4.2 样 条 曲 线

所谓样条曲线，是指给定一组控制点而得到一条曲线，曲线的大致形状由这些点控制。在机械绘图中，样条曲线通常用来表示分段面的部分，也可用来表示某些工艺品的轮廓线或剖切线。

4.2.1 绘制样条曲线

执行【样条曲线】命令的方法有以下几种。

- 菜单栏：选择【绘图】|【样条曲线】命令。
- 工具栏：在【绘图】工具栏中单击【样条曲线】按钮～。
- 命令行：在命令行中输入 SPLINE 或 SPL 并按 Enter 键。

执行该命令之后，依次在绘图区单击指定样条曲线的通过点，任意指定两个点后，命令行将出现如下提示。

```
指定第一个点或 [方式(M)/节点(K)/对象(O)]:
```

命令行中各选项的含义如下。

- 方式：通过该选项决定样条曲线的创建方式，分为“拟合”与“控制点”两种。
- 节点：通过该选项决定样条曲线节点参数化的运算方式，分为“弦”、“平方根”与“统一”3 种方式。
- 对象：将样条曲线拟合多段线转换为等价的样条曲线。样条曲线拟合多段线是指使用 PEDIT 命令中的【样条曲线】选项，将普通多线段转换成样条曲线的对象。

当样条曲线的控制点达到要求之后，按 Enter 键即可完成该样条曲线。

4.2.2 编辑样条曲线

绘制的样条曲线很难立即达到形状要求，可以利用样条曲线编辑命令对其进行编辑，修改样条曲线的形状。

选择【修改】|【对象】|【样条曲线】命令，在绘图区选择要编辑的样条曲线，命令行提示如下。

```
输入选项[闭合(C)/合并(J)/拟合数据(F)/编辑顶点(E)/转换为多线段(P)/反转(R)/放弃(U)/退出(X)]:<退出>
```

命令行中各选项的含义如下。

1. 拟合数据(F)

【拟合数据(F)】选项修改样条曲线所通过的主要控制点。使用该选项后，样条曲线上各控制点将会被激活，命令行中会出现进一步的提示信息。

```
输入拟合数据选项[添加(A)/闭合(C)/删除(D)/扭折(K)/移动(M)/清理(P)/切线(T)/公差(L)/退出(X)]:<退出>:
```

各选项的含义如下。

- 添加(A)：为样条曲线添加新的控制点。
- 删除(D)：删除样条曲线中的控制点。
- 移动(M)：移动控制点在图形中的位置，按 Enter 键可以依次选取各点。
- 清理(P)：从图形数据库中清除样条曲线的拟合数据。
- 切线(T)：修改样条曲线在起点和端点的切线方向。
- 公差(L)：重新设置拟合公差的值。

2. 闭合(C)

选取该选项，可以将样条曲线封闭，如图 4-9 和图 4-10 所示。

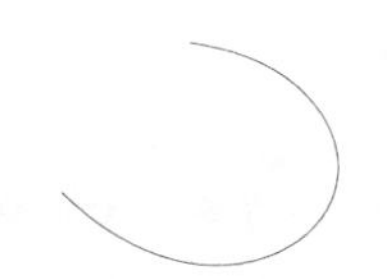

图 4-9 封闭前的样条曲线

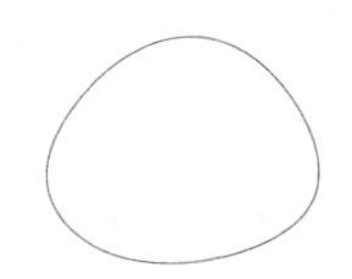

图 4-10 封闭后的图形

3. 编辑顶点

选取该选项，样条曲线上出现控制顶点，如图 4-11 所示。同时命令行提示如下。

```
输入顶点编辑选项 [添加(A)/删除(D)/提高阶数(E)/移动(M)/权值(W)/退出(X)] <退出>:
```

通过命令行选项，可以为样条曲线添加、删除和移动顶点等操作，从而修改样条曲线的形状。

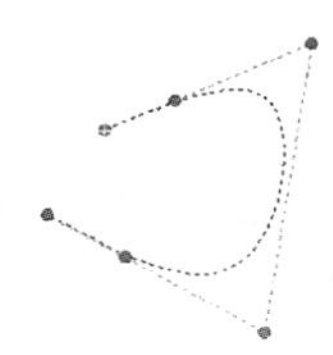

图 4-11 样条曲线的顶点

4.2.3 实例——绘制手柄

运用【样条曲线】命令绘制如图 4-12 所示的手柄图形。

(1) 设置点样式。选择【格式】|【点样式】命令，弹出【点样式】对话框设置点样式，如图 4-13 所示。

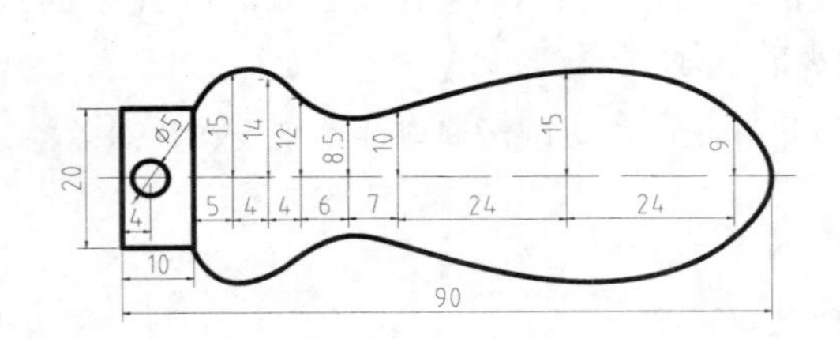

图 4-12 手柄

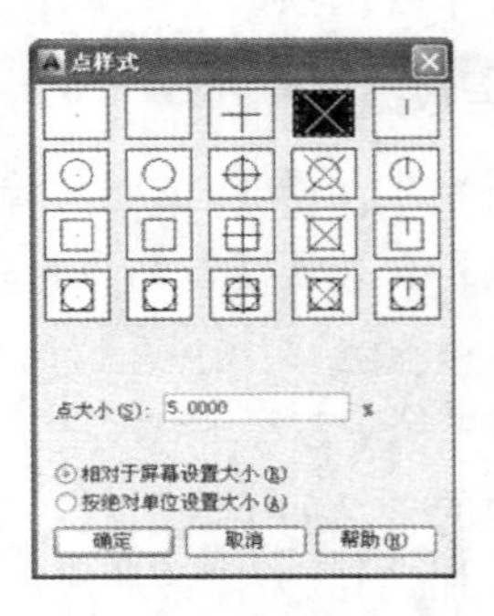

图 4-13 【点样式】对话框

(2) 绘制中心线。单击【绘图】工具栏中的【直线】按钮，绘制中心线，结果如图 4-14 所示。

(3) 定位样条曲线的通过点。单击【修改】工具栏中的【偏移】按钮，将中心线偏移，并在偏移线交点绘制点，结果如图 4-15 所示。

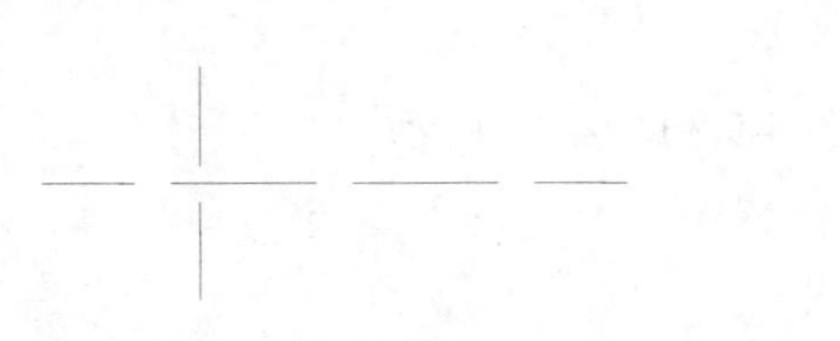

图 4-14 绘制中心线

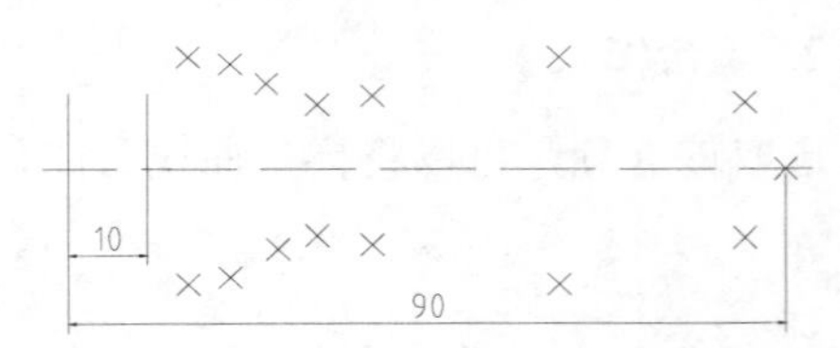

图 4-15 样条曲线的通过点

(4) 绘制样条曲线。单击【绘图】工具栏中的【样条曲线】按钮，以左上角辅助点为起点，顺时针依次连接各辅助点，结果如图 4-16 所示。

(5) 闭合样条曲线。在命令行中输入 C 并按 Enter 键，闭合样条曲线，结果如图 4-17 所示.

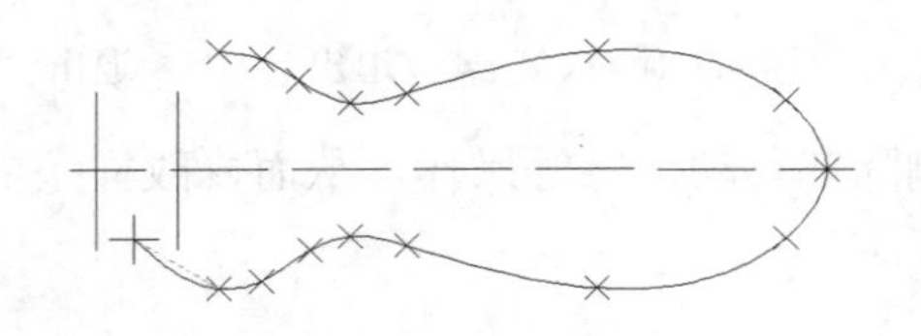

图 4-16 绘制样条曲线

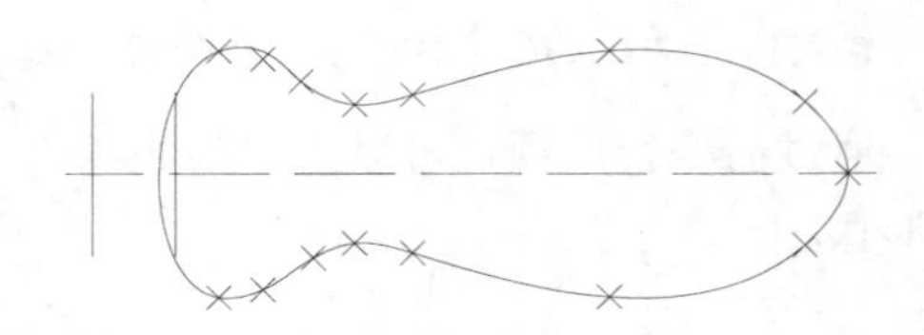

图 4-17 闭合样条曲线

(6) 绘制圆和外轮廓线。分别单击【绘图】中具栏上的【直线】和【圆】按钮，绘制直线为 4 的圆，如图 4-18 所示。

(7) 修剪整理图形。单击【修改】工具栏中的【修剪】命令，修剪多余样条曲线，并删除辅助点，结果如图 4-19 所示。

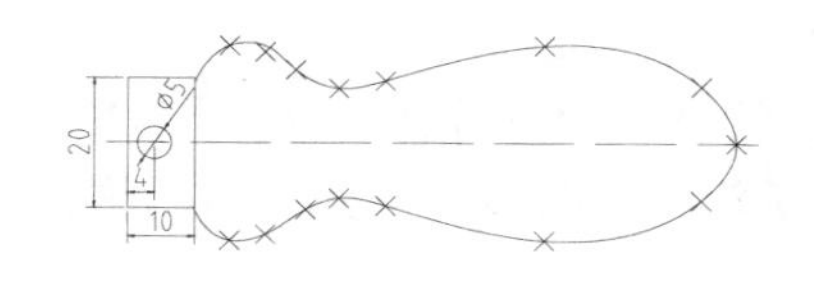

图 4-18　绘制圆和外轮廓线

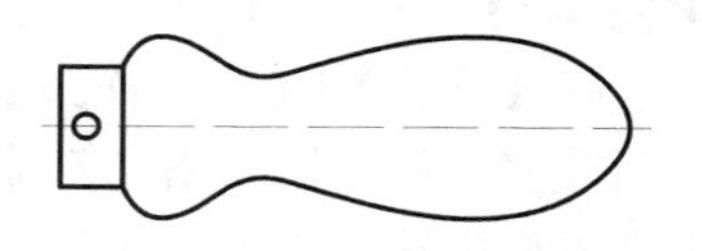

图 4-19　修剪整理图形

4.3　多　　线

多线是由一系列相互平行的直线组成的组合图形，其组合范围为 1～16 条平行线，每一条直线都称为多线的一个元素。在工程设计中，多线的应用非常广泛，如建筑平面图中绘制墙体，规划设计中绘制道路，管道工程设计中绘制管道剖面等。

4.3.1　绘制多线

多线是一种由多条平行线组成的图形元素，平行线的数目以及平行线之间的宽度都可以调整。执行【多线】命令的方法有以下几种。

- 菜单栏：选择【绘图】|【多线】命令。
- 命令行：在命令行中输入 MLINE 或 ML 并按 Enter 键。

多线的绘制方法与直线相似，不同的是多线由多条线性相同的平行线组成。绘制的每一条多线都是一个完整的整体，不能对其进行偏移、延伸、修剪等编辑操作，只能将其分解为多条直线后才能编辑。

执行【多线】命令之后，命令行提示如下。

```
指定起点或 [对正(J)/比例(S)/样式(ST)]:
```

各选项的含义介绍如下。

- 对正(J)：设置绘制多线时相对于输入点的偏移位置。该选项有【上】、【无】和【下】3 个选项，【上】表示多线顶端的线随着光标移动；【无】表示多线的中心线随着光标移动；【下】表示多线底端的线随着光标移动。
- 比例(S)：设置多线样式中多线的宽度比例。
- 样式(ST)：设置绘制多线时使用的样式，默认的多线样式为 STANDARD，选择该选项后，可以在提示信息“输入多线样式”或“？”后面输入已定义的样式名。输入“？”则会列出当前图形中所有的多线样式。

4.3.2　定义多线样式

系统默认的多线样式称为 STANDARD 样式，它由两条平行线组成，并且平行线的间距是定值。如果要绘制不同规格和样式的多线，需要设置多线的样式。执行【多线样式】命令的方法有以下几种。

- 菜单栏：选择【格式】|【多线样式】命令。
- 命令行：在命令行中输入 MLSTYLE 并按 Enter 键。

【案例 4-2】 新建墙体多线样式。

(1) 选择【格式】|【多线样式】命令，弹出【多线样式】对话框，如图 4-20 所示。

(2) 新建多线样式。单击【新建】按钮，弹出【新建新的多线样式】对话框，在【新样式名】文本框中输入“墙体线”，如图 4-21 所示。

图 4-20 【多线样式】对话框

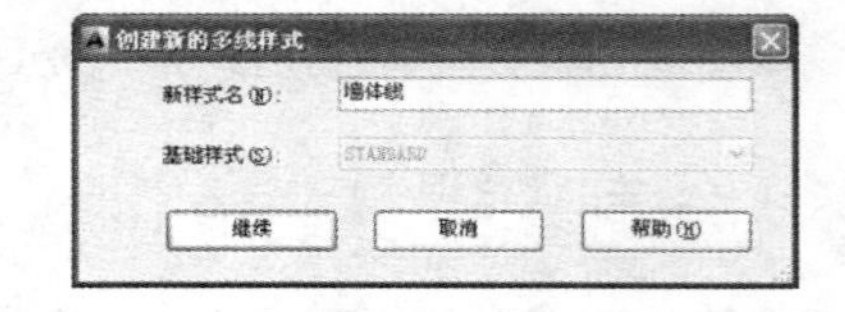

图 4-21 【创建新的多线样式】对话框

(3) 设置墙体线端点封口样式。单击【继续】按钮，弹出【新建多线样式：墙体线】对话框，在【封口】选项组中选择【直线】的【起点】和【端点】复选框，如图 4-22 所示。

(4) 设置墙体线厚度。在【图元】选项组中选择 0.5 的线型样式，在【偏移】栏中输入“90”，然后选择-0.5 的线型样式，【偏移】修改为“−90”，如图 4-23 所示。

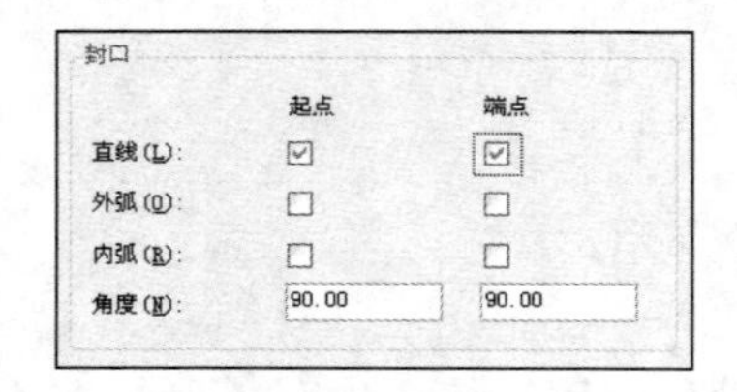

图 4-22 设置墙体线端点封口样式

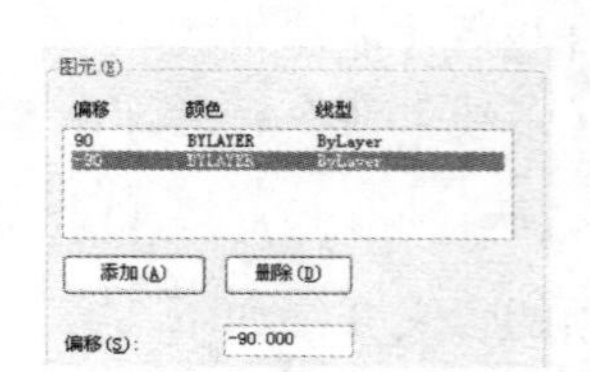

图 4-23 设置墙体线厚度

(5) 单击【确定】按钮，返回【多线样式】对话框，单击【置为当前】按钮，将【墙体线】样式置为当前，如图 4-24 所示。单击【确定】按钮，完成多线样式的设置。

图 4-24 设置完成

【新建多线样式】对话框中各选项的含义如下。

- 封口：设置多线的平行线段之间两端封口的样式。各封口样式如图 4-25～图 4-27 所示。

图 4-25　直线封口　　图 4-26　外弧封口　　图 4-27　内弧封口

- 填充：设置封闭的多线内的填充颜色，选择【无】选项，表示使用透明颜色填充。
- 显示连接：显示或隐藏每条多线段顶点处的连接。
- 图元：构成多线的元素，通过单击【添加】按钮可以添加多线的构成元素，也可以通过单击【删除】按钮删除这些元素。
- 偏移：设置多线元素从中线的偏移值，值为正表示向上偏移，值为负表示向下偏移。
- 颜色：设置组成多线元素的直线线条颜色。
- 线型：设置组成多线元素的直线线条线型。

4.3.3　编辑多线

多线绘制完成以后，可以根据不同的需要进行编辑，除了可以使用【修剪】命令编辑多线外，还可以使用多线编辑命令进行编辑。执行多线编辑命令的方法有以下两种。

- 菜单栏：选择【修改】|【对象】|【多线】命令。
- 命令行：在命令行中输入 MLEDIT 并按 Enter 键。

执行多线编辑命令之后，系统弹出【多线编辑工具】对话框，如图 4-28 所示。该对话框中共有 4 列 12 种多线编辑工具：第一列编辑交叉的多线，第二列编辑 T 形相接的多线，第三列编辑角点和顶点，第四列编辑多线的中断或接合。单击选择一种编辑方式，然后选择要编辑的多线即可。

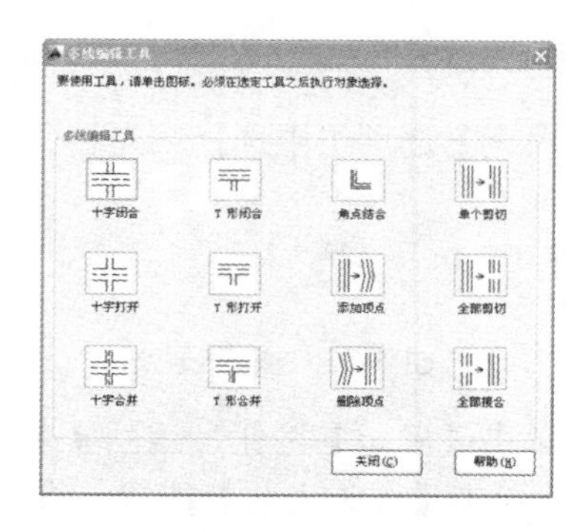

图 4-28　【多线编辑工具】对话框

4.3.4　实例——绘制平键

利用本节所学的【多线】命令绘制 3 种样式的平键。

(1) 设置多线样式。选择【格式】|【多线样式】命令，弹出如图 4-29 所示的对话框。

(2) 新建多线样式。单击【新建】按钮，弹出【新建新的多线样式】对话框，在【新样式名】文本框中输入“平键 1”，如图 4-30 所示。

图 4-29 【多线样式】对话框

图 4-30 【创建新的多线样式】对话框

(3) 设置多线端点封口样式。单击【继续】按钮，弹出【新建多线样式：平键 1】对话框，在【封口】选项组中选中【直线】的【起点】和【端点】复选框，如图 4-31 所示。

(4) 设置多线宽度。在【图元】选项组中选择 0.5 的线型样式，在【偏移】栏中输入 8，选择-0.5 的线型样式，修改偏移值为-8，结果如图 4-32 所示。

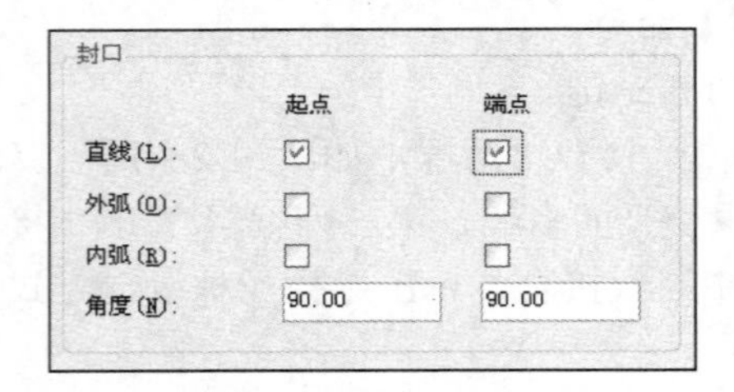

图 4-31 设置墙体线端点封口样式

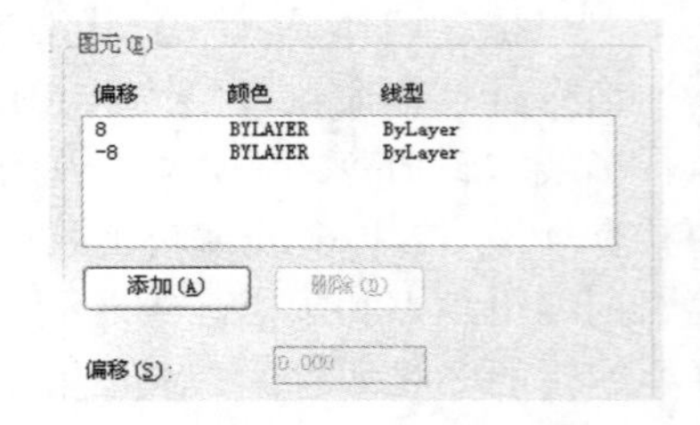

图 4-32 设置墙体线厚度

(5) 设置填充颜色。在【填充】选项组中选择填充颜色，如图 4-33 所示。

图 4-33 填充颜色

(6) 设置当前多线样式。单击【确定】按钮，返回【多线样式】对话框，在【样式】列表框中选择“平键 1”样式，单击【置为当前】按钮，将该样式设置为当前。

(7) 绘制平键。选择【绘图】|【多线】命令，绘制平键，如图 4-34 所示。命令行操作如下。

```
命令: _mline                                    //执行【多线】命令
当前设置: 对正 = 上，比例 = 20.00，样式 = 平键
```

```
指定起点或 [对正(J)/比例(S)/样式(ST)]:S↙                //选择【比例】选项
输入多线比例 <20.00>:  1↙                               //按 1:1 绘制多线
当前设置：对正 = 上，比例 = 1.00，样式 = 平键
指定起点或 [对正(J)/比例(S)/样式(ST)]:                   //在绘图区域任意指定一点
指定下一点:  (@60, 0)↙                                  //输入第二点的相对坐标
指定下一点或 [放弃(U)]: ↙                               //结束绘制
```

(8) 以同样的方法新建多线样式“平键 2”，设置多线样式端点封口样式为【外弧】，如图 4-35 所示。然后绘制平键，如图 4-36 所示。

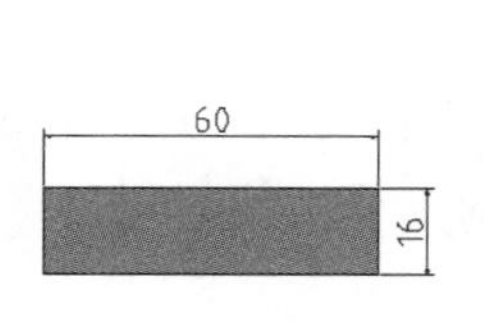

图 4-34　直角平键

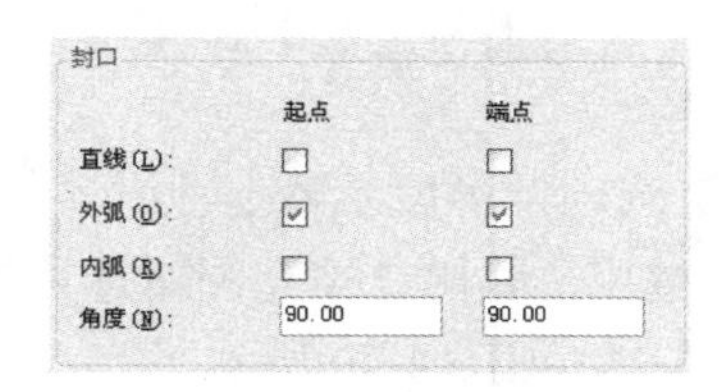

图 4-35　设置封口样式

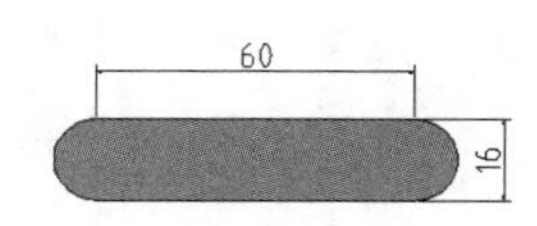

图 4-36　圆角平键

(9) 以同样的方法新建多线样式“平键 3”，设置多线样式端点封口样式的起点为【直线】、端点为【外弧】，如图 4-37 所示，使用该多线样式绘制的平键如图 4-38 所示。

图 4-37　设置封口样式

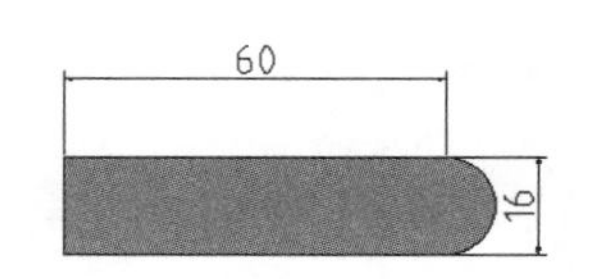

图 4-38　半圆平键

4.4　图 案 填 充

图案填充是指用某种图案充满图像中指定的区域，可以使用预定义的填充图案、使用当前的线型定义简单的直线图案，或者创建更加复杂的填充图案。也可以创建渐变色填充，渐变色填充是在一种颜色的不同灰度之间或两种颜色之间使用过渡，可用于增强演示图形的效果，使其呈现光在对象上的反射效果。

4.4.1　创建图案填充

图案填充的操作在【图案填充和渐变色】对话框中进行，打开该对话框的方法有以下几种。

- 菜单栏：选择【绘图】|【图案填充】命令。
- 工具栏：单击【绘图】工具栏中的【图案填充】按钮。
- 命令行：在命令行中输入 BHATCH 或 BH 或 H 并按 Enter 键。

执行该命令后，系统会弹出【图案填充和渐变色】对话框，如图 4-39 所示。

【图案填充和渐变色】对话框分为【图案填充】和【渐变色】两种填充方案，下面进行详细介绍。

1. 图案填充

图案填充是在某一区域填充均匀的纹理图案。

1) 【类型和图案】选项组

该选项组用于设置图案填充的方式和图案样式，单击其右侧的下拉按钮，可以打开下拉列表来选择填充类型和样式。

- 类型：其下拉列表框中包括【预定义】、【用户定义】和【自定义】3 种图案类型。
- 图案：选择【预定义】选项，可激活该选项组，除了在下拉列表中选择相应的图案外，还可以单击 ... 按钮，弹出【填充图案选项板】对话框，然后通过 3 个选项卡设置相应的图案样式，如图 4-40 所示。

图 4-39 【图案填充和渐变色 】对话框

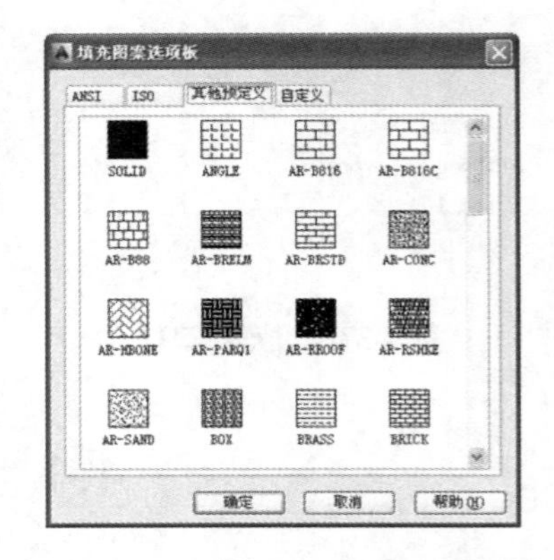

图 4-40 【填充图案选项板】对话框

2) 【角度和比例】选项组

该选项组用于设置图案填充的填充角度、比例或者图案间距等参数。

- 角度：设置填充图案的角度，默认情况下填充角度为 0。
- 比例：设置填充图案的比例值，填充比例越大，则图案越稀疏。
- 间距：设置填充直线之间的距离，当选择【用户定义】填充图案类型时可用。
- ISO 笔宽：主要针对用户选择【预定义】填充图案类型，同时又选择了 ISO 预定义图案时，可以通过改变笔宽值来改变填充效果。

3) 【图案填充原点】选项组

【使用当前原点】单选按钮用于设置填充图案生成的起始位置，因为许多图案填充时，需要对齐填充边界上的某一个点。选中【使用当前原点】单选按钮将默认使用当前 UCS 的原点(0,0)作为图案填充的原点。选择【指定的原点】单选按钮，则可自定义图案填充原点。

4)　边界

【边界】选项组主要用于指定图案填充的边界，也可以通过对边界的删除或重新创建等操作直接改变区域填充的效果。

- 拾取点：单击此按钮将切换至绘图区，在需要填充的区域内任意一点单击，系统自动判断填充边界。
- 选择对象：单击此按钮将切换到绘图区，选择一个封闭区域的边界线，边界以内的区域作为填充区域。

提示

当选用【拾取点】方式来选取填充对象时，将光标置于需要填充的区域，此时会出现预览图案填充效果，如图 4-41 所示。

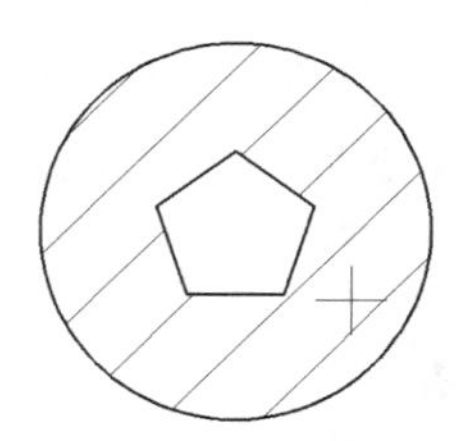

图 4-41　预览填充效果

2. 渐变色填充

渐变色填充分为单色和双色对图案进行填充。

切换到【图案填充和渐变色】对话框中的【渐变色】选项卡，或选择【绘图】|【渐变色】命令，对话框如图 4-42 所示。通过该选项卡可以在指定对象上创建具有渐变色彩的填充图案。渐变色填充在两种颜色之间，或者一种颜色的不同灰度之间使用过渡。渐变色填充的效果如图 4-43 所示。

图 4-42　【渐变色】选项卡

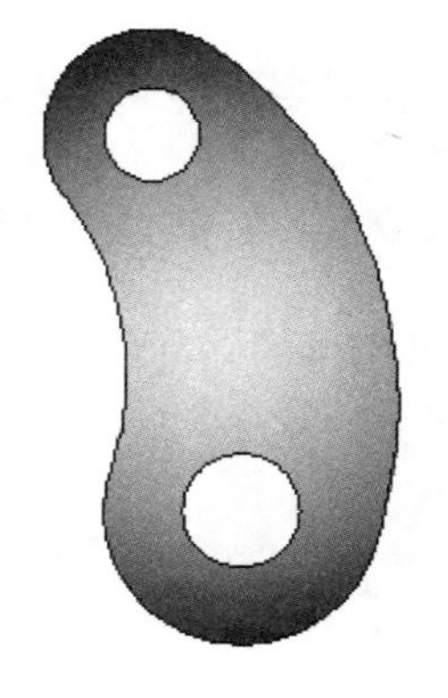

图 4-43　渐变色填充效果

4.4.2 编辑图案填充

在为图形填充了图案后，如果对填充效果不满意，可以通过编辑图案填充命令对其进行编辑。可修改填充比例、旋转角度和填充图案等。

执行编辑图案填充命令的方法有以下两种。

- 菜单栏：选择【修改】|【对象】|【图案填充】命令。
- 命令行：在命令行中输入 HATCHEDIT 或 HE 并按 Enter 键。

执行该命令后，先选择图案填充对象，系统将弹出【图案填充编辑】对话框，如图 4-44 所示。该对话框中的参数与【图案填充和渐变色】对话框中的参数一致，按照创建填充图案的方法可以重新设置图案填充参数。

提示

双击要编辑的图案填充，将弹出该填充的快速特性选项板，如图 4-45 所示，在此选项板中也可修改填充参数。

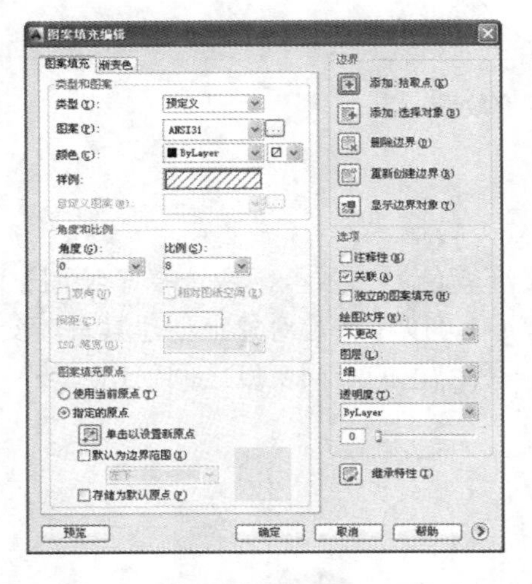

图 4-44 【图案填充编辑】对话框

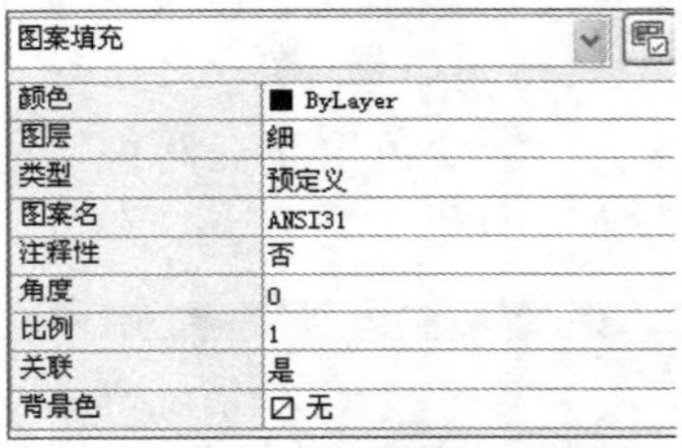

图案填充	
颜色	■ ByLayer
图层	细
类型	预定义
图案名	ANSI31
注释性	否
角度	0
比例	1
关联	是
背景色	☐ 无

图 4-45 快速特性选项板

4.4.3 实例——填充剖面线

利用本节所学的图案填充知识填充图案，如图 4-46 所示。

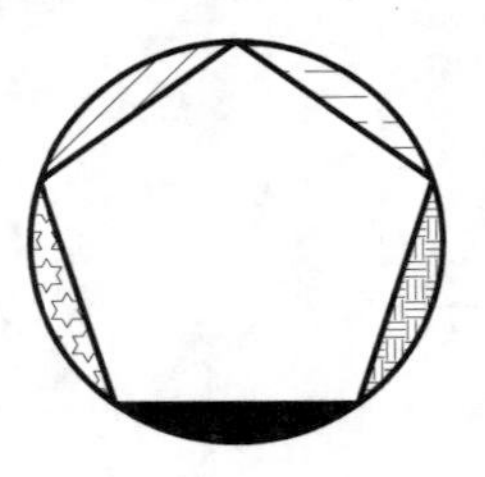

图 4-46 图案填充

(1) 绘制如图 4-47 所示的图形。分别单击【绘图】工具栏中的【圆】按钮和【正多边形】按钮，绘制 R30 的圆和圆的内接正五边形。

(2) 填充区域 A。单击【绘图】工具栏中的【图案填充】按钮，弹出【图案填充和渐变色】对话框，设置填充参数，如图 4-48 所示，单击对话框中的【添加：拾取点】按钮，返回绘图区，单击区域 A 中任意一点，按 Enter 键完成选择，返回对话框，单击【确定】按钮，填充效果如图 4-49 所示。

(3) 填充区域 B。重复步骤 2，将填充图案设置为 ANGLE，填充效果如图 4-50 所示。

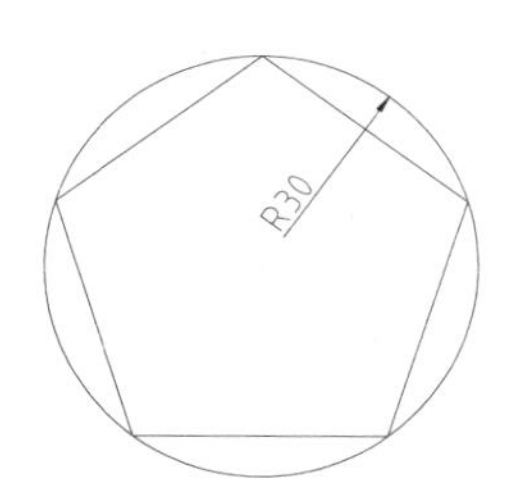

图 4-47　绘制示例图

图 4-48　图案填充

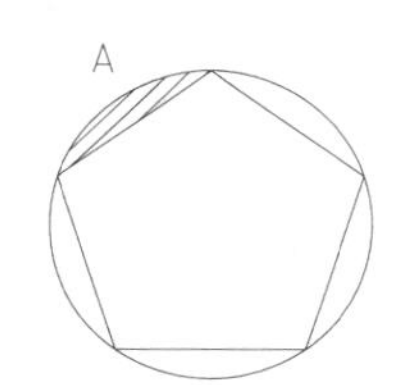

图 4-49　填充区域 A 效果

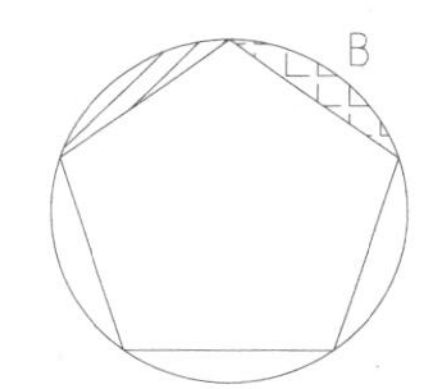

图 4-50　填充区域 B 效果

(4) 编辑填充区域 B。双击填充区域 B 内的填充图案，弹出如图 4-51 所示的特性选项板，单击【图案名】选项后的按钮，弹出【填充图案选项板】对话框，如图 4-52 所示，将图案改为“ACAD_IS002W100”，在【比例】文本框中修改比例为 0.8，填充结果如图 4-53 所示。

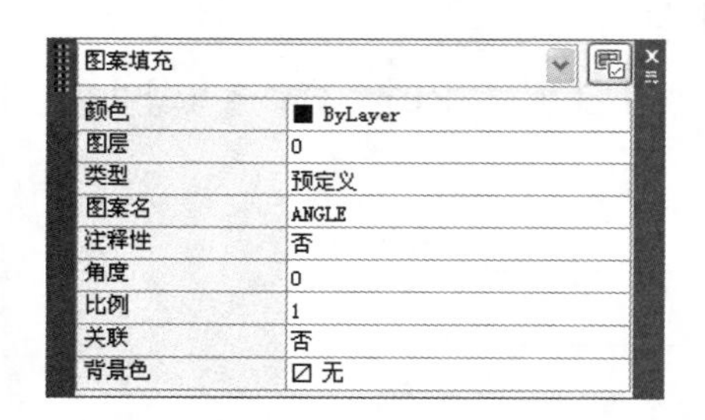

图 4-51　特性选项板

图 4-52　【填充图案选项板】对话框

(5) 以同样的方法选择合适的图案和填充比例，填充其他区域，填充效果如图 4-54 所示。

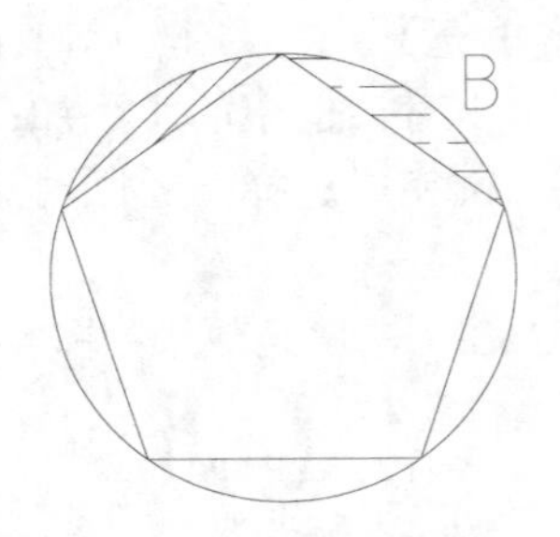

图 4-53　编辑后的填充效果

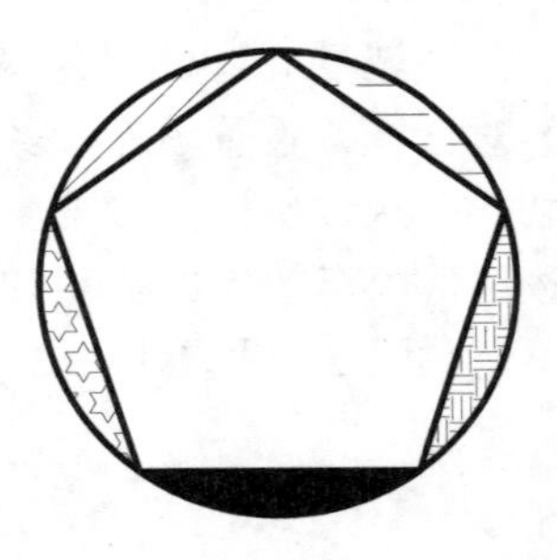

图 4-54　填充完成的效果

4.5 综合实例

运用本章所学知识绘制如图 4-55 所示的轴图形(可不进行标注)。

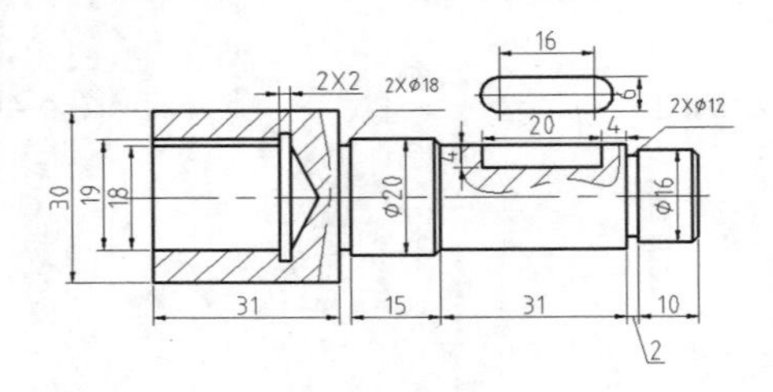

图 4-55　轴图形

(1) 绘制中心线。单击【绘图】工具栏中的【直线】按钮，绘制一条长度为 100 的中心线。

(2) 绘制外轮廓线。单击【绘图】工具栏中的【直线】按钮，绘制外轮廓，结果如图 4-56 所示。

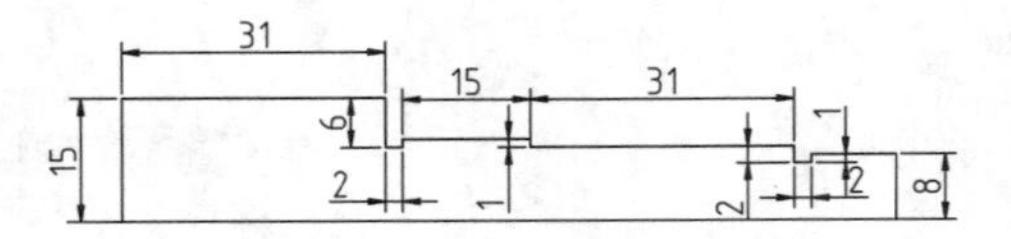

图 4-56　绘制外轮廓线

(3) 绘制连接线。打开正交模式，单击【绘图】工具栏中的【直线】按钮，捕捉端点绘制竖直连接直线，如图 4-57 所示。

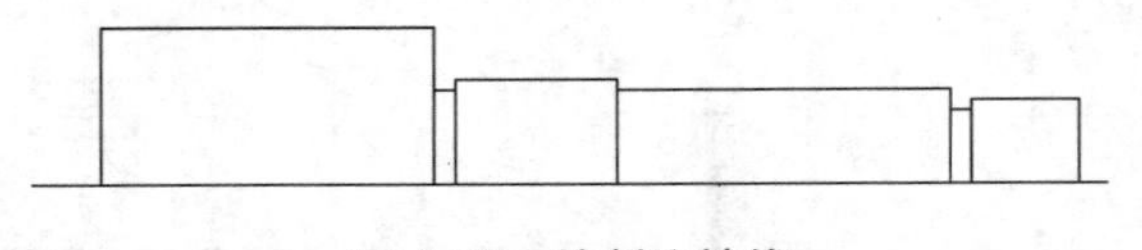

图 4-57　绘制连接线

(4) 镜像图形。单击【修改】工具栏中的【镜像】按钮，选择中心线以上所有图形为

镜像对象，以水平中心线作为镜像线，镜像结果如图 4-58 所示。

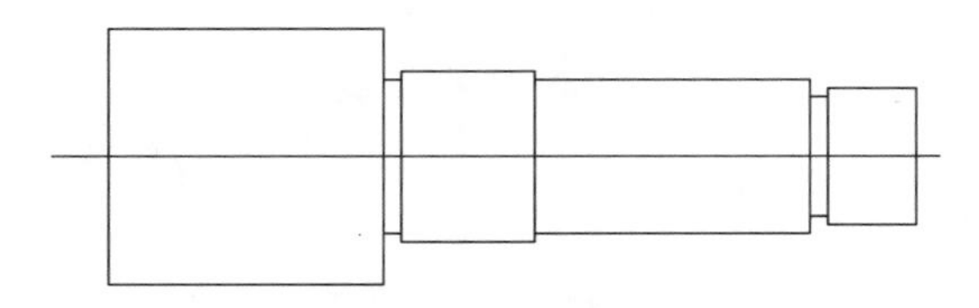

图 4-58　镜像图形

(5) 倒角。单击【修改】工具栏中的【倒角】按钮，在轴两端进行倒角，如图 4-59 所示。命令行操作如下。

```
命令: _chamfer                                              //执行【倒角】命令
("修剪"模式) 当前倒角距离 1 = 0.0000，距离 2 = 0.0000
选择第一条直线或 [放弃(U)/多段线(P)/距离(D)/角度(A)/修剪(T)/方式(E)/多个(M)]: D
↙
                                                            //选择【距离】选项
指定 第一个 倒角距离 <0.0000>: 1↙
指定 第二个 倒角距离 <1.0000>: 1↙                           //依次输入两个倒角距离
选择第一条直线或 [放弃(U)/多段线(P)/距离(D)/角度(A)/修剪(T)/方式(E)/多个(M)]:
选择第二条直线，或按住 Shift 键选择直线以应用角点或 [距离(D)/角度(A)/方法(M)]:
                                                            //依次选择要生成倒角的两条直线
```

(6) 绘制连接直线。单击【绘图】工具栏中的【直线】按钮，绘制连接直线，如图 4-60 所示。

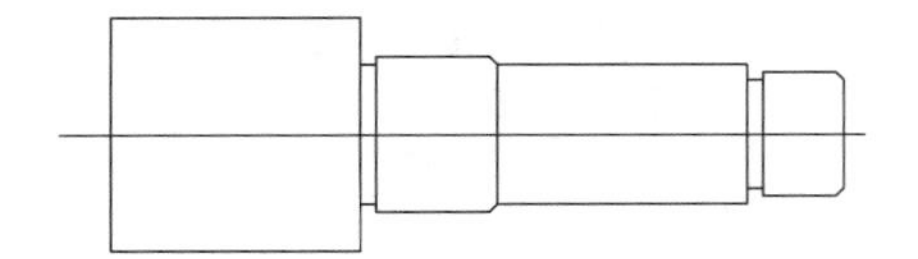

图 4-59　倒角

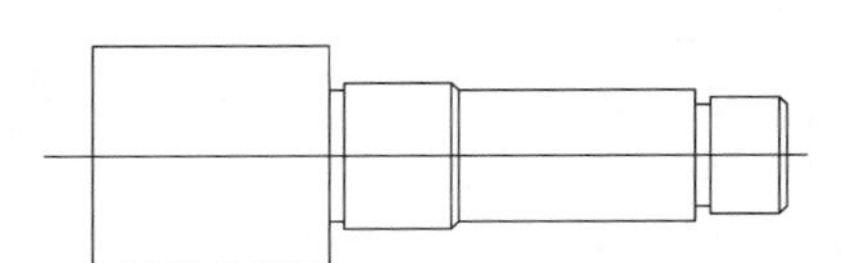

图 4-60　绘制连接直线

(7) 绘制键槽和螺纹孔。利用【偏移】和【直线】命令，绘制键槽和螺纹孔，如图 4-61 所示。

(8) 绘制样条曲线。单击【绘图】工具栏中的【样条曲线】按钮，绘制样条曲线，如图 4-62 所示。

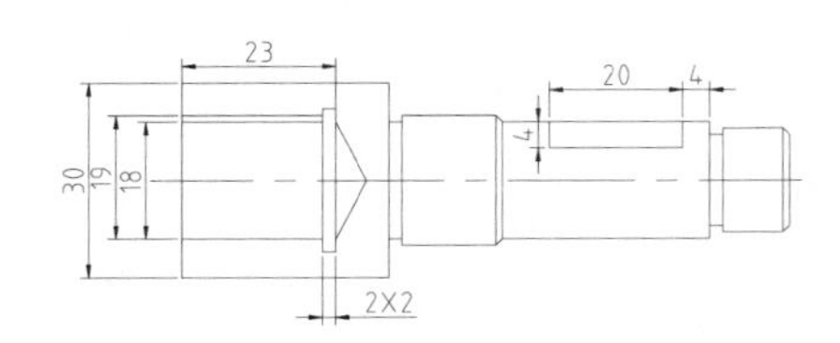

图 4-61　绘制键槽和螺纹孔

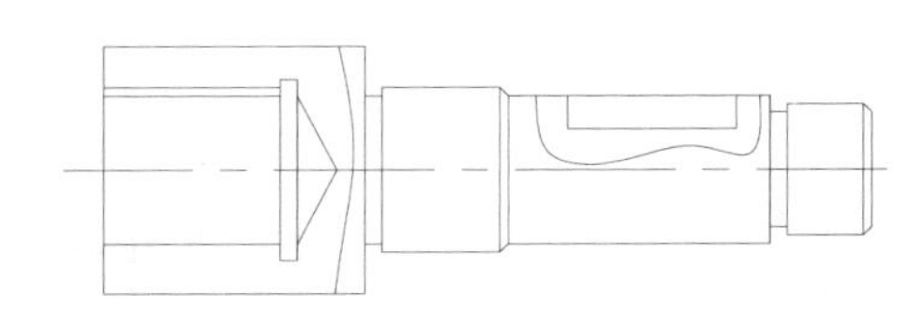

图 4-62　绘制样条曲线

(9) 填充图案。单击【绘图】工具栏中的【图案填充】按钮，选择图案为 ANSI31，填充效果如图 4-63 所示。

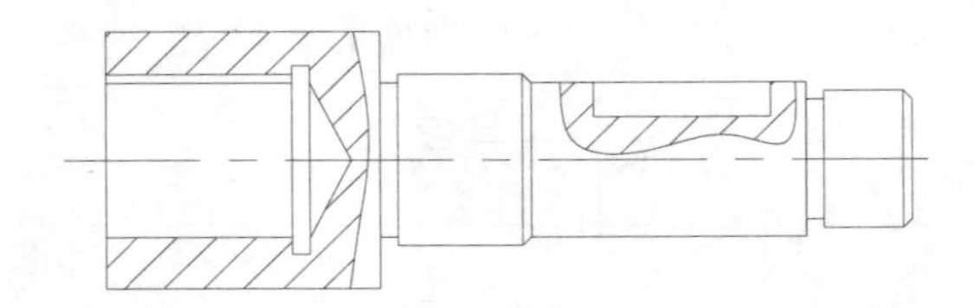

图 4-63 填充图案

(10) 绘制多段线。单击【绘图】工具栏中的【多段线】按钮，绘制键槽俯视图，如图 4-64 所示。命令行操作过程如下。

```
命令: _pline                                                    //执行【多段线】命令
指定起点:                                                        //在绘图区域指定一点
当前线宽为 0.0000
指定下一个点或 [圆弧(A)/半宽(H)/长度(L)/放弃(U)/宽度(W)]: 16↙ //输入直线长度
指定下一点或 [圆弧(A)/闭合(C)/半宽(H)/长度(L)/放弃(U)/宽度(W)]: A↙
                                                                 //激活【圆弧】选项
指定圆弧的端点或
[角度(A)/圆心(CE)/闭合(CL)/方向(D)/半宽(H)/直线(L)/半径(R)/第二个点(S)/放弃
(U)/宽度(W)]: A↙                                                //激活【角度】选项
指定包含角: 180↙                                                 //指定角度
指定圆弧的端点或 [圆心(CE)/半径(R)]: r↙                          //激活【半径】选项
指定圆弧的半径: 3↙                                               //指定半径
指定圆弧的弦方向 <0>: 90↙                                        //指定圆弧的弦方向
指定圆弧的端点或
[角度(A)/圆心(CE)/闭合(CL)/方向(D)/半宽(H)/直线(L)/半径(R)/第二个点(S)/放弃
(U)/宽度(W)]: L↙                                                //激活【直线】选项
指定下一点或 [圆弧(A)/闭合(C)/半宽(H)/长度(L)/放弃(U)/宽度(W)]: 16↙
                                                                 //指定直线长度
指定下一点或 [圆弧(A)/闭合(C)/半宽(H)/长度(L)/放弃(U)/宽度(W)]: A↙
                                                                 //激活【圆弧】选项
指定圆弧的端点或
[角度(A)/圆心(CE)/闭合(CL)/方向(D)/半宽(H)/直线(L)/半径(R)/第二个点(S)/放弃
(U)/宽度(W)]: CL↙                                               //选择闭合图形
```

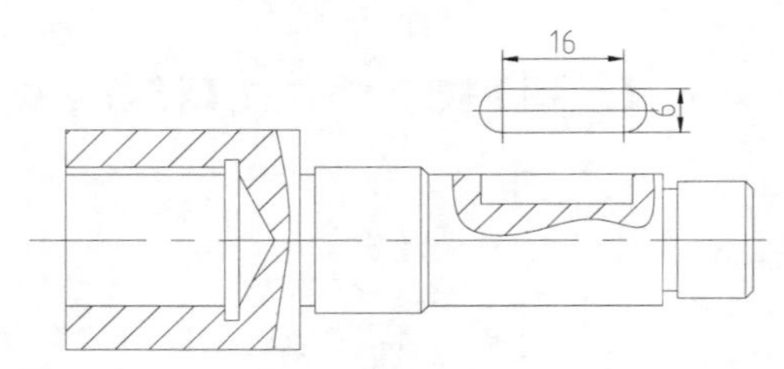

图 4-64 绘制多段线

4.6 思考与练习

一、简答题

1. 在 AutoCAD 2014 中，绘制多段线、样条曲线、多线、图案填充的快捷命令是

什么？

2. AutoCAD 2014 新建多线样式中，如果将【封口】复选框中的【直线】、【外弧】、【内弧】的【起点】和【端点】都选中，会出现什么样的效果图？

二、操作题

1. 利用【直线】、【圆弧】、【多段线】和【图案填充】等命令绘制如图 4-65 所示的图形。

2. 利用【直线】、【圆】、【样条曲线】和【图案填充】等命令绘制如图 4-66 所示的图形。

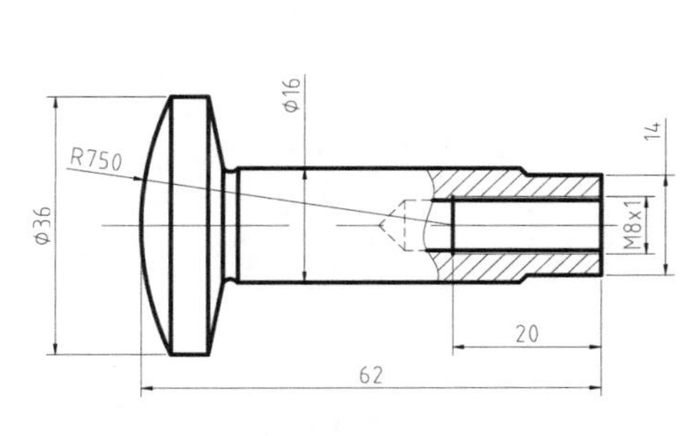

图 4-65　螺钉

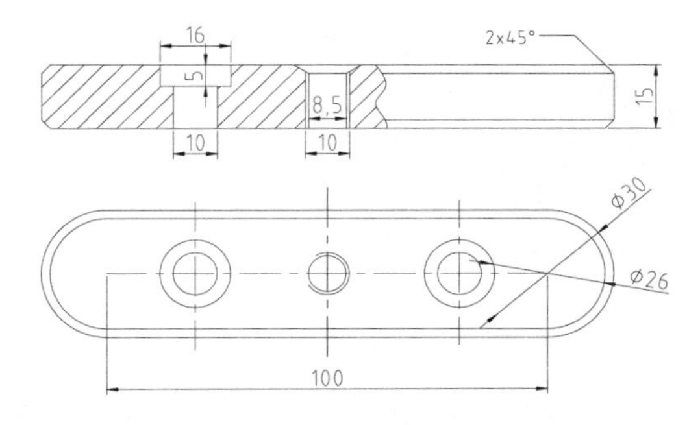

图 4-66　导向平键

第5章

编辑机械图形

本章导读

AutoCAD 2014 提供了一系列如删除、复制、镜像、偏移等操作命令，可以方便快捷地修改图形的大小、方向、位置和形状。

学习目标

- 掌握选择单个、多个对象的方法，了解快速选择一类对象的方法。
- 掌握对象的删除、修剪、延伸、打断等修改方法，以及倒角和圆角的方法。
- 掌握复制、镜像、偏移和阵列等快速复制对象的方法。
- 掌握对象的移动、旋转、缩放、拉伸等操作方法，掌握使用【旋转】命令旋转并复制对象的方法。
- 了解夹点的概念，掌握利用夹点移动、旋转、拉伸图形的方法。

5.1 选 择 图 形

AutoCAD 中大多数编辑命令可以先选择对象，再执行命令，也可以先执行命令，再选择对象。两者的选择方式相同，不同的是执行命令后选择的对象呈虚线显示，如图 5-1 所示。在不执行命令的情况下选取对象后，被选中的对象上出现一些小正方形，在 AutoCAD 中称之为夹点，如图 5-2 所示。

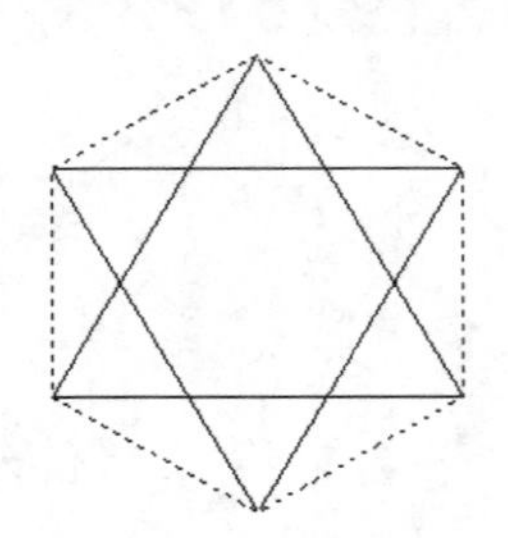

图 5-1 先执行命令再选择对象

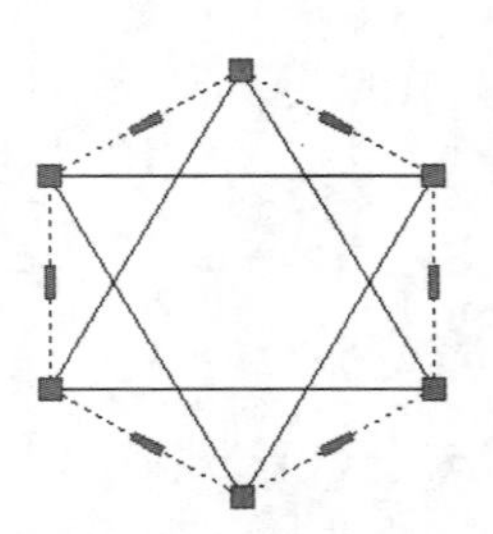

图 5-2 无命令执行时选择对象

在 AutoCAD 2014 中，有点选、框选、围选、栏选等多种选择方法。在命令行中输入 SELECT 并按 Enter 键，然后输入“?”，命令行提示如下。

```
命令: SELECT↙
选择对象: ?
需要点或 窗口(W)/上一个(L)/窗交(C)/框(BOX)/全部(ALL)/栏选(F)/圈围(WP)/圈交(CP)/
编组(G)/添加(A)/删除(R)/多个(M)/前一个(P)/放弃(U)/自动(AU)/单个(SI)/子对象
(SU)/对象(O)
```

命令行中提供了各种选择方式。执行 SELECT 命令之后，在命令行输入对应的字母并按 Enter 键，即可使用该选择方式。

5.1.1 点选图形对象

点选对象是逐一选择多个对象的方式，其方法为：将光标移动到要选取的对象上，然后单击即可，如图 5-3 所示。选择一个对象之后，可以继续选择其他的对象，所选的多个对象称为一个选择集，如图 5-4 所示。如果要取消选择集中的某些对象，可以在按住 Shift 键的同时单击要取消选择的对象。

图 5-3 选择单个对象

图 5-4 选择多个对象

5.1.2 框选图形对象

框选对象是通过拖动生成一个矩形区域，区域内的对象被选择。根据拖动方向的不同，框选又分为窗口选择和窗交选择。

1. 窗口选择对象

窗口选择对象是按住左键向右上方或右下方拖动，此时绘图区将会出现一个实线的矩形框，如图 5-5 所示。释放鼠标左键后，完全处于矩形范围内的对象将被选中，如图 5-6 所示的虚线部分为被选择的部分。

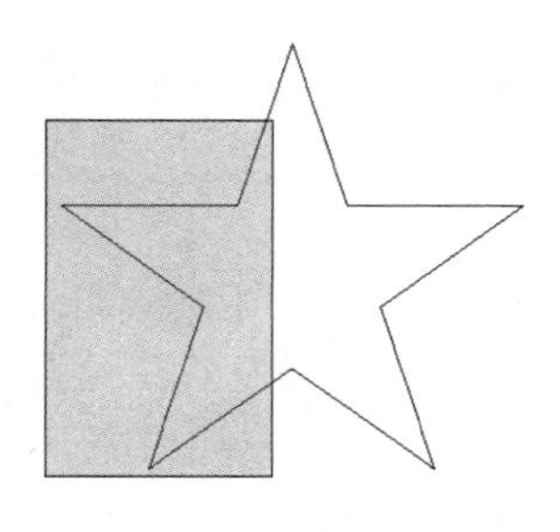

图 5-5　窗口选择对象

图 5-6　窗口选择后的结果

2. 窗交选择对象

窗交选择是按住鼠标左键向左上方或左下方拖动，此时绘图区将出现一个虚线的矩形框，如图 5-7 所示。释放鼠标左键后，部分或完全在矩形内的对象都将被选中，如图 5-8 所示的虚线部分为被选择的部分。

图 5-7　窗交选择对象

图 5-8　窗交选择后的结果

5.1.3 围选图形对象

围选对象是根据需要自行绘制不规则的选择范围，包括圈围和圈交两种方法。

1. 圈围对象

圈围是一种多边形窗口选择方法，与窗口选择对象的方法类似，不同的是圈围方法可以构造任意形状的多边形，如图 5-9 所示。完全包含在多边形区域内的对象才能被选中，如图 5-10 所示的虚线部分为被选择的部分。

在命令行中输入 SELECT 并按 Enter 键，再输入 WP 并按 Enter 键，即可进入围圈选择模式。

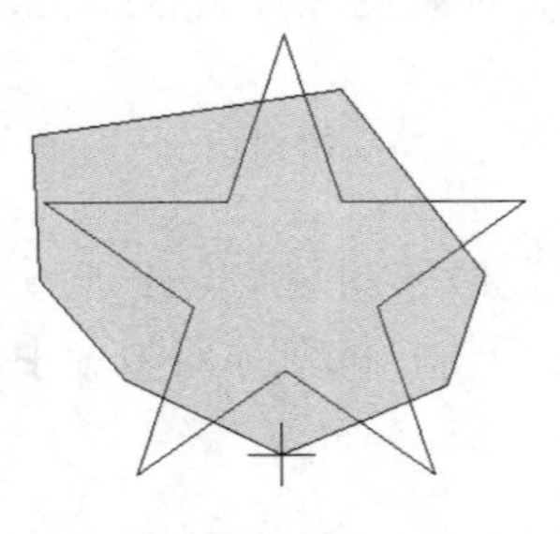
图 5-9　圈围对象

图 5-10　圈围对象后的结果

2. 圈交对象

圈交是一种多边形窗交选择方法，与窗交选择对象的方法类似，不同的是圈交使用多边形边界框选图形，如图 5-11 所示。部分或全部处于多边形范围内的图形都被选中，如图 5-12 所示的虚线部分为被选择的部分。

在命令行中输入 SELECT 并按 Enter 键，再输入 CP 并按 Enter 键，即可进入圈交选择模式。

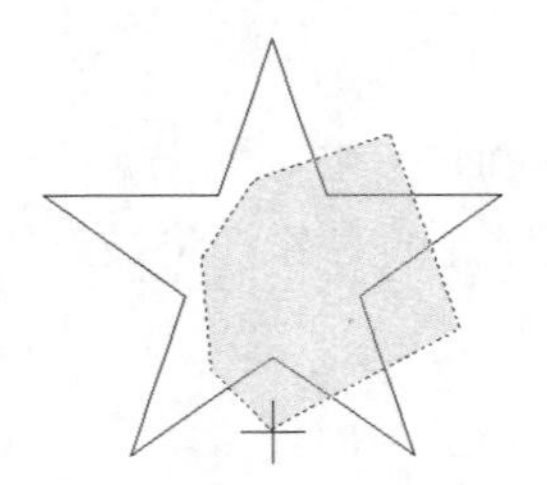
图 5-11　圈交对象

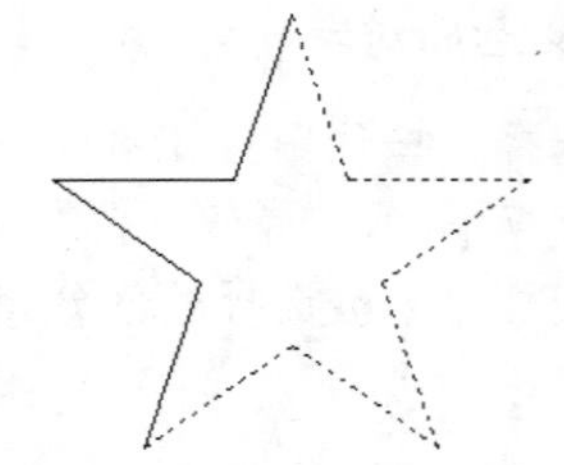
图 5-12　圈交对象后的结果

5.1.4 栏选图形对象

栏选图形即在选择图形时拖出任意折线，如图 5-13 所示。凡是与折线相交的图形对象均被选中，如图 5-14 所示的虚线部分为被选择的部分。使用该方式选择连续性对象非常方便，但栏选线不能封闭与相交。

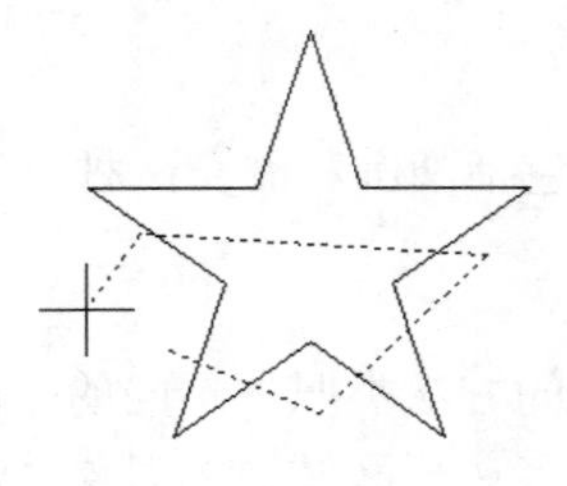
图 5-13　栏选对象

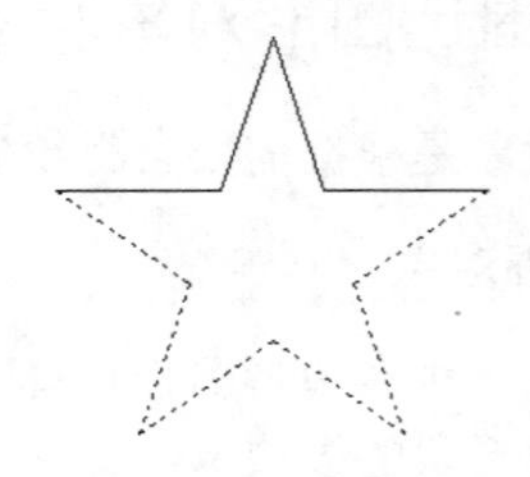
图 5-14　栏选对象后的结果

在命令行中输入 SELECT 并按 Enter 键，再输入 F 并按 Enter 键，即可进入栏选模式。

5.1.5　其他选择方式

SELECT 命令还有其他几种选项，对应不同的选择方式。执行 SELECT 命令之后在命令行输入对应字母并按 Enter 键，即可进入该选择模式。

- 上一个(L)：选择该项可以选中最近一次绘制的对象。
- 全部(ALL)：选择该项可以选中绘图区内的所有对象。
- 自动(AU)：该选项方式相当于多个选择和框选方式的结合。

5.1.6　快速选择图形对象

快速选择可以根据对象的图层、线型、颜色、图案填充等特性选择对象，从而可以准确快速地从复杂的图形中选择满足某种特性的图形对象。

选择【工具】|【快速选择】命令，弹出【快速选择】对话框，如图 5-15 所示。用户可以根据要求设置选择范围，单击【确定】按钮，完成选择操作。

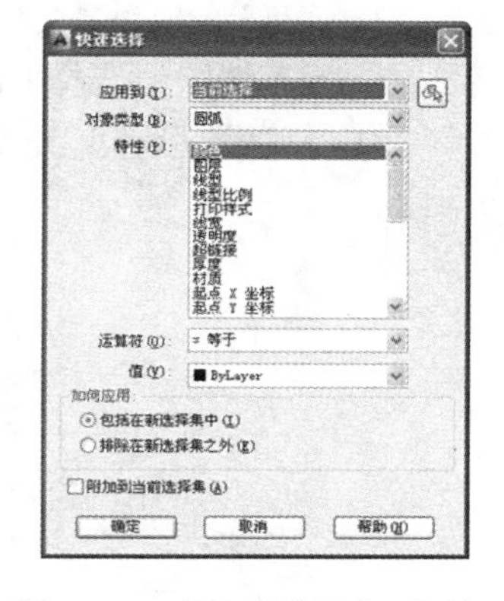

图 5-15　【快速选择】对话框

【案例 5-1】 运用【快速选择】命令选择图 5-16 中的圆弧对象。

(1)　选择【工具】|【快速选择】命令，弹出【快速选择】对话框，在【对象类型】下拉列表框中选择【圆弧】选项。

(2)　单击【确定】按钮，选择结果如图 5-17 所示。

图 5-16　示例图形

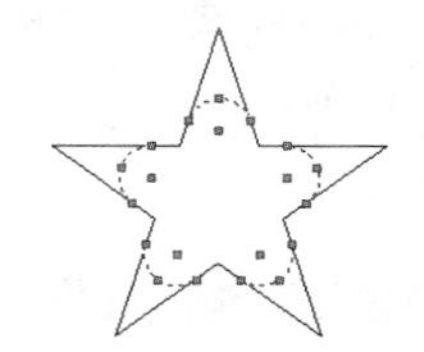

图 5-17　快速选择后的结果

5.1.7　实例——完善间歇轮图形

用不同的方式选择要修剪的对象，修剪如图 5-18 所示的间歇轮。

(1)　点选图形。单击【修改】工具栏中的【修剪】按钮，修剪 R9 的圆，如图 5-19 所示。命令行操作如下。

```
命令: _trim
当前设置:投影=UCS，边=无
选择剪切边...
选择对象或 <全部选择>: 找到 1 个                    //选择 R26.5 的圆
```

```
选择对象:
选择要修剪的对象，或按住 Shift 键选择要延伸的对象，或
[栏选(F)/窗交(C)/投影(P)/边(E)/删除(R)/放弃(U)]://单击 R9 的圆在 R26.5 圆外的部分
选择要修剪的对象，或按住 Shift 键选择要延伸的对象，或
[栏选(F)/窗交(C)/投影(P)/边(E)/删除(R)/放弃(U)]://继续单击其他 R9 的圆
```

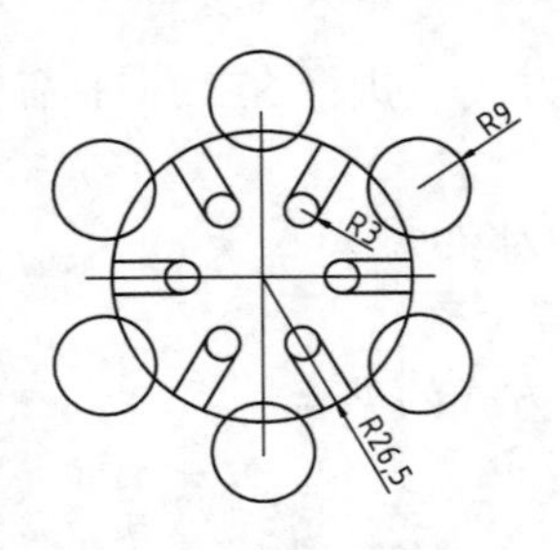

图 5-18　间歇轮

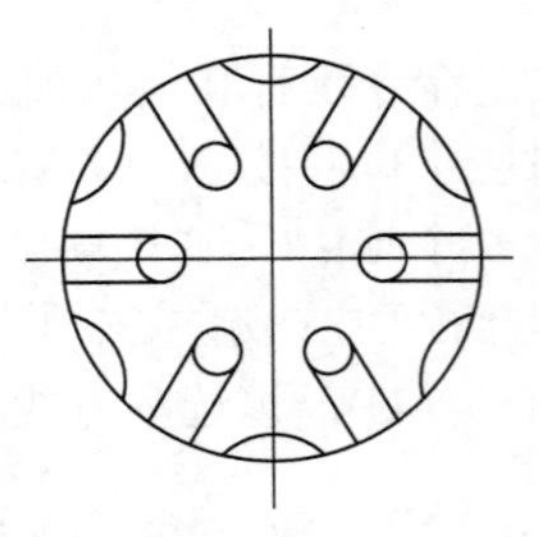
图 5-19　修剪对象

(2) 窗口选择对象。按住左键由右下向左上框选所有图形对象，如图 5-20 所示，然后按住 Shift 键取消选择 R26.5 的圆。

(3) 修剪图形。单击【修改】工具栏中的修剪按钮，修剪 R26.5 的圆弧，结果如图 5-21 所示。

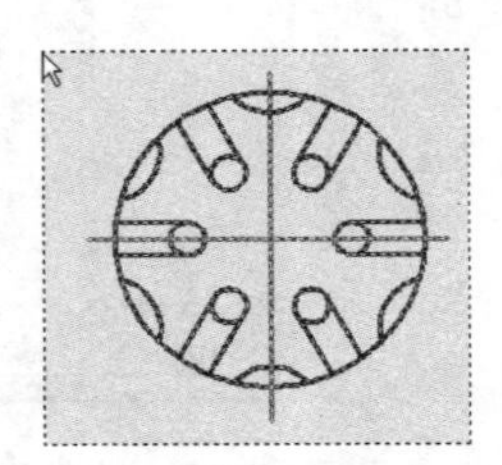
图 5-20　框选对象

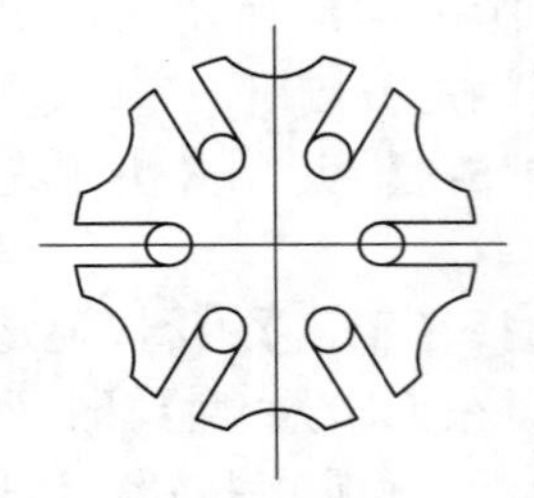
图 5-21　修剪结果

(4) 快速选择对象。选择【工具】|【快速选择】命令，设置【对象类型】为【直线】，【特性】为【图层】，【值】为“0”，如图 5-22 所示。单击【确定】按钮，选择结果如图 5-23 所示。

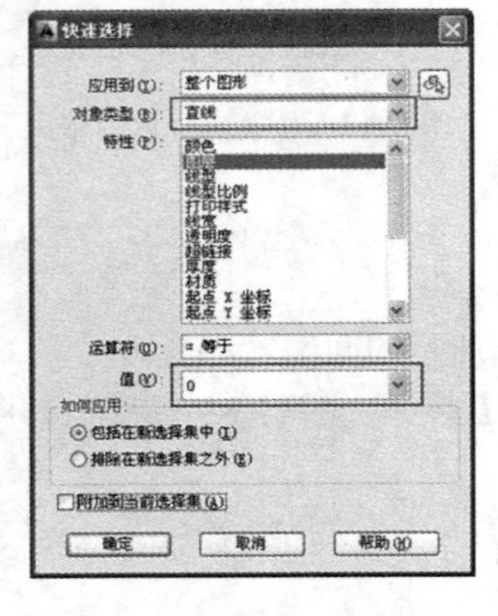

图 5-22　设置选择对象

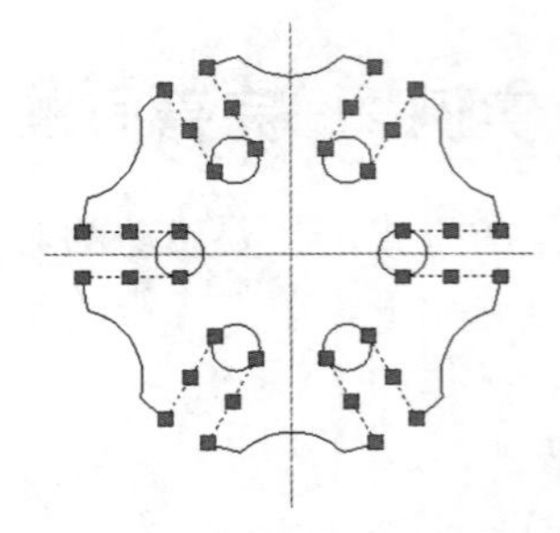
图 5-23　快速选择后的结果

(5) 修剪图形。单击【修改】工具栏中的【修剪】按钮，依次单击 R3 的圆，修剪结果如图 5-24 所示。

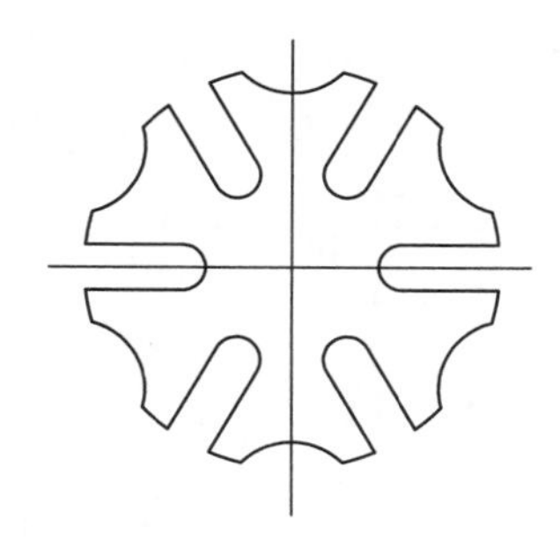

图 5-24　修剪结果

5.2 修改图形

绘制的图形难免存在多余线条、交叉线条、间隙等不符合要求的对象，这时可通过删除、修剪、延伸等命令编辑图形，以达到要求的图形效果。

5.2.1 删除图形

【删除】命令是常用的命令，它的作用是将多余的线条删除。执行【删除】命令的方法有以下几种。

- 菜单栏：选择【修改】|【删除】命令。
- 工具栏：单击【修改】工具栏中的【删除】按钮。
- 命令行：在命令行中输入 ERASE 或 E 并按 Enter 键。

执行该命令后，选择需要删除的图形对象，按 Enter 键即可删除该对象。

提示

选中要删除的对象后按 Delete 键，也可以将对象删除。

5.2.2 修剪图形

【修剪】命令是将线条超出指定边界的部分删除。执行【修剪】命令的方法有以下几种。

- 菜单栏：选择【修改】|【修剪】命令。
- 工具栏：单击【修改】工具栏中的【修剪】按钮。
- 命令行：在命令行中输入 TRIM 或 TR 并按 Enter 键。

执行该命令，首先选择作为剪切边的对象(可以选择多个对象)，然后按 Enter 键，将显示如下提示信息。

```
选择要修剪的对象，或按住 Shift 键选择要延伸的对象，或[栏选(F)/窗交(C)/投影(P)/边(E)/删除(R)/放弃(U)]:
```

此时单击要修剪的对象(即选择被剪边)，系统将以剪切边为界，将被剪切对象上位于拾取点一侧的部分剪切掉，如图 5-25 所示。

如果按住 Shift 键的同时选择与修剪边不相交的对象，修剪边将变为延伸边界，将选择的对象延伸至修剪边界相交，与 EXTEND 命令功能相同。

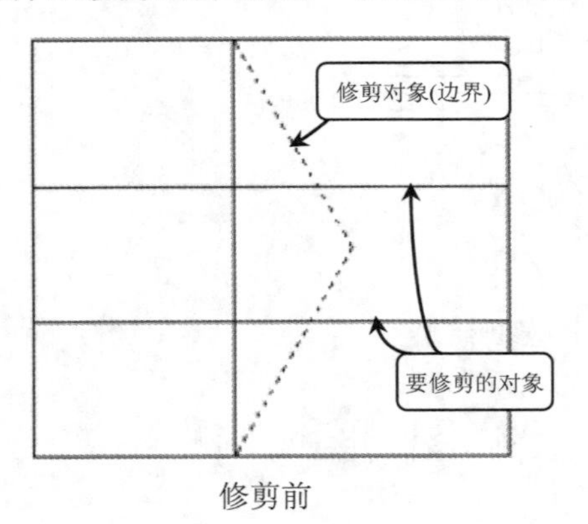

修剪前

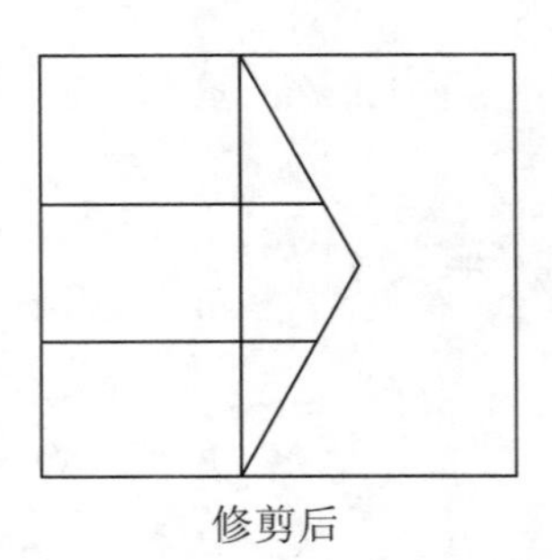

修剪后

图 5-25 修剪效果

命令提示中主要选项的功能如下。

- 投影(P)：可以指定执行修剪的空间，主要应用于三维空间中两个对象的修剪，可将对象投影到某一平面上执行修剪操作。
- 边(E)：选择该选项时，命令行显示“输入隐含边延伸模式[延伸(E)/不延伸(N)]<延伸>：”提示信息。如果选择【延伸】选项，则当剪切边太短而且没有与被修剪对象相交时，可延伸修剪边，然后进行修剪；如果选择【不延伸】选项，只有当剪切边与被修剪对象真正相交时，才能进行修剪。
- 放弃(U)：取消上一次操作。

5.2.3 延伸图形

【延伸】命令的使用方法与【修剪】命令的使用方法相似，先选择延伸的边界，然后选择要延伸的对象。在使用【延伸】命令时，如果在按住 Shift 键的同时选择对象，则执行修剪命令。执行【延伸】命令的方法有以下几种。

- 菜单栏：选择【修改】|【延伸】命令。
- 工具栏：单击【修改】工具栏中的【延伸】按钮。
- 命令行：在命令行中输入 EXTEND 或 EX 并按 Enter 键。

【案例 5-2】 延伸如图 5-26 所示中的圆弧 A 到直线 B 和直线 C。

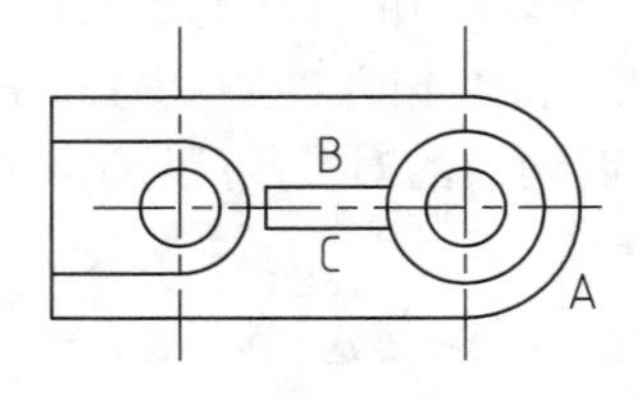

图 5-26 素材图形

(1)　单击【修改】工具栏中的【延伸】按钮，延伸圆弧 A，命令行操作如下。

```
命令: _extend                                                    //执行【延伸】命令
当前设置:投影=UCS，边=延伸
选择边界的边...
选择对象或 <全部选择>: 找到 1 个                                   //选择直线 B
选择对象: 找到 1 个，总计 2 个                                     //选择直线 C
选择对象:                                                         //按 Enter 键结束选择
选择要延伸的对象，或按住 Shift 键选择要修剪的对象，或
[栏选(F)/窗交(C)/投影(P)/边(E)/放弃(U)]:    //单击圆弧 A 的上端，圆弧延伸到直线 B
选择要延伸的对象，或按住 Shift 键选择要修剪的对象，或
[栏选(F)/窗交(C)/投影(P)/边(E)/放弃(U)]:    //单击圆弧 A 的下端，圆弧延伸到直线 C
选择要延伸的对象，或按住 Shift 键选择要修剪的对象，或
[栏选(F)/窗交(C)/投影(P)/边(E)/放弃(U)]: *取消*      //按 Esc 键退出命令
```

(2)　延伸圆弧后的结果如图 5-27 所示。

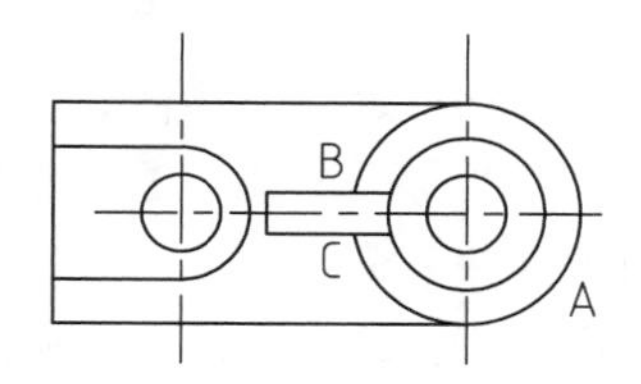

图 5-27　延伸结果

5.2.4　打断图形

打断是指将单一线条在指定点分割为两段，根据打断点数量的不同，可分为【打断】和【打断于点】两种命令。

1. 打断

打断是指在线条上创建两个打断点，从而将线条断开。执行【打断】命令的方法有以下几种。

- 菜单栏：选择【修改】|【打断】命令。
- 工具栏：单击【修改】工具栏中的【打断】按钮。
- 命令行：在命令行中输入 BREAK 或 BR 并按 Enter 键。

执行【打断】命令之后，命令行提示如下。

```
命令: _break
选择对象:
指定第二个打断点 或 [第一点(F)]:
```

默认情况下，系统会以选择对象时的拾取点作为第一个打断点，接着选择第二个打断点，即可在两点之间打断线段。如果不希望以拾取点作为第一个打断点，则可在命令行选择【第一点】选项，重新指定第一个打断点。如果在对象之外指定一点为第二个打断点，系统将以该点到被打断对象的垂直点位置为第二个打断点，除去两点间的线段，如图 5-28 所示。

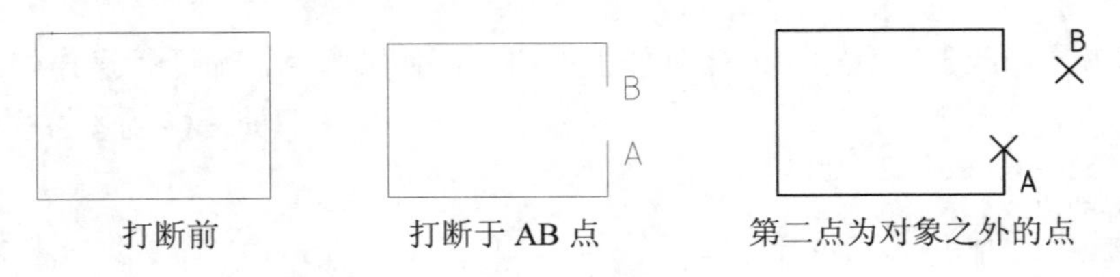

打断前　　打断于 AB 点　　第二点为对象之外的点

图 5-28　图形打断

2. 打断于点

【打断于点】命令是在一个点上将对象断开，因此不生间隙。

单击【修改】工具栏中的【打断于点】按钮，然后选择要打断的对象，接着指定一个打断点，即可将对象在该点断开。

5.2.5　合并图形

合并命令用于将独立的图形对象合并为一个整体。它可以将多个对象进行合并，包括圆弧、椭圆弧、直线、多线段和样条曲线等。执行【合并】命令的方法有以下几种。

- 菜单栏：选择【修改】|【合并】命令。
- 工具栏：单击【修改】工具栏中的【合并】按钮。
- 命令行：在命令行输入 JOIN 或 J 并按 Enter 键。

执行该命令，选择要合并的图形对象并按 Enter 键，即可完成合并对象操作，如图 5-29 所示。

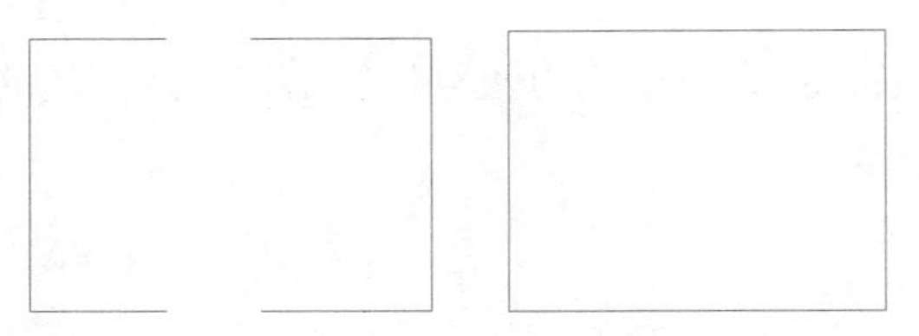

图 5-29　合并效果

5.2.6　倒角图形

【倒角】命令用于在两条非平行直线上生成斜线相连，常用在机械制图中。执行【倒角】命令的方法有以下几种。

- 菜单栏：选择【修改】|【倒角】命令。
- 工具栏：单击【修改】工具栏中的【倒角】按钮。
- 命令行：在命令行中输入 CHAMFER 或 CHA 并按 Enter 键。

执行该命令后，命令行显示如下。

```
选择第一条直线或 [放弃(U)/多段线(P)/距离(D)/角度(A)/修剪(T)/方式(E)/多个(M)]:
```

命令行中各选项的含义如下。

- 放弃(U)：放弃上一次的倒角操作。
- 多段线(P)：对整个多段线每个顶点处的相交直线进行倒角，并且倒角后的线段将成为多段线的新线段。

- 距离(D)：通过设置两个倒角边的倒角距离来进行倒角操作，如图 5-30 所示。
- 角度(A)：通过设置一个角度和一个距离来进行倒角操作，如图 5-31 所示。
- 修剪(T)：设定是否对倒角进行修剪。
- 方式(E)：选择倒角方式，与选择【距离(D)】或【角度(A)】的作用相同。
- 多个(M)：选择该项，可以对多组对象进行倒角。

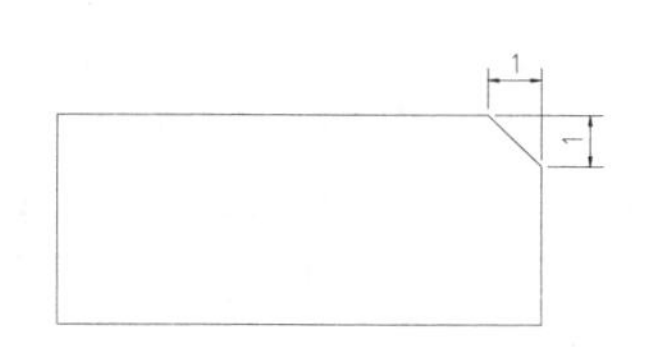

图 5-30　【距离】倒角方式

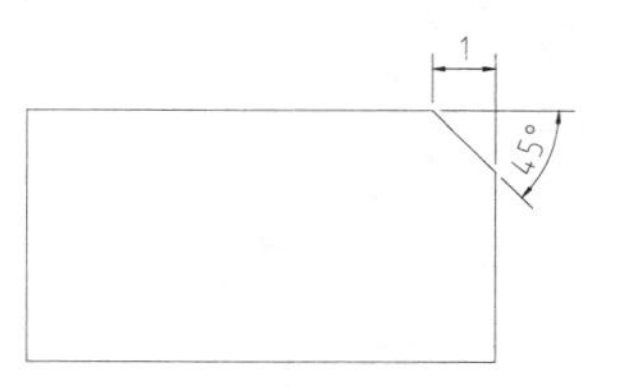

图 5-31　【角度】倒角方式

【案例 5-3】 创建零件倒角

(1) 打开素材文件“第 05 章\案例 5-3.dwg”，如图 5-32 所示。

(2) 单击【修改】工具栏中的【倒角】按钮，在直线 A、B 之间创建倒角，如图 5-33 所示。命令行操作如下。

```
命令: _chamfer                                        //执行【倒角】命令
("修剪"模式) 当前倒角距离 1 = 0.0000，距离 2 = 0.0000
选择第一条直线或 [放弃(U)/多段线(P)/距离(D)/角度(A)/修剪(T)/方式(E)/多个(M)]: D
↙
                                                      //选择【距离】选项
指定 第一个 倒角距离 <0.0000>: 1↙
指定 第二个 倒角距离 <1.0000>: 1↙                     //输入两个倒角距离
选择第一条直线或 [放弃(U)/多段线(P)/距离(D)/角度(A)/修剪(T)/方式(E)/多个(M)]:
                                                      //单击直线 A
选择第二条直线，或按住 Shift 键选择直线以应用角点或 [距离(D)/角度(A)/方法(M)]:
                                                      //单击直线 B
```

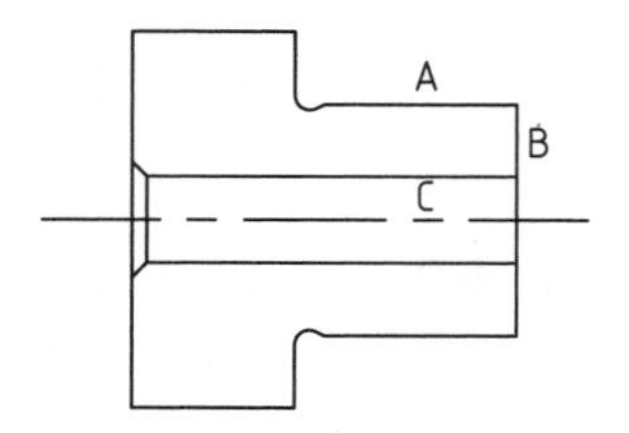

图 5-32　素材图形

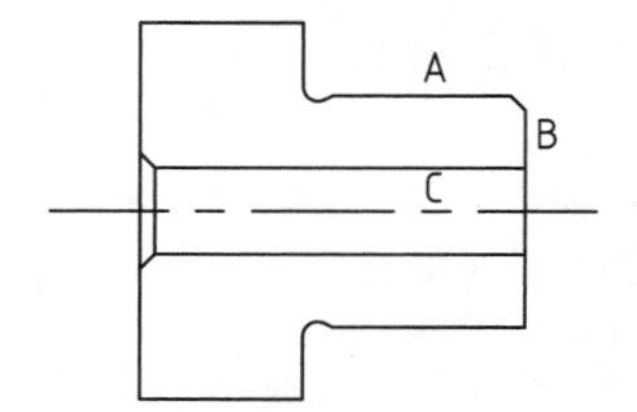

图 5-33　A、B 间倒角

(3) 重复【倒角】命令，在直线 B、C 之间倒角，如图 5-34 所示。命令行操作如下。

```
命令: _chamfer
("修剪"模式) 当前倒角距离 1 = 1.0000，距离 2 = 1.0000
选择第一条直线或 [放弃(U)/多段线(P)/距离(D)/角度(A)/修剪(T)/方式(E)/多个(M)]: T↙
//选择【修剪】选项
输入修剪模式选项 [修剪(T)/不修剪(N)] <修剪>: N↙             //选择【不修剪】
选择第一条直线或 [放弃(U)/多段线(P)/距离(D)/角度(A)/修剪(T)/方式(E)/多个(M)]: D↙
                                                      //选择【距离】选项
```

```
指定 第一个 倒角距离 <1.0000>: 2↙
指定 第二个 倒角距离 <2.0000>: 2↙                          //输入两个倒角距离
选择第一条直线或 [放弃(U)/多段线(P)/距离(D)/角度(A)/修剪(T)/方式(E)/多个(M)]:
                                                            //单击直线 B
选择第二条直线，或按住 Shift 键选择直线以应用角点或 [距离(D)/角度(A)/方法(M)]:
                                                            //单击直线 C
```

(4) 以同样的方法创建其他位置的倒角，如图 5-35 所示。

(5) 连接倒角之后的角点，并修剪线条，如图 5-36 所示。

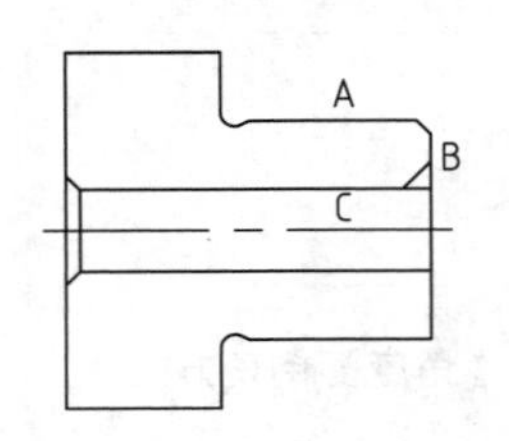

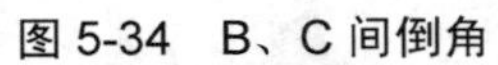
图 5-34　B、C 间倒角

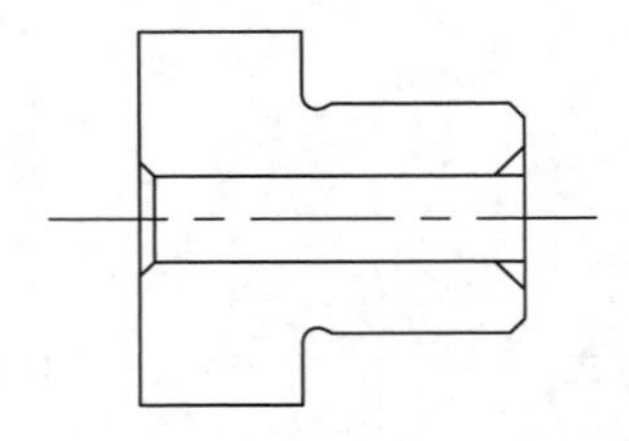

图 5-35　其他倒角

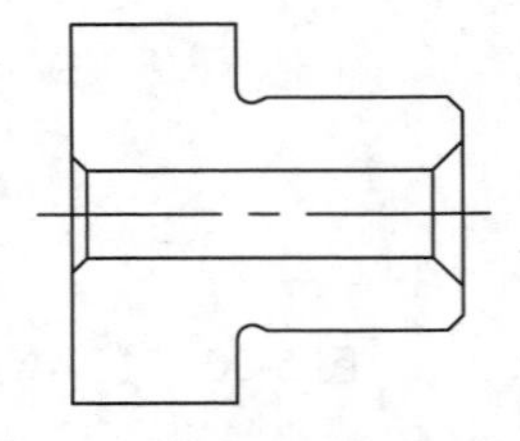

图 5-36　绘制连线和修剪图形

5.2.7 圆角图形

圆角是将两条相交的直线通过一个圆弧连接起来。【圆角】命令的使用分为两步：第一步确定圆角大小，通过半径绘制；第二步选定两条需要圆角的边。

执行【圆角】命令的方法有以下几种方法。

- 菜单栏：选择【修改】|【圆角】命令。
- 工具栏：单击【修改】工具栏中的【圆角】按钮。
- 命令行：在命令行中输入 FILLET 或 F 命令并按 Enter 键。

【案例 5-4】 圆角零件图。

(1) 打开素材文件“第 05 章\案例 5-4.dwg”，如图 5-37 所示。

(2) 单击【修改】工具栏中的【圆角】按钮，在 A、B 间创建圆角，如图 5-38 所示。命令行操作如下。

```
命令: _fillet
当前设置: 模式 = 不修剪，半径 = 5.0000
选择第一个对象或 [放弃(U)/多段线(P)/半径(R)/修剪(T)/多个(M)]: R
指定圆角半径 <5.0000>: 20
选择第一个对象或 [放弃(U)/多段线(P)/半径(R)/修剪(T)/多个(M)]: T
输入修剪模式选项 [修剪(T)/不修剪(N)] <不修剪>: T
选择第一个对象或 [放弃(U)/多段线(P)/半径(R)/修剪(T)/多个(M)]:
选择第二个对象，或按住 Shift 键选择对象以应用角点或 [半径(R)]:
```

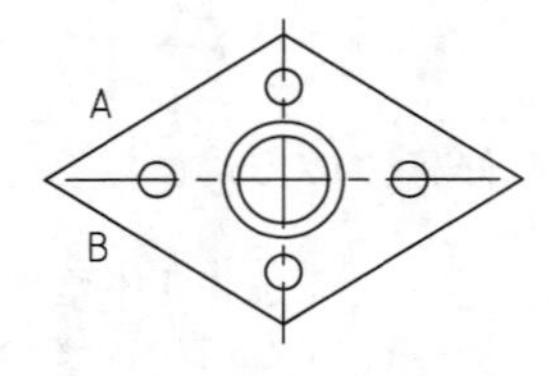

图 5-37　素材图形

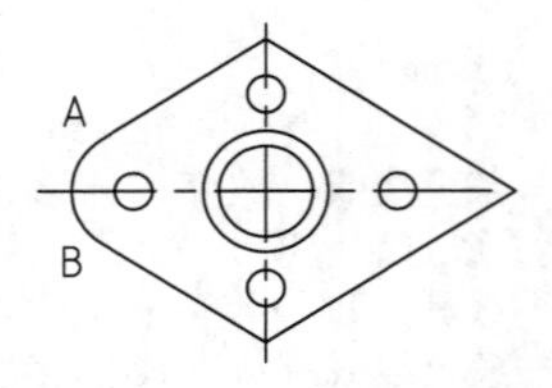

图 5-38　A、B 间的圆角

(3) 重复【圆角】命令，以同样的方法在其他位置创建圆角，结果如图 5-39 所示。

提示

重复【圆角】命令之后，圆角的半径和修剪选项无须重新设置，直接选择圆角对象即可，系统默认以上一次圆角的参数创建之后的圆角。

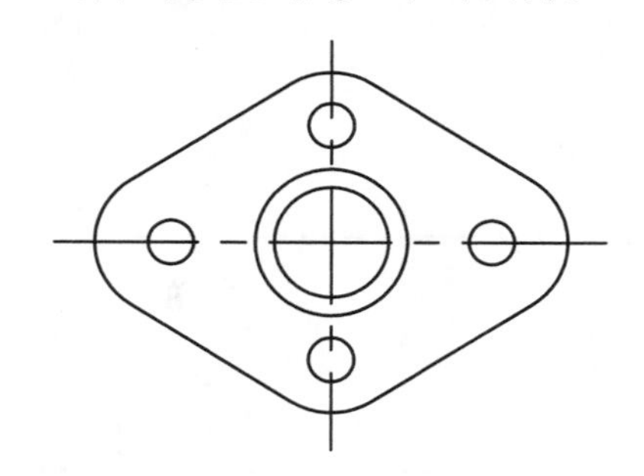

图 5-39　圆角结果

命令行中各选项的含义如下。

- 放弃(U)：放弃上一次的圆角操作。
- 多段线(P)：选择该项将对多段线中每个顶点处的相交直线进行圆角，并且圆角后的圆弧线段将成为多段线的新线段。
- 半径(R)：选择该项，设置圆角的半径。
- 修剪(T)：选择该项，设置是否修剪对象。
- 多个(M)：选择该项，可以在依次调用命令的情况下对多个对象进行圆角。

在 AutoCAD 2014 中，两条平行直线也可进行圆角，圆角直径为两条平行线的距离，如图 5-40 所示。

图 5-40　平行线倒圆角

5.2.8　分解图形

对于由多个对象组成的组合对象如矩形、多边形、多段线、块和阵列等，如果需要对其中的单个对象进行编辑操作，就需要先利用【分解】命令将这些对象分解成单个的图形对象。

执行【分解】命令的方法有以下几种。

- 菜单栏：选择【修改】|【分解】命令。
- 工具栏：单击【修改】工具栏中的【分解】按钮。
- 命令行：在命令行中输入 EXPLODE 或 X 并按 Enter 键。

执行该命令后，选择要分解的图形对象并按 Enter 键，即可完成分解操作。

注意

【分解】命令不能分解用 MINSERT 和外部参照插入的块以及外部参照依赖的块。分解一个包含属性的块将删除属性值并重新显示属性定义。

5.2.9 实例——绘制连接板

绘制如图 5-41 所示的连接板。

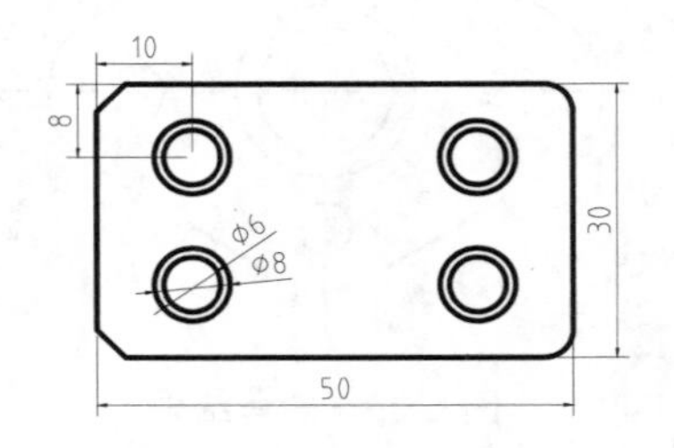

图 5-41　连接板

(1) 绘制矩形。单击【绘图】工具栏中的【矩形】命令，绘制如图 5-42 所示的矩形。

(2) 分解图形。单击【修改】工具栏中的【分解】按钮，分解矩形，结果如图 5-43 所示。

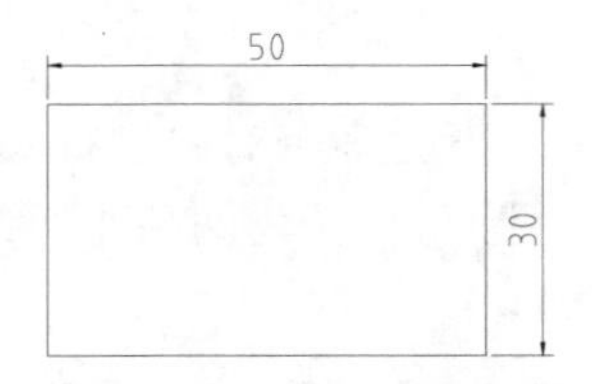

图 5-42　绘制矩形

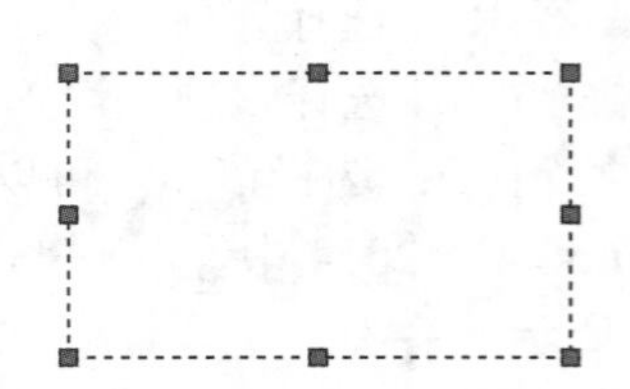

图 5-43　分解图形

(3) 倒角。单击【修改】工具栏中的【倒角】按钮，输入两个倒角距离为 3，结果如图 5-44 所示。

(4) 倒圆角。单击【修改】工具栏中的【圆角】按钮，输入圆角半径为 3，结果如图 5-45 所示。

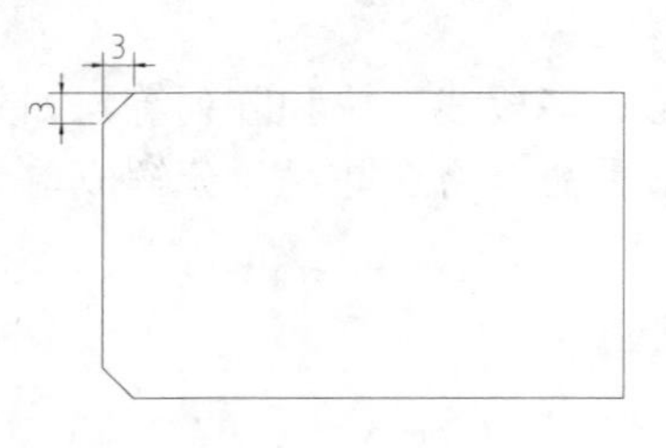

图 5-44　倒角

图 5-45　倒圆角

(5) 绘制连接孔。单击【绘图】工具栏中的【圆】按钮，绘制连接孔，结果如图 5-46 所示。

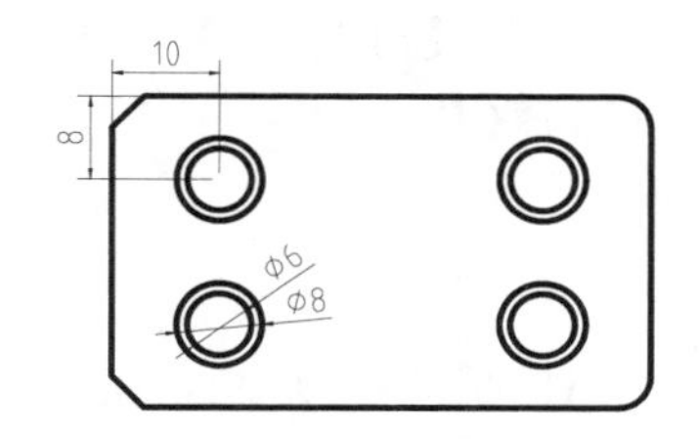

图 5-46　绘制连接孔

5.3 复制图形

任何一份工程图都含有许多相同的图形对象，它们的差别只是相对位置的不同。使用 AutoCAD 提供的复制、镜像、偏移和阵列工具，可以快速创建这些相同的对象。

5.3.1 【复制】命令

复制是生成图形对象的一个副本，执行复制需要选择复制的对象，然后指定复制的基点和目标点。执行【复制】命令的方法有以下几种。

- 菜单栏：选择【修改】|【复制】命令。
- 工具栏：单击【修改】工具栏中的【复制】按钮。
- 命令行：在命令行中输入 COPY 或 CO 或 CP 并按 Enter 键。

【案例 5-5】 复制螺纹孔。

(1) 打开素材文件“第 05 章\案例 5-5.dwg”，如图 5-47 所示。

(2) 单击【修改】工具栏中的【复制】按钮，复制螺纹孔到 A、B、C 点，如图 5-48 所示。命令行操作如下。

```
命令: _copy                                                //执行【复制】命令
选择对象: 指定对角点: 找到 2 个                            //选择螺纹孔内、外圆弧
选择对象:                                                  //按 Enter 键结束选择
当前设置:  复制模式 = 多个
指定基点或 [位移(D)/模式(O)] <位移>:                      //选择螺纹孔的圆心作为基点
指定第二个点或 [阵列(A)] <使用第一个点作为位移>:          //选择 A 点
指定第二个点或 [阵列(A)/退出(E)/放弃(U)] <退出>:          //选择 B 点
指定第二个点或 [阵列(A)/退出(E)/放弃(U)] <退出>:          //选择 C 点
指定第二个点或 [阵列(A)/退出(E)/放弃(U)] <退出>:*取消*          //按 Esc 键退出复制
```

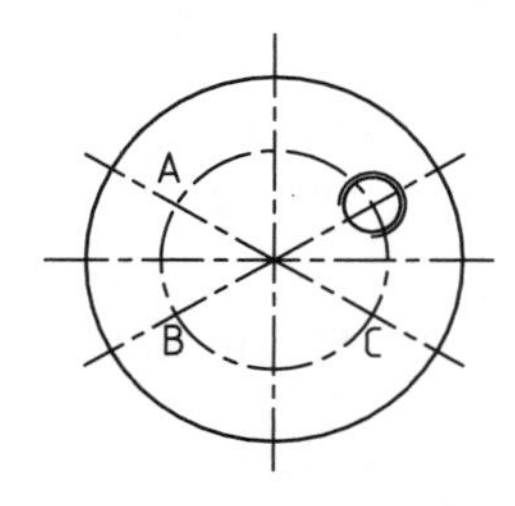

图 5-47　素材图形

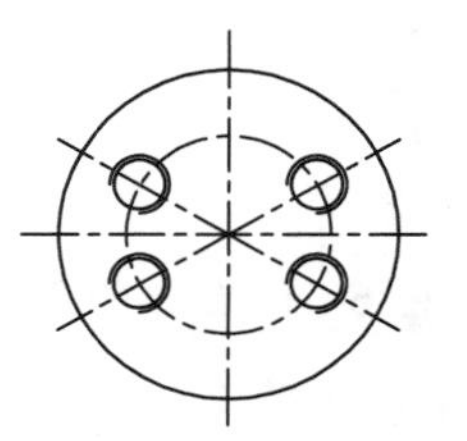

图 5-48　复制的结果

指定复制的基点之后，命令行出现【阵列(A)】选项，选择此选项，即可以线性阵列的方式快速大量复制对象，从而提高效率。

5.3.2 【镜像】命令

【镜像】命令是将某一图形沿对称轴对称复制。在实际工程中，许多物体都设计成对称形状，如果绘制了这些物体的一半图形，就可以利用【镜像】命令迅速生成另一半。执行【镜像】命令的方法有以下几种。

- 菜单栏：选择【修改】|【镜像】命令。
- 工具栏：单击【修改】工具栏中的【镜像】按钮。
- 命令行：在命令行中输入 MIRROR 或 MI 并按 Enter 键。

【案例 5-6】 绘制如图 5-49 所示的压盖。

(1) 绘制中心线。单击【绘图】工具栏中的【直线】按钮，绘制中心线，如图 5-50 所示。

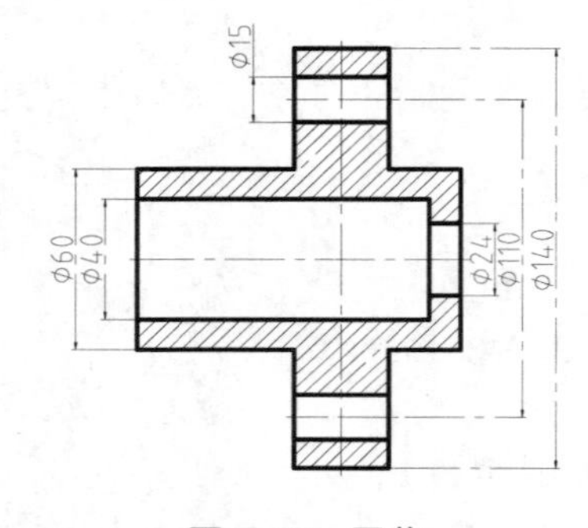

图 5-49 压盖

图 5-50 绘制中心线

(2) 绘制压盖轮廓线。单击【绘图】工具栏中的【直线】按钮，绘制如图 5-51 所示的轮廓线。

(3) 图案填充。单击【绘图】工具栏中的【图案填充】按钮，选择图案为 ANSI31，填充结果如图 5-52 所示。

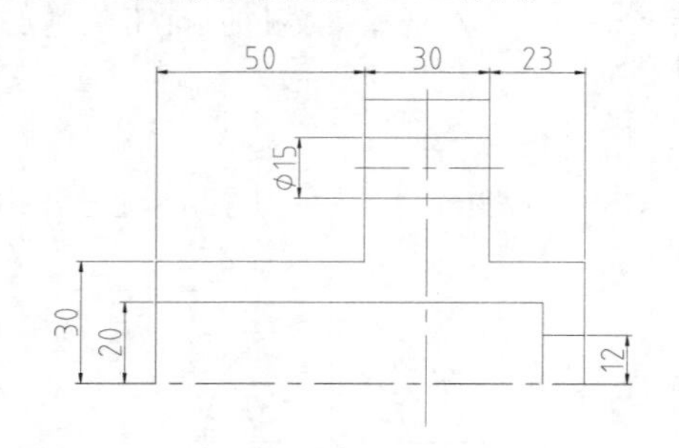

图 5-51 绘制轮廓线

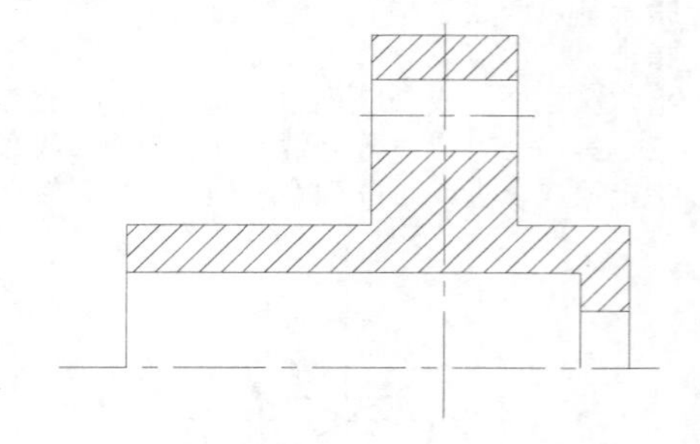

图 5-52 图案填充

(4) 镜像复制图形。单击【修改】工具栏中的【镜像】按钮，以水平中心线为镜像线，镜像复制图形，如图 5-53 所示，命令行操作如下。

```
命令: _mirror                                   //执行【镜像】命令
```

```
选择对象：指定对角点：找到 19 个                    //框选水平中心线以上所有图形
选择对象：↙                                         //按 Enter 键完成对象选择
指定镜像线的第一点：                                //选择水平中心线一个端点
指定镜像线的第二点：                                //选择水平中心线另一个端点
要删除源对象吗？[是(Y)/否(N)] <N>:N↙               //选择不删除源对象，按 Enter 键完成镜像
```

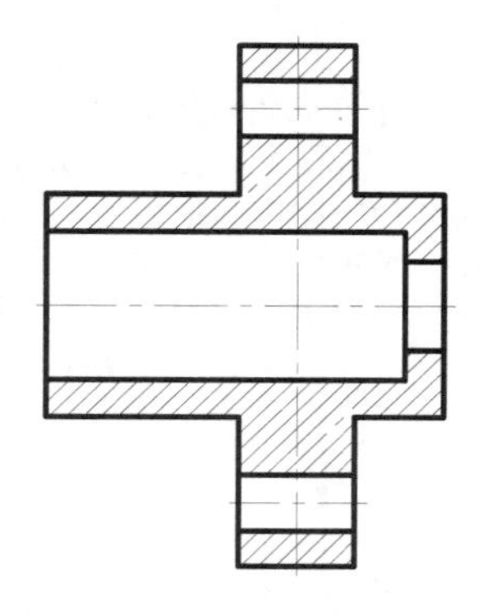

图 5-53　镜像图形后的结果

5.3.3　【偏移】命令

偏移是在对象的一侧生成等间距的复制对象。可以进行偏移的对象包括直线、曲线、多边形、圆、弧等。执行【偏移】命令的方法有以下几种。

- 菜单栏：选择【修改】|【偏移】命令。
- 工具栏：单击【修改】工具栏中的【偏移】按钮。
- 命令行：在命令行中输入 OFFSET 或 O 并按 Enter 键。

在命令执行过程中，需要确定偏移源对象、偏移距离和偏移方向。

【案例 5-7】 偏移如图 5-54 所示的直线 AB，其中一条与 AB 的距离为 50，另一条需要经过点 O。

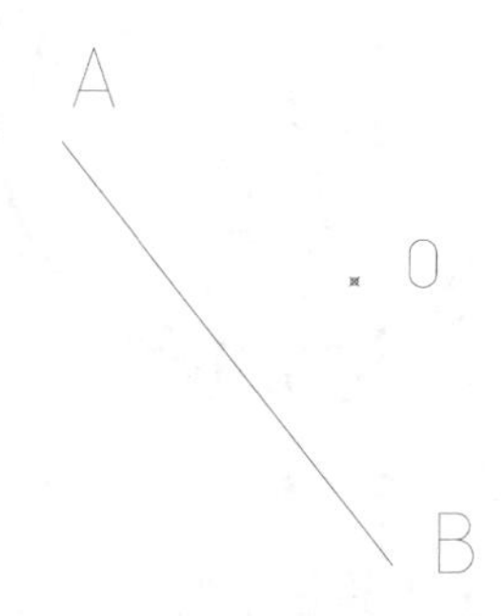

图 5-54　示例图形

(1) 偏移直线。单击【修改】工具栏中的【偏移】按钮，将 AB 向下偏移 50，结果如图 5-55 所示。命令行操作如下。

```
命令：_offset                                                   //执行【偏移】命令
当前设置：删除源=否　图层=源　OFFSETGAPTYPE=0
指定偏移距离或 [通过(T)/删除(E)/图层(L)] <通过>：50↙            //输入偏移距离
选择要偏移的对象，或 [退出(E)/放弃(U)] <退出>：                 //选择直线 AB
```

```
指定要偏移的那一侧上的点，或 [退出(E)/多个(M)/放弃(U)] <退出>://在 AB 左侧单击
选择要偏移的对象，或 [退出(E)/放弃(U)] <退出>:*取消*            //按 Esc 键退出偏移
```

(2) 重复【偏移】命令，将直线 AB 偏移至通过 O 点，如图 5-56 所示。命令行操作过程如下。

```
命令: _offset
当前设置: 删除源=否  图层=源  OFFSETGAPTYPE=0
指定偏移距离或 [通过(T)/删除(E)/图层(L)] <50.0000>:T↙         //选择【通过】选项
选择要偏移的对象，或 [退出(E)/放弃(U)] <退出>:                  //选择直线 AB
指定通过点或 [退出(E)/多个(M)/放弃(U)] <退出>:                  //选择 O 点
选择要偏移的对象，或 [退出(E)/放弃(U)] <退出>:*取消*            //按 Esc 键退出偏移
```

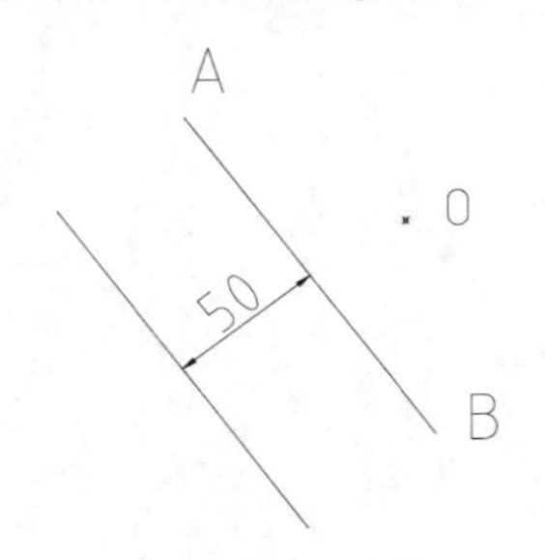

图 5-55 距离偏移

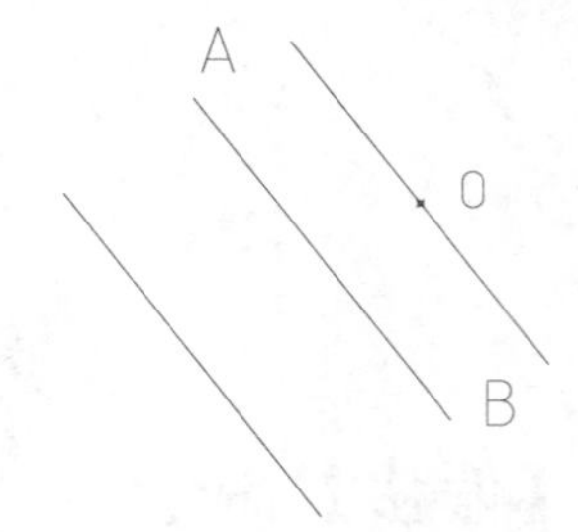

图 5-56 使用【通过】选项偏移

5.3.4 实例——绘制挡圈

绘制如图 5-57 所示的挡圈。

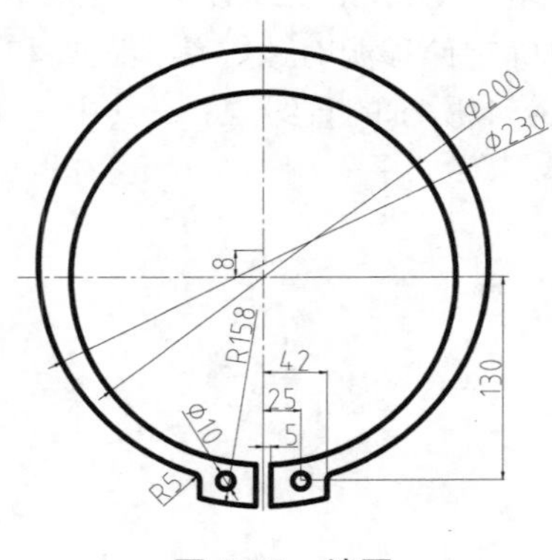

图 5-57 挡圈

(1) 绘制中心线。单击【绘图】工具栏中的【直线】按钮，绘制如图 5-58 所示的两条中心线。

(2) 单击【修改】工具栏中的【偏移】按钮，将水平中心线向上偏移 8，如图 5-59 所示。

(3) 绘制圆弧。单击【绘图】工具栏中的【圆】按钮，绘制直径分别为 200、230、258 的圆，结果如图 5-60 所示。

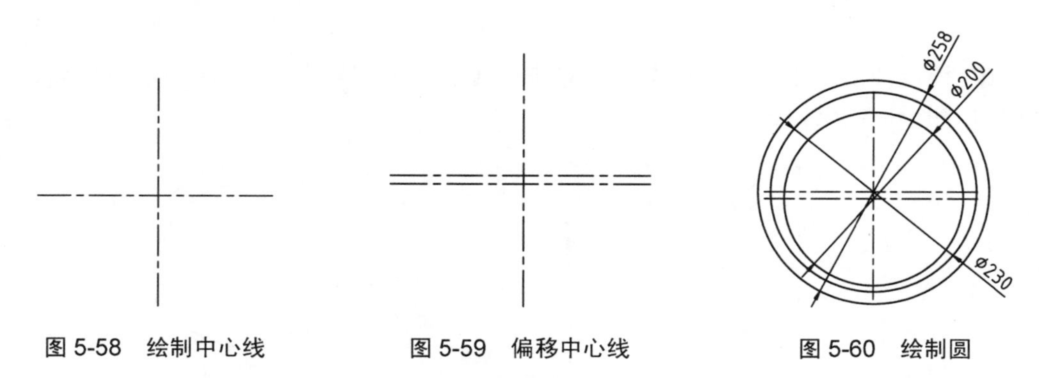

图 5-58 绘制中心线　　图 5-59 偏移中心线　　图 5-60 绘制圆

(4) 修剪图形。单击【修改】工具栏中的【修剪】按钮，修剪左侧的圆弧，如图 5-61 所示。

(5) 偏移图形，单击【修改】工具栏中的【偏移】按钮，将垂直中心线分别向右偏移 6、42，结果如图 5-62 所示。

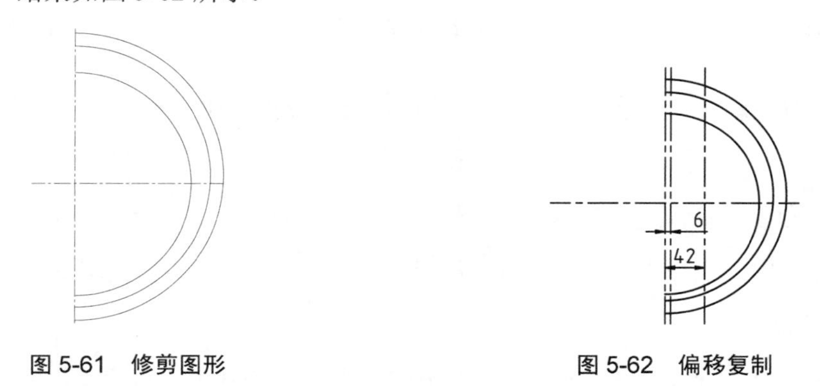

图 5-61 修剪图形　　图 5-62 偏移复制

(6) 绘制直线。单击【绘图】工具栏中的【直线】按钮，绘制直线，删除辅助线，结果如图 5-63 所示。

(7) 偏移中心线。单击【修改】工具栏中的【偏移】按钮，将竖直中心线向右偏移 25，将水平中心线向下偏移 108，如图 5-64 所示。

(8) 绘制圆。单击【绘图】工具栏中的【圆】按钮，在偏移出的辅助线交点绘制直径为 10 的圆，如图 5-65 所示。

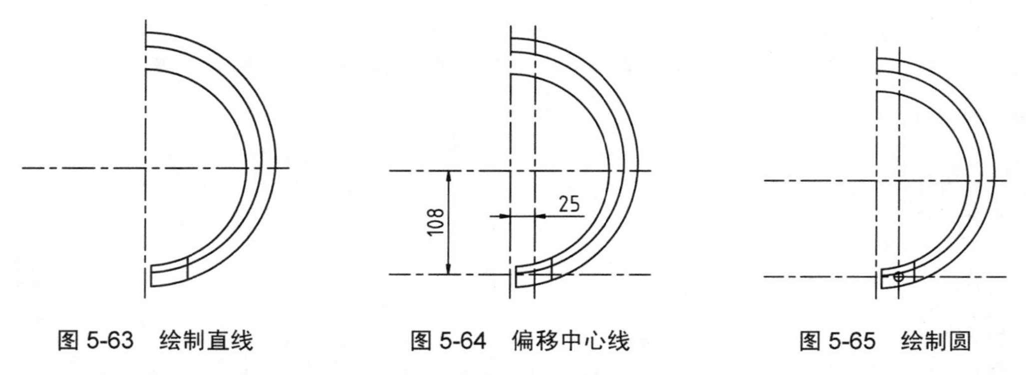

图 5-63 绘制直线　　图 5-64 偏移中心线　　图 5-65 绘制圆

(9) 修剪图形。单击【修改】工具栏中的【修剪】按钮，修剪出右侧图形，如图 5-66

所示。

(10) 镜像图形。单击【修改】工具栏中的【镜像】按钮，以垂直中心线作为镜像线，镜像图形，结果如图 5-67 所示。

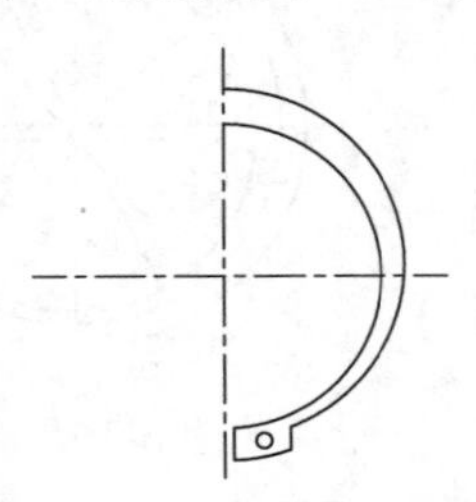
图 5-66 修剪的结果

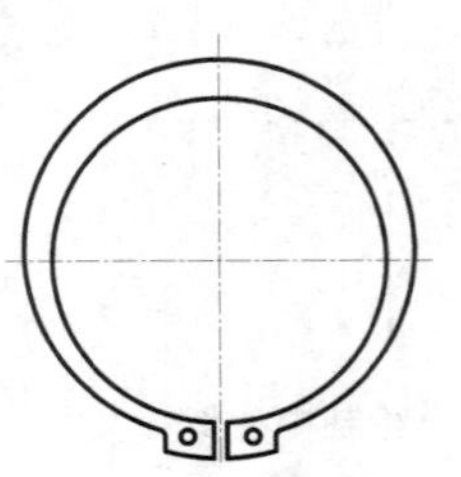
图 5-67 镜像图形

5.3.5 【阵列】命令

【阵列】命令是一个功能强大的多重复制命令，可以将对象按一定规律进行大量复制。

在命令行中输入 ARRAY 后并按 Enter 键，命令行提示如下。

```
ARRAY                                               //执行【阵列】命令
选择对象:                                            //选择阵列对象，按 Enter 键
输入阵列类型 [矩形(R)/路径(PA)/极轴(PO)] <矩形>:      //选择阵列类型
```

在命令行中可选择矩形阵列、路径阵列和环形阵列，下面详细介绍各种阵列方式。

1. 矩形阵列

矩形阵列是在行和列两个线性方向创建源对象的多个副本。执行【矩形阵列】命令的方法有以下几种。

- 菜单栏：选择【修改】|【阵列】|【矩形阵列】命令。
- 具栏：单击【修改】工具栏中的【矩形阵列】按钮。
- 命令行：在命令行输入 ARRAY 并按 Enter 键，选择要阵列的对象，然后在命令行选择阵列类型。或直接输入 ARRAYRECT 并按 Enter 键。

【案例 5-8】 矩形阵列圆孔。

(1) 打开素材文件“第 05 章\案例 5-8.dwg”，如图 5-68 所示。

(2) 单击【修改】工具栏中的【矩形阵列】按钮，按 3 行 3 列阵列圆孔，如图 5-69 所示。命令行操作如下。

```
命令: _arrayrect                                    //执行【矩形阵列】命令
选择对象: 找到 1 个                                  //选择圆孔作为阵列对象
选择对象:
类型 = 矩形  关联 = 是
选择夹点以编辑阵列或 [关联(AS)/基点(B)/计数(COU)/间距(S)/列数(COL)/行数(R)/层数
(L)/退出(X)] <退出>: COL                             //选择编辑列数
输入列数数或 [表达式(E)] <4>: 3↙                      //输入列数
指定 列数 之间的距离或 [总计(T)/表达式(E)] <15>: 40↙     //输入列间距
选择夹点以编辑阵列或 [关联(AS)/基点(B)/计数(COU)/间距(S)/列数(COL)/行数(R)/层数
```

```
(L)/退出(X)] <退出>: R↙                                          //选择编辑行数
输入行数数或 [表达式(E)] <3>: 3↙                                  //输入行数
指定 行数 之间的距离或 [总计(T)/表达式(E)] <15>: -20↙             //输入行间距
指定 行数 之间的标高增量或 [表达式(E)] <0>:0↙                      //使用 0 增量
选择夹点以编辑阵列或 [关联(AS)/基点(B)/计数(COU)/间距(S)/列数(COL)/行数(R)/层数
(L)/退出(X)] <退出>:↙                                            //按 Enter 键完成阵列
```

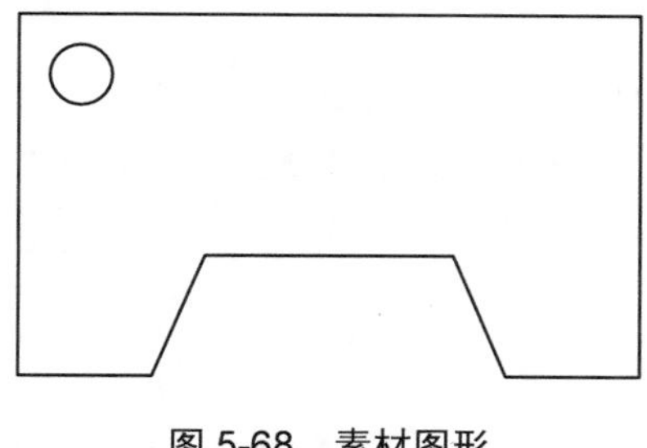

图 5-68　素材图形

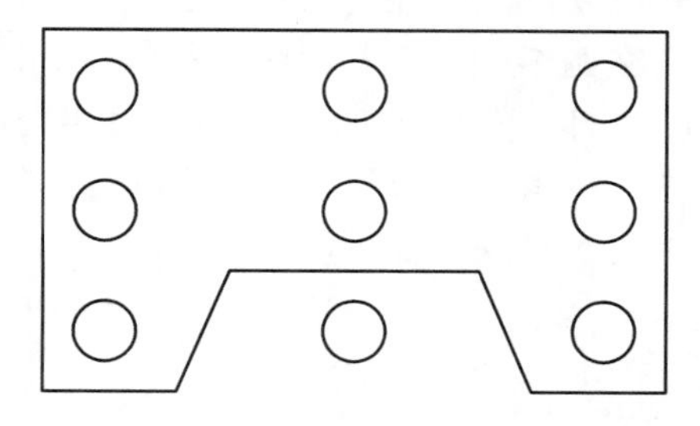

图 5-69　矩形阵列结果

(3) 单击【修改】工具栏中的【分解】按钮，选择创建的阵列作为分解对象，将阵列分解为单个圆。

(4) 删除第三行第二列的圆，结果如图 5-70 所示。

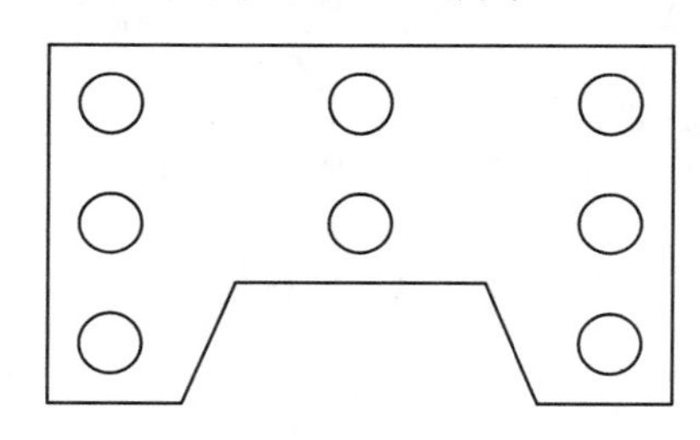

图 5-70　分解并删除对象的结果

命令行中各选项的含义如下。

- 关联(AS)：指定阵列中的对象是关联的还是独立的。
- 基点(B)：定义阵列基点和基点夹点的位置。
- 计数(COU)：指定行数和列数并使用户在移动光标时可以动态观察结果(一种比【行】和【列】选项更快捷的方法)。
- 间距(S)：指定行间距和列间距并使用户在移动光标时可以动态观察结果。
- 列数(OL)：编辑列数和列间距。
- 行数(R)：指定阵列中的行数、它们之间的距离以及行之间的增量标高。
- 层数(L)：指定三维阵列的层数和层间距。

注意

在矩形阵列的过程中，如果希望阵列的图形往相反的方向复制时，则需在列间距或行间距前面加“-”符号。

2. 路径阵列

路径阵列可沿曲线轨迹复制图形，通过设置不同的基点，能得到不同的阵列结果。执行【路径阵列】命令的方法有以下几种。

- 菜单栏：选择【修改】|【阵列】|【路径阵列】命令。
- 工具栏：单击【修改】工具栏中的【路径阵列】按钮。
- 命令行：在命令行中输入 ARRAYPATH 或 ARRAY 或 AR 并按 Enter 键。
- 功能区：在【常用】选项卡中，单击【修改】面板中的【路径阵列】按钮。

【案例 5-9】 创建沿螺旋线的阵列。

(1) 打开素材文件“第 05 章\案例 5-9.dwg”，如图 5-71 所示。

(2) 单击【修改】工具栏中的【路径阵列】按钮，将四边形沿螺旋线阵列，如图 5-72 所示。命令行操作如下。

```
命令: _arraypath                                          //执行【路径阵列】命令
选择对象: 找到 1 个
选择对象:
类型 = 路径  关联 = 是
选择路径曲线:
选择夹点以编辑阵列或 [关联(AS)/方法(M)/基点(B)/切向(T)/项目(I)/行(R)/层(L)/对齐
项目(A)/Z 方向(Z)/退出(X)] <退出>: M↙                      //选择【方法】选项
输入路径方法 [定数等分(D)/定距等分(M)] <定距等分>: D↙        //选择定数等分
选择夹点以编辑阵列或 [关联(AS)/方法(M)/基点(B)/切向(T)/项目(I)/行(R)/层(L)/对齐
项目(A)/Z 方向(Z)/退出(X)] <退出>: I↙                      //选择编辑项目数量
输入沿路径的项目数或 [表达式(E)] <76>: 50↙                  //输入项目数量
选择夹点以编辑阵列或 [关联(AS)/方法(M)/基点(B)/切向(T)/项目(I)/行(R)/层(L)/对齐
项目(A)/Z 方向(Z)/退出(X)] <退出>:↙                        //按 Enter 键完成阵列
```

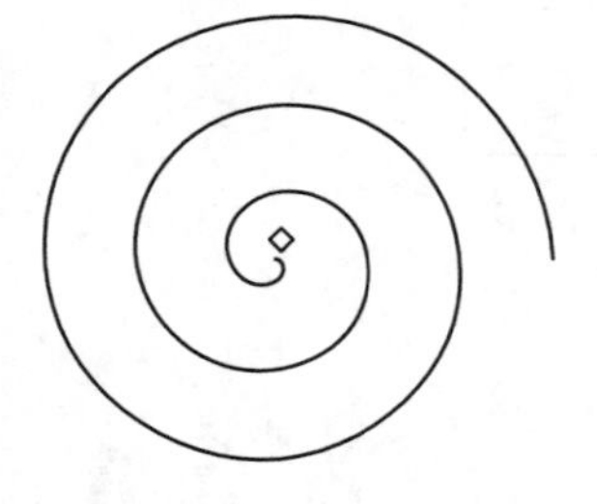

图 5-71　素材图形

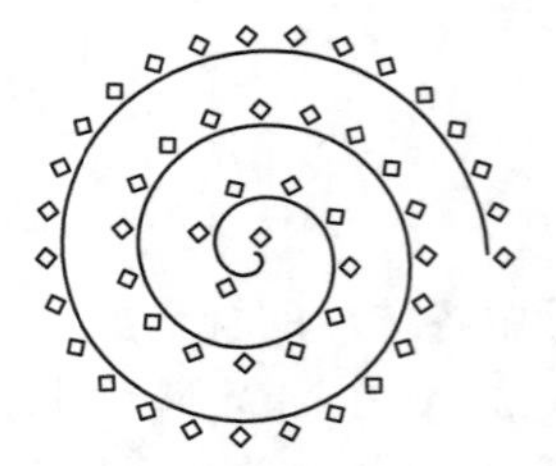

图 5-72　沿路径阵列的结果

命令行中各选项的含义如下。

- 关联(AS)：指定是否创建阵列对象，或者是否创建选定对象的非关联副本。
- 方法(M)：控制如何沿路径分布项目。
- 基点(B)：定义阵列的基点。路径阵列中的项目相对于基点放置。
- 切向(T)：指定阵列中的项目如何相对于路径的起始方向对齐。
- 项目(I)：根据【方法】设置，指定项目数或项目之间的距离。
- 行(R)：指定阵列中的行数、它们之间的距离以及行之间的增量标高。
- 层(L)：指定三维阵列的层数和层间距。
- 对齐项目(A)：指定是否对齐每个项目以与路径的方向相切。对齐相对于第一个项目的方向。
- Z 方向(Z)：控制是否保持项目的原始 Z 方向或沿三维路径自然倾斜项目。

3. 环形阵列

环形阵列是以某一点为中心点进行环形复制，阵列结果是阵列对象沿圆周均匀分布。执行【环形阵列】命令的方法有以下几种。

- 菜单栏：选择【修改】|【阵列】|【环形阵列】命令。
- 工具栏：单击【修改】工具栏中的【环形阵列】按钮。
- 命令行：在命令行中输入 ARRAYPOLAR 或 ARRAY 或 AR 并按 Enter 键。
- 功能区：在【常用】选项卡中，单击【修改】面板中的【环形阵列】按钮。

【案例 5-10】 环形阵列圆孔。

(1) 打开素材文件“第 05 章\案例 5-10.dwg”，如图 5-73 所示。

(2) 单击【修改】工具栏中的【环形阵列】按钮，将圆孔沿圆周阵列 4 个项目，如图 5-74 所示。命令行操作如下。

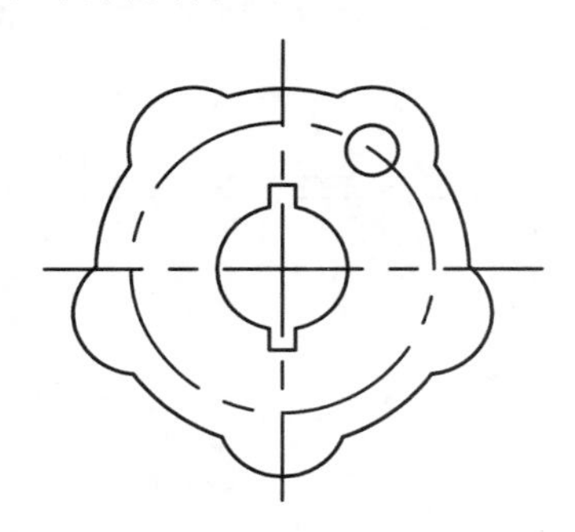

图 5-73　素材图形

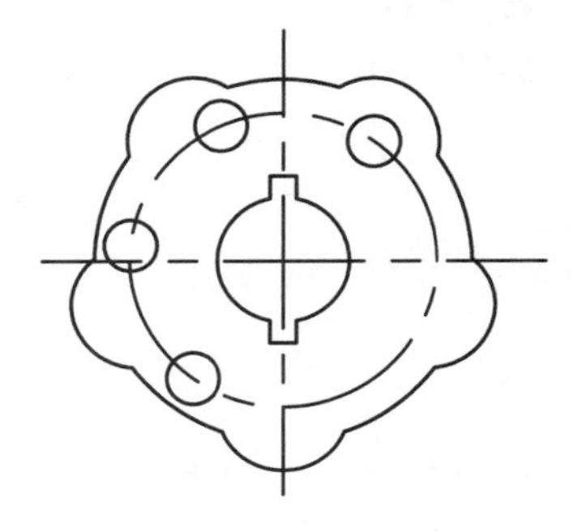

图 5-74　环形阵列后的结果

```
命令: _arraypolar                                   //执行【环形阵列】命令
选择对象: 找到 1 个
选择对象:
类型 = 极轴  关联 = 是
指定阵列的中心点或 [基点(B)/旋转轴(A)]:               //选择中心线交点
选择夹点以编辑阵列或 [关联(AS)/基点(B)/项目(I)/项目间角度(A)/填充角度(F)/行(ROW)/
层(L)/旋转项目(ROT)/退出(X)] <退出>: I               //选择编辑项目数
输入阵列中的项目数或 [表达式(E)] <6>: 4               //输入项目数
选择夹点以编辑阵列或 [关联(AS)/基点(B)/项目(I)/项目间角度(A)/填充角度(F)/行(ROW)/
层(L)/旋转项目(ROT)/退出(X)] <退出>: F               //选择编辑填充角度
指定填充角度(+=逆时针、-=顺时针)或 [表达式(EX)] <360>: 180   //输入填充角度
选择夹点以编辑阵列或 [关联(AS)/基点(B)/项目(I)/项目间角度(A)/填充角度(F)/行(ROW)/
层(L)/旋转项目(ROT)/退出(X)] <退出>:                 //按 Enter 键完成阵列
```

命令行各选项含义的介绍如下。

- 基点(B)：指定阵列的基点。
- 旋转项目(ROT)：控制在阵列项时是否旋转项。
- 填充角度(F)：对象环形阵列的总角度。
- 项目间角度(A)：设置相邻的项目间的角度。

5.3.6 实例——绘制同步带

绘制如图 5-75 所示的同步带。

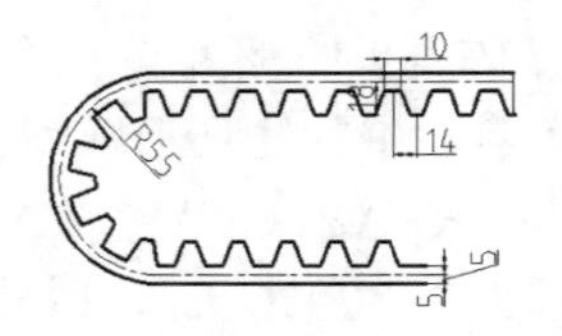

图 5-75 同步带

(1) 绘制辅助线。单击【绘图】工具栏中的【多段线】按钮，绘制辅助线，如图 5-76 所示。

(2) 偏移辅助线。单击【修改】工具栏中的【偏移】按钮，将中心线上下各偏移 5，结果如图 5-77 所示。

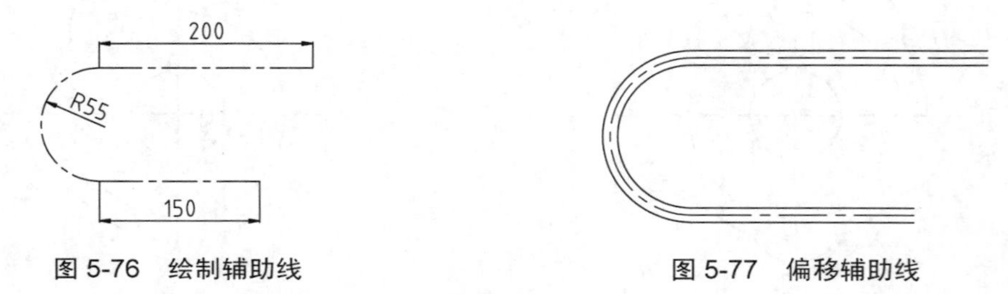

图 5-76 绘制辅助线　　图 5-77 偏移辅助线

(3) 绘制同步带的齿。使用【偏移】和【修剪】命令绘制如图 5-78 所示的齿。

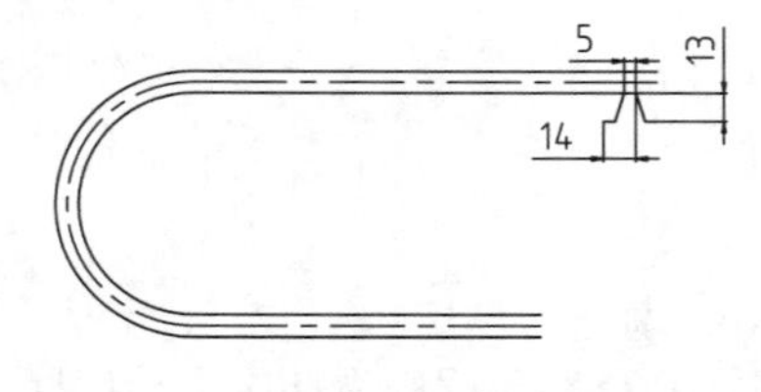

图 5-78 绘制齿

(4) 阵列同步带齿。单击【绘图】工具栏中的【矩形阵列】按钮，选择单个齿轮作为阵列对象，设置列数为 12，行数为 1，距离为-18，阵列结果如图 5-79 所示。

(5) 分解阵列图形。单击【修改】工具栏中的【分解】按钮，将矩形阵列的齿分解。

(6) 环形阵列。单击【修改】工具栏中的【环形阵列】按钮，选择最左侧的一个齿作为阵列对象，设置填充角度为 180，项目数量为 8，结果如图 5-80 所示。

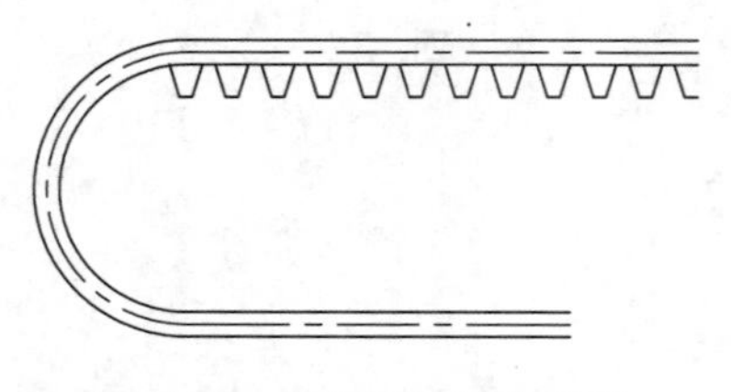

图 5-79 矩形阵列后的结果

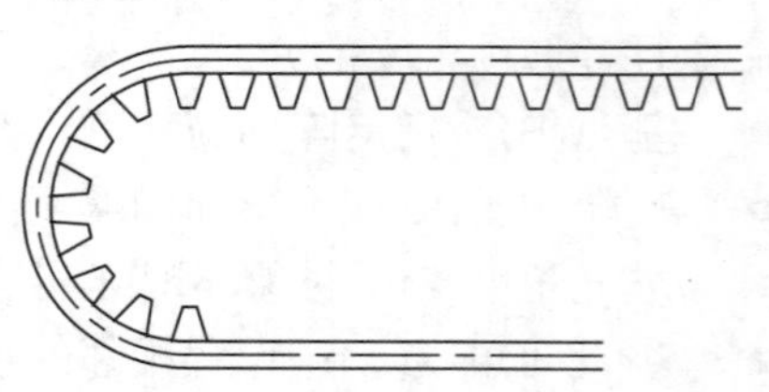

图 5-80 环形阵列后的结果

(7) 镜像齿条。单击【修改】工具栏中的【镜像】按钮，选择如图 5-81 所示的 8 个齿作为镜像对象，以通过圆心的水平线作为镜像线，镜像结果如图 5-82 所示。

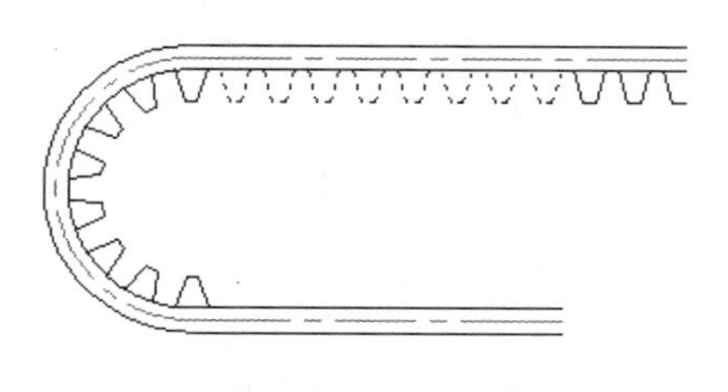

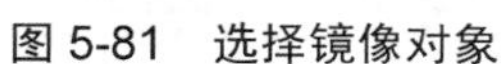
图 5-81　选择镜像对象

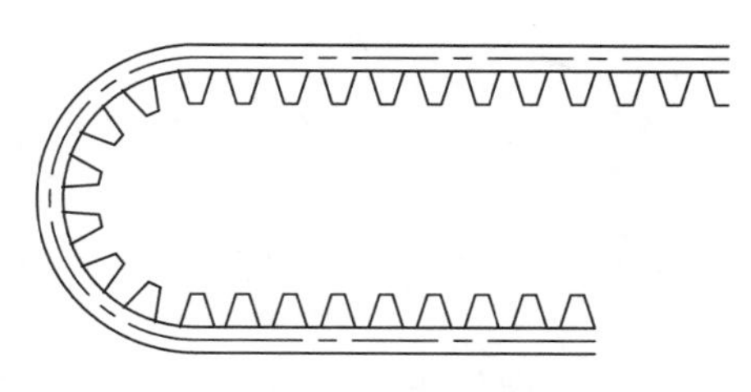

图 5-82　镜像后的结果

(8) 修剪图形。单击【修改】工具栏中的【修剪】按钮，修剪多余的线条，结果如图 5-83 所示。

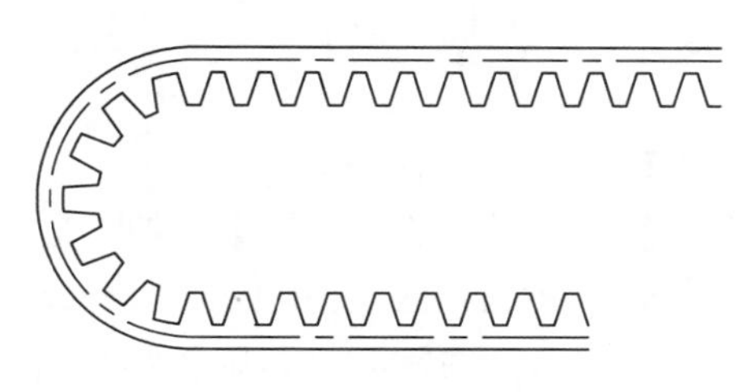

图 5-83　修剪结果

5.4　改变图形大小及位置

对于已经绘制好的图形对象，有时需要改变图形的大小及它们的位置，改变的方式有很多种，例如移动、旋转、拉伸和缩放等，下面将做详细介绍。

5.4.1　移动图形

移动图形是指将图形从一个位置平移到另一个位置，移动过程中图形的大小、形状和角度都不会改变。执行【移动】命令的方法有以下几种。

- 菜单栏：选择【修改】|【移动】命令。
- 工具栏：在【修改】工具栏中单击【移动】按钮。
- 命令行：在命令行中输入 MOVE 或 M 并按 Enter 键。

执行【移动】命令之后，首先选择需要移动的图形对象，然后分别确定移动的基点(起点)和终点，就可以将图形对象从基点的起点位置平移到终点位置。

【案例 5-11】 移动图形

(1) 打开素材文件“第 05 章\案例 5-11.dwg”，如图 5-84 所示。

(2) 单击【修改】工具栏中的【平移】按钮，将圆移到与圆弧同心，如图 5-85 所示，命令行操作过程如下。

```
命令： _move                                    //执行【移动】命令
选择对象：找到 1 个                              //选择圆
```

```
选择对象:↙                                              //按 Enter 键结束选择
指定基点或 [位移(D)] <位移>:                             //指定圆心为基点
指定第二个点或 <使用第一个点作为位移>:                   //指定圆弧圆心为终点
```

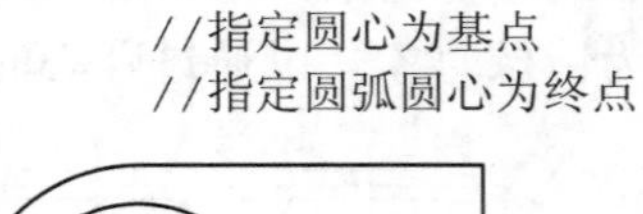

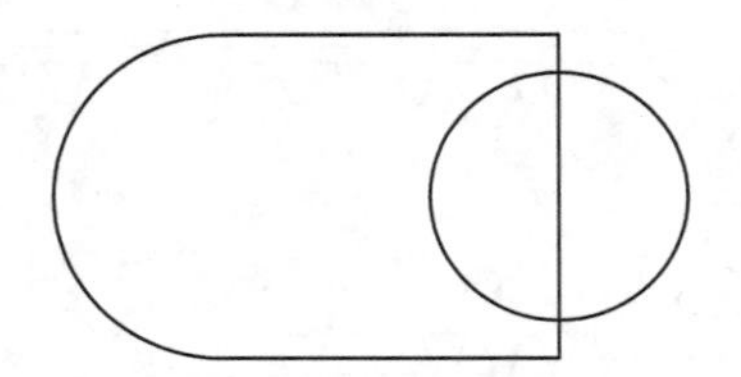

图 5-84　素材图形

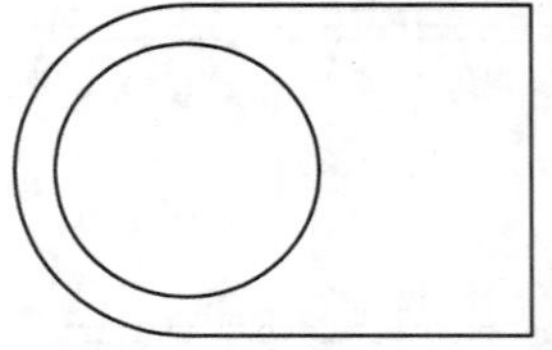

图 5-85　移动圆后的结果

5.4.2　旋转图形

旋转图形是将图形绕某个基点旋转一定的角度。执行【旋转】命令的方法有以下几种。

- 菜单栏：选择【修改】|【旋转】命令。
- 工具栏：单击【修改】工具栏中的【旋转】按钮。
- 命令行：在命令行中输入 ROTATE 或 RO 并按 Enter 键。

执行【旋转】命令之后，依次选择旋转对象、旋转基点和旋转角度。逆时针旋转的角度为正值，顺时针旋转的角度为负值。在旋转过程中，选择【复制】选项可以以复制的方式旋转对象，保留源对象。

【案例 5-12】 旋转键槽位置

(1) 打开素材文件“第 05 章\案例 5-12.dwg”，如图 5-86 所示。

(2) 单击【修改】工具栏中的【旋转】按钮，将键槽图形旋转-90°，并保留源对象，如图 5-87 所示，命令行操作如下。

```
命令: _rotate                                            //执行【旋转】命令
UCS 当前的正角方向: ANGDIR=逆时针  ANGBASE=0
选择对象: 指定对角点: 找到 4 个                          //选择旋转对象
选择对象: ↙                                              //按 Enter 键结束选择
指定基点:                                                //指定圆心为旋转中心
指定旋转角度, 或 [复制(C)/参照(R)] <0>:  C↙              //选择【复制】选项
旋转一组选定对象
指定旋转角度, 或 [复制(C)/参照(R)] <0>:  -90↙            //输入旋转角度
```

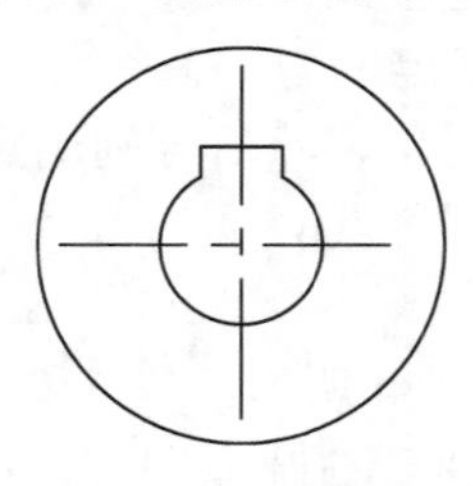

图 5-86　素材图形

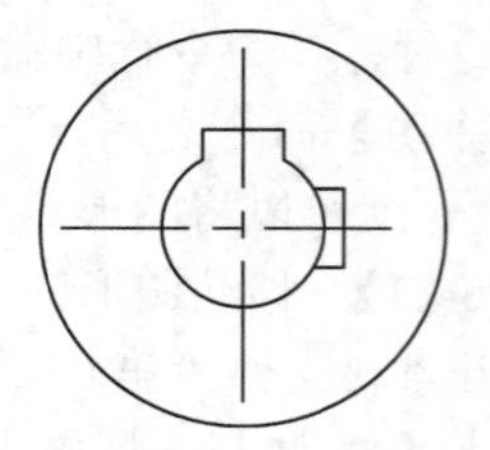

图 5-87　旋转复制后的结果

5.4.3　实例——绘制曲柄

绘制如图 5-88 所示的曲柄。

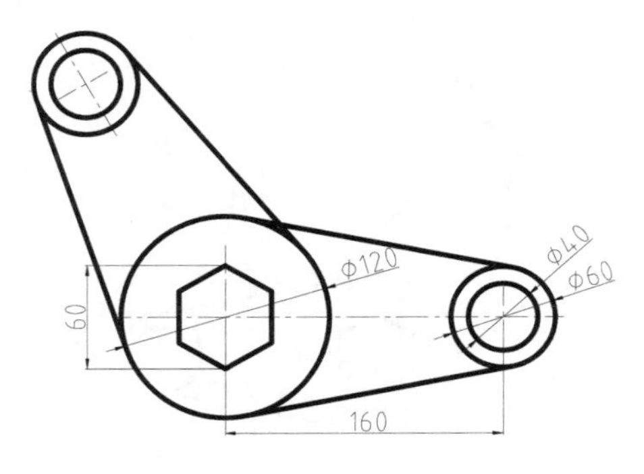

图 5-88　曲柄

(1) 绘制中心线。单击【绘图】工具栏中的【直线】按钮，绘制中心线，如图 5-89 所示。

(2) 绘制圆。单击【绘图】工具栏中的【圆】按钮，绘制圆，结果如图 5-90 所示。

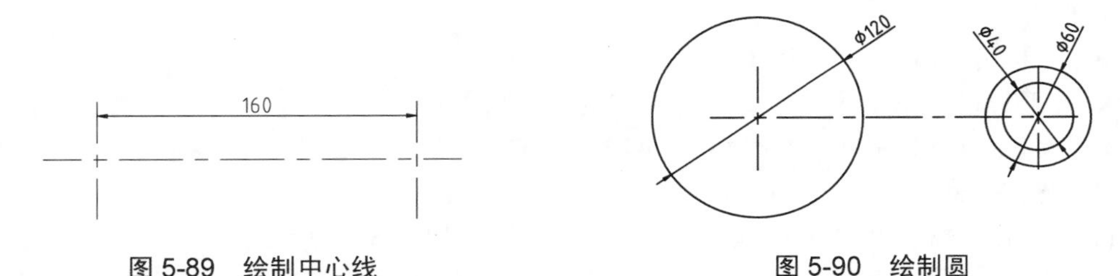

图 5-89　绘制中心线　　　　图 5-90　绘制圆

(3) 绘制正多边形。单击【绘图】工具栏中的【正多边形】按钮，绘制正六边形，六边形外接圆半径为 60，如图 5-91 所示。

(4) 绘制连接线。单击【绘图】工具栏中的【直线】按钮，绘制连接线，结果如图 5-92 所示。

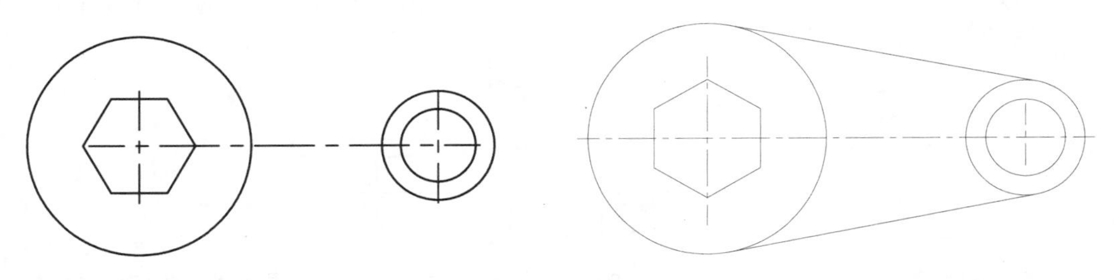

图 5-91　绘制正多边形　　　　图 5-92　绘制连接线

(5) 旋转图形。单击【修改】工具栏中的【旋转】按钮，旋转图形，结果如图 5-93 所示。命令行操作过程如下。

```
命令: _rotate                                    //执行【旋转】命令
```

```
UCS 当前的正角方向:  ANGDIR=逆时针  ANGBASE=0
选择对象: 指定对角点: 找到 9 个                              //选择右侧两个圆和两条切线
选择对象: ↙                                                  //结束选择
指定基点:                                                    //选择右侧圆的圆心
指定旋转角度, 或 [复制(C)/参照(R)] <0>:  C↙                  //选择【复制】选项
旋转一组选定对象
指定旋转角度, 或 [复制(C)/参照(R)] <0>:  120↙                //输入旋转角度
```

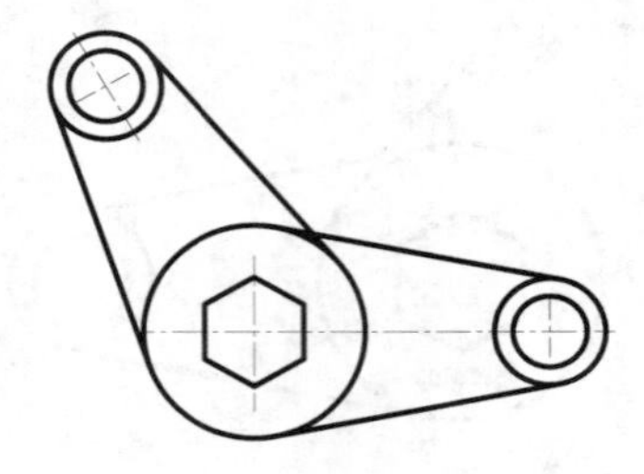

图 5-93　旋转图形

5.4.4　缩放图形

缩放图形是将图形对象以指定的缩放基点，放大或缩小一定比例，与【旋转】命令类似，可以选择【复制】选项，在生成缩放对象时保留源对象。执行【缩放】命令的方法有以下几种。

- 菜单栏：选择【修改】|【缩放】命令。
- 工具栏：单击【修改】工具栏中的【缩放】按钮。
- 命令行：在命令行中输入 SCALE 和 SC 并按 Enter 键。

【案例 5-13】 缩放粗糙度标注。

(1) 打开素材文件“第 05 章\案例 5-13.dwg”，如图 5-94 所示。

(2) 单击【修改】工具栏中的【缩放】按钮，将粗糙度标注按 0.4 的比例缩小，如图 5-95 所示。命令行操作如下。

```
命令: _scale                                     //执行【缩放】命令
选择对象: 指定对角点: 找到 6 个                   //选择粗糙度标注
选择对象:                                         //按 Enter 键完成选择
指定基点:                                         //选择如图 5-96 所示的端点作为缩放基点
指定比例因子或 [复制(C)/参照(R)]: 0.4             //输入缩放比例
```

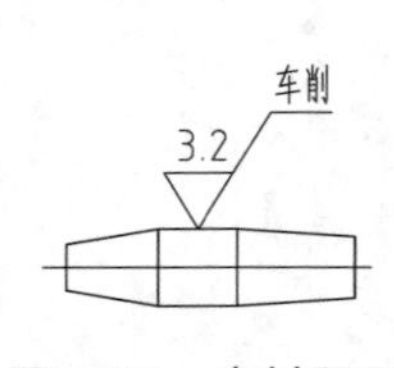

图 5-94　素材图形

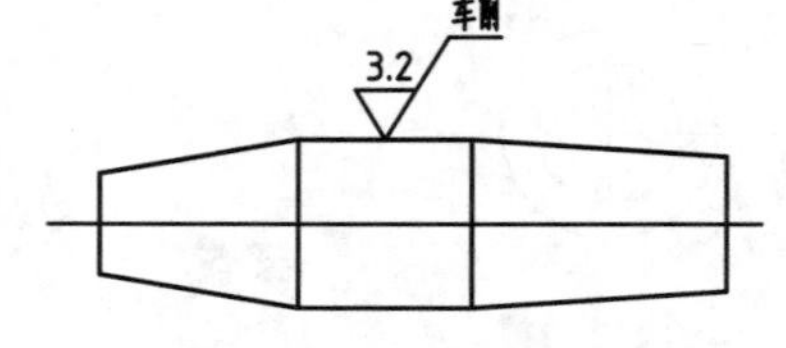

图 5-95　缩放后的结果

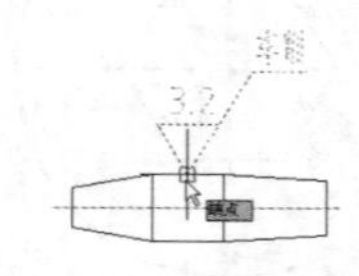

图 5-96　指定缩放基点

命令行中各选项的含义如下。

- 比例因子：比例因子即缩小和放大的比例值，大于 1 时，放大图形；小于 1 时，缩小图形。

- 复制(C)：缩放时保留源图形。
- 参照(R)：需用户输入参照长度和新长度数值，由系统自动算出两长度之间的比例数值，确定缩放的比例因子，然后对图形进行缩放操作。

5.4.5　拉伸图形

拉伸是将图形的一部分线条沿指定矢量方向拉长。执行【拉伸】命令的方法有以下几种。

- 菜单栏：选择【修改】|【拉伸】命令。
- 工具栏：单击【修改】工具栏中的【拉伸】按钮。
- 命令行：在命令行中输入 STRETCH 或 S 并按 Enter 键。

执行【拉伸】命令需要选择拉伸对象、拉伸基点和第二点，基点和第二点定义的矢量决定了拉伸的方向和距离。

【案例 5-14】 拉伸螺杆。

(1) 打开素材文件“第 05 章\案例 5-14.dwg”，如图 5-97 所示。

(2) 单击【修改】工具栏中的【拉伸】按钮，将螺杆长度拉伸至 150。命令行操作如下。

```
命令: _stretch                                      //执行【拉伸】命令
以交叉窗口或交叉多边形选择要拉伸的对象...
选择对象: 指定对角点: 找到 7 个                     //框选如图 5-98 所示的对象
选择对象:                                           //按 Enter 键结束选择
指定基点或 [位移(D)] <位移>:
指定第二个点或 <使用第一个点作为位移>: 22           //水平向右移动指针，输入拉伸距离
```

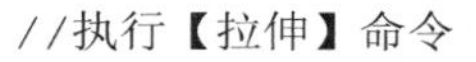

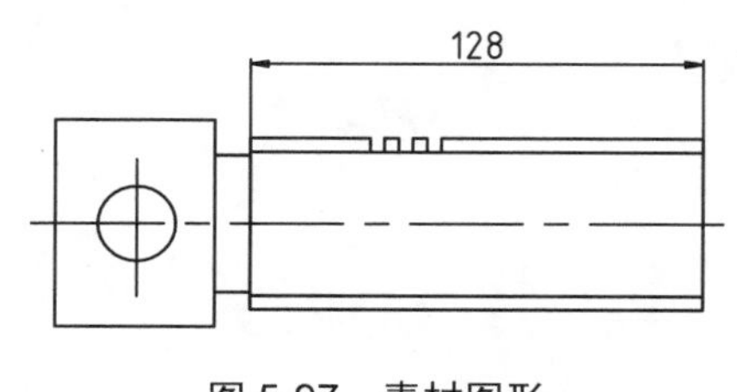

图 5-97　素材图形

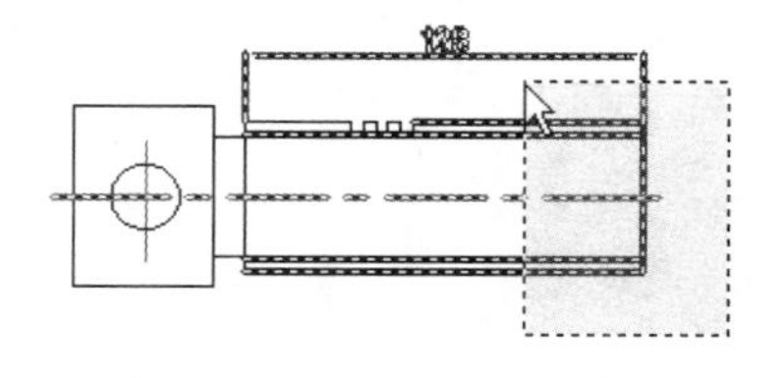

图 5-98　选择拉伸对象

(3) 螺杆的拉伸结果如图 5-99 所示。

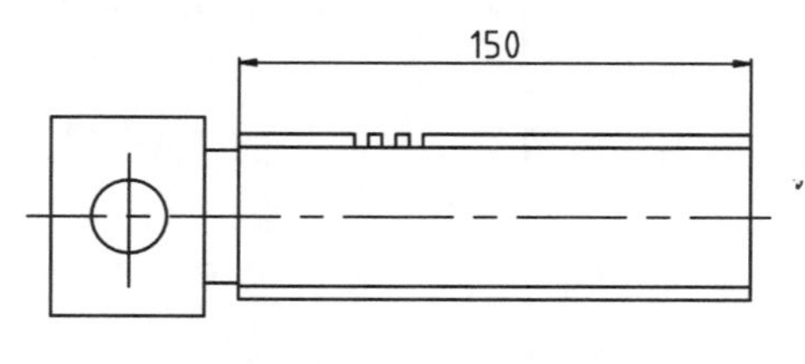

图 5-99　拉伸后的结果

5.5　夹点编辑图形

在未执行命令的状态下选择图形对象，图形上的特征点将显示为蓝色的小方框，这些

小方框被称为夹点，如图 5-100 所示。夹点通常是图形的特殊位置点，如端点、顶点、中点、中心点、象限点等，图形的位置和形状通常是由夹点的位置决定的。在 AutoCAD 中，利用夹点可以编辑图形的大小、位置、方向以及对图形进行镜像复制操作等。

夹点有激活和未激活两种状态：未激活的夹点呈蓝色显示，单击可以激活某个夹点，该夹点以红色小方框显示，被激活的夹点称为热夹点。以热夹点为基点，可以对图像进行拉伸、平移、复制、缩放和镜像等操作，大大方便了用户绘图。激活热夹点时按住 Shift 键，可以选择激活多个热夹点。

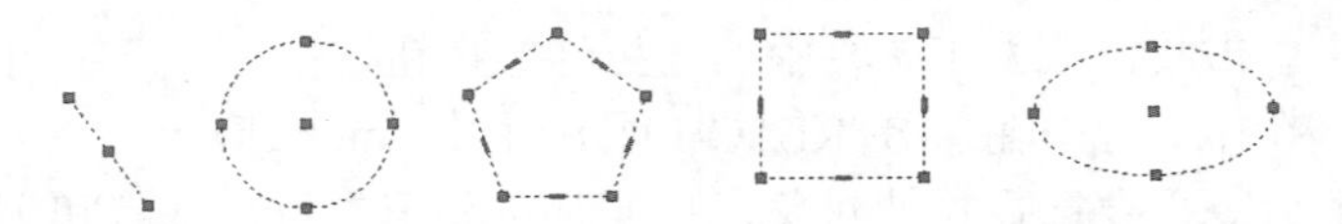

图 5-100　不同对象的夹点

5.6 综合实例

运用【偏移】、【修剪】、【镜像】、【延伸】和【圆角】等命令，绘制如图 5-101 所示的联轴器。

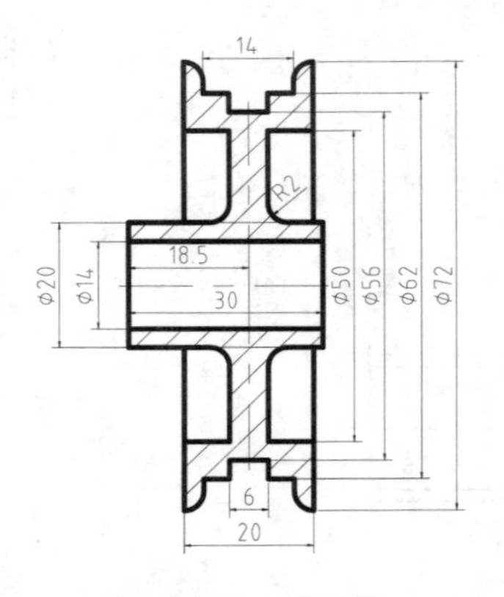

图 5-101　联轴器

(1) 绘制中心线。单击【绘图】工具栏中的【直线】按钮，绘制如图 5-102 所示的中心线。

(2) 偏移竖直中心线。单击【修改】工具栏中的【偏移】按钮，将竖直中心线向左偏移 18.5，如图 5-103 所示。

图 5-102　绘制中心线　　图 5-103　偏移中心线

(3) 绘制水平直线。单击【绘图】工具栏中的【直线】按钮，绘制长为 30 的水平

直线，如图 5-104 所示。

(4)　绘制竖直直线。单击【绘图】工具栏中的【直线】按钮，沿着竖直中心线绘制一条直线，如图 5-105 所示。

图 5-104　绘制水平直线　　图 5-105　绘制竖直直线

(5)　偏移直线。单击【修改】工具栏中的【偏移】按钮，将竖直直线向右分别偏移 3、7 和 10，结果如图 5-106 所示。

(6)　偏移水平直线。单击【修改】工具栏中的【偏移】按钮，将水平直线向上分别偏移 7、10、25、28、31 和 36，结果如图 5-107 所示。

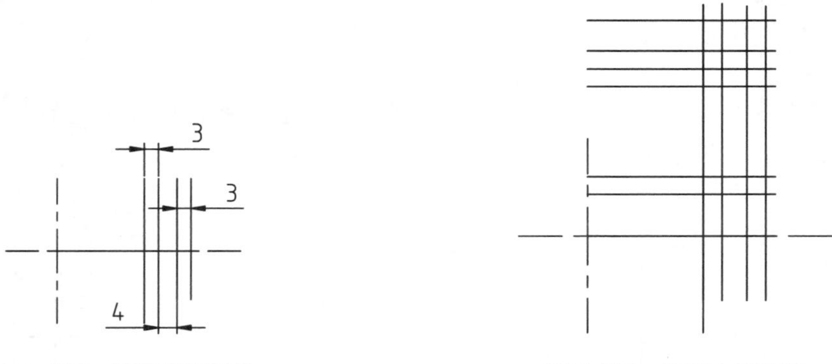

图 5-106　偏移竖直直线　　图 5-107　偏移水平直线

(7)　修剪图形。单击【修改】工具栏中的【修剪】按钮，修剪出右侧的轮廓，并绘制两条直线封闭平行直线，如图 5-108 所示。

(8)　镜像图形。单击【修改】工具栏中的【镜像】按钮，选择右侧图形作为镜像对象，以竖直中心线作为镜像线，镜像图形，如图 5-109 所示。

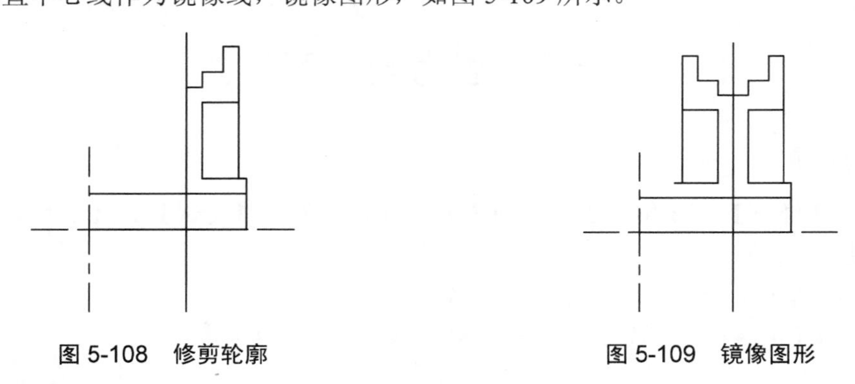

图 5-108　修剪轮廓　　图 5-109　镜像图形

(9)　倒圆角。单击【修改】工具栏中的【圆角】按钮，创建半径为 2 的圆角，如

图 5-110 所示。

(10) 延伸直线。单击【修改】工具栏中的【延伸】按钮，延伸水平直线，然后绘制左侧的封闭直线，如图 5-111 所示。

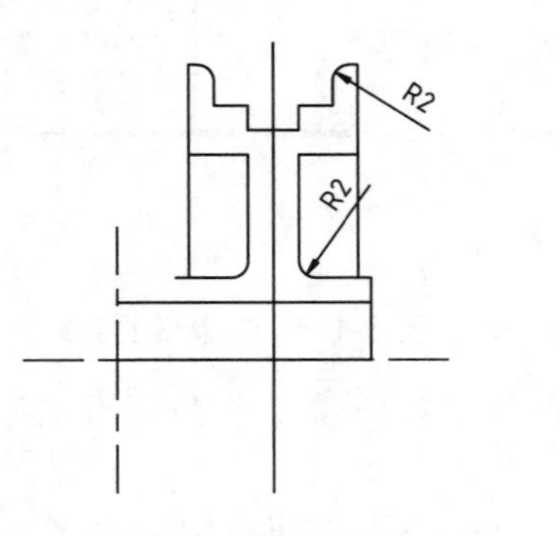

图 5-110 创建圆角

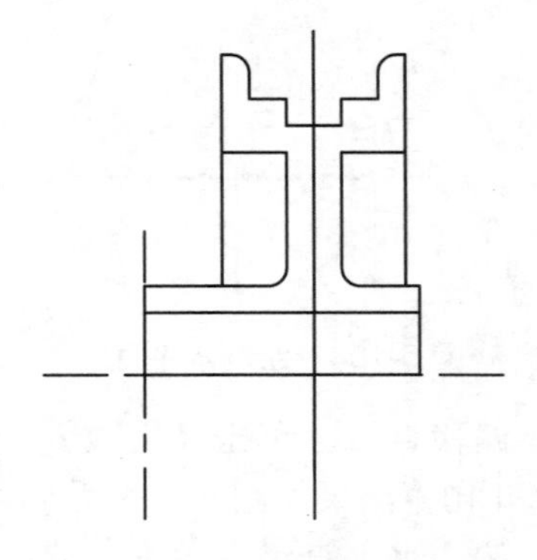

图 5-111 延伸图形

(11) 再次镜像图形。删除多余构造线，然后单击【修改】工具栏中的【镜像】按钮，选取水平中心线上部轮廓作为镜像对象，选择水平中心线作为镜像线，如图 5-112 所示。

(12) 填充图案。单击【绘图】工具栏中的【填充】按钮，选择填充图案为 ANSI31，填充结果如图 5-113 所示。

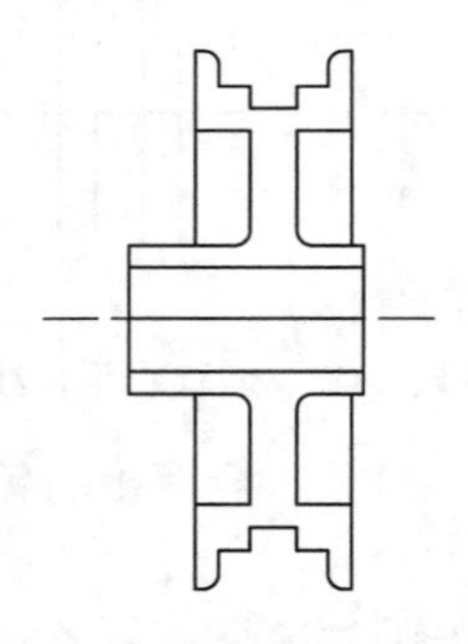

图 5-112 镜像图形

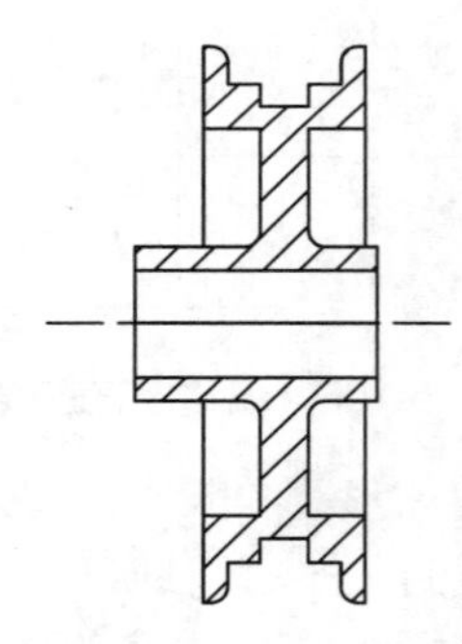

图 5-113 填充图案

5.7 思考与练习

一、简答题

1. 启动【修剪】、【倒角】、【圆角】、【镜像】、【复制】、【偏移】命令的快捷键分别是什么？

2. 启动【延伸】命令的方式分别是什么？

3. 运用【镜像】、【旋转】命令的图形一般具有什么样的图形特征？

二、操作题

1. 绘制如图 5-114 所示的底座零件图。
2. 绘制如图 5-115 所示的叉架零件图。

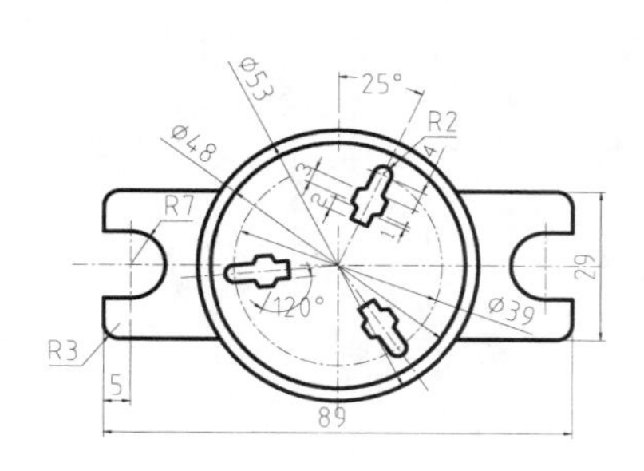

图 5-114　底座零件图

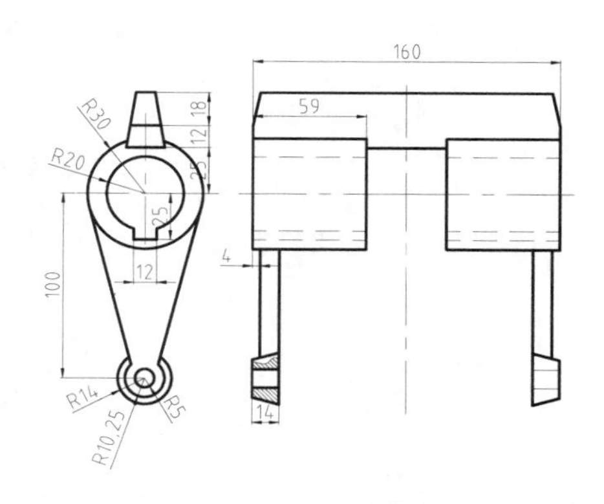

图 5-115　叉架零件图

3. 绘制如图 5-116 所示的泵盖零件图。

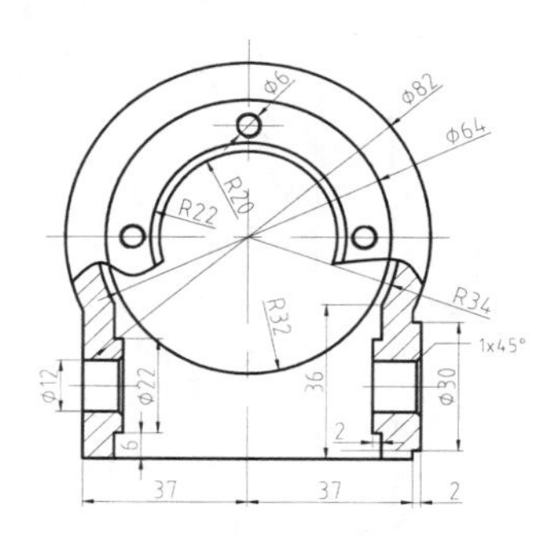

图 5-116　泵盖零件图

第6章

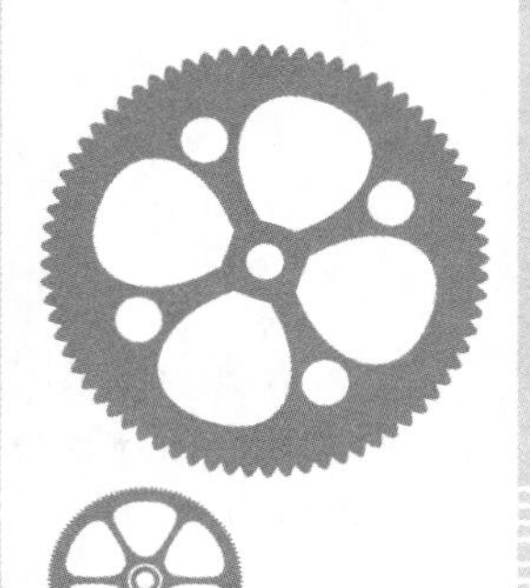

快速绘制图形

本章导读

AutoCAD 提供了大量的快速绘图工具，这些工具能够以简单的操作实现快速定位、快速插入图形。例如利用正交、极轴模式绘制直线，利用图块或设计中心插入外部图形等，本章主要介绍利用辅助功能绘图、图块的属性、内部块和外部块的创建与插入等。

学习目标

- 掌握正交模式、栅格模式和捕捉模式的开关方法，了解这 3 种模式在绘图中的作用。
- 掌握对象捕捉模式的开关，对象捕捉的设置。掌握临时捕捉的特点和方法，了解三维捕捉的作用。
- 掌握极轴追踪的开关、增量角设置，掌握对象捕捉追踪的方法。
- 了解内部块和外部块的区别，掌握这两种块的创建和插入方法。掌握块编辑的多种方法，能够利用块编辑器创建动态块。
- 了解图块属性的作用，掌握创建图块属性的方法。
- 了解设计中心的作用和打开方法，掌握利用设计中心插入图块的方法。

6.1　利用辅助功能绘图

在实际绘图中，用鼠标定位虽然方便快捷，但精度不高，而使用坐标输入又太烦琐，而利用 AutoCAD 中的辅助工具，可以在不输入坐标的情况下精确绘图，提高绘图速度，如图 6-1 所示。

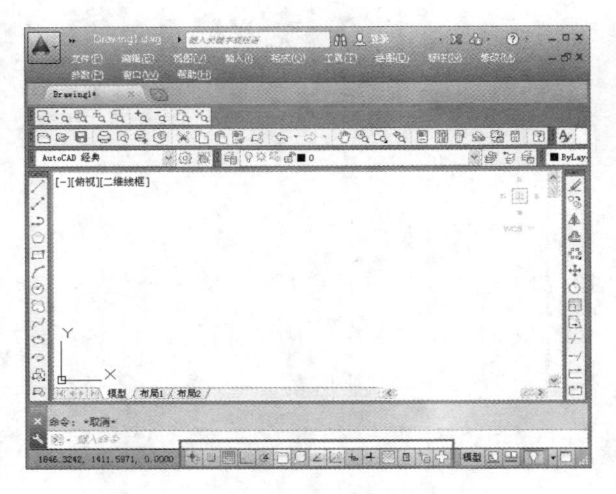

图 6-1　绘图辅助工具

6.1.1　捕捉与栅栏

在绘制图形时，仅通过光标指定点位置是不精确的，要精确定位点，必须使用坐标或捕捉功能。

1. 捕捉

捕捉功能可以控制光标移动的距离，它经常和栅格功能联用。打开捕捉功能，光标只能捕捉到栅格交点上。

开启与关闭捕捉模式的方法有以下几种。

- 状态栏：单击状态栏中的【捕捉模式】按钮。
- 快捷键：按 F9 键。

光标的捕捉点取决于捕捉的间距设置，选择【工具】|【绘图设置】命令，或在命令行输入 DS 命令并按 Enter 键，在弹出的【草图设置】对话框中切换到【捕捉和栅格】选项卡，如图 6-2 所示，可设置捕捉模式和捕捉间距等参数。

2. 栅格

栅格相当于手工制图中使用的坐标纸，就是在绘图区域显示的等距格子，用于辅助定位。栅格不是图形的一部分，打印时不会被输出。

开启与关闭栅格显示功能的方法有以下几种。

- 状态栏：单击状态栏中的【栅格显示】按钮。
- 快捷键：按 F7 键。

选择【工具】|【绘图设置】命令，在弹出的【草图设置】对话框中切换到【捕捉和栅格】选项卡，如图 6-3 所示。选中或取消选中【启用栅格】复选框，可以控制显示或隐藏栅格。在【栅格间距】选项组中，可以设置栅格点在水平方向和垂直方向上的距离。

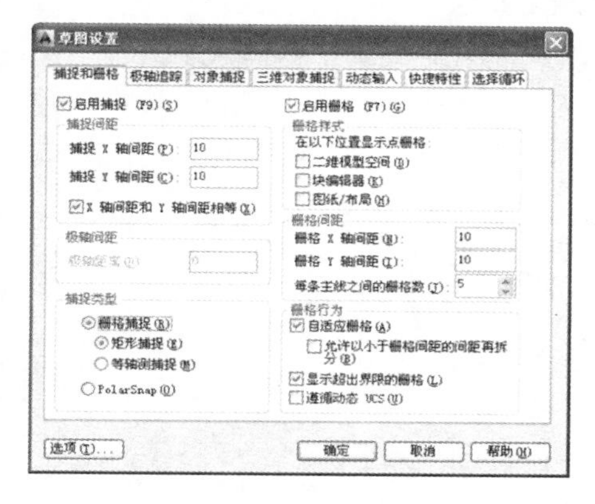

图 6-2　捕捉模式的设置

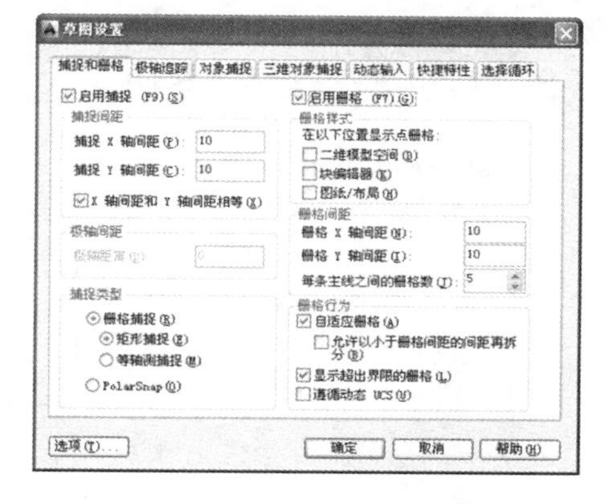

图 6-3　栅格模式的设置

【捕捉和栅格】选项卡中其他各选项的作用如下。

- 捕捉间距：可以设置捕捉间距、捕捉角度以及捕捉基点坐标。
- 栅格间距：可以设置栅格间距。
- 捕捉类型：可以设置捕捉类型和样式，包括【栅格捕捉】和【极轴捕捉】两种。其中栅格捕捉有两种捕捉方式【矩形捕捉】表示捕捉样式为矩形光标可以捕捉一个矩形栅格；【等轴测捕捉】表示捕捉样式为等轴测捕捉，光标将捕捉一个等轴测栅格。在【捕捉间距】和【栅格间距】选项组中可以设置相关参数。
- 栅格行为：用于三维制图中，设置【视觉样式】下栅格线的显示样式，但三维线框模式除外。【自适应栅格】用于限制缩放时栅格的密度；【允许以小于栅格间距的间距再拆分】用于是否能够小于栅格间距的间距来拆分栅格；【显示超出界限的栅格】用于确定是否显示界限之外的栅格；【遵循动态 UCS】表示跟随动态 UCS 的 XY 平面而改变的栅格平面。

6.1.2　正交绘图

正交模式是将绘制直线的方向限定在水平和竖直方向的一种状态。在正交模式下无论光标移到什么位置，屏幕上都只能绘制出平行于 X 轴、Y 轴的直线。

开启与关闭正交模式的方法有以下几种。

- 状态栏：单击状态栏中的【正交模式】按钮。
- 快捷键：按 F8 键。

正交模式打开以后，系统只能绘制出水平或垂直的直线。绘制一定长度的直线时，只需指定直线起点、方向和直线长度，不再需要输入完整的相对坐标，如图 6-4 所示。

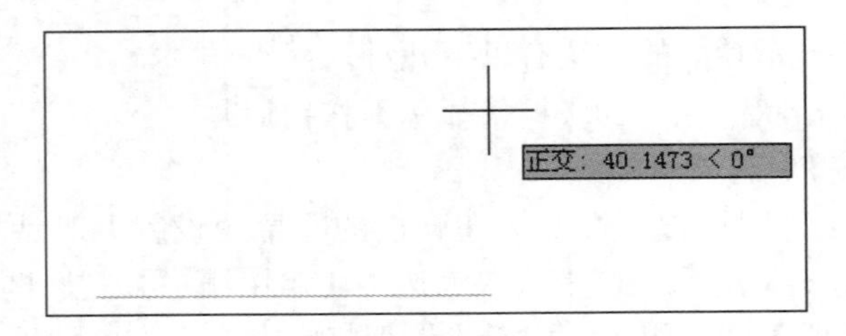

图 6-4　正交模式绘制直线

6.1.3　实例——绘制垫块

绘制如图 6-5 所示的垫块。

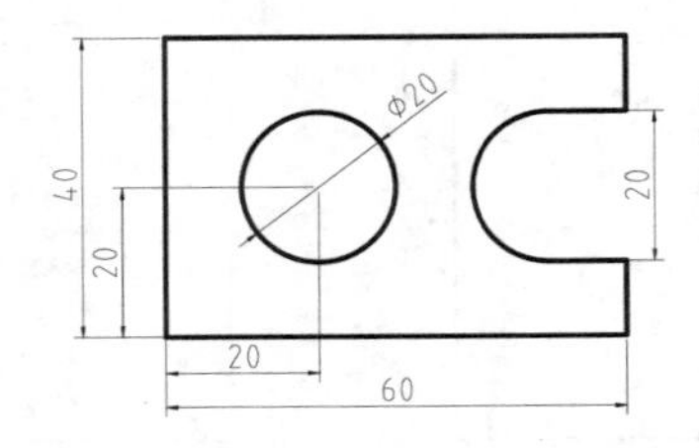

图 6-5　垫块

(1) 依次单击状态栏中的【正交模式】按钮、【栅格显示】按钮和【捕捉模式】按钮，激活正交模式、栅格显示和捕捉模式。

(2) 设置栅格距离。在命令行中输入 DS 命令并按 Enter 键，弹出【草图设置】对话框，切换到【捕捉和栅格】选项卡，设置栅格 X、Y 方向的距离各为 10，如图 6-6 所示。

(3) 缩放视图。放大栅格视图至不能再放大为止，此时显示的栅格间距即为 10，如图 6-7 所示。

提示

如果视图缩小到一定程度，栅格密度过小，绘图区仅显示栅格主线，主线的间距是栅格间距的一定倍数。

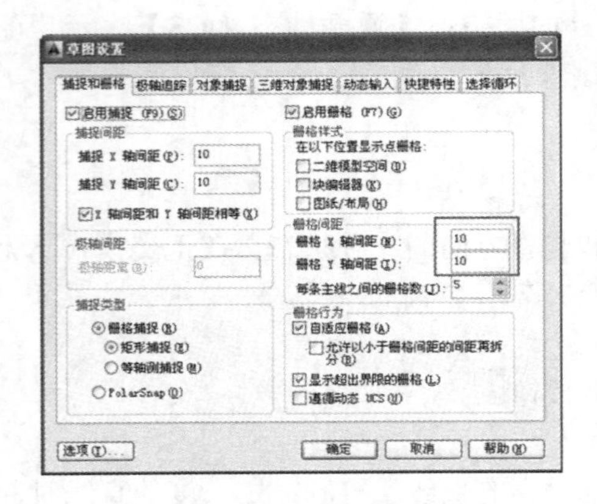

图 6-6　设置栅格间距

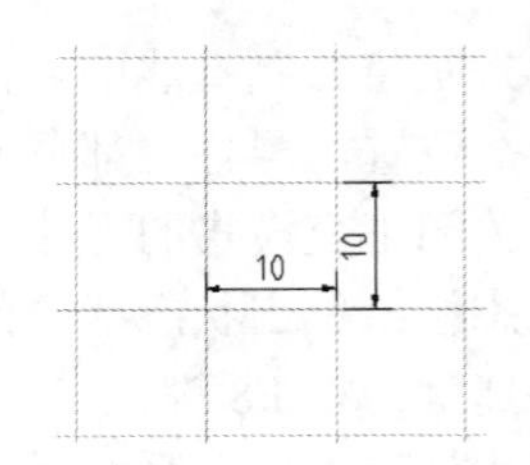

图 6-7　放大显示的栅格效果

(4) 绘制轮廓线。单击【绘图】工具栏中的【直线】按钮，以栅格为参考，绘制水平和垂直轮廓线，如图 6-8 所示。

(5) 绘制圆。单击【绘图】工具栏中的【圆】按钮，以栅格为参考，绘制如图 6-9 所示的圆。

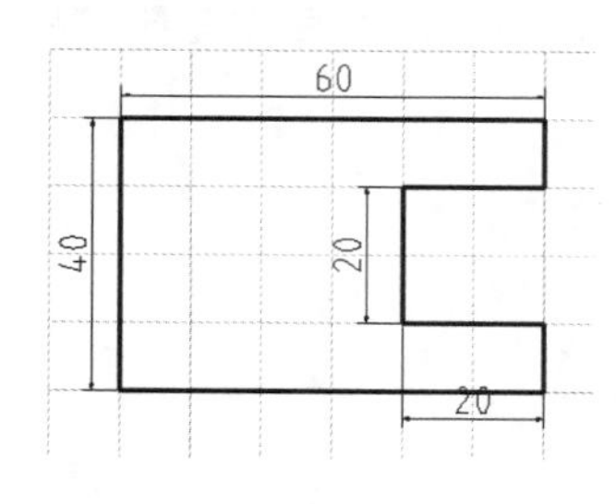

图 6-8 绘制轮廓线

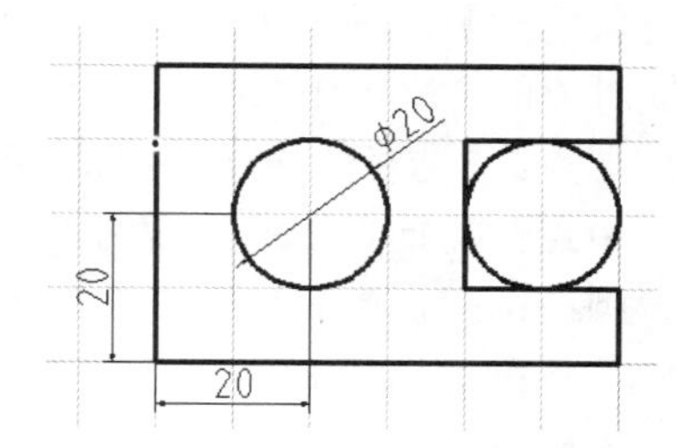

图 6-9 绘制圆

(6) 修剪图形。单击【修改】工具栏中的【修剪】按钮，修剪多余辅助线，如图 6-10 所示。

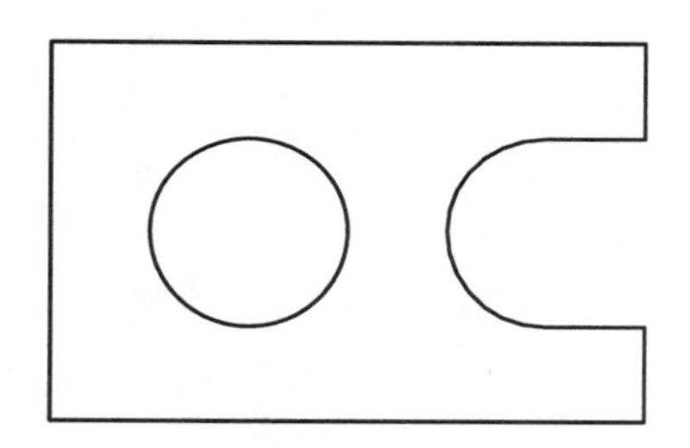

图 6-10 修剪图形

6.1.4 对象捕捉

对象捕捉是在绘图过程中捕捉到的对象的特殊点，如中点、切点、象限点、垂足等。在 AutoCAD 中，进行对象捕捉有两个步骤：首先是单击状态栏中的【对象捕捉】按钮，或按 F3 键，打开对象捕捉功能；其次是设置要捕捉哪些特定的对象，可以通过【对象捕捉】工具栏和【草图设置】对话框等方式来设置要捕捉的对象。

1. 通过【对象捕捉】工具栏捕捉

选择【工具】|【工具栏】|AutoCAD 命令，在子菜单中选择【对象捕捉】命令，即可打开【对象捕捉】工具栏，如图 6-11 所示。在绘图过程中，单击某一捕捉按钮，即可捕捉该对象。

图 6-11 【对象捕捉】工具栏

2. 自动捕捉功能

在 AutoCAD 中，还可以通过自动捕捉模式进行对象捕捉，即在使用对象捕捉之前，通过【草图设置】对话框设置对象捕捉点，然后再进行相关的操作。设置对象捕捉点后，将光标移到特征点附近时，系统会自动捕捉到对象上的几何特征点，并显示相应的标记。

在【草图设置】对话框中切换到【对象捕捉】选项卡，在其中可以控制对象捕捉的启用与关闭，以及设置要捕捉的对象，如图 6-12 所示。

【对象捕捉】选项卡中共列出了 13 种捕捉对象。用户可以选择需要捕捉的特殊点。各种捕捉对象的含义如下。

- 端点：捕捉直线或曲线的端点。
- 中点：捕捉直线或弧线的中间点。
- 圆心：捕捉圆、椭圆或弧的中心点。
- 节点：捕捉用 POINT 命令绘制的点对象。
- 象限点：捕捉位于圆、椭圆或弧线上 0°、90°、180°、270° 处的点。
- 交点：捕捉两条直线或者弧线的交点。
- 延伸：捕捉直线延长线路径上的点。
- 插入点：捕捉图块、标注对象或外部参照的插入点。
- 垂足：捕捉从已知点到已知直线的垂线的垂足。
- 切点：捕捉圆、弧线及其他曲线的切点。
- 最近点：捕捉处在直线、弧线、椭圆或样条线上，而且距离光标最近的特征点。
- 外观交点：在三维视图中，从某个角度观察两个对象可能相交，但实际并不一定相交，可以使用【外观交点】捕捉对象在外观上相交的点。
- 平行线：选定路径上一点，使通过该点的直线与已知直线平行。

3. 临时捕捉功能

临时捕捉是一种一次性的捕捉模式，这种捕捉模式的优点是不需要重新设置捕捉模式就可以捕捉某一指定对象。在下一次需要捕捉相同的点时，需再次设置。

临时捕捉的方法：在绘图区域按住 Shift 键右击，在弹出的快捷菜单中选择需要捕捉的点类型即可，如图 6-13 所示。

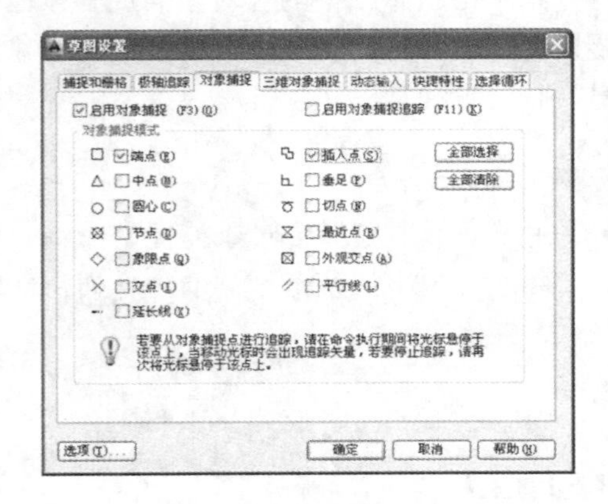

图 6-12 【对象捕捉】选项卡

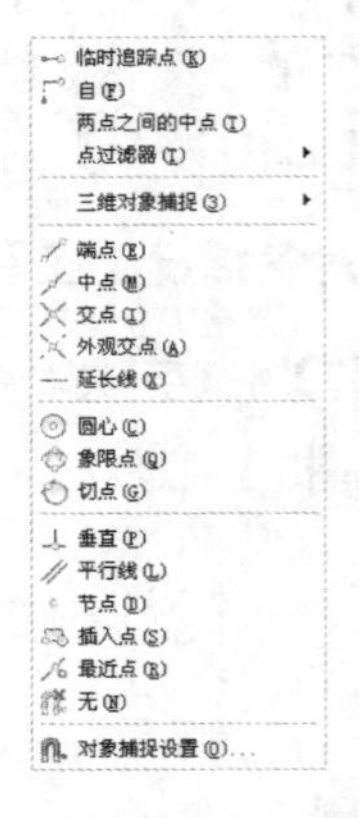

图 6-13 临时捕捉快捷菜单

6.1.5　极轴追踪

极轴追踪是极坐标的一个应用，该功能可以使光标沿着指定角度的方向移动，从而找到特殊角度上的点。

开启与关闭极轴追踪功能的方法有以下几种。

- 状态栏：单击状态栏中的【极轴追踪】按钮。
- 快捷键：按 F10 键。

可以在【草图设置】对话框中设置极轴追踪的属性，选择【工具】|【绘图设置】命令，在弹出的【草图设置】对话框中切换到【极轴追踪】选项卡，如图 6-14 所示。

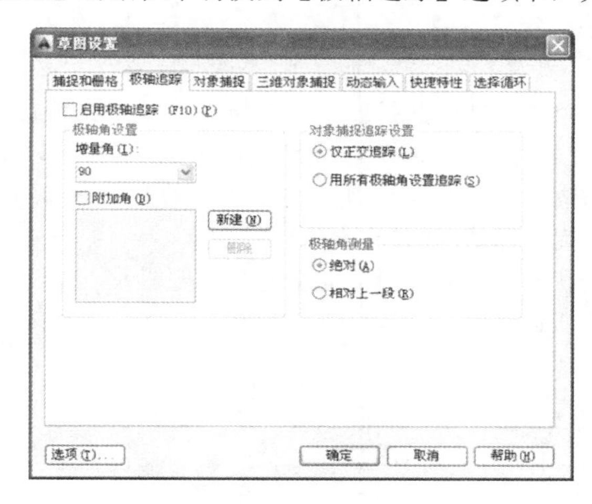

图 6-14　【极轴追踪】对话框

该选项卡中各选项的功能如下。

- 增量角：选择极轴追踪角度。当光标的相对角度等于该角，或者是该角的整数倍时，屏幕上将显示追踪路径，如图 6-15 所示。
- 附加角：增加任意角度值作为极轴追踪角度。选中【附加角】复选框，并单击【新建】按钮，然后输入所需追踪的角度值。
- 仅正交追踪：当对象捕捉追踪打开时，仅显示已获得的对象捕捉点的正角(水平和垂直方向)对象捕捉追踪路径。
- 用所有极轴角设置追踪：对象捕捉追踪打开时，将从对象捕捉点起沿任何极轴追踪角进行追踪。
- 极轴角测量：设置极角的参照标准。【绝对】选项表示使用绝对极坐标，以 X 轴正方向为 0°，【相对上一段】选项根据上一段绘制的直线确定极轴追踪角，上一段直线所在的方向为 0°。

另外，还可以在状态栏【极轴追踪】按钮上右击，在弹出的快捷菜单中设置追踪角，如图 6-16 所示。

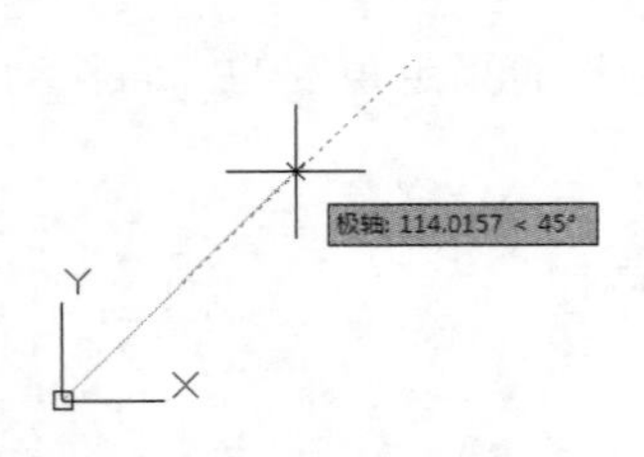

图 6-15　极轴追踪

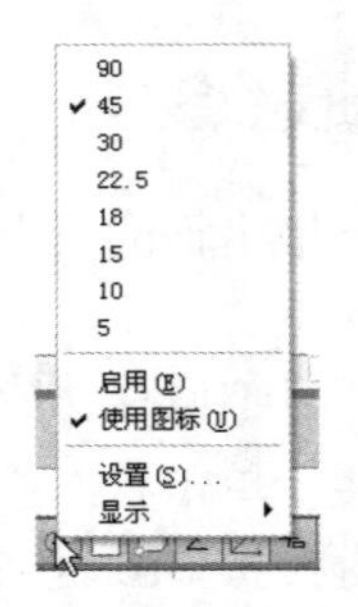

图 6-16　快捷菜单

6.1.6　对象捕捉追踪绘图

对象捕捉追踪是对象捕捉功能的扩展，应该与对象捕捉功能配合使用。该功能可以由对象捕捉位置引出追踪线，例如由直线的中点引出中线。另外可以由两个捕捉点引出追踪线，由此确定更特殊的位置，如图 6-17 所示是由矩形的两个中点确定矩形的中心点。

开启与关闭对象捕捉追踪功能的方法有以下几种。

- 状态栏：单击状态栏中的【对象捕捉追踪】按钮。
- 快捷键：按 F11 键。

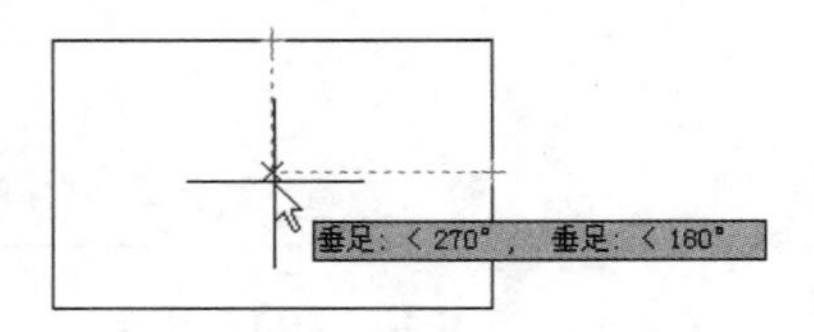

图 6-17　对象捕捉追踪

【案例 6-1】 确定三角形重心。

(1) 打开素材文件“第 06 章\案例 6-1.dwg”，如图 6-18 所示。

(2) 选择【格式】|【点样式】命令，修改点样式如图 6-19 所示。

(3) 单击【绘图】工具栏中的【点】按钮，先捕捉到一条边的中点，然后移动指针，引出垂直追踪线，如图 6-20 所示。

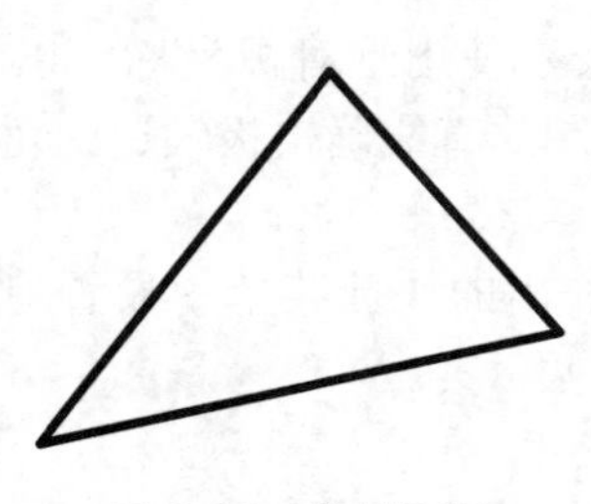

图 6-18　素材图形

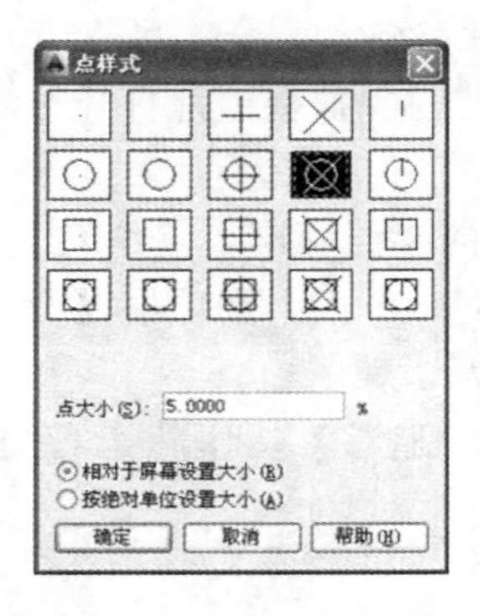

图 6-19　【点样式】对话框

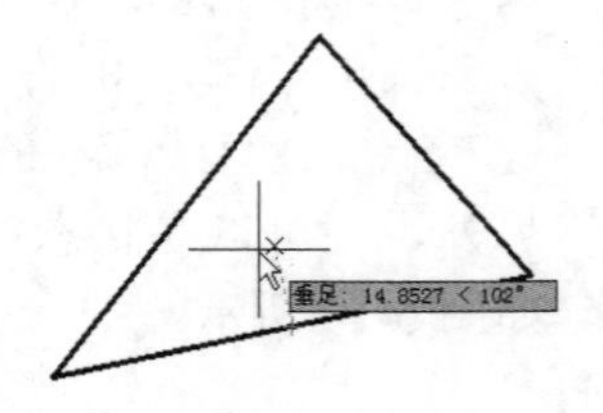

图 6-20　引出追踪线

(4) 捕捉到另一边的中点，同样的方法，引出垂直于该边的追踪线，直至与第一条追踪线相交，如图 6-21 所示。

(5) 在追踪线交点单击，绘制一个点，该点即为三角形重心，如图 6-22 所示。

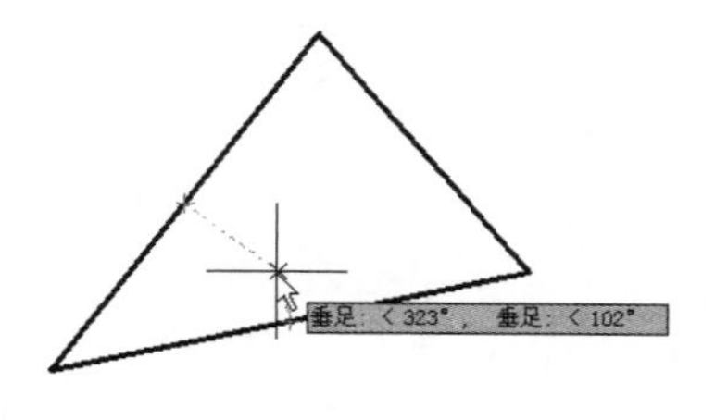

图 6-21　引出第二条追踪线

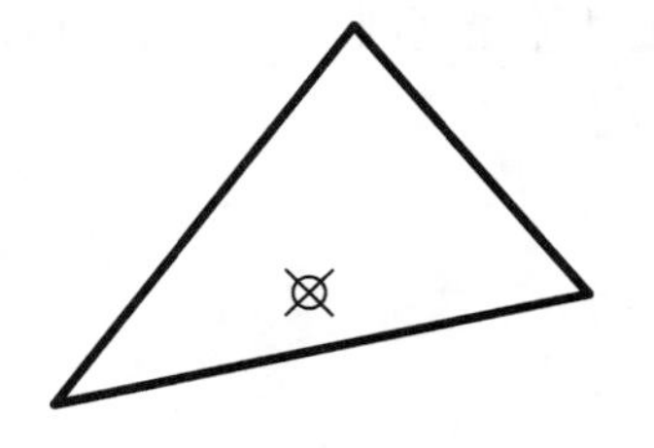

图 6-22　绘制的点

6.1.7 实例——绘制支撑座

绘制如图 6-23 所示的支承座。

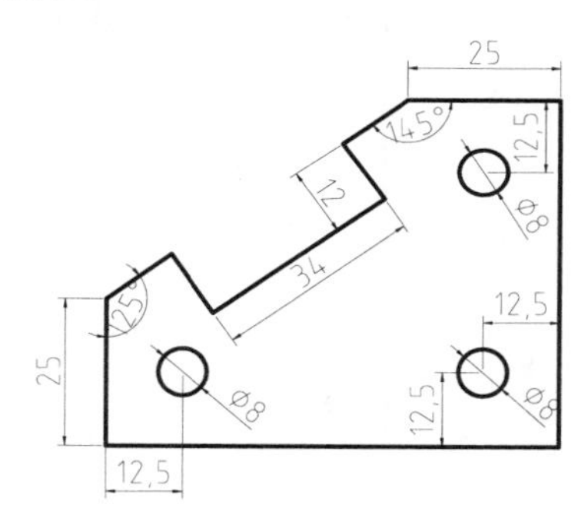

图 6-23　支承座

(1) 设置追踪角。按 F10 键，打开【极轴追踪】功能，在命令行中输入 DS 并按 Enter 键，弹出【草图设置】对话框，设置【增量角】为 90，如图 6-24 所示。

(2) 设置捕捉模式和追踪功能。在【草图设置】对话框中切换到【对象捕捉】选项卡，然后设置捕捉模式和追踪功能，结果如图 6-25 所示。

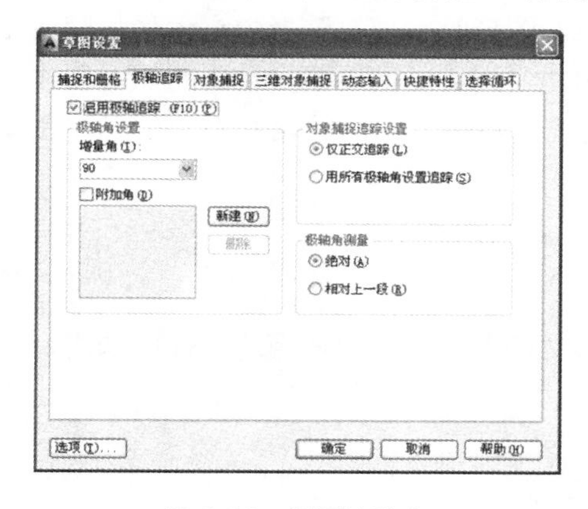

图 6-24　设置追踪角

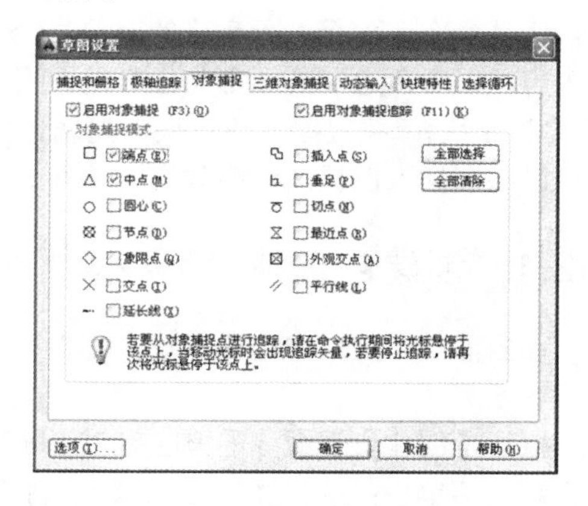

图 6-25　设置捕捉模式

(3) 绘制轮廓线。单击【绘图】工具栏中的【直线】按钮，配合坐标输入、极轴追踪、对象追踪等功能绘制外框轮廓线，结果如图 6-26 所示。

(4) 绘制圆。单击【绘图】工具栏中的【圆】按钮，配合【临时追踪点】和【中点捕捉】功能绘制圆，结果如图 6-27 所示。

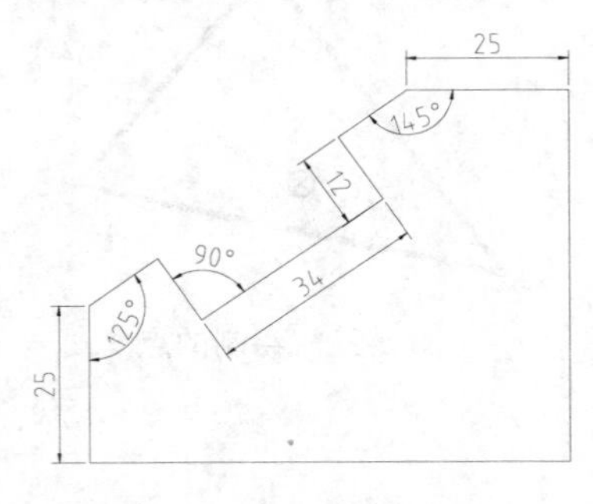

图 6-26 绘制轮廓线

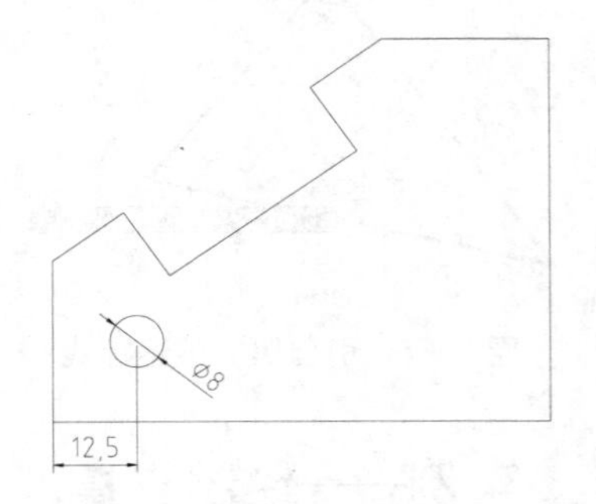

图 6-27 绘制圆

(5) 绘制圆。单击【绘图】工具栏中的【圆】按钮，绘制另外两圆，结果如图 6-28 所示。

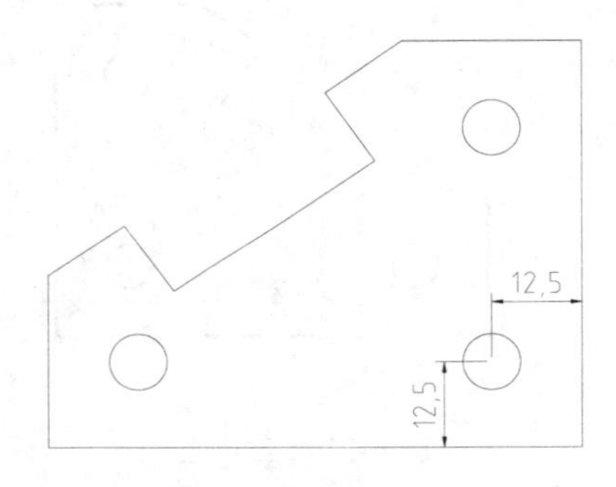

图 6-28 绘制圆

6.2 创建及插入图块

块是一个或多个对象组成的对象集合。在绘制图形时，如果图形中有大量相同或相似的内容，或者所绘制的图形与已有的图形文件相同，则可以把要重复绘制的图形创建成块(也称为图块)，并根据需要为块创建属性，指定块的名称、用途及设计者等信息，在需要时可以直接插入以提高绘图效率。

6.2.1 创建内部块

在当前图形文件中定义的块，不保存到外部文件中，且只能在当前文件中调用，称为内部块。

执行【创建块】命令的方法有以下几种。

- 菜单栏：选择【绘图】|【块】|【创建】命令。
- 工具栏：单击【绘图】工具栏中的【创建块】按钮。

- 命令行：在命令行中输入 BLOCK 或 B 命令并按 Enter 键。

执行【创建块】命令后，系统弹出【块定义】对话框，如图 6-29 所示。

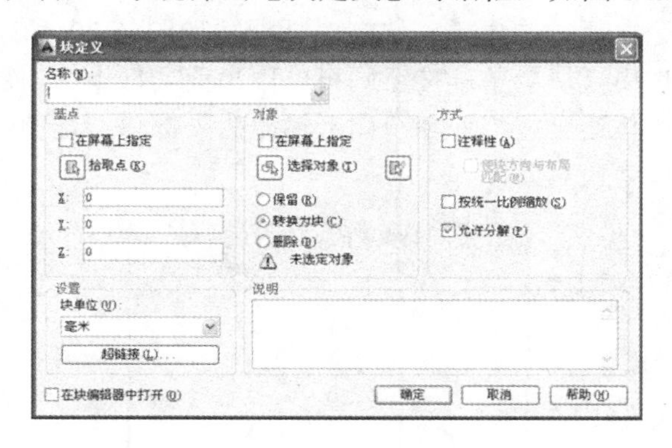

图 6-29　【块定义】对话框

【块定义】对话框中主要选项的含义如下。

- 名称：用于输入块名称，还可以在下拉列表框中选择已有的块。
- 基点：设置块的插入基点位置。用户可以直接在 X、Y、Z 文本框中输入，也可以单击【拾取点】按钮，切换到绘图窗口并选择基点。一般基点选在块的对称中心、左下角或其他有特征的位置。
- 对象：设置组成块的对象。其中，单击【选择对象】按钮，可切换到绘图窗口选择组成块的各对象；单击【快速选择】按钮，可以使弹出的【快速选择】对话框设置所选择对象的过滤条件；选中【保留】单选按钮，创建块后仍在绘图窗口中保留组成块的各对象；选中【转换为块】单选按钮，创建块后将组成块的各对象保留并把它们转换为块；选中【删除】单选按钮，创建块后删除绘图窗口上组成块的原对象。
- 方式：设置组成块的对象显示方式。选中【注释性】复选框，可以将对象设置成注释性对象；选中【按统一比例缩放】复选框，设置对象是否按统一的比例进行缩放；选中【允许分解】复选框，设置对象是否允许被分解。
- 设置：设置块的基本属性。单击【超链接】按钮，将弹出【插入超链接】对话框，在该对话框中可以插入超链接文档。
- 说明：用来输入当前块的说明部分。

提示

【创建块】命令所创建的块保存在当前图形文件中，可以随时插入到当前图形文件中。其他图形文件要调用该块时，可通过设计中心或剪贴板进行。

6.2.2　创建外部块

内部块仅限于在当前图形文件中使用，而外部块是作为一个 DWG 图形文件储存的块，可以在其他文件中调用该块。AutoCAD 中创建外部块的命令是执行【写块】命令。执行【写块】命令的方法有以下几种。

- 命令行：输入 WBLOCKW 或 W 命令并按 Enter 键。
- 功能区：在【插入】选项卡中单击【块定义】面板上的【写块】按钮。

执行【写块】命令之后，弹出【写块】对话框，如图 6-30 所示。在【源】选项组中选择块对象的来源：选中【块】单选按钮则可以用当前文件中的内部块创建一个外部块；选中【整个图形】单选按钮则将当前整个图形输出为外部块；选中【对象】单选按钮则由用户选择指定的对象作为块对象。

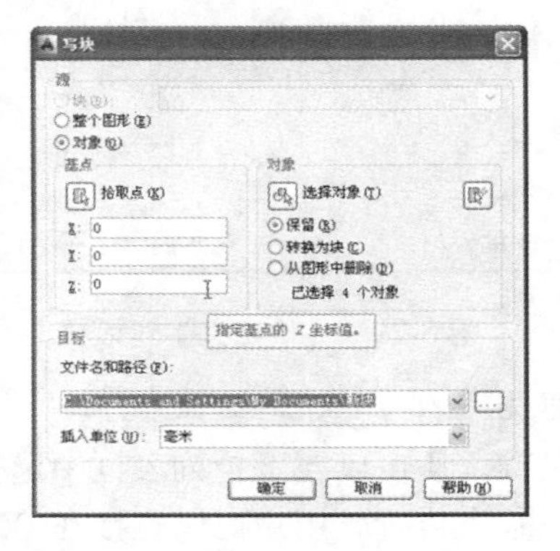

图 6-30　【写块】对话框

6.2.3　实例——创建基准符号图块

创建如图 6-31 所示的基准符号图块。

(1) 单击【绘图】工具栏中的【创建块】按钮，弹出【块定义】对话框。

(2) 在【名称】文本框中输入块的名称：基准符号。

(3) 在【基点】选项组中单击【拾取点】按钮，选择 O 点作为基点位置。

图 6-31　基准符号

(4) 在【对象】选项组中选中【保留】单选按钮，再单击【选择对象】按钮，切换到绘图窗口，选择要创建块的基准符号，然后按 Enter 键，返回【块定义】对话框。

(5) 在【块单位】下拉列表中选中【毫米】选项，设置单位为毫米，如图 6-32 所示。

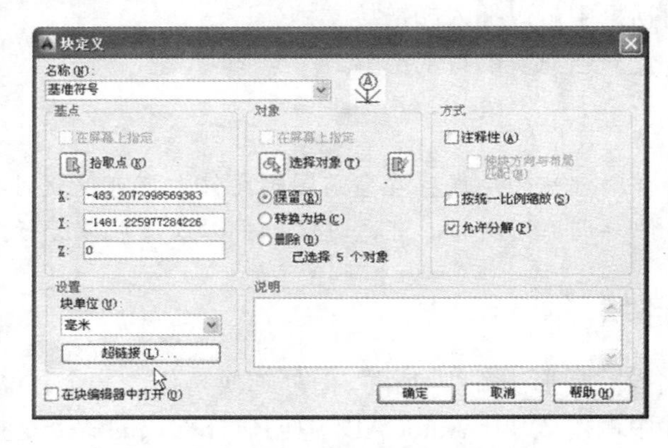

图 6-32　【块定义】对话框

(6)　设置完毕，单击【确定】按钮保存设置。

6.2.4　插入图块

创建内部块或外部块之后，可以在绘图过程中随时插入这些图块，插入过程中可以设置插入比例和旋转角度等。执行【插入块】命令的方法有以下几种。

- 菜单栏：选择【插入】|【块】命令。
- 工具栏：单击【绘图】工具栏中的【插入块】按钮。
- 命令行：在命令行中输入 INSERT 或 I 命令并按 Enter 键。

执行任一命令后，弹出【插入】对话框，如图 6-33 所示。

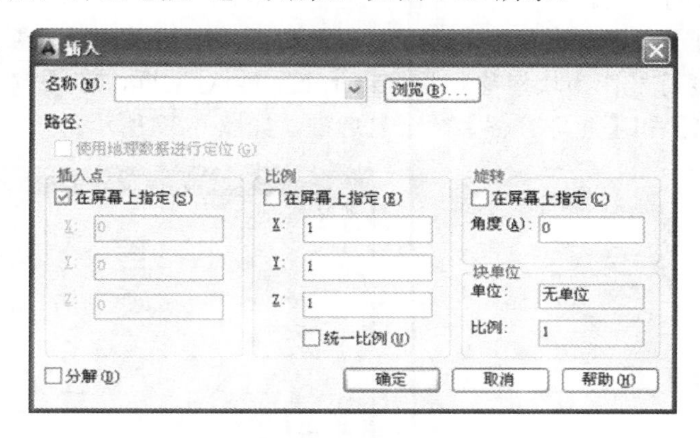

图 6-33　【插入】对话框

该对话框中各选项的含义如下。

- 名称：用于选择块或图形名称。也可以单击其后的【浏览】按钮，弹出【打开图形文件】对话框，选择保存的块和外部图形。
- 插入点：设置块的插入点位置。用户可以直接在 X、Y、Z 文本框中输入，也可以通过选中【在屏幕上指定】复选框，在屏幕上选择插入点。
- 比例：用于设置块的插入比例。可直接在 X、Y、Z 文本框中输入块在 3 个方向的比例；也可以通过选中【在屏幕上指定】复选框，在屏幕上指定比例。该选项组中的【统一比例】复选框用于确定所插入块在 X、Y、Z 这 3 个方向的插入比例是否相同，选中时表示相同，用户只需在 X 文本框中输入比例值即可。
- 旋转：用于设置块的旋转角度。可直接在【角度】文本框中输入角度值，也可以通过选中【在屏幕上指定】复选框，在屏幕上指定旋转角度。
- 块单位：用于设置块的单位以及比例。
- 分解：可以将插入的块分解成块的各基本对象。

6.2.5　实例——插入图块

(1)　打开素材文件“第 06 章\6.2.5.dwg”，如图 6-34 所示。

(2)　单击【绘图】工具栏中的【直线】按钮，在绘图区空白位置绘制如图 6-35 所示的粗糙度符号。

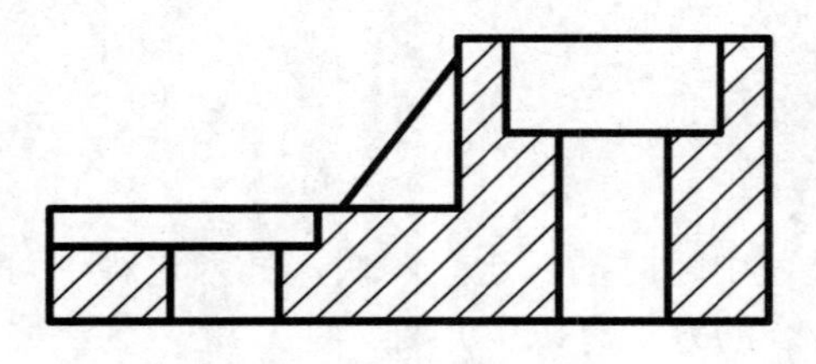

图 6-34　素材图形

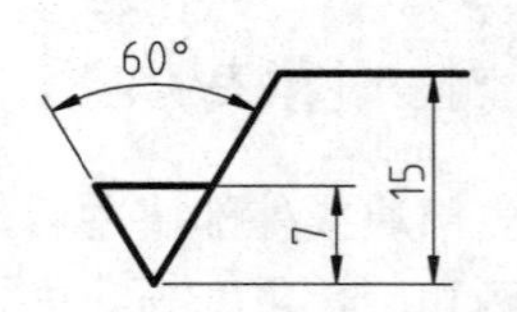

图 6-35　绘制粗糙度符号

(3) 在命令行中输入 B 并按 Enter 键，弹出【块定义】对话框，输入块名称为“CCD”，然后单击【基点】选项组下的【指定点】按钮，回到绘图区，指定如图 6-36 所示的端点作为块的基点。

(4) 回到【块定义】对话框，单击【对象】选项组下的【选择对象】按钮，回到绘图区框选整个粗糙度符号作为块对象，按 Enter 键回到对话框，在【方式】选项组中选中【按统一比例缩放】和【允许分解】两个复选框，如图 6-37 所示。

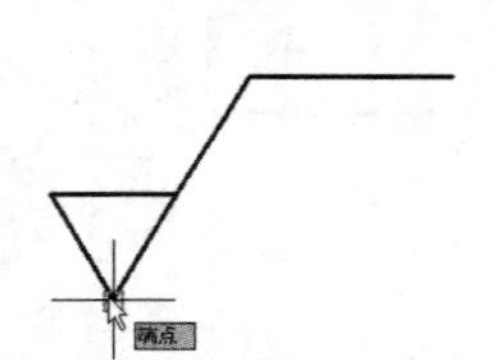

图 6-36　指定块的基点

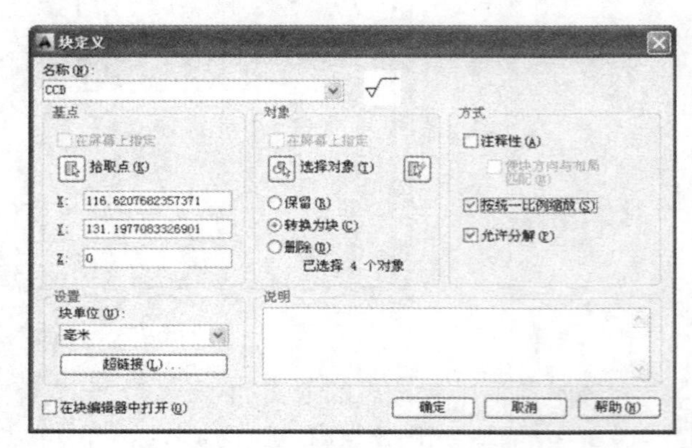

图 6-37　【块定义】对话框

(5) 单击【块定义】对话框中的【确定】按钮，即创建了粗糙度内部块。

(6) 在命令行中输入 I 并按 Enter 键，弹出【插入】对话框，并自动选择了创建的粗糙度块作为插入对象，在【旋转】选项组中输入旋转角度为 90°，如图 6-38 所示。

(7) 单击对话框中的【确定】按钮，结果如图 6-39 所示。

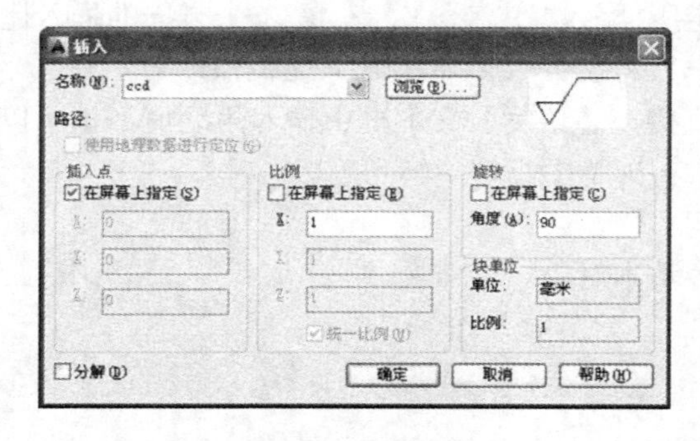

图 6-38　设置旋转角度

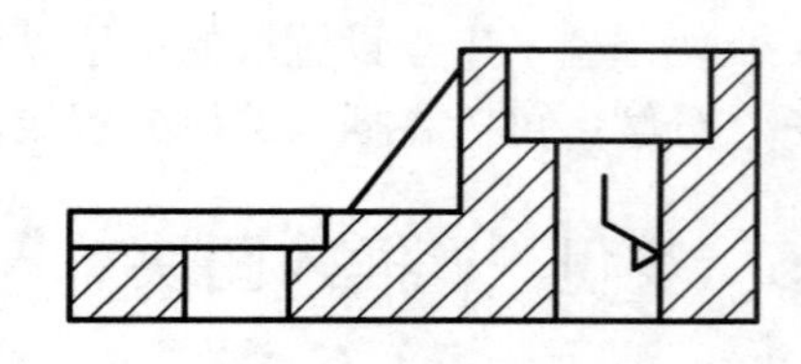

图 6-39　插入的粗糙度图块

(8) 在命令行中输入 W 并按 Enter 键，弹出【写块】对话框，选择源对象为【块】，

然后在右侧下拉列表框中选择 CCD 内部块，如图 6-40 所示。

(9) 在【目标】选项组中选择合适的路径和文件名，单击对话框中的【确定】按钮，即将粗糙度符号输出为外部块，储存在指定目录下。

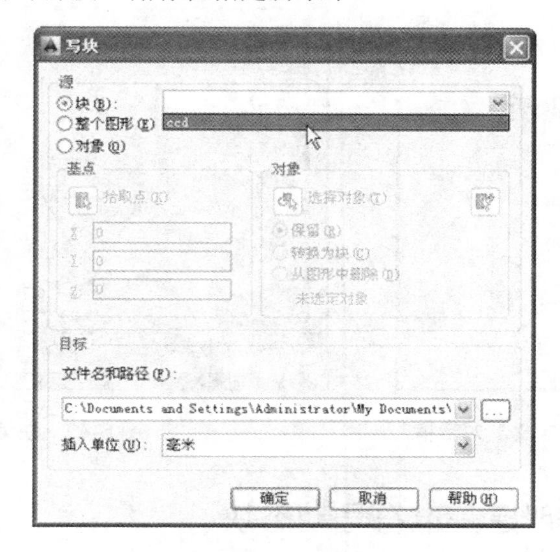

图 6-40　选择块对象

6.2.6　动态块

动态块是包含参数选项的块，通过选择不同的参数，图块能够显示出不同的尺寸、形状，这样就能在一个图块中包含一类图形。

在 AutoCAD 中，创建动态块之前需要创建一个普通块，然后在块编辑器中编辑该块，主要是为其添加参数和动作效果。退出块编辑器之后，该块即成为一个动态块。

打开块编辑器的方法有以下几种。

- 菜单栏：选择【工具】|【块编辑器】命令。
- 命令行：在命令行中输入 BE 并按 Enter 键。
- 右键菜单：选中要编辑的块，然后右击，在弹出的快捷菜单中选择【块编辑器】命令。

执行任一操作，弹出【编辑块定义】对话框，如图 6-41 所示。在列表框中选择要编辑的块，单击【确定】按钮即可打开块编辑器，进入块编辑界面，如图 6-42 所示。执行第三种操作可直接打开块编辑器。块编辑器中的【块编写选项板】用于图形的参数、动作和约束的添加。完成块编辑之后，单击【关闭块编辑器】按钮，在弹出的提示对话框中单击【是】按钮，保存修改，即完成动态块的创建。

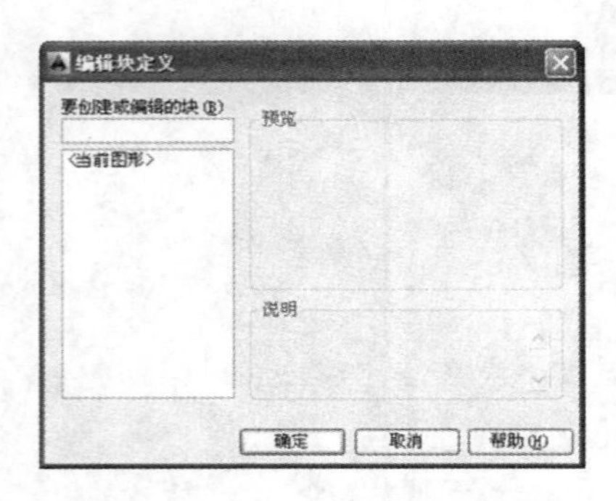

图 6-41 【编辑块定义】对话框

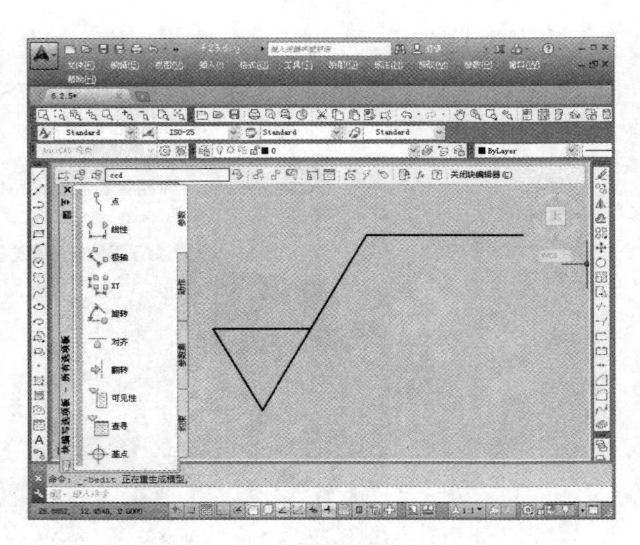

图 6-42 块编辑界面

6.2.7 实例——创建基准符号动态块

创建如图 6-43 所示的基准符号动态块，该块可以通过夹点旋转，还可以调整引线的长度。

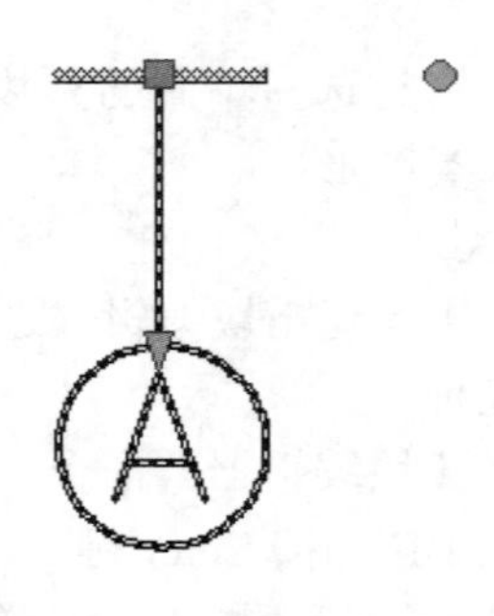

图 6-43 基准符号动态块

(1) 打开素材文件“第 06 章\6.2.7.dwg”，如图 6-44 所示，该图块是一个普通图块。

(2) 选中该图块，然后右击，在弹出的快捷菜单中选择【块编辑器】命令，进入块编辑模式。

(3) 在【块编写】选项板中，单击【参数】选项卡中的【旋转】按钮，为图块添加一个旋转参数，如图 6-45 所示。命令行操作如下。

```
命令: _BParameter 旋转                          //执行【旋转参数】命令
指定基点或 [名称(N)/标签(L)/链(C)/说明(D)/选项板(P)/值集(V)]:
                                                //选择如图 6-46 所示的端点
指定参数半径:                   //拖动指针到合适位置单击，指定参数半径，如图 6-47 所示。
指定默认旋转角度或 [基准角度(B)] <0>:            //使用默认旋转角度
```

图 6-44　素材图形

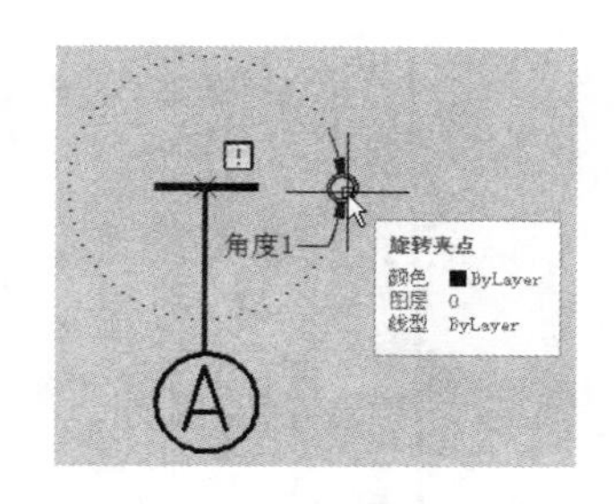

图 6-45　创建的旋转参数

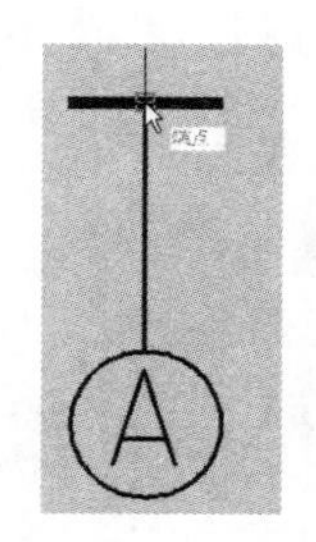

图 6-46　选择旋转基点

(4)　在【块编写】选项板中，单击【动作】选项卡中的【旋转】按钮，为旋转参数添加一个旋转动作，如图 6-48 所示。命令行操作如下。

```
命令: _BActionTool 旋转
选择参数:                                    //选择上一步创建的旋转参数
指定动作的选择集
选择对象: 指定对角点: 找到 3 个
选择对象: 找到 1 个，总计 4 个
选择对象: 找到 1 个，总计 5 个               //选择基准符号的所有线条作为动作对象
选择对象:↙                                   //按 Enter 键完成选择
```

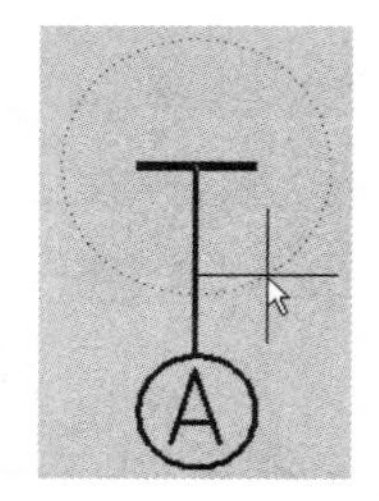

图 6-47　指定参数半径

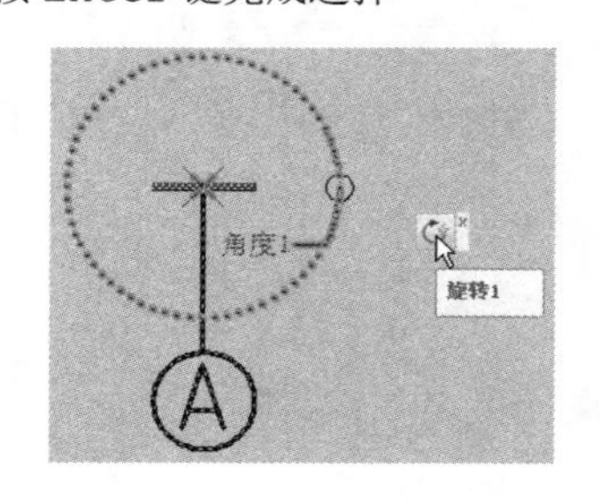

图 6-48　创建的旋转动作

(5)　在【块编写】选项板中，单击【参数】选项卡中的【线性】按钮，为图块添加一个线性参数，如图 6-49 所示。命令行操作如下。

```
命令: _BParameter 线性                       //执行【线性参数】命令
指定起点或 [名称(N)/标签(L)/链(C)/说明(D)/基点(B)/选项板(P)/值集(V)]:
                                             //选择引线的一个端点
指定端点:                                    //选择引线的另一个端点
指定标签位置:                                //拖动标签，在合适位置单击放置线性标签
```

(6)　在【块编写】选项板中，单击【动作】选项卡中的【拉伸】按钮，为线性参数添加一个拉伸动作，如图 6-50 所示。命令行操作如下。

```
命令: _BActionTool 拉伸                 //执行【拉伸动作】命令
选择参数:                               //选择上一步创建的线性参数
指定要与动作关联的参数点或输入 [起点(T)/第二点(S)] <第二点>:
                                        //选择线性标签的端点，如图 6-51 所示
指定拉伸框架的第一个角点或 [圈交(CP)]:
指定对角点:                             //由两对角点指定拉伸框架，如图 6-52 所示
指定要拉伸的对象
选择对象: 找到 1 个
```

```
选择对象：找到 1 个，总计 2 个
选择对象：找到 1 个，总计 3 个              //选除水平基线之外的所有线条作为拉伸对象
选择对象：↙                               //按 Enter 键结束选择
```

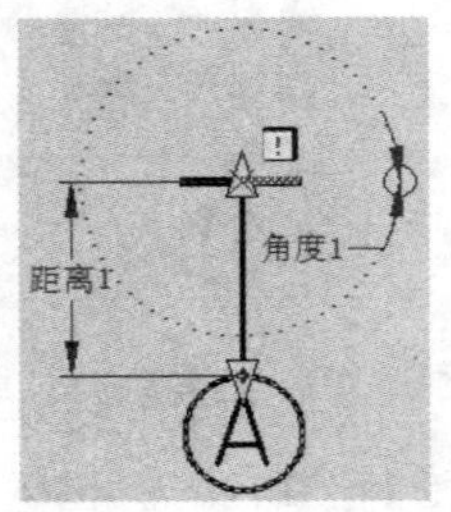

图 6-49　创建的线性参数

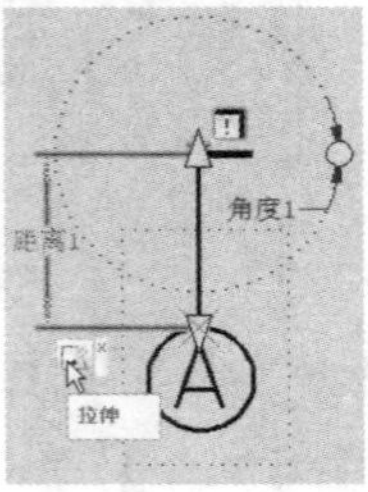

图 6-50　创建的拉伸动作

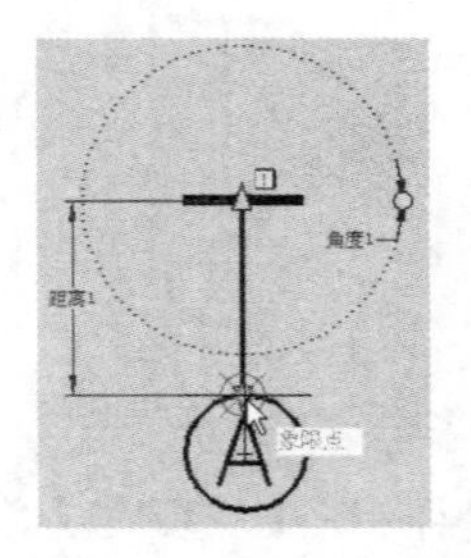

图 6-51　选择拉伸动作点

(7) 单击绘图区上方的【关闭块编辑器】按钮，弹出【块-是否保存参数更改】对话框，如图 6-53 所示。单击【保存更改】按钮，完成动态块的创建。

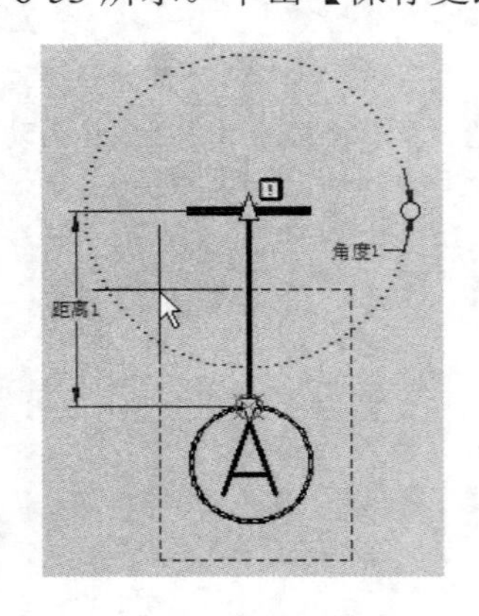

图 6-52　指定拉伸框架

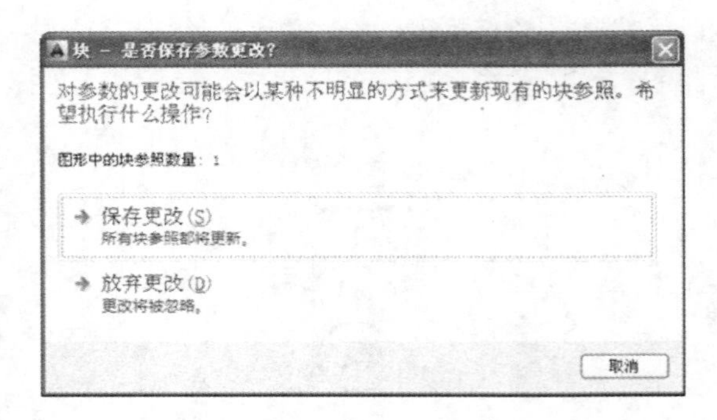

图 6-53　保存提示

(8) 选中创建的块，块上显示一个三角形拉伸夹点和一个圆形旋转夹点，如图 6-54 所示。拖动拉伸夹点可以修改引线长度，如图 6-55 所示。拖动旋转夹点可以修改基准符号的角度，如图 6-56 所示。

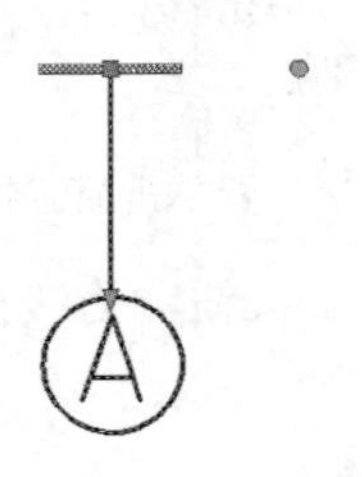

图 6-54　块的夹点显示

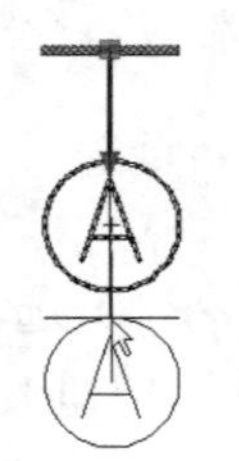

图 6-55　拉伸引线长度

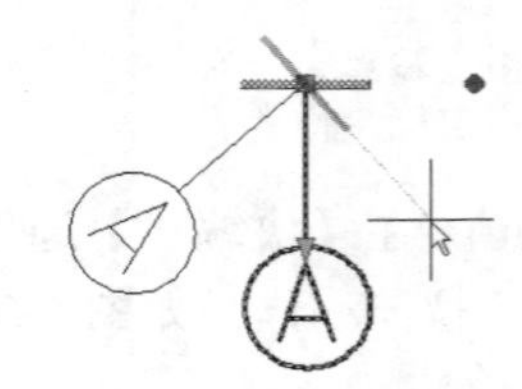

图 6-56　旋转符号角度

6.3　使用图块属性

图块包含的信息可以分为两类：图形信息和非图形信息。块属性指的是图块的非图形

信息，例如创建一个粗糙度符号块，除了包含符号图形，还需要有数值输入的功能，块属性即能实现数值或文本输入的功能。块属性一般在创建块之前进行定义，创建块时，将属性定义和图形一并添加到块对象中。

6.3.1　定义图块属性

定义图块的属性在【属性定义】对话框中进行，打开【属性定义】对话框的方法有以下几种。

- 菜单栏：选择【绘图】|【块】|【定义属性】命令。
- 命令行：在命令行中输入 ATTDEF 或 ATT 并按 Enter 键。

执行任一命令后，弹出【属性定义】对话框，如图 6-57 所示。

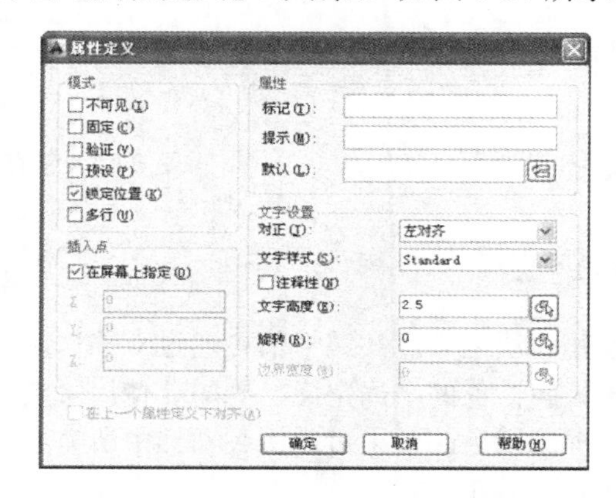

图 6-57　【属性定义】对话框

该对话框中各选项的含义如下。

- 模式：用于设置属性模式，包括【不可见】、【固定】、【验证】、【预设】、【锁定位置】和【多行】6 个复选框，利用复选框可设置相应的属性值。
- 属性：用于设置属性数据，包括【标记】、【提示】、【默认】3 个文本框。
- 插入点：该选项组用于指定图块属性的位置，若选择【在屏幕上指定】复选框，则在绘图区中指定插入点，用户可以直接在 X、Y、Z 文本框中输入坐标值确定插入点。
- 文字设置：该选项组用于设置属性文字的对正、样式、高度和旋转。其中包括【对正】、【文字样式】、【文字高度】、【旋转】和【边界宽度】5 个选项。
- 在上一个属性定义下对齐：选中该复选框，将属性标记直接置于定义的上一个属性的下面。若之前没有创建属性定义，则此复选框不可用。

【案例 6-2】创建粗糙度数值属性定义。

(1) 打开素材文件“第 06 章\案例 6-2.dwg”，如图 6-58 所示。

(2) 选择【绘图】|【块】|【定义属性】命令，弹出【属性定义】对话框，在【属性】选项组中输入各属性值，如图 6-59 所示。

(3) 单击【确定】按钮，生成属性的预览，如图 6-60 所示，在粗糙度符号上放置该属性。

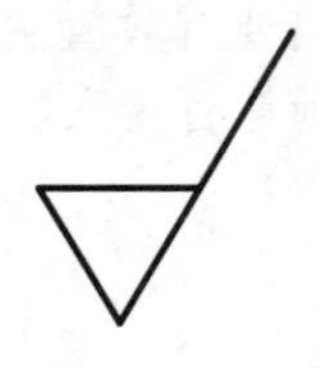

图 6-58 素材图形

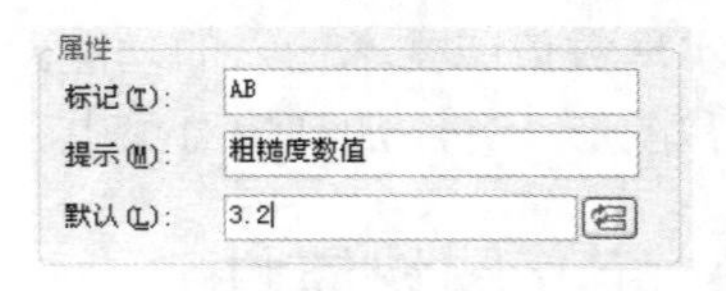

图 6-59 定义属性值

(4) 在命令行中输入 B 并按 Enter 键，将粗糙度符号和属性值一并创建为块。创建为块之后，属性显示其默认值，如图 6-61 所示。

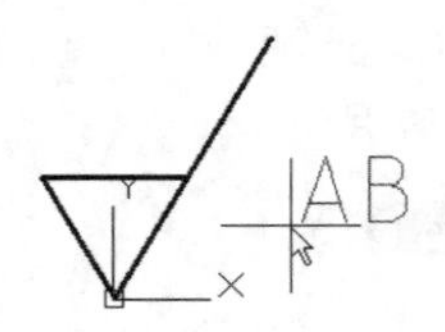

图 6-60 属性预览

图 6-61 带有属性的粗糙度图块

6.3.2 修改属性的定义

将属性和图形一起创建为块之后，其属性值可通过双击修改，但这种方式只能修改单个块的属性。如果要修改该属性值的全局定义，则需要使用【块属性管理器】对话框，通过【块属性管理器】对话框编辑后的效果可应用到文档中所有相同的图块中。打开【块属性管理器】对话框的方式有以下几种。

- 菜单栏：选择【修改】|【对象】|【属性】|【块属性管理器】命令。
- 命令行：在命令行中输入 BATTMAN 并按 Enter 键。

执行任一命令后，将弹出如图 6-62 所示的【块属性管理器】对话框，显示了已附加到图块的所有块属性列表。双击需要修改的属性项，可以弹出【编辑属性】对话框，如图 6-63 所示，包含【属性】、【文字】和【特性】3 个选项卡，可修改属性定义、文字样式、图层特性等。

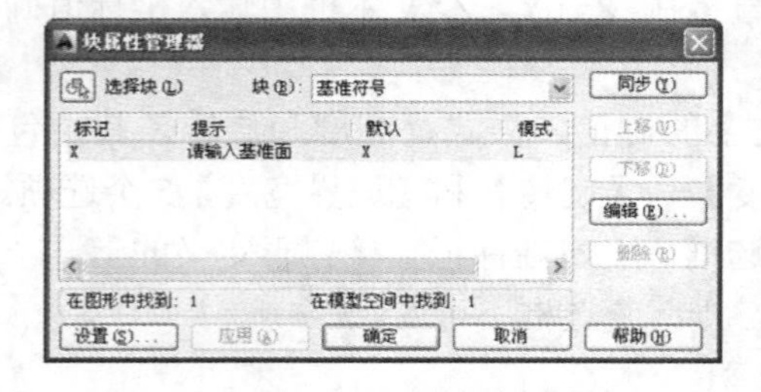

图 6-62 【块属性管理器】对话框

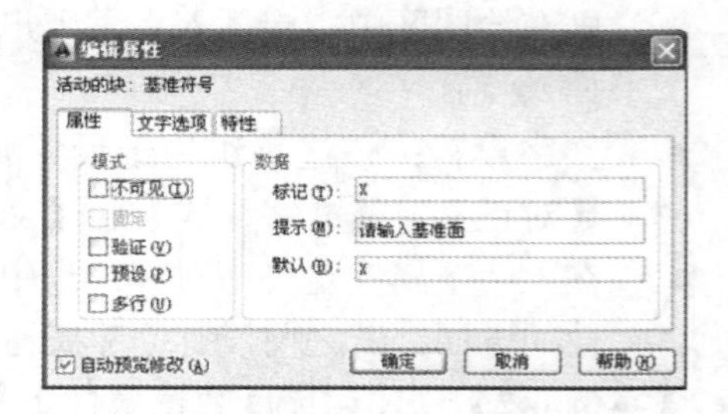

图 6-63 【编辑属性】对话框

在【块属性管理器】对话框中选中某属性项，然后单击【删除】按钮，可以从块属性定义中删除该属性项，对块属性定义修改完成后，单击【同步】按钮，可以更新使用该属性的所有的块。

6.3.3 图块编辑

在 AutoCAD 中，创建的块可以进行属性编辑，如设置插入基点、重命名、重定义等。

1. 设置插入基点

在创建图块时，可以为图块设置插入基点，这样在插入时就可以直接捕捉基点插入。如果创建时没有指定插入基点，插入时系统默认的插入点为该图的坐标原点，这样往往会给绘图带来不便。此时可以使用【基点】命令为图块指定新的插入基点。执行【基点】命令的方式有以下几种。

- 菜单栏：选择【绘图】|【块】|【基点】命令。
- 命令行：在命令行中输入 BASE 并按 Enter 键。

执行该命令后，可以根据命令行提示输入基点坐标或用鼠标直接在绘图窗口中指定。

2. 重命名图块

对创建的图块进行重命名的方法有很多种，如果是外部图块文件，可直接在保存目录中对该图块文件进行重命名；如果是内部图块，可在命令行中输入 REN 并按 Enter 键，或选择【格式】|【重命名】命令来更改图块的名称。具体操作过程如下。

(1) 选择【格式】|【重命名】命令，弹出如图 6-64 所示的【重命名】对话框。

(2) 在【命名对象】列表框中选择【块】选项，在【项数】列表框中立即显示出当前图形文件中的所有内部块。

(3) 在【项数】列表框中选择要修改的图块选项，在【旧名称】文本框中便自动显示该图块的名称，在【重命名为】按钮后面的文本框中输入新名称，然后单击【重命名为】按钮确认操作，如图 6-65 所示。

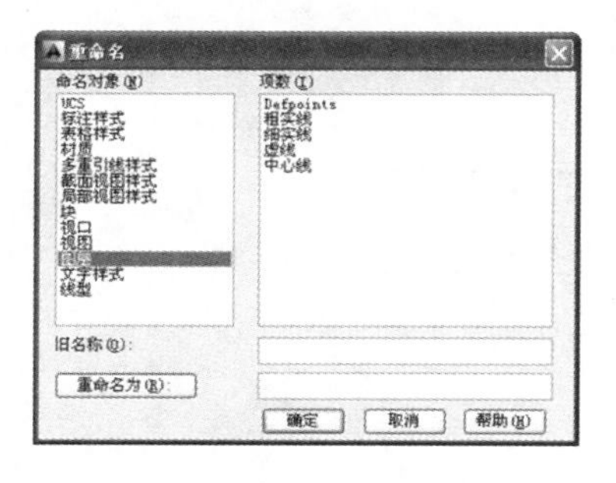

图 6-64　【重命名】对话框

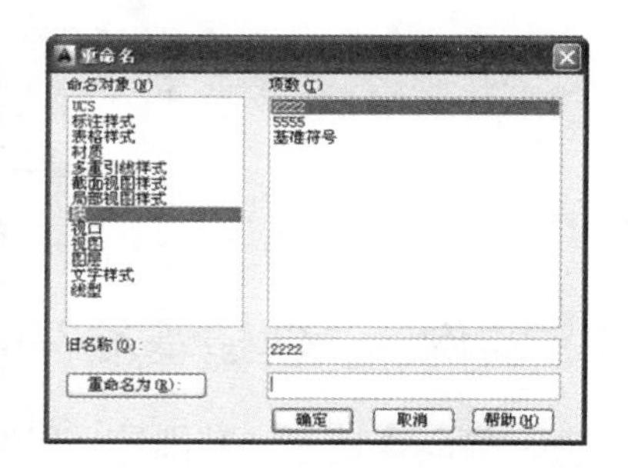

图 6-65　重新输入名称

(4) 单击【确定】按钮关闭【重命名】对话框即可。如果需要重命名多个图块名称，可在该对话框中继续选择要重命名的图块，然后进行重命名操作，单击【确定】按钮关闭对话框。

3. 分解图块

由于图块是一个整体，AutoCAD 不能对块进行局部修改，因此要修改图块必须先用【分解】命令将其分解。

执行【分解】命令的方式有以下几种。

- 菜单栏：选择【修改】|【分解】命令。
- 工具栏：单击【修改】工具栏中的【分解】按钮。
- 命令行：在命令行中输入 EXPLODE 或 X 并按 Enter 键。

执行任一命令后，选择要分解的块对象，选择结束后按 Enter 键，选中的块即被分解。

【分解】命令不仅可以分解块实例，还可以分解尺寸标注、填充区域、多段线等复合图形对象。

4. 重定义图块

通过对图块的重定义，可以更新所有与之关联的块实例，实现自动修改，其方法与定义图块的方法基本相同。具体操作步骤如下。

(1) 使用【分解】命令将当前图形中需要重新定义的图块分解为由单个元素组成的对象。

(2) 对分解后的图块组成元素进行编辑。完成编辑后，再重新执行【定义块】命令，在弹出的【定义块】对话框的【名称】下拉列表框中选择源图块的名称。

(3) 选择编辑后的图形并为图块指定插入基点及单位，单击【确定】按钮，在弹出的询问对话框中单击【重新定义块】按钮，即可重定义图块，如图 6-66 所示。

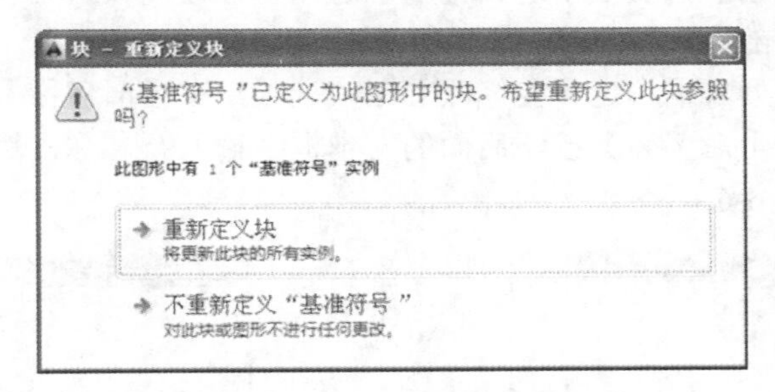

图 6-66 重定义图块

6.3.4 实例——创建基准符号属性块

创建如图 6-67 所示的基准符号属性块。

(1) 绘制基准符号。执行【圆】和【直线】命令，绘制基准符号，结果如图 6-68 所示。

图 6-67 基准符号图块

图 6-68 绘制的基准符号

(2) 定义属性。选择【绘图】|【块】|【定义属性】命令，弹出【属性定义】对话框，在【属性】选项组中设置属性定义，如图 6-69 所示。在【文字高度】文本框中输入“20”，单击【确定】按钮，然后在圆内放置该属性定义，如图 6-70 所示。

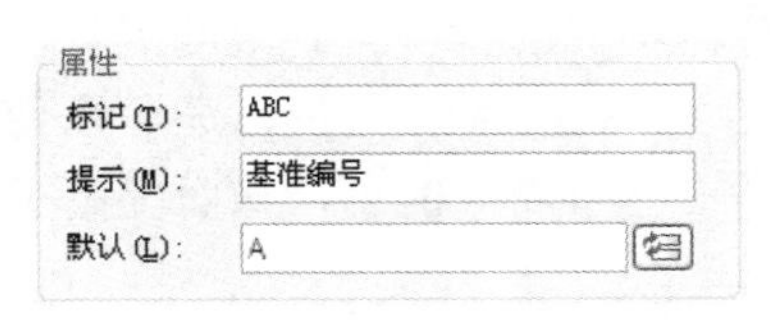

图 6-69　定义属性值

图 6-70　创建的属性定义

(3) 创建属性块。执行 BLOCK 命令，打开【块定义】对话框，在【名称】文本框中输入“基准符号”；在【对象】选项组中单击【选择对象】按钮，在绘图区选择基准符号及其属性，按 Space 键返回对话框；在【基点】选项组中单击【拾取点】按钮，返回绘图区指定基准符号下方端点，自动返回对话框，如图 6-71 所示，单击【确定】按钮，创建的基准符号图块如图 6-72 所示。

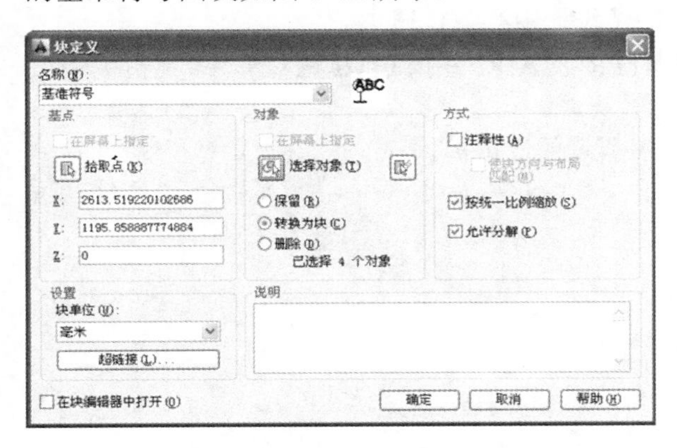

图 6-71　【块定义】对话框

图 6-72　创建的基准符号图块

(4) 修改属性值。双击创建的基准图块，弹出【增强属性编辑器】对话框，将属性值修改为“B”，如图 6-73 所示。单击【确定】按钮，修改属性之后的基准图块如图 6-74 所示。

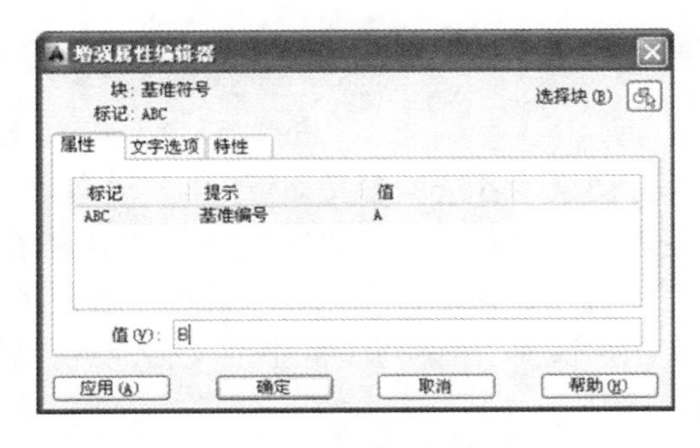

图 6-73　编辑属性值

图 6-74　编辑属性值后的结果

6.4 使用设计中心管理图形

AutoCAD 设计中心是一个与 Windows 资源管理器类似的直观且高效的工具。用户通过设计中心可以浏览、查找、预览、管理、利用和共享 AutoCAD 图形，还可以使用其他图形文件中的图层定义、块、文字样式、尺寸标注样式、布局等信息，从而提高了图形管理和图形设计的效率。

6.4.1 启动设计中心

利用设计中心可以浏览、查找、预览、管理、利用和共享 AutoCAD 图形，还可以使用其他图形文件中的图层定义、块、文字样式、尺寸标注样式、布局等信息。

打开【设计中心】窗口有以下几种方式。

- 菜单栏：选择【工具】|【选项板】|【设计中心】命令。
- 工具栏：单击【标准】工具栏中的【设计中心】按钮。
- 命令行：在命令行中输入 ADCENTER 或 ADC 并按 Enter 键。
- 组合键：Ctrl+2。

执行任一命令后，系统将弹出如图 6-75 所示的选项板。

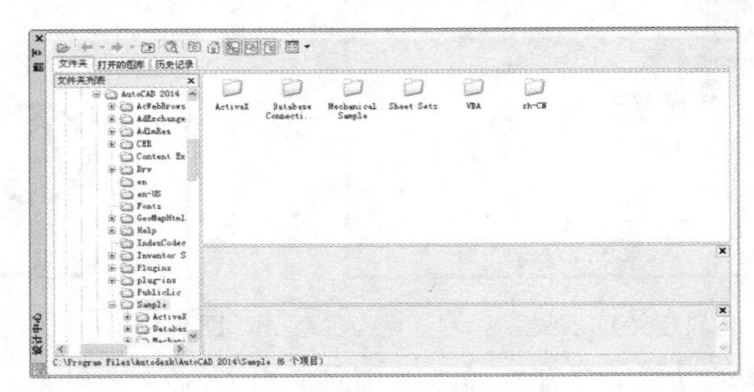

图 6-75 【设计中心】选项板

【设计中心】选项板中包含一组工具按钮和选项卡，这些按钮和选项卡的含义及设置方法如下。

1. 选项卡操作

在设计中心中，可以在 4 个选项卡之间进行切换，各选项含义如下。

- 文件夹：该选项卡显示设计中心的资源，包括显示计算机或网络驱动器中文件和文件夹的层次和结构。可将设计中心内容设置为本计算机、本地计算机或网络信息。要使用该选项卡调出图形文件，可指定文件夹列表框中的文件路径(包括网络路径)，右侧将显示图形信息。
- 打开的图形：该选项卡显示当前已打开的所有图形，并在右方的列表框中包括图形中的块、图层、线型、文字样式、标注样式和打印样式。单击某个图形文件，然后单击列表中的一个定义表，可以将图形文件的内容加载到内容区域中。

- 历史记录：该选项卡中显示最近在设置中心打开的文件列表，双击列表中的某个图形文件，可以在【文件夹】选项卡的树状视图中定位此图形文件，并将其内容加载到内容区域。

2. 按钮操作

在【设计中心】选项板中，要设置对于选项卡中树状视图与控制板中显示的内容，可以单击选项板上方的按钮执行相应的操作，各按钮的含义如下。

- 加载按钮：使用该按钮通过桌面、收藏夹等路径加载图形文件。单击该按钮弹出【加载】对话框，在该对话框中按照指定路径选择图形，将其载入当前图形中。
- 搜索按钮：用于快速查找图形对象。
- 收藏夹按钮：通过收藏夹来标记存放在本地硬盘和网页中常用的文件。
- 主页按钮：将设计中心返回默认文件夹，选择专用设计中心图形问价加载到当前图形中。
- 树状图切换按钮：使用该工具打开/关闭树状视图窗口。
- 预览按钮：使用该工具打开/关闭树状视图窗口。
- 说明按钮：打开或关闭说明窗格，以确定是否显示说明窗格内容。
- 视图按钮：用于确定控制板显示内容的显示格式，单击按钮将弹出一个快捷菜单，可在该菜单中选择内容的显示格式。

6.4.2 利用设计中心插入图块

在设计中心窗口左侧展开图形文件夹，文件夹中的图形文件在窗口右侧列出，如图 6-76 所示。选择要插入的图形文件，将其拖动到当前文件绘图区，根据命令行提示设置插入点和比例，即可将该图形插入为一个图块。

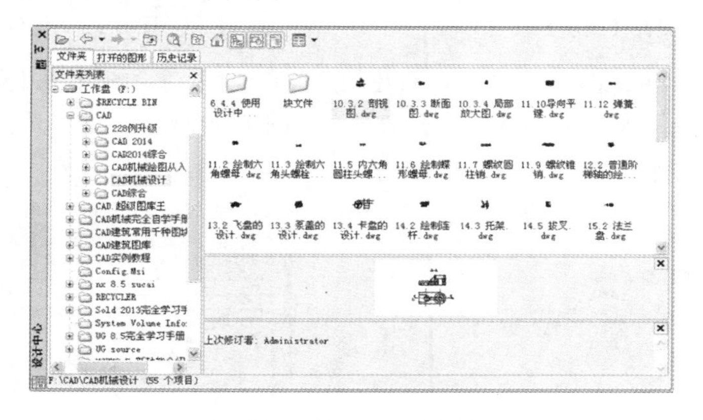

图 6-76　浏览图形文件夹

6.4.3 利用设计中心管理图形

【打开的图形】选项卡，如图 6-77 所示。当前打开的图形在列表中列出，选择某一个图形的样式、图层、图块等项目，可以将其复制到另一图形中。

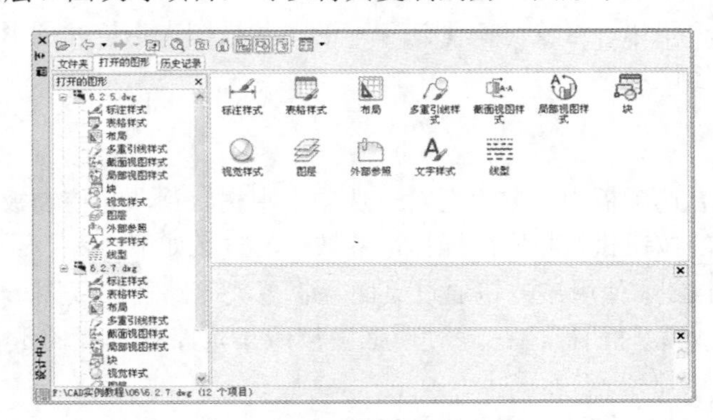

图 6-77　【打开的图形】选项卡

【案例 6-3】 复制图层。

(1) 选择 acadiso.dwt 样板，新建图形文件。然后打开素材文件“第 06 章\案例 6-3.dwg”，该文件中包含多种图层。

(2) 按 Ctrl+2 组合键，打开【设计中心】选项板。在【打开的图形】选项卡中选择“案例 6-3.dwg”文件的图层项目，窗口右侧列出所有图层，如图 6-78 所示。

(3) 框选所有图层并右击，弹出快捷菜单，选择【复制】命令，如图 6-79 所示。

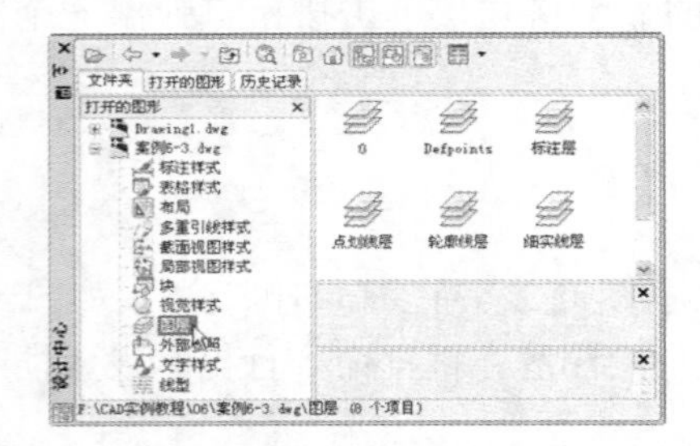

图 6-78　展开【图层】项目

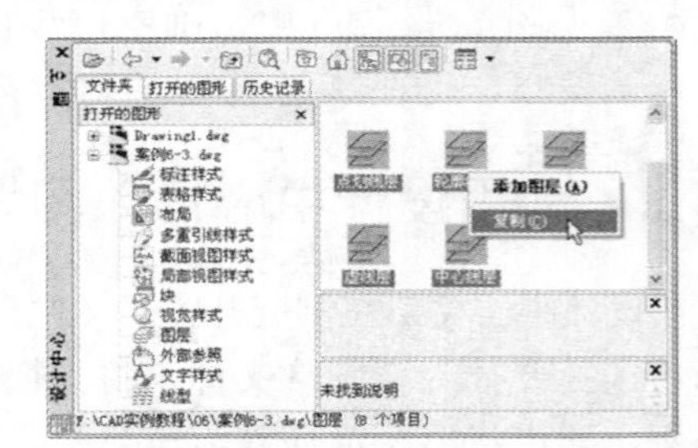

图 6-79　复制图层

(4) 激活 Drawing1.dwg 文件(用户新建的文件)窗口，在绘图区空白位置右击，在弹出的快捷菜单中选择【剪贴板】|【粘贴】命令，如图 6-80 所示，即将选择的图层复制到新文件中，如图 6-81 所示。

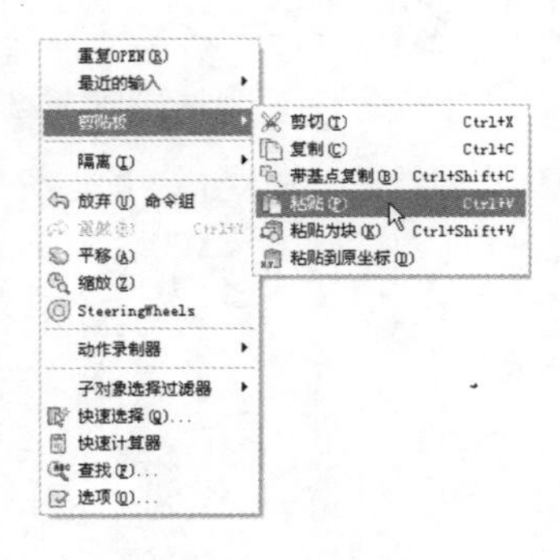

图 6-80　粘贴图层

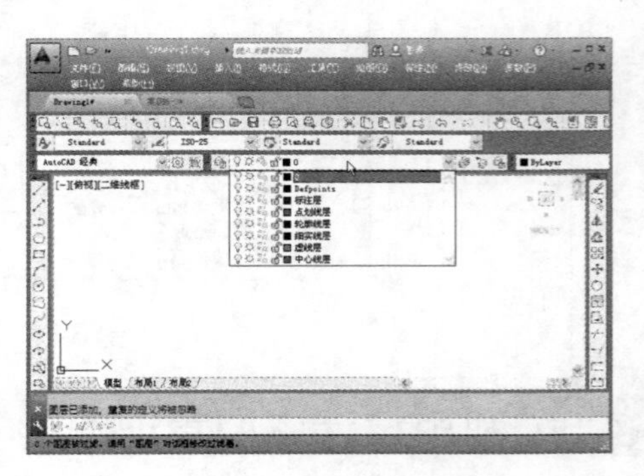

图 6-81　新文件中的图层

6.5 综 合 实 例

本实例首先绘制一个螺钉图形，然后定义属性，并将螺钉和属性一并创建为动态块，螺钉的长度可以由参数选择。

(1) 单击状态栏中的【栅格显示】按钮，关闭栅格显示。

(2) 单击状态栏中的【正交模式】按钮，打开正交模式。单击【绘图】工具栏中的【直线】按钮，绘制如图 6-82 所示的正交直线。

(3) 单击状态栏中的【正交模式】按钮，关闭正交模式。单击状态栏中的【极轴追踪】按钮，打开极轴追踪模式，然后在该按钮上右击，弹出快捷菜单，设置极轴追踪角度为 45°，如图 6-83 所示。

(4) 单击【绘图】工具栏中的【直线】按钮，捕捉到 315° 极轴方向，绘制如图 6-84 所示的倾斜直线，长度任意。

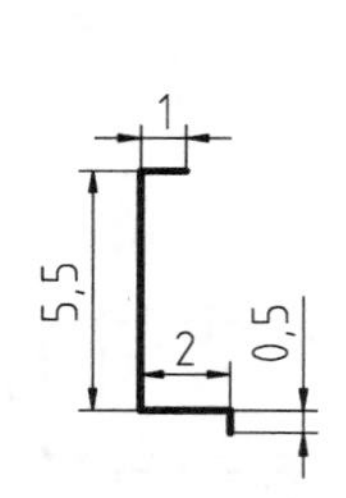

图 6-82　绘制正交直线

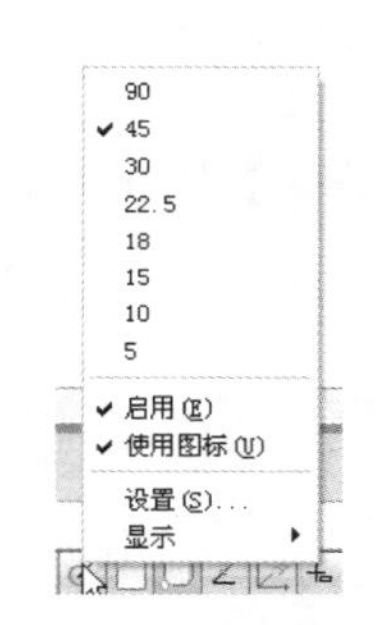

图 6-83　设置极轴追踪角度

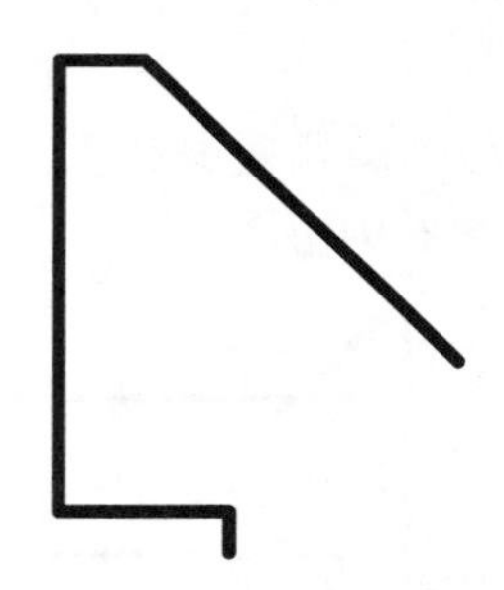

图 6-84　绘制倾斜直线

(5) 单击状态栏中的【极轴追踪】按钮，关闭极轴追踪模式。单击【绘图】工具栏中的【直线】按钮，然后按住 Shift 键并右击，弹出临时捕捉菜单栏，选择【自】命令，然后指定如图 6-85 所示的端点作为参考基点。在动态输入文本框中输入相对坐标(@0,3)，如图 6-86 所示，按 Enter 键确定直线起点，然后沿水平方向绘制长度为 19 的直线，如图 6-87 所示。

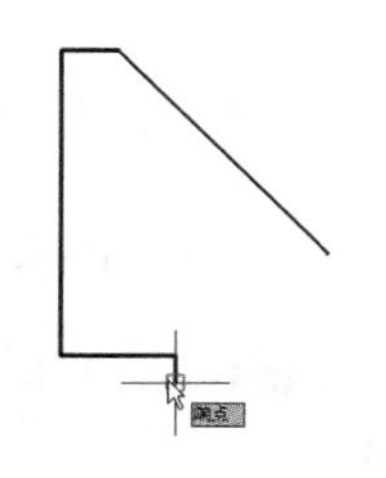

图 6-85　选择参考基点

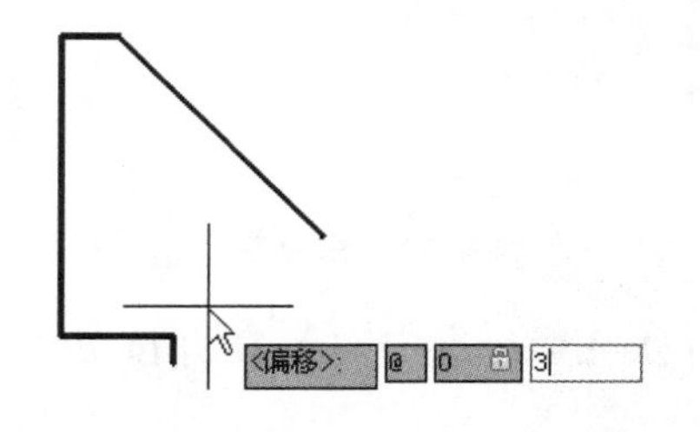

图 6-86　输入偏移距离

(6) 单击状态栏中的【正交模式】按钮，打开正交模式。绘制如图 6-88 所示的正交直线。

(7) 单击状态栏中的【正交模式】按钮，关闭正交模式。在【极轴追踪】按钮上右击，弹出的快捷菜单，将极轴追踪角度设置为 30°，单击【绘图】工具栏中的【直线】

按钮，以上一直线的端点为起点，接着由左侧端点引出水平追踪线，直至与 300° 极轴追踪线相交，如图 6-89 所示，在此位置单击确定直线的终点。

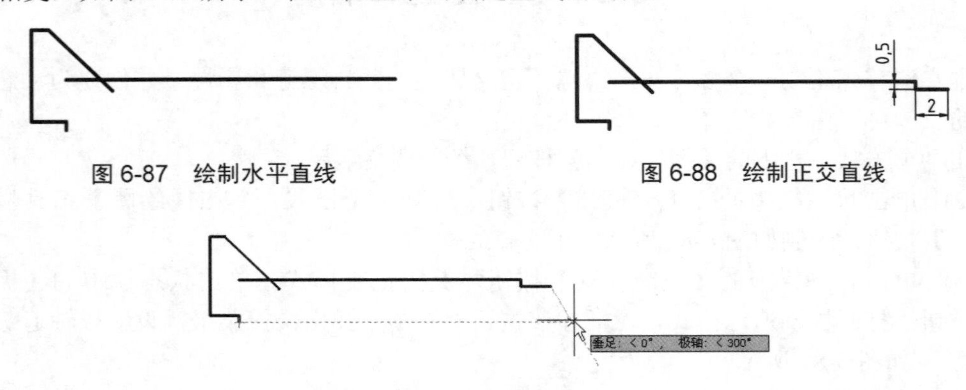

图 6-87　绘制水平直线

图 6-88　绘制正交直线

图 6-89　捕捉两条追踪线交点

(8) 单击【修改】工具栏中的【镜像】按钮，将绘制的轮廓向下镜像，结果如图 6-90 所示。

(9) 单击【修改】工具栏中的【修剪】按钮，修剪图形，然后绘制连接线，完成的螺钉如图 6-91 所示。

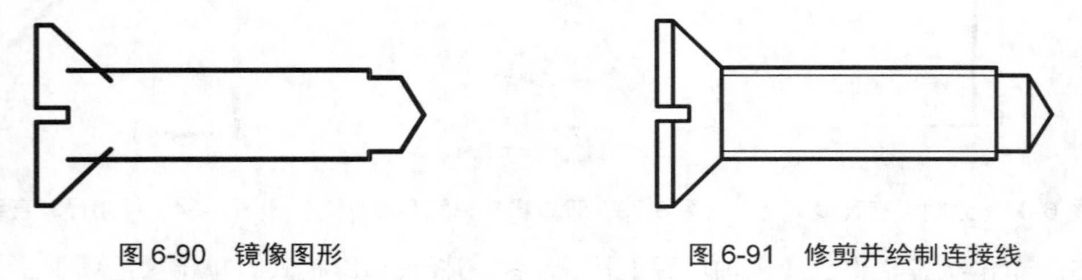

图 6-90　镜像图形

图 6-91　修剪并绘制连接线

(10) 选择【绘图】|【块】|【定义属性】命令，在【属性定义】对话框中输入属性值，如图 6-92 所示。单击【确定】按钮，在螺钉上合适的位置放置该属性定义，如图 6-93 所示。

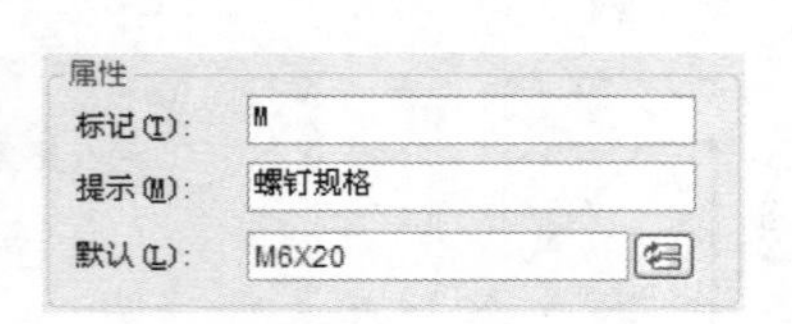

图 6-92　定义属性值

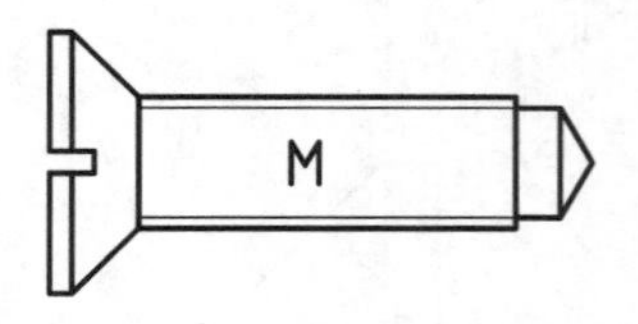

图 6-93　创建的属性定义

(11) 在命令行中输入 B 并按 Enter 键，弹出【块定义】对话框，选择螺钉及其属性定义作为块对象，指定螺钉右侧尖端作为基点，创建名称为“螺钉”的图块，如图 6-94 所示。

(12) 选中创建的螺钉图块并右击，弹出快捷菜单，选择【块编辑器】命令，进入块编辑模式。

(13) 在【块编写】选项板中，单击【参数】选项卡中的【线性】按钮，创建一个线性参数，如图 6-95 所示。

图 6-94　创建的螺钉图块

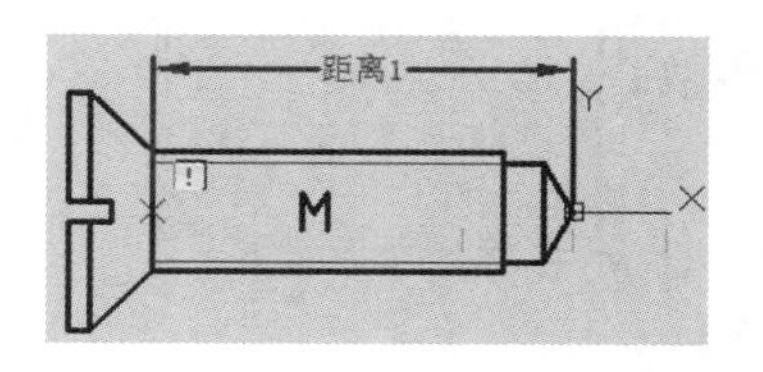

图 6-95　创建距离参数

(14) 单击该线性参数标签，按 Ctrl+1 组合键，弹出该线性参数的【特性】选项板，在【值集】选项组中将【距离类型】设置为【列表】，在【其他】选项组中将【夹点数】修改为 0，如图 6-96 所示。

(15) 单击【距离】数值右侧的 ... 按钮，弹出【添加距离值】对话框，在【要添加的距离】文本框中输入“15”和“25”，并用逗号隔开，如图 6-97 所示。单击【添加】按钮，添加了两个距离参数，如图 6-98 所示。

(16) 单击【确定】关闭【添加距离值】对话框，然后关闭【特性】选项板。

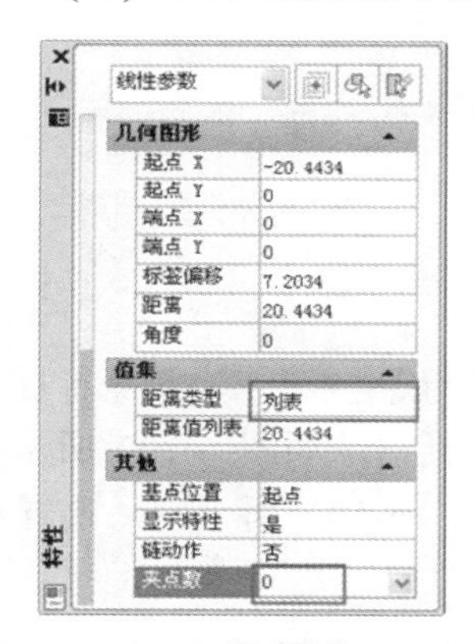

图 6-96　设置参数特性

图 6-97　添加参数值

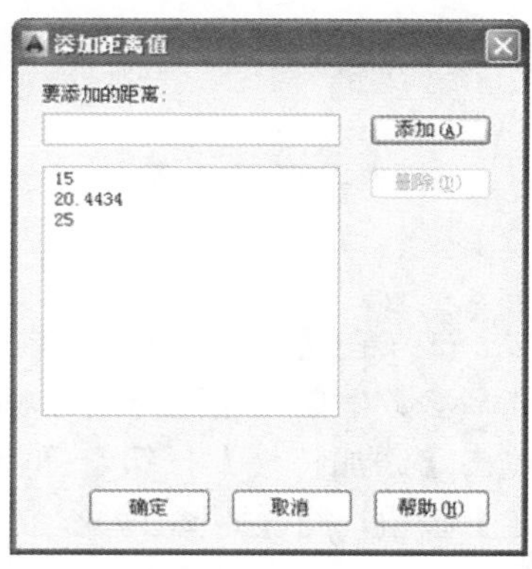

图 6-98　添加的参数值

(17) 在【块编写】选项板中展开【动作】选项卡，单击【拉伸】按钮，为螺钉添加拉伸动作，命令行操作如下。

```
命令: _BActionTool 拉伸
选择参数:                                                   //选择创建的线性参数
指定要与动作关联的参数点或输入 [起点(T)/第二点(S)] <第二点>:
                                   //选择线性参数的右端点，如图 6-99 所示
指定拉伸框架的第一个角点或 [圈交(CP)]:
指定对角点:                         //指定如图 6-100 所示的拉伸框架
指定要拉伸的对象
选择对象: 找到 1 个
选择对象: 找到 1 个，总计 2 个
…
选择对象: 找到 1 个，总计 12 个     //依次选择框架内的所有螺钉对象作为拉伸对象
选择对象:                           //按 Enter 键完成选择
```

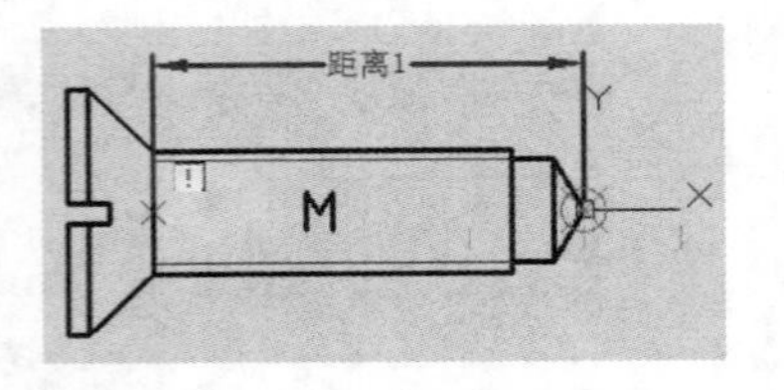

图 6-99　指定拉伸对应的参数点

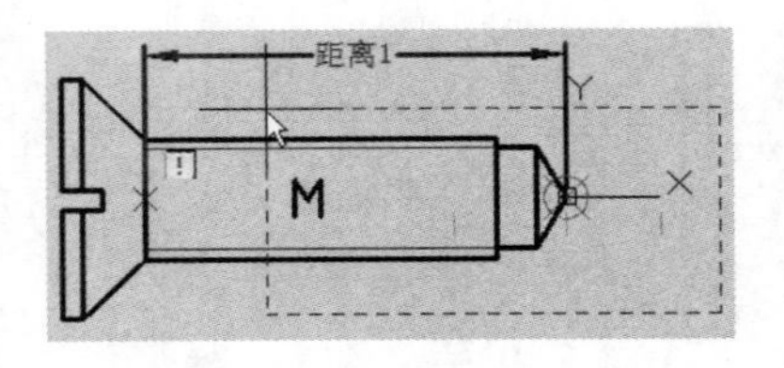

图 6-100　指定拉伸框架

(18) 在【块编写】选项板中展开【参数】选项卡，单击【查寻】按钮，在块中添加一个查寻参数，命令行操作如下。

```
命令: _BParameter 查寻
指定参数位置或 [名称(N)/标签(L)/说明(D)/选项板(P)]: L    //选择【标签】选项
输入查寻特性标签 <查寻 1>: 选择螺钉规格            //将参数标签修改为“选择螺钉规格”
指定参数位置或 [名称(N)/标签(L)/说明(D)/选项板(P)]:
//在螺钉附近任意空白位置单击放置查寻标签，如图 6-101 所示
```

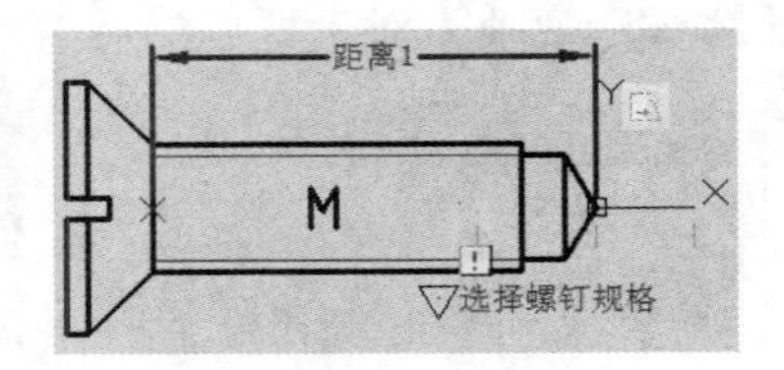

图 6-101　创建的查询参数

(19) 在【块编写】选项板中展开【动作】选项卡，单击【查寻】按钮，命令行提示选择参数，单击【选择螺钉规格】参数，弹出【特性查寻表】对话框，如图 6-102 所示。单击【添加特性】按钮，弹出【添加多参数特性】对话框，如图 6-103 所示，单击【确定】按钮，将【距离 1】参数添加到查询表中。

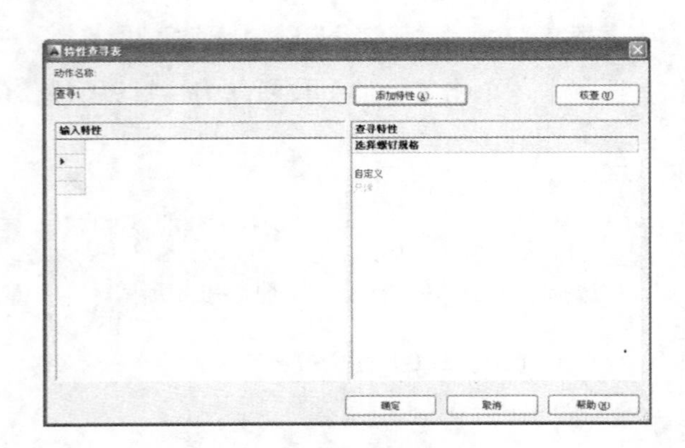

图 6-102　【特性查寻表】对话框

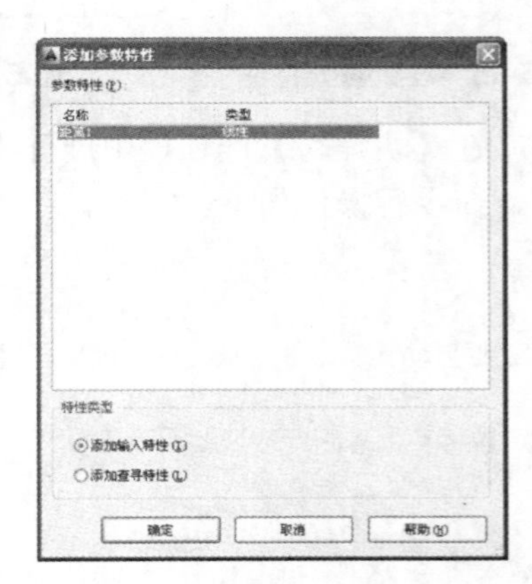

图 6-103　添加参数

(20) 回到【特性查寻表】对话框，在【查寻特性】栏中输入螺钉名称 M6×15、M6×20 和 M6×25，在【输入特性】栏中选择各种规格对应的尺寸参数，填写完成的表格如图 6-104 所示，单击【确定】按钮关闭【特性查寻表】对话框。

(21) 单击块编辑界面中的【关闭块编辑器】按钮，选择保存更改，回到绘图界面。

(22) 单击螺钉图块，展开三角形的查询按钮，弹出螺钉规格列表，如图 6-105 所示。选择某种规格，螺钉即拉伸到对应长度。

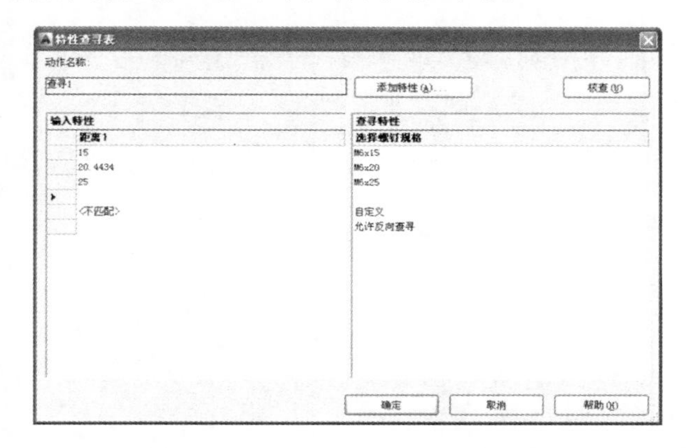

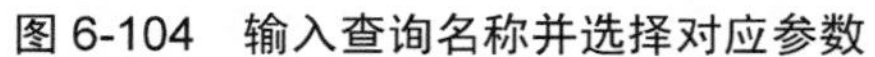
图 6-104　输入查询名称并选择对应参数

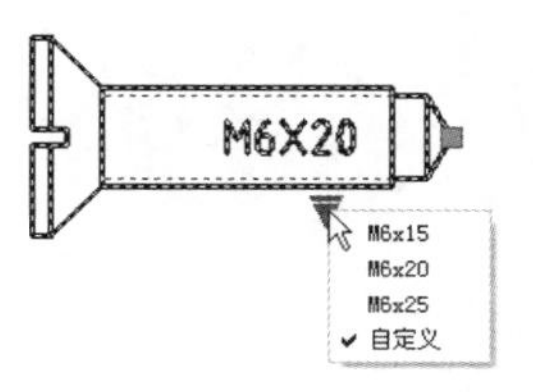

图 6-105　创建的螺钉动态块

6.6　思考与练习

一、简答题

1. 捕捉模式、栅格显示、正交模式、极轴追踪的快捷键分别是什么？
2. 在 AutoCAD 2014 中，创建块、插入块的快捷命令是什么？
3. 块的【属性定义】对话框中包含几个选项组，分别是什么？

二、操作题

1. 绘制如图 6-106 和图 6-107 所示的图形。

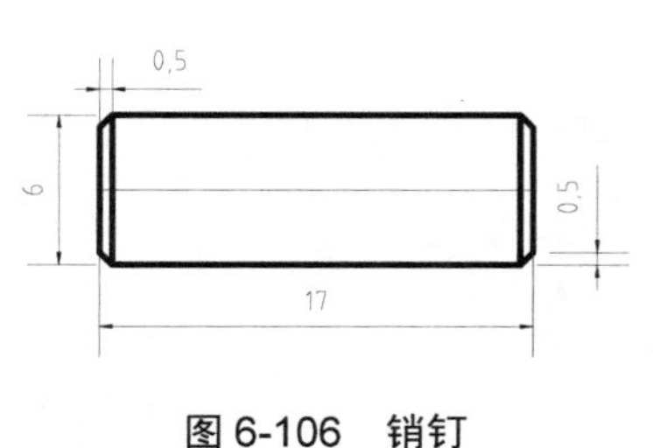

图 6-106　销钉

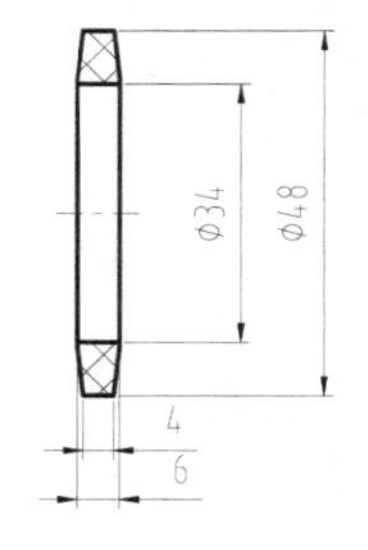

图 6-107　毡圈

2. 创建如图 6-108 所示的螺母图块，要求螺母的尺寸根据选择的规格变化。

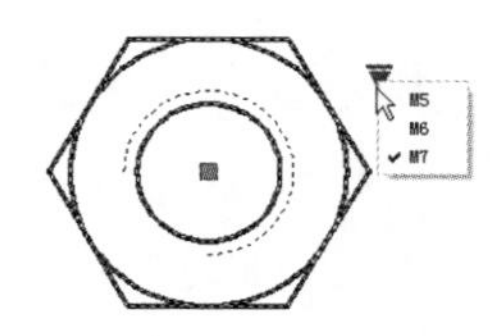

图 6-108　螺母动态块

第 7 章

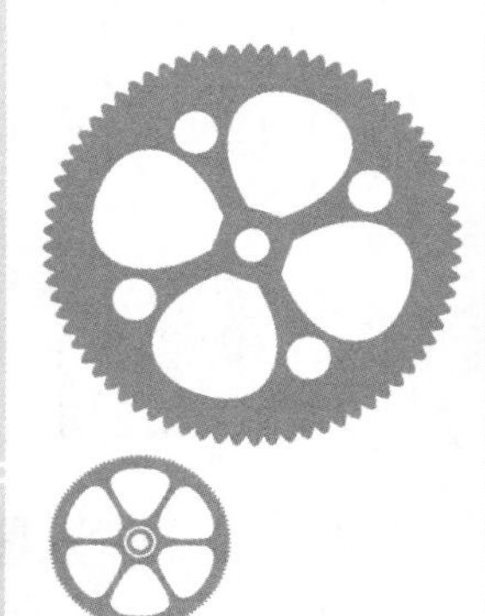

使用图层管理图形

本章导读

图层是 AutoCAD 中查看和管理图形的强有力工具。利用图层的特性，如颜色、线宽、线型等，可以非常方便地区分不同的对象。此外，AutoCAD 还提供了大量的图层管理工具，如打开/关闭、冻结/解冻、加锁/解锁等，这些功能使用户在管理对象时非常方便。

学习目标

- 了解图层的概念和图层在图形管理中的作用。
- 掌握图层的创建和图层各种特性的设置方法。
- 掌握图层的开关、冻结、锁定、设置为当前等操作方法，掌握将对象转移到指定图层的方法。
- 掌握利用【特性】选项板设置对象特性的方法。

7.1 创建图层

本节主要介绍图层的基本概念和创建方法，使读者对 AutoCAD 图层的含义和作用，以及图层的创建方法形成初步的认识。

7.1.1 认识图层

1. 图层的基本概念

AutoCAD 图层相当于传统图纸中使用的重叠图纸。它如同一张张透明的图纸，整个 AutoCAD 文档就是由若干透明图纸上下叠加的结果，如图 7-1 所示。用户可以根据不同的特征、类别或用途，将图形对象分类组织到不同的图层中。同一个图层中的图形对象具有许多相同的外观属性，如线宽、颜色、线型等。

按图层组织数据有很多好处。首先，图层结构有利于设计人员对 AutoCAD 文档的绘制和阅读。不同工种的设计人员，可以将不同类型的数据组织到各自的图层中，最后统一叠加。阅读文档时，可以暂时隐藏不必要的图层，减少屏幕上的图形对象数量，提高显示效率，也有利于看图。修改图纸时，可以锁定或冻结其他工种的图层，以防误删、误改他人的图纸。其次，按照图层组织数据可以减少数据冗余，压缩文件数据量，提高系统处理效率。许多图形对象都有共同的属性。如果逐个记录这些属性，那么这些共同属性将被重复记录。而按图层组织数据以后，具有共同属性的图形对象则同属一个图层。

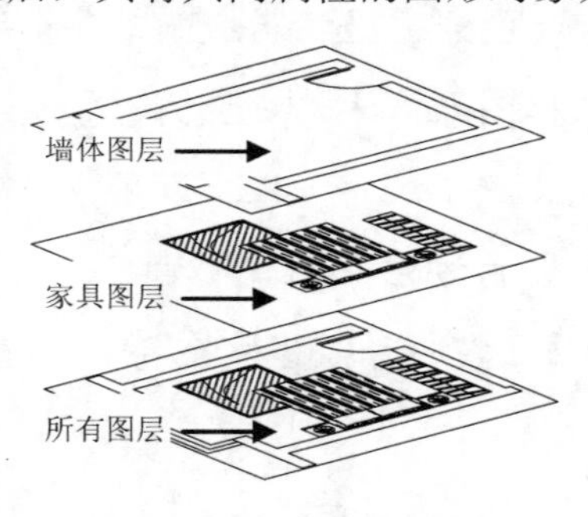

图 7-1　图层的原理

2. 图层分类原则

按照图层组织数据，将图形对象分类组织到不同的图层中，这是 AutoCAD 设计人员应具备的良好习惯。在新建文档时，首先应该在绘图前大致设计好文档的图层结构。多人协同设计时，更应该设计统一而又规范的图层结构，以便数据交换和共享，切忌将所有的图形对象全部放在同一个图层中。

图层可以按照以下原则进行组织。

- 按照图形对象的使用性质分层。例如在建筑设计中，可以将墙体、门窗、家具、绿化分在不同的层。
- 按照外观属性分层。具有不同线型或线宽的实体应当分属不同的图层，这是一个

很重要的原则。例如机械设计中，粗实线(外轮廓线)、虚线(隐藏线)和点画线(中心线)就应该分属 3 个不同的层，也方便了打印控制。

- 按照模型和非模型分层。AutoCAD 制图的过程实际上是建模的过程。图形对象是模型的一部分；文字标注、尺寸标注、图框、图例符号等并不属于模型本身，是设计人员为了便于设计文件的阅读而人为添加的说明性内容，所以模型和非模型应当分属不同的层。

7.1.2 创建并命名图层

在 AutoCAD 绘图前，用户首先需要创建图层。AutoCAD 的图层创建和设置在【图层特性管理器】选项板中进行。

打开【图层特性管理器】选项板有以下几种方法。

- 菜单栏：选择【格式】|【图层】命令。
- 工具栏：单击【图层】工具栏中的【图层管理器】按钮。
- 命令行：在命令行中输入 LAYER 或 LA 并按 Enter 键。

执行任一命令后，弹出【图层特性管理器】选项板，如图 7-2 所示，单击对话框上方的【新建】按钮，即可新建一个图层项目。默认情况下，创建的图层会依以“图层 1”、“图层 2”等按顺序进行命名，用户可以自行输入易辨别的名称，如“轮廓线”、“中心线”等。输入图层名称之后，依次设置该图层对应的颜色、线型、线宽等特性。

注意

*图层名称不能包含通配符(*和？)和空格，也不能与其他图层重名。*

选中某一个图层项目并右击，弹出快捷菜单，如图 7-3 所示。在该菜单中可以进行重命名、设置为当前、删除等操作，设置为当前的图层项目前出现✔符号。如图 7-4 所示为将粗实线图层置为当前图层，颜色设置为红色、线宽设置为 0.3mm 的结果。

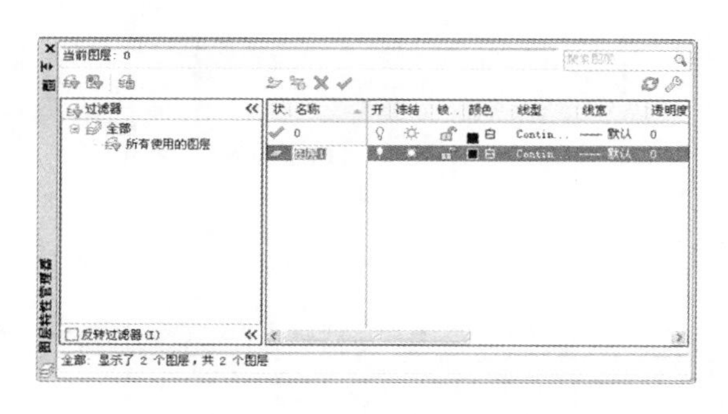

图 7-2　【图层特性管理器】选项板

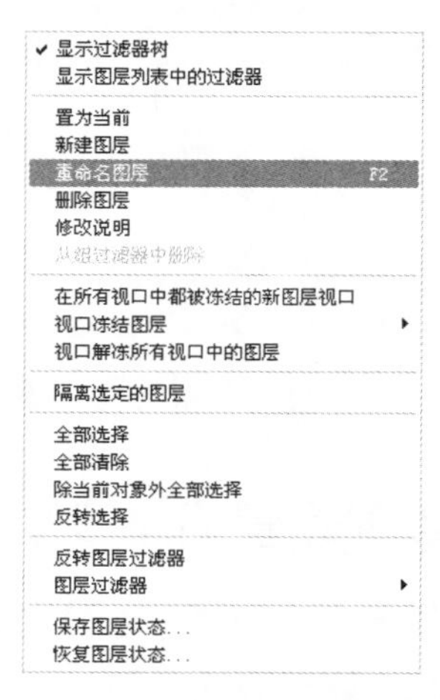

图 7-3　选择【重命名图层】命令

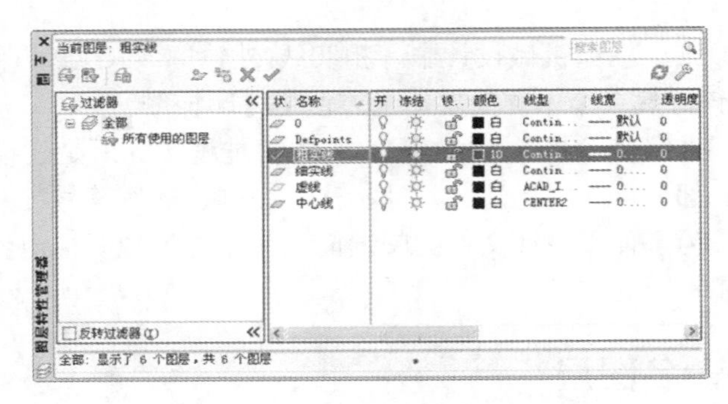

图 7-4　粗实线图层

7.2　设置图层特性

图层特性是属于该图层的图形对象所共有的外观特性，包括颜色、线型、线宽等。用户对图形的这些特性进行设置后，该图层上的所有图形对象特性将会随之发生改变。

7.2.1　设置图层颜色

在实际绘图中，为了区分不同的对象，通常为不同的图层设置不同的颜色。设置图层颜色之后，该图层上的所有对象均显示为该颜色(修改了对象特性的图形除外)。

打开【图层特性管理器】选项板，单击某一图层对应的【颜色】项目，如图 7-5 所示，弹出【选择颜色】对话框，如图 7-6 所示。在调色板中选择一种颜色，单击【确定】按钮，即完成颜色设置。

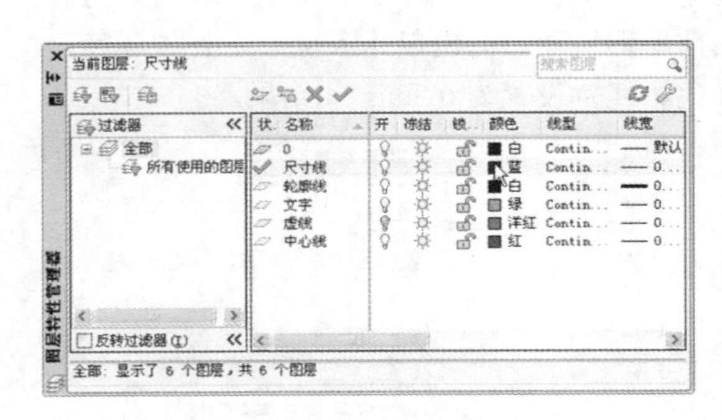

图 7-5　单击图层颜色项目

图 7-6　【选择颜色】对话框

7.2.2　设置图层线型

线型是指图形基本元素中线条的组成和显示方式，如实线、中心线、点画线、虚线等。通过线型的区别，可以直观判断图形对象的类别。在 AutoCAD 中默认的线型是实线(Continuous)，其他的线型需要加载才能使用。

1. 加载线型

在【图层特性管理器】选项板中，单击某一图层对应的【线型】项目，弹出【选择线型】对话框，如图 7-7 所示。在默认状态下，【选择线型】对话框中只有 Continuous 一种线型。如果要使用其他线型，必须将其添加到【选择线型】对话框中。单击【加载】按钮，弹出【加载或重载线型】对话框，如图 7-8 所示，从对话框中选择要使用的线型，单击【确定】按钮，完成线型加载。

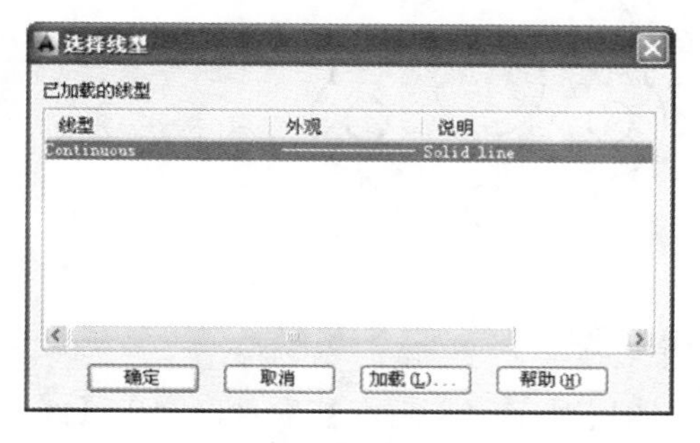

图 7-7　【选择线型】对话框

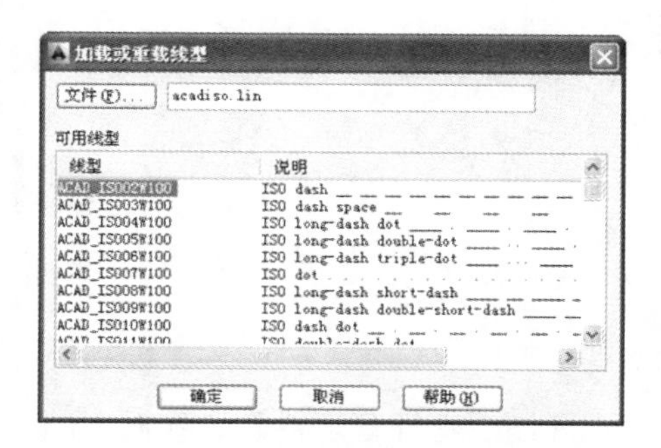

图 7-8　【加载或重载线型】对话框

2. 设置线型比例

在命令行中输入 LINETYPE 或 LT 并按 Enter 键，系统弹出如图 7-9 所示的【线型管理器】对话框，通过该对话框可以设置非连续线型(如中心线、虚线等)的线型比例，从而改变线条的外观。

在线型列表框中选择需要修改的线型，单击【显示细节】按钮，在【详细信息】选项组中可以设置线型的【全局比例因子】和【当前对象缩放比例】，如图 7-10 所示。其中【全局比例因子】用于设置图形中所有线型的比例，【当前对象缩放比例】用于设置当前选中线型的比例。

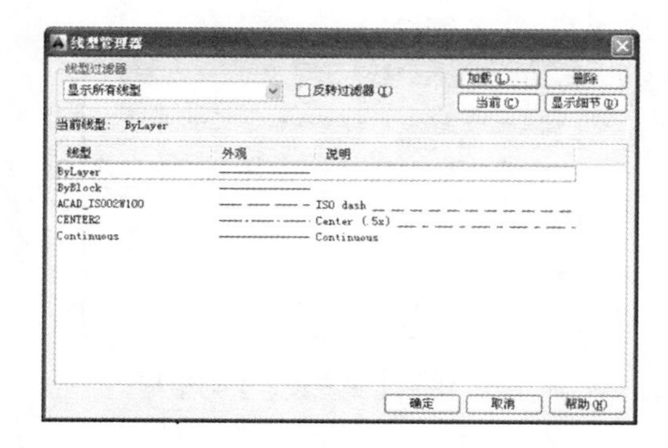

图 7-9　【线型管理器】对话框

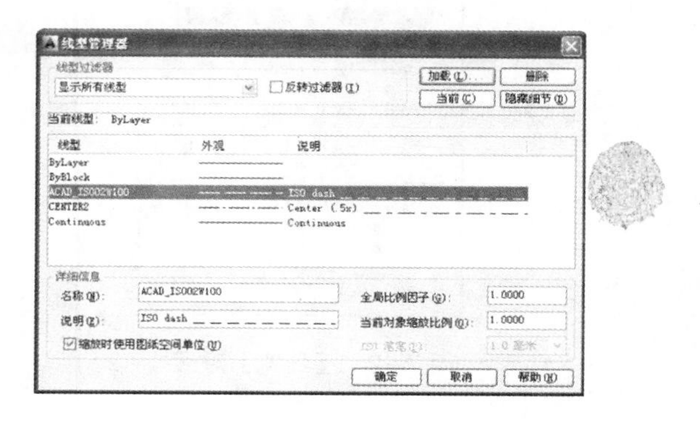

图 7-10　设置显示细节效果

注意

有时绘制的非连续线会显示出实线的效果，通常是由于线型的【全局比例因子】过小，修改数值即可显示出正确的线型效果。

7.2.3 设置图层线宽

线宽即线条显示的宽度。使用不同宽度的线条表现对象的不同部分，可以提高图形的表达能力和可读性，如图 7-11 所示。

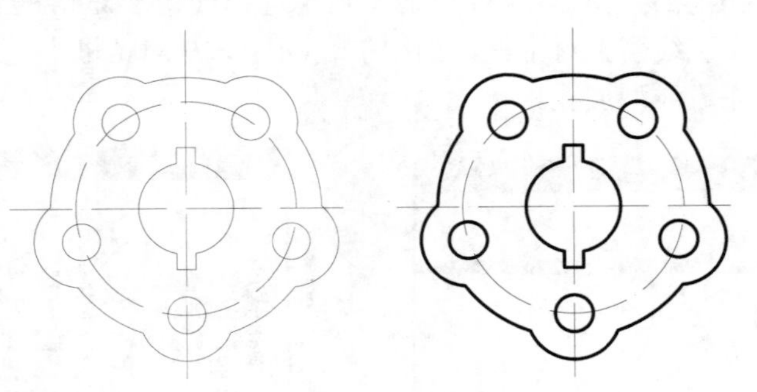

图 7-11 线宽变化

在【图层特性管理器】选项板中，单击某一图层对应的【线宽】项目，弹出【线宽】对话框，如图 7-12 所示，从中选择所需的线宽即可。

提示

机械制图中采用粗细两种线宽。粗细比例为 2∶1。共有 0.25/0.13、0.35/0.18、0.5/0.25、0.7/0.35、1/0.5、1.4/0.7、2/1 这 7 种组合，同一图纸只允许采用一种组合。

如果需要自定义线宽，在命令行中输入 LWEIGHT 或 LW 并按 Enter 键，弹出【线宽设置】对话框，如图 7-13 所示，通过调整线宽比例，可使图形中的线宽显示得更宽或更窄。

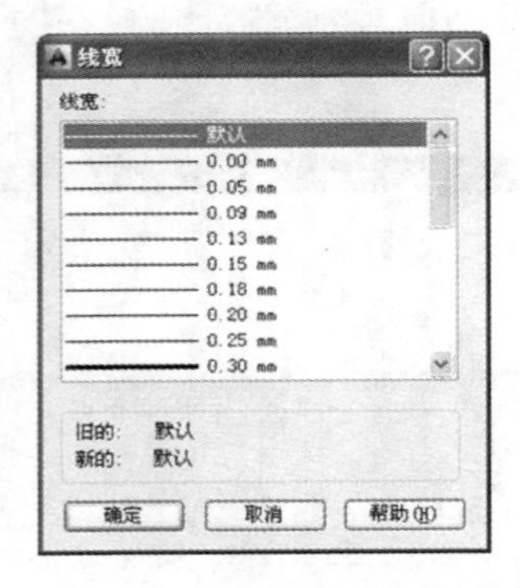

图 7-12 【线宽】对话框

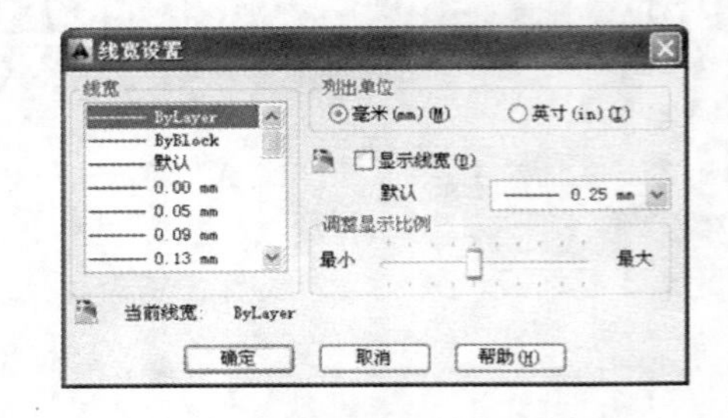

图 7-13 【线宽设置】对话框

7.2.4 实例——创建并机械绘图常用图层

(1) 单击【图层】工具栏中的【图层特性】按钮，打开如图 7-14 所示的【图层特性管理器】选项板。

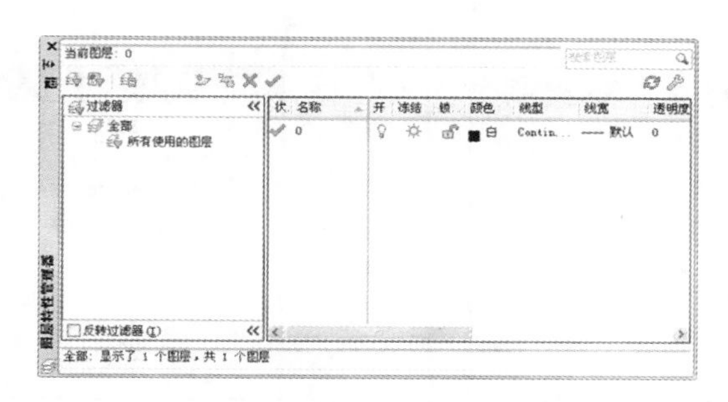

图 7-14　【图层特性管理器】选项板

(2) 新建图层。单击【新建】按钮，新建【图层 1】，如图 7-15 所示。此时文本框呈可编辑状态，在其中输入文字“中心线”并按 Enter 键，完成中心线图层的创建，如图 7-16 所示。

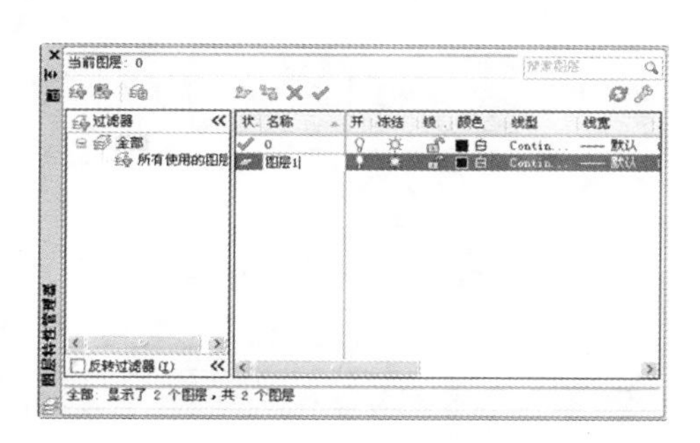

图 7-15　新建图层

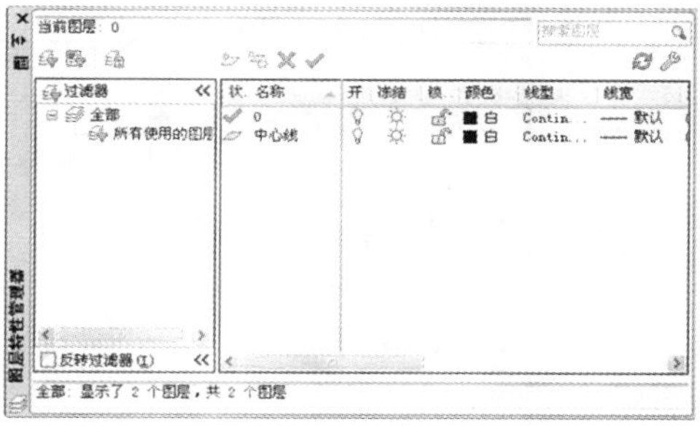

图 7-16　重命名图层

(3) 设置图层特性。单击中心线图层对应的【颜色】项目，弹出【选择颜色】对话框，选择红色作为该图层的颜色，如图 7-17 所示。单击【确定】按钮，返回【图层特性管理器】选项板。

(4) 单击中心线图层对应的【线型】项目，弹出【选择线型】对话框，如图 7-18 所示。对话框中没有需要的线型，单击【加载】按钮，弹出【加载或重载线型】对话框，如图 7-19 所示，选择 CENTER 线型，单击【确定】按钮，将其加载到【选择线型】对话框中，如图 7-20 所示。

图 7-17　选择图层颜色

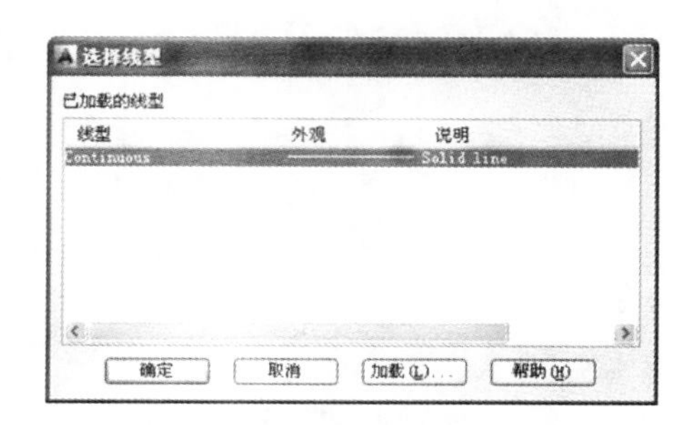

图 7-18　【选择线型】对话框

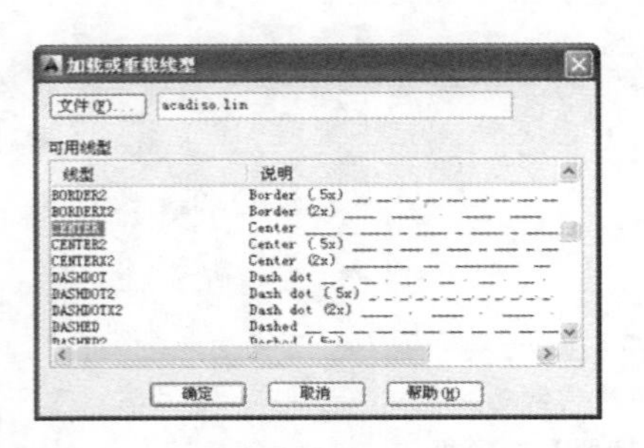

图 7-19 【加载或重载线型】对话框

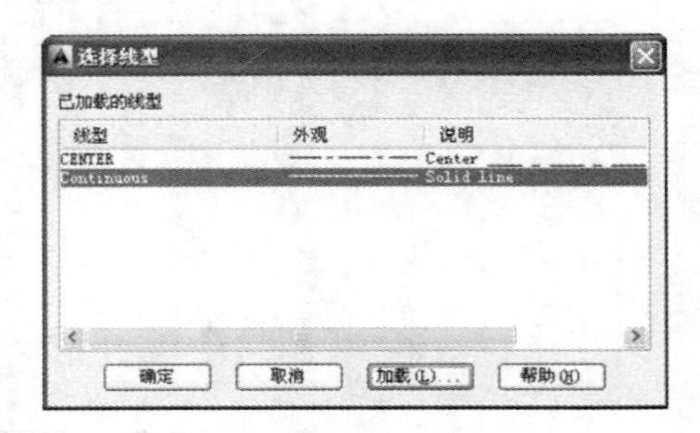

图 7-20 加载的 CENTER 线型

(5) 选择 CENTER 线型，单击【确定】按钮即为中心线图层指定了线型。

(6) 单击中心线图层对应的【线宽】项目，弹出【线宽】对话框，选择线宽为 0.13，如图 7-21 所示，单击【确定】按钮，即为中心线图层指定了线宽。

(7) 创建的中心线图层如图 7-22 所示。

图 7-21 选择线宽

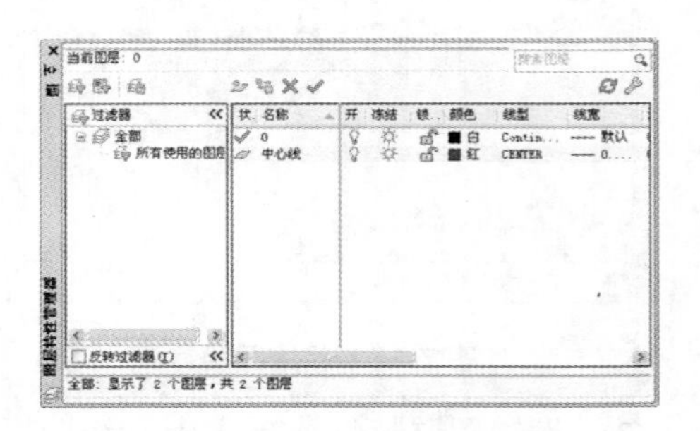

图 7-22 创建的中心线图层

(8) 重复上述步骤，分别创建【轮廓线】、【文字】、【虚线】和【尺寸线】图层，为各图层选择合适的颜色、线型和线宽特性，结果如图 7-23 所示。

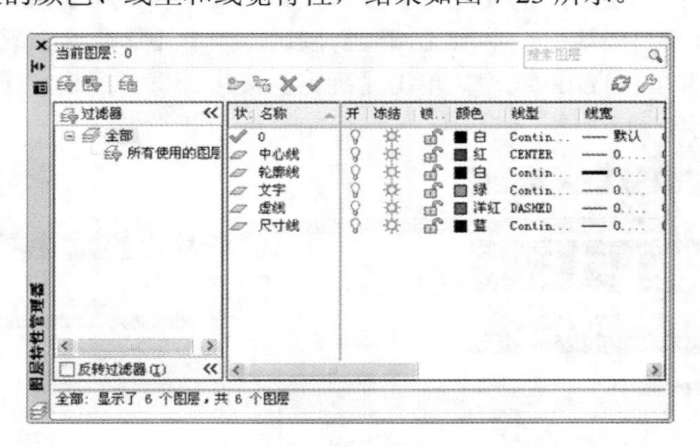

图 7-23 创建的多个图层

(9) 选中“轮廓线”项目，然后单击【置为当前】按钮，如图 7-24 所示，将轮廓线图层设置为当前图层。

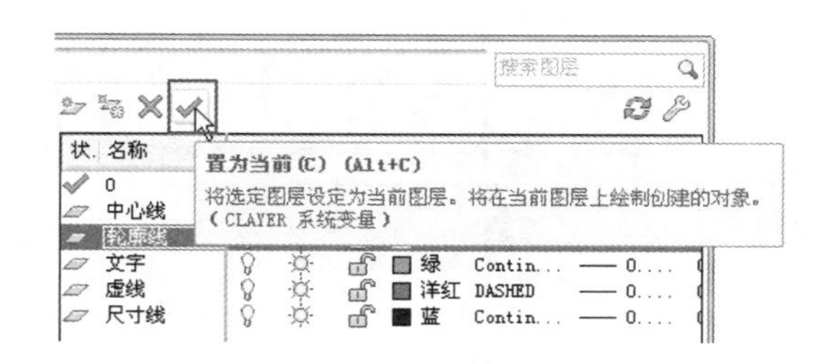

图 7-24　将【轮廓线】设置为当前图层

7.3　图 层 管 理

图层的新建、设置、删除等操作通常在【图层特性管理器】选项板中进行。此外，用户也可以使用【图层】面板或【图层】工具栏快速管理图层。

7.3.1　设置当前图层

当前图层是当前工作状态下所处的图层。设定某一图层为当前图层之后，接下来所绘制的对象都位于该图层中。如果要在其他图层中绘图，就需要更改当前图层。

在 AutoCAD 中设置当前层有以下几种常用方法。

- 在【图层特性管理器】选项板中选择目标图层，单击【置为当前】按钮☑，如图 7-25 所示。
- 在【AutoCAD 经典】工作空间内，通过【图层】工具栏的下拉列表框，选择目标图层，同样可将其设置为当前图层，如图 7-26 所示。

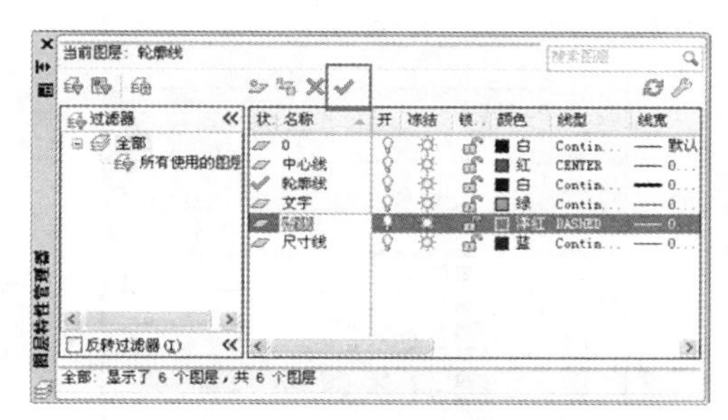

图 7-25　【图层特性管理器】选项板

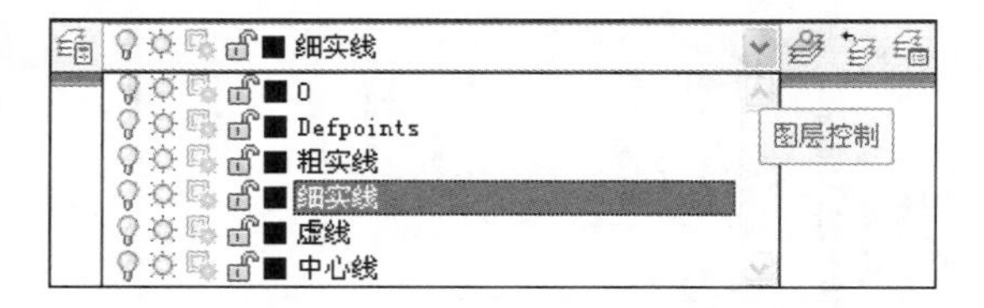

图 7-26　通过图层工具栏设置当前图层

7.3.2　转换图形所在图层

在 AutoCAD 2014 中还可以十分灵活地进行图层转换，即将某一图层内的图形转换至另一图层，同时使其颜色、线型、线宽等特性发生改变。

如果某图形对象需要转换图层，可以先选择该图形对象，然后单击【图层】工具栏中的【图层控制】下拉列表框，选择要转换的目标图层即可，如图 7-27 所示。

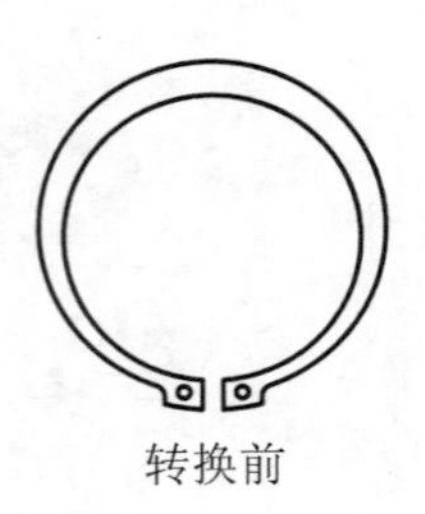
转换前

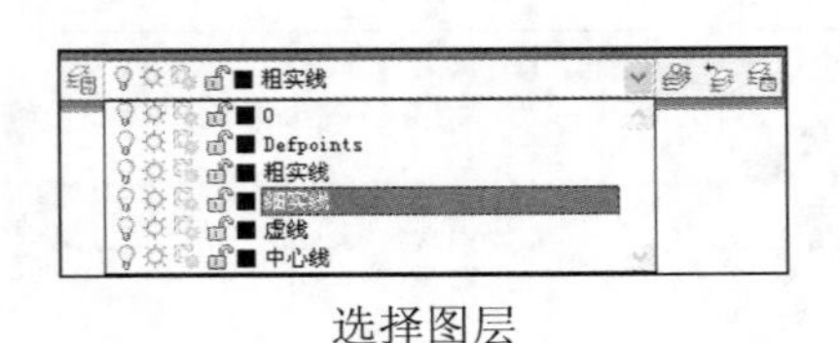

选择图层

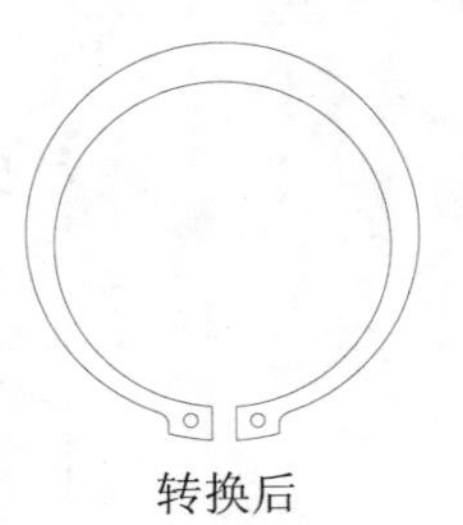
转换后

图 7-27　图层转换

7.3.3　控制图层状态

图层状态是用户对图层整体特性的开/关设置，包括隐藏或显示、冻结或解冻、锁定或解锁、打印或不打印等，对图层的状态进行控制，可以更方便地管理特定图层上的图形对象。

1. 打开与关闭图层

在绘图的过程中可以将暂时不用的图层关闭，被关闭的图层中的图形对象将不可见，并且不能被选择、编辑、修改以及打印。在 AutoCAD 中关闭图层的常用方法有以下几种。

- 在【图层特性管理器】选项板中选中要关闭的图层，单击按钮即可关闭选择图层，图层被关闭后该按钮将显示为，表明该图层已经被关闭，如图 7-28 所示。
- 在【AutoCAD 经典】工作空间，打开【图层】工具栏中的【图层】下拉列表框，单击目标图层前的按钮即可关闭该图层，如图 7-29 所示。

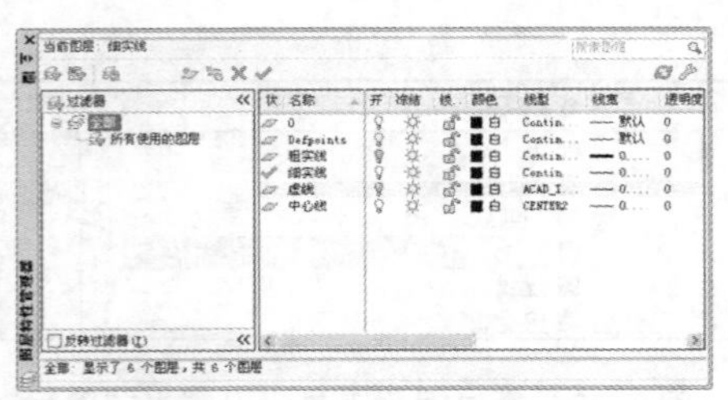
图 7-28　通过【图层特性管理器】选项板关闭图层

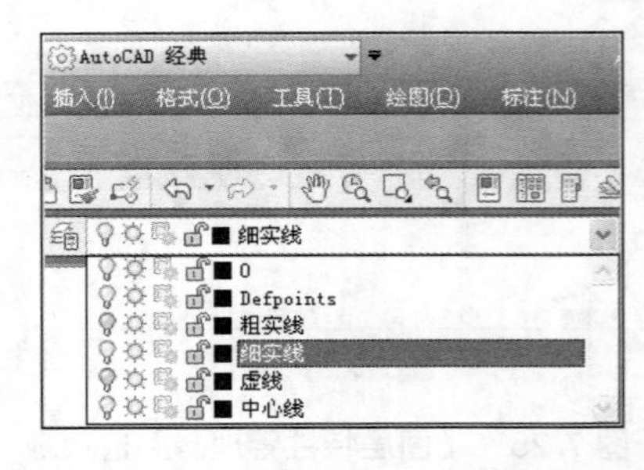

图 7-29　通过【图层】工具栏关闭图层

当关闭的图层为当前图层时，将弹出如图 7-30 所示的确认对话框，此时单击【关闭当前图层】按钮即可。

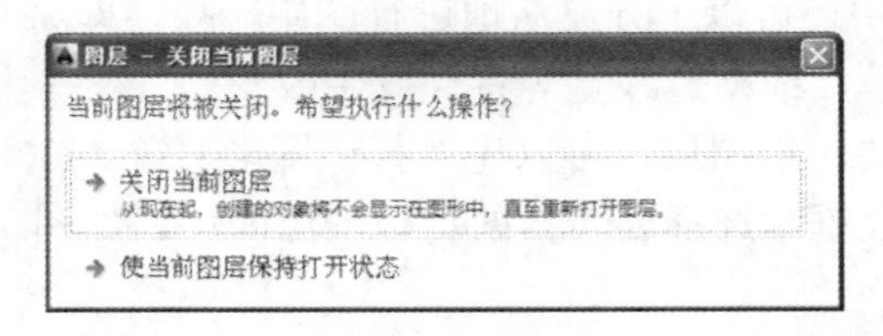

图 7-30　【关闭当前图层】对话框

2. 冻结与解冻图层

将长期不需要显示的图层冻结，可以提高系统运行速度，减少图形刷新的时间，因为这些图层将不会被加载到内存中。AutoCAD 中被冻结图层上的对象不会显示、打印或重生成。

在 AutoCAD 中冻结图层的常用方法有以下几种。

- 在【图层特性管理器】选项板中单击某一图层前的【冻结】图标，即可冻结该图层，图层冻结后将显示为图标，如图 7-31 所示。
- 打开【图层】工具栏中的【图层】下拉列表框，单击某一图层前的图标即可冻结该图层，如图 7-32 所示。

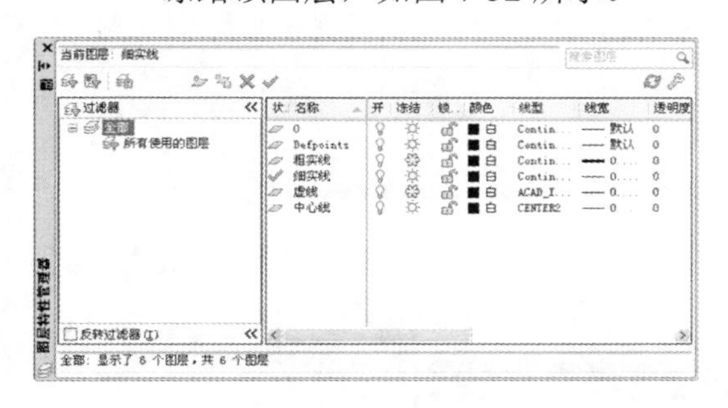

图 7-31　通过【图层特性管理器】选项板冻结图层

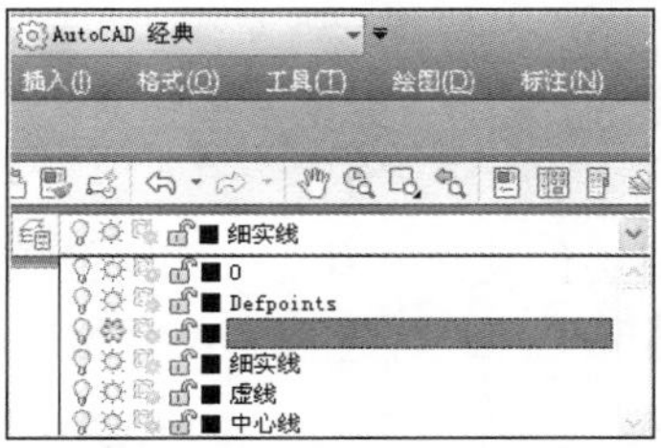

图 7-32　通过【图层】工具栏冻结图层

如果要冻结的图层为当前图层时，将弹出如图 7-33 所示的对话框，提示无法冻结当前图层，此时需要将其他图层设置为当前图层才能冻结该图层。

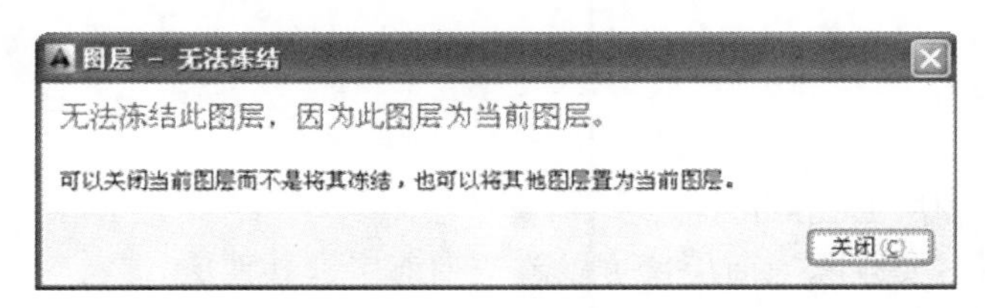

图 7-33　【无法冻结】对话框

如果要恢复冻结的图层，重复以上操作，单击图层前的【解冻】图标即可解冻图层。

3. 锁定与解锁图层

如果某个图层上的对象只需要显示、不需要选择和编辑，那么可以锁定该图层。被锁定图层上的对象不能被编辑、选择和删除，但该层的对象仍然可见，而且可以在该图层上添加新的图形对象。

锁定图层的常用方法有以下几种。

- 在【图层特性管理器】选项板中某个【图层】项目上单击【锁定】图标，如图 7-34 所示，即可锁定该图层，图层锁定后该图标将显示为图标。
- 打开【图层】下拉列表框，单击某一图层前的图标即可锁定该图层，如图 7-35 所示。

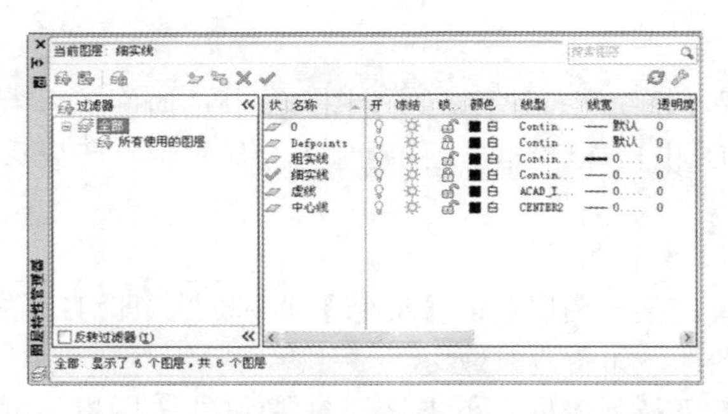
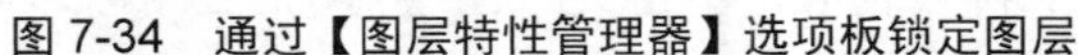

图 7-34　通过【图层特性管理器】选项板锁定图层

图 7-35　通过【图层】工具栏锁定图层

如果要解除图层锁定，重复以上的操作后单击【解锁】图标，即可解除锁定该图层。

7.3.4　删除多余图层

在图层创建过程中，如果新建了多余的图层，此时可以单击【删除】按钮将其删除，但 AutoCAD 规定以下 4 类图层不能被删除，如图 7-36 所示。

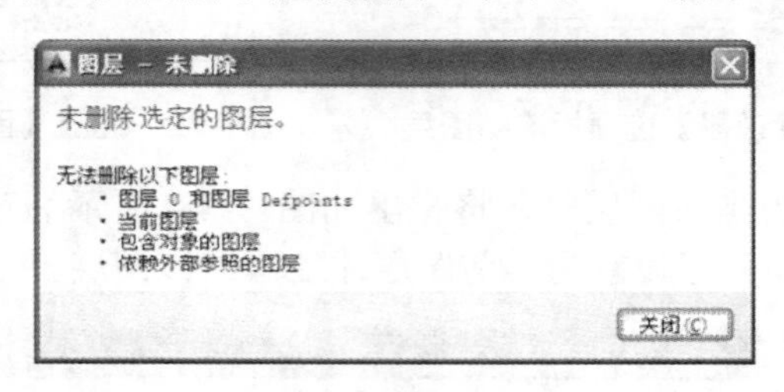

图 7-36　无法删除的图层

- 图层 0 和图层 Defpoints。
- 当前图层。要删除当前层，可以改变当前层到其他层。
- 包含对象的图层。要删除该层，必须先删除该层中所有的图形对象。
- 依赖外部参照的图层。要删除该层，必先删除外部参照。

7.3.5　保存并输出图层状态

用户可以将图形的当前图层设置保存为命名图层状态，修改图层状态之后，可以随时恢复图层设置。不仅如此，还可以将已命名的图层状态输出为图形状态文件，可以供其他文件使用。

【案例 7-1】 保存图层设置。

(1) 在命令行中输入 LA 并按 Enter 键，弹出【图层特性管理器】选项板，单击【新建图层】按钮，新建如图 7-37 所示的图层。

(2) 在【图层特性管理器】选项板右侧空白处右击，弹出快捷菜单，如图 7-38 所示，选择【保存图层状态】命令，弹出【要保存的新图层状态】对话框，在该对话框中设置名称和说明，如图 7-39 所示。

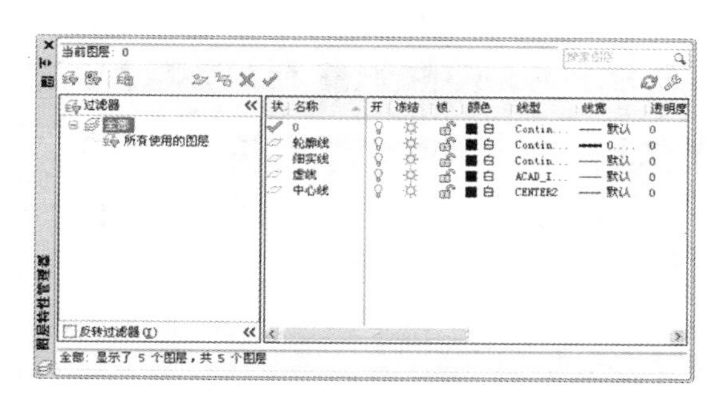

图 7-37　新建图层

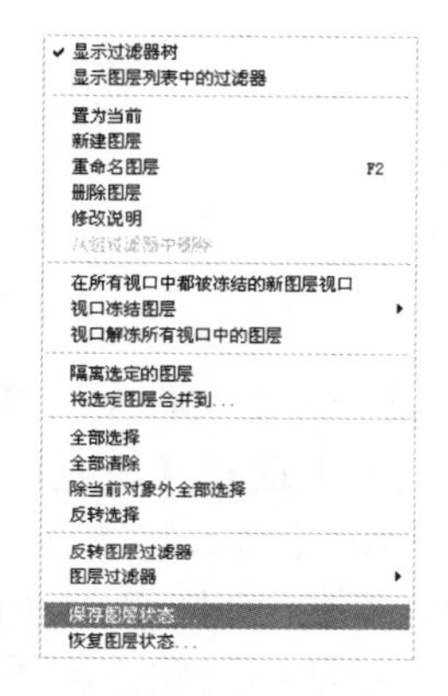

图 7-38　右键菜单

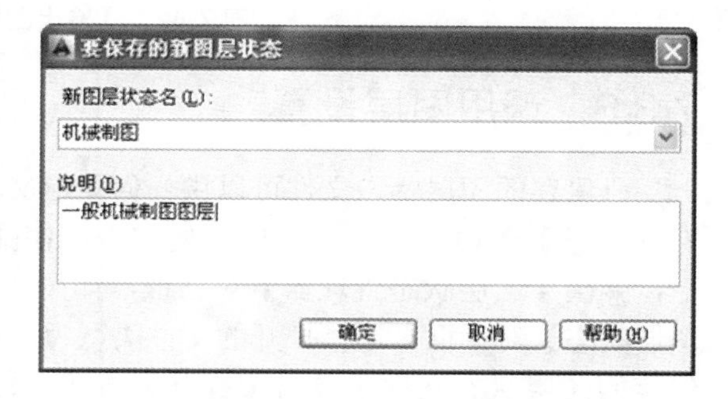

图 7-39　【要保存的新图层状态】对话框

(3)　单击【确定】按钮，完成图层设置的保存。

(4)　若要恢复图形设置，在【图层特性管理器】选项板的空白位置右击，弹出快捷菜单，如图 7-40 所示

(5)　在弹出的快捷菜单中选择【恢复图层状态】命令，弹出【图层状态管理器】对话框，如图 7-41 所示，单击【恢复】按钮，恢复图层设置。

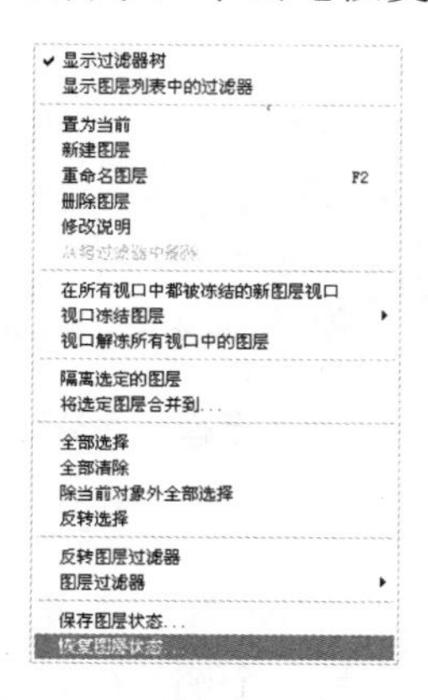

图 7-40　右键菜单

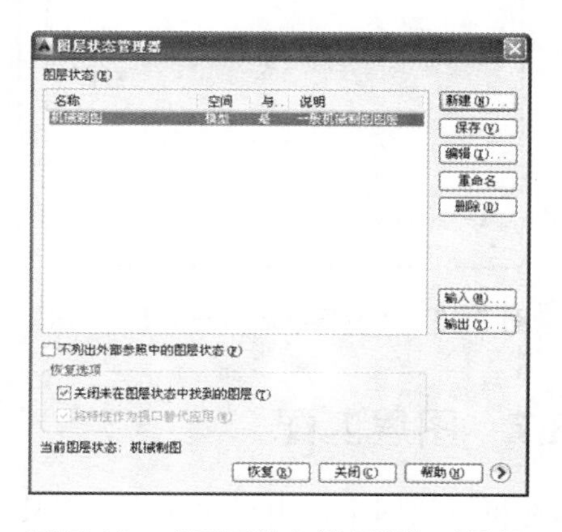

图 7-41　【图层状态管理器】对话框

(6)　保存图层状态文件。单击【图层状态管理器】对话框中的【输出】按钮，弹出【输出图层状态】对话框，如图 7-42 所示。选择合适的路径和保存名称，即可将该图层状态保存为外部文件。

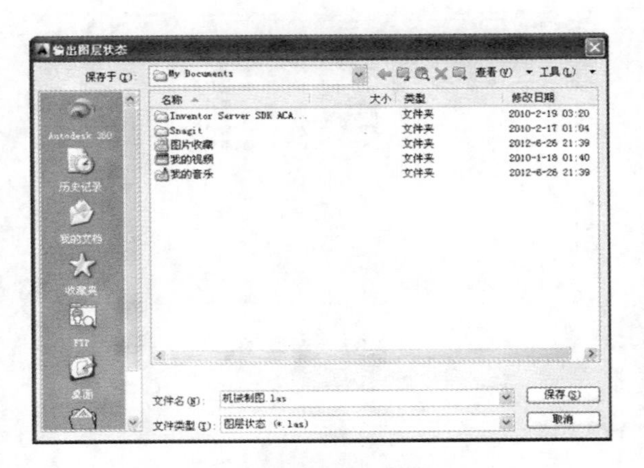

图 7-42 【输出图层状态】对话框

7.3.6 调用图层设置

已保存的图层状态文件可以供任何图形文件使用。在某一图形文件中，打开【图层特性管理器】选项板，在空白位置处右击，在弹出的快捷菜单中选择【恢复图层状态】命令，弹出【图层状态管理器】对话框，如图 7-43 所示。单击【输入】按钮，弹出【输入图层状态】对话框，选择打开的文件类型为图层状态(*.las)文件，如图 7-44 所示。选择已保存的图层状态文件，单击【打开】按钮，即可将该文件中的图层状态应用到当前文件中。需要注意的是某些图层的线型是加载线型，例如 CENTER、DASHED 等线型，无法恢复到当前文件中。

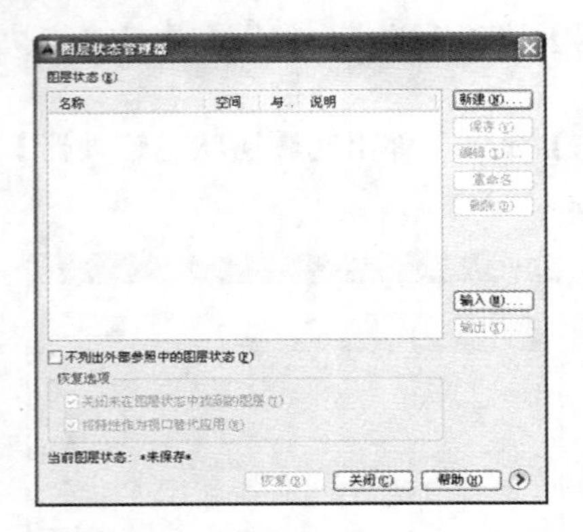

图 7-43 【图层状态管理器】对话框

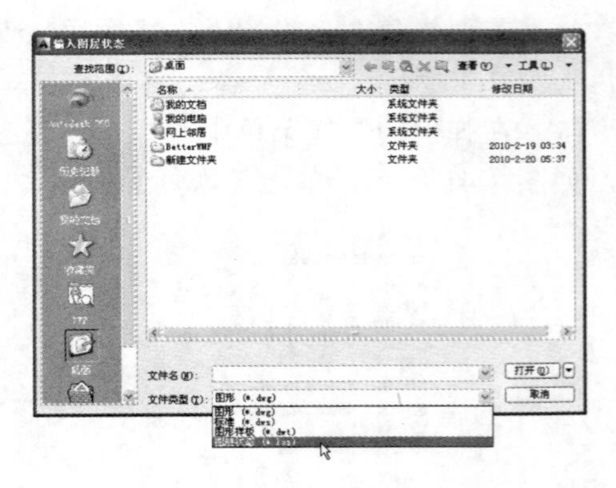

图 7-44 选择文件类型

7.3.7 图层匹配

在机械绘图中，用户往往需要将某一个绘制的对象移到另一个图层中，这时就需要图层匹配功能。

【案例 7-2】 匹配图层

(1) 创建图层。创建如图 7-45 所示的图层。

(2) 绘制图形。用创建的图层绘制如图 7-46 所示的图形。

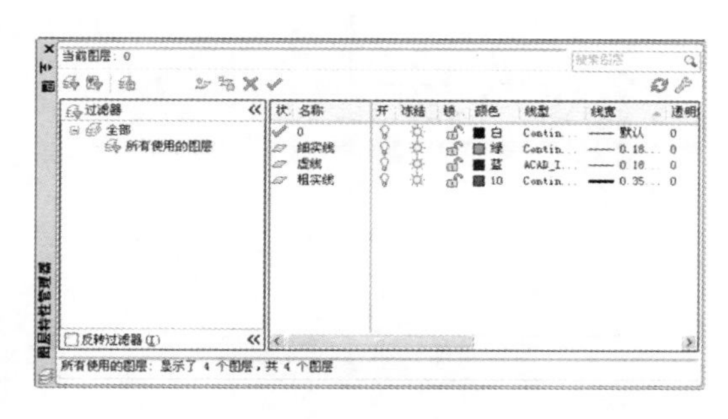

图 7-45　创建图层

图 7-46　绘制图形

(3) 查看特性。选中圆即“图层 1”，单击【图层】工具栏中的【将对象的图层置为当前】按钮，查看图层属性，如图 7-47 所示。

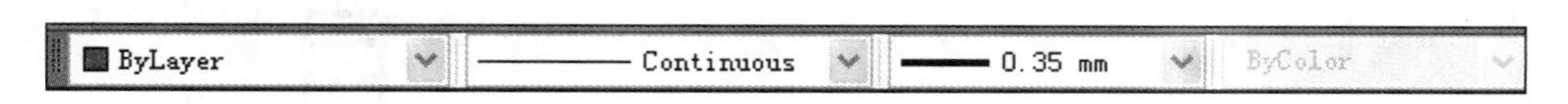

图 7-47　查看特性

(4) 分别选择【图层 2】、【图层 3】，在【图层状态管理器】下拉菜单中，分别选中【图层 1】的属性，系统将自动匹配图层。结果如图 7-48 所示。

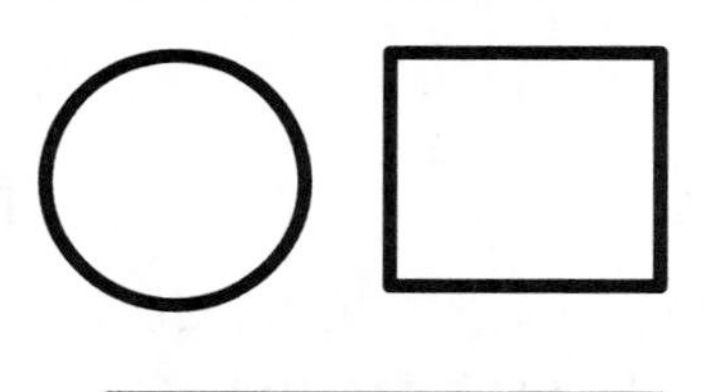

图 7-48　图层匹配

7.3.8　实例——在指定图层绘制零件图

绘制如图 7-49 所示的零件图。

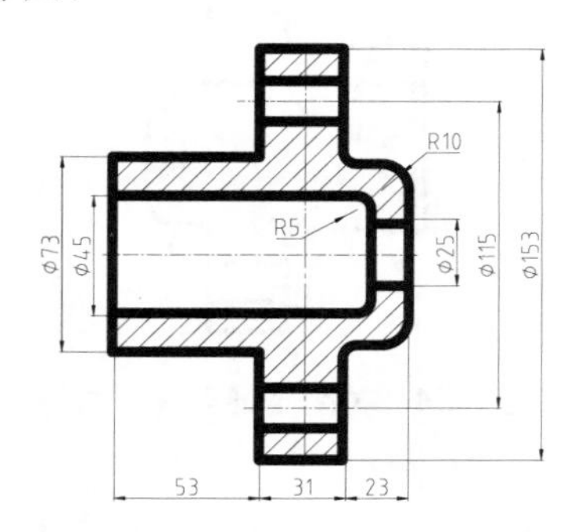

图 7-49　零件图

(1) 创建图层。创建如图 7-50 所示的图层。

(2) 绘制中心线。将【中心线】图层设置为当前图层，绘制中心线，如图 7-51 所示。

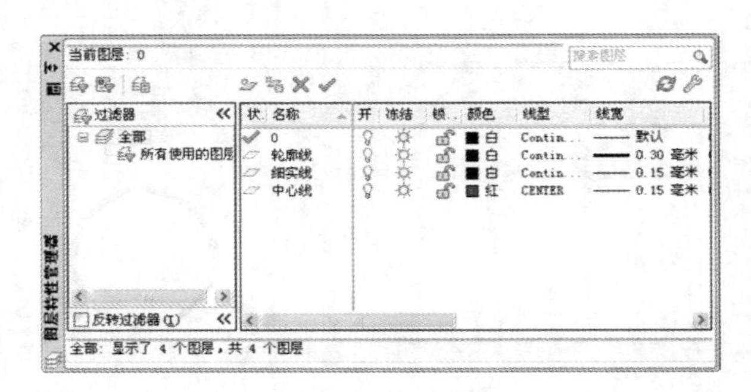

图 7-50　创建图层

(3) 绘制轮廓线。将【粗实线】图层设置为当前图层，绘制轮廓线，如图 7-52 所示。

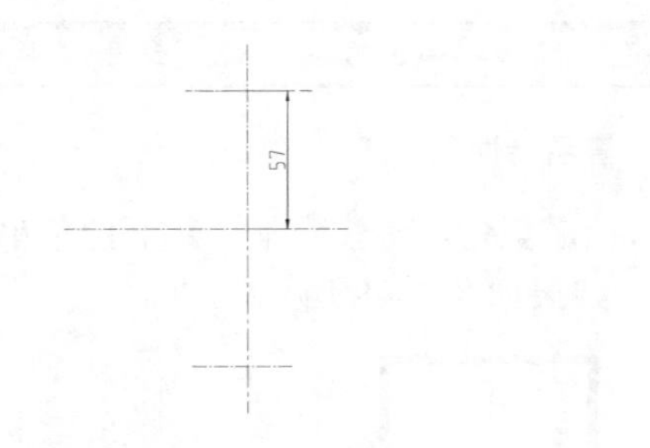

图 7-51　绘制中心线

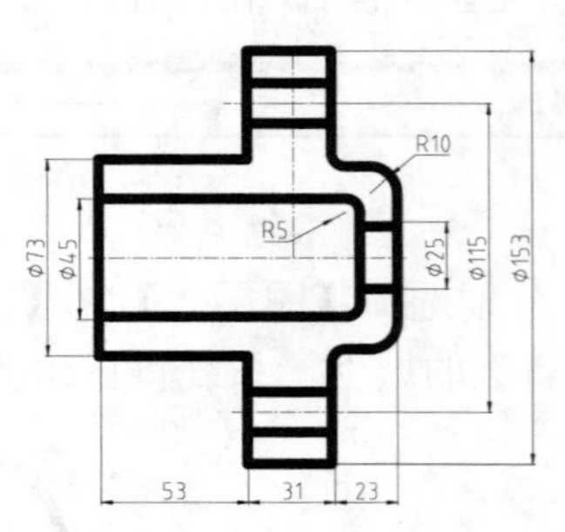

图 7-52　绘制轮廓线

(4) 填充图案。将【细实线】图层设置为当前图层，填充图案，结果如图 7-53 所示。

(5) 管理零件图。在【图层】下拉列表框中选择细实线关闭按钮，关闭【细实线】图层。结果如图 7-54 所示。

(6) 管理零件图。在【图层】下拉列表框中选择中心线关闭按钮，关闭【中心线】图层。结果如图 7-55 所示。

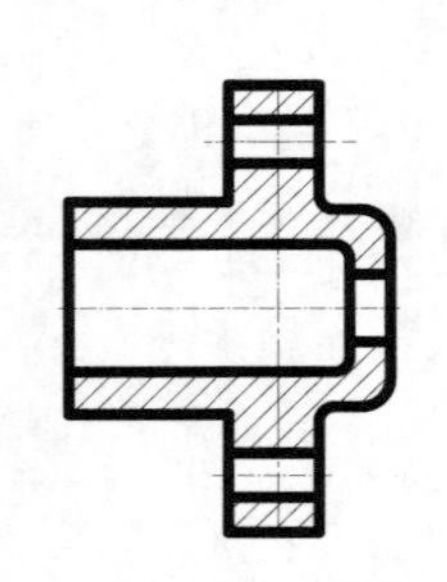

图 7-53　填充图案

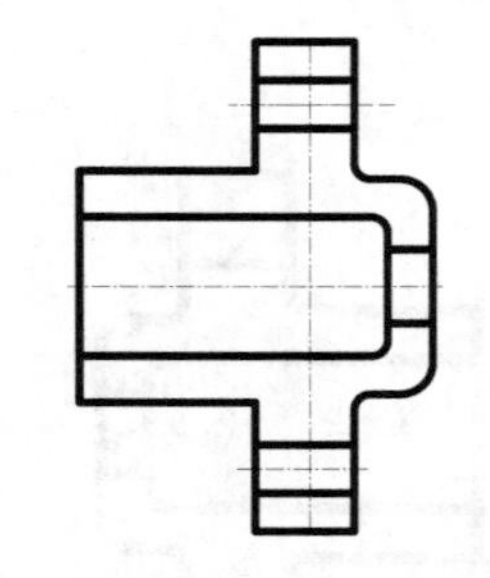

图 7-54　关闭【细实线】图层

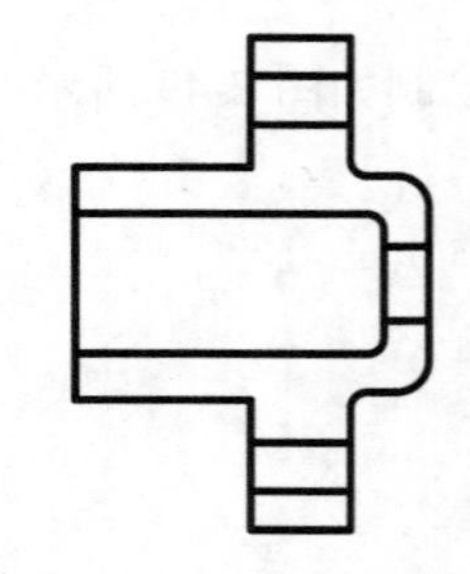

图 7-55　关闭【中心线】图层

7.4 对象特性

AutoCAD 中不仅可以为各图层设置不同的颜色、线型、线宽等特性，还可以为某个图形对象单独设置显示特性，修改对象的特性一般在【特性】工具栏或【特性】选项板中进行。

7.4.1 编辑对象特性

一般情况下，图形对象的显示特性都是【随图层】(ByLayer)，表示图形对象的属性与其所在的图层特性相同；若选择【随块】(ByBlock)选项，则对象从它所在的块中继承颜色和线型。

1. 通过【特性】工具栏编辑对象属性

【特性】工具栏如图 7-56 所示。该工具栏分为多个选项列表框，分别控制对象的不同特性。选择一个对象，然后在对应选项列表框中选择要修改为的特性，即可修改对象的特性。

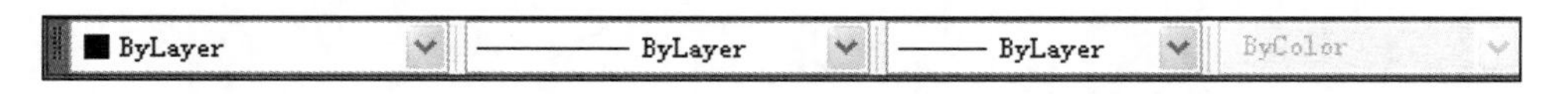

图 7-56　【特性】工具栏

默认设置下，对象颜色、线宽、线型 3 个特性为 ByLayer(随图层)，即与所在图层一致，这种情况下绘制的对象将使用当前图层的特性，通过 3 种特性的下拉列表框(见图 7-57)，可以修改当前绘图特性。

图 7-57　【特性】工具栏选项列表

2. 通过【特性】选项板编辑对象属性

【特性】选项板能查看和修改的图形特性只有颜色、线型和线宽，【特性】选项板则能查看并修改更多的对象特性，在 AutoCAD 中打开对象的【特性】选项板有以下几种常用方法。

- 菜单栏：选择要查看特性的对象，然后选择【修改】|【特性】命令；也可先执行菜单命令，再选择对象。
- 工具栏：选择要查看特性的对象，然后单击【标准】工具栏中的【特性】按钮。
- 命令行：选择要查看特性的对象，然后在命令行中输入 PROPERTIES 或 PR 或 CH 并按 Enter 键。
- 快捷键：选择要查看特性的对象，然后按快捷键 Ctrl+1。

如果只选择了单个图形，执行以上任意一种操作将打开该对象的【特性】选项板，如图 7-58 所示。从中可以看到，该选项板不但列出了颜色、线宽、线型、打印样式、透明度等图形常规属性，还增添了【三维效果】以及【几何图形】两大属性列表框，可以查看和修改其材质效果以及几何属性。

如果同时选择了多个对象，弹出的选项板则显示了这些对象的共同属性，在不同特性的项目上显示“*多种*”，如图 7-59 所示。在【特性】选项板中包括选项列表框和文本框等项目，选择相应的选项或输入参数，即可修改对象的特性。

图 7-58　单个图形的【特性】选项板

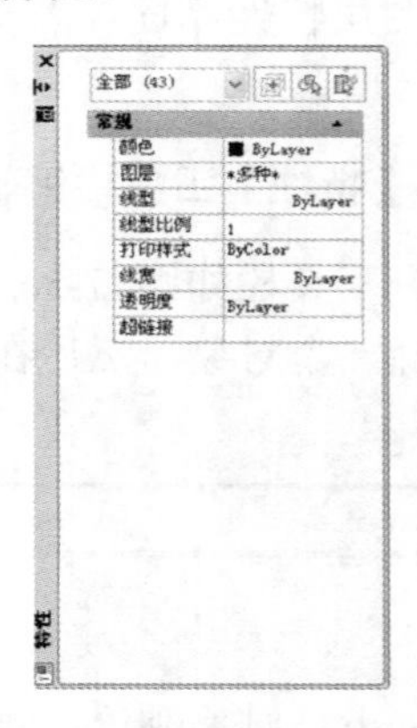

图 7-59　多个图形的【特性】选项板

7.4.2　特性匹配

特性匹配的功能就是把一个图形对象(源对象)的特性复制到另外一个(或一组)图形对象(目标对象)，使这些图形对象的部分或全部特性和源对象相同。

执行【特性匹配】命令有以下几种常用方法。

- 菜单栏：选择【修改】|【特性匹配】命令。
- 工具栏：单击【标准】工具栏中的【特性匹配】按钮。
- 命令行：在命令行中输入 MATCHPROP 或 MA 并按 Enter 键。

执行任一命令后，依次选择源对象和目标对象。选择目标对象之后，目标对象的部分或全部特性与源对象相同，无须重复执行命令，可继续选择更多目标对象。

【案例 7-3】 修改对象特性。

(1) 打开素材文件“第 07 章\案例 7-3.dwg”，如图 7-60 所示。

(2) 选择图形的两条中心线，按 Ctrl+1 组合键打开【特性】选项板，如图 7-61 所示。在【常规】选项组中将线型比例修改为 0.3，然后关闭【特性】选项板，修改线型比例的效果如图 7-62 所示。

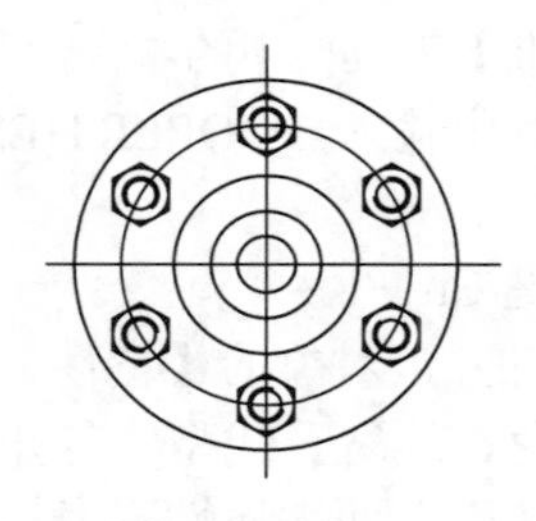

图 7-60　素材图形

图 7-61　对象的【特性】选项板

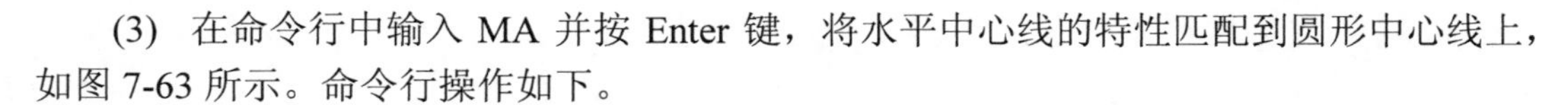

(3) 在命令行中输入 MA 并按 Enter 键，将水平中心线的特性匹配到圆形中心线上，如图 7-63 所示。命令行操作如下。

```
命令: MA MATCHPROP↙                                    //执行【特性匹配】命令
选择源对象:                                            //选择水平中心线
当前活动设置: 颜色 图层 线型 线型比例 线宽 透明度 厚度 打印样式 标注 文字 图案填充 多段线 视口 表格 材质 阴影显示 多重引线
选择目标对象或 [设置(S)]:                              //选择圆形中心线
选择目标对象或 [设置(S)]:↙                             //按 Enter 键结束命令
```

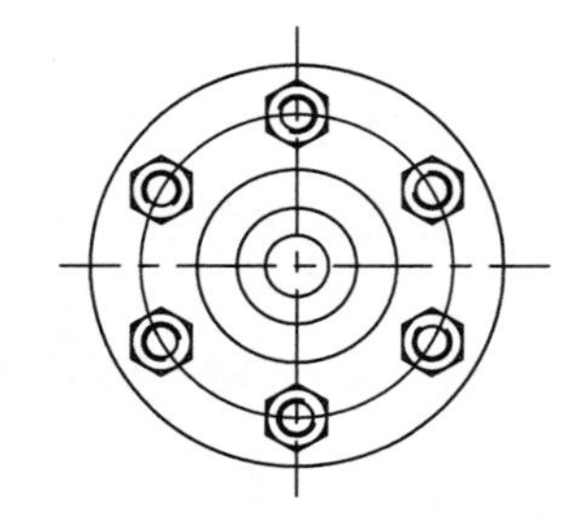

图 7-62　修改线型比例的效果

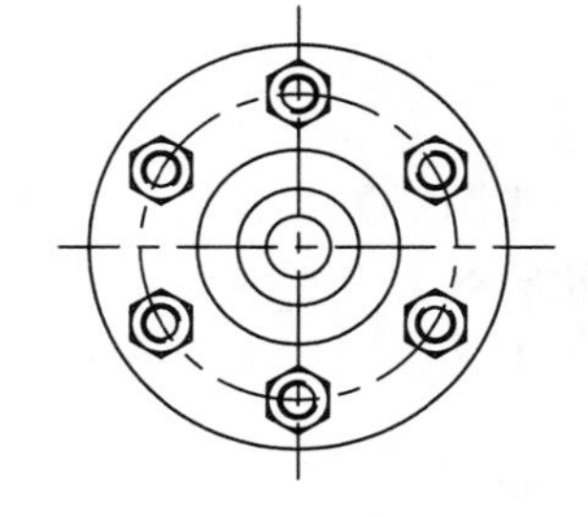

图 7-63　特性匹配的效果

通常，源对象可供匹配的特性很多，在命令行中选择【设置】选项，将弹出如图 7-64 所示的【特性设置】对话框。在该对话框中，可以设置哪些特性允许匹配，哪些特性不允许匹配。

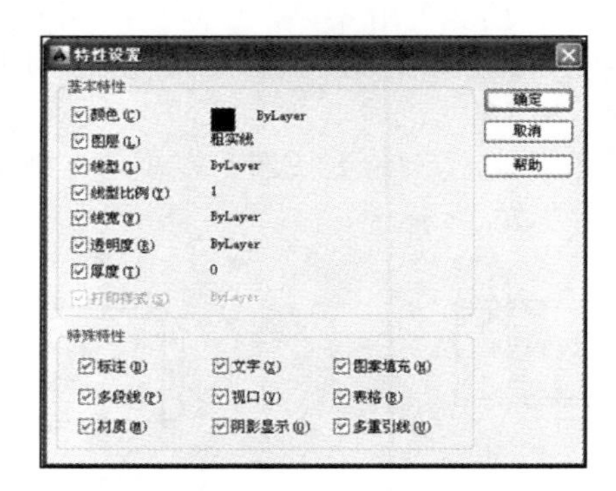

图 7-64　【特性设置】对话框

7.5 综合实例

创建所需图层，然后绘制如图 7-65 所示的螺杆零件图。

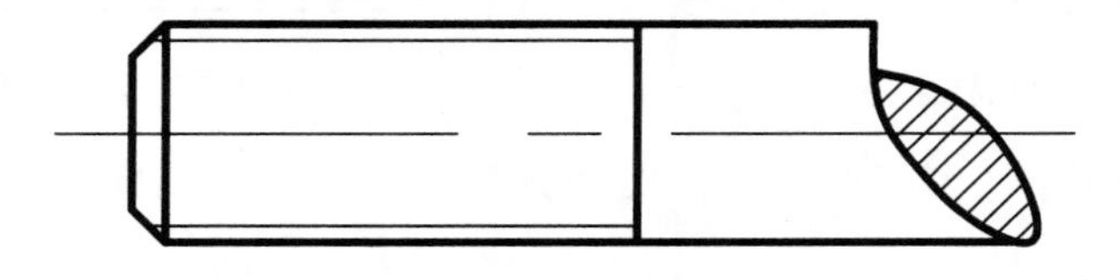

图 7-65　螺杆

(1) 新建 AutoCAD 文件。单击【图层】工具栏中的【图层特性管理器】按钮，新建

【轮廓线】、【细实线】、【中心线】、【剖面线】4 个图层，如图 7-66 所示。

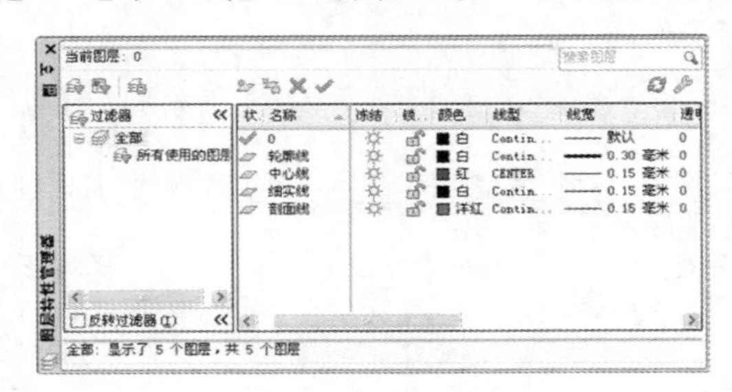

图 7-66　新建图层

(2) 在【图层】工具栏中展开【图层】下拉列表框，选择【轮廓线】，如图 7-67 所示，将【轮廓线】设置为当前图层。

(3) 单击【绘图】工具栏中的【矩形】按钮，绘制一个矩形，如图 7-68 所示。

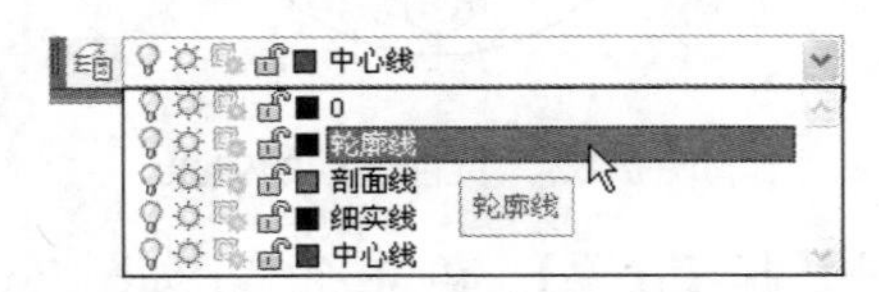

图 7-67　设置当前图层

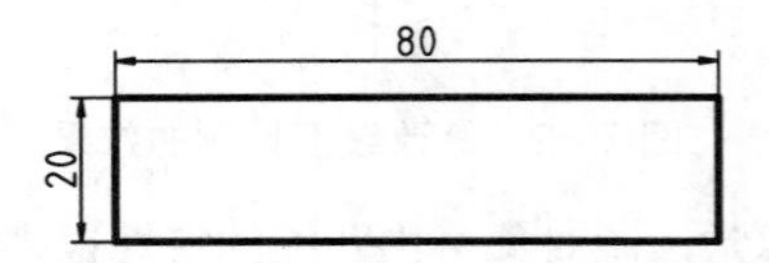

图 7-68　绘制矩形

(4) 单击【修改】工具栏中的【分解】按钮，将矩形分解为 4 条直线。

(5) 单击【修改】工具栏中的【偏移】按钮，将矩形上下两条边各向内偏移 1.5，将矩形左侧边向右偏移 45，如图 7-69 所示。

(6) 单击【修改】工具栏中的【倒角】按钮，在矩形左侧两个角点倒角，倒角距离为 3，然后绘制倒角连线，如图 7-70 所示。

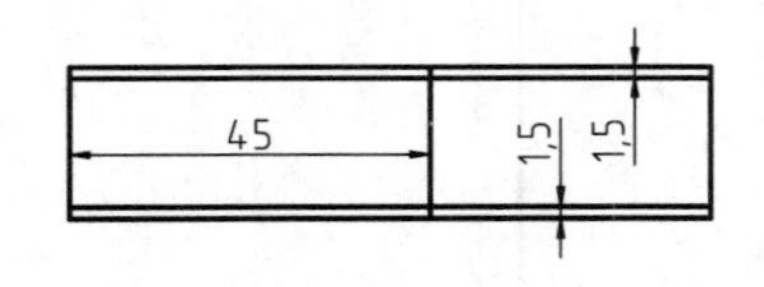

图 7-69　偏移直线

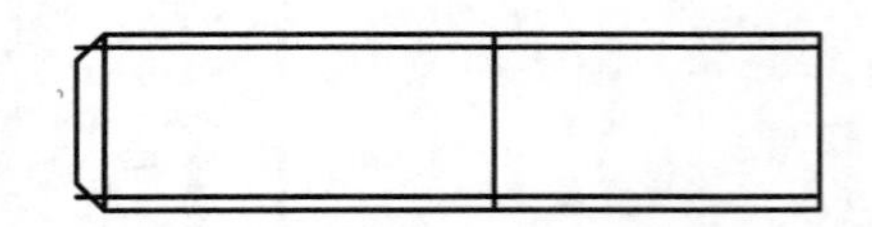

图 7-70　倒角并绘制连接线

(7) 单击【绘图】工具栏中的【样条曲线】按钮，绘制样条曲线，如图 7-71 所示。

(8) 单击【修改】工具栏中的【修剪】按钮，修剪图形，结果如图 7-72 所示。

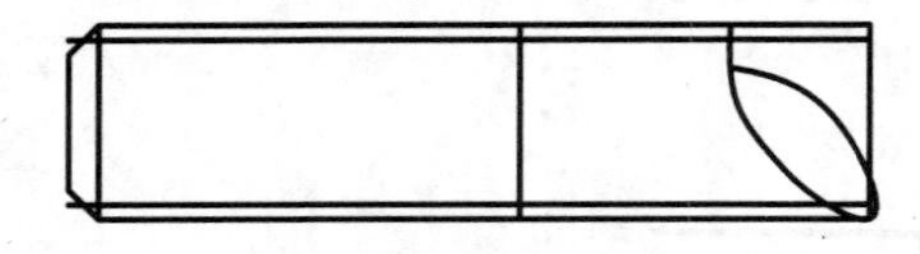

图 7-71　绘制样条曲线

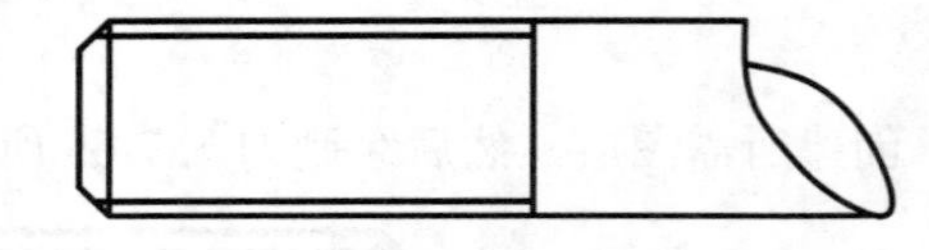

图 7-72　修剪图形

(9) 单击【绘图】工具栏中的【图案填充】按钮，选择 ANSI31 图案，填充断面部分，如图 7-73 所示。

(10) 选择螺杆的两条小径线，然后在【图层】工具栏中选择【细实线】，将线条转换到细实线层；同样的方法将图案填充转换到【剖面线】图层，如图 7-74 所示。

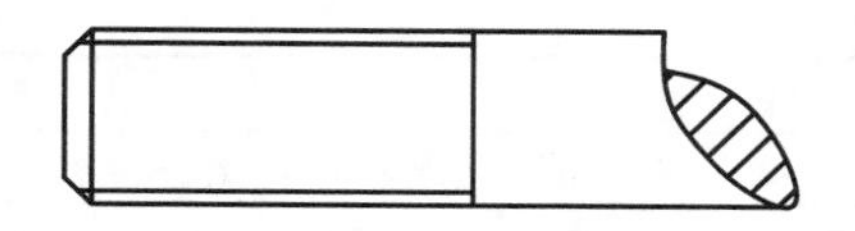

图 7-73　填充图案

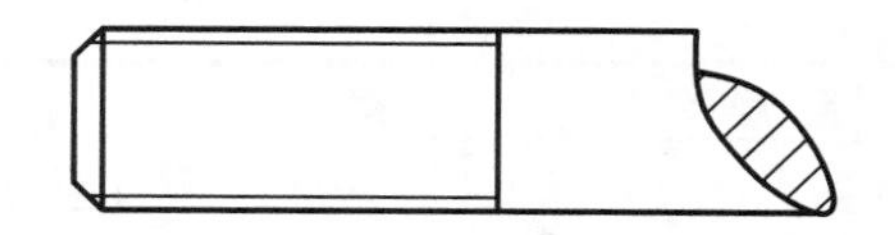

图 7-74　转换线条图层的效果

(11) 选择图案填充，然后按 Ctrl+1 组合键，弹出【特性】选项板，在【图案】选项组中将填充比例修改为 0.5，如图 7-75 所示。修改特性的效果如图 7-76 所示。

图 7-75　修改特性

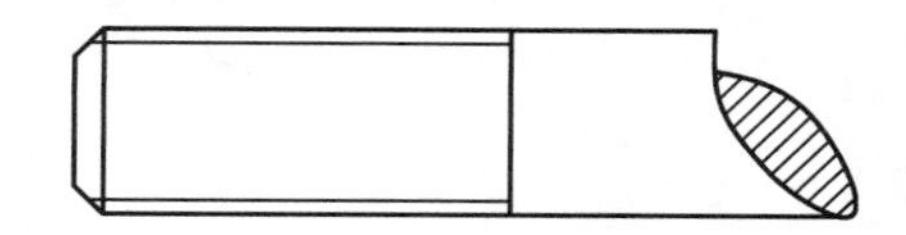

图 7-76　修改填充比例的效果

(12) 在【图层】工具栏中，展开【图层】下拉列表框，选择【中心线】，将中心线设置为当前图层。

(13) 单击【绘图】工具栏中的【直线】按钮，绘制一条水平中心线，如图 7-77 所示。螺杆绘制完成。

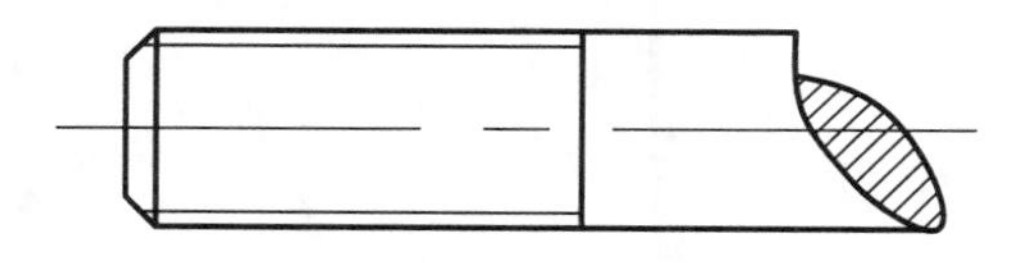

图 7-77　绘制中心线

7.6　思考与练习

一、简答题

1. AutoCAD 2014 中默认情况下的线宽是多少？
2. 图层具有哪些作用？

二、操作题

1. 参照如下图层要求列表创建各图层。

图层要求

图 层 名	颜　色	线　型	线　宽
轮廓线	黑色	Continuous	0.5
中心线	绿色	Center2	0.25

续表

图 层 名	颜 色	线 型	线 宽
尺寸线	蓝色	Continuous	0.25
虚线	红色	ACAD_IS002W100	0.25

2. 创建【粗实线】、【细实线】、【中心线】等图层，设置合适的特性，然后绘制如图 7-78 所示的零件图。

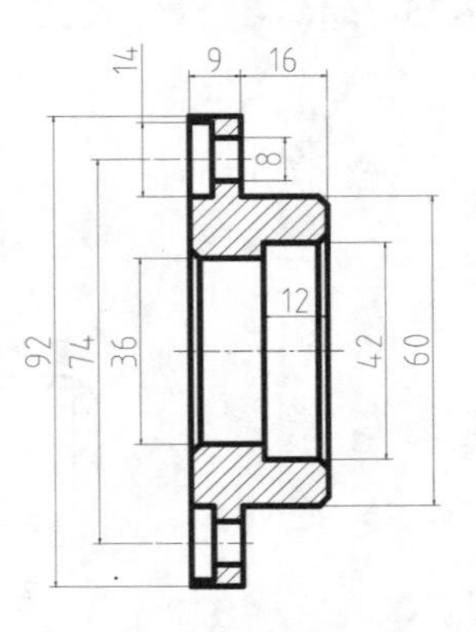

图 7-78　端盖零件图

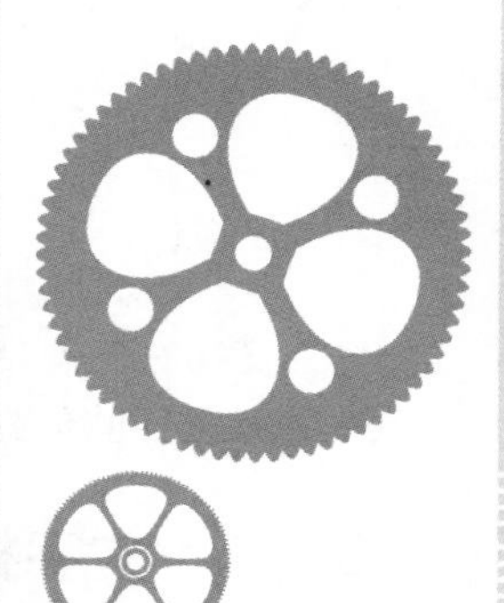

第8章 文字和表格

本章导读

文字和表格是机械制图和工程制图中不可缺少的组成部分，用于各种注释说明、零件明细等。本章介绍有关文字与表格的知识，包括设置文字样式、创建单行文字与多行文字、编辑文字、创建表格和编辑表格的方法。

学习目标

- 掌握文字样式的新建、修改、设置为当前等操作方法，掌握单行文字和多行文字的创建方法。
- 掌握在单行文字和多行文字中添加特殊符号的方法。掌握单行文字和多行文字的编辑方法。
- 掌握表格样式的创建方法，掌握插入表格的方法和表格行列的两种定义方式。
- 掌握在表格中添加行、列的操作方法，掌握单元格的合并、取消合并等操作方法。
- 掌握在表格中添加文字、公式，以及调整表格内容对齐的方法。

8.1 创 建 文 字

文字在机械制图中用于注释和说明，如引线注释、技术要求、尺寸标注等。本节将详细讲解文字的创建和编辑方法。

8.1.1 文字样式

文字样式是对同一类文字的格式设置的集合，包括字体、字高、显示效果等。在插入文字前，应首先定义文字样式，以指定字体、高度等参数，然后用定义好的文字样式进行标注。

在 AutoCAD 2014 中打开【文字样式】对话框有以下几种常用方法。

- 菜单栏：选择【格式】|【文字样式】命令。
- 工具栏：单击【文字】工具栏中的【文字样式】按钮。
- 命令行：在命令行中输入 STYLE 或 ST 并按 Enter 键。

执行任一命令后，系统将弹出【文字样式】对话框，如图 8-1 所示，可以在其中新建文字样式或修改已有的文字样式。

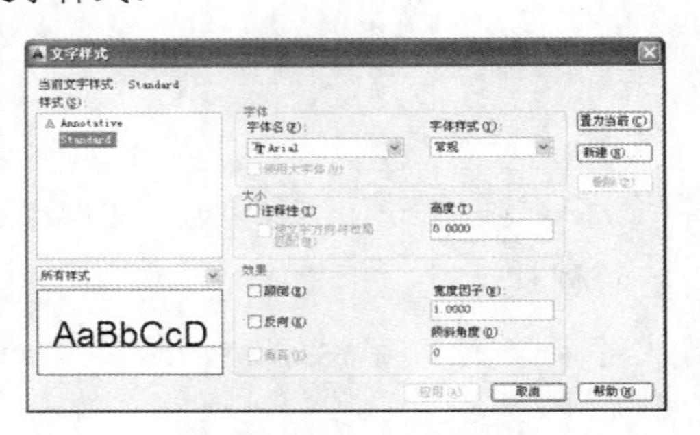

图 8-1 【文字样式】对话框

在【样式】列表框中显示系统已有文字样式的名称，中间部分显示为文字属性，右侧则有【置为当前】、【新建】、【删除】3 个按钮，该对话框中常用选项的含义如下。

- 【样式】列表框：列出了当前可以使用的文字样式，默认文字样式为 Standard(标准)。
- 【字体】选项组：选择一种字体类型作为当前文字类型，在 AutoCAD 2014 中存在两种类型的字体文件：SHX 字体文件和 TrueType 字体文件，这两类字体文件都支持英文显示，但显示中、日、韩等非 ASCII 码的亚洲文字时就会出现一些问题。因此一般需要选择【使用大字体】复选框，才能够显示中文字体。只有对于后缀名为.shx 的字体，才可以使用大字体。
- 【大小】选项组：可进行对文字注释性和高度设置，在【高度】文本框中输入数值可指定文字的高度，如果不进行设置，使用其默认值 0，则可在插入文字时再设置文字高度。
- 【置为当前】按钮：单击该按钮，可以将选择的文字样式设置成当前的文字样式。

- 【新建】按钮：单击该按钮，弹出【新建文字样式】对话框，在【样式名】文本框中输入新建样式的名称，单击【确定】按钮，新建文字样式将显示在【样式】列表框中。
- 【删除】按钮：单击该按钮，可以删除所选的文字样式，但无法删除已经被使用了的文字样式和默认的 Standard 样式。

提示

如果要重命名文字样式，可在【样式】列表框中右击要重命名的文字样式，在弹出的快捷菜单中选择【重命名】命令即可，但无法重命名默认的 Standard 样式。

1. 新建文字样式

机械制图中所标注的文字都需要一定的文字样式，如果不希望使用系统的默认文字样式，在创建文字之前就应创建所需的文字样式，下面通过一个实例来演示创建文字样式的方法。

【案例 8-1】 新建文字样式。

(1) 新建文字样式。选择【格式】|【文字样式】命令，弹出【文字样式】对话框，如图 8-2 所示。

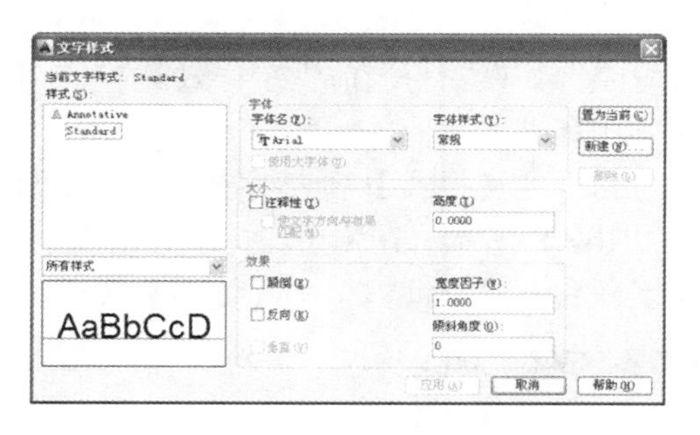

图 8-2 【文字样式】对话框

(2) 新建样式。单击【新建】按钮，弹出【新建文字样式】对话框，在【样式名】文本框中输入“机械设计文字样式”，如图 8-3 所示。

(3) 单击【确定】按钮，返回【文字样式】对话框。新建的样式出现在对话框左侧的【样式】列表框中，如图 8-4 所示。

图 8-3 【新建文字样式】对话框

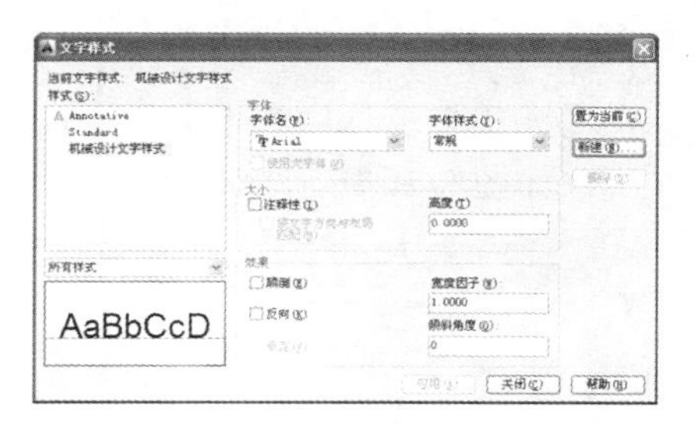

图 8-4 新建的文字样式

(4) 设置字体样式。在【字体】下拉列表框中选择 gbenor.shx 样式，选择【使用大字体】复选框，在【大字体】下拉列表框中选择 gbcbig.shx 样式，如图 8-5 所示。

(5) 设置文字高度。在【大小】选项组的【高度】文本框中输入 2.5，如图 8-6 所示。

图 8-5 设置字体样式

图 8-6 设置文字高度

(6) 设置宽度和倾斜角度。在【效果】选项组的【宽度因子】文本框中输入 0.7，【倾斜角度】保持默认值，如图 8-7 所示。

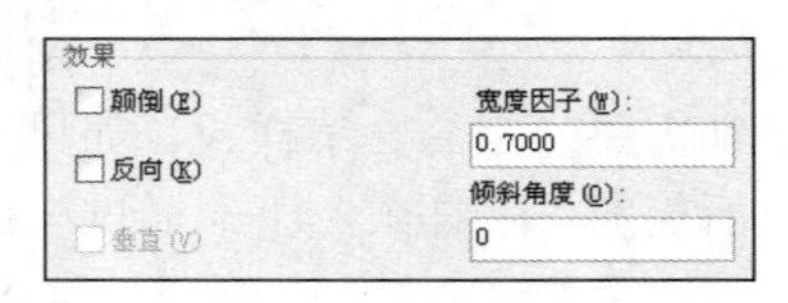

图 8-7 设置文字宽度与倾斜角度

(7) 单击【置为当前】按钮，将文字样式置为当前，关闭对话框，完成设置。

2. 应用文字样式

要应用文字样式，首先应将其设置为当前文字样式。

设置当前文字样式的方法有以下几种。

- 在【文字样式】对话框的【样式】列表框中选择需要的文字样式，然后单击【置为当前】按钮，如图 8-8 所示。在弹出的提示对话框中单击【是】按钮，如图 8-9 所示。返回【文字样式】对话框，单击【关闭】按钮。

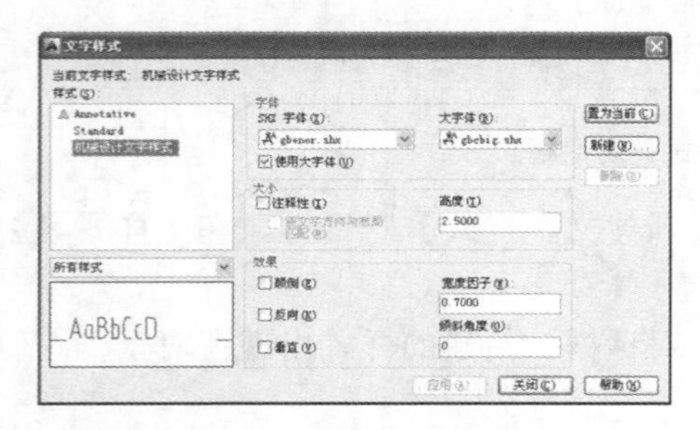

图 8-8 【文字样式】对话框

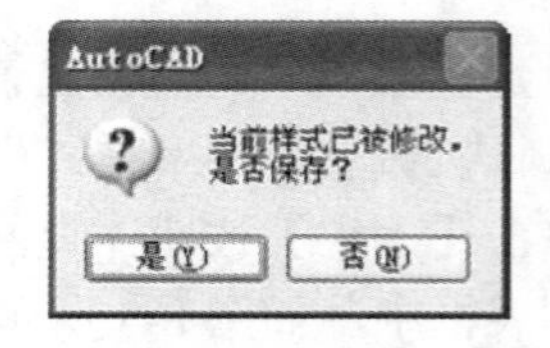

图 8-9 提示对话框

- 在【样式】工具栏的【文字样式控制】下拉列表框中，选择要置为当前的文字样式，如图 8-10 所示。

图 8-10 【样式】工具栏

- 在【文字样式】对话框的【样式】列表框中选择要置为当前的样式名，右击，在弹出的快捷菜单中选择【置为当前】命令，如图 8-11 所示。

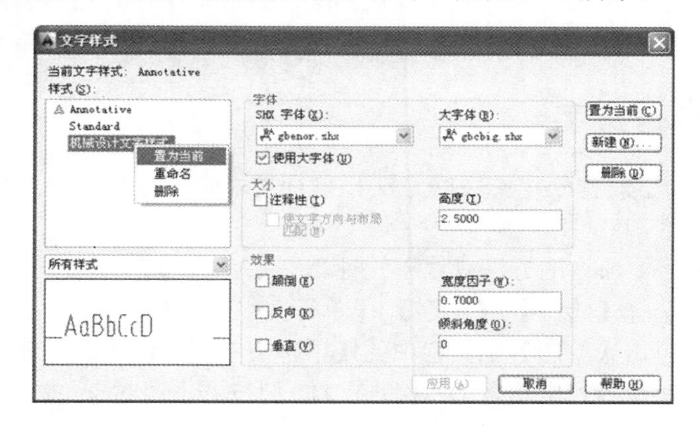

图 8-11　【文字样式】对话框

3. 删除文字样式

文字样式会占用一定的系统存储空间，可以将一些不需要的文字样式删除，以节约系统资源。

删除文字样式的方法有以下几种。

- 在【文字样式】对话框中，选择要删除的文字样式名，单击【删除】按钮，如图 8-12 所示。
- 在【文字样式】对话框的【样式】列表框中，选择要删除的样式名，右击，在弹出的快捷菜单中选择【删除】命令，如图 8-13 所示。

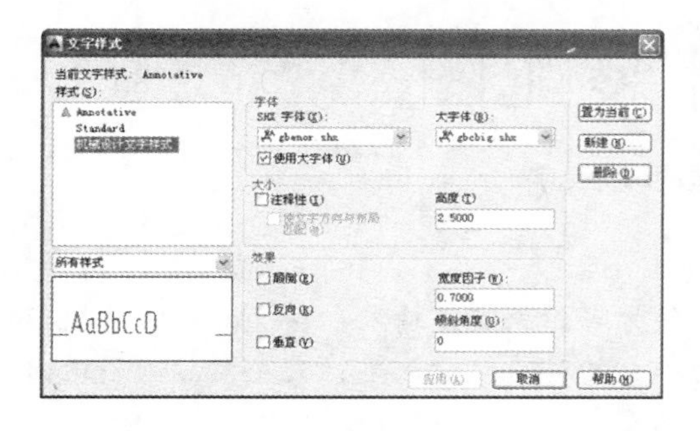

图 8-12　删除文字样式

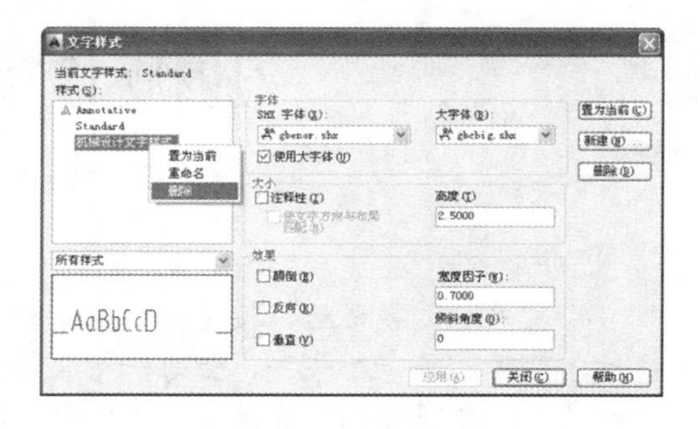

图 8-13　删除文字样式

执行删除操作之后，系统将弹出【acad 警告】对话框，如图 8-14 所示。单击【确定】按钮，即可删除该文字样式。

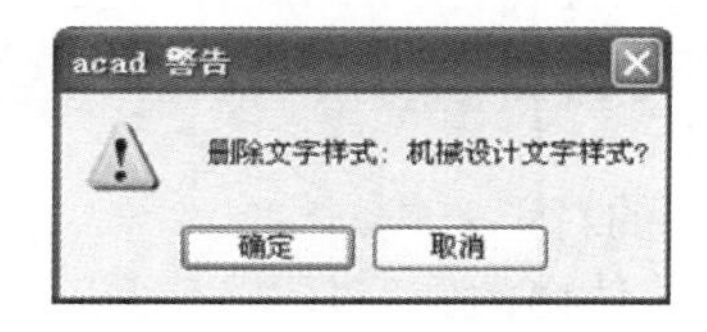

图 8-14　【acad 警告】对话框

提示

已经包含文字对象的文字样式不能被删除，当前文字样式也不能被删除，如果要删除当前文字样式，可以先将别的文字样式设置为当前，然后再执行【删除】命令。

8.1.2 创建单行文字

AutoCAD 提供了两种创建文字的方法。单行文字和多行文字。对简短的注释文字输入一般使用单行文字。

执行【单行文字】命令的方法有以下几种。

- 菜单栏：选择【绘图】|【文字】|【单行文字】命令。
- 工具栏：单击【绘图】工具栏中的【单行文字】按钮A。
- 命令行：在命令行中输入 DTEXT 或 DT 并按 Enter 键。

【案例 8-2】 创建单行文字。

(1) 在命令行中输入 DT 并按 Enter 键，创建文字“机械设计装配图”，命令行操作过程如下。

```
命令：DT↙                                        //执行【单行文字】命令
TEXT
当前文字样式： “Standard”文字高度： 2.5000  注释性：是否对正： 左
指定文字的起点或 [对正(J)/样式(S)]：                //在绘图区任意位置单击鼠标左键
指定高度<2.5000>:2.5↙                              //输入文字高度
指定文字的旋转角度<0>:↙                            //使用默认角度，不旋转文字
```

(2) 绘图区出现文本框，输入文字“机械设计装配图”，按 Ctrl+Enter 组合键完成文字输入，结果如图 8-15 所示。

机械设计装配图

图 8-15 创建的单行文字

提示

输入单行文字之后，按 Ctrl+Enter 组合键才可结束文字输入。按 Enter 键将执行换行，可输入另一行文字，但每一行文字为独立的对象。输入单行文字之后，不退出的情况下，可在其他位置继续单击，创建其他文字。

命令行中各选项的含义如下。

- 指定文字的起点：默认情况下，所指定的起点位置即是文字行基线的起点位置。在指定起点位置后，继续输入文字的旋转角度即可进行文字的输入。输入完成后，按两次 Enter 键或将鼠标移至图纸的其他任意位置并单击，然后按 Esc 键即可结束单行文字的输入。
- 对正(J)：可以设置文字的对正方式。
- 样式(S)：可以设置当前使用的文字样式。可以在命令行中直接输入文字样式的名称，也可以输入“?”，在“AutoCAD 文本窗口”中显示当前图形已有的文字样式。

8.1.3 创建多行文字

多行文字常用于标注图形的技术要求和说明等，与单行文字不同的是，多行文字整体是一个文字对象，每一单行不能单独编辑。多行文字的优点是有更丰富的段落和格式编辑工具，特别适合创建大篇幅的文字注释。

执行【多行文字】命令的方法有以下几种。

- 菜单栏：选择【绘图】|【文字】|【多行文字】命令。
- 工具栏：单击【绘图】工具栏中的【多行文字】按钮 A 。
- 命令行：在命令行中输入 MTEXT 或 T 并按 Enter 键。

执行【多行文字】命令后，命令行提示如下。

```
命令:_mtext                                    //执行【多行文字】命令
当前文字样式: "Standard"  文字高度:  2.5  注释性:  否
指定第一角点:                                  //指定文本范围的第一点
指定对角点或 [高度(H)/对正(J)/行距(L)/旋转(R)/样式(S)/宽度(W)/栏(C)]:
                                               //指定文本范围的对角点，如图 8-16 所示
```

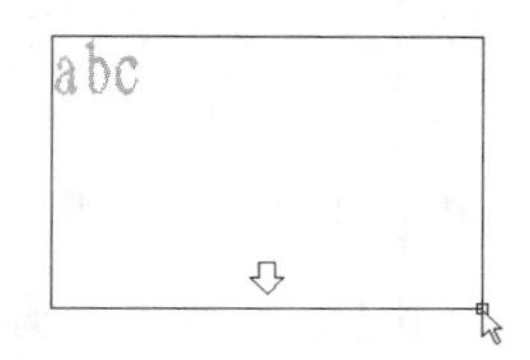

图 8-16　指定文本范围

执行以上操作可以确定段落的宽度，并弹出【文字格式】编辑器，如图 8-17 所示。在文本框中输入文字内容，然后使用【文字格式】编辑器设置字体、颜色、字高、对齐等文字格式。单击【文字格式】工具栏中的【确定】按钮，或单击编辑器之外任何区域，可以退出编辑器窗口，多行文字即创建完成。

图 8-17　【文字格式】编辑器

【案例 8-3】创建“技术要求”多行文字。

(1) 设置文字样式。选择【格式】|【文字样式】命令，新建名称为“文字”的文字样式，如图 8-18 所示。

(2) 在【文字样式】对话框中设置字体为【仿宋 GB231】，字体样式为【常规】，高度为 3.5，宽度因子为 0.7，并将该字体设置为当前，如图 8-19 所示。

图 8-18　【新建文字样式】对话框

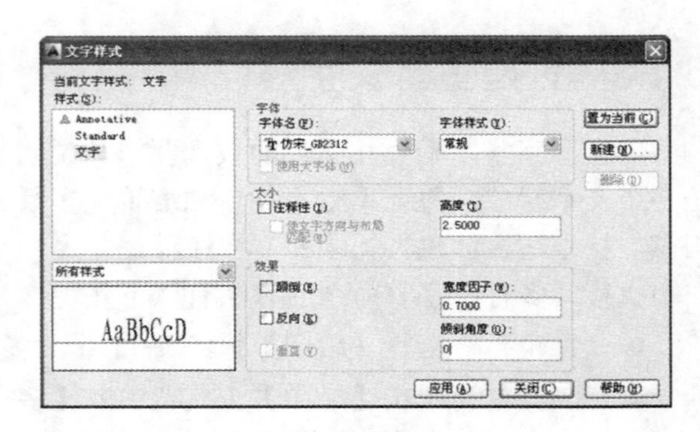

图 8-19　设置文字样式

(3)　在命令行中输入 T 并按 Enter 键，根据命令行提示指定一个矩形范围作为文本区域，如图 8-20 所示。

图 8-20　指定文本框

(4)　在文本框中输入多行文字，如图 8-21 所示，输入一行之后，按 Enter 键换行。在文本框外任意位置单击，结束输入，结果如图 8-22 所示。

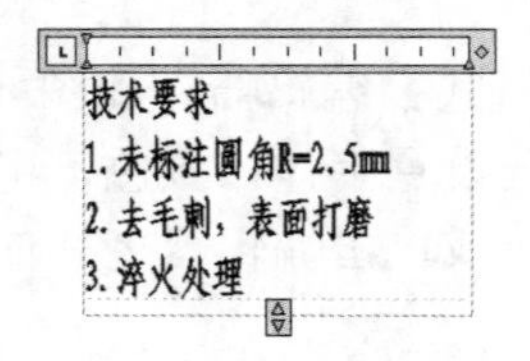

图 8-21　输入多行文字

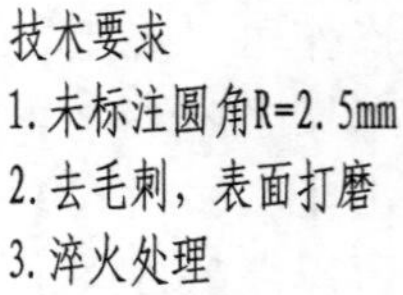

技术要求
1.未标注圆角R=2.5mm
2.去毛刺，表面打磨
3.淬火处理

图 8-22　创建的多行文字

8.1.4　插入特殊符号

机械绘图中，往往需要标注一些特殊的字符，这些特殊字符不能从键盘上直接输入，因此 AutoCAD 提供了插入特殊符号的功能，插入特殊符号有以下几种方法。

1. 使用文字控制符

AutoCAD 的控制符由“两个百分号(%%)+一个字符”构成，当输入控制符时，这些控制符会临时显示在屏幕上，当结束文本创建命令时，这些控制符将从屏幕上消失，转换成相应的特殊符号。

如表 8-1 所示为机械制图中常用的控制符及其对应的含义。

表 8-1　特殊符号的代码及含义

控 制 符	含　义
%%C	∅直径符号
%%P	±正负公差符号
%%D	° 度
%%O	上划线
%%U	下划线

提示

在 AutoCAD 的控制符中，“%%O”和“%%U”分别是上划线与下划线的开关。第一次出现此符号时，可打开上划线或下划线；第二次出现此符号时，则会关掉上划线或下划线。

2. 使用【文字格式】编辑器

在多行文字编辑过程中，单击【文字格式】编辑器中的【符号】按钮，弹出如图 8-23 所示的下拉菜单，选择某一符号即可插入该符号到文本中。

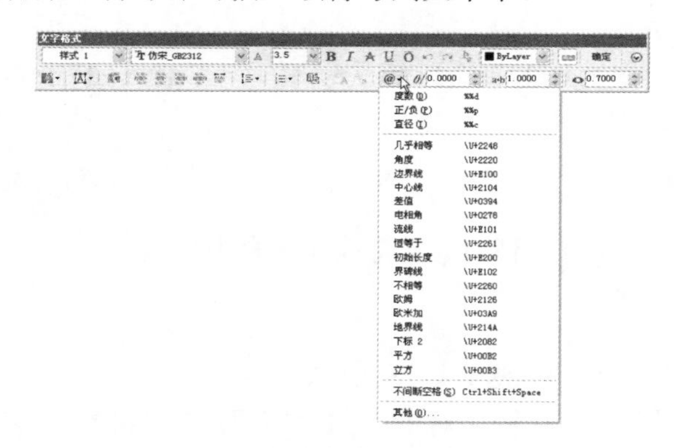

图 8-23　特殊符号下拉菜单

3. 使用快捷菜单

在创建多行文字时，也可以使用右键快捷菜单来输入特殊符号。在输入多行文字过程中右击，在弹出的快捷菜单中选择【符号】命令，如图 8-24 所示，其子菜单中包括了常用的各种特殊符号。

图 8-24　使用快捷菜单输入特殊符号

【案例 8-4】 输入文字 30°、x^4、A_2。

(1) 单击【绘图】工具栏中的【多行文字】按钮，指定合适的文本区域，进入多行文字编辑模式。

(2) 在第一行输入“30%%D”，文字自动转换为符号，如图 8-25 所示。

(3) 输入“x4^”，然后选择“4^”字符，如图 8-26 所示。单击【文字格式】编辑器上的【堆叠】按钮，文字转换为指数格式，如图 8-26 所示。

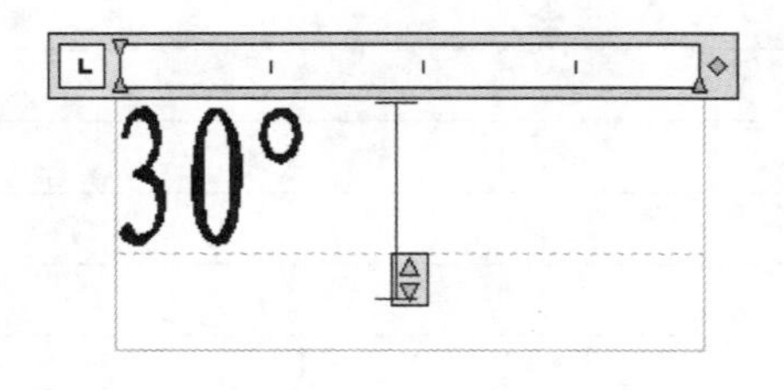

图 8-25 输入角度

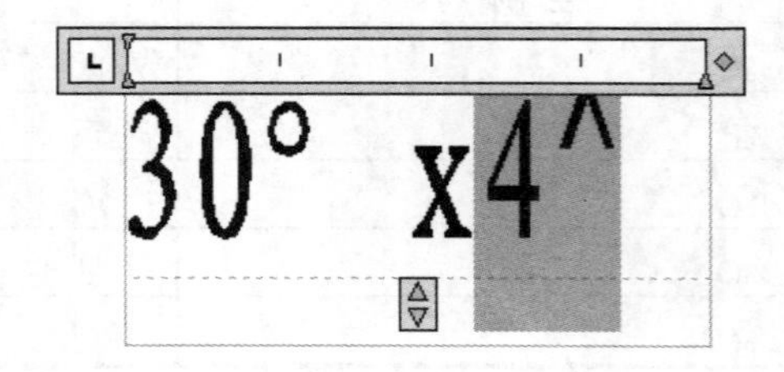

图 8-26 选择要堆叠的文字

(4) 输入“A2”，然后选中文字“2”，单击【文字格式】编辑器上的【符号】按钮，在弹出的菜单中选择【下标3】命令，数字转换为下标格式，如图8-27和图8-28所示。

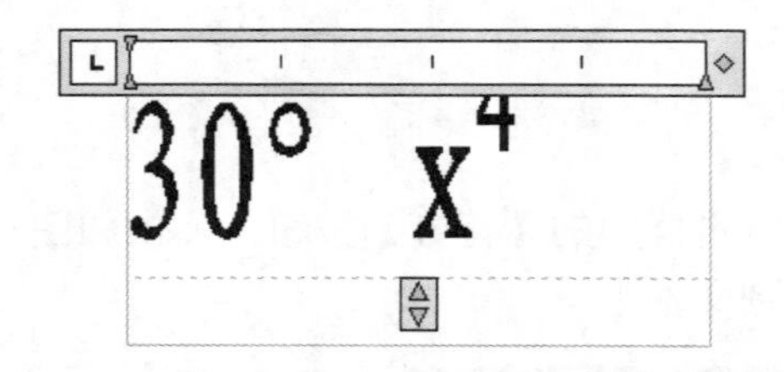

图 8-27 堆叠的效果

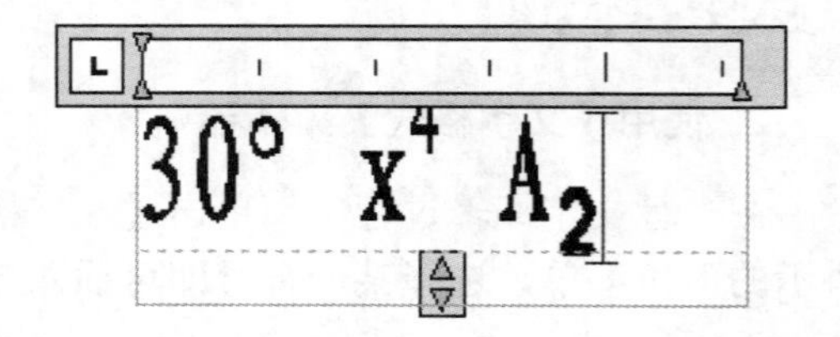

图 8-28 文字下标的效果

8.1.5 编辑文字

在 AutoCAD 中，可以对已有的文字特性和内容进行编辑。

1. 编辑文字内容

执行【编辑文字】命令的方法有以下几种。

- 菜单栏：选择【修改】|【对象】|【文字】|【编辑】命令，然后选择要编辑的文字。
- 工具栏：单击【文字】工具栏中的【编辑文字】按钮，然后选择要编辑的文字。
- 命令行：在命令行中输入 DDEDIT 或 ED 并按 Enter 键，然后选择要编辑的文字。
- 鼠标动作：双击要修改的文字。

执行以上任一操作，将进入该文字的编辑模式。文字的可编辑特性与文字的类型有关，单行文字没有格式特性，只能编辑文字内容。而多行文字除了可以修改文字内容，还可使用【文字格式】编辑器修改段落的对齐、字体等。修改文字之后，按 Ctrl+Enter 组合键即完成文字编辑。

2. 文字的查找与替换

在一个图形文件中往往有大量的文字注释，有时需要查找某个词语，并将其替换，例如替换某个拼写上的错误，这时就可以使用【查找】命令查找到特定的词语。

执行【查找】命令的方法有以下几种。

- 菜单栏：选择【编辑】|【查找】命令。
- 工具栏：单击【文字】工具栏中的【查找】按钮。
- 命令行：在命令行中输入 FIND 并按 Enter 键。

执行以上任一操作之后，弹出【查找和替换】对话框，如图 8-29 所示。该对话框中各选项的含义如下。

- 【查找内容】下拉列表框：用于指定要查找的内容。
- 【替换为】下拉列表框：指定用于替换查找内容的文字。
- 【查找位置】下拉列表框：用于指定查找范围是在整个图形中查找还是仅在当前选择中查找。
- 【搜索选项】选项组：用于指定搜索文字的范围和大小写区分等。
- 【文字类型】选项组：用于指定查找文字的类型。
- 【查找】按钮：输入查找内容之后，此按钮变为可用，单击即可查找指定内容。
- 【替换】按钮：用于将光标当前选中的文字替换为指定文字。
- 【全部替换】按钮：将图形中所有的查找结果替换为指定文字。

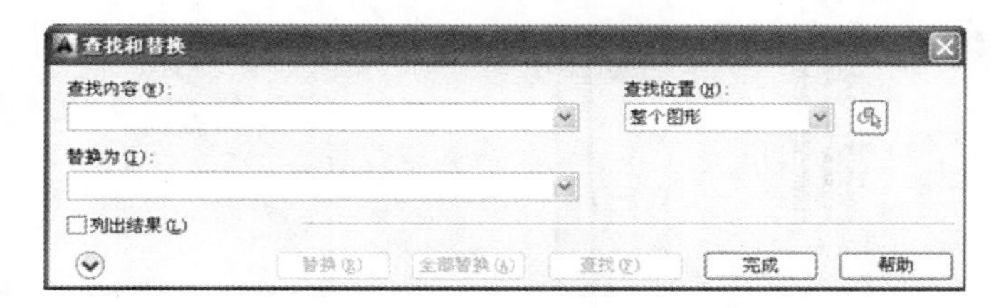

图 8-29　【查找和替换】对话框

8.2 创建表格

在机械设计过程中，表格主要用于标题栏、零件参数表、材料明细表等内容。

8.2.1 创建表格样式

与文字类似，AutoCAD 中的表格也有一定样式，包括表格内文字的字体、颜色、高度以及表格的行高、行距等。在插入表格之前，应先创建所需的表格样式。

创建表格样式的方法有以下几种。

- 菜单栏：选择【格式】|【表格样式】命令。
- 工具栏：单击【样式】工具栏中的【表格样式】按钮。
- 命令行：在命令行中输入 TABLESTYLE 或 TS 并按 Enter 键。

执行任一命令后，弹出【表格样式】对话框，如图 8-30 所示。其中显示了已创建的表格样式列表，可以通过右边的按钮新建、修改和删除表格样式，如图 8-31 所示。

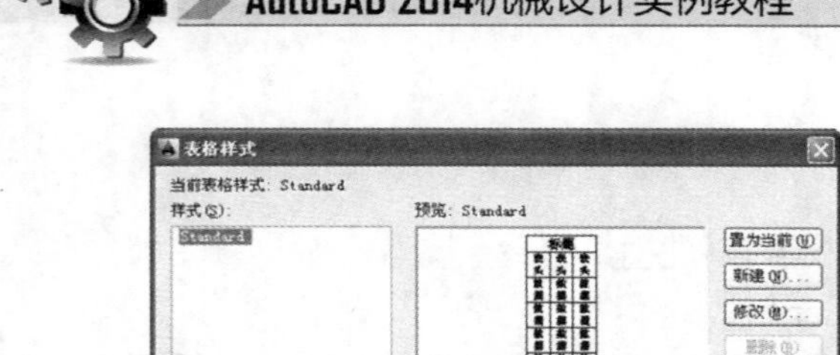

图 8-30 【表格样式】对话框

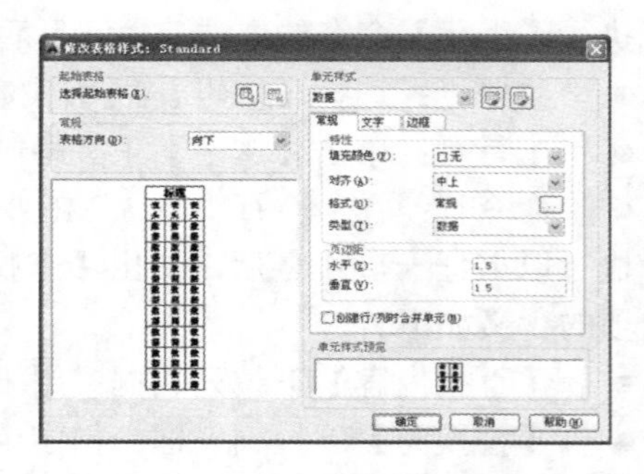

图 8-31 【修改表格样式】对话框

【案例 8-5】 创建标题栏表格样式。

(1) 选择【格式】|【表格样式】命令，弹出【表格样式】对话框，如图 8-32 所示。单击【新建】按钮，弹出【创建新的表格样式】对话框，如图 8-33 所示。

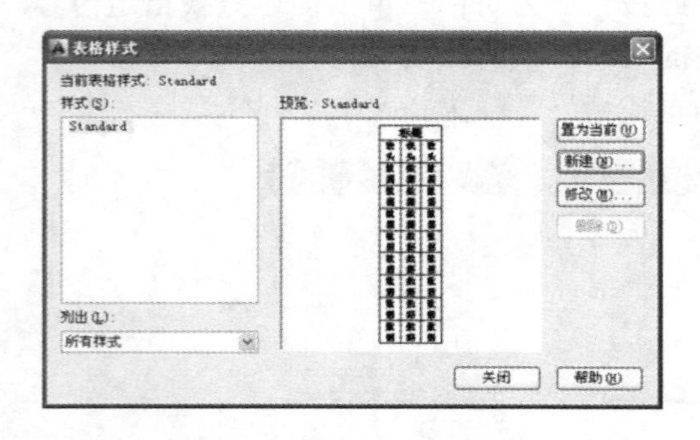

图 8-32 【表格样式】对话框

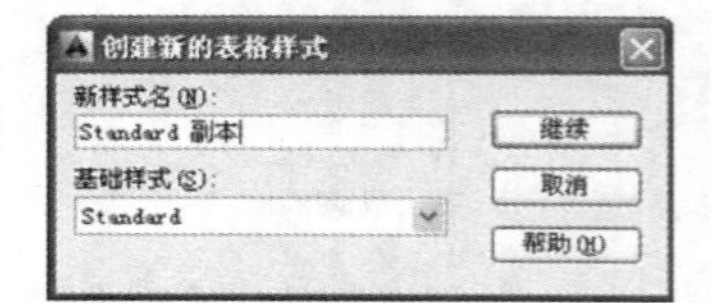

图 8-33 【创建新的表格样式】对话框

(2) 在【新样式名】文本框中输入新样式名“标题栏”，在【基础样式】下拉列表框中选择作为新表格样式的基础样式，因为当前只有 Standard 样式，选择该样式，如图 8-34 所示。

(3) 单击【继续】按钮，弹出如图 8-35 所示的【新建表格样式：标题栏】对话框。在【常规】选项组的下拉列表框中选择表格标题的显示方式为【向下】。

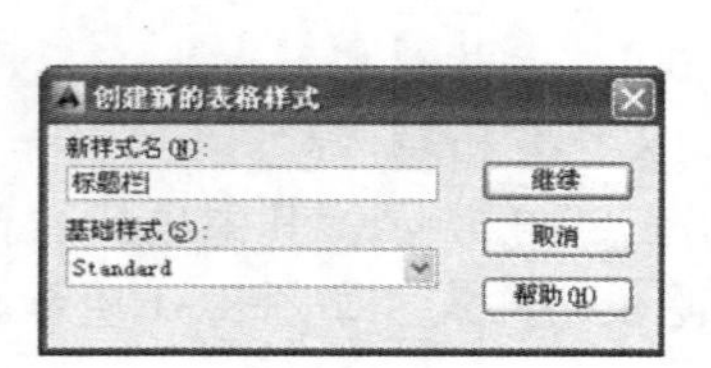

图 8-34 命名表格样式

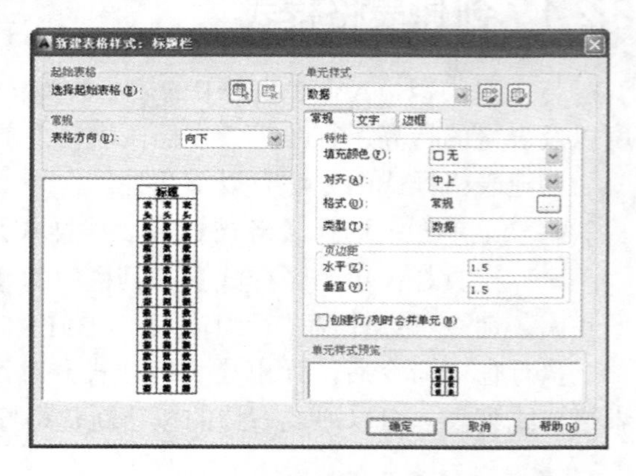

图 8-35 【新建表格样式：标题栏】对话框

(4) 在【单元样式】下拉列表框中选择【数据】选项；在【常规】选项卡中设置对其

方式为【左中】，如图 8-36 所示。在【文字】选项卡中设置【文字高度】为 2.5，在【文字样式】下拉列表框中可选择已经创建的文字样式，当前只有 Standard 文字样式可供选择，如图 8-37 所示。

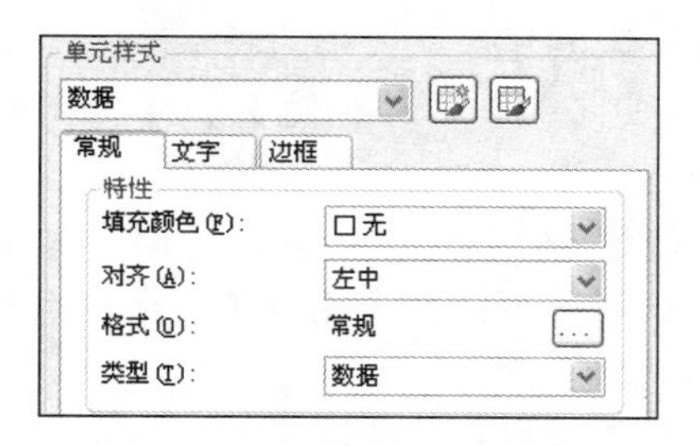

图 8-36　设置表格样式

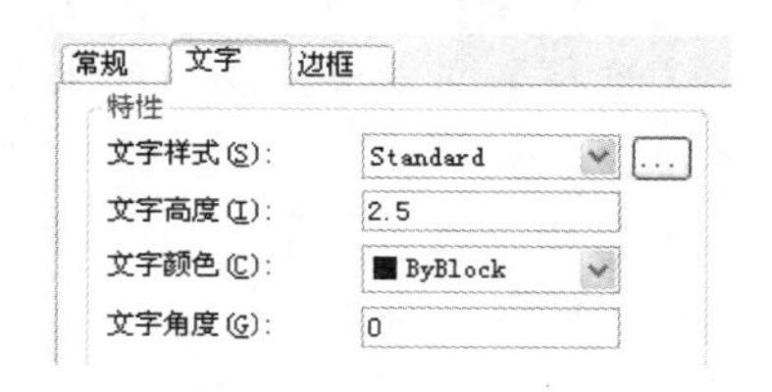

图 8-37　设置文字样式

(5) 单击【确定】按钮返回【表格样式】对话框，选择【标题栏】样式，单击【置为当前】按钮，将此样式设为当前样式。单击【关闭】按钮完成操作。

8.2.2　绘制表格

在设置表格样式后便可由当前的表格样式创建表格对象，还可以将表格链接至 Microsoft Excel 电子表格中的数据。执行【表格】命令有以下几种方式。

- 菜单栏：选择【绘图】|【表格】命令。
- 工具栏：单击【绘图】工具栏中的【表格】按钮。
- 命令行：在命令行中输入 TABLE 或 TB 并按 Enter 键。

执行以上任一操作，弹出【插入表格】对话框，如图 8-38 所示。

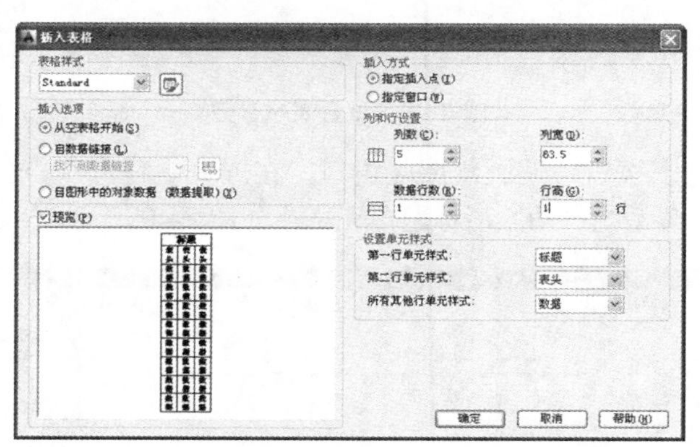

图 8-38　【插入表格】对话框

【插入表格】对话框中各选项的作用如下。

- 表格样式：在该选项组中不仅可以从【表格样式】下拉列表框中选择表格样式，也可以单击按钮后创建新表格样式。
- 插入选项：在该选项组中包含 3 个单选按钮，其中，选择【从空表格开始】单选按钮可以创建一个空的表格；选择【自数据连接】单选按钮可以从外部导入数据来创建表格；选择【自图形中的对象数据(数据提取)】单选按钮可以用于从可输出到表格或外部的图形中提取数据来创建表格。

- 插入方式：该选项组中包含两个单选按钮，其中，选择【指定插入点】单选按钮可以在绘图窗口中的某点插入固定大小的表格；选择【指定窗口】单选按钮可以在绘图窗口中通过指定表格两对角点的方式来创建任意大小的表格。
- 列和行设置：在此选项组中，可以通过改变【列】、【列宽】、【数据行】和【行高】文本框中的数值来调整表格的外观大小。
- 设置单元样式：在此选项组中可以设置【第一行单元样式】、【第二行单元样式】和【所有其他行单元样式】选项。默认情况下，系统均以【从空表格开始】方式插入表格。

设置表格的行、列等参数之后，单击【确定】按钮，然后在绘图区单击指定插入点，将会在该点插入一个表格，同时系统激活表格中的一个单元格，可以输入文本内容，也可按 Esc 键退出文本输入，创建一个空白表格。

【案例 8-6】 绘制齿轮参数表。

(1) 在命令行中输入 TB 并按 Enter 键，弹出【插入表格】对话框。设置表格的插入方式和行、列参数，并设置单元样式，如图 8-39 所示。

图 8-39 设置表格参数

(2) 单击【确定】按钮，返回绘图区窗口，在屏幕上任意一点单击作为表格的插入点，完成表格的插入，系统自动激活标题单元格，如图 8-40 所示。

图 8-40 插入的表格

(3) 在标题单元格中输入文字“齿轮参数表”，如图 8-41 所示。

(4) 按方向键移动光标到其他单元格，输入各单元格文字，创建的参数表如图 8-42 所示。

提示

由本例可以看出，在【插入表格】对话框中设置不同的单元样式，输入文字的对齐方式也就不同，系统默认标题和表头单元格的文字为正中，而数据单元格的文字为左对齐。

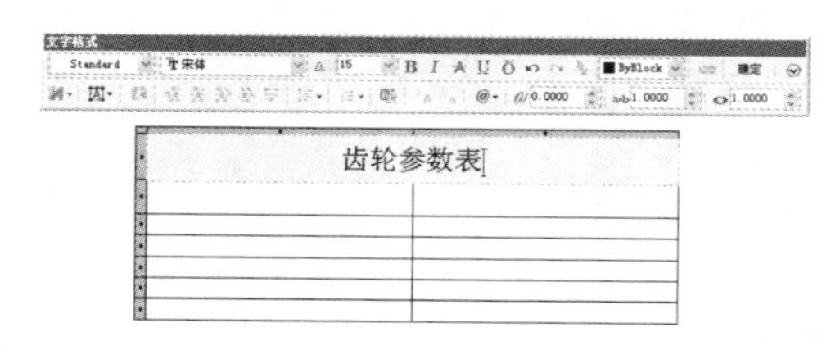

图 8-41　输入文字

齿轮参数表	
参数项目	参数值
齿向公差	0.0120
齿形公差	0.0500
齿距极限公差	±0.011
公法线长度跳动公差	0.0250
齿圈径向跳动公差	0.0130

图 8-42　创建的参数表格

8.2.3 编辑表格

插入的表格一般是 M×N 的规则表格，实际中的表格可能需要合并某些单元格，生成不均匀的表格(例如机械图纸的标题栏)，还可能需要修改单元格内容的对齐等，因此需要对表格进行适当的编辑。

1. 表格整体编辑

在表格边线上单击可以选中整个表格，右击，弹出如图 8-43 所示的快捷菜单，可以利用该菜单对表格进行剪切、复制、删除、移动、缩放和旋转等操作，还可以均匀调整表格的行、列大小，删除所有特性替代。当选择【输出】命令时，弹出【输出数据】对话框，以.csv 格式输出表格中的数据。

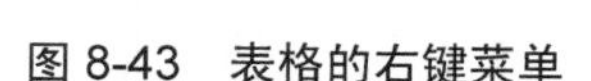

图 8-43　表格的右键菜单

2. 编辑单元格格式

在某个单元格内部单击可以选中该单元格，选中之后该单元格的边框呈夹点显示，同时弹出【表格】编辑器，如图 8-44 所示。在表格编辑器中可进行单元格的合并、删除、对齐样式等操作。在单元格的行标(阿拉伯数字)上单击，可选中整行，在列标(英文字母)上单击，可选中整列。

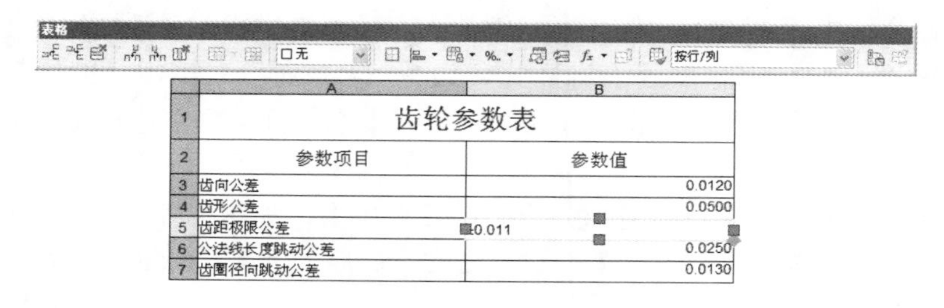

	A	B
1	齿轮参数表	
2	参数项目	参数值
3	齿向公差	0.0120
4	齿形公差	0.0500
5	齿距极限公差	±0.011
6	公法线长度跳动公差	0.0250
7	齿圈径向跳动公差	0.0130

图 8-44　编辑单元格格式

3. 编辑单元格内容

编辑单元格内容需要双击该单元格，弹出【文字格式】编辑器，如图 8-45 所示，在单元格中可输入、编辑文字内容。在表格外的空白位置单击可退出文字编辑。

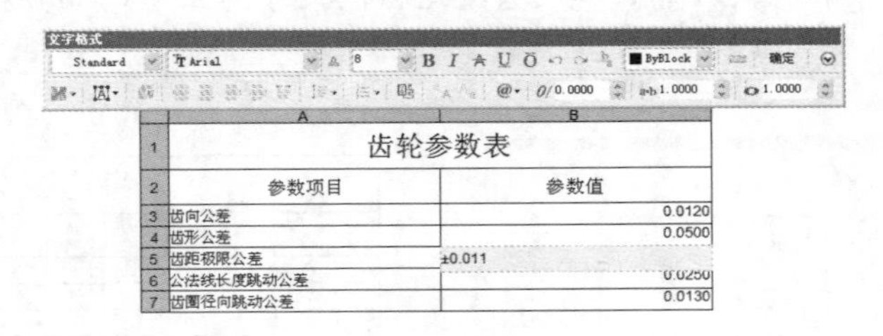

图 8-45　编辑单元格内容

8.3　综 合 实 例

绘制如图 8-46 所示的轴套零件图。

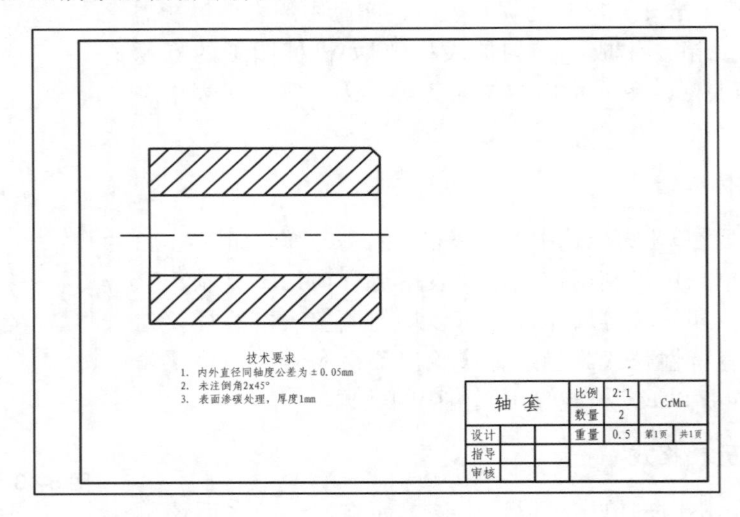

图 8-46　轴套零件图

(1) 选择【格式】|【文字样式】命令，弹出【文字样式】对话框，单击【新建】按钮，然后新建一个名为“标题文字”的文字样式，设置字体为【仿宋_GB2312】。

(2) 在命令行中输入 TS 并按 Enter 键，弹出【表格样式】对话框，单击【新建】按钮，新建一个名为“标题栏”的表格样式，如图 8-47 所示。单击【继续】按钮，弹出【新建表格样式：标题栏】对话框，在【表格方向】下拉列表框中选择【向上】，如图 8-48 所示。

(3) 在【常规】选项卡中设置对齐方式为【正中】，如图 8-49 所示。在【文字】选项卡中选择文字样式为【标题文字】，设置【文字高度】为 4，如图 8-50 所示。

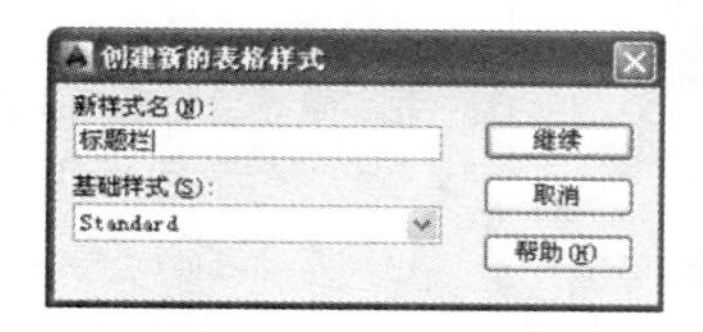

图 8-47　新建表格样式

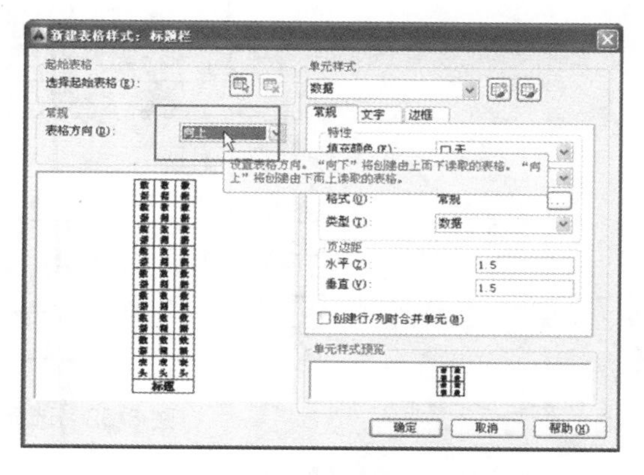

图 8-48　设置表格方向

图 8-49　【常规】选项卡设置

图 8-50　【文字】选项卡设置

(4) 单击【创建表格样式】对话框中的【确定】按钮，完成表格样式的创建。在【表格样式】对话框中，选中创建的【标题栏】表格样式，然后单击【置为当前】按钮，最后关闭对话框。

(5) 在命令行中输入 TB 并按 Enter 键，弹出【插入表格】对话框，设置表格的参数，如图 8-51 所示。

(6) 单击【插入表格】对话框中的【确定】按钮，然后在绘图区任意位置单击，放置该表格，如图 8-52 所示。

图 8-51　设置表格参数

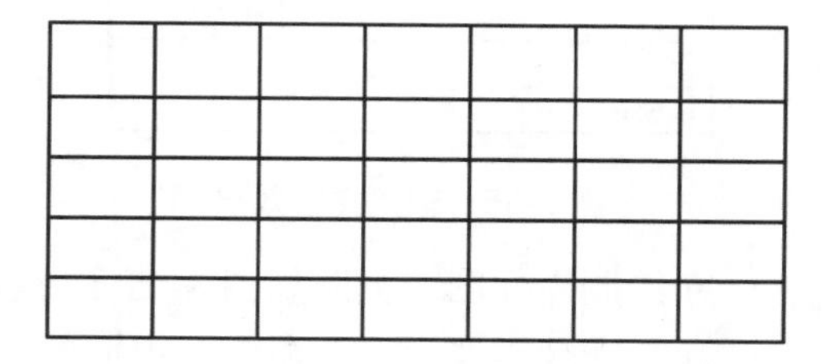

图 8-52　插入表格

(7) 选中如图 8-53 所示的 8 个单元格，单击【表格】工具栏中的【合并单元格】按钮，在弹出的下拉菜单中选择【全部合并】命令，合并单元格的结果如图 8-54 所示。

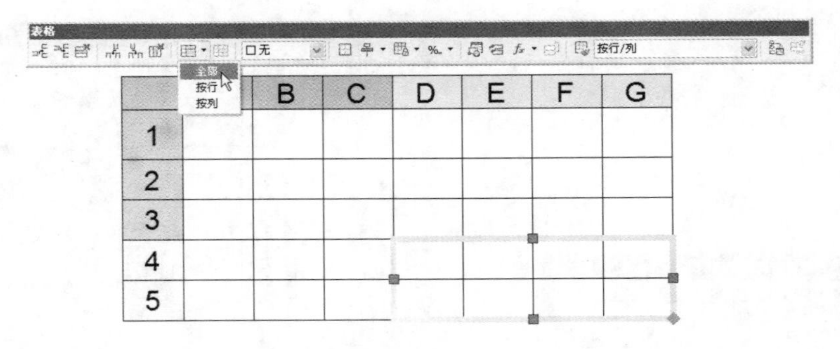

图 8-53　选择要合并的单元格

(8) 用同样的方法合并其他单元格，结果如图 8-55 所示。

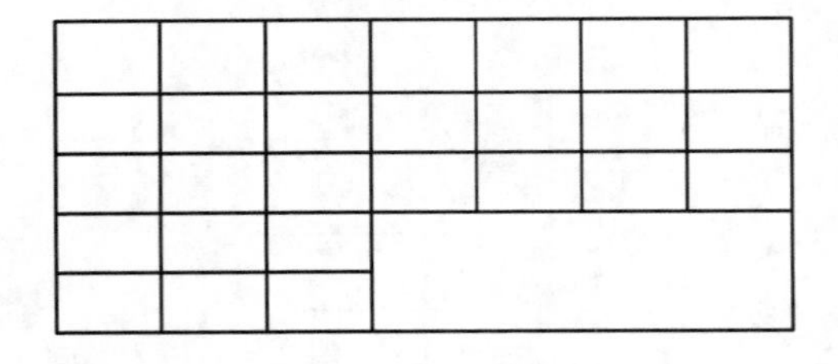

图 8-54　合并单元格的结果　　图 8-55　合并其他单元格

(9) 输入文字。双击相关单元格，然后输入文字，其中“螺钉”文字高度为 30，结果如图 8-56 所示。

(10) 绘制图框。单击【绘图】工具栏中的【矩形】按钮，绘制图框，如图 8-57 所示。

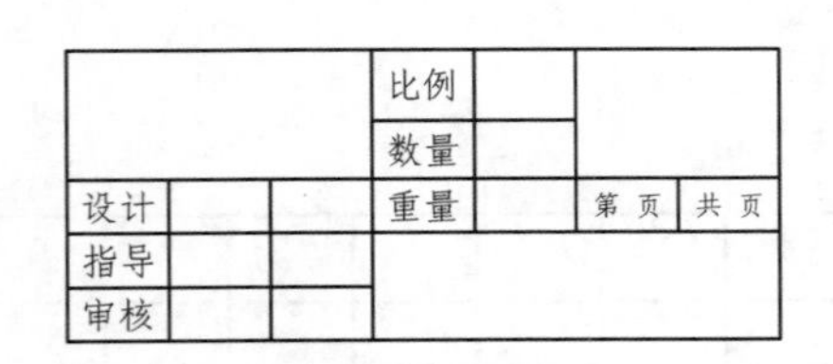

图 8-56　输入文字效果

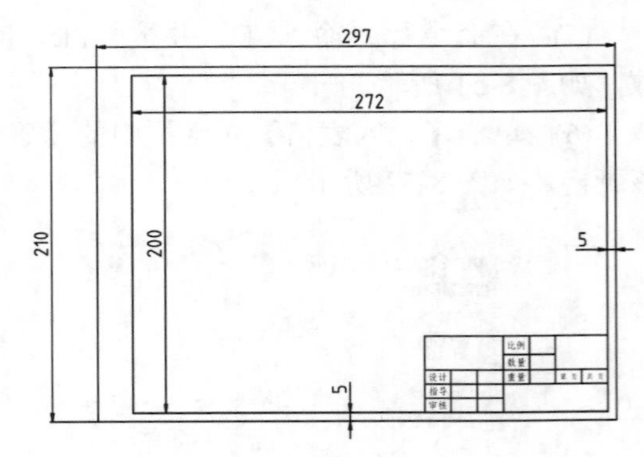

图 8-57　绘制图框

(11) 绘制零件图。按照如图 8-58 所示的尺寸，绘制轴套零件图。

(12) 添加技术要求。在命令行中输入 T 并按 Enter 键，然后在合适的位置指定文本范围，输入多行文字，如图 8-59 所示。

(13) 编辑多行文字。选中“技术要求”文字，单击【文字格式】编辑器中的【居中】按钮，将文字居中，如图 8-60 所示。选中后三行文字，然后单击【文字格式】编辑器中的【编号】按钮，选择【以数字标记】命令，如图 8-61 所示，段落编号的效果如图 8-62

所示。拖动文本框右上角的按钮，可以调整文本的列宽，如图 8-63 所示。按 Ctrl+Enter 组合键完成多行文字。

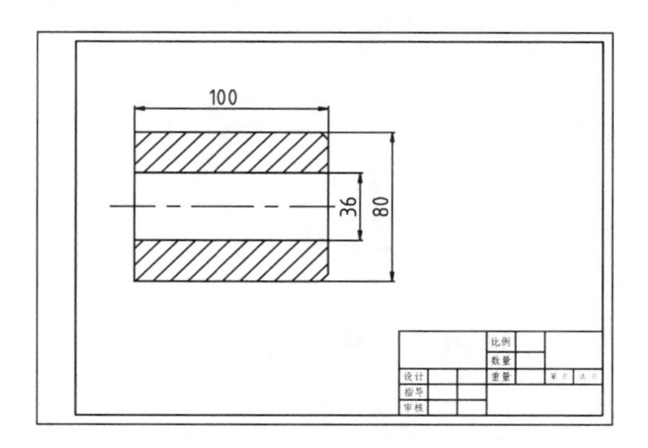

图 8-58 绘制零件图

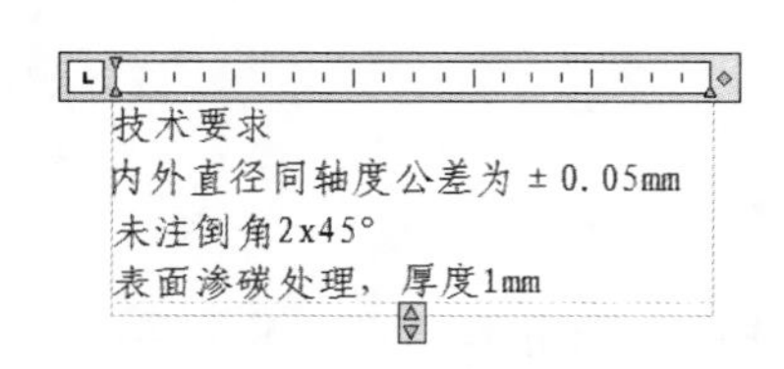

图 8-59 输入多行文字

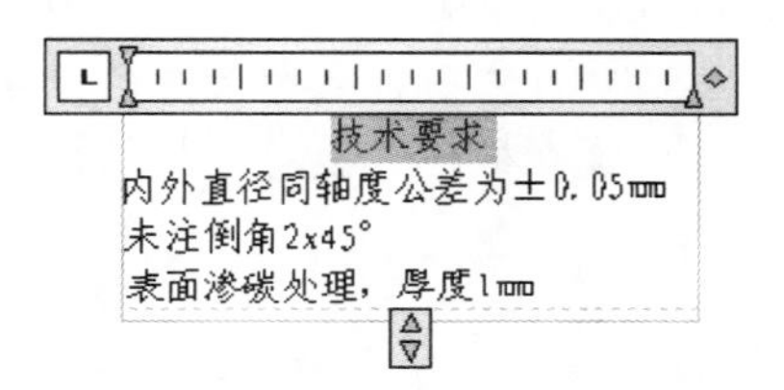

图 8-60 文字居中的效果

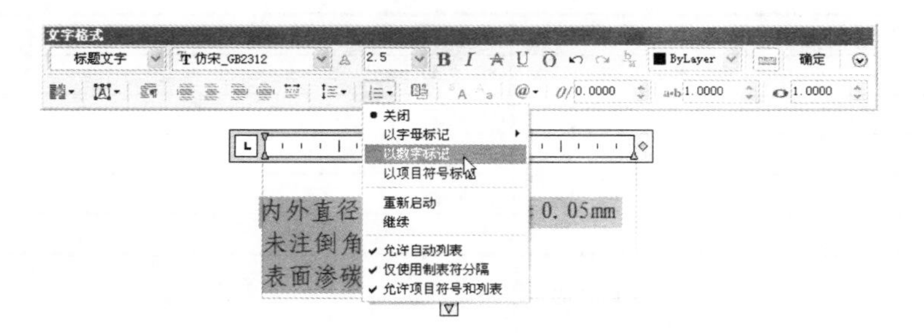

图 8-61 选择编号方式

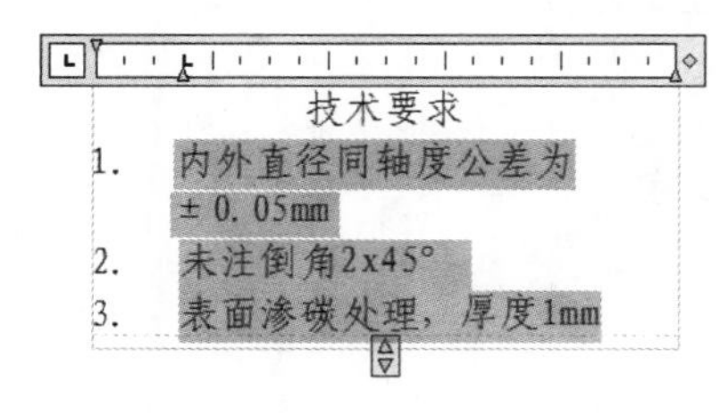

图 8-62 编号的效果

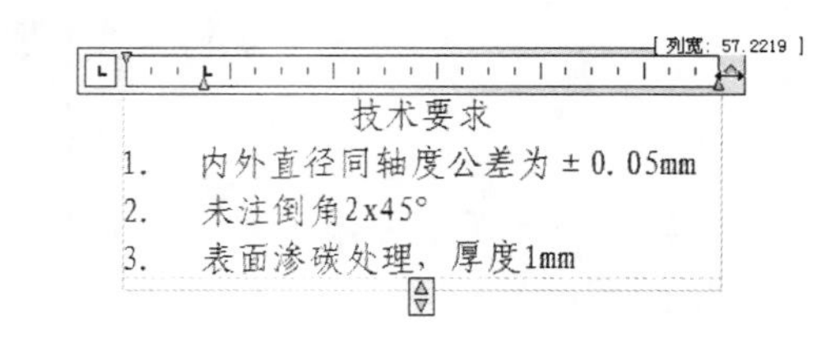

图 8-63 调整列宽的效果

(14) 输入标题栏文字。双击相关单元格，输入零件名称“轴套”，然后选中该文字，如图 8-64 所示，在【文字高度】文本框中输入 6，按 Enter 键修改文字高度。

(15) 用同样的方法输入其他标题栏文字，完成轴套零件图。

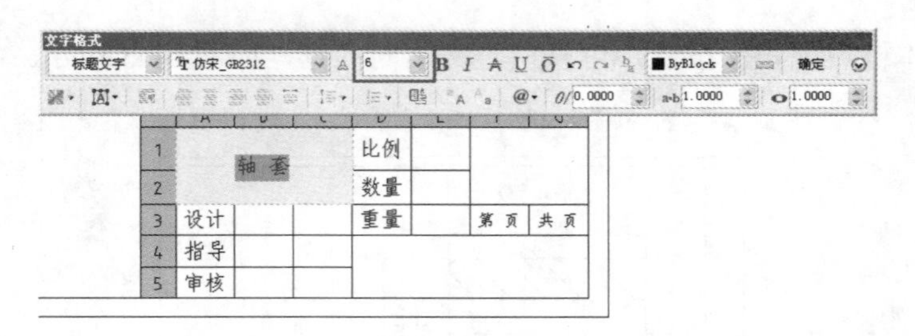

图 8-64　修改文字高度

8.4　思考与练习

一、简答题

1. 机械制图中英文字体一般使用几种？分别是什么？
2. 启动单行文字、多行文字的命令是什么？
3. 启动【表格样式】对话框的方式有几种？分别是什么？

二、思考题

1. 创建如表 8-2 所示新的文字样式，并在图形区中输入如图 8-65 所示的文字内容。

表 8-2　文字样式要求

设置内容	设 置 值
样式名	技术要求文字样式
字体	仿宋 GB-2312
字格式	常规
宽度比例	0.7
字高	3.5

技术要求:
1.未注圆角R2
2.未注长度尺寸允许偏差±0.05mm
3.淬火刚度90HRC

图 8-65　技术要求文字

2. 创建一个标题栏并添加文字，如图 8-66 所示。

材质
阶段标记　重量　比例
“图样名称”
标记　处数　分区　更改文件号　签名　年月日
设计
校核
主管
“图样代号”
共 张 第 张　版本　替代

图 8-66　标题栏

第 9 章

尺寸标注

本章导读

在机械设计中，图形用于表达机件的结构形状，而机件的真实大小则由尺寸确定。尺寸是工程图样中不可缺少的重要内容，是零部件加工生产的重要依据，必须满足正确、完整、清晰的基本要求。

AutoCAD 提供了一套完整、灵活、方便的尺寸标注系统，具有强大的尺寸标注和尺寸编辑功能。可以创建多种标注类型，还可以通过设置标注样式、编辑标注来控制尺寸标注的外观，创建符合标准的尺寸标注。

学习目标

- 了解机械标注的基本原则，尺寸的组成。
- 掌握尺寸标注样式的新建、修改、替代、设置为当前等操作。
- 掌握线性、直径、半径、角度、弧长等标注方法，掌握连续标注和基线标注的方法。
- 掌握多重引线样式的设置方法，掌握快速引线和多重引线的标注方法。
- 掌握尺寸标注的替代、更新、关联的操作方法，掌握尺寸文字的编辑方法，能够为尺寸添加符号、公差。
- 掌握尺寸公差和形位公差的标注方法。

9.1 机械标注规定

在机械设计中，尺寸标注是一项重要的内容，它可以准确、清楚地反映对象的大小及对象间的关系。在对图形进行标注前，应先了解尺寸标注的组成、类型、规则及步骤等。

9.1.1 尺寸标注的基本规则

在机械制图国家标准中，对尺寸标注的基本规则、尺寸线、尺寸界线、标注尺寸的符号、简化标注法以及尺寸的公差与配合标注法等，都有详细的规定。

1. 尺寸标注的基本规定

尺寸标注应遵循以下基本规则。

- 零件的真实大小应以图样上所标注的尺寸数值为依据，与图样的大小以及绘图的准确度无关。
- 图样中的尺寸以毫米(mm)为单位，不需要标注计量单位的代号或名称；如果用其他单位，必须标明相应的计量单位的代号或名称。
- 图样中所标注的尺寸，为该图样所示机件的最后完工尺寸，否则应该另行说明。
- 零件的每一个尺寸一般只标注一次，并应标注在该特征最清晰的位置上。

2. 对尺寸标注要素的规定

国家标准对尺寸标注要素的规定如下。

- 尺寸线和尺寸界线均以细实线画出。
- 线型尺寸线应平行于表示其长度或距离的线段。
- 图形的轮廓线、中心线及其延长线，可以用作尺寸界线，但是不能用作尺寸线。
- 尺寸界线一般应与尺寸线垂直。当尺寸界线过于贴近轮廓线时，允许将其倾斜画出，在光滑过渡处，需用细实线将其轮廓线延长，从其交点引出尺寸界线。

3. 对机械制图尺寸标注规定

对机械制图进行尺寸标注时，应遵循如下规定。

- 符合国家标准的有关规定，标注制造零件所需的全部尺寸，不重复不遗漏，尺寸排列整齐，并符合设计和工艺的要求。
- 每个尺寸一般只标注一次，尺寸数字为零件的真实大小，与所绘图形的比例及准确性无关。尺寸标注以毫米为单位，若采用其他单位则必须注明单位名称。
- 标注文字中的字体按照国家标准规定书写，图样中的字体为仿宋体，字号分 1.8、2.5、3.5、5、7、10、14 和 20 共 8 种，其字体高度应按根号下 2 的比率递增。
- 字母和数字分 A 型和 B 型，A 型字体的笔画宽度(d)与字体高度(h)符合 d=h/14，B 型字体的笔画宽度与字体高度符合 d=h/10。在同一张纸上，只允许选用一种形式的字体。

- 字母和数字分直体和斜体两种，但在同一张纸上只能采用一种书写形式，常用的是斜体。

9.1.2　尺寸的组成

一个完整的尺寸标注由标注文字、尺寸线、尺寸界线及箭头符号等组成，如图 9-1 所示。

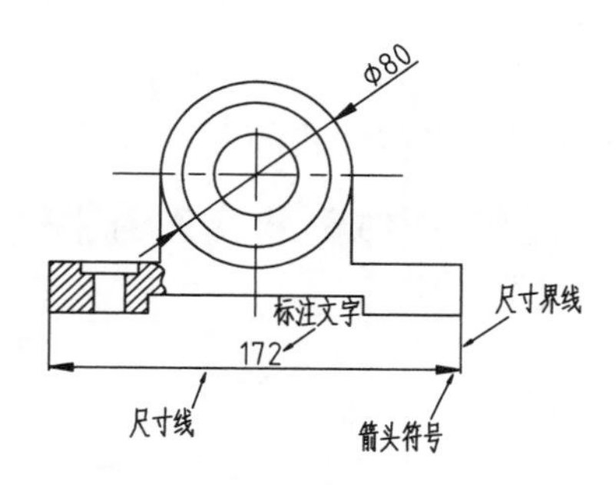

图 9-1　标注尺寸组成

各组成部分的作用与含义分别如下。

- 尺寸界线：用于标注尺寸的界限，由图样中的轮廓线、轴线或对称中心线引出。标注时，尺寸界线从所标注的对象上自动延伸出来，它的端点与所标注的对象接近但并未相连。
- 尺寸线：用于表明标注的方向和范围。通常与所标注对象平行，放在两尺寸界线之间，一般情况下为直线，但在角度标注时，尺寸线呈圆弧形。
- 标注文字：表明标注图形的实际尺寸大小，通常位于尺寸线上方或中断处。在进行尺寸标注时，AutoCAD 会自动生成所标注对象的尺寸数值，我们也可以对标注的文字进行修改、添加等编辑操作。
- 箭头符号：箭头符号显示在尺寸线的两端，用于指定标注的起始位置。AutoCAD 默认使用闭合的填充箭头作为标注符号。此外，AutoCAD 还提供了多种箭头符号，以满足不同行业的需要，如建筑标记、小斜线箭头、点和斜杠等。

9.2　机械尺寸样式设置

与文字、表格类似，标注也有一定的样式。AutoCAD 默认的标注样式与机械制图标准样式不同，因此在机械设计中进行尺寸标注前，先要创建尺寸标注的样式。

9.2.1　新建尺寸样式

通过【标注样式管理器】对话框，可以进行新建和修改标注样式等操作。打开【标注样式管理器】对话框的方式有以下几种。

- 菜单栏：选择【格式】|【标注样式】命令。
- 工具栏：单击【标注】工具栏中的【标注样式】按钮。

- 命令行：在命令行中输入 DIMSTYLE 或 D 并按 Enter 键。

执行上述任一操作，弹出【标注样式管理器】对话框，如图 9-2 所示，在该对话框中可以创建新的尺寸标注样式。

对话框内各选项的含义如下。

- 【样式】列表框：用来显示已创建的尺寸样式列表，其中蓝色背景显示的是当前尺寸样式。
- 【列出】下拉列表框：用来控制“样式”列表框显示的是“所用样式”还是“正在使用的样式”。
- 【预览】选项组：用来显示当前样式的预览效果。

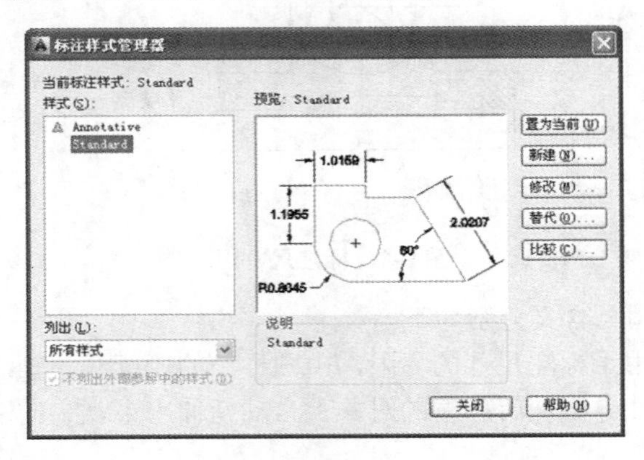

图 9-2 【标注样式管理器】对话框

【案例 9-1】 新建尺寸样式。

(1) 单击快速访问工具栏中的【新建】按钮，新建空白文件。

(2) 选择【格式】|【标注样式】命令，弹出【标注样式管理器】对话框，如图 9-3 所示。

(3) 单击【新建】按钮，弹出【创建新标注样式】对话框，在【新样式名】文本框中输入“机械标注”，如图 9-4 所示。

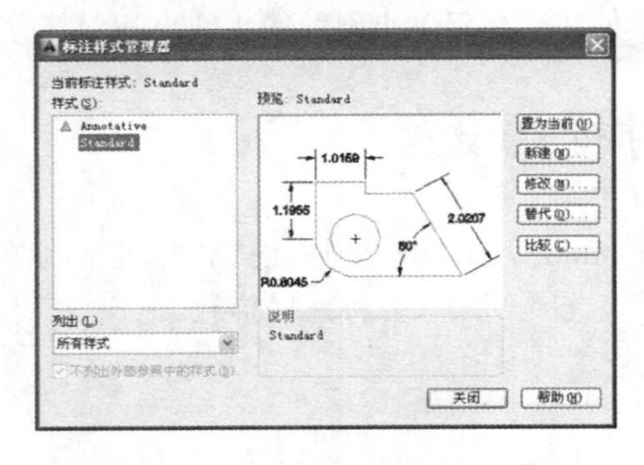

图 9-3 【标注样式管理器】对话框

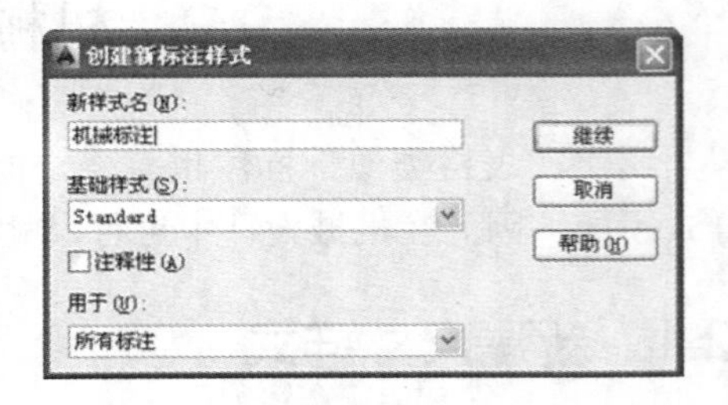

图 9-4 【创建新标注样式】对话框

(4) 单击【继续】按钮，弹出【新建标注样式：机械标注】对话框，如图 9-5 所示。在该对话框中可以设置标注样式的各种参数。

(5) 单击【确定】按钮，新建的样式在【标注样式管理器】对话框的【样式】列表框

中出现，选择并置为当前即可，如图 9-6 所示。

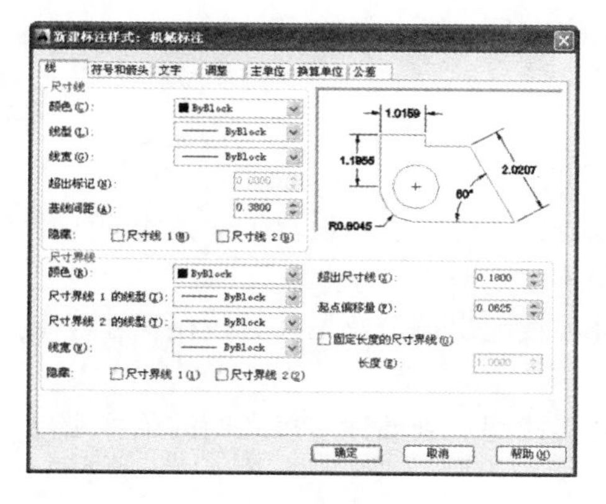

图 9-5　【新建标注样式：机械标注】对话框

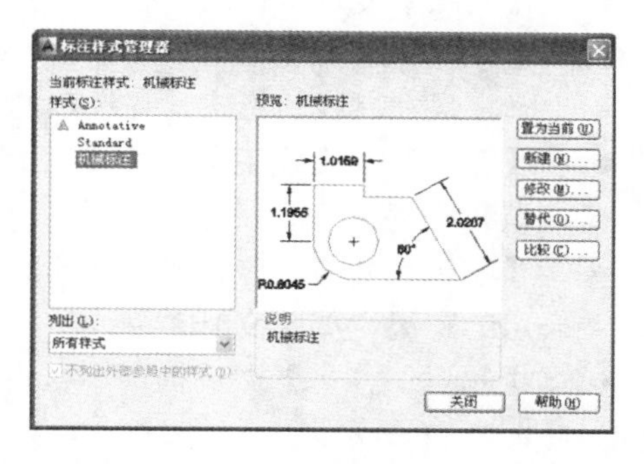

图 9-6　【标注样式管理器】对话框

9.2.2　设置标注样式

新建标注样式之后，在【新建标注样式】对话框可以设置尺寸标注的各种特性，对话框中有【线】、【符号和箭头】、【文字】、【调整】、【主单位】、【换算单位】和【公差】7 个选项卡，如图 9-7 所示，每一个选项卡对应一种特性的设置。

1. 【线】选项卡

切换到【新建标注样式】对话框中的【线】选项卡，如图 9-8 所示，在该选项卡中可以设置尺寸线、尺寸界线的格式和特性。

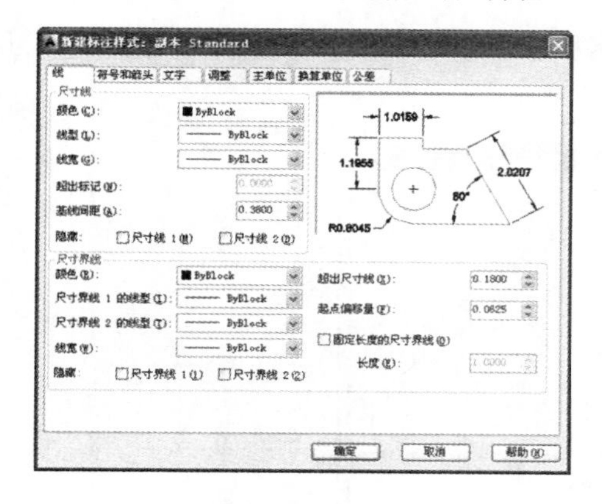

图 9-7　【新建标注样式】对话框

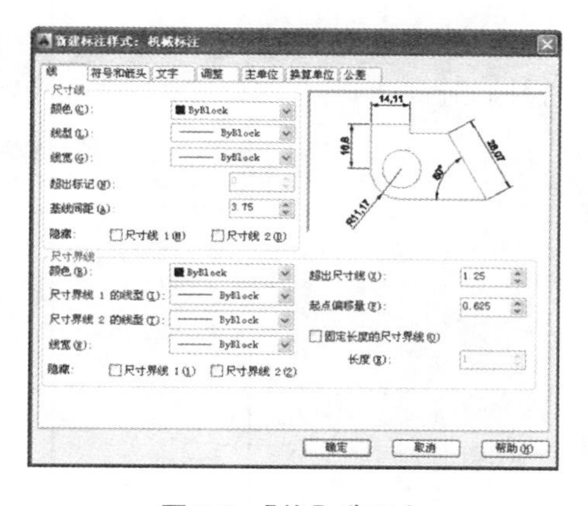

图 9-8　【线】选项卡

1)　【尺寸线】选项组

用于设置尺寸线的颜色、线宽、超出标记及基线间距等属性。各选项具体说明如下。

- 【颜色】、【线型】、【线宽】下拉列表框：分别用来设置尺寸线的颜色、线型和线宽。一般保持默认值“Byblock”(随块)即可。
- 【超出标记】微调框：用于设置尺寸线超出量。当尺寸箭头符号为 45° 的粗短斜线、建筑标记、完整标记或无标记时，可以设置尺寸线超过尺寸界线外的距离，如图 9-9 所示。

- 【基线间距】微调框：用于设置基线标注中尺寸线之间的间距。
- 【隐藏】复选框：用于控制尺寸线的可见性。

2) 【尺寸界线】选项组

用于确定尺寸界线的形式，各选项的含义说明如下。

- 【颜色】、【线型】、【线宽】下拉列表框：分别表示设置尺寸界线的颜色、线型和线宽。一般保持默认值“Byblock”(随块)即可。
- 【超出尺寸线】微调框：用于设置尺寸界线超出量，及尺寸界线在尺寸线上方超出的距离，如图 9-10 所示。
- 【起点偏移量】微调框：用于设置尺寸界线起点到被标注点之间的偏移距离，如图 9-11 所示。
- 【隐藏】复选框：用于控制尺寸界线的可见性。

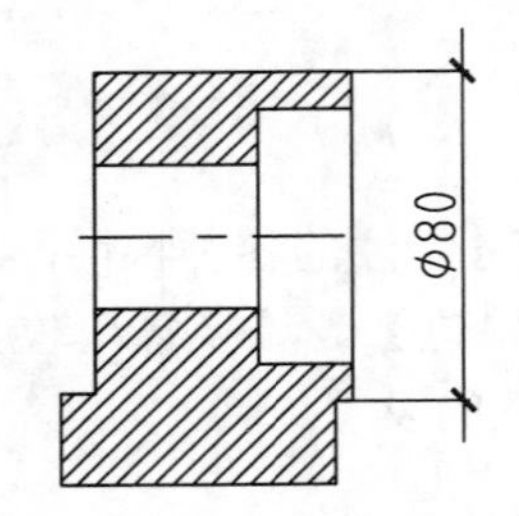

图 9-9　尺寸线超出尺寸界线

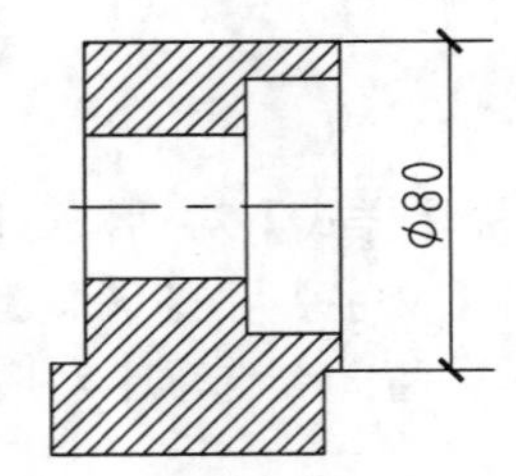

图 9-10　尺寸界线超出尺寸线

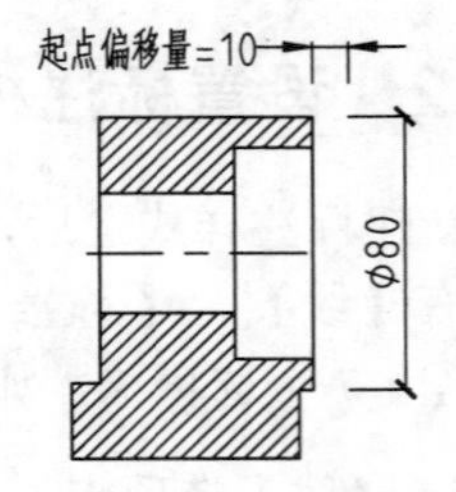

图 9-11　起点偏移量

2. 【符号和箭头】选项卡

如图 9-12 所示，在【符号和箭头】选项卡中，可以设置箭头、圆心标记、弧长符号和半径标注折弯的格式与位置。

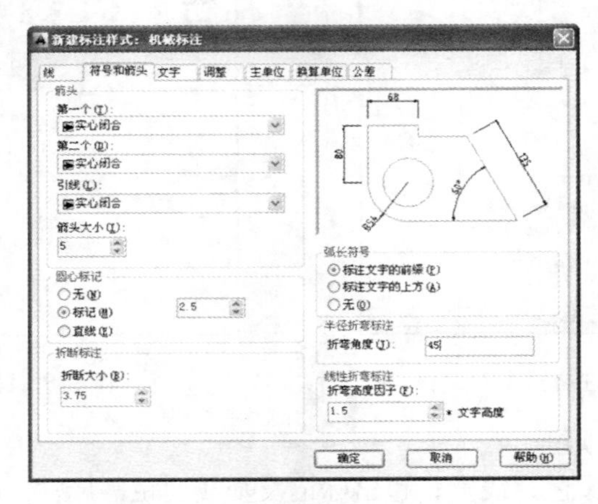

图 9-12　【符号和箭头】选项卡

1) 【箭头】选项组

在该选项组中可以设置尺寸标注的箭头样式和大小，各选项含义如下。

- 【第一个】、【第二个】下拉列表框：用于设置尺寸标注中第一个标注箭头和第

二个标注箭头的外观样式。在建筑绘图中通常设为“建筑标注”或“倾斜”样式，如图 9-13 所示。机械制图中通常设为“箭头”样式，如图 9-14 所示。

图 9-13　建筑标注　　　　图 9-14　机械标注

- 【引线】下拉列表框：用于设置快速引线标注中箭头的类型。
- 【箭头大小】微调框：用于设置尺寸标注中箭头的大小。

2)　【圆心标记】选项组

圆心标记是一种特殊的标注类型，在圆弧中心生成一个标注符号，【圆心标记】选项组用于设置圆心标记的样式。各选项的含义如下。

- 【无】、【标记】、【直线】单选按钮：用于设置圆心标记的类型，如图 9-15 所示。
- 【大小】微调框：用于设置圆心标记的显示大小。

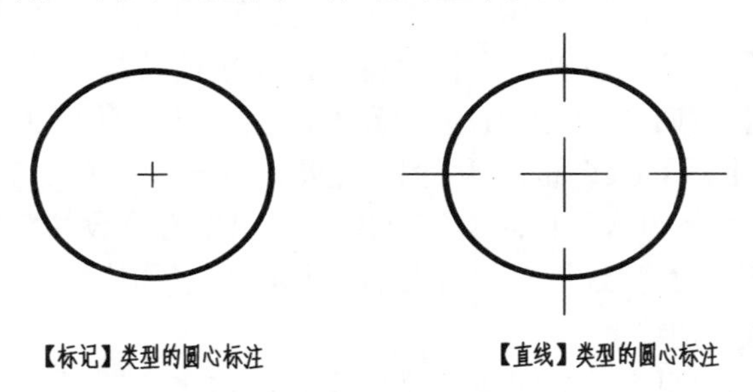

图 9-15　圆心标注的类型

3)　【弧长符号】选项组

在该选项组中可以设置弧长符号的显示位置，包括【标注文字的前缀】、【标注文字的上方】和【无】3 种方式，如图 9-16 所示。

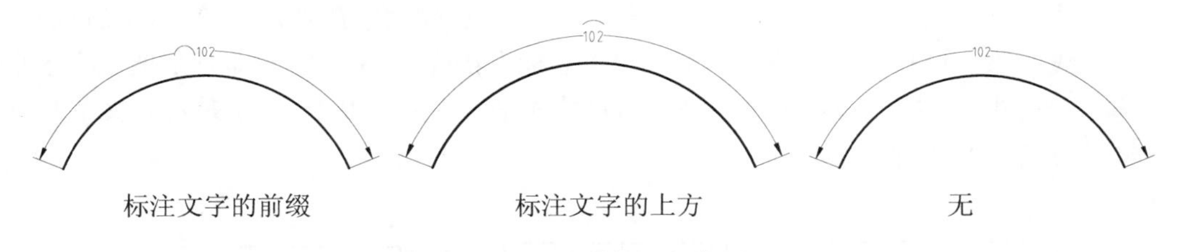

图 9-16　弧长标注的类型

3. 【文字】选项卡

在【文字】选项卡中，可以对尺寸标注中标注文字的外观、位置和对齐方式进行设置，如图 9-17 所示。

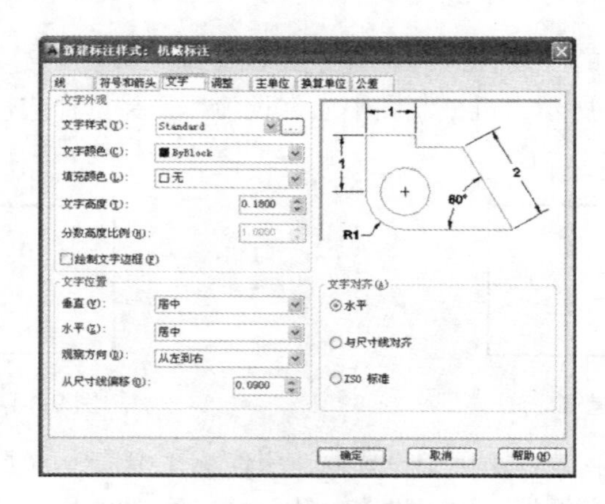

图 9-17 【文字】选项卡

1) 【文字外观】选项组

在【文字外观】选项组可以设置标注文字的样式、颜色、填充颜色、文字高度等参数。各选项的含义如下。

- 【文字样式】下拉列表框：用于选择标注的文字样式。也可以单击其后的[...]按钮，弹出【文字样式】对话框，选择文字样式或新建文字样式。
- 【文字颜色】下拉列表框：用于设置文字的颜色，也可以使用变量 DIMCLRT 设置。
- 【填充颜色】下拉列表框：用于设置标注文字的背景颜色。
- 【文字高度】微调框：设置文字的高度，也可以使用变量 DIMCTXT 设置。
- 【分数高度比例】微调框：设置标注文字的分数相对于其他标注文字的比例，AutoCAD 将该比例值与标注文字高度的乘积作为分数的高度。
- 【绘制文字边框】复选框：设置是否给标注文字加边框。

2) 【文字位置】选项组

在【文字位置】选项组中可以设置文字的垂直、水平位置以及从尺寸线的偏移量。各选项的功能说明如下。

- 【垂直】下拉列表框：用于设置标注文字相对于尺寸线在垂直方向的位置，如【居中】、【上】、【外部】、JIS、【下】。其中，选择【居中】可以把标注文字放在尺寸线中间；选择【上方】或【下方】的选项，将把标注文字放在尺寸线的上方或下方；选择【外部】选项可以把标注文字放在远离第一定义点的尺寸线一侧；选择 JIS 选项按 JIS(日本工业标准)放置标注文字，即总是把文字水平放于尺寸线上方，不考虑文字是否与尺寸线平行。如图 9-18 所示是尺寸文字在垂直方向上的各种效果。

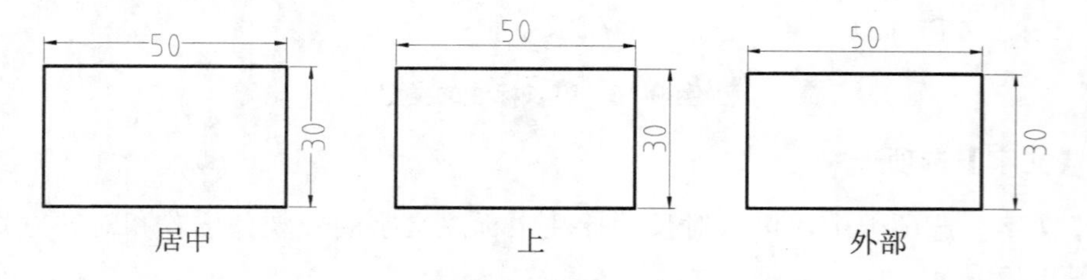

图 9-18 尺寸文字在垂直方向上的相应位置

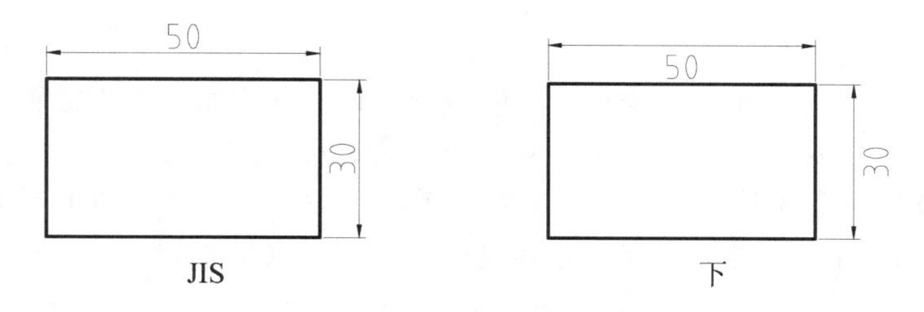

图 9-18　尺寸文字在垂直方向上的相应位置(续)

- 【水平】下拉列表框：用于设置尺寸文字在水平方向上相对于尺寸界线的位置。【居中】表示在尺寸界线之间居中放置文字；【第一条尺寸界线】表示靠近第一条尺寸界线放置文字，与尺寸界线的距离是箭头大小加文字偏移量的两倍；【第二条尺寸界线】 表示靠近第二条尺寸界线放置文字；【第一条尺寸界线上方】表示将文字沿第一条尺寸界线放置或放置在上方；【第二条尺寸界线上方】表示将文字沿第二条尺寸界线放置或放置在上方。如图 9-19 所示是尺寸文字在水平方向上的各种效果。

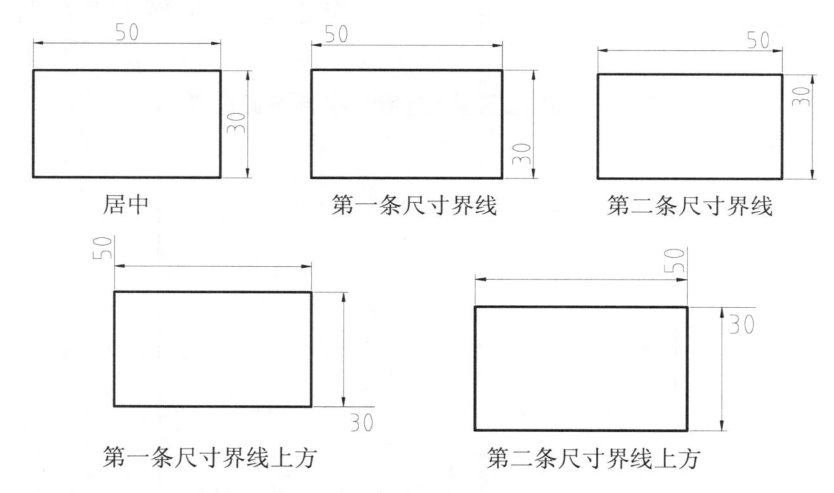

图 9-19　尺寸文字在水平方向上的相对位置

- 【从尺寸线偏移】文本框：用于设置文字偏移量，及尺寸文字和尺寸线之间的间距，如图 9-20 所示。

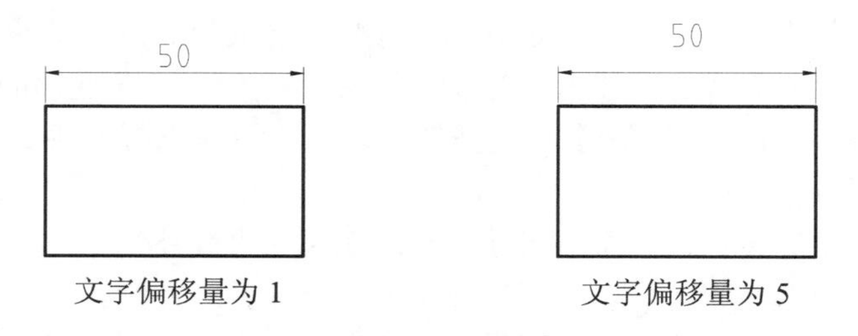

图 9-20　文字偏移量设置

3)　【文字对齐】选项组

在【文字对齐】选项组中，可以设置标注文字的对齐方式，如图 9-21 所示。各选项的含义如下。

- 【水平】单选按钮：无论尺寸线的方向如何，文字始终水平放置。
- 【与尺寸线对齐】单选按钮：文字的方向与尺寸线平行。
- 【ISO 标准】单选按钮：按照 ISO 标准对齐文字。当文字在尺寸界线内时，文字与尺寸线对齐。当文字在尺寸界线外时，文字水平排列。

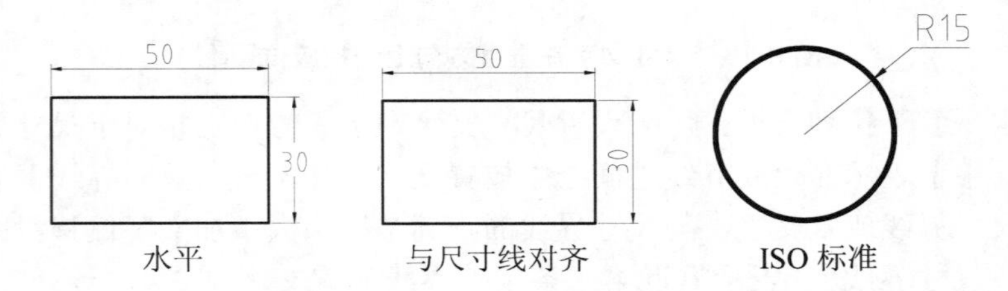

图 9-21　尺寸文字对齐方式

4. 【调整】选项卡

在【调整】选项卡中，可以设置标注文字、尺寸线、尺寸箭头的位置，如图 9-22 所示。

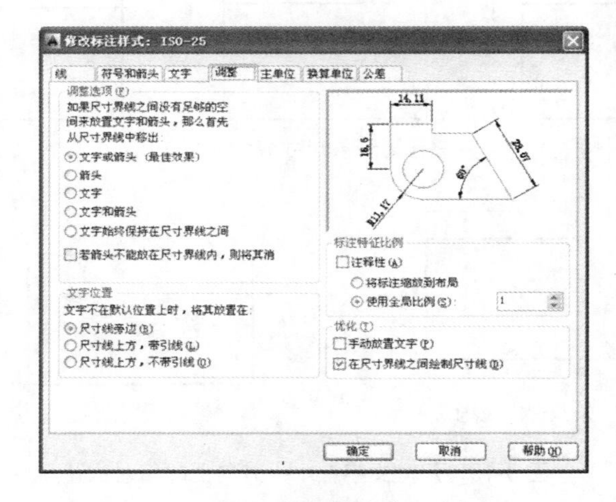

图 9-22　【调整】选项卡

1)　【调整选项】选项组

在【调整选项】选项组中，可以设置当尺寸界线之间没有足够的空间同时放置标注文字和箭头时，应从尺寸界线之间移出的对象，如图 9-23 所示。各选项的含义如下。

- 【文字或箭头(最佳效果)】单选按钮：表示由系统选择一种最佳方式来安排尺寸文字和尺寸箭头的位置。
- 【箭头】单选按钮：表示将尺寸箭头放在尺寸界线外侧。
- 【文字】单选按钮：表示将标注文字放在尺寸界线外侧。
- 【文字和箭头】单选按钮：表示将标注文字和尺寸线都放在尺寸界线外侧。
- 【文字始终保持在尺寸界线之间】单选按钮：表示标注文字始终放在尺寸界线之间。

- 【若箭头不能放在尺寸界线内，则将其消除】单选按钮：表示当尺寸界线之间不能放置箭头时，不显示标注箭头。

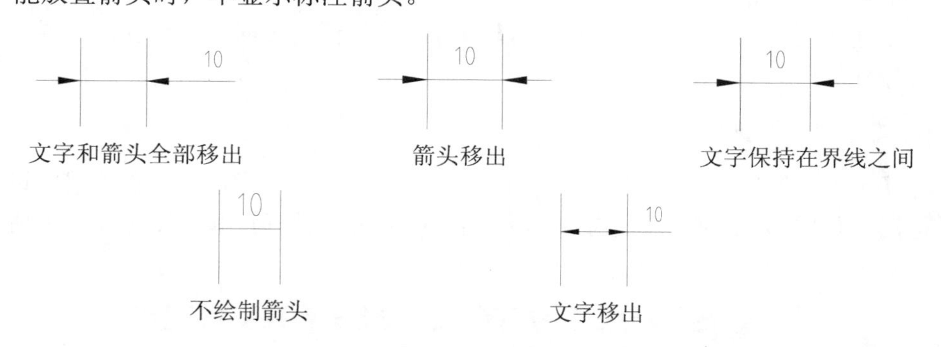

图 9-23　尺寸要素调整

2)　【文字位置】选项组

在【文字位置】选项组中，可以设置当标注文字不在默认位置时应放置的位置，如图 9-24 所示。各选项的含义如下。

- 【尺寸线旁边】单选按钮：表示当标注文字在尺寸界线外部时，将文字放置在尺寸线旁边。
- 【尺寸线上方，带引线】单选按钮：表示当标注文字在尺寸界线外部时，将文字放置在尺寸线上方并加一条引线相连。
- 【尺寸线上方，不带引线】单选按钮：表示当标注文字在尺寸界线外部时，将文字放置在尺寸线上方，不加引线。

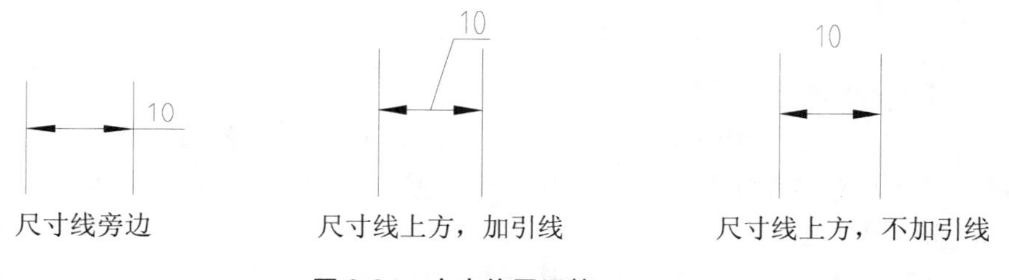

图 9-24　文字位置调整

3)　【标注特征比例】选项组

在【标注特征比例】选项组中，可以设置标注尺寸的特征比例以便通过设置全局比例来调整标注的大小。各选项的含义如下。

- 【注释性】复选框：选择该复选框，可以将标注定义成可注释性对象。
- 【将标注缩放到布局】单选按钮：选中该单选按钮，可以根据当前模型空间视口与图纸之间的缩放关系设置比例。
- 【使用全局比例】单选按钮：选择该单选按钮，可以对全部尺寸标注设置缩放比例，该比例不改变尺寸的测量值。

4)　【优化】选项组

在【优化】选项组中，可以对标注文字和尺寸线进行细微调整。该选项区域包括以下两个复选框。

- 【手动放置文字】：表示忽略所有水平对正设置，并将文字手动放置在“尺寸线位置”的相应位置。
- 【在尺寸界线之间绘制尺寸线】：表示在标注对象时，始终在尺寸界线间绘制尺寸线。

5. 【主单位】选项卡

在【主单位】选项卡中，可以设置标注的单位格式，通常用于机械或辅助设计绘图的尺寸标注，如图 9-25 所示。设置主单位格式时，分线性标注和角度标注两种情况，其主单位分别用来表示长度和角度。

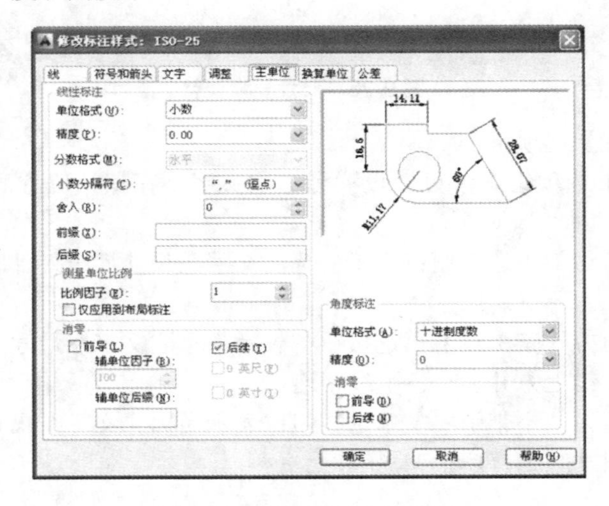

图 9-25 【主单位】选项卡

1) 【线性标注】选项组

在【线性标注】选项组中，可以设置线性尺寸的单位。各选项的含义如下。

- 【单位格式】下拉列表框：用于选择线性标注所采用的单位格式，如小数、科学和工程等。
- 【精度】下拉列表框：用于选择线性标注的小数位数。
- 【分数格式】下拉列表框：用于设置分数的格式。只有在【单位格式】下拉列表框中选择【分数】选项时此项才可用。
- 【小数分隔符】下拉列表框：用于选择小数分隔符的类型，如“逗点”和“句点”等。
- 【舍入】微调框：用于设置非角度测量值的舍入规则。若设置舍入值为 0.5，则所有长度都将被舍入到最接近 0.5 个单位的数值。
- 【前缀】微调框：用于在标注文字的前面添加一个前缀。
- 【后缀】微调框：用于在标注文字的后面添加一个后缀。

2) 【测量单位比例】选项组

在【测量单位比例】选项组中，可以设置单位比例和限制使用的范围。各选项的含义如下。

- 【比例因子】微调框：用于设置线性测量值的比例因子，AutoCAD 将标注测量

值与此处输入值相乘。如果输入 3，AutoCAD 将把 1mm 的测量值显示为 3mm。该数值框中的值不影响角度标注效果。

- 【仅应用到布局标注】复选框：表示只对在布局中创建的标注应用线性比例值。

3)　【消零】选项组

在【消零】选项组中，可以设置小数消零的参数。它用于消除所有小数标注中的前导或后续的零。如选择后续，则 0.3500 变为 0.35。

4)　【角度标注】选项组

在【角度标注】选项组中，可以设置角度标注的单位样式。各选项的含义如下。

- 【单位格式】下拉列表框：用于设定角度标注的单位格式。如十进制度数、度/分/秒、百分度、弧度等。
- 【精度】下拉列表框：用于设定角度标注的小数位数。

5)　【消零】选项组

其含义与线性标注相同。

6. 【换算单位】选项卡

该选项卡如图 9-26 所示，可以设置不同单位尺寸之间的换算格式及精度。在 AutoCAD 中，通过换算标注单位，可以换算使用不同测量单位制的标注，通常是显示英制标注的等效公制标注，或公制标注的等效英制标注。在标注文字中，换算标注单位显示在主单位旁边的括号中。默认情况下该选项卡中大部分内容都呈不可用状态，只有选择【显示换算单位】复选框后，该选项卡中的其他内容才可使用。

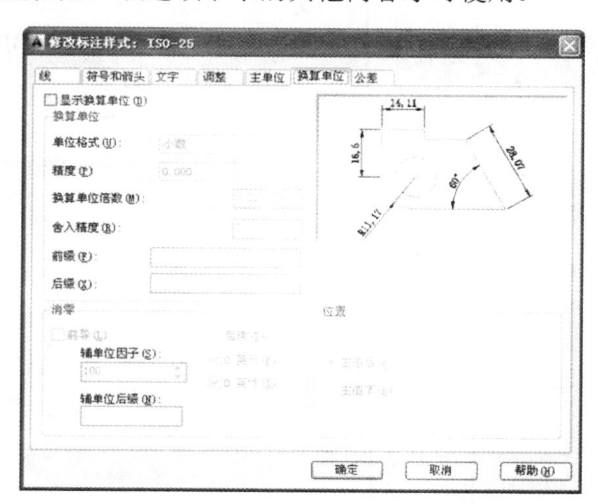

图 9-26　【换算单位】选项卡

1)　【换算单位】选项组

在【换算单位】选项组中，可以设置单位换算的单位格式和精度参数。各选项的含义如下。

- 【单位格式】下拉列表框：用于设置换算单位格式，如可以设置为科学、小数、工程等。
- 【精度】下拉列表框：用于设置换算单位的小数位数。
- 【换算单位倍数】微调框：可以指定一个倍数，作为主单位和换算单位之间的换算因子。

- 【舍入精度】微调框：为除角度之外的所有标注类型设置换算单位的舍入规则。
- 【前缀】文本框：为换算标注文字指定一个前缀。
- 【后缀】文本框：为换算标注文字指定一个后缀。

2) 【消零】选项组

在【消零】选项组中，可以设置不输出的前导零和后续零以及值为零的英尺和英寸。

3) 【位置】选项组

在【位置】选项组中，可设置换算值的位置，如图 9-27 所示。各选项的含义如下。

- 【主值后】单选按钮：表示将换算值放在主单位后面。
- 【主值下】单选按钮：表示将换算值放在主单位下面。

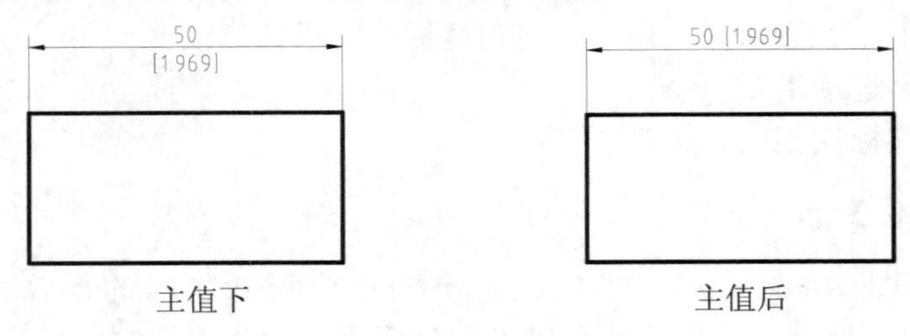

图 9-27 换算值的位置

7. 【公差】选项卡

【公差】是指允许尺寸的变动量，常用于进行机械标注中对零件加工的误差范围进行限定。一个完整的公差标注由基本尺寸、上偏差、下偏差组成，如图 9-28 所示。

【公差】选项卡如图 9-29 所示，在该选项卡中可以设置公差的参数。各选项的含义如下。

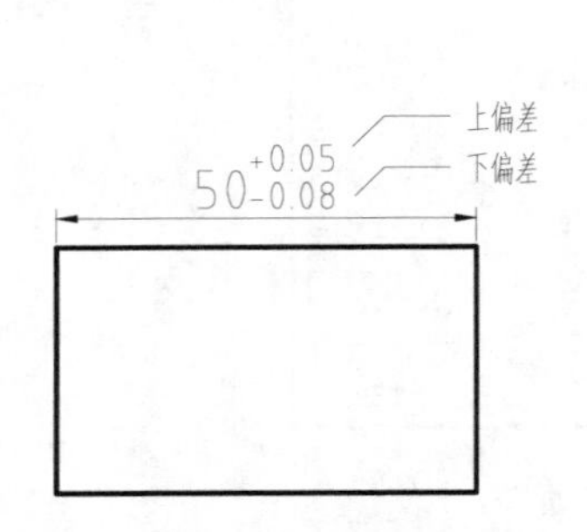

图 9-28 公差标注的组成

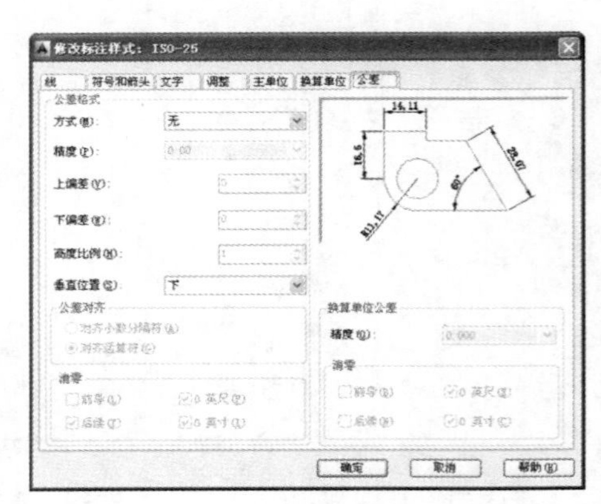

图 9-29 【公差】选项卡

- 【方式】下拉列表框：用于设置计算公差的方法。【无】表示不标注公差，选择此项，此卡中的其他选项不可用；【对称】表示当上、下偏差的绝对值相等时，在公差值前加注“±”号，仅需输入上偏差值；【极限偏差】用来设置上、下偏差值，自动加注“+”符号在上偏差前面，加注“-”符号在下偏差前面；【极限尺寸】表示直接标注最大和最小极限数值；【基本尺寸】表示只标注基本尺寸，不标注上、下偏差，并绘制文字边框。如图 9-30 所示为公差标注的各种效果。

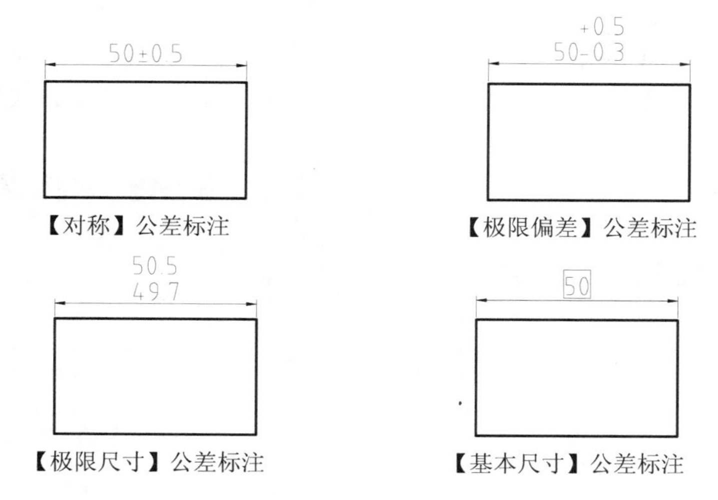

图 9-30　公差标注的方式

- 【精度】下拉列表框：用于设置小数的位数。
- 【上偏差】微调框：用于设置最大公差或上偏差。当在“方式”下拉列表框中选择“对称”选项时，AutoCAD 将该值用作公差值。
- 【下偏差】微调框：用于设置最小公差或下偏差。
- 【高度比例】微调框：用于设置公差文字的当前高度。
- 【垂直位置】下拉列表框：用于设置对称公差和极限公差的文字对齐方式。

9.2.3　标注样式的子样式

【案例 9-2】 在 AutoCAD 中，可以对某类对象设置标注样式，这种标注样式是某一标注样式的子样式。

(1) 选择【格式】|【标注样式】命令，弹出【标注样式管理器】对话框，如图 9-31 所示。

(2) 在【标注样式管理器】对话框中选择一种已有的样式作为基础样式，这里选择 ISO-25 标注样式。然后单击【新建】按钮，弹出【创建新标注样式】对话框，如图 9-32 所示。

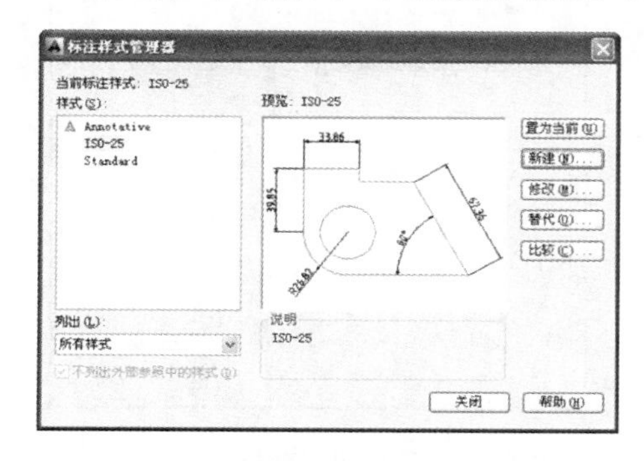

图 9-31　【标注样式管理器】对话框

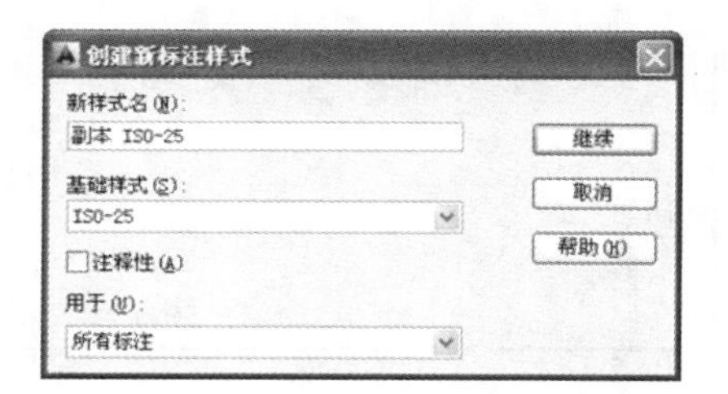

图 9-32　【创建新标注样式】对话框

(3) 在【创建新标注样式】对话框中，在【用于】下拉列表框中选择应用范围为【半径标注】，如图 9-33 所示。

(4) 单击【继续】按钮，在【新建标注样式】对话框中设置子样式的参数。

(5) 单击【确定】按钮，子样式创建完成，在其基础样式下以列表形式显示，如图 9-34 所示。

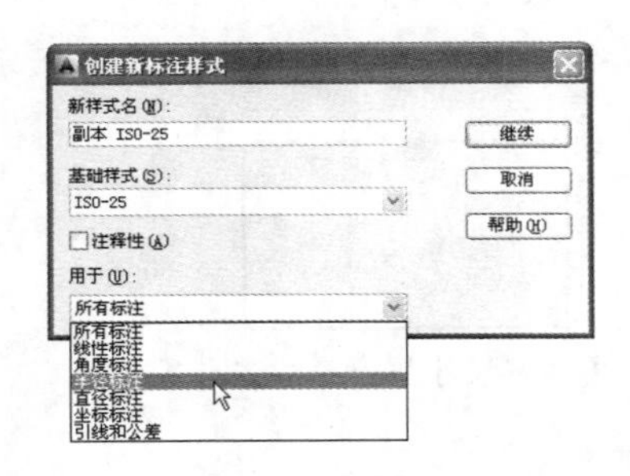

图 9-33　选择应用范围

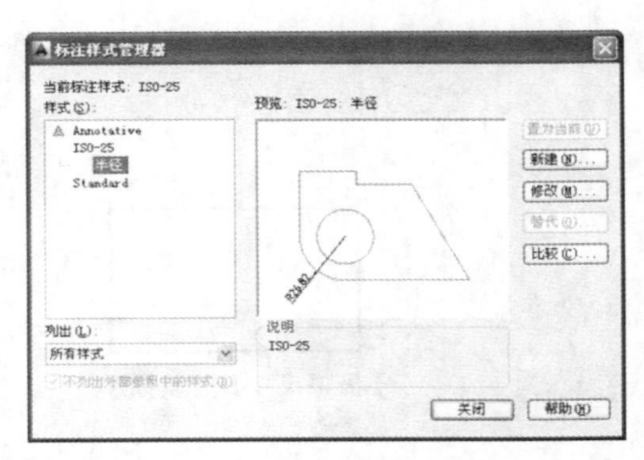

图 9-34　创建的子样式

9.2.4　尺寸样式的替代

替代尺寸样式是由当前的尺寸样式生成一种临时样式，之后的标注将按替代样式进行，但不影响替代之前的标注，因此替代尺寸样式不同于修改尺寸样式。AutoCAD 中只能以当前标注样式为基础样式创建替代样式，并且当前标注样式只能有一个替代样式，创建的替代的样式在【标注样式管理器】中父样式下列出，替代样式不能直接删除。如果要删除替代样式，将其他样式设置为当前即可。

【案例 9-3】 替代尺寸样式。

(1) 选择【格式】|【标注样式】命令，弹出【标注样式管理器】对话框，如图 9-35 所示。

(2) 在【标注样式管理器】对话框中选择当前的标注样式。单击【替代】按钮，弹出【替代当前样式】对话框，如图 9-36 所示。

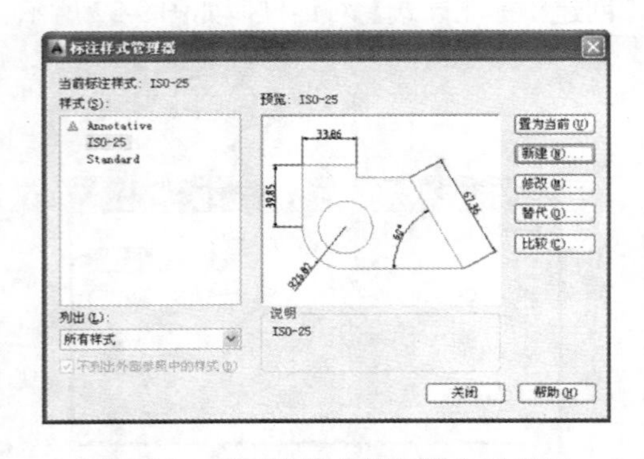

图 9-35　【标注样式管理器】对话框

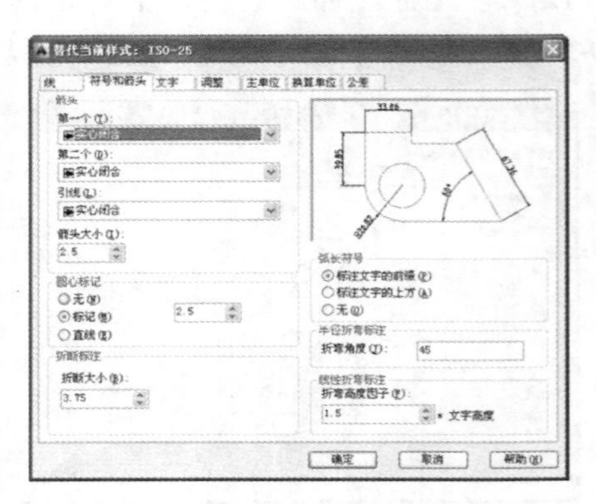

图 9-36　【替代当前样式】对话框

(3) 在【替代当前样式】对话框中，修改标注的参数，单击【确定】按钮，即创建了当前标注样式的替代样式，如图 9-37 所示。

(4) 创建替代样式之后，系统以替代样式为当前标注样式。如果需要恢复为 ISO-25 标注样式，选择 ISO-25 标注样式，将其设置为当前，系统弹出如图 9-38 所示的对话框，单击【确定】按钮即可删除替代样式，恢复为 ISO-25 标注样式。

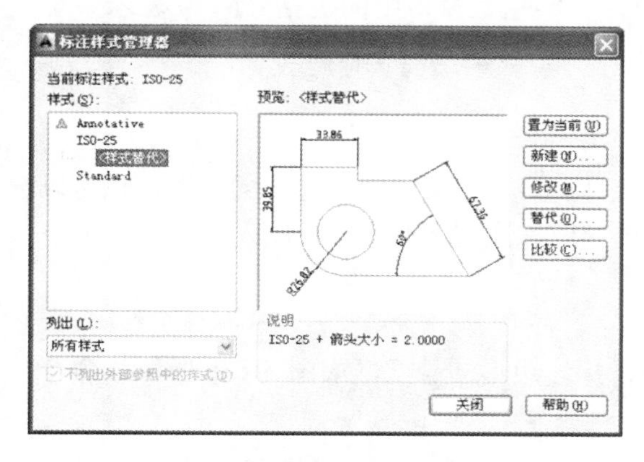

图 9-37　创建的替代样式

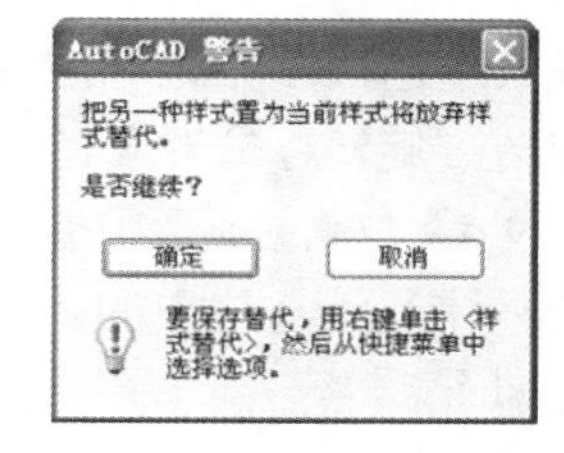

图 9-38　AutoCAD 警告

9.3　尺寸的标注

针对不同类型的图形对象，AutoCAD 提供了线性标注、径向标注、角度标注和多重引线标注等多种标注类型。

9.3.1　线性标注与对齐标注

线性标注和对齐标注用于标注对象的正交或倾斜直线距离。

1. 线性标注

线性标注用于标注任意两点之间的水平或竖直方向的距离。执行【线性标注】命令的方法有以下几种。

- 菜单栏：选择【标注】|【线性】命令。
- 工具栏：单击【标注】工具栏中的【线性】按钮⊢⊣。
- 命令行：在命令行中输入 DIMLINEAR 或 DLI 并按 Enter 键。

执行任一命令后，命令行提示如下。

指定第一个尺寸界线原点或 <选择对象>:

此时可以选择通过【指定原点】或是【选择对象】进行标注，两者的具体操作与区别如下。

1) 指定起点

默认情况下，在命令行提示下指定第一条尺寸界线的原点，并在“指定第二条尺寸界线原点”提示下指定第二条尺寸界线原点后，命令提示行如下。

```
指定尺寸线位置或[多行文字(M)/文字(T)/角度(A)/水平(H)/垂直(V)/旋转(R)]:
```

因为线性标注有水平和竖直方向两种可能，因此指定尺寸线的位置后，尺寸值才能够完全确定。以上命令行中其他选项的功能说明如下。

- 多行文字：选择该选项将进入多行文字编辑模式，可以使用【多行文字编辑器】对话框输入并设置标注文字。其中，文字输入窗口中的尖括号(< >)表示系统测量值。
- 文字：以单行文字形式输入尺寸文字。
- 角度：设置标注文字的旋转角度。
- 水平和垂直：标注水平尺寸和垂直尺寸。可以直接确定尺寸线的位置，也可以选择其他选项来指定标注的标注文字内容或标注文字的旋转角度。
- 旋转：旋转标注对象的尺寸线。

【案例 9-4】 标注矩形长度。

单击【标注】工具栏中的【线性】按钮，标注矩形的长度，如图 9-39 所示。命令行的操作过程如下。

```
命令: _dimlinear                                   //执行【线性标注】命令
指定第一个尺寸界线原点或 <选择对象>:                  //选择矩形一个顶点
指定第二条尺寸界线原点:                               //选择矩形另一侧边的顶点
指定尺寸线位置或
[多行文字(M)/文字(T)/角度(A)/水平(H)/垂直(V)/旋转(R)]:
//向上拖动指针，在合适位置单击放置尺寸线
标注文字 = 50                                       //生成尺寸标注
```

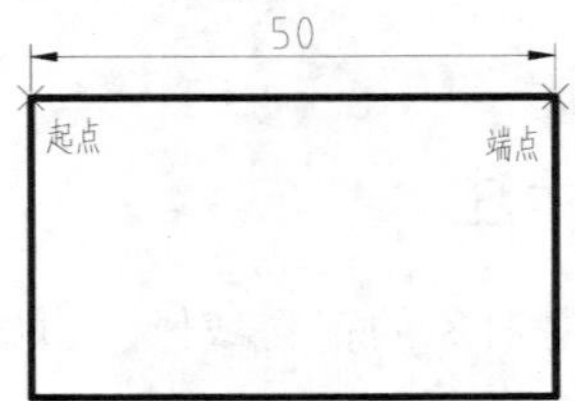

图 9-39　指定原点

2)　选择对象

执行【线性标注】命令之后，按 Enter 键，则要求选择标注尺寸的对象。选择了对象之后，系统以对象的两个端点作为两条尺寸界线的起点。

【案例 9-5】 标注对象的线性尺寸。

单击【标注】工具栏中的【线性】按钮，标注 A、B 边的竖直尺寸，如图 9-40 所示，命令行操作如下。

```
命令: _dimlinear                          //执行【线性标注】命令
指定第一个尺寸界线原点或 <选择对象>:↙        //按 Enter 键
选择标注对象:                              //单击直线 AB
指定尺寸线位置或
[多行文字(M)/文字(T)/角度(A)/水平(H)/垂直(V)/旋转(R)]:
                                          //水平向右拖动指针，在合适位置放置尺寸线
标注文字 = 46
```

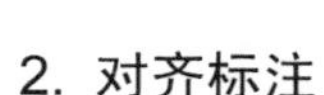

2. 对齐标注

使用线性标注无法创建对象在倾斜方向上的尺寸，这时可以使用【对齐标注】。

执行【对齐标注】命令的方法有以下几种。

- 菜单栏：选择【标注】|【对齐】命令。
- 工具栏：单击【标注】工具栏中的【对齐】按钮。
- 命令行：在命令行中输入 DIMALIGNED 或 DAL 并按 Enter 键。

执行【对齐标注】命令之后，选择要标注的两个端点，系统将以两点间的最短距离(直线距离)生成尺寸标注，如图 9-41 所示。

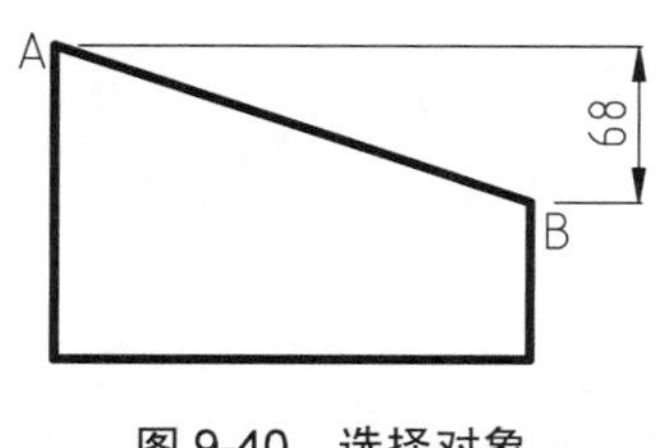

图 9-40　选择对象

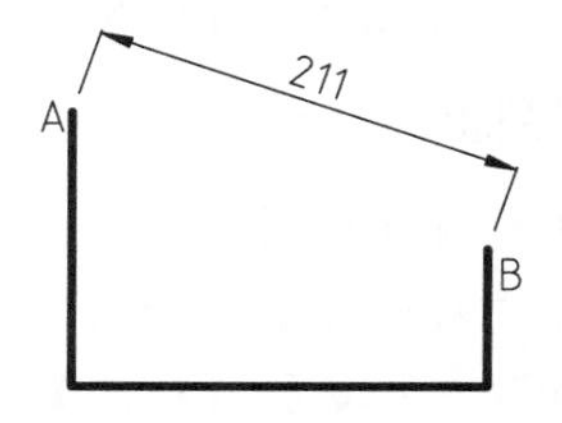

图 9-41　对齐标注

9.3.2　径向标注

径向标注一般用于标注圆或圆弧的直径或半径。标注径向尺寸需要选择圆或圆弧，然后确定尺寸线的位置。默认情况下，系统自动在标注值前添加尺寸符号，包括半径“R”或直径“Φ”。

1. 半径标注

利用【半径标注】可以快速标注圆或圆弧的半径大小。

执行【半径标注】命令的方法有以下几种。

- 菜单栏：选择【标注】|【半径】命令。
- 工具栏：单击【标注】工具栏中的【半径】按钮。
- 命令行：在命令行中输入 DIMRADIUS 或 DRA 并按 Enter 键。

执行任一命令后，命令行提示选择需要标注的对象，单击圆或圆弧即可生成半径标注，拖动指针在合适的位置放置尺寸线。

【案例 9-6】 标注半径。

(1) 打开素材文件“第 09 章\案例 9-6.dwg”，如图 9-42 所示。

(2) 单击【标注】工具栏中的【半径】按钮，标注圆弧 A、B 的半径，如图 9-43 所示，命令行操作如下。

```
命令: _dimradius                                    //执行【半径】标注命令
选择圆弧或圆:                                       //单击选择圆弧 A
标注文字 = 150
指定尺寸线位置或 [多行文字(M)/文字(T)/角度(A)]:    //在圆弧内侧合适位置放置尺寸线
重复【半径】标注命令，标注圆弧 B 的半径
```

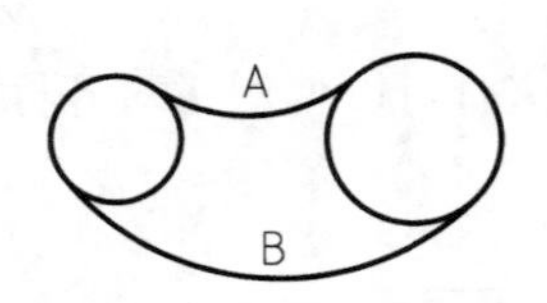

图 9-42　素材图形

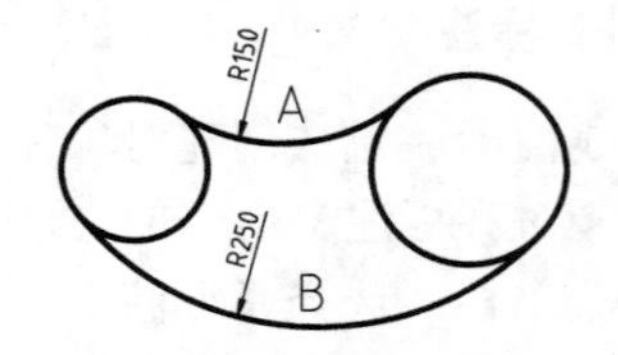

图 9-43　圆弧半径标注

在系统默认情况下，系统自动加注半径符号 R。但如果在命令行中选择【多行文字】和【文字】选项重新确定尺寸文字时，只有在输入的尺寸文字加前缀，才能使标注出的半径尺寸有半径符号 R，否则没有该符号。

2. 直径标注

利用直径标注可以标注圆或圆弧的直径大小。

执行【直径标注】命令的方法有以下几种。

- 菜单栏：选择【标注】|【直径】命令。
- 工具栏：单击【标注】工具栏中的【直径】按钮。
- 命令行：在命令行中输入 DIMDIAMETER 或 DDI 并按 Enter 键。

【直径】标注的方法与【半径】标注的方法相同，执行【直径标注】命令之后，选择要标注的圆弧或圆，然后指定尺寸线的位置即可。

3. 球面标注

标注球面的直径和半径时，应在符号“R”或“Φ”之前加注符号“S”，如图 9-44 所示。在 AutoCAD 中并没有球面标注的命令，因此需要使用直径或半径标注，并编辑标注文字。

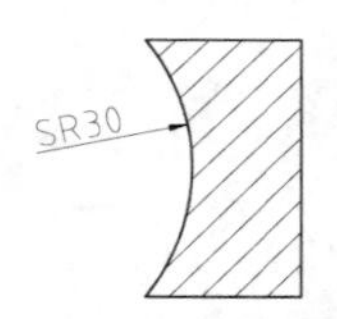

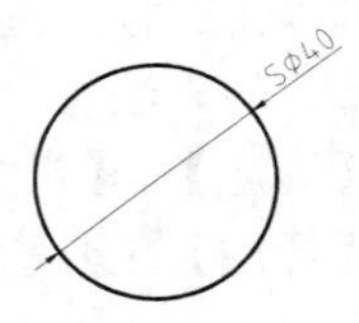

图 9-44　球面标注的方法

9.3.3　角度标注

利用【角度标注】命令不仅可以标注两条相交直线间的角度，还可以标注 3 个点之间的夹角和圆弧的圆心角。

执行【角度标注】命令的方法有以下几种。

- 菜单栏：选择【标注】|【角度】命令。
- 工具栏：单击【标注】工具栏中的【角度】按钮。
- 命令行：在命令行中输入 DIMANGULAR 或 DAN 并按 Enter 键。

【案例 9-7】 角度标注。

单击【标注】工具栏中的【角度】按钮，标注零件图上的角度尺寸，如图 9-45 所示。命令行操作过程如下。

```
命令: _dimangular                              //执行【角度标注】命令
选择圆弧、圆、直线或 <指定顶点>:                //选择圆弧 AB
指定标注弧线位置或 [多行文字(M)/文字(T)/角度(A)/象限点(Q)]:
                                               //向圆弧外拖动指针，在合适位置放置圆弧线
标注文字 = 50
↙                                              //重复【角度标注】命令
命令: _dimangular
选择圆弧、圆、直线或 <指定顶点>:                //选择直线 AO
选择第二条直线:                                 //选择直线 CO
指定标注弧线位置或 [多行文字(M)/文字(T)/角度(A)/象限点(Q)]:
                                               //向右拖动指针，在锐角内放置圆弧线
标注文字 = 45
```

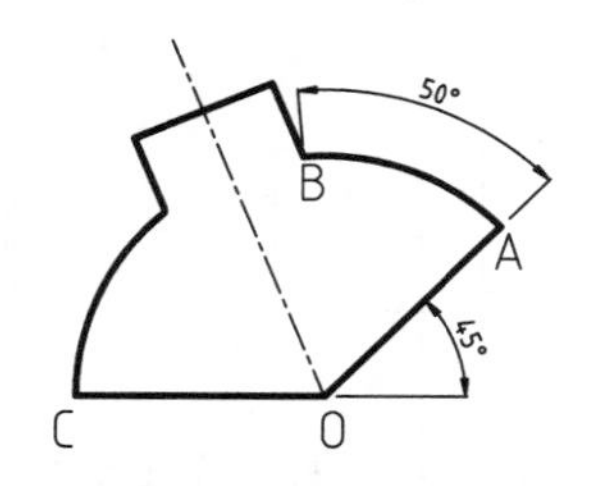

图 9-45 角度标注

9.3.4 基线标注

基线标注是以已有线性尺寸界线为基准的一系列尺寸标注，即以某一个线性标注尺寸界限作为其他标注的第一条尺寸界线，逐一创建多个尺寸标注。

执行【基线标注】命令的方法有以下几种。

- 菜单栏：选择【标注】|【基线】命令。
- 工具栏：单击【标注】工具栏中的【基线】按钮。
- 命令行：在命令行中输入 DIMBASELINE 或 DBA 并按 Enter 键。

基线标注前，必须创建一个线性尺寸标注作为其他标注的基线，确定基线后，根据用户选择的第二条尺寸线生成尺寸标注。

【案例 9-8】 基线标注轴。

(1) 打开素材文件“第 09 章\案例 9-8.dwg”，如图 9-46 所示，将尺寸线图层设置为当前图层。

(2) 选择【格式】|【标注样式】命令，修改当前的标注样式，在【线】选项卡中设置【基线间距】为 12，如图 9-47 所示。

(3) 在命令行中输入 DLI 命令并按 Enter 键，标注第一段轴的长度，如图 9-48 所示。命令行操作过程如下。

```
命令:DLI↙                                                 //执行【线性标注】命令
指定第一个尺寸界线原点或 <选择对象>:                       //选择该段轴的左端点
指定第二条尺寸界线原点:                                    //选择该段轴的右端点
指定尺寸线位置或
[多行文字(M)/文字(T)/角度(A)/水平(H)/垂直(V)/旋转(R)]:    //在合适位置放置尺寸线
标注文字 = 40
```

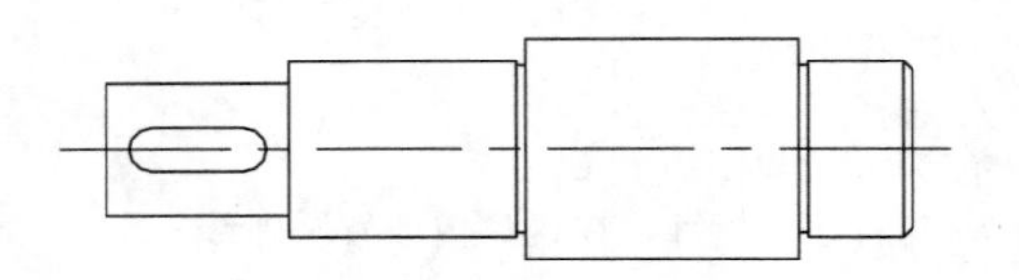

图 9-46　阶梯轴

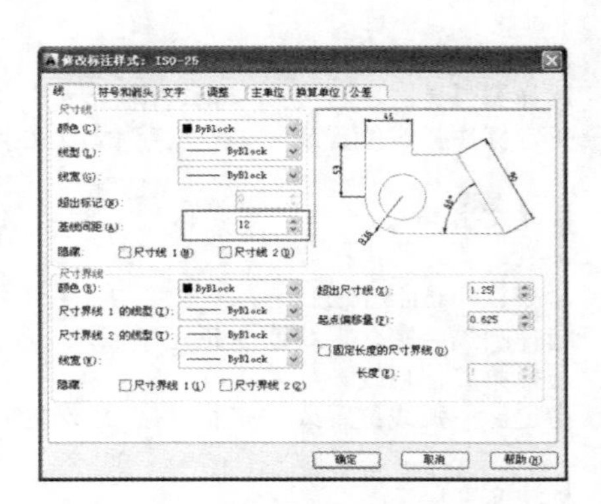

图 9-47　修改基线间距

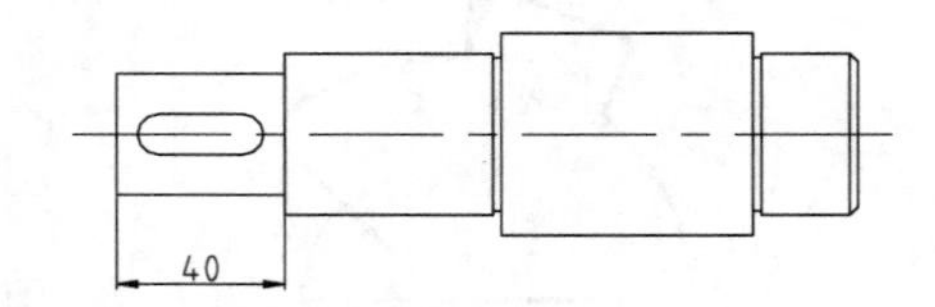

图 9-48　标注线性尺寸

(4) 在命令行中输入 DBA 并按 Enter 键，以上一个尺寸的第一条尺寸界线为基线创建多个基线标注，如图 9-49 所示，命令操作过程如下。

```
命令: DBA↙                                              //执行【基线标注】命令
指定第二条尺寸界线原点或 [放弃(U)/选择(S)] <选择>://选择 C 点，作为第二条尺寸界线原点
标注文字 = 90
指定第二条尺寸界线原点或 [放弃(U)/选择(S)] <选择>://选择 D 点，作为第二条尺寸界线原点
标注文字 = 152
指定第二条尺寸界线原点或 [放弃(U)/选择(S)] <选择>://选择 E 点，作为第二条尺寸界线原点
标注文字 =177
指定第二条尺寸界线原点或 [放弃(U)/选择(S)] <选择>: *取消* //按 Esc 键，退出操作
```

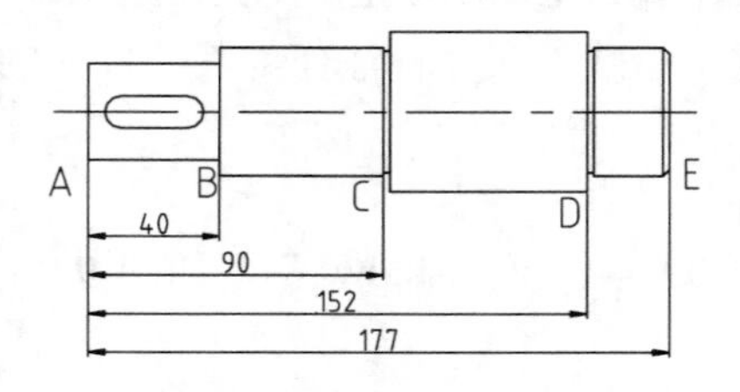

图 9-49　基线标注

9.3.5　连续标注

连续标注是以指定的尺寸界线(必须以线性、坐标或角度标注界限)为基线的一系列标注，下一个尺寸标注都以前一个标注的第二条尺寸界线为基线进行标注。

执行【连续标注】命令的方法有以下几种。

- 菜单栏：选择【标注】|【连续】命令。
- 工具栏：单击【标注】工具栏中的【连续】按钮。

- 命令行：在命令行中输入 DIMCONTINUE 或 DCO 并按 Enter 键。

标注连续尺寸前，必须已经创建了尺寸标注。进行连续标注时，系统默认将上一个尺寸界线终点作为下一个标注的起点，提示用户选择第二条尺寸界限原点，重复指定第二条尺寸界线起点，则创建出连续标注。

【案例 9-9】 连续标注轴。

(1) 打开素材文件“第 09 章\案例 9-8.dwg”，如图 9-50 所示。

(2) 在命令行中输入 DLI 命令并按 Enter 键，标注 AB 段的长度，如图 9-51 所示。

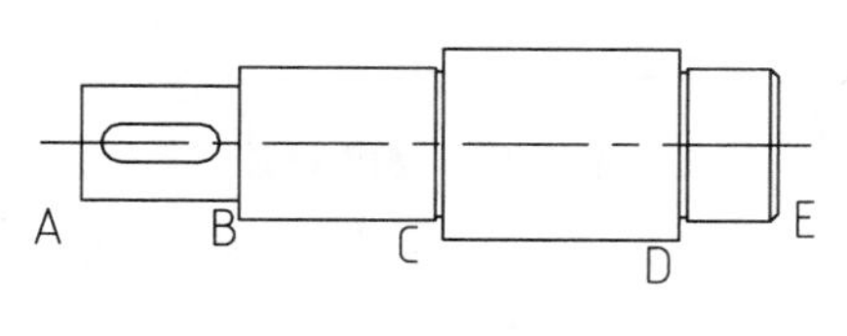

图 9-50　绘制轴

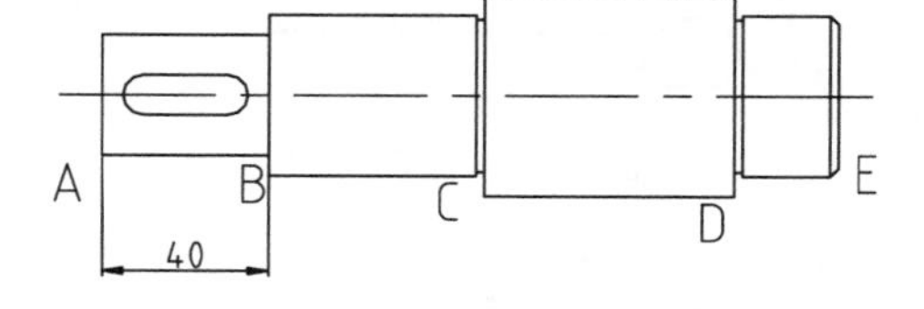

图 9-51　直线标注

(3) 在命令行中输入 DCO 命令并按 Enter 键，标注连续尺寸，如图 9-52 所示。命令行操作过程如下。

```
命令: DCO↙                                        //执行【连续标注】命令
DIMCONTINUE
指定第二条尺寸界线原点或 [放弃(U)/选择(S)] <选择>://选择 C 点，作为第二条尺寸界线原点
标注文字 = 50
指定第二条尺寸界线原点或 [放弃(U)/选择(S)] <选择>://选择 D 点，作为第二条尺寸界线原点
标注文字 = 62
指定第二条尺寸界线原点或 [放弃(U)/选择(S)] <选择>://选择 E 点，作为第二条尺寸界线原点
标注文字 = 25
指定第二条尺寸界线原点或 [放弃(U)/选择(S)] <选择>: *取消* //按 Esc 键，退出操作
```

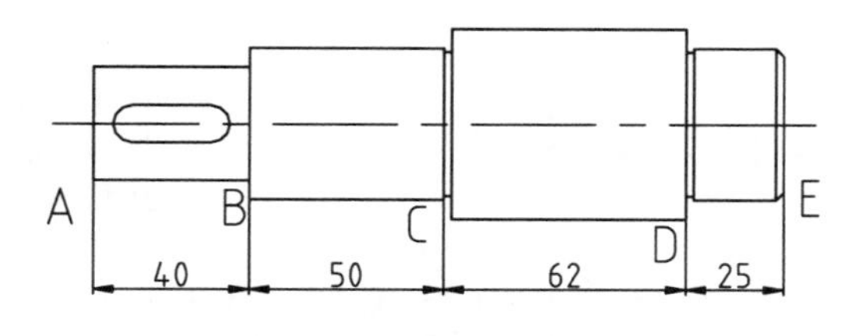

图 9-52　连续标注结果

9.3.6　实例——标注螺栓零件图

标注如图 9-53 所示的螺栓零件图。

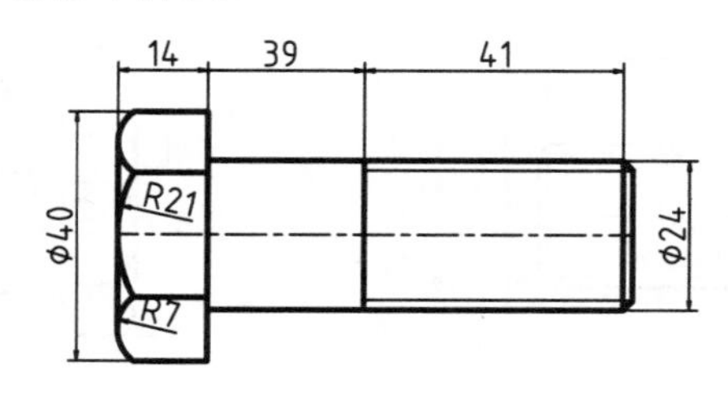

图 9-53　螺栓

(1) 打开素材文件“第 09 章\9.3.6.dwg”，如图 9-54 所示。将【尺寸线】图层设置为当前图层。

(2) 标注螺帽高度。在命令行中输入 DLI 并按 Enter 键，标注线性尺寸，如图 9-55 所示。

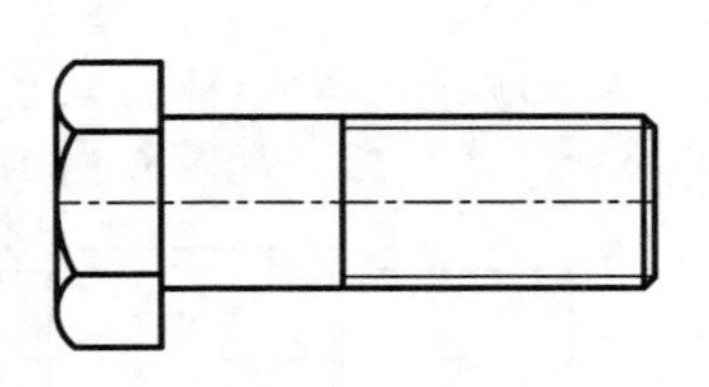

图 9-54 绘制螺钉

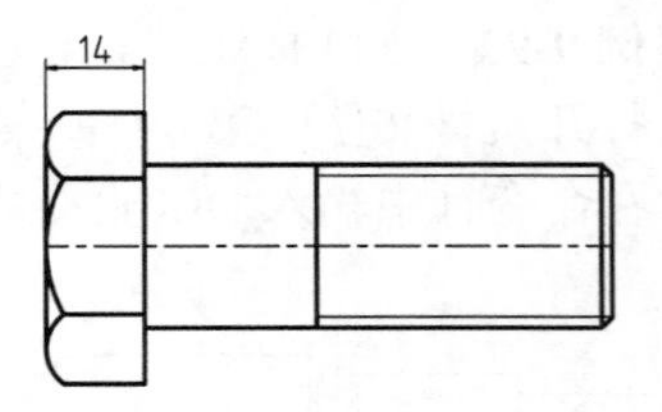

图 9-55 线性标注

(3) 标注螺栓各段长度。在命令行中输入 DCO 并按 Enter 键，标注连续尺寸，如图 9-56 所示。

(4) 标注圆弧半径。在命令行中输入 DRA 并按 Enter 键，标注半径尺寸，如图 9-57 所示。

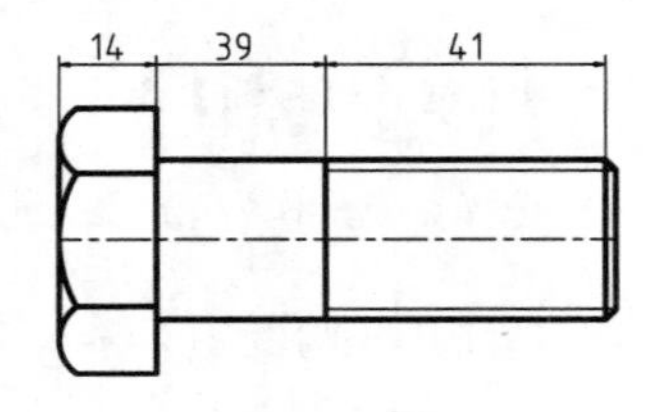

图 9-56 连续标注

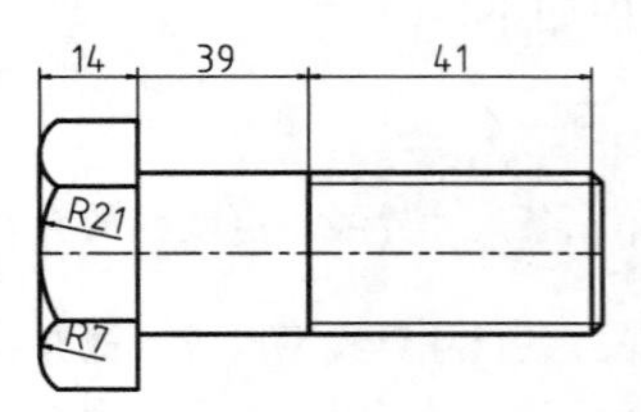

图 9-57 半径标注

(5) 标注螺帽直径。在命令行中输入 DLI 并按 Enter 键，标注螺帽直径，如图 9-58 所示。命令行操作如下。

```
命令：DLI↙                                          //执行【线性标注】命令
指定第一个尺寸界线原点或 <选择对象>：                //选择螺帽上边线端点
指定第二条尺寸界线原点：                            //选择螺帽下边线端点
指定尺寸线位置或
[多行文字(M)/文字(T)/角度(A)/水平(H)/垂直(V)/旋转(R)]：T     //选择【文字】选项
输入标注文字 <40>：%%c40↙                                  //输入标注文字
指定尺寸线位置或
[多行文字(M)/文字(T)/角度(A)/水平(H)/垂直(V)/旋转(R)]：     //在合适位置放置尺寸线
标注文字 = 40
```

(6) 同样的方法标注螺杆的直径，结果如图 9-59 所示。

图 9-58 直径标注

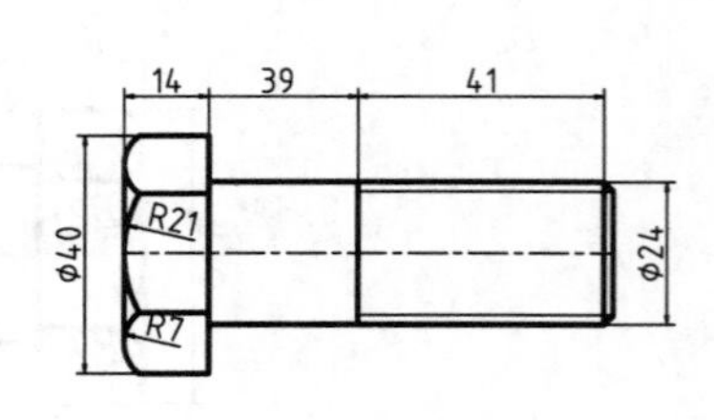

图 9-59 对齐标注

9.3.7 弧长标注

弧长标注用于标注圆弧、椭圆弧或者其他弧线的长度。

执行【弧长标注】命令的方法有以下几种。

- 菜单栏：选择【标注】|【弧长】命令。
- 工具栏：单击【标注】工具栏中的【弧长标注】按钮。
- 命令行：在命令行中输入 DIMARC 并按 Enter 键。

【案例 9-10】 标注弹簧弧长。

(1) 打开素材文件“第 09 章\案例 9-10.dwg”，如图 9-60 所示。

(2) 单击【标注】工具栏中的【弧长】按钮，标注弹簧挂钩的内侧弧长，如图 9-61 所示。命令行操作如下。

```
命令: _dimarc                                          //执行【弧长标注】命令
选择弧线段或多段线圆弧段:                              //单击选择要标注的圆弧
指定弧长标注位置或 [多行文字(M)/文字(T)/角度(A)/部分(P)/引线(L)]:
                                                       //在合适的位置放置标注
标注文字 = 67
```

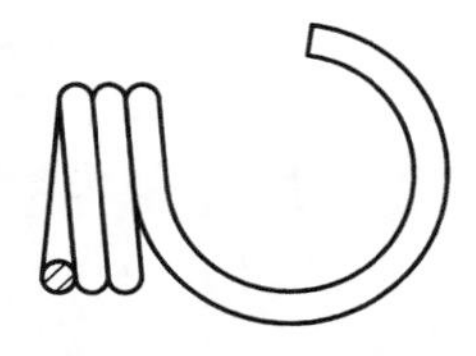

图 9-60　素材图形

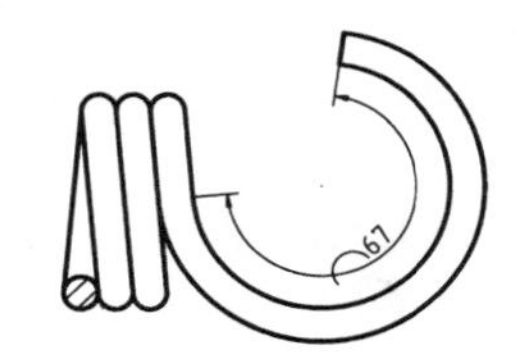

图 9-61　弧长标注的结果

9.3.8 折弯标注

当圆弧半径相对于图形尺寸较大时，半径标注的尺寸线相对于图形显得过长，这时可以使用折弯标注，该标注方式与半径标注方式基本相同，但需要指定一个位置代替圆或圆弧的圆心。

执行【折弯标注】命令的方法有以下几种。

- 菜单栏：选择【标注】|【折弯】命令。
- 工具栏：单击【标注】工具栏中的【折弯】按钮。
- 命令行：在命令行中输入 DIMJOGGED 并按 Enter 键。

【折弯】标注与【半径】标注的方法基本相同，但需要指定一个位置代替圆或圆弧的圆心，如图 9-62 所示。

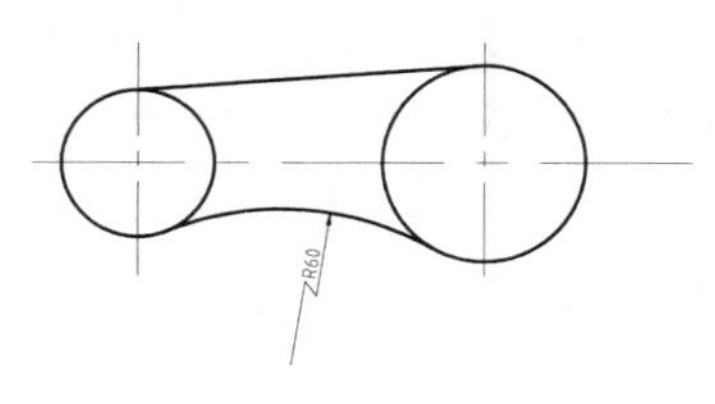

图 9-62　折弯标注

9.3.9 多重引线标注

使用【多重引线】命令可以引出文字注释、倒角标注、标注零件号和引出公差等。引线的标注样式由多重引线样式控制。

1. 管理多重引线样式

通过【多重引线样式管理器】对话框可以设置多重引线的箭头、引线、文字等特征。打开【多重引线样式管理器】对话框有以下几种常用方法。

- 菜单栏：选择【格式】|【多重引线样式】命令。
- 工具栏：单击【多重引线】工具栏中的【多重引线样式】按钮。
- 命令行：在命令行中输入 MLEADERSTYLE 或 MLS 并按 Enter 键。

执行以上任一操作，弹出【多重引线样式管理器】对话框，如图 9-63 所示。该对话框和【标注样式管理器】对话框功能类似，可以设置多重引线的格式和内容。单击【新建】按钮，弹出【创建新多重引线样式】对话框，如图 9-64 所示。

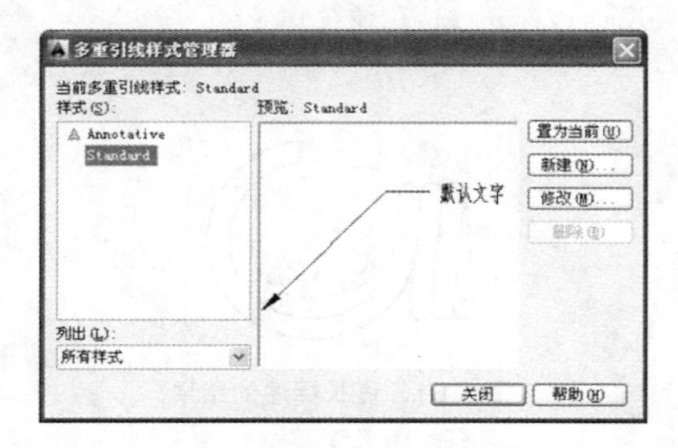

图 9-63 【多重引线样式管理器】对话框

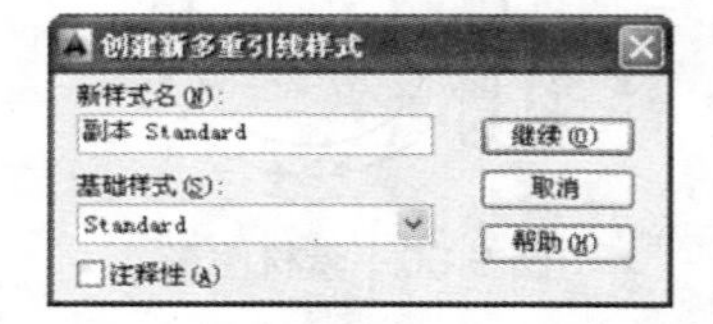

图 9-64 【创建新多重引线样式】对话框

2. 创建多重引线标注

执行【多重引线】命令的方法有以下几种。

- 菜单栏：选择【标注】|【多重引线】命令。
- 工具栏：单击【多重引线】工具栏中的【多重引线】按钮。
- 命令行：在命令行中输入 MLEADER 或 MLD 并按 Enter 键。

执行【多重引线】命令之后，依次指定引线箭头和基线的位置，然后在打开的文本窗口中输入注释内容即可。单击【多重引线】工具栏中的【添加引线】按钮，可以为图形继续添加多个引线和注释。

【案例 9-11】 创建多重引线标注。

(1) 打开素材文件“第 09 章\案例 9-11.dwg”，如图 9-65 所示。

(2) 选择【格式】|【多重引线样式】命令，修改当前的多重引线样式。在【引线格式】选项卡中修改箭头大小为 10；在【内容】选项卡中修改文字样式为“机械注释”，【文字高度】设置为 10，如图 9-66 和图 9-67 所示。

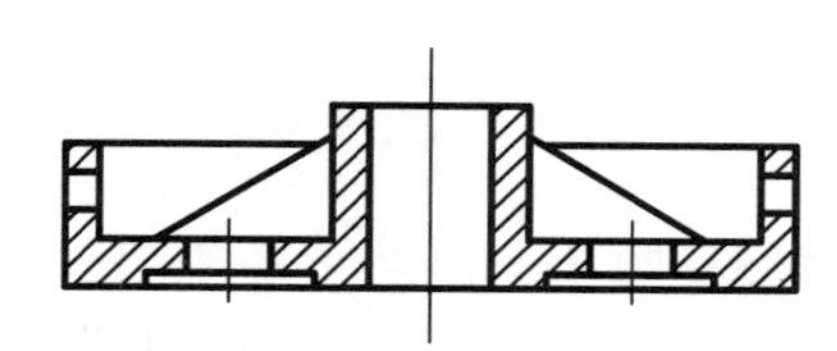

图 9-65　素材图形

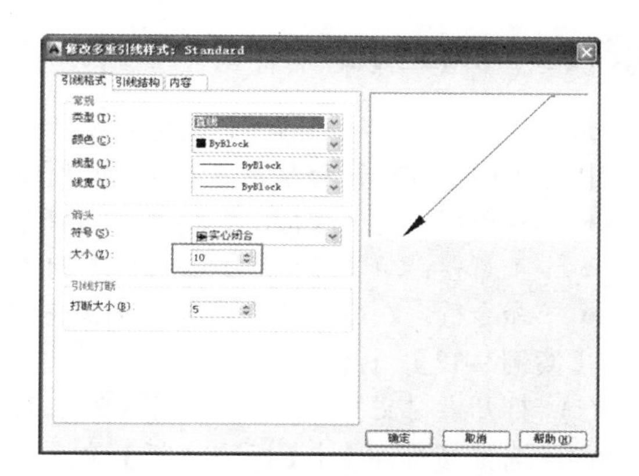

图 9-66　修改箭头大小

(3) 选择【标注】|【多重引线】命令，标注引线注释，如图 9-68 所示。命令行操作过程如下。

```
命令: _mleader                    //执行【多重引线】命令
指定引线箭头的位置或 [引线基线优先(L)/内容优先(C)/选项(O)] <选项>:
                                  //在要标注的位置单击确定箭头位置
指定引线基线的位置:               //在合适的位置单击指定基线位置，然后在文本框中输入文字
```

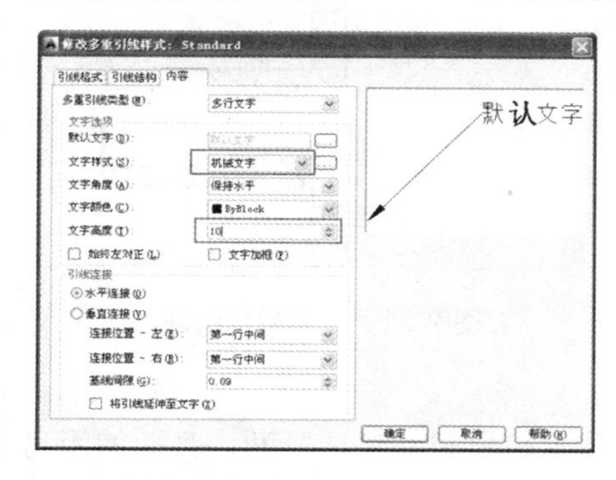

图 9-67　修改文字样式和高度

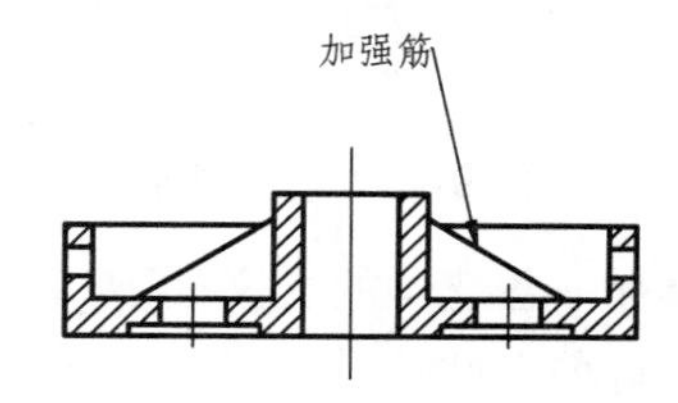

图 9-68　创建的引线标注

(4) 单击【多重引线】工具栏中的【添加引线】按钮，添加一条引线，如图 9-69 所示。命令行操作如下。

```
选择多重引线:                                    //选择上一步创建的多重引线
找到 1 个
指定引线箭头位置或 [删除引线(R)]:                //在另一个加强筋边线上单击指定箭头位置
指定引线箭头位置或 [删除引线(R)]: *取消*         //按 Esc 键退出多行引线添加
```

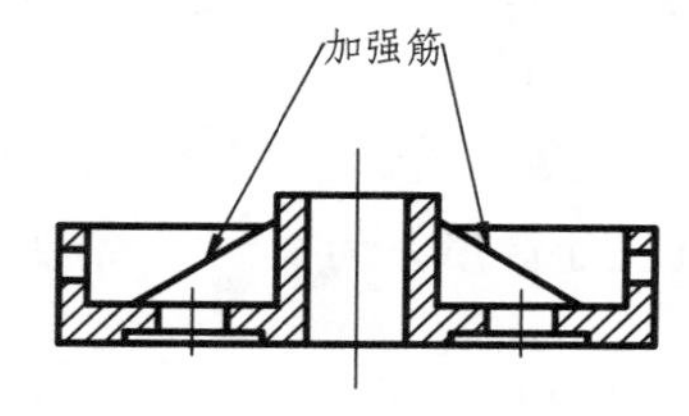

图 9-69　添加引线的效果

9.3.10 标注打断

为了使图纸尺寸结构清晰，在标注线交叉的位置可以执行标注打断。

执行【标注打断】命令的方法有以下几种。

- 菜单栏：选择【标注】|【标注打断】命令。
- 工具栏：单击【标注】工具栏中的【折断标注】按钮。
- 命令行：在命令行中输入 DIMBREAK 并按 Enter 键。

【案例 9-12】 标注打断。

(1) 打开素材文件“第 09 章\案例 9-12.dwg”，如图 9-70 所示。

(2) 选择【标注】|【标注打断】命令，在引线标注和尺寸标注之间创建打断，如图 9-71 所示。命令行操作过程如下。

```
命令: _DIMBREAK                                          //执行【标注打断】命令
选择要添加/删除折断的标注或 [多个(M)]:                       //选择线性尺寸标注
选择要折断标注的对象或 [自动(A)/手动(M)/删除(R)] <自动>: M//选择【手动】选项
指定第一个打断点:                              //在交点一侧单击指定第一个打断点
指定第二个打断点:                              //在交点另一侧单击指定第二个打断点
1 个对象已修改
```

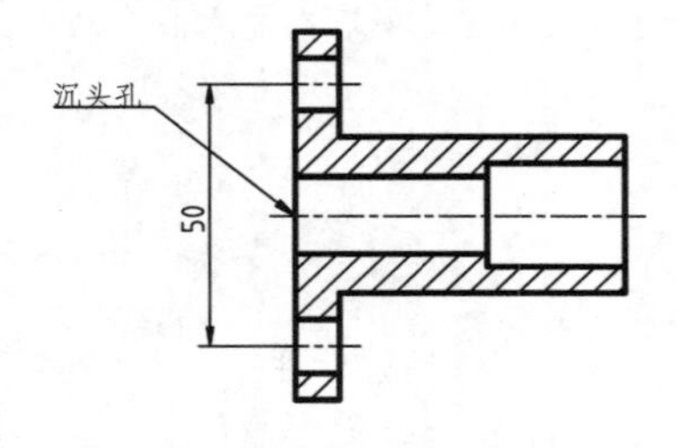

图 9-70 素材图形

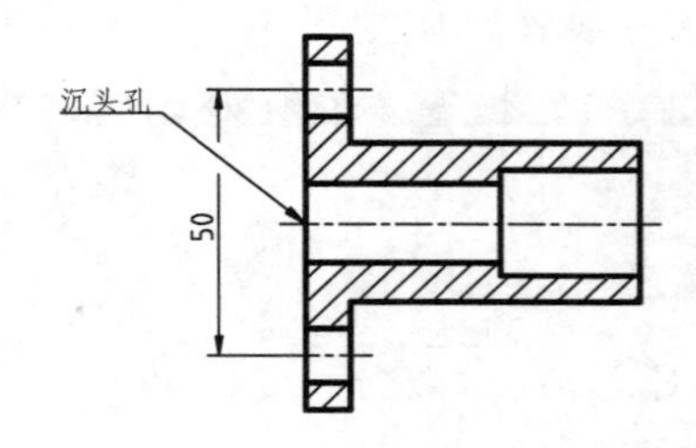

图 9-71 打断标注的效果

命令行中各选项的含义如下。

- 自动：此选项是默认选项，用于在标注相交位置自动生成打断，打断的距离不可控制。
- 手动：选择此项，需要用户指定两个打断点，将两点之间的标注线打断。
- 删除：选择此项可以删除已创建的打断。

9.3.11 实例——标注装配图

标注如图 9-72 所示的装配图。

(1) 选择【文件】|【打开】命令，打开素材文件“第 09 章\9.3.11.dwg”，如图 9-73 所示。

(2) 选择【格式】|【标注样式】命令，新建一个名为“机械制图”的标注样式，设置【文字样式】为 Standard，【文字高度】为“5”，箭头大小为“3”，并将该标注样式设置为当前样式。

(3) 单击【标注】工具栏中的【线性】按钮，标注水平尺寸和竖直尺寸，如图 9-74 所示。

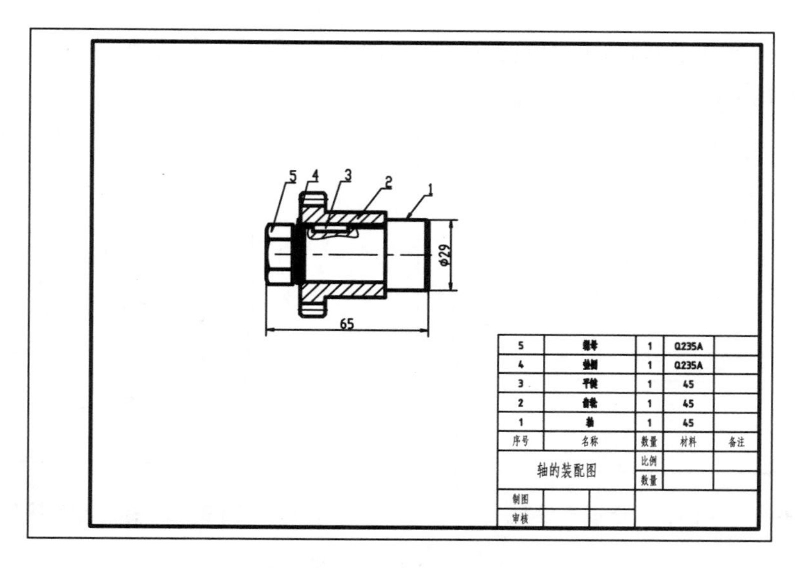

图 9-72　轴的装配图

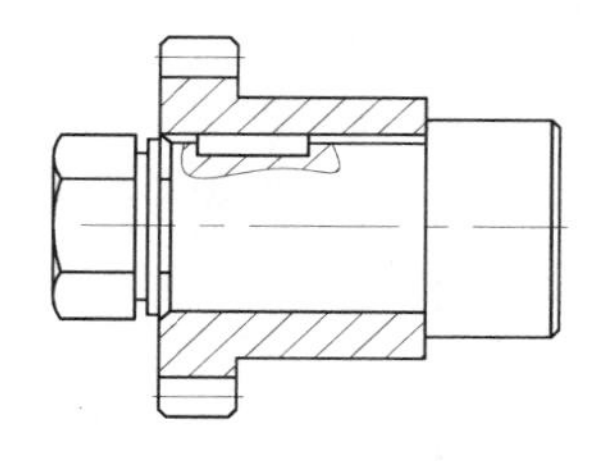

图 9-73　素材图形

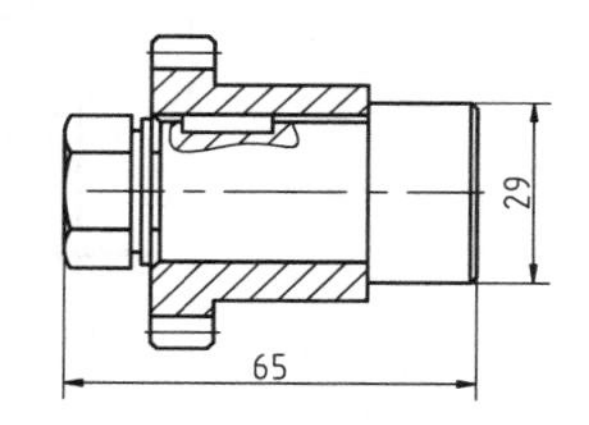

图 9-74　线性标注

(4) 双击轴的直径标注，打开文字编辑器，在尺寸值之前输入“%%C”，为尺寸添加直径符号，如图 9-75 所示。

(5) 选择【格式】|【多重引线样式】命令，修改当前的多重引线样式：在【引线格式】选项卡中设置箭头大小为“3”；在【引线结构】选项卡中取消选择【自动包含基线】复选框，如图 9-76 所示；在【内容】选项卡中设置【文字样式】为【数字与字母】，【文字高度】为“4”，设置引线连接位置为【最后一行加下划线】，如图 9-77 所示。

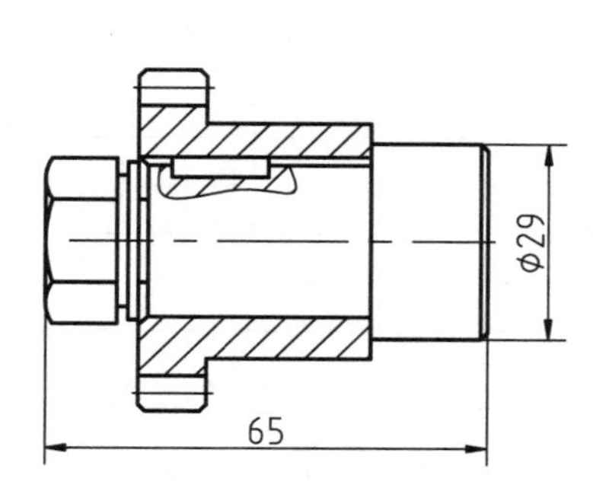

图 9-75　添加直径符号

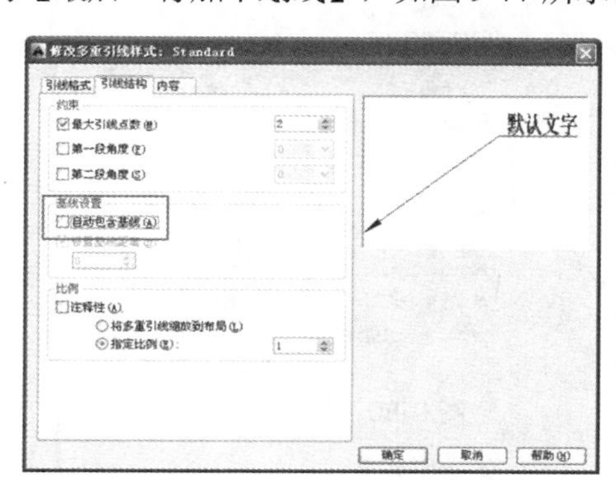

图 9-76　【引线结构】选项卡设置

(6) 选择【标注】|【多重引线】命令，标注零件序号，如图 9-78 所示。

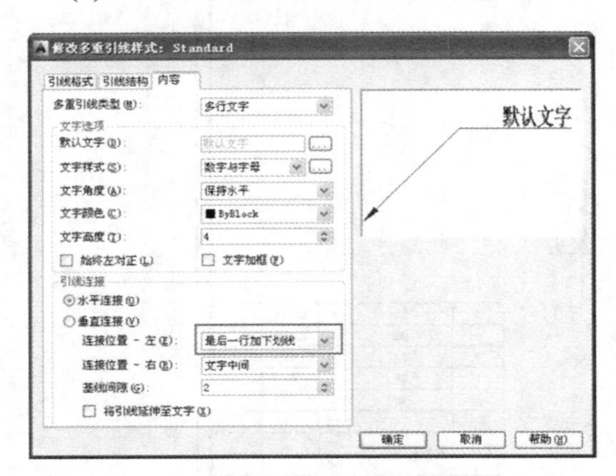

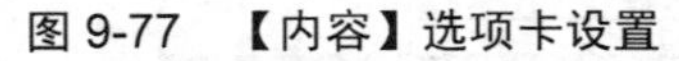
图 9-77 【内容】选项卡设置

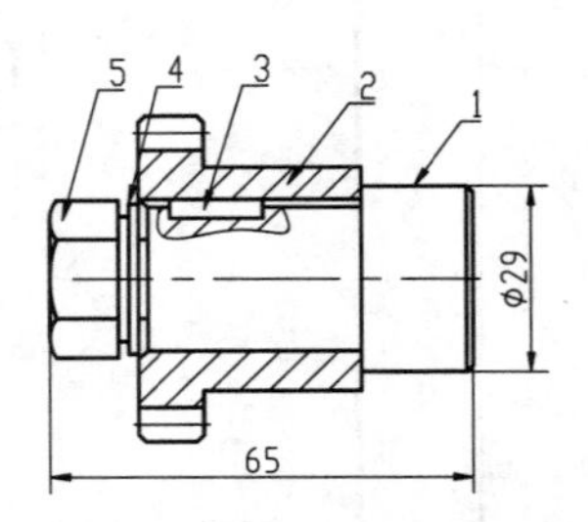

图 9-78 标注零件序号

(7) 执行【直线】命令，绘制尺寸为 A4 大小的图框，如图 9-79 所示。

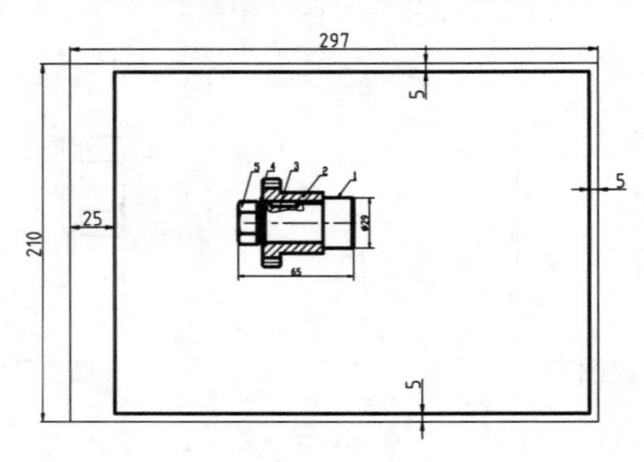

图 9-79 绘制图框

(8) 在命令行中输入 TB 并按 Enter 键，设置表格参数，如图 9-80 所示，插入表格之后，合并单元格并调整单元格尺寸，结果如图 9-81 所示。

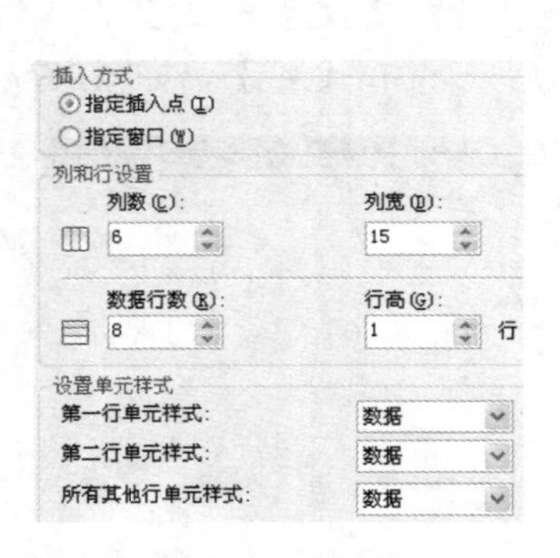

图 9-80 设置表格参数

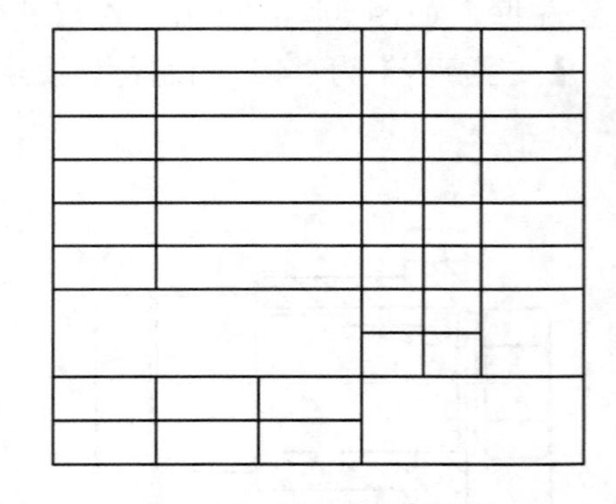

图 9-81 插入并编辑表格

(9) 输入文字。双击相关单元格，输入标题栏和明细表内容，如图 9-82 所示。

(10) 执行【平移】命令，将表格移到图纸中，结果如图 9-83 所示。

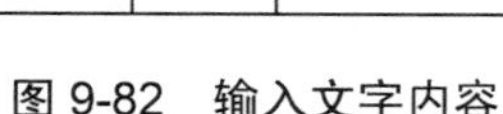

5	螺母	1	Q235A	
4	垫圈	1	Q235A	
3	平键	1	45	
2	齿轮	1	45	
1	轴	1	45	
序号	名称	数量	材料	备注
轴的装配图		比例		
		数量		
制图				
审核				

图 9-82　输入文字内容

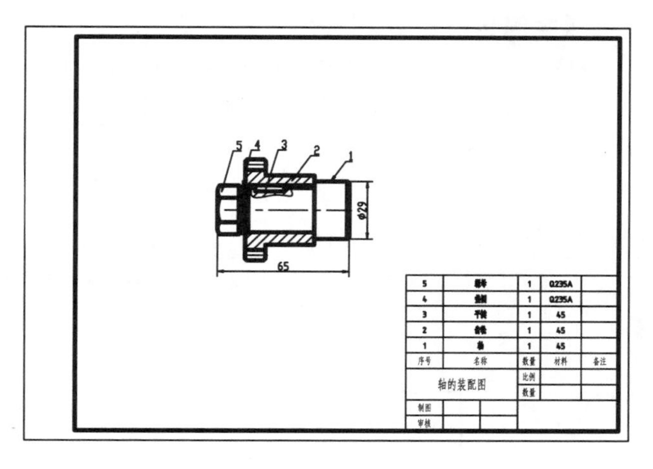

图 9-83　装配图结果

9.4　尺寸标注的编辑

在创建尺寸标注后，如未能达到预期的效果，还可以对尺寸标注进行编辑，如修改尺寸标注文字的内容、编辑标注文字的位置、更新标注和关联标注等操作，而不必删除所标注的尺寸对象再重新进行标注。

9.4.1　编辑标注

利用【编辑标注】命令可以一次修改一个或多个尺寸标注对象上的文字内容、方向、放置位置以及倾斜尺寸界限。

执行【编辑标注】命令的方法有以下几种。

- 工具栏：单击【标注】工具栏中的【编辑标注】按钮。
- 命令行：在命令行中输入 DIMEDIT 或 DED 并按 Enter 键。

执行以上任一命令后，命令行提示如下。

```
输入标注编辑类型[默认(H)/新建(N)/旋转(R)/倾斜(O)]〈默认〉:
```

命令行中各选项的含义如下。

- 默认(H)：选择该选项并选择尺寸对象，可以按默认位置和方向放置尺寸文字。
- 新建(N)：选择该选项后，弹出文字编辑器，选中输入框中的所有内容，然后重新输入需要的内容。单击【确定】按钮，返回绘图区，单击要修改的标注，按 Enter 键即可完成标注文字的修改。
- 旋转(R)：选择该项后，命令行提示“输入文字旋转角度”，此时，输入文字旋转角度后，单击要修改的文字对象，即可完成文字的旋转。
- 倾斜(O)：用于修改尺寸界线的倾斜度。选择该项后，命令行会提示选择修改对象，并要求输入倾斜角度。

【案例 9-13】 编辑标注

(1) 打开素材文件"第 09 章\案例 9-13.dwg"，如图 9-84 所示。

(2) 修改标注。在命令行中输入 DED 并按 Enter 键，将尺寸值修改为 53，如图 9-85 所示，命令行操作如下。

```
命令: DED↙                                                   //执行【编辑标注】命令
DIMEDIT
输入标注编辑类型 [默认(H)/新建(N)/旋转(R)/倾斜(O)] <默认>: n↙
//激活【新建】选项，系统弹出文本框和文字格式编辑器，输入文字53，按Ctrl+Enter组合键完成输入
选择对象: 找到 1 个                                          //选中标注尺寸 50
选择对象: ↙                                                  //确定修改
```

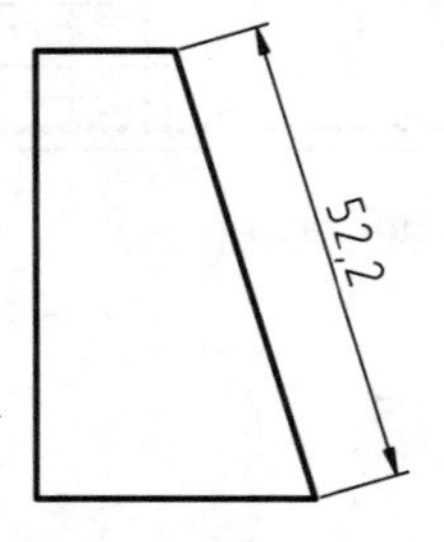

图 9-84 素材图形

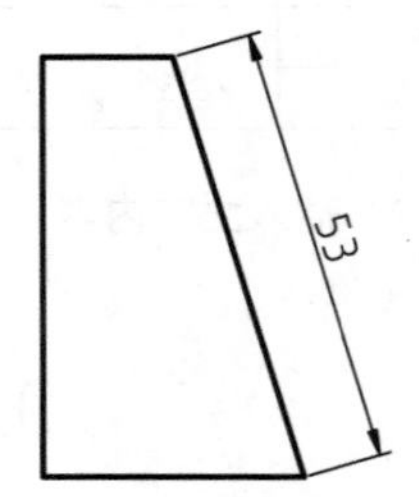

图 9-85 修改标注值

(3) 旋转标注。在命令行中输入 DED 并按 Enter 键，将文字旋转到 90°，如图 9-86 所示。命令行操作如下。

```
命令: DED↙                                                   //执行【编辑标注】命令
DIMEDIT
输入标注编辑类型 [默认(H)/新建(N)/旋转(R)/倾斜(O)] <默认>: r↙ //激活【旋转】选项
指定标注文字的角度: 90↙                                      //输入旋转角度
选择对象: 找到 1 个                                          //选中标注尺寸
选择对象: ↙                                                  //确定旋转
```

(4) 倾斜尺寸界线。在命令行中输入 DED 并按 Enter 键，将尺寸界限调整到水平，如图 9-87 所示，命令行操作如下。

```
命令: DED↙                                                   //执行【编辑标注】命令
DIMEDIT
输入标注编辑类型 [默认(H)/新建(N)/旋转(R)/倾斜(O)] <默认>: o↙ //激活【倾斜】选项
选择对象: 找到 1 个                                          //选中标注尺寸
选择对象: ↙                                                  //按 Enter 键结束选择
输入倾斜角度 (按 ENTER 表示无): 0↙                           //输入倾斜角度
```

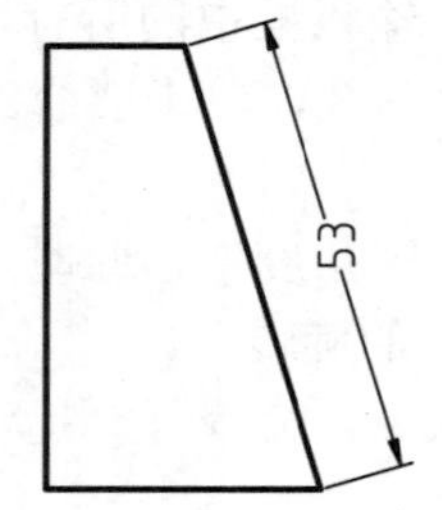

图 9-86 旋转结果

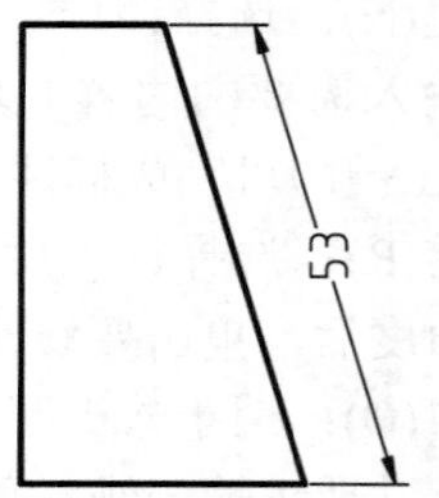

图 9-87 倾斜结果

提示

在命令行中输入 DDEDIT 或 ED 并按 Enter 键，可以很方便地修改文字的内容。

9.4.2　编辑标注文字

使用【编辑标注文字】命令可以修改文字的对齐方式和文字的角度。

执行【标注文字编辑】命令有以下几种常用方法。

- 工具栏：单击【标注】工具栏中的【编辑标注文字】按钮。
- 命令行：在命令行中输入 DIMTEDIT 并按 Enter 键。

执行以上任一命令后，选择需要修改的尺寸对象，此时命令行提示如下。

```
为标注文字指定新位置或[左对齐(L)/右对齐(R)/居中(C)/默认(H)/角度(A)]:
```

其各选项的含义如下。

- 左对齐(L)：将标注文字放置于尺寸线的左边。
- 右对齐(R)：将标注文字放置于尺寸线的右边。
- 居中(C)：将标注文字放置于尺寸线的中心。
- 默认(H)：恢复系统默认的尺寸标注位置。
- 角度(A)：用于修改标注文字的旋转角度，与 DIMEDIT 命令的旋转选项效果相同。

标注文字不同位置的效果如图 9-88 所示。

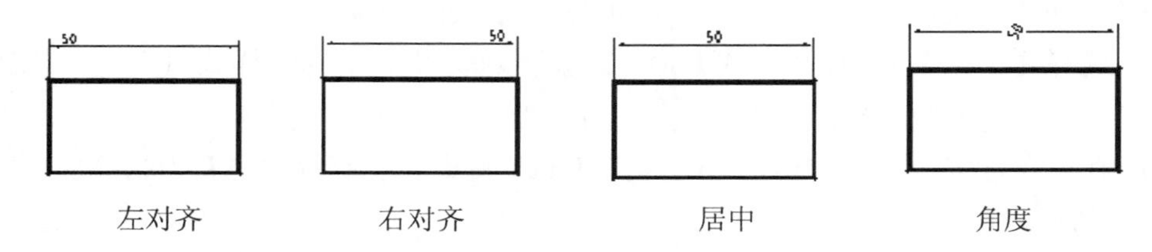

图 9-88　各种文字位置效果

提示

执行【标注】|【对齐文字】命令，在其下的子菜单中选择需要的命令，同样可以对标注文字的位置进行编辑。

9.4.3　编辑多重引线

使用【多重引线】命令注释对象后，可以对引线的位置和注释内容进行编辑。选中创建的多重引线，引线对象以夹点模式显示，将光标移至夹点，系统弹出快捷菜单，如图 9-89 所示，可以执行拉伸、拉长基线操作，还可以添加引线。也可以单击夹点之后，拖动夹点调整转折的位置。

如果要编辑多重引线上的文字注释，则双击该文字，弹出【文字格式】工具栏，如

图 9-90 所示，可对注释文字进行修改和编辑。

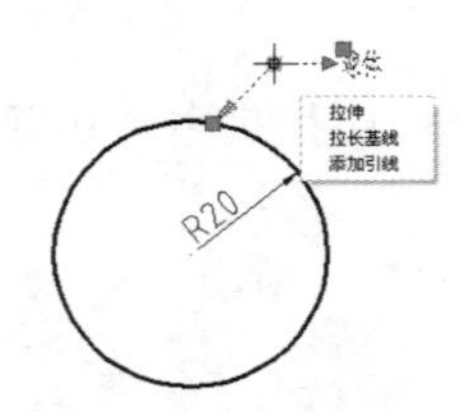

图 9-89　快捷菜单

图 9-90　【文字格式】工具栏

9.4.4　标注更新

更新标注可以用当前标注样式更新标注对象，也可以将标注系统变量保存或恢复到选定的标注样式。

执行【标注更新】命令的方法有以下几种。

- 菜单栏：选择【标注】|【更新】命令。
- 工具栏：单击【标注】工具栏中的【标注更新】按钮。
- 命令行：在命令行中输入 DIMSTYLE 并按 Enter 键。

【案例 9-14】　更新标注样式。

(1)　打开素材文件“第 09 章\案例 9-14.dwg”，如图 9-91 所示。

(2)　选择【格式】|【标注样式】命令，新建标注样式“标注样式 1”，将标注样式的单位精度设置为整数。然后将“标注样式 1”设置为当前。

(3)　在命令行中输入 DIMSTYLE 并按 Enter 键，将已有标注更新为当前标注样式，如图 9-92 所示。命令行操作如下。

```
命令:DIMSTYLE↙                                        //执行【标注更新】命令
当前标注样式: 标注样式 1    注释性: 否
输入标注样式选项
[注释性(AN)/保存(S)/恢复(R)/状态(ST)/变量(V)/应用(A)/?] <恢复>: A↙
                                                      //选择【应用】选项
选择对象: 找到 1 个
选择对象: 找到 1 个，总计 2 个                          //依次选择两个尺寸标注
选择对象: ↙                                           //按 Enter 键完成标注更新
```

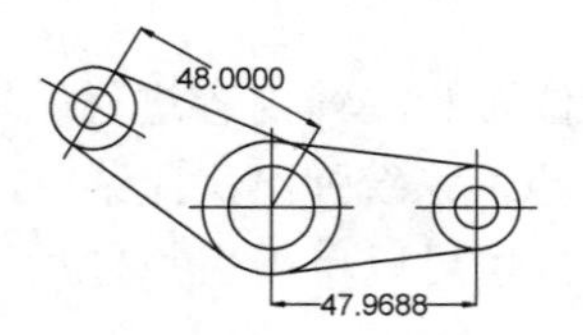

图 9-91　素材图形

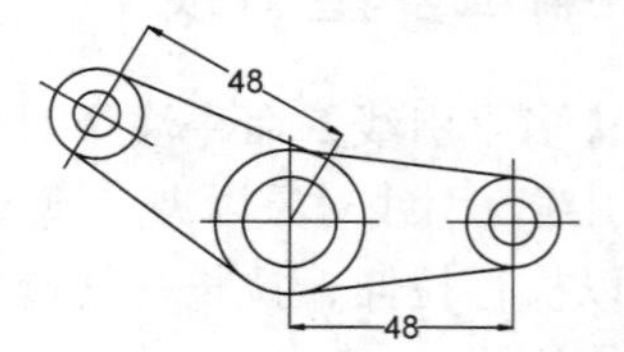

图 9-92　更新标注样式的结果

9.4.5　翻转箭头

当尺寸界限内的空间狭窄时，可使用翻转箭头将尺寸箭头翻转到尺寸界限之外，使尺寸标注更清晰。选中需要翻转箭头的标注，则标注会以夹点形式显示，指针移到尺寸线夹点上，弹出如图 9-93 所示的菜单，选择【翻转箭头】命令即可翻转该侧的一个箭头。使用同样的操作翻转另一端的箭头，效果如图 9-94 所示。

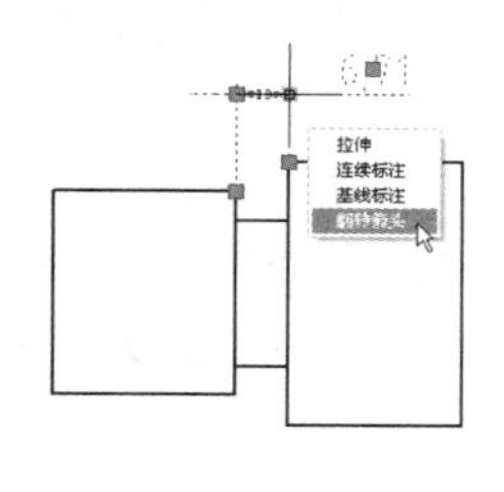

图 9-93　夹点菜单

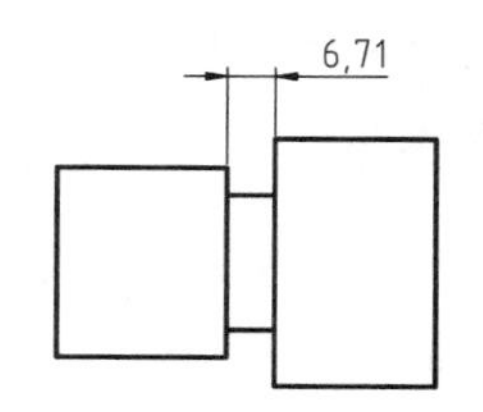

图 9-94　翻转箭头后的效果

9.4.6　快捷菜单编辑

尺寸标注上的右键菜单也可以执行部分编辑操作，选中尺寸标注之后右击，系统将弹出如图 9-95 所示的快捷菜单，可选择【标注样式】、【精度】、【删除样式替代】等命令编辑各种标注参数。

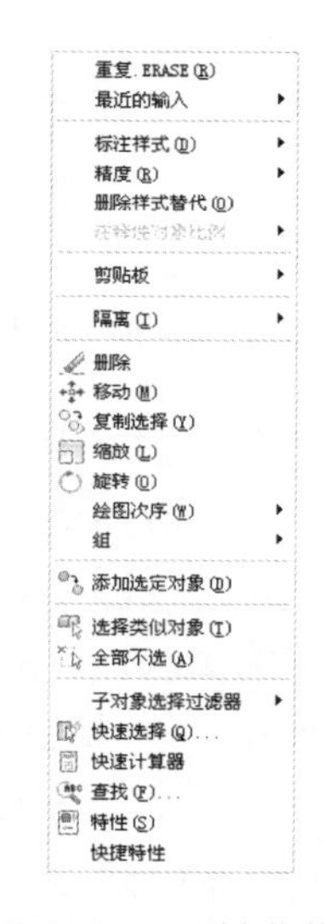

图 9-95　右键菜单

9.4.7　使用【特性】选项板

【特性】选项板也可以编辑标注尺寸。选择某个或多个尺寸标注，按快捷键 Ctrl+1 打开对象的【特性】选项板，如图 9-96 所示。在【特性】选项板中可以对标注文字、箭头等特性进行编辑修改。打开所选对象的【特征】选项板之后，还可以在【特性】选项板中单击【选择对象】按钮继续选择更多对象。选择多个对象时，将显示所有对象的公共特性。

图 9-96　【特性】选项板

9.4.8 尺寸关联性

尺寸关联是指尺寸对象及其标注的对象之间建立了联系，当图形对象的位置、形状、大小等发生改变时，其尺寸对象也会随之动态更新。

1. 尺寸关联

在模型窗口中标注尺寸时，尺寸是自动关联的，无须用户进行关联设置。但是，如果在输入尺寸文字时不使用系统的测量值，而是由用户手工输入尺寸值，那么尺寸文字将不会与图形对象关联。

如图 9-97 所示为一个长 50、宽 30 的矩形，使用【缩放】命令将矩形等放大两倍，结果如图 9-98 所示，不仅图形对象放大了两倍，而且尺寸标注也同时放大了两倍，尺寸值变为缩放前的两倍。

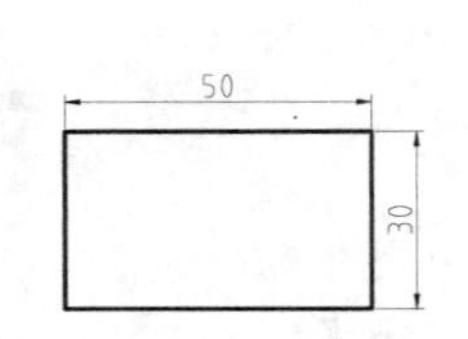

图 9-97 矩形及其尺寸

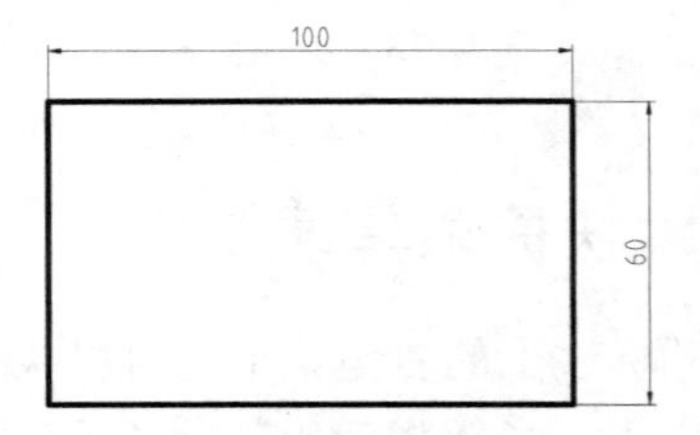

图 9-98 放大后的矩形及其尺寸

2. 解除、重建关联

1) 解除标注关联

对于已经建立了关联的尺寸对象及其图形对象，可以用【解除关联】命令解除尺寸与图形的关联性。解除标注关联后，对图形对象进行修改，尺寸对象不会发生任何变化。因为尺寸对象已经和图形对象彼此独立，没有任何关联关系了。

在命令行中输入 DDA 命令并按 Enter 键，命令行提示如下。

```
命令: DDA↙
DIMDISASSOCIATE
选择要解除关联的标注 ...
选择对象:
```

选择要解除关联的尺寸对象，按 Enter 键即可解除关联。

2) 重建标注关联

对于没有关联，或已经解除了关联的尺寸对象和图形对象，可以选择【标注】|【重新关联标注】命令，或在命令行中输入 DRE 命令并按 Enter 键，重建关联。执行【重新关联标注】命令之后，命令行提示如下：

```
命令: _dimreassociate                              //执行【重新关联标注】命令
选择要重新关联的标注 ...
选择对象或 [解除关联(D)]: 找到 1 个                //选择要建立关联的尺寸
选择对象或 [解除关联(D)]:
指定第一个尺寸界线原点或 [选择对象(S)] <下一个>:   //选择要关联的第一点
指定第二个尺寸界线原点 <下一个>:                   //选择要关联的第二点
```

9.4.9　调整标注间距

在 AutoCAD 中进行基线标注时，如果没有设置合适的基线间距，可能使尺寸线之间的间距过大或过小，如图 9-99 所示。利用【标注间距】命令，可调整互相平行的线性尺寸或角度尺寸之间的距离。

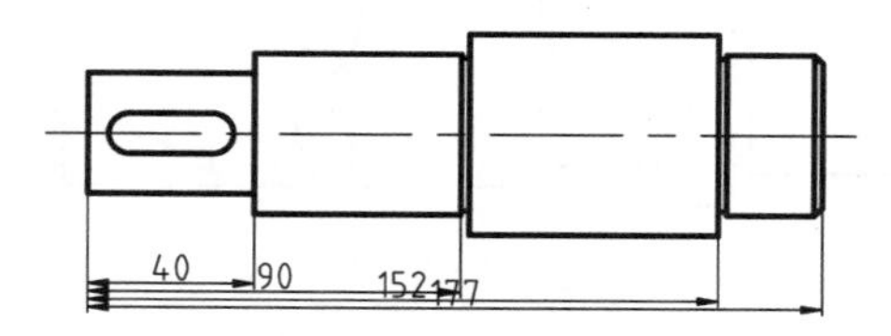

图 9-99　标注间距过小

执行【标注间距】命令的方法有以下几种。

- 菜单栏：选择【标注】|【标注间距】命令。
- 工具栏：单击【标注】工具栏中的【等距标注】按钮。
- 命令行：在命令行中输入 DIMSPACE 并按 Enter 键。

【案例 9-15】 调整标注间距。

(1) 打开素材文件“第 09 章\案例 9-15.dwg”，如图 9-100 所示。

(2) 选择【标注】|【标注间距】命令，将尺寸线的间距调整为 10，如图 9-101 所示。命令行操作如下。

```
命令: _DIMSPACE                                   //执行【标注间距】命令
选择基准标注:                                     //选择值为 29 的尺寸
选择要产生间距的标注:找到 1 个                    //选择值为 49 的尺寸
选择要产生间距的标注:找到 1 个，总计 2 个         //选择值为 69 的尺寸
选择要产生间距的标注:↙                           //结束选择
输入值或 [自动(A)] <自动>: 10↙                   //输入间距值
```

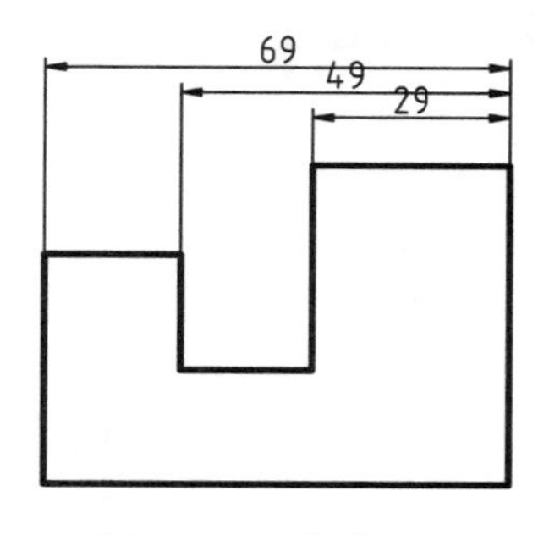

图 9-100　素材图形

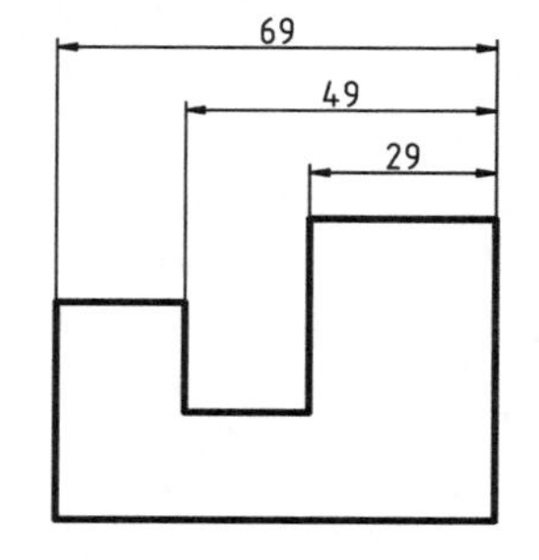

图 9-101　调整标注间距的效果

9.4.10　折弯线性标注

在标注细长杆件打断视图的长度尺寸时，可以使用【折弯线性】命令，在线性标注的尺寸线上生成折弯符号。执行【折弯线性】命令有以下几种常用方法。

- 菜单栏：选择【标注】|【折弯线性】命令。

- 工具栏：单击【标注】工具栏中的【折弯线性标注】按钮。
- 命令行：在命令行中输入 DIMJOGLINE 并按 Enter 键。

执行以上任一命令后，选择需要添加折弯的线性标注或对齐标注，然后指定折弯位置即可，完成效果如图 9-102 所示。

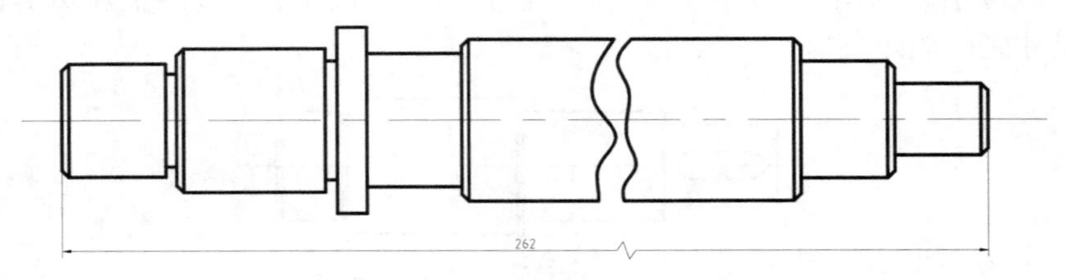

图 9-102　折弯线性标注

9.5　尺寸公差的标注

尺寸误差是指实际加工出的零件与理想尺寸之间的偏差，公差即这种误差的限定范围，在零件图上重要的尺寸均需要标明公差值。

9.5.1　标注尺寸公差

在 AutoCAD 中有两种添加尺寸公差的方法：一种是通过【标注样式管理器】对话框中的【公差】选项卡修改标注；另一种是编辑尺寸文字，在文本中添加公差值。

1. 通过【标注样式管理器】对话框设置公差

选择【格式】|【标注样式】命令，弹出【标注样式管理器】对话框，选择某一个标注样式，切换到【公差】选项卡，如图 9-103 所示。

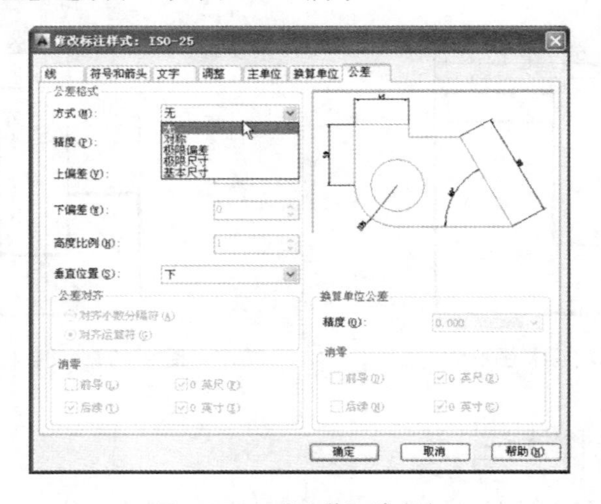

图 9-103　【公差】选项卡

在【公差格式】选项组的【方式】下拉列表框中选择一种公差样式，不同的公差样式

所需要的参数也不同。

- 对称：选择此方式，则【下偏差】微调框将不可用，因为上下公差值对称。
- 极限偏差：选择此方式，需要在【上偏差】和【下偏差】微调框中输入上下极限公差。
- 极限尺寸：选择此方式，同样在【上偏差】和【下偏差】微调框中输入上下极限公差，但尺寸上不显示公差值，而是以尺寸的上下极限表示。
- 基本尺寸：选择此方式，将在尺寸文字周围生成矩形方框，表示基本尺寸。

在【公差】选项卡的【公差对齐】选项组下有两个选项，通过这两个选项可以控制公差的对齐方式，各项的含义如下。

- 对齐小数分隔符(A)：通过值的小数分隔符来堆叠值。
- 对齐运算符(G)：通过值的运算符堆叠值。

如图 9-104 所示为【对齐小数分隔符】与【对齐运算符】的标注区别。

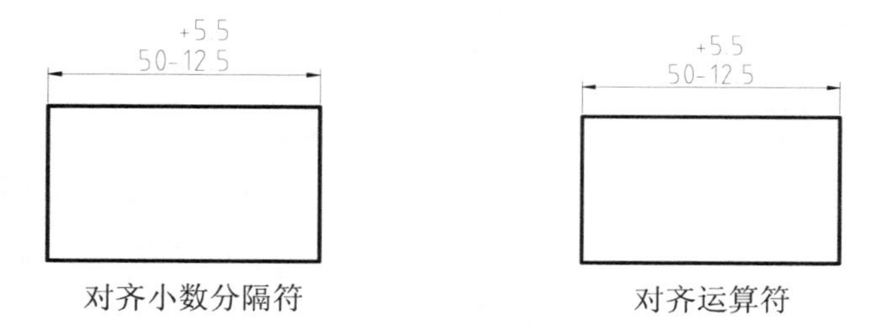

图 9-104　公差对齐方式

2. 通过【文字格式】工具栏标注公差

在【公差】选项卡中设置的公差将应用于整个标注样式，因此所有该样式的尺寸标注都将添加相同的公差。实际中零件上不同的尺寸有不同的公差要求，这时就可以双击某个尺寸文字，利用【文字格式】工具栏标注公差。

双击尺寸文字之后，弹出【文字格式】工具栏，如图 9-105 所示。如果是对称公差，可在尺寸值后直接输入“±公差值”，例如“200±0.5”。如果是非对称公差，在尺寸值后面按“上偏差^下偏差”的格式输入公差值，然后选择该公差值，单击【文字格式】工具栏中的【堆叠】按钮，即可将公差变为上、下标的形式。

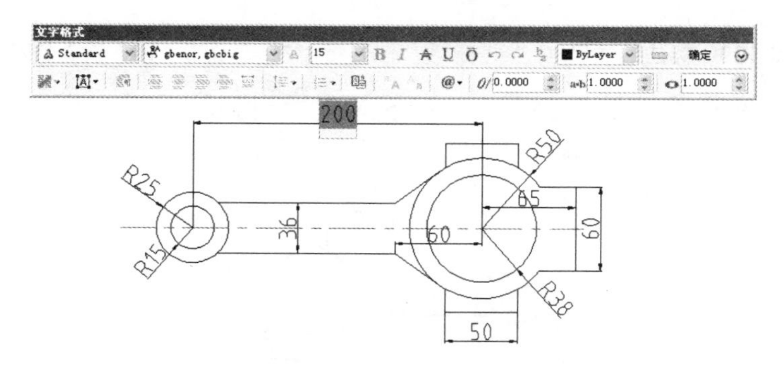

图 9-105　【文字格式】工具栏

9.5.2 实战——标注连杆公差

(1) 打开素材文件“第 09 章\9.5.2.dwg”，如图 9-106 所示。

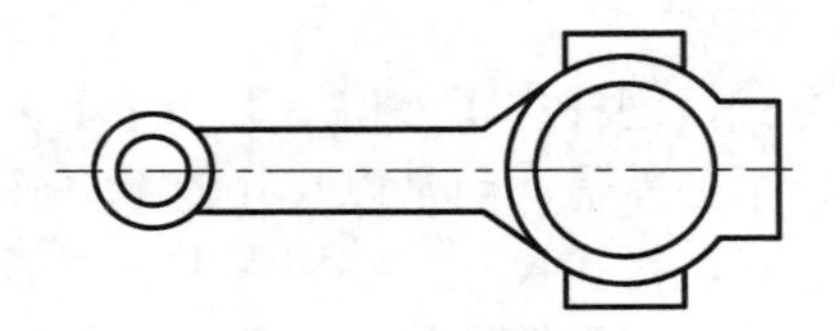

图 9-106 素材图形

(2) 选择【格式】|【标注样式】命令，在弹出的对话框中新建名为“圆弧标注”的标注样式，在【公差】选项卡中设置公差值，如图 9-107 所示。

(3) 将“圆弧标注”样式设置为当前样式。单击【标注】工具栏中的【直径】按钮，标注圆弧直径，如图 9-108 所示。

图 9-107 设置公差值

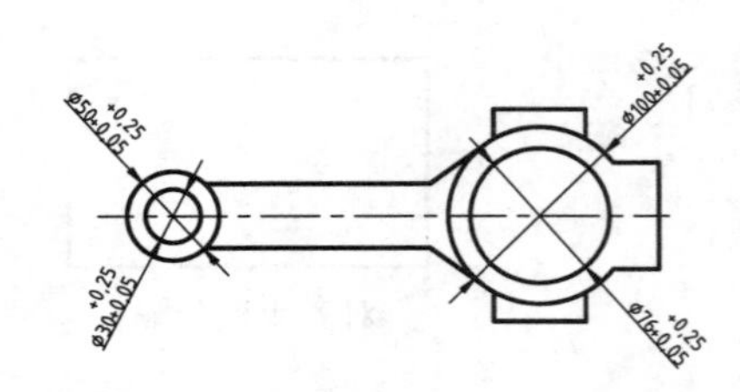

图 9-108 圆弧的标注效果

(4) 将 Standard 标注样式设置为当前样式，单击【标注】工具栏中的【线性】按钮，标注线性尺寸，如图 9-109 所示。

(5) 双击标注的线性尺寸，在文本框中输入上下偏差，如图 9-110 所示。

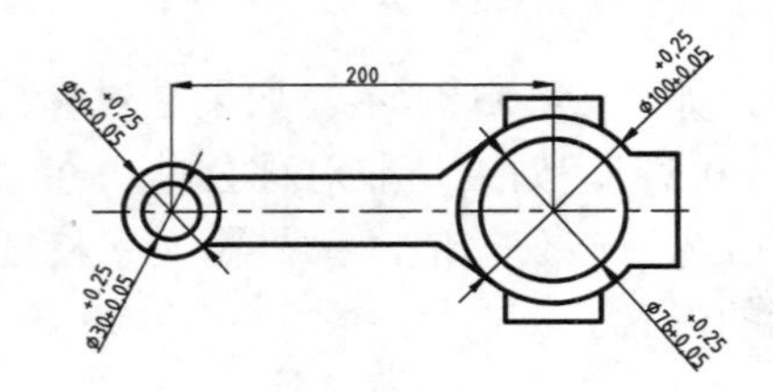

图 9-109 标注线性尺寸

图 9-110 输入公差值

(6) 选中公差值“+0.15^-0.08”，然后单击【文字格式】工具栏中的【堆叠】按钮，按 Ctrl+Enter 组合键退出文字编辑，添加公差后的效果如图 9-111 所示。

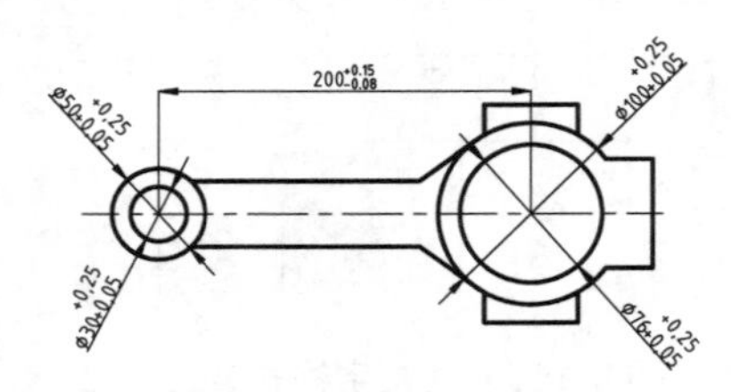

图 9-111 添加公差后的效果

9.6　形位公差的标注

实际加工出的零件不仅有尺寸误差，而且还有形状上的误差和位置上的误差，例如加工出的轴不是绝对理想的圆柱，平键的表面不是理想平面，这种形状或位置上的误差限值称为形位公差。AutoCAD 有标注形位公差的命令，但一般需要与引线和基准符号配合使用才能够完整地表达公差信息。

9.6.1　形位公差的结构

通常情况下，形位公差的标注主要由公差框格和指引线组成，而公差框格内又主要包括公差代号、公差值以及基准代号，以及简单介绍形位公差的标注方法。

1. 基准代号和公差指引

大部分的形位公差都要以另一个位置的对象作为参考，即公差基准。AutoCAD 中没有专门的基础符号工具，需要用户绘制，通常可将基准符号创建为外部块，方便随时调用。公差的指引线一般使用【多重引线】命令绘制，绘制不含文字注释的多重引线即可，如图 9-112 所示。

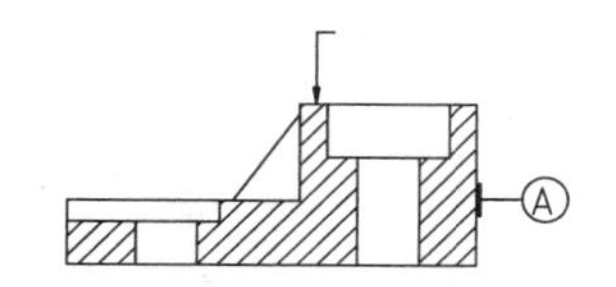

图 9-112　绘制公差基准代号和箭头指引线

2. 形位公差

创建公差指引后，插入形位公差并放置到指引位置即可。调用【形位公差】命令有以下几种常用方法。

- 菜单栏：选择【标注】|【公差】命令。
- 工具栏：单击【标注】工具栏中的【公差】按钮。
- 命令行：在命令行中输入 TOLERANCE 或 TOL 并按 Enter 键。

执行以上任一命令后，弹出【形位公差】对话框，如图 9-113 所示。单击对话框中的【符号】黑色方块，弹出【特征符号】对话框，如图 9-114 所示，在该对话框中选择公差符号。

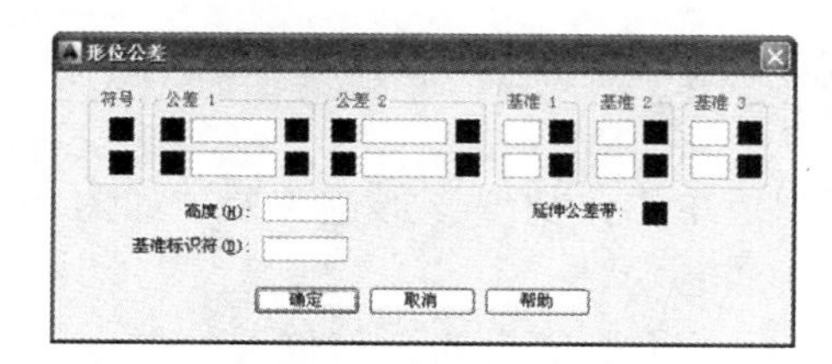

图 9-113　【形位公差】对话框

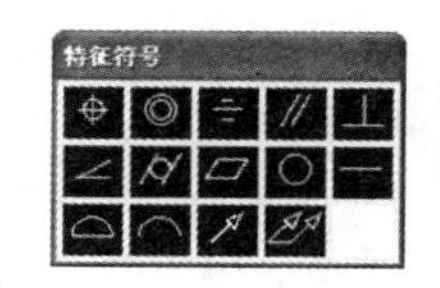

图 9-114　【特征符号】对话框

在【公差 1】选项组的文本框中输入公差值，单击色块会弹出【附加符号】对话框，在该对话框中选择所需的包容符号，其中符号Ⓜ代表材料的一般中等情况；Ⓛ代表材料的最大状况；Ⓢ代表材料的最小状况。

在【基准 1】选项组的文本框中输入公差代号，单击【确定】按钮，最后在指引线处放置形位公差即完成公差标注，如图 9-115 所示。

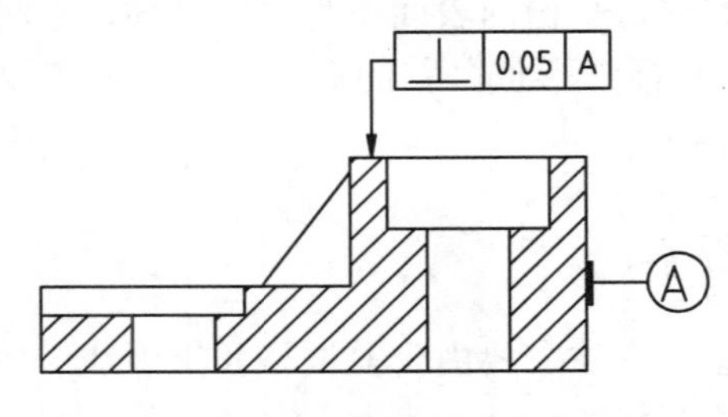

图 9-115　标注形位公差

9.6.2　标注轴的形位公差

(1) 打开素材文件“第 09 章\9.6.2.dwg”，如图 9-116 所示。

(2) 单击【绘图】工具栏中的【圆】、【直线】按钮，绘制基准符号，并添加文字，如图 9-117 所示。

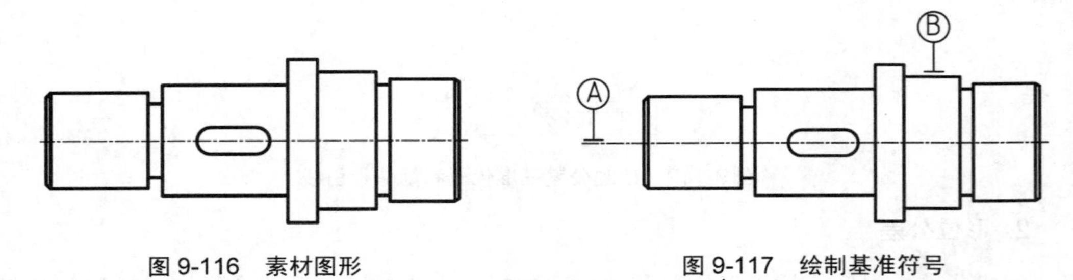

图 9-116　素材图形　　　　图 9-117　绘制基准符号

(3) 选择【标注】|【公差】命令，弹出【形位公差】对话框，选择公差类型为【对称度】，然后输入公差值和公差基准，如图 9-118 所示。

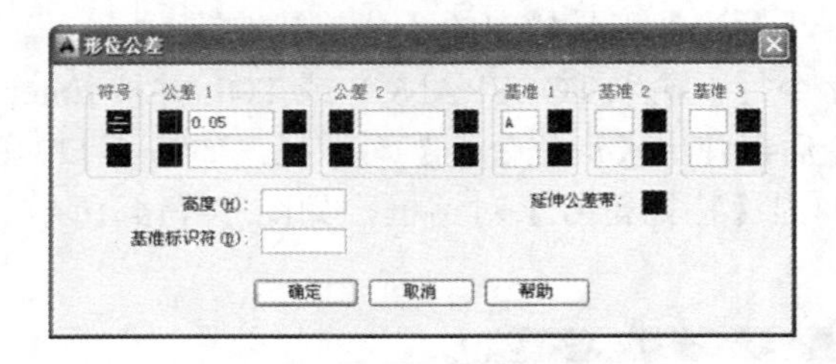

图 9-118　设置公差参数

(4) 单击【确定】按钮，在要标注的位置附近单击，放置该形位公差，如图 9-119 所示。

(5) 选择【标注】|【多重引线】命令，绘制多重引线指向公差位置，如图 9-120 所示。

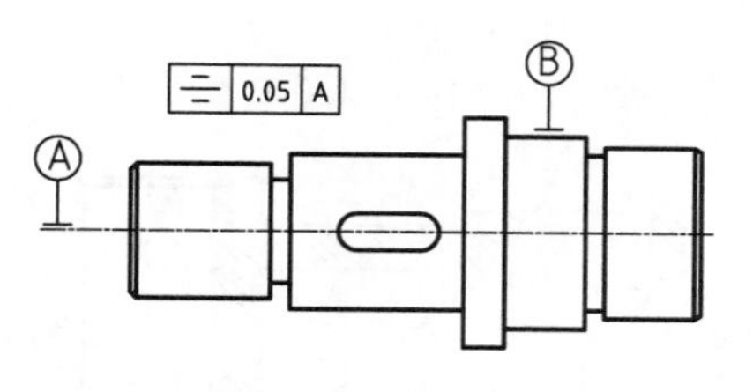

图 9-119　生成的形位公差

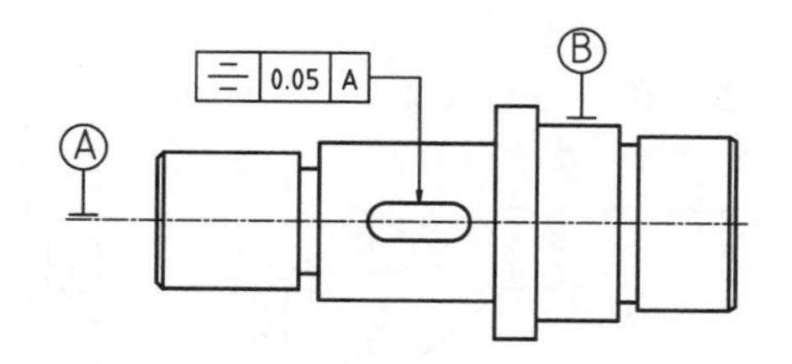

图 9-120　绘制多重引线

(6) 在命令行中输入 LE 并按 Enter 键，利用快速引线标注形位公差，命令行操作如下。

```
命令: LE↙                                   //调用【快速引线】命令
QLEADER
指定第一个引线点或 [设置(S)] <设置>:          //选择【设置】选项，弹出【引线设置】对话框，
                                             设置注释类型为【公差】，如图 9-121 所示，单
                                             击【确定】按钮，继续执行以下命令行操作
指定第一个引线点或 [设置(S)] <设置>:          //在要标注公差的位置单击，指定引线箭头位置
指定下一点:                                  //指定引线转折点
指定下一点:                                  //指定引线端点
```

(7) 定义引线之后，弹出【形位公差】对话框，设置公差参数，如图 9-122 所示，单击【确定】按钮，创建的形位公差标注如图 9-123 所示。

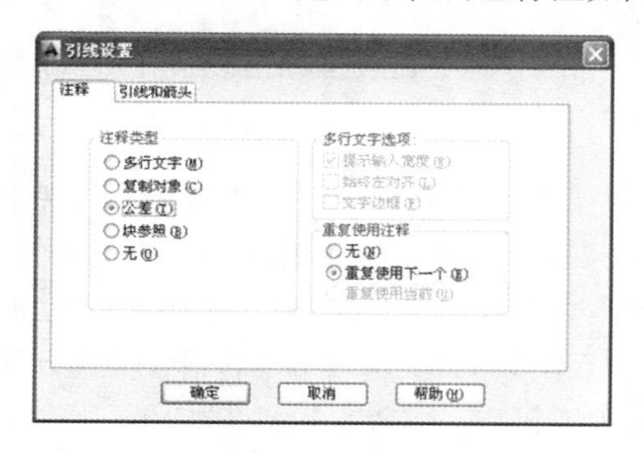

图 9-121　【引线设置】对话框

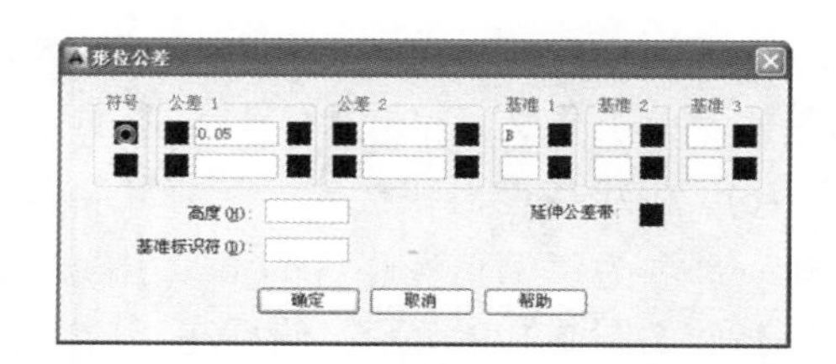

图 9-122　设置形位公差参数

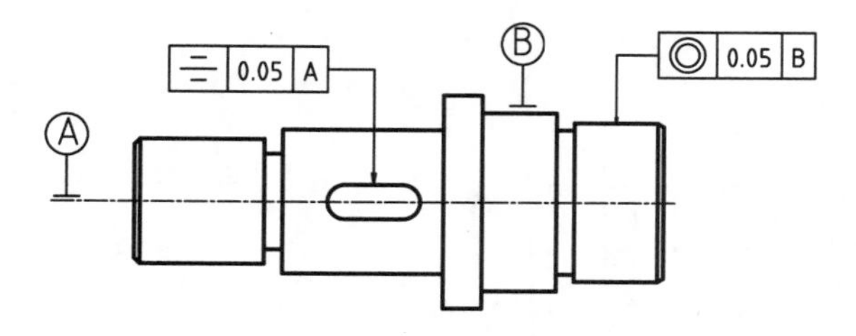

图 9-123　同轴度形位公差

9.7　综 合 实 例

本实例综合演示本章所学的尺寸标注知识，标注轴架零件图。

(1) 打开素材文件“第09章\9.7.dwg”，如图9-124所示。

(2) 在命令行中输入DLI并按Enter键，标注轴线距离尺寸，如图9-125所示。

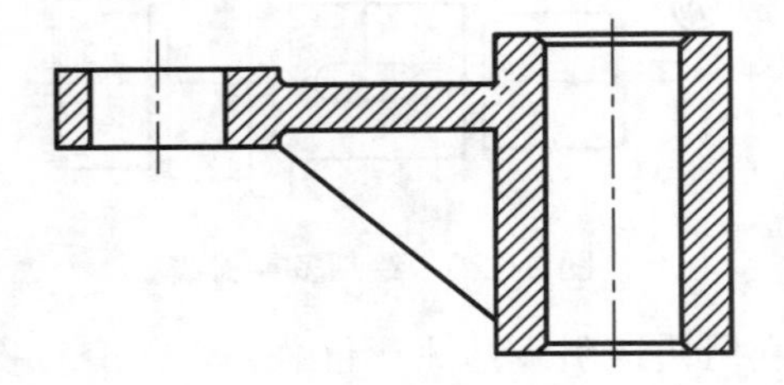

图 9-124 素材图形

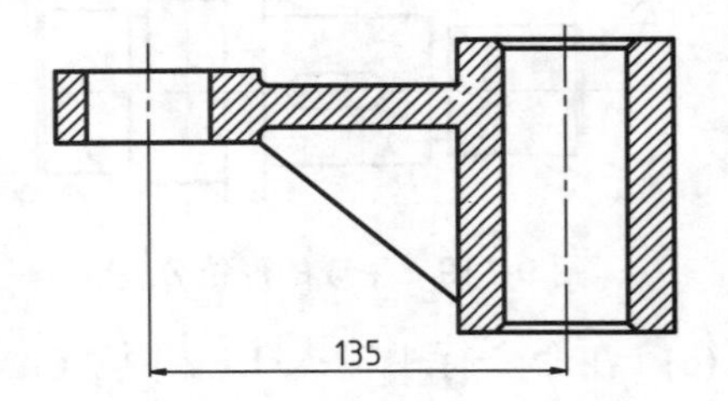

图 9-125 标注线性尺寸

(3) 按Space键重复【线性标注】命令，标注其他线性尺寸，如图9-126所示。

(4) 双击相关孔径尺寸，在尺寸值前添加直径符号，结果如图9-127所示。

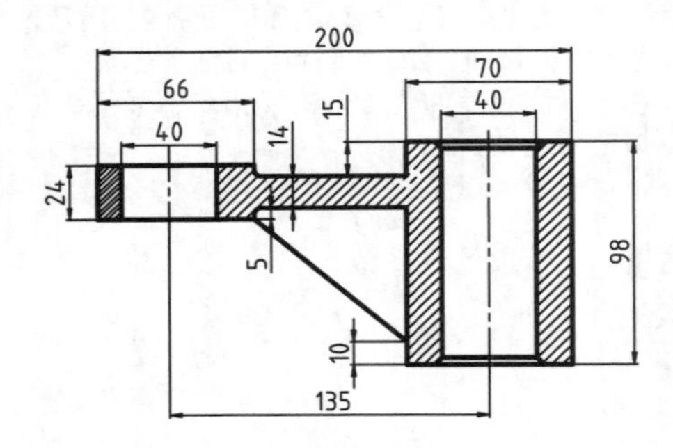

图 9-126 标注其他线性尺寸

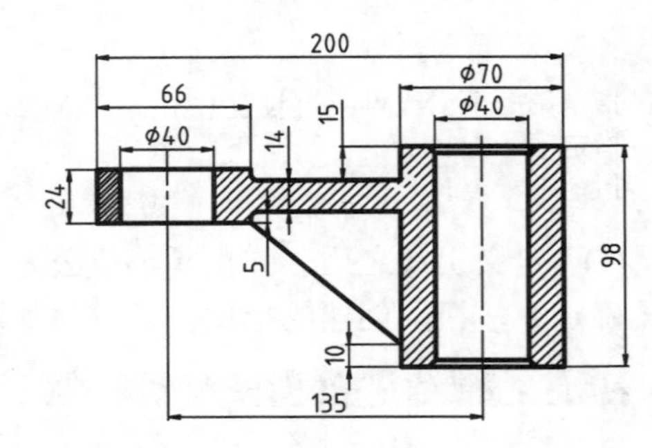

图 9-127 添加直径符号

(5) 标注尺寸公差。双击相关尺寸，在尺寸值后输入公差值“+0.01^-0.03”，选中该公差值，单击【文字格式】工具栏中的【堆叠】按钮，标注公差的效果如图9-128所示。

(6) 新建多重引线样式。选择【格式】|【多重引线样式】命令，在弹出的对话框中新建一个名为“倒角标注”的多重引线样式，在【引线格式】选项卡中将箭头样式设置为【无】，如图9-129所示。然后在【内容】选项卡中将【文字高度】设置为10。

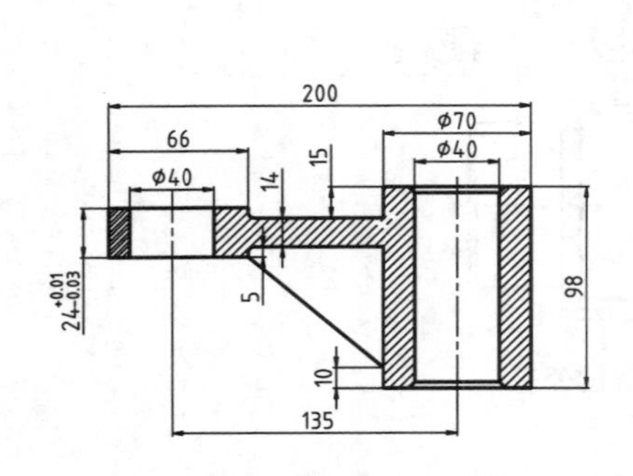

图 9-128 添加尺寸公差

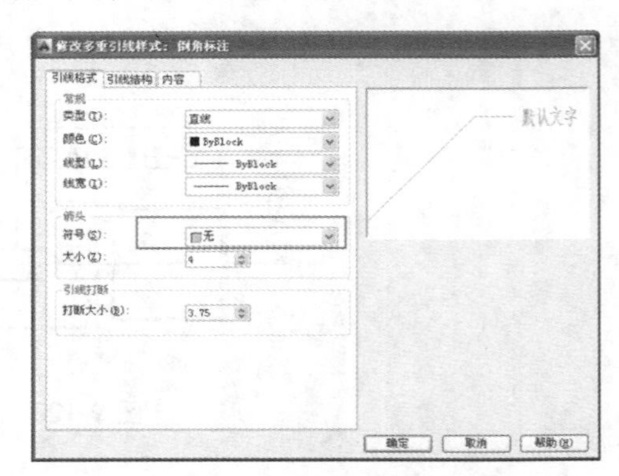

图 9-129 设置多重引线样式

(7) 将【倒角标注】样式置为当前，选择【标注】|【多重引线】命令，由倒角位置引出引线注释，如图9-130所示。

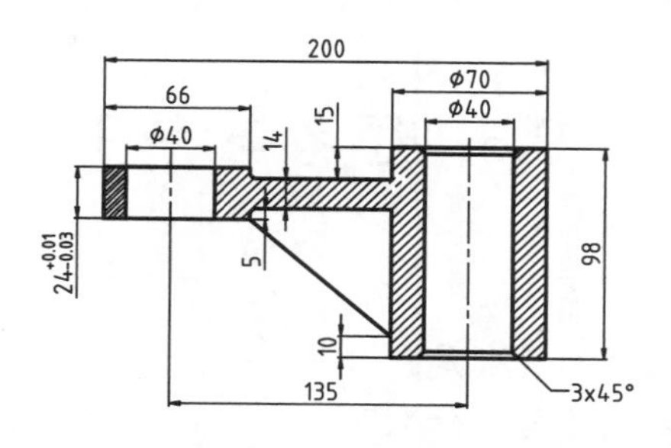

图 9-130　倒角标注

(8) 在命令行中输入 I 并按 Enter 键，弹出【插入】对话框，浏览到素材文件“第 09 章\基准符号.dwg”，设置合适的比例和旋转角度，将其插入到图形中，如图 9-131 所示。

(9) 选择【标注】|【公差】命令，弹出【形位公差】对话框，选择公差符号为“同轴度”，输入公差值为 0.05，输入公差基准“A”，单击【确定】按钮，在绘图区合适位置放置该形位公差，如图 9-132 所示。

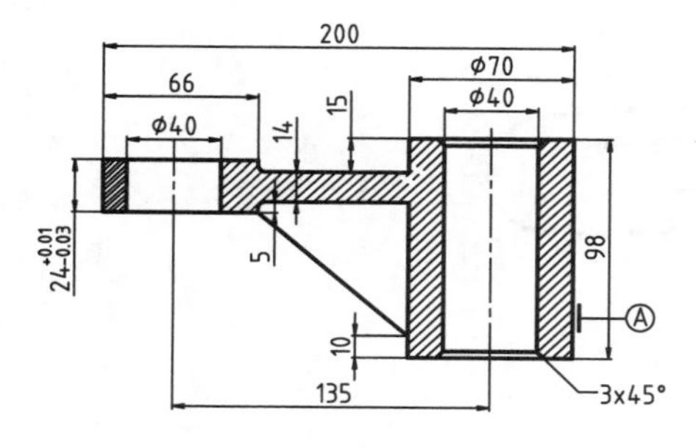

图 9-131　插入基准符号图块

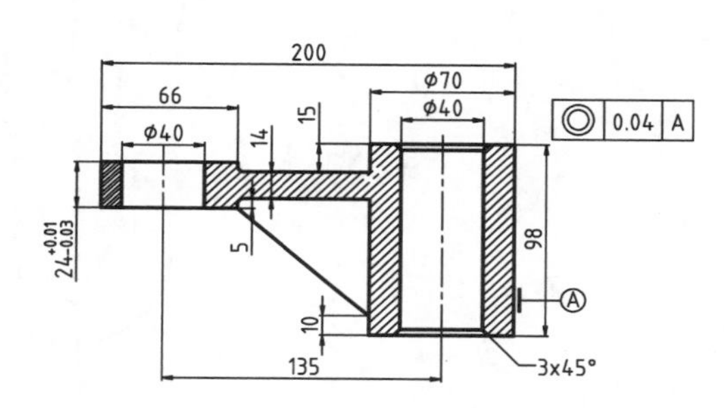

图 9-132　标注形位公差

(10) 选择【格式】|【多重引线样式】命令，在弹出的对话框中新建一个名为“公差引线”的引线样式，在【引线格式】选项卡中设置箭头符号为【实心闭合】，在【内容】选项卡中设置【多重引线类型】为【无】，如图 9-133 所示。

(11) 将“公差引线”多重引线样式设置为当前。在命令行中输入 MLD 并按 Enter 键，绘制形位公差的引线，如图 9-134 所示。

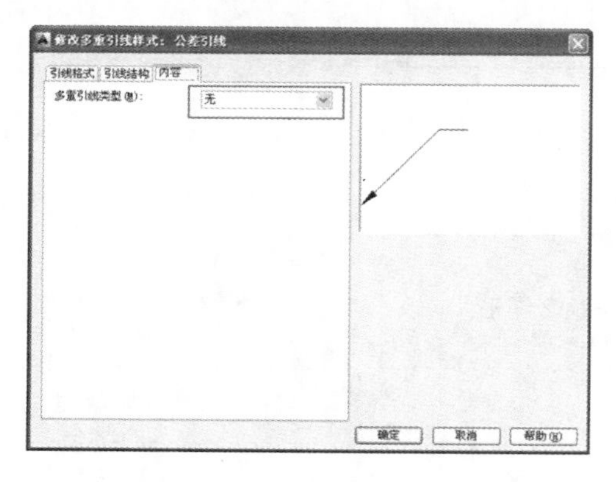

图 9-133　设置多重引线样式

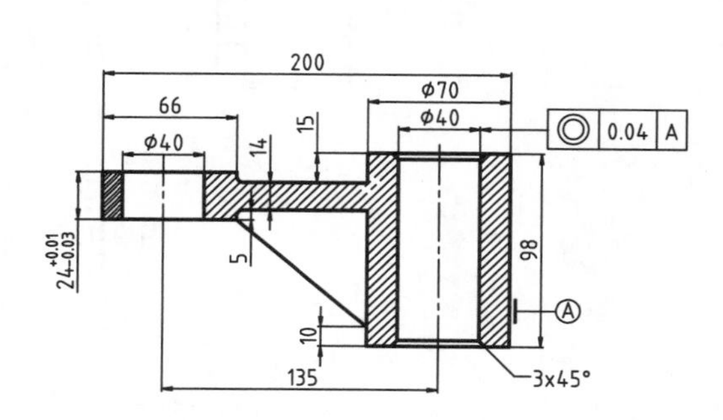

图 9-134　标注公差引线

9.8 思考与练习

一、简答题

1. 形位公差的类型有几种？分别是什么？
2. 设置尺寸样式子样式的步骤是什么？
3. 基本尺寸分为几种？分别是什么？

二、操作题

1. 绘制并标注如图 9-135 所示的机械图形。

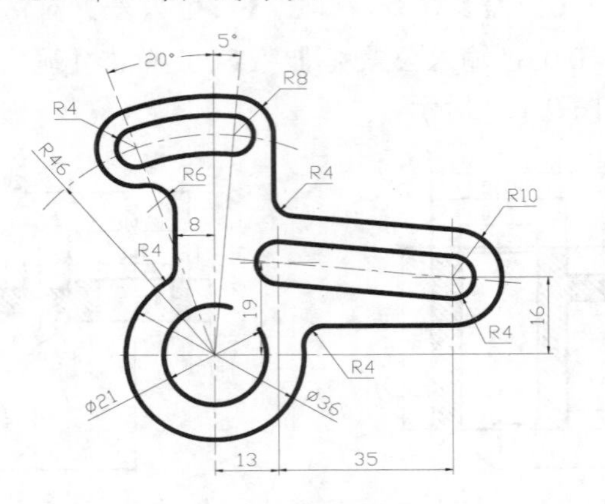

图 9-135 操作题 1 图形

2. 绘制并标注如图 9-136 所示的尺寸公差和形位公差。

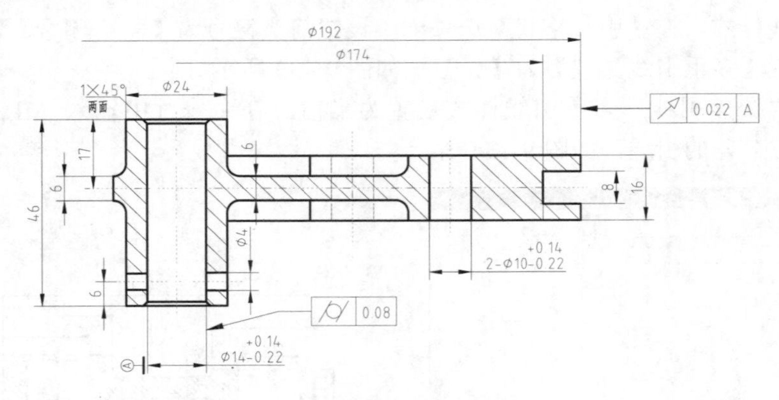

图 9-136 操作题 2 图形

第10章

机械制图基础及标准

本章导读

零件图纸是三维零件的平面表达方式，为了清楚表达零件内外结构，需要遵循一定的制图规则，主要依据是国家标准《技术制图》和《机械制图》中规定的机件表达方法。本章将对机械制图的基础以及国家标注作详细介绍。

学习目标

- 了解机械制图的投影方法，了解正投影和轴测投影的特点。
- 了解机械制图的图纸格式、文字、线条和尺寸标注规范。
- 掌握基本视图、剖视图、断面图、局部放大图等图样的画法。
- 了解零件的分类，零件图的内容，以及零件图的一般绘图流程。

10.1 机械制图常用的图示方法

10.1.1 投影的基本概念

将投影线通过物体向选定的平面进行投射，并在该平面上得到图形的方法称为投影法。根据投影法所得到的图形称为投影图，也可称为投影；投影法中得到投影的平面称为投影面。

投影分为中心投影法和平行投影法两大类，在机械制图中常常采用平行投影法。而平行投影法也分为正投影法和斜投影法，如图 10-1 所示。

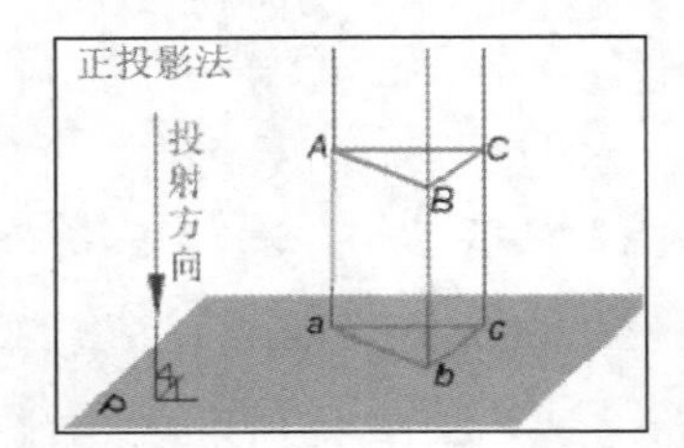

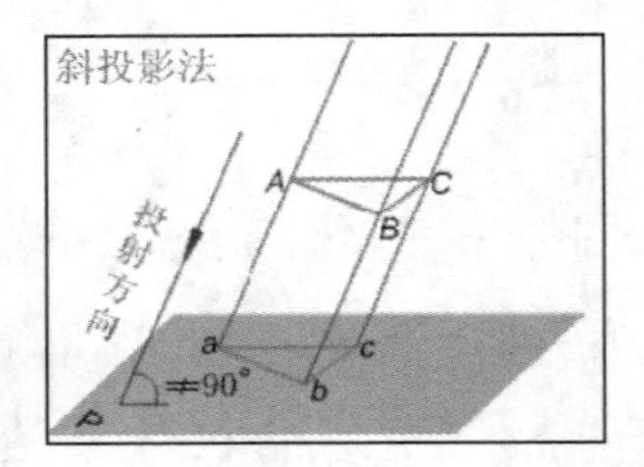

图 10-1 平行投影法

一般只用一个方向的投影来表达形体是不确定的，通常需将形体向几个方向投影才能完整清晰地表达出形体的形状和结构。

在机械制图中，最常用的是三视图。三视图是机械图样中最基本的图形，它是将物体放在三投影面体系中，分别向 3 个投影面投射所得到的图形，即主视图、俯视图、左视图。

将三投影面体系展开在一个平面内，三视图之间满足三等关系，即“主俯视图长对正、主左视图高平齐、俯左视图宽相等”，如图 10-2 所示，三等关系这个重要的特性是绘图和读图的依据。

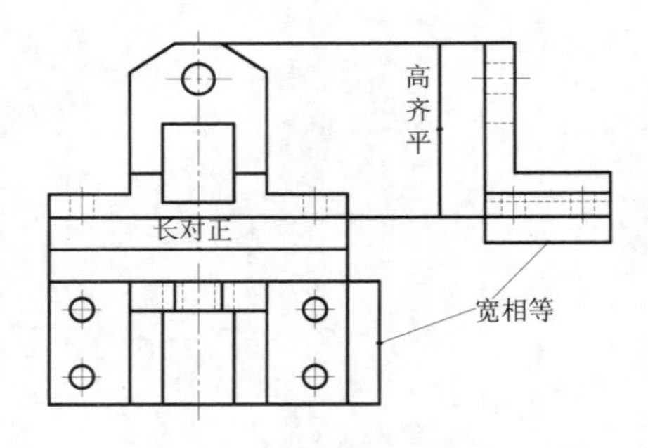

图 10-2 基本投影视图

当机件的结构十分复杂时，使用三视图来表达机件就十分困难。在国家标准规定中，在原有的 3 个投影面上可增加 3 个投影面，使 6 个投影面形成一个正六面体，6 个投影面分别对应：右视图、主视图、左视图、后视图、仰视图、俯视图。

- 主视图：由前向后投射的是主视图。

- 俯视图：由上向下投射的是俯视图。
- 左视图：由左向右投射的是左视图。
- 右视图：由右向左投射的是右视图。
- 仰视图：由下向上投射的是仰视图。
- 后视图：由后向前投射的是后视图。

各视图展开后都要遵循“长对正、高平齐、宽相等”的投影原则。

10.1.2　轴测投影法

轴测投影，指将物体连同其参考直角坐标系，沿不平行于任一坐标面的方向，用平行投影法将其投射在一个投影面上所得到的图形，如图 10-3 所示。由轴测投影方式创建的平面图形称为“轴测图”。轴测图在工程技术及其他科学中常有应用。

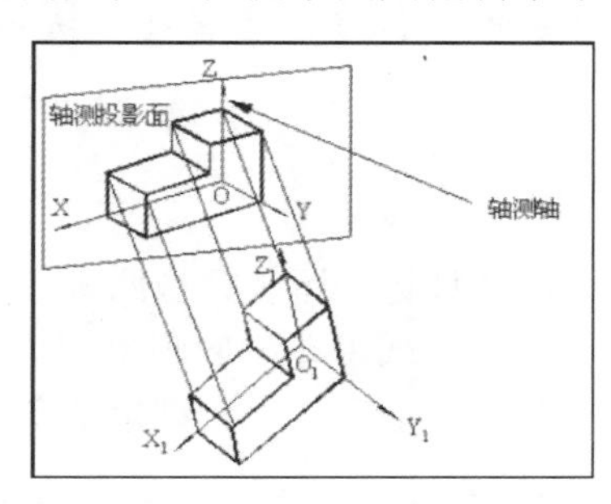

图 10-3　轴测投影法

在轴侧图中，物体上与任一坐标轴平行的长度均可按一定的比率来量度。三轴向的比率都相同时称为“等测投影”，其中两轴向比率相同时称为“二测投影”，三轴向比率均不相同时称为“三测投影”。轴测投影中投射线与投影面垂直的称为“正轴测投影”，倾斜的称为“斜轴测投影”。

10.2　机械制图标准

在机械制图中，绘图前需要根据国家标准或企业要求进行一些必要的设置，制定统一的绘图标注，如图幅、比例、字体、图纸线性、尺寸标注等。为了提高绘图效率，也可将设置好的绘图标准保存为样板文件，避免每次绘图时重复工作。

10.2.1　图纸幅图及格式

图幅是指图纸页面的大小，图幅大小和图框有严格的规定，主要有 A0、A1、A2、A3、A4 多种规格，同一图幅大小还可分为横式幅面和立式幅面两种，以短边作为垂直边称为横式，以短边作为水平边的称为立式。一般 A0～A3 图纸宜横式使用，必要时，也可以立式使用。

1. 图幅大小

在机械制图国标中，对图幅大小做了统一规定，各图幅的规格如表 10-1 所示。

表 10-1　图幅国家标准　　单位：mm

幅面代号	A0	A1	A2	A3	A4
B×L	841×1189	594×841	420×594	297×420	210×297
a	25				
c	10			5	
e	20		10		

提示

a 表示留给装订一边的空余宽度；c 表示其他 3 条边的空余宽度；e 表示无装订边的空余宽度。

2. 图框格式

机械制图的图框格式分为不留装订边和留装订边两种类型，分别如图 10-4 和图 10-5 所示。同一产品的图样只能采用一种样式，并均应画出图框线和标题栏。图框线用粗实线绘制，一般情况下，标题栏位于图纸右下角，也允许位于图纸右上角。

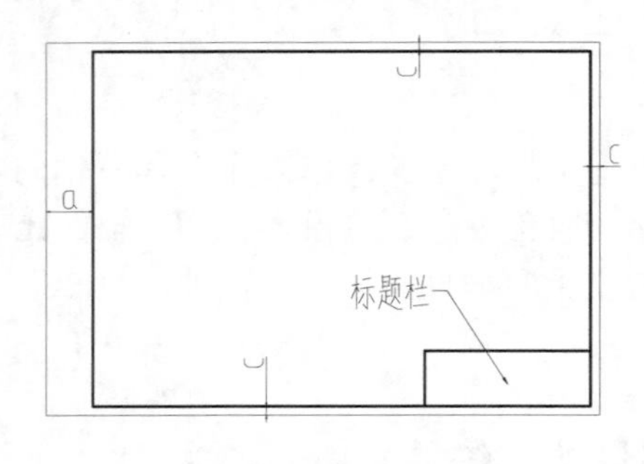

图 10-4　不留装订边

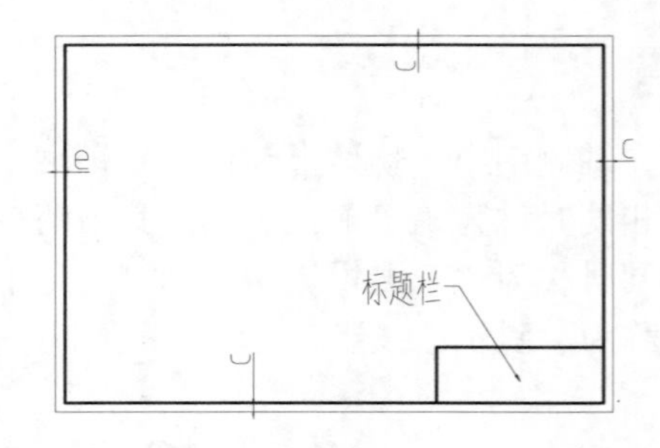

图 10-5　留装订边

10.2.2　比例

比例是指机械制图中图形与实物相应要素的尺寸之比。例如，比例为 1∶1 表示实物与图样相应的尺寸相等，比例大于 1 则实物的大小比图样的大小要小，称为放大比例；比例小于 1 则实物的大小比图样的大小要大，称为缩小比例。

如表 10-2 所示为国家标准规定的制图比例种类和系列。

表 10-2　比例的种类与系列

比例种类	比　例	
	优先选取的比例	允许选取的比例
原比例	1∶1	1∶1

续表

比例种类	比　例	
	优先选取的比例	允许选取的比例
放大比例	5∶1　　2∶1 5×10^n∶1　　2×10^n∶1　　1×10^n∶1	4∶1　　2.5∶1 4×10^n∶1　　2.5×10^n∶1
缩小比例	1∶2　　1∶5　　1∶10 1∶2×10^n　　1∶5×10^n　　1∶1×10^n	1∶1.5　　1∶2.5　　1∶3 1∶4　　1∶1.5×10^n　　1∶2.5×10^n 1∶3×10^n　　1∶4×10^n

机械制图中常用的 3 种比例为 2∶1、1∶1 和 1∶2。比例的标注符号应以"∶"表示，标注方法如 1∶1、1∶100 等。比例一般应标注在标题栏的比例栏内，局部视图或者剖视图也需要在视图名称的下方或者右侧标注比例，如图 10-6 所示。

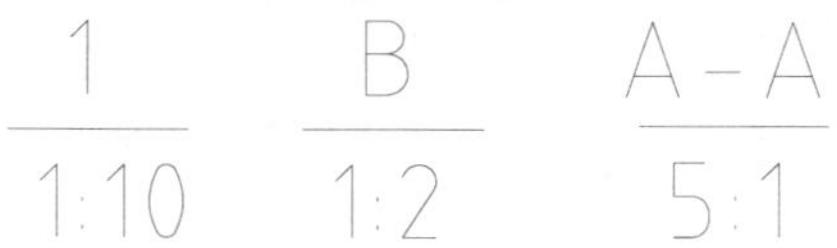

$$\frac{1}{1:10}\qquad\frac{B}{1:2}\qquad\frac{A-A}{5:1}$$

图 10-6　比例的另行标注

10.2.3　字体

文字是机械制图中必不可少的要素，因此国家标准对字体也作了相应的规定。对机械图样中书写的汉字、字母、数字的字体及号 (字高)规定如下。

- 图样中书写的字体必须做到：字体端正、笔画清楚、排列整齐、间隔均匀。汉字应写成长仿宋体，并应采用国家正式公布推行的简化字。
- 字体的号数，即字体的高度(单位为毫米)，分为 20、14、10、7、5、3.5、2.5 这 7 种，字体的宽度约等于字体高度的 2/3。
- 斜体字字头向右倾斜，与水平线约成 75°角。
- 用作指数、分数、极限偏差、注脚等的数字及字母，一般采用小一号字体。

提示

数字及字母的笔画宽度约为字体高度的 1/10；汉字字高不宜采用 2.5。

如图 10-7 所示为机械制图的字体示例。

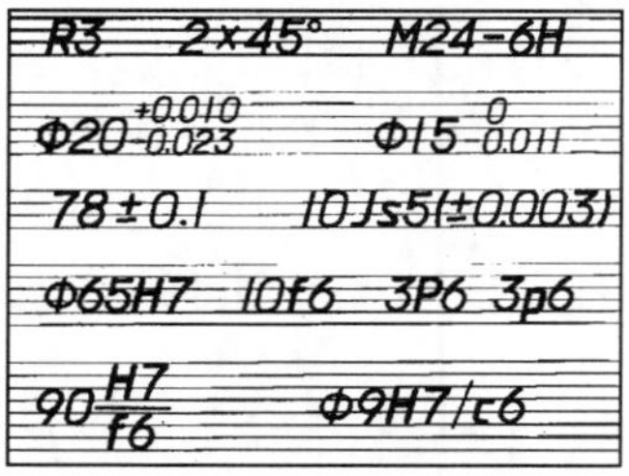

R3　2×45°　M24-6H

$\Phi20^{+0.010}_{-0.023}$　$\Phi15^{\ 0}_{-0.011}$

78±0.1　10Js5(±0.003)

Φ65H7　10f6　3P6　3p6

$90\frac{H7}{f6}$　Φ9H7/c6

图 10-7　字体的应用示例

10.2.4 图线标准

在机械制图中，不同线性和线宽的图形表示不同的含义，因此不同对象的图层应设置有不同的线型样式。

在机械制图国家标准中，对机械图形中使用的各种图层的名称、线型、线宽及在图形中的格式都做了相关规定，如表 10-3 所示。

表 10-3 图线的形式和作用

图线名称	图 线	线 宽	绘制主要图形
粗实线	▬▬▬▬	b	可见轮廓线
细实线	————	约 b/3	剖面线、尺寸线、尺寸界线、引出线、弯折线、牙底线、齿根线、辅助线、过渡线等
细点画线	—·——·—	约 b/3	中心线、轴线、齿轮节线等
虚线	__ ___ __	约 b/3	不可见轮廓线、不可见过渡线
波浪线	∽∽	约 b/3	断裂处的边界线、剖视和视图的分界线
粗点画线	▬·▬·▬·▬	b	有特殊要求的线或者表面的表示线
双点画线	—··——··—	约 b/3	相邻辅助零件的轮廓线、极限位置的轮廓线、假象投影轮廓线

10.2.5 尺寸标注

不同于其他行业，机械制图对尺寸标注有严格要求。

1) 基本规则

对尺寸标注的方式有以下规则。

- 机件的真实大小应以图样上所注的尺寸数值为依据，与图形的大小及绘图的准确度无关。
- 图样中(包括技术要求和其他说明)的尺寸，以毫米为单位时，不需标注计量单位的代号或名称，如采用其他单位，则必须注明相应计量单位的代号或名称。
- 图样中所标注的尺寸，为该图样所示机件的最后完工尺寸，否则应另加说明。
- 机件的每一尺寸，一般只标注一次，并应标注在能最清楚地表达该结构的位置。

2) 尺寸数字

对尺寸上的数字或文字内容有如下规定。

- 线性尺寸的数字一般应注写在尺寸线的上方，也允许注写在尺寸线的中断处。
- 角度的数字一律写成水平方向，一般注写在尺寸线的中断处，如图 10-8 所示。必要时也可按图 10-9 的形式标注。
- 尺寸数字不可被任何图线所通过，否则必须将该图线断开。

3) 尺寸线

- 尺寸线用细实线绘制，其终端可以有下列两种形式：箭头的形式，适用于各种类型的图样；斜线形式，用细实线绘制，当尺寸线的终端采用斜线形式时，尺寸线

与尺寸界线必须相互垂直。

- 标注线性尺寸时，尺寸线必须与所标注的线段平行。

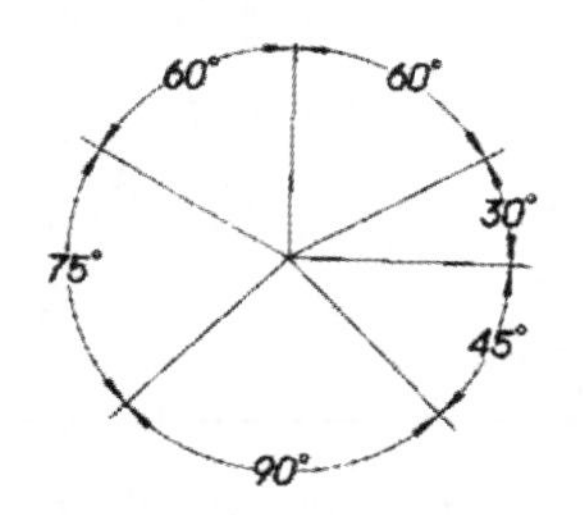

图 10-8　角度标注

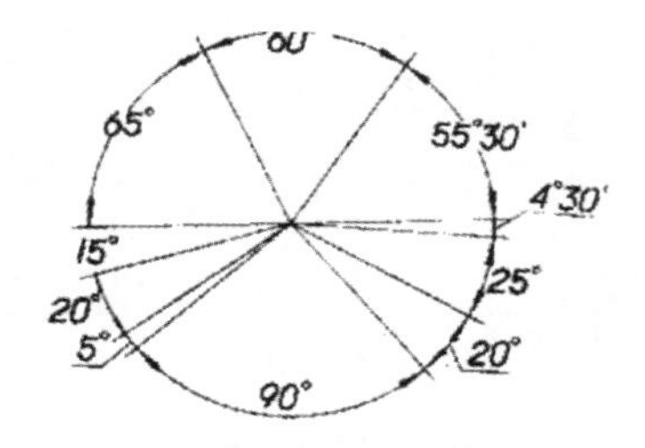

图 10-9　角度引出标注

- 圆的直径和圆弧半径的尺寸线的终端应画成箭头，当圆弧的半径过大或在图纸范围内无法标出其圆心位置时，可按折弯标注样式标注，如图 10-10 所示。
- 标注角度时，尺寸线应画成圆弧，其圆心是该角的顶点，在 AutoCAD 中标注的角度自动满足这一要求。
- 当对称机件的图形只画出一半或略大于一半时，尺寸线应略超过对称中心线或断裂处的边界线，此时仅在尺寸线的一端画出箭头。

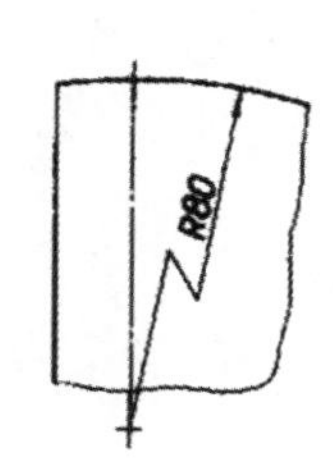

图 10-10　标注半径

4)　尺寸界线

- 尺寸界线用细实线绘制，并应由图形的轮廓线、轴线或对称中心线处引出。也可利用轮廓线、轴线或对称中心线作尺寸界线。
- 当表示曲线轮廓上各点的坐标时，可将尺寸线或其延长线作为尺寸界线。
- 尺寸界线一般应与尺寸线垂直，必要时才允许倾斜。
- 在光滑过渡处(如圆角)标注尺寸时，必须用细实线将轮廓线延长，从它们的交点处引出尺寸界线。
- 标注角度的尺寸界线应从径向引出，标注弦长或弧长的尺寸界线应平行于该弦的垂直平分线，当弧度较大时，可沿径向引出。

【案例 10-1】 创建机械制图样板。

按照机械制图标准创建一个 A4 图幅模板，并保存为样板文件“A4.dwt”，后续章节绘制零件图将使用该样板。

(1) 新建文件。单击快速访问工具栏中的【新建】按钮，新建空白文件。

(2) 创建图层。单击【图层】工具栏中的【图层特性】按钮，新建图层，设置颜色、线型和线宽，如图 10-11 所示。

(3) 设置绘图界限。选择【格式】|【图形界限】命令，输入图形界限的两个角点坐标分别为(0,0)和(297,210)，双击鼠标中键，将 A4 的图形界限全屏显示。

(4) 绘制图框。单击【绘图】工具栏中的【矩形】按钮，绘制宽 297、高 210 的矩形，然后单击【修改】工具栏中的【分解】按钮，分解矩形。单击【修改】工具栏中的【偏移】按钮，偏移矩形边线。最后单击【修改】工具栏中的【修剪】按钮，修剪多余线条，绘制的图框如图 10-12 所示。

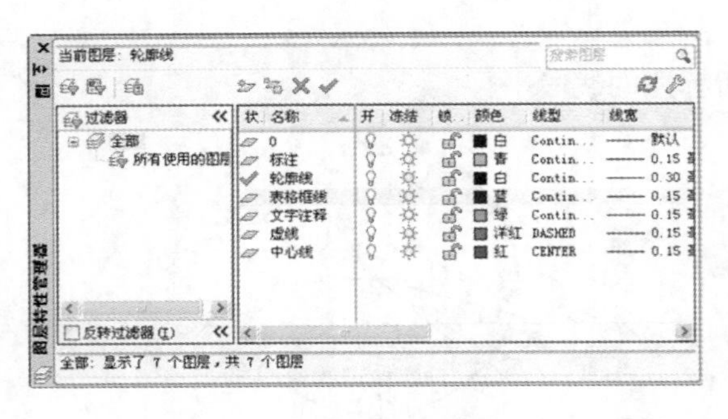

图 10-11　创建图层

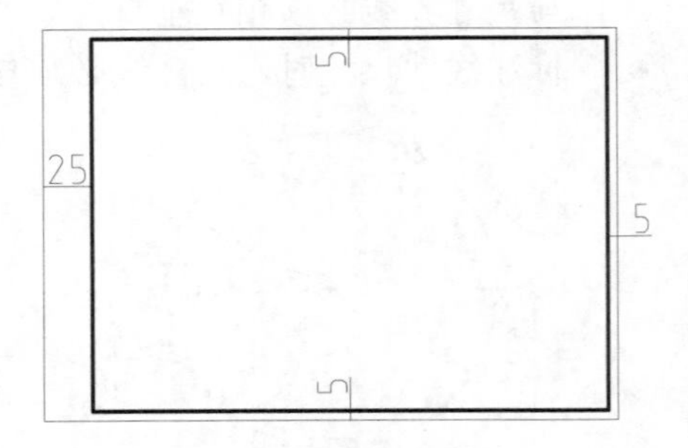

图 10-12　绘制图框

(5) 创建文字样式。选择【格式】|【文字样式】命令，在弹出的【文字样式】对话框中创建名为“机械文字”的文字样式，设置字体为“仿宋_GB2312”，宽度因子为0.7。创建名为“标注文字”的文字样式，设置文字样式，如图 10-13 所示。

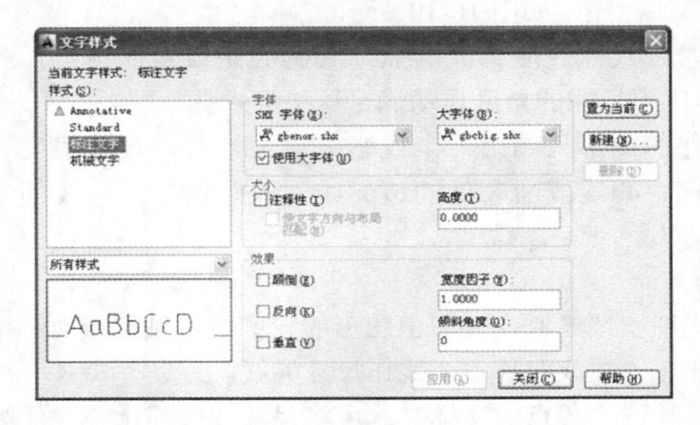

图 10-13　设置文字样式

(6) 执行【直线】命令、【偏移】命令，配合【修剪】命令绘制标题栏，将“机械文字”设置为当前文字样式，然后执行【单行文字】命令，输入标题栏文字，如图 10-14 所示。

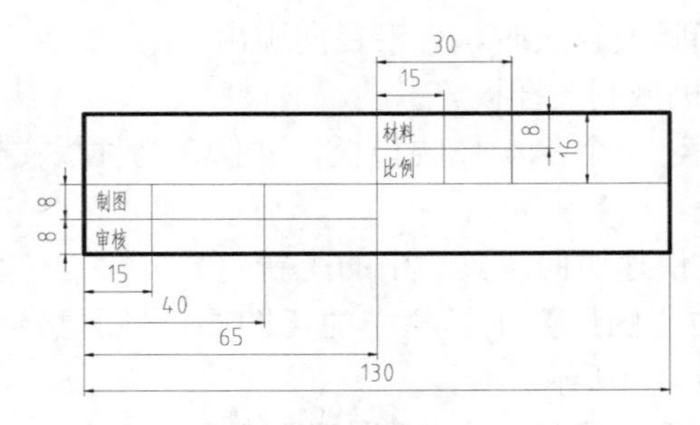

图 10-14　绘制标题栏

(7) 创建标注样式。选择【格式】|【标注样式】命令，在弹出的对话框中创建名为“机械标注”的标注样式，设置【文字样式】为【标注文字】、【文字高度】为 5，如图 10-15 所示，在【主单位】选项卡中设置单位精度为一位小数。

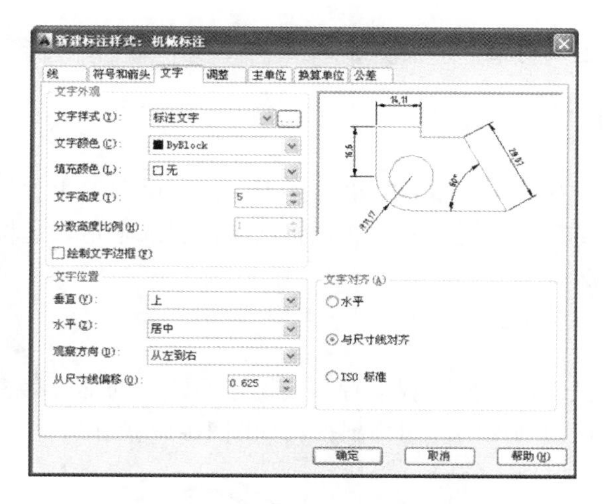

图 10-15　设置文字样式

(8) 将“机械标注”标注样式设置为当前标注样式。单击快速访问工具栏中的【另存为】按钮，选择保存文件的类型为“*.dwt”，保存名称为“A4”，如图 10-16 所示，单击【保存】按钮，弹出【样板选项】对话框，如图 10-17 所示，单击【确定】按钮，将该文件保存为 AutoCAD 样板文件，存在系统默认的样板文件夹中。

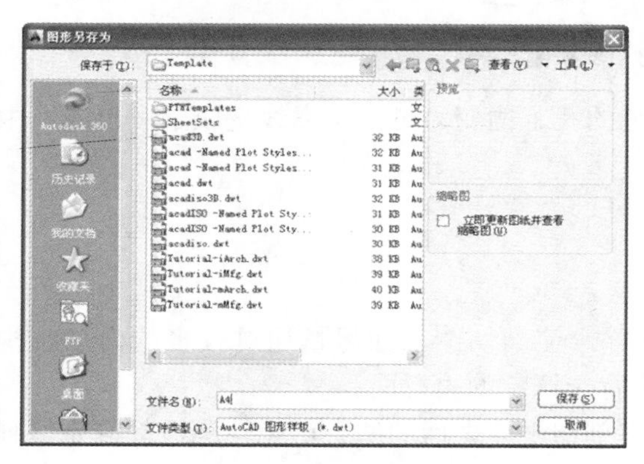

图 10-16　设置保存类型和名称

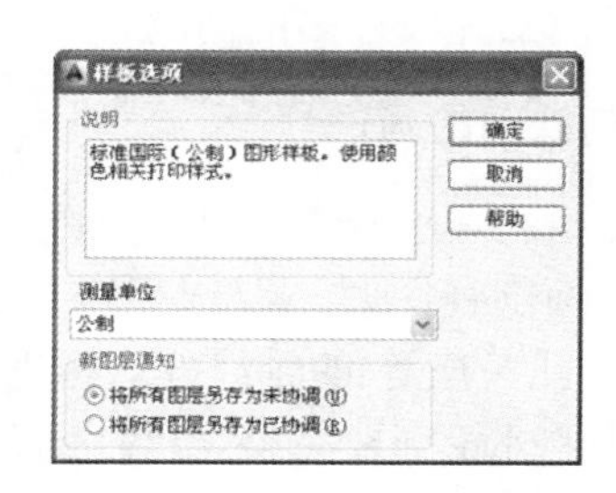

图 10-17　【样板选项】对话框

10.3　图 样 画 法

本节主要介绍视图、剖视图、断面图和放大图的表达方法。

10.3.1　视图

机械工程图样是用一组视图，并采用适当的投影方法表示机械零件的内外结构形状。视图是按正投影法即机件向投影面投影得到的图形，视图的绘制必须符合投影规律。

机件向投影面投影时，观察者、机件与投影面三者间有两种相对位置：机件位于投影面和观察者之间时称为第一角投影法；投影面位于机件与观察者之间时称为第三角投影法。我国国家标准规定采用第一角投影法。

10.3.2 剖视图

在机械绘图中，三视图可基本表达机件外形，对于简单的内部结构可用虚线表示。但当零件的内部结构较复杂时，视图的虚线也将增多，要清晰地表达机件内部形状和结构，必须采用剖视图的画法。

1. 剖视图的概念

用剖切平面剖开机件，将处在观察者和剖切平面之间的部分移去，而将其与部分向投影面投射所得的图形称为剖视图，简称剖视，如图 10-18 所示。

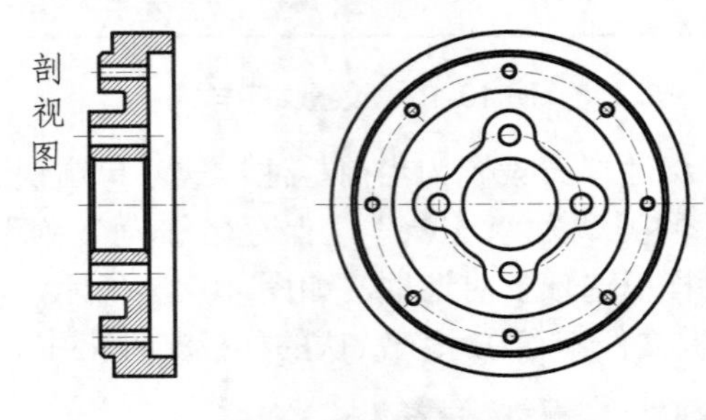

图 10-18　剖视图

剖视图将机件剖开，使得内部原来不可见的孔、槽变为可见，虚线变成了可见线。由此解决了内部虚线过多的问题。

2. 剖视图的画法

剖视图的画法应遵循以下原则。

- 画剖视图时，要选择适当的剖切位置，使剖切图平面尽量通过较多的内部结构(孔、槽等)的轴线或对称平面，并平行于选定的投影面。
- 内外轮廓要完整。机件剖开后，处在剖切平面之后的所有可见轮廓线都应完整画出，不得遗漏。
- 要画剖面符号。在剖视图中，凡是被剖切的部分应画上剖面符号。金属材料的剖面符号应画成与水平方向成 45°的互相平行、间隔均匀的细实线，同一机件各个视图的剖面符号应相同。但是如果图形主要轮廓与水平方向成 45°或接近 45°时，该图剖面线应画成与水平方向 30°或 60°角，其倾斜方向仍应与其他视图的剖面线一致。

3. 剖视图的分类

为了用较少的图形完整清晰地表达机械结构，就必须使每个图形能较多地表达机件的形状。在同一个视图中将普通视图与剖视图结合使用，能够最大限度地表达更多结构。按剖切范围的大小，剖视图可分为全剖视图、半剖视图、局部剖视图。按剖切面的种类和数量，剖视图可分为阶梯剖视图、旋转剖视图、斜剖视图和复合剖视图。

1)　全剖视图的绘制

用剖切平面将机件全部剖开后进行投影所得到的剖视图称为全剖视图，如图 10-19 所示。全剖视图一般用于表达外部形状比较简单，而内部结构比较复杂的机件。

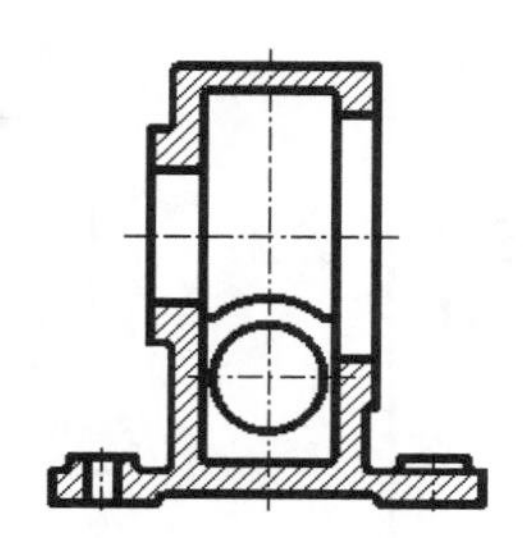

图 10-19　全剖视图

提示

当剖切平面通过机件对称平面，且全剖视图按投影关系配置，中间又无其他视图隔开时，可以省略剖切符号标注，否则必须按规定方法标注。

2)　半剖视图的绘制

当物体具有对称平面时，向垂直对称平面的投影面上所得的图形，可以以对称中心线为界，一半画成剖视图，另一半画成普通视图，这种剖视图称为半剖视图，如图 10-20 所示。

半剖视图既充分地表达了机件的内部结构，又保留了机件的外部形状，具有内外兼顾的特点。但半剖视图只适宜于表达对称的或基本对称的机件。当机件的俯视图前后对称时，也可以使用半剖视图表示。

3)　局部剖视图的绘制

用剖切平面局部的剖开机件所得的剖视图称为局部剖视图，如图 10-21 所示。局部剖视图一般使用波浪线或双折线分界来表示剖切的范围。

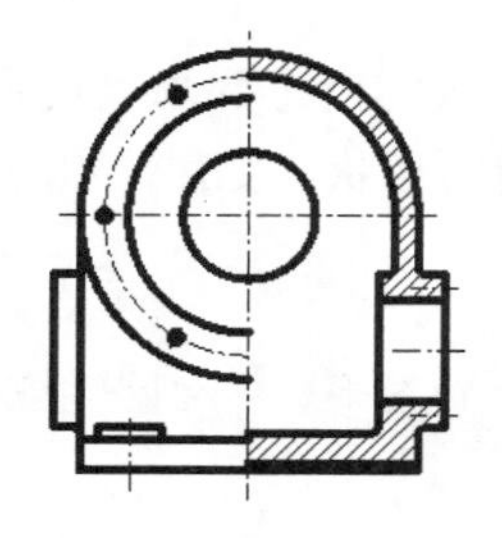

图 10-20　半剖视图

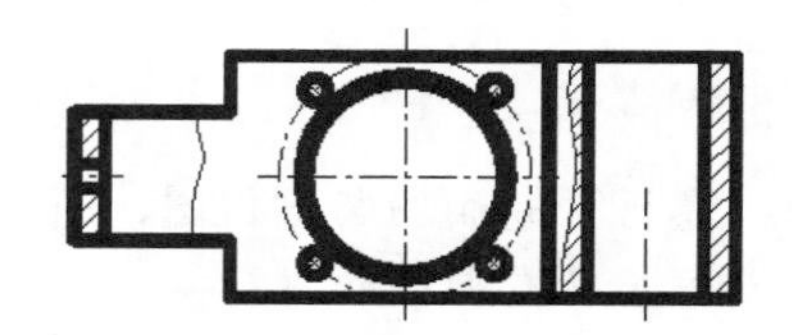

图 10-21　局部剖视图

局部剖视是一种比较灵活的表达方法，剖切范围根据实际需要决定。但使用时要考虑到看图方便，剖切不要过于零碎。它常用于下列两种情况。

- 机件只有局部内部结构要表达，而又不便或不宜采用全部剖视图时。
- 不对称机件需要同时表达其内、外形状时，宜采用局部剖视图。

【案例 10-2】 绘制局部剖视图。

(1) 打开素材文件“第 10 章\案例 10-2.dwg”，如图 10-22 所示。

(2) 单击【绘图】工具栏中的【样条曲线】按钮，绘制剖切的边界，如图 10-23 所示。

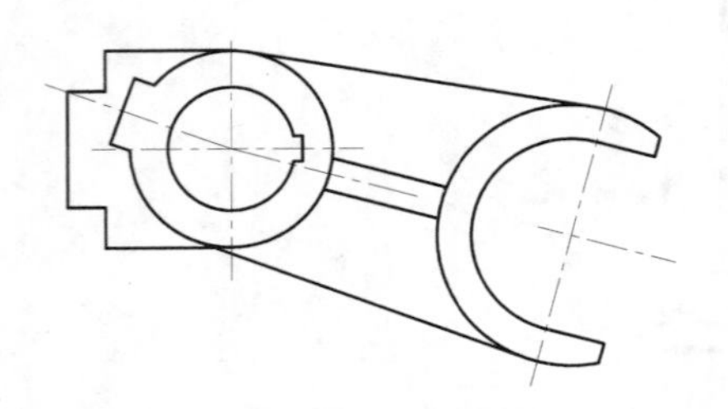

图 10-22 素材文件

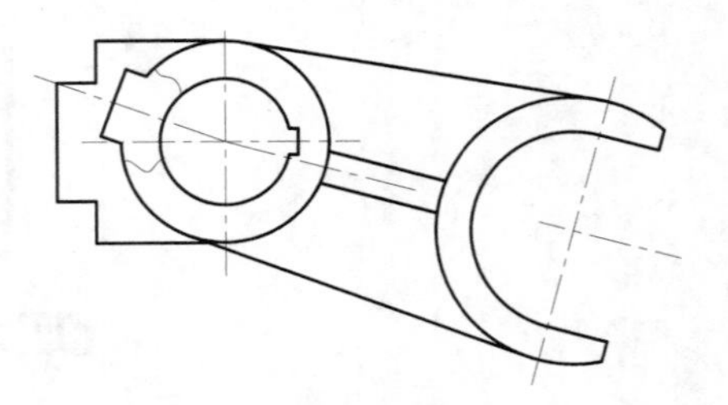

图 10-23 绘制样条曲线

(3) 单击【修改】工具栏中的【偏移】按钮，结合【直线】和【修剪】命令，绘制剖切位置的轮廓线，如图 10-24 所示。

(4) 单击【绘图】工具栏中的【图案填充】按钮，选择 ANSI31 图案，填充比例为 0.5，结果如图 10-25 所示。

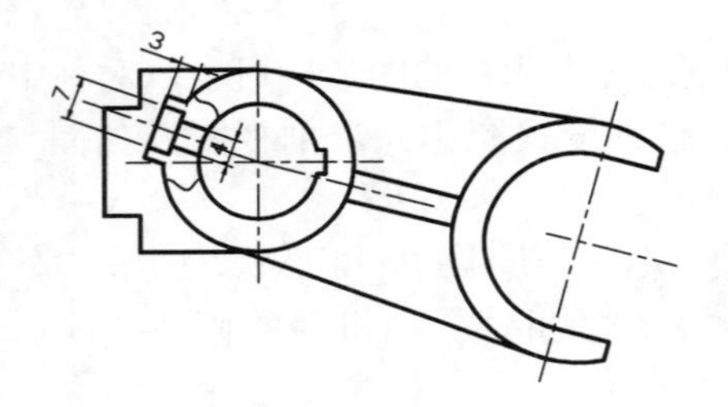

图 10-24 绘制轮廓线

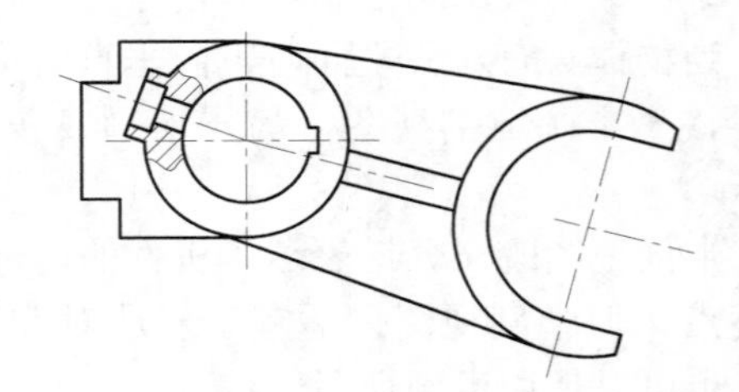

图 10-25 图案填充

10.3.3 断面图

假想用剖切平面将机件在某处切断，只画出切断面形状的投影并画上规定的剖面符号的图形称为断面图。断面一般用于表达机件的某部分的断面形状，如轴、孔、槽等结构。

提示

注意区分断面图与剖视图，断面图仅画出机件断面的图形，而剖视图则要画出剖切平面以后所有部分的投影。

为了得到断面结构的实体图形，剖切平面一般应垂直于机件的轴线或该处的轮廓线。断面图分为移出断面图和重合断面图。

1. 移出断面图

移出断面图的轮廓线用粗实线绘制，画在视图的外面，尽量放置在剖切位置的延长线上，一般情况下只需画出断面的形状，但是，当剖切平面通过回转曲面形成的孔或凹槽时，此孔或凹槽按剖视图画，或当断面为不闭合图形时，要将图形画成闭合的图形。

完整的剖面标记由 3 部分组成。粗短线表示剖切位置，箭头表示投影方向，拉丁字母表示断面图名称。当移出断面图放置在剖切位置的延长线上时，可省略字母；当图形对称(向左或向右投影得到的图形完全相同)时，可省略箭头；当移出断面图配置在剖切位置的延长线上，且图形对称时，可不加任何标记，如图 10-26 所示。

提示

移出断面图也可以画在视图的中断处，此时若剖面图形对称，可不加任何标记；若剖面图形不对称，要标注剖切位置和投影方向。

2. 重合断面图

剖切后将断面图形重叠在视图上，这样得到的剖面图称为重合断面图。

重合断面图的轮廓线要用细实线绘制，而且当断面图的轮廓线和视图的轮廓线重合时，视图的轮廓线应连续画出，不应间断。当重合断面图形不对称时，要标注投影方向和断面位置标记，如图 10-27 所示。

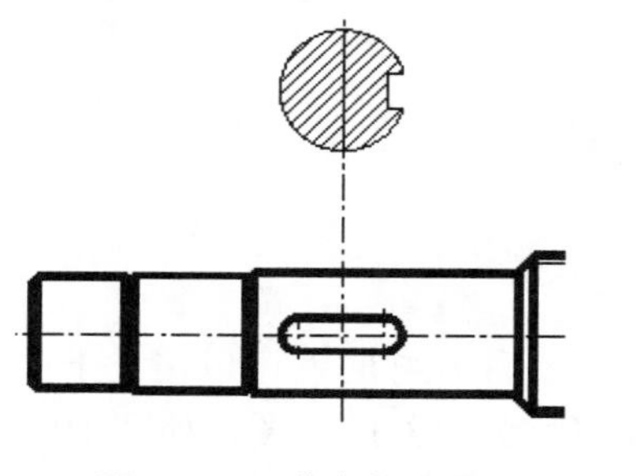
图 10-26　移出断面图

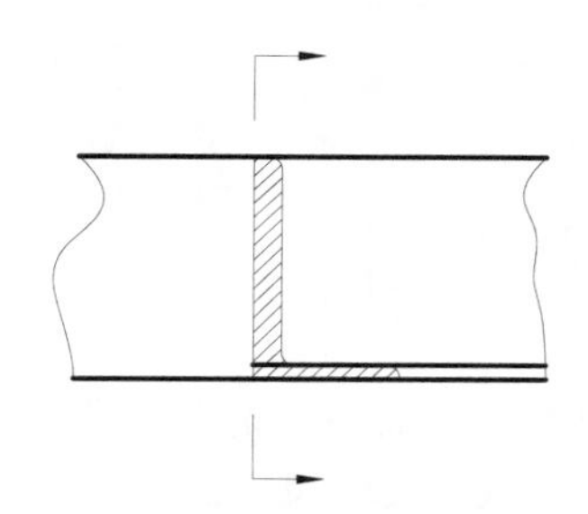
图 10-27　重合断面图

【案例 10-3】 绘制肋板的断面图。

(1) 打开素材文件“第 10 章\案例 10-3.dwg”，如图 10-28 所示。

(2) 将【中心线】图层设置为当前图层，单击【绘图】工具栏中的【直线】按钮，绘制一条与肋板垂直的直线，如图 10-29 所示。

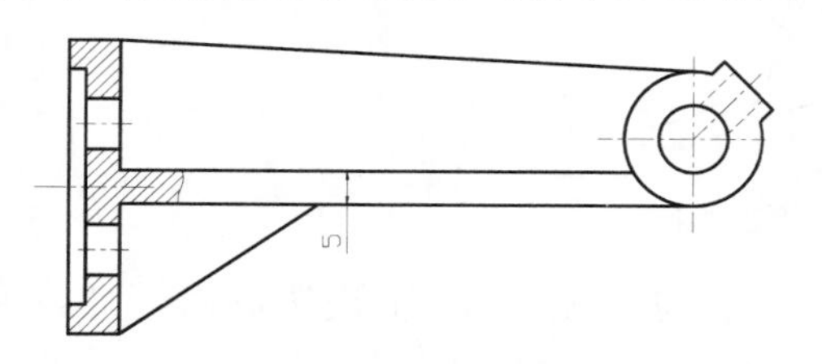

图 10-28　打开结果

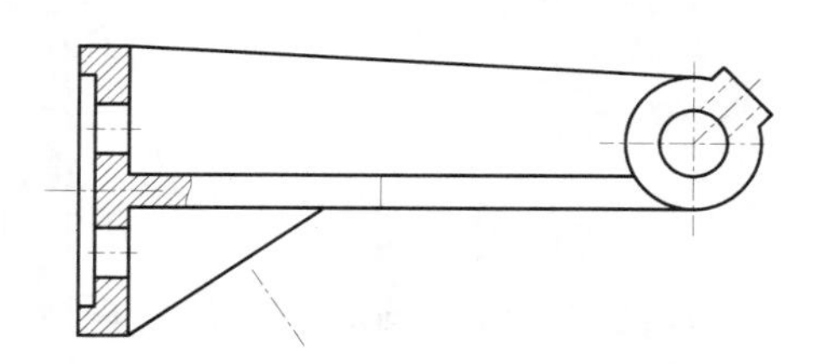
图 10-29　绘制中心线

(3) 单击【修改】工具栏中的【偏移】按钮，将中心线向两侧各偏移 2.5；单击【绘图】工具栏中的【圆】按钮，以中心线上一点为圆心，绘制半径 2.5 的圆，如图 10-30 所示。

(4) 单击【绘图】工具栏中的【样条曲线】按钮，绘制样条曲线；单击【修改】工具栏中的【修剪】按钮，修剪图形。最后单击【绘图】工具栏中的【图案填充】按钮，填充剖面线，结果如图 10-31 所示。

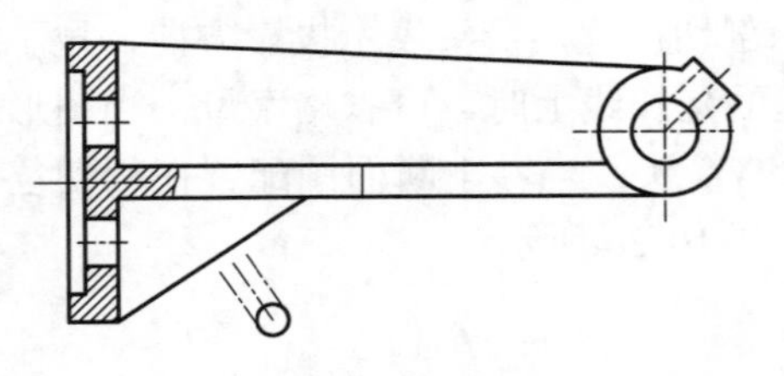

图 10-30　绘制圆

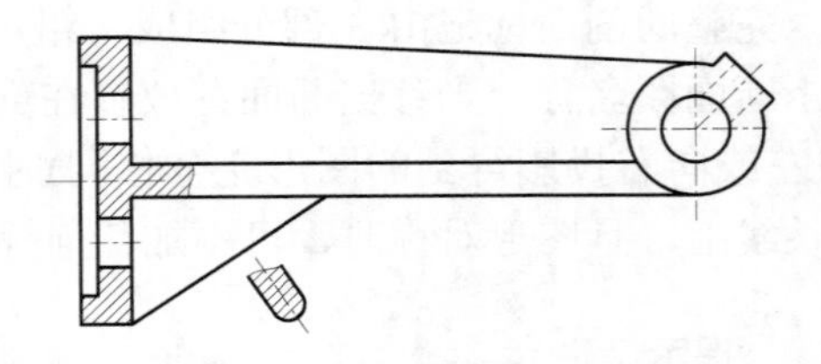

图 10-31　绘制移出断面图

(5) 绘制重合断面图。单击【绘图】工具栏中的【直线】按钮，绘制断面轮廓。单击【绘图】工具栏中的【图案填充】按钮，填充剖面线，最后使用【多重引线】命令绘制剖切符号，结果如图 10-32 所示。

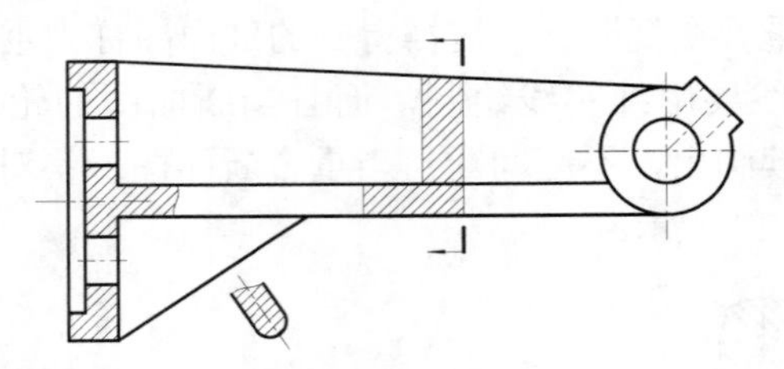

图 10-32　绘制重合断面图

10.3.4　放大图

当物体某些细小结构在视图上表示不清楚或不便标注尺寸时，可以用大于原图形的绘图比例在图纸上其他位置绘制该部分图形，这种图形称为局部放大图，如图 10-33 所示。

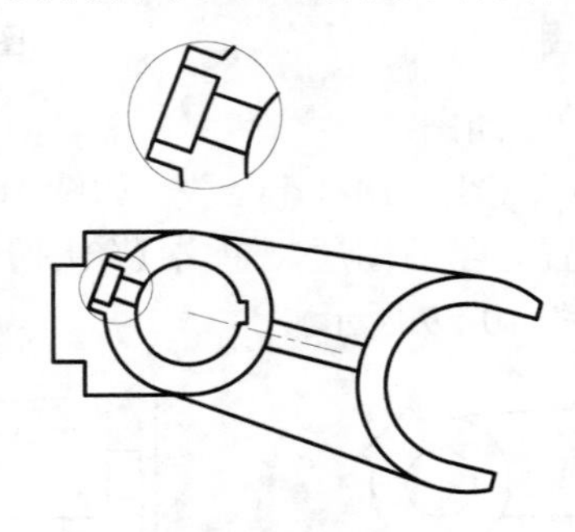

图 10-33　局部放大图

局部放大图可以画成视图、剖视或断面图，它与被放大部分的表达形式无关。画图时，在原图上用细实线圆圈出被放大部分，尽量将局部放大图配置在被放大图样部分附近，在放大图上方注明放大图的比例。若图中有多处要作局部放大时，还要用罗马数字作为放大图的编号。

【案例 10-4】 绘制局部放大图。

(1) 选择【文件】|【打开】命令，打开素材文件“第 10 章\案例 10-4.dwg”，如图 10-34 所示。

(2) 单击【绘图】工具栏中的【圆】按钮，在需要放大的区域绘制一个圆，如图 10-35 所示。

图 10-34　打开结果

图 10-35　绘制放大边界圆

(3) 单击【修改】工具栏中的【打断于点】按钮，将零件轮廓与圆的交点打断。

(4) 单击【修改】工具栏中的【复制】按钮，选中圆内所有对象，并复制至上方位置，如图 10-36 所示。

(5) 单击【修改】工具栏中的【缩放】按钮，将复制出的对象按比例因子为 2 进行缩放，结果如图 10-37 所示。

图 10-36　复制对象

图 10-37　缩放对象

10.4　零件图绘制基本知识

零件图是表示零件结构、大小以及技术要求的图样，能够让识图者清楚地看出零件的结构和制造工艺等，也是制造零件和检验零件是否合格的最重要的依据。

10.4.1　零件的分类

零件是组成机械不可拆分的最小单元，根据零件的作用及其结构，零件一般分为以下几类。

1. 标准件和常用件

标准件的规格都有一定的国家标准，如螺栓、轴承、销钉等。

2. 非标准件

非标准件的结构和尺寸可根据实际需要定义，常用的非标准按其结构分为以下几类。

- 轴套类零件(齿轮轴)。
- 板座类零件(底座、轴承座等)。

- 轮盘类零件(齿轮、端盖等)。
- 叉架类零件(拨叉、叉架等)。
- 箱体类零件(齿轮箱、泵体等)。

10.4.2 机械零件形状表现方法

1. 零件图表达方法

零件图是通过不同的视图来表达零件的尺寸、外形和结构的。选择一组视图，并不只限用于3个基本视图，采用局部视图、剖视图等就可以表达零件的结构形状。

各种视图的使用一般有以下规则。

- 基本视图包括主视图、俯视图和左视图，从3个不同的视角表达零件的外形轮廓。有时，基本视图不足以表现零件的全部特征，这时需要在基本视图上添加剖视图，剖视图的表现形式包括全剖、半剖、局部剖以及旋转剖。像轴套这样简单的零件，一个视图就能表达清楚，如图10-38所示。
- 在零件过于复杂或者零件的尺寸比较大，不能在固定的图幅中清楚表达这些零件的细节时，就需要用到局部视图。在一般视图中把要放大的细节标记出来，并复制到视图以外的空白区域，再将复制出来的图形放大，即创建了局部放大图，也称为局部视图。
- 断面图一般用来表现板材或零件肋板形状和厚度的视图，分为重合断面和移出断面2种。有些零件的肋板在3个视图中不能很好地表现出自身的形状，不方便零件的制造和检验，这时就需要使用断面图来表达。如图10-39所示是运用断面图表达肋板形状和厚度的例子。

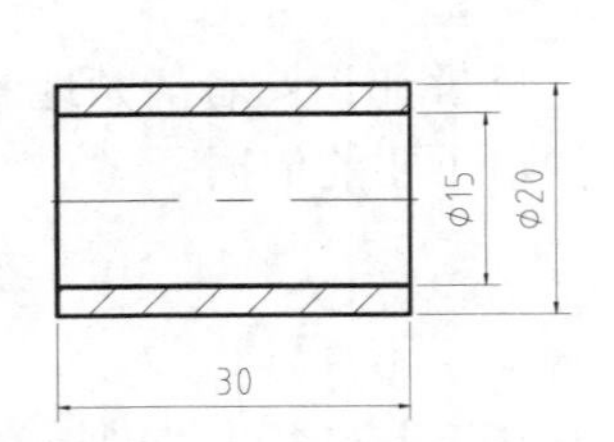

图 10-38　轴套零件图

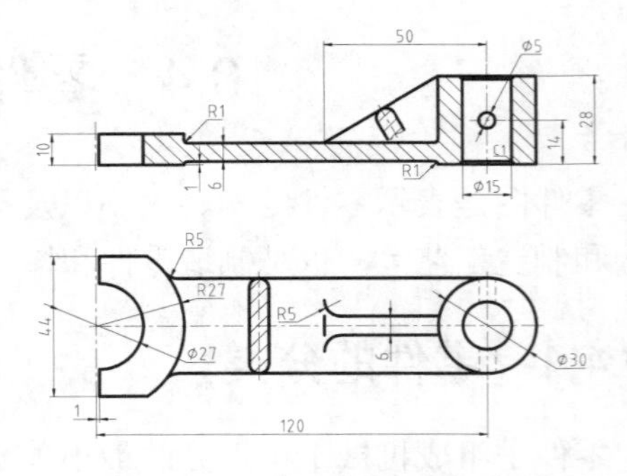

图 10-39　拨叉零件图

2. 视图选择方案

零件图的绘制一般是先绘制主视图，再根据主视图绘制其他视图。首先选择零件的放置位置和主视图的投影方向，选择主视图要考虑以下原则。

- 形状特征原则：主视图要能将零件的主要形状、结构表达得最清楚。
- 加工位置原则：按照零件在加工工序中的装夹位置选取，便于制造者看图加工。
- 工作位置原则：使装配者能够很快了解该零件在机器中的作用，便于装配。

其他视图的选择要配合主视图，尽可能地减少视图的数量，简化图纸，但是需要注意的是各视图互相配合、互相补充，表达内容尽量不要重复，根据零件要表达的结构选择适当的剖视图和断面图，再针对图形中需要表达的细节，补充必要的局部视图和局部放大图。

不同的零件类型，选择视图的方案也不一样，下面是一些典型零件常用的表达方法。

- 轴套类：主视图通常为基本视图，其余视图常用移出断面或者是局部放大图。
- 板座类：主视图常用剖视图，其他视图一般为基本视图。
- 轮盘类：主视图常用全剖视图，其他视图一般用基本视图。
- 叉架类：主视图通常用基本视图加局部剖视图，其余视图常用剖视图、局部视图、移出断面图等。
- 箱体类：常用 3 个基本视图表达，每个视图一般均要进行剖切，其余视图常用局部视图、断面图。

10.4.3　零件图所包含的内容

为了使识图者能全面认识零件的材料、结构、尺寸、工艺要求等，并通过零件图制造和检验零件，零件图的内容要尽量全面并且清晰。

一个完整的零件图一般包括以下内容。

- 一组视图，包括主视图、俯视图和左视图，一般如果零件通过两个视图就可以表达清楚，则另一个视图可以不用绘制。
- 完整的尺寸标注，包括基本尺寸和基本公差、形位公差等。
- 技术要求。注明零件的加工、检验要求，零件图上不便于图示的信息也可在技术要求中说明。
- 标题栏。包含了零件的名称、材料、编号、设计者信息等内容，填写完整的标题栏有助于图纸的查找、分类和保存。

10.4.4　绘制零件图的基本步骤

使用 AutoCAD 绘图时，也应遵守绘图的国家标准，尽可能发挥计算机资源共享的优点，绘制零件图一般分为以下几个步骤。

1. 创建模板

在绘制零件图之前，应根据图纸幅面大小和版式的不同，分别建立符合机械制图国家标准的若干机械图样模板。模板中包括图纸幅面、图层、使用文字的一般样式、尺寸标注的一般样式等，这在绘制零件图时，就可以直接调用建立好的模板进行绘图，有利于提高绘图效率。

2. 绘制零件图

以创建的模板为图形样板，利用常用绘图和图形编辑命令、数据输入方法，绘制零件图。绘制零件图时，一般首先绘制主视图，再根据“长对正、高平齐、宽相等”的原则，绘制其他两个视图，有必要的话根据基本视图绘制断面图和局部放大图，在需要剖面线的位置填充图案。

3. 标注尺寸

零件图绘制完成之后，使用尺寸工具标注尺寸。尺寸标注需要正确、完整、清晰和合理。尺寸标注有以下原则。

- 既要考虑设计要求，又要考虑工艺要求。
- 主要尺寸的标注应从设计基准出发进行标注。
- 一般尺寸应从工艺基准出发进行标注。

4. 编写技术要求

零件图的技术要求就是对零件的尺寸精度、零件表面状况等品质的要求。它直接影响零件的质量，是零件图的重要内容之一。在 AutoCAD 中一般使用【多行文字】命令编写技术要求。

零件图技术要求主要包含以下内容。

- 零件的材料及毛坯要求，如铸件技术要求、焊接技术要求等。
- 零件的表面粗糙度要求。
- 零件的尺寸公差、形状和位置公差。
- 零件的热处理、涂镀、修饰、喷漆等表面处理要求。
- 零件的检测、验收、包装等要求。

5. 填写标题栏

标题栏中写明零件名称、材料、图号、绘图人的名字、绘图单位、绘图日期等。

6. 保存文件

选择【文件】|【另存为】命令，输入零件图的文件名，保存文件到指定的文件夹。

10.5 思考与练习

一、简答题

1. A0、A1、A2、A3、A4 的图幅尺寸分别是多少？
2. 在国标的规定中，6 个投影面分别是什么？
3. 机械制图中一张完整的图幅都包括哪些内容？

二、操作题

1. 按照机械制图标准，创建 A3 图幅样板文件。
2. 利用简答题 1 创建的 A3 样板，绘制如图 10-40 所示的零件图。

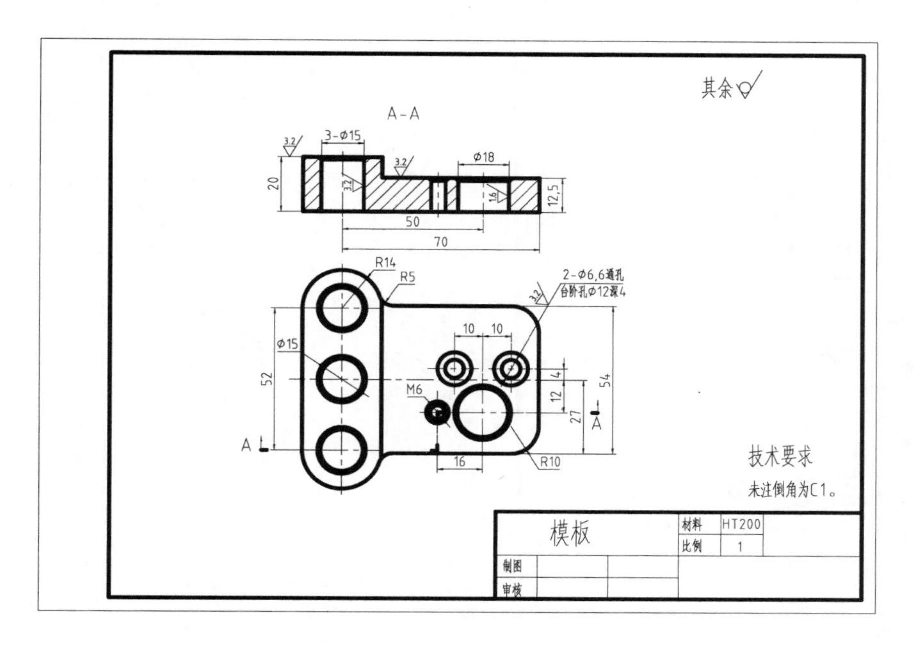
其余
A-A
3-φ15
3.2
φ18
20
1.6
12.5
50
70
R14
R5
2-φ6.6通孔
台阶孔φ12深4
10
10
φ15
52
M6
4
12
54
27
A
A
16
R10
技术要求
未注倒角为C1。
模板
材料
HT200
比例
1
制图
审核

图 10-40　模板零件图

第11章 绘制机械标准件和常用件

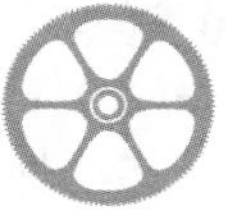

本章导读

在机械制图中，某些零件的结构、尺寸、画法、标记等各个方面已经完全标准化，这类零件称为标准件；而某些零件应用广泛，其零件上部分结构、形状和尺寸等已有统一标准，这类零件称为常用件。本章讲解常见的标准件和常用件的绘制方法。

学习目标

- 了解标准件和常用件的概念。
- 掌握六角螺母、六角头螺栓、沉头螺栓、内六角圆柱头螺钉、圆螺母、圆柱销、锥销、键和弹簧的绘制方法。

11.1 标准件和常用件概述

11.1.1 标准件

标准件是指结构、尺寸、画法、标记等各个方面已经完全标准化，并由专业厂生产的常用的零(部)件，如螺纹件、键、销、滚动轴承等。广义的标准件包括标准化的紧固件、连接件、传动件、密封件、液压元件、气动元件、轴承、弹簧等机械零件。狭义的标准件仅包括标准化紧固件。国内俗称的标准件是标准紧固件的简称，是狭义概念，但不能排除广义概念的存在。此外还有行业标准件，如汽车标准件、模具标准件等，也属于广义标准件。

11.1.2 常用件

常用件是指应用广泛，某些部分的结构形状和尺寸等已有统一标准的零件，这些在制图中都有规定的表示法，如齿轮等。

11.2 六 角 螺 母

11.2.1 六角螺母简介

六角螺母与螺栓、螺钉配合使用，起连接紧固机件作用。其中 1 型六角螺母应用最广，包括 A、B、C 这 3 种级别。C 级螺母用于表面比较粗糙、对精度要求不高的机器、设备或结构上；A 级和 B 级螺母用于表面比较光洁、对精度要求较高的机器、设备或结构上。2 型六角螺母的厚度 M 较大，多用于需要经常装拆的场合；六角薄螺母的厚度 M 较小，多用于表面空间受限制的零件。

六角螺母作为一种标准件，有规定的形状和尺寸关系，如图 11-1 所示为六角螺母的尺寸参数标准，随着机械行业的发展，标准也处于不断变化中。

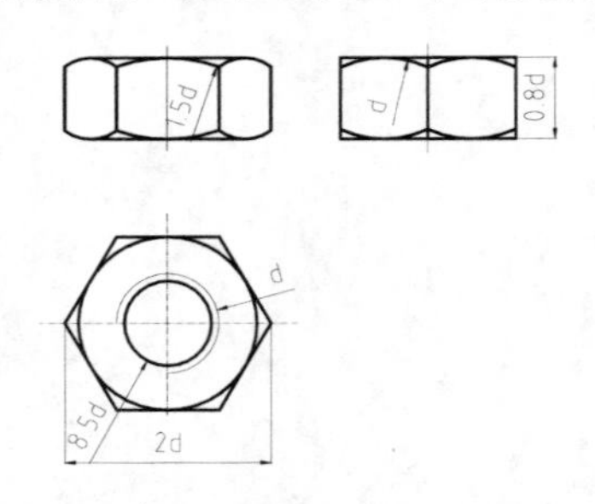

图 11-1 六角螺母参数

11.2.2 绘制六角螺母

(1) 单击【快速访问】工具栏中的【新建】按钮，在【选择样板】对话框中选择

A4.dwt 样板文件，单击【打开】按钮打开文件。

(2) 将【中心线】图层设置为当前图层。单击【绘图】工具栏中的【直线】按钮，绘制中心线，如图 11-2 所示。

(3) 切换到【轮廓线】图层，执行【圆】和【正多边形】命令，绘制俯视图，如图 11-3 所示。

图 11-2　绘制中心线　　　　图 11-3　绘制俯视图

(4) 根据三视图基本准则“长对正，高平齐，宽相等”绘制主视图和左视图轮廓线，如图 11-4 所示。

(5) 执行【圆】命令，绘制与直线 AB 相切、半径为 15 的圆，绘制与直线 CD 相切、半径为 10 的圆；再执行【修剪】命令，修剪图形，结果如图 11-5 所示。

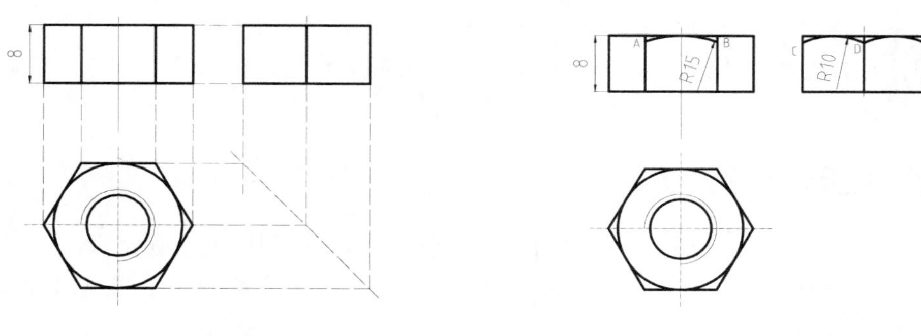

图 11-4　绘制轮廓线　　　　图 11-5　绘制圆

(6) 单击【修改】工具栏中的【打断于点】按钮，将轮廓线在 A、B 两点打断，如图 11-6 所示。

(7) 执行【直线】命令，绘制通过 R15 圆弧两端点的水平直线，如图 11-7 所示。执行【圆弧】命令，以水平直线与轮廓线的交点作为圆弧起点、终点，轮廓线的中点作为圆弧的中点，绘制圆弧，最后修剪图形，结果如图 11-8 所示。

图 11-6　打断轮廓的结果　　　　图 11-7　绘制直线

(8) 镜像图形。执行【镜像】命令，以主视图水平中线作为镜像线，镜像图形。同样的方法镜像左视图，结果如图 11-9 所示。

(9) 选择【文件】|【保存】命令，保存文件，完成绘制。

图 11-8　绘制圆弧　　　　图 11-9　绘制结果

11.3　六角头螺栓

11.3.1　六角头螺栓简介

六角头螺栓也称为外六角螺栓，六角头螺钉与大六角螺栓顾名思义是头部为六角型的外螺纹扣件，使用扳手转动。依照 ASME B18.2.1 标准，六角头螺钉较一般的大六角螺栓的头高和杆长公差小，因此 ASME B18.2.1 六角螺钉适合安装在所有六角螺栓可以使用的地方，也包含大六角螺栓太大而不能使用的地方。

11.3.2　绘制六角头螺栓

由于六角头螺栓具有回转结构，因此使用两个基本视图即可表达其结构。

(1) 单击快速访问工具栏中的【新建】按钮，在【选择样板】对话框中选择 A4.dwt 样板文件，单击【打开】按钮打开文件。

(2) 将【中心线】图层设置为当前图层。然后执行【直线】命令，绘制主视图和左视图上的中心线，如图 11-10 所示。

图 11-10　绘制中心线

(3) 切换到【轮廓线】图层，执行【圆】命令和【正多边形】命令绘制左视图，如图 11-11 所示。

(4) 执行【偏移】命令，将主视图中心线向上偏移；然后执行【直线】命令，根据三视图绘制基本准则“长对正，高平齐，宽相等”绘制主视图的轮廓线，如图 11-12 所示。

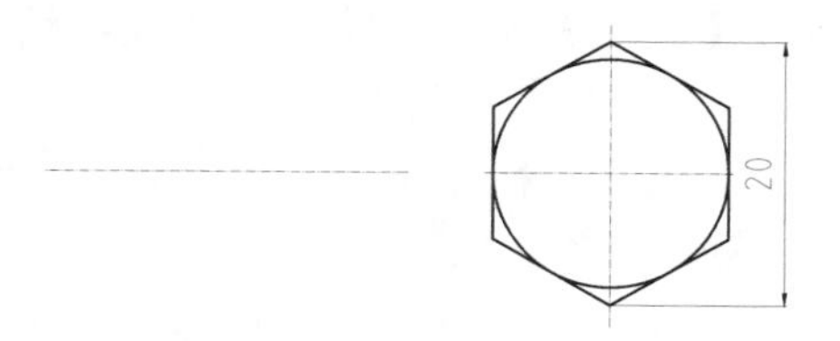

图 11-11　绘制左视图

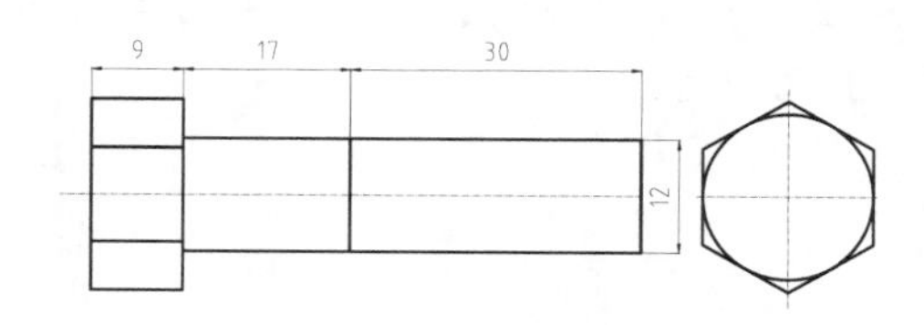

图 11-12　绘制轮廓线

(5) 执行【圆弧】命令，按照六角螺母中圆弧的绘制方法，绘制螺栓头部的圆弧；然后执行【修剪】命令修剪图形，结果如图 11-13 所示。

(6) 执行【倒角】命令，为螺栓倒角，如图 11-14 所示。

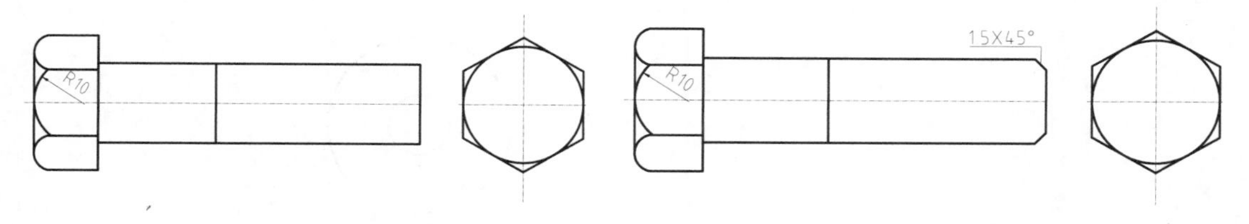

图 11-13　绘制螺栓头　　　　图 11-14　倒角

(7) 完善图形。执行【直线】命令，绘制连接线；然后切换到【细实线】图层，绘制螺纹小径线，如图 11-15 所示。

(8) 选择【文件】|【保存】命令，保存文件，完成绘制。

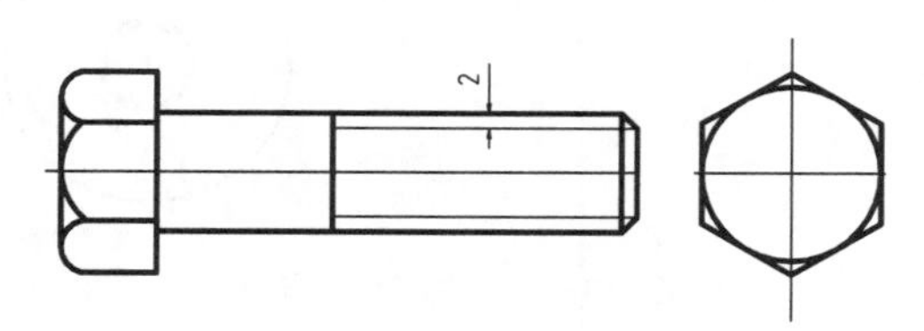

图 11-15　绘制结果

11.4　沉头螺栓

11.4.1　沉头螺栓简介

沉头螺栓又称为平机螺丝，其头部是一个 90° 的锥体，和常见的木螺丝类似，头部有工具拧紧槽，有一字形、十字形、内六角形等。在连接件安装孔的表面上，加工有一个 90° 的锥形圆窝，沉头螺栓的头部在此圆窝内，和连接件的表面平齐。在一些场合也有使用半圆头沉头螺栓，这种螺栓比较美观，用于表面可以允许少许突出的零件。

11.4.2　绘制沉头螺栓

(1) 单击快速访问工具栏中的【新建】按钮，在【选择样板】对话框中选择 A4.dwt 样板文件，单击【打开】按钮打开文件。

(2) 将【中心线】图层设置为当前图层。执行【直线】命令，绘制中心线，结果如图 11-16 所示。

图 11-16　绘制中心线

(3) 将【轮廓线】图层设置为当前图层。执行【圆】命令，以中心线交点为圆心，分别绘制 R5、R15 的圆，如图 11-17 所示。

图 11-17　绘制圆

(4) 执行【正多边形】命令，在 R5 的圆中绘制内接正多边形，如图 11-18 所示。

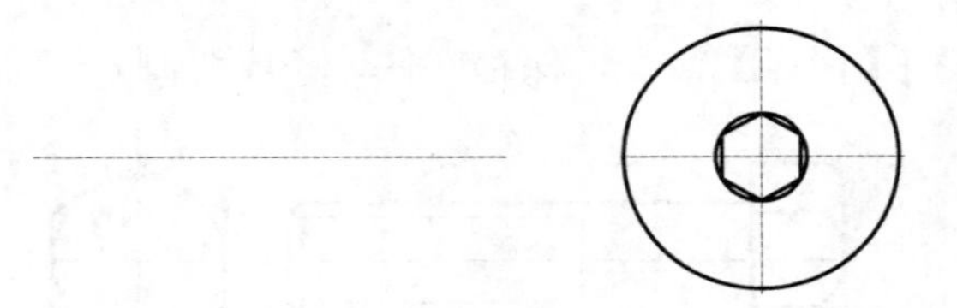

图 11-18　绘制正多边形

(5) 执行【偏移】命令，将水平中心线向上、下各偏移 8；执行【直线】命令，根据“高平齐”的原则，绘制最左端垂直轮廓，如图 11-19 所示。

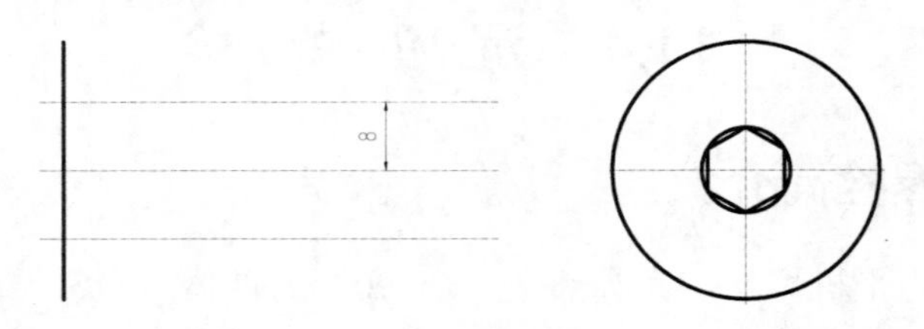

图 11-19　绘制左基准线

(6) 按 F10 键开启极轴追踪，设置追踪角为 45°，执行【直线】命令，绘制倾斜直线，如图 11-20 所示。

(7) 执行【直线】命令，连接中心线与倾斜直线的交点；然后执行【偏移】命令，将连接线向右偏移 1，如图 11-21 所示。

(8) 执行【偏移】命令，将最左端基准线向右偏移 45。将【细实线】图层设置为当前图层，然后执行【直线】命令，绘制螺纹线，如图 11-22 所示。

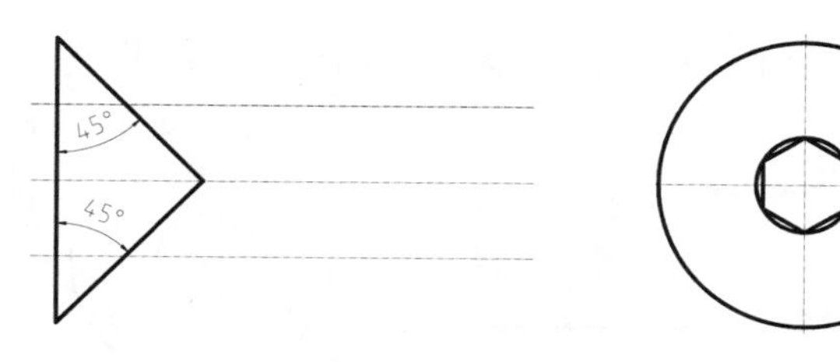

图 11-20　绘制 45° 直线

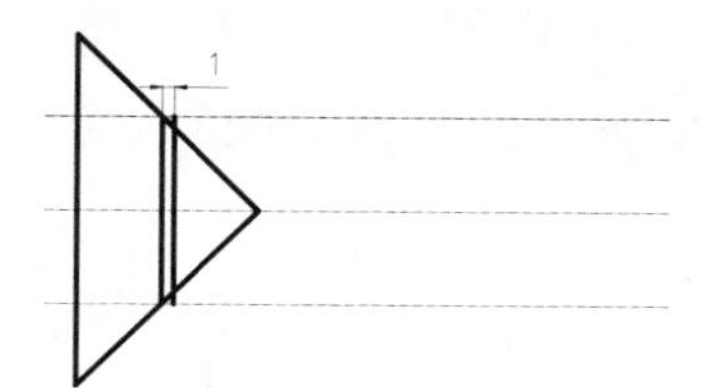

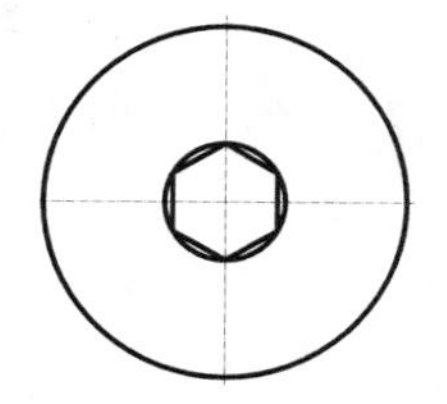

图 11-21　绘制连接线

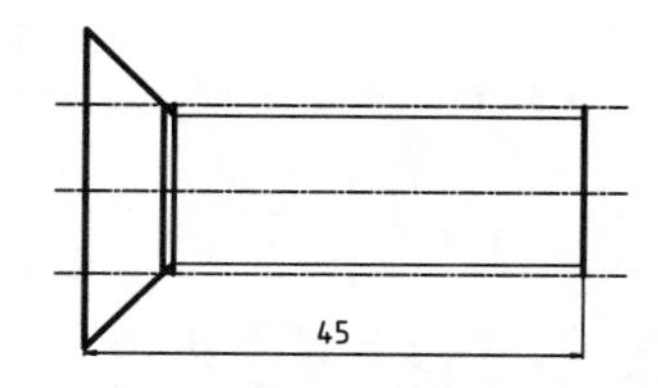

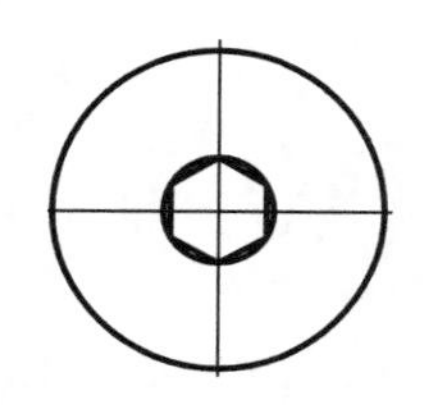

图 11-22　偏移轮廓线并绘制螺纹线

(9) 执行【修剪】命令，修剪图形。然后执行【特性匹配】命令，匹配偏移后的中心线为“轮廓线”，匹配连接线为“细实线”，结果如图 11-23 所示。

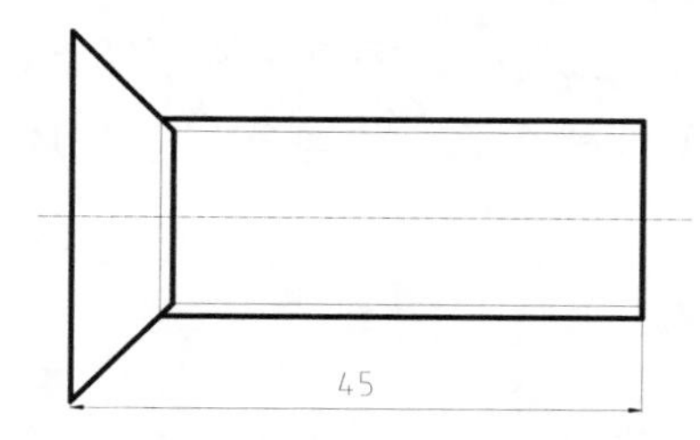

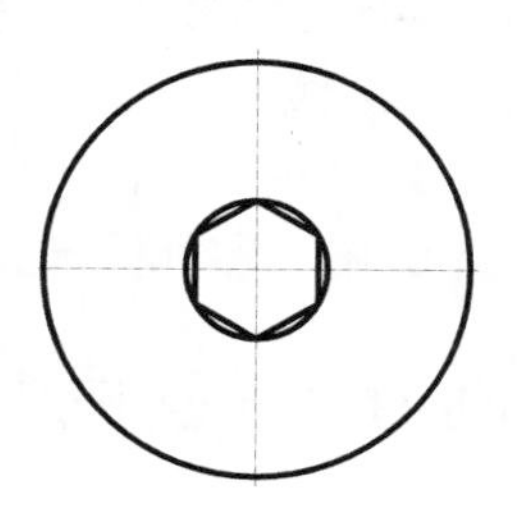

图 11-23　偏移基准线

(10) 执行【偏移】命令，将左侧轮廓线向右偏移 5，切换到【虚线】图层，根据“高平齐”原则，绘制沉头的主视图，结果如图 11-24 所示。

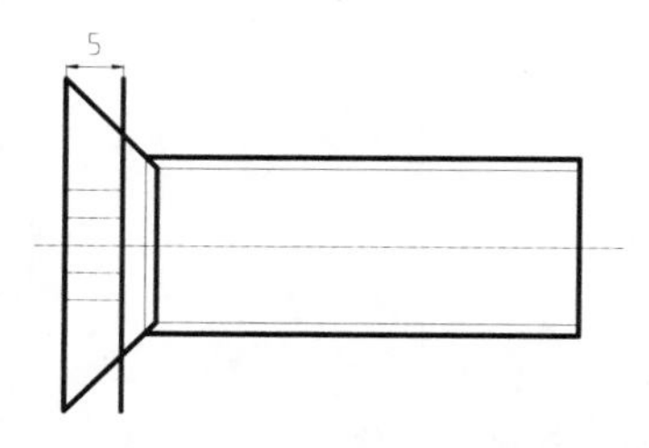

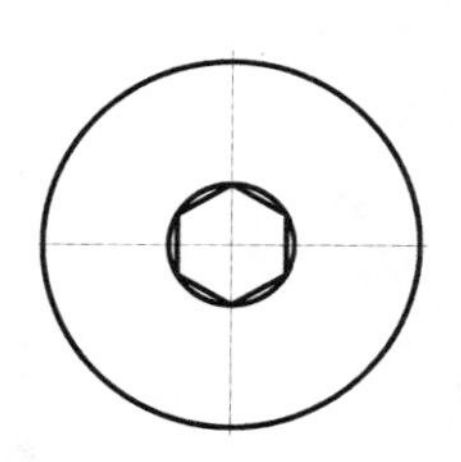

图 11-24　绘制沉头

(11) 执行【圆弧】命令，绘制圆弧，然后删除偏移线，结果如图 11-25 所示。

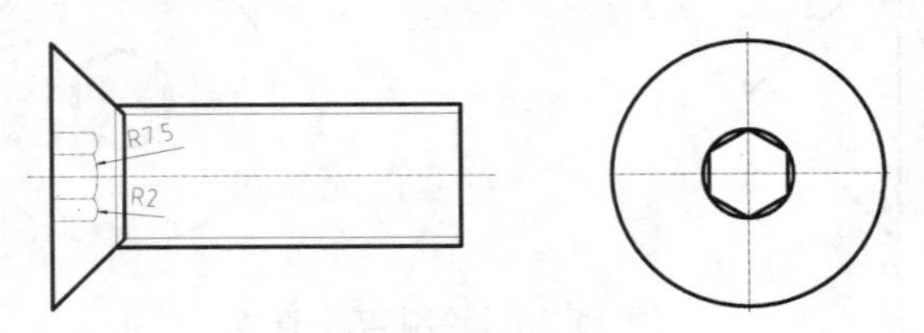

图 11-25　绘制圆弧

(12) 执行【直线】命令，绘制交点与两圆弧的切线，结果如图 11-26 所示。

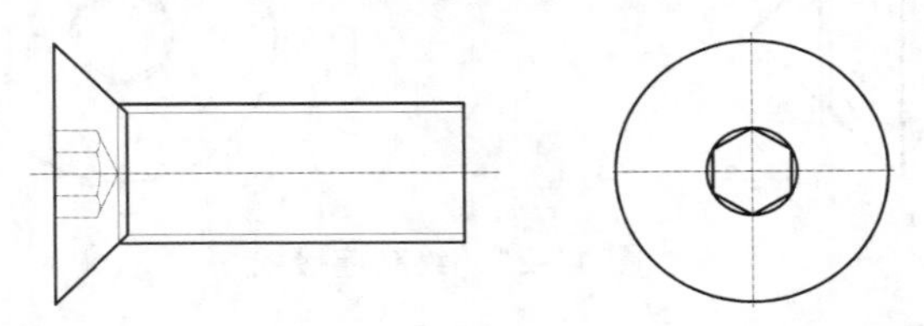

图 11-26　绘制结果

(13) 单击快速访问工具栏中的【保存】按钮，保存文件，完成绘制。

11.5　内六角圆柱头螺钉

11.5.1　内六角圆柱头螺钉简介

内六角圆柱头螺钉也称为内六角螺栓、杯头螺丝、内六角螺钉。常用的内六角圆柱头螺钉按强度等分为 4.8 级、8.8 级、10.9 级、12.9 级；按材质分有不锈钢和铁材质。

其用途与沉头螺钉相似，钉头埋入机件中，连接强度较大，但须用相应规格的内六角扳手装拆螺钉。一般用于各种机床及其附件上。

11.5.2　绘制内六角圆柱头螺钉

(1) 单击快速访问工具栏中的【新建】按钮，在【选择样板】对话框中选择 A4.dwt 样板文件，单击【打开】按钮打开文件。

(2) 将【中心线】图层设置为当前图层。执行【直线】命令，绘制中心线，如图 11-27 所示。

图 11-27　绘制中心线

(3) 切换到【轮廓线】图层，执行【圆】命令和【正多边形】命令，绘制左视图，如图 11-28 所示。

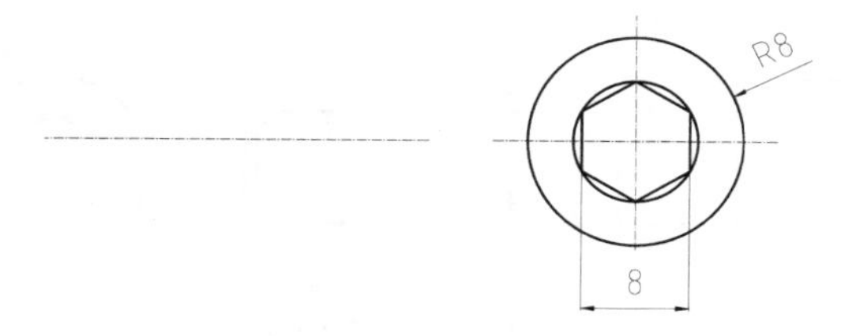

图 11-28　绘制左视图

(4) 执行【偏移】命令，将中心线分别向上、下各偏移 5，如图 11-29 所示。

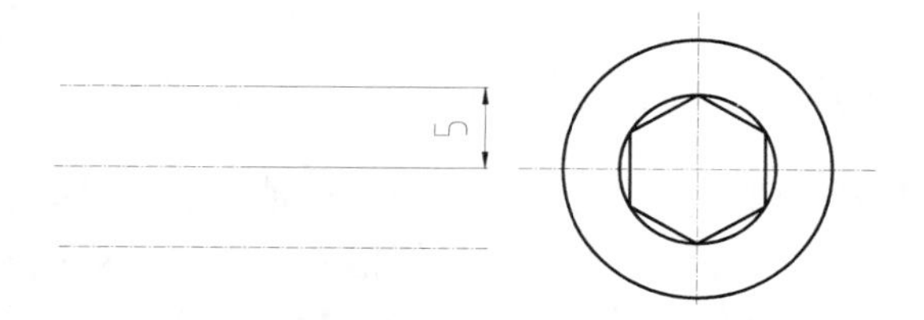

图 11-29　偏移中心线

(5) 根据 “长对正，高平齐，宽相等”原则绘制左视图轮廓线，如图 11-30 所示。

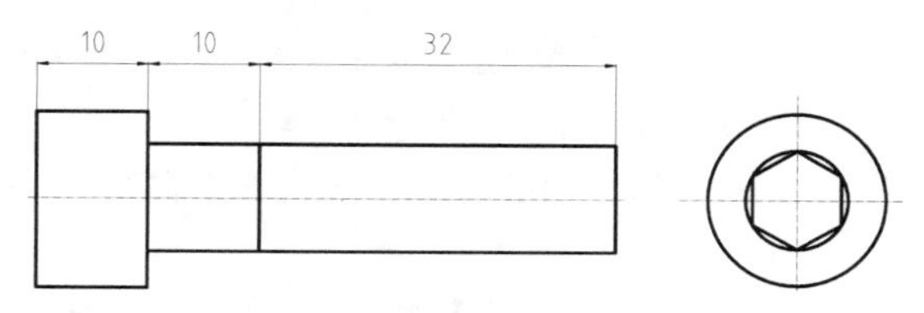

图 11-30　绘制轮廓线

(6) 执行【倒角】命令，为图形倒角，如图 11-31 所示。

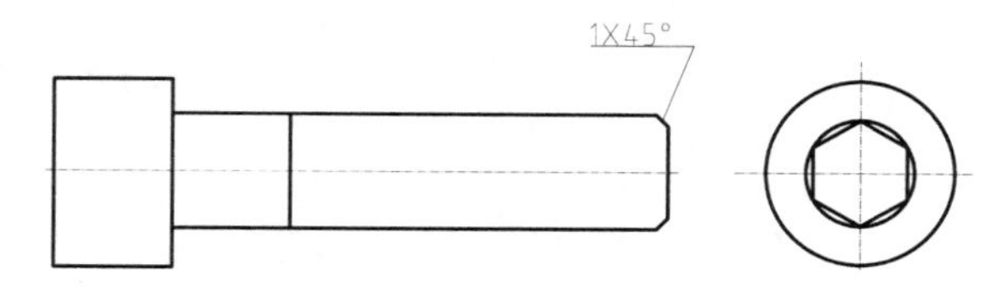

图 11-31　倒角

(7) 执行【直线】命令，绘制螺纹小径线，结果如图 11-32 所示。

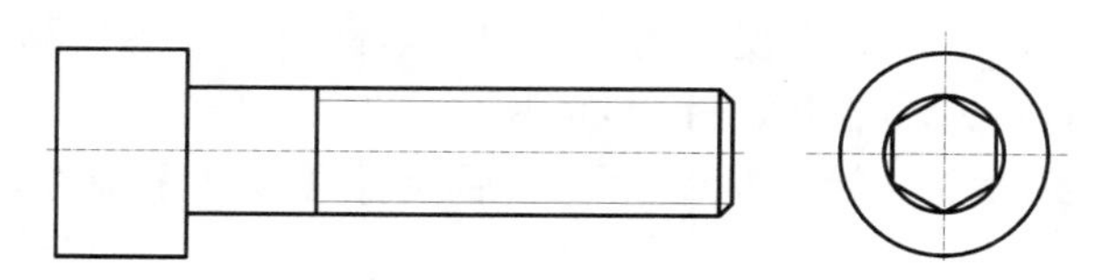

图 11-32　绘制螺纹小径线

(8) 切换到【虚线】图层，执行【直线】命令，绘制内六角沉头轮廓，如图 11-33

所示。

(9) 按快捷键 Ctrl+S，保存文件，完成绘制。

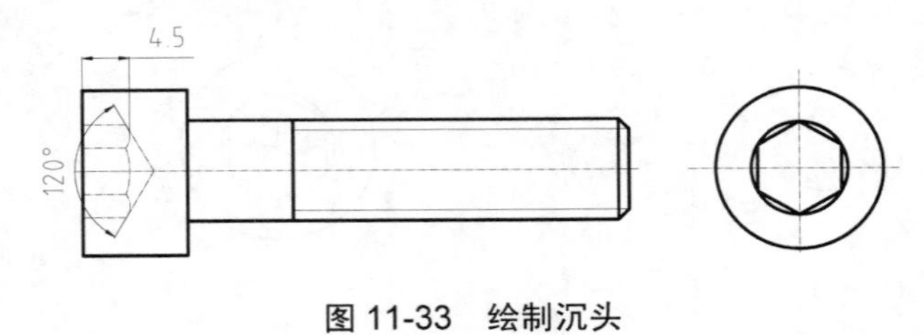

图 11-33 绘制沉头

11.6 圆 螺 母

11.6.1 圆螺母简介

圆螺母常与圆螺母用止动垫圈配用，常作为滚动轴承的轴向固定，装配时将垫圈内舌插入轴上的槽内，而将垫圈的外舌嵌入圆螺母的槽内，螺母即被锁紧。圆螺母的螺纹规格为 M10×1～M200×3，M100 及以下的槽数为 4 个，M105 及以上的槽数为 6 个。

11.6.2 绘制圆螺母

(1) 单击快速访问工具栏中的【新建】按钮，在【选择样板】对话框中选择 A4.dwt 样板文件，单击【打开】按钮打开文件。

(2) 将【中心线】图层设置为当前图层。执行【直线】命令，绘制中心线，如图 11-34 所示。

(3) 切换到【轮廓线】图层，执行【圆】命令，绘制主视图轮廓线，结果如图 11-35 所示。

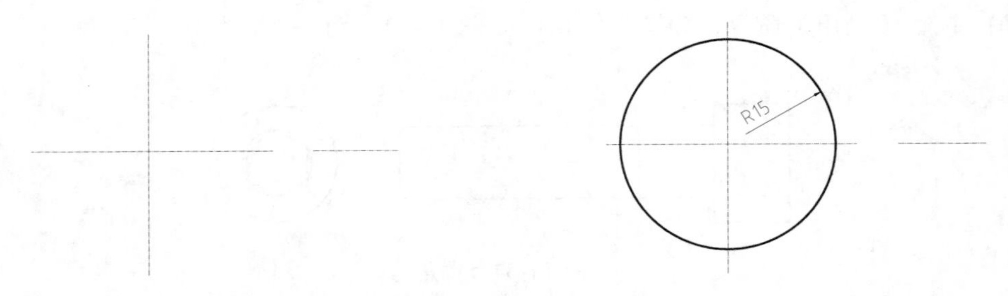

图 11-34 绘制中心线

图 11-35 绘制圆

(4) 执行【偏移】命令，将主视图的水平中心线向上、下各偏移 3、12，将垂直中心线向左、右偏移同样的距离，结果如图 11-36 所示。

(5) 执行【直线】命令，绘制槽轮廓，然后执行【修剪】命令，修剪圆弧，结果如图 11-37 所示。

(6) 按照“高平齐”的原则，由主视图轮廓绘制左视图的竖直边线；然后执行【偏移】命令，将左视图的水平中心线上、下各偏移 9，结果如图 11-38 所示。

(7) 执行【直线】命令，绘制左视图轮廓线，结果如图 11-39 所示。

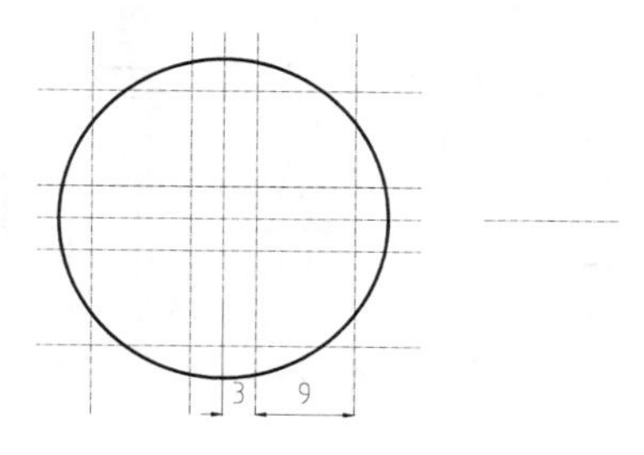

图 11-36　偏移中心线

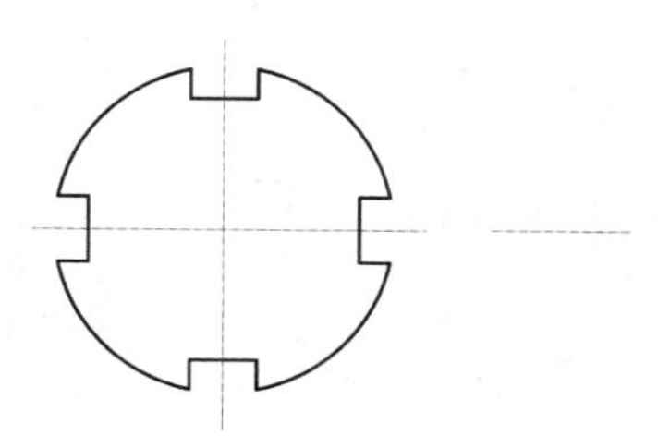

图 11-37　绘制槽

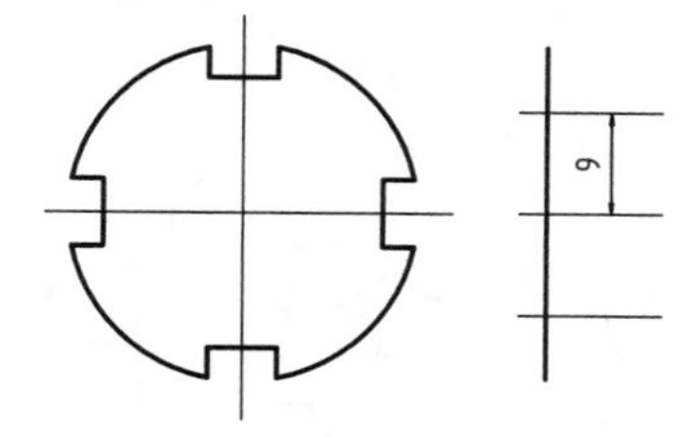

图 11-38　绘制左视图基准

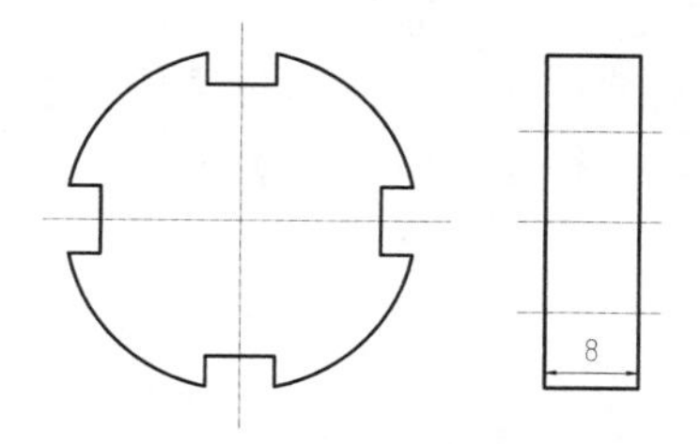

图 11-39　绘制轮廓线

(8) 执行【直线】命令，根据“高平齐”的原则绘制左视图轮廓线，结果如图 11-40 所示。

(9) 执行【倒角】命令，为左视图倒角，结果如图 11-41 所示。

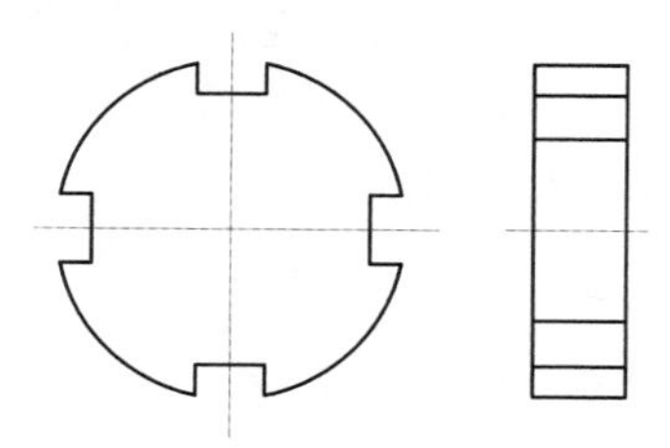

图 11-40　绘制左视图

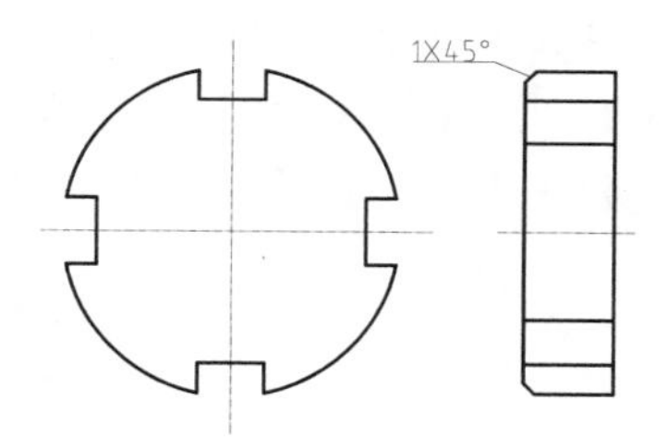

图 11-41　倒角

(10) 绘制螺纹。执行【偏移】命令，将左视图内侧两条水平线向中心线偏移 1，并将原线条转换到【细实线】图层，如图 11-42 所示。执行【倒角】命令，进行不修剪的倒角，倒角距离为 1，如图 11-43 所示。执行【直线】命令，绘制连接直线，并修剪图形，结果如图 11-44 所示。

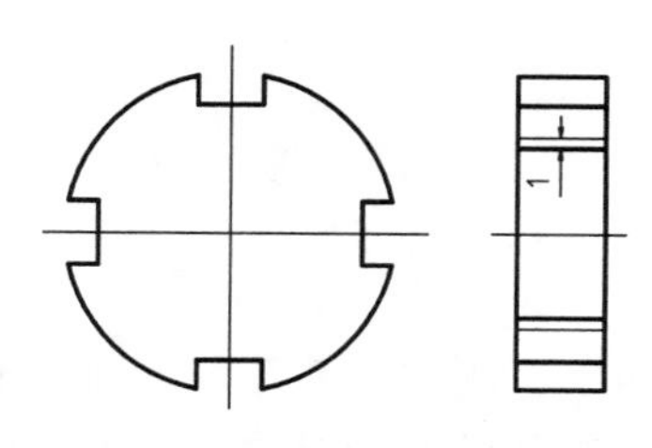

图 11-42　偏移直线

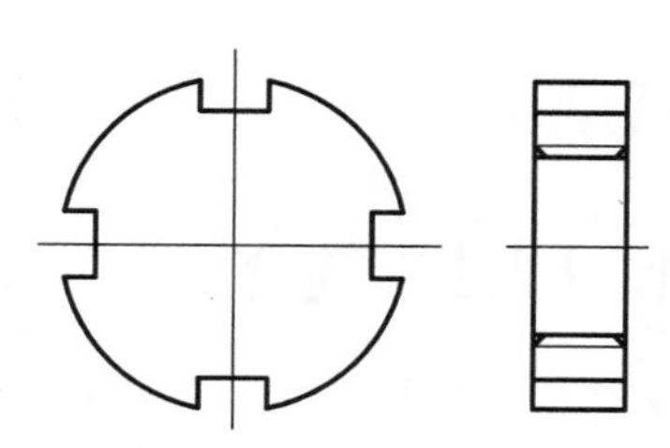

图 11-43　不修剪的倒角

(11) 调用【偏移】命令，将左视图中心线向上、下各偏移 11，如图 11-45 所示。

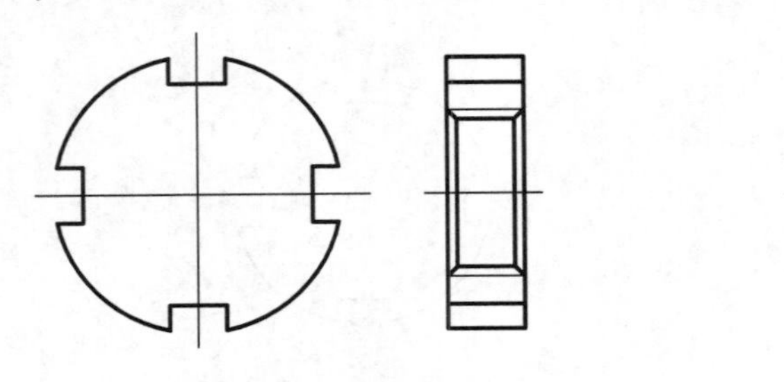

图 11-44 绘制螺纹

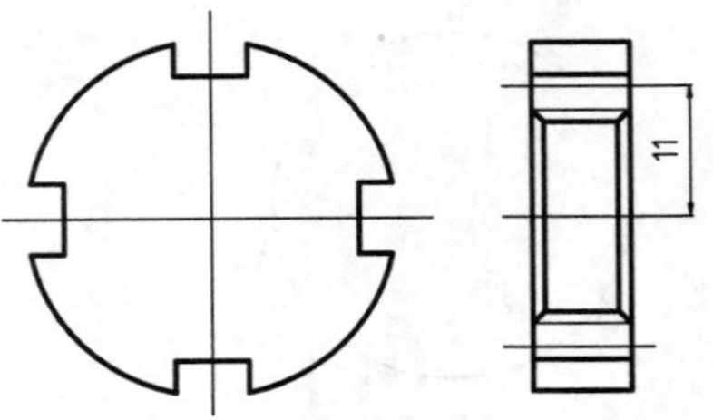

图 11-45 偏移

(12) 开启极轴追踪，设置追踪角为 30°，过偏移线与右边线的交点绘制 120° 和 240° 极轴方向的直线；然后执行【修剪】命令，修剪图形，结果如图 11-46 所示。

(13) 执行【图案填充】命令，填充图案，结果如图 11-47 所示。

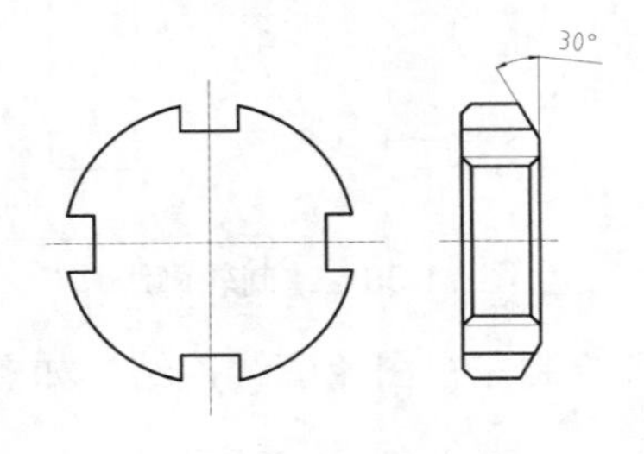

图 11-46 绘制倾斜直线

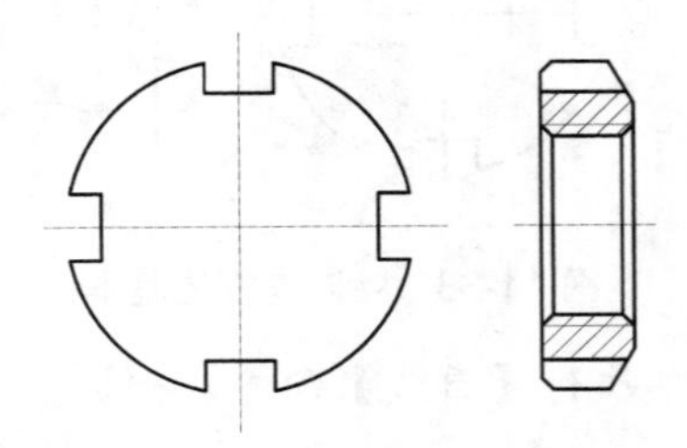

图 11-47 图案填充

(14) 根据"高平齐"的原则绘制主视图轮廓线，修剪螺纹大径轮廓，并将其转换到【细实线】图层，结果如图 11-48 所示。

(15) 选择【文件】|【保存】命令，保存文件，完成圆螺母的绘制。

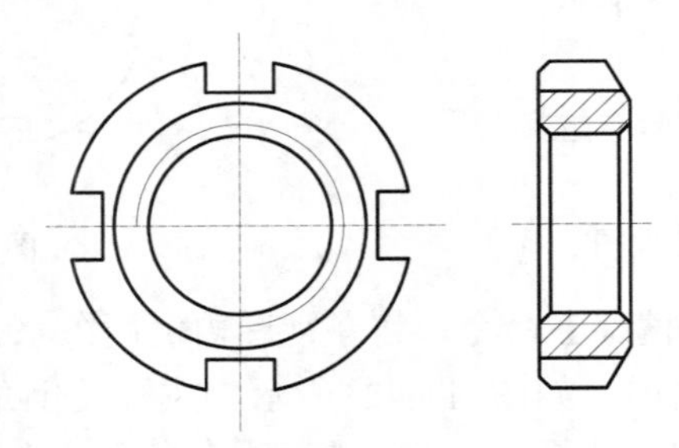

图 11-48 绘制结果

11.7 圆 柱 销

11.7.1 圆柱销简介

圆柱销主要用于定位，也可用于连接，它依靠过盈配合固定在销孔内，通常不受载荷或者受很小的载荷，数量不少于 2 个，分布在被连接件整体结构的对称方向上，相距越远越好，销在每一被连接件内的长度约为小直径的 1～2 倍。圆柱销又可分为普通圆柱销、

内螺纹圆柱销、螺纹圆柱销、带孔销、弹性圆柱销等几种。

11.7.2　绘制螺纹圆柱销

(1) 单击快速访问工具栏中的【新建】按钮，在【选择样板】对话框中选择 A4.dwt 样板文件，单击【打开】按钮打开文件。

(2) 将【中心线】图层设置为当前图层。执行【直线】命令，绘制一条水平中心线；切换到【轮廓线】图层，绘制外轮廓，结果如图 11-49 所示。

(3) 执行【倒角】命令，为图形倒角 2×45°，结果如图 11-50 所示。

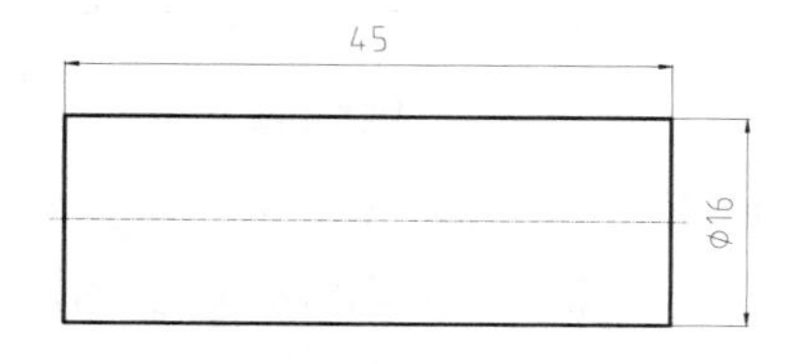

图 11-49　绘制轮廓线

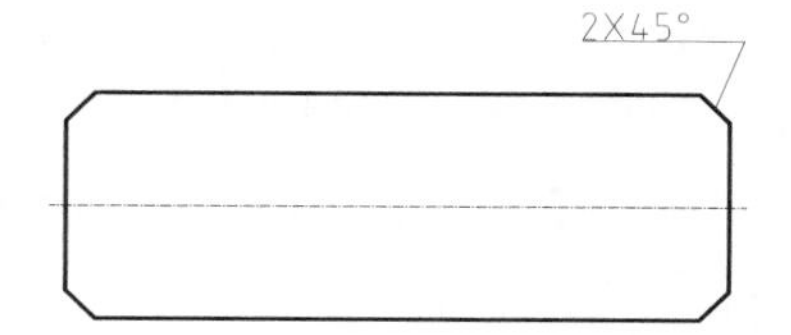

图 11-50　倒角

(4) 执行【直线】命令，绘制连接线，如图 11-51 所示。

(5) 执行【直线】命令，绘制螺纹以及圆柱销顶端，将螺纹线转换到【细实线】图层，如图 11-52 所示。

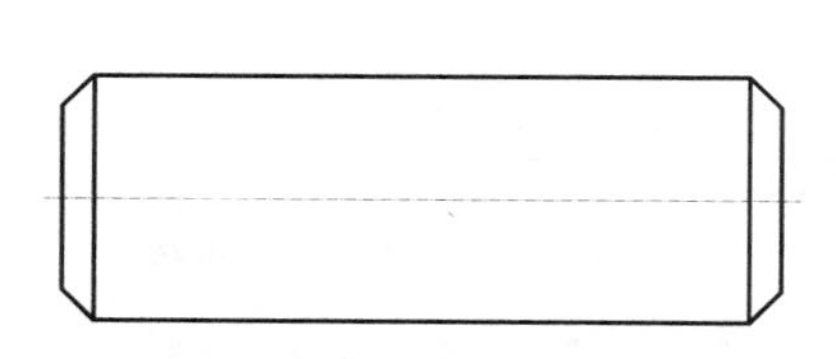

图 11-51　绘制连接线

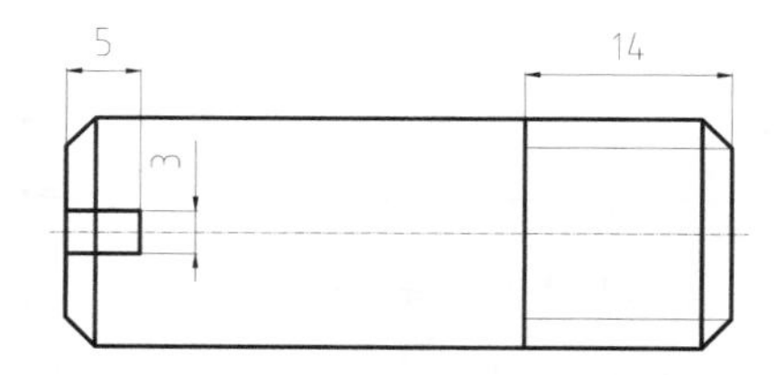

图 11-52　绘制螺纹

(6) 执行【直线】命令，使用临时捕捉【自】命令，捕捉距离为 4 的点，绘制直线，如图 11-53 所示。

(7) 选择【文件】|【保存】命令，保存文件，完成螺纹圆柱销的绘制。

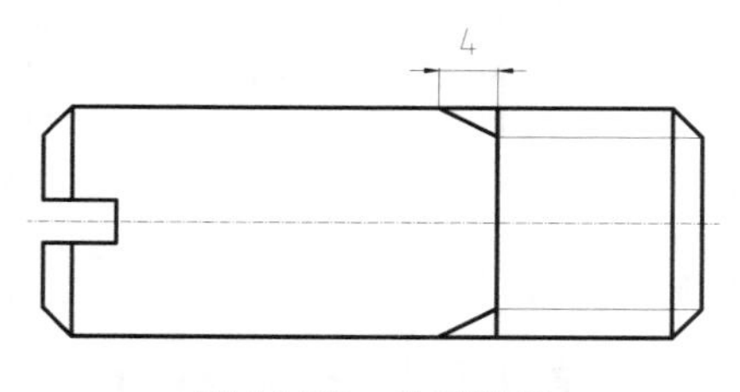

图 11-53　绘制结果

11.7.3　绘制内螺纹圆柱销

(1) 单击快速访问工具栏中的【新建】按钮，在【选择样板】对话框中选择 A4.dwt 样板文件，单击【打开】按钮打开文件。

(2) 将【中心线】图层设置为当前图层。执行【直线】命令，绘制主视图和左视图的中心线，如图 11-54 所示。

(3) 切换到【轮廓线】图层。执行【直线】命令，绘制圆柱销外轮廓，根据“高平齐”的原则绘制左视图外轮廓，如图 11-55 所示。

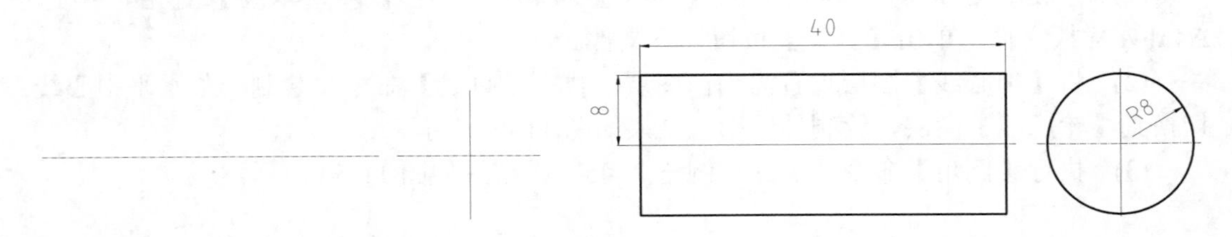

图 11-54　绘制中心线　　图 11-55　绘制轮廓线

(4) 执行【偏移】命令，将主视图右边线向左偏移 4.6；执行【圆】命令，绘制圆心在中心线上且与右边线相切、半径为 16 的圆；然后执行【修剪】命令，修剪图形，结果如图 11-56 所示。

(5) 开启极轴追踪，设置追踪角为 15°。执行【直线】命令，以偏移直线与轮廓线的交点为起点，绘制与水平线夹角为 15°角的直线，如图 11-57 所示。

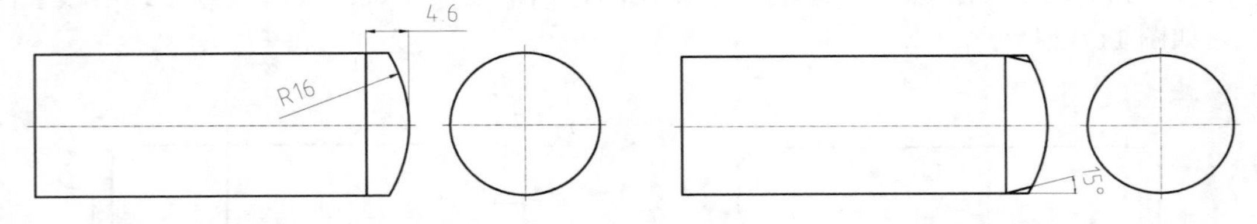

图 11-56　绘制球面圆柱端　　图 11-57　绘制 15°直线

(6) 执行【直线】命令，绘制连接线；然后执行【修剪】命令，修剪图形，球面圆柱端绘制完成，如图 11-58 所示。

(7) 执行【偏移】命令，将水平中心线向上、下各偏移 4，将主视图左边线向右各偏移 4、16、23，结果如图 11-59 所示。

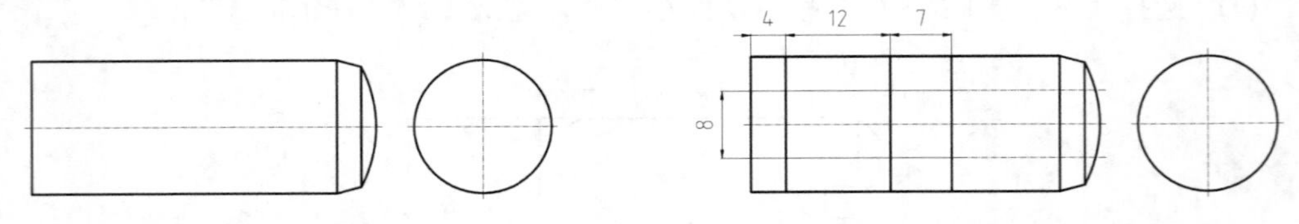

图 11-58　绘制连接线　　图 11-59　偏移直线

(8) 执行【直线】命令，绘制连接直线；然后执行【修剪】命令，修剪多余的偏移直线，如图 11-60 所示。

(9) 开启极轴追踪，设置追踪角为 60°。执行【直线】命令，绘制与水平线夹角为 30°的直线，如图 11-61 所示。

(10) 执行【偏移】命令，将左边线向右偏移 2；然后执行【直线】命令绘制连接直线；执行【修剪】命令，修剪图形，结果如图 11-62 所示。

(11) 切换到【细实线】图层。执行【直线】命令，绘制螺纹大径线；然后执行【延伸】命令，延伸螺纹的终止线，结果如图 11-63 所示。

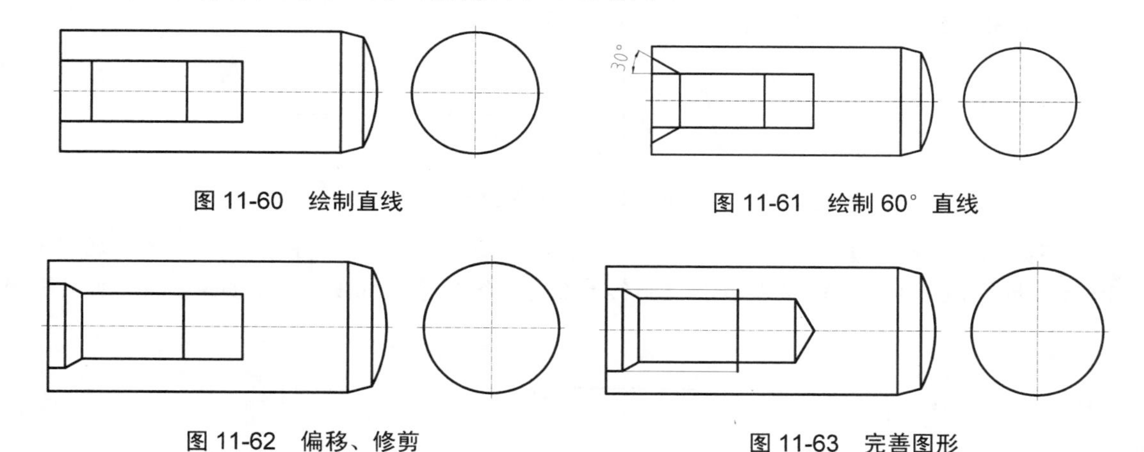

图 11-60　绘制直线

图 11-61　绘制 60° 直线

图 11-62　偏移、修剪

图 11-63　完善图形

(12) 执行【样条曲线】命令，绘制样条曲线；然后执行【图案填充】命令，填充剖面线，结果如图 11-64 所示。

(13) 执行【圆】命令，根据三视图“高平齐”的原则，绘制左视图上的螺纹轮廓；然后调用【修剪】命令，修剪螺纹大径线，并将小径线切换到【轮廓线】图层，结果如图 11-65 所示。

(14) 选择【文件】|【保存】命令，保存文件，完成内螺纹圆柱销的绘制。

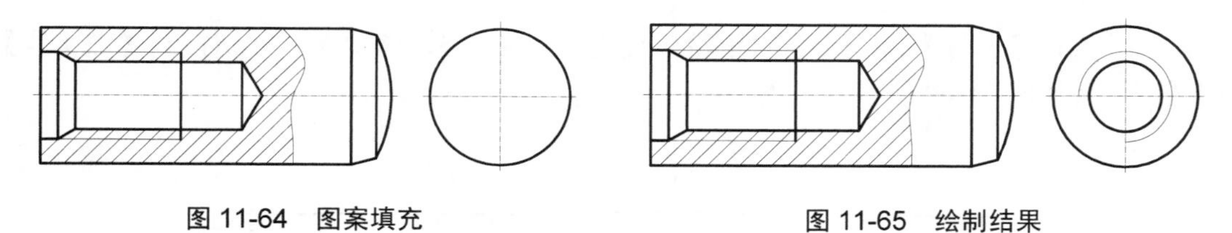

图 11-64　图案填充

图 11-65　绘制结果

11.8　圆　锥　销

11.8.1　圆锥销简介

圆锥销是具有 1∶50 锥度的销，与有锥度的铰制孔相配，它受横向力时可以自锁，安装方便，定位精度高。圆锥销主要用于定位，也可固定零件，或传递动力，多用于经常拆装的场合，定位精度比圆柱销高。圆锥销有普通圆锥销、内螺纹圆锥销、螺尾锥销、刀尾圆锥销等几种。

11.8.2　绘制螺尾锥销

(1) 单击快速访问工具栏中的【新建】按钮，在【选择样板】对话框中选择 A4.dwt 样板文件，单击【打开】按钮打开文件。

(2) 将【中心线】图层设置为当前图层。执行【直线】命令，绘制一条水平中心线；切换到【轮廓线】图层，绘制一条长为 3 的垂直直线，以该直线为基准，向右分别偏移 30、31、35、52、53、54.5，结果如图 11-66 所示。

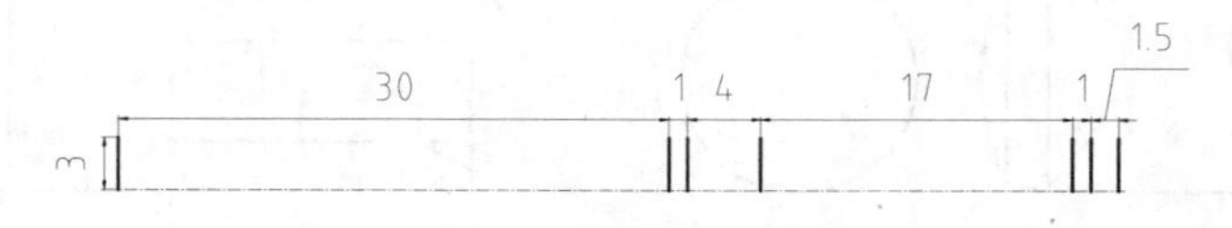

图 11-66　偏移直线

(3) 执行【拉长】命令，将第一条偏移直线垂直拉长 0.3，将最后一条偏移直线垂直拉长-1(即缩短 1 个单位)；然后执行【直线】命令，绘制连接直线，结果如图 11-67 所示。

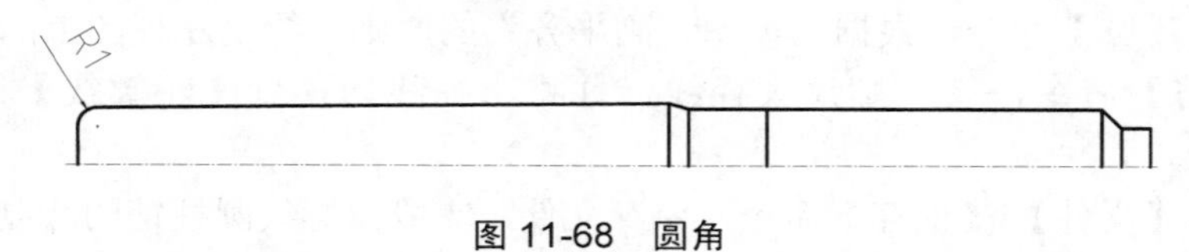

图 11-67　连接直线

(4) 执行【圆角】命令，对图形进行圆角，如图 11-68 所示。

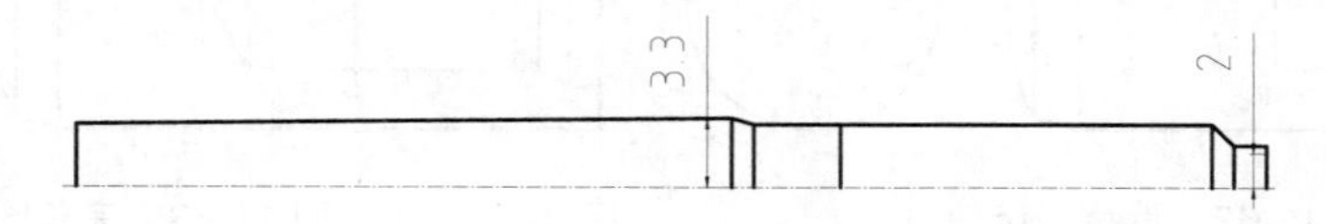

图 11-68　圆角

(5) 执行【偏移】命令，将水平轮廓线向下偏移 0.5，修剪图形并切换到【细实线】图层，结果如图 11-69 所示。

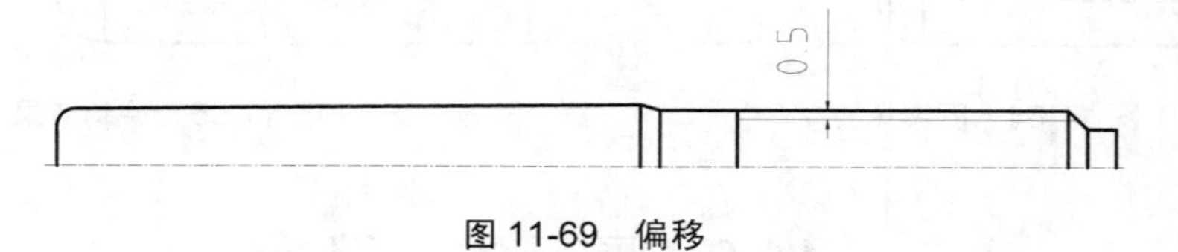

图 11-69　偏移

(6) 执行【圆】命令，绘制圆心在中心线上、通过右侧边线的端点、半径为 6 的圆；执行【修剪】命令，修剪图形，结果如图 11-70 所示。

图 11-70　绘制圆

(7) 执行【镜像】命令，以水平中心线为镜像线，镜像图形，如图 11-71 所示。

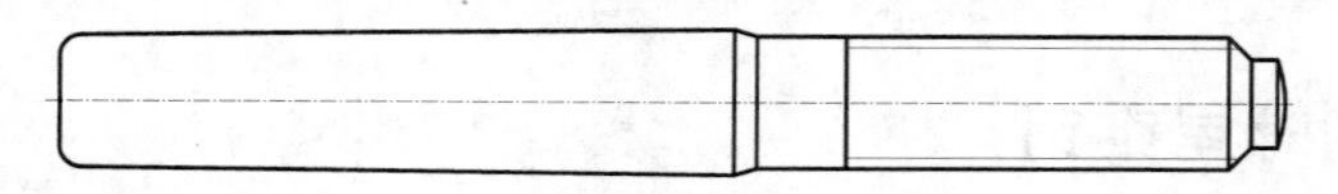

图 11-71　绘制结果

(8) 选择【文件】|【保存】命令，保存文件，完成螺尾锥销的绘制。

11.9　键

11.9.1　键简介

键主要用作轴和轴上零件之间的轴向固定以传递扭矩，有些键还可实现轴上零件的轴向固定或轴向移动。如减速器中齿轮与轴的联结。

键分为平键、半圆键、楔键、切向键和花键等。

- 平键：平键的两侧是工作面，上表面与轮毂槽底之间留有间隙。其定心性能好，装拆方便。平键有普通平键、导向平键和滑键 3 种。
- 半圆键：半圆键也是以两侧为工作面，有良好的定心性能。半圆键可在轴槽中摆动以适应毂槽底面，但键槽对轴的削弱较大，只适用于轻载联结。
- 楔键：楔键的上下面是工作面，键的上表面有 1∶100 的斜度，轮毂键槽的底面也有 1∶100 的斜度。把楔键打入轴和轮毂槽内时，其表面产生很大的预紧力，工作时主要靠摩擦力传递扭矩，并能承受单方向的轴向力。其缺点是会迫使轴和轮毂产生偏心，仅适用于对定心精度要求不高、载荷平稳和低速的联结。楔键又分为普通楔键和钩头楔键两种。
- 切向键：切向键是由一对楔键组成，能传递很大的扭矩，常用于重型机械设备中。
- 花键：花键是在轴和轮毂孔轴向均布多个键齿构成的，称为花键联结。花键连接为多齿工作，工作面为齿侧面，其承载能力高，对中性和导向性好，对轴和毂的强度削弱小，适用于定心精度要求高、载荷大和经常滑移的静联结和动联结，如变速器中，滑动齿轮与轴的联结。按齿形不同，花键联结可分为矩形花键、三角形花键和渐开线花键等。

11.9.2　绘制导向平键

(1) 单击快速访问工具栏中的【新建】按钮，在【选择样板】对话框中选择 A4.dwt 样板文件，单击【打开】按钮打开文件。

(2) 将【轮廓线】设置为当前图层。执行【直线】命令，主视图、俯视图和左视图的轮廓基准如图 11-72 所示。

(3) 执行【偏移】命令，将俯视图轮廓向上偏移 10，将左视图直线向上偏移 9、15，结果如图 11-73 所示。

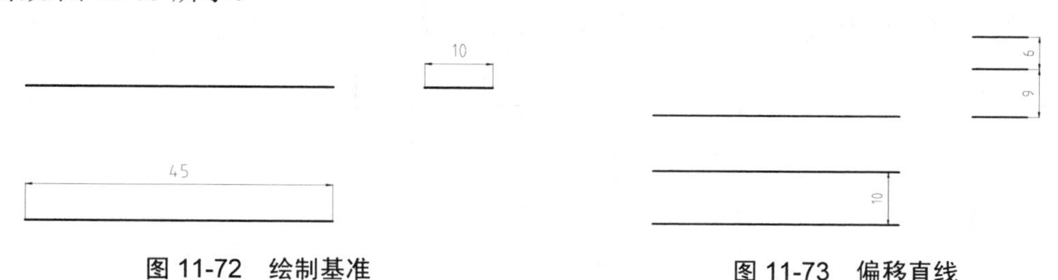

图 11-72　绘制基准　　图 11-73　偏移直线

(4) 执行【直线】命令，连接偏移出的直线，如图 11-74 所示。

(5) 执行【直线】命令，根据“高平齐”的原则绘制主视图左边线，如图 11-75 所示。

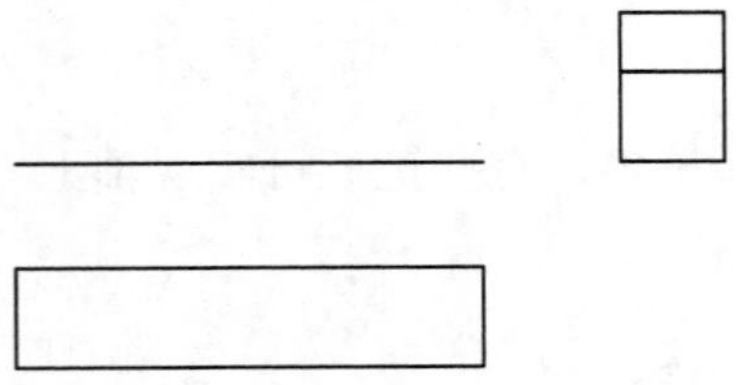

图 11-74　绘制连接线 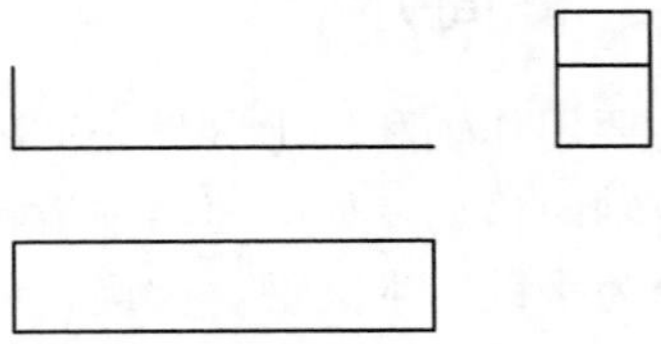　　　　图 11-75　绘制主视图

(6) 执行【偏移】命令，将俯视图左边线向右偏移 10，如图 11-76 所示。

(7) 开启极轴追踪，设置追踪角为 45；执行【直线】命令，绘制与竖直边线夹角 45°的直线，如图 11-77 所示。

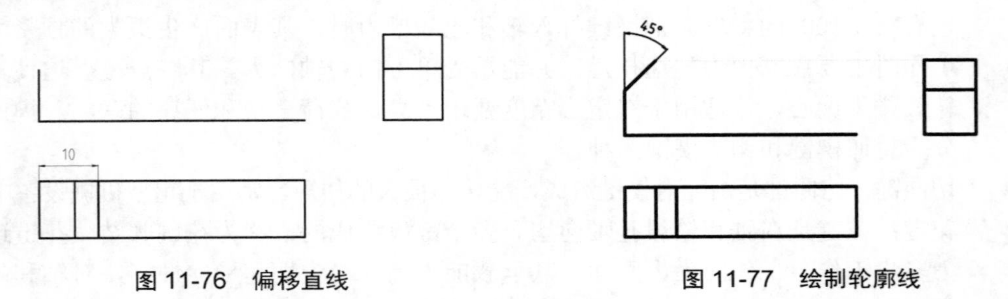

图 11-76　偏移直线　　　　图 11-77　绘制轮廓线

(8) 绘制水平直线，直线端点与俯视图对齐，如图 11-78 所示。

(9) 执行【直线】命令，在主视图右端绘制长度为 8.8 的垂直直线，如图 11-79 所示。

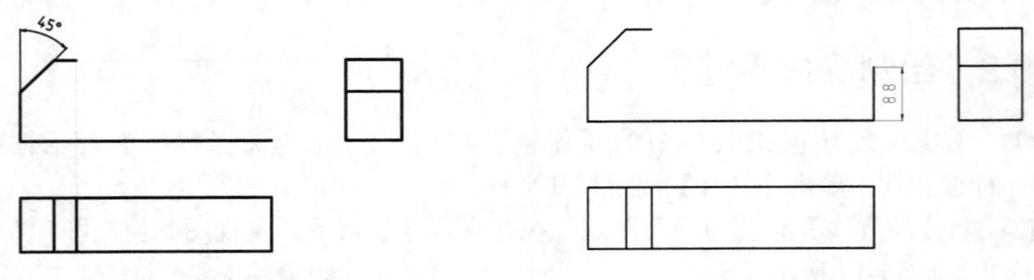

图 11-78　绘制连接线　　　　图 11-79　绘制直线

(10) 执行【直线】命令，绘制其他连接线，结果如图 11-80 所示。

(11) 选择【文件】|【保存】命令，保存文件，完成导向平键的绘制。

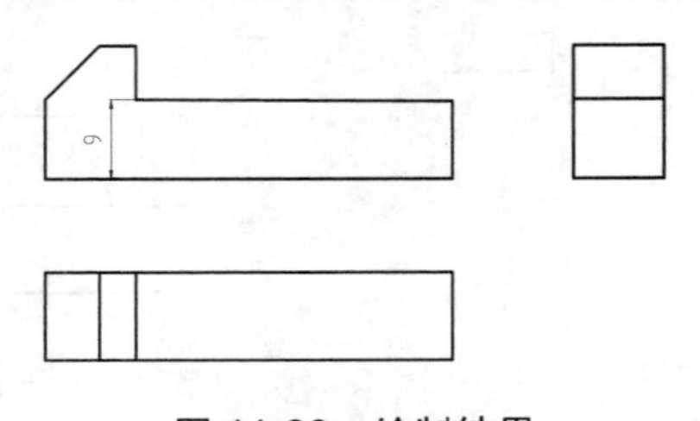

图 11-80　绘制结果

11.9.3　绘制花键

(1)　单击快速访问工具栏中的【新建】按钮，在【选择样板】对话框中选择 A4.dwt 样板文件，单击【打开】按钮打开文件。

(2)　将【中心线】图层设置为当前图层。执行【直线】命令，绘制两条中心线，如图 11-81 所示。

(3)　将【轮廓线】图层设置为当前图层。执行【圆】命令，以中心线交点为圆心绘制半径为 16、18 的两个圆，如图 11-82 所示。

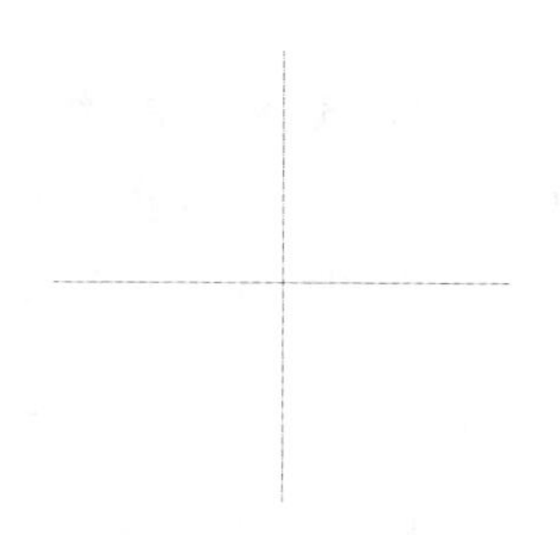

图 11-81　绘制中心线

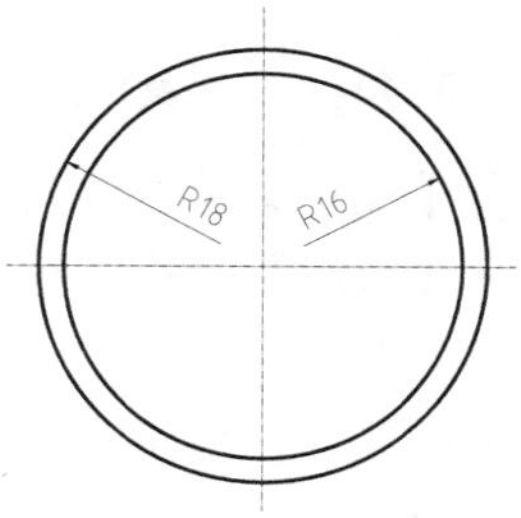

图 11-82　绘制圆

(4)　执行【偏移】命令，将竖直中心线向左、右偏移 3，如图 11-83 所示。

(5)　执行【修剪】命令，修剪多余偏移线，并将修剪后的偏移线转换到【轮廓线】图层，如图 11-84 所示。

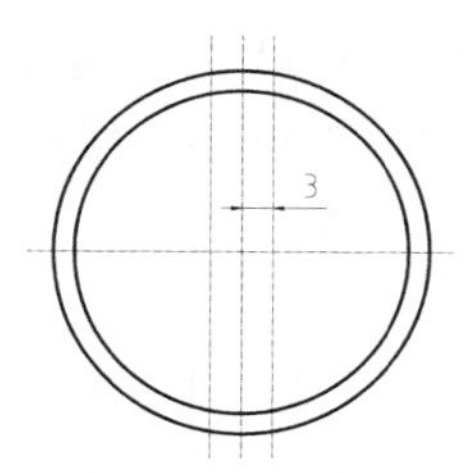

图 11-83　偏移中心线

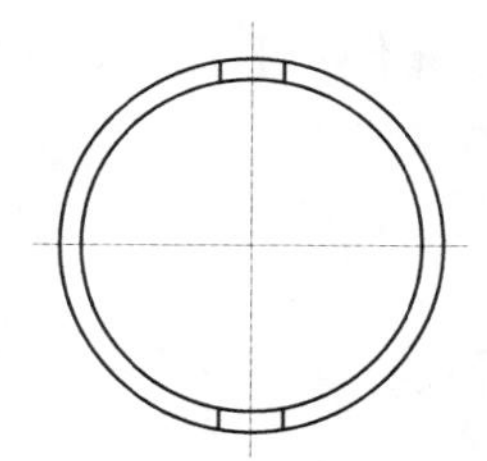

图 11-84　修剪并转换图层

(6)　单击【修改】工具栏中的【环形阵列】按钮，选择上一步修剪出的直线作为阵列对象，选择中心线的交点作为阵列中心点，项目数为 8，如图 11-85 所示。

(7)　执行【修剪】命令，修剪多余圆弧，如图 11-86 所示。

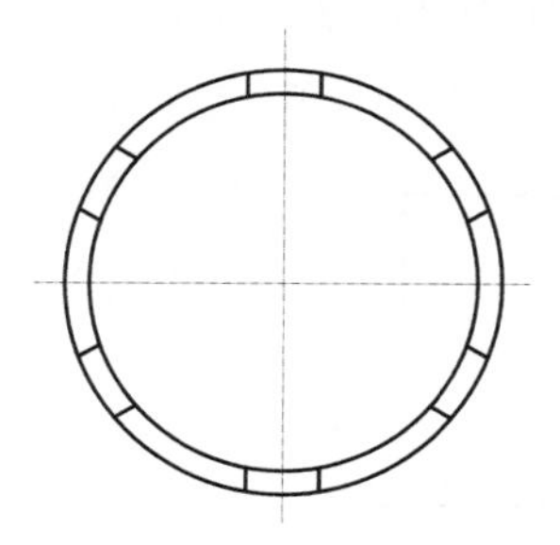

图 11-85　环形阵列

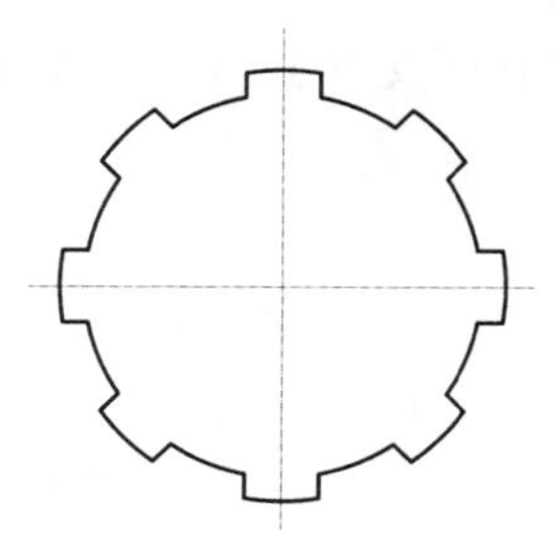

图 11-86　修剪圆弧

(8) 执行【图案填充】命令，填充图案，结果如图 11-87 所示。

(9) 执行【直线】命令，绘制左视图中心线，并根据“高平齐”的原则绘制左视图边线，如图 11-88 所示。

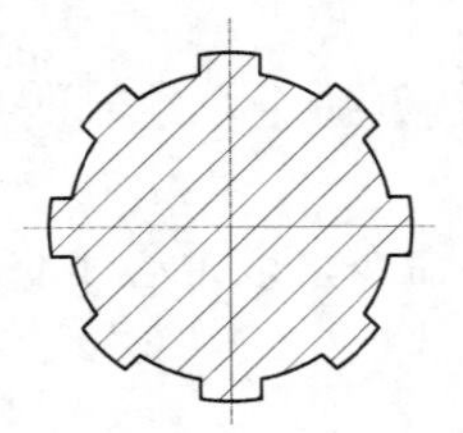

图 11-87 图案填充

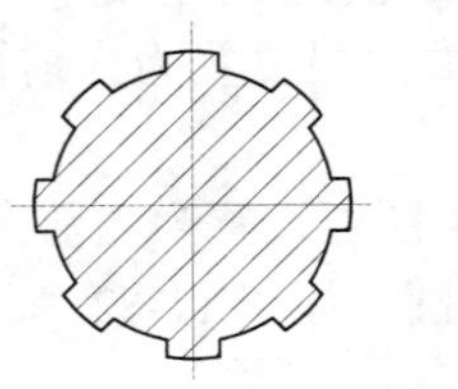

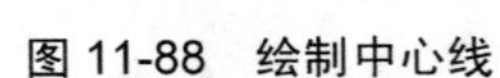

图 11-88 绘制中心线

(10) 执行【偏移】命令，将左视图边线向右分别偏移 35、5，结果如图 11-89 所示。

(11) 执行【直线】命令，根据“高平齐”的原则绘制水平轮廓线，如图 11-90 所示。

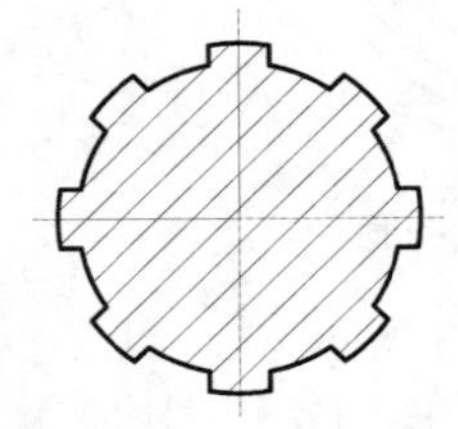

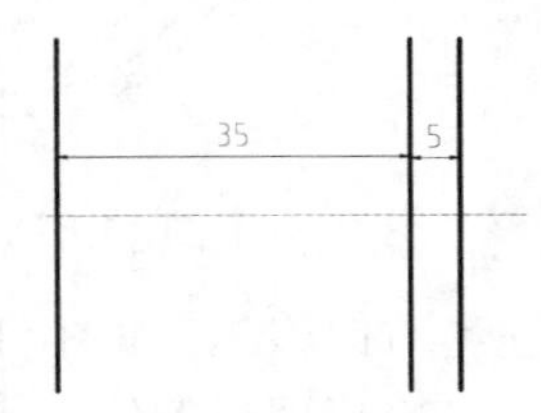

图 11-89 偏移直线

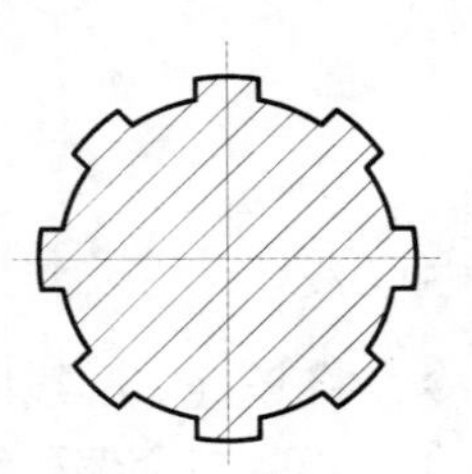

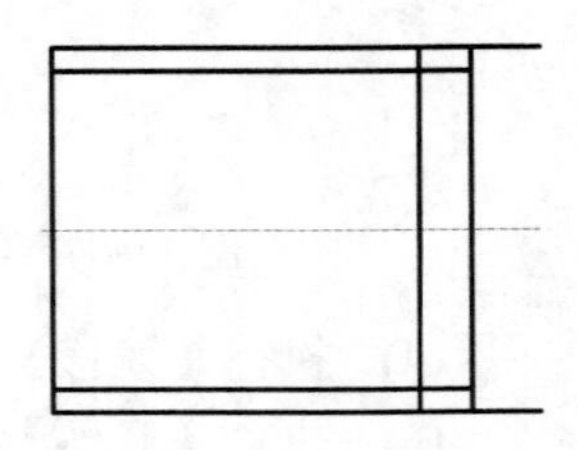

图 11-90 绘制轮廓线

(12) 执行【倒角】命令，设置倒角距离为 2，倒角结果如图 11-91 所示。

(13) 执行【直线】命令，连接交点；执行【修剪】命令修剪图形，将内部线条转换到【细实线】图层，结果如图 11-92 所示。

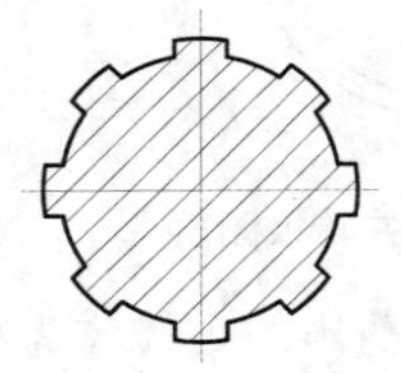

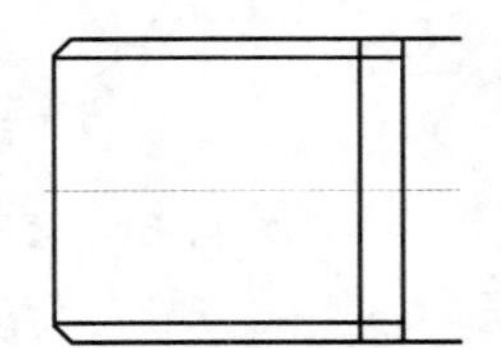

图 11-91 倒角

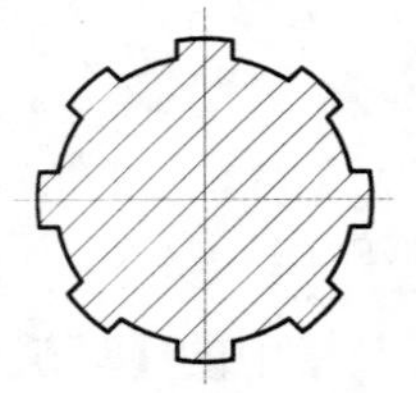

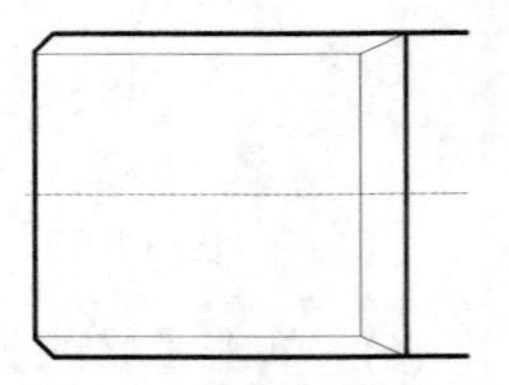

图 11-92 转换结果

(14) 执行【样条曲线拟合】命令，绘制断面边界，如图 11-93 所示。

(15) 选择【文件】|【保存】命令，保存文件，完成花键的绘制。

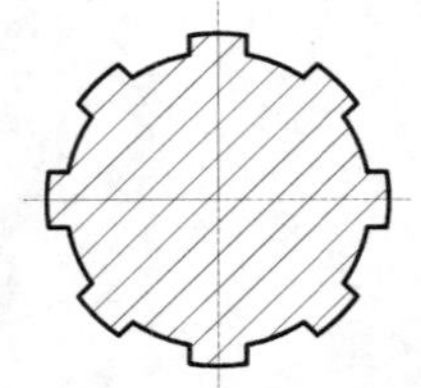

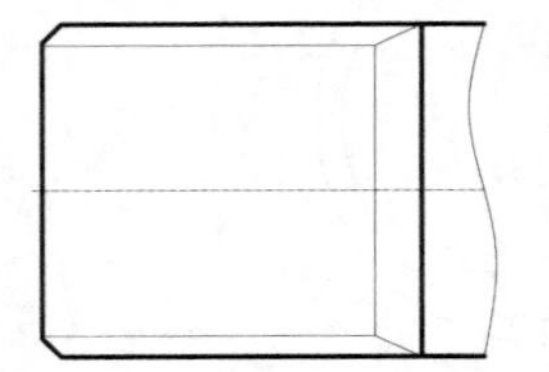

图 11-93 绘制结果

11.10　弹　　簧

11.10.1　弹簧简介

弹簧是指利用材料的弹性和结构特点，使变形与载荷之间保持特定关系的一种弹性元件，一般用弹簧钢制成。弹簧用于控制机件的运动、缓和冲击或震动、贮蓄能量、测量力的大小等，广泛用于机器、仪表中。弹簧的种类复杂多样，按形状分为螺旋弹簧、涡卷弹簧、板弹簧等。

11.10.2　绘制弹簧

弹簧弹力计算公式为 F=kx，F 为弹力，k 为劲度系数，x 为弹簧拉长的长度。比如要测试一款 5N 的弹簧：用 5N 力拉劲度系数为 100N/m 的弹簧，则弹簧被拉长 5cm。

(1) 单击快速访问工具栏中的【新建】按钮，在【选择样板】对话框中选择 A4.dwt 样板文件，单击【打开】按钮打开文件。

(2) 将【中心线】图层设置为当前图层。执行【直线】命令，绘制中心线，如图 11-94 所示。

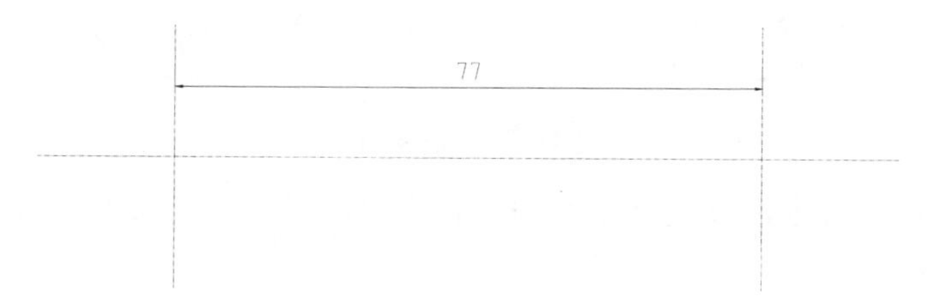

图 11-94　绘制中心线

(3) 执行【偏移】命令，将中心线向上、下各偏移 14，结果如图 11-95 所示。

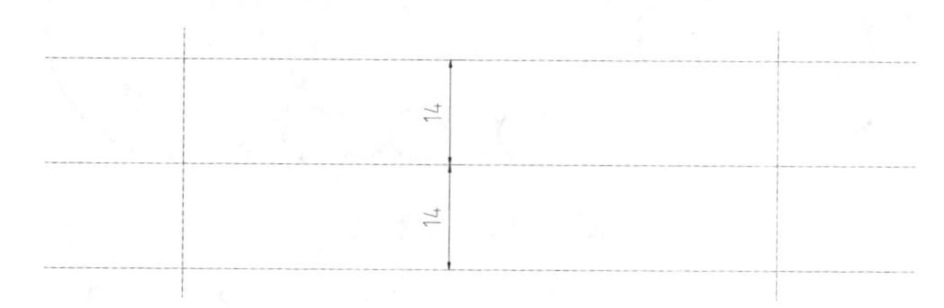

图 11-95　偏移中心线

(4) 执行【圆】命令，以中心线交点为圆心绘制半径为 10.5、17.5 的圆，结果如图 11-96 所示。

(5) 开启极轴追踪，设置追踪角为 93。执行【直线】命令，绘制与水平线呈 93° 的直线，如图 11-97 所示。

(6) 将上一步绘制的直线转换到【中心线】图层。执行【偏移】命令，偏移直线，结果如图 11-98 所示。

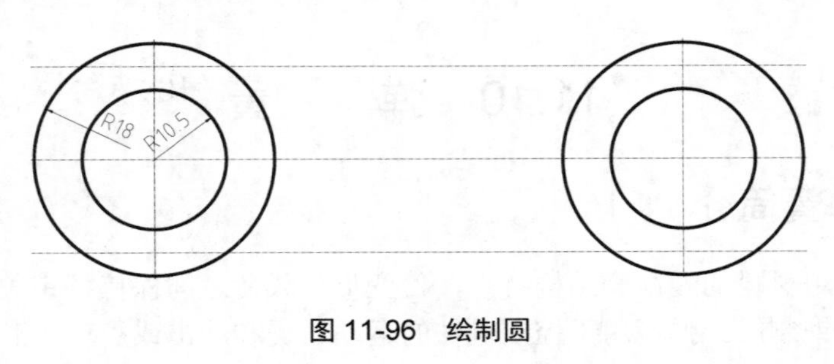

图 11-96　绘制圆

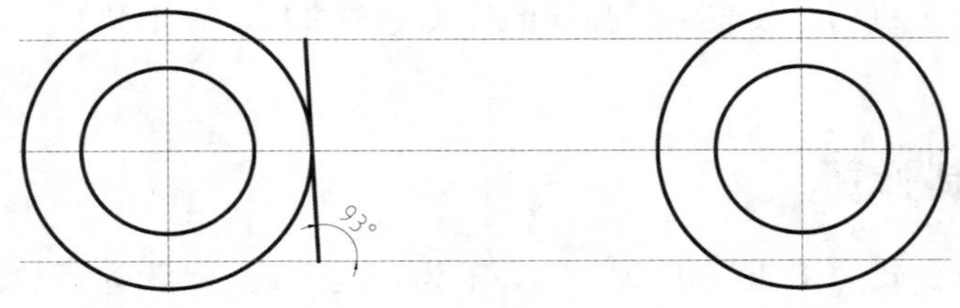

图 11-97　绘制 93° 直线

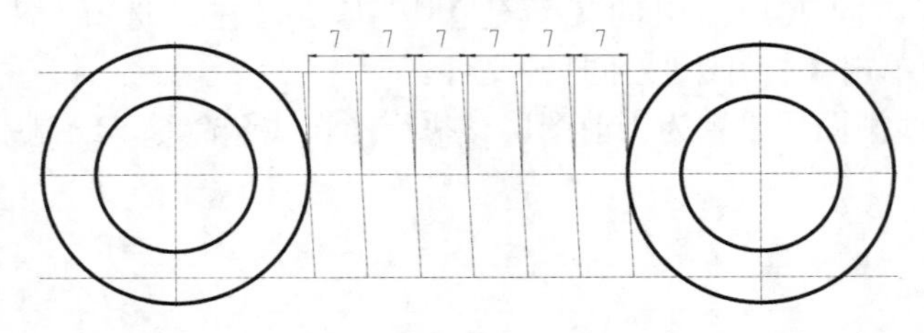

图 11-98　偏移直线

(7) 执行【圆】命令，以偏移斜线与偏移水平线的交点为圆心，绘制半径为 3.5 的圆，如图 11-99 所示。

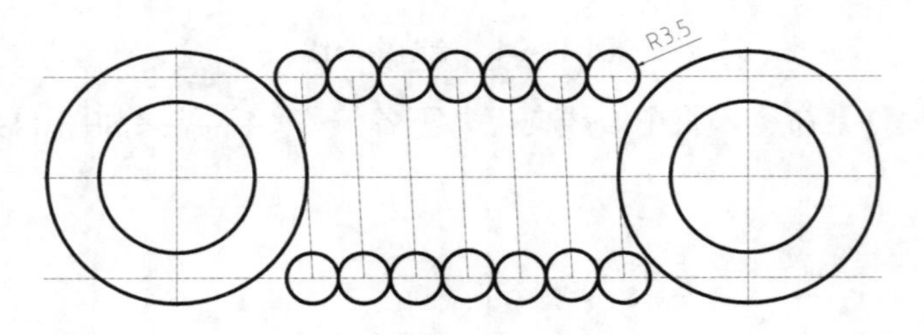

图 11-99　绘制圆

(8) 执行【直线】命令，使用临时捕捉【切点】命令，绘制圆的公切线，结果如图 11-100 所示。

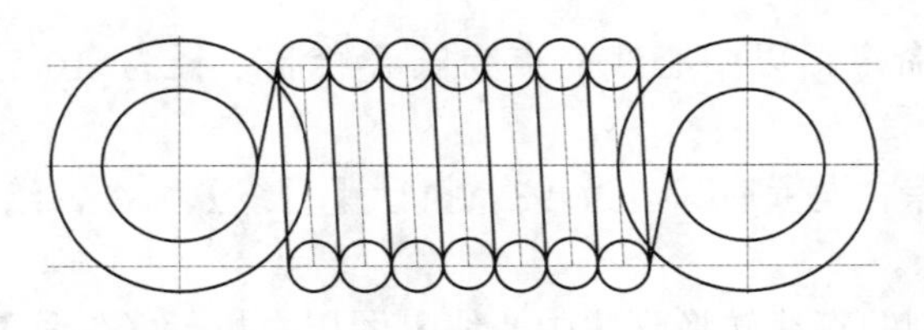

图 11-100　绘制连接线

(9) 执行【修剪】命令，修剪图形，结果如图 11-101 所示。

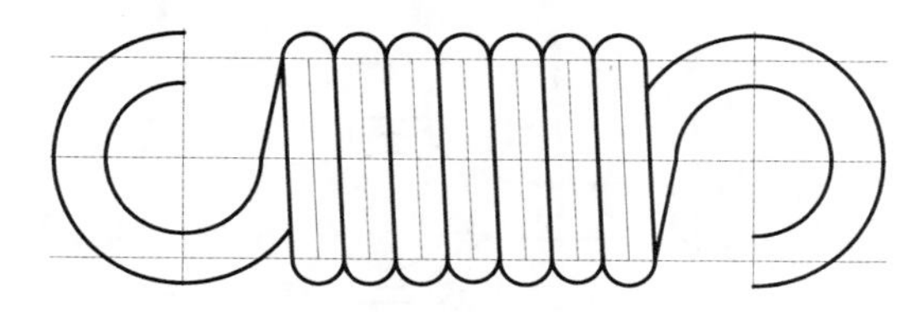

图 11-101　修剪图形

(10) 执行【直线】命令，绘制连接线，然后删除多余的中心线，结果如图 11-102 所示。

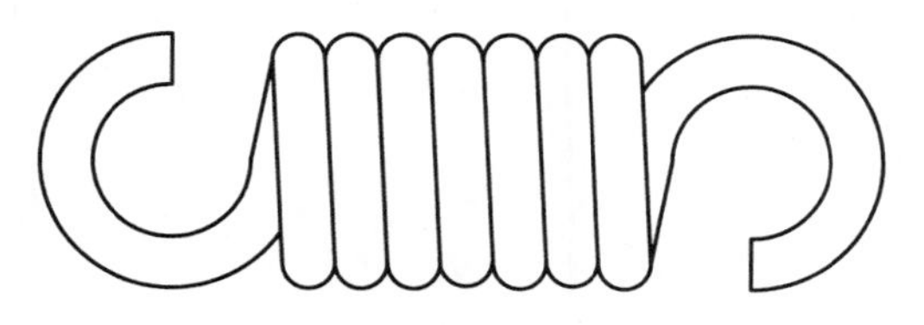

图 11-102　绘制结果

(11) 选择【文件】|【保存】命令，保存文件，完成弹簧的绘制。

11.11　思考与练习

一、简答题

1. 标准件都有哪些？
2. 常用件都有哪些？
3. 标准件和常用件的区别是什么？

二、操作题

1. 绘制如图 11-103 所示的蝶形螺母标准件。

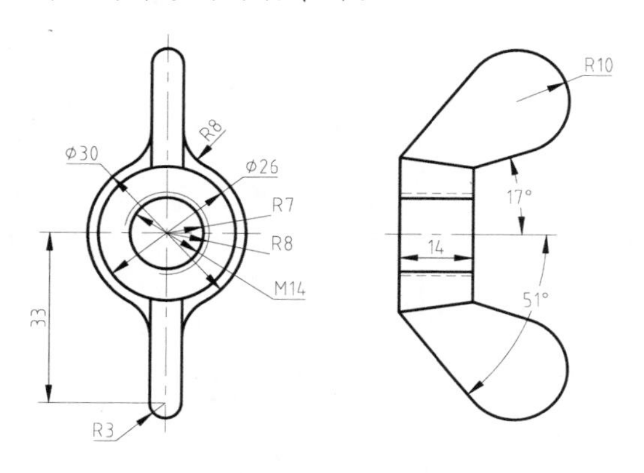

图 11-103　蝶形螺母

2. 绘制如图 11-104 所示的连杆常用件。

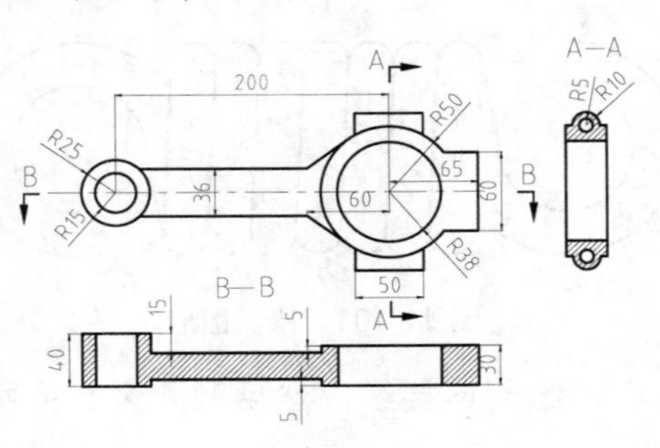

图 11-104　连杆

第 12 章

轴类零件图的绘制

本章导读

轴是组成机器的一种非常重要的零件，一般用来支撑旋转的机械零件（如带轮、齿轮等）、传递运动和动力。本章将详细介绍轴类零件的概念、特点以及各类轴零件图的绘制。

学习目标

- 了解轴类零件的结构特点和轴类零件的绘图步骤。
- 掌握普通阶梯轴、圆柱齿轮轴、圆锥齿轮轴的绘制方法。

12.1 轴类零件概述

12.1.1 轴类零件简介

轴类零件是机械结构中的典型零件之一，它主要用来支承传动零部件，传递扭矩和承受载荷，按轴类零件结构形式不同，一般可分为光轴、阶梯轴和异形轴；或分为实心轴、空心轴等。

12.1.2 轴类零件的结构特点

轴类零件是旋转体零件，其长度大于直径，一般由同心轴的外圆柱面、圆锥面、内孔和螺纹及相应的端面所组成。根据结构形状的不同，轴类零件可分为光轴、阶梯轴、空心轴和曲轴等，如图 12-1 所示。

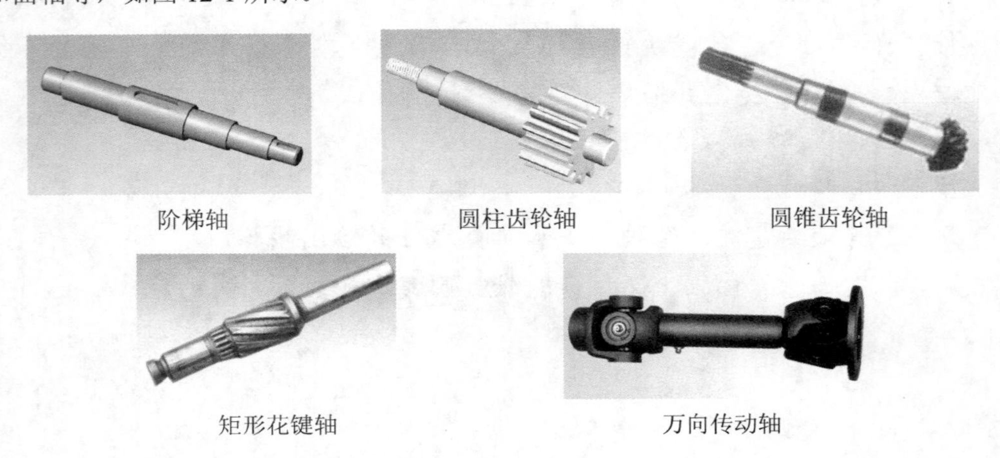

图 12-1 轴

轴的长径比小于 5 的称为短轴，大于 20 的称为细长轴，大多数轴介于两者之间。

轴用轴承支承，与轴承配合的轴段称为轴颈。轴颈是轴的装配基准，它们的精度和表面质量一般要求较高，其技术要求一般根据轴的主要功用和工作条件来制定，通常有以下几项。

1. 表面粗糙度

一般与传动件相配合的轴径表面粗糙度为 Ra2.5～0.63μm，与轴承相配合的支承轴径的表面粗糙度为 Ra0.63～0.16μm。

2. 相互位置精度

轴类零件的位置精度要求主要是由轴在机械中的位置和功用决定的。通常应保证装配传动件的轴颈对支承轴颈的同轴度要求，否则会影响传动件(齿轮等)的传动精度，并产生噪声。普通精度的轴，其配合轴段对支承轴颈的径向跳动一般为 0.01～0.03mm，高精度轴(如主轴)通常为 0.001～0.005mm。

3. 几何形状精度

轴类零件的几何形状精度主要是指轴颈、外锥面、莫氏锥孔等的圆度、圆柱度等，一般应将其公差限制在尺寸公差范围内。对精度要求较高的内外圆表面，应在图纸上标注其允许偏差。

4. 尺寸精度

对于起支承作用的轴颈，通常尺寸精度要求较高(IT5～IT7)。装配传动件的轴颈尺寸精度一般要求较低(IT6～IT9)。

12.1.3　轴类零件图的绘图规则

虽然轴类零件的结构有很多种，但其零件图的绘制有以下规则。

- 一般输出轴都是回转体，可以先绘制一半图形，然后采用镜像处理，绘制出基本轮廓。
- 对于键槽位置，都需要绘制对应的断面图。
- 必要时，退刀槽等较小的部分需绘制局部放大图。
- 标注表面粗糙度和径向公差。

12.1.4　轴类零件图的绘制步骤

绘制轴类零件图的基本步骤如下。

- 绘制中心线，由【直线】命令绘制半侧图形，然后进行镜像，绘制出基本轮廓。
- 执行【直线】命令绘制连接线；执行【偏移】、【圆】和【修剪】等命令绘制键槽；执行【倒角】命令在所需位置倒角，完成主视图的绘制。
- 在键槽对应位置绘制中心线，执行【圆】、【偏移】、【修剪】等命令来绘制键槽的断面图。
- 进行图案填充、尺寸标注。

12.2　普通阶梯轴设计

本节绘制如图 12-2 所示的普通阶梯轴零件图。

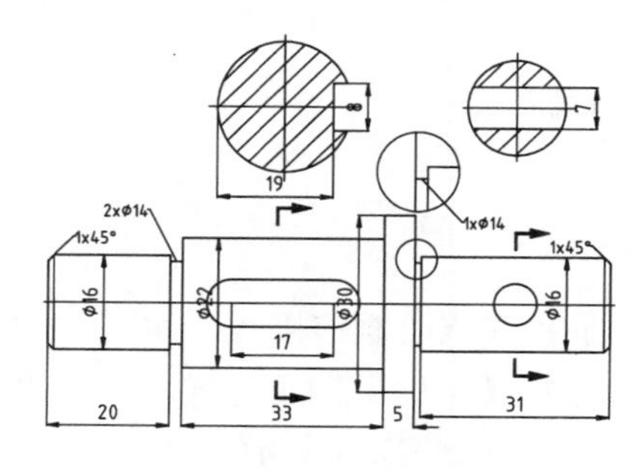

图 12-2　普通阶梯轴

12.2.1 设置图层

(1) 单击快速访问工具栏中的【新建】按钮，新建一个图形文件。

(2) 单击【图层】工具栏中的【图层特性管理器】按钮，弹出【图层特性管理器】选项板。

(3) 单击【新建】按钮，新建【轮廓线】图层，设置线宽为 0.35。

(4) 同样的方法，新建【细实线】、【中心线】图层，属性设置如图 12-3 所示。

(5) 关闭【图层特性管理器】选项板。

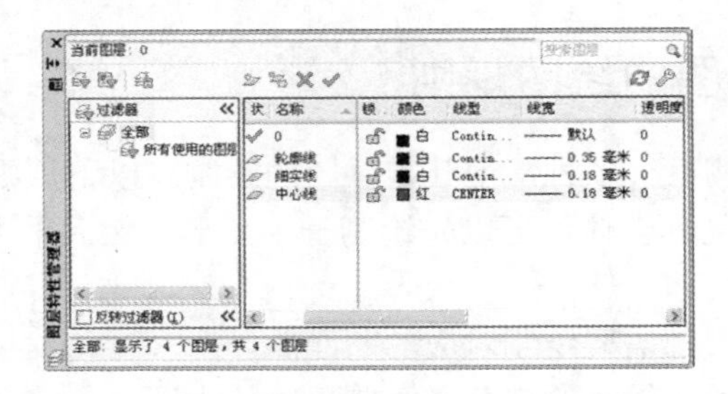

图 12-3 【图层特性管理器】选项板

12.2.2 绘制图形轮廓

(1) 将【中心线】图层置为当前，执行【直线】命令，绘制中心线，如图 12-4 所示。

图 12-4 绘制中心线

(2) 切换到【粗实线】图层，执行【直线】命令，绘制轴的轮廓线，如图 12-5 所示。

(3) 执行【镜像】命令，以水平中心线作为镜像线，镜像图形，结果如图 12-6 所示。

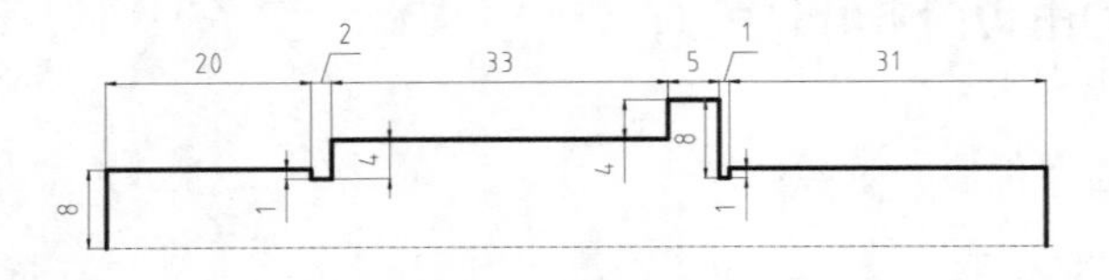

图 12-5 绘制轮廓线

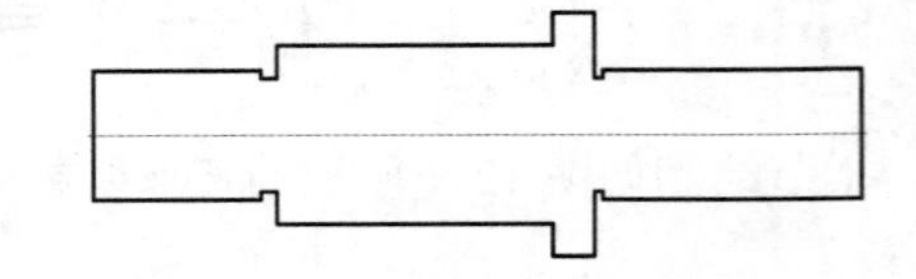

图 12-6 镜像图形

12.2.3 绘制图形细节

(1) 执行【直线】命令，捕捉端点绘制连接线，如图 12-7 所示。

(2) 执行【倒角】命令，选择【角度】倒角方式，指定第一条直线的倒角长度为 1，角度为 45°，在轴两端进行倒角，如图 12-8 所示。

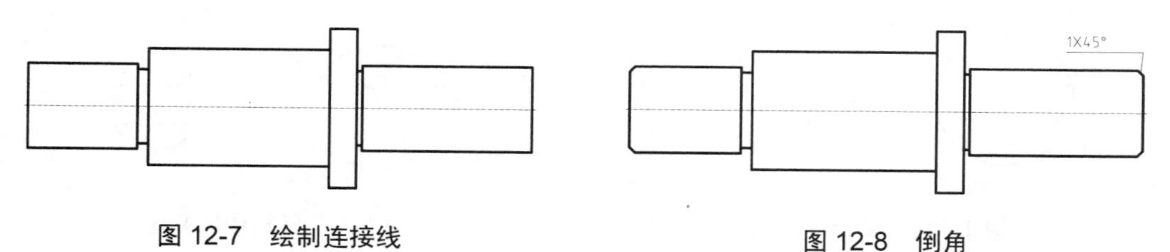

图 12-7　绘制连接线　　　　图 12-8　倒角

(3) 执行【直线】命令，绘制倒角连接直线，结果如图 12-9 所示。

(4) 执行【圆】命令，绘制直径为 7 和 8 的圆，如图 12-10 所示。

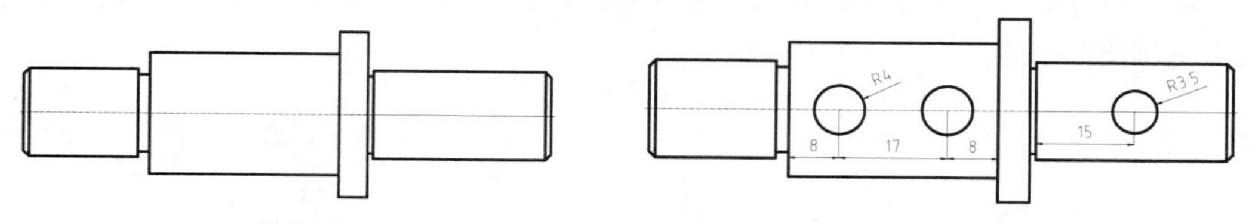

图 12-9　绘制连接线　　　　图 12-10　绘制圆

(5) 执行【直线】命令，捕捉圆象限点绘制连接直线，如图 12-11 所示。

(6) 执行【修剪】命令，修剪图形，结果如图 12-12 所示。

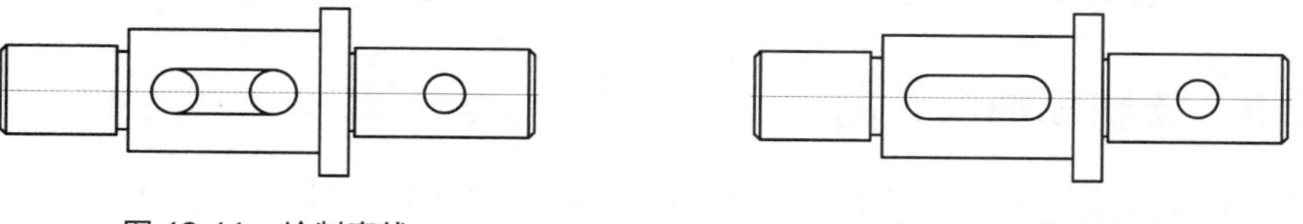

图 12-11　绘制直线　　　　图 12-12　修剪图形

12.2.4　绘制断面图

(1) 将【中心线】图层设置为当前图层，执行【直线】命令，绘制中心线，如图 12-13 所示。

(2) 执行【圆】命令，以中心线交点为圆心，分别绘制直径为 16 和 22 的圆，如图 12-14 所示。

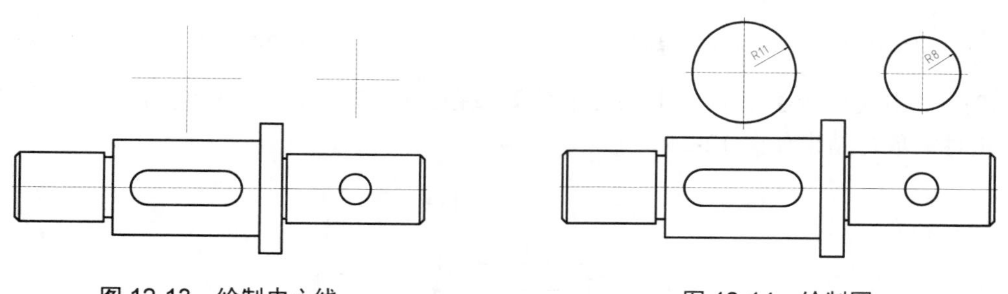

图 12-13　绘制中心线　　　　图 12-14　绘制圆

(3) 执行【偏移】命令，偏移中心线，结果如图 12-15 所示。

(4) 将偏移直线切换至【轮廓线】图层，执行【修剪】命令，修剪图形，结果如图 12-16 所示。

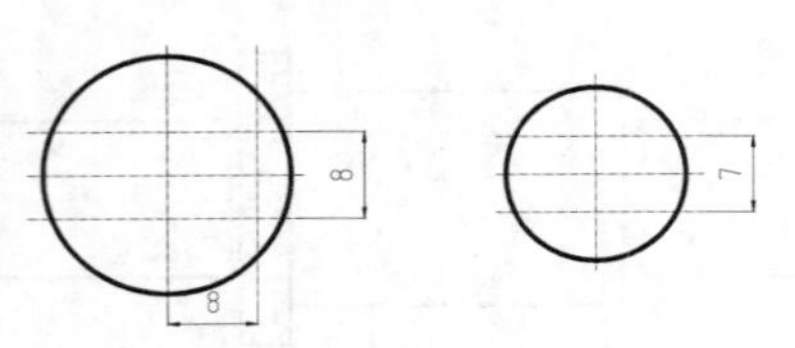

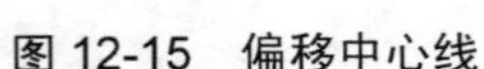
图 12-15　偏移中心线

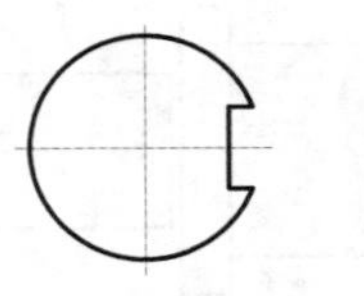
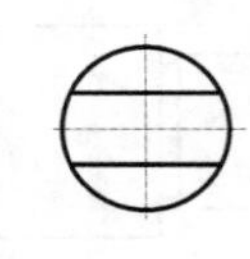
图 12-16　转换图层并修剪

(5) 将【细实线】图层设置为当前图层，执行【图案填充】命令，选择 ANSI31 图案，填充剖面线，效果如图 12-17 所示。

(6) 将【轮廓线】图层设置为当前图层，执行【多段线】命令，利用多段线的【宽度】选项绘制断面箭头，如图 12-18 所示。

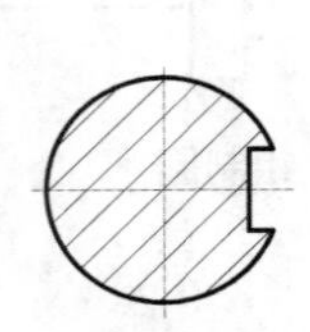
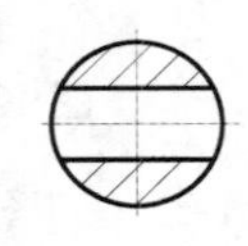
图 12-17　图案填充

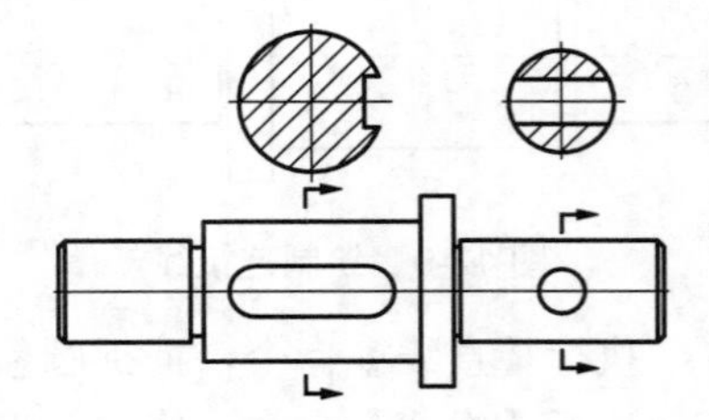
图 12-18　绘制剖切符号

12.2.5　绘制局部放大图

(1) 将【细实线】图层设置为当前图层。单击【绘图】工具栏中的【圆】按钮，在需要放大的区域绘制一个圆，如图 12-19 所示。

(2) 单击【修改】工具栏中的【复制】按钮，选中圆和圆内所有对象，并复制至上方位置，执行【修剪】命令修剪圆外的线条，如图 12-20 所示。

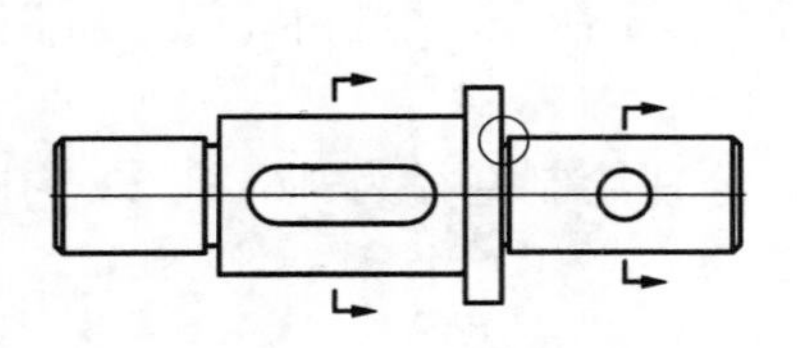
图 12-19　绘制放大边界圆

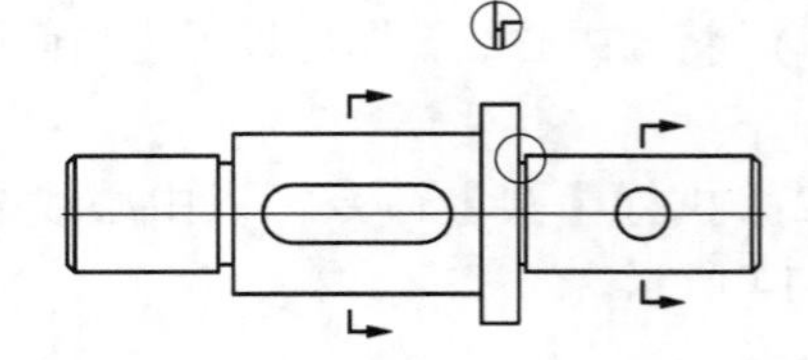
图 12-20　复制对象

(3) 单击【修改】工具栏中的【缩放】按钮，选择上一步复制的对象，按比例因子 2 进行缩放，结果如图 12-21 所示。

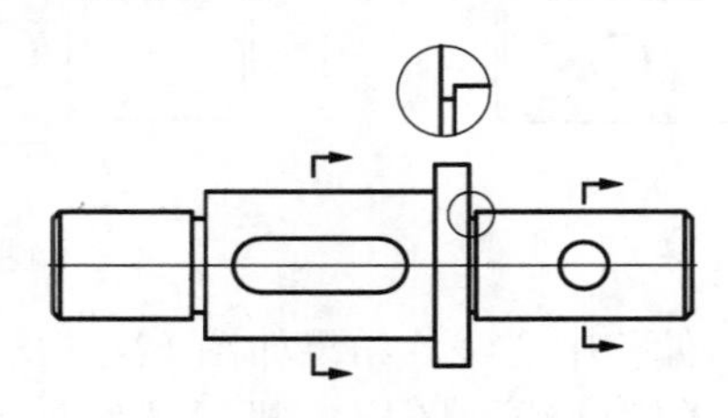
图 12-21　缩放结果

12.2.6　标注图形

(1) 单击【标注】工具栏中的【线性】按钮⊢⊣，标注零件图的线性尺寸，如图 12-22 所示。

(2) 重复使用【线性标注】命令标注各段轴的直径，然后双击直径尺寸，在尺寸值前添加直径符号，如图 12-23 所示。

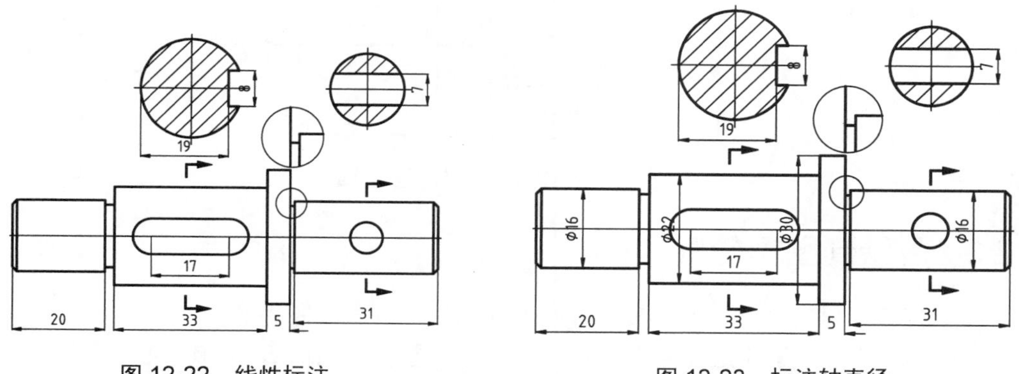

图 12-22　线性标注　　　　图 12-23　标注轴直径

(3) 选择【格式】|【多重引线样式】命令，修改当前的多重引线样式，将箭头类型设置为【无】。

(4) 选择【标注】|【多重引线】命令，标注退刀槽和倒角，结果如图 12-24 所示。

(5) 选择【文件】|【保存】命令，保存文件，完成普通阶梯轴的绘制。

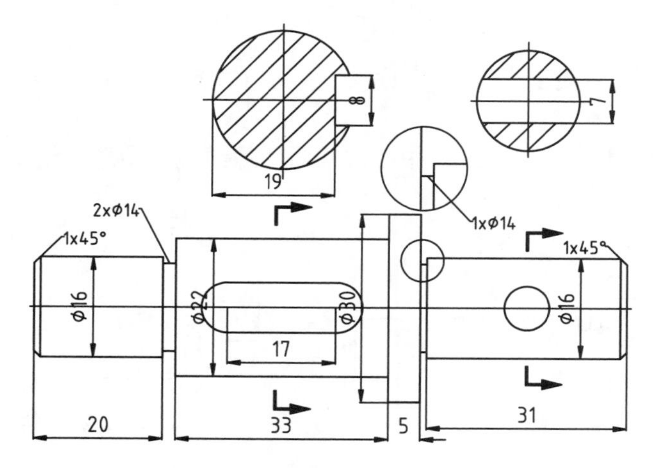

图 12-24　标注退刀槽和倒角

12.3　圆柱齿轮轴绘制

本节将绘制如图 12-25 所示的圆柱齿轮轴。

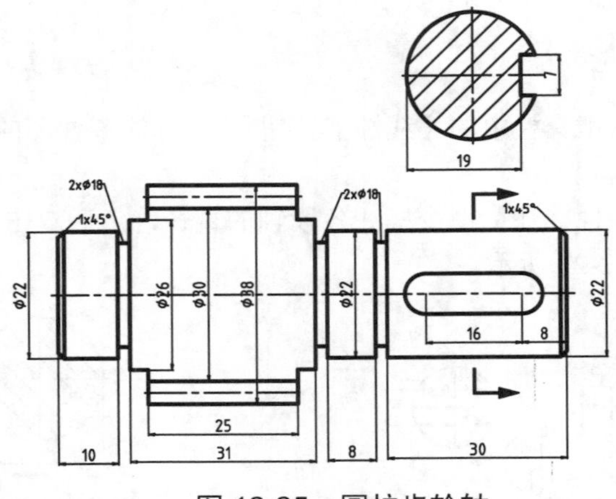

图 12-25　圆柱齿轮轴

12.3.1　绘制图形轮廓

(1) 打开素材文件夹中的样板文件“A4.dwt”，进入绘图界面。

(2) 将【中心线】图层设置为当前图层，执行【直线】命令，绘制中心线，如图 12-26 所示。

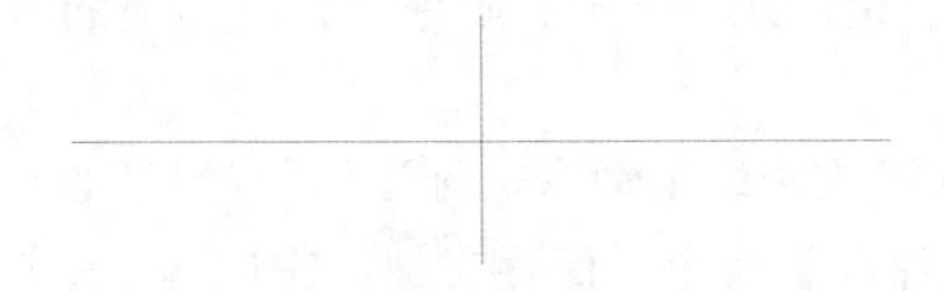

图 12-26　绘制中心线

(3) 切换到【轮廓线】图层，执行【直线】命令，绘制轴的轮廓线，如图 12-27 所示。

(4) 执行【镜像】命令，以水平中心线作为镜像线镜像图形，结果如图 12-28 所示。

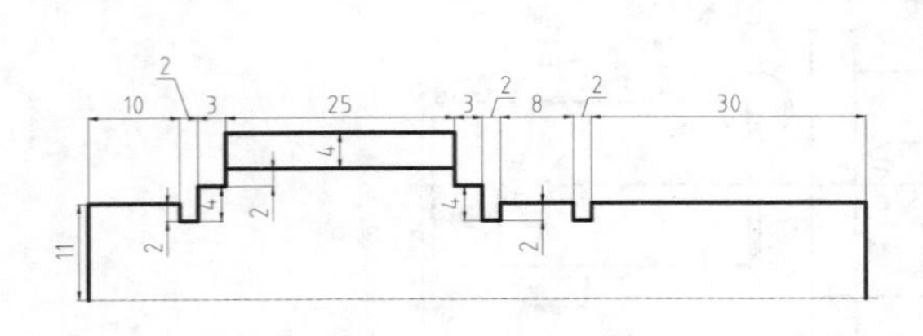

图 12-27　绘制轮廓线

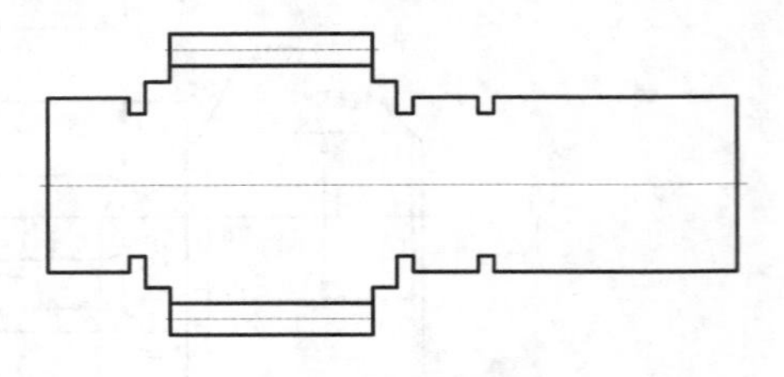

图 12-28　镜像图形

12.3.2　绘制图形细节

(1) 执行【直线】命令，捕捉端点，绘制连接线，如图 12-29 所示。

(2) 执行【倒角】命令，设置两个倒角距离均为 1，在轴两端进行倒角，如图 12-30 所示。

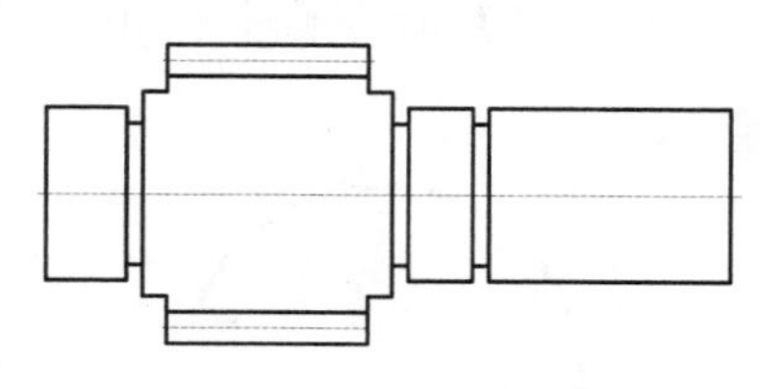

图 12-29　绘制连接线

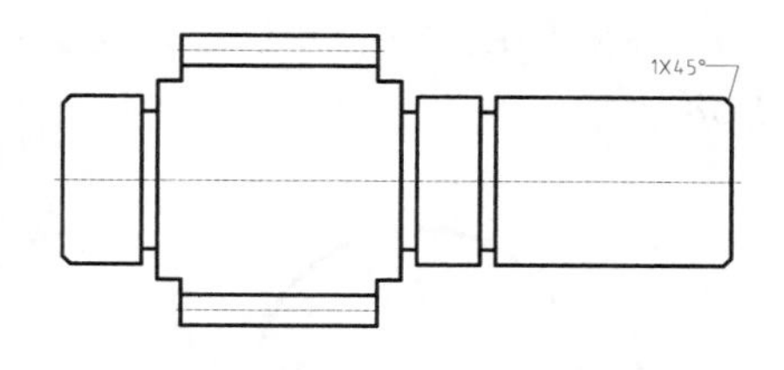

图 12-30　倒角

(3)　执行【直线】命令，绘制倒角连接线，如图 12-31 所示。

(4)　执行【圆】命令，绘制直径为 7 的圆，如图 12-32 所示。

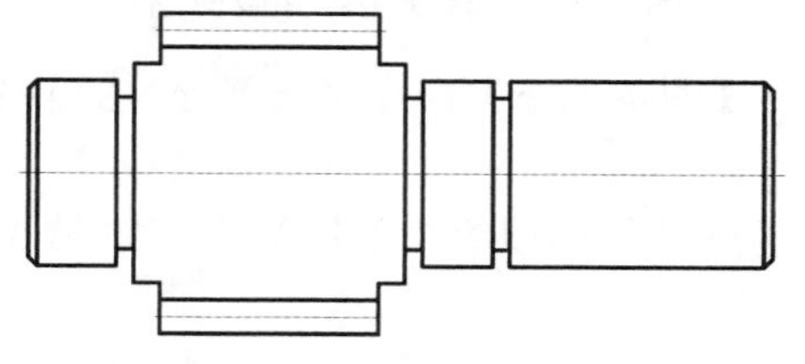

图 12-31　绘制连接线

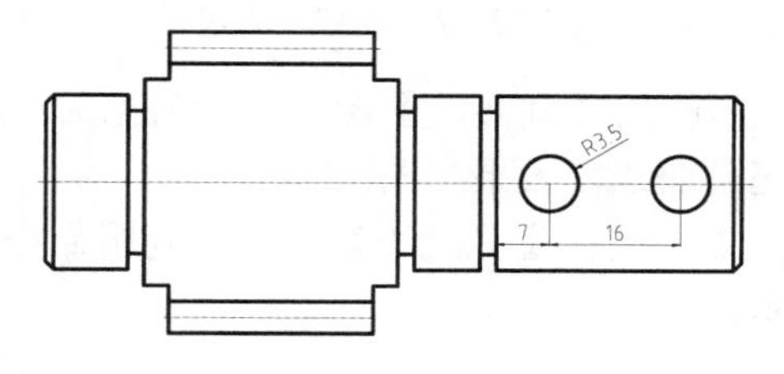

图 12-32　绘制圆

(5)　执行【直线】命令，捕捉圆象限点绘制连接直线，如图 12-33 所示。

(6)　执行【修剪】命令，修剪图形，结果如图 12-34 所示。

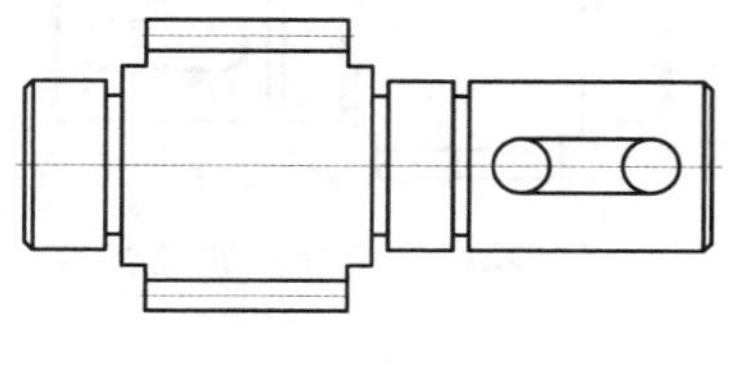

图 12-33　绘制直线

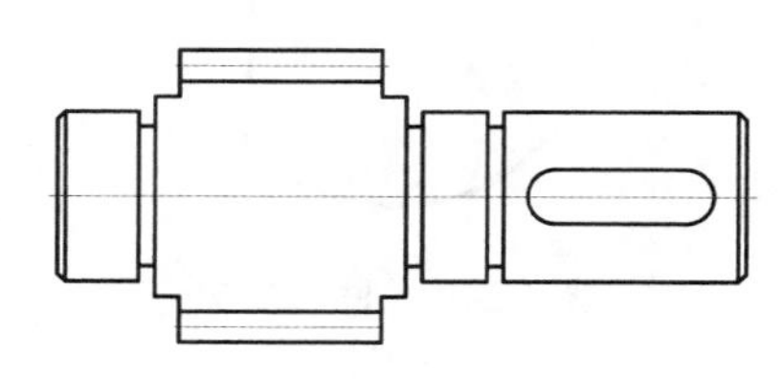

图 12-34　修剪图形

12.3.3　绘制断面图

(1)　将【中心线】图层设置为当前图层，执行【直线】命令，绘制中心线，如图 12-35 所示。

(2)　执行【圆】命令，在中心线的交点绘制直径为 22 的圆，如图 12-36 所示。

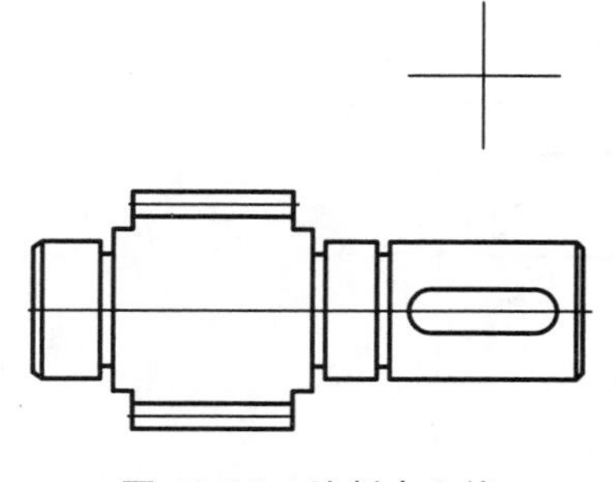

图 12-35　绘制中心线

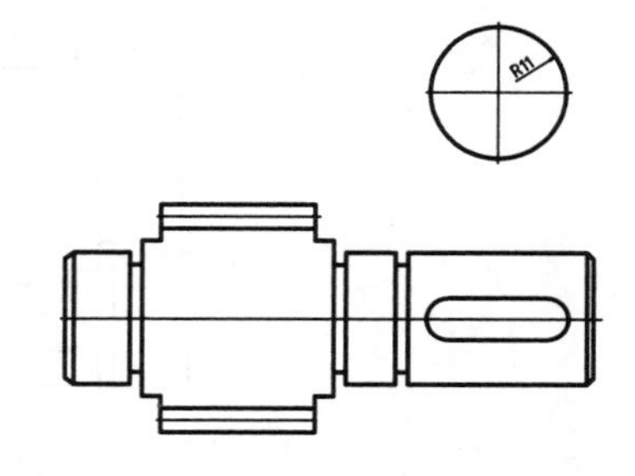

图 12-36　绘制圆

(3)　执行【偏移】命令，偏移中心线，结果如图 12-37 所示。

(4) 将偏移线切换至【轮廓线】图层，并执行【修剪】命令修剪图形，结果如图 12-38 所示。

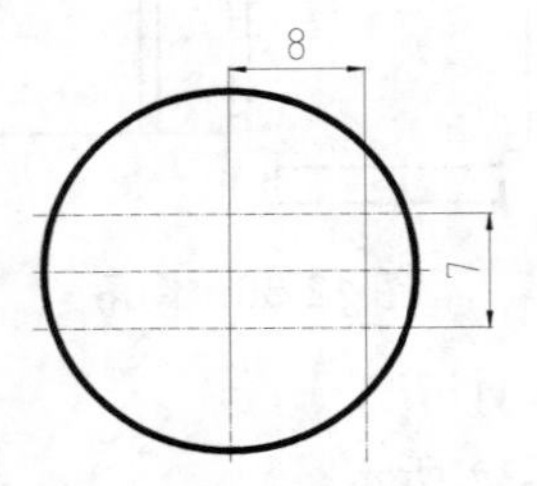

图 12-37　偏移中心线

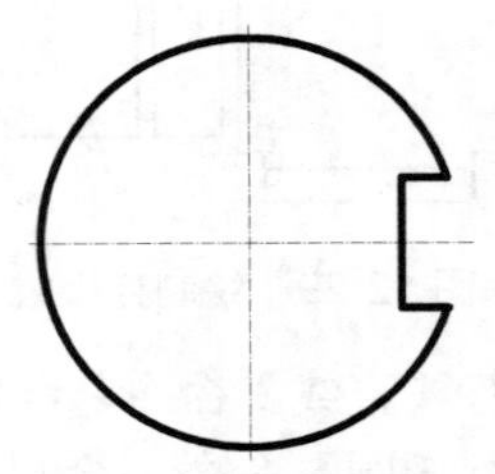

图 12-38　转换图层并修剪图形

(5) 将【细实线】图层设置为当前图层，执行【图案填充】命令，选择 ANSI 图案，填充剖面线，效果如图 12-39 所示。

(6) 执行【多段线】命令，利用命令行中的【宽度】选项绘制剖切箭头，如图 12-40 所示。

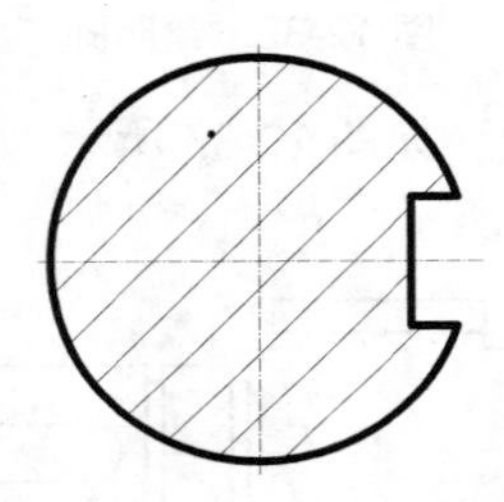

图 12-39　图案填充

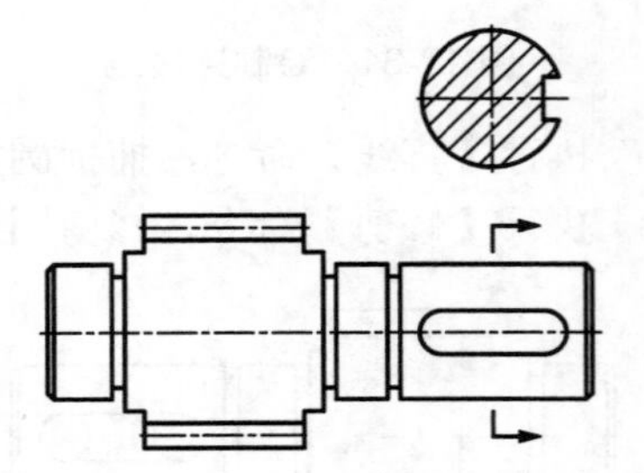

图 12-40　绘制剖切箭头

12.3.4　图形标注

(1) 单击【标注】工具栏中的【线性】按钮⊢⊣，标注零件图的线性尺寸，如图 12-41 所示。

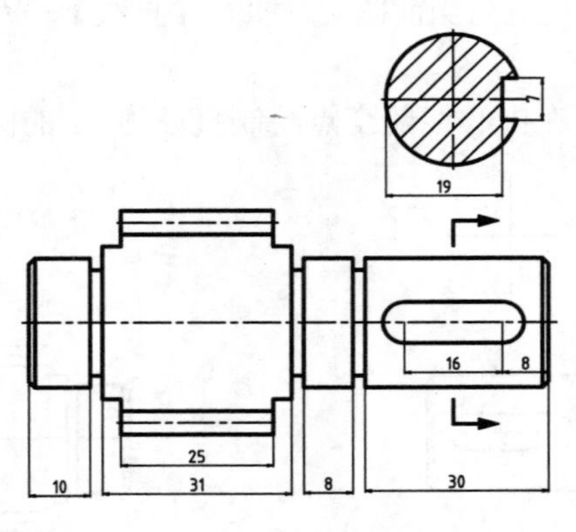

图 12-41　线性标注

(2) 重复【线性标注】命令，标注各段轴的直径，双击各直径尺寸，在尺寸值前添加直径符号，如图 12-42 所示。

(3) 选择【格式】|【多重引线样式】命令，修改当前的多重引线样式，将箭头类型设置为【无】。

(4) 选择【标注】|【多重引线】命令，标注退刀槽和倒角尺寸，结果如图 12-43 所示。

(5) 选择【文件】|【保存】命令，保存文件，完成齿轮轴的绘制。

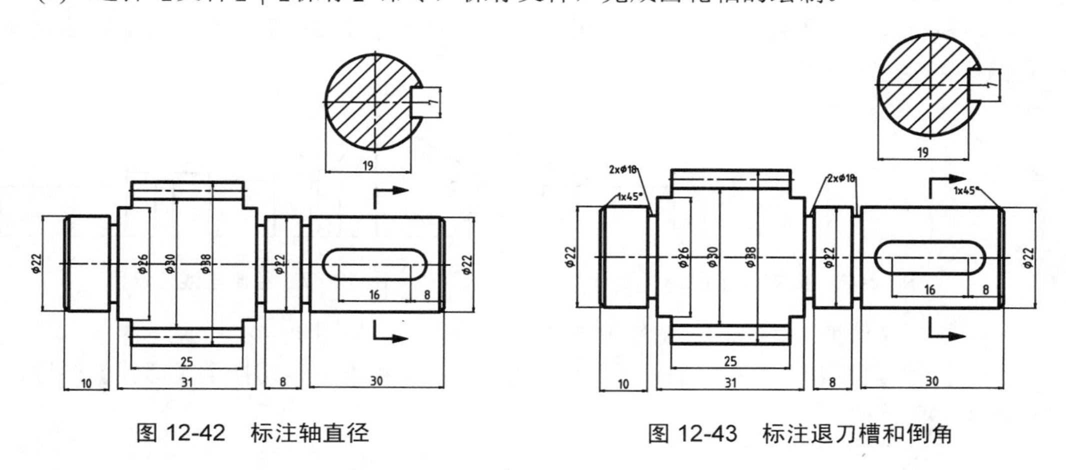

图 12-42　标注轴直径　　　　图 12-43　标注退刀槽和倒角

12.4　圆锥齿轮轴

本节将绘制如图 12-44 所示的圆锥齿轮轴。

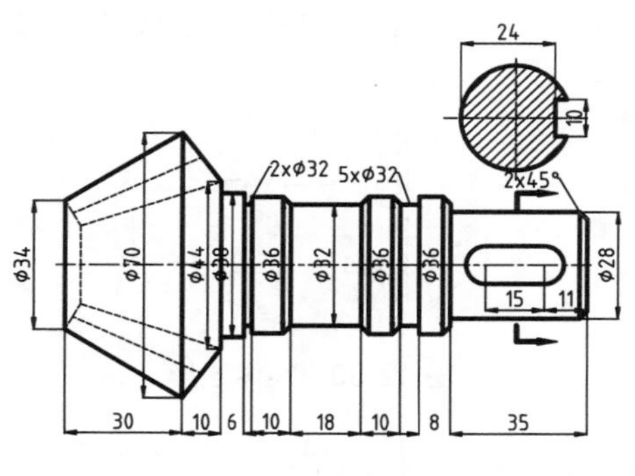

图 12-44　圆锥齿轮轴

12.4.1　绘制图形轮廓

(1) 新建 AutoCAD 文件，在【选择样板】对话框中，浏览到素材文件夹中的“A4.dwt”样板文件，单击【确定】按钮，进入绘图界面。

(2) 将【中心线】图层置为当前图层，执行【直线】命令，绘制一条水平中心线。

(3) 切换到【轮廓线】图层，执行【直线】命令，根据如图 12-45 所示的尺寸绘制轴的轮廓线。

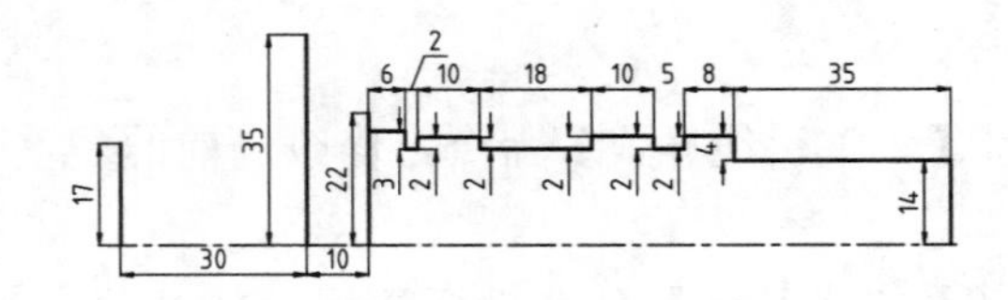

图 12-45　绘制轮廓线

(4) 执行【直线】命令，捕捉端点，绘制连接直线，结果如图 12-46 所示。

(5) 执行【直线】命令，绘制直线的垂线；然后执行【偏移】命令，将最左端轮廓线向右偏移 4，结果如图 12-47 所示。

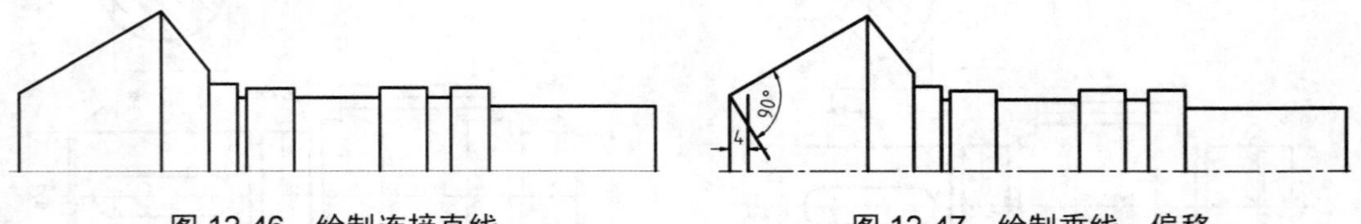

图 12-46　绘制连接直线　　图 12-47　绘制垂线、偏移

(6) 执行【修剪】命令，修剪绘制的垂线和偏移线，如图 12-48 所示。

(7) 执行【直线】命令，捕捉中点绘制连接直线，将锥齿线切换至【虚线】图层，结果如图 12-49 所示。

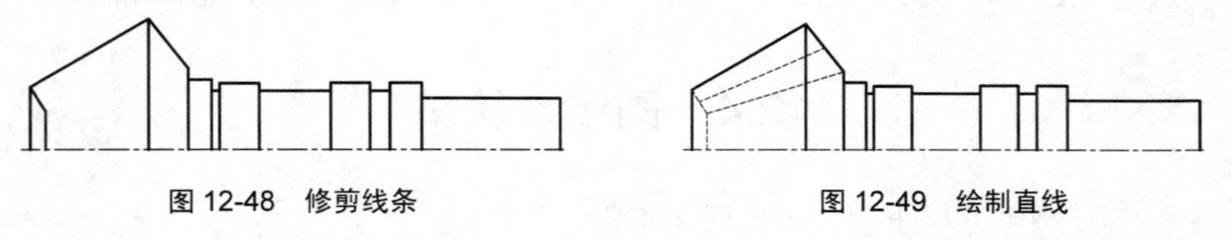

图 12-48　修剪线条　　图 12-49　绘制直线

(8) 执行【镜像】命令，以水平中心线作为镜像线，镜像图形，结果如图 12-50 所示。

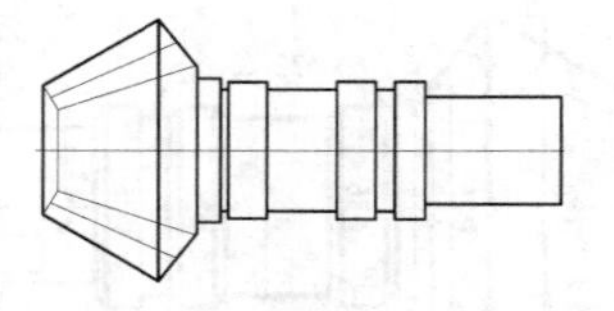

图 12-50　镜像图形

12.4.2　图形细节绘制

(1) 执行【倒角】命令，设置两个倒角距离均为 2，如图 12-51 所示。

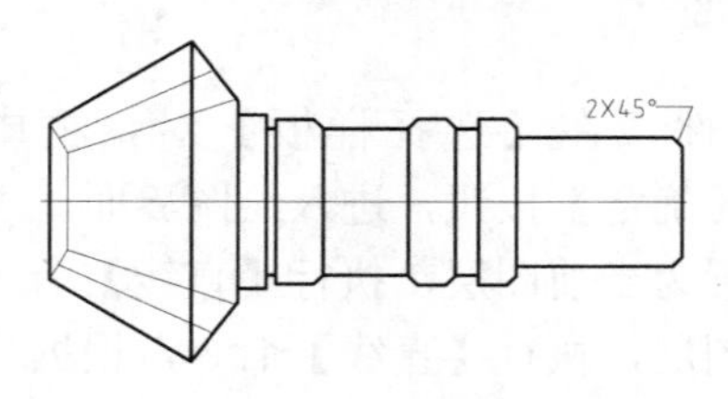

图 12-51　倒角

(2) 执行【直线】命令，绘制倒角连接线，结果如图 12-52 所示。

(3) 执行【圆】命令，绘制直径为 7 和 8 的圆，如图 12-53 所示。

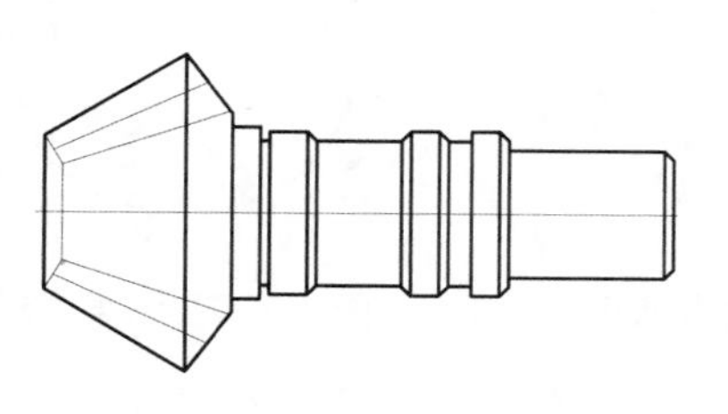

图 12-52　绘制连接线

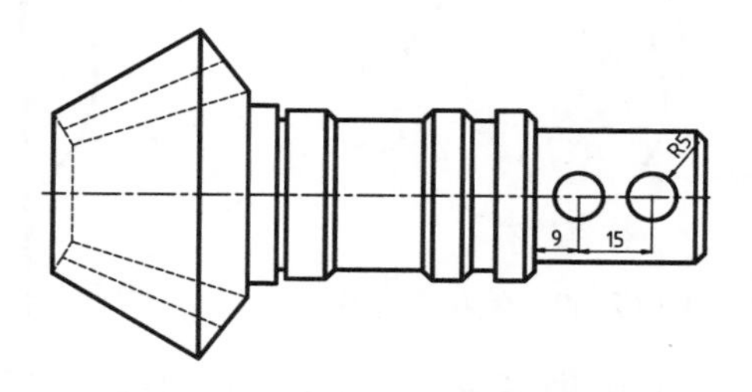

图 12-53　绘制圆

(4) 执行【直线】命令，捕捉圆象限点绘制连接直线，如图 12-54 所示。

(5) 执行【修剪】命令，修剪图形，结果如图 12-55 所示。

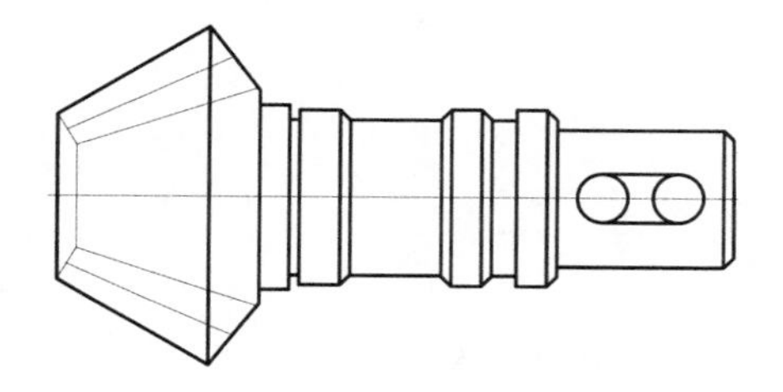

图 12-54　绘制直线

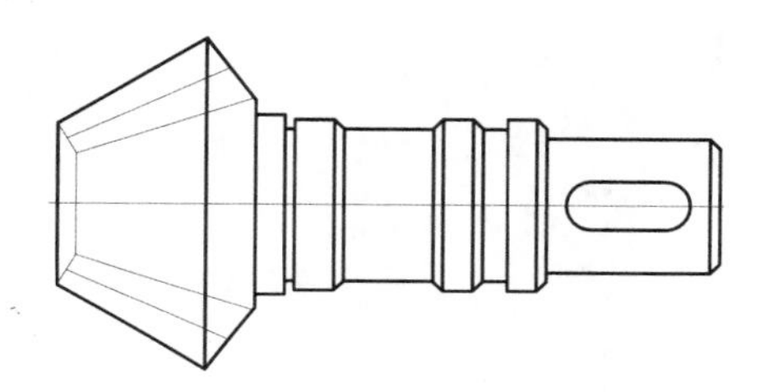

图 12-55　修剪图形

12.4.3 绘制断面图

(1) 将【中心线】图层设置为当前图层，执行【直线】命令，绘制中心线，如图 12-56 所示。

(2) 将【轮廓线】图层设置为当前图层。执行【圆】命令，在中心线交点绘制直径为 28 的圆，如图 12-57 所示。

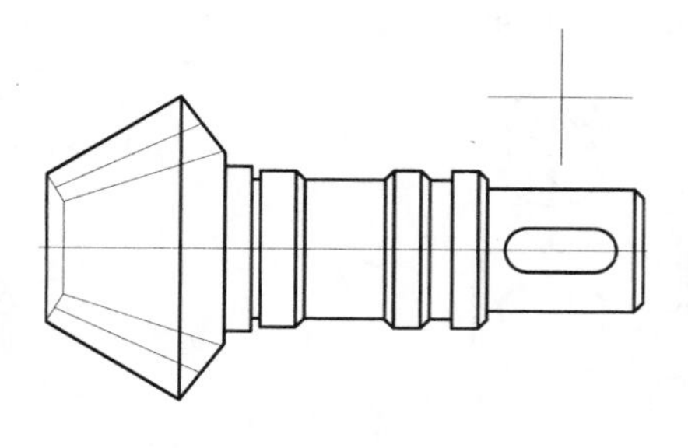

图 12-56　绘制中心线

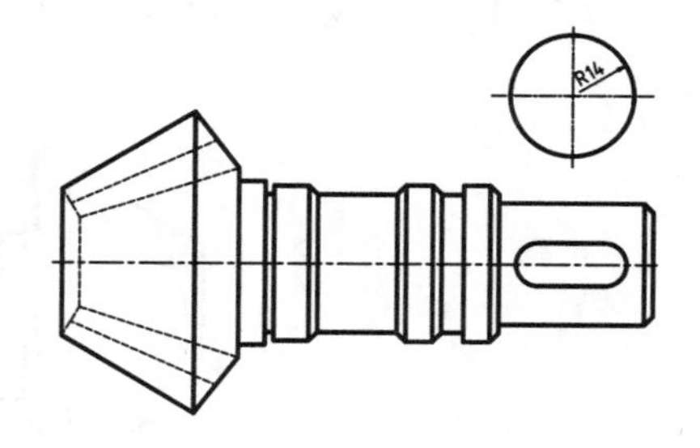

图 12-57　绘制圆

(3) 执行【偏移】命令，偏移中心线，结果如图 12-58 所示。

(4) 将偏移线切换至【轮廓线】图层，并执行【修剪】命令修剪图形，结果如图 12-59 所示。

(5) 将【细实线】图层设置为当前图层，执行【图案填充】命令，选择 ANSI31 图案，设置填充比例为 15，填充剖面线，效果如图 12-60 所示。

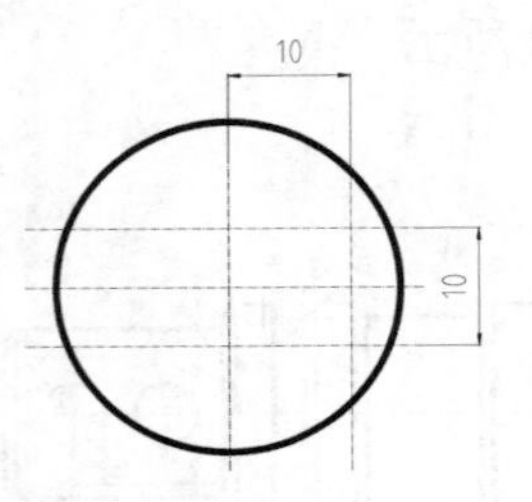

图 12-58 偏移中心线

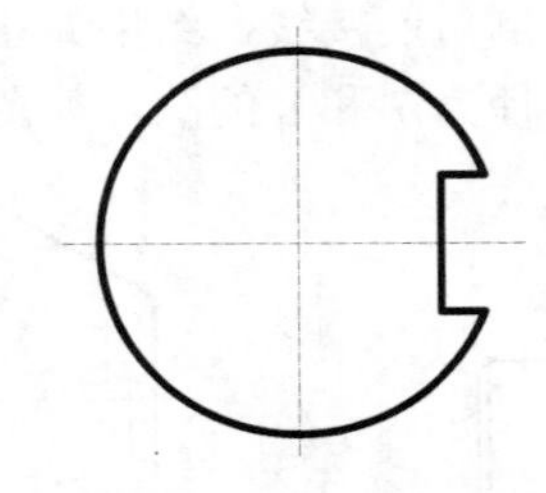

图 12-59 转换图层并修剪

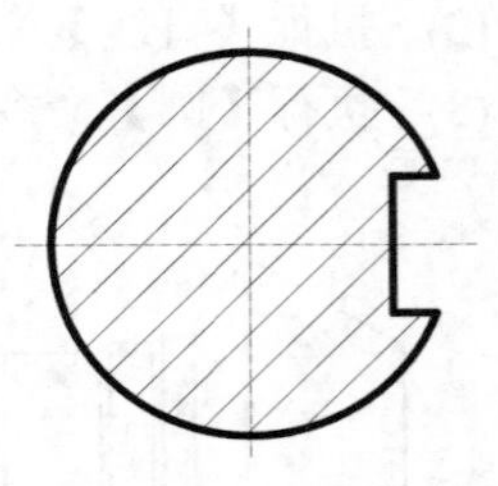

图 12-60 图案填充

(6) 选择【格式】|【多重引线样式】命令，在弹出的对话框中新建一个名为“剖切符号”的多重引线样式，在【引线格式】选项卡中设置引线线宽为 0.5mm，设置箭头大小为 5，如图 12-61 所示。在【引线结构】选项卡中设置【最大引线点数】为 3，取消选择【自动包含基线】复选框，如图 12-62 所示。在【内容】选项卡中将多重引线内容设置为【无】。

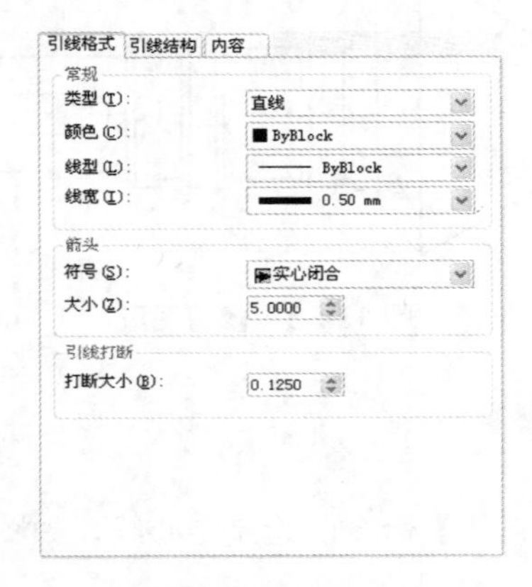

图 12-61 设置引线格式

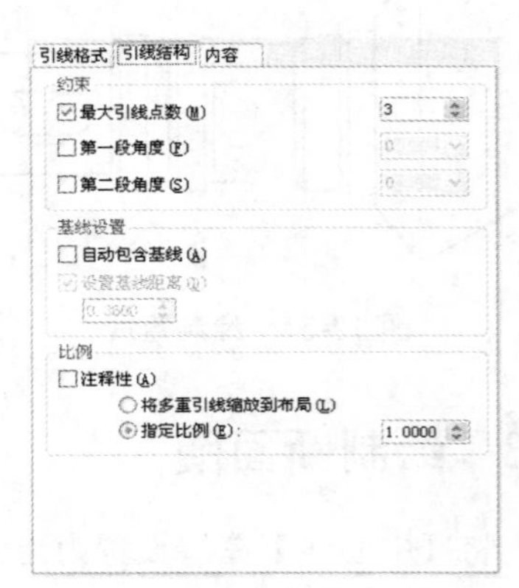

图 12-62 设置引线结构

(7) 将【轮廓线】图层设置为当前图层，将“剖切符号”多重引线样式设置为当前引线样式，执行【多重引线】命令，剖切箭头，结果如图 12-63 所示。

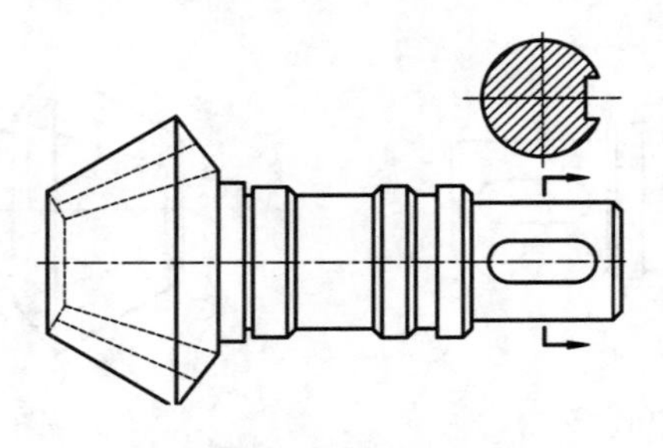

图 12-63 绘制剖切箭头

12.4.4 图形标注

(1) 单击【标注】工具栏中的【线性】按钮⊢⊣，标注轴上的线性尺寸，如图 12-64 所示。

(2) 重复【线性标注】命令标注各段轴的直径，依次双击各直径尺寸，在尺寸值前添加直径符号，如图 12-65 所示。

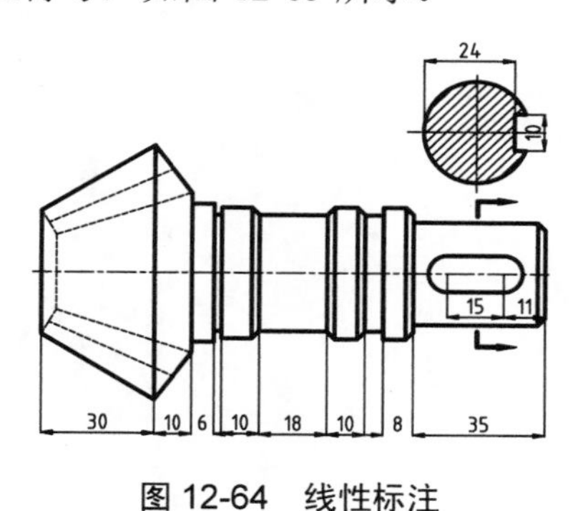

图 12-64　线性标注

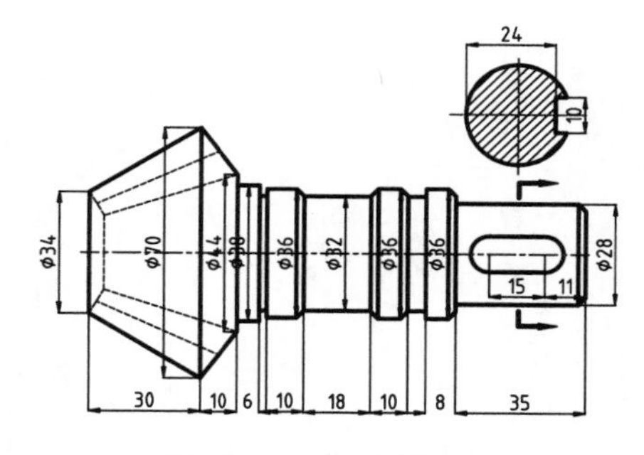

图 12-65　标注轴直径

(3) 选择【格式】|【多重引线样式】命令，在弹出的对话框中新建一个名为“无箭头引线”的引线样式，将引线箭头类型设置为【无】。然后将该多重引线样式设置为当前。

(4) 选择【标注】|【多重引线】命令，标注退刀槽和倒角尺寸，结果如图 12-66 所示。

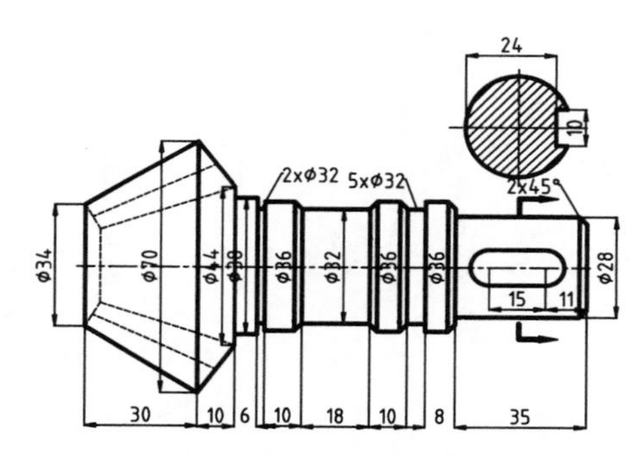

图 12-66　标注退刀槽和倒角

(5) 选择【文件】|【保存】命令，保存文件，完成圆锥齿轮轴的绘制。

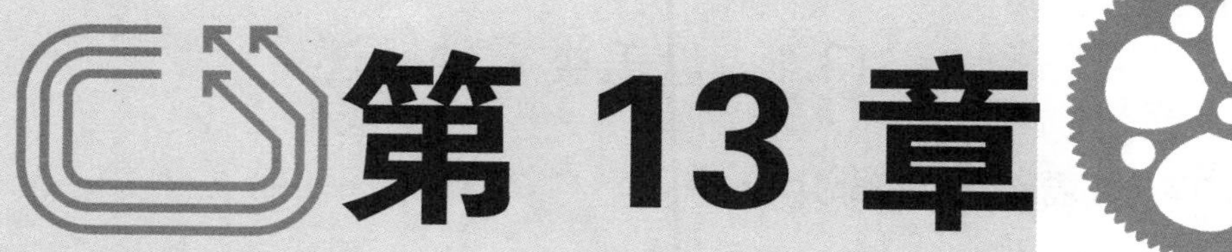

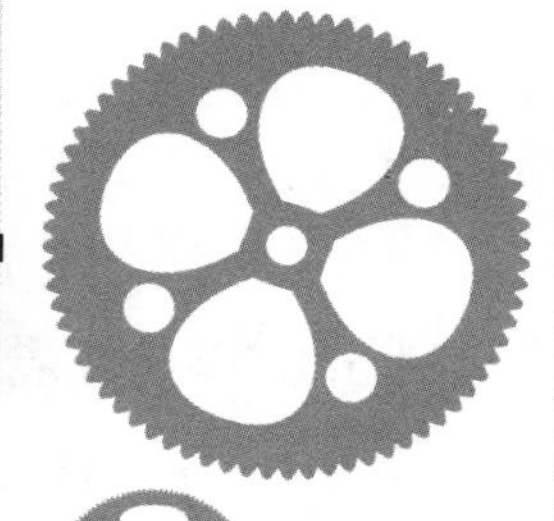

第13章

盘盖类零件图的绘制

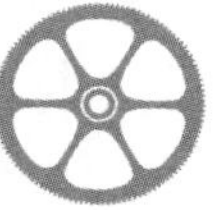

本章导读

盘盖类零件包括调节盘、法兰盘、端盖、泵盖等。这类零件基本形体一般为回转体或其他几何形状的扁平的盘状体。本章主要介绍盘盖类零件的特点及常见盘盖零件的绘制方法。

学习目标

- 了解盘盖类零件的结构特点和绘图技巧。
- 掌握调节盘、泵盖和法兰盘的绘制方法。

13.1 盘盖类零件概述

13.1.1 盘盖类零件简介

盘盖类零件包括各类手轮、法兰盘以及圆形端盖等。盘类零件在机械工程中的运用也比较广泛，其作用主要是轴向定位、防尘和密封，其零件的毛坯有铸件或锻件，机械加工以车削为主。盘盖零件的主视图一般按加工位置水平放置。盘盖类零件的另一基本视图主要表达盘、盖上的槽、孔等结构在圆周上的分布情况。视图具有对称面时可采用半剖视图。如图 13-1 所示为最常见的盘盖类零件。

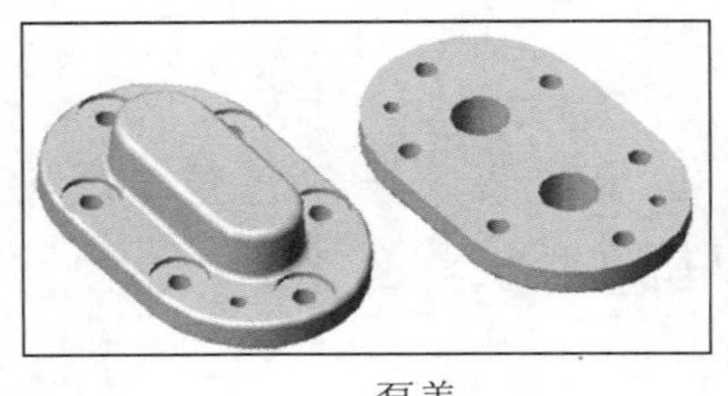

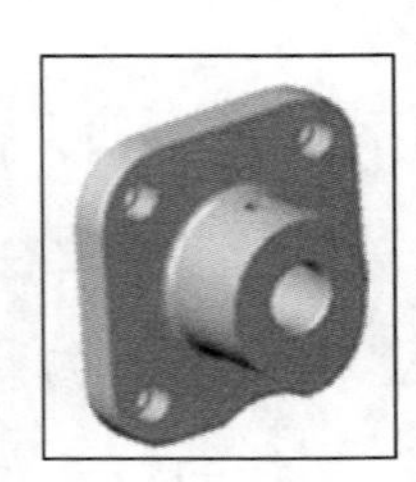

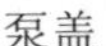

泵盖　法兰盘　端盖

图 13-1　盘盖类零件

13.1.2 盘盖类零件的结构特点

这类零件的基本形状是扁平的盘状，一般有端盖、阀盖、齿轮等零件，它们的主要结构大体上有回转体，通常还带有各种形状的凸缘、均布的圆孔和肋等局部结构。在视图选择时，一般选择过对称面或回转轴线的剖视图作主视图，同时还需增加适当的其他视图(如左视图、右视图或俯视图)。如图 13-2 所示就增加了一个左视图，以表达零件形状和孔的分布规律。

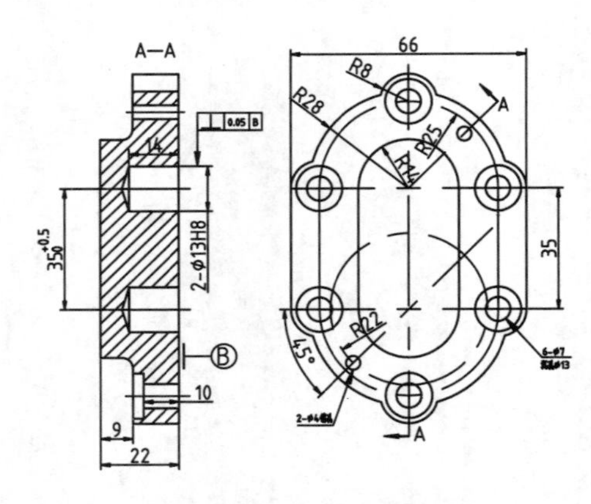

图 13-2　盘盖类零件的视图

在标注盘盖类零件的尺寸时，通常选用通过轴孔的轴线作为径向尺寸基准，长度方向的主要尺寸基准常选择零件的重要端面。

13.1.3　盘盖类零件图的绘图技巧

盘盖类零件有以下绘图技巧。

- 主视图一般按加工位置水平放置，但有些较复杂的盘盖，因加工工序较多，主视图也可按工作位置画出。
- 一般需要两个以上基本视图。根据结构特点，视图具有对称面时，可作半剖视；无对称面时，可作全剖或局部剖视，以表达零件的内部结构；另一基本视图主要表达其外轮廓以及零件上各种孔的分布。
- 其他结构形状如轮辐和肋板等可用移出断面或重合断面，也可用简化画法。
- 盘盖类零件也是装夹在卧式车床的卡盘上加工的，与轴套类零件相似，其主视图主要遵循加工位置原则，即应将轴线水平放置画图。
- 画盘盖类零件时，画出一个图以后，要利用“高平齐”的规划画另一个视图，以减少尺寸输入；对于对称图形，先画出一半，然后镜像生成另一半。
- 复杂的盘盖类零件图中的相切圆弧有 3 种画法：画圆修剪、圆角命令、作辅助线。

13.2　调　节　盘

本节讲解如图 13-3 所示调节盘的详细绘制过程。

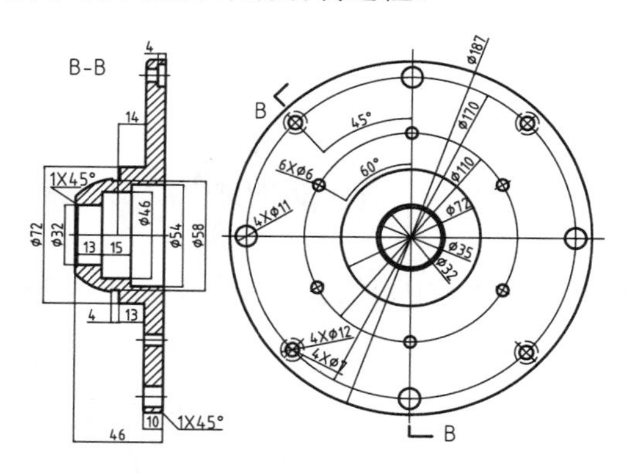

图 13-3　调节盘

13.2.1　绘制主视图

(1) 新建 AutoCAD 图形文件，在【选择样板】对话框中，浏览到素材文件夹中的“A4.dwt”样板文件，单击【打开】按钮，进入绘图界面。

(2) 将【中心线】图层置为当前图层，执行【直线】命令，绘制中心线，如图 13-4 所示。

(3) 切换到【轮廓线】图层，执行【圆】命令，以中心线交点为圆心，绘制直径分别为 32、35、72、110、170、187 的圆，结果如图 13-5 所示。

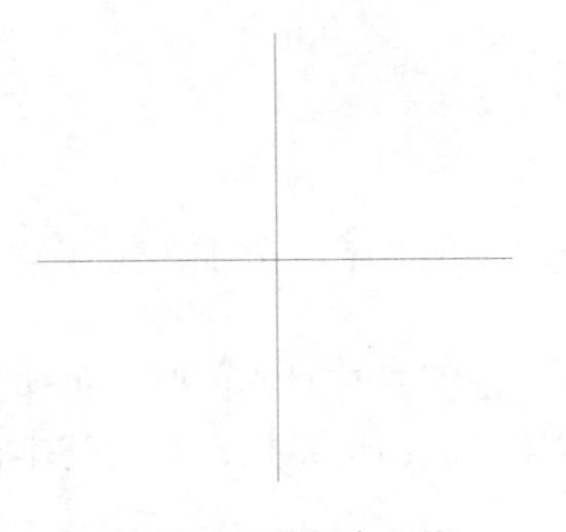

图 13-4 绘制中心线

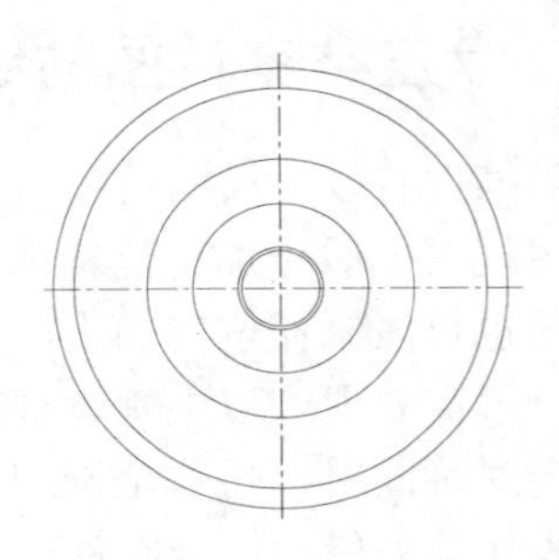

图 13-5 绘制圆

(4) 开启极轴追踪，设置追踪角分别为 45° 和 30°，绘制直线与圆相交，结果如图 13-6 所示。

(5) 执行【圆】命令，捕捉交点，在ϕ170 的圆与中心线的交点绘制直径为 11 的圆，在该圆与 45° 直线的交点上绘制直径为 7 和 12 的圆，结果如图 13-7 所示。

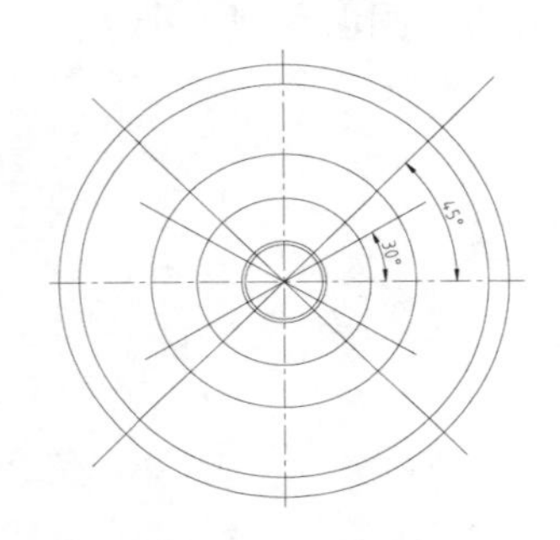

图 13-6 追踪直线

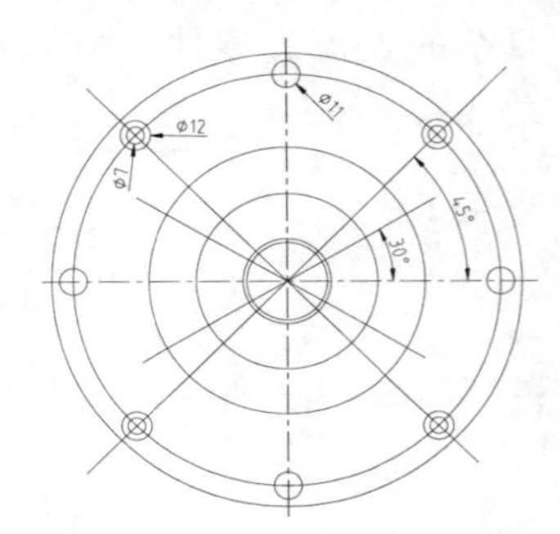

图 13-7 绘制圆

(6) 执行【圆】命令，捕捉交点，在ϕ110 的圆上绘制直径为 6 的圆，结果如图 13-8 所示。

(7) 将各构造圆和构造直线至【中心线】图层，结果如图 13-9 所示。

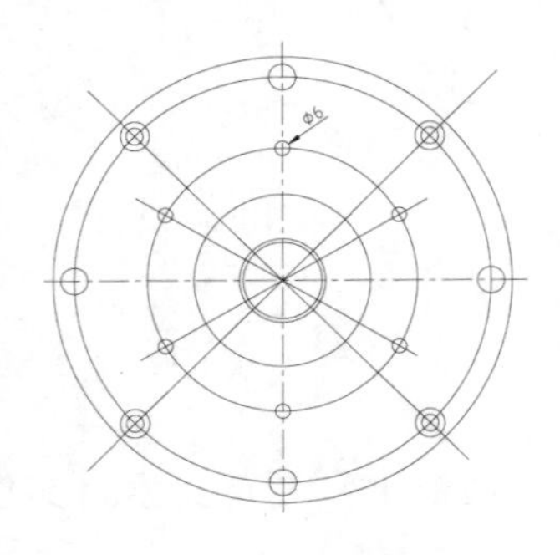

图 13-8 绘制圆

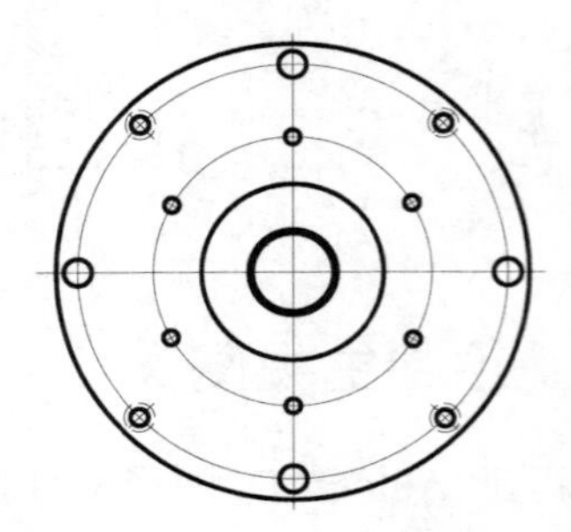

图 13-9 调整图形

13.2.2 剖视图

(1) 将【中心线】图层设置为当前图层，执行【直线】命令，绘制与主视图对齐的水

平中心线，如图 13-10 所示。

(2) 将【轮廓线】图层设置为当前图层，执行【直线】命令，根据三视图“高平齐”的原则，绘制轮廓线，如图 13-11 所示。

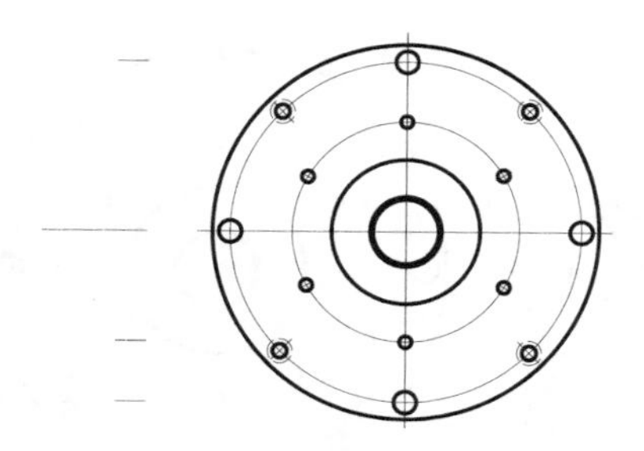

图 13-10　绘制中心线

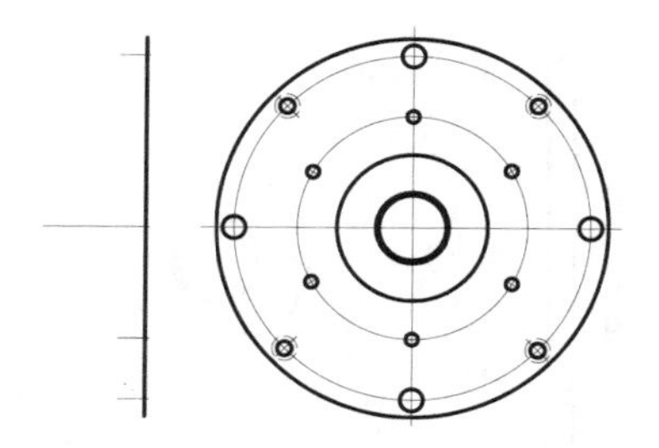

图 13-11　绘制轮廓线

(3) 执行【偏移】命令，将轮廓线向左偏移 10、23、24、27、46，将水平中心线向上下各偏移 29、72，结果如图 13-12 所示。

(4) 执行【圆】命令，以偏移 24 的直线与中心线的交点为圆心作 R30 的圆，连接直线；执行【修剪】命令，修剪图形，结果如图 13-13 所示。

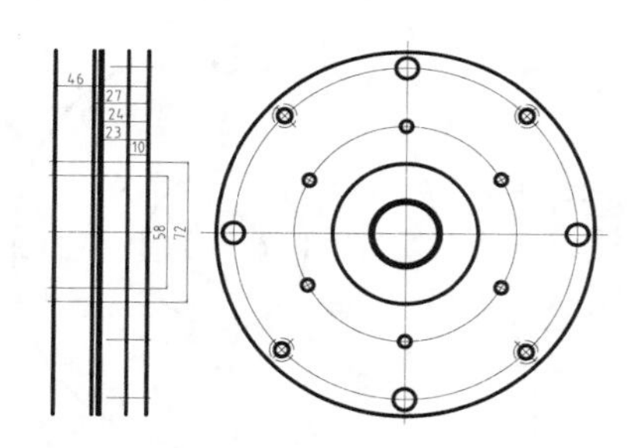

图 13-12　偏移直线

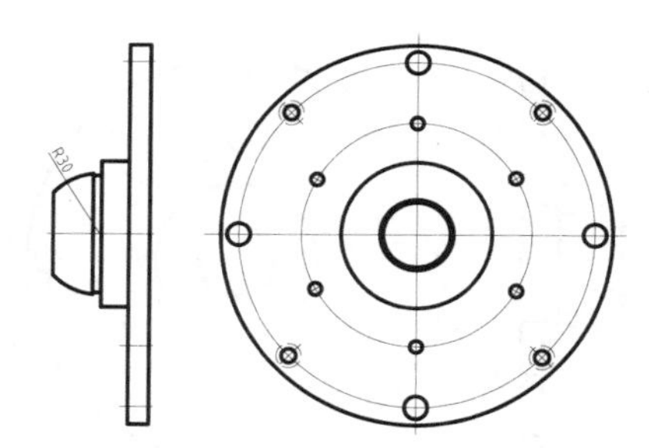

图 13-13　绘制并修剪图形

(5) 执行【圆角】命令，设置圆角半径为 3，在左上角创建圆角。然后执行【倒角】命令，激活【角度】选项，创建边长为 1，角度为 45° 的倒角，结果如图 13-14 所示。

(6) 执行【直线】命令，根据三视图“高平齐”的原则，绘制螺纹孔和沉孔的轮廓线，如图 13-15 所示。

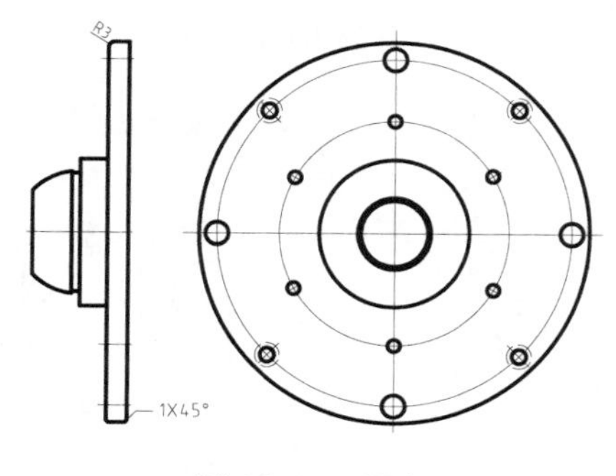

图 13-14　圆角

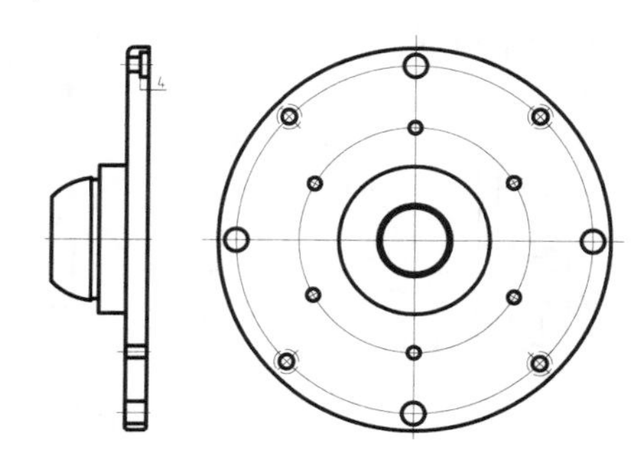

图 13-15　绘制轮廓线

(7) 执行【偏移】命令，将水平中心线向上、下各偏移 16、23、27。将最左端廓线向右偏移 14、29 果如图 13-16 所示。

(8) 执行【直线】命令，绘制连接线；然后执行【修剪】命令，修剪图形，结果如图 13-17 所示。

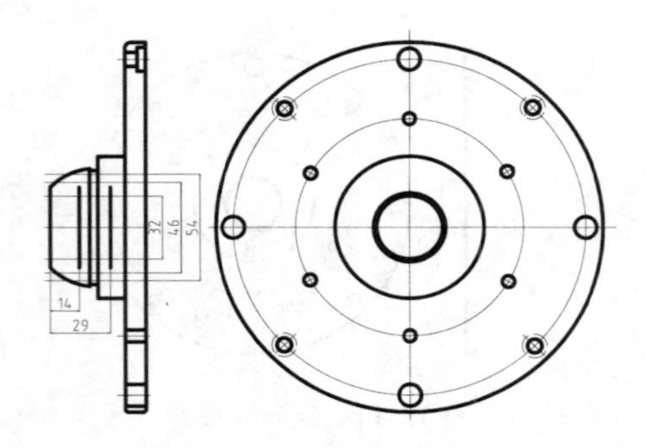

图 13-16　偏移直线

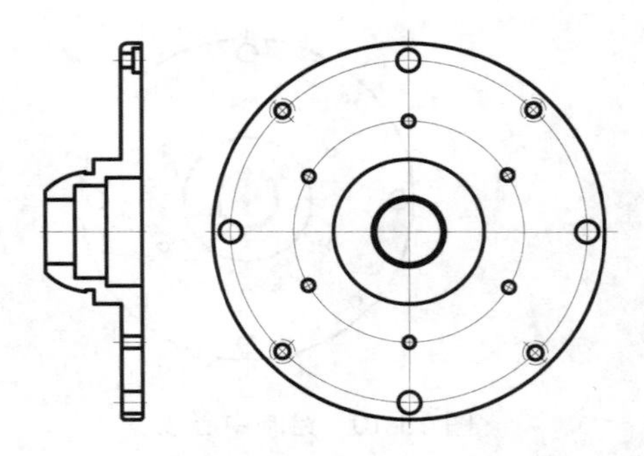

图 13-17　绘制直线并修剪

(9) 执行【倒角】命令，设置倒角距离为 1，角度 45°，结果如图 13-18 所示。

(10) 将【细实线】图层设置为当前图层。执行【图案填充】命令，选择 ANSI31 图案，填充剖面线，结果如图 13-19 所示。

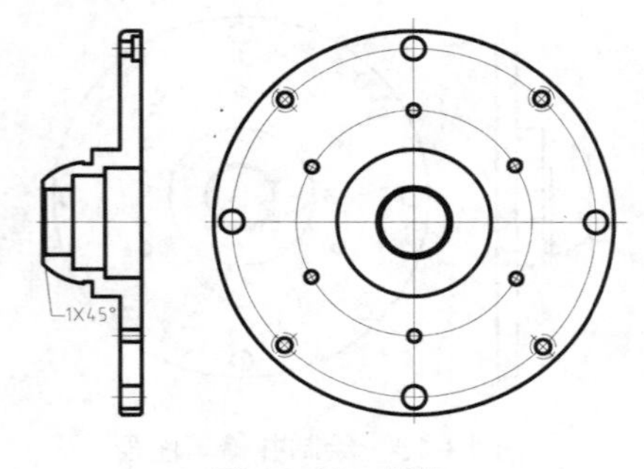

图 13-18　倒角

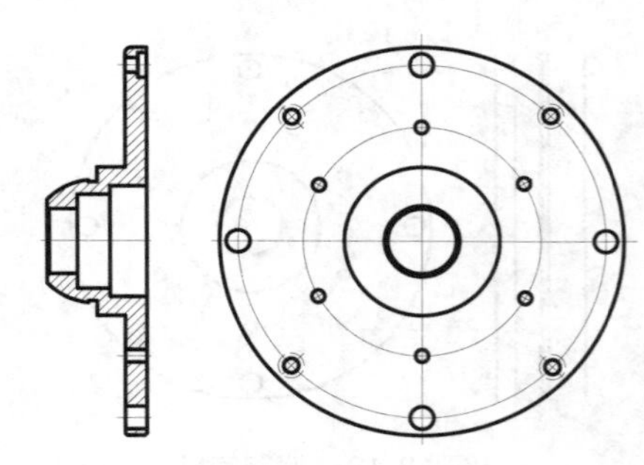

图 13-19　图案填充

13.2.3　图形标注

(1) 单击【标注】工具栏中的【线性】按钮，标注各线性尺寸，如图 13-20 所示。

(2) 双击各直径尺寸，在尺寸值前添加直径符号，如图 13-21 所示。

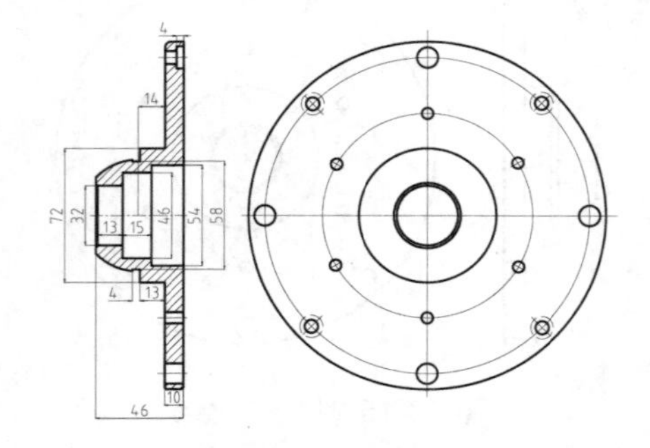

图 13-20　线性标注

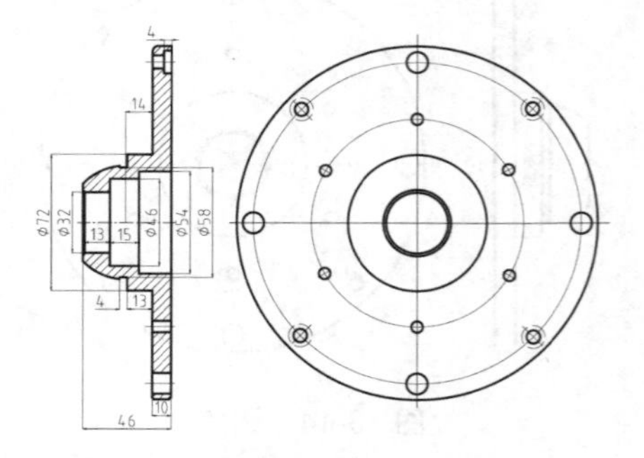

图 13-21　线性直径标注

(3) 单击【标注】工具栏中的【直径】按钮，对圆弧进行标注，如图 13-22 所示

(4) 单击【标注】工具栏中的【角度】和【多重引线】按钮，对角度和倒角进行标注。结果如图 13-23 所示。

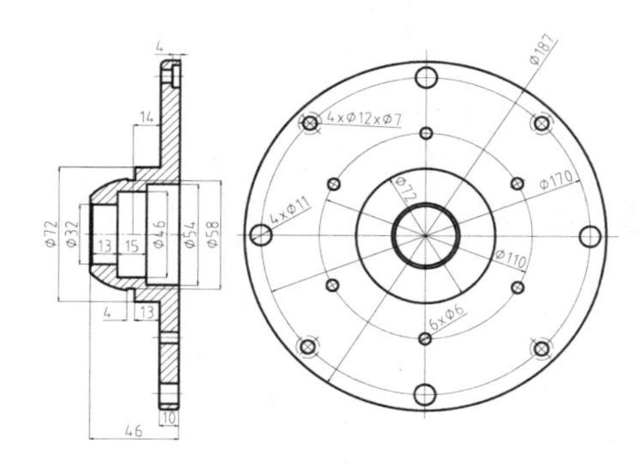

图 13-22　半径和直径标注

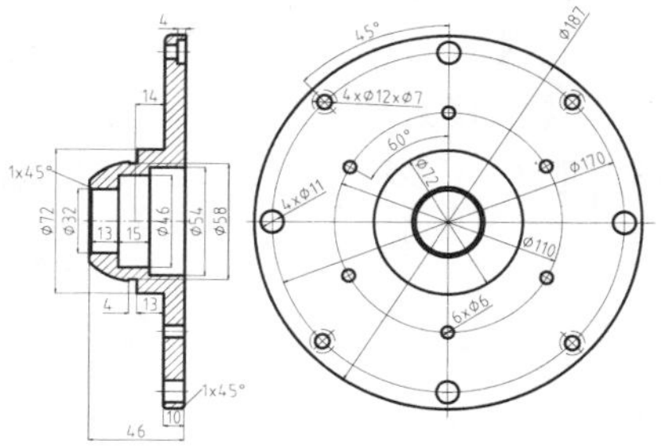

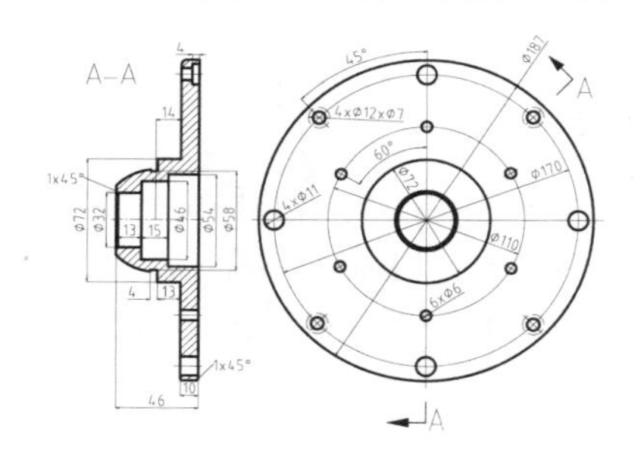

图 13-23　角度和倒角标注

(5) 执行【多段线】命令，利用命令行的【线宽】选项绘制剖切箭头，并利用【单行文字】命令输入剖切序号，结果如图 13-24 所示。

(6) 选择【文件】|【保存】命令，保存文件，完成绘制。

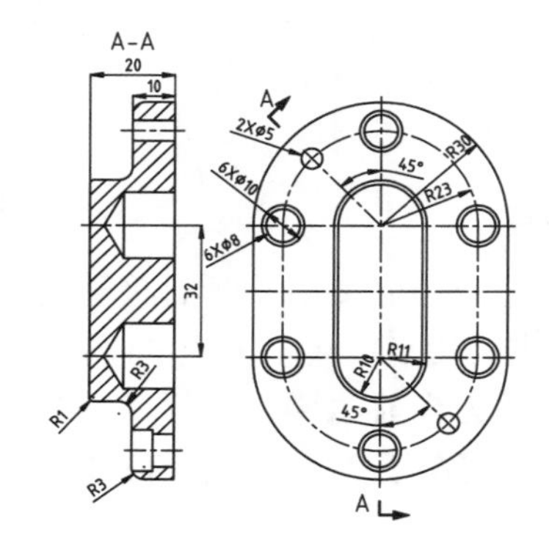

图 13-24　绘制结果

13.3 泵　　盖

本节讲解如图 13-25 所示泵盖零件的详细绘制过程。

图 13-25　泵盖

13.3.1 绘制主视图

(1) 新建 AutoCAD 文件，在【选择样板】对话框中，浏览到素材文件夹“A4.dwt”样板文件，单击【打开】按钮，进入绘图界面。

(2) 将【中心线】图层设置为当前图层，执行【直线】命令，绘制 2 条正交中心线；然后执行【偏移】命令，将水平中心线向上、下各偏移 16，结果如图 13-26 所示。

(3) 执行【多段线】命令，绘制如图 13-27 所示的图形。

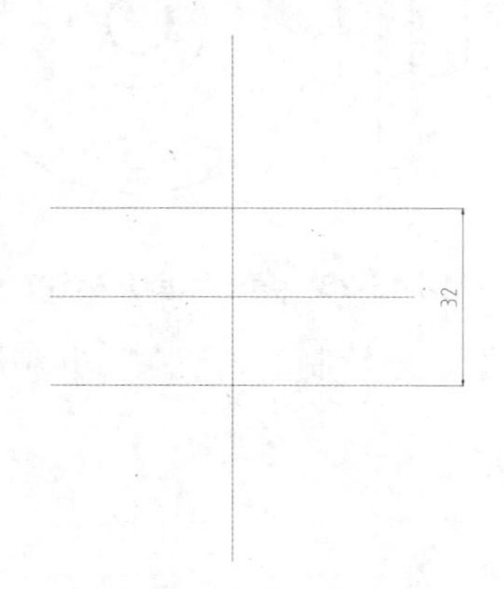

图 13-26 绘制中心线

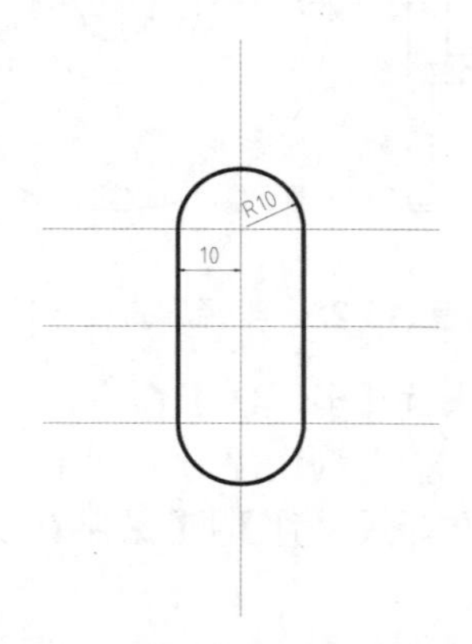

图 13-27 绘制多段线

(4) 执行【偏移】命令，将多线段向外侧偏移 1、13、20，结果如图 13-28 所示。

(5) 将距离为 13 的偏移线转换到【中心线】图层，执行【圆】命令，以该多段线与中心线的交点为圆心，绘制直径为 8 和 10 的同心圆，结果如图 13-29 所示。

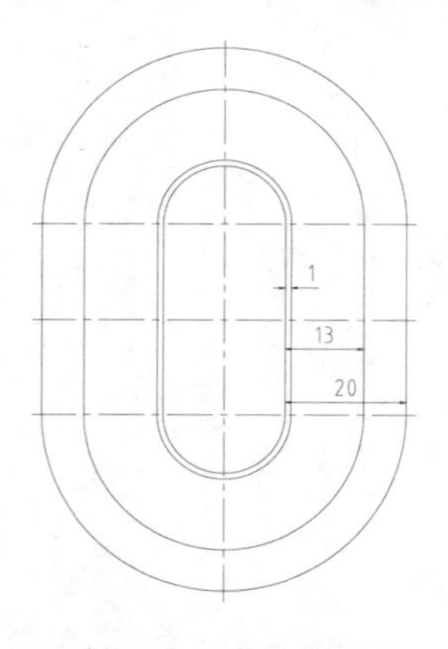

图 13-28 偏移多段线

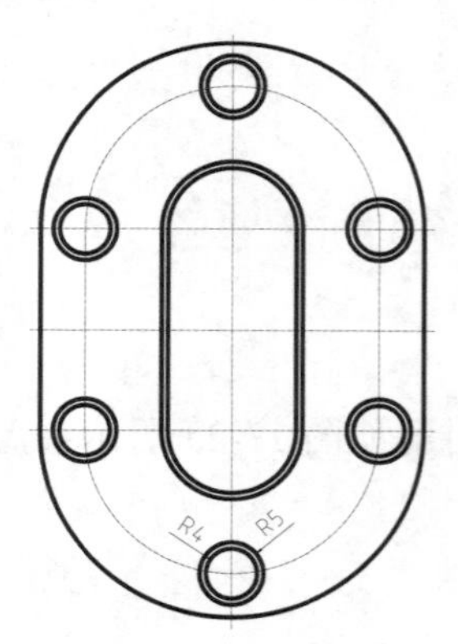

图 13-29 绘制圆

(6) 将【中心线】图层设置为当前图层，开启极轴追踪，设置追踪角为 45°。执行【直线】命令，分别以 A、B 点为段点，绘制 45° 的直线，结果如图 13-30 所示。

(7) 将【轮廓线】图层设置为当前图层，执行【圆】命令，以 45° 直线与环形中心线的交点为圆心，绘制直径为 5 的定位销孔，如图 13-31 所示。

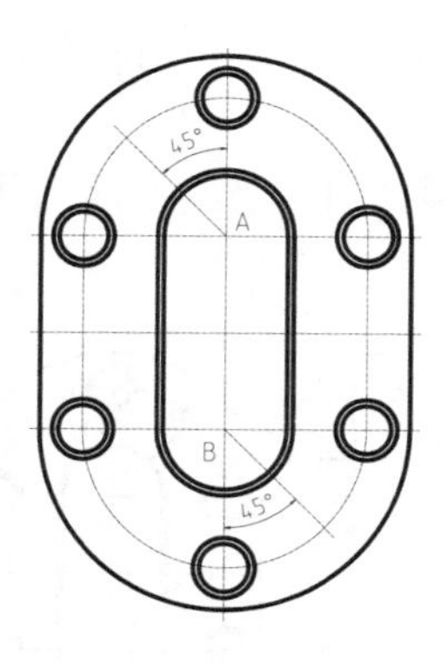

图 13-30　追踪直线

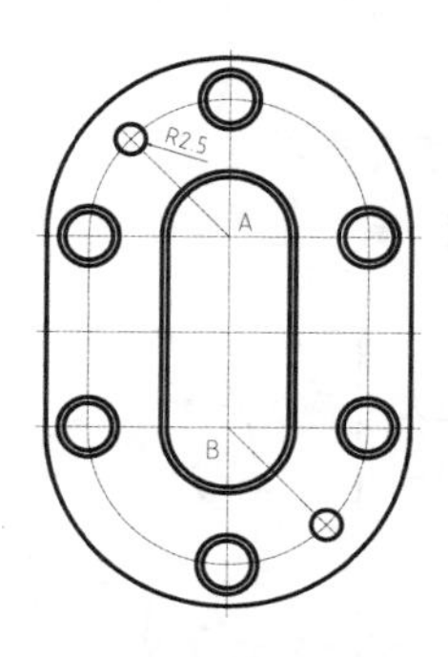

图 13-31　绘制销孔

13.3.2　绘制剖视图

(1) 将【中心线】图层设置为当前图层，执行【直线】命令，绘制与主视图对齐的中心线，如图 13-32 所示。

(2) 将【轮廓线】图层设置为当前图层，执行【直线】命令，根据三视图“高平齐”的原则，绘制一条竖直轮廓线，如图 13-33 所示。

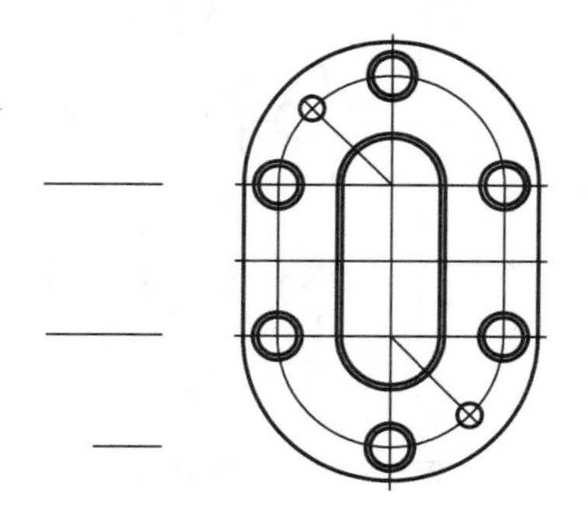
图 13-32　绘制中心线

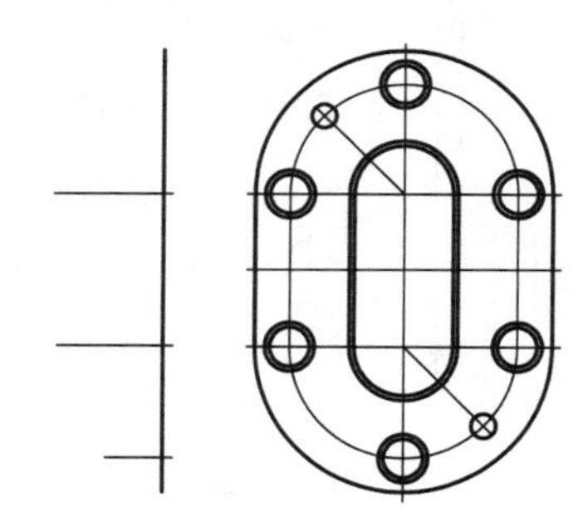
图 13-33　绘制轮廓线

(3) 执行【偏移】命令，将竖直轮廓线向左偏移 10、20，结果如图 13-34 所示。

(4) 执行【直线】命令，根据三视图“高平齐”的原则绘制水平轮廓线；然后执行【修剪】命令，修剪图形，结果如图 13-35 所示。

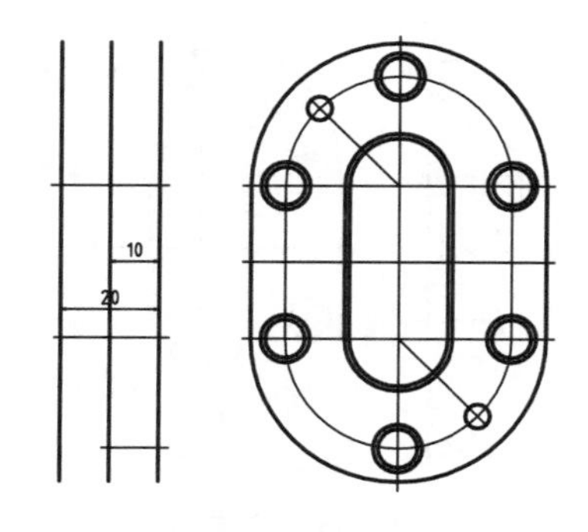

图 13-34　偏移直线

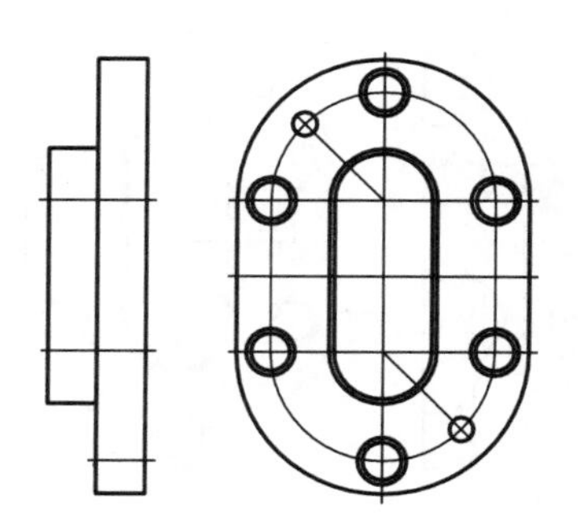
图 13-35　绘制轮廓线

(5) 执行【圆角】命令，在边角创建半径分别为 1mm、3mm 的圆角，如图 13-36 所示。

(6) 执行【直线】命令，根据“高平齐”的原则绘制孔的中心线；然后执行【偏移】命令，将中心线按如图 13-37 所示的尺寸进行偏移。

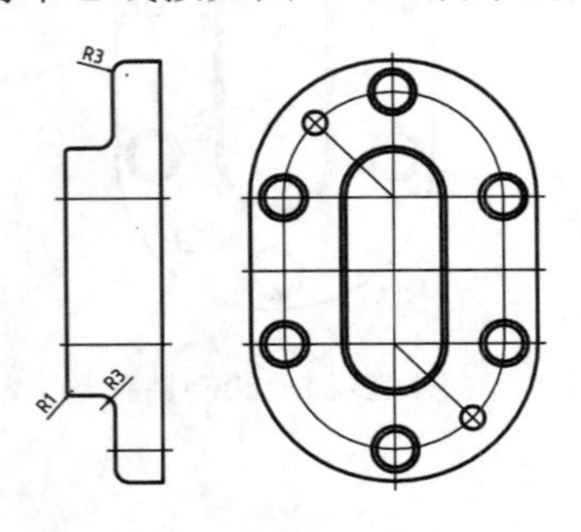

图 13-36 圆角

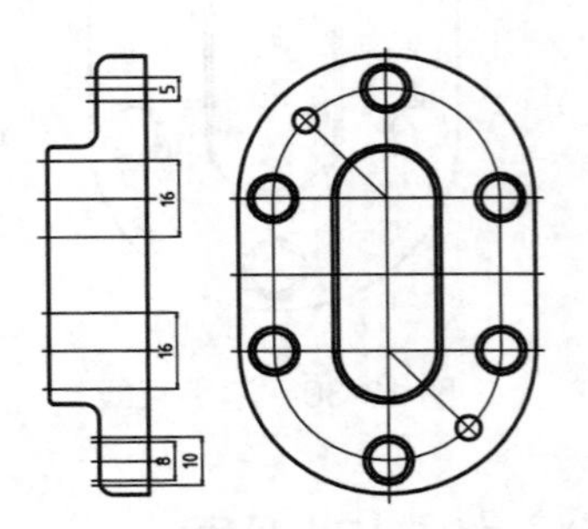

图 13-37 偏移直线

(7) 执行【偏移】命令，剖视图的右边线向左偏移 5、12，如图 13-38 所示。

(8) 将孔边线切换到【轮廓线】图层，执行【修剪】命令，修剪出孔结构，结果如图 13-39 所示。

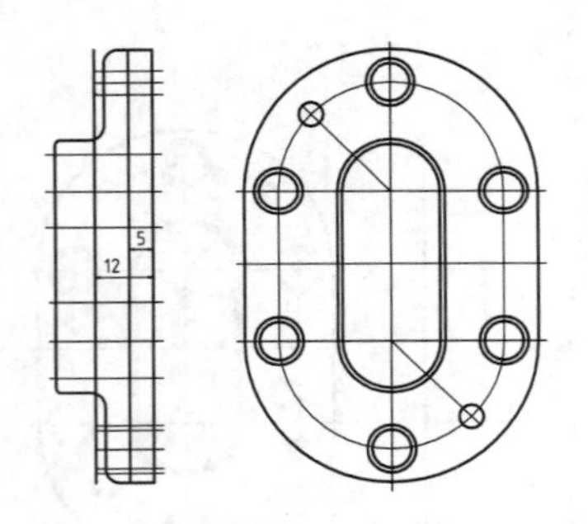

图 13-38 偏移直线

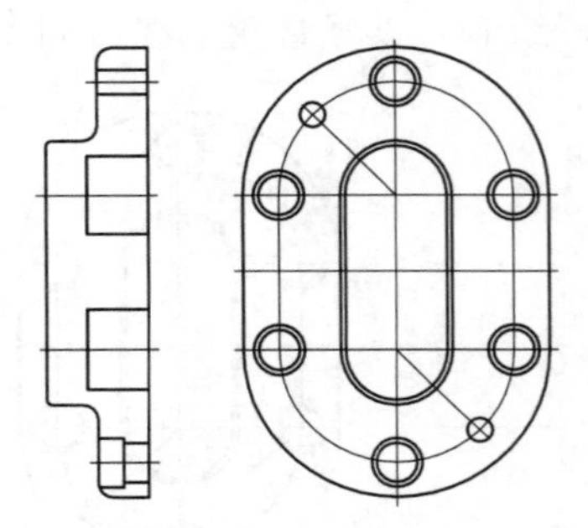

图 13-39 调整图形

(9) 打开极轴追踪功能，设置追踪角为 30°。执行【直线】命令，绘制两条斜线，如图 13-40 所示。

(10) 执行【图案填充】命令，选择填充图案为 ANSI31，填充剖面线，结果如图 13-41 所示。

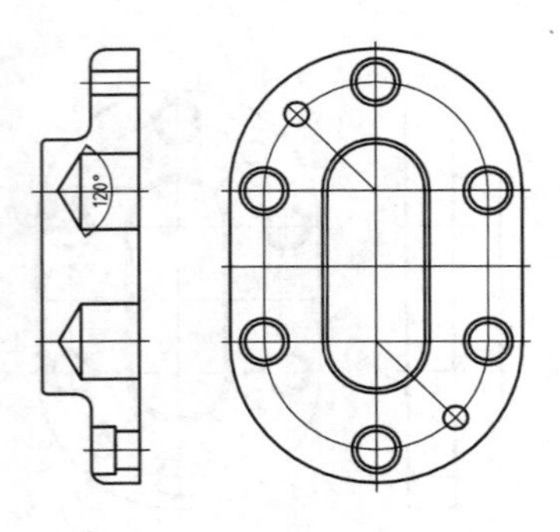

图 13-40 绘制斜线

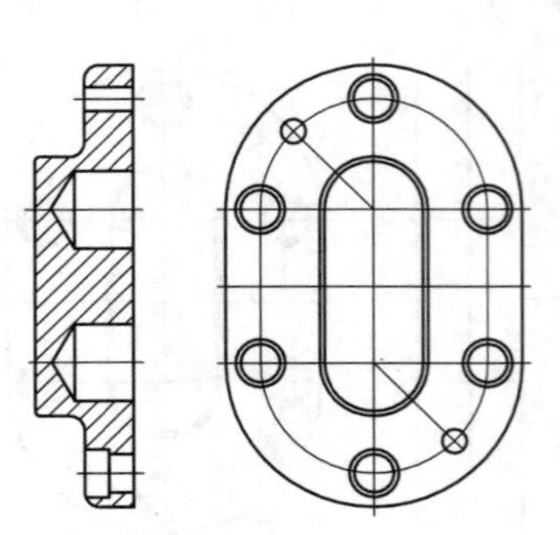

图 13-41 图案填充

13.3.3 图形标注

(1) 单击【标注】工具栏中的【线性】按钮⊢⊣，标注泵盖上的线性尺寸，如图 13-42 所示。

(2) 单击【标注】工具栏中的【半径】按钮和【直径】按钮，标注圆角半径和圆孔直径，如图 13-43 所示。

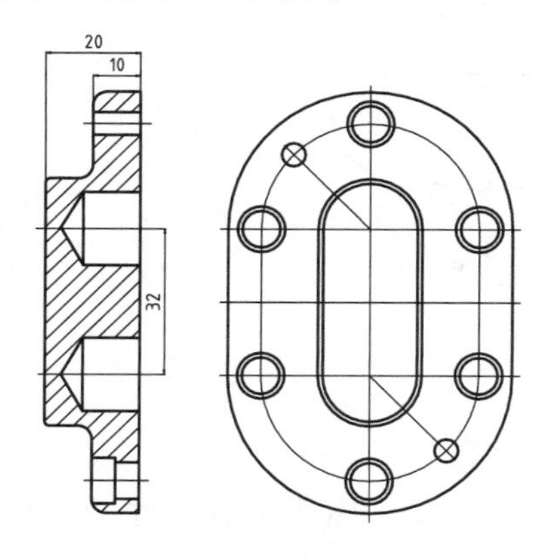

图 13-42　线性标注

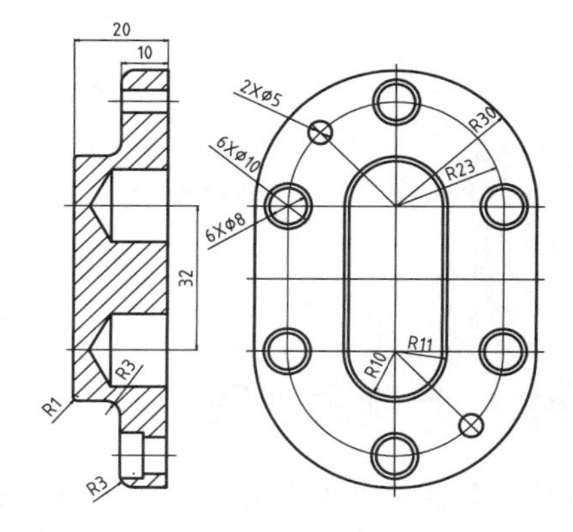

图 13-43　圆弧标注

(3) 单击【标注】工具栏中的【角度】按钮，标注销孔的位置角度，结果如图 13-44 所示。

(4) 执行【多段线】命令，利用命令行中的【宽度】选项，设置一定的线宽，绘图剖切箭头，然后利用【单行文字】命令输入剖切编号，结果如图 13-45 所示。

(5) 选择【文件】|【保存】命令，保存文件，完成泵盖绘制。

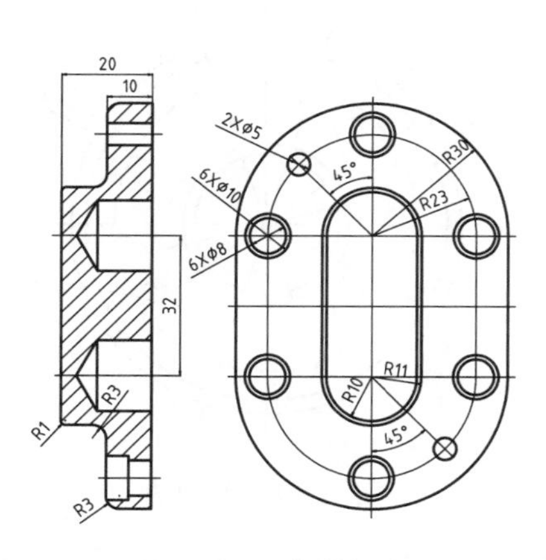

图 13-44　角度标注

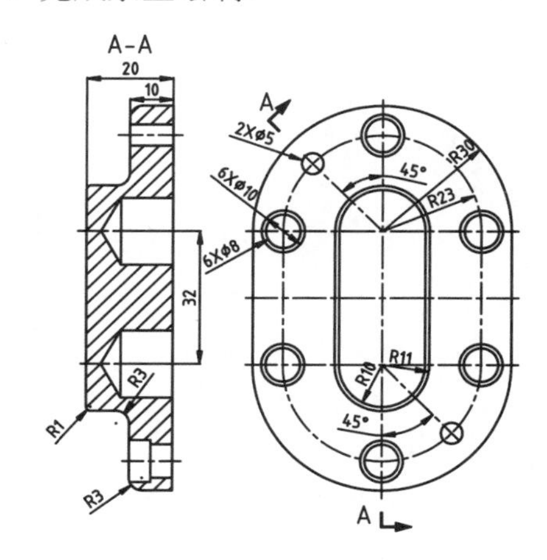

图 13-45　绘制结果

13.4 法　兰　盘

本节讲解如图 13-46 所示法兰盘的详细绘制过程。

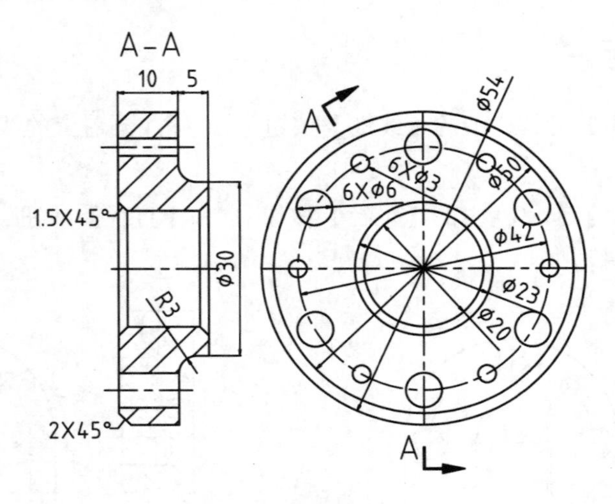

图 13-46　法兰盘

13.4.1　绘制主视图

(1) 新建 AutoCAD 文件，在【选择样板】对话框中，浏览到素材文件夹“A4.dwt”样板文件，单击【打开】按钮，进入绘图界面。

(2) 将【中心线】图层置为当前图层，执行【直线】命令，绘制中心线，如图 13-47 所示。

(3) 将【轮廓线】图层设置为当前图层，调用【圆】命令，以中心线交点为圆心，绘制直径分别为 20、23、42、50、54 的圆，并将ϕ42 的圆转换到【中心线】图层，结果如图 13-48 所示。

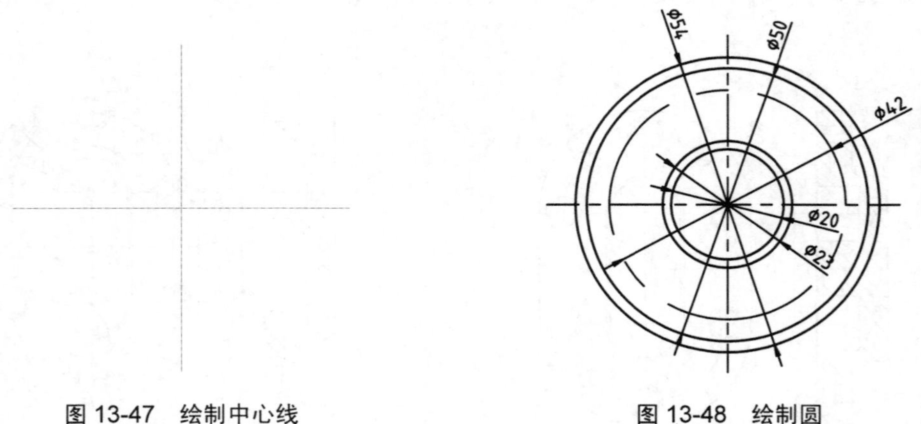

图 13-47　绘制中心线　　　　图 13-48　绘制圆

(4) 开启极轴追踪，设置追踪角为 30°，60°极轴方向的直线，并转换到【中心线】图层，如图 13-49 所示。

(5) 执行【圆】命令，以中心线与ϕ42 圆的交点为圆心，绘制直径为 3 和 6 的圆，结果如图 13-50 所示。

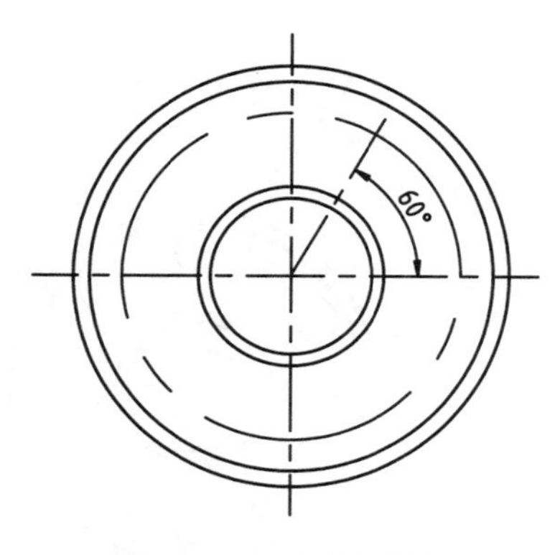

图 13-49　绘制倾斜线

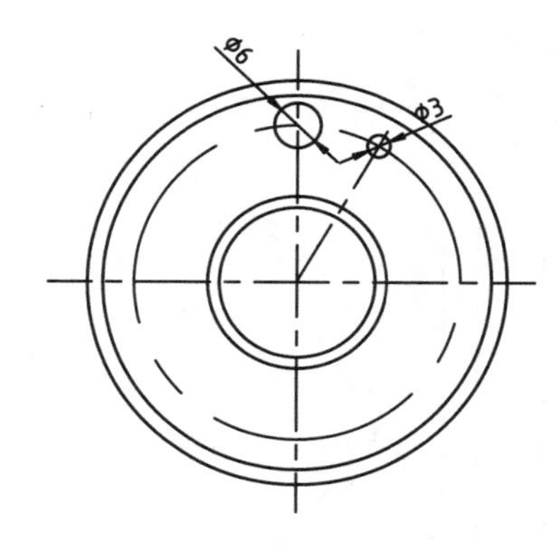

图 13-50　绘制圆

(6) 执行【环形阵列】命令，以同心圆圆心为阵列中心，将ϕ6 和ϕ3 的圆沿圆周阵列 6 个，结果如图 13-51 所示。

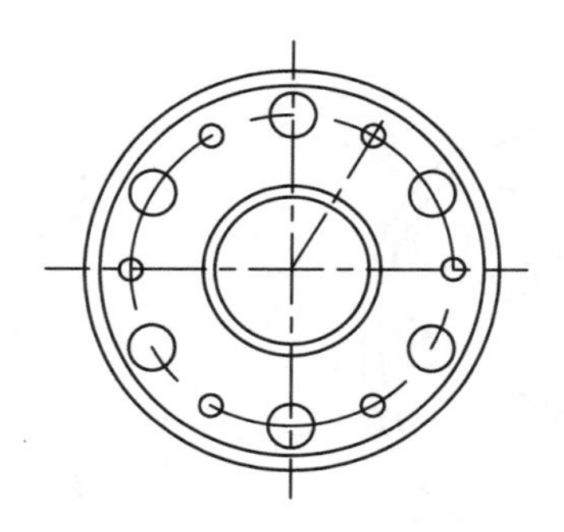

图 13-51　阵列圆孔

13.4.2　绘制剖视图

(1) 将【中心线】图层设置为当前图层，执行【直线】命令，绘制与主视图对齐的中心线，如图 13-52 所示。

(2) 将【轮廓线】图层设置为当前图层，执行【直线】命令，根据三视图“高平齐”的原则绘制剖视图的竖直轮廓线，如图 13-53 所示。

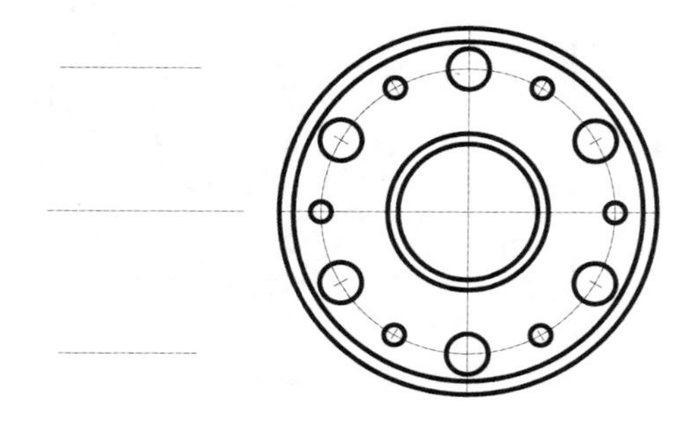

图 13-52　绘制中心线

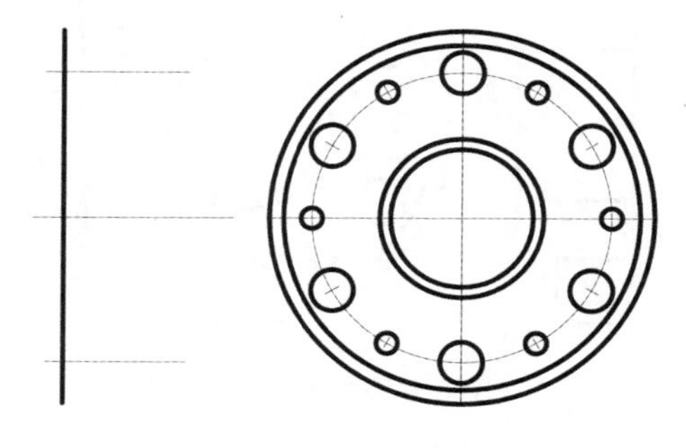

图 13-53　绘制轮廓线

(3) 执行【偏移】命令，将轮廓线向右偏移 15、20，将水平中心线向上下各偏移

15，结果如图 13-54 所示。

(4) 执行【直线】命令，绘制水平轮廓线；执行【修剪】命令修剪图形，结果如图 13-55 所示。

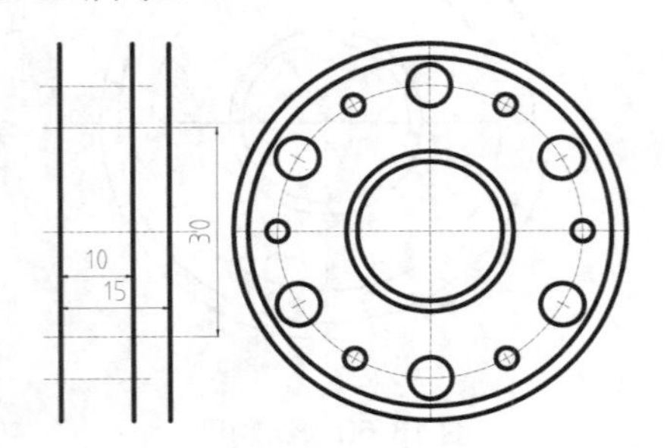

图 13-54 偏移直线

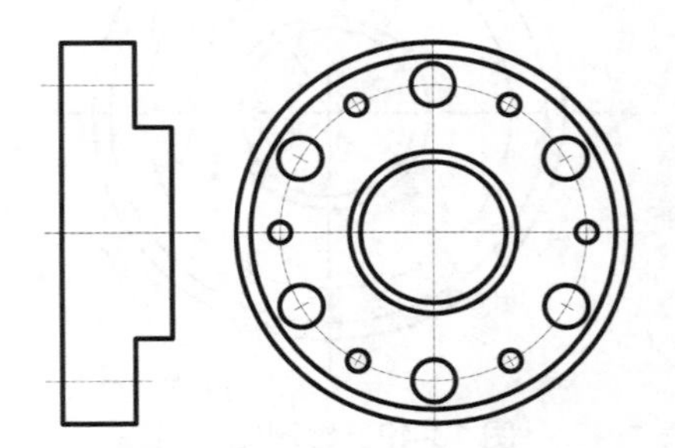
图 13-55 绘制连接直线

(5) 执行【圆角】命令，设置圆角半径为 3，在边角创建圆角，如图 13-56 所示。

(6) 根据三视图“高平齐”的原则绘制孔的轮廓线，如图 13-57 所示。

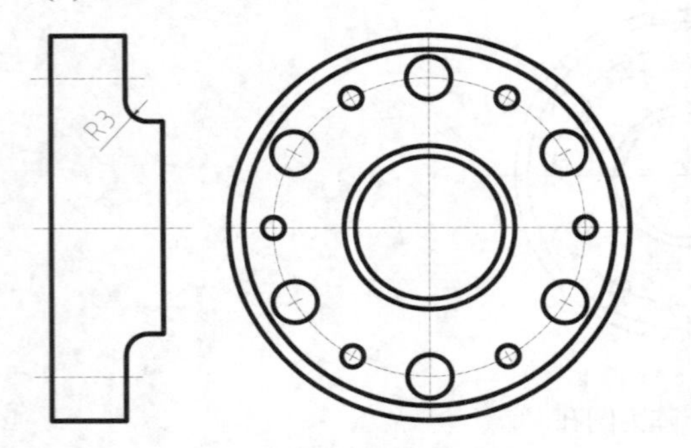

图 13-56 创建圆角

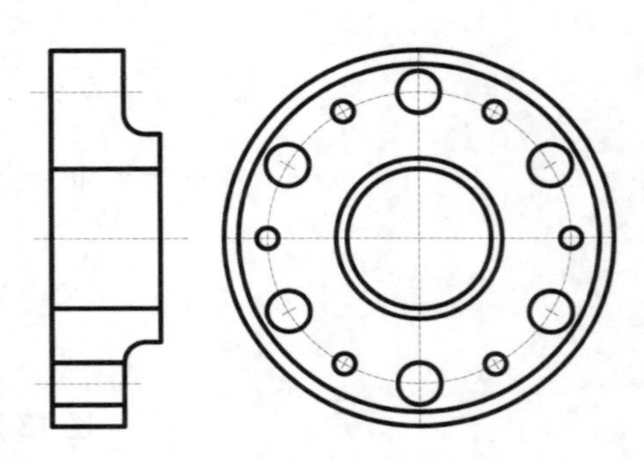
图 13-57 绘制轮廓线

(7) 执行【偏移】命令，偏移孔的中心线，并将偏移线切换到【轮廓线】图层，如图 13-58 所示。

(8) 执行【倒角】命令，对图形进行倒角，结果如图 13-59 所示。

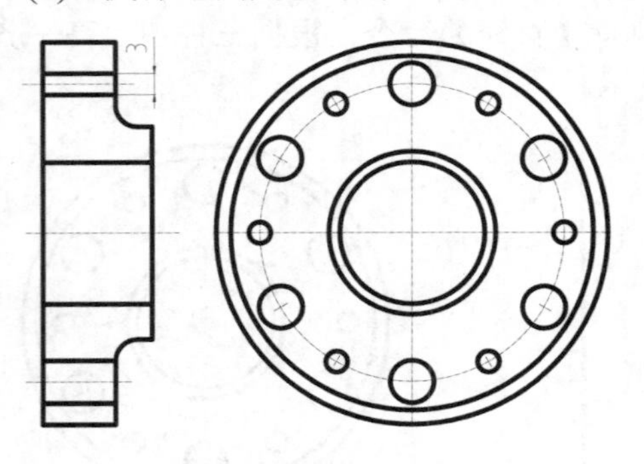

图 13-58 偏移直线

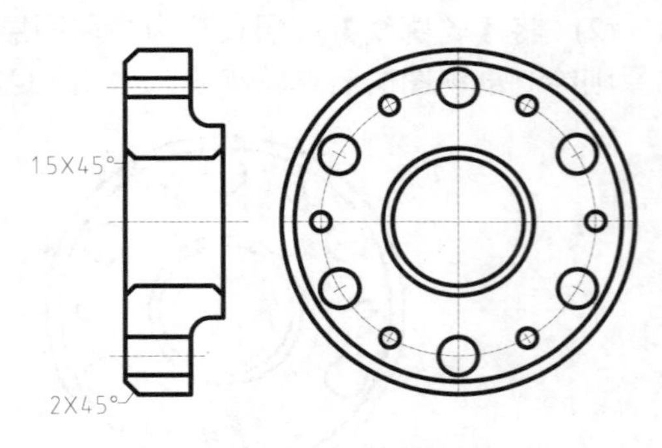

图 13-59 创建倒角

(9) 执行【直线】命令，绘制连接直线，如图 13-60 所示。

(10) 执行【图案填充】命令，选择填充图案为 ANSI31，填充剖面线，如图 13-61 所示。

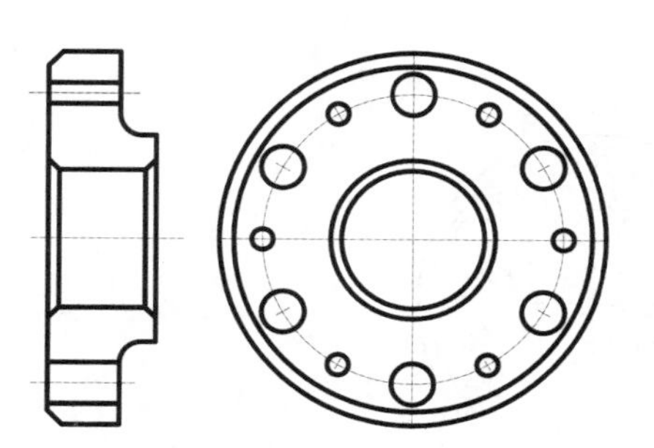

图 13-60　绘制连接线

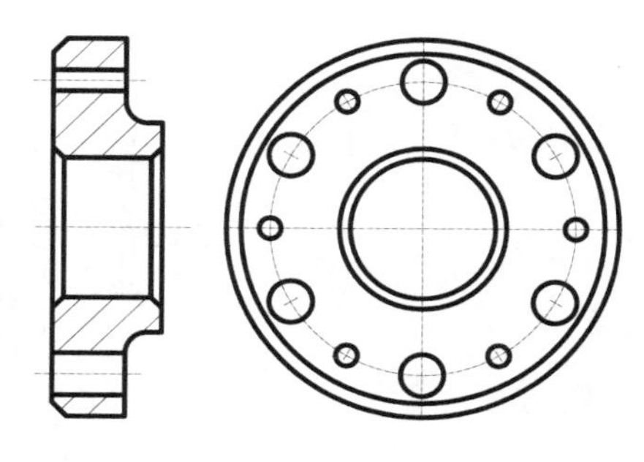

图 13-61　图案填充

13.4.3　图形标注

(1)　单击【标注】工具栏中的【线性】按钮，标注法兰的线性尺寸，如图 13-62 所示。

(2)　双击直径尺寸，在尺寸值前添加直径符号，如图 13-63 所示。

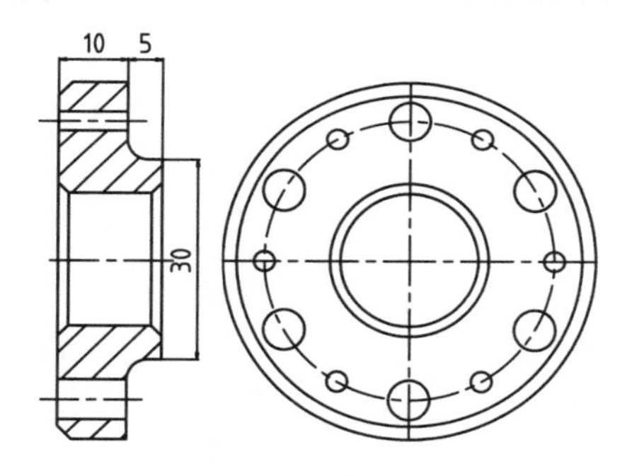

图 13-62　线性标注

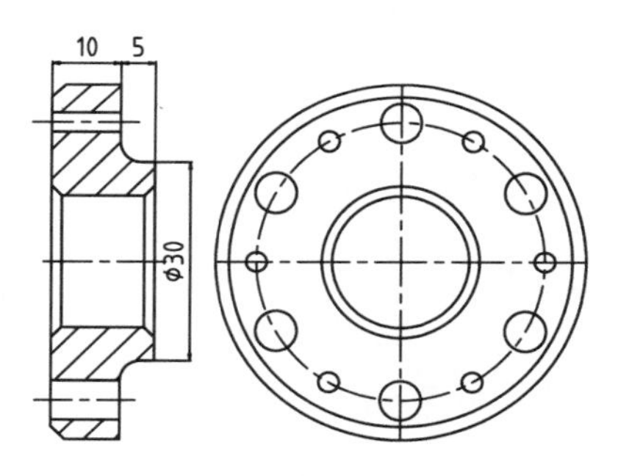

图 13-63　线性直径标注

(3)　单击【标注】工具栏中的【半径】按钮和【直径】按钮，标注圆角的半径和圆的直径，如图 13-64 所示。

(4)　单击【标注】工具栏中的【多重引线】，标注倒角尺寸，如图 13-65 所示。

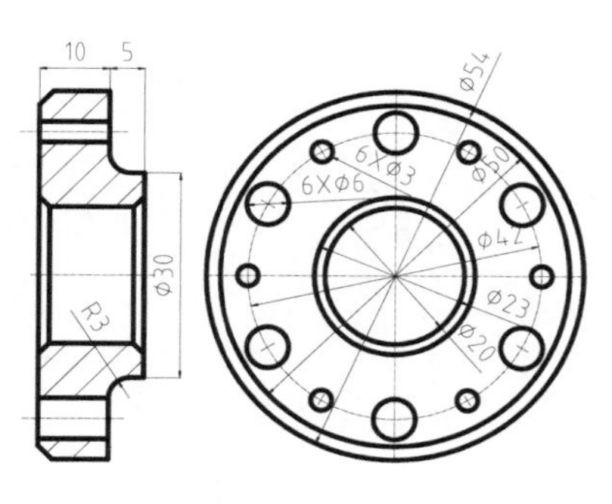

图 13-64　圆弧标注

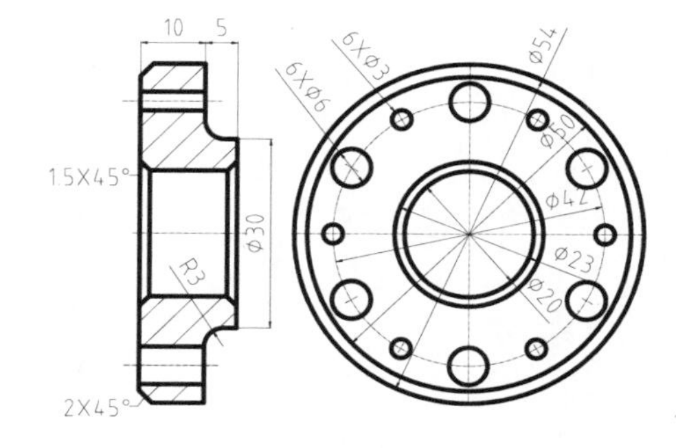

图 13-65　倒角标注

(5)　执行【多段线】命令，利用命令行中的【宽度】选项设置一定的线宽，绘图剖切箭头然后利用【单行文字】命令输入剖切编号，结果如图 13-66 所示。

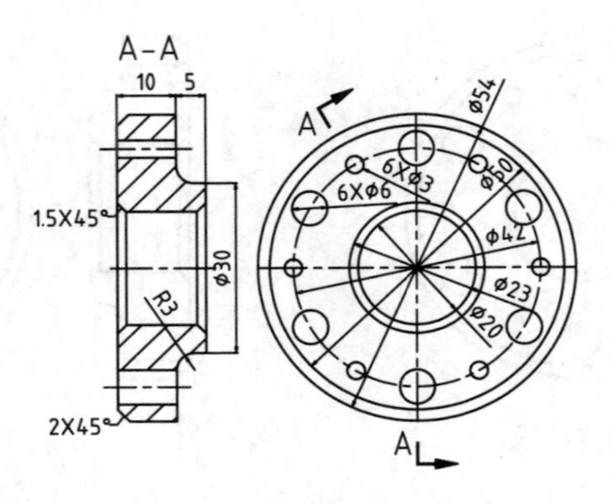

图 13-66　绘制结果

第 14 章 叉架类零件图的绘制

本章导读

叉架类零件一般用于支撑或连接其他的零件，由于支撑的方向、被支撑物的结构多种多样，因此叉架类零件的形式也很丰富。一般来说，叉架类零件都具有孔和筋结构，因此经常用到剖视图和断面图来表达这些结构。本章先对叉架零件的结构、绘图技巧作简单介绍，然后通过两个实例操作演示此类零件的绘制方法。

学习目标

➢ 了解叉架类零件的结构特点和绘图方法。

➢ 掌握连杆、托架、支架和拨叉的绘制方法。

14.1 叉架类零件概述

14.1.1 叉架类零件简介

叉架类零件通常是安装在机器设备的基础件上，连接或支撑着其他零件的构件，主要起连接、拨动、支承等作用，常见的有拨叉、连杆、支架、摇臂、杠杆、轴承座等。这类零件一般具有铸(锻)造圆角、拔模斜度等结构。

14.1.2 叉架类零件的结构特点

叉架类零件一般由 3 部分构成：支承部分、工作部分和连接部分。支承部分和工作部分细部结构较多，如圆孔、螺孔、油槽、油孔、凸台和凹坑等，如图 14-1 所示。连接部分多为肋板结构，且形状弯曲、扭斜的较多。这类零件的毛坯形状比较复杂，一般需经过铸造加工和切削加工等多道工序。

这类零件的结构比较复杂，需经多种加工，常以工作位置或自然位置放置。

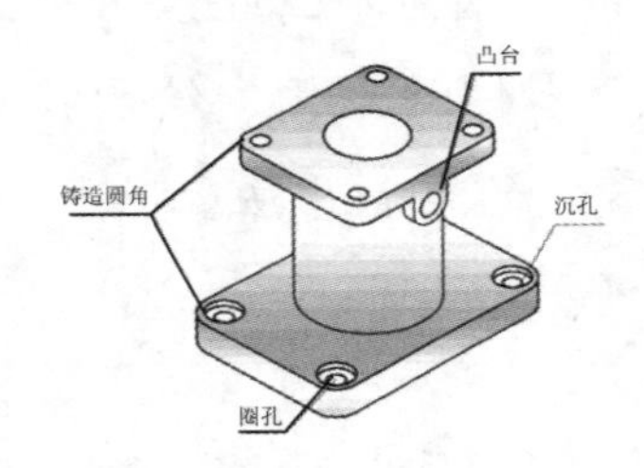

图 14-1 零件图

14.1.3 叉架类零件的绘图技巧

叉架类零件的绘制有以下技巧。

- 由于它们的加工位置多变，在选择主视图时，主要考虑工作位置和形状特征。
- 常常需要两个或两个以上的基本视图，并且还要用适当的局部视图、断面图等表达方法来表达零件的局部结构。如图 14-2 所示为几种剖视图的表达方法。

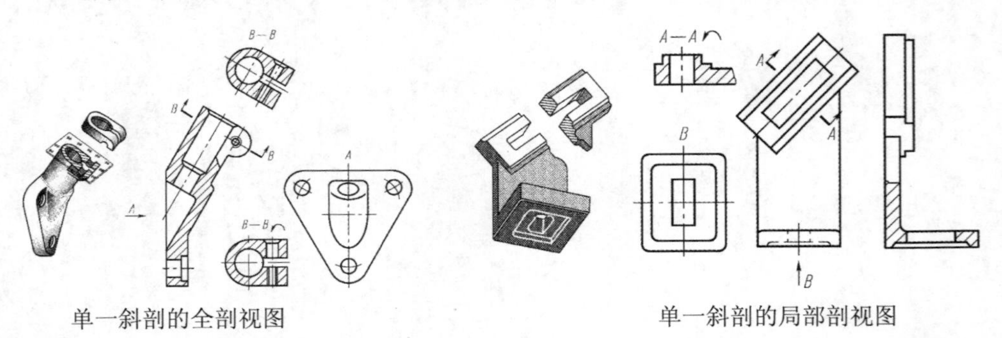

图 14-2 剖视图表达方法

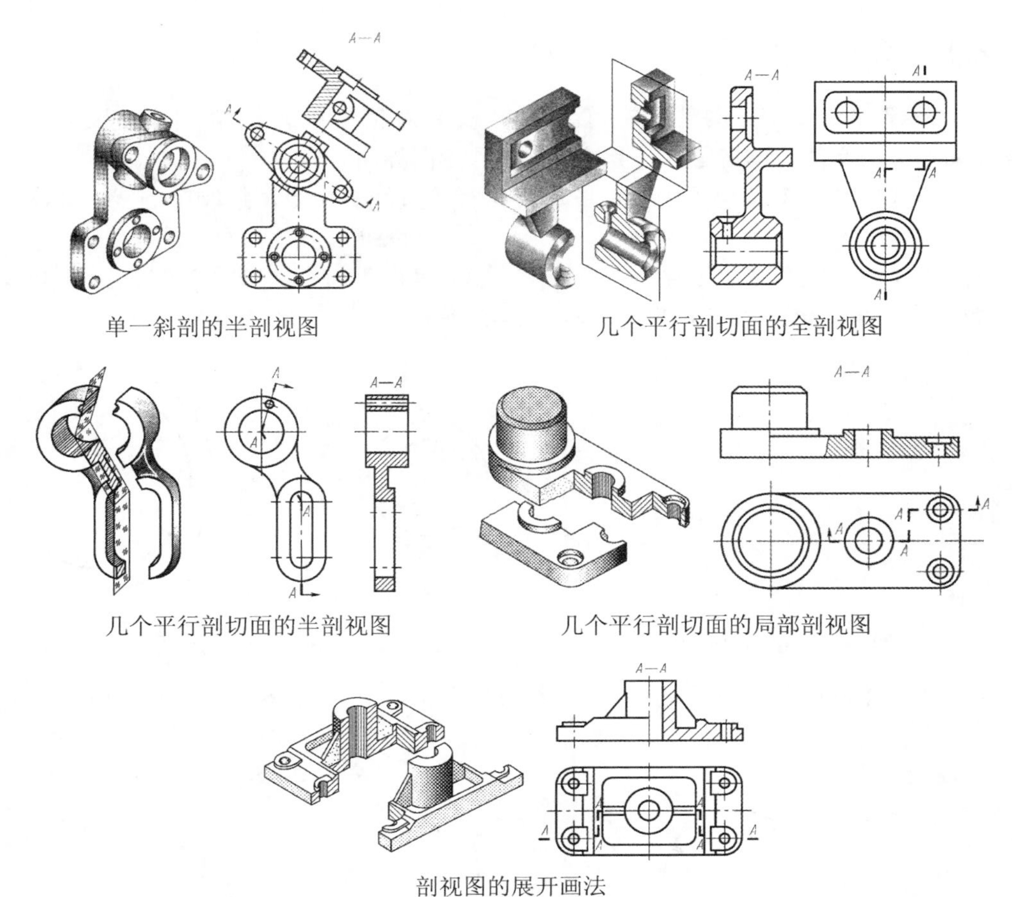

图 14-2　剖视图表达方法(续)

- 对于 T 字形肋，采用剖面比较合适。
- 在标注叉架类零件的尺寸时，通常选用安装基面或零件的对称面作为尺寸基准。

14.2　连　　杆

本节绘制如图 14-3 所示的连杆零件图。

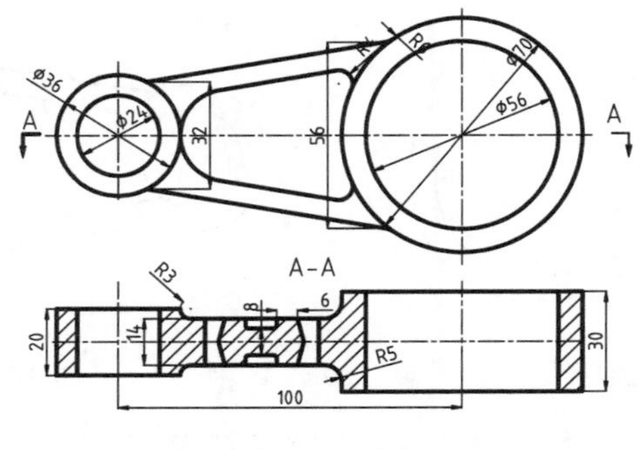

图 14-3　连杆

14.2.1 绘制主视图

(1) 新建 AutoCAD 文件，在【选择样板】对话框中，浏览到素材文件夹中的“A4.dwt”样板文件，单击【打开】按钮，进入绘图界面。

(2) 将【中心线】图层置为当前图层，执行【直线】命令，绘制中心线，如图 14-4 所示。

(3) 将【轮廓线】图层设置为当前图层，执行【圆】命令，以中心线交点为圆心，绘制直径分别为 24、36、56、70 的圆，如图 14-5 所示。

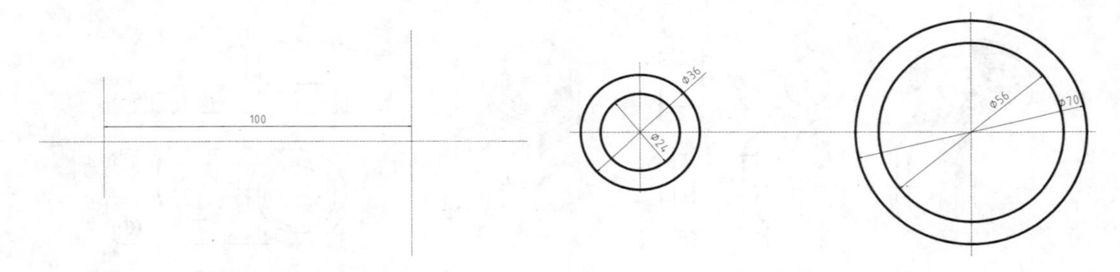

图 14-4 绘制中心线　　　　图 14-5 绘制圆

(4) 执行【偏移】命令，将水平中心线分别向上、下偏移 16、28，如图 14-6 所示。

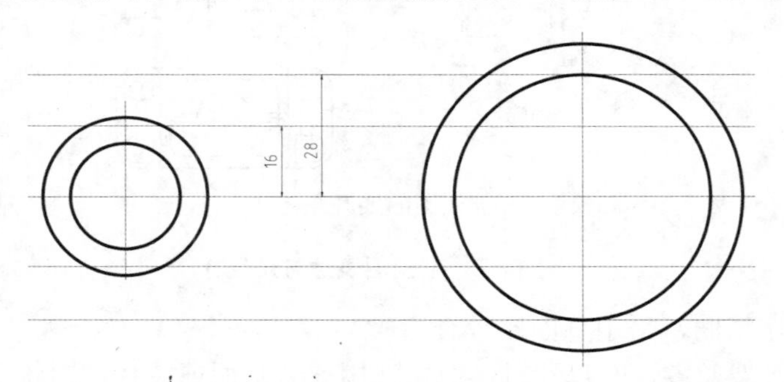

图 14-6 偏移中心线

(5) 执行【直线】命令，捕捉偏移中心线与圆的交点，绘制连接线，删除多余辅助线，结果如图 14-7 所示。

(6) 执行【偏移】命令，将两条连接线分别向内偏移 6，如图 14-8 所示。

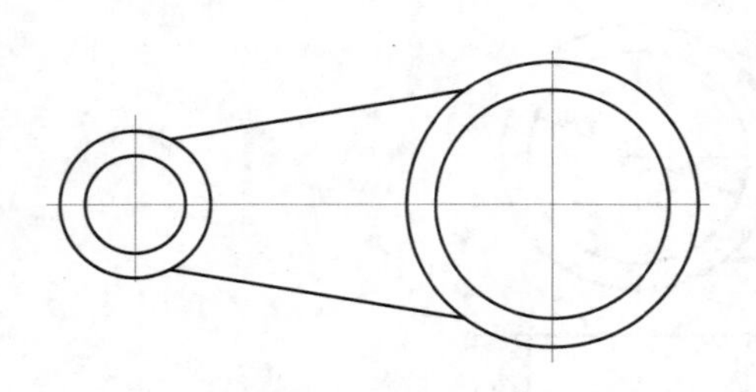

图 14-7 绘制连接线

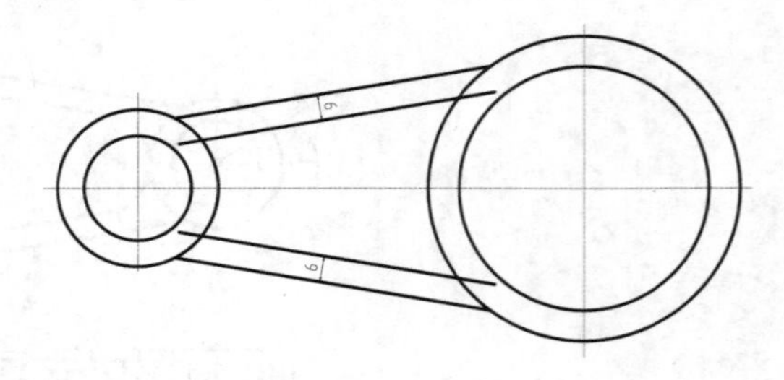

图 14-8 偏移直线

(7) 选择【绘图】|【圆】命令，在子菜单中选择【相切、相切、相切】命令绘制圆

A；在子菜单中选择【相切、相切、半径】命令，绘制半径为 4 和 6 的相切圆，如图 14-9 所示。

(8)　执行【修剪】命令，修剪图形，结果如图 14-10 所示。

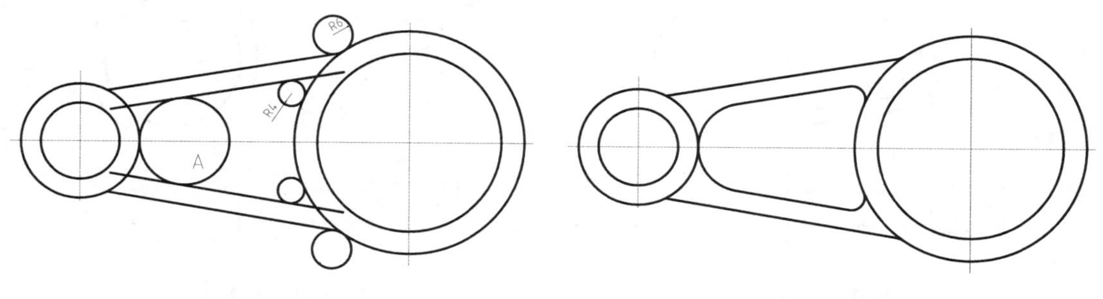

图 14-9　绘制圆　　　　图 14-10　修剪图形

14.2.2　绘制剖视图

(1)　将【中心线】图层设置为当前图层，执行【直线】命令，在俯视图位置绘制与主视图对正的中心线，如图 14-11 所示。

(2)　将【轮廓线】图层设置为当前图层，执行【直线】命令，根据三视图“长对正”的原则绘制俯视图轮廓线，如图 14-12 所示。

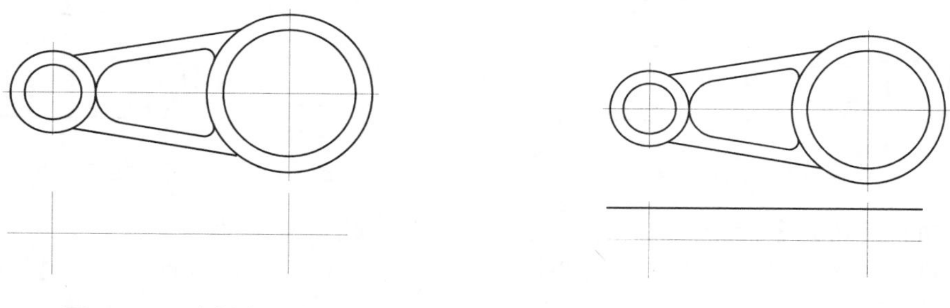

图 14-11　绘制中心线　　　　图 14-12　绘制轮廓线

(3)　执行【偏移】命令，将俯视图轮廓线向下平移 5、8、15、22、25、30，如图 14-13 所示。

(4)　执行【直线】命令，根据三视图“长对正”的原则绘制竖直直线，如图 14-14 所示。

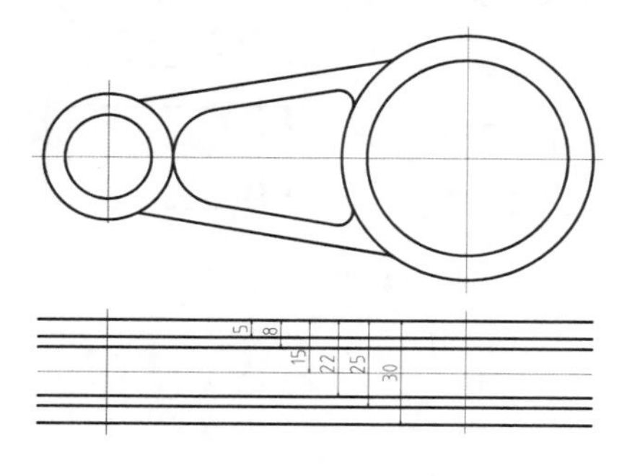

图 14-13　偏移直线

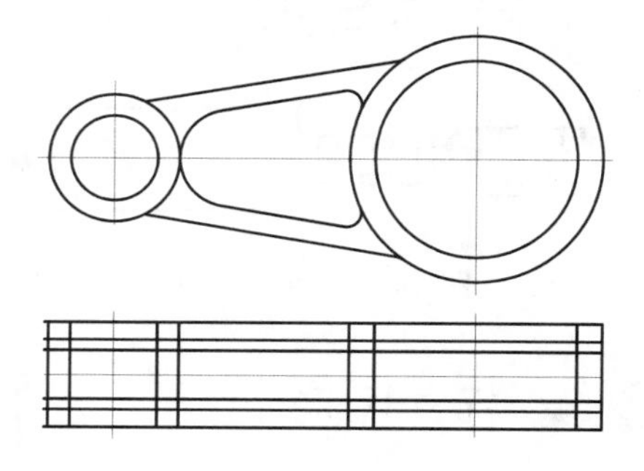

图 14-14　绘制直线

(5) 执行【修剪】命令，修剪图形，结果如图 14-15 所示。

(6) 执行【圆角】命令，创建半径分别为 3 和 5 的圆角，如图 14-16 所示。

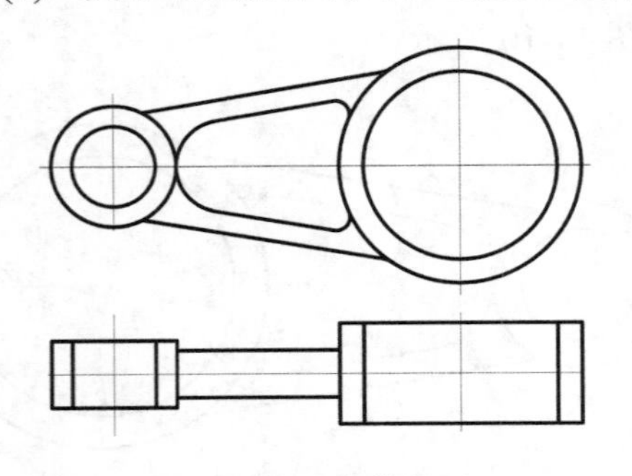

图 14-15 修剪图形

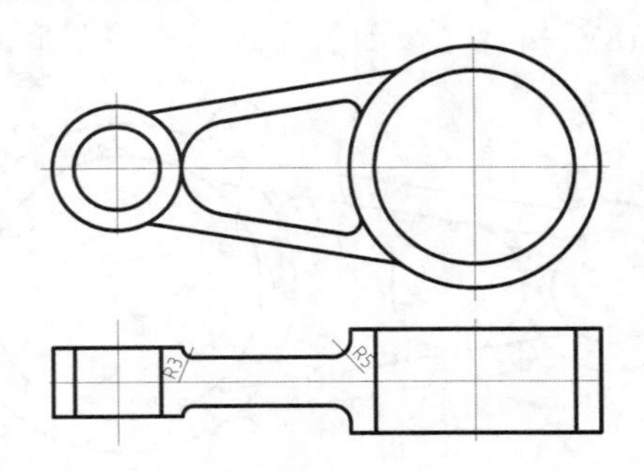

图 14-16 创建圆角

(7) 执行【偏移】命令，将水平中心线向上、下各偏移 5，如图 14-17 所示。

(8) 执行【直线】命令，绘制剖面区域边界和结构；然后执行【修剪】命令，修剪图形，如图 14-18 所示。

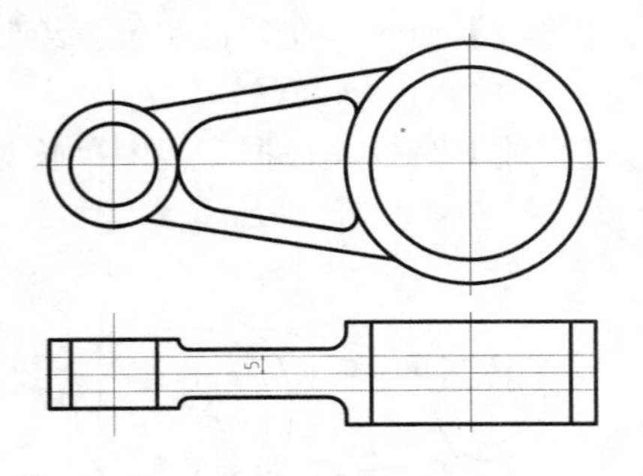

图 14-17 偏移直线

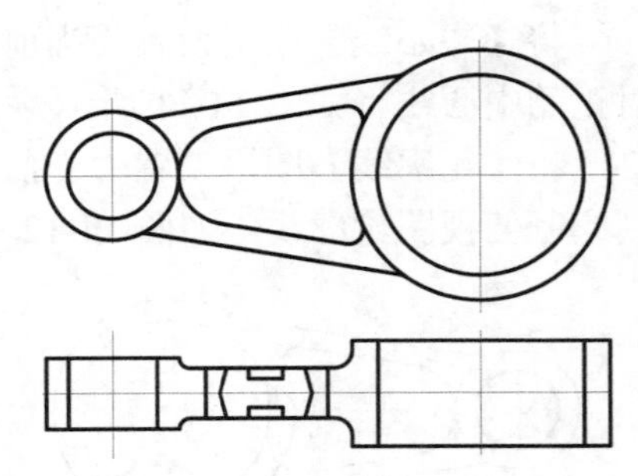

图 14-18 绘制直线并修剪

(9) 执行【圆角】命令，创建半径为 1 的圆角，如图 14-19 所示。

(10) 执行【图案填充】命令，选择填充图案 ANSI31，填充剖面线，结果如图 14-20 所示。

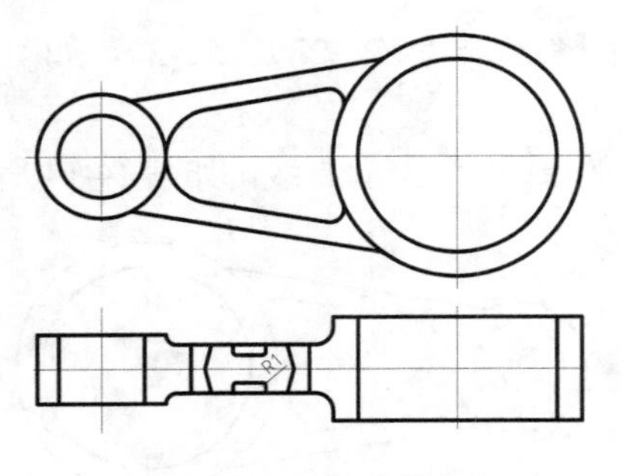

图 14-19 创建圆角

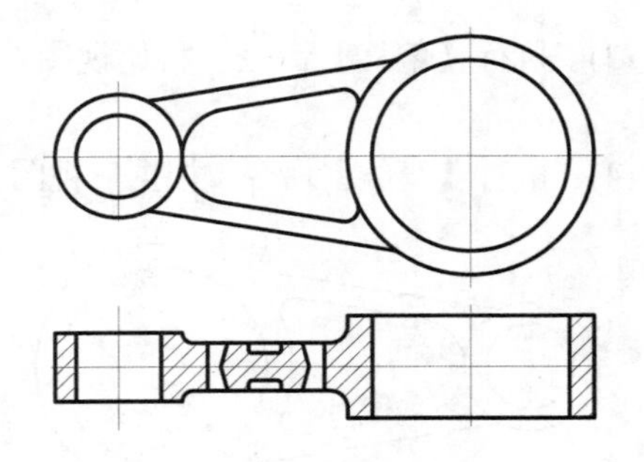

图 14-20 图案填充

14.2.3 标注图形

(1) 单击【标注】工具栏中的【线性】按钮⊢⊣，标注连杆的线性尺寸，如图 14-21

所示。

(2) 单击【标注】工具栏中的【半径】按钮和【直径】按钮，标注圆角半径和圆的直径，如图 14-22 所示。

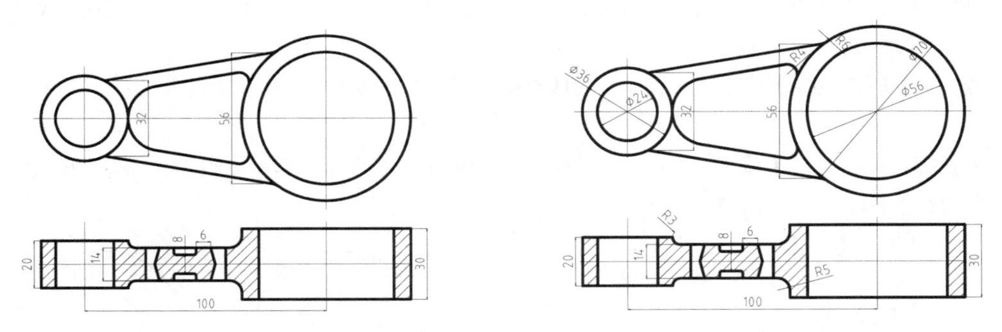

图 14-21　线性标注　　　　图 14-22　圆弧标注

(3) 执行【多段线】命令，利用命令行中的【宽度】选项设置一定的线宽，绘图剖切箭头；然后利用【单行文字】命令输入剖切编号，结果如图 14-23 所示。

(4) 选择【文件】|【保存】命令，保存文件，完成连杆的绘制。

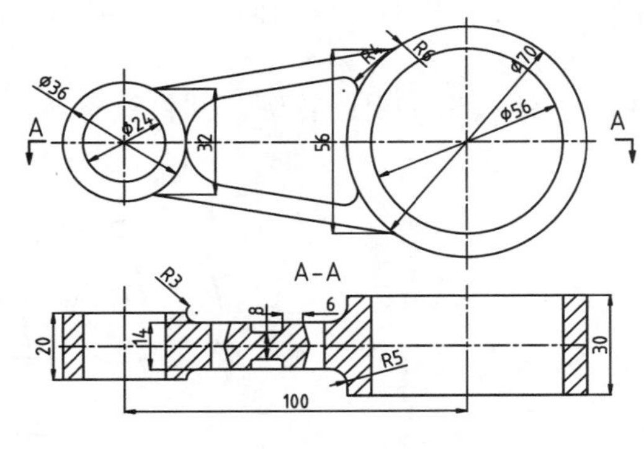

图 14-23　绘制结果

14.3 托　　架

本节绘制如图 14-24 所示的托架零件图。

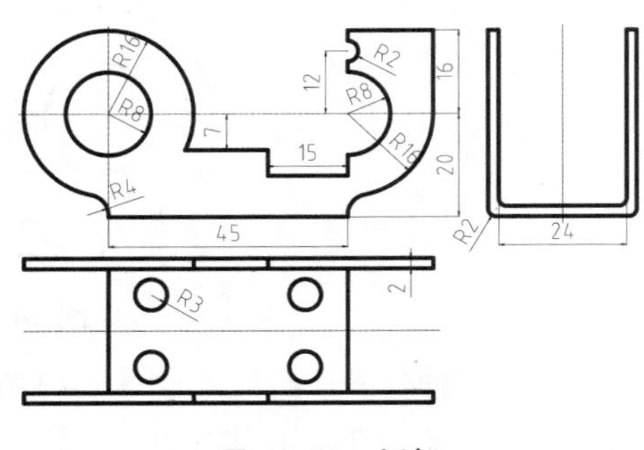

图 14-24　托架

14.3.1 绘制主视图

(1) 单击快速访问工具栏中的【新建】按钮，选择素材文件夹中的“A4.dwt”样板文件，新建一个图形文件。

(2) 将【中心线】图层设置为当前图层，执行【直线】命令，绘制中心线，如图 14-25 所示。

(3) 将【轮廓线】图层设置为当前图层，执行【圆】命令，在中心线交点处绘制半径为 8 和 16 的圆，如图 14-26 所示。

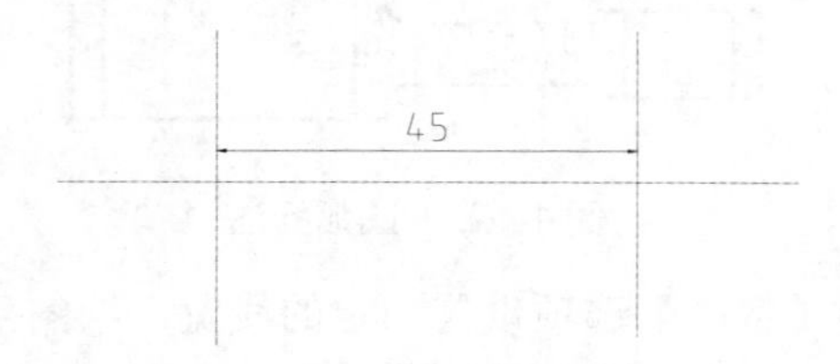

图 14-25 绘制中心线

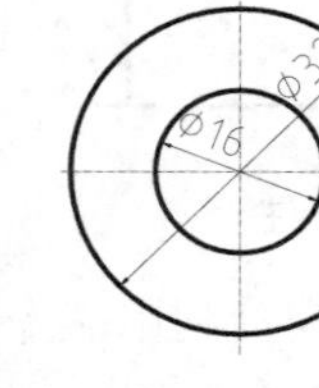

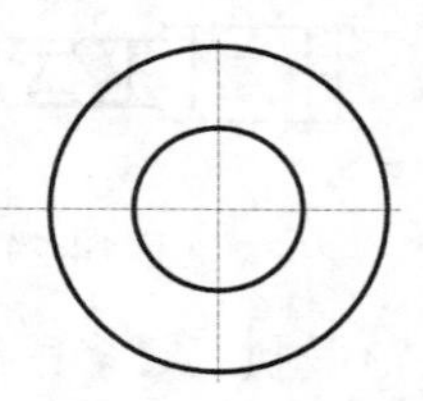

图 14-26 绘制圆

(4) 执行【偏移】命令，将水平中心线分别向下偏移 7、12、20，将右侧垂直中心线向左偏移 15，如图 14-27 所示。

(5) 执行【修剪】命令，修剪出主视图轮廓，并将线条转换到“轮廓线”图层，如图 14-28 所示。

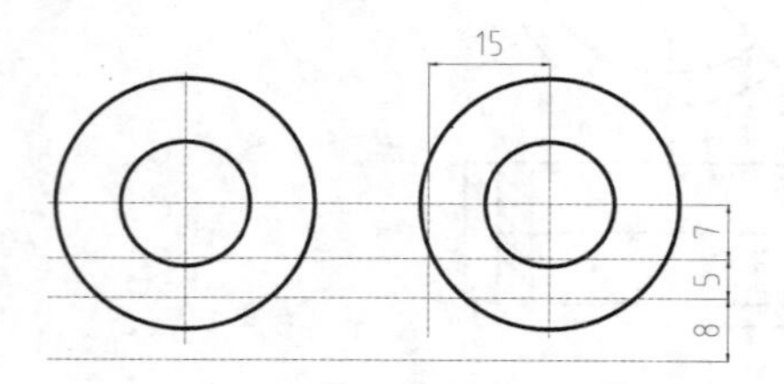

图 14-27 偏移中心线

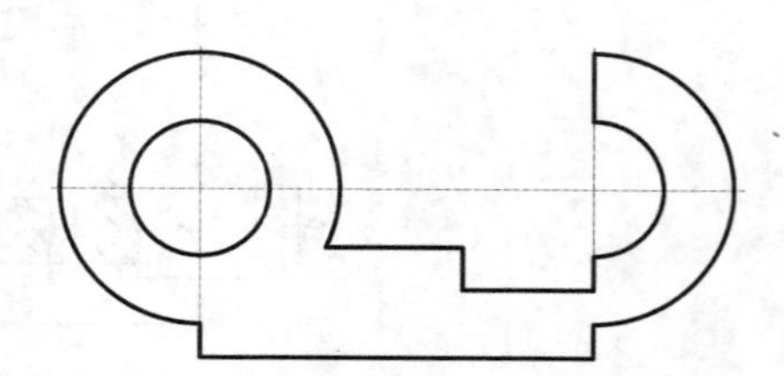

图 14-28 修剪图形

(6) 执行【圆】命令，使用【相切，相切，半径】选项在如图 14-29 所示的位置绘制 R4 的相切圆。

(7) 执行【修剪】命令，修剪多余的圆弧和直线，结果如图 14-30 所示。

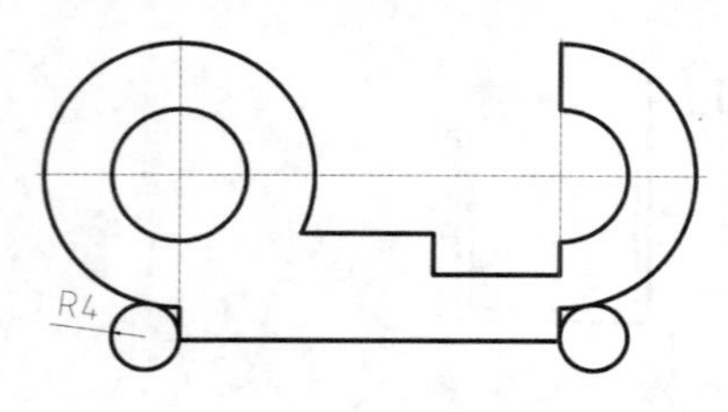

图 14-29 绘制圆

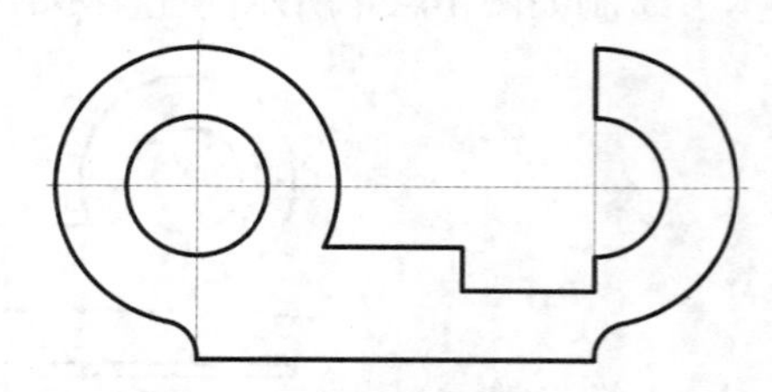

图 14-30 修剪图形

(8) 打开正交模式，执行【直线】命令，拾取右侧外圆弧象限点，绘制水平和垂直线段；然后执行【修剪】命令，修剪图形，结果如图 14-31 所示。

(9) 打开捕捉模式，捕捉线段中点，绘制 R2 的圆；然后执行【修剪】命令，修剪图形，结果如图 14-32 所示。

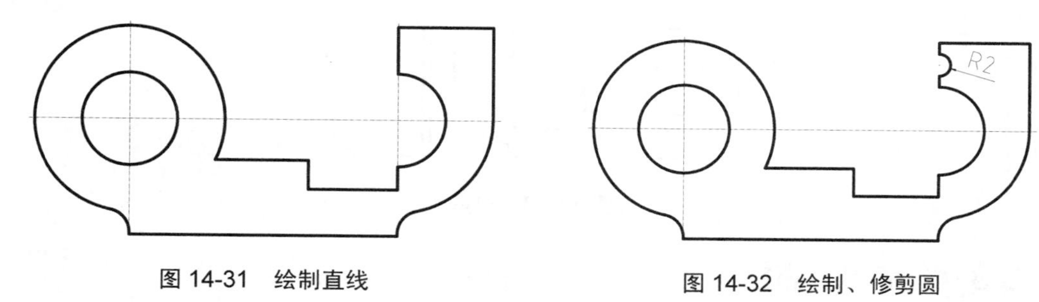

图 14-31　绘制直线　　　　图 14-32　绘制、修剪圆

14.3.2 绘制左视图

(1) 将【中心线】图层设置为当前图层，执行【直线】命令，在左视图位置绘制竖直中心线，如图 14-33 所示。

(2) 执行【偏移】命令，将上一步绘制的中心线向左右各偏移 12、14，如图 14-34 所示。

图 14-33　绘制中心线　　　　图 14-34　偏移中心线

(3) 将【轮廓线】图层设置为当前图层，执行【直线】命令，根据“高平齐”的原则绘制水平直线，如图 14-35 所示。

(4) 执行【偏移】命令，将最底边直线向上平移 2，将偏移出的中心线转换到【轮廓线】图层，如图 14-36 所示。

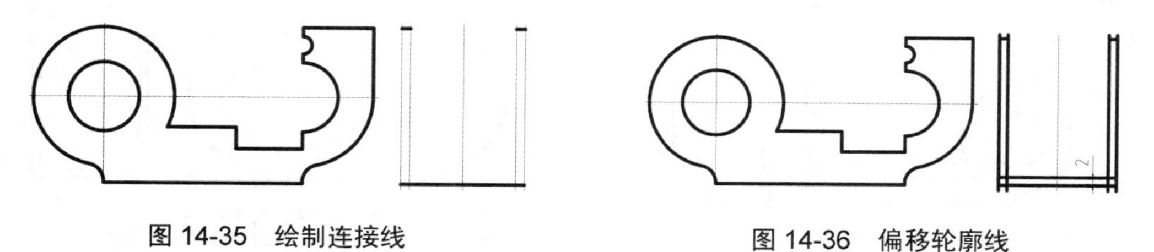

图 14-35　绘制连接线　　　　图 14-36　偏移轮廓线

(5) 执行【修剪】命令，修剪图形，如图 14-37 所示。

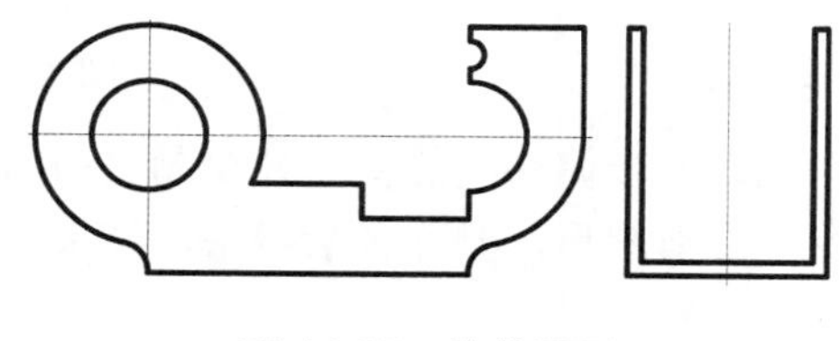

图 14-37　修剪图形

(6) 执行【圆角】命令，在左视图底部的 4 个直角处创建半径为 1.5 的圆角，如图 14-38 所示。

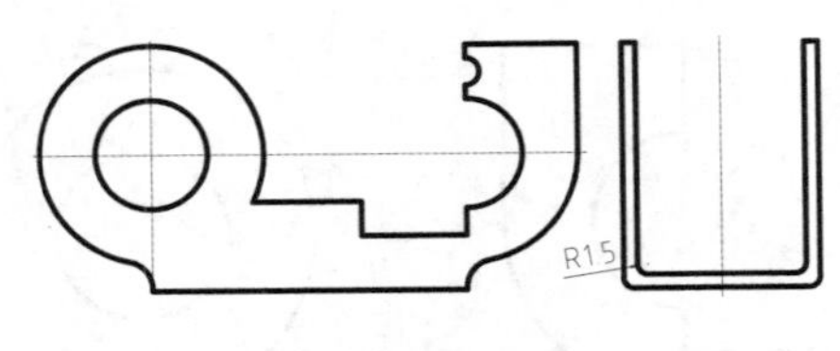

图 14-38　圆角

14.3.3　绘制俯视图

(1) 将【中心线】图层设置为当前图层，执行【直线】命令，在俯视图位置绘制水平中心线，如图 14-39 所示。

(2) 执行【偏移】命令，将水平中心线向上、下各偏移 12、14，结果如图 14-40 所示。

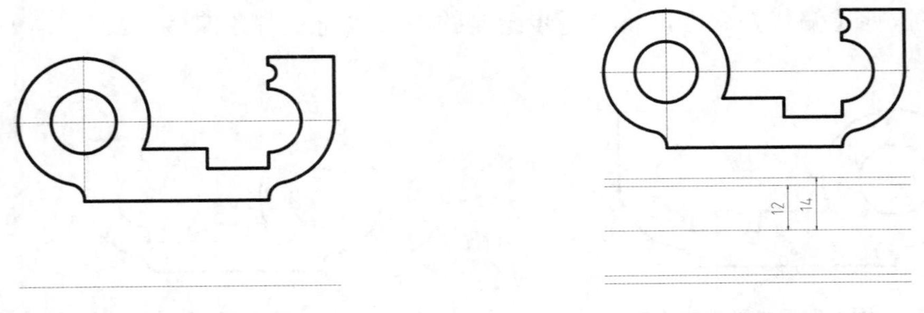

图 14-39　绘制中心线

图 14-40　偏移中心线

(3) 执行【直线】命令，向下绘制主视图的垂直投影线；执行【修剪】命令，修剪图形。然后将直线转换到【轮廓线】图层，结果如图 14-41 所示。

(4) 执行【偏移】命令，将左右垂直线段各向内偏移 8，将水平中心线向上下各平移 7，如图 14-42 所示。

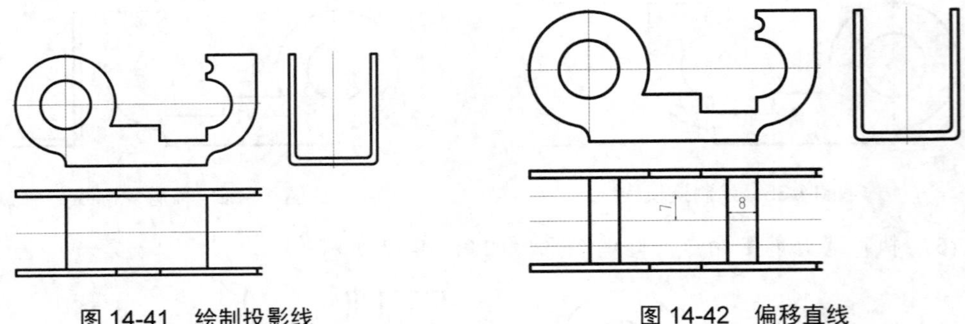

图 14-41　绘制投影线

图 14-42　偏移直线

(5) 执行【圆】命令，在上一步偏移线的交点处绘制 R3 的圆，如图 14-43 所示。

(6) 执行【修剪】命令，修剪图形，删除多余线条，结果如图 14-44 所示。

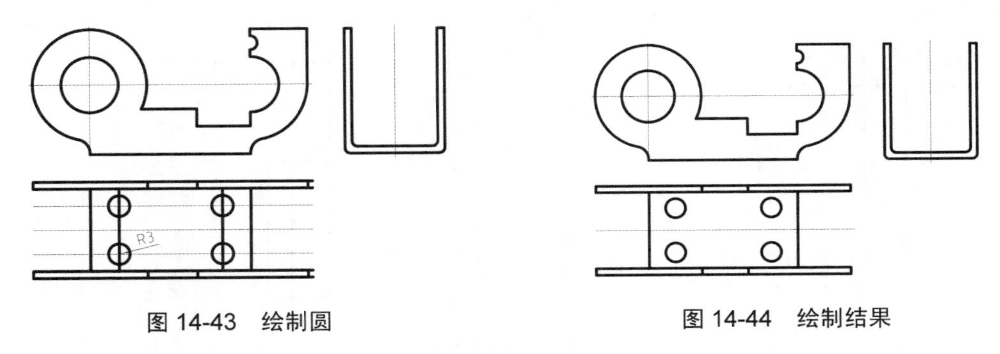

图 14-43　绘制圆　　　　图 14-44　绘制结果

(7) 选择【文件】|【保存】命令，保存文件，完成托架的绘制。

14.4　支　　架

本节将绘制如图 14-45 所示的支架零件图。

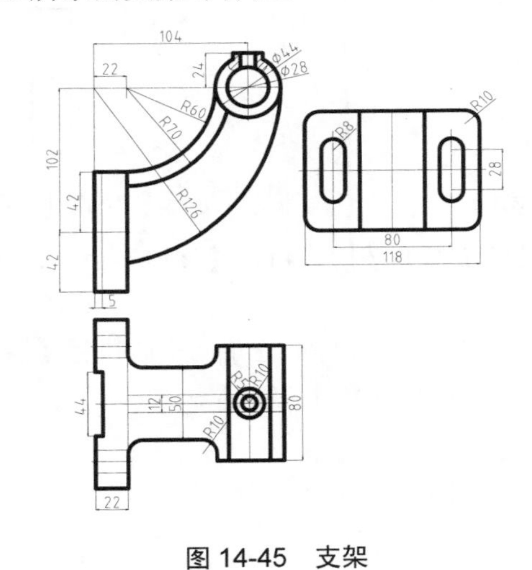

图 14-45　支架

14.4.1　绘制主视图

(1) 单击快速访问工具栏中的【新建】按钮，选择素材文件夹中的“A4.dwt”样板文件，新建一个图形文件。

(2) 将【中心线】图层设置为当前图层，执行【直线】命令，绘制中心线，结果如图 14-46 所示。

(3) 执行【偏移】命令，将中心线 E 向上、下各偏移 42，将中心线 A 向右偏移 5、22；执行【修剪】命令，修剪图形，然后切换线条到【轮廓线】图层，如图 14-47 所示。

(4) 执行【圆】命令，以中心线的交点绘制圆；然后执行【修剪】命令，修剪图形，如图 14-48 所示。

(5) 执行【偏移】命令，将中心线 D 向上偏移 24，将中心线 C 分别向左、右偏移 5、10，如图 14-49 所示。

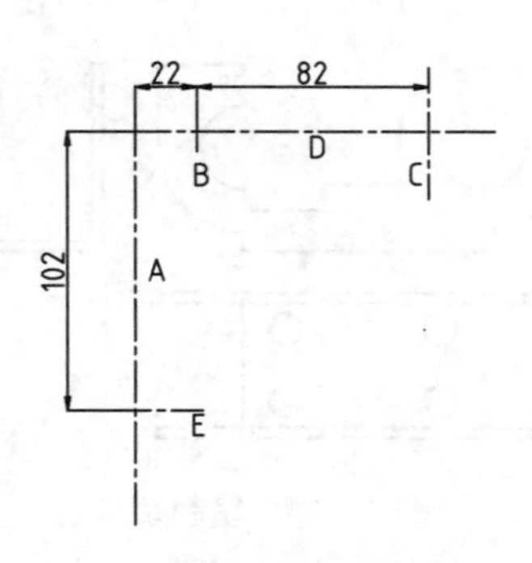

图 14-46　绘制中心线

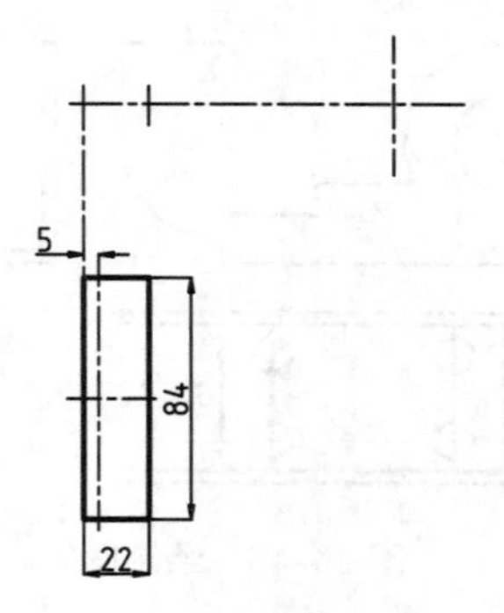

图 14-47　绘制轮廓线

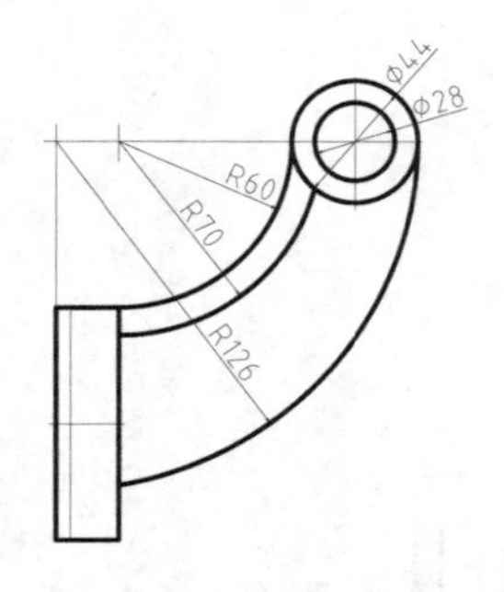

图 14-48　绘制圆

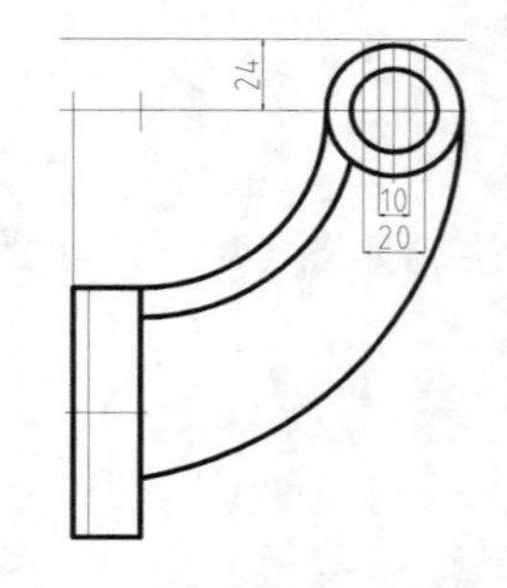

图 14-49　偏移中心线

(6) 将偏移线切换到【轮廓线】图层，执行【修剪】命令，修剪图形，结果如图 14-50 所示。

(7) 执行【样条曲线】命令，绘制剖面边界；然后执行【图案填充】命令，选择填充图案为 ANSI31，填充剖面线，结果如图 14-51 所示。

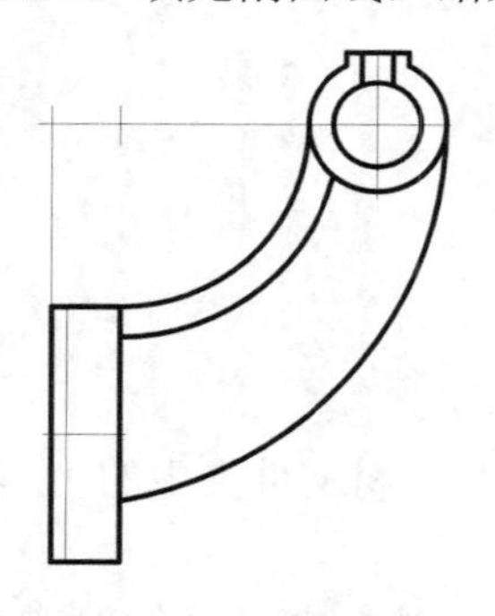

图 14-50　修剪结果

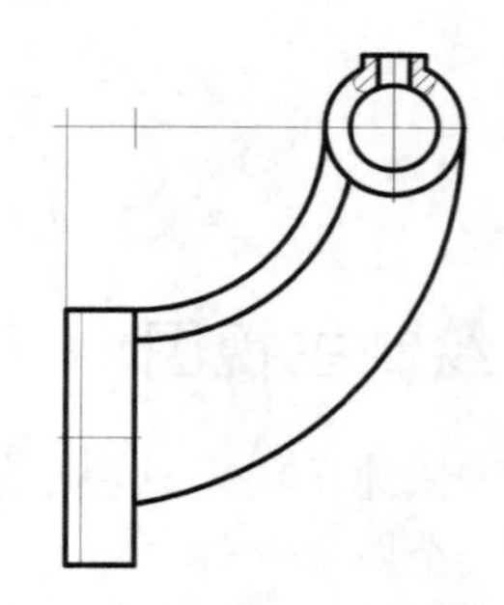

图 14-51　填充剖面线

14.4.2　绘制左视图

(1) 将【中心线】图层设置为当前图层，执行【直线】命令，在左视图位置绘制中心线，如图 14-52 所示。

(2) 执行【偏移】命令，将竖直中心线向左、右各偏移 22、40、59，如图 14-53 所示。

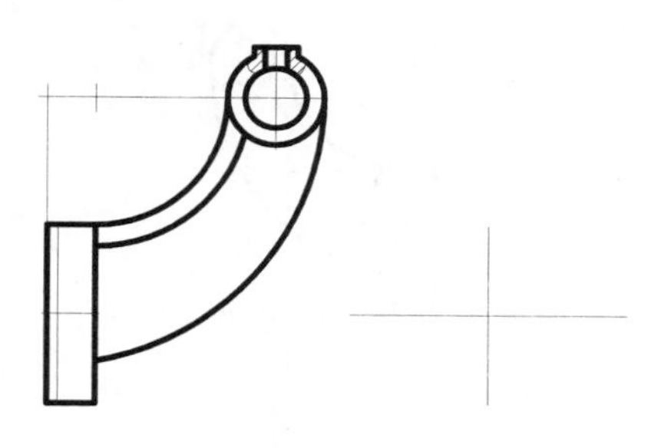
图 14-52 绘制中心线

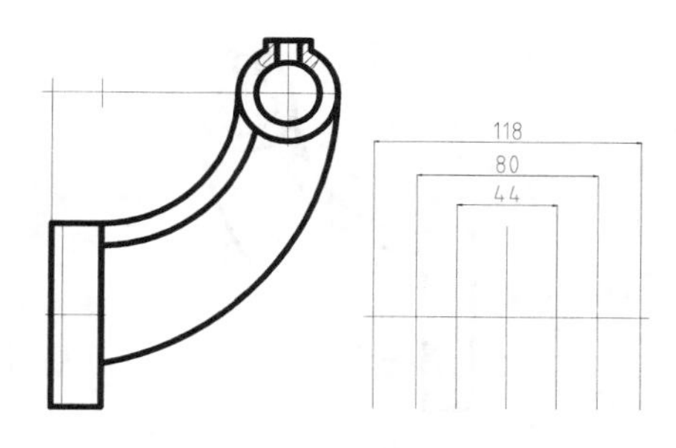

图 14-53 偏移中心线

(3) 将【轮廓线】图层设置为当前图层，执行【直线】命令，根据“高平齐”的原则绘制水平轮廓线，如图 14-54 所示。

(4) 将左视图中的相关线条转换到【轮廓线】图层，然后执行【圆角】命令，创建 R10 的圆角，如图 14-55 所示。

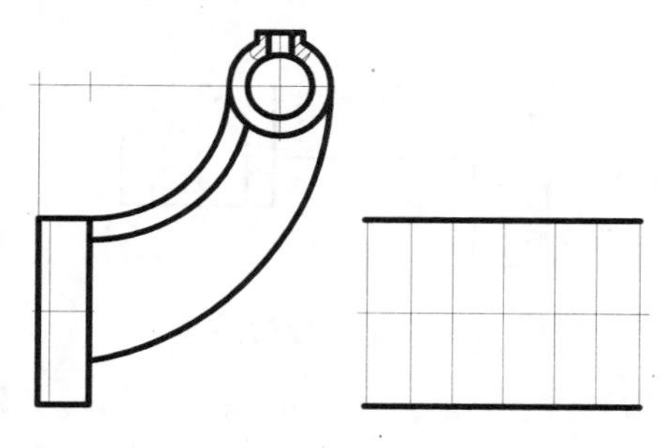
图 14-54 绘制直线

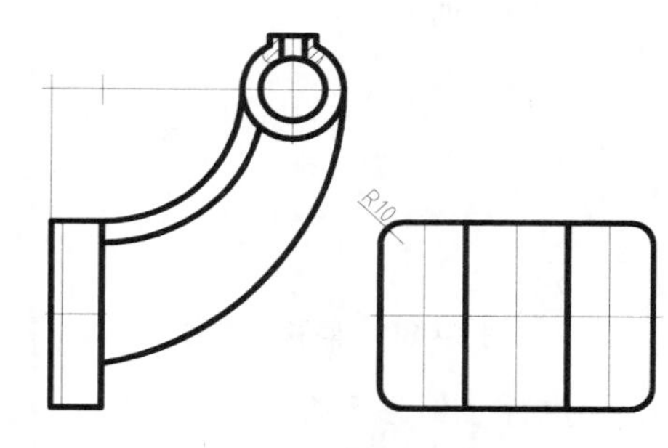

图 14-55 创建圆角

(5) 执行【偏移】命令，将水平中心线上、下各偏移 14，将两侧的垂直中心线左右各偏移 8，如图 14-56 所示。

(6) 执行【圆】命令，以中心线交点为圆心，绘制 R8 的圆，修剪图形并将线条转换到“轮廓线”图层，如图 14-57 所示。

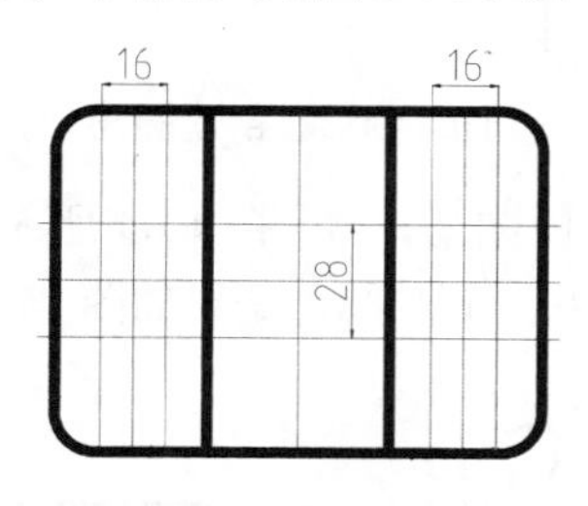

图 14-56 偏移中心线

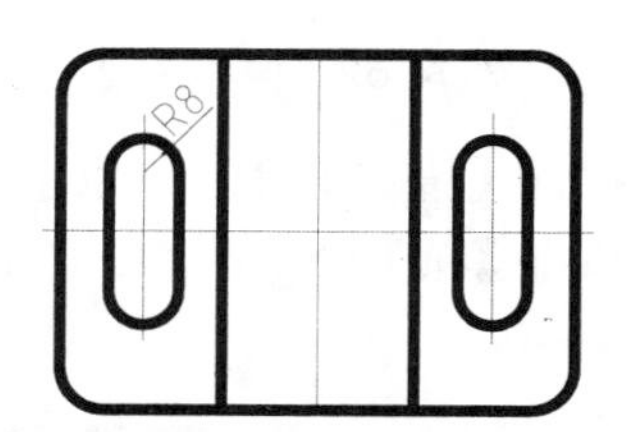

图 14-57 绘制轮廓线

14.4.3 绘制俯视图

(1) 将【中心线】图层设置为当前图层，执行【直线】命令，在俯视图位置绘制水平中心线，如图 14-58 所示。

(2) 执行【直线】命令，向下绘制主视图的垂直投影线，如图 14-59 所示。

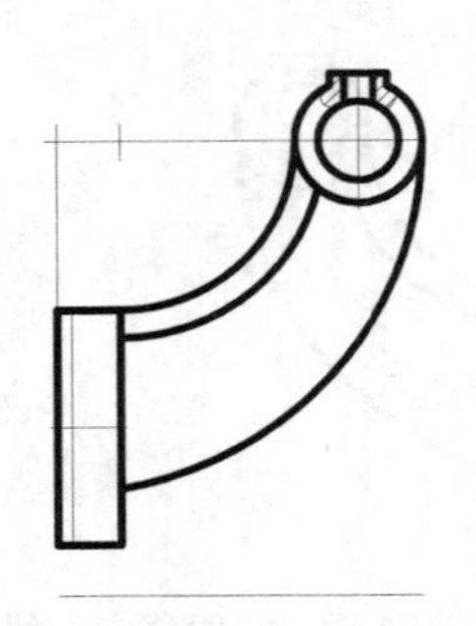
图 14-58　绘制中心线

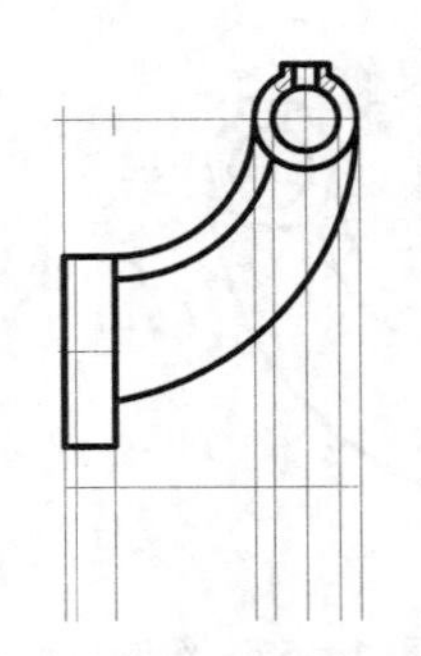
图 14-59　绘制投影线

(3) 执行【偏移】命令，将俯视图的水平中心线向下偏移 6、22、25、40、59，如图 14-60 所示。

(4) 将偏移出的线条转换到【轮廓线】图层，执行【修剪】命令，修剪出俯视图轮廓，如图 14-61 所示。

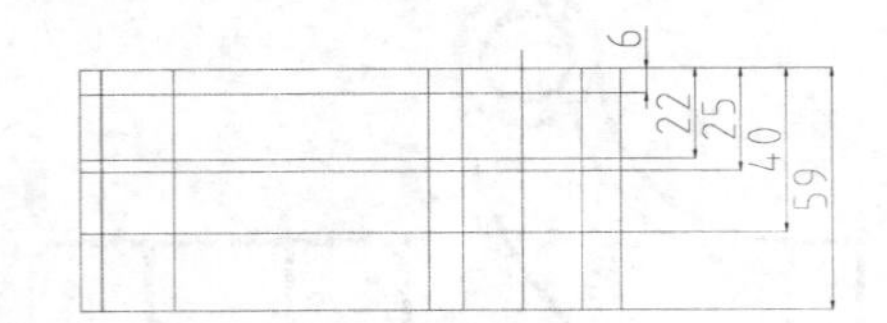

图 14-60　偏移中心线

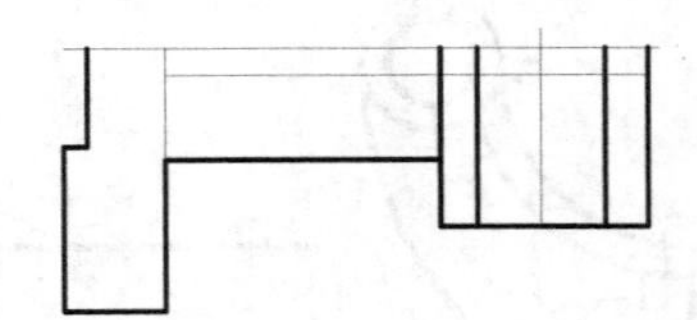
图 14-61　修剪图形

(5) 执行【偏移】命令，将水平中心线向下偏移 32、40、48，将偏移出的线条转换到【虚线】图层，如图 14-62 所示。

(6) 执行【圆角]命令，创建 R10 的圆角，如图 14-63 所示。

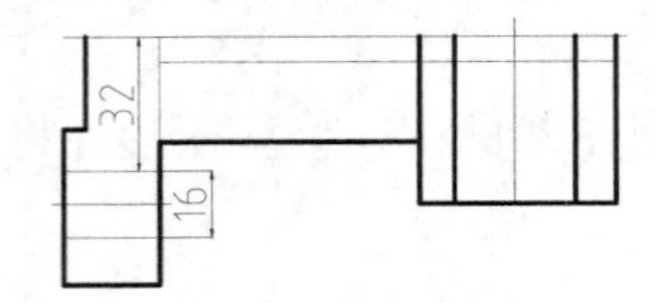

图 14-62　偏移直线

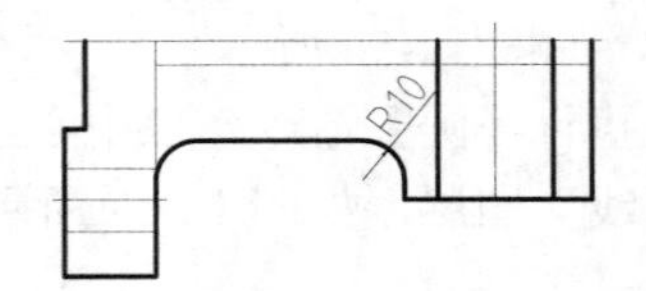

图 14-63　创建圆角

(7) 执行【镜像】命令，以水平中心线为镜像线镜像图形，如图 14-64 所示。

(8) 执行【圆】命令，在中心线交点处绘制 R5 和 R10 的同心圆，结果如图 14-65 所示。

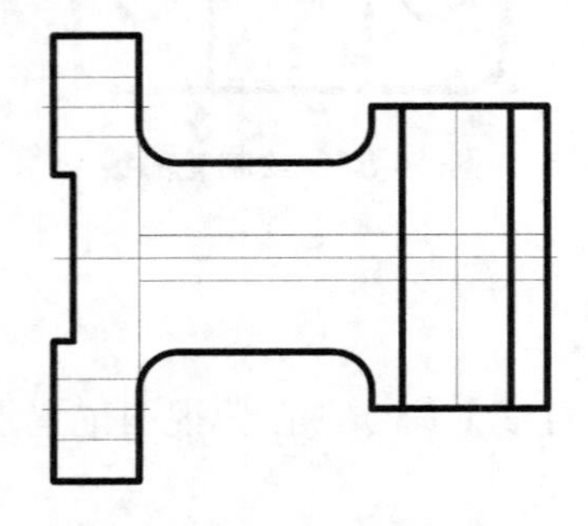
图 14-64　镜像图形

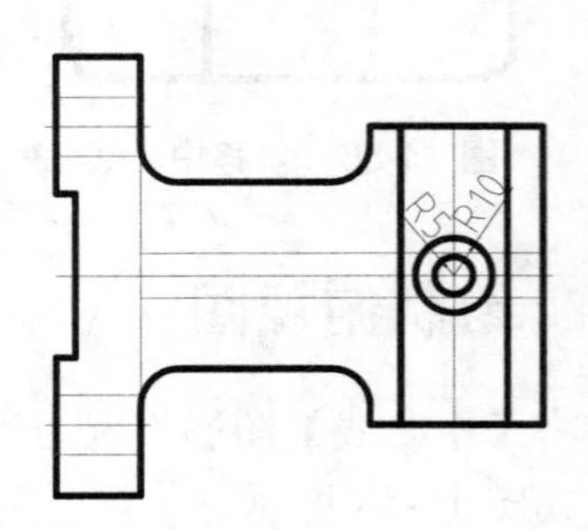

图 14-65　绘制圆

(9)　调整 3 个视图的位置，通过【标注】工具栏标注尺寸，结果如图 14-66 所示。

(10) 选择【文件】|【保存】命令，保存文件，完成支架的绘制。

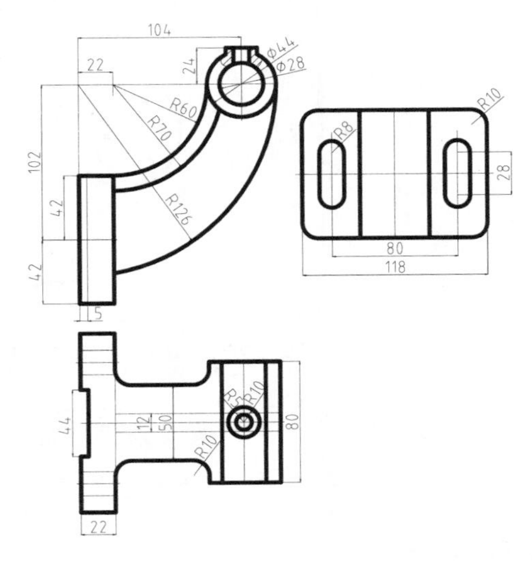

图 14-66　绘制结果

14.5　拨　叉

本节将绘制如图 14-67 所示的拨叉零件图。

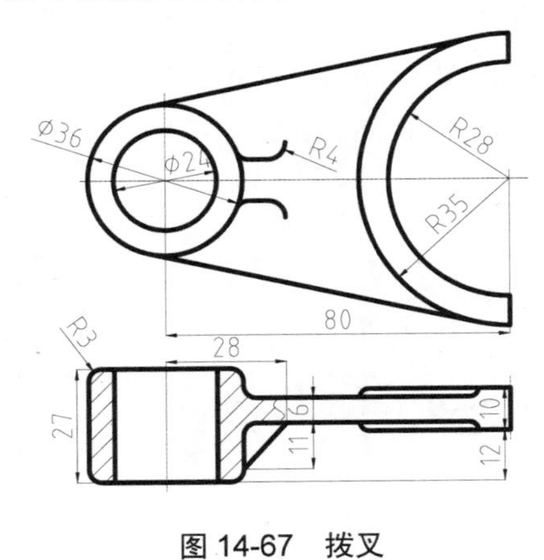

图 14-67　拨叉

14.5.1　绘制主视图

(1)　单击快速访问工具栏中的【新建】按钮，选择素材文件夹中的“A4.dwt”样板文件，新建一个图形文件。

(2)　将【中心线】图层置为当前图层，执行【直线】命令，绘制中心线，如图 14-68 所示。

(3)　将【轮廓线】图层置为当前图层，执行【圆】命令，在左侧中心线交点处绘制直径为 24 和 36 的同心圆，在右侧中心线交点绘制直径为 56 和 70 的同心圆，如图 14-69 所示。

图 14-68　绘制中心线　　　　图 14-69　绘制圆

(4) 执行【偏移】命令，将水平中心线分别向上、下偏移 5，将左侧垂直中心线向右偏移 15，如图 14-70 所示。

(5) 执行【修剪】命令，修剪图形，并转换线条到【轮廓线】图层，如图 14-71 所示。

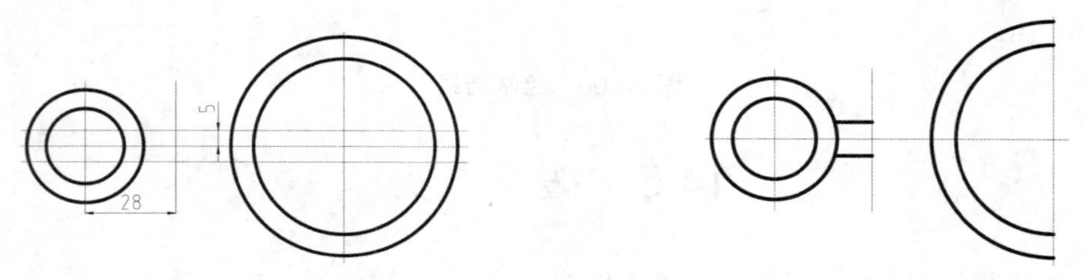

图 14-70　偏移中心线　　　　图 14-71　修剪图形

(6) 执行【圆】命令，在如图 14-72 所示的位置绘制 R3 和 R4 的相切圆。

(7) 执行【修剪】命令，修剪线条，如图 14-73 所示。

图 14-72　绘制圆　　　　图 14-73　修剪图形

(8) 执行【直线】命令，使用临时捕捉功能中的【切点】捕捉绘制两圆的公切线，如图 14-74 所示。

14.5.2　绘制俯视图

(1) 将【中心线】图层设置为当前图层，执行【直线】命令，在俯视图位置绘制竖直中心线，与主视图中心线对齐，如图 14-75 所示。

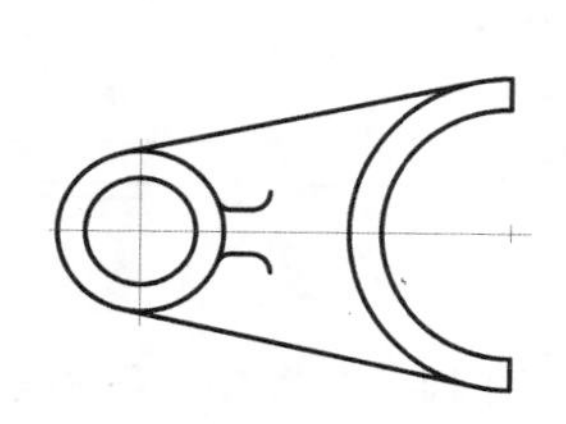

图 14-74　绘制连接线

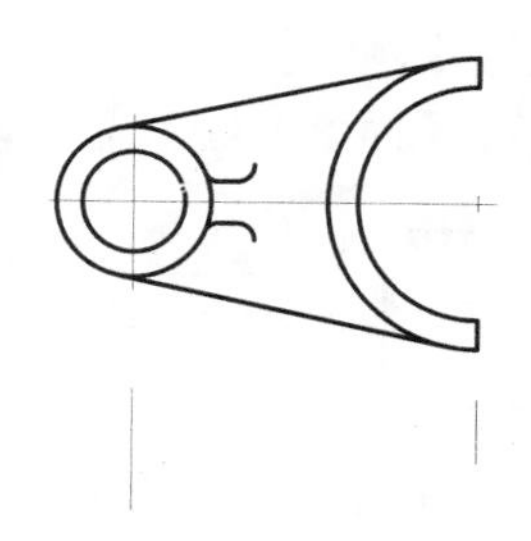

图 14-75　绘制中心线

(2) 将【轮廓线】图层设置为当前图层，执行【直线】命令，绘制与主视图等宽的轮廓线，如图 14-76 所示。

(3) 执行【偏移】命令，将轮廓线分别向下偏移 5、6、13、15、27，如图 14-77 所示。

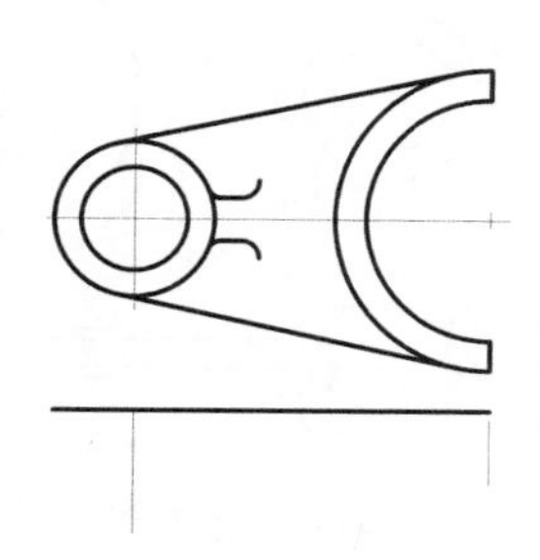

图 14-76　绘制轮廓线

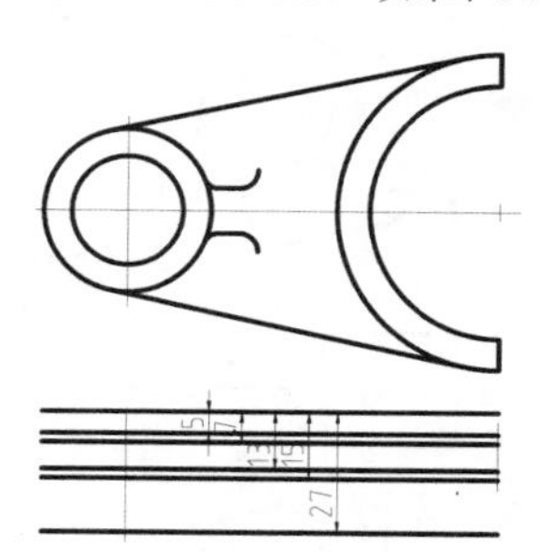

图 14-77　偏移轮廓线

(4) 执行【直线】命令，由主视图向下绘制垂直投影线，如图 14-78 所示。

(5) 执行【修剪】命令，修剪图形，结果如图 14-79 所示。

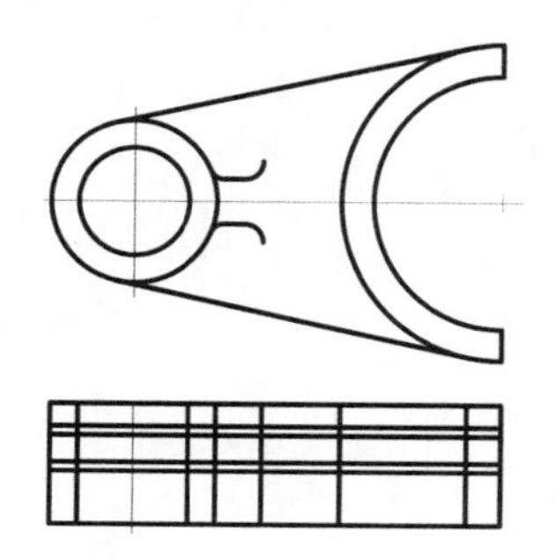

图 14-78　绘制投影线

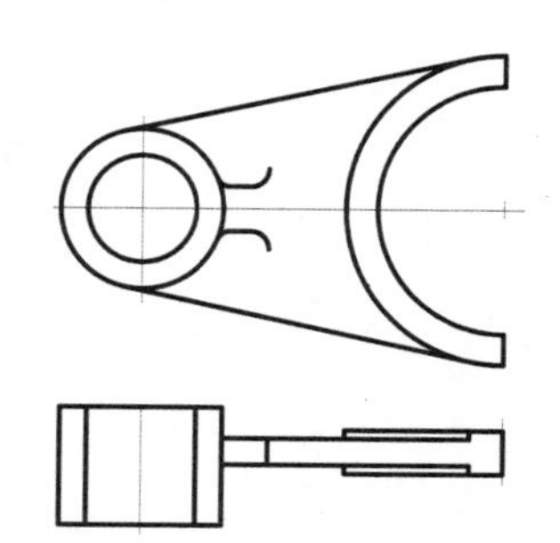

图 14-79　修剪图形

(6) 执行【圆角】命令，创建 R3 的圆角，如图 14-80 所示。.

(7) 执行【直线】命令，绘制肋板轮廓，然后删除肋板竖直投影线，结果如图 14-81 所示。

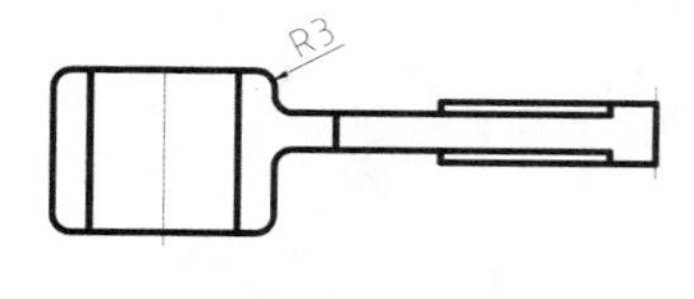

图 14-80　创建圆角

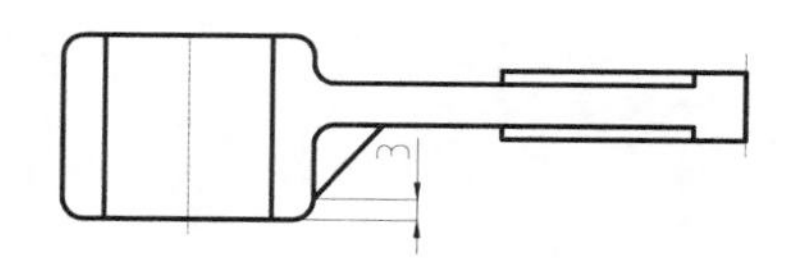

图 14-81　绘制直线

(8) 执行【圆角】命令，创建R2的圆角，如图14-82所示。

(9) 执行【样条曲线】命令，绘制样条曲线，如图14-83所示。

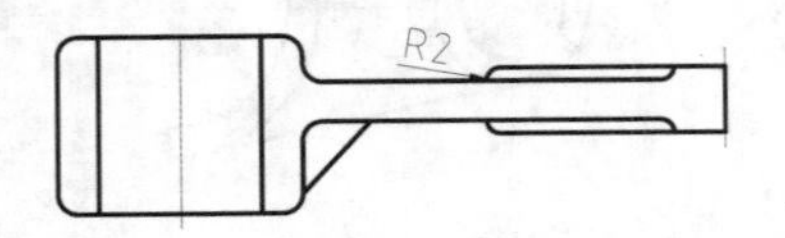

图 14-82 创建圆角

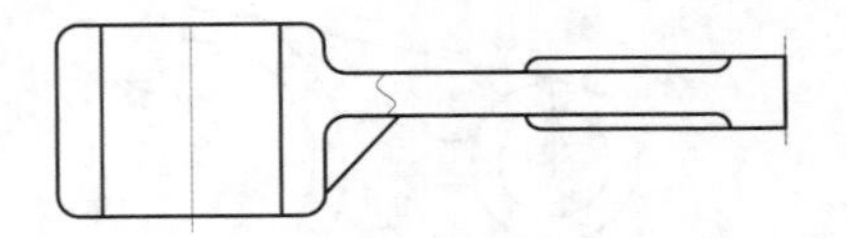

图 14-83 绘制样条曲线

(10) 执行【图案填充】命令，选择填充图案为 ANSI31，填充剖面线，如图 14-84 所示。

(11) 执行【标注】工具栏标注尺寸，结果如图14-85所示。

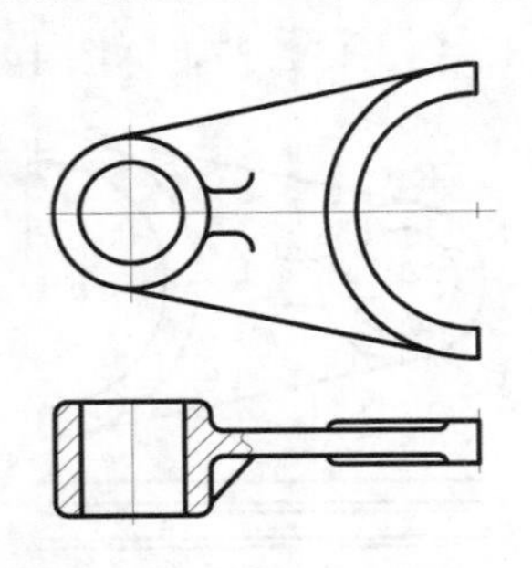

图 14-84 图案填充

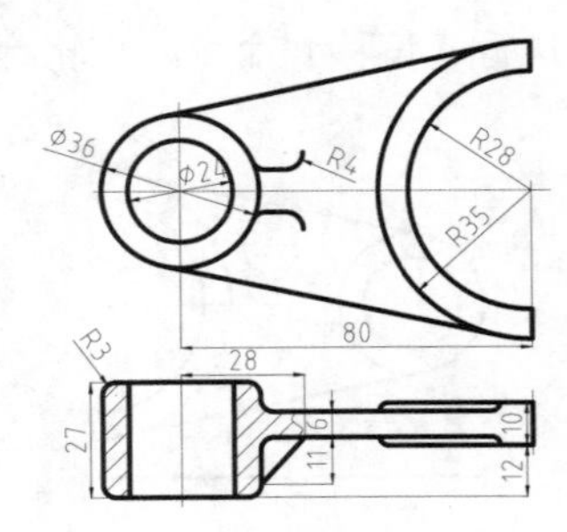

图 14-85 绘制结果

(12) 选择【文件】|【保存】命令，保存文件，完成拨叉的绘制。

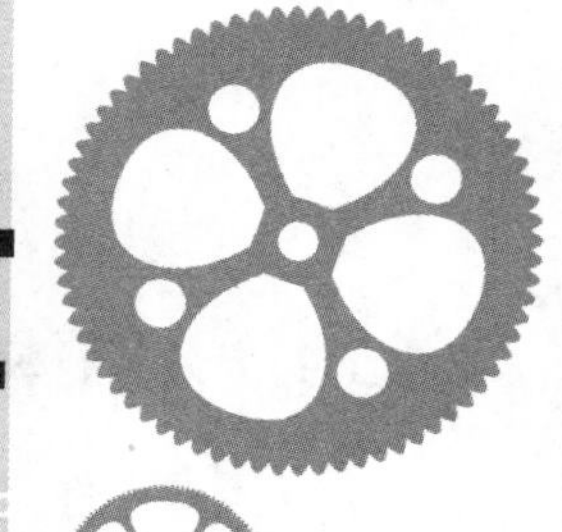

第 15 章

箱体类零件图的绘制

本章导读

箱体类零件是结构比较复杂的一类零件，需要多种视图和辅助视图，例如用三视图表达其外观，用剖视图表达内部结构，用断面视图或向视图表达筋结构，用局部视图表达螺纹孔结构等。而且此类零件标注尺寸较多，需合理地选择尺寸标注的基准，做到不漏标尺寸，并且尽量不重复标注。

学习目标

- 了解箱体类零件的结构特点和绘图技巧。
- 掌握轴承底座和涡轮箱的绘制方法。

15.1　箱体类零件概述

15.1.1　箱体类零件简介

箱体类零件是用来安装支撑机器部件，或者容纳气体、液体介质的壳体零件。箱体类零件的运用比较广泛，如阀体以及减速器箱体、泵体、阀座等，如图 15-1 所示。箱体类零件大多为铸件，一般起支撑、容纳、定位和密封等作用。

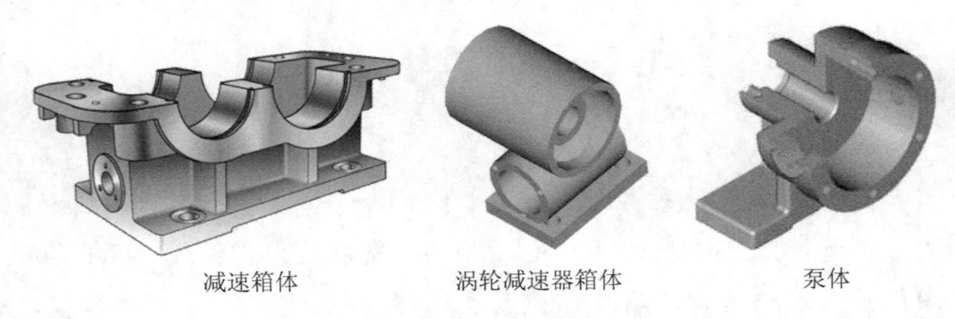

图 15-1　箱体零件

15.1.2　箱体类零件的结构特点

一般来说，这类零件的形状、结构比较复杂，而且加工位置的变化较大。箱体类零件的结构特点主要有以下几点。

- 运动件的支撑部分是箱体的主要部分，包括安装轴承的孔、箱壁、支撑凸缘、肋等结构。
- 润滑部分主要用于运动部件的润滑，以便提高部件的使用寿命，这包括存油池、油针孔、放油孔。
- 为了安装箱盖，在上部有安装平面，其上有定位销孔和连接用的螺钉孔。
- 为了安装别的部件，在下部也安装平面，并有安装螺栓或者螺钉的结构，还有定位及导向用的导轨或者导槽。
- 为了加强某一局部的强度，增加肋等结构。

15.1.3　箱体类零件图的绘图技巧

绘制箱体类零件图的技巧有以下几点。

- 在选择主视图时，主要考虑工作位置和形状特征。
- 选用其他视图时，应根据实际情况采用适当的剖视、断面、局部视图和斜视图等多种辅助视图，以清晰地表达零件的内外结构。
- 在标注尺寸方面，通常选用设计上要求的轴线、重要的安装面、接触面(或加工面)、箱体某些主要结构的对称面(宽度、长度)等作为尺寸基准。
- 对于箱体上需要切削加工的部分，应尽可能按便于加工和检验的要求来标注尺寸。

15.2　轴 承 底 座

本节绘制如图 15-2 所示的轴承底座零件图。

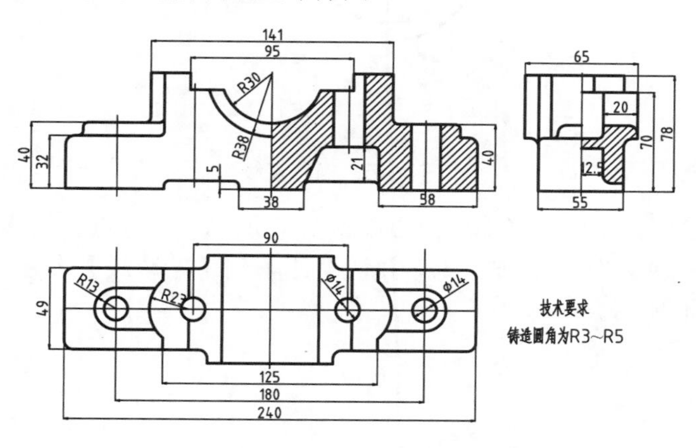

图 15-2　轴承底座

15.2.1　绘制主视图

(1)　单击快速访问工具栏中的【新建】按钮，选择素材文件夹中的“A4.dwt”样板文件，新建一个图形文件。

(2)　将【中心线】图层设置为当前图层，执行【直线】命令，绘制中心线，如图 15-3 所示。

(3)　将【轮廓线】图层设置为当前图层，执行【圆】命令，以中心线的交点为圆心绘制 R30、R38 的圆，如图 15-4 所示。

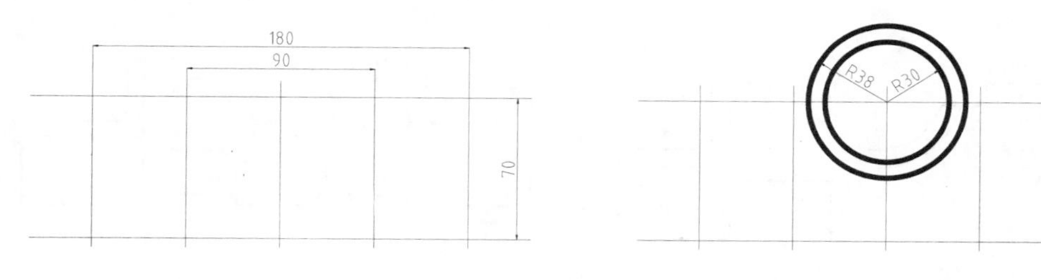

图 15-3　绘制中心线　　图 15-4　绘制圆

(4)　执行【修剪】命令，修剪圆，如图 15-5 所示。

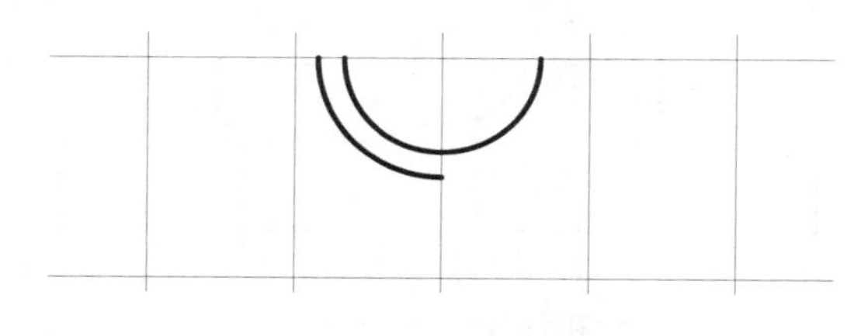

图 15-5　修剪图形

(5) 执行【偏移】命令，将水平中心线向上偏移 5、26、32、40、60、70，结果如图 15-6 所示。

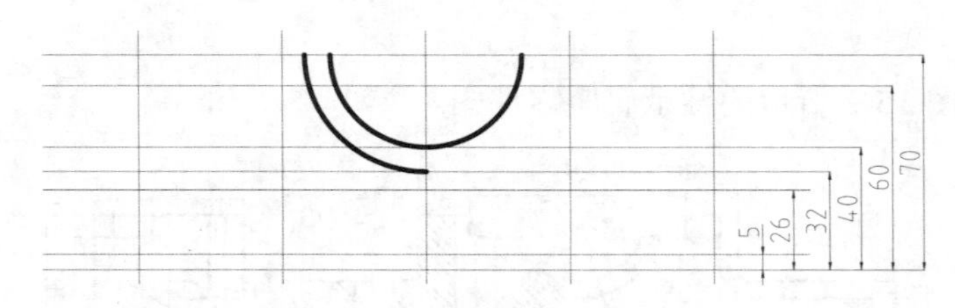

图 15-6 偏移直线

(6) 执行【偏移】命令，将垂直中心按图 15-7 所示的尺寸进行偏移。

(7) 执行【修剪】命令，修剪图形并切换线条到【轮廓线】图层，调整中心线的长度，结果如图 15-8 所示。

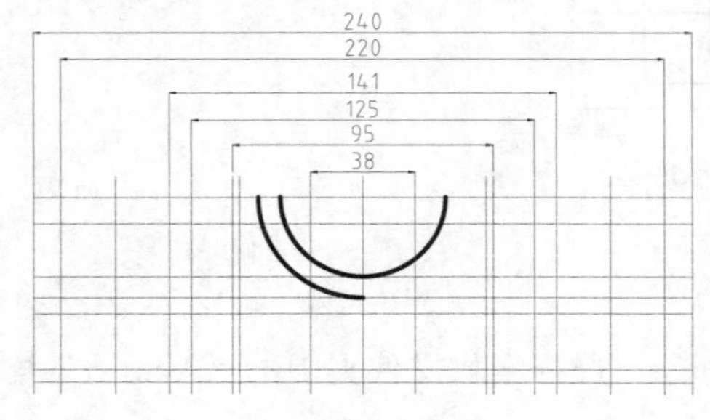

图 15-7 偏移中心线

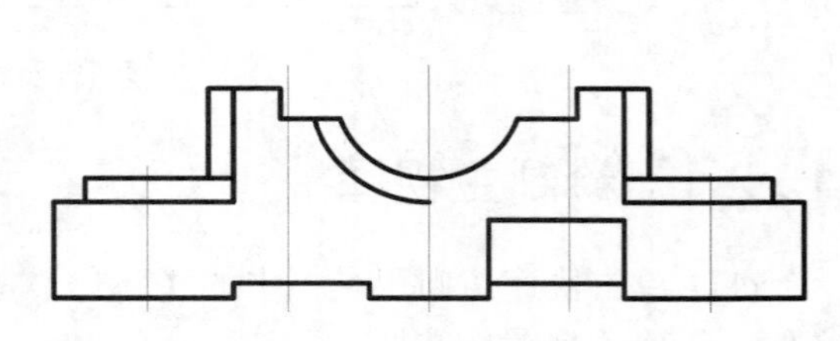

图 15-8 修剪和整理图形

(8) 执行【圆角】命令，对图形进行圆角操作，圆角半径除标注以外，其余都为 R3，结果如图 15-9 所示。

(9) 执行【偏移】命令，将右侧孔中心线对称偏移 9，将轮廓线向左偏移 35，如图 15-10 所示。

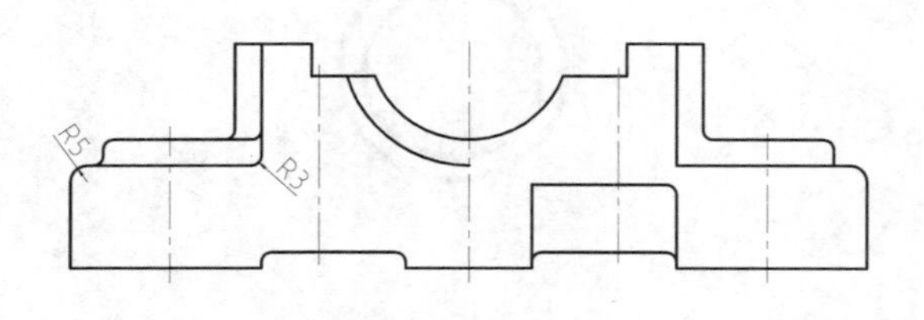

图 15-9 创建圆角

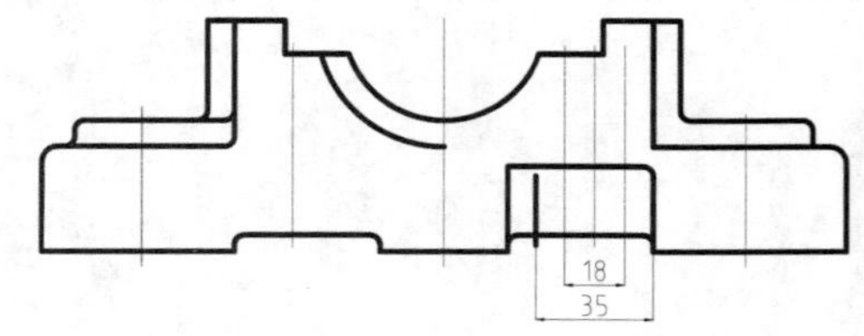

图 15-10 偏移直线

(10) 执行【圆角】命令，绘制 R5 的圆角，如图 15-11 所示。

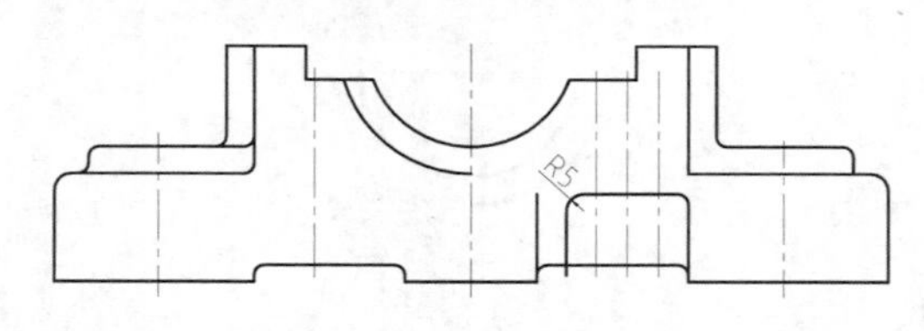

图 15-11 创建圆角

(11) 执行【直线】命令，绘制两圆角的切线；执行【修剪】、【延伸】等命令整理图形，并将线条转换到【轮廓线】图层，如图 15-12 所示。

(12) 执行【偏移】命令，将最右端中心线对称偏移 8.5，并将偏移出的线条转换到【轮廓线】图层，如图 15-13 所示。

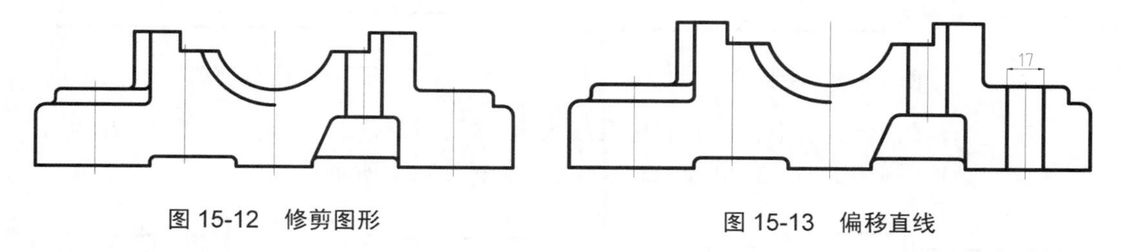

图 15-12　修剪图形　　　图 15-13　偏移直线

15.2.2 绘制俯视图

(1) 将【中心线】图层设置为当前图层，执行【直线】命令，在俯视图位置绘制与主视图对正的中心线，如图 15-14 所示。

(2) 执行【偏移】命令，将水平中心线对称偏移 12.5、24.5、32.5，结果如图 15-15 所示。

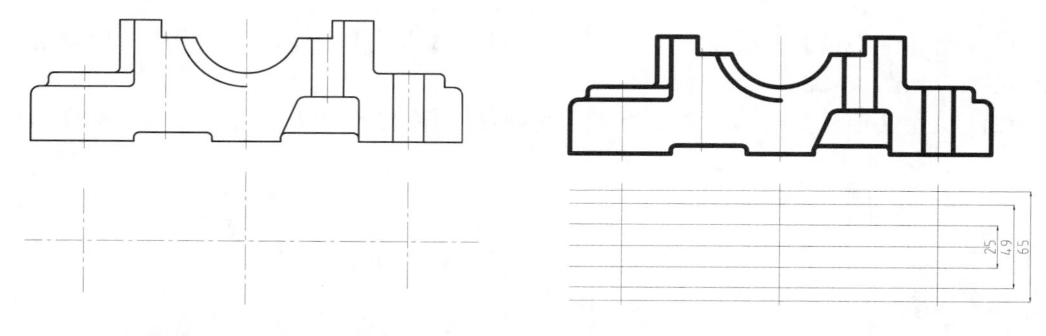

图 15-14　绘制中心线　　　图 15-15　偏移中心线

(3) 执行【直线】命令，由主视图向俯视图绘制垂直投影线，如图 15-16 所示。

(4) 执行【修剪】命令，修剪图形并转换线条到【轮廓线】图层，如图 15-17 所示。

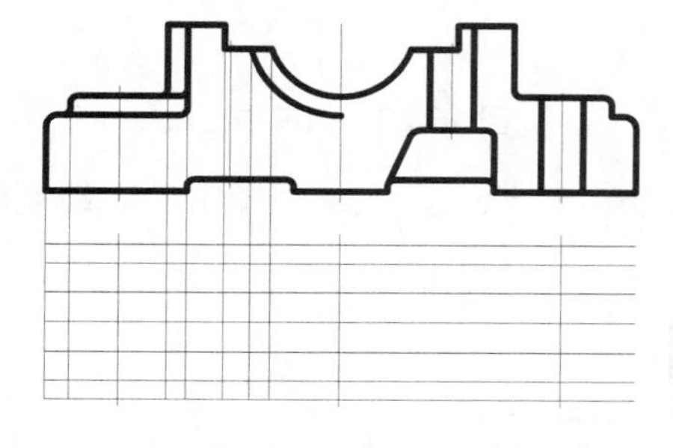

图 15-16　绘制投影线

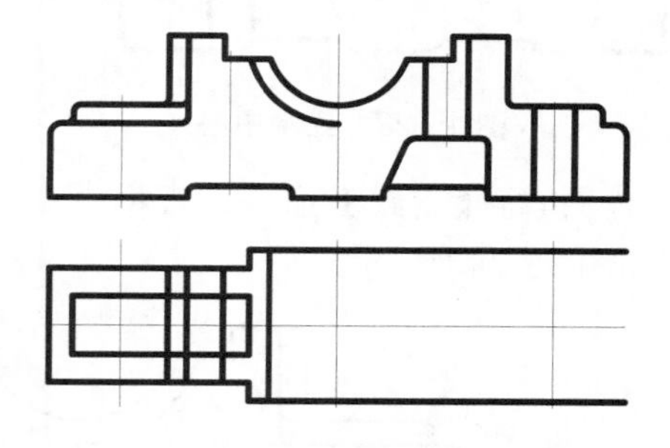

图 15-17　修剪图形

(5) 执行【圆】命令，在中心线的交点绘制 R7 和 R12.5 的圆；然后绘制与矩形右边线相切，半径为 7 的圆；最后绘制 R23 的同心圆，如图 15-18 所示。

(6) 执行【修剪】命令，修剪图形，如图 15-19 所示。

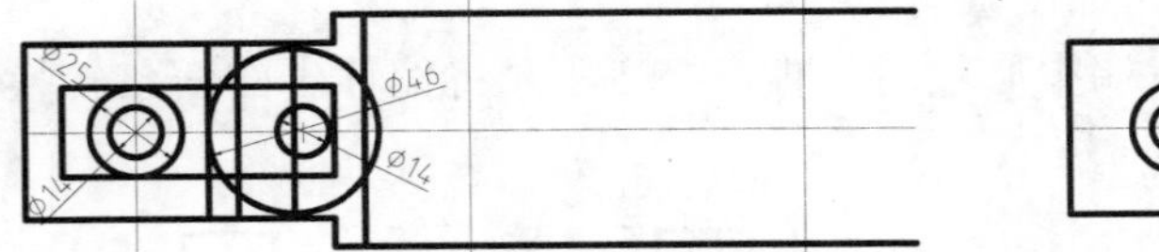

图 15-18　绘制圆

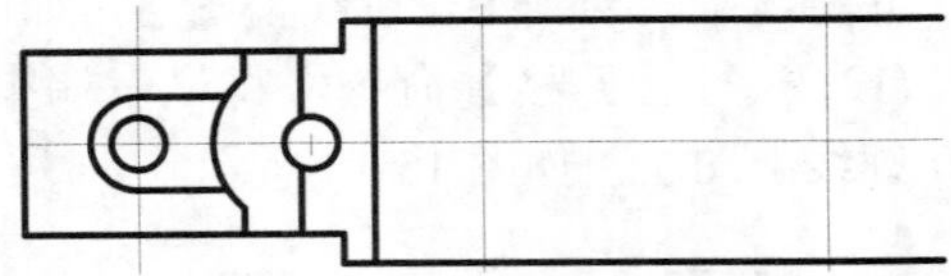

图 15-19　修剪图形

(7) 执行【镜像】命令，以垂直中心线为镜像线，镜像图形，结果如图 15-20 所示。

(8) 执行【圆角】命令，创建 R5 的圆角，如图 15-21 所示。

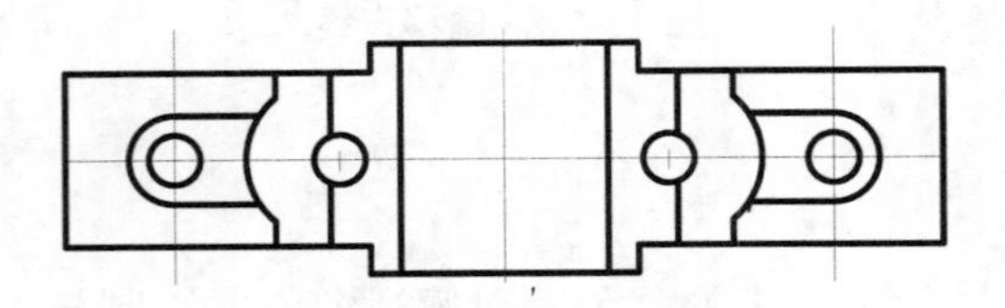

图 15-20　镜像图形

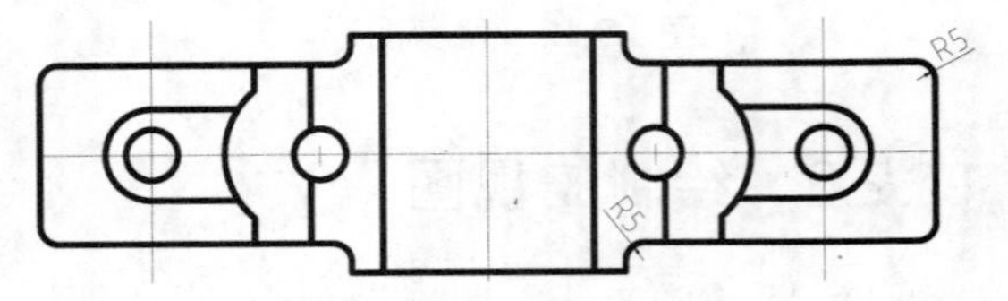

图 15-21　创建圆角

15.2.3　绘制左视图

(1) 将【中心线】图层设置为当前图层，执行【直线】命令，在左视图的位置绘制垂直中心线，如图 15-22 所示。

(2) 执行【偏移】命令，将垂直中心线向左偏移 12.5、17、24.5、32.5，如图 15-23 所示。

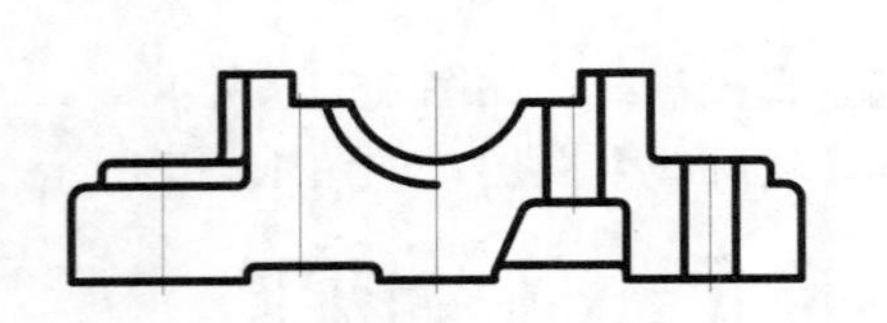

图 15-22　绘制中心线

图 15-23　偏移中心线

(3) 执行【直线】命令，根据三视图 “高平齐” 的原则，在主视图中向右绘制辅助线，如图 15-24 所示。

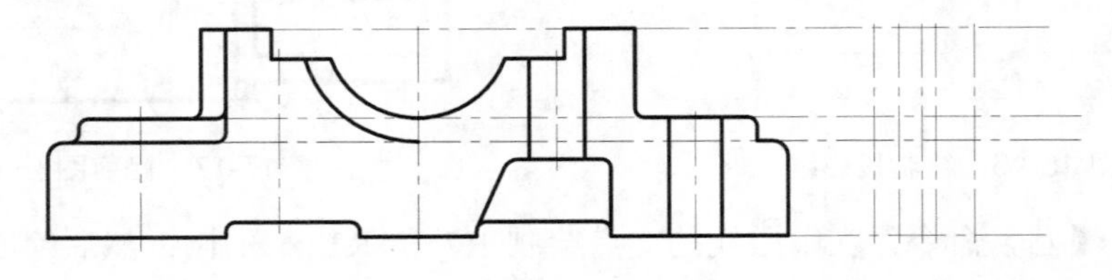

图 15-24　绘制辅助线

(4) 执行【修剪】命令，修剪左视图轮廓并转换到【轮廓线】图层，如图 15-25 所示。

(5) 执行【偏移】命令，将垂直中心线向右偏移 7、12.5、20.5、24.5、32.5，如图 15-26 所示

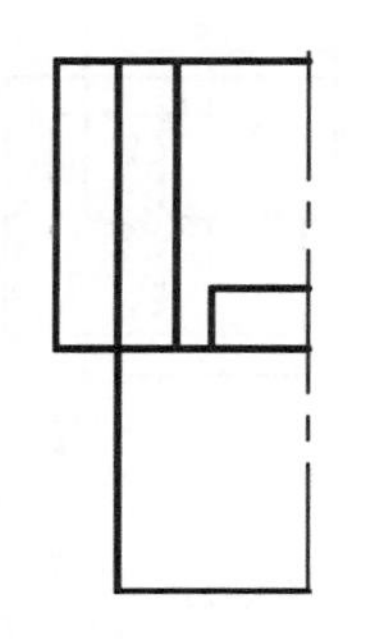

图 15-25　修剪图形

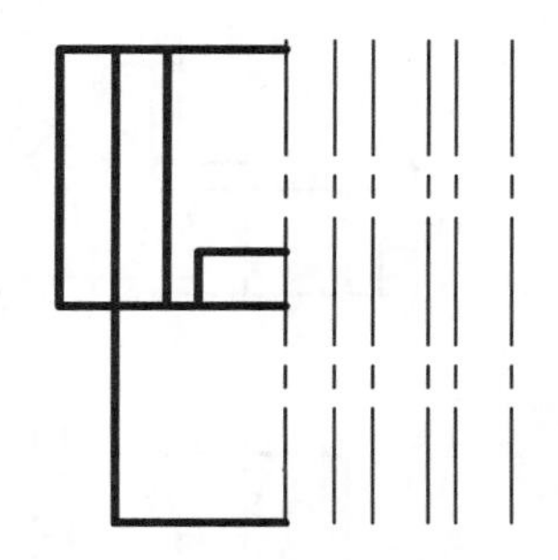

图 15-26　偏移直线

(6) 执行【直线】命令，根据三视图 “高平齐”的原则，在主视图中向右绘制辅助线，如图 15-27 所示。

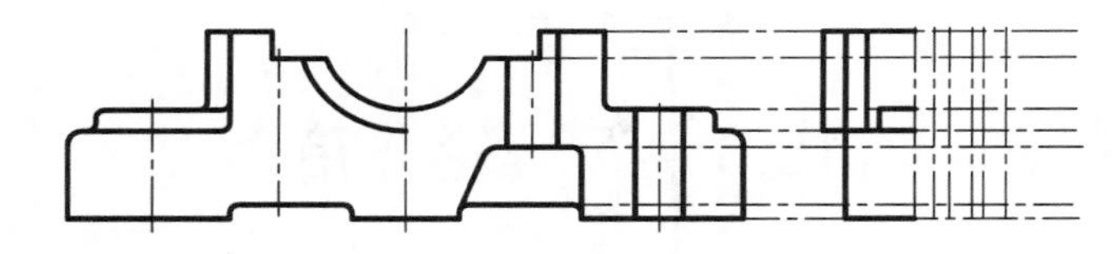

图 15-27　绘制辅助线

(7) 执行【修剪】命令，修剪左视图轮廓，然后将线条转换到【轮廓线】图层，如图 15-28 所示。

(8) 执行【圆角]命令，创建 R3 和 R5 的圆角，如图 15-29 所示。

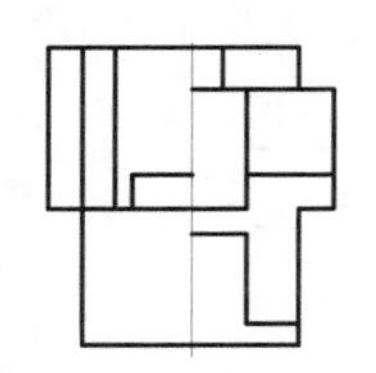

图 15-28　修剪图形

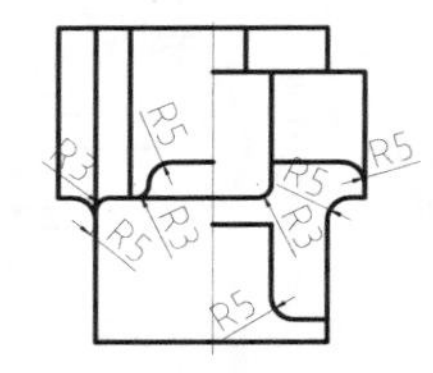

图 15-29　创建圆角

(9) 将【细实线】图层设置为当前图层，执行【图案填充】命令，设置填充图案为 ANSI31，填充剖面线，结果如图 15-30 所示。

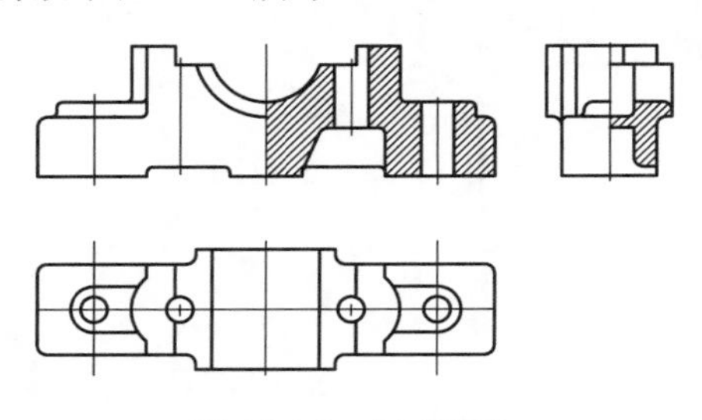

图 15-30　图案填充

(10) 调整 3 个视图的位置，通过【标注】工具栏对图形进行标注；使用【多行文字】命令添加技术要求，结果如图 15-31 所示。

(11) 选择【文件】|【保存】命令，保存文件，完成轴承座的绘制。

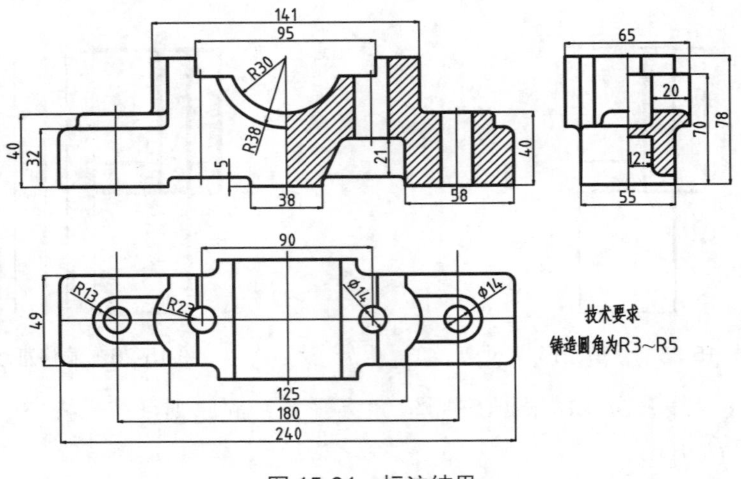

图 15-31　标注结果

15.3 涡　轮　箱

本节绘制如图 15-32 所示的涡轮箱零件图。

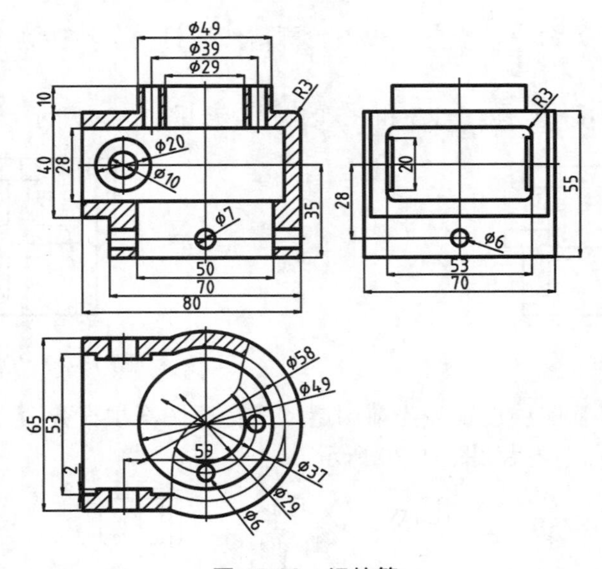

图 15-32　涡轮箱

15.3.1 绘制主视图

(1) 单击快速访问工具栏中的【新建】按钮，选择素材文件夹中的“A4.dwt”样板文件，新建一个图形文件。

(2) 将【中心线】图层设置为当前图层，执行【直线】命令，绘制中心线，如图 15-33 所示。

(3) 将【轮廓线】图层设置为当前图层，执行【直线】命令，绘制轮廓线，如图 15-34 所示。

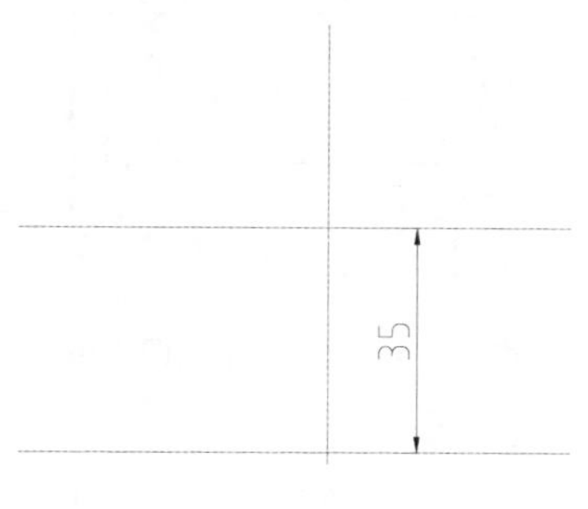

图 15-33　绘制中心线

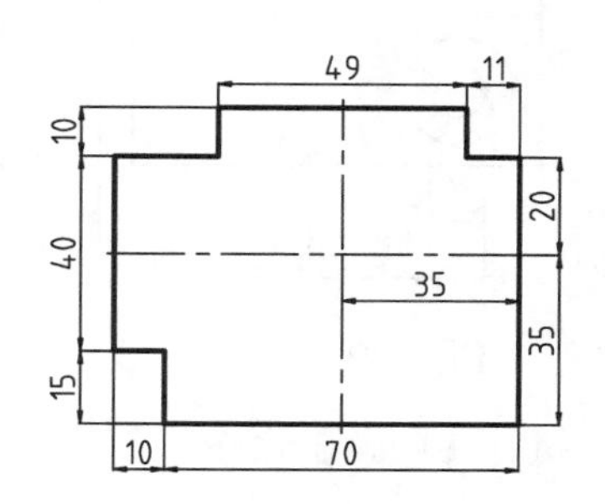

图 15-34　绘制轮廓线

(4) 执行【偏移】命令，将水平中心线对称偏移 14，将垂直中心线对称偏移 14.5、25，将左侧边线向右偏移 74，如图 15-35 所示。

(5) 执行【修剪】命令，修剪偏移直线，并切换至【轮廓线】图层，如图 15-36 所示。

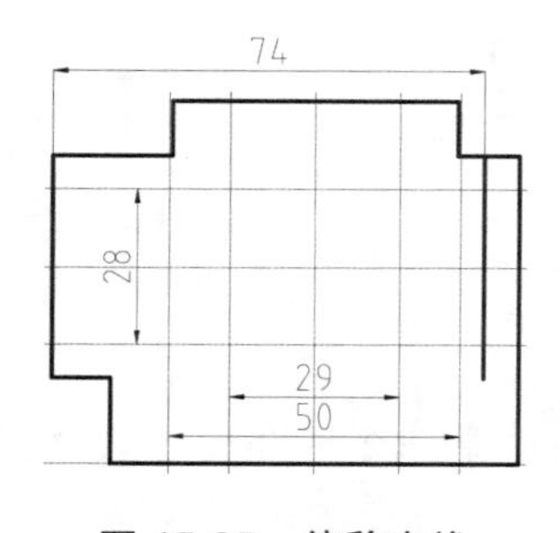

图 15-35　偏移直线

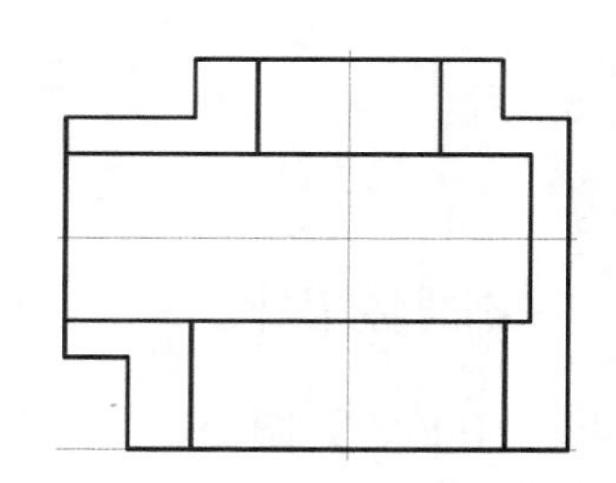

图 15-36　修剪图形

(6) 执行【偏移】命令，将水平中心线向下偏移 28，将垂直中心线向左偏移 30，如图 15-37 所示。

(7) 执行【圆】命令，捕捉中心线的交点，绘制如图 15-38 所示尺寸的圆。

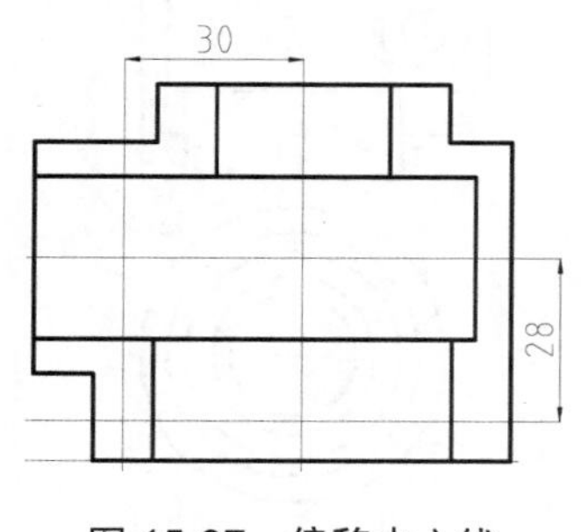

图 15-37　偏移中心线

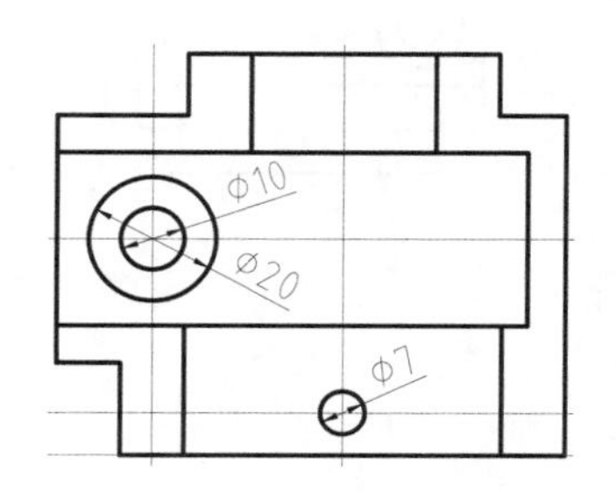

图 15-38　绘制圆

(8) 执行【偏移】命令，将水平中心线对称偏移 3.5，将垂直中心线对称偏移 16.5、19.5、22.5，结果如图 15-39 所示。

(9) 执行【修剪】命令，修剪出孔结构，并将线条转换到【轮廓线】图层，如图 15-40 所示。

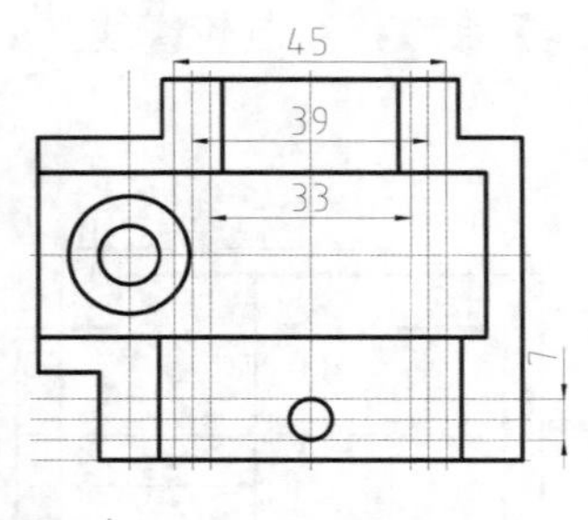

图 15-39 偏移中心线

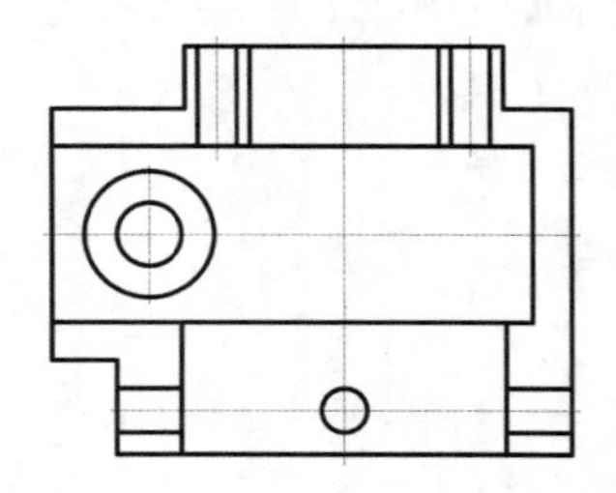

图 15-40 修剪并整理图形

(10) 执行【圆角】命令，创建 R3 的圆角，如图 15-41 所示。

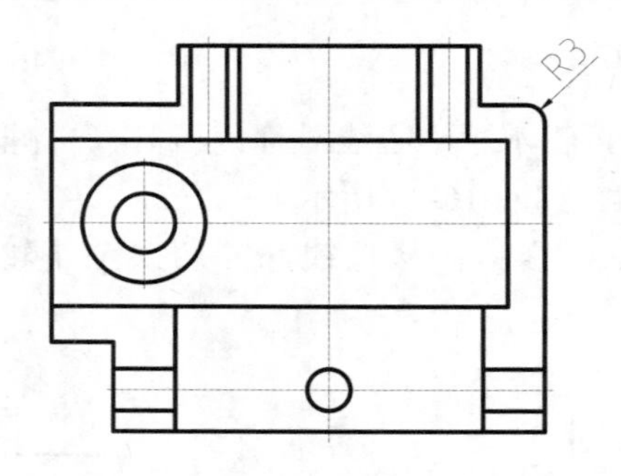

图 15-41 创建圆角

15.3.2 绘制俯视图

(1) 将【中心线】图层设置为当前图层，执行【直线】命令，在俯视图位置绘制与主视图对齐的中心线，如图 15-42 所示。

(2) 执行【圆】命令，以中心线交点为圆心，绘制 R14.5、R18.5、R24.5、R29、R35 的圆，如图 15-43 所示。

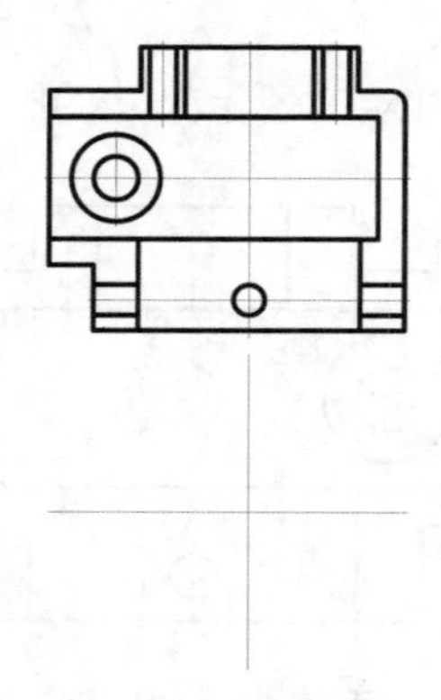

图 15-42 绘制中心线

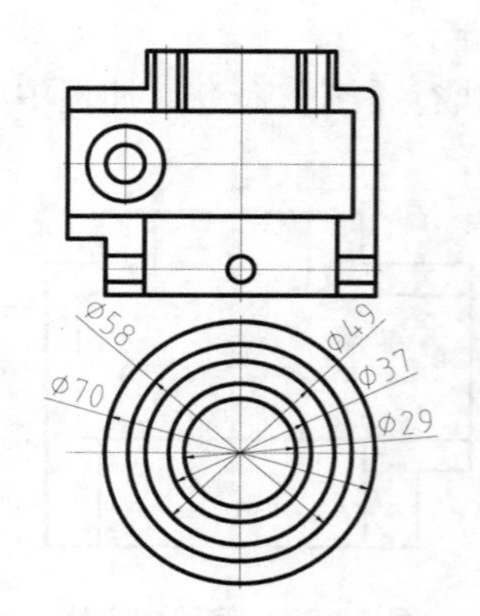

图 15-43 绘制同心圆

(3) 执行【直线】命令，在主视图中向下绘制辅助线，如图 15-44 所示。

(4) 执行【偏移】命令，将水平中心线对称偏移 24.5、26.5、32.5，结果如图 15-45 所示。

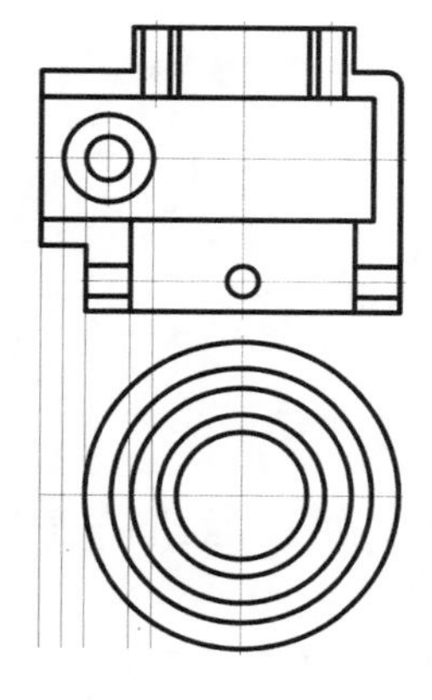

图 15-44　绘制辅助线

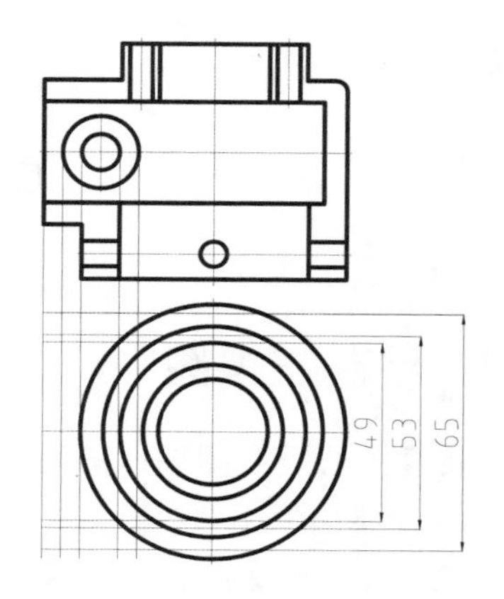

图 15-45　偏移直线

(5) 执行【修剪】命令，对偏移直线进行修剪，并将修剪后的线条转换到【轮廓线】图层，将ϕ37 的圆转换到【中心线】图层，如图 15-46 所示。

(6) 将【轮廓线】图层设置为当前图层，执行【圆】命令，捕捉中心线与ϕ37 圆的交点，绘制 R3 的圆孔，如图 15-47 所示。

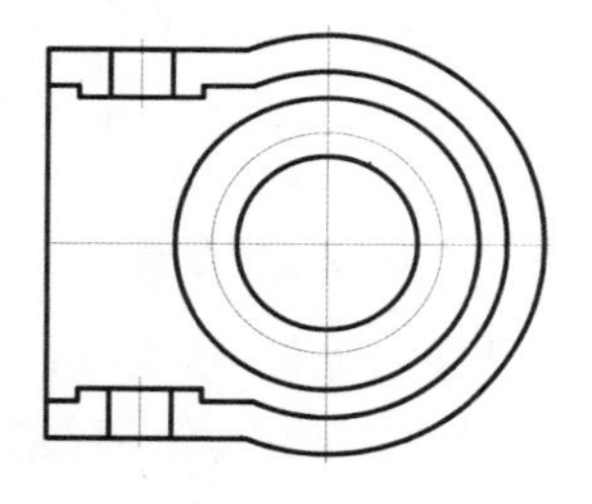

图 15-46　修剪图形

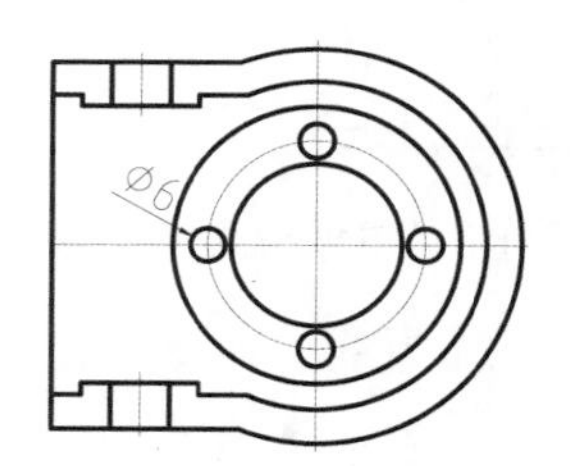

图 15-47　绘制圆孔

(7) 将【细实线】图层设置为当前图层，执行【样条曲线】命令，绘制样条曲线，如图 15-48 所示。

(8) 执行【修剪】命令，以样条曲线为边界修剪图形，如图 15-49 所示。

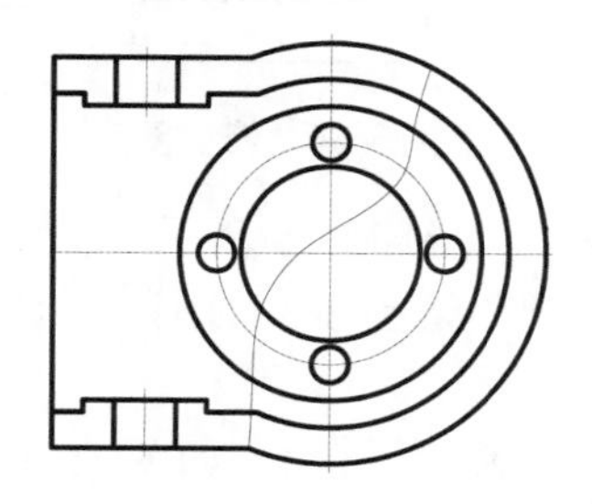

图 15-48　绘制样条曲线

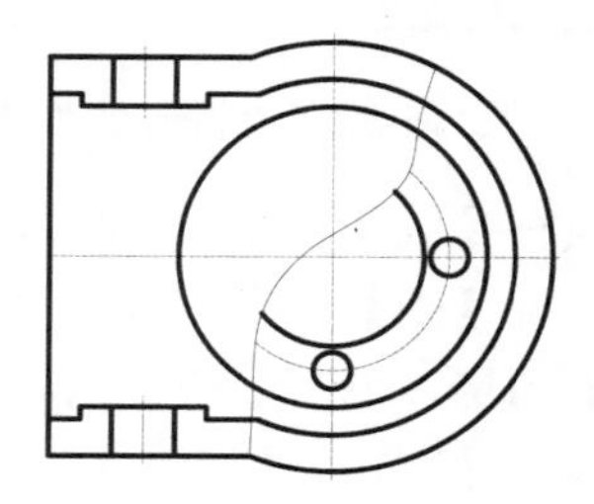

图 15-49　修剪图形

(9) 执行【打断于点】命令，将 R29 的圆在样条曲线的两交点打断，将一侧的圆弧切换到【虚线】图层，如图 15-50 所示。

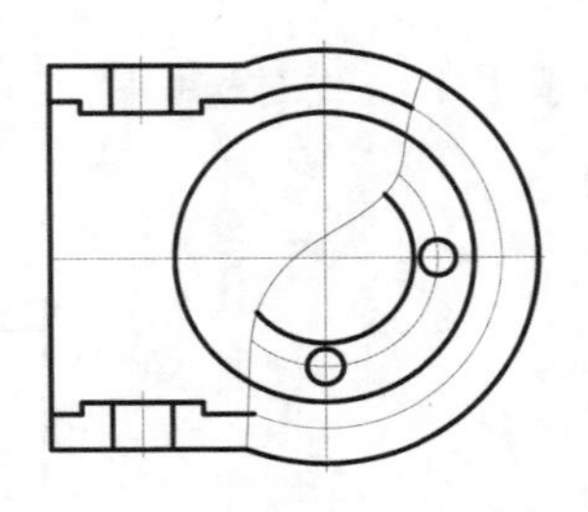

图 15-50　切断图形

15.3.3　绘制左视图

(1) 将【中心线】图层设置为当前图层，执行【直线】命令，绘制与主视图对齐的中心线，如图 15-51 所示。

(2) 执行【偏移】命令，将垂直中心线对称偏移 24.5、26.5、32.5、35，如图 15-52 所示。

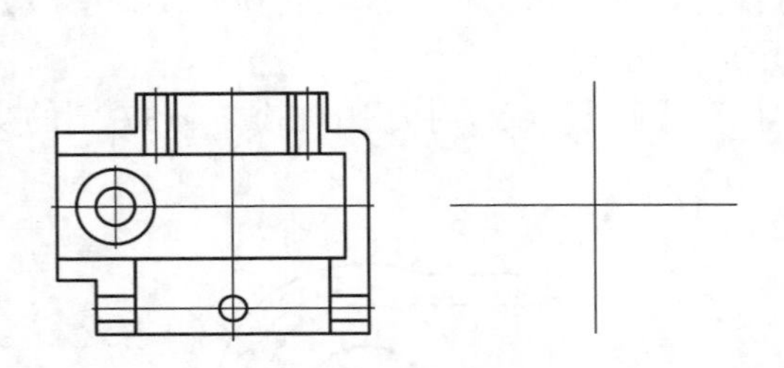

图 15-51　绘制中心线

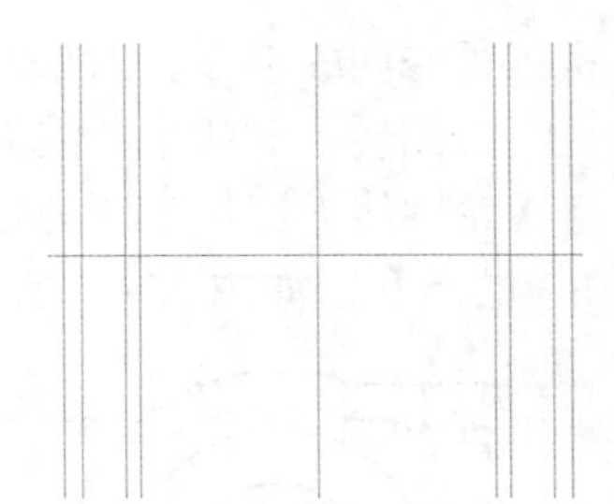

图 15-52　偏移直线

(3) 执行【直线】命令，在主视图中向右绘制水平辅助线，如图 15-53 所示。

(4) 执行【修剪】命令，修剪出左视图轮廓，并将线条转换到【轮廓线】图层，如图 15-54 所示。

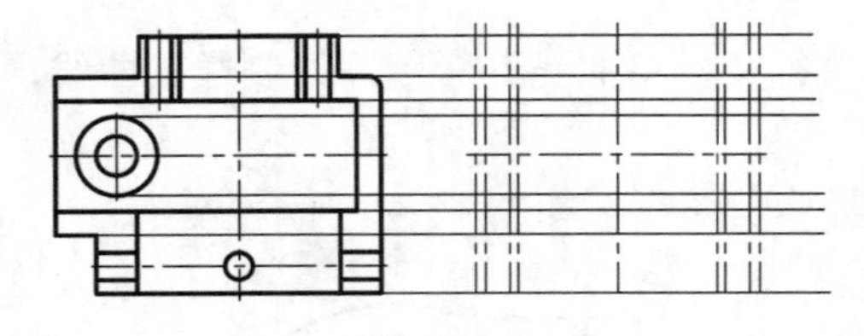

图 15-53　绘制辅助线

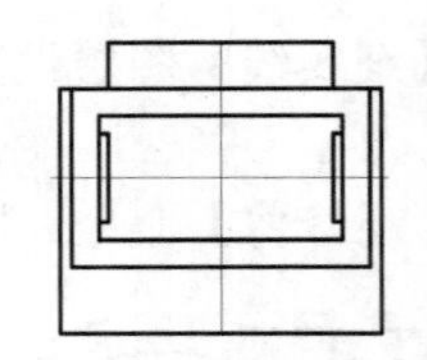

图 15-54　修剪图形

(5) 执行【偏移】命令，将水平中心线向下偏移 28，如图 15-55 所示。

(6) 执行【圆】命令，以偏移线与中心线的交点为圆心绘制 R3 的圆，并将圆转换到【轮廓线】图层，调整中心线长度，如图 15-56 所示。

(7) 执行【圆角】命令，在左视图中的内部边角创建 R3 的圆角，如图 15-57 所示。

(8) 将【细实线】图层设置为当前图层，执行【图案填充】命令，设置填充图案为 ANSI31，填充剖面线，结果如图 15-58 所示。

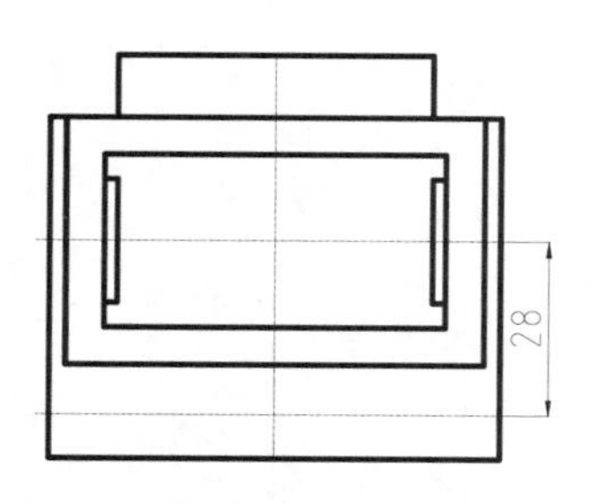

图 15-55　偏移直线

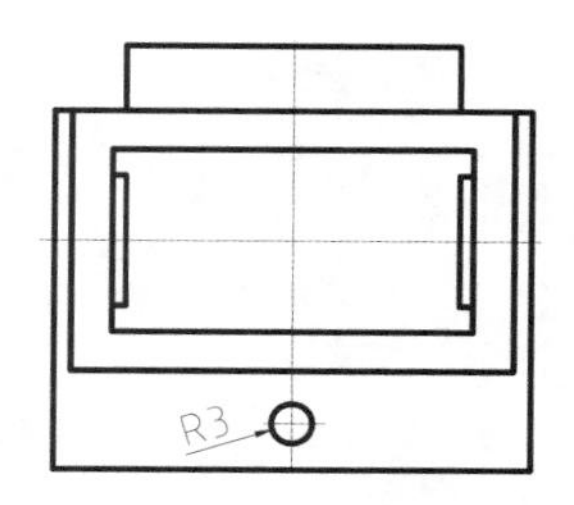

图 15-56　绘制圆

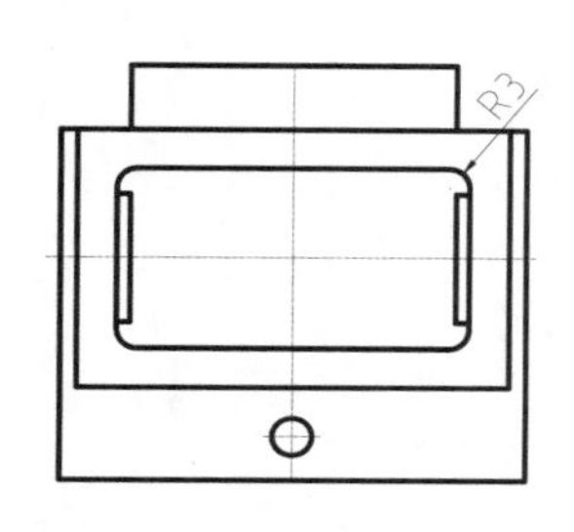

图 15-57　圆角

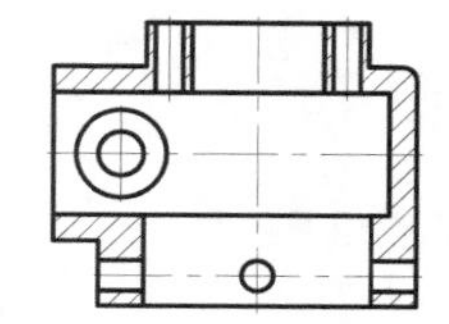

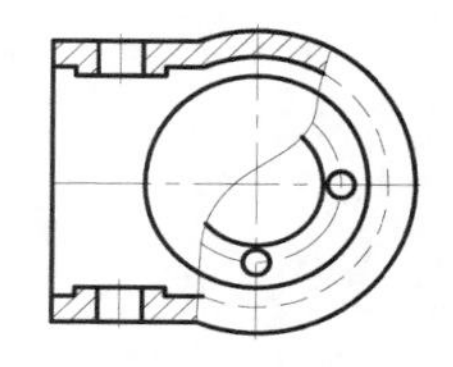

图 15-58　图案填充

(9) 调整 3 个视图的位置，通过【标注】工具栏，对图形进行标注，结果如图 15-59 所示。

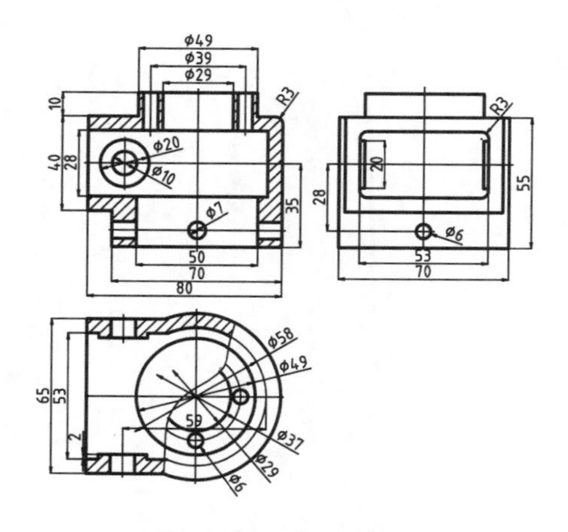

图 15-59　标注结果

(10) 选择【文件】|【保存】命令，保存文件，完成涡轮箱的绘制。

第 16 章

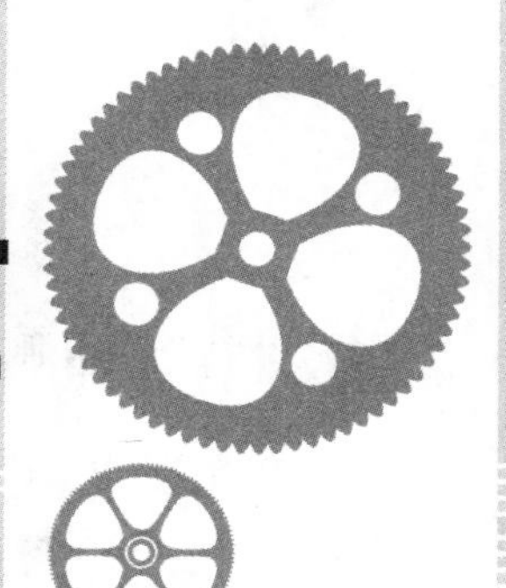

轴测图的绘制

本章导读

轴测图实际上是一种二维绘图技术，它属于单面平行投影，同时能反映立体的正面、侧面和水平面的形状，立体感较强，接近人们的视觉习惯。因此，在工程设计和工业生产中，轴测图经常被用来作为辅助图样。

学习目标

- 了解轴测图的形成和分类，掌握 AutoCAD 中激活轴测图模式的方法。
- 掌握轴测图模式中绘制直线、圆和圆弧的方法，掌握在轴测图中标注文字和尺寸的方法。
- 掌握正等轴测图和斜二轴测图的绘制方法。

16.1 轴测图概述

16.1.1 轴测图的形成

轴测图的形成如图 16-1 所示，被选定的投影面 P 称为轴测投影面；空间直角坐标轴 OX、OY、OZ(投影轴)在轴测投影面内的投影 O_1X_1、O_1Y_1、O_1Z_1 称为轴测轴；两轴测轴之间的夹角$\angle X_1O_1Y_1$、$\angle X_1O_1Z_1$、$\angle Y_1O_1Z_1$ 称为轴间角；轴测轴上的单位长度与空间直角坐标轴上对应单位长度的比值，称为轴向伸缩系数。OX、OY、OZ 的轴向伸缩系数分别用 p_1、q_1、r_1 表示，图中，$p_1= O_1A_1/OA$，$q_1= O_1B_1/OB$，$r_1= O_1C_1/OC$。其中轴间角和轴向伸缩系数是绘制轴测图中两个重要的参数，模型的投影关系就由这两个参数反映。

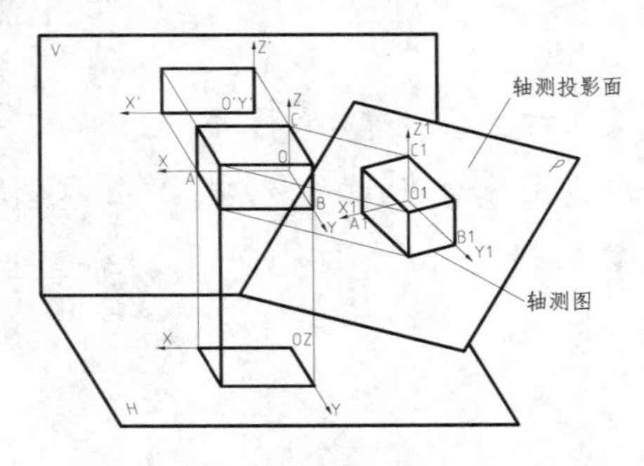

图 16-1 轴测投影图

16.1.2 轴测图的特点

根据轴测图的形成方式，可知轴测图具有以下几点特征。

- 物体上相互平行的直线在轴测投影中仍然平行；空间上平行于某坐标的线段，在轴测图上仍平行于相应的轴测轴。
- 空间上平行于某坐标的线段，其轴测投影与原线段长度之比，等于相应的轴向伸缩系数。
- 物体上不平行于坐标轴的直线，可根据坐标法确定其两端点然后连线画出。
- 物体上不平行轴测投影面的平面图形，在轴测图中变成原形的类似形，如圆变成椭圆，正方形变成平行四边形。

由以上特点可知，若已知轴测各轴向伸缩系数，即可绘制出平行于轴测轴的各线段长度。

16.1.3 轴测图的分类

根据轴测图的形成方式可知，投射线方向和轴测投影面的位置不同，其创建的轴测图也不同，轴测图分为正轴测图和斜轴测图两类。

- 正轴测图是投射线方向垂直于轴测投影面所得的图形，包括正等轴测图($p=q=r$)、正二轴测图($p=r\neq q$)、正三轴测图($p\neq q\neq r$)。其中，正等轴测图是最常

用的正轴测图，简称正等测。

- 斜轴测图是投射线方向倾斜与轴测投影面所得的图形，包括斜等轴测图(p=q=r)、斜二轴测图(p=r≠q)、斜三轴测图(p≠q≠r)。其中，斜二轴测图是最常用的斜轴测图，简称斜二测。

16.1.4　正等轴测图的形成和特点

如图 16-2 所示，表示了正等轴测图的轴测图、轴间角和轴向伸缩系数等参数及画法。正等测图的轴间角均为 120°，且 3 个轴向伸缩系数相等，经推断可以得出：$p_1=q_1=r_1=0.82$，实际绘制图时，为了简便，一般采用 $p_1=q_1=r_1=1$ 的简化伸缩系数绘图，但这样的比例绘制的图形比实际物体放大了 1/0.82=1.22 倍。

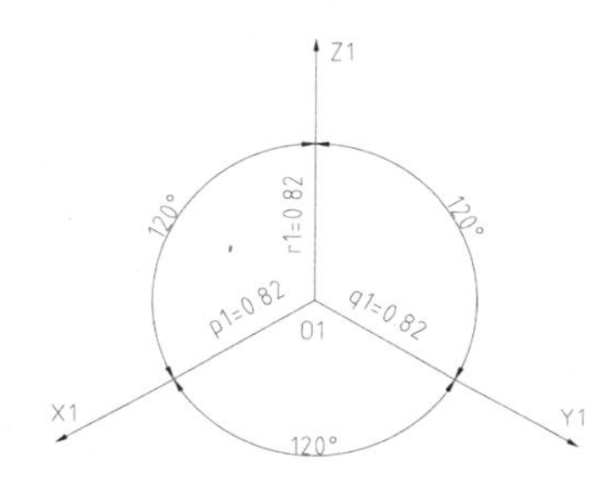

图 16-2　正等轴测图的参数

16.1.5　斜二测图的形成和画法

如图 16-3 所示，表示斜二测图的轴测图、轴间角和轴向伸缩系数等参数和画法，可以看出，在斜二测图中，$O_1X_1 \perp O_1Z_1$ 轴，O_1Y_1 与 O_1X_1 、O_1Z_1 的夹角均为 135°，3 个轴向伸缩系数分别为 $p_1=r_1=1$，$q_1=0.5$。

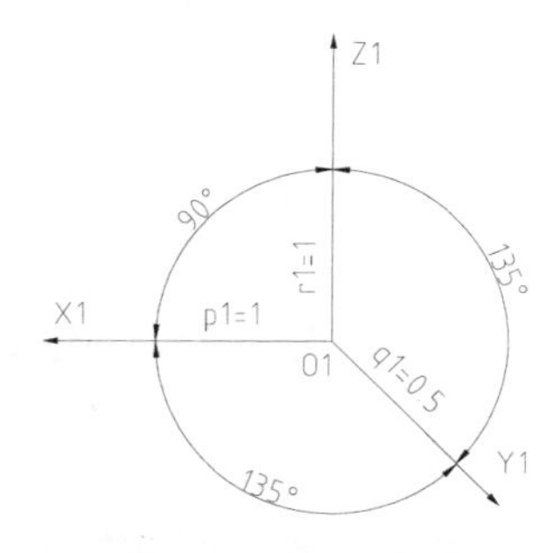

图 16-3　斜二测图的参数

16.1.6　轴测图的激活

AutoCAD 为绘制轴测图提供轴测图绘图环境，在这个环境中，系统提供了轴测绘图工具以帮助用户方便地绘制轴测图。用户可以使用【绘图设置】激活轴测图的模式，也可执行 snap 命令来激活轴测图模式。

1. 使用【绘图设置】激活

在命令行中输入 DSETTINGS 并按 Enter 键，或选择【工具】|【绘图设置】命令，弹出【草图设置】对话框，切换到【捕捉和栅格】选项卡，在【捕捉类型】选项组中选择【等轴测捕捉】单选按钮，如图 16-4 所示，单击【确定】按钮，启动等轴测模式，此时绘图的光标显示等轴测图样式。在绘制等轴测图时，按 F5 键来切换绘图的平面，等轴测模式有俯视、右视、左视 3 种绘图平面，3 种平面状态下的光标显示如图 16-5 所示。

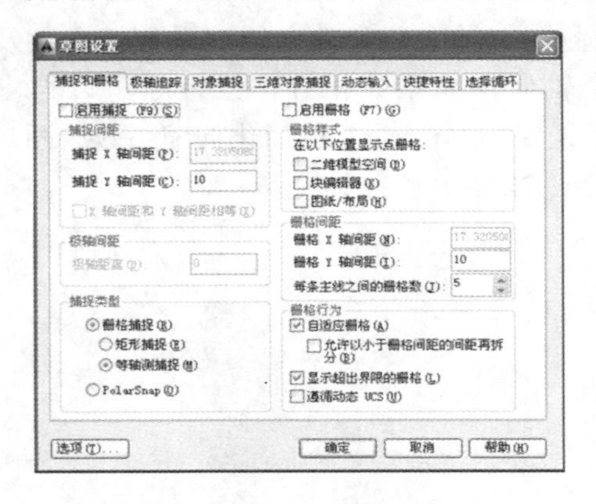

图 16-4　激活轴测图绘制模式

图 16-5　3 种平面状态下的光标

2. 执行 SNAP 命令激活

AutoCAD 中 snap 命令可在标准绘图模式与轴测图模式之间进行切换，在命令行中输入 SNAP 并按 Enter 键，选择【样式(S)】选项，然后选择【等轴测(I)】模式，根据需要指定垂直距离，按 Enter 键启动等轴测模式。命令行的操作过程如下。

```
命令: SNAP↙                                                //执行 SNAP 命令
指定捕捉间距或 [打开(ON)/关闭(OFF)/纵横向间距(A)/传统(L)/样式(S)/类型(T)]
<0.5000>: s↙                                               //激活样式选项
输入捕捉栅格类型 [标准(S)/等轴测(I)] <S>: i↙                //激活等轴测选项
指定垂直间距 <0.5000>:↙                                     //输入垂直间距
```

提示

必要时，用户可在【捕捉和栅格】选项卡中设置【捕捉 Y 轴间距】的参数，如果系统提示“栅格太密，无法显示”信息时，可将栅格的间距设置得大一些。

16.2　轴测投影模式绘图

将绘图模式设置为等轴测模式后，用户可以方便地绘制出直线、圆、圆弧和文本的轴测图。运用这些基本的图形对象可以组成复杂形体(组合体)的轴测投影图。

在绘制等轴测图时，切换绘图平面的方法有以下 3 种。

- 在命令行中输入 ISOPLANE 并按 Enter 键，输入首字母 L(左视)、T(俯视)、R(右视)来转换相应的轴测面，并按 Enter 键。

- 按 Ctrl+E 组合键。
- 按 F5 键。

16.2.1　绘制直线

在等轴测模式下绘制直线与正常绘图模式相同，不过等轴测图中经常需要绘制特定角度上的直线，在等轴测模式下绘制平行线，一般使用【复制】或【偏移】命令来完成，需要注意的是等轴测模式下，偏移距离不再是两直线的真实距离。

1. 极轴追踪绘制直线

等轴测模式绘图时，平行与 3 个坐标轴方向的直线分别为 30°、90°和 150°极轴方向，因此这 3 个角度是最常用的追踪角度。在等轴测模式下，开启极轴追踪、对象捕捉和自动追踪功能，并在【草图设置】对话框中设置极轴追踪增量角为 30°，如图 16-6 所示，这样就能很方便地绘制出 30°、90°或 150°方向的直线，能快速定位特殊角度的直线。

2. 正交模式绘制直线

与一般绘图模式不同，等轴测绘图模式下的正交功能不再捕捉到水平和竖直方向。具体的方向与所在的绘图平面有关，例如在俯视平面，正交捕捉角度为 30°、150°、210°和 330°；在右视平面，正交捕捉角度为 30°、90°、210°和 270°，即正交捕捉与光标显示的坐标轴平行，如图 16-7 所示。

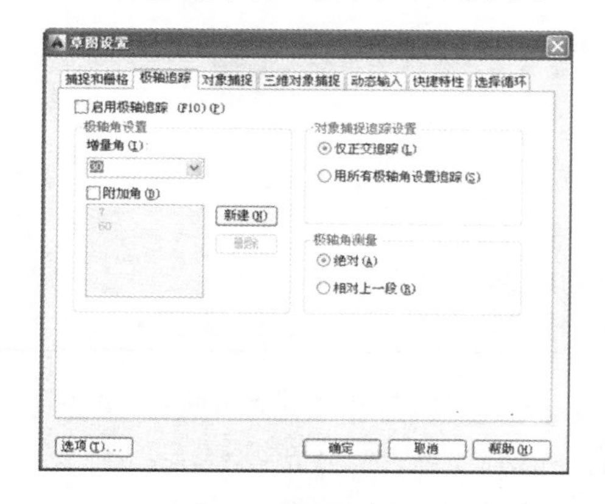

图 16-6　设置极轴捕捉增量角度

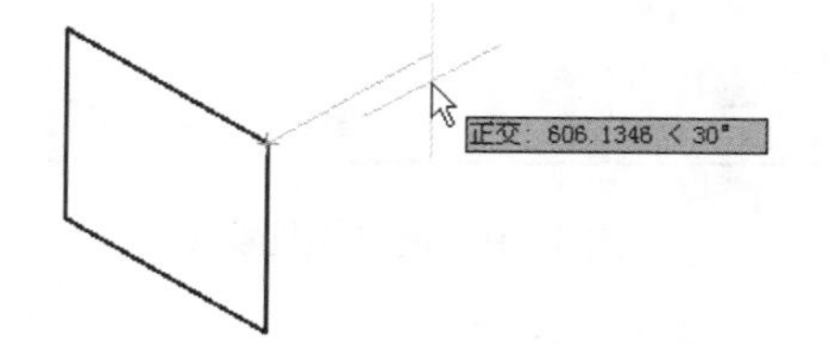

图 16-7　等轴测模式下的正交绘图

3. 极坐标绘制直线

绘制的直线与不同的轴测轴平行时，输入的极坐标值与极坐标角度将不同。

- 当直线与 X 轴平行时，极坐标角度输入 30°或-150°。
- 当直线与 Y 轴平行时，极坐标角度输入-30°或 150°。
- 当直线与 Z 轴平行时，极坐标角度输入 90°或-90°。
- 当直线不与任何轴平行时，先通过测量定位直线两端点，然后绘制连线。

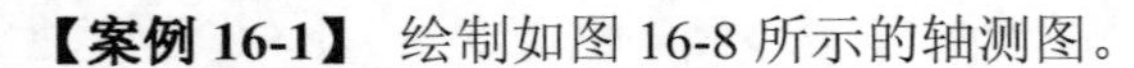

【**案例 16-1**】 绘制如图 16-8 所示的轴测图。

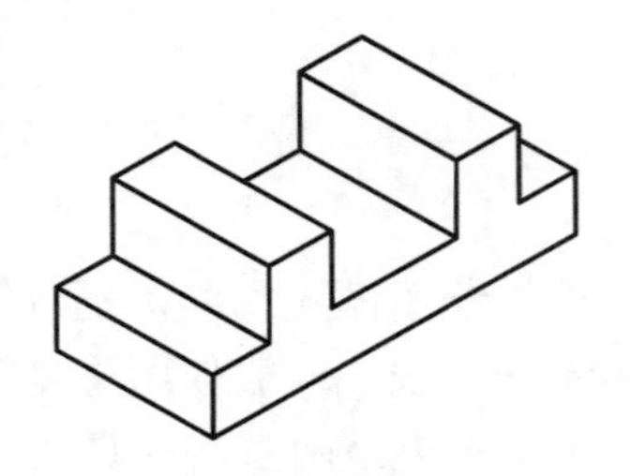

图 16-8 轴测图

(1) 单击快速访问工具栏中的【新建】按钮，新建一个图形文件。

(2) 在命令行中输入 DS 并按 Enter 键，弹出【草图设置】对话框，切换到【捕捉和栅格】选项卡，在【捕捉类型】选项组中选择【等轴测捕捉】单选按钮，启动等轴测模式，如图 16-9 所示。

(3) 切换到【极轴追踪】选项卡，设置【增量角】为 30°，如图 16-10 所示，单击【确定】按钮，完成等轴测绘图的设置。

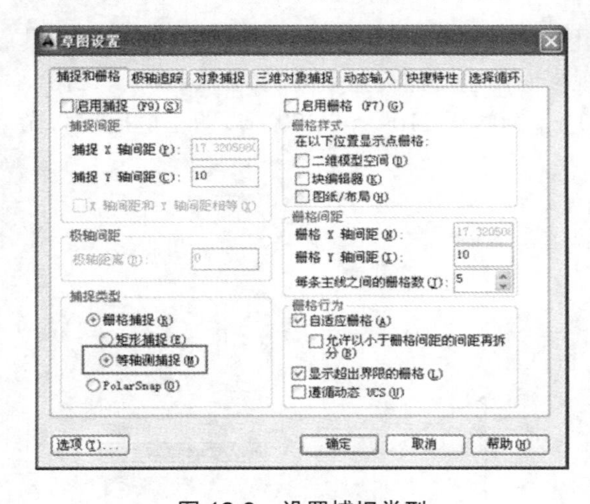

图 16-9 设置捕捉类型

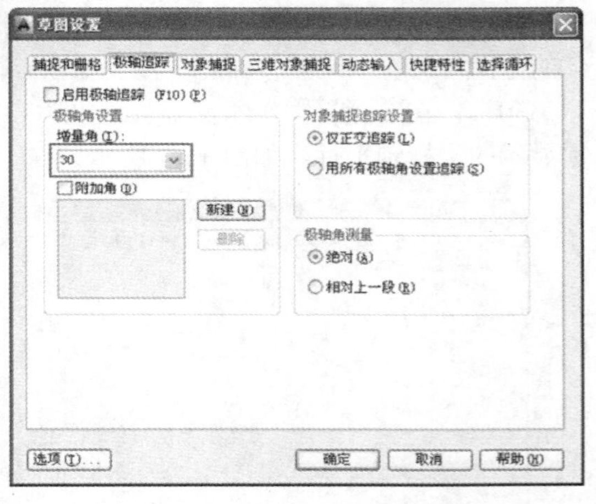

图 16-10 设置增量角

(4) 按 F5 键将当前轴测图切换到俯视平面，并按 F8 键打开【正交】开关。

(5) 单击【绘图】工具栏中的【直线】按钮，绘制零件的俯视平面，如图 16-11 所示，命令行操作如下。

```
命令: _line                                   //执行【直线】命令
指定第一个点:                                 //绘图区任意指定一点
指定下一点或 [放弃(U)]: 290↙                  //捕捉到 30° 极轴方向并输入线段长度
指定下一点或 [放弃(U)]: 125↙                  //捕捉到 150° 极轴方向并输入线段长度
指定下一点或 [闭合(C)/放弃(U)]: 290↙          //捕捉到 210° 极轴方向并输入线段长度
指定下一点或 [闭合(C)/放弃(U)]: c↙            //选择【闭合】选项
```

(6) 按 F5 键将轴测平面切换到右视平面，单击【绘图】工具栏中的【直线】按钮，绘制前端面轮廓，如图 16-12 所示。命令行操作如下。

```
命令: _line↙                                  //执行【直线】命令
```

```
指定第一个点:                                    //以四边形最下角点为起点
指定下一点或 [放弃(U)]: 45↙                      //捕捉到 90° 极轴方向，输入线段长度
指定下一点或 [放弃(U)]: 45↙                      //捕捉到 30° 极轴方向，输入线段长度
指定下一点或 [闭合(C)/放弃(U)]: 55↙              //捕捉到 90° 极轴方向，输入线段长度
指定下一点或 [闭合(C)/放弃(U)]: 50↙              //捕捉到 30° 极轴方向，输入线段长度
指定下一点或 [闭合(C)/放弃(U)]: 55↙              //捕捉到 270° 极轴方向，输入线段长度
指定下一点或 [闭合(C)/放弃(U)]: 100↙             //捕捉到 30° 极轴方向，输入线段长度
指定下一点或 [闭合(C)/放弃(U)]: 55↙              //捕捉到 90° 极轴方向，输入线段长度
指定下一点或 [闭合(C)/放弃(U)]: 50↙              //捕捉到 30° 极轴方向，输入线段长度
指定下一点或 [闭合(C)/放弃(U)]: 55↙              //捕捉到 270° 极轴方向，输入线段长度
指定下一点或 [闭合(C)/放弃(U)]: 45↙              //捕捉到 30° 极轴方向，输入线段长度
指定下一点或 [闭合(C)/放弃(U)]:                  //捕捉端点闭合图形
```

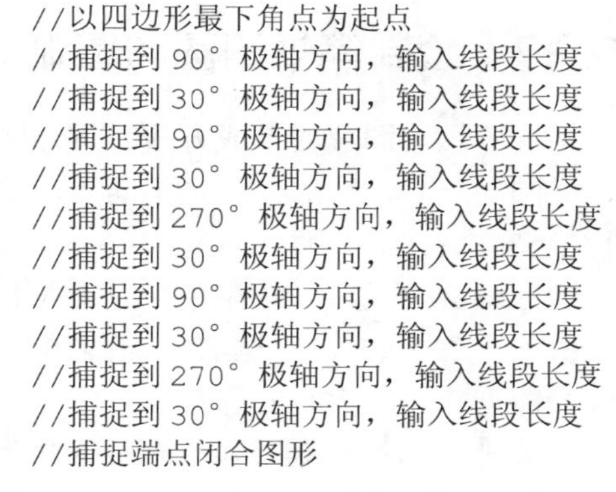

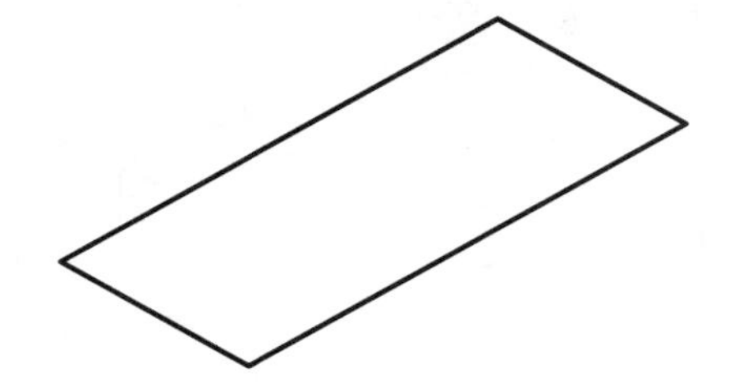

图 16-11 绘制俯视平面图

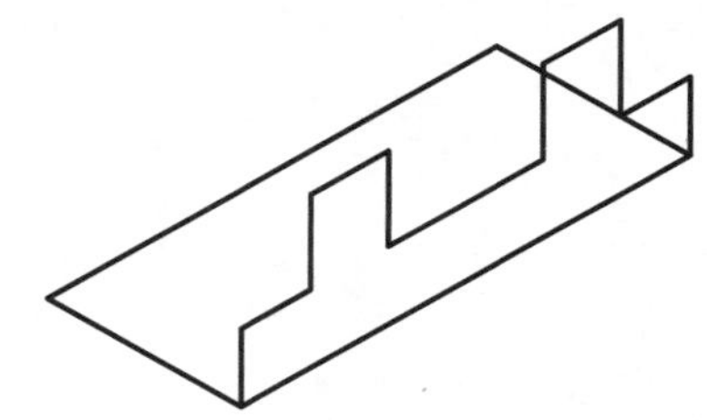

图 16-12 绘制右视平面图

(7) 单击【修改】工具栏中的【复制】按钮，将右视平面轮廓沿 150° 极轴方向复制 125 个单位，如图 16-13 所示。

(8) 单击【绘图】工具栏中的【直线】按钮，捕捉前后两端面的端点，绘制连接直线，如图 16-14 所示。

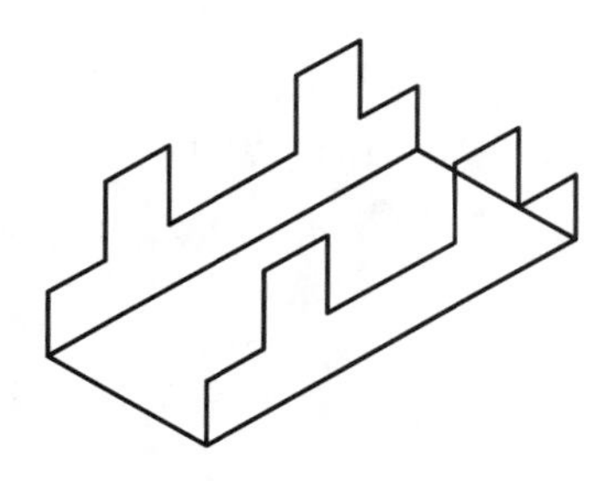

图 16-13 复制图形

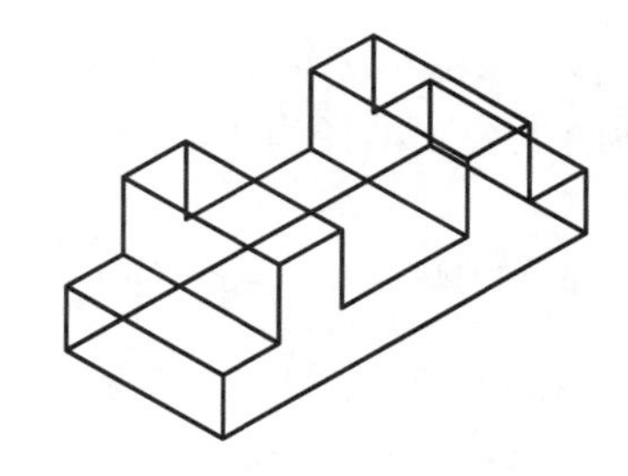

图 16-14 绘制连接线

(9) 单击【修改】工具栏中的【修剪】按钮，修剪被遮挡的线条，结果如图 16-15 所示。

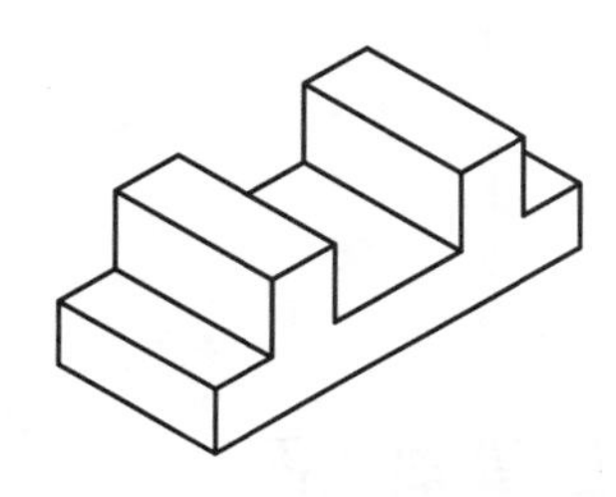

图 16-15 绘制结果

16.2.2 绘制等轴测圆和圆弧

根据等轴测图形的形成方式，可知圆的等轴测图投影是椭圆，当圆位于不同的轴测面时，椭圆的长、短轴的位置是不同的，在绘制等轴测圆之前，首先要按 F5 键将等轴测平面切换到圆所在的平面。

激活轴测模式后，在命令行中输入 ELLIPSE 并按 Enter 键，或单击【绘图】工具栏中的【圆心】按钮，用圆心方式画椭圆，在命令行中选择【等轴测椭圆】选项，输入圆的半径即创建对应大小的椭圆。

在等轴测图中绘制圆弧，一般先执行【椭圆】命令，绘制一个等轴测圆，如图 16-16 所示，然后调用【修剪】命令修剪图形得到圆弧，如图 16-17 所示。

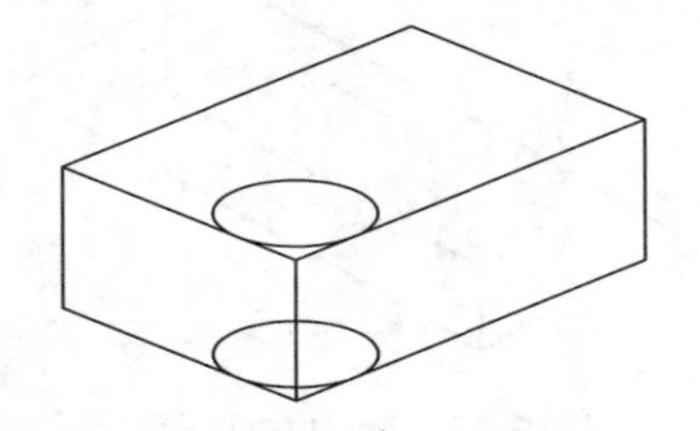
图 16-16　绘制等轴测圆

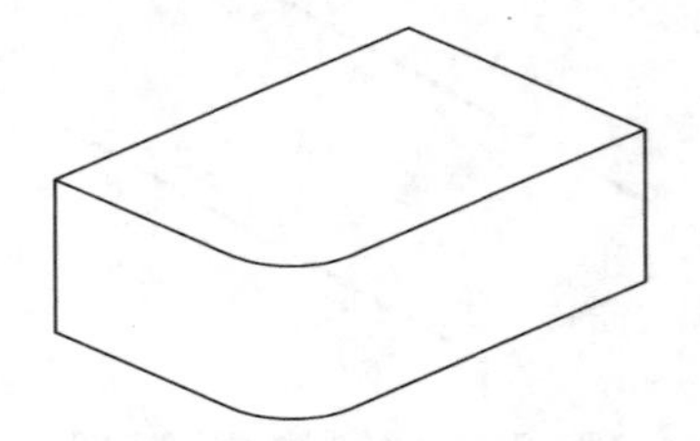
图 16-17　修剪等轴测圆

【案例 16-2】 绘制等轴测圆。

(1) 打开素材文件“第 16 章\案例 16-2.dwg”，如图 16-18 所示。

(2) 在命令行中输入 DS 并按 Enter 键，在【草图设置】对话框中打开等轴测捕捉模式。

(3) 按 F5 键将等轴测平面切换到俯视平面，在命令行中输入 ELL 并按 Enter 键，在长方体顶面上绘制半径为 100 的圆，如图 16-19 所示。命令行操作过程如下。

```
命令: ELL↙                                              //执行【椭圆】命令
指定椭圆轴的端点或 [圆弧(A)/中心点(C)/等轴测圆(I)]: I↙   //选择【等轴测圆】选项
指定等轴测圆的圆心:                                      //在顶面合适位置指定圆心
指定等轴测圆的半径或 [直径(D)]: 100↙                     //输入等轴测圆的半径
```

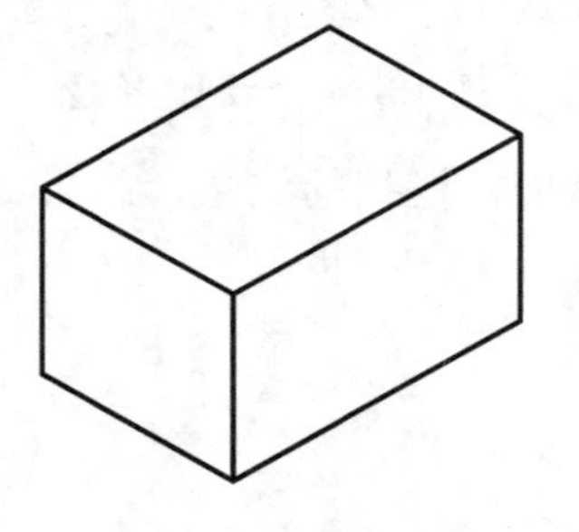
图 16-18　素材图形

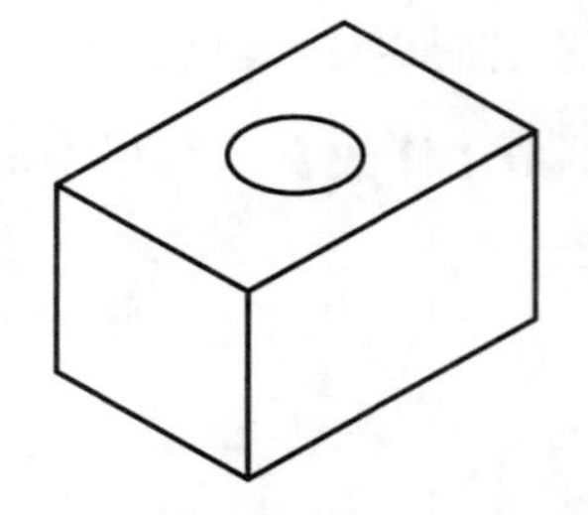
图 16-19　绘制的等轴测圆

16.2.3 实例——绘制支座等轴测图

绘制如图 16-20 所示的等轴测图。

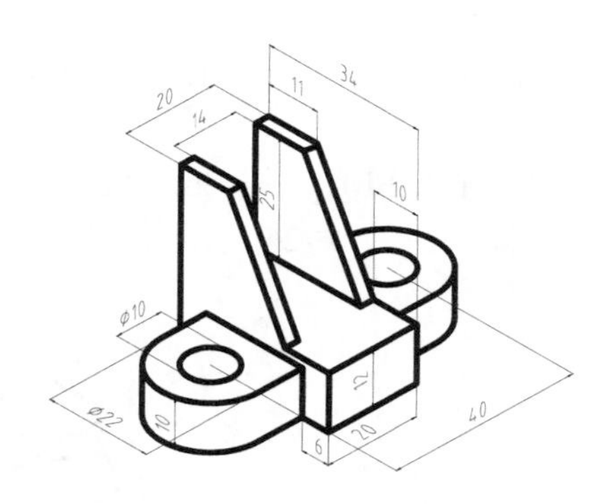

图 16-20　支座的等轴测图

(1) 单击快速访问工具栏中的【新建】按钮，新建一个图形文件。

(2) 在命令行中输入 DS 并按 Enter 键，弹出【草图设置】对话框，切换到【捕捉和栅格】选项卡，在【捕捉类型】选项组中选择【等轴测捕捉】单选按钮，启动等轴测模式，如图 16-21 所示。

(3) 切换到【极轴追踪】选项卡，设置增量角为 30°，如图 16-22 所示，单击【确定】按钮，完成等轴测图绘图的设置。

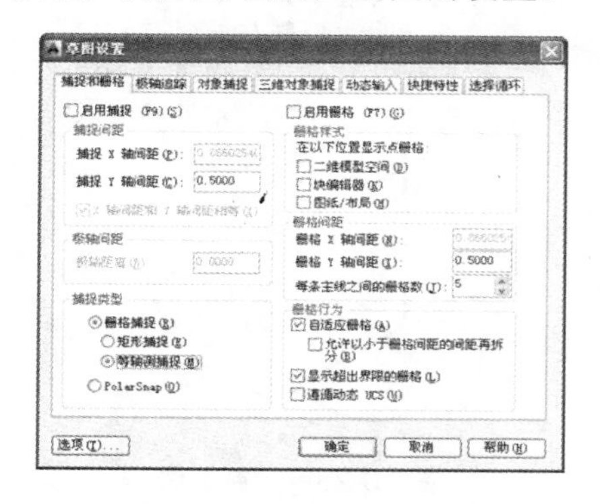

图 16-21　【捕捉和栅格】选项卡

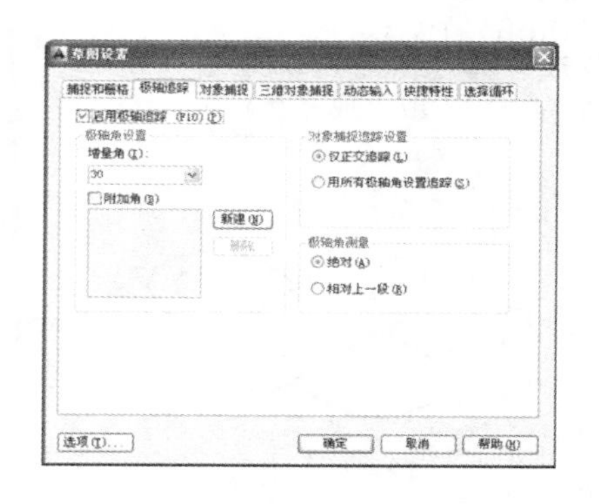

图 16-22　【极轴追踪】选项卡

(4) 按 F5 键将等轴测平面切换到俯视平面，并按 F8 键打开【正交】开关。

(5) 单击【绘图】工具栏中的【构造线】按钮，分别在 30°极轴和 150°极轴方向绘制两条构造线，如图 16-23 所示。

(6) 单击【修改】工具栏中的【复制】按钮，将 150°方向构造线沿 30°极轴方向对称复制 10、20 个单位，将 30°方向构造线沿 150°极轴方向对称复制 11、17 个单位，如图 16-24 所示。

图 16-23　绘制两条构造线

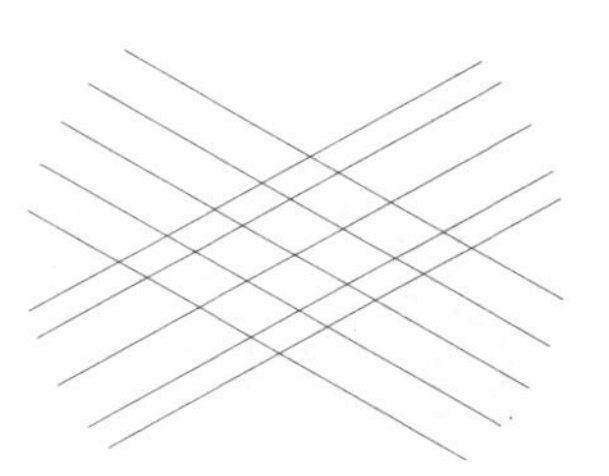

图 16-24　复制构造线

(7) 单击【绘图】工具栏中的【直线】按钮，捕捉构造线的交点，绘制底面轮廓线，如图 16-25 所示。

(8) 删除构造线，在命令行中输入 ELL 并按 Enter 键，选择【等轴测圆】选项，捕捉直线的中点，绘制 R11 的等轴测圆，如图 16-26 所示。

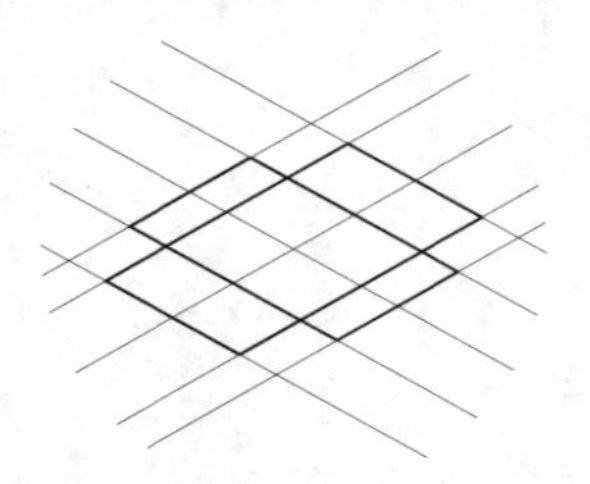

图 16-25　绘制轮廓线

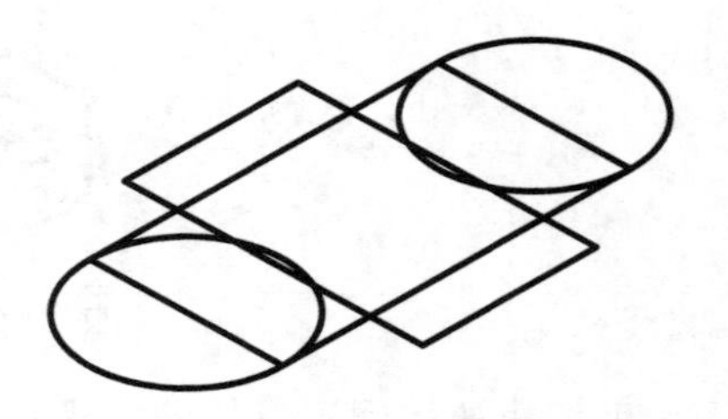

图 16-26　绘制等轴测圆

(9) 单击【修改】工具栏中的【修剪】按钮，修剪图形，如图 16-27 所示。

(10) 按 F5 键将轴测平面切换到左视平面，单击【绘图】工具栏中的【直线】按钮，以四边形顶为起点，绘制两段直线，如图 16-28 所示。命令行操作如下。

```
命令: _line                              //执行【直线】命令
指定第一个点:                            //选择四边形最左端顶点为起点
指定下一点或 [放弃(U)]: 37↙              //捕捉到 90° 极轴方向，输入线段长度
指定下一点或 [放弃(U)]: 11↙              //捕捉到 330° 极轴方向输入线段长度
```

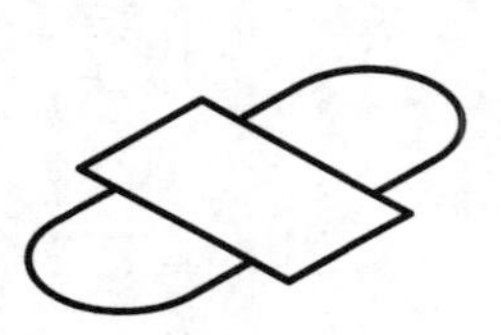

图 16-27　修剪图形

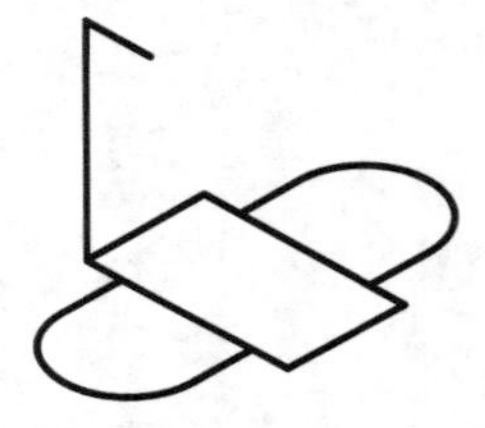

图 16-28　绘制直线

(11) 单击【绘图】工具栏中的【直线】按钮，以四边形顶点为起点绘制直线，如图 16-29 所示，命令行操作如下。

```
命令: _line                              //执行【直线】命令
指定第一个点:                            //以四边形底部的顶点为起点
指定下一点或 [放弃(U)]: 12↙              //捕捉到 90° 极轴方向，输入线段长度
指定下一点或 [放弃(U)]: 10↙              //捕捉到 150° 极轴方向输入线段长度
```

(12) 重复【直线】命令，捕捉端点，绘制连接线，如图 16-30 所示。

图 16-29　绘制直线

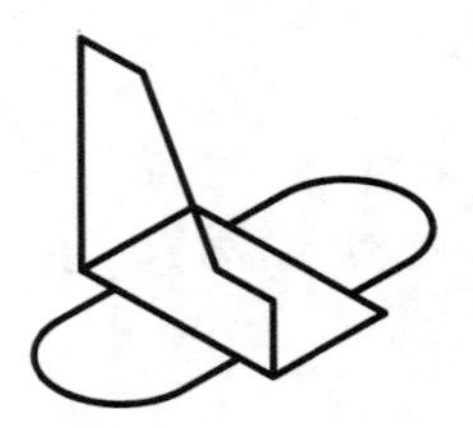

图 16-30　绘制连接线

(13) 单击【修改】工具栏中的【复制】按钮，将矩形沿 90°极轴方向复制 12 个单位，将圆弧及相切直线沿 90°极轴复制 10 个单位，如图 16-31 所示。

(14) 单击【绘图】工具栏中的【直线】按钮，绘制连接线，如图 16-32 所示。

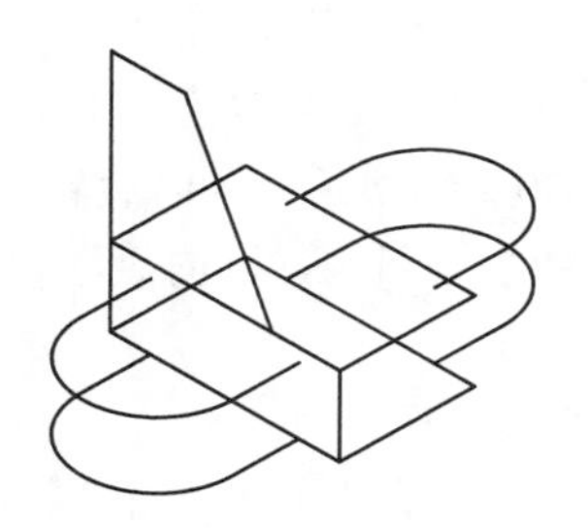

图 16-31　复制图形

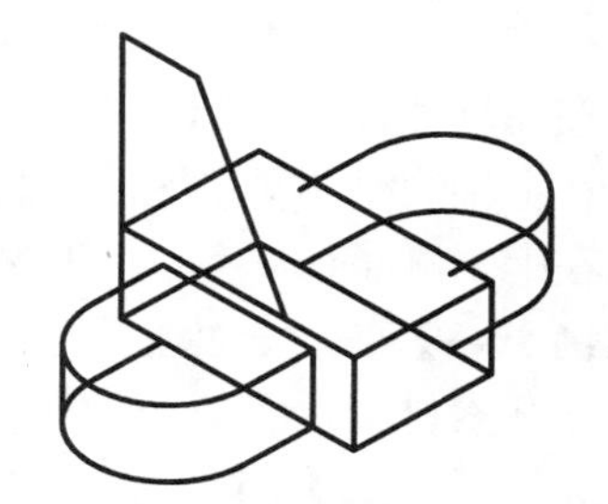

图 16-32　绘制连接线

(15) 单击【修改】工具栏中的【修剪】按钮，修剪图形，如图 16-33 所示。

(16) 单击【修改】工具栏中的【复制】按钮，将梯形轮廓线沿 30°极轴方向复制 3、17、20 个单位，如图 16-34 所示。

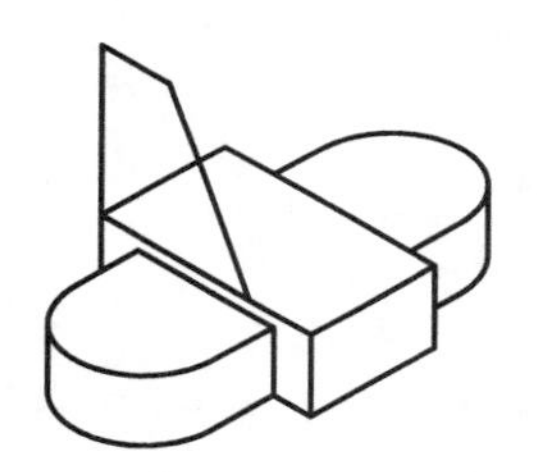

图 16-33　修剪图形

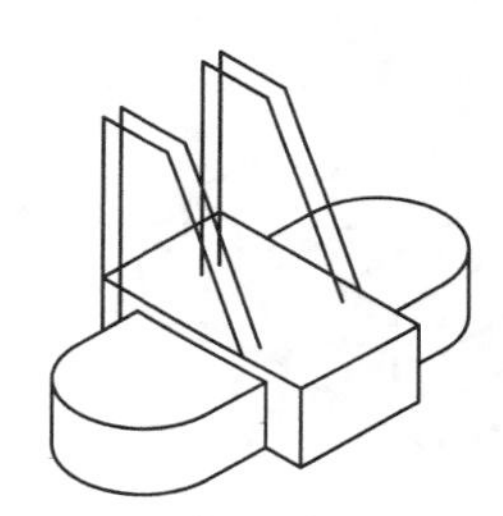

图 16-34　复制图形

(17) 单击【绘图】工具栏中的【直线】按钮，绘制连接线；然后单击【修改】工具栏中的【修剪】按钮，修剪图形，结果如图 16-35 所示。

(18) 按 F5 键将等轴测平面切换到俯视平面。在命令行中输入 ELL 并按 Enter 键，捕捉圆弧的圆心，绘制 R5 的等轴测圆，并修剪被遮挡的圆弧，结果如图 16-36 所示。

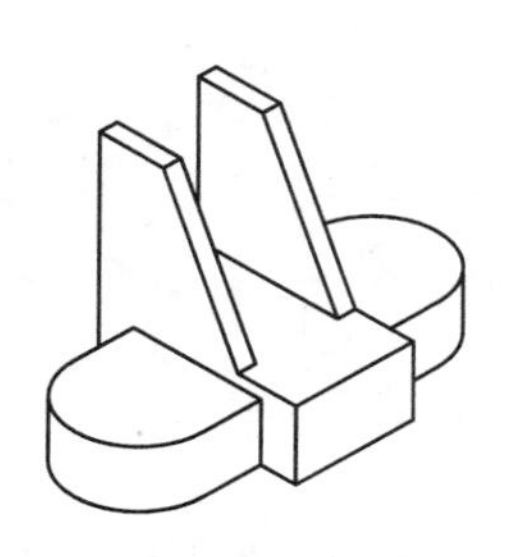

图 16-35　绘制连接线

图 16-36　绘制结果

16.2.4　在轴测图中书写文字

在等轴测图中，不能像普通绘图模式一样直接书写文字，为了在等轴测图中使文字在当前的轴测面上看起来更协调，就得使用倾斜和旋转来设置文字，并且文字倾斜角与旋转角与等侧面的标准角度一样，以 30° 与-30° 为基础进行角度变化。通常在轴测面上编写文字有如下几条规律。

- 在右轴测面上编写，文字需采用 30° 倾斜角，同时旋转角也为 30° 。
- 在左轴测面上编写，文字需采用-30° 倾斜角，同时旋转角也为-30° 。
- 在上轴测面且文字平行于 X 轴时，文字需采用-30° 倾斜角，同时旋转角为 30° 。
- 在上轴测面且文字平行于 Y 轴时，文字需采用 30° 倾斜角，同时旋转角为-30° 。

【案例 16-3】 输入轴测图文字。

(1) 打开素材文件“第 16 章\案例 16-3.dwg”，如图 16-37 所示。

(2) 选择【格式】|【文字样式】命令，弹出【文字样式】对话框，在【字体】下拉列表框中选择 gbenor.shx，选择【使用大字体】复选框，在【大字体】下拉列表框中选择 gbcbig.shx。设置字体高度为 20，倾斜角度为 30° ，如图 16-38 所示。

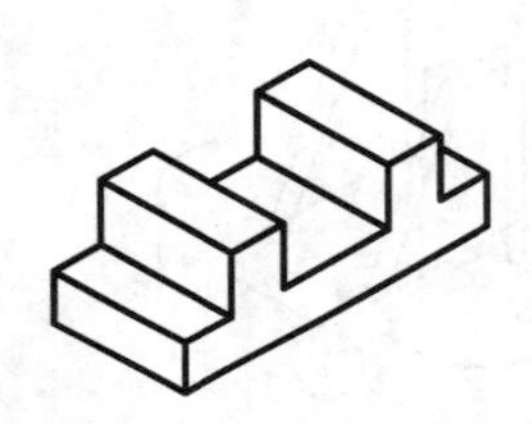

图 16-37 素材图形

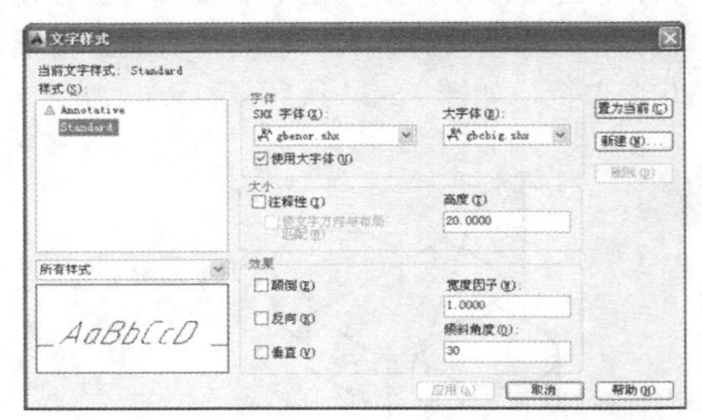

图 16-38 设置文字样式

(3) 在命令行中输入 TEXT 并按 Enter 键，设置文字的旋转角度为 30° ，然后输入“右视轴测面”文字，在轴测图的右侧面上放置该文字，效果如图 16-39 所示。

(4) 按 F5 键将轴测平面切换到俯视轴测面，在命令行中输入 TEXT 并按 Enter 键，指定文字的旋转角度为-30° ，然后输入“俯视轴测面”文字，在轴测图上表面放置该文字，效果如图 16-40 所示。

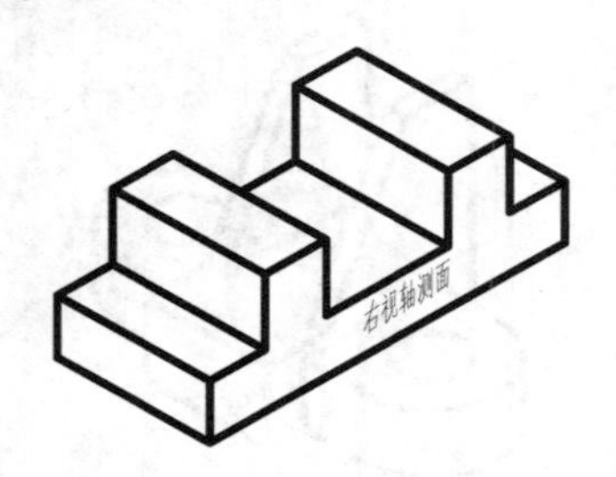

图 16-39 右视轴测文字

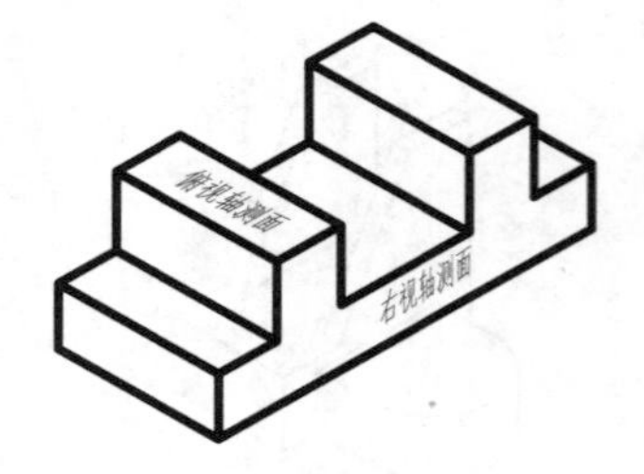

图 16-40 俯视轴测文字

(5) 选择【格式】|【文字样式】命令，弹出【文字样式】对话框，设置【倾斜角度】为 30° 。

(6) 按 F5 键将轴测平面切换到左视轴测面，在命令行中输入 TEXT 并按 Enter 键，设置文字的旋转角度为-30° ，输入“左视轴测面”文字，效果如图 16-41 所示。

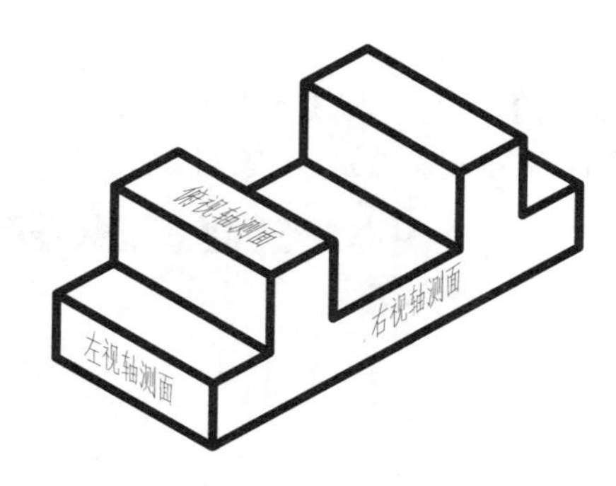

图 16-41　添加文字后的效果

16.2.5　在轴测图中标注尺寸

不同于普通视图的尺寸标注，在 AutoCAD 中，标注轴测图主要使用【对齐标注】命令，并结合【编辑标注】和【多行文字】工具完成尺寸的标注和编辑。

根据国家标准，在轴测图中标注尺寸应遵循以下几点规则。

- 在轴测图中，只有与轴测轴平行的方向进行测量才能得到真实的距离值，因而创建轴测图的尺寸标注时，应使用【对齐】样式标注。
- 轴测图的线性尺寸一般应沿轴测轴方向标注，尺寸数值为零件的基本尺寸；尺寸数字应按相应的轴测图形标注在尺寸线的上方，尺寸线必须和所标注的线段平行，尺寸界线一般应平行于某一轴测轴；如果图形中出现数字字头朝下，应用引线引出标注，将数字按水平位置书写。
- 标注圆直径时，尺寸线和尺寸界线应分别平行于圆所在平面内的轴测轴，标注圆弧半径和较小圆的直径时，尺寸线应从(或通过)圆心引出标注，但注写尺寸数字的横线最好平行于轴测轴。
- 标注角度尺寸时，尺寸线应画成到该坐标平面的椭圆弧，角度数字一般写在尺寸线的中断处且字头向上。

对于轴测图来说，标注文本一般分两种类型，一种倾斜角度为 30°，一种倾斜角度为-30°，可以在标注样式中选择不同倾角的文字样式。

【案例 16-4】 标注轴测图尺寸。

(1) 打开素材文件“第 16 章\案例 16-4.dwg”，如图 16-42 所示。

(2) 选择【格式】|【文字样式】命令，在弹出的对话框中，新建名为“左倾斜”的文字样式。选择 gbenor.shx 字体，选择【使用大字体】复选框，在【大字体】下拉列表框中选择 gbcbig.shx 字体，设置文字倾斜角度为-30°，如图 16-43 所示。

(3) 同样的方法创建名为“右倾斜”的字体样式，设置文字倾斜角度为 30°。

(4) 选择【格式】|【标注样式】菜单命令，在弹出的对话框中，新建名为“左倾斜”和“右倾斜”的两种标注样式，其中“左倾斜”标注样式的文字样式选择“左倾斜”文字样式，“右倾斜”标注样式的文字样式选择“右倾斜”文字样式。

(5) 将“左倾斜”标注样式设置为当前标注样式，单击【标注】工具栏中的【对齐】按钮，标注尺寸，如图 16-44 所示，其中标注圆的直径尺寸需要先作 210° 极轴方向的辅助线。

(6) 选择【标注】|【倾斜】命令，将上一步标注的 X 方向尺寸倾斜-30°，将 Y 方向的尺寸倾斜 90°，将 Z 方向尺寸倾斜 30°，倾斜效果如图 16-45 所示。

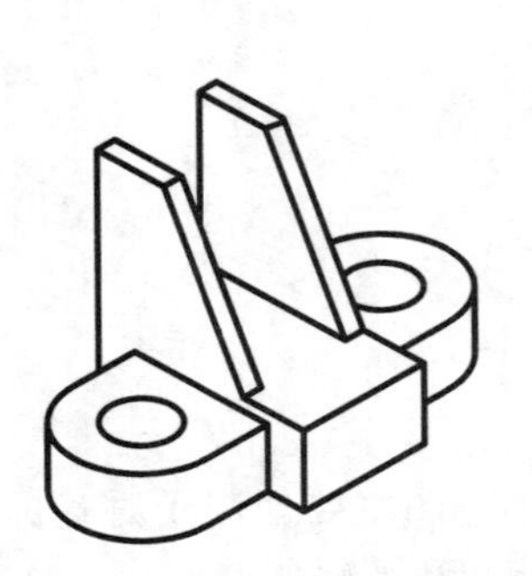

图 16-42　素材图形

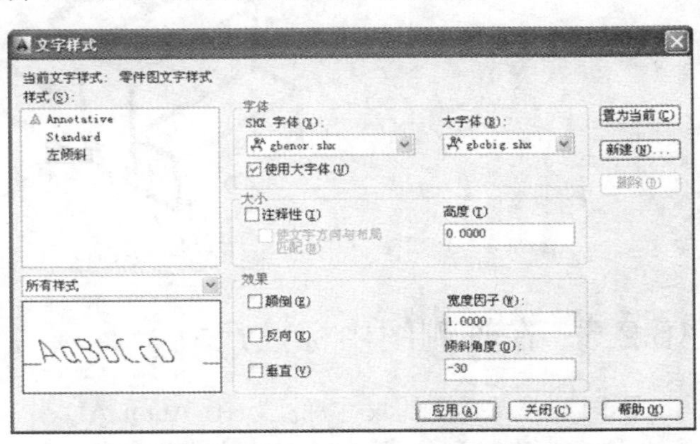

图 16-43　【文字样式】对话框

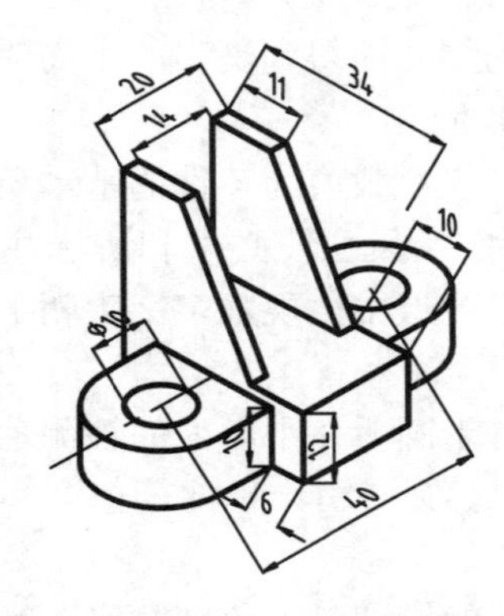

图 16-44　标注左倾斜直线

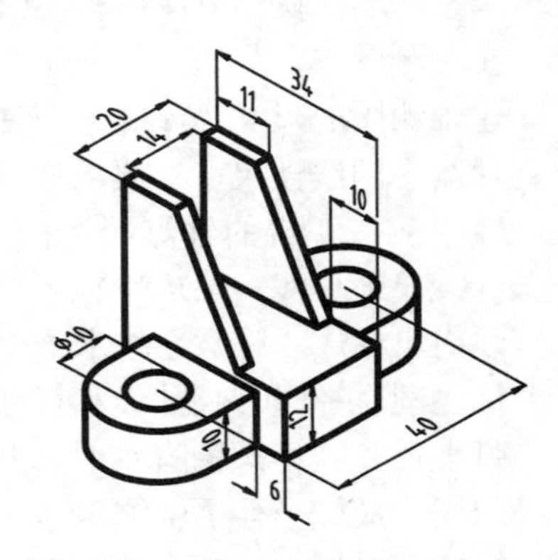

图 16-45　倾斜标注尺寸

(7) 在切换到“右倾斜”标注样式，单击【标注】工具栏中的【对齐】按钮，标注尺寸，如图 16-46 所示。

(8) 选择【标注】|【倾斜】命令，将上一步标注的 X 方向尺寸(值为 20)倾斜 90°，将 Y 方向尺寸(ϕ22)倾斜 30°，将 Z 方向尺寸(值为 25)倾斜-30°，倾斜结果如图 16-47 所示。

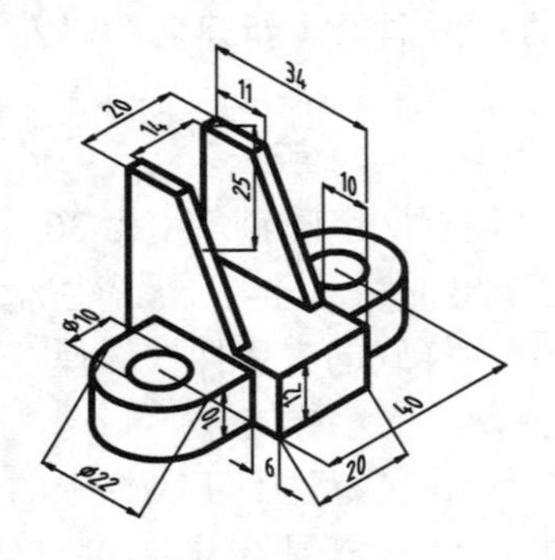

图 16-46　标注对齐尺寸

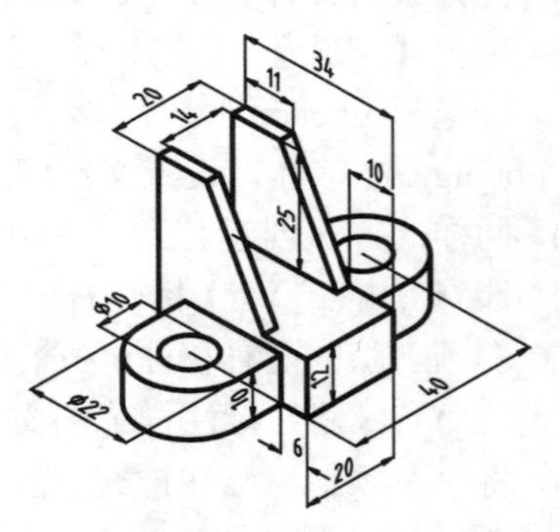

图 16-47　倾斜尺寸的结果

16.3　绘制正等轴测图

根据轴测投影特性，在绘制轴测图时，对于与直角坐标轴平行的直线，可在切换至当前轴测面后，打开正交模式，将它们绘制成与相应的轴测轴平行；对于与 3 个直角坐标轴均不平行的一般位置直线，则可关闭正交模式，沿轴向测量获得该直线两个端点的轴测投影，然后连接即可。

本节绘制如图 16-48 所示的正等轴测图。

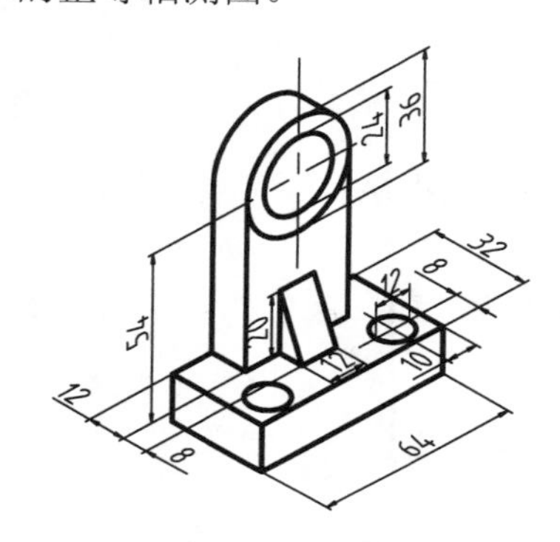

图 16-48　正等轴测图

(1)　单击快速访问工具栏中的【新建】按钮，新建一个图形文件。

(2)　单击【图层】工具栏中的【图层特性管理器】按钮，新建【轮廓线】、【中心线】和【尺寸线】图层，并设置相应的线型。

(3)　在命令行中输入 DS 并按 Enter 键，弹出【草图设置】对话框，切换到【捕捉和栅格】选项卡，在【捕捉类型】选项组中选择【等轴测捕捉】单选按钮，启动等轴测模式，如图 16-49 所示。

(4)　切换到【极轴追踪】选项卡，设置【增量角】为 30°，如图 16-50 所示，单击【确定】按钮即可完成等轴测图绘图的设置。

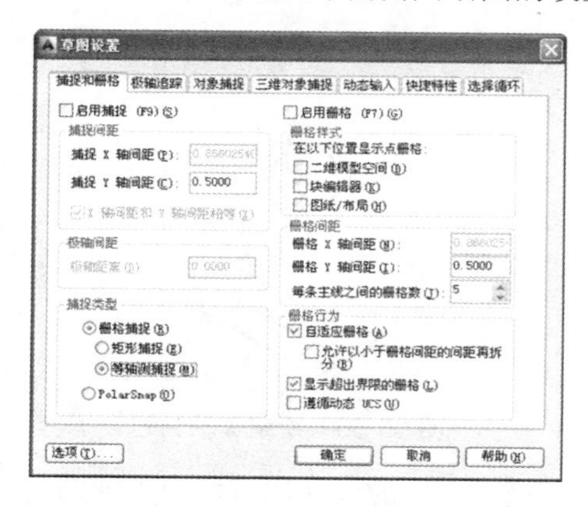

图 16-49　打开等轴测捕捉

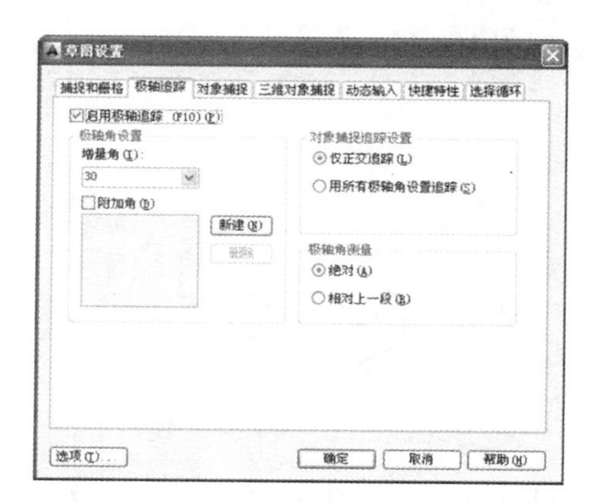

图 16-50　设置极轴追踪角

(5)　将【轮廓线】图层置为当前图层，按 F5 键，将等轴测平面切换至俯视平面，执行【直线】命令，绘制如图 16-51 所示的矩形。

(6) 执行【复制】命令，将底面轮廓沿 90° 极轴方向复制 15 个单位，结果如图 16-52 所示。

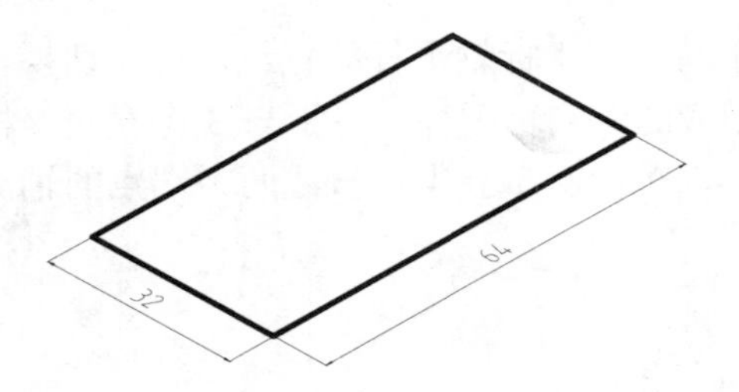

图 16-51　绘制矩形

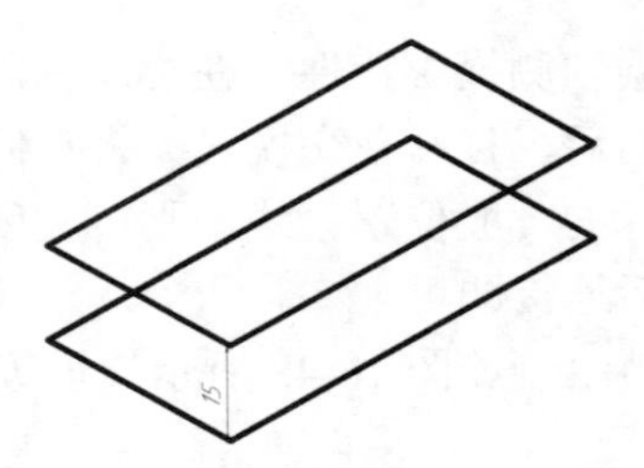

图 16-52　复制矩形

(7) 执行【直线】命令，捕捉端点绘制连接线，并删除被遮挡的线条，结果如图 16-53 所示。

(8) 将“中心线”图层设置为当前图层，执行【直线】命令，捕捉中点绘制中心线，如图 16-54 所示。

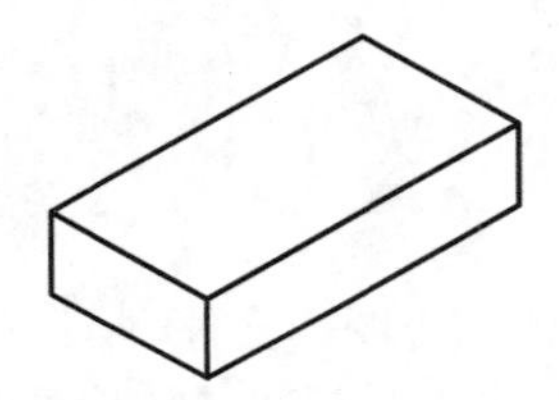
图 16-53　绘制连接线

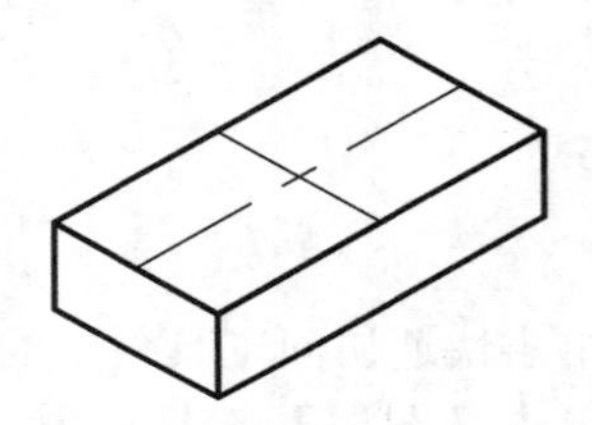
图 16-54　绘制中心线

(9) 执行【复制】命令，将平行于 Y 轴的辅助线沿 90° 极轴方向复制 54 个单位，如图 16-55 所示。

(10) 将【轮廓线】图层设置为当前图层，按 F5 键将等轴测平面切换到右视平面，在命令行中输入 ELL 并按 Enter 键，选择【等轴测圆】选项，在中心线端点绘制直径为 20、36 的两个等轴测圆，并执行【复制】命令，沿 330° 极轴复制椭圆，距离为 12，如图 16-56 所示。

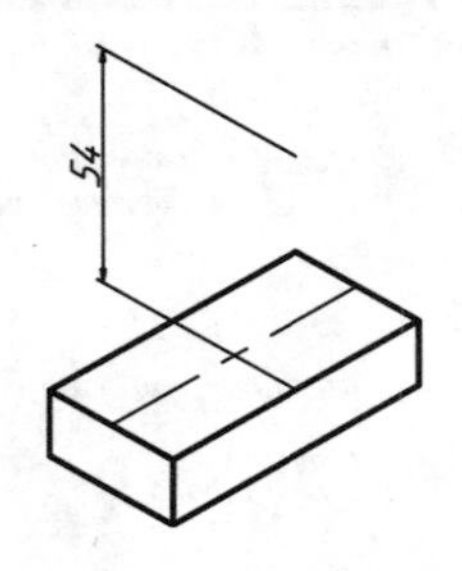

图 16-55　复制中心线

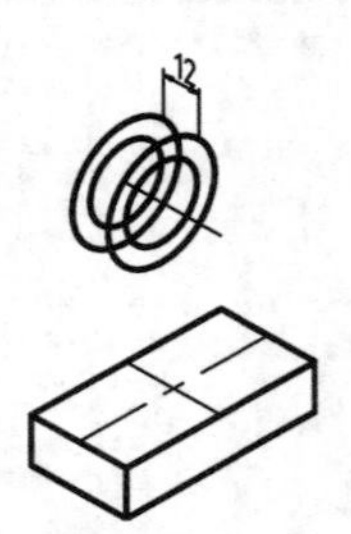

图 16-56　绘制等轴测圆

(11) 执行【直线】命令，经过圆心绘制 210° 极轴方向的辅助线，然后由辅助线与圆的交点向下绘制竖直直线，如图 16-57 所示。

(12) 同上一步的操作，绘制另外两条竖直直线，如图 16-58 所示。

(13) 执行【直线】命令，竖直直线与矩形边线的交点为起点绘制直线，结果如图 16-59 所示。

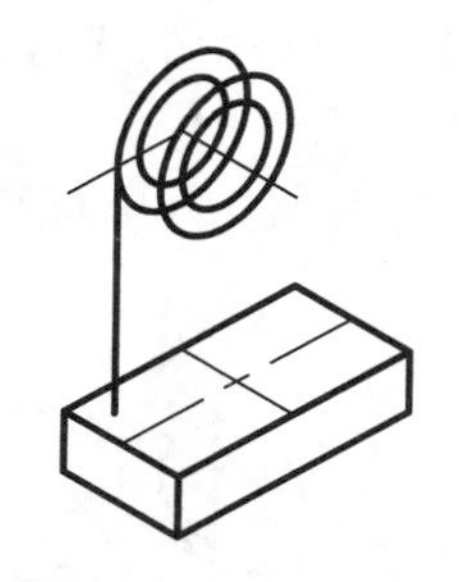

图 16-57　绘制竖直直线

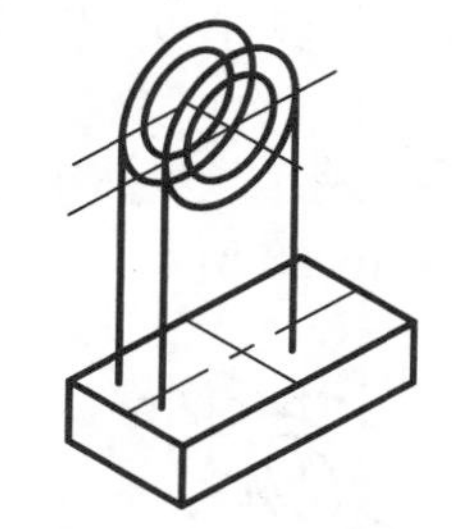

图 16-58　绘制其他的竖直直线

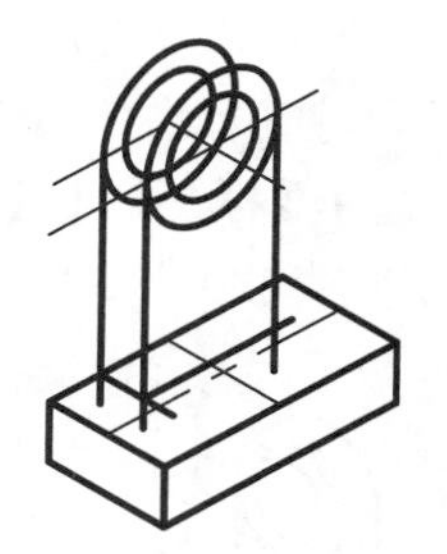

图 16-59　绘制直线

(14) 执行【直线】命令，绘制连接直线并修剪线条，结果如图 16-60 所示。

(15) 执行【复制】命令，复制中心线和轮廓线；执行【直线】命令，由偏移线与轮廓线交点绘制竖直直线，如图 16-61 所示。

(16) 继续执行【直线】命令，绘制肋板轮廓，并修剪图形，结果如图 16-62 所示。

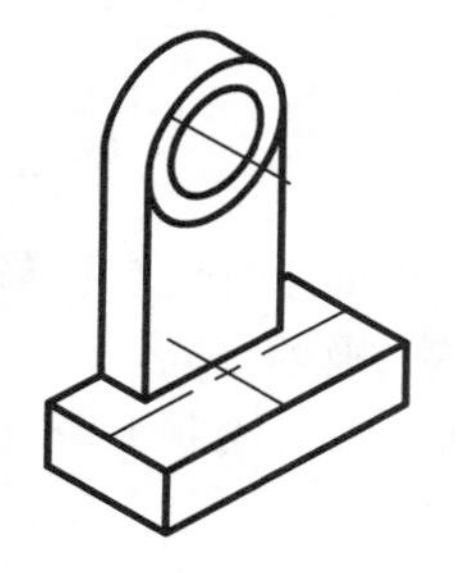

图 16-60　修剪图形

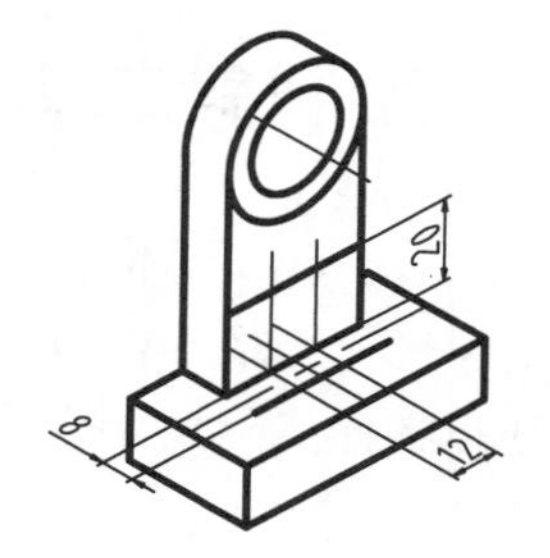

图 16-61　偏移线条

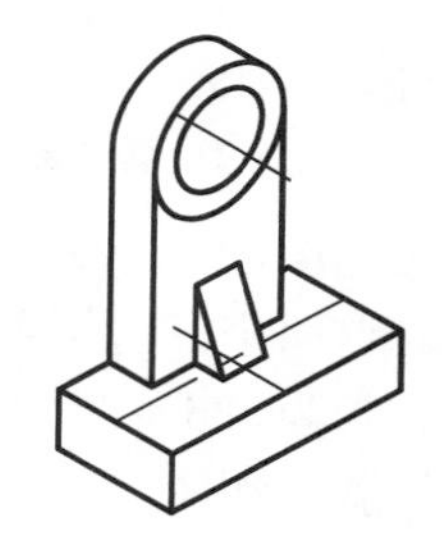

图 16-62　修剪出肋板轮廓

(17) 执行【复制】命令，复制矩形边线，并将复制出的直线切换到【中心线】图层，如图 16-63 所示。

(18) 在命令行中输入 ELL 并按 Enter 键，选择【等轴测圆】选项，绘制直径为 12 的两个等轴测圆，如图 16-64 所示。

(19) 按照案例 16-4 中的方法，创建“左倾斜”和“右倾斜”两种标注样式。

(20) 将“左倾斜”尺寸样式设置为当前样式。单击【标注】工具栏中的【对齐】按钮，标注尺寸如图 16-65 所示。

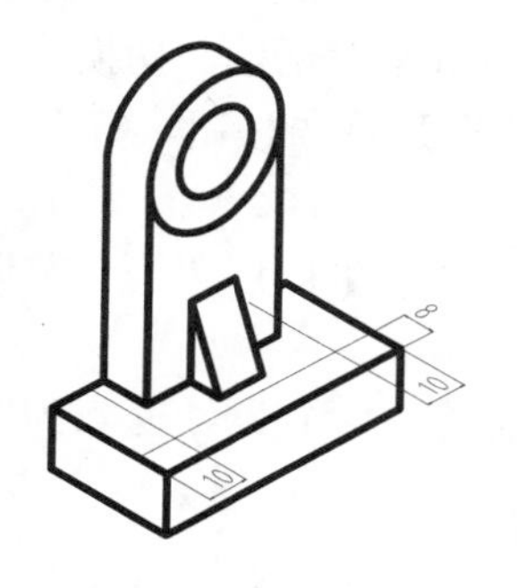

图 16-63　复制直线

图 16-64　绘制轴测圆

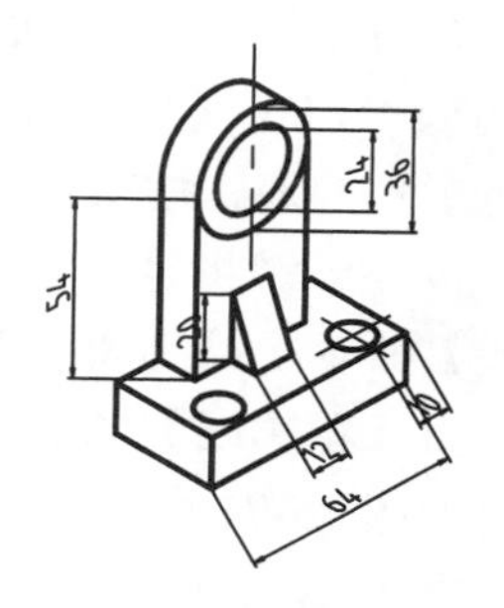

图 16-65　标注对齐尺寸

(21) 选择【标注】|【倾斜】命令，将上一步标注的 X 方向尺寸倾斜-30°，将 Z 方向的尺寸倾斜 30°，结果如图 16-66 所示。

(22) 将“右倾斜”尺寸样式设置为当前样式。单击【标注】工具栏中的【对齐】按钮，标注尺寸，如图 16-67 所示。

(23) 选择【标注】|【倾斜】命令，将上一步标注的 X 方向尺寸(圆孔直径)倾斜 90°，将 Y 方向的尺寸倾斜 30°，结果如图 16-68 所示。

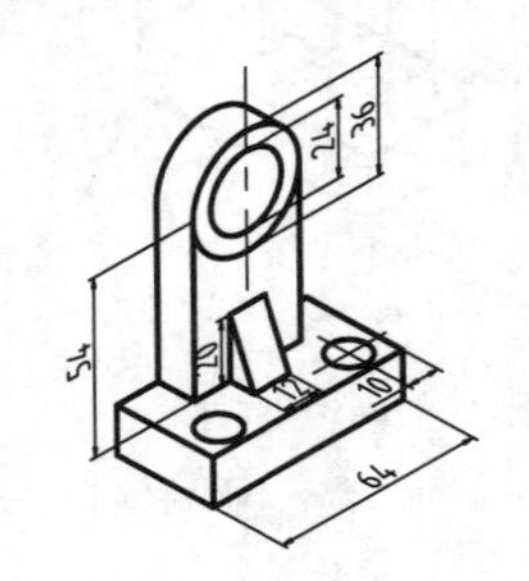

图 16-66　倾斜标注的效果

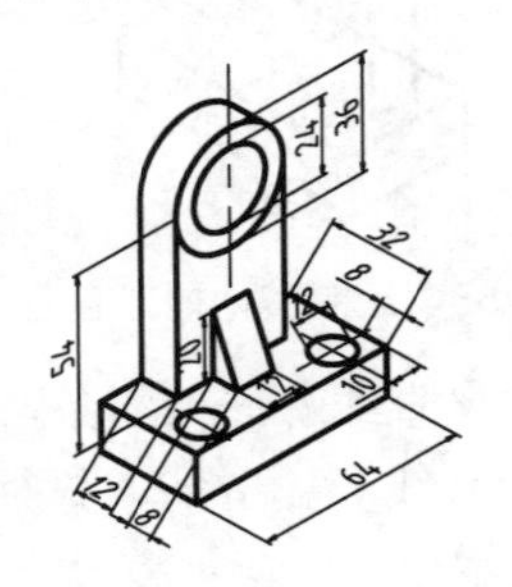

图 16-67　标注对齐尺寸

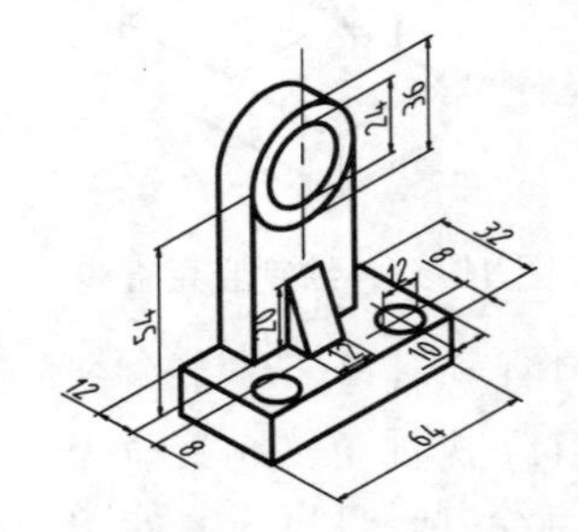

图 16-68　倾斜标注的效果

16.4　绘制斜二测图

斜二测图的 X、Z 方向分别是 0° 和 90° 极轴方向，ZX 平面方向轮廓投影是正投影，因此这两个方向的直线按物体实际尺寸绘制，Y 方向为 315° 极轴方向，此方向的投影伸缩系数为 0.5，即 Y 方向的直线按物体实际尺寸的一半绘制。本节绘制如图 16-69 所示的连杆斜二测图。

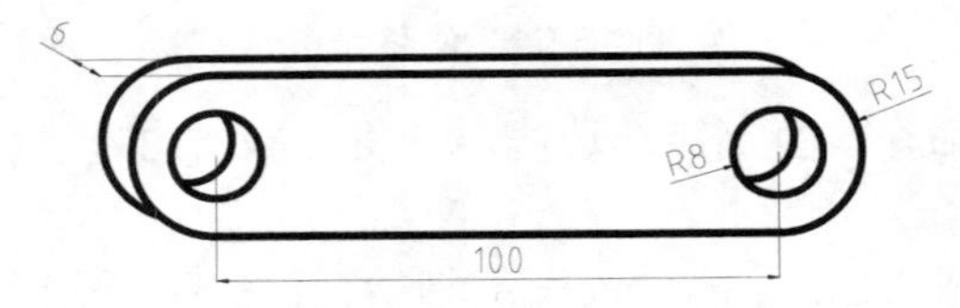

图 16-69　斜二测图

(1) 单击快速访问工具栏中的【新建】按钮，新建一个图形文件。

(2) 单击【图层】工具栏中的【图层特性管理器】按钮，新建【轮廓线】、【中心线】和【细实线】图层，并且设置相应的线型。

(3) 在命令行中输入 DS 并按 Enter 键，弹出【草图设置】对话框，切换到【捕捉和栅格】选项卡，在【捕捉类型】选项组中选择【等轴测捕捉】单选按钮，打开等轴测模式，并将极轴的追踪增量角度设置为 45°。

(4) 按 F5 键将等轴测平面切换至俯视平面，并将【中心线】图层置为当前图层，执行【直线】命令，绘制如图 16-70 所示的辅助线。

(5) 将【轮廓线】图层设置为当前图层，执行【圆】命令，以辅助线交点为圆心绘制同心圆，如图 16-71 所示。

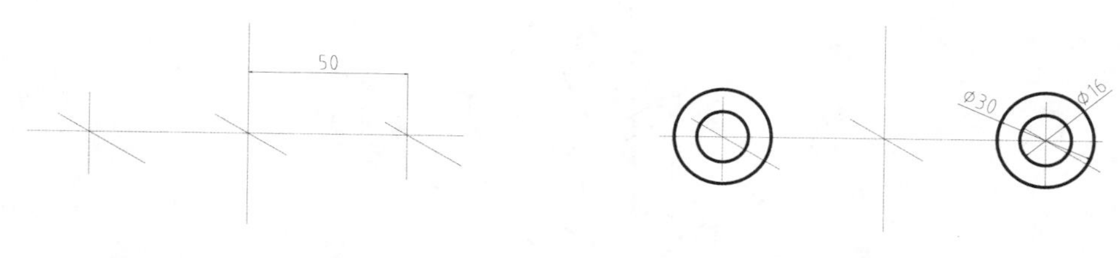

图 16-70　绘制辅助线　　　图 16-71　绘制圆

(6) 执行【直线】命令，捕捉切点，绘制连接直线；然后执行【修剪】命令，修剪图形，如图 16-72 所示。

(7) 执行【复制】命令，将轮廓线沿着 135° 极轴方向复制移动 3 个单位，结果如图 16-73 所示。

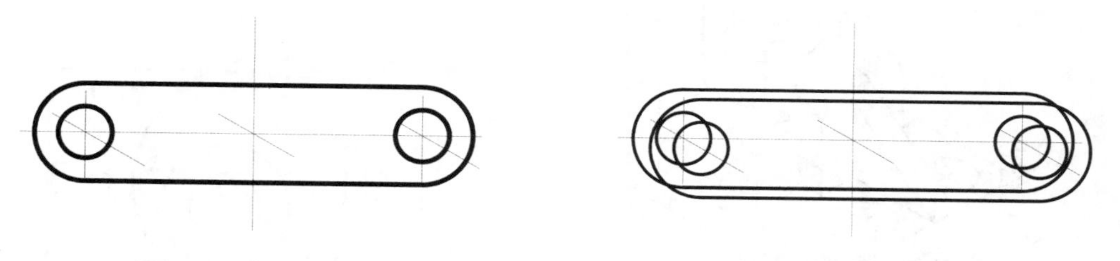

图 16-72　修剪图形　　　图 16-73　复制轮廓线

(8) 执行【直线】命令，绘制前后轮廓的连接线；然后执行【修剪】命令，修剪图形，结果如图 16-74 所示。

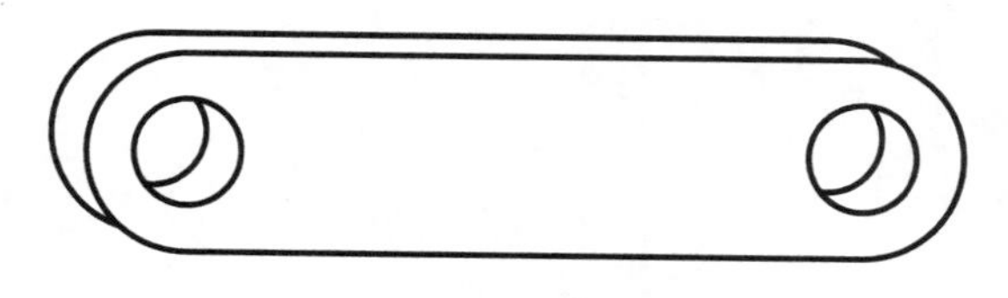

图 16-74　绘制结果

16.5　思考与练习

一、简答题

1. 轴测图的激活方式有几种？分别是什么？
2. 切换等轴测视图的方法有几种？分别是什么？

二、操作题

1. 绘制如图 16-75 所示的零件等轴测图，并标注尺寸。
2. 绘制如图 16-76 所示的零件等轴测图，并标注尺寸。
3. 绘制如图 16-77 所示的零件斜二测图，并标注尺寸。

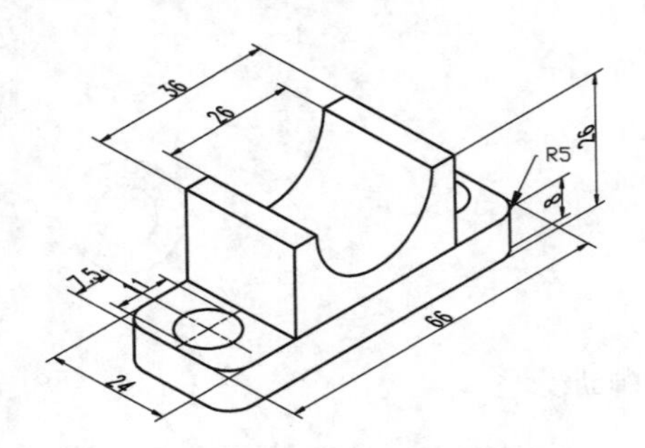

图 16-75　底座等轴测图

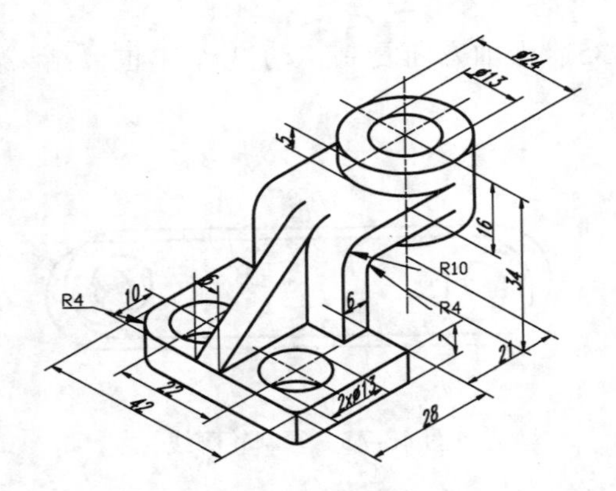

图 16-76　支架等轴测图

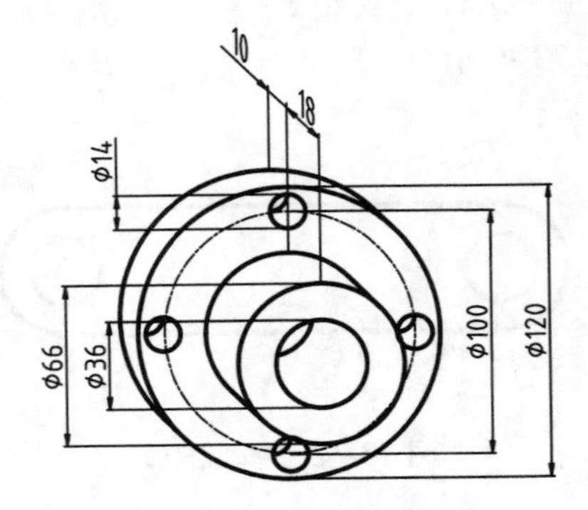

图 16-77　法兰斜二轴测图

第 17 章

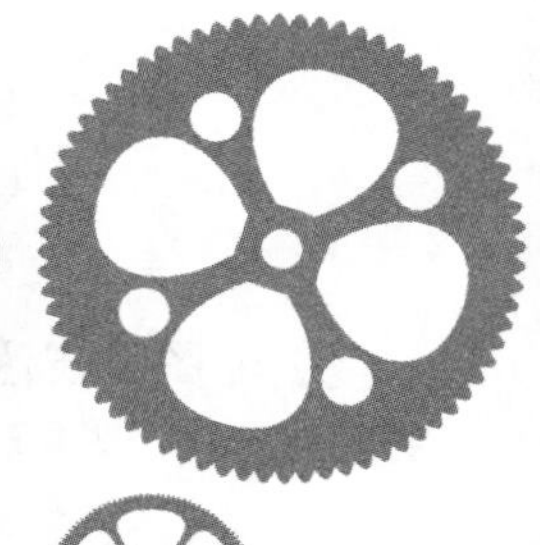

二维装配图的绘制

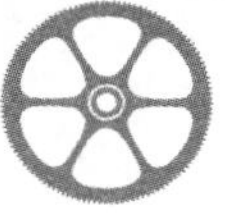

本章导读

装配图是表达机构组成、工作原理的图纸，是指导安装、检修、拆卸的基本技术文件。本章主要介绍装配图的作用、装配图的内容、装配图的表达方法等，并通过实例讲解装配图的不同绘制方法。

学习目标

- 了解装配图的表达方法，以及装配图中的尺寸标注、技术要求、零件序号、标题栏和明细栏的格式。
- 了解装配图的绘制流程，掌握直接绘制和通过插入图块创建装配图的方法。

17.1 装配图概述

装配图是表达机器或部件的图样，如图 17-1 所示，主要表达机构的工作原理和装配关系。在机械设计过程中，装配图的绘制通常在零件图之前，主要用于机器或部件的装配、调试、安装、维修等场合，是生产中一种重要的技术文件。

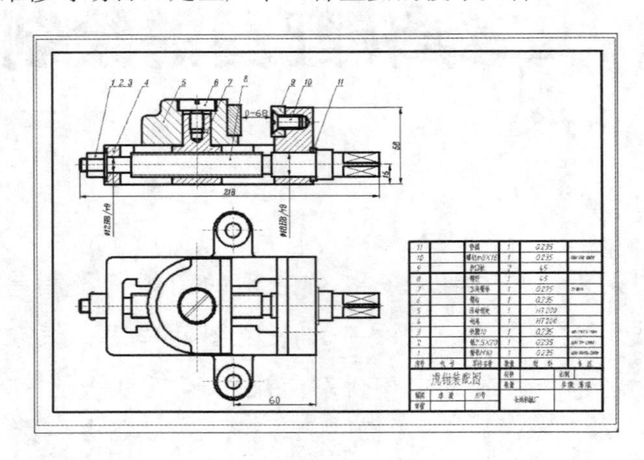

图 17-1 装配图

17.1.1 装配图的作用

在产品或部件的设计过程中，一般是先画出装配图，然后再根据装配图进行零件设计，画出零件图；在产品或部件的制造过程中，先根据零件图进行零件加工和检验，再依据装配图所制定的装配工艺规程将零件装配成机器或部件；在产品或部件的使用、维护及维修过程中，也经常要通过装配图来了解产品或部件的工作原理及构造。

17.1.2 装配图内容

一般情况下设计或制作一个产品都需要使用到装配图，一张完整的装配图应该包括以下内容。

1. 一组视图

一组视图能正确、完整、清晰地表达产品或部件的工作原理、各组成零件间的相互位置和装配关系及主要零件的结构形状。

2. 必要的尺寸

标注出反映产品或部件的规格、外形、装配、安装所需的必要尺寸和一些重要尺寸。

3. 技术要求

在装配图中用文字或国家标准规定的符号注写出该装配体在装配、检验、使用等方面

的要求。

4. 零部件序号、标题栏和明细栏

按国家标准规定的格式绘制标题栏和明细栏，并按一定格式将零部件进行编号，填写标题栏和明细栏。

17.1.3 装配图的表达方法

装配图的视图表达方法和零件图基本相同，在装配图中也可以使用各种视图、剖视图、断面图等表达方法。但装配图的侧重点是将装配图的结构、工作原理和零件图的装配关系正确、清晰地表达清楚。由于表达的侧重点不同，国家标准对装配图的画法又做了一些规定。

1. 装配图的规定画法

在实际绘图过程中，国家标准对装配图的绘制方法进行了一些总结性的规定。

- 相邻两零件的接触表面和配合表面只画出一条轮廓线，不接触的表面和非配合表面应画两条轮廓线，如图 17-2 所示。如果距离太近，可以按比例放大并画出。
- 相邻两零件的剖面线，倾斜方向应尽量相反，如图 17-3 所示。当不能使其相反时，则剖面线的间距不应该相等，或者使剖面线相互错开。

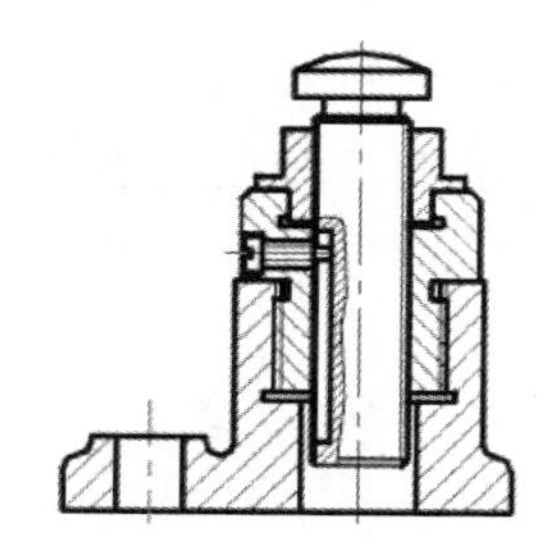

图 17-2 接触表面和不接触表面画法

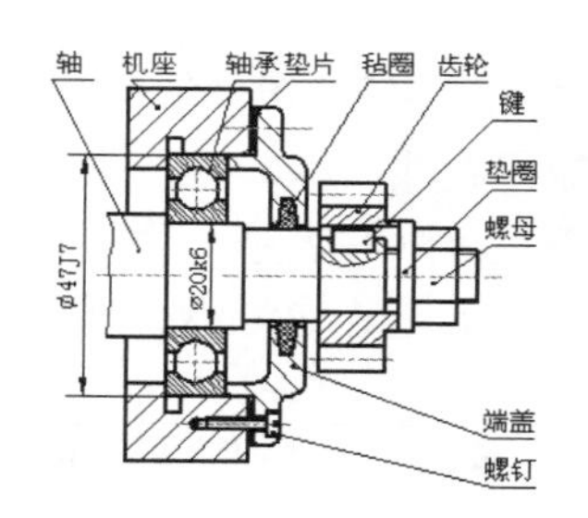

图 17-3 相邻零件的剖切面画法

- 同一装配图中的同一零件的剖面方向、间隔都应一致。
- 在装配图中，对于紧固件及轴、球、手柄、键、连杆等实心零件，若沿纵向剖切且剖切平面通过对其对称平面或轴线时，这些零件均按不剖切绘制，如需表明零件的凹槽、键槽、销孔等结构，可用局部剖视表示。
- 在装配图中，宽度小于或等于 2mm 的窄剖面区域，可全部涂黑表示，如图 17-4 所示。

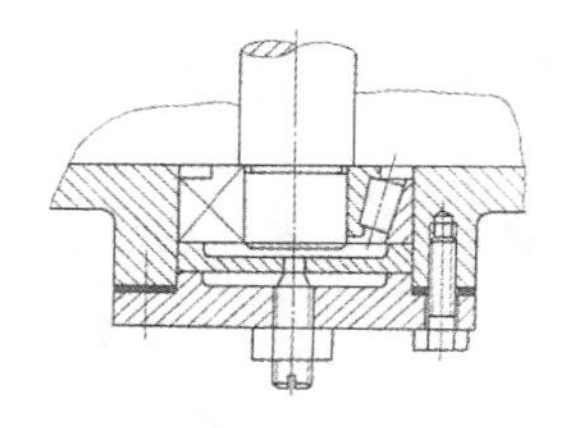

图 17-4 宽度小于等于 2mm 的剖切画法

2. 装配图的特殊画法

- 拆卸画法：在装配图的某一视图中，为表达一些重要零件的内、外部形状，可假想拆去一个或几个零件后绘制该视图。如图 17-5 所示为轴承装配图中，俯视图的右半部为拆去轴承盖、螺栓等零件后画出的。
- 假想画法：在装配图中，为了表达与本部件存在装配关系但又不属于本部件的相邻零部件时，可用双点画线画出相邻零部件的部分轮廓，当需要表达运动零件的运动范围或极限位置时，也可用双点画线画出该零件在极限位置处的轮廓。
- 单独表达某个零件的画法：在装配图中，当某个零件的主要结构在其他视图中未能表示清楚，而该零件的形状对部件的工作原理和装配关系的理解起着十分重要的作用时，可单独画出该零件的某一视图。如图 17-6 所示为转子油泵的 B 向视图。

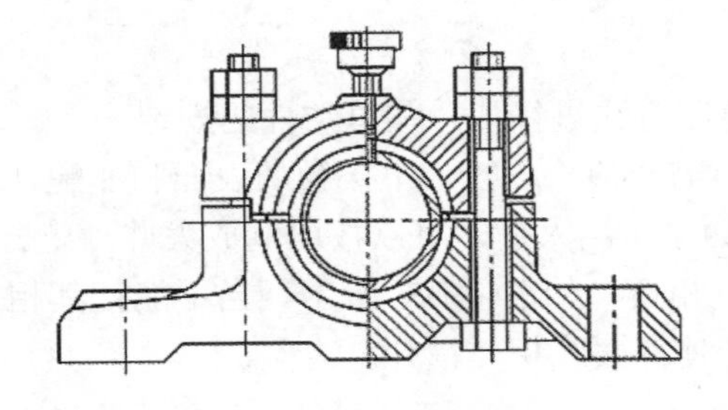

图 17-5　拆卸画法

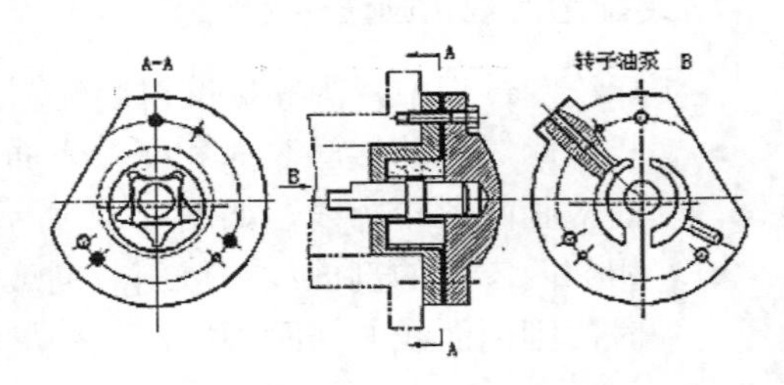

图 17-6　单独表示法

- 简化画法：在装配图中，对于若干相同的零部件组，可详细地画出一组，其余只需用点画线表示其位置即可；零件的工艺结构，如倒角、圆角、退刀槽、拔模斜度、滚花等均可不必画出。

17.1.4　装配图的尺寸标注

装配图的尺寸标注和零件图不同，零件图要清楚地标注所有尺寸，确保能准确无误地绘制出零件图，而装配图上只需标注出机械或部件的性能、安装、运输、装配有关的尺寸，包括以下尺寸类型。

- 特性尺寸：表示装配体的性能、规格或特征的尺寸，它常常是设计或选择使用装配体的依据。
- 装配尺寸：是指装配体各零件间装配关系的尺寸，包括配合尺寸和相对位置尺寸。
- 安装尺寸：表示装配体安装时所需要的尺寸。
- 外形尺寸：装配体的外形轮廓尺寸(如总长、总宽、总高等)是装配体在包装、运输、安装时所需的尺寸。
- 其他重要尺寸：是经计算或选定的不能包括在上述几类尺寸中的重要尺寸，如运动零件的极限位置尺寸。

17.1.5　装配图的技术要求

装配图中的技术要求就是采用文字或符号来说明机器或部件的性能、装配、检验、使用、外观等方面的要求。技术要求一般注写在明细表的上方或图纸下部空白处，如果内容很多，也可另外编写成技术文件作为图纸的附件，如图 17-7 所示。

技术要求

1 采用螺母及开口垫圈手动夹紧工件。

2 非加工内表面涂红防锈漆，外表面喷漆应光滑平整，不应有脱皮凸起等缺陷。

3 对刀块工作平面对定位键工作平面平行度 0.05/100mm。

4.对刀块工作平面对夹具底面垂直度 0.05/100mm。

5.定位轴中心线对夹具底面垂直度 0.05/100mm。

图 17-7　技术要求

技术要求的内容应简明扼要、通俗易懂。技术要求的条文应编写顺序号，仅一条时不写顺序号。

装配图技术要求的内容如下。

- 装配体装配后所达到的性能要求。
- 装配图装配过程中应注意到的事项及特殊加工要求。
- 检验、实验方面的要求。
- 使用要求。

17.1.6　装配图的视图选择

绘制装配图时，首先要对需要绘制的装配体进行详细的分析和考虑，根据它的工作原理及零件间的装配连接关系选择一组图形，将机构的工作原理、装配连接关系和主要零件的结构形状都表达清楚。

1. 选择主视图

画装配图时，部件大多按工作位置放置。主视图方向应选择反映部件主要装配关系及工作原理的方位，主视图的表达方法多采用剖视的方法。

2. 选择其他视图

其他视图的选择以进一步准确、完整、简便地表达各零件间的结构形状及装配关系为原则，因此多采用局部剖、拆去某些零件后的视图、断面图等表达方法。

17.1.7　装配图中的零件序号

零件序号是由圆点、指引线、水平线或圆(细实线)、数字组成，序号写在水平线上侧或小圆内，如图 17-8 所示。

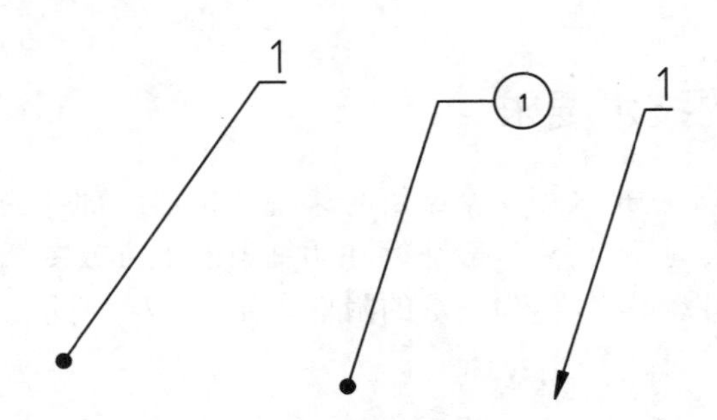

图 17-8　零件序号的标注类型

在机械制图中，序号的标注形式有多种，序号的排列也需要遵循一定的原则。

1. 一般规定

- 在装配图中所有的零部件都必须编写序号。
- 装配图中一个部件可以只编写一个序号；同一装配图中相同的零部件只编写一次。
- 装配图中零部件序号，要与明细栏中的序号一致。

2. 注意事项

- 序号字体应与尺寸标注一致，字高一般比尺寸标注的字高大一至二号。
- 同一装配图中的零件序号类型应一致。
- 装配图中的每个零件都必须编写序号，相同零件只要编写一个序号。
- 指引线应由零件可见轮廓内引出，零件太薄或太小时建议用箭头指向，如图 17-9 所示。
- 如果是一组紧固件，以及装配关系清晰的零件组，可采用公共指引线，如图 17-10 所示。

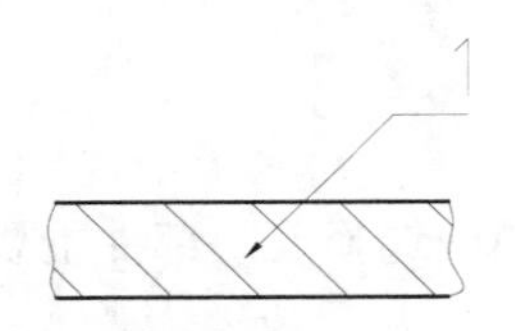

图 17-9　箭头标注序号

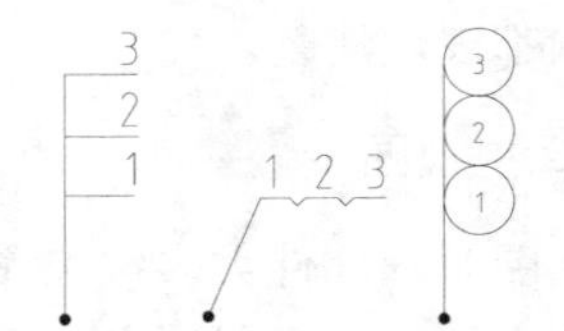

图 17-10　公共指引线标注序号

- 指引线应避免彼此相交，也不用过长。若指引线必须经过剖面线，应避免引出线与剖面线平行。必要时可以画成折线，但是只能折一次。
- 序号应按水平或垂直方向排列整齐，并按顺时针或逆时针方向顺序编号。

17.1.8　标题栏和明细栏

为了方便装配时零件的查找和图样的管理，必须对零件编号，列出零件的明细栏。明细栏是装配体中所有零件的目录，一般绘制在标题栏上方，可以和标题栏相连在一起，也可以单独画出。明细栏序号按零件编号从下到上列出，以方便修改。明细栏中的竖直轮廓

线用粗实线绘出，水平轮廓线用细实线。

如图 17-11 所示是明细栏的常用形式和尺寸。

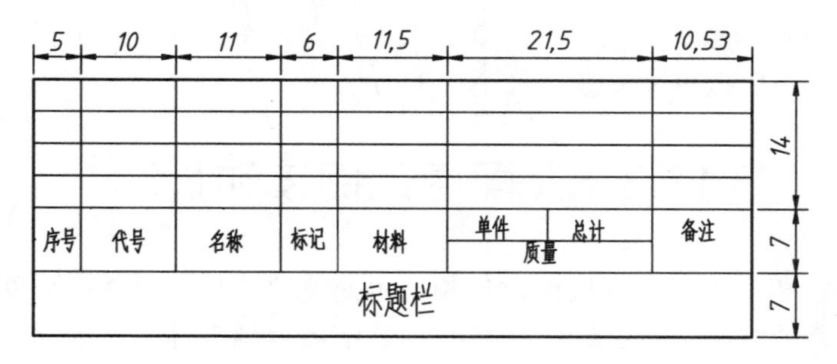

图 17-11　明细栏

17.2　装配图的绘制流程

装配图的绘制过程一般分为由内向外法、由外向内法、由左向右法、由上向下法等，本节主要讲解前两种。

17.2.1　由内向外法

由内向外法是指首先绘制中心位置的零件，然后以中心位置的零件为基准来绘制外部的零件。一般来说，这种方法使用于装配图中含有箱体的零件。

例如绘制减速器时，即可使用由内向外法，减速机一般包括减速箱、传动轴、齿轮轴、轴承、端盖和键等众多零部件，步骤如下。

(1) 绘制并导入减速箱俯视图图块文件。

(2) 绘制并导入齿轮轴图块。

(3) 平移齿轮轴图块。

(4) 绘制并导入传动轴图块。

(5) 平移传动轴图块。

(6) 绘制并导入圆柱齿轮图块。

(7) 提取轴承图符。

(8) 绘制并导入其他零部件图块。

(9) 块消隐。

(10) 绘制定距环。

17.2.2　由外向内法

由外向内法是指首先绘制外部零件，然后再以外部零件为基准绘制内部零件。例如，在绘制泵盖装配图时一般使用此方法，步骤如下。

(1) 绘制外部轮廓线。

(2) 绘制中心孔连接阀。

(3) 绘制端盖。

(4) 绘制外圈螺母。

在绘制装配图时，除了以上两种绘制方法，还有由左向右，由上向下等方法，在具体绘制过程中，用户可以根据需要选择最适合的方法。

17.3 装配图的阅读和拆画

在生产、维修和使用、管理机械设备和技术交流等过程中，常需要阅读装配图；在设计过程中，也经常要参阅一些装配图，以及由装配图拆画零件图。因此，作为机械行业从业人员，掌握阅读装配图和拆画零件图的方法是十分必要的。

17.3.1 阅读装配图的方法和步骤

拿到一份装配图之后，一般按以下步骤阅读装配图。

(1) 概括了解：从标题栏中了解部件名称，按图上序号对照明细表，了解组成该装配体各零件的名称、材料和数量。

(2) 分析视图：通过阅读零件装配图的表达方案，分析所选用的视图、剖视图、剖面图及其他表达方法所侧重表达的内容，了解装配关系。

(3) 看懂零件：在看清各视图表达的内容后，对照明细栏和图中的序号，按先简单后复杂的顺序，逐一了解各零件的结构形状。

17.3.2 由装配图拆画零件图

由装配图拆画零件图是将装配图中的非标准零件从装配图中分离出来画成零件图的过程，这是设计工作中的一个重要环节。拆画零件图一般有两种情况，一种情况是装配图及零件图的全部工作均由一人完成。在这种情况下拆画零件图一般比较容易，因为在设计装配图时，对零件的结构形状已有所考虑。另一种情况是，装配图已绘制完毕，由他人来拆画零件图，这种情况下拆画零件图难度要大一些，这时必须理解设计者的设计意图。这里主要讨论第二种情况下拆画零件图的工作。

拆画零件图的步骤如下。

(1) 确定零件的投影轮廓、想象其形状。

(2) 从装配图中拆出零件的视图轮廓。

(3) 补全漏线和被省略的结构。

(4) 补画必要的视图。

拆画零件图需要注意的问题。

(1) 为了避免题目原图形的丢失，不要在原图上直接进行编辑操作。

(2) 零件图的视图表达方案应根据零件图的结构形状确定，而不能盲目照抄装配图。

(3) 在装配图中允许不画的零件工艺结构，如倒角、圆角、退刀槽等，在零件图中应全部画出。

(4) 完成视图和想象零件结构要同时进行，操作过程中注意保存。

17.4　装配图的一般绘制方法

机械装配图的绘制方法综合起来有直接绘制法、零件插入法和零件图块插图法 3 种，下面将对 3 种绘制方法做详细的讲解。

17.4.1　直接绘制法

直接绘制法即根据装配体结构直接绘制整个装配图，适用于绘制比较简单的装配图。使用直接绘制法绘制如图 17-12 所示的简单装配图的步骤如下。

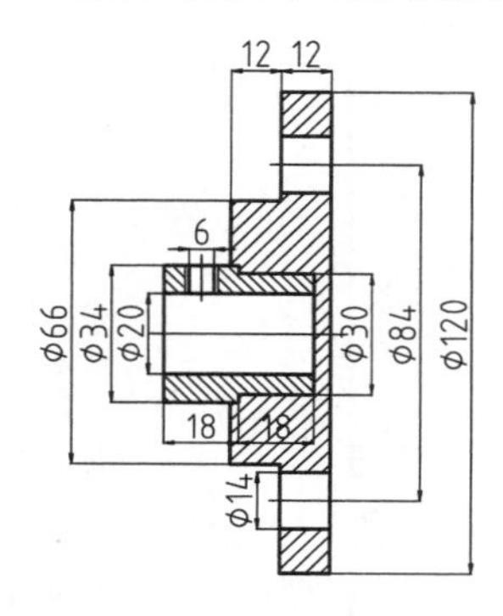

图 17-12　装配图

(1)　单击快速访问工具栏中的【新建】按钮，选择素材文件夹中的“A4.dwt”样板文件，新建一个图形文件。

(2)　将【中心线】图层置为当前图层，执行【直线】命令，绘制中心线，如图 17-13 所示。

(3)　执行【偏移】命令，将水平中心线向上偏移 5、7.5、8.5、16.5、21、24.5、30，将垂直中心线向左偏移 4、12、22、24、40，结果如图 17-14 所示。

图 17-13　绘制中心线　　　图 17-14　偏移中心线

(4)　执行【修剪】命令，对图形进行修剪，结果如图 17-15 所示。

(5)　选择相关线条，转换到【轮廓线】图层，调整中心线长度，结果如图 17-16 所示。

(6)　执行【镜像】命令，以水平中心线为镜像线，镜像图形，结果如图 17-17 所示。

(7)　执行【偏移】命令，将左侧边线向右偏移 5、6、9、12、13，如图 17-18 所示。

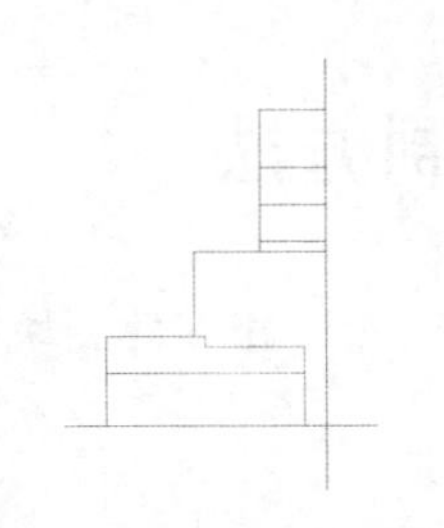

图 17-15　修剪图形

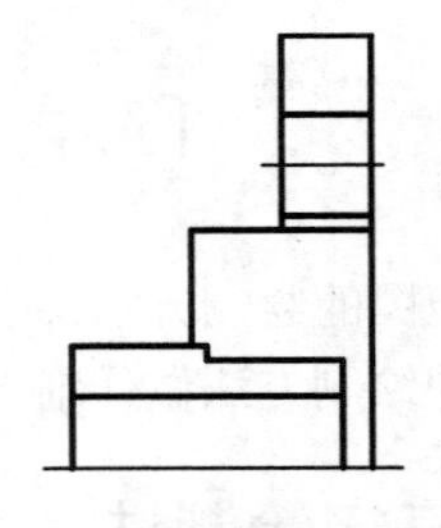

图 17-16　切换图层

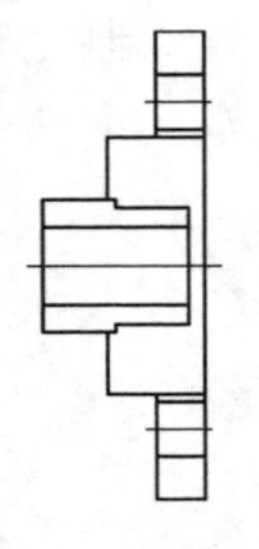

图 17-17　镜像图形

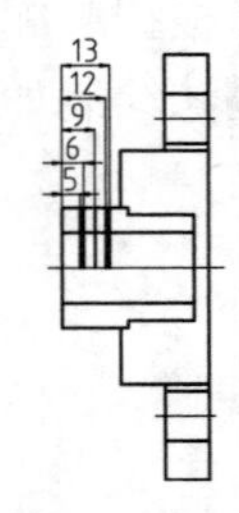

图 17-18　偏移轮廓线

(8)　执行【修剪】命令，修剪图形并将孔中心线切换到【中心线】图层，将孔的大径线切换到【细实线】图层，结果如图 17-19 所示。

(9)　执行【图案填充】命令，选择填充图案为 ANSI31，设置填充比例为 20，填充图案，结果如图 17-20 所示。

(10) 重复执行【图案填充】命令，选择填充图案为 ANSI31，设置填充比例为 15，角度为 90°，填充另一零件剖面，结果如图 17-21 所示。

(11) 选择【文件】|【保存】命令，保存文件，完成装配图的绘制。

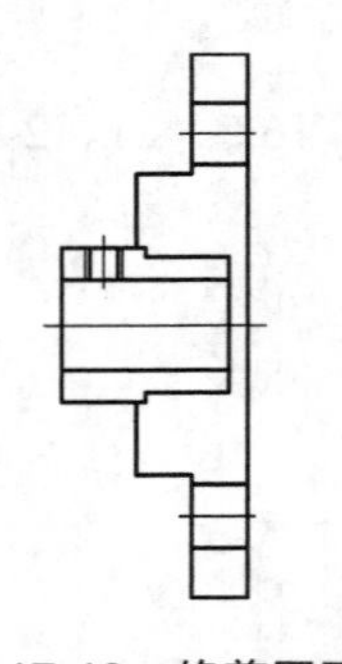

图 17-19　修剪图形

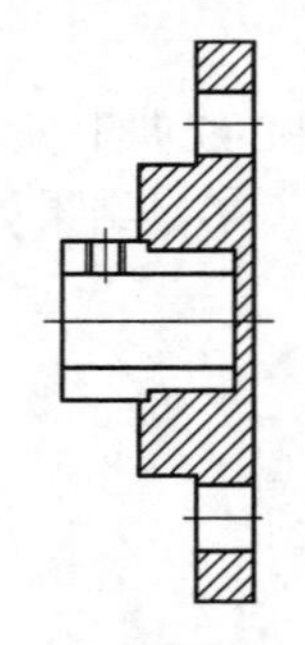

图 17-20　图案填充

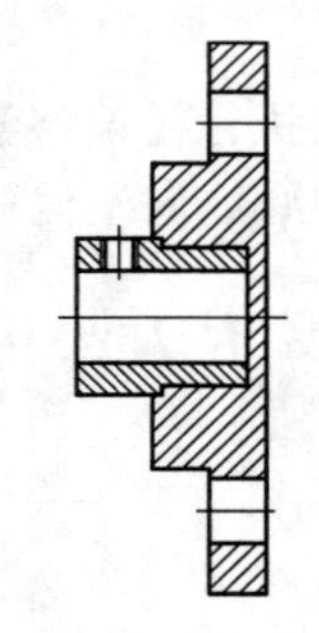

图 17-21　绘制结果

17.4.2　零件插入法

零件插入法是指首先绘制装配图中的各个零件，然后选择其中一个主体零件，将其他各零件依次通过【移动】、【复制】、【粘贴】等命令插入主体零件中来完成绘制。

使用零件插入法绘制如图 17-22 所示的装配图的步骤如下。

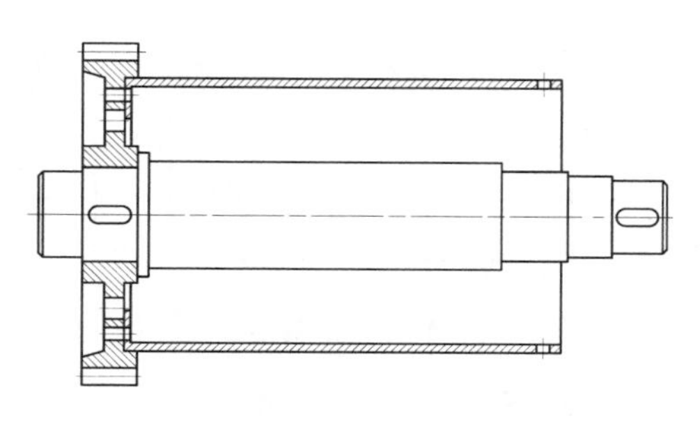

图 17-22　装配图

1. 绘制轴零件

(1)　单击快速访问工具栏中的【新建】按钮，选择素材文件夹中的“A4.dwt”样板文件，新建一个图形文件。

(2)　将【中心线】图层设置为当前图层，执行【直线】命令，绘制中心线，如图 17-23 所示。

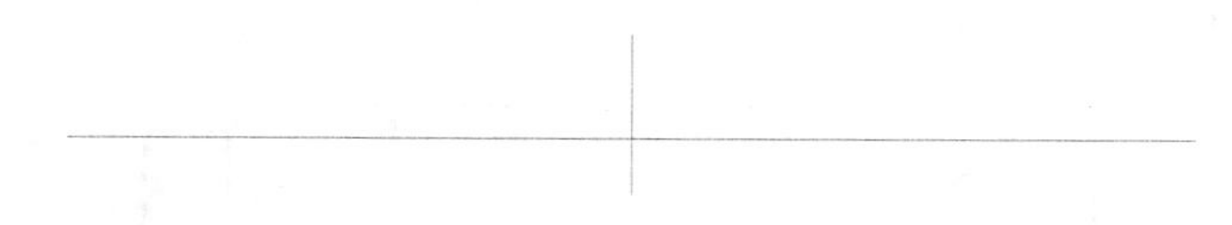

图 17-23　绘制中心线

(3)　将【轮廓线】图层设置为当前图层，执行【直线】命令，绘制轴上半部分的轮廓线，如图 17-24 所示。

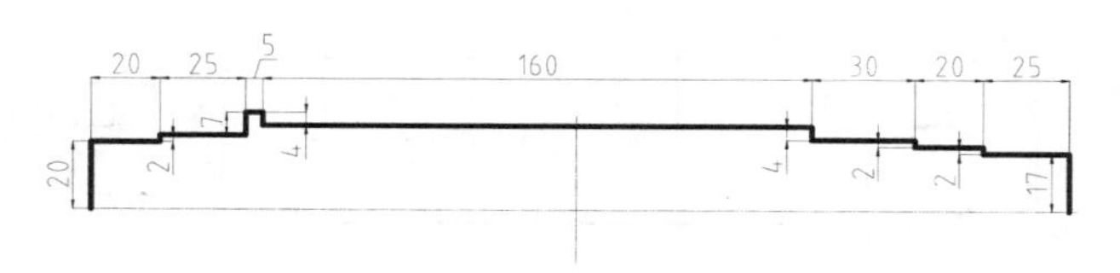

图 17-24　绘制轮廓线

(4)　执行【倒角】命令，为图形倒角，如图 17-25 所示。

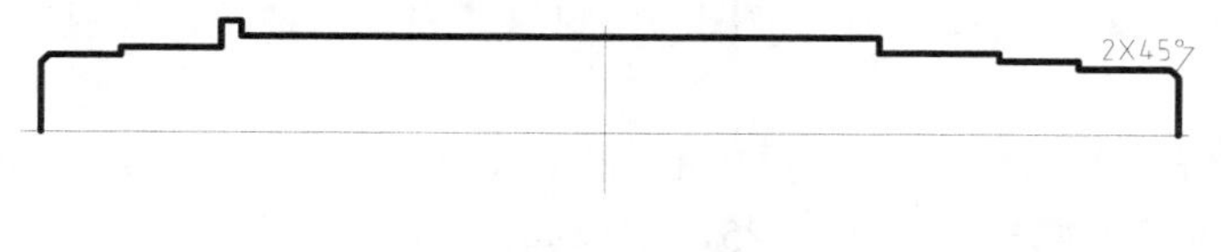

图 17-25　倒角

(5)　执行【镜像】命令，以水平中心线为镜像线，镜像图形，结果如图 17-26 所示。

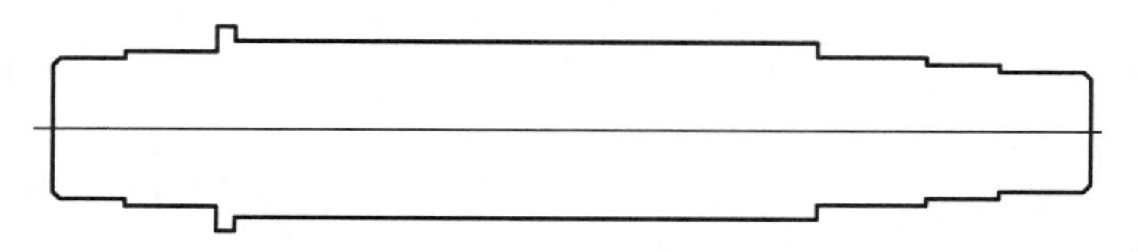

图 17-26　镜像图形

(6) 执行【直线】命令，捕捉端点绘制倒角连接线，结果如图 17-27 所示。

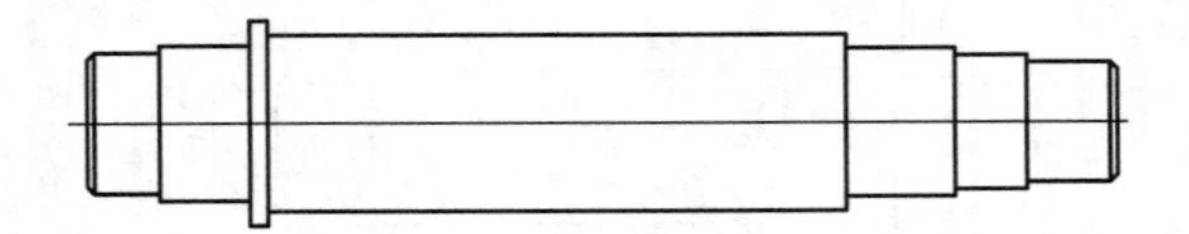

图 17-27 绘制连接线

(7) 执行【偏移】命令，按如图 17-28 所示的尺寸偏移轮廓线。

图 17-28 偏移直线

(8) 执行【圆】命令，以偏移线与中心线交点为圆心绘制 R4 的圆；然后执行【直线】命令，绘制圆连接线，如图 17-29 所示。

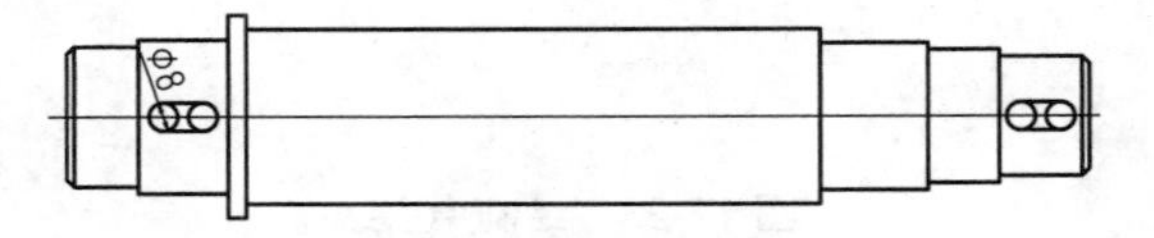

图 17-29 绘制键槽

(9) 执行【修剪】命令，修剪出键槽轮廓，如图 17-30 所示。

图 17-30 轴的零件图

2. 绘制齿轮

(1) 将【中心线】图层设置为当前图层，执行【直线】命令，绘制中心线，如图 17-31 所示。

(2) 执行【偏移】命令，将垂直中心线对称偏移 22、32、44、56、64、72、76、80，将水平中心线向上偏移 10、19、25，结果如图 17-32 所示。

图 17-31 绘制中心线

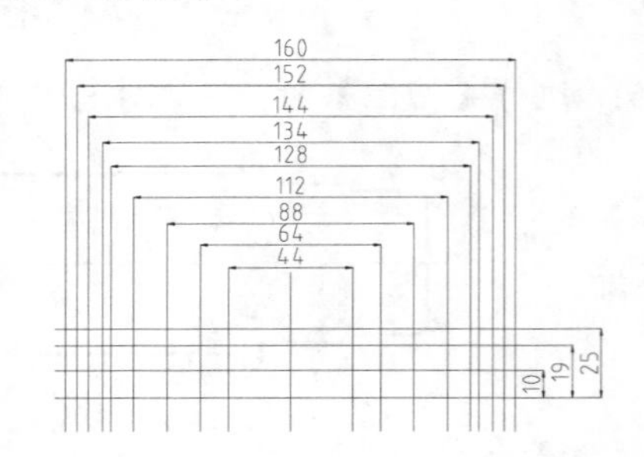

图 17-32 偏移中心线

(3) 执行【修剪】命令，修剪图形，结果如图 17-33 所示。

(4) 将相关线条切换至【轮廓线】图层，然后执行【直线】命令，绘制连接线，如图 17-34 所示。

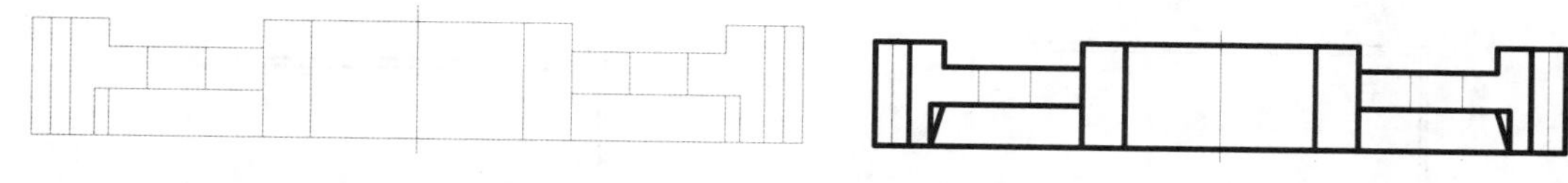

图 17-33　修剪图形　　图 17-34　绘制连接线

(5) 执行【修剪】命令，修剪图形，如图 17-35 所示。

(6) 执行【偏移】命令，偏移中心线，如图 17-36 所示。

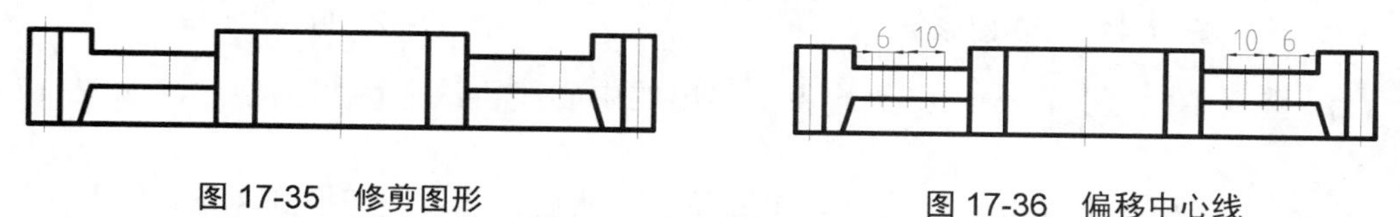

图 17-35　修剪图形　　图 17-36　偏移中心线

(7) 将偏移出的线条切换到【轮廓线】图层，然后执行【修剪】命令，修剪出孔轮廓，如图 17-37 所示。

(8) 执行【图案填充】命令，选择填充图案为 ANSI31，填充剖面线，结果如图 17-38 所示。

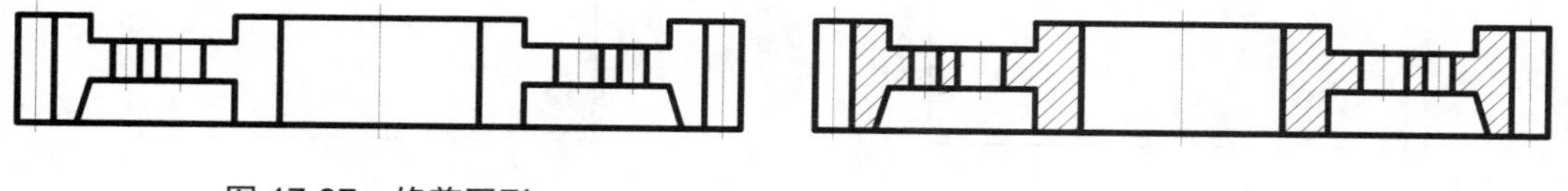

图 17-37　修剪图形　　图 17-38　图案填充

3. 绘制箱体

(1) 将【轮廓线】图层设置为当前图层，执行【矩形】命令，绘制一个矩形；并执行【直线】命令，绘制中心线，如图 17-39 所示。

(2) 执行【分解】命令，将矩形分解；执行【偏移】命令，偏移矩形的边线和中心线，如图 17-40 所示。

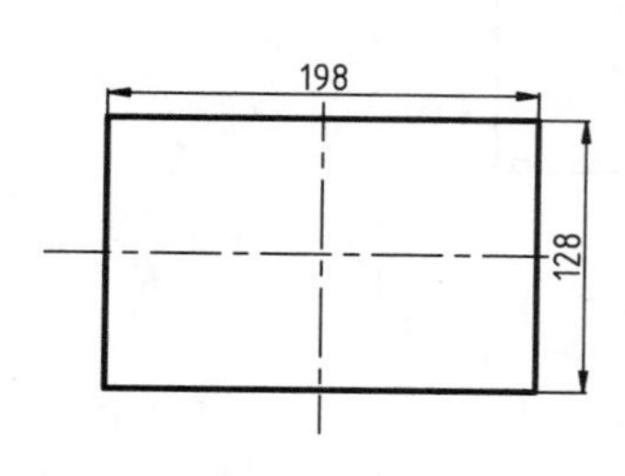

图 17-39　绘制矩形和中心线

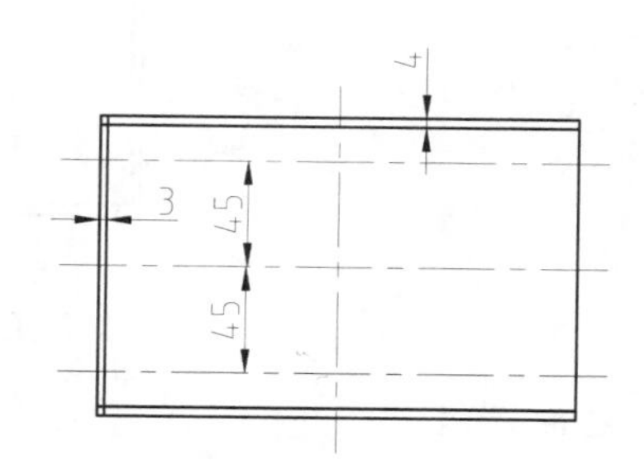

图 17-40　偏移轮廓和中心线

(3) 执行【修剪】命令，修剪箱体轮廓，将相关线条切换到【轮廓线】图层，如

图 17-41 所示。

(4) 执行【偏移】命令，将水平中心线向两侧偏移 56，将竖直中心线向右偏移 91，如图 17-42 所示。

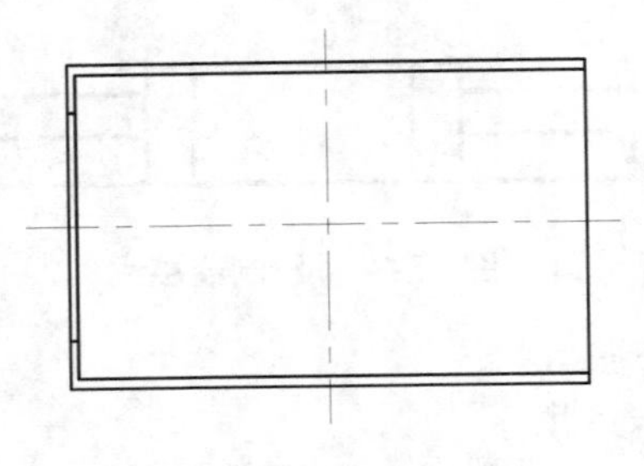

图 17-41 修剪图形

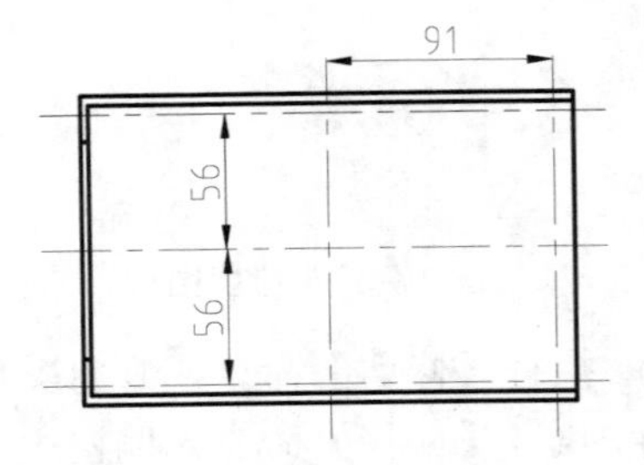

图 17-42 偏移中心线

(5) 重复【偏移】命令，将上一步偏移出的中心线再次向两侧偏移 3，如图 17-43 所示。

(6) 执行【修剪】命令，修剪出 4 个孔轮廓，然后将孔边线切换到【轮廓线】图层，并调整中心线长度，如图 17-44 所示。

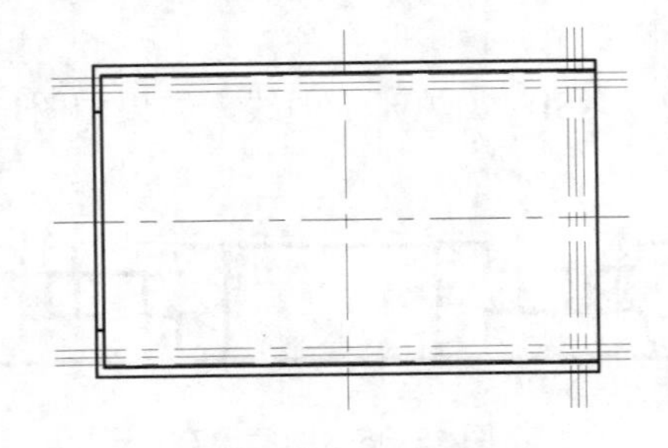

图 17-43 偏移中心线

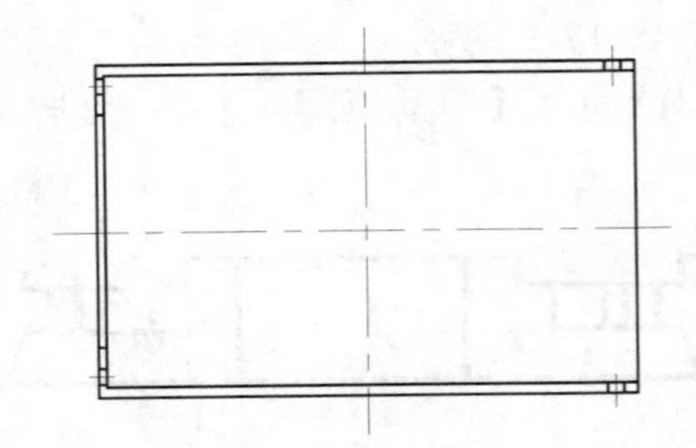

图 17-44 修剪图形

(7) 将【细实线】图层设置为当前图层，执行【图案填充】命令，选择 ANSI31 图案，填充剖面线，如图 17-45 所示。

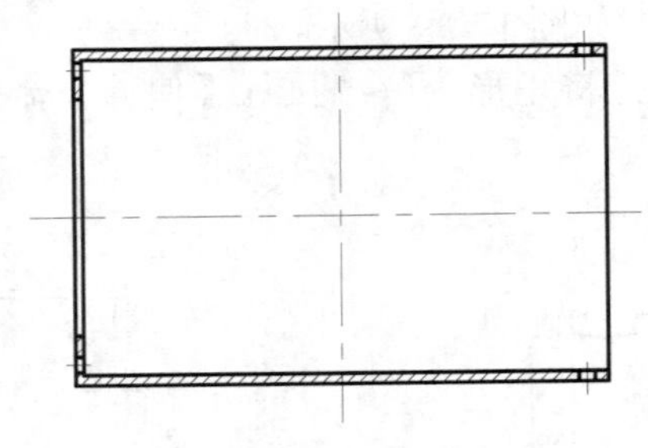

图 17-45 填充图案

4. 绘制端盖

(1) 将【中心线】图层设置为当前图层，执行【直线】命令，绘制中心线，结果如图 17-46 所示。

(2) 执行【偏移】命令，将垂直中心线向右偏移 4、13、19、27，将水平中心线对称

偏移 21、31、41、52、60，结果如图 17-47 所示。

图 17-46　绘制中心线　　　图 17-47　偏移中心线

(3) 执行【修剪】命令，修剪图形，将线条切换至【轮廓线】图层，结果如图 17-48 所示。

(4) 执行【直线】命令，绘制连接线，如图 17-49 所示。

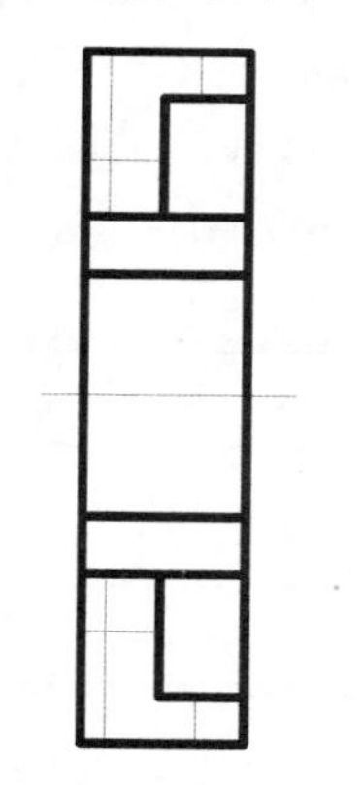

图 17-48　修剪图形

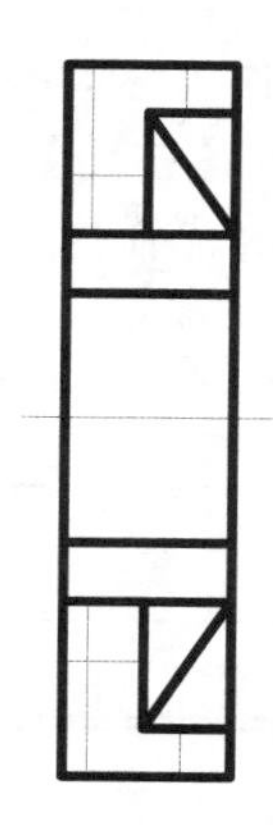

图 17-49　绘制连接线

(5) 执行【偏移】命令，偏移中心线，如图 17-50 所示。

(6) 执行【修剪】命令，修剪图形，然后将孔边线切换到【轮廓线】图层，如图 17-51 所示。

(7) 执行【图案填充】命令，选择填充图案为 ANSI31，填充剖面线，结果如图 17-52 所示。

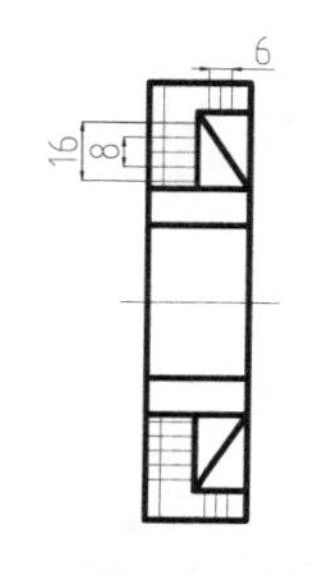

图 17-50　偏移直线

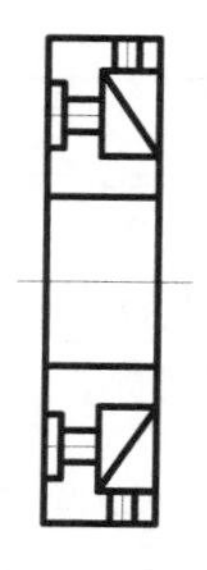

图 17-51　修剪图形

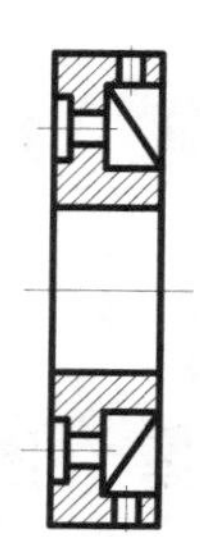

图 17-52　图案填充

5. 创建装配图

(1) 执行【复制】命令，复制以上创建的零件到图纸空白位置，如图 17-53 所示。

(2) 执行【移动】命令，选择齿轮作为移动的对象，选择齿轮的 A 点作为移动基点，选择箱体的 A′点作为移动目标，移动结果如图 17-54 所示。

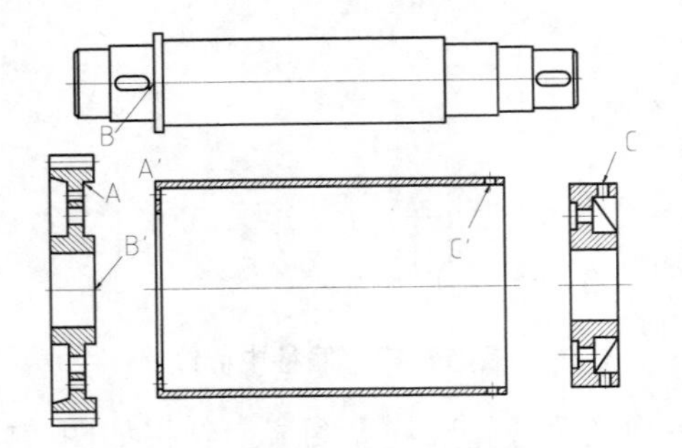

图 17-53　复制零件图

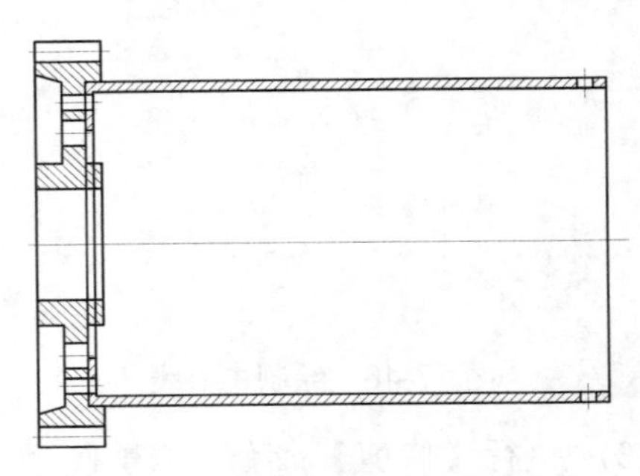
图 17-54　移动齿轮

(3) 重复执行【移动】命令，选择轴作为移动对象，选择轴的 B 点作为移动基点，选择齿轮的 B′ 点作为移动的目标点，移动结果如图 17-55 所示。

(4) 重复执行【移动】命令，选择端盖作为移动对象，选择端盖的 C 点作为移动基点，选择箱体的 C′ 点作为移动的目标点，移动结果如图 17-56 所示。

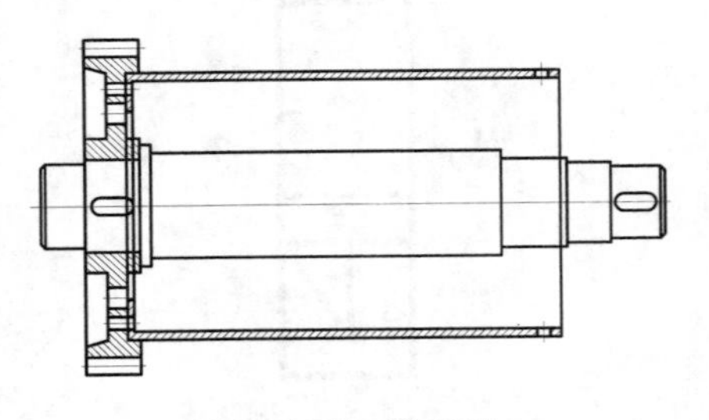
图 17-55　移动轴

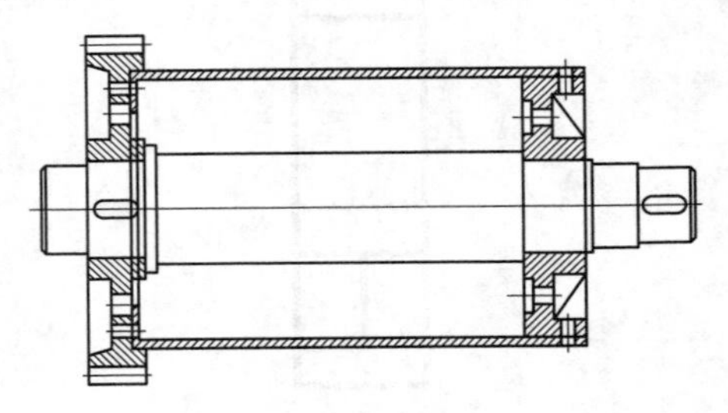
图 17-56　移动端盖

(5) 执行【修剪】命令，修剪箱体被遮挡的线条，结果如图 17-57 所示。

(6) 选择【文件】|【保存】命令，保存文件，完成装配图的绘制。

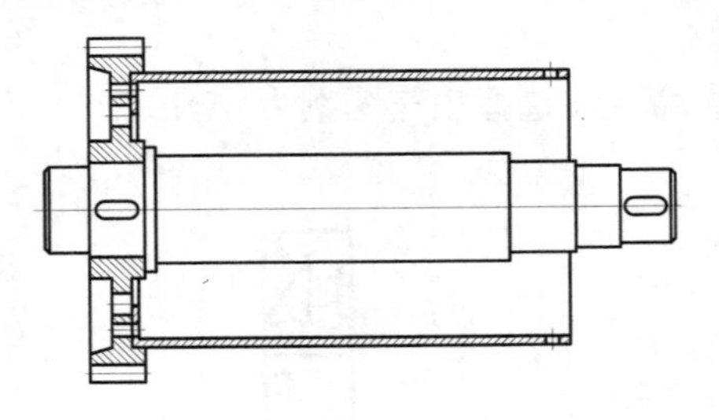
图 17-57　修剪多余线条

17.4.3　零件图块插入法

零件图块插入法是指将各种零件均存储为外部图块，然后以插入图块的方法来添加零

件图，然后使用【旋转】、【复制】、【移动】等命令组合成装配图。

使用零件图块插入法绘制如图 17-58 所示的装配图的步骤如下。

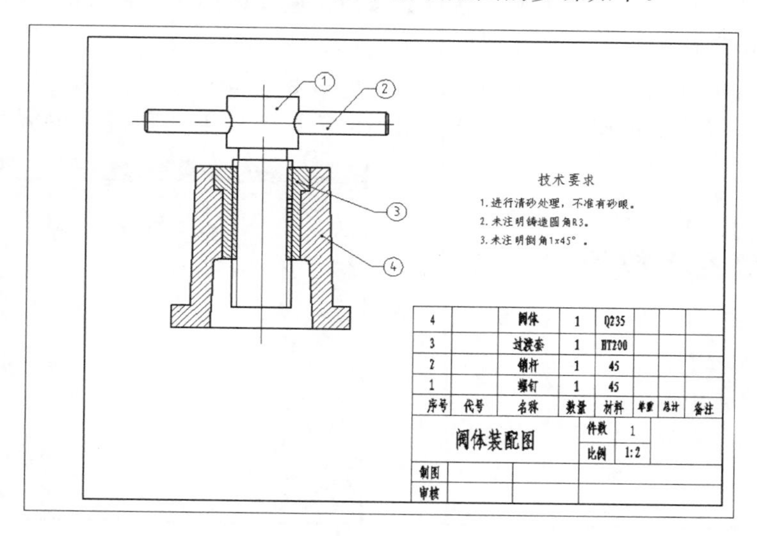

图 17-58　阀体装配图

1. 外部块创建

(1) 新建 AutoCAD 图形文件，绘制如图 17-59 所示的零件图形。执行【写块】命令，将该图形创建为【阀体】外部块，保存在计算机中。

(2) 绘制如图 17-60 所示的零件图形，并创建为【过渡套】外部块。

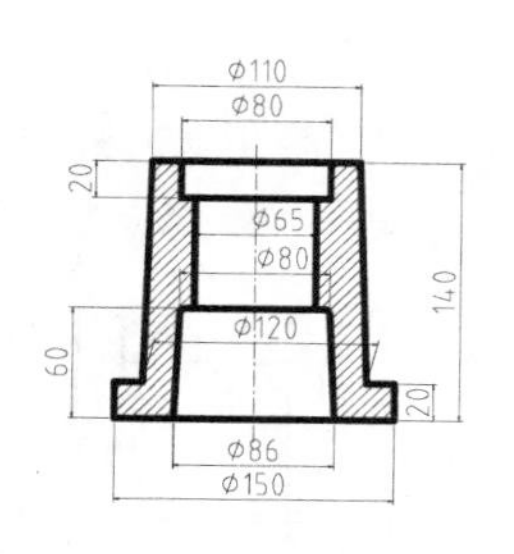

图 17-59　阀体

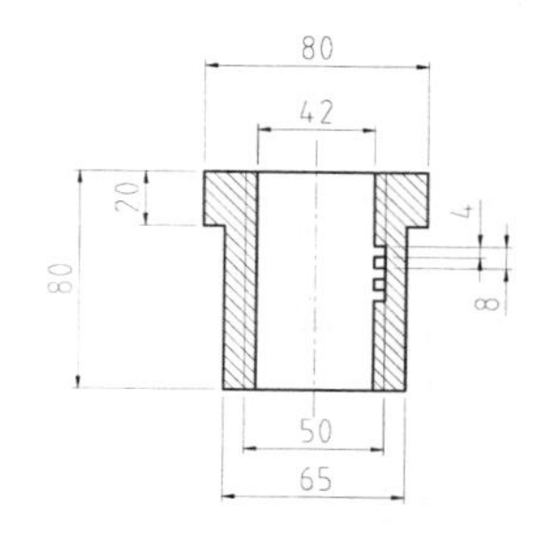

图 17-60　过渡套

(3) 绘制如图 17-61 所示的零件图形，并创建为【螺钉】外部块。

(4) 绘制如图 17-62 所示的零件图形，并创建为【销杆】外部块。

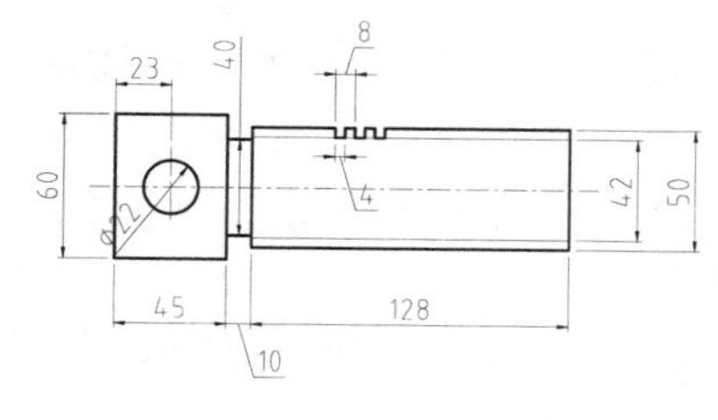

图 17-61　螺钉

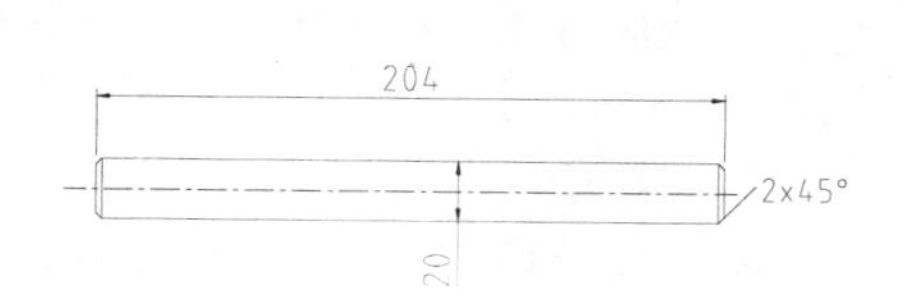

图 17-62　销杆

2. 插入零件图块并创建装配图

(1) 单击快速访问工具栏中的【新建】按钮，在【选择样板】对话框中选择素材文件夹中的“A4.dwt”样板文件，新建图形。

(2) 执行【插入块】命令，弹出【插入】对话框，如图 17-63 所示。

(3) 单击【浏览】按钮，弹出【选择图形文件】对话框，如图 17-64 所示。

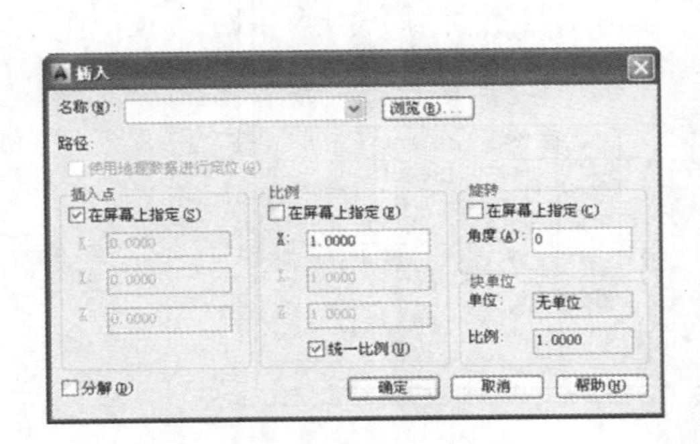

图 17-63 【插入】对话框

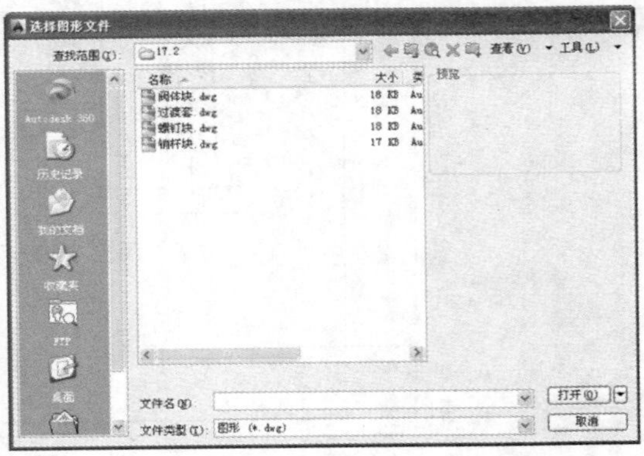

图 17-64 【选择图形文件】对话框

(4) 选择“阀体块.dwg”文件，设置插入比例为 0.5，单击【打开】按钮，将其插入绘图区中，结果如图 17-65 所示。

(5) 执行【插入块】命令，设置插入比例为 0.5，插入“过渡套块.dwg”文件，以 A 作为配合点，结果如图 17-66 所示。

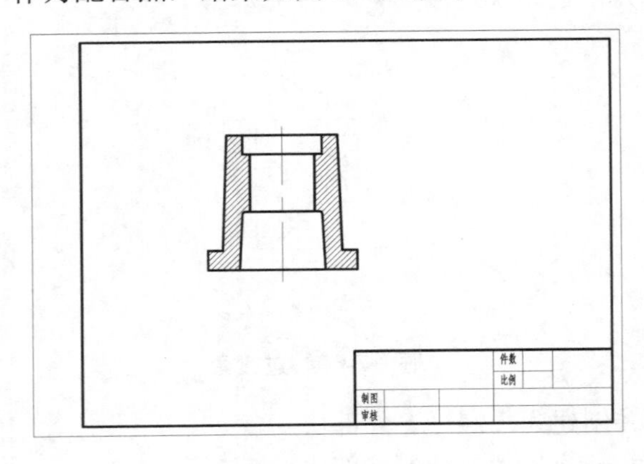

图 17-65 插入阀体块

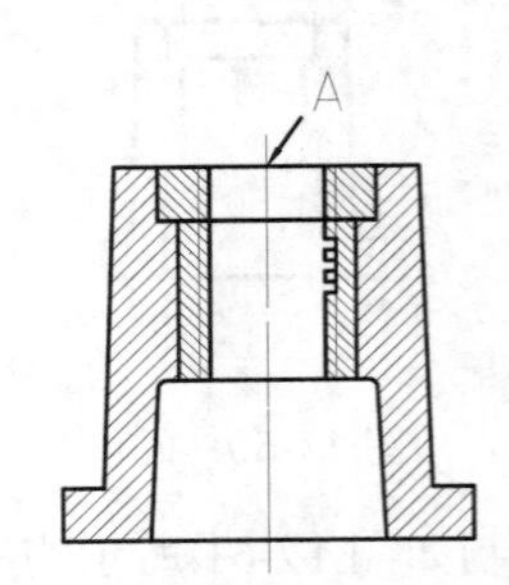

图 17-66 插入过渡套块

(6) 执行【插入块】命令，设置插入比例为 0.5，旋转角度为-90°，插入“螺钉块.dwg”；并执行【移动】命令，以螺纹配合点为基点装配到阀体上，结果如图 17-67 所示。执行【插入块】命令，设置插入比例为 0.5，插入“销杆块.dwg”，然后执行【移动】命令将销杆中心与螺钉圆心重合，结果如图 17-68 所示。

(7) 执行【分解】命令，分解图形；然后执行【修剪】命令，修剪整理图形，结果如图 17-69 所示。

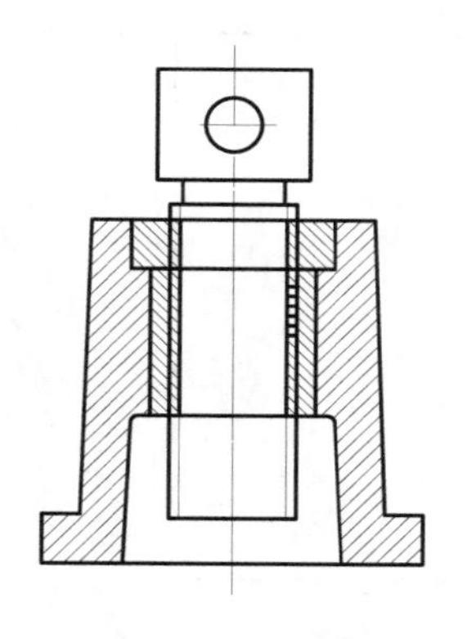

图 17-67 插入螺钉块

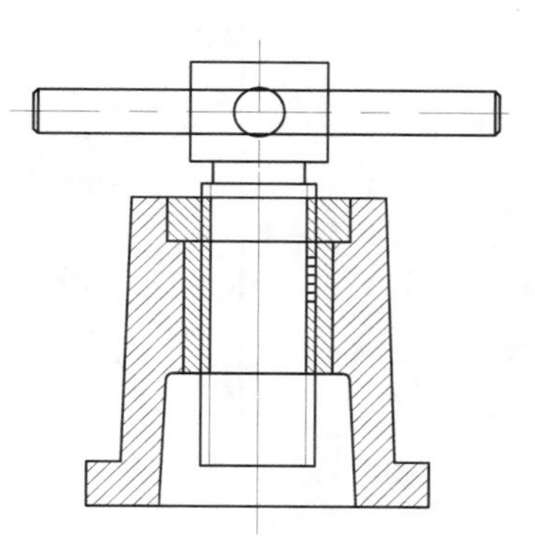

图 17-68 插入销杆块

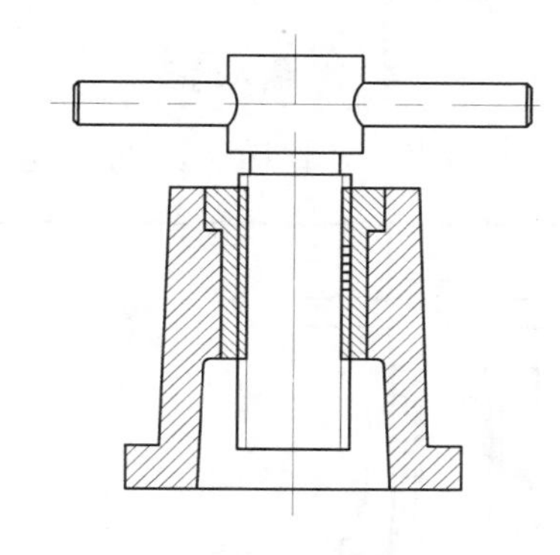

图 17-69 修剪图形

3. 绘制明细表

(1) 将“零件序号引线”多重引线样式设置为当前引线样式，执行【多重引线】命令标注零件序号，如图 17-70 所示。

(2) 执行【插入表格】命令，设置表格参数，如图 17-71 所示，单击【确定】按钮，然后在绘图区指定宽度范围与标题栏对齐，向上拖动调整表格的高度为 5 行。创建的表格如图 17-72 所示。

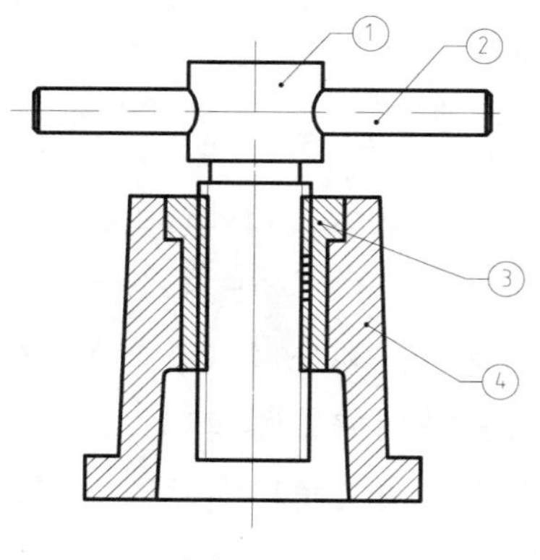

图 17-70 标注零件序号

图 17-71 设置表格参数

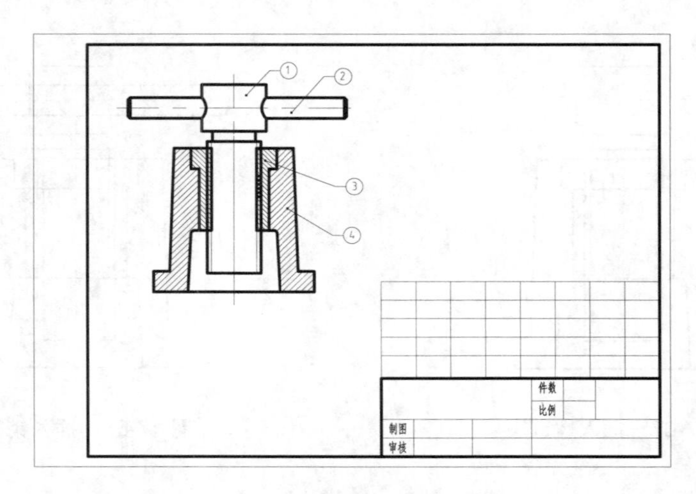

图 17-72　插入的表格

(3) 选中创建的表格，拖动表格夹点，修改各列的宽度，如图 17-73 所示。

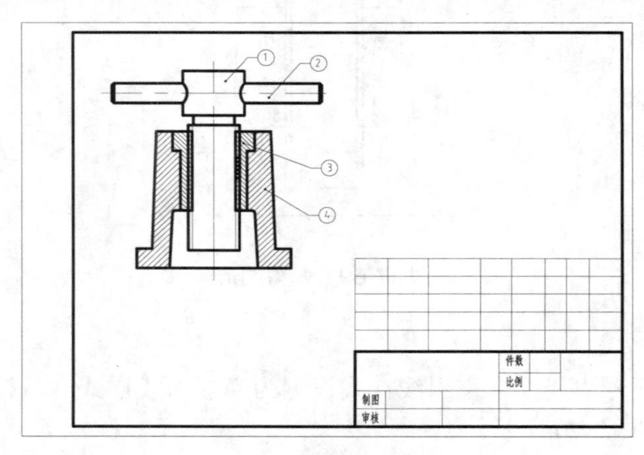

图 17-73　调整明细表宽度

(4) 分别双击标题栏和明细表各单元格，输入文字内容，填写结果如图 17-74 所示。

(5) 将“机械文字”文字样式设置为当前文字样式，执行【多行文字】命令，填写技术要求，如图 17-75 所示。

4		阀体	1	Q235			
3		过渡套	1	HT200			
2		销杆	1	45			
1		螺钉	1	45			
序号	代号	名称	数量	材料	单重	总计	备注

阀体装配图		件数	1	
		比例	1:2	
制图				
审核				

图 17-74　填写明细表和标题栏

技术要求

1. 进行清砂处理，不允许有砂眼。

2. 未注明铸造圆角R3。

3. 未注明倒角1×45°。

图 17-75　填写技术要求

(6) 调整装配图图形和技术要求文字的位置，如图 17-76 所示。选择【文件】|【保存】命令，保存文件，完成阀体装配图的绘制。

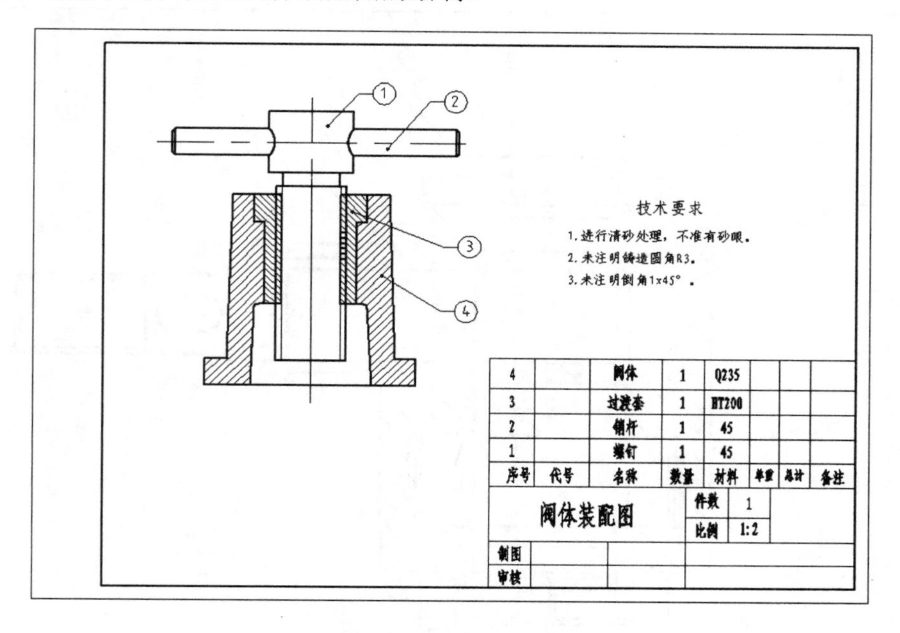

图 17-76　装配图结果

17.5　思考与练习

一、简答题

1. 装配图的内容包括什么？
2. 如何选择装配图的视图？
3. 装配图的绘制方法有几种，分别是什么？

二、操作题

1. 使用直接绘制法绘制如图 17-77 所示的装配图。

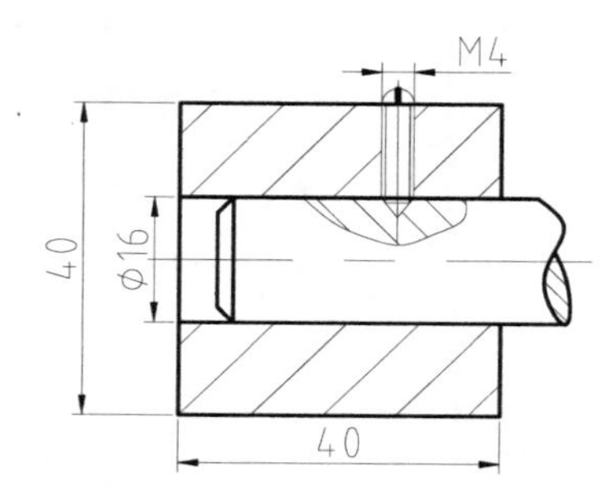

图 17-77　装配图

2. 绘制如图 17-78 所示的齿轮泵装配图。

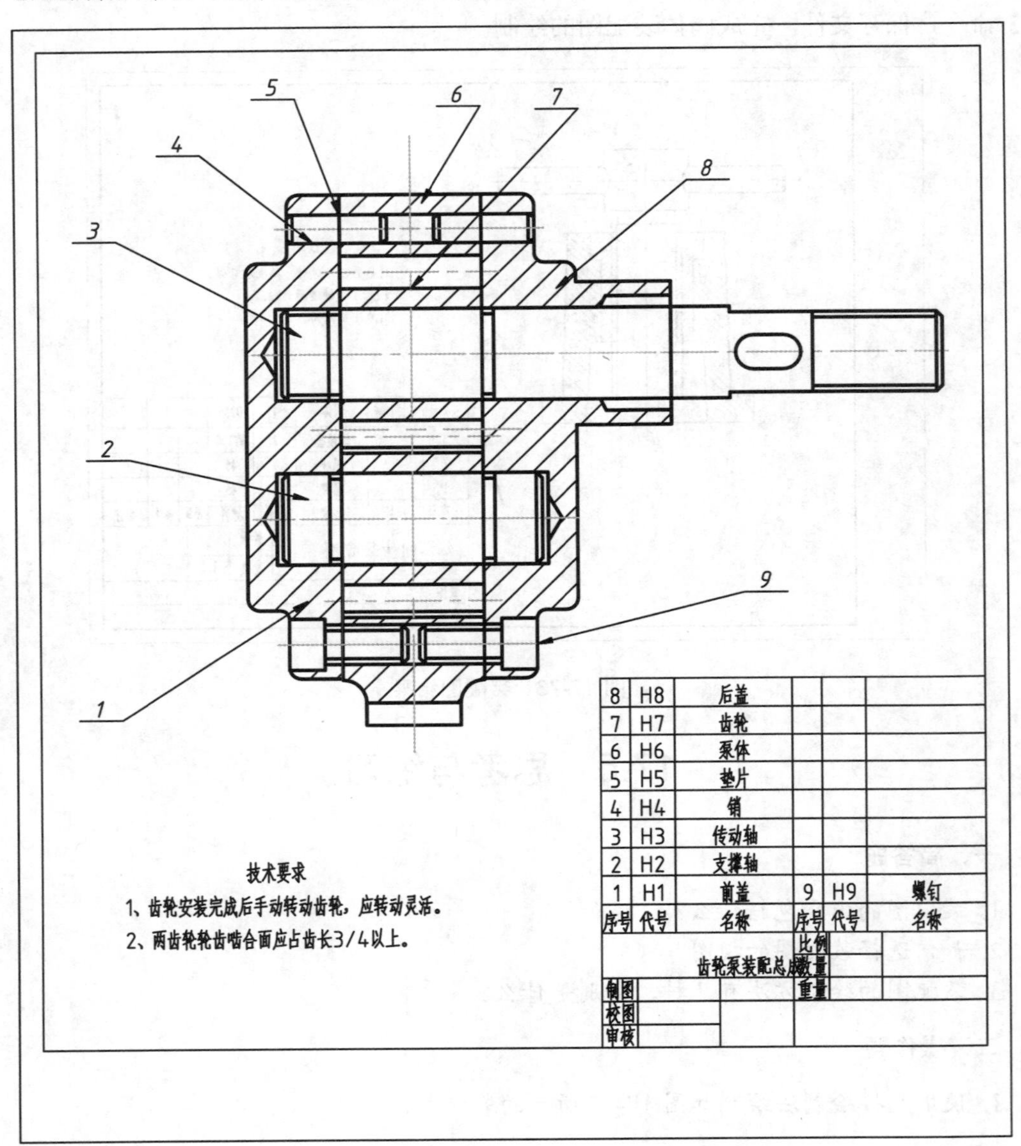

图 17-78 齿轮泵装配图

第18章 三维实体的创建和编辑

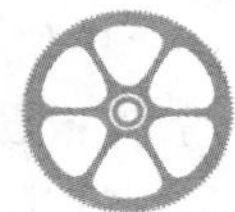

本章导读

AutoCAD 不仅具有强大的二维绘图功能，而且还具备较强的三维绘图功能。AutoCAD 2014 提供了绘制多段体、长方体、球体、圆柱体、圆锥体和圆环体等基本几何实体的命令，可通过对二维轮廓进行拉伸、旋转、扫掠创建三维实体。对创建的三维实体可以进行实体编辑、布尔运算，以及体、面、边的编辑，创建出更复杂的模型。

学习目标

- 了解 AutoCAD 三维建模空间的构成，了解三维模型的分类。
- 了解 AutoCAD 中两种坐标系的特点，掌握 UCS 的定义和编辑方法。
- 掌握三维模型的视图、视觉样式的切换方法。
- 掌握长方体、圆柱体、球体、多段体等基本三维实体的绘制方法。
- 掌握拉伸、旋转、放样、扫掠、按住并拖动等工具创建三维实体的方法。
- 掌握差集、并集和交集 3 种布尔运算的作用和操作方法。
- 掌握三维对象的旋转、移动、镜像和对齐等操作方法，掌握三维对象的边、面和体的编辑方法。

18.1 AutoCAD 2014 三维建模空间

由于三维建模增加了 Z 方向的维度，因此工作界面不再是草图与注释界面，需切换到三维建模空间。启动 AutoCAD 2014 之后，在快速访问工具栏中的【工作空间】下拉列表框中选择“三维基础”或“三维建模”空间，即可切换到三维建模的工作界面，如图 18-1 所示。与 AutoCAD 经典空间不同，三维建模空间的命令以工具按钮的形式集中在各选项卡上，每个选项卡又分为多个面板。

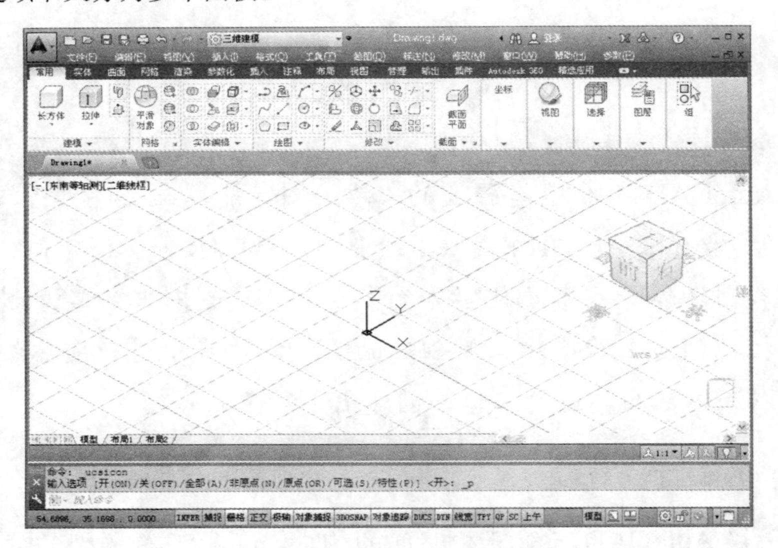

图 18-1　三维建模空间

在新建文件时，如果选择三维样板文件(软件提供 acad3D.dwt 样板和 acadiso3D.dwt 样板)，则建模界面直接切换到三维建模空间。

18.2 三维模型分类

AutoCAD 支持 3 种类型的三维模型——线框模型、表面模型和实体模型。这些模型都有各自的创建和编辑方法，以及不同的显示效果。

18.2.1 线框模型

线框模型是三维对象的轮廓描述，主要由描述对象的三维直线和曲线组成，没有面和体的特征。在 AutoCAD 中，可以通过在三维空间绘制点、线、曲线的方式得到线框模型。如图 18-2 所示即为线框模型效果。

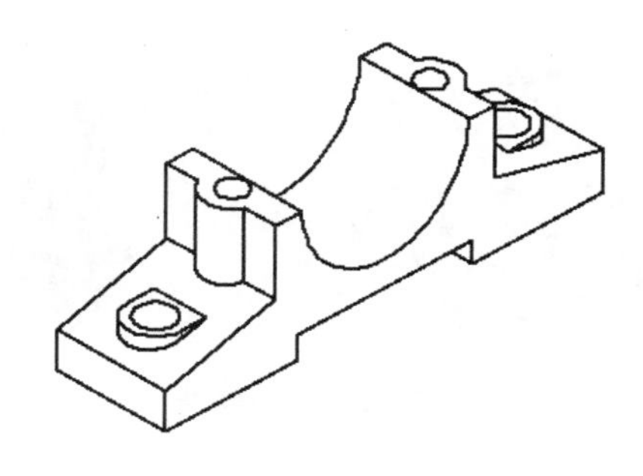

图 18-2　线框模型

提示

线框模型虽然具有三维的显示效果，但实际上由线构成，没有面和体的特征，既不能对其进行面积、体积、重心、转动质量、惯性矩形等计算，也不能进行着色、渲染等操作。

18.2.2　曲面模型

曲面是不具有厚度和质量特性的壳形对象。曲面模型也能进行隐藏、着色和渲染。AutoCAD 中曲面的创建和编辑命令集中在功能区的【曲面】选项卡中，如图 18-3 所示。

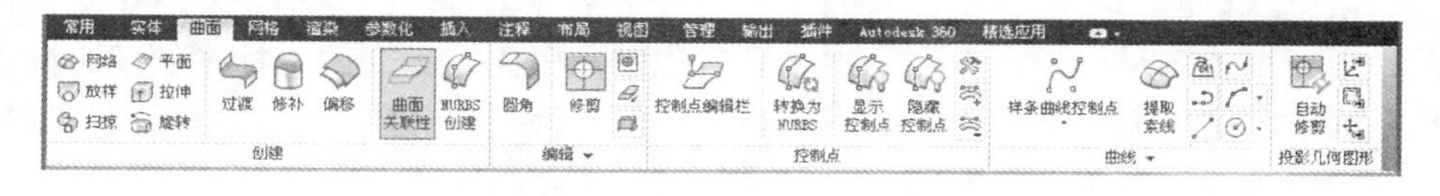

图 18-3　【曲面】选项卡

在【创建】面板中，集中了创建曲面的各种方式，其中拉伸、放样、扫掠、旋转等生成方式与创建实体的操作类似。如图 18-4 所示为创建的曲面。

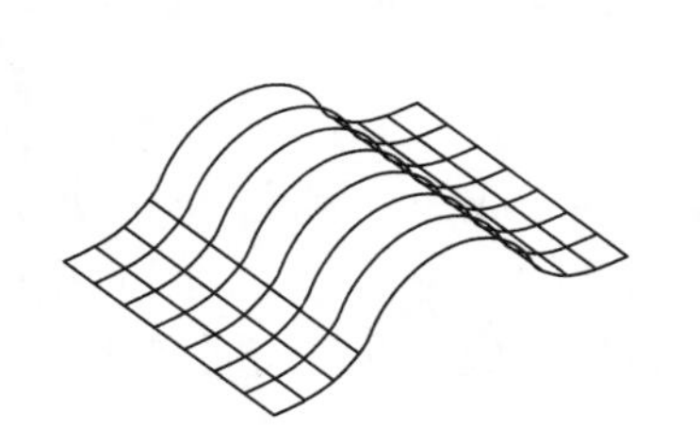
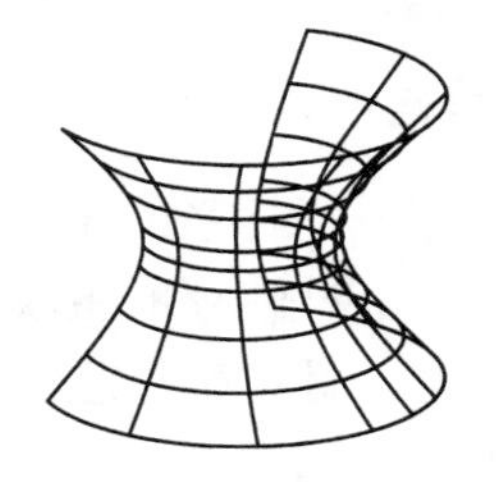

图 18-4　曲面模型

18.2.3　实体模型

实体模型是最常使用的三维建模类型，它具有实体的全部外观特征，还具有体积、重心、转动惯量、惯性矩等特性，AutoCAD 中可以对实体进行隐藏、剖切、装配干涉检查等操作，还可以对基本实体进行并、交、差等布尔运算，以构造复杂的实体模型。

如图 18-5 所示为创建的实体模型。

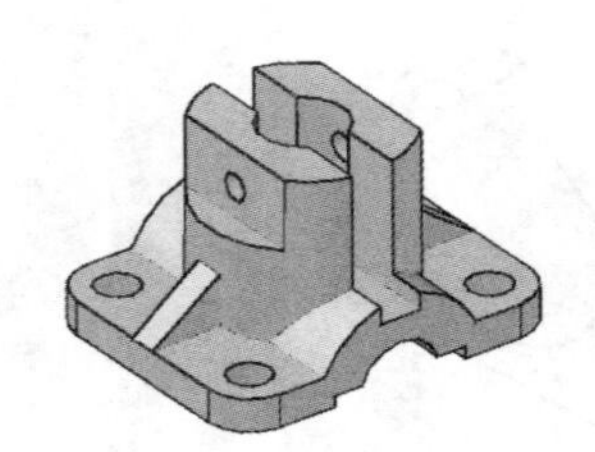

图 18-5　实体模型

18.3　三维坐标系统

AutoCAD 的三维坐标系由原点引出的相互垂直的 3 个坐标轴构成，这 3 个坐标轴分别称为 X 轴、Y 轴、Z 轴，交点为坐标系的原点，即各个坐标轴的坐标零点。从原点出发，沿坐标轴正方向上的点用正坐标值度量，沿坐标轴负方向上的点用负的坐标值度量。在三维空间中，任意一点的位置由它的三维坐标(x,y,z)唯一确定。

18.3.1　UCS 的概念及特点

在 AutoCAD 2014 中，坐标系分为世界坐标系(WCS)和用户坐标系(UCS)两种。世界坐标系是系统默认的初始坐标系，它的原点及各个坐标轴方向固定不变，对于二维图形绘制，世界坐标系能满足要求，但在三维建模过程中，用固定不变的坐标系创建不同位置的实体却很烦琐，这时需要适时地创建用户自定义的坐标系，即用户坐标系。用户坐标系是通过变换坐标系的原点及方向形成的，主要有以下几方面的特点。

1. 坐标系的直观性

当前用户坐标系图标总是直观地、形象地反映当前模型实体的位置和坐标轴方向，这样可以方便、准确地为实体定位，方便绘制特征截面，如图 18-6 所示。

2. 坐标系的灵活性

用户坐标系是根据坐标系的原点和方向变换形成的，因此它具有很大的灵活性和适应性。在创建过程中，某些特征的生成方向是固定的，并且特征之间的相对位置不可更改。例如，在创建螺纹时，螺纹实体总是沿 Z 轴方向生成，这时需要灵活变换坐标系的位置和方向来满足设计要求，如图 18-7 所示。

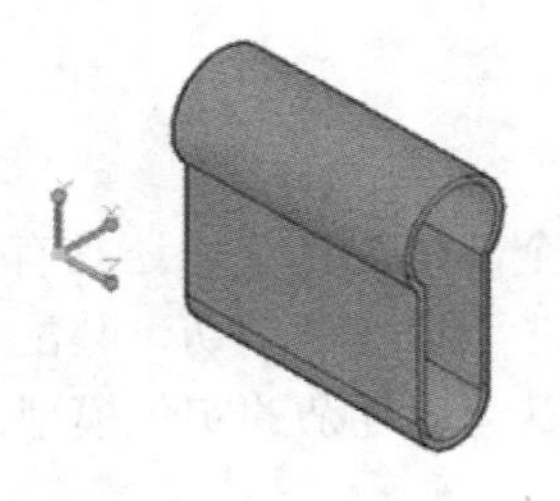

图 18-6　坐标系的直观性

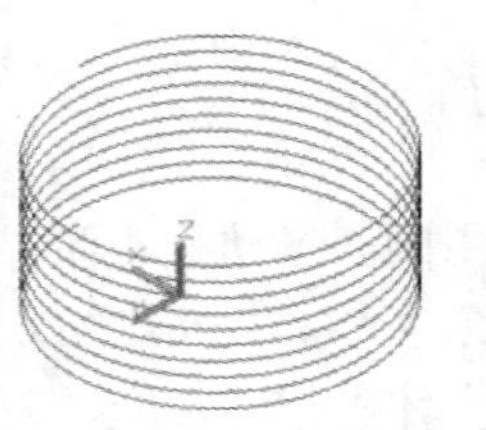
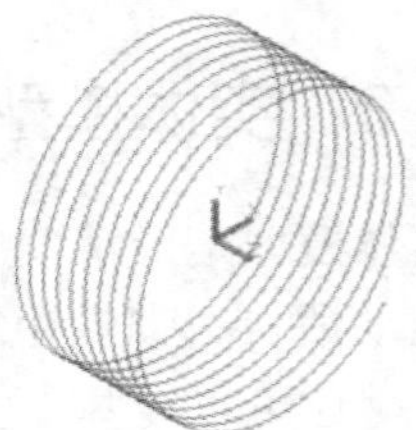

图 18-7　坐标系的灵活性

3. 坐标系的单一性

在 AutoCAD 中，用户坐标系是唯一的，即当前环境中只存在一个用户坐标系。例如，如果创建了新的用户坐标系，则原坐标系消失。在装配组件时，如果在当前文件中插入外部模型，新插入的模型坐标系消失，该模型的位置以当前空间中的坐标系为准。

18.3.2 定义 UCS

UCS 表示了当前坐标系的坐标轴方向和坐标原点位置，也表示了相对当前 UCS 的 XY 平面的视图方向，尤其在三维建模环境中，可以根据不同的定义方法创建不同方向上的 UCS。

在 AutoCAD 2014 中管理 UCS 主要有以下几种常用方法。

- 菜单栏：选择【工具】|【新建 UCS】命令，然后在子菜单中选择定义方式。
- 功能区：单击【坐标】面板上的【管理用户坐标系】按钮。
- 命令行：在命令行中输入 UCS 并按 Enter 键。

1. UCS 命令选项

执行 UCS 命令后，命令行提示如下。

```
指定 UCS 的原点或 [面(F)/命名(NA)/对象(OB)/上一个(P)/视图(V)/世界(W)/X/Y/Z/Z 轴(ZA)] <世界>:
```

该命令行中各选项与菜单栏【工具】|【新建 UCS】子菜单中的命令相对应。各选项的含义介绍如下。

- 面(F)：将 UCS 与三维对象的选定面对齐，UCS 的 X 轴将与找到的第一个面上最近的边对齐。选择实体的面后，将出现提示信息“输入选项[下一个(N)/X 轴反向(X)/Y 轴反向(Y)]<接受>：”。其中，选择【下一个】选项，UCS 将定位于邻接的面或选定边的后向面；选择【X 轴反向】选项，将 UCS 绕 X 轴旋转 180°；选择【Y 轴反射】选项则将 UCS 绕 Y 轴旋转 180°；按 Enter 键将接受现在的位置。
- 命名(NA)：该选项提供 UCS 的保存、恢复和删除功能。若选择该选项，命令行出现“输入选项 [恢复(R)/保存(S)/删除(D)/?]”。其中，【恢复(R)】选项将 UCS 恢复到之前用户保存的一个坐标系，选择此项，接着输入要恢复的坐标系名称(前提是用户保存并命名了一个坐标系)；【保存(S)】选项将当前的 UCS 保存，选择此项，接着输入保存名称；【删除(D)】选项将用户已保存的 UCS 删除，选择此项，接着输入要删除的坐标系名称。
- 对象(OB)：根据选定的三维对象定义新的坐标系。新 UCS 的拉伸方向(即 Z 轴的正方向)为选定对象的方向。但此选项不能用于三维实体、三维多段线、三维网格、视口、多线、样条曲线、椭圆、射线、构造线、引线和多行文字等对象。
- 上一个(P)：将 UCS 恢复到上一个 UCS 的位置。
- 视图(V)：以当前屏幕视图所在的平面创建 UCS 的 XY 平面，原点位置保持不变。

- 世界(W)：将 UCS 与世界坐标系重合。此选项是 UCS 命令的默认选项，按 Enter 键(或空格键)直接选择此选项。
- X/Y/Z：绕所选轴(X、Y 或 Z 轴)旋转当前的 UCS 创建新的 UCS。选择此项，下一步需输入旋转角度。
- Z 轴(ZA)：通过选择原点和 Z 轴的正方向来定义新 UCS。

2. UCS 面板

常用选项卡中的坐标面板如图 18-8 所示，该面板包含了常用的 UCS 创建按钮。

图 18-8 【坐标】面板

UCS 面板中常用按钮的含义如下。

- UCS：单击该按钮，命令行出现“指定 UCS 的原点或 [面(F)/命名(NA)/对象(OB)/上一个(P)/视图(V)/世界(W)/X/Y/Z/Z 轴(ZA)] <世界>:” 该命令中各选项与工具栏中的按钮相对应。
- 世界：该工具用来切换模型或视图的世界坐标系，即 WCS 坐标系。世界坐标系也称为通用或绝对坐标系，它的原点位置和方向始终是保持不变的，如图 18-9 所示。

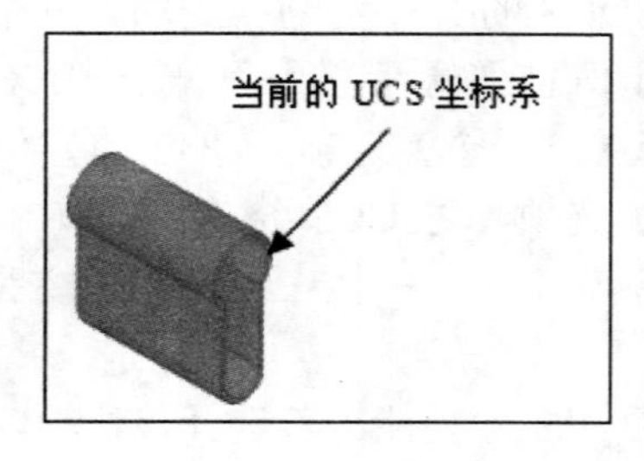

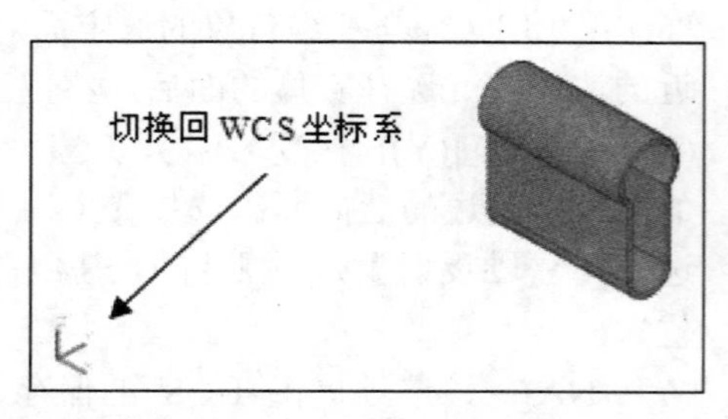

图 18-9 切换回世界坐标系

- 上一个 UCS：通过使用上一个 UCS 确定坐标系，相当于绘图中的撤销操作，可返回上一个绘图状态，但该操作仅返回上一个 UCS 状态，模型的操作不会撤消。
- 面 UCS：该工具主要用于将新用户坐标系的 XY 平面与所选实体的一个面重合。在模型中选取实体面或选取面的一个边界，此面被加亮显示，按 Enter 键即可将该面与新建 UCS 的 XY 平面重合。
- 对象：该工具通过选择一个对象，定义一个新的坐标系，坐标轴的方向取决于所选对象的类型。如图 18-10 所示为选择直线对象创建的 UCS。

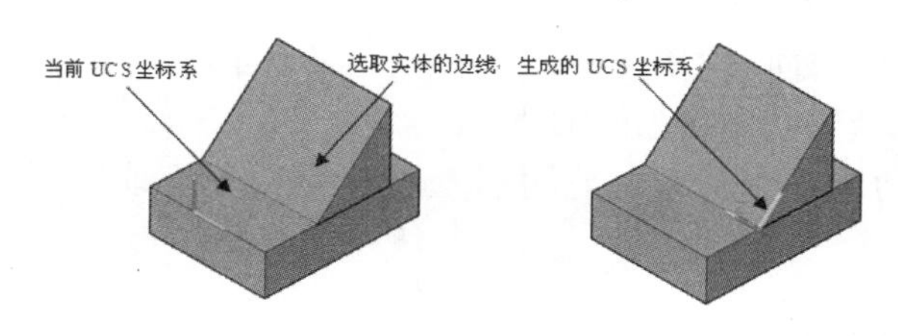

图 18-10　由选取对象生成 UCS 坐标

如果选择不同类型的对象，坐标系的原点位置与 X 轴的方向会有所不同，如表 18-1 所示。

表 18-1　选取对象与坐标的关系

对象类型	新建 UCS 坐标方式
直线	距离选取点最近的一个端点成为新 UCS 的原点，X 轴沿直线方向
圆	圆的圆心成为新 UCS 的原点，XY 平面与圆面重合
圆弧	圆弧的圆心成为新的 UCS 的原点，X 轴通过距离选取点最近的圆弧端点
二维多段线	多段线的起点成为新的 UCS 的原点，X 轴沿从下一个顶点的线段延伸方向
实心体	实体的第一点成为新的 UCS 的原点，新 X 轴为两起始点之间的直线
尺寸标注	标注文字的中点为新的 UCS 的原点，新 X 轴的方向平行于绘制标注时有效 UCS 的 X 轴

- 视图：该工具可使新坐标系的 XY 平面与当前视图方向垂直，而原点保持不变。通常情况下，该方式主要用于标注文字，当文字需要与当前屏幕平行而不需要与对象平行时，用此方式比较简单。
- 原点：该工具是系统默认的 UCS 坐标创建方法，它主要用于修改当前用户坐标的原点位置，坐标轴方向与上一个坐标系相同。在 UCS 工具栏中单击 UCS 按钮，然后利用状态栏中的对象捕捉功能捕捉模型上的一点，按 Enter 键结束操作，即完成坐标系的原点平移。
- Z 轴矢量：该工具是通过指定一点作为坐标原点，指定一个方向作为 Z 轴的正方向，从而定义新的用户坐标系。此时，系统将根据 Z 轴方向自动设置 X 轴、Y 轴的方向，如图 18-11 所示。

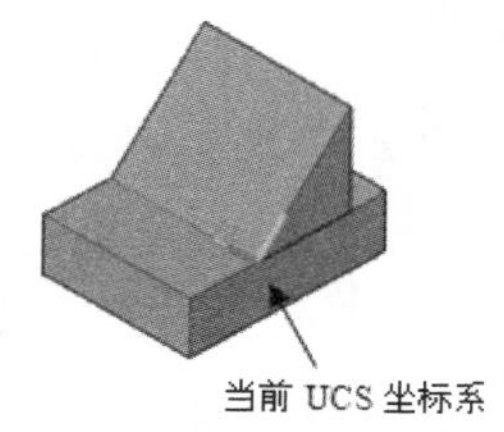

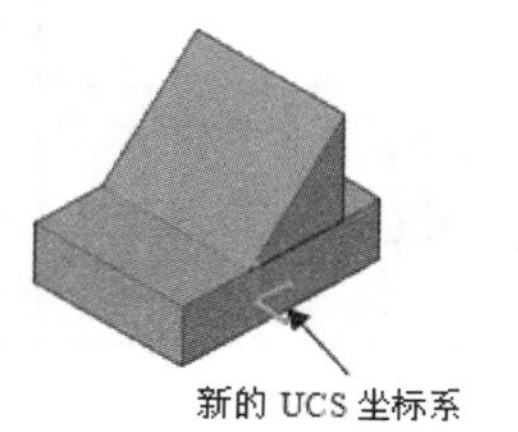

图 18-11　由 Z 轴矢量生成 UCS 坐标系

- 三点：该方式是选取 3 个点确定新坐标系的原点、X 轴与 Y 轴的正向，因为 AutoCAD 中的坐标系均为右手直角坐标系，因此确定原点、X 轴方向和 Y 轴方向之后，Z 轴方向即被确定，从而完全定义一个坐标系。

- X/Y/Z 轴：该方式是将当前 UCS 坐标绕 X 轴、Y 轴或 Z 轴旋转一定的角度，从而生成新的用户坐标系。它可以通过指定两个点或输入一个角度来定义旋转角度。

18.3.3 编辑 UCS

用户创建的坐标系，可以对其进行命名编辑、设置正交编辑和显示编辑等。

执行编辑 UCS 的方法有以下几种。

- 功能区：在【常用】选项卡中单击【坐标】面板右下角的箭头符号↘。
- 命令行：在命令行中输入 UCSMAN 并按 Enter 键。

执行任一命令后，系统将弹出 UCS 对话框，如图 18-12 所示。

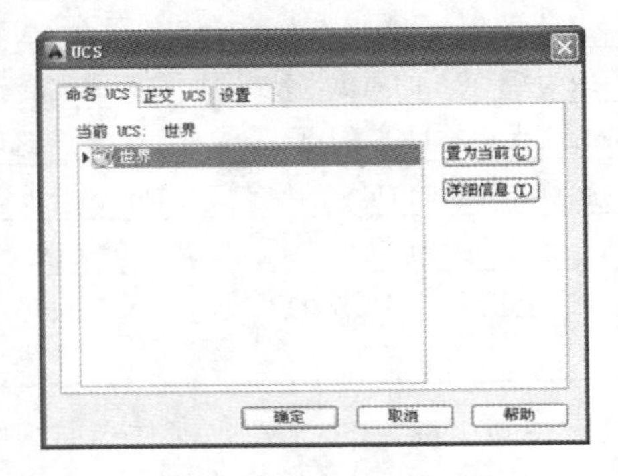

图 18-12　UCS 对话框

1.【命名 UCS】选项卡

该选项卡中列出了所有已命名的 UCS 和当前的 UCS，单击【置为当前】按钮，可以将选中的 UCS 设置为当前坐标系。单击【详细信息】按钮，可以查看选中的 UCS 信息，如图 18-13 所示。双击某个 UCS 名称，可以编辑坐标系名称。

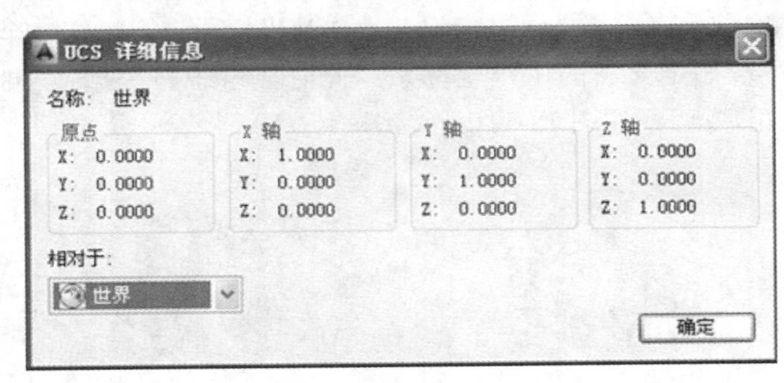

图 18-13　【UCS 详细信息】对话框

提示

只有被命名的 UCS 才能被保存，世界坐标系无法重命名。

2. 【正交 UCS】选项卡

该选项卡如图 18-14 所示，用于将 UCS 设置成一个正交模式。在【相对于】下拉列表框中选择用于定义正交模式的参考基准。

3. 【设置】选项卡

该选项卡如图 18-15 所示，可以设置 UCS 图标的显示和应用范围等。

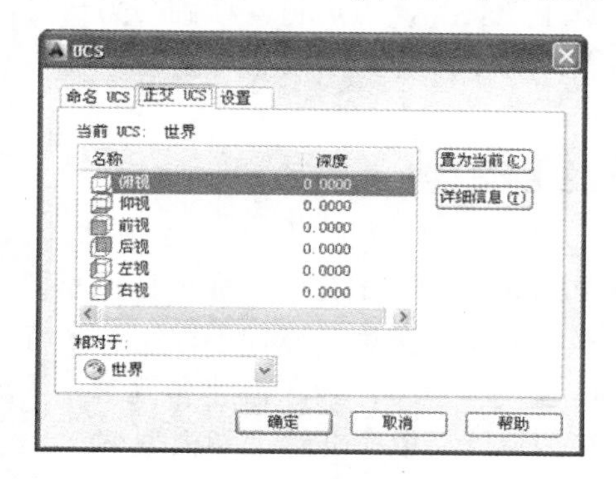

图 18-14　【正交 UCS】选项卡

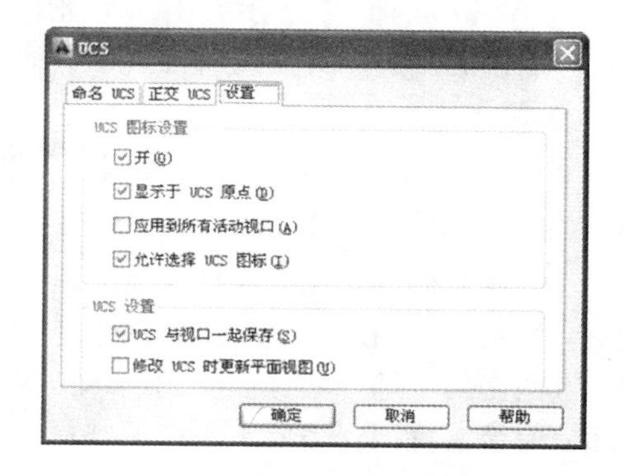

图 18-15　【设置】选项卡

18.3.4 动态 UCS

动态 UCS 是一种临时坐标系，可以在创建对象时使 UCS 的 XY 平面与实体模型上的平面临时对齐，从而无须创建 UCS 就可以在某个实体平面上绘图。打开或关闭动态 UCS 的方法有以下几种。

- 状态栏：单击状态栏中的【允许/禁止动态 UCS】按钮。
- 快捷键：按 F6 键。

打开动态 UCS 之后，执行绘制相关图元的命令，然后在要绘图的平面上移动光标，平面边线加亮显示表示捕捉到该平面，接下来就可以在该平面上绘图。使用动态 UCS 绘图的方式如图 18-16 所示。

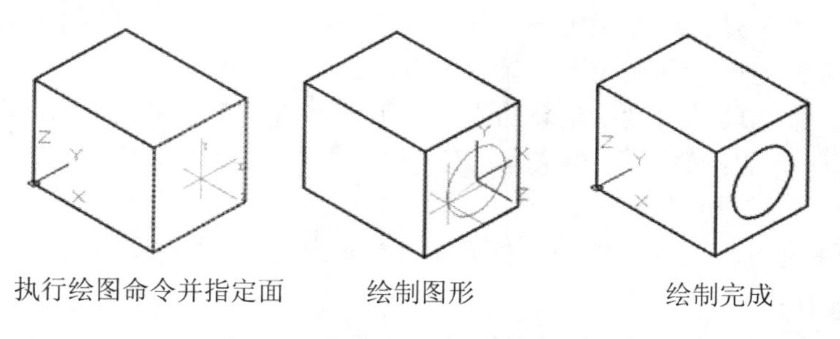

图 18-16　动态 UCS 绘图

18.3.5 UCS 夹点编辑

AutoCAD 还提供 UCS 夹点编辑功能，能够直观地修改当前 UCS 的位置和方向。

单击视图中的 UCS 图标，使其显示夹点，UCS 的夹点有 4 个，如图 18-17 所示。

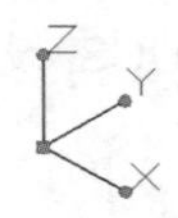

图 18-17　UCS 的夹点

X、Y 和 Z 轴的夹点用于控制该轴的方向，选中该夹点，然后将其移到与另一目标点对齐，该轴的方向即对齐到新位置。移动原点夹点，可以移动坐标原点的位置。

18.4　观察三维模型

三维视图的设置主要包括视点、平面视图以及视觉样式 3 个方面，变换视图和视觉样式主要有两种作用：一是为了将观察方向定位在模型的某一角度，以便创建下一个特征；另一方面是为了修改实体模型的显示效果。在三维建模环境中，为了创建和编辑三维图形各部分的结构特征，需要不断地调整显示方式和视图位置，以方便绘图和模型编辑。

18.4.1　设置视点

视点是指观察图形的方向，在三维工作空间中，通过在不同的位置设置视点，可在不同方位观察模型的投影效果，从而全方位地了解模型的外形特征。

在三维环境中，系统默认的视点为(0,0,1)，即从(0,0,1)点向(0,0,0)点观察模型，即视图中的俯视方向。要重新设置视点，在 AutoCAD 2014 中有以下几种方法。

- 菜单栏：选择【视图】|【三维视图】|【视点】选项。
- 命令行：在命令行中输入 VPOINT 并按 Enter 键。

执行任一命令后，命令行提示如下。

```
指定视点或 [旋转(R)] <显示指南针和三轴架>:
```

其中各选项的含义如下。

- 指定视点：是指通过确定一点作为视点方向，然后将该点与坐标原点的连线方向作为观察方向，则在绘图区显示该方向投影的效果。
- 旋转：使用两个角度指定新的方向，第一个角是在 XY 平面中与 X 轴的夹角，第二个角是与 XY 平面的夹角，位于 XY 平面的上方或下方。

【案例 18-1】 旋转视点。

(1) 单击快速访问工具栏中的【打开】按钮，打开素材文件“第 18 章\案例 18-1.dwg”，如图 18-18 所示。

(2) 在命令行中输入 VPOINT 并按 Enter 键，根据命令行的提示进行旋转视点的操作，其命令行的操作过程如下。

```
命令: VPOINT↙                                          //执行【设置视点】命令
当前视图方向:  VIEWDIR=0.0000,0.0000,922.0072
指定视点或 [旋转(R)] <显示指南针和三轴架>: r↙          //激活【旋转】选项
```

```
输入 XY 平面中与 X 轴的夹角 <43>: 30↙          //输入第一个角度
输入与 XY 平面的夹角 <90>: 60↙                  //输入第二个角度
```

(3) 完成旋转视点操作，其旋转效果如图 18-19 所示。

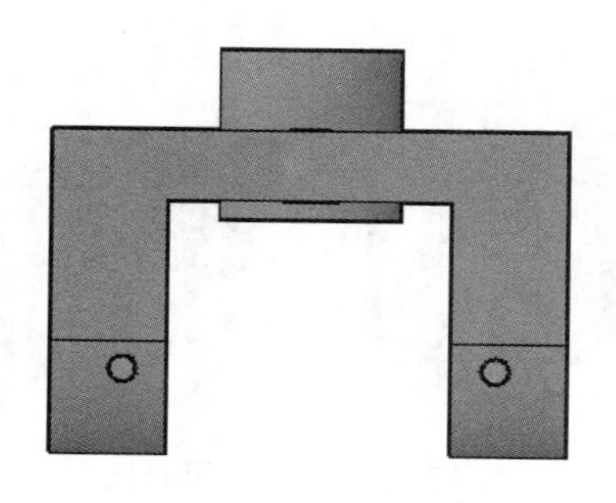

图 18-18　打开结果

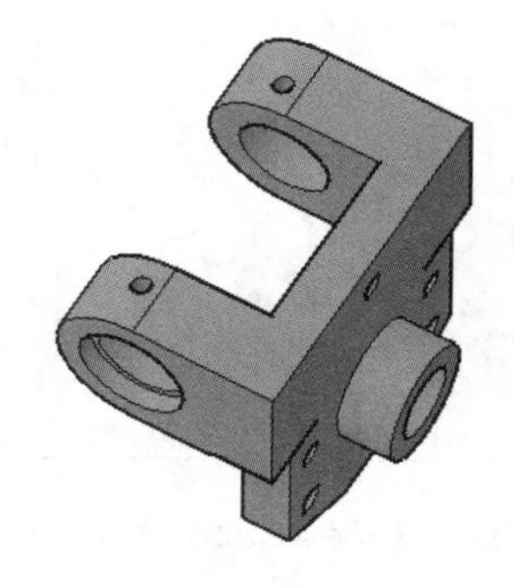

图 18-19　旋转结果

18.4.2 利用 ViewCube 控件

在【三维建模】工作空间中，使用 ViewCube 控件可切换各种正交或轴测视图模式，包括 6 种正交视图、8 种正等轴测视图和 8 种斜等轴测视图，可以根据需要快速调整模型的视点。

ViewCube 默认位于绘图区右上角，以直观的 3D 导航立方体显示，如图 18-20 所示。单击立方体上不同的位置，即可切换到对应的视图方向。

ViewCube 图标的显示方式可自定义设置，右击 ViewCube，弹出如图 18-21 所示的快捷菜单，选择【ViewCube 设置】命令，弹出【ViewCube 设置】对话框，如图 18-22 所示，在该对话框中设置参数值可控制立方体的显示、默认的位置、尺寸和立方体的透明度。

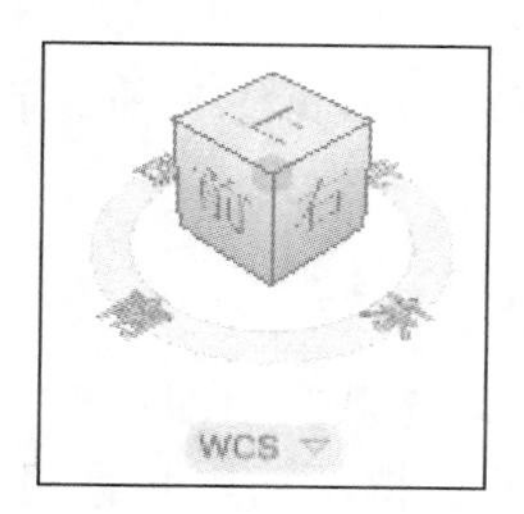

图 18-20　导航立方体

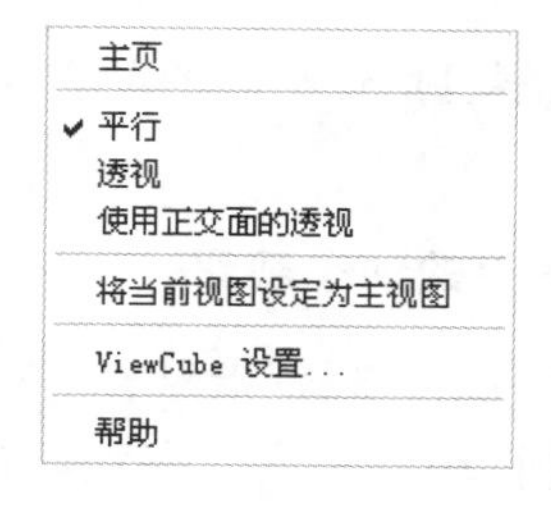

图 18-21　快捷菜单

此外，可通过图 18-21 所示的快捷菜单定义三维图形的投影样式，模型的投影样式可分为平行投影和透视投影两种。其各自的含义如下。

- 【平行】命令：即是平行的光源照射到物体上所得到的投影，可以准确地反映模型的实际形状和结构。
- 【透视】命令：可以直观地表达模型的真实投影状况，具有较强的立体感。透视投影图取决于理论相机和目标点之间的距离。当距离较小时产生的投影效果较为明显；反之，当距离较大时产生的投影效果较为轻微，两种投影效果对比如图 18-23 所示。

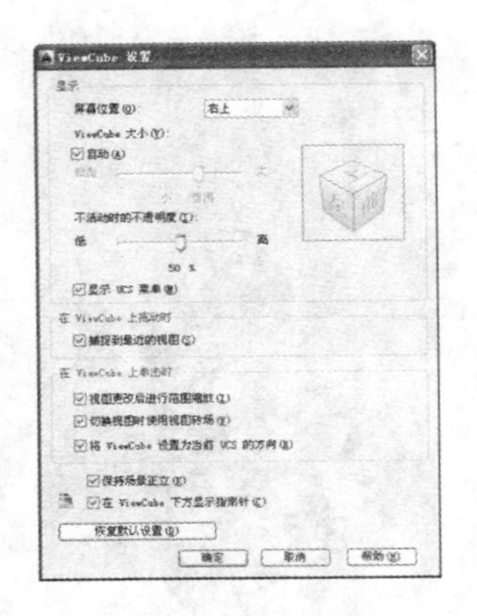

图 18-22 【ViewCube 设置】对话框

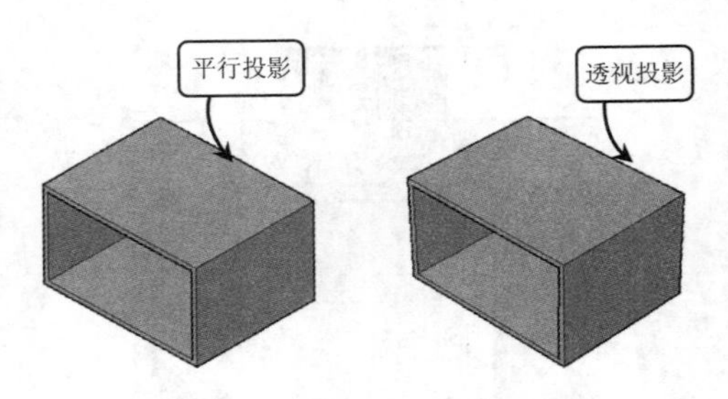

图 18-23 投影效果对比

18.4.3 三维动态观察

AutoCAD 提供了一个交互的三维动态观察器，该命令可以在当前视口中添加一个动态观察控标，用户可以使用鼠标实时地调整控标以得到不同的观察效果。使用三维动态观察器，既可以查看整个图形，也可以查看模型中任意的对象。

【视图】选项卡中的【导航】面板如图 18-24 所示，可以快速执行三维动态观察。

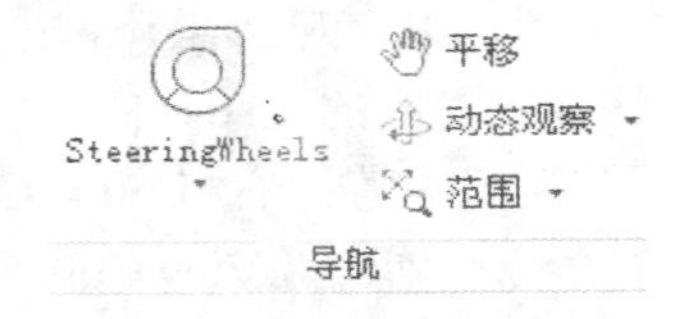

图 18-24 【导航】面板

动态观察包括受约束的动态观察、自由动态观察和连续动态观察 3 种，下面分别对其进行详解。

1. 受约束的动态观察

受约束的动态观察指沿着 XY 平面或 Z 轴约束的三维动态观察，即水平、垂直或对角拖动对象进行动态观察。在观察视图时，视图的目标位置保持不动，并且相机位置(或观察点)围绕该目标移动。

执行该命令的方法有以下几种。

- 菜单栏：选择【视图】|【动态观察】|【受约束的动态观察】命令。
- 功能区：在【视图】选项卡中单击【导航】面板中的【动态观察】按钮。
- 工具栏：单击【动态观察】工具栏中的【受约束的动态观察】按钮。
- 命令行：在命令行中输入 3DORBIT 或 3DO 并按 Enter 键。

执行任一命令后，绘图区中的光标将变为形状，在该状态下按住鼠标左键进行移动，即可动态地观察对象，如图 18-25 所示。

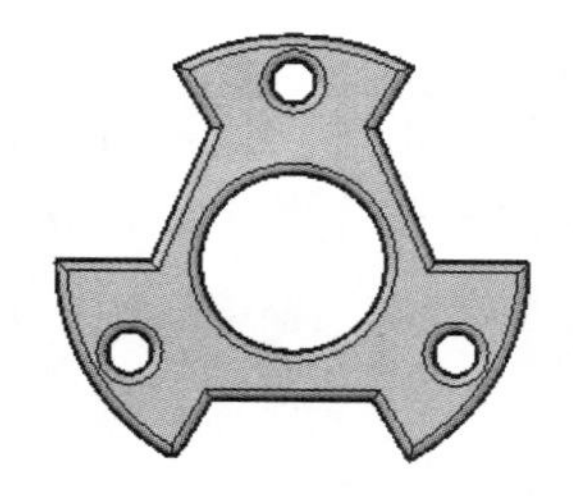
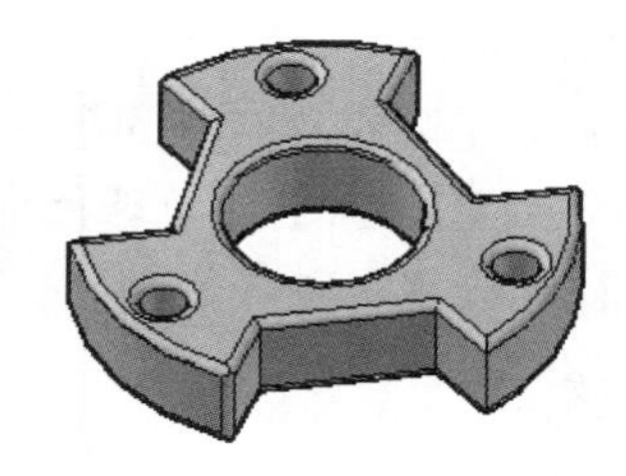

图 18-25　受约束的动态观察

2. 自由动态观察

自由动态观察指不参照平面，在任意方向上进行动态观察，利用此工具可以对视图中的图形进行任意角度的动态观察。

执行该命令的方法有以下几种。

- 菜单栏：选择【视图】|【动态观察】|【自由动态观察】命令。
- 功能区：在【视图】选项卡中单击【导航】面板中的【自由动态观察】按钮。
- 工具栏：单击【动态观察】工具栏中的【自由动态观察】按钮。
- 命令行：在命令行中输入 3DFORBIT 并按 Enter 键。

执行任一命令后，绘图区中的光标将会变为形状，同时将显示一个浅绿色的导航球，如图 18-26 所示。

图 18-26　导航球

此时在图形中拖动即可改变物体的观察角度，滚动滑轮，可以调节物体的观测距离。进行动态观察时，视点将模拟一颗卫星，围绕轨迹球的中心进行公转，而公转轨道可以通过拖动的方式任意选择。沿不同方向拖动，视点将围绕着水平、垂直或任意轨道公转，观察对象也将连续、动态地转动，反映出在不同视点位置时观察到的视图效果。

在绘图区的不同位置按住鼠标左键并拖动，其观察效果也不同，主要有以下几种情况。

1)　光标在导航球内拖动

在大圆内拖动光标进行图形的动态观察时，光标将变成形状，此时观察点可以在水平、垂直以及对角线等任意方向上移动任意角度，可以对观察对象做全方位的动态观察。

2)　光标在大圆外拖动

当光标在大圆外部拖动时，光标呈形状，此时按住并拖动光标，模型控制在当前视图平面内旋转。

3) 光标在小圆内拖动

当光标置于导航球左侧或者右侧的小圆时，光标呈形状，此时按住并拖动光标，视图绕竖直轴线旋转。当光标置于导航球顶部或者底部的小圆上时，光标呈形状，此时按住并拖动光标，视图绕水平轴线旋转。

3. 连续动态观察

利用此工具可以使观察对象绕指定的旋转轴和旋转速度连续旋转运动，从而对其进行连续动态的观察。

执行该命令的方法有以下几种。

- 菜单栏：选择【视图】|【动态观察】|【连续动态观察】命令。
- 功能区：在【视图】选项卡中。单击【导航】面板中的【连续动态观察】按钮。
- 工具栏：单击【动态观察】工具栏中的【自由动态观察】按钮。
- 命令行：在命令行中输入 3DCORBIT 并按 Enter 键。

执行任一命令后，绘图区中的光标呈形状，然后按住鼠标左键拖动，使对象沿拖动方向开始旋转。释放鼠标后，对象将在指定的方向上继续运动，光标移动的速度决定了视图的旋转速度。

18.4.4 控制盘辅助操作

控制盘又称为 SteeringWheels，是用于追踪悬停在绘图窗口上的光标的菜单，通过这些菜单可以从单一界面中访问二维和三维导航工具，选择【视图】| SteeringWheels 命令，打开导航控制盘，如图 18-27 所示。

控制盘分为若干个按钮，每个按钮包含一个导航工具。可以通过单击按钮或单击并拖动悬停在按钮上的光标来启动导航工具。右击【导航控制盘】，弹出如图 18-28 所示的快捷菜单。整个控制盘分为 3 个不同的控制盘来达到用户的使用要求，其中各个控制盘均拥有其独有的导航方式，分别介绍如下。

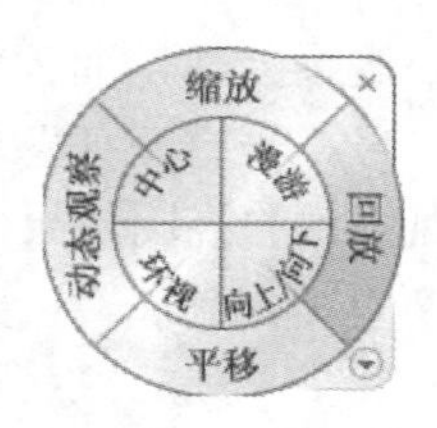

图 18-27 全导航控制盘

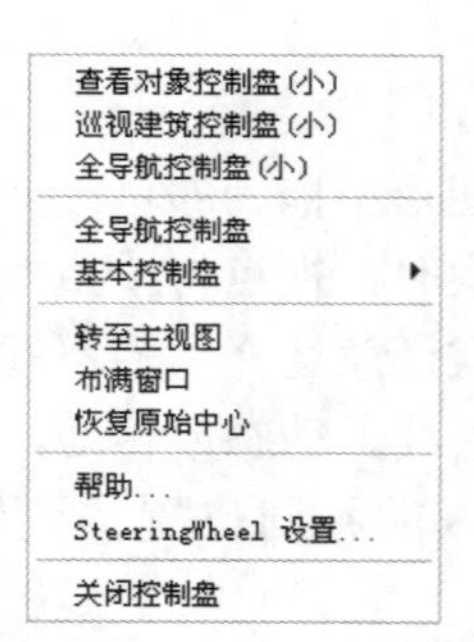

图 18-28 快捷菜单

- 查看对象控制盘：如图 18-29 所示，将模型置于中心位置，并定义中心点，使用【动态观察】工具栏中的工具可以缩放和动态观察模型。
- 巡视建筑控制盘：如图 18-30 所示，通过将模型视图移近、移远或环视，以及更改模型视图的标高来导航模型。

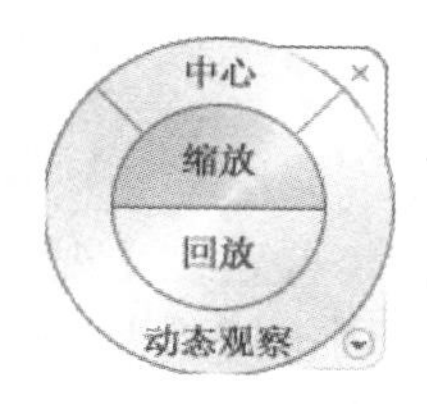

图 18-29　查看对象控制盘

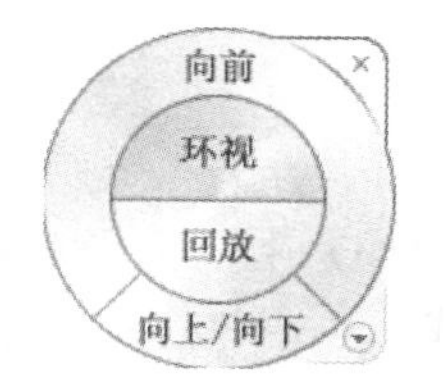

图 18-30　巡视建筑控制盘

- 全导航控制盘：将模型置于中心位置并定义轴心点，便可执行漫游和环视、更改视图标高、动态观察、平移和缩放模型等操作。

单击该控制盘中的任意按钮都将执行相应的导航操作。在执行多次导航操作后，单击【回放】按钮或单击【回放】按钮并在上面拖动，可以显示回放历史，恢复先前的视图，如图 18-31 所示。

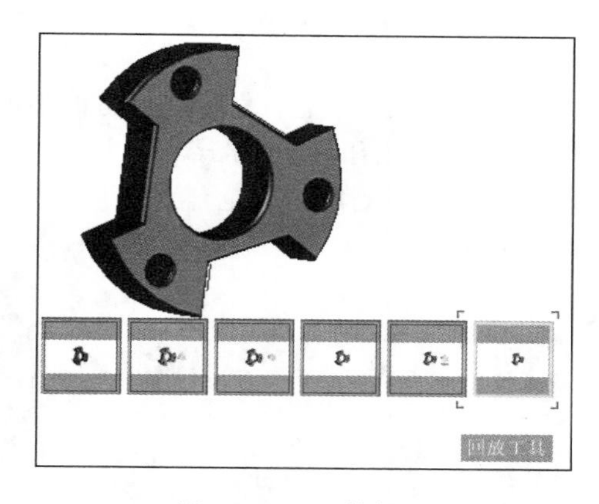

图 18-31　回放视图

此外，还可以根据设计需要对滚轮各参数值进行设置，即自定义导航滚轮的外观和行为。右击导航控制盘，选择【SteeringWheels 设置】命令，弹出【SteeringWheels 设置】对话框，如图 18-32 所示，可以设置导航控制盘中的各个参数。

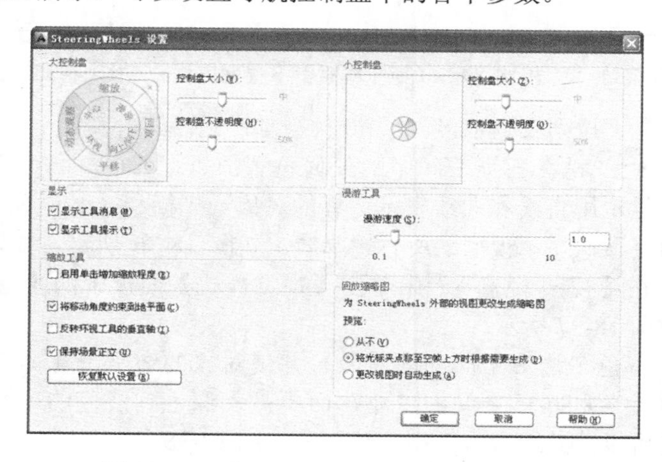

图 18-32　【SteeringWheels 设置】对话框

18.5 视觉样式

在 AutoCAD 中，为了观察三维模型的最佳效果，往往需要通过【视觉样式】命令来切换视觉样式。AutoCAD 提供 10 种默认的视觉样式选项，用来控制视口中边和着色的显示效果，可以在视觉样式管理器中创建和更改视觉样式的设置。

18.5.1 应用视觉样式

应用视觉样式可以方便地观察特征模型的生成过程及效果，一定程度上还可以辅助特征的创建。一旦应用了视觉样式或更改了其设置，就可以在视口中查看效果。

在各个视觉样式间进行切换的方法主要有以下几种。

- 菜单栏：选择【视图】|【视觉样式】命令，展开其子菜单，如图 18-33 所示，选择所需的视觉样式。
- 功能区：在【常用】选项卡中，展开【视图】面板中的【视觉样式】下拉列表框，如图 18-34 所示，选择所需的视觉样式。
- 视觉样式控件：单击绘图区左上角的视觉样式控件，在弹出的菜单中选择所需的视觉样式，如图 18-35 所示。

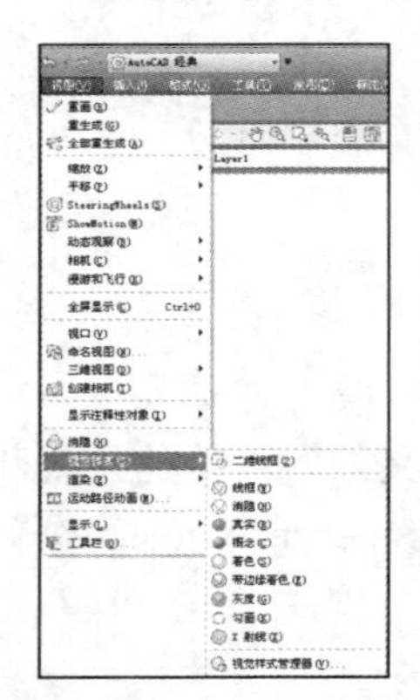

图 18-33 视觉样式菜单

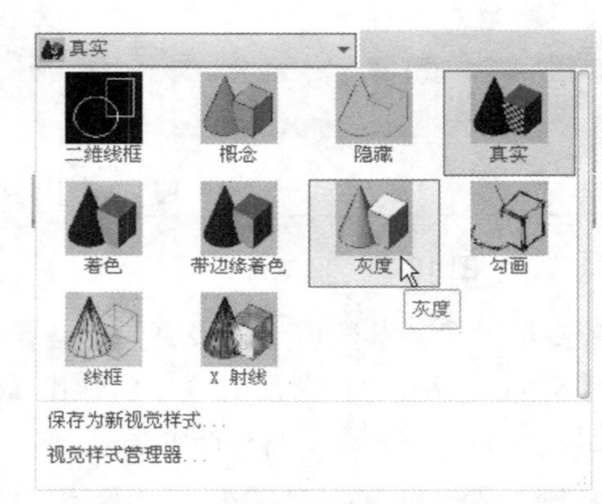

图 18-34 【视觉样式】下拉列表框

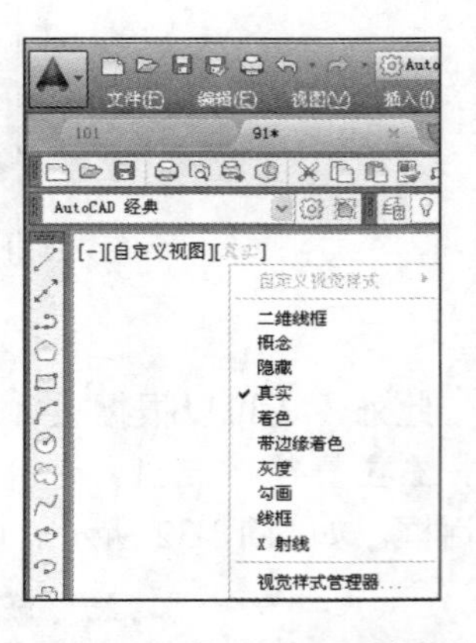

图 18-35 视觉样式控件菜单

在【视觉样式】下拉列表框中包含了 10 种视觉样式，其含义如下。

- 二维线框：是在三维空间中的任何位置放置二维(平面)对象来创建的线框模型，图形显示用直线和曲线表示边界的对象。光栅和 OLE 对象、线型和线宽均可见，而且默认显示模型的所有轮廓线，如图 18-36 所示。如果需要隐藏被挡住的线条，在【视图】选项卡中单击【视觉样式】面板中的【隐藏】按钮，隐藏效果如图 18-37 所示。
- 概念：着色多边形平面间的对象，并使对象的边平滑化。着色使用古氏面样式，一种冷色和暖色之间的过渡，而不是从深色到浅色的过渡。效果缺乏真实感，但是可以清楚地查看模型的轮廓，如图 18-38 所示。
- 隐藏：显示用三维线框表示的对象并隐藏模型被挡住的轮廓线，效果如图 18-39 所示。

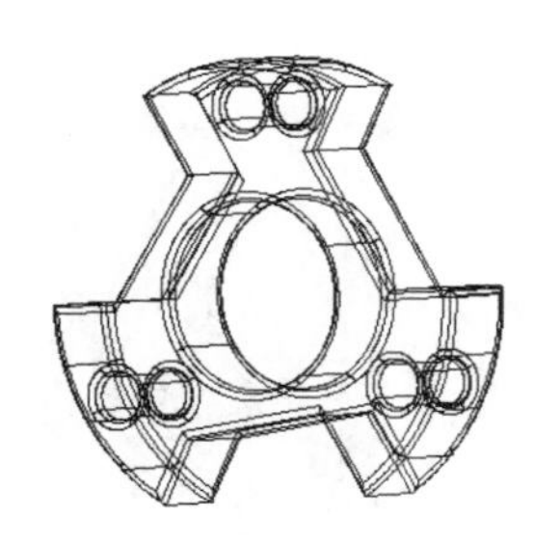

图 18-36　二维线框视觉样式

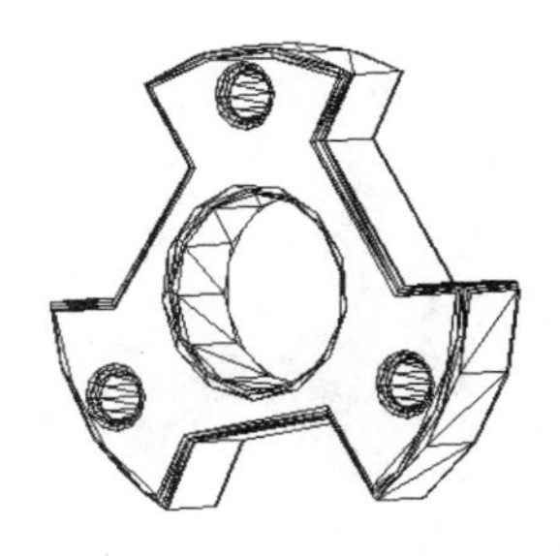

图 18-37　隐藏效果

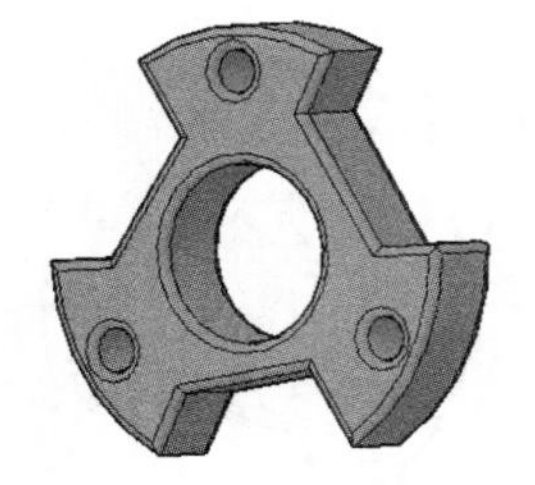

图 18-38　概念视觉样式

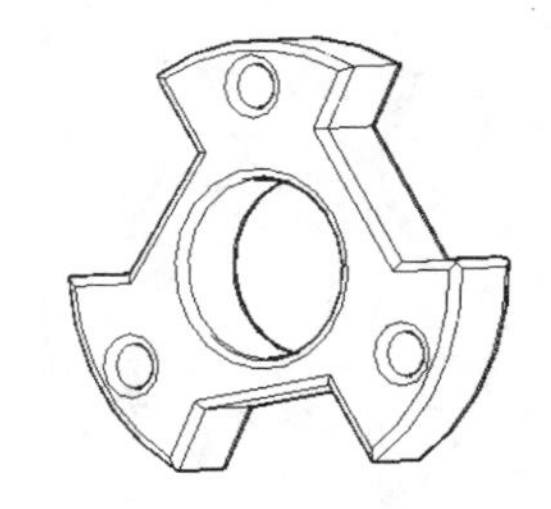

图 18-39　隐藏视觉样式

- 真实：该选项显示着色后的多边形平面间的对象，并使对象的边平滑化，同时显示已经附着到对象上的材质效果，如图 18-40 所示。
- 着色：该样式与真实样式类似，不显示对象轮廓线，使用平滑着色显示对象，效果如图 18-41 所示。

图 18-40　真实视觉样式

图 18-41　着色视觉样式

- 带边缘着色：该样式与着色样式类似，对其表面轮廓线以暗色线条显示，效果如图 18-42 所示。
- 灰度：以灰色着色多边形平面间的对象，并使对象的边平滑化。着色表面不存在明显的过渡，同样可以清楚地观察模型的轮廓，效果如图 18-43 所示。
- 勾画：利用手工勾画的笔触效果显示用三维线框表示的对象并隐藏被挡住的轮廓线，效果如图 18-44 所示。
- 线框：显示用直线和曲线表示边界的对象，效果与二维线框类似，如图 18-45 所示。
- X 射线：以 X 射线的形式显示对象效果，可以清楚地观察对象的内部结构，效果如图 18-46 所示。

图 18-42　带边缘着色视觉样式

图 18-43　灰度视觉样式

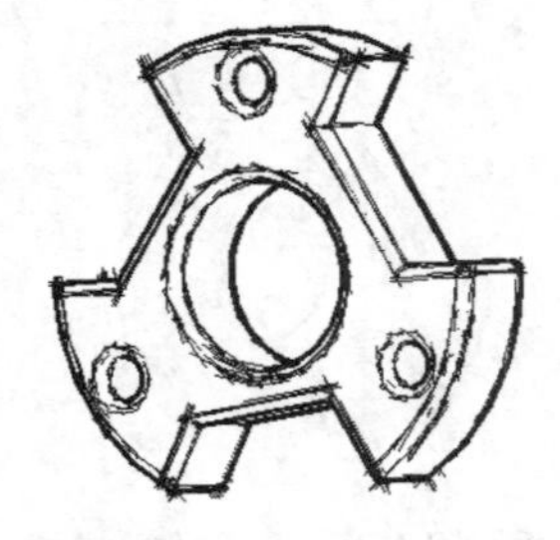

图 18-44　勾画视觉样式

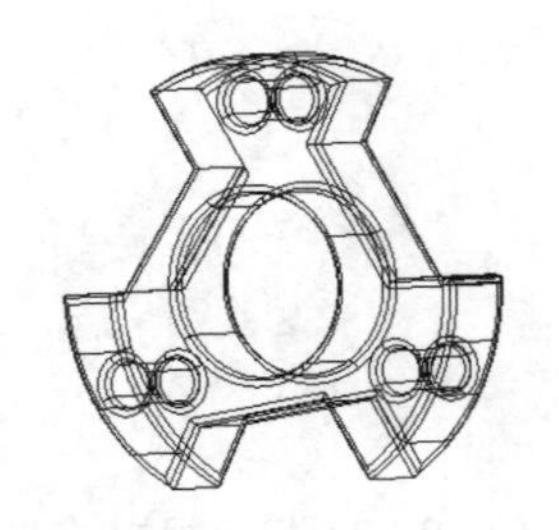

图 18-45　线框视觉样式

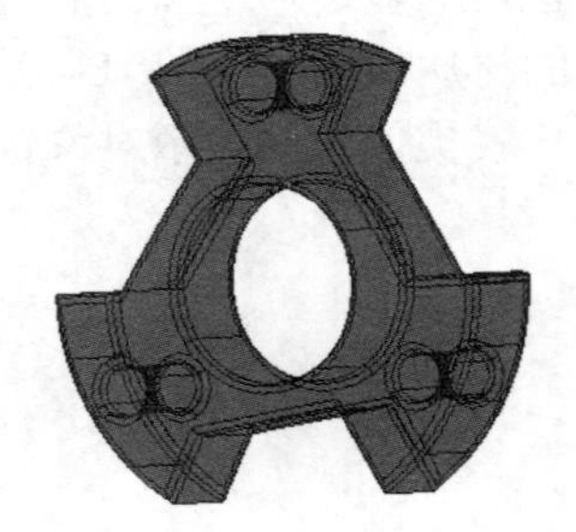

图 18-46　X 射线视觉样式

【案例 18-2】 切换视觉样式并切换视点。

(1)　单击快速访问工具栏中的【打开】按钮，打开素材文件“第 18 章\案例 18-2.dwg”，如图 18-47 所示。

(2)　单击 ViewCube 控件中的【上】、【前】、【右】3 个平面的交点，将视图转换至东南等轴测方向，结果如图 18-48 所示。

图 18-47　素材图形

图 18-48　东南等轴测图

(3) 在【常用】选项卡中，展开【视图】面板中的【视觉样式】下拉列表框，如图 18-49 所示，选择【灰度】视觉样式，效果如图 18-50 所示。

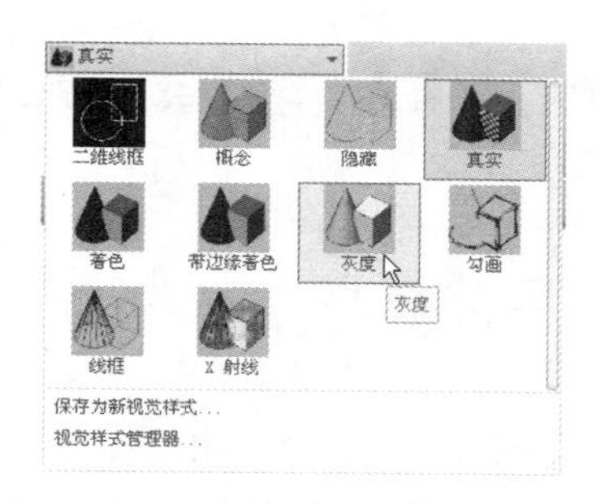

图 18-49　视觉样式视口标签

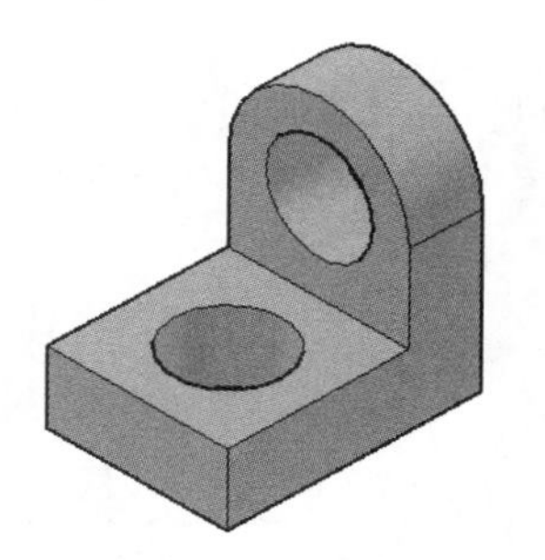

图 18-50　切换效果

18.5.2　管理视觉样式

在实际建模过程中，除了应用 10 种默认视觉样式外，还可以通过【视觉样式管理器】选项板来控制边线显示、面显示、背景显示、材质和纹理以及模型显示精度等特性。还可通过【视觉样式管理器】选项板创建自定义的视觉样式。

打开【视觉样式管理器】选项板有如下几种方法。

- 菜单栏：选择【视图】|【视觉样式】|【视觉样式管理器】命令。
- 功能区：在【常用】选项卡中，展开【视图】面板中的【视觉样式】下拉列表框，选择【视觉样式管理器】选项。
- 工具栏：单击【视觉样式】工具栏中的【管理视觉样式】按钮。
- 命令行：在命令行中输入 VISUALSTYLES 并按 Enter 键。

执行任一操作后，将打开如图 18-51 所示的【视觉样式管理器】选项板，在其中可以进行视觉样式的管理。

在【图形中的可用视觉样式】列表框中显示了图形中的可用视觉样式的样例图像。当选定某一视觉样式，该视觉样式显示黄色边框，如图 18-52 所示。选定的视觉样式的名称显示在选项板的顶部。在【视觉样式管理器】选项板的下部，集中了该视觉样式的面设置、环境设置和边设置等参数。

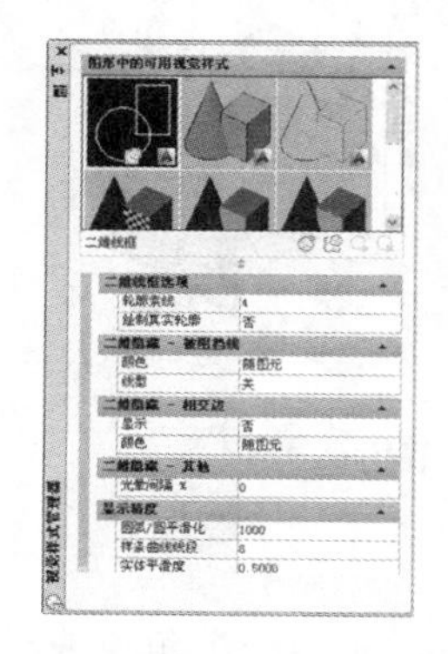

图 18-51　【视觉样式管理器】选项板

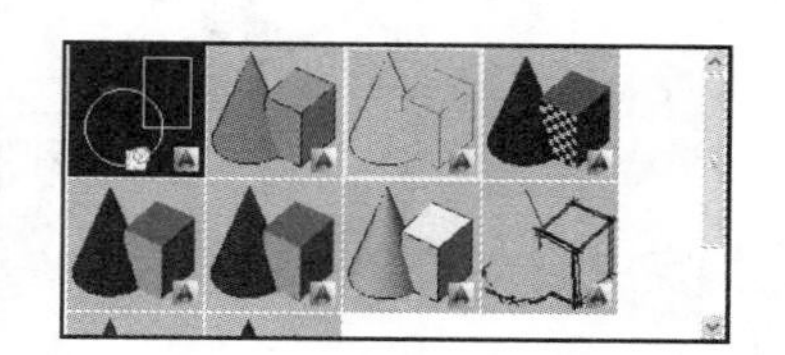

图 18-52　视觉样式

在【视觉样式管理器】选项板中，使用工具栏中的工具按钮可以创建新的视觉样式、将选定的视觉样式应用于当前视口、将选定的视觉样式输出到工具选项板以及删除选定的视觉样式。

用户可以在【图形中的可用视觉样式】列表框中选择一种视觉样式作为基础，然后在参数栏设置所需的参数，即可创建自定义的视觉样式。

18.6 绘制基本实体

基本实体是构成三维实体模型最基本的元素，如多段体、长方体、楔体、球体等，这些基本实体只需输入一定的参数就可生成，无须绘制二维轮廓，因此熟练掌握基本三维实体的创建，可以提高建模效率。

18.6.1 绘制长方体

执行【长方体】命令可创建具有规则实体模型形状的长方体或正方体等实体。绘制长方体需要输入的参数有长方体的长、宽、高，以及长方体底面围绕 Z 轴的旋转角度。

执行【长方体】命令有以下几种方法。

- 菜单栏：选择【绘图】|【建模】|【长方体】命令。
- 功能区：在【常用】选项卡中单击【建模】面板中的【长方体】按钮。或在【实体】选项卡中单击【图元】面板中的【长方体】按钮。
- 命令行：在命令行中输入 BOX 并按 Enter 键。

执行该命令后，命令行出现如下提示。

```
指定第一个角点[中心(C)]:
```

此时可以根据提示利用两种方法绘制长方体。

1. 指定角点

该方法是创建长方体的默认方法，即是通过依次指定长方体底面的两对角点或指定一角点和长、宽、高的方式进行长方体的创建，如图 18-53 所示。

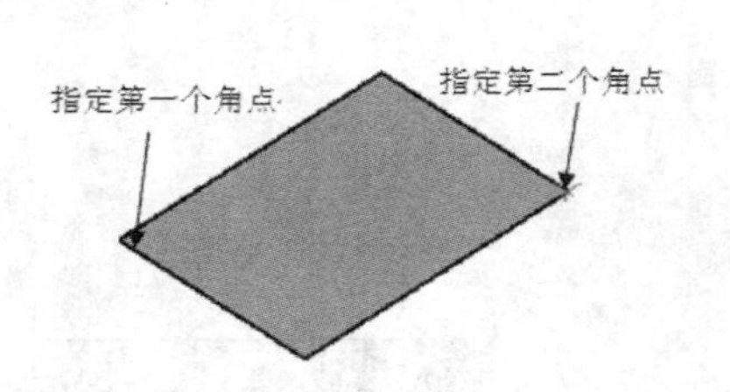

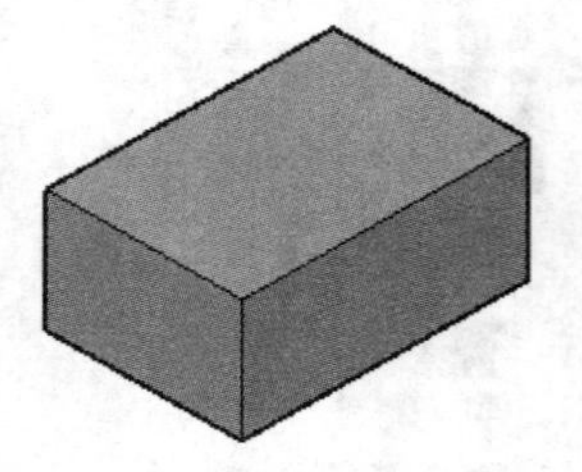

图 18-53　利用指定角点的方法绘制长方体

2. 指定中心

利用该方法可以先指定长方体中心，再指定长方体中截面的一个角点或长度等参数，最后指定高度来创建长方体，如图 18-54 所示。

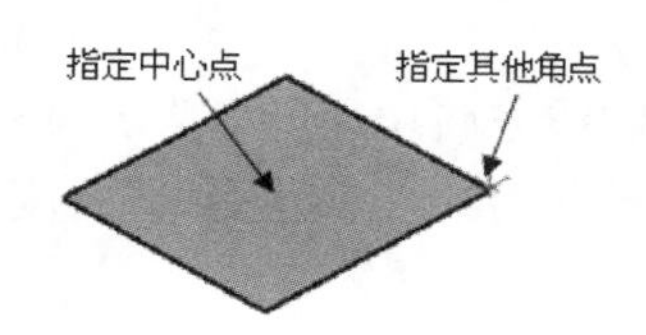

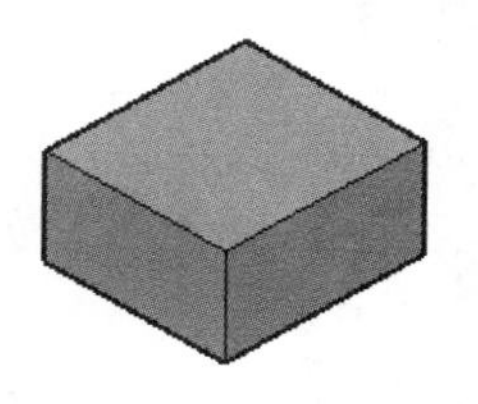

图 18-54　利用指定中心的方法绘制长方体

【案例 18-3】 绘制长方体。

(1) 启动 AutoCAD 2014，单击快速访问工具栏中的【新建】按钮，建立一个新的空白图形。

(2) 单击绘图区左上角的视图控件，将视图切换为东南等轴测视图，坐标系显示如图 18-55 所示。

(3) 在【常用】选项卡中单击【建模】面板中的【长方体】按钮，绘制一个长方体，结果如图 18-56 所示。命令行的操作过程如下。

```
命令: BOX↙                                    //执行长方体命令
指定第一个角点或 [中心(C)]: c↙                 //选择定义长方体中心
指定中心: 0,0,0↙                              //输入坐标，指定长方体中心
指定角点或 [立方体(C)/长度(L)]: L↙             //由长度定义长方体
指定长度: 50↙                                 //捕捉到0° 极轴方向，如图18-57所示，然后输入长度
指定宽度: 30↙                                 //输入宽度
指定高度或 [两点(2P)] <2.9244>: 35↙            //输入高度
```

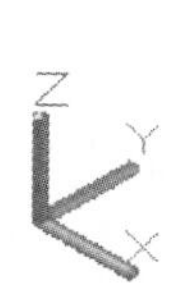

图 18-55　东南等轴测的坐标系

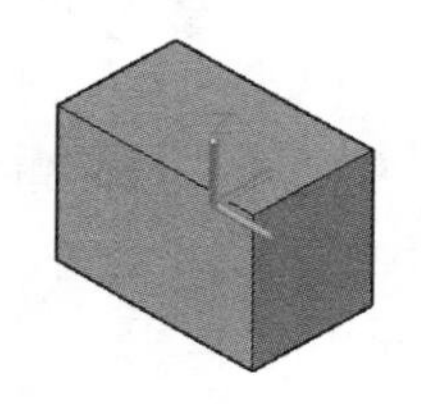

图 18-56　绘制的长方体

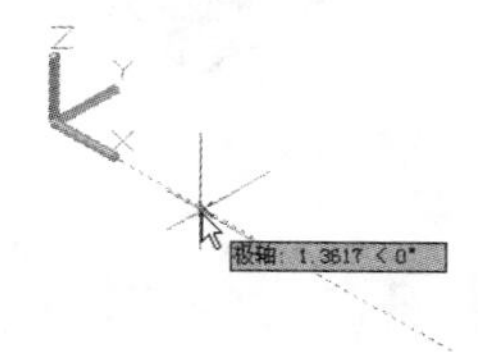

图 18-57　定义长度方向

(4) 单击绘图区左上角的视觉样式控件，选择【二维线框】样式，效果如图 18-58 所示。

(5) 在【视图】选项卡中单击【视觉样式】面板中的【隐藏】按钮，隐藏不可见的边线，效果如图 18-59 所示。

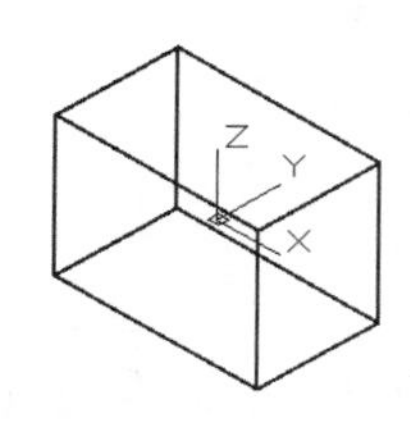

图 18-58　【二维线框】视觉样式

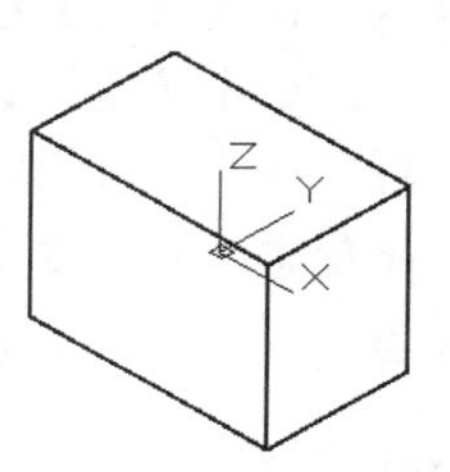

图 18-59　隐藏边线的效果

18.6.2 绘制楔体

楔体可以看作以矩形为底面，其一边沿法线方向拉伸所形成的具有楔状特征的实体。该实体通常用于填充物体的间隙，如安装设备时用于调整设备高度及水平度的楔体和楔木。

执行【楔体】命令有以下几种常用方法。

- 菜单栏：选择【绘图】|【建模】|【楔体】命令。
- 功能区：在【常用】选项卡中单击【建模】面板中的【楔体】按钮。
- 工具栏：单击【建模】工具栏中的【长方体】按钮。
- 命令行：在命令行中输入 WEDGE 或 WE 并按 Enter 键。

执行该命令后，命令行提示如下。

```
指定第一个角点[中心(C)]:
```

创建楔体的方法同绘制长方体的方法类似，先指定底面两对角点，然后指定楔体的高度，即可绘制楔体。也可先指定楔体中心，然后指定长、宽、高尺寸参数，如图 18-60 所示。

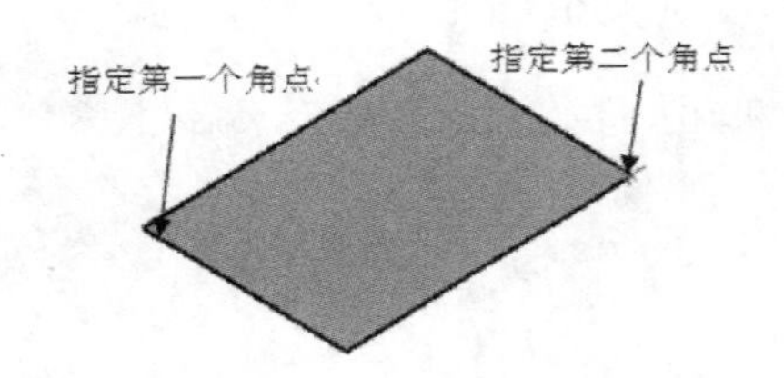

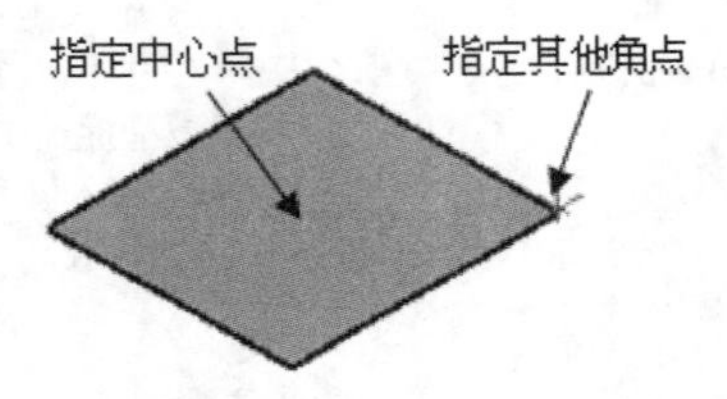

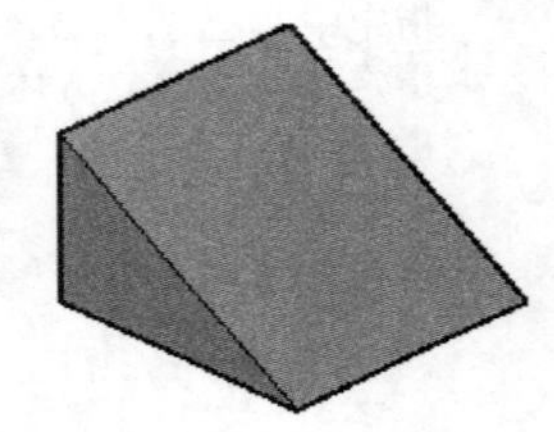

图 18-60　绘制楔体

18.6.3 绘制球体

球体是在三维空间中到一个点(即球心)的距离不大于某个定值(半径)的所有点形成的实体，它广泛应用于机械、建筑等制图中，如创建档位控制杆、建筑物的球形屋顶、轴承的钢珠等。

执行【球体】命令有以下几种方法。

- 菜单栏：选择【绘图】|【建模】|【球体】命令。
- 功能区：在【常用】选项卡中单击【建模】面板中的【球体】按钮。
- 工具栏：单击【建模】工具栏中的【球体】按钮。
- 命令行：在命令行中输入 SPHERE 并按 Enter 键。

执行任一命令后，命令行提示如下。

```
指定中心点或 [三点(3P)/两点(2P)/切点、切点、半径(T)]:
```

此时输入球心坐标或捕捉一点为球心，然后指定球体的半径值或直径值，即可获得球体效果，如图 18-61 所示。在【二维线框】视觉样式下，绘制出的实体看起来并不是球体，这是由于受系统变量 ISOLINES 值的影响。在命令行中输入 ISOLINES 并按 Enter 键可以控制当前密度，值越大密度就越大。如图 18-62 所示为 ISOLINES 值设置为 20 后绘制的球体效果。切换到【灰度】视觉样式，结果如图 18-63 所示。

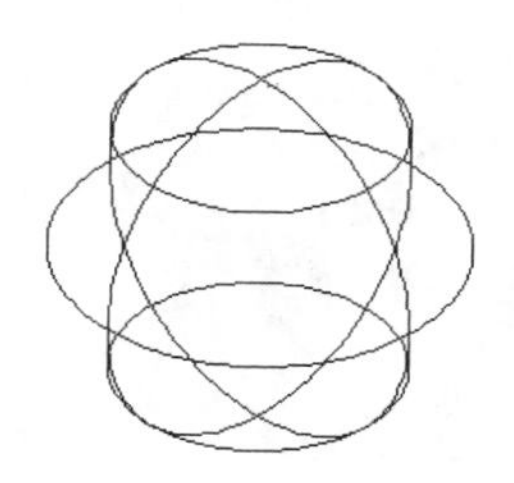

图 18-61 【二维线框】视觉样式

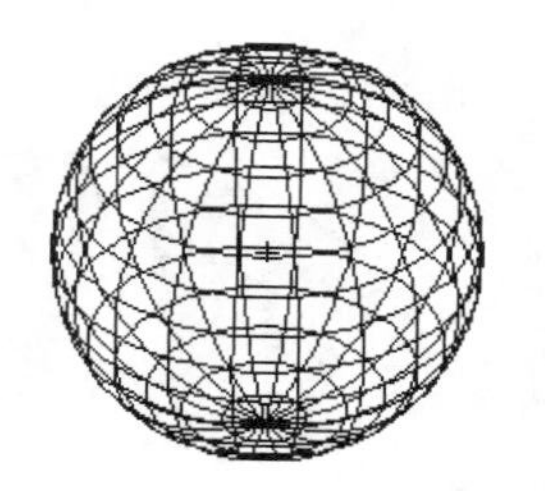

图 18-62 更改变量后效果

提示

系统默认的 ISOLINES 值为 4，更改变量后绘制球体速度会降低。可以通过选择【视图】|【消隐】命令来观察球体效果。如图 18-64 所示为 ISOLINES 值为 4 时绘制球体的消隐效果。

图 18-63 【灰度】视觉样式

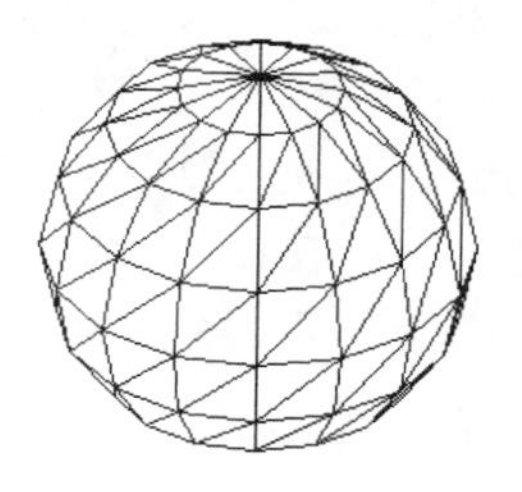

图 18-64 消隐效果

另外，可以按照命令行提示选择以下 3 种方法创建球体：【三点】、【两点】和【相切、相切、半径】，具体的创建方法与二维图形中绘圆的方法类似。

18.6.4 绘制圆柱体

在 AutoCAD 中创建的圆柱体是以圆或椭圆为截面形状，沿该截面法线方向拉伸所形成的实体。圆柱体在绘图时经常会用到，例如各类轴类零件。绘制圆柱体需要输入的参数有底面圆的圆心和半径以及圆柱体的高度。

执行【圆柱体】命令有以下几种方法。

- 菜单栏：选择【绘图】|【建模】|【圆柱体】命令。
- 工具栏：单击【建模】工具栏中的【圆柱体】按钮。
- 功能区：在【常用】选项卡中单击【建模】面板中的【圆柱体】按钮。
- 命令行：在命令行中输入 CYLINDER 或 CYL 并按 Enter 键。

执行任一命令后，命令行提示如下。

```
指定底面的中心点或 [三点(3P)/两点(2P)/切点、切点、半径(T)/椭圆(E)]:
```

根据命令行提示选择一种方法定义底面，然后输入圆柱体高度(也可捕捉某一点定义圆柱体高度)即可创建一个圆柱体，如图 18-65 所示。若选择【椭圆】选项，可绘制出底面为椭圆的圆柱体。

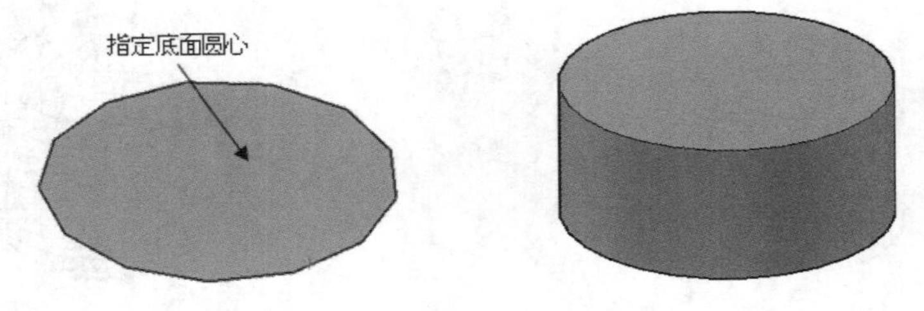

图 18-65　指定底面中心点绘制圆柱体

18.6.5　绘制圆锥体

圆锥体是指以圆或椭圆为底面形状、沿其法线方向以一定锥度拉伸形成的实体。使用圆锥体命令可以创建圆锥和圆台两种类型的实体。

执行【圆锥体】命令的方法有以下几种。

- 菜单栏：选择【绘图】|【建模】|【圆锥体】命令。
- 工具栏：单击【建模】工具栏中的【圆锥体】按钮。
- 功能区：在【默认】选项卡中单击【建模】面板中的【圆锥体】按钮。
- 命令行：在命令行中输入 CONE 并按 Enter 键。

执行任一命令后，命令行提示如下。

```
指定底面的中心点或 [三点(3P)/两点(2P)/切点、切点、半径(T)/椭圆(E)]:
```

1. 创建常规圆锥体

执行【圆锥体】命令之后，在绘图区指定一点为底面圆心，并分别指定底面半径值或直径值，或者按命令行另外几种方式定义底面，最后指定圆锥高度值即可创建一个圆锥体，如图 18-66 所示。

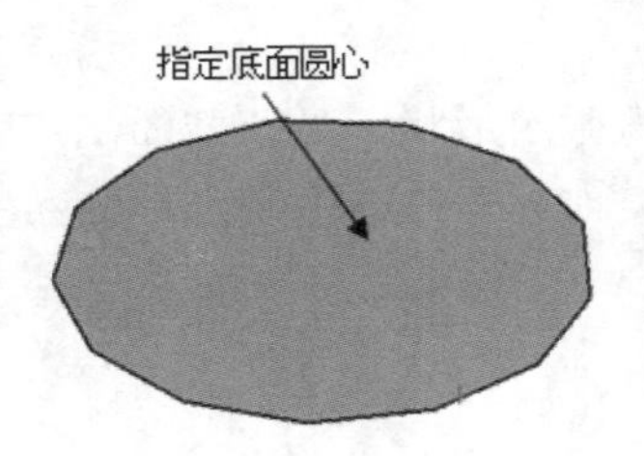

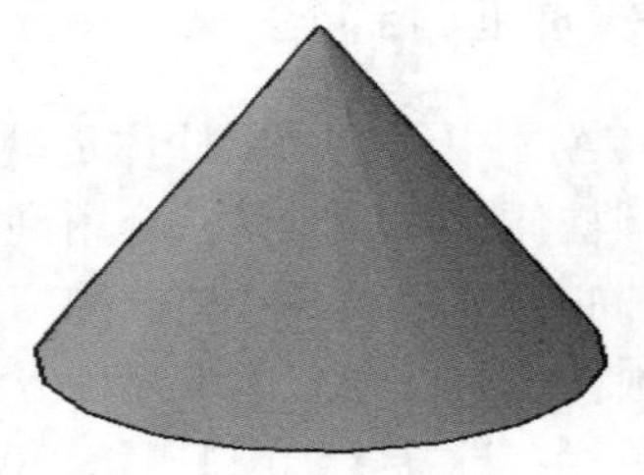

图 18-66　指定底面中心点绘制圆锥体

2. 创建圆台体

圆台体可看作是用平行于圆锥底面的平面为截面，截取该圆锥而得到的实体。在指定底面形状之后，选择【顶面半径】选项，然后输入不为 0 的顶面半径，最后指定圆台高度即可创建圆台体。

【案例 18-4】 创建圆台体。

(1)　单击 ViewCube 控件中【上】、【前】、【左】3 个平面的交点，将视图切换为

西南等轴测视图。

(2) 在【常用】选项卡中单击【建模】面板中的【圆锥体】按钮，在绘图区指定一点绘制圆台体，如图 18-67 所示。命令行的操作过程如下。

```
命令: CONE↙                                                    //执行【圆锥体】命令
指定底面的中心点或 [三点(3P)/两点(2P)/切点、切点、半径(T)/椭圆(E)]://指定底面中心
指定底面半径或 [直径(D)] <11.8337>: 10↙                        //输入底面半径值
指定高度或 [两点(2P)/轴端点(A)/顶面半径(T)] <14.8235>: T↙//激活【顶面半径】选项
指定顶面半径 <0.0000>: 6↙                                      //输入顶面半径值
指定高度或 [两点(2P)/轴端点(A)] <14.8235>: 12↙                 //输入圆锥体高度
```

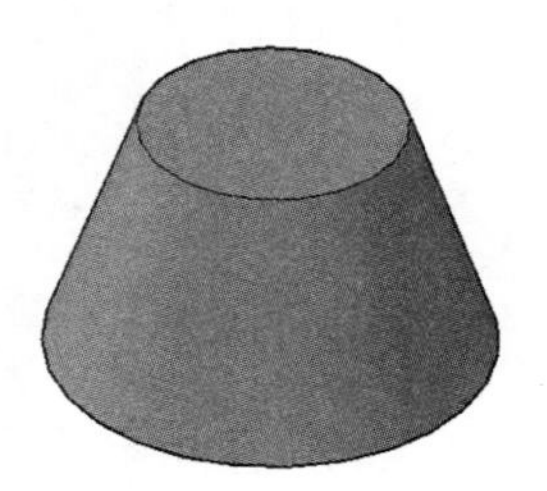

图 18-67　圆台

18.6.6　绘制棱锥体

棱锥体可以看作是以一个多边形面为底面，其余各面是由一个公共顶点与各底边组成的三角形。

执行【棱锥体】命令的方法有以下几种。

- 菜单栏：选择【绘图】|【建模】|【棱锥体】命令。
- 工具栏：单击【建模】工具栏中的【棱锥体】按钮。
- 功能区：在【默认】选项卡中单击【建模】面板中的【棱锥体】按钮。
- 命令行：在命令行中输入 PYRAMID 或 PYR 并按 Enter 键。

执行任一命令后，命令行提示如下。

```
指定底面的中心点或 [边(E)/侧面(S)]:
```

命令行中各选项含义如下。

- 边(E)：激活该选项后，需要指定第一个端点和第二个端点，从而确定底面形状。
- 侧面(S)：棱锥体的侧面数。

提示

创建棱锥体时，所指定的边数必须是 3 至 32 之间的整数。

【案例 18-5】 创建五边棱台。

在【常用】选项卡中单击【建模】面板中的【棱锥体】按钮，创建棱台，如图 18-68 所示。命令行的操作过程如下：

```
命令: _pyramid                                                 //执行【棱锥体】命令
```

```
 4 个侧面  外切
指定底面的中心点或 [边(E)/侧面(S)]: S↙                    //选择【侧面】选项
输入侧面数 <4>: 5↙                                          //设置侧面数为 5
指定底面的中心点或 [边(E)/侧面(S)]: 0,0,0↙                  //输入底面中心坐标
指定底面半径或 [内接(I)]: 50↙                               //输入底面多边形内切圆半径
指定高度或 [两点(2P)/轴端点(A)/顶面半径(T)] <35.0000>: T↙//选择【顶面半径】选项
指定顶面半径 <0.0000>: 30↙                                  //输入顶面多边形内切圆半径
指定高度或 [两点(2P)/轴端点(A)] <35.0000>: 60↙              //输入棱台的高度
```

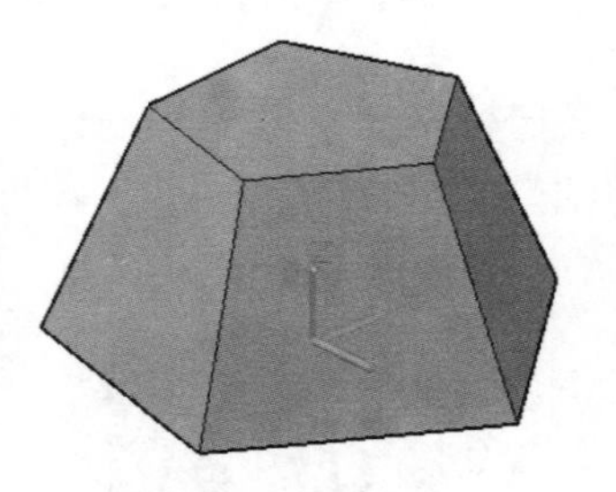

图 18-68　绘制的棱台

18.6.7　绘制圆环体

圆环体可以看作是在三维空间内，圆轮廓线绕与其共面直线旋转所形成的实体特征，该直线即是圆环的中心线；直线和圆心的距离即是圆环的半径；圆轮廓线的直径即是圆管的直径。

执行【圆环体】命令的方法有以下几种。

- 菜单栏：选择【绘图】|【建模】|【圆环体】命令。
- 工具栏：单击【建模】工具栏中的【圆环体】按钮。
- 功能区：在【常用】选项卡中单击【建模】面板中的【圆环体】按钮。
- 命令行：在命令行中输入 TORUS 或 TOR 并按 Enter 键。

执行任一命令后，命令行提示如下。

```
指定中心点或 [三点(3P)/两点(2P)/切点、切点、半径(T)]:
```

首先确定圆环的中心点和半径，然后确定圆管的半径即可完成创建，如图 18-69 所示。

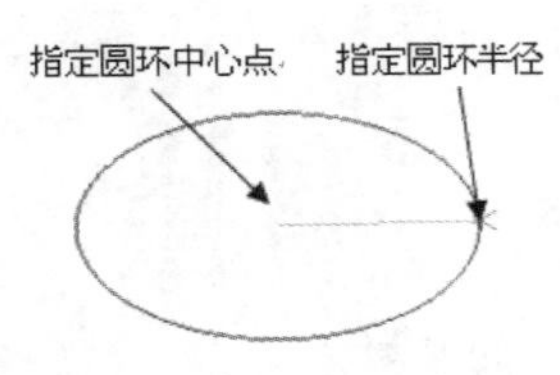

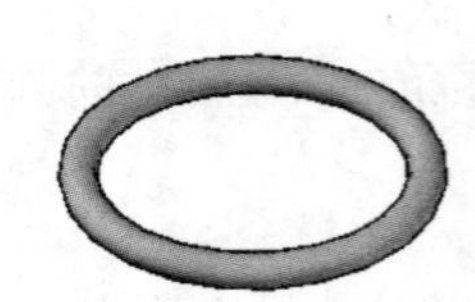

图 18-69　创建圆环体

【案例 18-6】 创建圆环体。

(1) 利用 ViewCube 控件调整视图方向到东南等轴测方向。

(2) 在【常用】选项卡中单击【建模】面板中的【圆环体】按钮，创建第一个圆环

体，如图 18-70 所示。命令行的操作过程如下。

```
命令: _torus
指定中心点或 [三点(3P)/两点(2P)/切点、切点、半径(T)]: 0,0,0
指定半径或 [直径(D)] <61.8034>: 100
指定圆管半径或 [两点(2P)/直径(D)]: 20
```

(3) 在【常用】选项卡中单击【坐标】面板中的【Z 轴矢量】按钮，新建 UCS。命令行的操作过程如下。

```
命令: _ucs
当前 UCS 名称: *世界*
指定 UCS 的原点或 [面(F)/命名(NA)/对象(OB)/上一个(P)/视图(V)/世界(W)/X/Y/Z/Z 轴
(ZA)] <世界>: ZA                          //选择 Z 轴选项
指定新原点或 [对象(O)] <0,0,0>:          //按 Enter 键使用默认坐标
在正 Z 轴范围上指定点 <0.0000,0.0000,1.0000>: <极轴 开>  //捕捉到 270° 极轴方向
指定 Z 轴方向
```

(4) 新建的 UCS 如图 18-71 所示。再次单击【圆环体】按钮，圆环体各参数与上一个圆环体相同，创建第二个圆环体，如图 18-72 所示。

图 18-70　创建第一个圆环体

图 18-71　新建 UCS

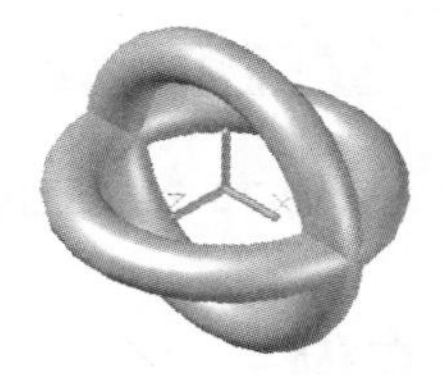

图 18-72　创建第二个圆环体

18.6.8　绘制多段体

与二维图形中的多段线相似，三维环境中也可创建多段体，它是连续多段线的实体，其绘制方法与绘制多段线类似，可以创建直线段和圆弧段，还可以设置多段体的高度和宽度。

执行【多段体】命令的方法有以下几种。

- 菜单栏：选择【绘图】|【建模】|【多段体】命令。
- 工具栏：单击【建模】工具栏中的【多段体】按钮。
- 功能区：在【常用】选项卡中单击【建模】面板中的【多段体】按钮。
- 命令行：在命令行中输入 POLYSOLID 并按 Enter 键。

【案例 18-7】 绘制多段体。

(1) 单击 ViewCube 控件中的【上】平面，将视图方向切换为俯视图。

(2) 在【常用】选项卡中单击【建模】面板中的【多段体】按钮，绘制如图 18-73 所示的图形。命令行的操作过程如下。

```
命令: _polysolid 高度 = 4.0000, 宽度 = 10.0000, 对正 = 居中//执行【多段体】命令
指定起点或 [对象(O)/高度(H)/宽度(W)/对正(J)] <对象>: w↙        //激活【宽度】选项
指定宽度 <10.0000>: 8↙                                        //输入宽度值
高度 = 4.0000, 宽度 = 8.0000, 对正 = 居中
```

```
指定起点或 [对象(O)/高度(H)/宽度(W)/对正(J)] <对象>: H↙        //激活【高度】选项
指定高度 <4.0000>: 30↙                                         //输入高度值
高度 = 30.0000, 宽度 = 8.0000, 对正 = 居中
指定起点或 [对象(O)/高度(H)/宽度(W)/对正(J)] <对象>://在绘图区任意一点单击作为起点
指定下一个点或 [圆弧(A)/放弃(U)]: 60↙              //捕捉到90° 极轴方向，输入长度值
指定下一个点或 [圆弧(A)/放弃(U)]: A↙               //激活【圆弧】选项
指定圆弧的端点或 [闭合(C)/方向(D)/直线(L)/第二个点(S)/放弃(U)]: 20↙
//捕捉到0° 极轴方向输入端点距离
指定下一个点或 [圆弧(A)/闭合(C)/放弃(U)]: 指定圆弧的端点或 [闭合(C)/方向(D)/直线
(L)/第二个点(S)/放弃(U)]: L↙                                    //激活【直线】选项
指定下一个点或 [圆弧(A)/闭合(C)/放弃(U)]: 60↙   //捕捉到270° 极轴方向，输入长度值
指定下一个点或 [圆弧(A)/闭合(C)/放弃(U)]: A↙    //激活【圆弧】选项
指定圆弧的端点或 [闭合(C)/方向(D)/直线(L)/第二个点(S)/放弃(U)]: C↙
//选择【闭合】选项
```

(3) 利用 ViewCube 工具栏将视图切换为东南等轴测视图，如图 18-74 所示。

图 18-73　绘制图形

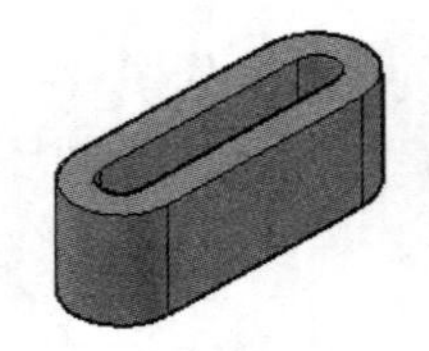

图 18-74　东南等轴测视图

18.6.9　实例——创建哑铃模型

(1) 启动 AutoCAD 2014，单击快速访问工具栏中的【新建】按钮，弹出【选择样板】对话框，选择 acadiso3D.dwt 样板，单击【打开】按钮，进入 AutoCAD 三维建模界面。

(2) 单击绘图区左上角的视图控件，选择【东南等轴测】，将视图调整到东南等轴测方向。

(3) 在【常用】选项卡中单击【建模】面板中的【圆柱体】按钮，绘制如图 18-75 所示底面半径为 30、高为 270 的圆柱体。

(4) 再次单击【圆柱体】按钮，以圆柱体顶面中心为圆心，依次绘制半径为 80、60、40，高为 30、60、90 的圆柱体，如图 18-76 所示。

(5) 同样的方法，以第一个圆柱体底面中心为圆心，绘制相同尺寸的圆柱体，如图 18-77 所示。

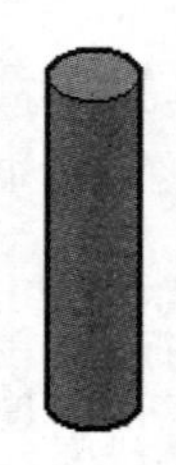

图 18-75　绘制圆柱体

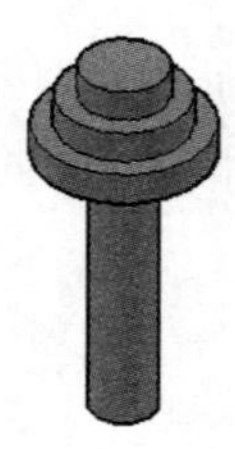

图 18-76　绘制圆柱体

图 18-77　绘制另一侧的圆柱体

18.7　由二维对象创建三维实体

在 AutoCAD 中，几何形状简单的模型可由各种基本实体组合而成，对于截面形状和空间形状复杂的模型，用基本实体将很难或无法创建，因此 AutoCAD 提供另外一种实体创建途径，即由二维轮廓通过拉伸、旋转、放样、扫掠等方式创建实体。

18.7.1　拉伸

【拉伸】命令可以将二维图形沿其所在平面的法线方向扫描，形成三维实体。被拉伸的二维图形可以是多段线、多边形、矩形、圆、椭圆、闭合的样条曲线、圆环和面域等。拉伸命令常用于创建某一方向上截面固定不变的实体，例如机械中的齿轮、轴套、垫圈等，建筑制图中的楼梯栏杆、管道、异性装饰等物体。

执行【拉伸】命令的方法有以下几种。

- 菜单栏：选择【绘图】|【建模】|【拉伸】命令。
- 工具栏：单击【建模】工具栏中的【拉伸】按钮。
- 功能区：在【常用】选项卡中单击【建模】面板中的【拉伸】按钮。
- 命令行：在命令行中输入 EXTRUDE 或 EXT 并按 Enter 键。

执行【拉伸】命令之后，先选择要拉伸的二维轮廓，然后可按两种方式拉伸创建实体：一种是指定生成实体的倾斜角度和高度；另一种是指定拉伸路径，路径可以闭合，也可以不闭合。

【案例 18-8】 创建拉伸体。

(1) 打开素材文件“第 18 章\案例 18-8.dwg”，文件中绘制了一个圆和一条多段线，如图 18-78 所示。

(2) 在【常用】选项卡中单击【建模】面板中的【拉伸】按钮，创建拉伸体，如图 18-79 所示。命令行的操作过程如下。

```
命令: _extrude                                                //执行【拉伸】命令
当前线框密度:  ISOLINES=4，闭合轮廓创建模式 = 实体
选择要拉伸的对象或 [模式(MO)]: _MO 闭合轮廓创建模式 [实体(SO)/曲面(SU)] <实体>: _SO
选择要拉伸的对象或 [模式(MO)]: 找到 1 个                      //选择圆形轮廓
选择要拉伸的对象或 [模式(MO)]:↙                               //按 Enter 键结束选择
指定拉伸的高度或 [方向(D)/路径(P)/倾斜角(T)/表达式(E)] <270.0000>: P↙
//选择【路径】选项
选择拉伸路径或 [倾斜角(T)]:                                   //选择多段线路径
```

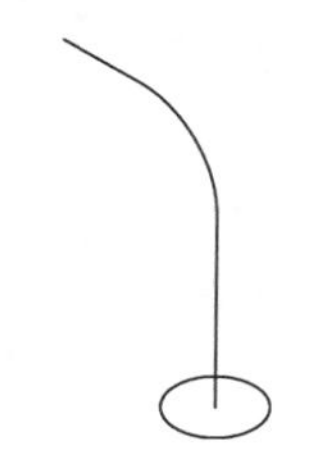

图 18-78　素材图形

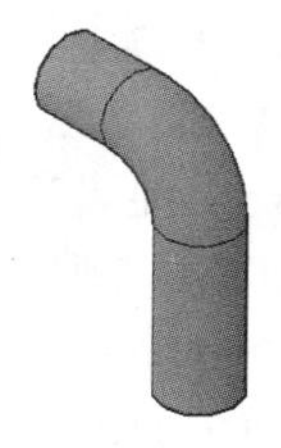

图 18-79　沿路径拉伸的结果

命令行中各选项的含义如下。

- 方向(D)：默认情况下，对象可以沿 Z 轴方向拉伸，拉伸的高度可以为正值或负值，此选项通过指定一个起点到端点的方向来定义拉伸方向。
- 路径(P)：通过指定拉伸路径将对象拉伸为三维实体，拉伸的路径可以是开放的，也可以是封闭的。
- 倾斜角(T)：通过指定的角度拉伸对象，拉伸的角度可以为正值或负值，其绝对值不大于 90°。若倾斜角为正，将产生内锥度，创建的侧面向里靠，如图 18-80 所示；若倾斜角度为负，将产生外锥度，创建的侧面则向外，如图 18-81 所示。

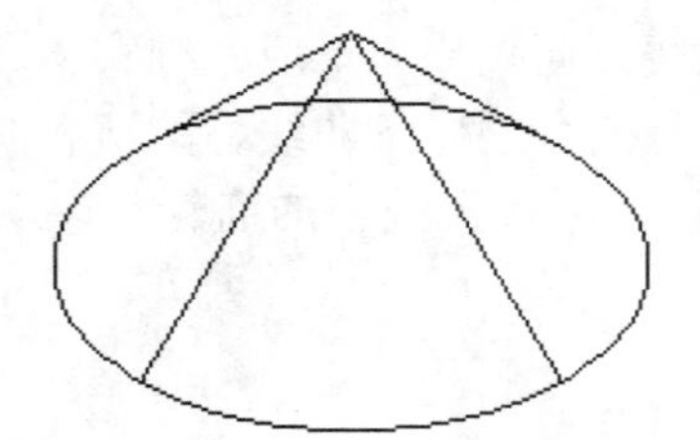

图 18-80　倾斜角为 45°

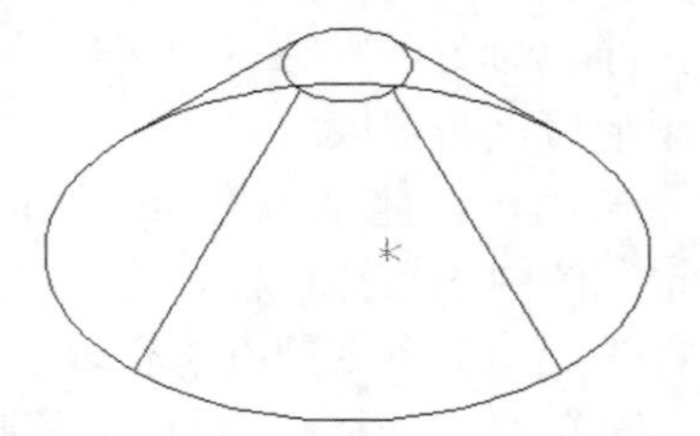

图 18-81　倾斜角为-45°

提示

当指定拉伸角度时，其取值范围为-90°～90°，正值表示从基准对象逐渐变细，负值表示从基准对象逐渐变粗。默认情况下，角度为 0，表示在与二维对象所在平面垂直的方向上进行拉伸。

18.7.2 旋转

旋转是将二维对象绕指定的旋转轴旋转一定的角度而形成实体，常用于创建带轮、法兰盘和轴类等具有回旋特征的零件。用于旋转的二维轮廓可以是封闭多段线、多边形、圆、椭圆、封闭样条曲线、圆环及封闭区域，对于不是多段线的封闭轮廓线，需要使用【合并】命令将其合并为一条多段线，或使用【面域】命令创建为面域。三维对象、包含在块中的对象、有交叉或干涉的多段线不能被旋转，而且每次只能旋转一个对象。

执行【旋转】命令的方法有以下几种。

- 菜单栏：选择【绘图】|【建模】|【旋转】命令。
- 工具栏：单击【建模】工具栏中的【旋转】按钮。
- 功能区：在【常用】选项卡中单击【建模】面板中的【旋转】按钮。
- 命令行：在命令行中输入 REVOLVE 或 REV 并按 Enter 键。

【案例 18-9】 旋转创建端盖

(1) 打开素材文件“第 18 章\案例 18-9.dwg”，如图 18-82 所示。

(2) 在【常用】选项卡中单击【修改】面板中的【合并】按钮，选择封闭轮廓作为合并的对象，将其合并为一条多段线。

(3) 单击【建模】面板中的【旋转】按钮，创建旋转体，如图 18-83 所示。命令行的操作过程如下。

```
命令: _revolve                                              //执行【旋转】命令
当前线框密度: ISOLINES=4，闭合轮廓创建模式 = 实体
选择要旋转的对象或 [模式(MO)]: _MO 闭合轮廓创建模式 [实体(SO)/曲面(SU)] <实体>: _SO
选择要旋转的对象或 [模式(MO)]: 指定对角点: 找到 1 个//选择创建的封闭多段线作为旋转对象
选择要旋转的对象或 [模式(MO)]: ↙                            //结束选择
指定轴起点或根据以下选项之一定义轴 [对象(O)/X/Y/Z] <对象>://选择直线的一个端点
指定轴端点:                                                 //选择直线的另一个端点
指定旋转角度或 [起点角度(ST)/反转(R)/表达式(EX)] <360>:↙//使用默认角度，完成旋转
```

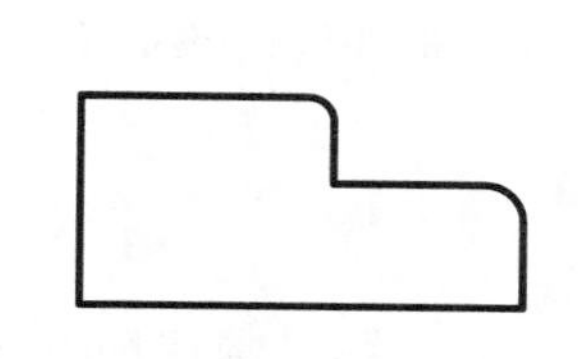

图 18-82　素材图形

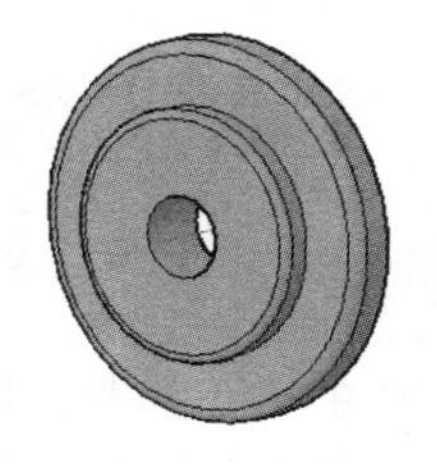

图 18-83　创建的旋转体

18.7.3　扫掠

使用【扫掠】命令，可以将二维轮廓沿着开放或闭合的二维或三维路径扫描来创建实体或曲面。扫掠的对象可以是直线、圆、圆弧、多段线、样条曲线、二维面和面域。

执行【扫掠】命令的方法有以下几种。

- 菜单栏：选择【绘图】|【建模】|【扫掠】命令。
- 工具栏：单击【建模】工具栏中的【扫掠】按钮。
- 功能区：在【常用】选项卡中单击【建模】面板中的【扫掠】按钮。
- 命令行：在命令行中输入 SWEEP 并按 Enter 键。

在执行【扫掠】命令的过程中，需要确定的参数有扫掠对象和扫掠路径，可在命令行中选择【对齐】、【比例】、【扭曲】等选项，创建各种扫掠效果。

【案例 18-10】 创建扫掠体。

(1) 打开素材文件“第 18 章\案例 18-10.dwg”，如图 18-84 所示。

(2) 在命令行中输入 J 并按 Enter 键，将封闭轮廓合并为单一多段线。

(3) 单击【建模】面板中的【扫掠】按钮，创建扫掠体，如图 18-85 所示。命令行的操作过程如下。

```
命令: _sweep                                                //执行【扫掠】命令
当前线框密度: ISOLINES=4，闭合轮廓创建模式 = 实体
选择要扫掠的对象或 [模式(MO)]: _MO 闭合轮廓创建模式 [实体(SO)/曲面(SU)] <实体>: _SO
选择要扫掠的对象或 [模式(MO)]: 找到 1 个                     //选择封闭多段线
选择要扫掠的对象或 [模式(MO)]:                               //结束选择
选择扫掠路径或 [对齐(A)/基点(B)/比例(S)/扭曲(T)]: S ↙          //选择【比例】选项
输入比例因子或 [参照(R)/表达式(E)]<1.0000>: 0.5↙              //输入比例因子
选择扫掠路径或 [对齐(A)/基点(B)/比例(S)/扭曲(T)]: T ↙          //选择【扭曲】选项
输入扭曲角度或允许非平面扫掠路径倾斜 [倾斜(B)/表达式(EX)]<0.0000>: 180↙
                                                            //输入扭曲角度
```

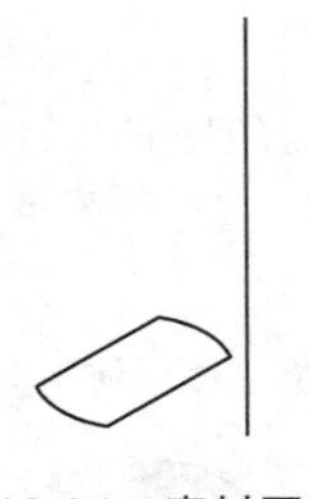

图 18-84　素材图形

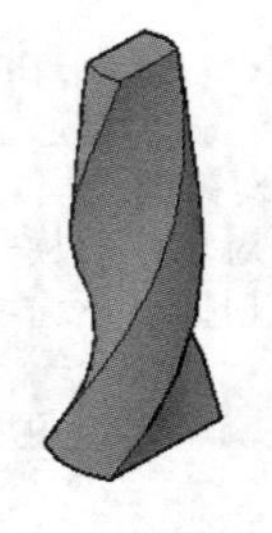

图 18-85　扫掠的结果

18.7.4　放样

放样是变化的横截面沿指定的路径扫描所得到的三维实体。横截面指的是具有放样实体截面特征的二维对象，使用该命令时，必须指定两个或两个以上的横截面。

执行【放样】命令的方法有以下几种。

- 菜单栏：选择【绘图】|【建模】|【放样】命令。
- 工具栏：单击【建模】工具栏中的【放样】按钮。
- 功能区：在【常用】选项卡中单击【建模】面板中的【放样】按钮。
- 命令行：在命令行中输入 LOFT 并按 Enter 键。

执行任一命令后，选择一系列的截面轮廓，即可创建放样体，如图 18-86 所示。在创建比较复杂的放样实体时，可以指定导向曲线来控制截面变化，以防止创建的实体或曲面中出现皱褶等缺陷。在命令行中选择【设置】选项，弹出【放样设置】对话框，如图 18-87 所示，可设置放样的控制条件。

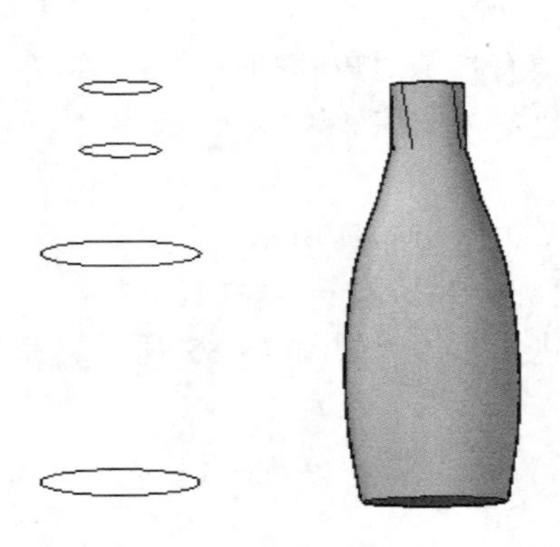

图 18-86　扫掠创建实体

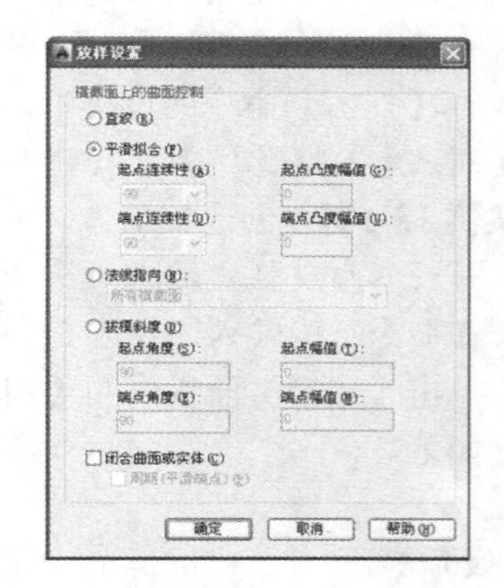

图 18-87　【放样设置】对话框

提示

放样时使用的曲线必须全部开放或全部闭合，不能使用既包含开放又包含闭合曲线的一组截面。

【案例 18-11】 创建放样体。

(1)　打开素材文件“第 18 章\案例 18-11.dwg”，如图 18-88 所示。

(2) 单击【建模】面板中的【放样】按钮，创建放样体，如图 18-89 所示。命令行的操作过程如下。

```
命令: _loft                                                    //执行【放样】命令
当前线框密度:  ISOLINES=4，闭合轮廓创建模式 = 实体
按放样次序选择横截面或 [点(PO)/合并多条边(J)/模式(MO)]: _MO 闭合轮廓创建模式 [实体(SO)/曲面(SU)] <实体>: _SO
按放样次序选择横截面或 [点(PO)/合并多条边(J)/模式(MO)]: 找到 1 个
按放样次序选择横截面或 [点(PO)/合并多条边(J)/模式(MO)]: 找到 1 个，总计 2 个
                                                               //依次选择两个圆
按放样次序选择横截面或 [点(PO)/合并多条边(J)/模式(MO)]:↙ //按 Enter 键结束选择
 选中了 2 个横截面
输入选项 [导向(G)/路径(P)/仅横截面(C)/设置(S)] <仅横截面>: P ↙//选择【路径】选项
选择路径轮廓:                                                  //选择样条曲线路径
```

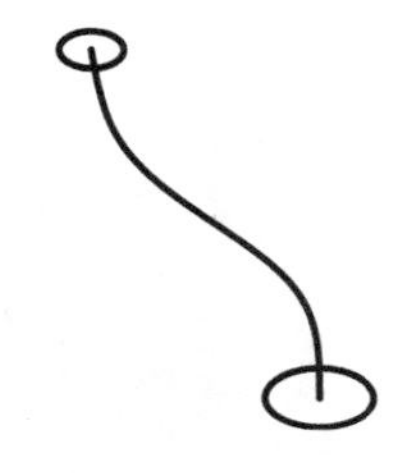

图 18-88　素材图形

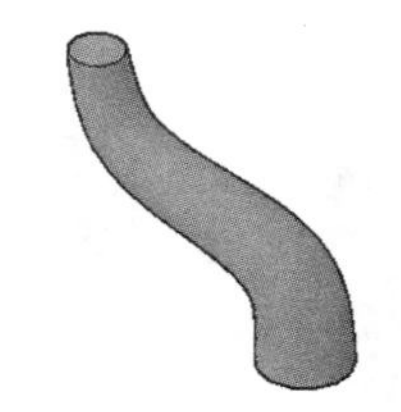

图 18-89　创建的放样体

18.7.5　按住并拖动

按住并拖动是一种特殊的拉伸操作，与【拉伸】命令不同的是，【按住并拖动】命令对轮廓的要求较低，多条相交叉的轮廓只要生成了封闭区域，该区域就可以被拉伸为实体。

执行【按住并拖动】命令的方法有以下几种。

- 菜单栏：选择【绘图】|【建模】|【按住并拖动】命令。
- 工具栏：单击【建模】工具栏中的【按住并拖动】按钮。
- 功能区：在【常用】选项卡中单击【建模】面板中的【按住并拖动】按钮。
- 命令行：在命令行中输入 PRESSPULL 并按 Enter 键。

执行任一命令后，选择二维对象边界形成的封闭区域，然后拖动指针即可生成实体预览，如图 18-90 所示，在文本框中输入拉伸高度或指定一点作为拉伸终点，即可创建该拉伸体。

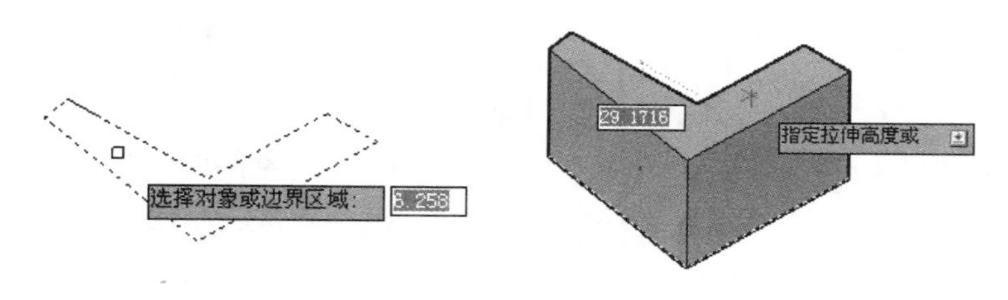

图 18-90　按住并拖动操作

18.7.6 实例——创建管道接口

1. 新建文件

(1) 启动 AutoCAD 2014，单击快速访问工具栏中的【新建】按钮，弹出【选择样板】对话框，选择 acadiso3D.dwt 样板，如图 18-91 所示，单击【打开】按钮，进入 AutoCAD 三维绘图界面。

(2) 在 ViewCube 控件中上，单击如图 18-92 所示的角点，将视图调整到东南等轴测方向。

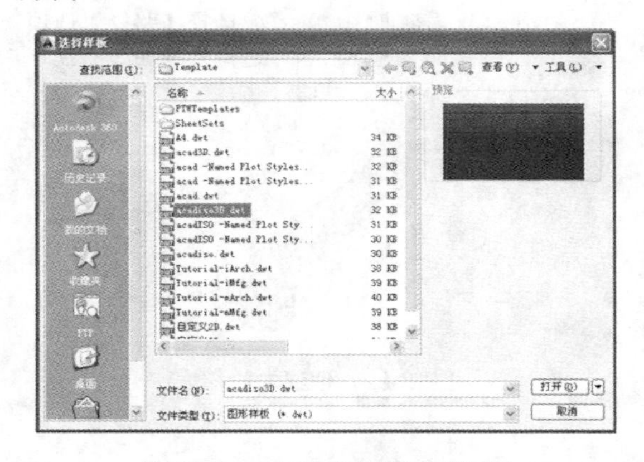

图 18-91 【选择样板】对话框

图 18-92 调整视图方向

2. 绘制扫掠特征

(1) 在【常用】选项卡中单击【绘图】面板中的【直线】按钮，以绘图区任意一点为起点，分别沿 180°、90°极轴和 Z 轴正方向绘制长度为 200、400、200 的直线，如图 18-93 所示。

(2) 在【常用】选项卡中单击【修改】面板中的【圆角】按钮，在两个拐角创建半径为 120 的圆角，结果如图 18-94 所示。

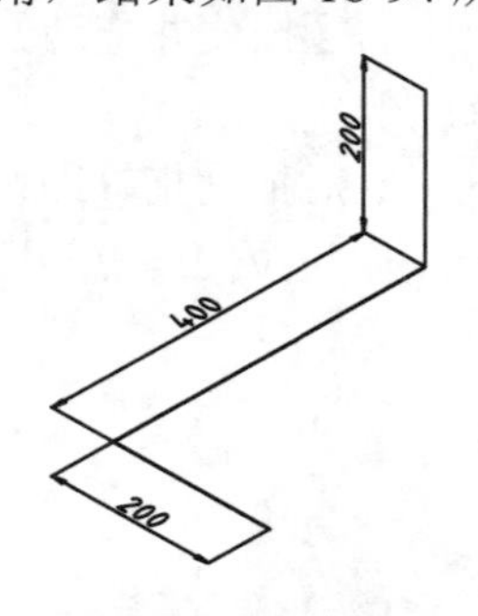

图 18-93 绘制直线

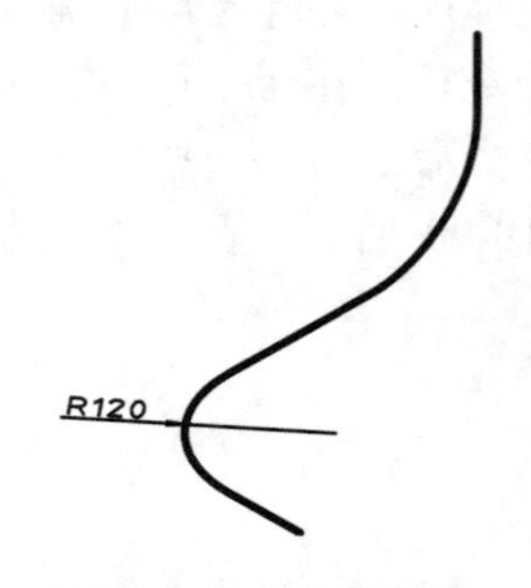

图 18-94 创建圆角

(3) 单击【修改】面板中的【合并】按钮，将 XY 平面内的多条线段合并为一条多段线，如图 18-95 所示。将 ZY 平面内的其余线段合并为另一条多段线。

(4) 单击【坐标】面板中的【Z 轴矢量】按钮，以直线的端点为原点，以直线方向

为 Z 轴方向，创建 UCS，如图 18-96 所示。

(5) 单击【绘图】面板中的【圆】按钮，绘制半径分别为 40 和 50 的同心圆，结果如图 18-97 所示。

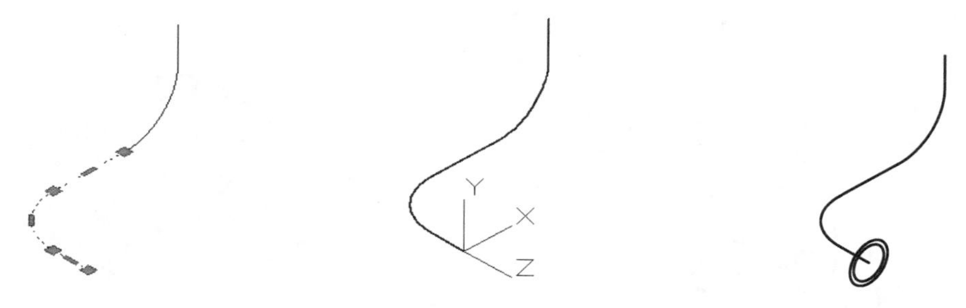

图 18-95　创建多段线　　图 18-96　新建坐标系　　图 18-97　绘制同心圆

(6) 单击【绘图】面板中的【面域】按钮，选择绘制的两个圆，创建两个面域。

(7) 单击【实体编辑】面板中的【差集】按钮，选择 R50 的面域作为被减的面域，选择 R40 的面域作为减去的面域，面域求差的效果如图 18-98 所示。

(8) 单击【建模】面板上【扫掠】按钮，选择求差生成的环形面域作为扫掠对象。在命令行中选择【路径】选项，选择第一条多段线为扫掠路径，生成的扫掠体如图 18-99 所示。

(9) 单击【建模】面板中的【拉伸】按钮，然后选择扫掠体的端面作为拉伸对象。在命令行中选择【路径】选项，更改过滤类型为【无过滤器】，然后选择第二条多段线为拉伸路径，拉伸的效果如图 18-100 所示。

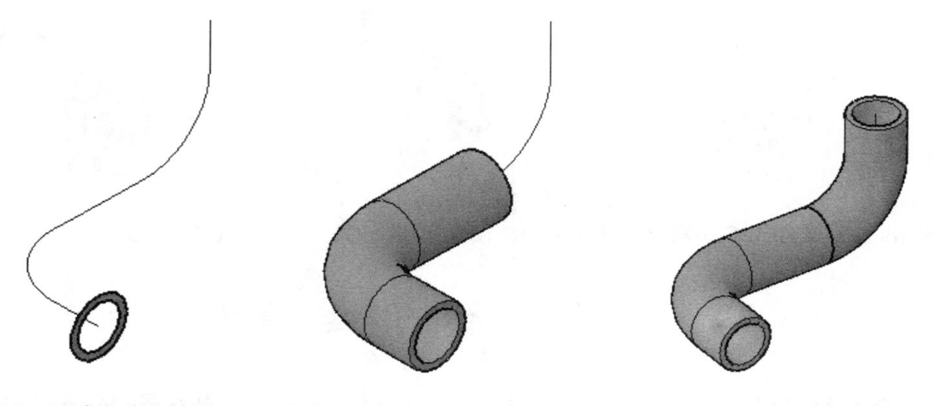

图 18-98　面域求差的效果　　图 18-99　创建的扫掠体　　图 18-100　沿路径拉伸的效果

3. 绘制法兰接口

(1) 在绘图区空白位置右击，在弹出的快捷菜单中选择【隔离】|【隐藏对象】命令，将创建的两段管道隐藏。

(2) 利用 ViewCube 控件将视图调整到俯视图方向，执行【直线】和【圆】命令，在圆管端面绘制如图 18-101 所示的二维轮廓线。

(3) 单击【修改】面板中的【移动】按钮，以 R40 圆心为基点，将图形整体移动到坐标原点。

(4) 利用 ViewCube 控件将视图调整到东南等轴测方向，单击【建模】面板中的【按住并拖动】按钮，选择正方形和圆之间的区域为拖动对象，拖动方向沿 Z 轴正向，输入高度为 30，创建的拉伸体如图 18-102 所示。

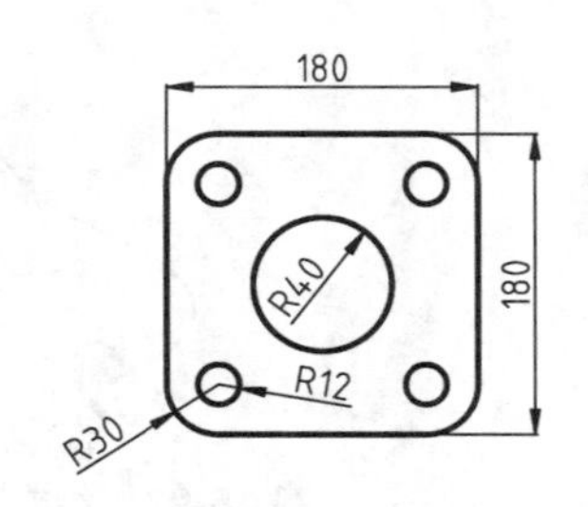

图 18-101　绘制法兰轮廓线

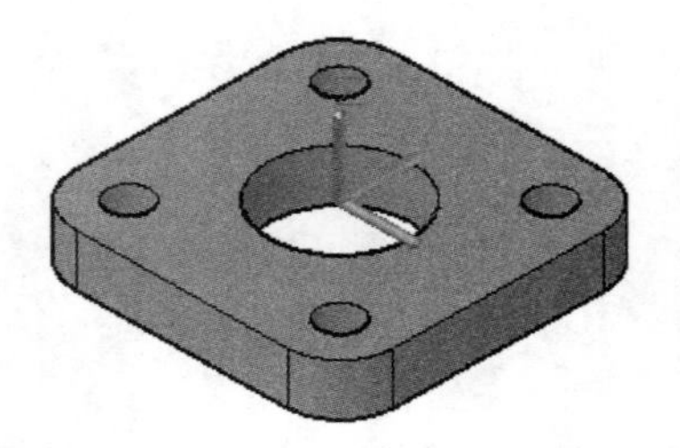

图 18-102　按住并拖动的结果

(5) 在绘图区空白位置右击，在弹出的快捷菜单中选择【隔离】|【结束对象隔离】命令，将隐藏的管道恢复显示，如图 18-103 所示。

(6) 单击【坐标】面板中的【Z 轴矢量】按钮，在管道的另一端面新建 UCS，使 XY 平面与管道端面重合，如图 18-104 所示。

(7) 使用同样的方法，在 XY 平面内绘制法兰轮廓，单击【按住并拖动】按钮，将其拉伸为法兰实体，结果如图 18-105 所示。

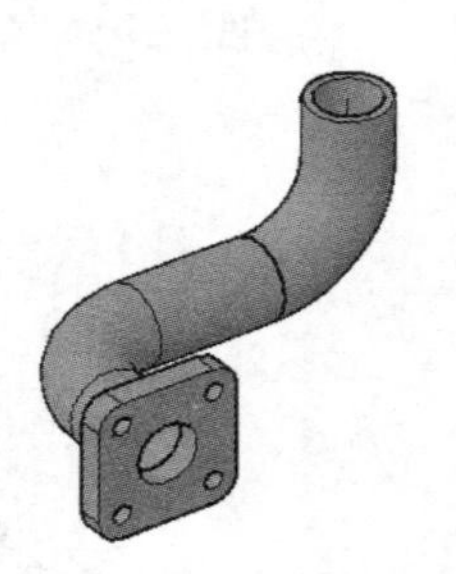

图 18-103　结束对象隔离的效果

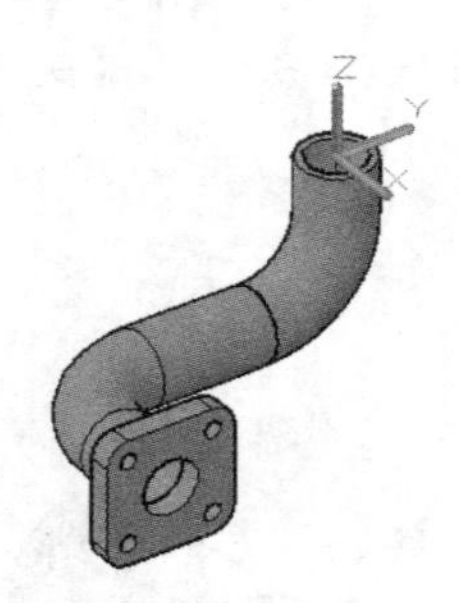

图 18-104　新建 UCS

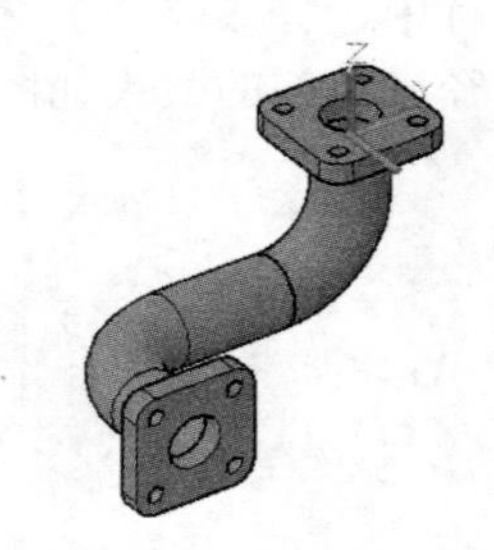

图 18-105　管道另一端的法兰

18.8　布尔运算

布尔运算可用来确定多个实体或面域之间的组合关系，通过它可以将多个实体组合为一个实体，从而创建一些复杂的造型，布尔运算在绘制三维模型时使用非常频繁。AutoCAD 中布尔运算的对象可以是实体，也可以是曲面或面域，但只能在相同类型的对象间进行布尔运算。

18.8.1　并集运算

并集运算可以将选定的两个及多个实体或面域合并成一个整体对象。执行并集操作后，原来各实体相互重合的部分变为一体，使其成为无重合的实体。正是由于这个无重合

原则，实体(或面域)并集运算后体积(或面积)将小于或等于原来各实体(或面域)的体积之和。

执行【并集】命令的方法有以下几种。

- 菜单栏：选择【修改】|【实体编辑】|【并集】命令。
- 工具栏：单击【建模】工具栏或【实体编辑】工具栏中的【并集】按钮。
- 功能区：在【常用】选项卡中单击【实体编辑】面板中的【并集】按钮。
- 命令行：在命令行中输入 UNION 或 NUI 并按 Enter 键。

调用任一命令后，在绘图区中选取所有要合并的对象，按 Enter 键或右击，即可完成合并操作。

【案例 18-12】 并集操作。

(1) 打开素材文件“第 18 章\案例 18-12.dwg”，如图 18-106 所示。

(2) 单击【实体编辑】面板中的【并集】按钮，将圆柱体和长方体合并为单一实体，如图 18-107 所示。命令行的操作过程如下。

```
命令: _union                          //执行【并集】命令
选择对象: 找到 1 个                   //选择长方体
选择对象: 找到 1 个，总计 2 个        //选择圆柱体
选择对象:↙                            //按 Enter 键完成并集
```

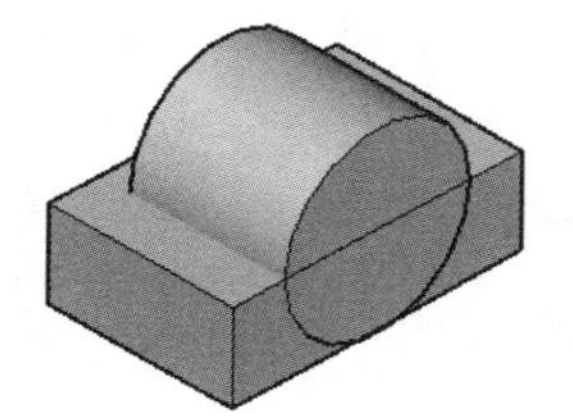

图 18-106　素材图形

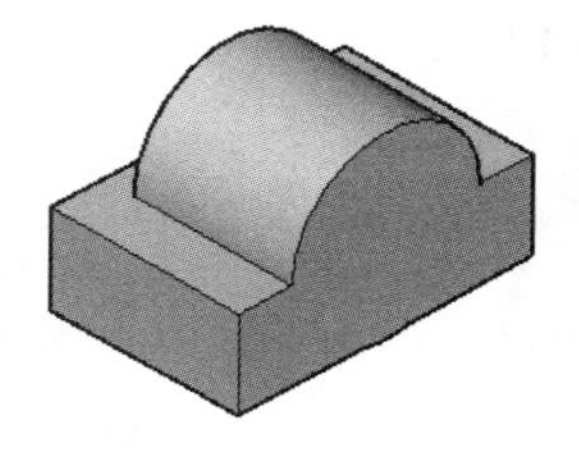

图 18-107　并集运算的结果

18.8.2 差集运算

差集运算是从被减实体中去掉与另一实体公共部分，从而得到一个新的实体。首先选取的对象是被减的对象，之后选取的对象为减去的对象。

执行【差集】命令的方法有以下几种。

- 菜单栏：选择【修改】|【实体编辑】|【差集】命令。
- 功能区：在【常用】选项卡中单击【实体编辑】面板中的【差集】按钮。
- 工具栏：单击【建模】工具栏或【实体编辑】工具栏中的【差集】按钮。
- 命令行：在命令行中输入 SUBTRACT 或 SU 并按 Enter 键。

执行任一命令后，在绘图区中选取被减的对象，按 Enter 键或右击结束选择，然后选取要减去的对象，按 Enter 键或右击即可完成差集操作。

【案例 18-13】 差集操作。

(1) 打开素材文件“第 18 章\案例 18-13.dwg”，如图 18-108 所示。

(2) 单击【实体编辑】面板中的【差集】按钮，从长方体中减去圆柱体，效果如图 18-109 所示。命令行的操作过程如下。

```
命令: _subtract                                    //执行【差集】命令
选择要从中减去的实体、曲面和面域...
选择对象: 找到 1 个                                //选择长方体
选择对象:                                          //按 Enter 键结束选择
选择要减去的实体、曲面和面域...
选择对象: 找到 1 个                                //选择圆柱体
选择对象:                                          //按 Enter 键结束选择
```

提示

在进行差集运算时，两个相同的实体由于选择的顺序不同，差集运算后生成的实体对象也会有所不同，本案例中如果选择圆柱体为被减去的对象，选择长方体为减去的对象，则差集效果如图 18-110 所示。

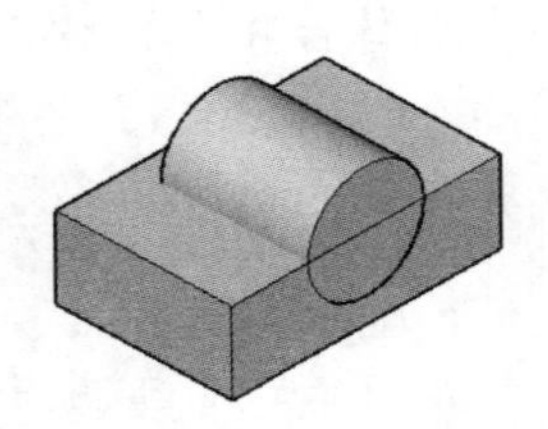

图 18-108　素材图形

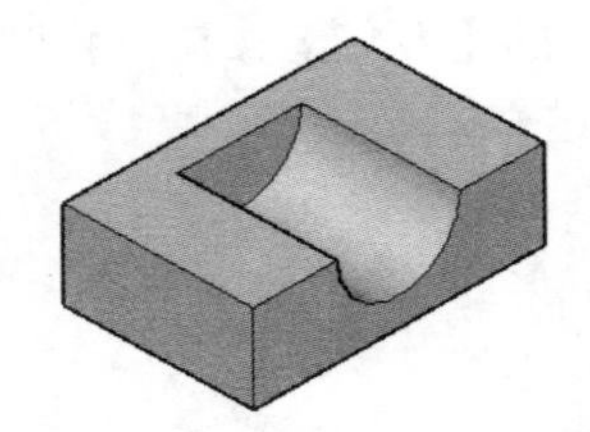

图 18-109　差集运算的效果

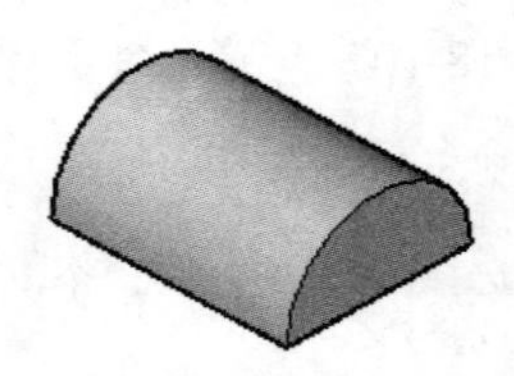

图 18-110　更改对象选择的效果

18.8.3　交集运算

交集运算是由两个或多个实体(或面域)的公共部分创建实体(或面域)，并删除公共部分之外的实体，从而获得新的实体。

执行【交集】命令的方法有以下几种。

- 菜单栏：选择【修改】|【实体编辑】|【交集】命令。
- 功能区：单击【实体编辑】面板中的【交集】按钮。
- 工具栏：单击【建模】工具栏或【实体编辑】工具栏中的【交集】按钮。
- 命令行：在命令行中输入 INTERSECT 或 IN 并按 Enter 键。

执行任一命令，然后选取具有公共部分的两个对象，按 Enter 键或右击即可执行交集操作。

【案例 18-14】 交集操作。

(1)　打开素材文件“第 18 章\案例 18-14.dwg”，如图 18-111 所示。

(2)　单击【实体编辑】面板中的【交集】按钮，生成圆柱体与长方体的公共部分，如图 18-112 所示。命令行的操作过程如下。

```
命令: _intersect                                   //执行【交集】命令
选择对象: 找到 1 个                                //选择长方体
选择对象: 找到 1 个，总计 2 个                     //选择圆柱体
选择对象:                                          //按 Enter 键完成交集操作
```

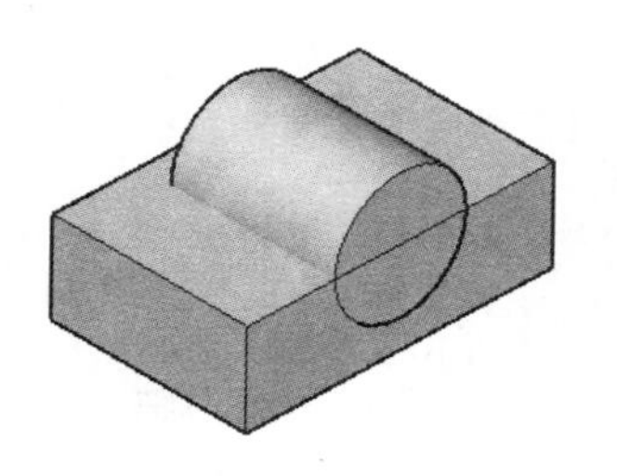

图 18-111　素材图形

图 18-112　交集运算的结果

18.9　三维对象操作

AutoCAD 中的三维操作是指对实体进行移动、旋转、对齐等改变实体位置的命令，以及镜像、阵列等快速创建相同实体的命令。这些三维操作在装配实体时使用频繁，例如将螺栓装配到螺孔中，可能需要先将螺栓旋转到轴线与螺孔平行，然后通过移动将其定位到螺孔中，接着使用阵列操作快速创建多个位置的螺栓。

18.9.1　三维旋转

三维旋转是使实体绕某个轴线旋转一定角度，改变实体相对于坐标系的角度位置。

执行【三维旋转】命令的方法有以下几种。

- 菜单栏：选择【修改】|【三维操作】|【三维旋转】命令。
- 工具栏：单击【建模】工具栏中的【三维旋转】按钮。
- 功能区：单击【修改】面板中的【三维旋转】按钮。
- 命令行：在命令行中输入 3DROTATE 并按 Enter 键。

执行任一命令即可进入【三维旋转】模式，在【绘图区】选取需要旋转的对象，所选实体上出现旋转小控件，如图 18-113 所示。该控件包含 3 个圆环(红色代表 X 轴、绿色代表 Y 轴、蓝色代表 Z 轴)，在绘图区指定一点作为旋转基点，旋转小控件将其移动至该基点，选择一根旋转轴，如图 18-114 所示，接着输入旋转角度即完成实体的旋转。

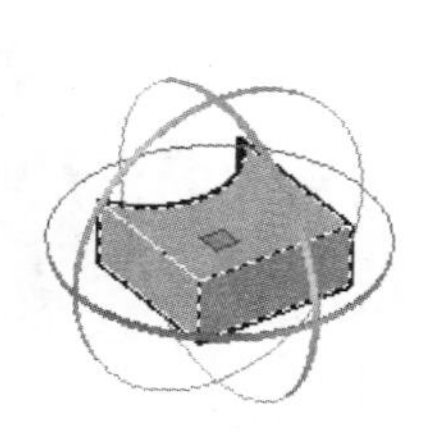

图 18-113　旋转控件

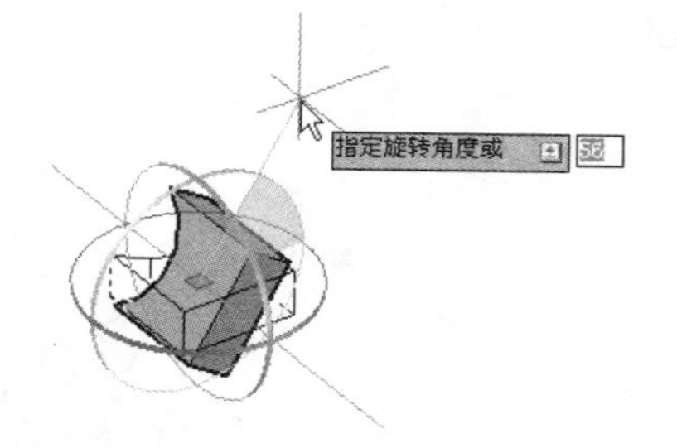

图 18-114　指定旋转轴并输入角度

【案例 18-15】 三维旋转。

(1) 打开素材文件“第 18 章\案例 18-15.dwg”，如图 18-115 所示。

(2) 单击【修改】面板中的【三维旋转】按钮，旋转连杆，如图 18-116 所示。命令行的操作如下。

```
命令:_3DROTATE                                  //执行【三维旋转】命令
UCS 当前的正角方向:  ANGDIR=逆时针  ANGBASE=0
选择对象:找到 1 个                               //选择细转杆为旋转的对象
选择对象:                                        //按 Enter 键完成选择，实体上出现旋转小控件
指定基点:0,0                                     //输入旋转的中心点坐标，小控件移动到该点
拾取旋转轴:                                      //选择 X 轴(红色)作为旋转轴
指定角的起点或键入角度:90                        //输入旋转角度为 90°
```

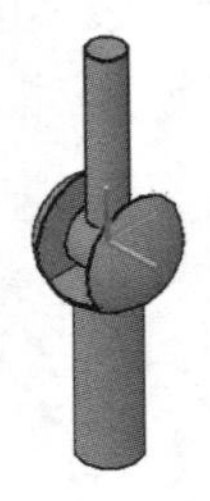

图 18-115　素材模型

图 18-116　旋转实体的效果

18.9.2 三维移动

三维移动可以将实体按指定距离在空间中进行移动，以改变对象的位置。使用【三维移动】命令能将实体沿 X、Y、Z 轴或其他任意方向，以及直线、面或任意两点间移动，从而将其定位到空间的准确位置。

执行【三维移动】命令的方法有以下几种。

- 菜单栏：选择【修改】|【三维操作】|【三维移动】命令。
- 工具栏：单击【建模】工具栏中的【三维移动】按钮。
- 功能区：单击【修改】面板中的【三维移动】按钮。
- 命令行：在命令行中输入 3DMOVE 并按 Enter 键。

执行任一命令后，选取要移动的实体，模型上将显示移动小控件，选择移动小控件的某一轴，然后拖动，实体将沿选定的轴移动；若是将光标停留在两轴柄之间的直线汇合处的平面上(用以确定一定平面)，直至其变为黄色，然后选择该平面，实体将约束在该平面上移动，如图 18-117 所示。

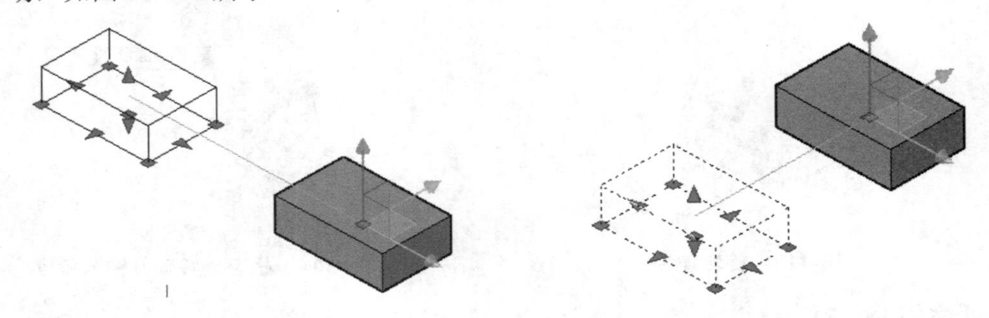

图 18-117　三维移动

18.9.3　三维镜像

执行【三维镜像】命令可以将三维对象通过镜像平面获取与之完全相同的对象，其中镜像平面可以是与 UCS 坐标系平面平行的平面或由三点确定的平面。

执行【三维镜像】命令的方法有以下几种。

- 菜单栏：选择【修改】|【三维操作】|【三维镜像】命令。
- 功能区：单击【修改】面板中的【三维镜像】按钮。
- 命令行：在命令行中输入 MIRROR3D 并按 Enter 键。

执行该命令后，在绘图区选取要镜像的实体，然后按照命令行提示选取镜像平面，用户可指定 3 个点作为镜像平面，也可选择 XY、YZ、ZX 平面平行的平面，最后确定是否删除源对象，即可完成三维镜像。

【案例 18-16】 三维镜像实体。

(1) 打开素材文件“第 18 章\案例 18-16.dwg”，如图 18-118 所示。

(2) 单击【修改】面板中的【三维镜像】按钮，镜像支座到右侧，效果如图 18-119 所示。命令行的操作过程如下。

```
命令: _mirror3d                                    //执行【三维镜像】命令
选择对象: 找到 1 个                                 //选择左侧的实体
选择对象:                                          //按 Enter 键结束选择
指定镜像平面 (三点) 的第一个点或
[对象(O)/最近的(L)/Z 轴(Z)/视图(V)/XY 平面(XY)/YZ 平面(YZ)/ZX 平面(ZX)/三点(3)]
<三点>: ZX↙
//选择 ZX 平面作为镜像面参考
指定 ZX 平面上的点 <0,0,0>: 0,-10,0↙               //输入镜像面的通过点坐标
是否删除源对象? [是(Y)/否(N)] <否>:↙               //选择不删除源对象
```

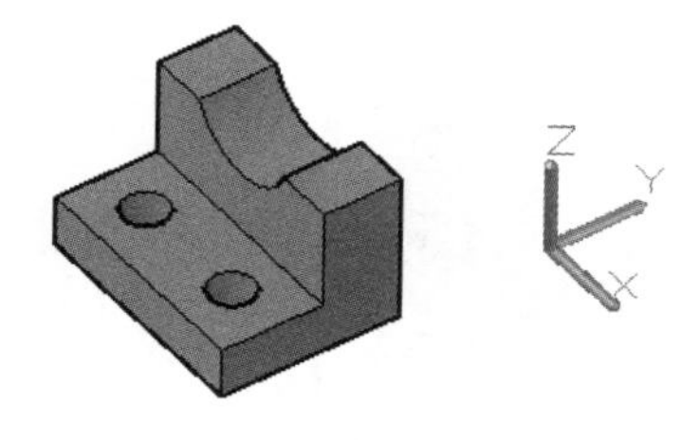

图 18-118　素材图形

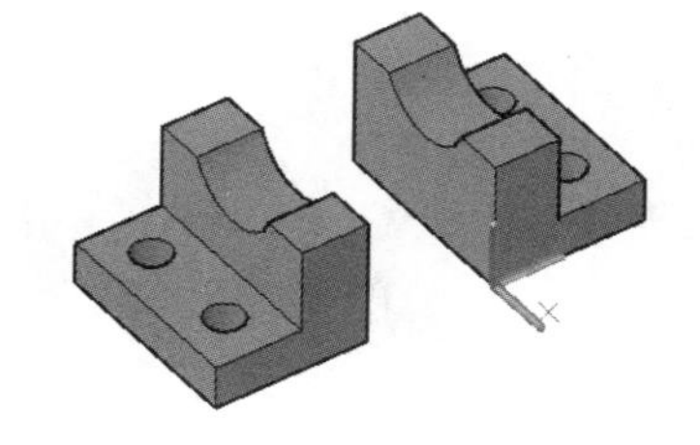

图 18-119　镜像实体的结果

提示

在镜像三维模型时，可作为镜像平面的有：平面对象所在的平面，通过指定点且与当前 UCS 的 xy、yz 或 xz 平面平行的平面。

18.9.4　对齐和三维对齐

在三维建模环境中，使用【对齐】和【三维对齐】工具可对齐三维对象，从而获得准确的定位效果。这两种对齐工具都可实现对齐两模型的目的，但选取对齐点的方式不同，以下分别对其进行介绍。

1. 对齐对象

使用【对齐】工具可指定一对、两对或三对源点和目标点，从而使对象通过移动、旋转、倾斜或缩放移动到目标对象上。

执行【对齐】命令的方法有以下几种。

- 菜单栏：选择【修改】|【三维操作】|【对齐】命令。
- 功能区：单击【修改】面板中的【对齐】按钮。
- 命令行：在命令行中输入 ALIGN 或 AL 并按 Enter 键。

执行任一命令后，接下来对其使用方法进行具体讲解。

1) 一对点对齐对象

该对齐方式是指定一对源点和目标点进行实体对齐。当只选择一对源点和目标点时，所选取的实体对象将在二维或三维空间中从源点沿直线路径移到目标点，如图 18-120 所示。

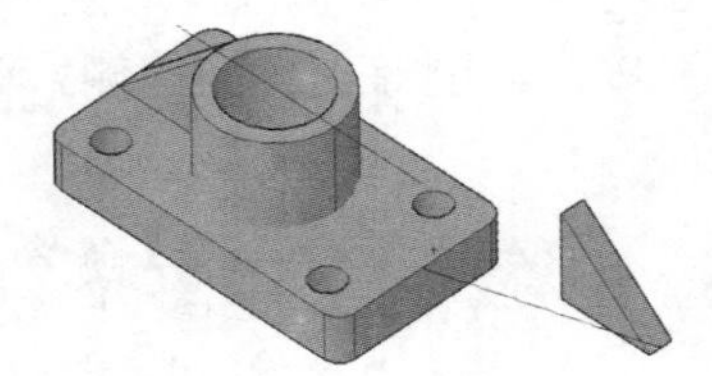
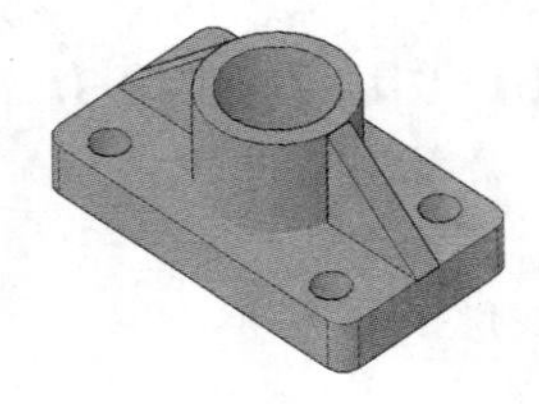

图 18-120　一点对齐对象

2) 两对点对齐对象

该对齐方式是指定两对源点和目标点进行实体对齐。当选择两点对齐时，可以在二维或三维空间移动、旋转和缩放选定对象，以便与其他对象对齐，如图 18-121 所示。

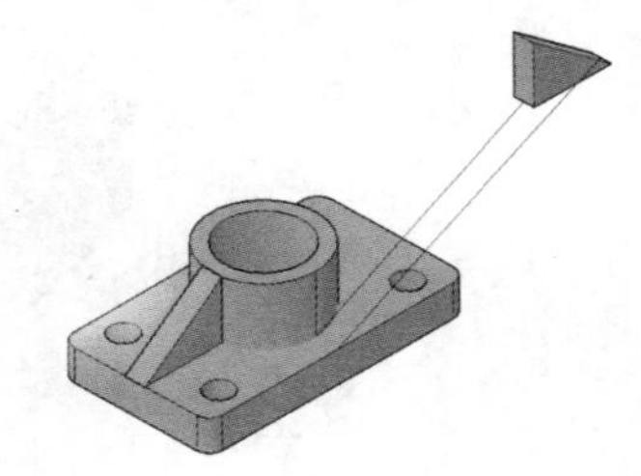
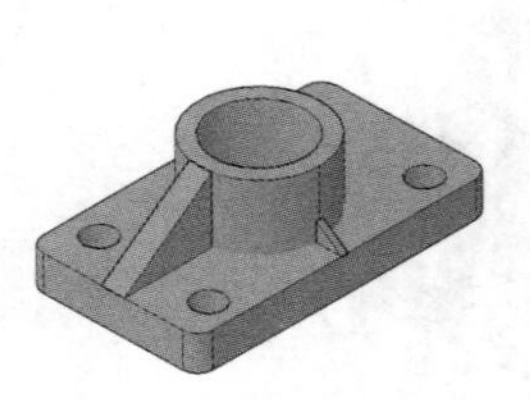

图 18-121　两对点对其对象

3) 三对点对齐对象

该对齐方式是指定三对源点和目标点进行实体对齐。当选择三对源点和目标点时，连续捕捉三对对应点即可完成对齐操作，其效果如图 18-122 所示。

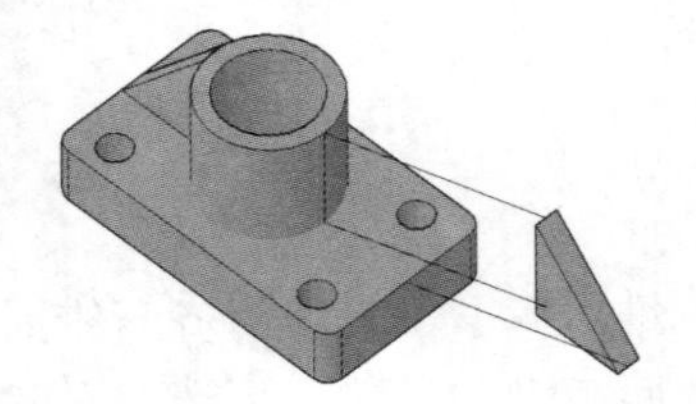
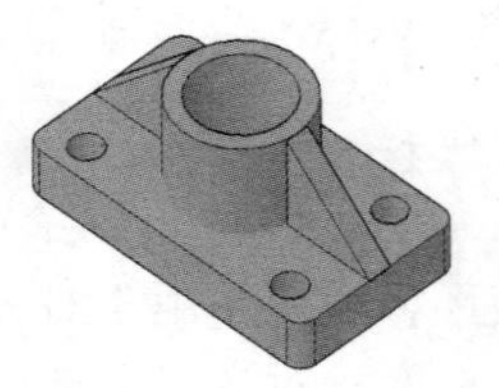

图 18-122　三对点对齐对象

2. 三维对齐

在 AutoCAD 2014 中，三维对齐操作是先由要移动的对象上的 3 个点定义源平面，然后指定最多 3 个点用以定义目标平面，从而获得三维对齐效果。

执行【三维对齐】命令的方法有以下几种。

- 菜单栏：选择【修改】|【三维操作】|【三维对齐】命令。
- 工具栏：单击【建模】工具栏中的【三维对齐】按钮。
- 功能区：单击【修改】面板中的【三维对齐】按钮。
- 命令行：在命令行中输入 3DALIGN 并按 Enter 键。

执行任一命令后，即可进入【三维对齐】模式，与对齐操作的不同之处在于，执行三维对齐操作时，先在要移动的对象上指定 1 个、2 个或 3 个点用以确定源平面，然后在目标对象上指定 1 个、2 个或 3 个点用以确定目标平面，从而实现模型与模型之间的对齐。

【案例 18-17】 三维对齐

(1) 打开素材文件“第 18 章\案例 18-17.dwg”，如图 18-123 所示。

(2) 单击【修改】面板中的【三维对齐】按钮，将一个基座对齐到另一个基座上，如图 18-124 所示。命令行的操作过程如下。

```
命令: _3dalign                                  //执行【三维对齐】命令
选择对象: 找到 1 个                              //选择要移动的基座
选择对象:                                        //结束选择
 指定源平面和方向 ...
指定基点或 [复制(C)]:                            //选择 A′点
指定第二个点或 [继续(C)] <C>:                    //选择 B′点
指定第三个点或 [继续(C)] <C>:                    //选择 C′点
 指定目标平面和方向 ...
指定第一个目标点:                                // 选择 A 点
指定第二个目标点或 [退出(X)] <X>:                // 选择 B 点
指定第三个目标点或 [退出(X)] <X>:                // 选择 C 点
```

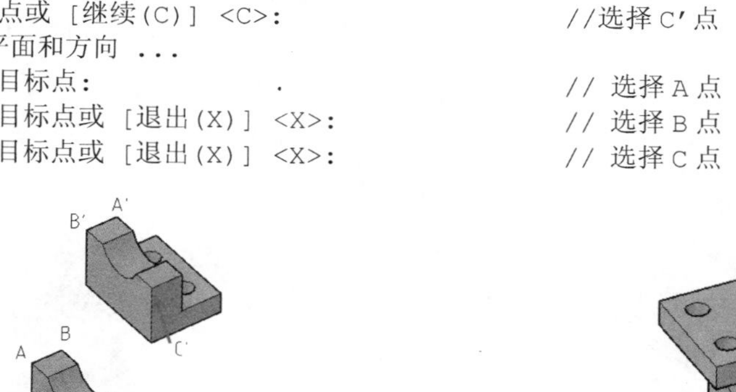

图 18-123　素材图形

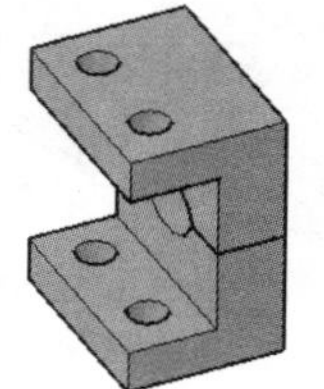

图 18-124　三维对齐的效果

18.10　编辑实体边

实体都是由最基本的面和边所组成的，AutoCAD 不仅提供了多种编辑实体的工具，同时可根据设计者的需要提取多个边，然后对其执行偏移、着色、压印或复制边等操作，便于查看或创建更为复杂的模型。

18.10.1 复制边

执行复制边操作可将现有的实体模型上单个或多个边复制到其他位置，从而利用这些边线创建出新的图形对象。

执行【复制边】命令的方法有以下几种。

- 菜单栏：选择【修改】|【实体编辑】|【复制边】命令。
- 工具栏：单击【实体编辑】工具栏中的【复制边】按钮。
- 功能区：单击【实体编辑】面板中的【复制边】按钮。
- 命令行：在命令行中输入 SOLIDEDIT 并按 Enter 键。

【案例 18-18】 复制实体边。

(1) 打开素材文件“第 18 章\案例 18-18.dwg”，如图 18-125 所示。

(2) 单击【实体编辑】面板中的【复制边】按钮，复制模型的边线，如图 18-126 所示。命令行的操作过程如下。

```
命令: _solidedit
实体编辑自动检查: SOLIDCHECK=1
输入实体编辑选项 [面(F)/边(E)/体(B)/放弃(U)/退出(X)] <退出>: _edge
输入边编辑选项 [复制(C)/着色(L)/放弃(U)/退出(X)] <退出>: _copy//执行【复制边】命令
选择边或 [放弃(U)/删除(R)]:
选择边或 [放弃(U)/删除(R)]:
…                                              //选择要复制的多条边
指定基点或位移:                                //在所选边线任意位置单击确定移动基点
指定位移的第二点:                              //指定移动的目标点
输入边编辑选项 [复制(C)/着色(L)/放弃(U)/退出(X)] <退出>: *取消*//按 Esc 键退出
```

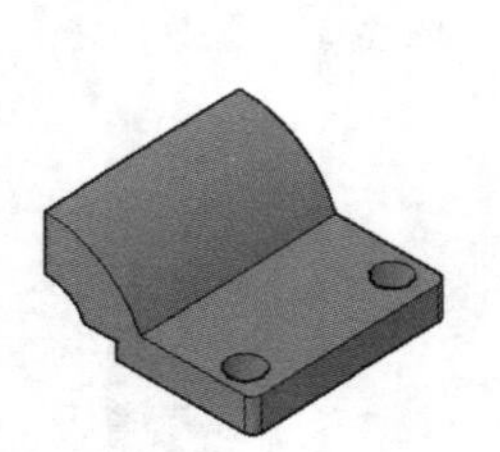

图 18-125　素材图形

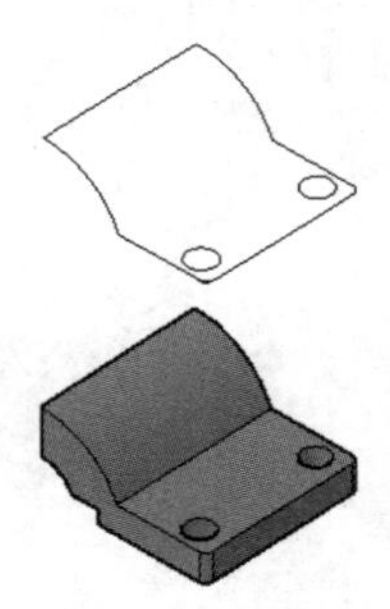

图 18-126　复制边的结果

18.10.2 压印边

在创建三维模型后，往往在模型的表面加入公司标记或产品标记等图形对象，【压印边】命令可将与模型表面相交的图形对象压印到该表面，在该表面创建更多的边。

执行【压印边】命令的方法有以下几种。

- 菜单栏：选择【修改】|【实体编辑】|【压印边】命令。
- 工具栏：单击【实体编辑】工具栏中的【压印边】按钮。
- 功能区：单击【实体编辑】面板中的【压印边】按钮。

- 命令行：在命令行中输入 IMPRINT 并按 Enter 键。

执行任一命令后，在绘图区选取三维实体，接着选取压印对象，命令行将显示“是否删除源对象[是(Y)/否(N)] <N>：”的提示信息，选择是否保留压印对象，即可完成压印操作。

【案例 18-19】 压印五角星图案。

(1) 单击快速访问工具栏中的【打开】按钮，打开素材文件“第 18 章\案例 18-19.dwg”，如图 18-127 所示。

(2) 单击【实体编辑】面板中的【压印边】按钮，将多边形轮廓压印到实体表面，结果如图 18-128 所示。命令行的操作过程如下。

```
命令: _imprint                                    //执行【压印边】命令
选择三维实体或曲面:                               //选择实体体
选择要压印的对象:                                 //选择多边形
是否删除源对象 [是(Y)/否(N)] <N>:Y↙               //删除多边形对象
选择要压印的对象:↙                                //按 Enter 键结束命令
```

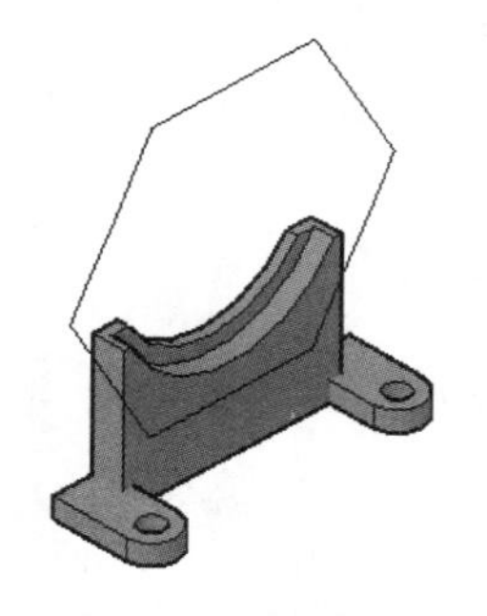

图 18-127　素材图形

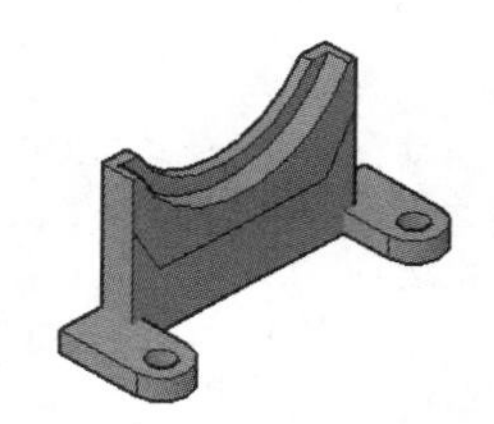

图 18-128　压印效果

18.11　编辑实体面

在 AutoCAD 中，可以对实体的表面进行多种编辑，通过编辑实体表面，达到改变实体的目的。实体面主要的编辑命令包括移动面、偏移面、删除面、倾斜面、复制面等，下面分别对其进行介绍。

18.11.1　移动实体面

移动实体面是指沿指定的高度或距离移动选定的三维实体对象的一个或多个面。移动时，只移动选定的实体面而不改变方向。

执行【移动实体面】命令的方法有以下几种。

- 菜单栏：选择【修改】|【实体编辑】|【移动面】命令。
- 功能区：在【常用】选项卡中单击【实体编辑】面板中的【移动面】按钮。
- 工具栏：单击【实体编辑】工具栏中的【移动面】按钮。
- 命令行：在命令行中输入 SOLIDEDIT 并按 Enter 键，依次选择【面】、【移动】选项。

提示

当要移动的平面与实体上某个曲面相连时，可能无法移动该面，因为系统无法填补移动产生的区域。如图 18-129 所示的模型，侧面可以向实体内移动，移动的效果如图 18-130 所示，但该侧面无法向实体外侧移动，因为系统不能处理相邻圆柱面的变形。

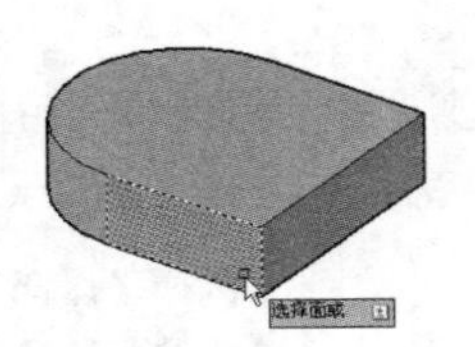

图 18-129 选择要移动的面

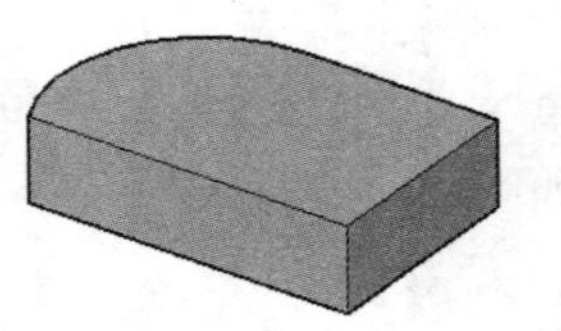

图 18-130 向实体内侧移动的结果

【案例 18-20】 移动实体面。

(1) 打开素材文件“第 18 章\案例 18-20.dwg”，如图 18-131 所示。

(2) 单击【实体编辑】面板中的【移动面】按钮，移动圆孔的位置。命令行的操作过程如下。

```
命令: _solidedit
实体编辑自动检查:  SOLIDCHECK=1
输入实体编辑选项 [面(F)/边(E)/体(B)/放弃(U)/退出(X)] <退出>: _face
输入面编辑选项
[拉伸(E)/移动(M)/旋转(R)/偏移(O)/倾斜(T)/删除(D)/复制(C)/颜色(L)/材质(A)/放弃(U)/退出(X)] <退出>: _move                    //调用【移动面】命令
选择面或 [放弃(U)/删除(R)]: 找到一个面。                        //选择圆孔的圆柱面
选择面或 [放弃(U)/删除(R)/全部(ALL)]:  找到一个面。            //选择另一圆孔的圆柱面
选择面或 [放弃(U)/删除(R)/全部(ALL)]:↙                         //按 Enter 键结束选择
指定基点或位移:                                               //选择圆柱面的圆心作为基点
指定位移的第二点: 12↙       //捕捉到 0° 极轴方向，如图 18-132 所示，然后输入移动距离
已开始实体校验。
已完成实体校验。
输入面编辑选项
[拉伸(E)/移动(M)/旋转(R)/偏移(O)/倾斜(T)/删除(D)/复制(C)/颜色(L)/材质(A)/放弃(U)/退出(X)] <退出>: *取消*
```

(3) 移动面的效果如图 18-133 所示。

图 18-131 素材图形

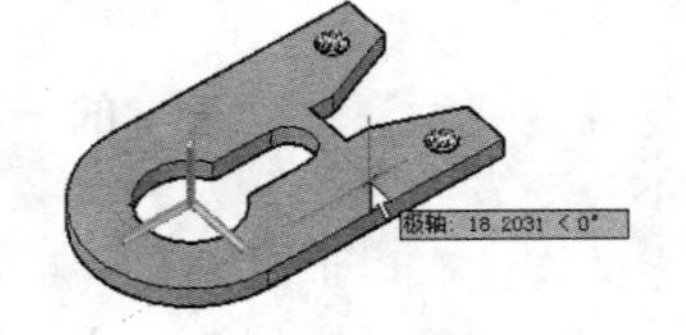

图 18-132 指定移动方向

图 18-133 移动面的结果

18.11.2 偏移实体面

偏移实体面是指在一个三维实体上按指定的距离等距实体面。偏移实体面常用于修改圆柱面的半径。

执行【偏移实体面】命令的方法有以下几种。

- 菜单栏：选择【修改】|【实体编辑】|【偏移面】命令。
- 工具栏：单击【实体编辑】工具栏中的【偏移面】按钮。
- 功能区：在【常用】选项卡中单击【实体编辑】面板中的【偏移面】按钮。
- 命令行：在命令行中输入 SOLIDEDIT 并按 Enter 键，然后依次选择【面】、【偏移】选项。

【案例 18-21】 偏移实体面。

(1) 打开素材文件“第 18 章\案例 18-21.dwg”，如图 18-134 所示。

(2) 单击【实体编辑】面板中的【偏移面】按钮，将接头的半径增加 20，如图 18-135 所示。命令行的操作过程如下。

```
命令: _solidedit
实体编辑自动检查:  SOLIDCHECK=1
输入实体编辑选项 [面(F)/边(E)/体(B)/放弃(U)/退出(X)] <退出>: _face
输入面编辑选项
[拉伸(E)/移动(M)/旋转(R)/偏移(O)/倾斜(T)/删除(D)/复制(C)/颜色(L)/材质(A)/放弃(U)/退出(X)] <退出>: _offset                    //执行【偏移面】命令
选择面或 [放弃(U)/删除(R)]: 找到一个面。                 //选择圆柱面
选择面或 [放弃(U)/删除(R)/全部(ALL)]: ↙                  //按 Enter 键结束选择
指定偏移距离: 10↙                                         //输入偏移距离
已开始实体校验。
已完成实体校验。
输入面编辑选项
[拉伸(E)/移动(M)/旋转(R)/偏移(O)/倾斜(T)/删除(D)/复制(C)/颜色(L)/材质(A)/放弃(U)/退出(X)] <退出>: *取消*                      //按 Esc 键退出命令
```

图 18-134　素材图形

图 18-135　偏移实体面的效果

18.11.3 删除实体面

删除面是指从三维实体对象上删除实体表面，由相邻的其他面填补删除部分的体积。【删除面】命令常用于删除实体上的孔、圆角等特征。

执行【删除实体面】命令的方法有以下几种。

- 菜单栏：选择【修改】|【实体编辑】|【删除面】命令。
- 工具栏：单击【实体编辑】工具栏中的【删除面】按钮。
- 功能区：在【常用】选项卡中单击【实体编辑】面板中的【删除面】按钮。
- 命令行：在命令行中输入 SOLIDEDIT 并按 Enter 键，然后依次选择【面】、【删除】选项。

执行【删除面】命令之后，选择要删除的面，即可删除该面，删除面之后相邻面延伸，填补生成新的体积，如图 18-136 所示。

提示

如果删除面会导致其他面不能闭合生成实体，则该面不能被删除。如图 18-137 所示的棱锥体和长方体，删除一个面之后，相邻面延伸到无穷远，无法闭合，因此不能被删除。

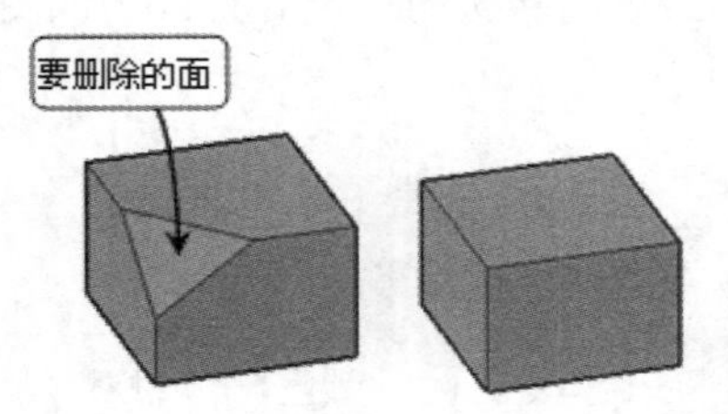

图 18-136　删除面的效果

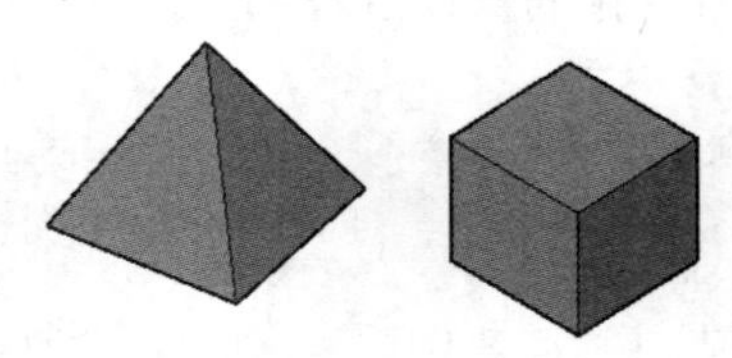

图 18-137　不能被删除实体

18.11.4　旋转实体面

旋转面是将实体的面绕某个轴线旋转一定的角度，达到修改实体的目的。旋转一个面会使与之相连的面发生连带变化。

执行【旋转实体面】命令的方法有以下几种。

- 菜单栏：选择【修改】|【实体编辑】|【旋转面】命令。
- 工具栏：单击【实体编辑】工具栏中的【旋转面】按钮。
- 功能区：在【常用】选项卡中单击【实体编辑】面板中的【旋转面】按钮。
- 命令行：在命令行中输入 SOLIDEDIT 并按 Enter 键，然后依次选择【面】、【旋转】选项。

【案例 18-22】 旋转实体面。

(1) 打开素材文件“第 18 章\案例 18-22.dwg”，如图 18-138 所示。

(2) 单击【实体编辑】面板中的【旋转面】按钮，将弯管的端面绕直线 AB 旋转 45°，如图 18-139 所示。命令行的操作过程如下。

```
命令: _solidedit
实体编辑自动检查: SOLIDCHECK=1
输入实体编辑选项 [面(F)/边(E)/体(B)/放弃(U)/退出(X)] <退出>: _face
输入面编辑选项
[拉伸(E)/移动(M)/旋转(R)/偏移(O)/倾斜(T)/删除(D)/复制(C)/颜色(L)/材质(A)/放弃(U)/退出(X)] <退出>: _rotate                    //执行【旋转面】命令
```

```
选择面或 [放弃(U)/删除(R)]: 找到一个面。                        //选择弯管端面
选择面或 [放弃(U)/删除(R)/全部(ALL)]:                           //按 Enter 键结束选择
指定轴点或 [经过对象的轴(A)/视图(V)/X 轴(X)/Y 轴(Y)/Z 轴(Z)] <两点>://选择 A 点
在旋转轴上指定第二个点:                                          //选择 B 点
指定旋转角度或 [参照(R)]: 45                                     //输入旋转角度
已开始实体校验。
已完成实体校验。
输入面编辑选项
[拉伸(E)/移动(M)/旋转(R)/偏移(O)/倾斜(T)/删除(D)/复制(C)/颜色(L)/材质(A)/放弃
(U)/退出(X)] <退出>: *取消*                                      //按 Esc 键退出命令
```

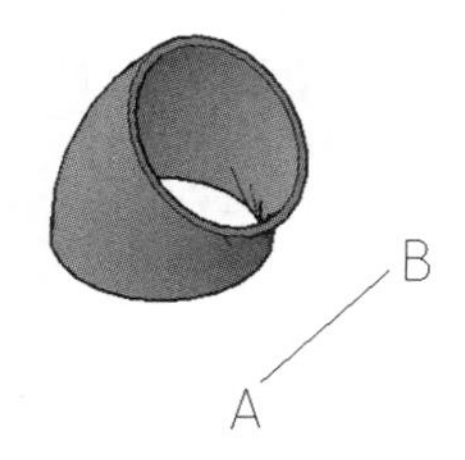

图 18-138　素材图形

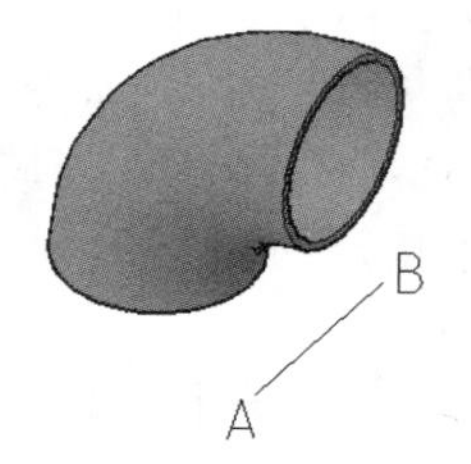

图 18-139　旋转面的效果

18.11.5　倾斜实体面

倾斜实体面是将实体面由指定的参考轴线倾斜一定的角度，从而修改实体的形状，常用于创建实体的拔模结构。

执行【倾斜实体面】命令的方法有以下几种。

- 单栏：选择【修改】|【实体编辑】|【倾斜面】命令。
- 工具栏：单击【实体编辑】工具栏中的【倾斜面】按钮。
- 功能区：在【常用】选项卡中单击【实体编辑】面板中的【倾斜面】按钮。
- 命令行：在命令行中输入 SOLIDEDIT 并按 Enter 键，然后依次选择【面】、【倾斜】选项。

执行任一命令后，在绘图区选择要倾斜的面，并指定倾斜面参照轴线的基点和另一端点，然后输入倾斜角度，按 Enter 键或右击即可完成倾斜实体面操作，如图 18-140 所示。

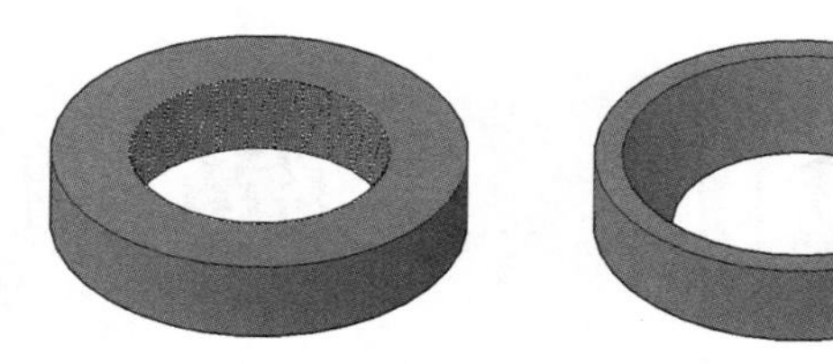

图 18-140　倾斜实体面

18.11.6　实体面着色

实体面着色操作可修改实体面的颜色，以取代该实体对象所在图层的颜色，可以更清楚地区分实体的不同部分。

执行【着色面】命令的方法有以下几种。

- 菜单栏：选择【修改】|【实体编辑】|【着色面】命令。
- 工具栏：单击【实体编辑】工具栏中的【着色面】按钮。
- 功能区：在【常用】选项卡中单击【实体编辑】面板中的【着色面】按钮。
- 命令行：在命令行中输入 SOLIDEDIT 并按 Enter 键，然后依次选择【面】、【颜色】选项。

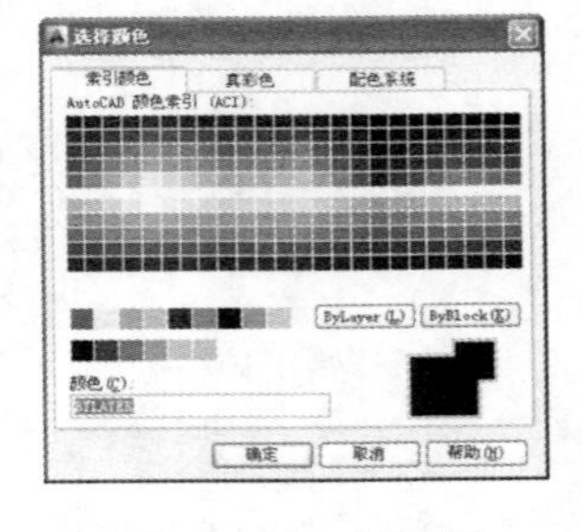

图 18-141　调色板

- 执行【着色面】命令之后，选择要着色的面，弹出【选择颜色】对话框，如图 18-141 所示。在调色板上选择一种颜色，然后单击【确定】按钮，该面即添加了指定的颜色。

18.11.7　拉伸实体面

【拉伸面】命令可以将实体面按某一路径或指定高度进行拉伸。

执行【拉伸实体面】命令的方法有以下几种。

- 菜单栏：选择【修改】|【实体编辑】|【拉伸面】命令。
- 工具栏：单击【实体编辑】工具栏中的【拉伸面】按钮。
- 功能区：在【常用】选项卡中单击【实体编辑】面板中的【拉伸面】按钮。
- 命令行：在命令行中输入 SOLIDEDIT 并按 Enter 键，然后依次选择【面】、【拉伸】选项。

执行【拉伸面】命令之后，选择一个要拉伸的面，接下来用两种方式拉伸面。

- 指定距离拉伸：输入拉伸的距离，默认按平面法线方向拉伸，输入正值向平面外法线方向拉伸，负值则相反。可选择由法线方向倾斜一角度拉伸，生成拔模的斜面，如图 18-142 所示。
- 按路径拉伸：需要指定一条路径线，可以为直线、圆弧、样条曲线或它们的组合，截面以扫掠的形式沿路径拉伸，如图 18-143 所示。

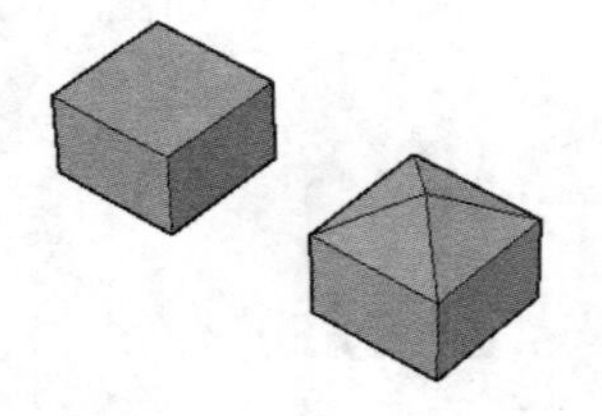

图 18-142　倾斜角度拉伸面

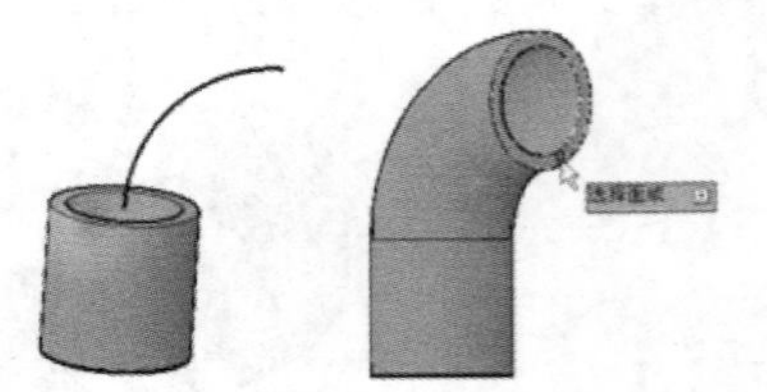

图 18-143　按路径拉伸面

提示

【拉伸面】命令只能应用于平面对象，使用了拉伸面之后的实体无法再使用夹点编辑功能。

18.11.8　复制实体面

利用【复制实体面】命令能将三维实体表面复制到其他位置，且使用这些表面可创建新的实体。

执行【复制面】命令的方法有以下几种。

- 菜单栏：选择【修改】|【实体编辑】|【复制面】命令。
- 工具栏：单击【实体编辑】工具栏中的【复制面】按钮
- 功能区：在【常用】选项卡中单击【实体编辑】面板中的【复制面】按钮。
- 命令行：在命令行中输入 SOLIDEDIT 并按 Enter 键，然后依次选择【面】、【复制】选项。

执行【复制面】命令后，选择要复制的实体表面，可以一次选择多个面，然后指定复制的基点，接着将曲面拖到其他位置即可，如图 18-144 所示。系统默认将平面类型的表面复制为面域，将曲面类型的表面复制为曲面。

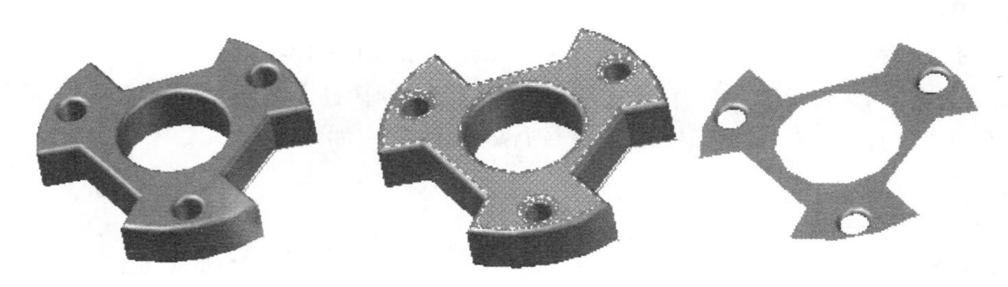

图 18-144　复制实体面

18.12　实体高级编辑

在编辑三维实体时，不仅可以对实体上的单个表面和边线执行编辑操作，还可以对整个实体执行编辑操作，例如倒角和圆角、抽壳、剖切等。

18.12.1　创建倒角和圆角

二维图形编辑中的倒角和圆角是在两边线之间创建直线或圆弧的过渡，而在三维实体编辑中的【倒角】和【圆角】是在两个相交面间创建倾斜面或圆弧面的过渡。

1. 三维倒角

在三维建模过程中，为方便安装轴其他零件，防止擦伤或者划伤其他零件和安装人员，通常需要在零件的尖锐边角处创建倒角。

执行【倒角边】命令的方法有以下几种。

- 菜单栏：选择【修改】|【实体编辑】|【倒边角】命令。
- 功能区：在【实体】选项卡中单击【实体编辑】面板中的【倒角边】按钮。
- 命令行：在命令行中输入 CHAMFEREDGE 并按 Enter 键。

执行【倒角边】命令后，在绘图区选择要生成倒角的边线，可依次选择同一平面上的多条边线，按 Enter 键结束选择；然后分别指定两个倒角距离，按 Enter 键即可创建三维倒角。

2. 三维圆角

机械设计中，在回转零件的轴肩处一般要创建圆角特征，以防止轴肩应力集中，在长时间的运转中断裂。

执行【圆角边】命令的方法有以下几种。

- 菜单栏：选择【修改】|【实体编辑】|【圆边角】命令。
- 功能区：在【实体】选项卡中单击【实体编辑】面板中的【圆角边】按钮。
- 命令行：在命令行中输入 FILLETEDGE 并按 Enter 键。

执行【圆角边】命令后，在绘图区选取需要创建圆角的边线，输入圆角半径，按 Enter 键，其命令行出现“选择边或 [链(C)/环(L)/半径(R)]：”提示。选择【链】选项，则可以选择多个边线创建圆角；选择【半径】选项，则可以创建不同半径值的圆角，按 Enter 键即可创建三维圆角。

【案例 18-23】 创建倒角和圆角。

(1) 打开素材文件“第 18 章\案例 18-23.dwg”，如图 18-145 所示。

(2) 在【实体】选项卡中单击【实体编辑】面板中的【倒角边】按钮，在各圆孔的边线创建倒角，如图 18-146 所示。命令行的操作过程如下。

```
命令: _CHAMFEREDGE                                    //执行【倒角边】按钮
距离 1 = 1.0000，距离 2 = 1.0000
选择一条边或 [环(L)/距离(D)]: D                       //选择【距离】选项
指定距离 1 或 [表达式(E)] <1.0000>: 2                 //输入第一个倒角距离
指定距离 2 或 [表达式(E)] <1.0000>: 2                 //输入第二个倒角距离
选择一条边或 [环(L)/距离(D)]:                          //选择底座上的一条孔边线
选择同一个面上的其他边或 [环(L)/距离(D)]:              //选择另一条孔边线
选择同一个面上的其他边或 [环(L)/距离(D)]:              //按 Enter 键结束选择
按 Enter 键接受倒角或 [距离(D)]:                       //按 Enter 键接受倒角
```

(3) 在【实体】选项卡中单击【实体编辑】面板中的【圆角边】按钮，在竖直边线上创建半径为 4 的圆角，如图 18-147 所示。命令行的操作过程如下。

```
命令: _FILLETEDGE                                     //执行【圆角边】命令
半径 = 1.0000
选择边或 [链(C)/环(L)/半径(R)]: R                      //选择【半径】选项
输入圆角半径或 [表达式(E)] <1.0000>: 4                 //设置圆角半径
选择边或 [链(C)/环(L)/半径(R)]:                        //选择第一条要圆角的边
选择边或 [链(C)/环(L)/半径(R)]:                        //选择第二条要圆角的边
选择边或 [链(C)/环(L)/半径(R)]:                        //按 Enter 键结束选择
已选定 2 个边用于圆角。
按 Enter 键接受圆角或 [半径(R)]:                       //按 Enter 键接受圆角
```

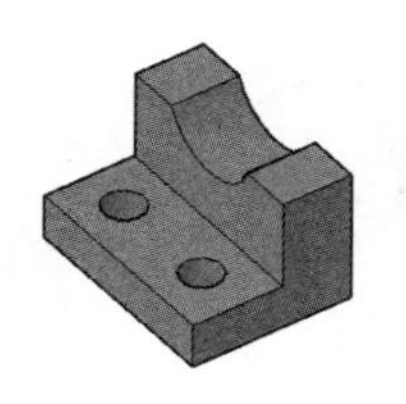

图 18-145　素材图形

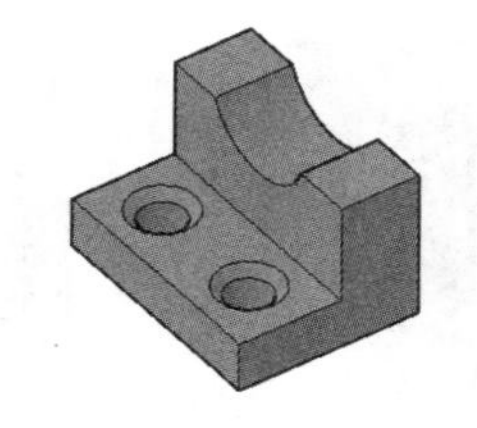

图 18-146　倒角边的效果

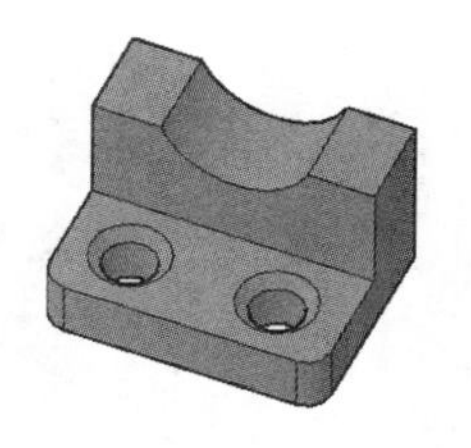

图 18-147　圆角边的效果

18.12.2　抽壳

抽壳操作可将实体保留一定的厚度，而将实体内部抽空，从而形成一个壳体，同时还可以选择删除某些面，生成开放的壳体。正值的抽壳距离是从表面向实体内生成厚度，负值的抽壳距离是从表面向实体外生成厚度，实体内部全部删除。

执行【抽壳】命令的方法有以下几种。

- 菜单栏：选择【修改】|【实体编辑】|【抽壳】命令。
- 工具栏：单击【实体编辑】工具栏中的【抽壳】按钮。
- 功能区：单击【实体编辑】面板中的【抽壳】按钮。
- 命令行：在命令行中输入 SOLIDEDIT 并按 Enter 键，然后依次选择【体】、【抽壳】选项。

执行【抽壳】命令后，可选择保留所有面执行抽壳操作(即中空实体)或删除若干面执行抽壳操作，分别介绍如下。

1. 删除抽壳面

该抽壳方式通过移除面形成开放壳体。执行【抽壳】命令，在绘图区选取要抽壳的实体，然后选取要删除的表面并右击，接着输入抽壳偏移距离，按 Enter 键即可完成抽壳操作，其效果如图 18-148 所示。

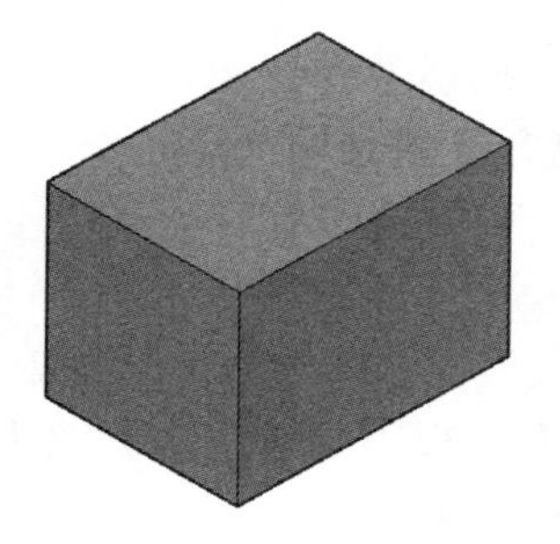

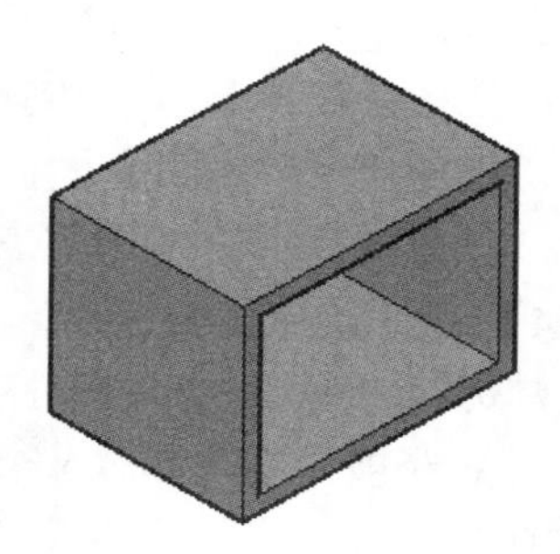

图 18-148　删除面执行抽壳操作

2. 保留抽壳面

执行【抽壳】命令并选取抽壳对象后，不选取删除面，直接按 Enter 键或右击，然后输入抽壳距离，从而形成中空的抽壳效果，如图 18-149 所示。

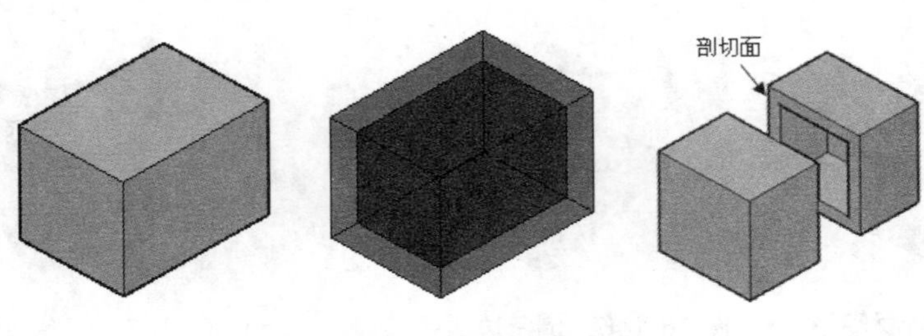

图 18-149　保留抽壳面效果

提示

实体编辑过程中，使用【抽壳】命令的顺序不同，得到的效果也不同。例如对一个长方体，先对边线进行圆角再抽壳，效果如图 18-150 所示。如果先抽壳再对边线进行圆角，效果如图 18-151 所示。

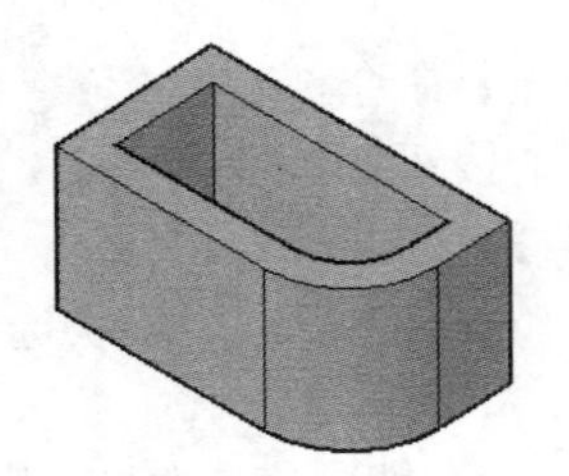

图 18-150　先圆角再抽壳

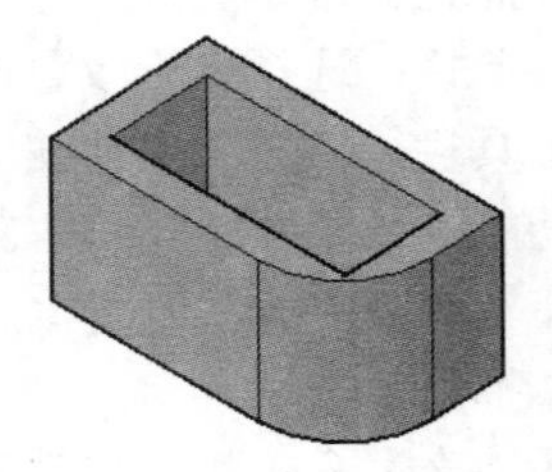

图 18-151　先抽壳再圆角

18.12.3　剖切实体

剖切实体是使用指定的剖切平面将实体剖切为两个部分，每个部分成为单独实体。可通过指定点、选择曲面或平面对象来定义剖切平面。

执行【剖切实体】命令的方法有以下几种。

- 菜单栏：选择【修改】|【三维操作】|【剖切】命令。
- 功能区：单击【实体编辑】面板中的【剖切】按钮。
- 命令行：在命令行中输入 SLICE 或 SL 并按 Enter 键。

【案例 18-24】 剖切连杆。

(1) 打开素材文件“第 18 章\案例 18-24.dwg”，如图 18-152 所示。

(2) 在【常用】选项卡中单击【实体编辑】面板中的【剖切】按钮，将连杆剖切为两个实体，如图 18-153 所示。命令行的操作过程如下。

```
命令: _slice                                              //执行【剖切】命令
选择要剖切的对象: 找到 1 个                                //选择连杆
选择要剖切的对象:
指定 切面 的起点或 [平面对象(O)/曲面(S)/Z 轴(Z)/视图(V)/XY(XY)/YZ(YZ)/ZX(ZX)/
三点(3)] <三点>: YZ↙                                     //选择 YZ 平面作为剖切面参考
指定 YZ 平面上的点 <0,0,0>:            //捕捉如图 18-154 所示的圆心作为剖切平面通过点
在所需的侧面上指定点或 [保留两个侧面(B)] <保留两个侧面>:↙ //选择保留两部分实体
```

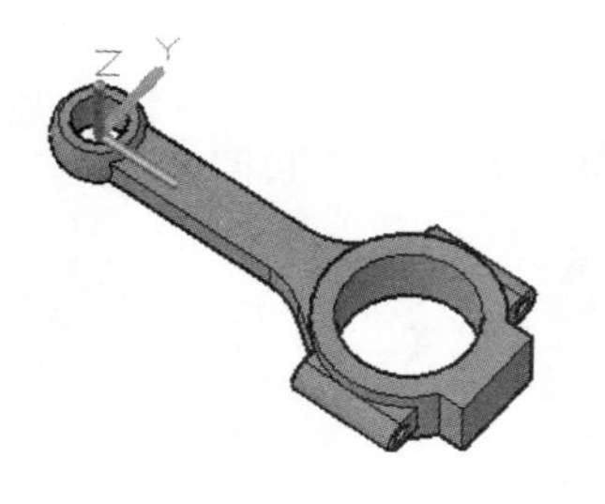

图 18-152　素材图形

图 18-153　剖切实体的结果

图 18-154　指定剖切面通过点

命令行中各选项的含义如下。

- 指定切面的起点：这是默认剖切方式，即通过指定剖切实体的两点来执行剖切操作，剖切平面将通过这两点并与 XY 平面垂直。操作方法是：单击【剖切】按钮，然后在绘图区选取待剖切的对象，接着分别指定剖切平面的起点和终点。指定剖切点后，命令行提示："在所需的侧面上指定点或 [保留两个侧面(B)]："，选择是否保留指定侧的实体或两侧都保留，按 Enter 键即可执行剖切操作。
- 平面对象(O)：该剖切方式利用曲线、圆、椭圆、圆弧或椭圆弧、二维样条曲线、二维多段线定义剖切平面，剖切平面与二维对象平面重合。
- 曲面(S)：选择该剖切方式可利用曲面作为剖切平面，方法是：选取待剖切的对象之后，在命令行中输入字母"S"并按 Enter 键后选取曲面，并在零件上方任意捕捉一点，即可执行剖切操作。
- Z 轴(Z)：选择该剖切方式可指定 Z 轴方向的两点作为剖切平面，方法是：选取待剖切的对象之后，在命令行中输入字母"Z"并按 Enter 键后直接在实体上指定两点，并在零件上方任意捕捉一点，即可完成剖切操作。
- 视图(V)：该剖切方式使剖切平面与当前视图平面平行，输入平面的通过点坐标，即完全定义剖切面。操作方法是：选取待剖切的对象之后，在命令行输入字母 V 并按 Enter 键后指定三维坐标点或输入坐标数字，并在零件上方任意捕捉一点，即可执行剖切操作。
- XY(XY)/YZ(YZ)/ZX(ZX)：利用坐标系平面 XY、YZ、ZX 同样能够作为剖切平面，方法是：选取待剖切的对象之后，在命令行指定坐标系平面，按 Enter 键后指定该平面上一点，并在零件上方任意捕捉一点，即可执行剖切操作。
- 三点(3)：在绘图区中捕捉三点，即利用这 3 个点组成的平面作为剖切平面。方法是：选取待剖切对象之后，在命令行输入数字"3"并按 Enter 键后直接在零件上捕捉三点，系统将自动根据这 3 点组成的平面执行剖切操作。

提示

一个实体只能剖切成位于切平面两侧的两部分，被切成的两部分，可全部保留，也可以只保留其中一部分。

18.12.4　加厚曲面

可以利用【加厚】命令将网格曲面、平面曲面或截面曲面等多种类型的曲面增加一定的厚度形成三维实体。

执行【加厚】命令的方法有以下几种。

- 菜单栏：选择【修改】|【三维操作】|【加厚】命令。
- 功能区：单击【实体编辑】面板中的【加厚】按钮。
- 命令行：在命令行中输入 THICKEN 并按 Enter 键。

执行任一命令后，在绘图区选择要加厚的曲面，右击或按 Enter 键结束选择，然后在命令行中输入厚度值并按 Enter 键确认，即可完成加厚操作，如图 18-155 所示。

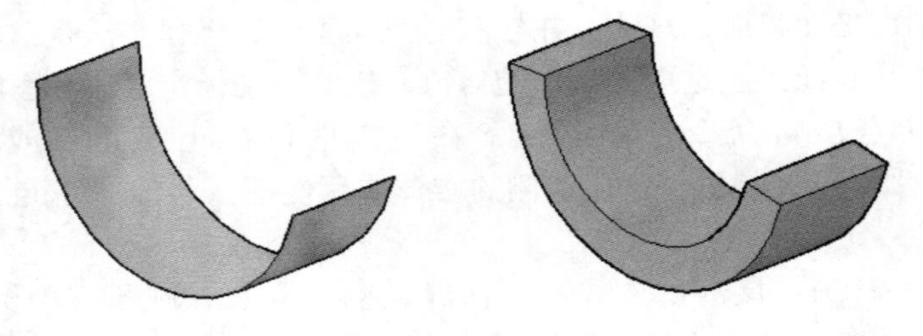

图 18-155　加厚效果

18.13　思考与练习

一、简答题

1. 在 AutoCAD 中，绘制长方体、楔体、球体、圆柱体、圆锥体、棱锥体、圆环体、多段体的快捷命令分别是什么？

2. 运算分为几种？它们的区别是什么？

3. 剖切实体的方式有几种？其操作方法是什么？

二、操作题

1. 绘制如图 18-156 所示的三维实体。

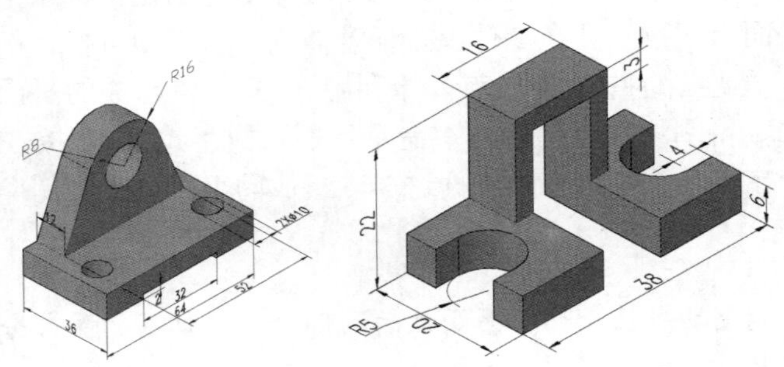

图 18-156　三维实体

2. 根据如图 18-157 所示的二维零件图绘制三维实体。

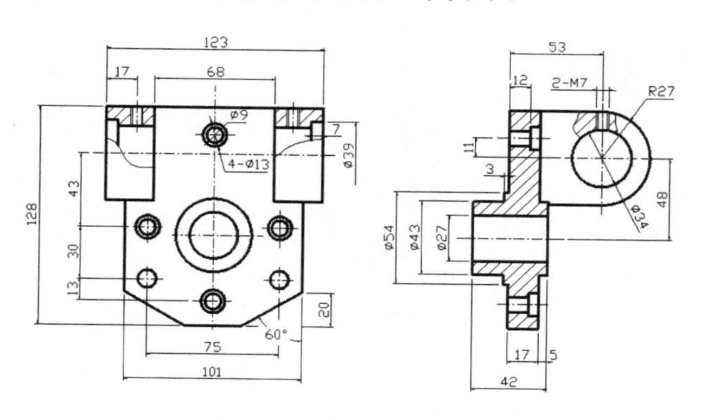

图 18-157　二维零件图

第 19 章

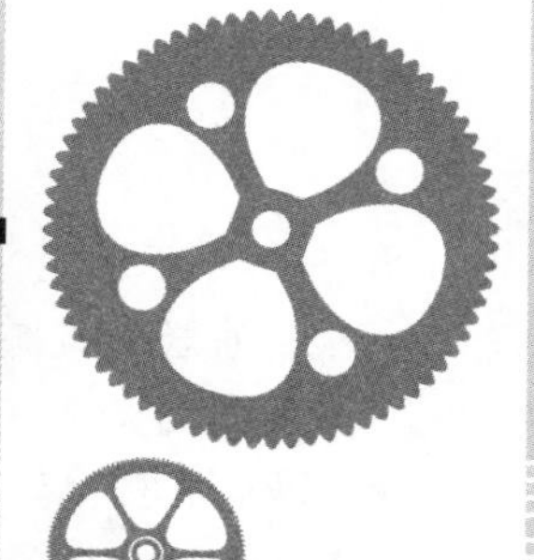

三维零件图的绘制与装配

本章导读

由于三维立体图比二维平面图更加形象和直观，因此三维绘制在机械设计领域中的运用越来越广泛。本章通过多个实例来学习三维零件的绘制，包括轴套类、轮盘类、杆叉类、箱体类等典型机械零件，以及三维装配的方法，使读者能够掌握一般机械设计中三维绘图的思路和方法。

学习目标

- 掌握轴套类零件、轮盘类零件、杆叉类零件和箱体类零件三维模型的绘制方法。
- 了解三维零件的装配方法，掌握变速箱三维模型的装配方法。

19.1 绘制轴套类零件——联轴器

联轴器是机械产品轴系传动最常用的连接部件，用来连接不同机构中的两根轴(主动轴和从动轴)，使之共同旋转以传递扭矩。在高速重载的动力传动中，有些联轴器还有缓冲、减震和提高轴系动态性能的作用。轴类零件一般具有回转结构，因此主体的创建多用到【旋转】命令。

19.1.1 联轴器

绘制如图 19-1 所示的联轴器三维模型。

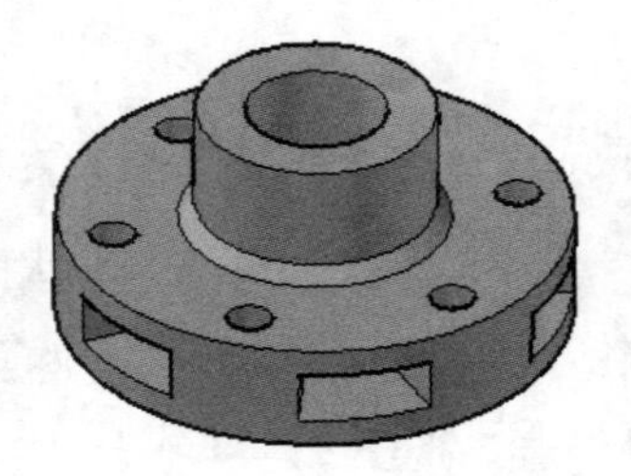

图 19-1 联轴器

(1) 启动 AutoCAD 2014，单击快速访问工具栏中的【新建】按钮，选择合适的 3D 样板文件，建立一个新的空白图形。

(2) 将视图调整到前视方向，执行【多段线】命令，绘制多段线，如图 19-2 所示。

(3) 执行【直线】命令，绘制水平直线，然后在上一条多段线内部绘制第二条封闭多段线，如图 19-3 所示。

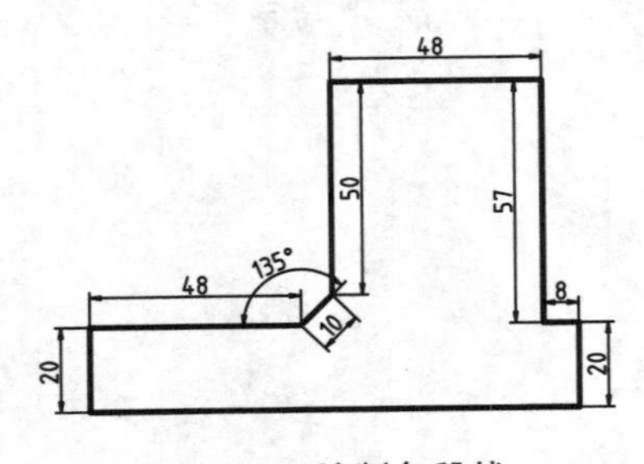

图 19-2 绘制多段线

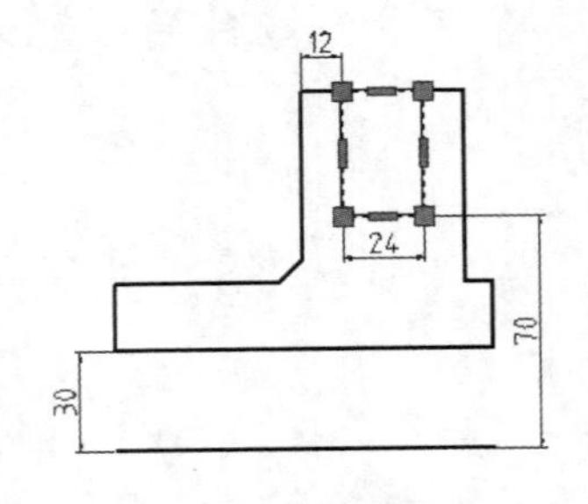

图 19-3 绘制多段线

(4) 将视图调整到东南轴测方向，如图 19-4 所示。

(5) 执行【旋转】命令，选择长方形多段线，以直线作为旋转轴，旋转角度为-30°，创建的旋转体如图 19-5 所示。

(6) 执行【三维阵列】命令，选择创建的旋转体作为阵列对象，以中心直线作为旋转轴，设置项目总数为 6，填充角度为 360°，阵列结果如图 19-6 所示。

(7) 再次执行【旋转】命令，以外轮廓多段线为旋转对象，绕直线旋转 360°，结果如图 19-7 所示。

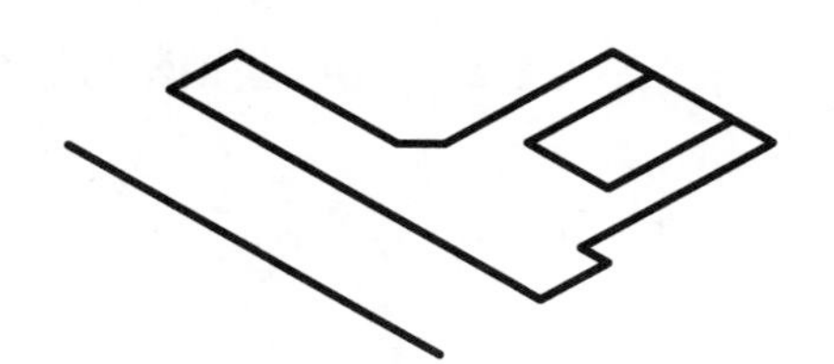

图 19-4　调整视图

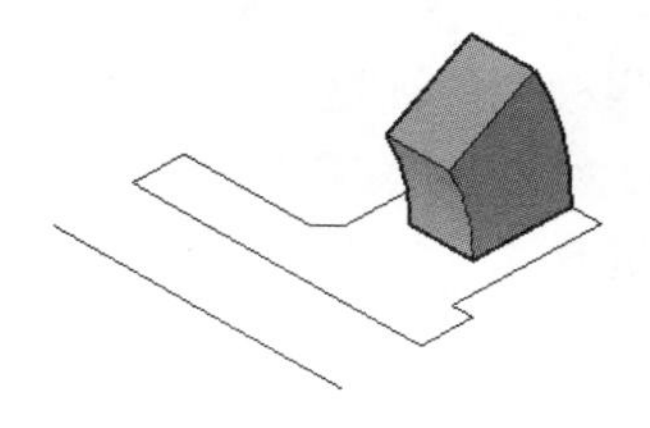

图 19-5　创建旋转体

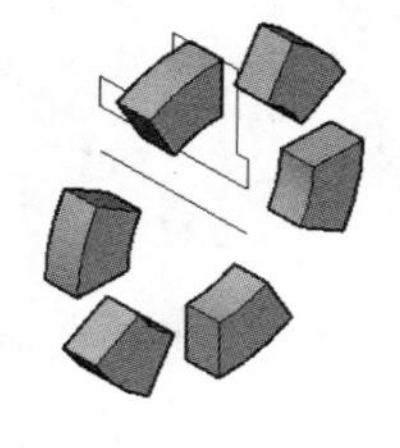

图 19-6　阵列结果

图 19-7　旋转图形

(8) 执行【差集】命令，以回转体为被减实体，以阵列实体为减去的实体，求差集的结果如图 19-8 所示。

(9) 将视图切换为【左视】方向，将视觉样式修改为【二维线框】样式，单击【坐标】面板中的【视图】按钮，以当前视图平面新建 UCS。

(10) 执行【直线】命令，捕捉直线 AB、CD 的中点，绘制直线，如图 19-9 所示。

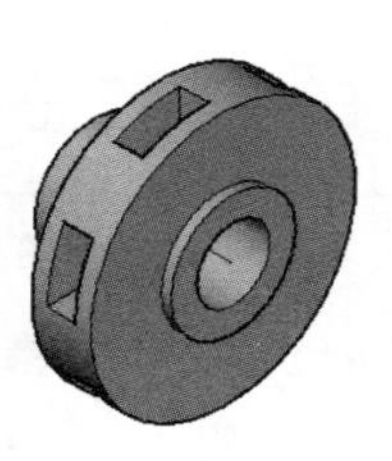

图 19-8　差集运算的结果

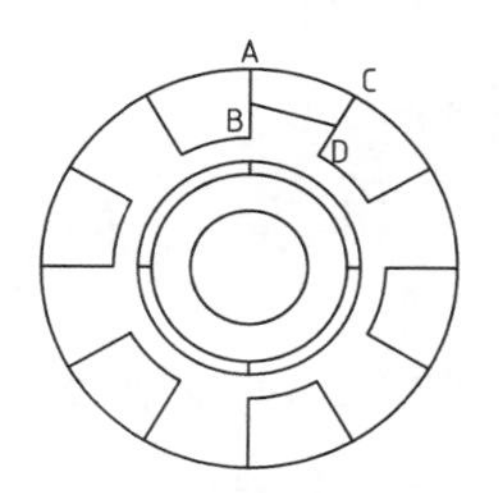

图 19-9　绘制直线

(11) 执行【圆】命令，捕捉上一步绘制直线的中点，绘制 R8 的圆，结果如图 19-10 所示。

(12) 删除辅助直线，执行【环形阵列】命令，将圆沿联轴器中心进行环形阵列，阵列数目为 6，结果如图 19-11 所示。

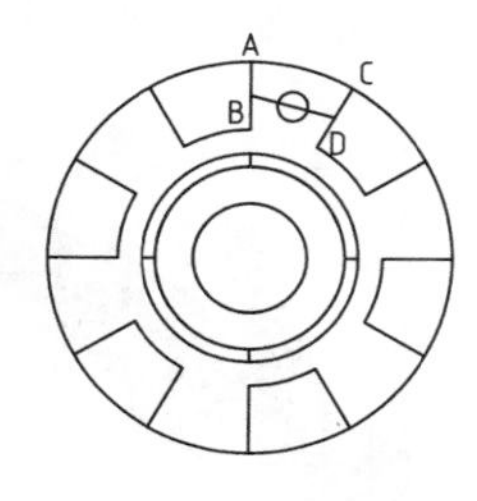

图 19-10　绘制圆

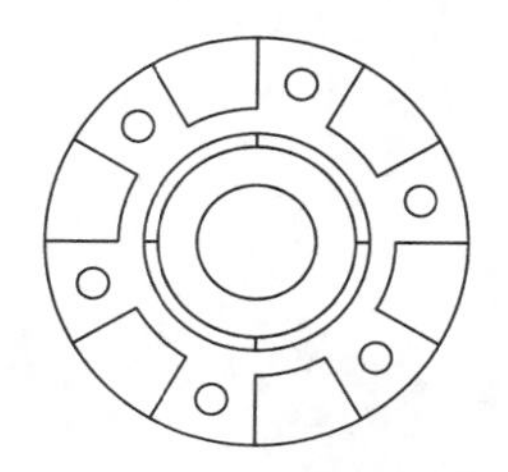

图 19-11　阵列操作

(13) 将视图切换为东南等轴测方向，执行【拉伸】命令，选择 6 个小圆作为拉伸对

象，向左拉伸至完全贯穿联轴器，如图 19-12 所示。

(14) 将模型的视觉样式切换为【概念】样式，执行【差集】命令，以联轴器为被减对象，以 6 个圆柱体为减去的对象，结果如图 19-13 所示。

(15) 选择【文件】|【保存】命令，保存文件，完成联轴器的绘制。

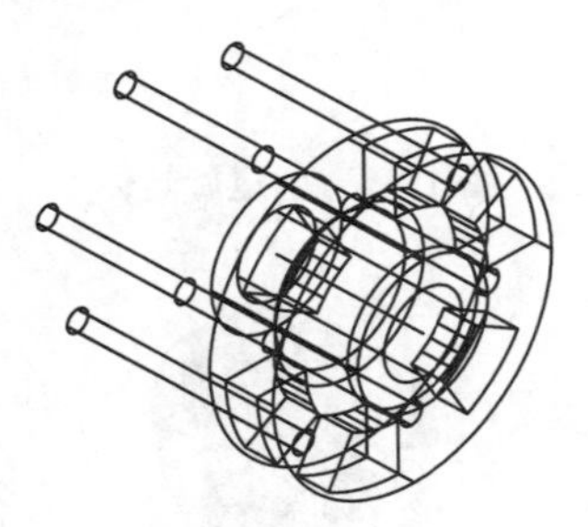

图 19-12　拉伸操作

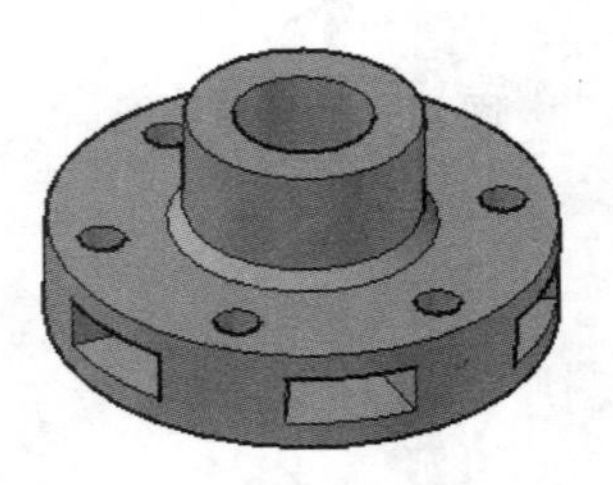

图 19-13　完成的联轴器

19.1.2　阶梯轴

创建如图 19-14 所示的阶梯轴。

1. 创建轴主体

(1) 新建 AutoCAD 文件，进入三维建模空间。

(2) 将视图调整到上视方向，在 XY 平面内绘制轴的轮廓，如图 19-15 所示。

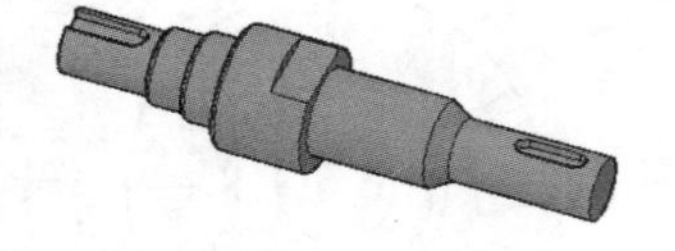

图 19-14　阶梯轴

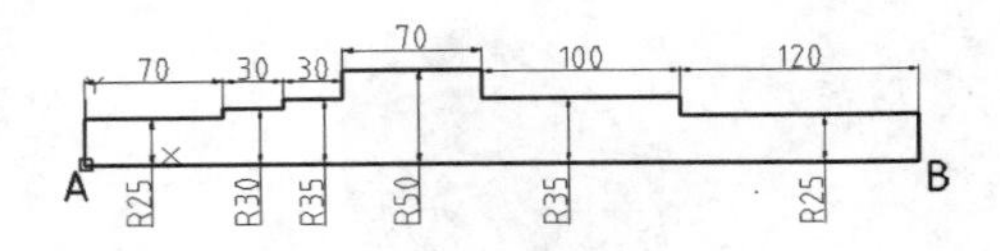

图 19-15　绘制的二维轮廓

(3) 在【修改】面板的下拉列表中单击【合并】按钮，将绘制的线条合并为一条封闭多段线。

(4) 单击【建模】面板中的【旋转】按钮，选择多段线轮廓作为旋转的对象，选择 A、B 两点定义旋转轴，旋转角度按默认值 360°，创建的旋转体如图 19-16 所示。

2. 创建键槽

(1) 单击【坐标】面板中的【Z 轴矢量】按钮，将当前 UCS 原点沿 Z 轴向上偏移 25，坐标轴的方向不变，如图 19-17 所示。

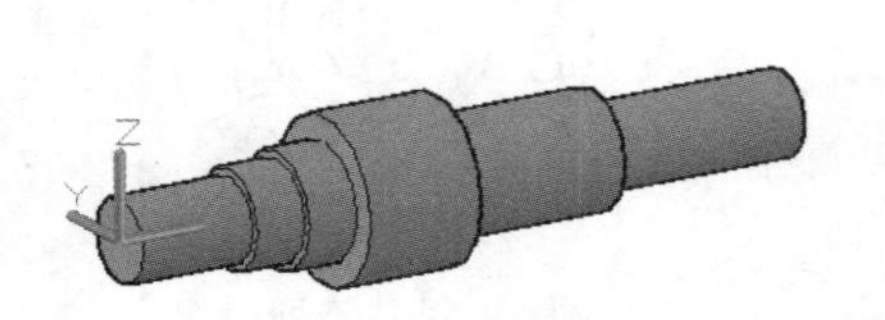

图 19-16　创建的旋转体

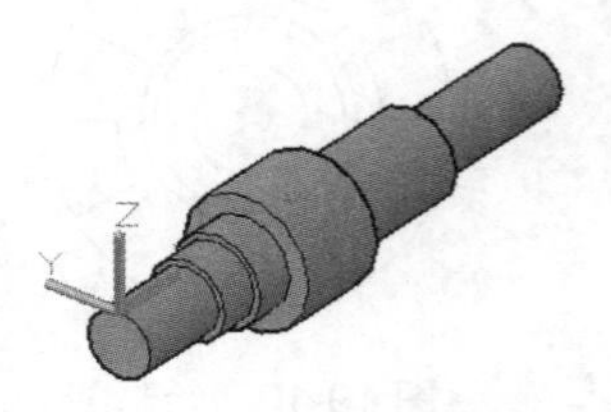

图 19-17　新建 UCS

(2) 右击，在快捷菜单中选择【隔离】|【隐藏对象】命令，然后选择轴体作为要隐藏的对象，将其隐藏。

(3) 将视图调整到上视方向，在 XY 平面内绘制键槽的轮廓，如图 19-18 所示，然后将两个封闭轮廓分别合并。

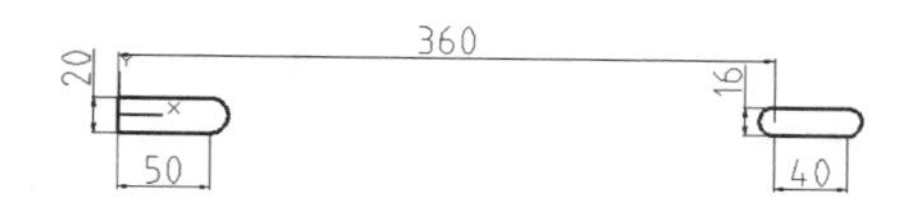

图 19-18　键槽轮廓

(4) 将视图调整到东南等轴测方向，单击【建模】面板中的【拉伸】按钮，选择两个封闭轮廓作为拉伸的对象，沿 Z 轴负向拉伸，输入拉伸高度为 10，创建的拉伸体如图 19-19 所示。

(5) 右击，在快捷菜单中选择【隔离】|【结束对象隔离】命令，显示轴体。

(6) 单击【实体编辑】面板中的【差集】按钮，选择轴体作为被减的实体，选择两个拉伸体为减去的实体，求差集的结果如图 19-20 所示。

图 19-19　创建的拉伸体

图 19-20　求差生成键槽

(7) 单击【坐标】面板中的【Z 轴矢量】按钮，捕捉到 0° 极轴方向，将当前 UCS 原点向 X 轴正向偏移 200，并使新 UCS 的 Z 轴沿轴方向，如图 19-21 所示。

(8) 将视图调整到上视方向，单击【建模】面板中的【长方体】按钮，先输入长方体第一个角点坐标为(40,15)，然后在动态输入栏中输入长方体的长为 80、宽为 25，如图 19-22 所示。最后沿 Z 轴负向拉伸，输入长方体高度为 30，创建的长方体如图 19-23 所示。

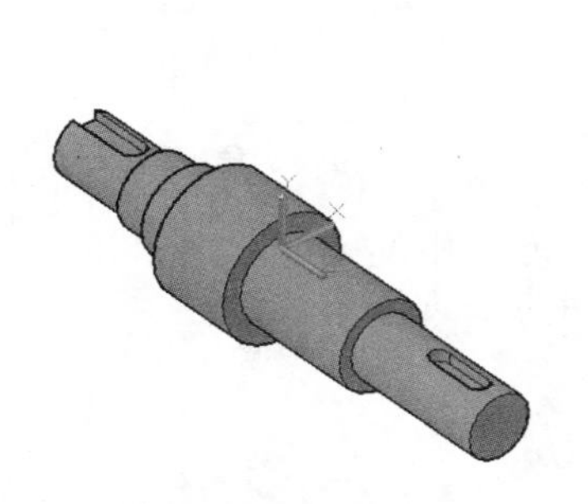

图 19-21　新建 UCS

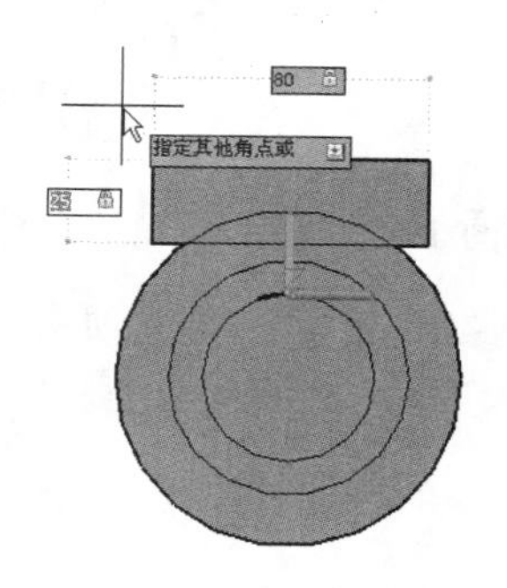

图 19-22　动态输入矩形尺寸

(9) 单击【实体编辑】面板中的【差集】按钮，选择轴体作为被减的实体，选择长方体为减去的实体，求差集的结果如图 19-24 所示。

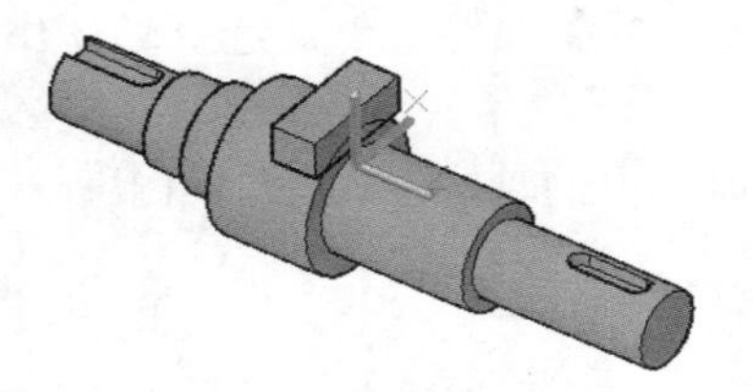

图 19-23　创建的长方体

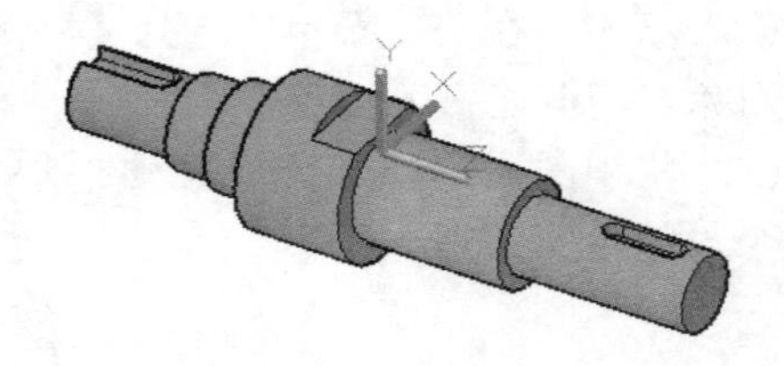

图 19-24　求差集的结果

3. 创建倒角

(1) 切换到【实体】选项卡，单击【实体编辑】面板中的【倒角边】按钮，然后选择如图 19-25 所示的边线作为倒角的对象。在命令行中选择【距离】选项，设置倒角的两个距离均为 3，倒角的效果如图 19-26 所示。

(2) 用同样的方法为另外两条圆形边线倒角，倒角距离相同，倒角的效果如图 19-27 所示。

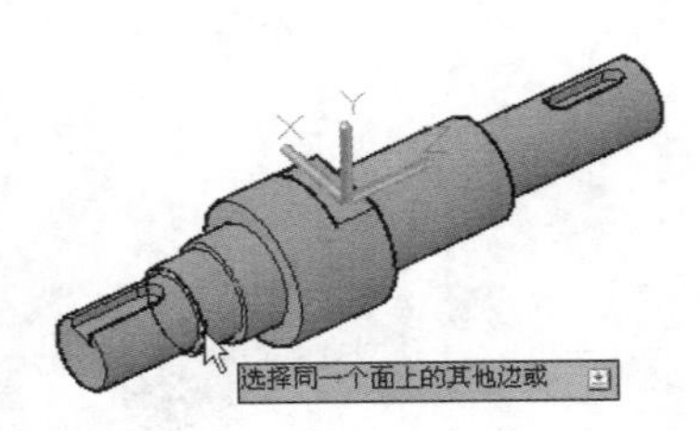

图 19-25　选择倒角的边线

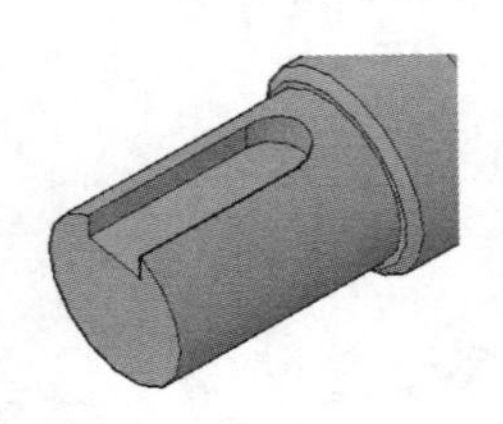

图 19-26　倒角的效果

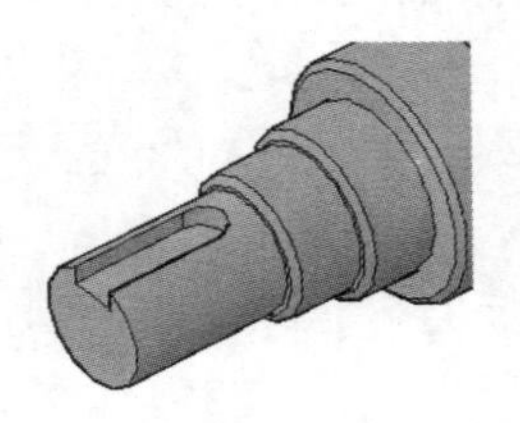

图 19-27　倒角的效果

(3) 再次单击【倒角边】按钮，选择如图 19-28 所示的圆形边线作为倒角对象，输入第一个倒角距离为 8，第二个倒角距离为 5，倒角的效果如图 19-29 所示。

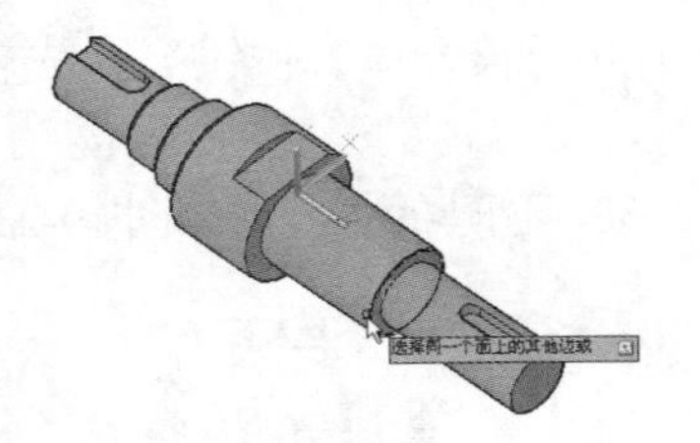

图 19-28　选择倒角的边线

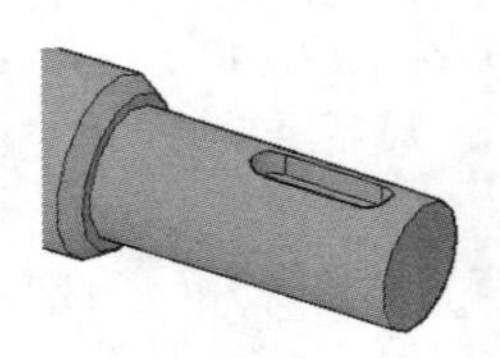

图 19-29　倒角的效果

(4) 切换到【常用】选项卡，单击【实体编辑】面板中的【删除面】按钮，选择如图 19-30 所示的端面作为要删除的面，删除面的结果如图 19-31 所示。

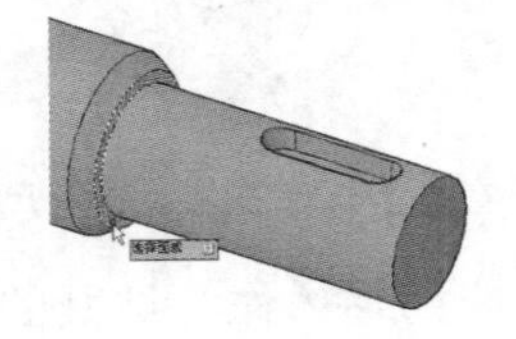

图 19-30　选择要删除的面

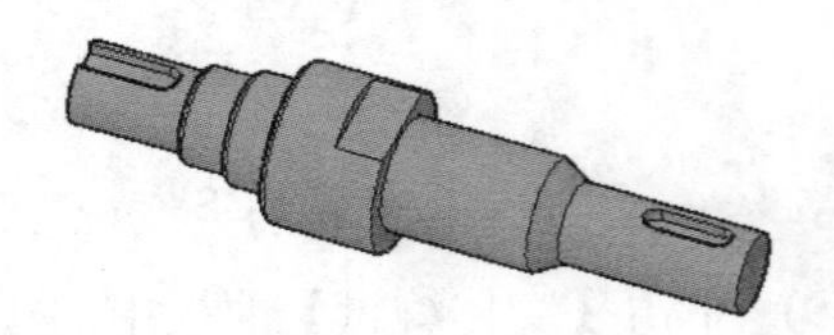

图 19-31　删除面的效果

19.2　绘制轮盘类零件

轮盘类零件也具有回转的特征，一般是轴向尺寸小于径向尺寸，或者两个方向尺寸相差不大。属于这类零件的有齿轮、带轮、法兰盘、活塞等。

19.2.1　皮带轮

绘制如图 19-32 所示皮带轮的三维模型。

(1)　启动 AutoCAD 2014，单击快速访问工具栏中的【新建】按钮 ，选择合适的 3D 样板，建立一个新的空白图形。

(2)　将视图调整到俯视方向，执行【直线】命令，在 XY 平面内绘制如图 19-33 所示的二维图形。

(3)　执行【面域】命令，由二维轮廓的 3 个区域创建 3 个面域，如图 19-34 所示。

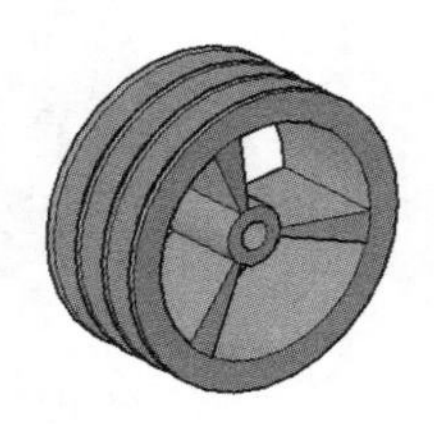

图 19-32　皮带轮

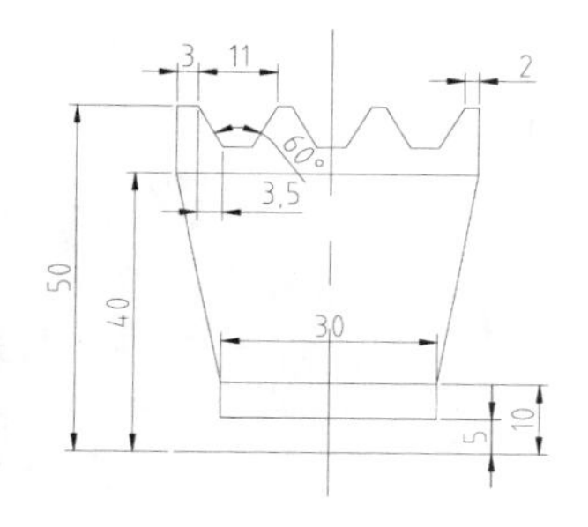

图 19-33　绘制二维图形

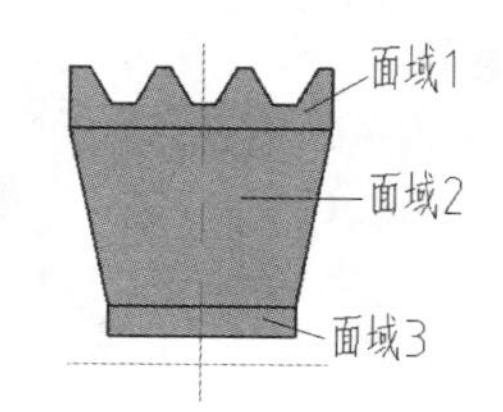

图 19-34　创建三个面域

(4)　执行【旋转】命令，选择面域 1 和面域 3 作为旋转对象，以水平中心线作为旋转轴线，旋转 360°，结果如图 19-35 所示。

(5)　重复执行【旋转】命令，选择面域 2 作为旋转对象，以水平中心线作为旋转轴线，旋转 15°，结果如图 19-36 所示。

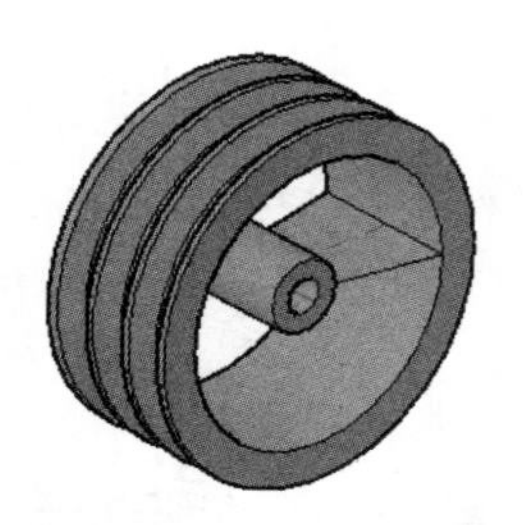

图 19-35　创建旋转体

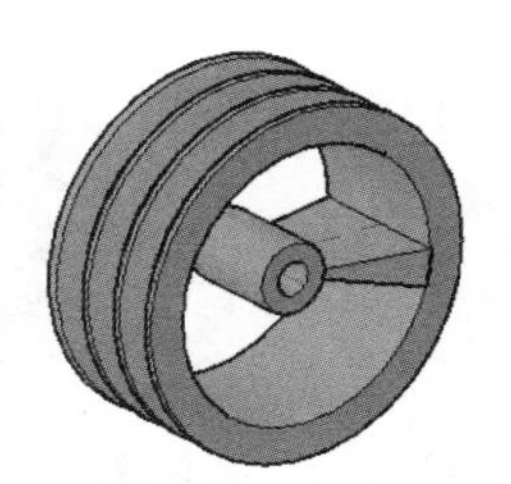

图 19-36　旋转创建肋板

(6)　将坐标系绕 Y 轴旋转 90°，执行【三维阵列】命令，拾取肋板，以中心直线作为旋转轴，设置项目总数为 3，填充角度为 360°，进行阵列处理。

(7)　单击【坐标】面板中的【Z 轴矢量】按钮，以旋转中心线方向为 Z 轴方向，新建

UCS，如图 19-37 所示。

(8) 单击【修改】面板中的【环形阵列】按钮，以坐标原点作为阵列中心，将肋板沿圆周阵列 3 个项目，如图 19-38 所示。

(9) 执行【并集】命令，将所有实体合并为单一实体，删除中心线，结果如图 19-39 所示。

(10) 选择【文件】|【保存】命令，保存文件，完成皮带轮的绘制。

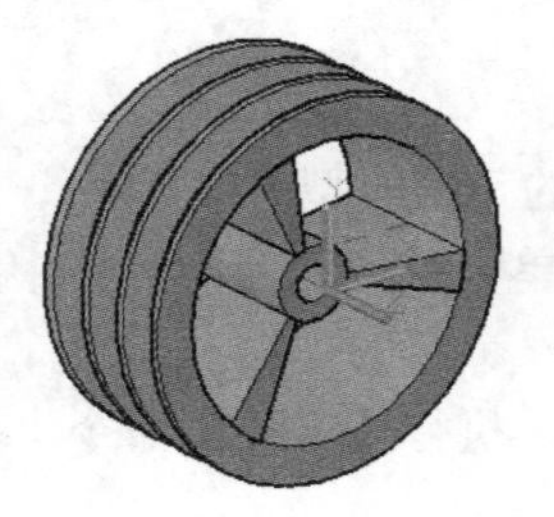

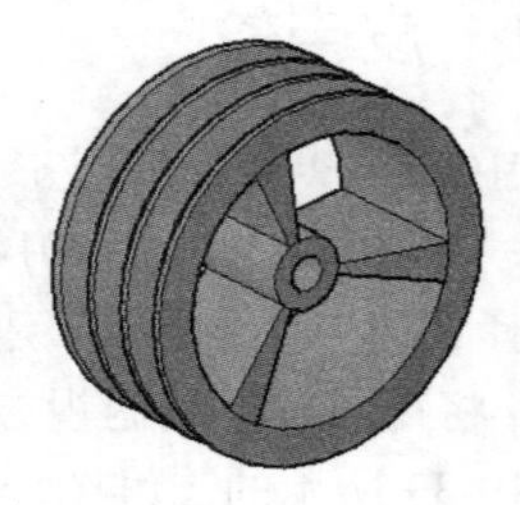

图 19-37　新建 UCS　　图 19-38　肋板阵列　　图 19-39　完成的带轮

19.2.2　齿轮

齿轮在机械应用中一般是传递旋转运动、扭矩。齿轮的绘制方法比较简单，一般可通过拉伸、求差集的方式创建。本节绘制如图 19-40 所示的齿轮三维模型。

图 19-40　齿轮三维模型

(1) 启动 AutoCAD 2014，单击快速访问工具栏中的【新建】按钮，选择合适的 3D 样板，建立一个新的空白图形。新建【轮廓线】和【中心线】两个图层并设置合适的线型。

(2) 将视图调整到俯视方向，将【中心线】图层设置为当前图层，执行【直线】命令，绘制中心线，如图 19-41 所示。

(3) 将【轮廓线】图层设置为当前图层，执行【圆】命令，按照如图 19-42 所示的尺寸绘制圆。

图 19-41　绘制中心线

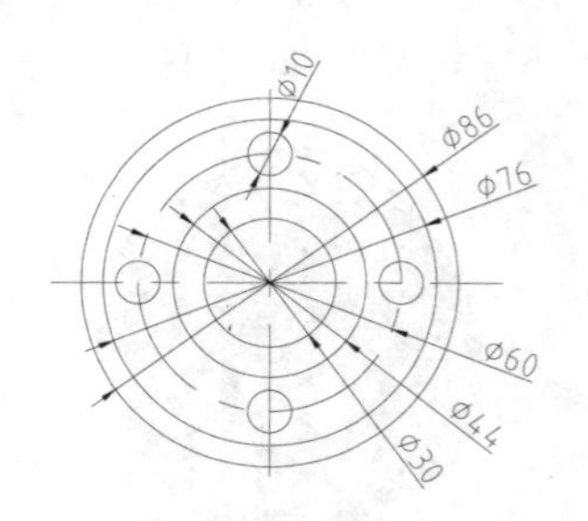

图 19-42　绘制同心圆

(4) 执行【直线】和【圆弧】命令，绘制齿的轮廓线，如图 19-43 所示。

(5) 执行【镜像】命令，镜像齿轮廓，然后删除多余线段；执行【圆弧】命令，绘制 R43 的圆弧 AB，如图 19-44 所示。

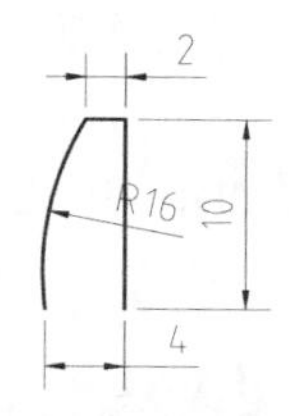

图 19-43　绘制齿

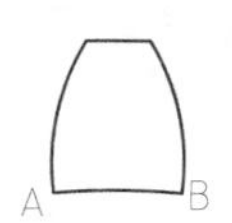

图 19-44　镜像齿轮廓

(6) 执行【移动】命令，选择齿轮廓作为移动对象，以圆弧 AB 的中点作为移动基点，以ϕ86 圆的象限点作为目标点，移动结果如图 19-45 所示。

(7) 删除中心线、辅助圆，结果如图 19-46 所示。

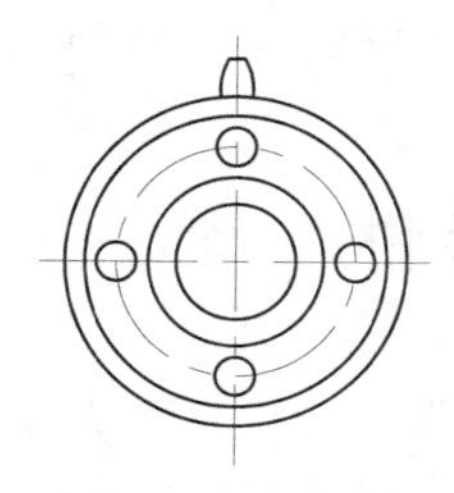
图 19-45　移动齿

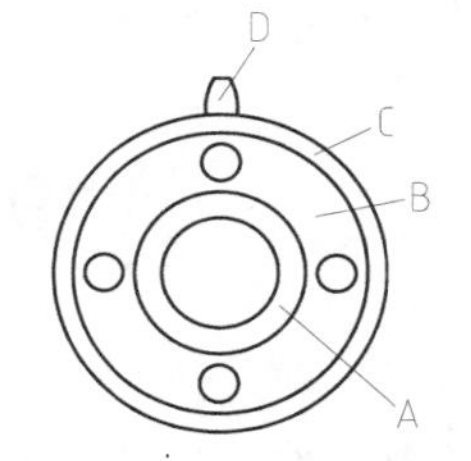

图 19-46　切换视图

(8) 将视图调整到东南等轴测方向，便于观察。

(9) 执行【按住并拖动】命令，选择 A 区域作为拉伸的区域，向 Z 轴正向拉伸，拉伸距离为 15，如图 19-47 所示。

(10) 执行【按住并拖动】命令，选择 B 区域作为拉伸的区域，向 Z 轴正向拉伸，拉伸距离为 8，如图 19-48 所示。

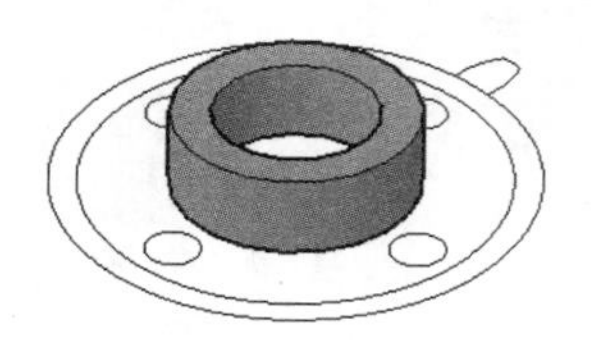
图 19-47　拉伸 A 区域

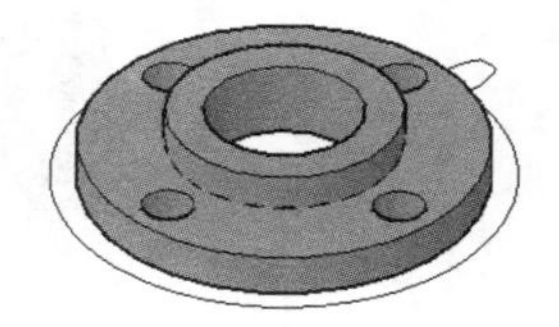
图 19-48　拉伸 B 区域

(11) 重复执行【按住并拖动】命令，选择 C 区域作为拉伸的区域，向 Z 轴正方向拉伸，拉伸距离为 15，如图 19-49 所示。

(12) 重复执行【按住并拖动】命令，选择 D 区域作为拉伸的区域，向 Z 轴正方向拉伸，拉伸距离为 15，如图 19-50 所示。

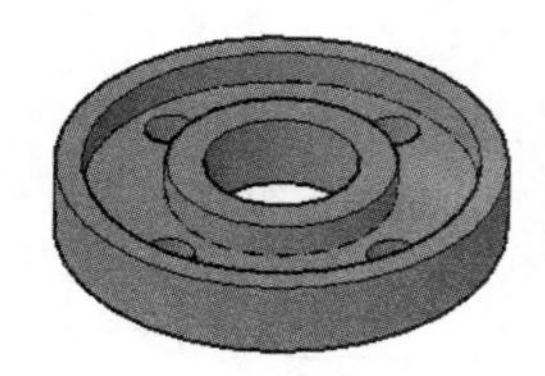
图 19-49　拉伸 C 区域

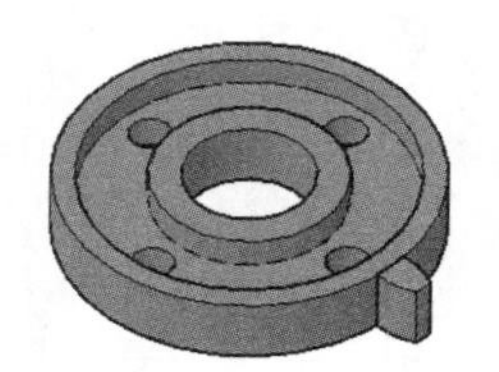
图 19-50　拉伸 D 区域

(13) 执行【环形阵列】命令，选择齿作为阵列对象，以齿轮圆心作为阵列中心，设置阵列数目为 20，阵列结果如图 19-51 所示。

(14) 执行【并集】命令，将所有实体合并为单一实体，结果如图 19-52 所示。

(15) 选择【文件】|【保存】命令，保存文件，完成齿轮的绘制。

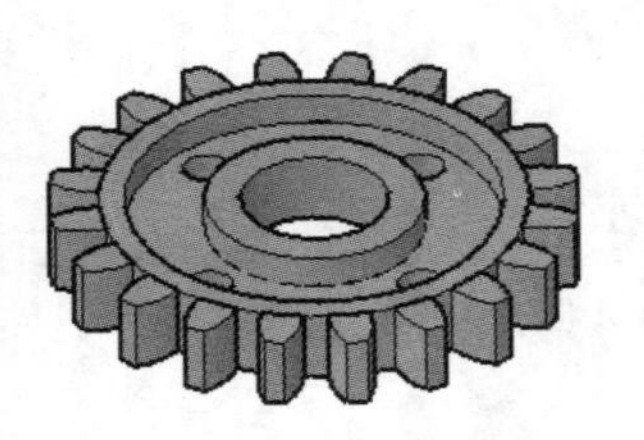

图 19-51　阵列齿的结果

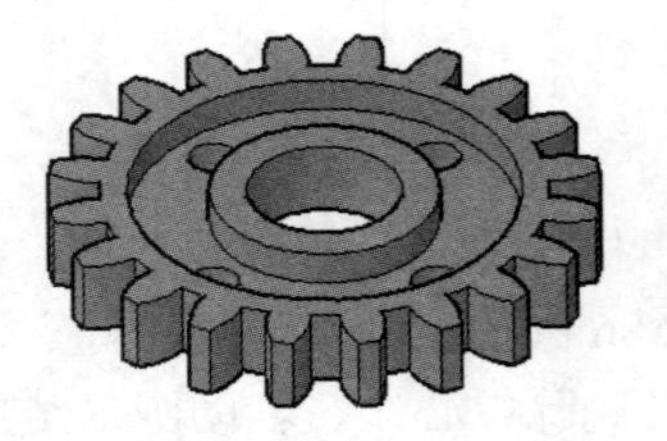

图 19-52　实体的并集结果

19.3　绘制杆叉类零件

杆叉类零件主要起连接、拨动、支承等作用，它包括拨叉、连杆、支架、摇臂、杠杆等零件。杆叉类零件一般具有对称结构，建模中可以灵活运用镜像实体命令。

19.3.1　连杆

连杆是以铰链的形式传递运动的零件，一般用于往复运动的机构中。本节以如图 19-53 所示的连杆为例，介绍连杆的绘制方法和步骤。

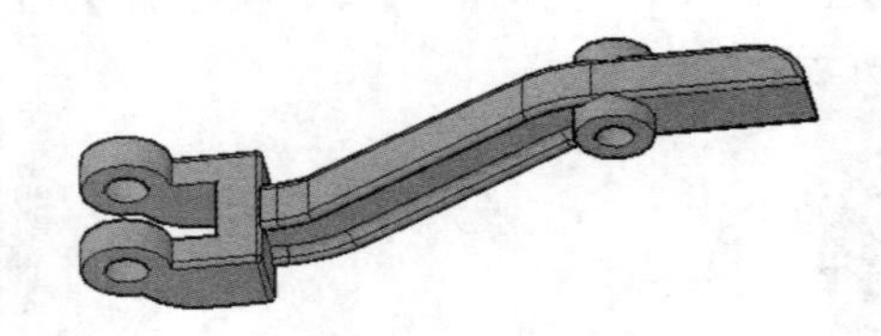

图 19-53　连杆

1. 绘制接头部分

(1) 启动 AutoCAD 2014，单击快速访问工具栏中的【新建】按钮，选择合适的 3D 样板，建立一个新的空白图形。

(2) 执行【矩形】命令，绘制长 23、宽 14 的矩形，如图 19-54 所示。

(3) 执行【圆】命令，以矩形右上角顶点为圆心，绘制两个半径分别为 4 和 8 的同心圆，结果如图 19-55 所示。

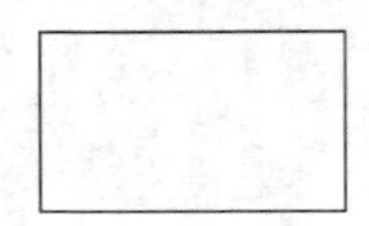

图 19-54　绘制矩形

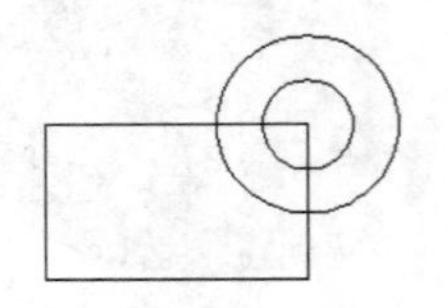

图 19-55　绘制同心圆

(4) 执行【圆角】命令，对矩形右下角进行圆角，圆角半径为 12，如图 19-56 所示。

(5) 执行【修剪】命令，修剪并删除多余的部分，如图 19-57 所示。

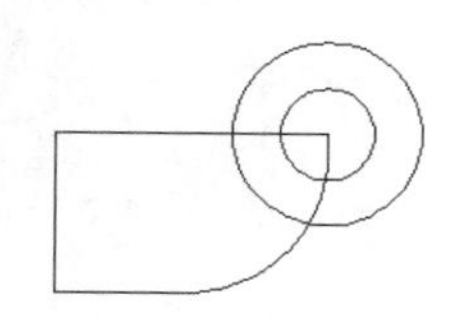

图 19-56 圆角操作

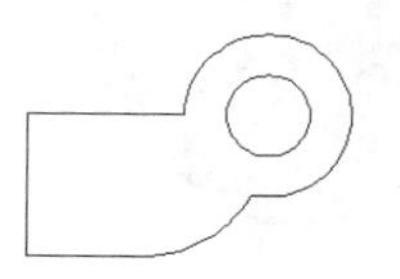

图 19-57 修剪图形

(6) 执行【面域】命令，选择所有线条对象，将图像转换为两个面域。

(7) 将视图切换到西南等轴测方向，执行【拉伸】命令，以创建的两个面域为拉伸对象，拉伸距离为 24，结果如图 19-58 所示。

(8) 执行【差集】命令，选择外部实体作为被减实体，选择圆柱体为减去的实体，进行求差操作，结果如图 19-59 所示。

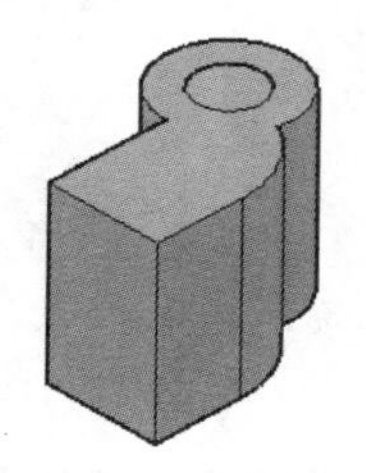

图 19-58 拉伸面域

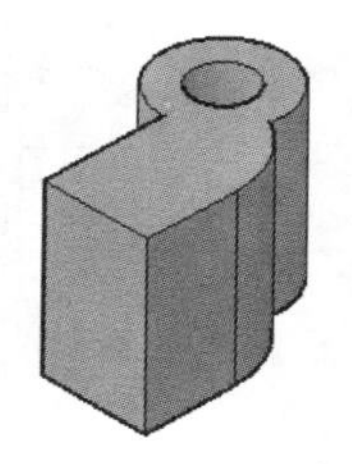

图 19-59 求差集的效果

(9) 切换视图到前视方向，修改视觉样式为【二维线框】，单击【坐标】面板中的【视图】按钮，以当前视图方向新建 UCS。执行【矩形】命令，绘制长为 25、宽为 12 的矩形，并经过实体左边线的中点向右绘制一条直线，如图 19-60 所示。

(10) 执行【移动】命令，以矩形左边线中点为移动基点，以直线端点为目标点，移动之后删除辅助直线，如图 19-61 所示。

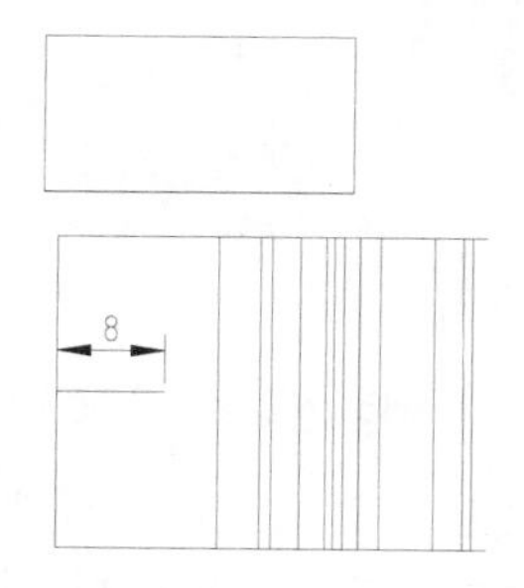

图 19-60 绘制矩形

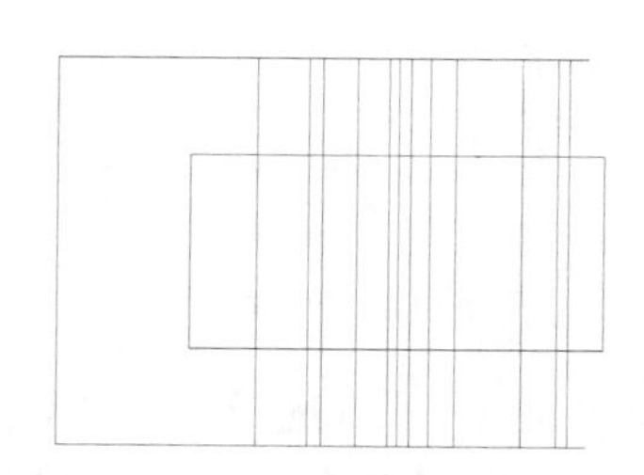

图 19-61 平移矩形

(11) 切换视图到西南等轴测方向，将视觉样式修改为【灰度】，执行【拉伸】命令，将矩形拉伸一定高度，使其完全贯穿原有实体，如图 19-62 所示。

(12) 执行【差集】命令，进行差集运算，结果如图 19-63 所示。

(13) 执行【圆角边】命令，对三维实体进行圆角操作，圆角半径为 1，结果如图 19-64 所示。

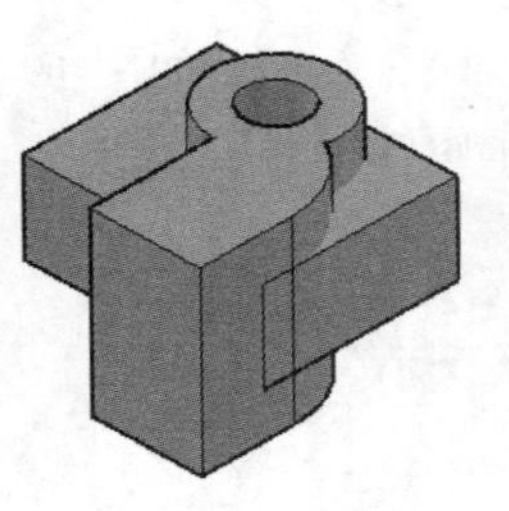

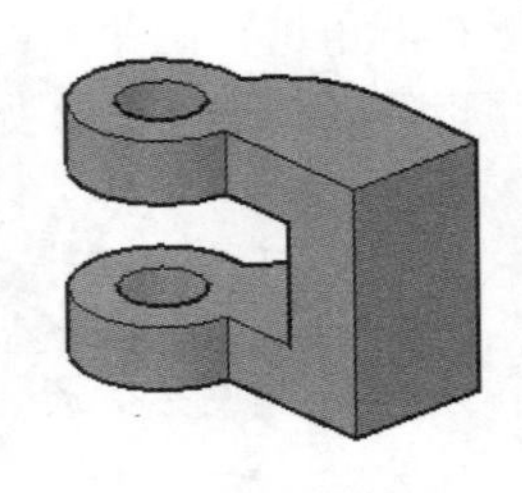

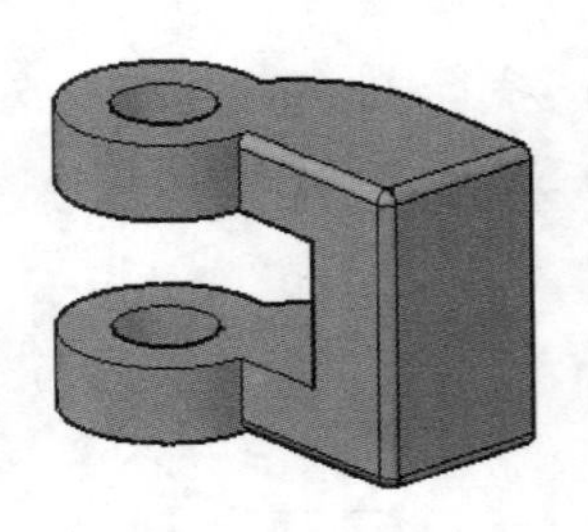

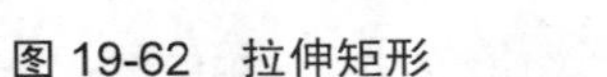

图 19-62　拉伸矩形　　图 19-63　差集运算　　图 19-64　绘制结果

2. 连杆第二部分绘制

(1) 切换视图到左视方向，单击【坐标】面板中的【视图】按钮，以当前视图方向新建 UCS。执行【直线】和【偏移】命令，绘制二维轮廓，如图 19-65 所示。

(2) 执行【圆】命令，以【切点，切点，半径】方式绘制 4 个半径为 1 的圆，如图 19-66 所示。

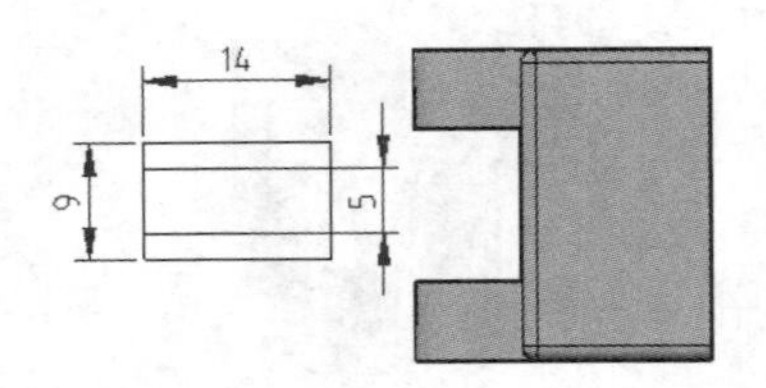

图 19-65　绘制二维轮廓

图 19-66　绘制圆

(3) 执行【圆】命令，激活【切点、切点、半径】选项，绘制半径为 2 的 4 个相切圆，如图 19-67 所示。

(4) 执行【修剪】命令，修剪并删除多余的线段，然后由此截面创建面域，如图 19-68 所示。

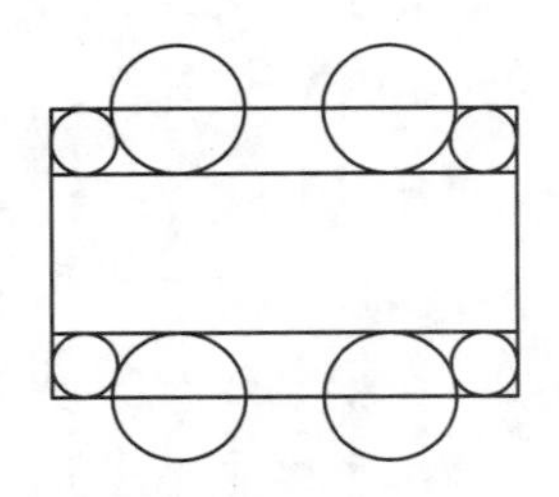

图 19-67　绘制相切圆

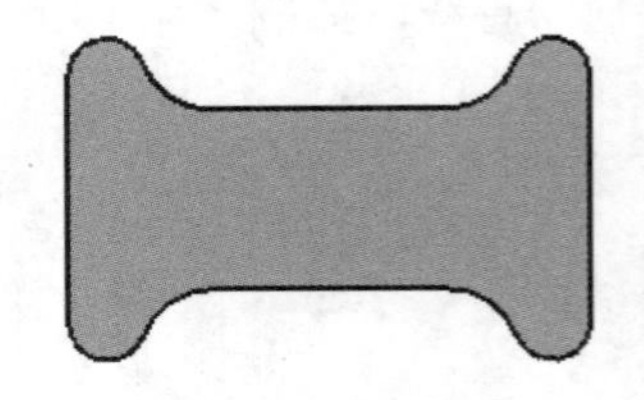

图 19-68　修剪并定义面域

(5) 切换视图到俯视方向，单击【坐标】面板中的【视图】按钮，在此视图方向新建 UCS。执行【多段线】命令，在绘图区任意指定一点，然后依次输入坐标(@8,0)(@51,−31)(@8,0)，绘制多段线，如图 19-69 所示。

(6) 执行【圆角】命令，对多段线转角处进行圆角，圆角半径为 18，如图 19-70 所示。

(7) 执行【扫掠】命令，将面域沿着多段线进行扫掠，结果如图 19-71 所示。

(8) 执行【三维移动】命令，分别捕捉扫掠体端面中点和接头端面中点，将两部分实体模型进行组合，如图 19-72 所示。

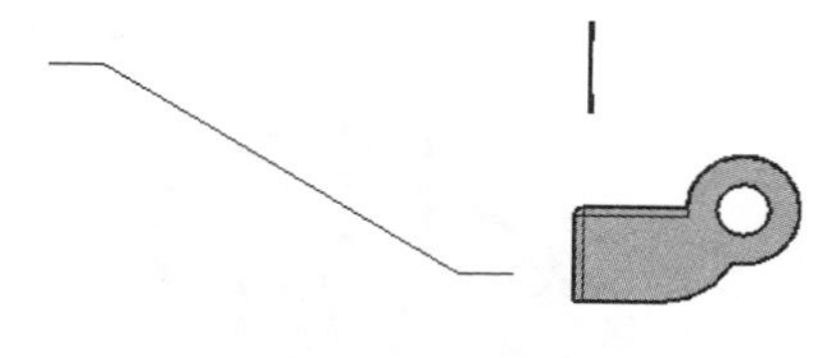

图 19-69　绘制多段线

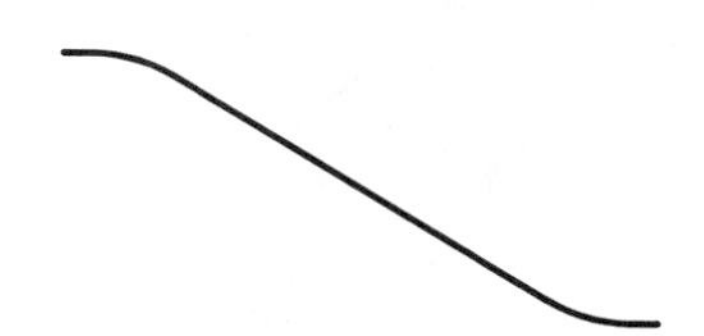

图 19-70　圆角操作

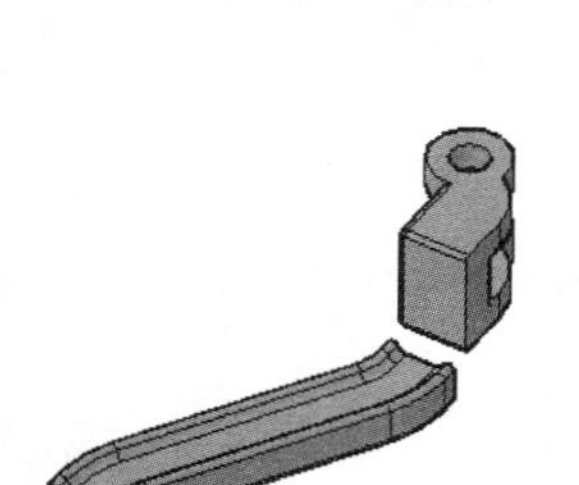

图 19-71　扫掠操作

图 19-72　移动实体

3. 连杆第三部分绘制

(1)　切换视图到前视方向，单击【坐标】面板中的【视图】按钮，以此视图方向新建 UCS。执行【矩形】命令，绘制长为 35、宽为 9 的矩形，如图 19-73 所示。

(2)　执行【圆角】命令，对矩形左上角进行圆角操作，圆角半径为 9，如图 19-74 所示。

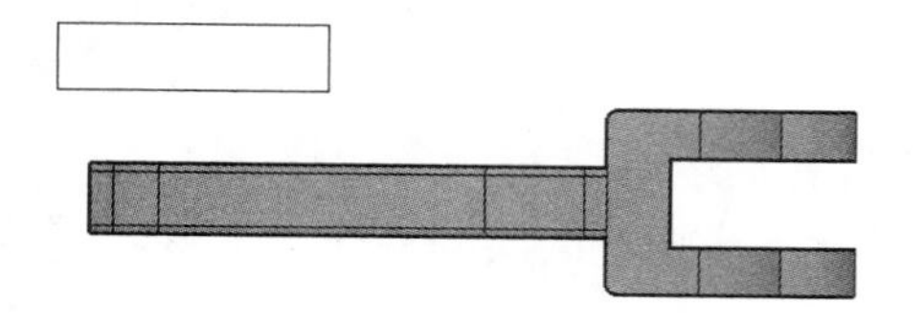

图 19-73　绘制矩形

图 19-74　圆角操作

(3)　执行【拉伸】命令，拉伸矩形长度为 14，切换视图到俯视方向，执行【圆】命令，拉伸体边线中点为圆心，绘制半径分别为 3.5 和 7 的同心圆，结果如图 19-75 所示。

(4)　执行【拉伸】命令，将两个圆拉伸 17 个单位，结果如图 19-76 所示。

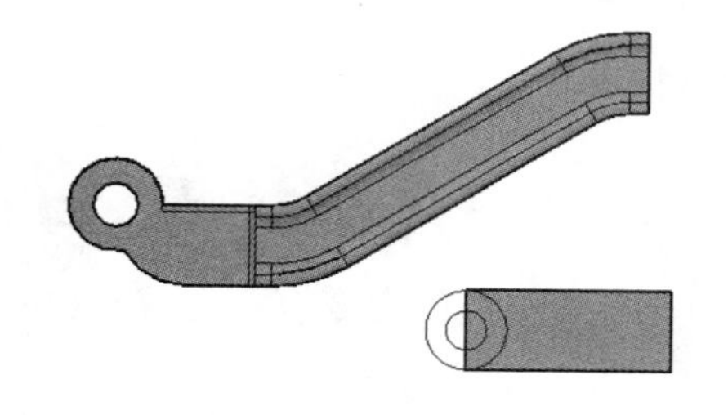

图 19-75　绘制同心圆

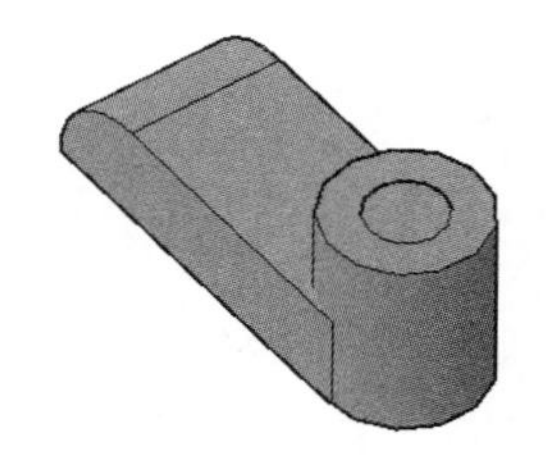

图 19-76　拉伸同心圆

(5)　执行【移动】命令，将两个圆柱体沿轴向移动 4，结果如图 19-77 所示。

(6) 执行【圆角边】命令，对实体边缘进行圆角，圆角半径为 1，如图 19-78 所示。

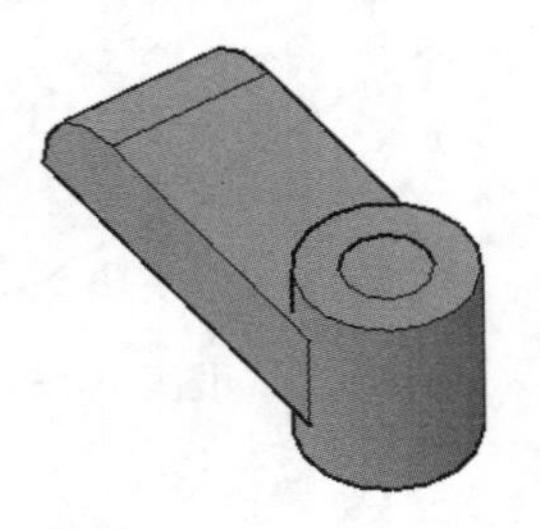

图 19-77　移动圆柱体

图 19-78　圆角操作

(7) 执行【并集】命令，对圆角矩形实体和大的圆柱体进行并集运算，结果如图 19-79 所示。

(8) 执行【差集】命令，对并集后的实体和小圆柱进行差集运算，结果如图 19-80 所示。

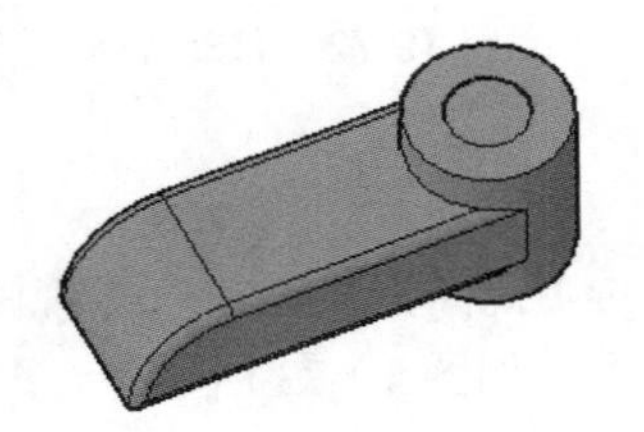

图 19-79　并集运算

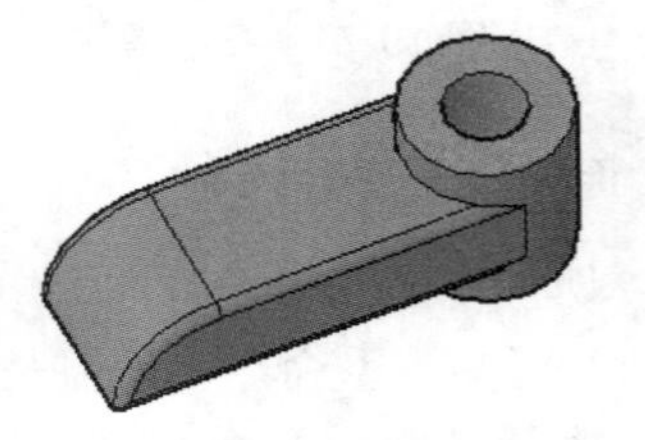

图 19-80　差集运算

(9) 执行【三维移动】命令，捕捉边线上中点进行对齐，将第三部分与前两部分进行组合，如图 19-81 所示。

(10) 执行【并集】命令，选择全部实体，进行并集运算。

(11) 选择【文件】|【保存】命令，保存文件，完成连杆的绘制。

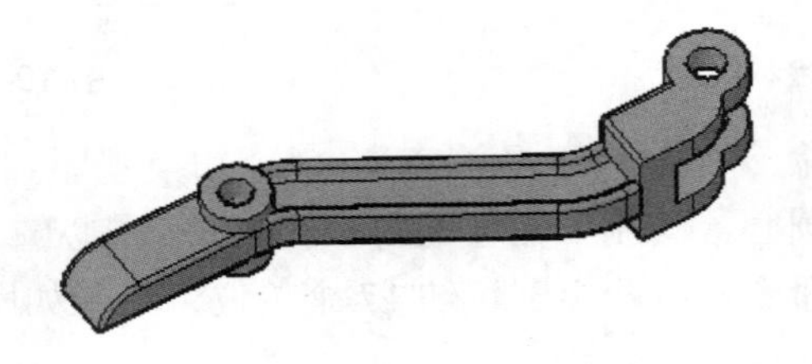

图 19-81　移动实体

19.3.2　支架

本节绘制如图 19-82 所示的支架三维实体模型，主要使用的命令有：面域、拉伸、长方体、圆柱体、布尔运算和圆角。

(1) 启动 AutoCAD 2014，单击快速访问工具栏中的【新建】按钮，选择合适的 3D 样板，新建一个空白图形。

(2) 调整视图到俯视方向。

(3) 执行【圆】命令，输入圆心坐标为(0,0,0)，按 Enter 键确认，绘制 R15 的圆，如图 19-83 所示。

(4) 按 Enter 键，重复【圆】命令，输入圆心坐标(33,0,0)，绘制 R12 的圆，结果如图 19-84 所示。

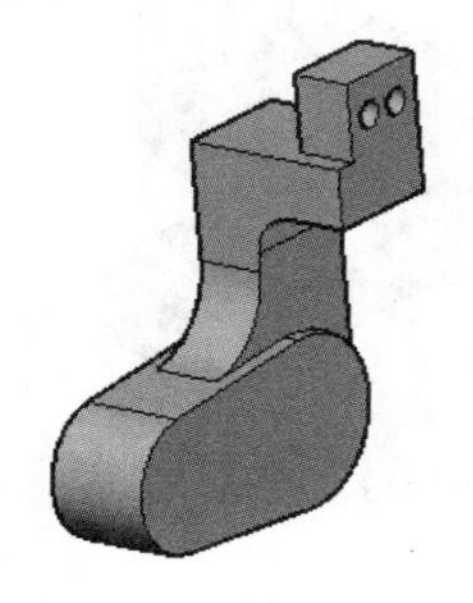

图 19-82　支架

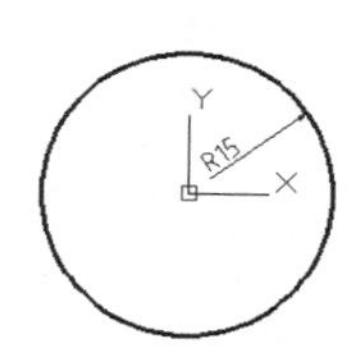

图 19-83　绘制圆

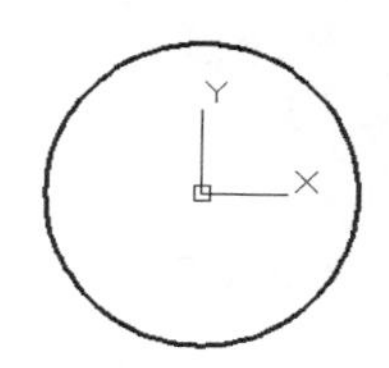

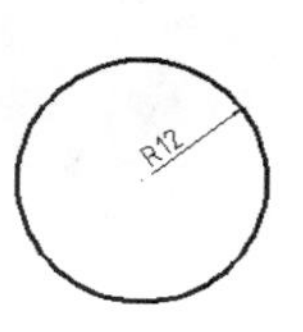

图 19-84　绘制圆

(5) 执行【直线】命令，捕捉切点绘制连接线，结果如图 19-85 所示。

(6) 执行【修剪】命令，修剪图形，结果如图 19-86 所示。

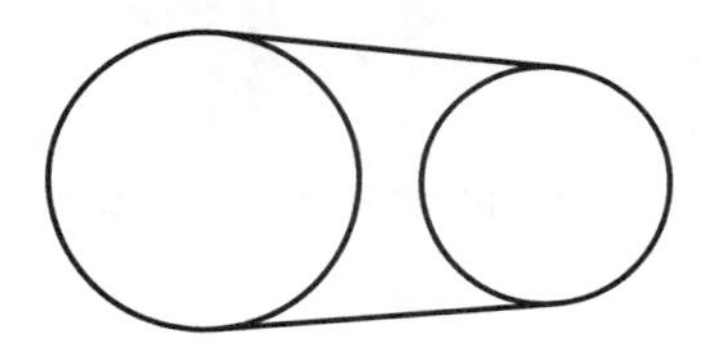

图 19-85　绘制连接直线

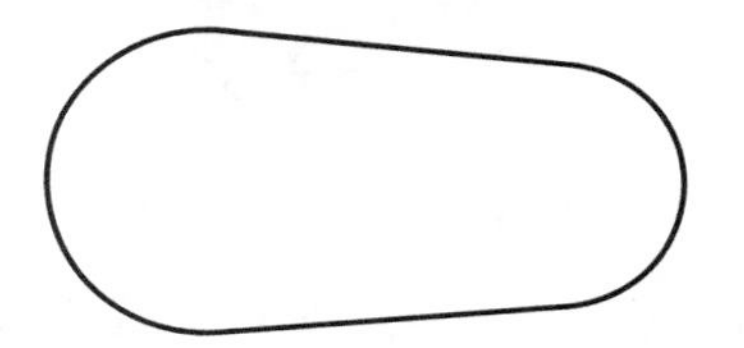

图 19-86　修剪图形

(7) 切换到【灰度】视觉样式，执行【面域】命令，由上一步创建的封闭轮廓创建一个面域，如图 19-87 所示。

(8) 执行【拉伸】命令，将上一步创建的面域向 Z 轴进行拉伸，拉伸高度为 18，结果如图 19-88 所示。

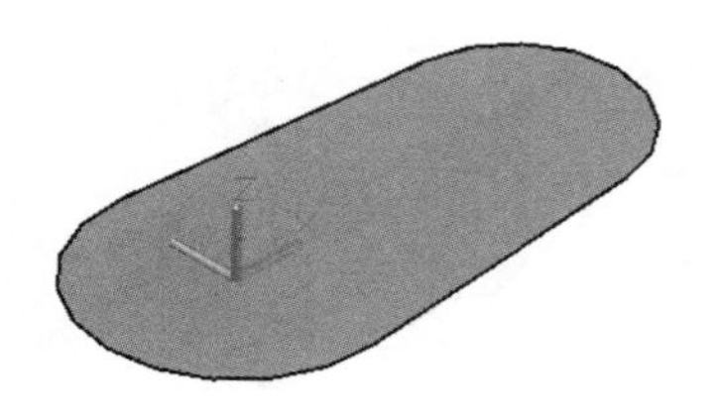

图 19-87　创建面域

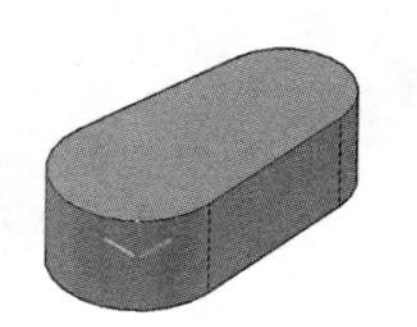

图 19-88　拉伸面域

(9) 单击【坐标】面板中的 Y 按钮，将 UCS 绕 Y 轴旋转 90°，如图 19-89 所示。

(10) 执行【长方体】命令，输入长方体第一点坐标(−15,0,6)，激活【长度】选项，捕捉到 270° 极轴方向(即 Y 轴负向)，输入长度 49.5，然后依次输入宽度 12、高度−21，绘制的长方体如图 19-90 所示。

(11) 执行【长方体】命令，捕捉上一个长方体的端点作为第一个角点，绘制长为 18(负 X 轴方向)、宽为 10.5(Y 轴方向)、高为 21(Z 轴方向)的长方体，结果如图 19-91

所示。

(12) 执行【长方体】命令，捕捉上一个长方体的端点作为第一个角点，绘制长为17、宽为14、高为10.5的长方体，结果如图19-92所示。

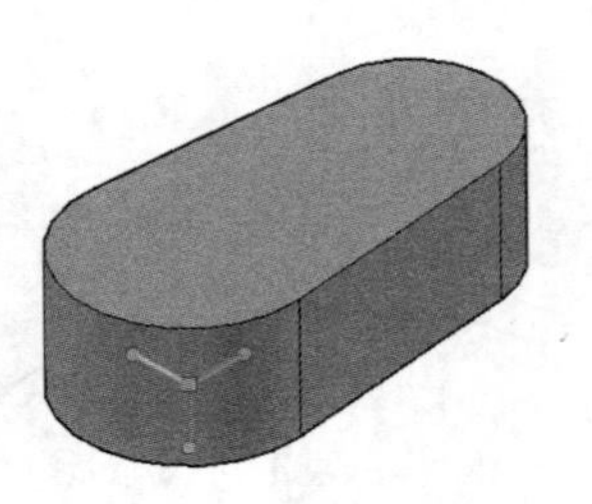

图 19-89　新建 UCS

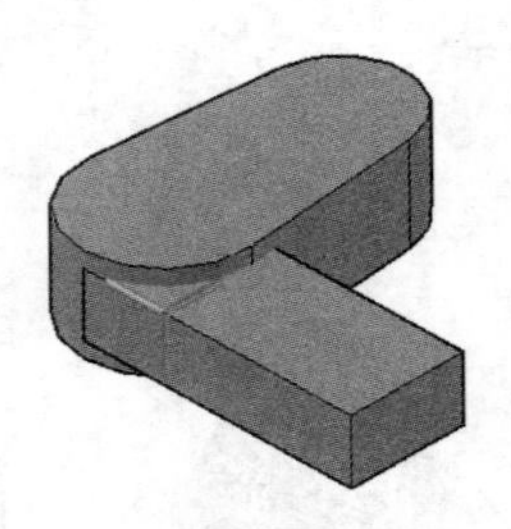

图 19-90　绘制长方体

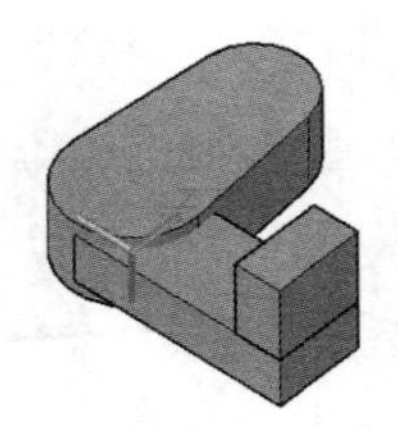

图 19-91　绘制长方体

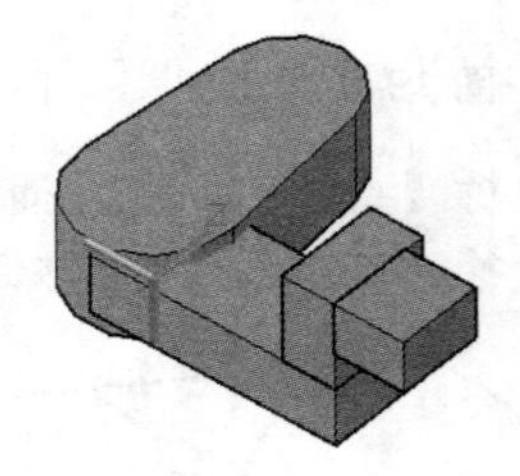

图 19-92　绘制长方体

(13) 执行【并集】命令，选择所有实体作为合并对象，将其合并为单一实体。

(14) 单击【坐标】面板中的【三点】按钮，依次选择A、B、C点，新建的UCS如图19-93所示。

(15) 执行【圆柱体】命令，输入圆柱体底面圆心坐标为(5,7,0)，然后输入圆柱体半径为3、高度为10.5，创建的圆柱体如图19-94所示。

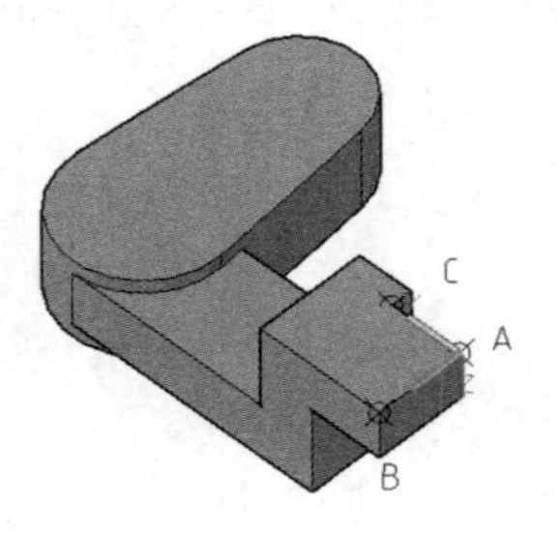

图 19-93　新建 UCS

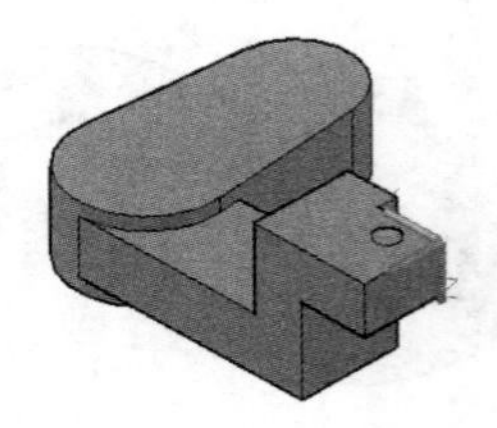

图 19-94　绘制圆柱体

(16) 重复执行【圆柱体】命令，输入圆柱体底面圆心坐标为(12,7,0)，然后输入圆柱体半径为2.5、高度为10.5，结果如图19-95所示

(17) 执行【差集】命令，选择支架主体作为被减的对象，选择两圆柱体为减去的对象，结果如图19-96所示。

(18) 执行【圆角边】命令，创建R7.5的圆角，结果如图19-97所示。

(19) 重复执行【圆角】命令，创建R15的圆角，结果如图19-98所示。

(20) 选择【文件】|【保存】命令，保存文件，完成支架的三维模型绘制。

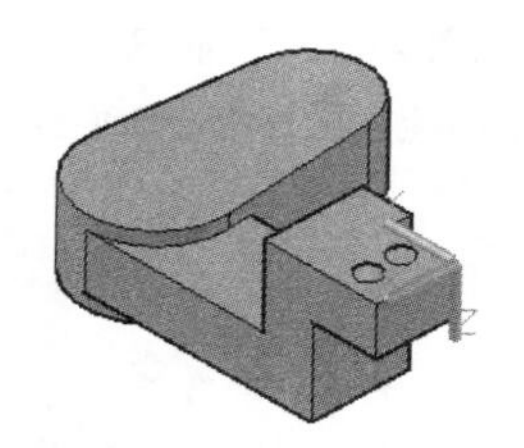

图 19-95　绘制圆柱体

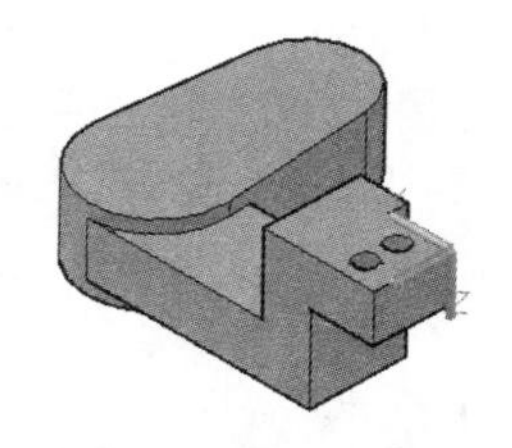

图 19-96　差集的结果

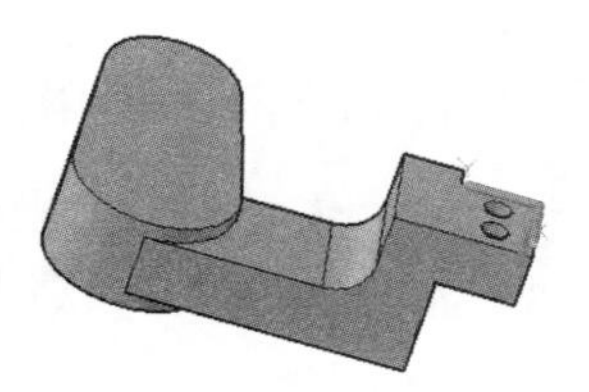

图 19-97　圆角

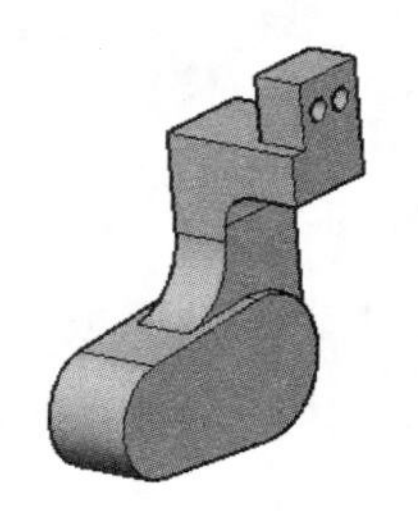

图 19-98　创建 R15 的圆角

19.4　绘制箱体类零件——齿轮箱下箱体

箱体类零件一般具有壳体特征，用来支撑其他零部件或容纳介质，例如齿轮减速机的箱体、水泵泵体等。在创建这类零件时，一般都会用到实体的抽壳编辑。

本节绘制如图 19-99 所示的齿轮箱下箱体，主要使用的命令有：拉伸、布尔运算和圆角。

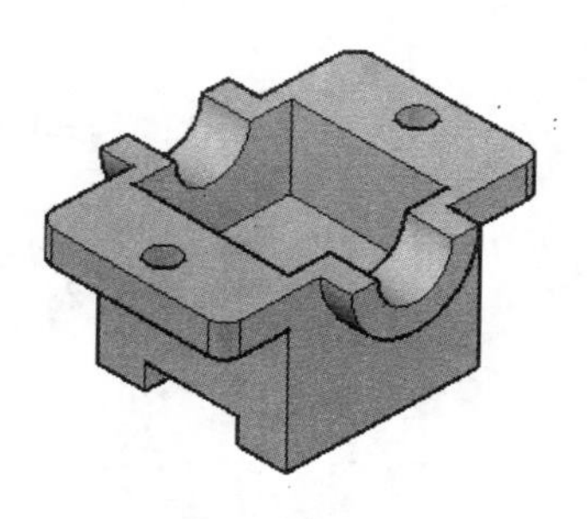

图 19-99　齿轮箱下箱体

19.4.1　绘制齿轮箱基体

(1) 启动 AutoCAD 2014，单击快速访问工具栏中的【新建】按钮，选择一个 3D 样板文件，新建一个空白图形。

(2) 选择【视图】|【三维视图】|【东南等轴测】命令，将视图切换到东南等轴测视图。

(3) 执行【长方体】命令，输入第一个角点的坐标为(0,0,0)，绘制长为 60(X 方向)、宽为 60(Y 方向)、高为 40 的长方体，结果如图 19-100 所示。

(4) 单击【坐标】面板中的【原点】按钮，指定点(0,0,40)为坐标原点，新建 UCS。执行【长方体】命令，输入第一个角点坐标为(0,-20,0)，绘制长为 100(Y 方向)、宽为 60(X 方向)、高为 10 的长方体，如图 19-101 所示。

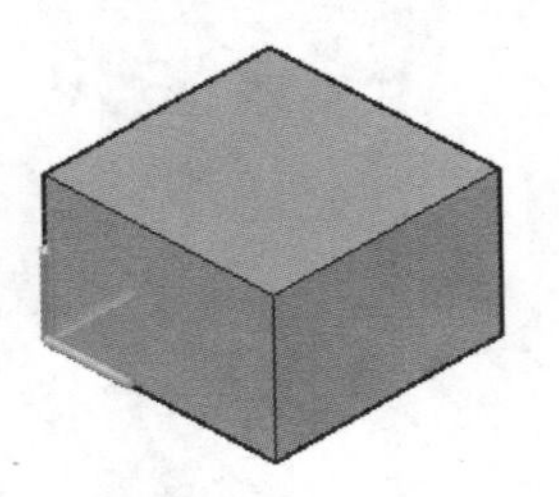

图 19-100　绘制长方体

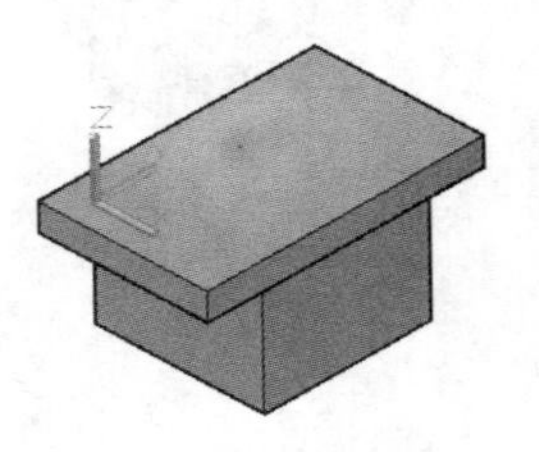

图 19-101　绘制长方体

(5) 单击【坐标】面板中的【UCS，世界】按钮，将 UCS 恢复到世界坐标系位置，指定第一个角点坐标为(15,0,0)，创建长为 60(Y 方向)、宽为 30(X 方向)、高为 8 的长方体，如图 19-102 所示。

(6) 执行【差集】命令，选择箱体作为被减的对象，选择上一步创建的长方体作为减去的对象，结果如图 19-103 所示。

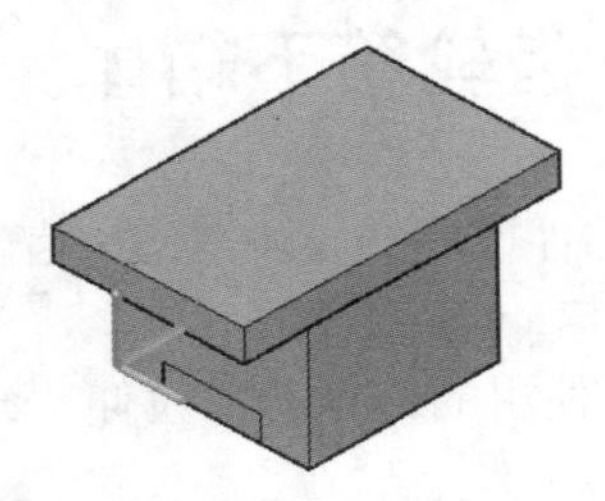

图 19-102　绘制长方体

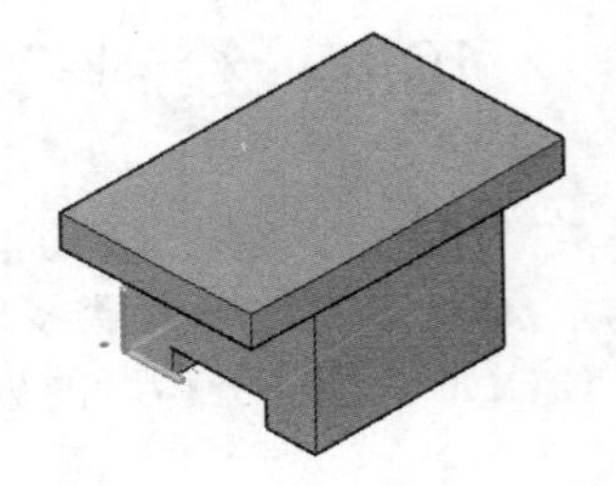

图 19-103　差集实体

(7) 执行【并集】命令，选择所有实体合并为单一实体，结果如图 19-104 所示。

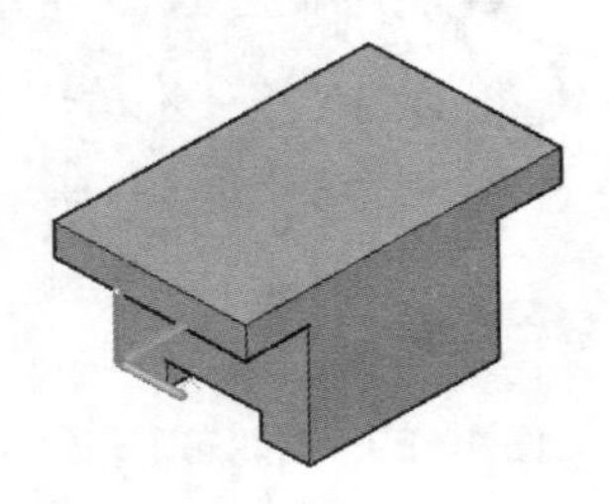

图 19-104　并集实体

19.4.2　绘制齿轮架

(1) 将视图调整到左视方向，执行【圆】命令，捕捉实体边线中点，绘制 R10 和 R20 的同心圆，如图 19-105 所示。

(2) 切换到东南等轴测视图，执行【面域】命令，由绘制的同心圆创建两个面域，结果如图 19-106 所示。

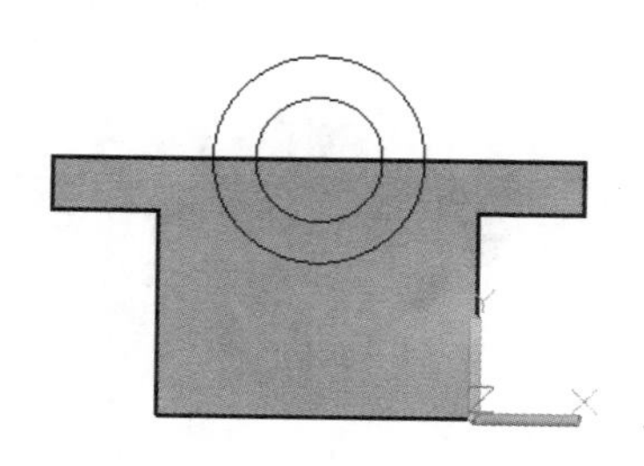

图 19-105　绘制圆

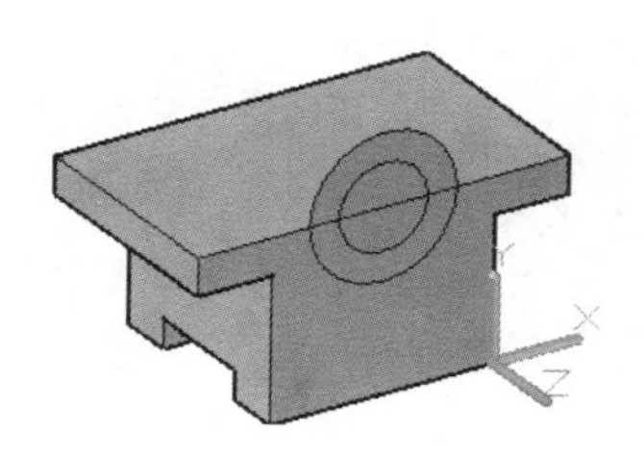

图 19-106　创建面域

(3) 执行【拉伸】命令，选择创建的两个面域，向箱体内拉伸 75，结果如图 19-107 所示。

(4) 执行【偏移面】命令，将两个圆柱体的端面向箱体外偏移 10，如图 19-108 所示。

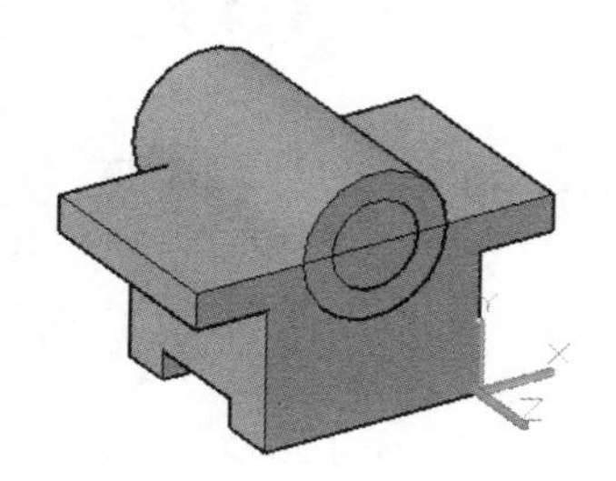

图 19-107　拉伸面域

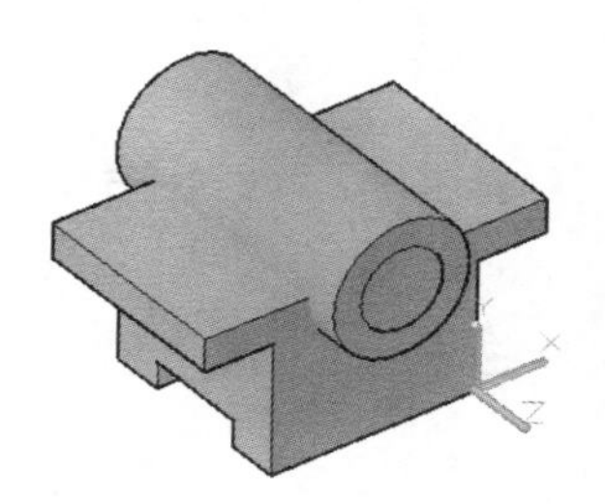

图 19-108　偏移面

(5) 执行【剖切】命令，选择大圆柱体作为剖切的对象，定义箱体上顶面为剖切面，保留剖切面以下的实体，结果如图 19-109 所示。

(6) 执行【并集】命令，将基体与剖切后的半个圆柱体合并为单一实体，如图 19-110 所示。

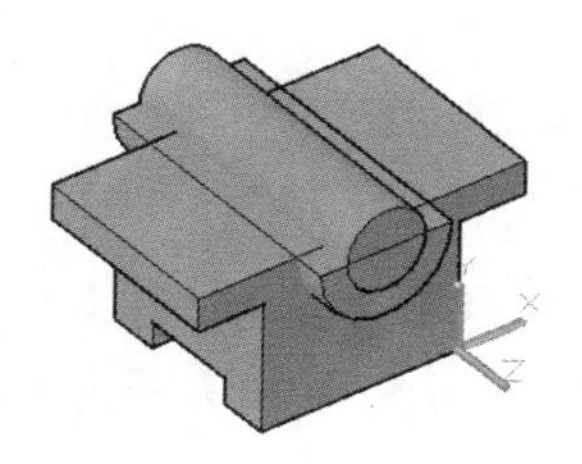

图 19-109　剖切实体

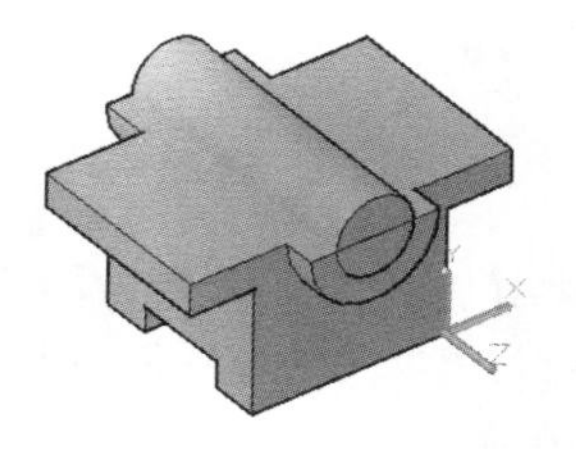

图 19-110　并集操作

(7) 执行【差集】命令，选择并集之后的基体作为被减对象，选择小圆柱体作为减去的对象，结果如图 19-111 所示。

(8) 单击【坐标】面板中的【Z 轴矢量】按钮，新建 UCS，如图 19-112 所示。

(9) 执行【长方体】命令，指定第一个角点坐标为(5,25,0)，绘制长为 50(X 方向)、宽为 50(Y 方向)、高为 27 的长方体，结果如图 19-113 所示。

(10) 执行【差集】命令，以箱体作为被减对象，以长方体作为减去的对象，结果如图 19-114 所示。

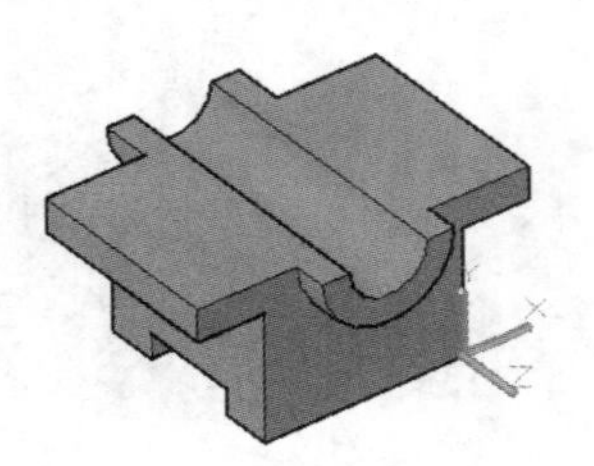

图 19-111　求差集的结果

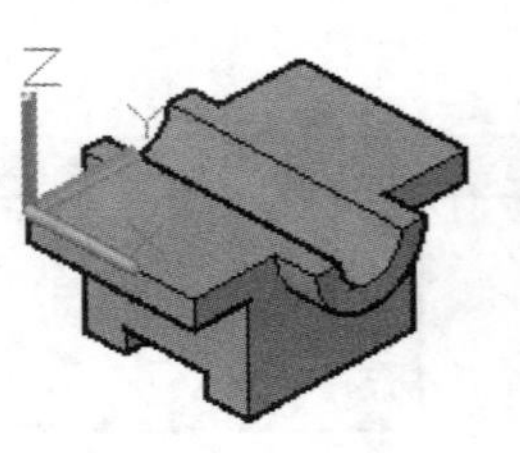

图 19-112　新建 UCS

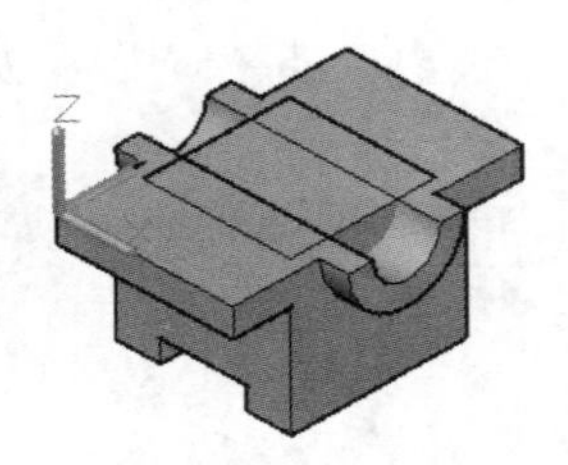

图 19-113　绘制长方体

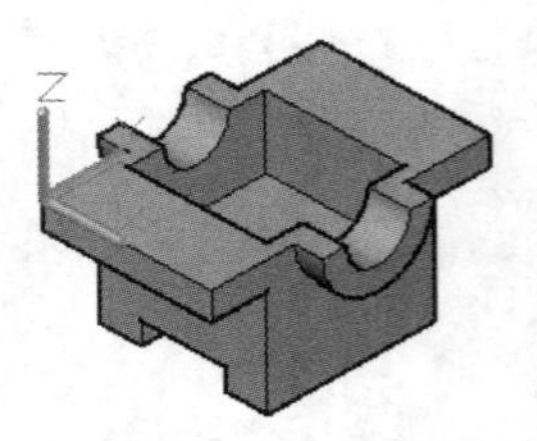

图 19-114　差集实体

19.4.3 绘制孔

(1) 执行【圆】命令，分别以坐标(30,10,0)和坐标(30,90,0)为圆心，绘制 R5 的圆，结果如图 19-115 所示。

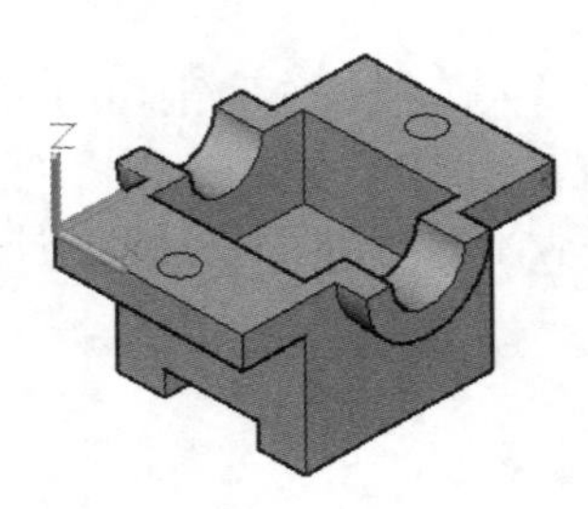

图 19-115　绘制圆

(2) 执行【拉伸】命令，两个圆向下拉伸 10，结果如图 19-116 所示。

(3) 执行【差集】命令，以箱体作为被减对象，以两个圆柱体作为减去的对象，结果如图 19-117 所示。

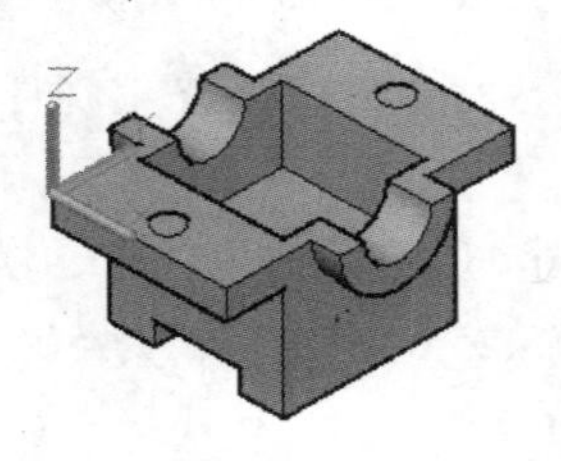

图 19-116　拉伸圆

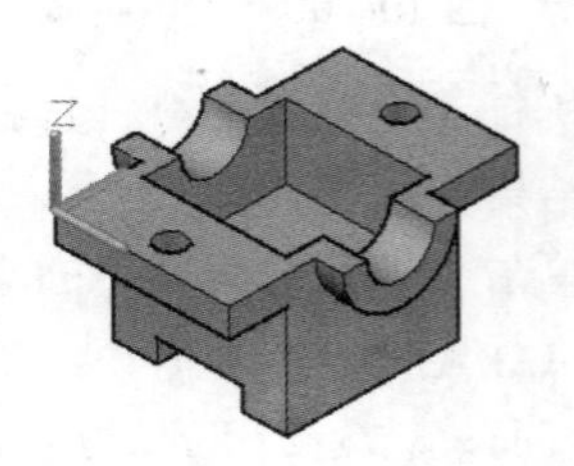

图 19-117　差集实体

19.4.4　倒圆角

(1) 执行【圆角边】命令，在箱体竖直边线创建 R5 的圆角，结果如图 19-118 所示。
(2) 选择【文件】|【保存】命令，保存文件，完成齿轮箱下箱体的绘制。

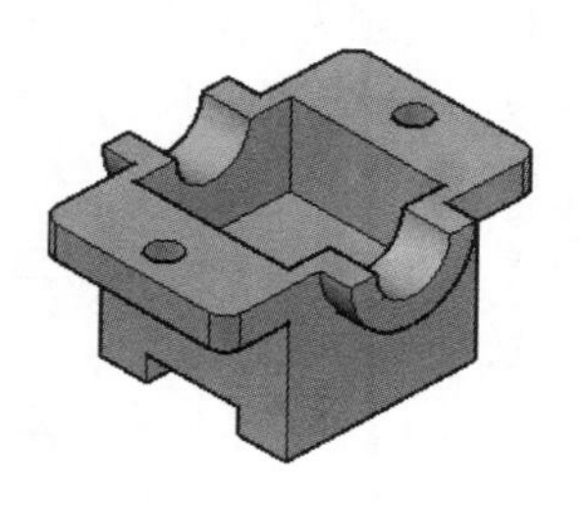

图 19-118　绘制结果

19.5　三维零件装配概述

装配图是用于表达部件与机器工作原理、零件之间的位置和装配关系，以及装配、检验、安装所需要的尺寸数据技术文件。

19.5.1　绘制三维装配图的思路

绘制三维装配图的思路大致有以下两种。

- 在设计之前，先设置好零件的尺寸关系和装配关系，大致画出装配草图，然后出图，最后画零件图。如果先画零件图，则画装配图时若易出现装配不上或零件相互干涉，就会事倍功半。
- 先绘制好零件图，然后再设计装配图。AutoCAD 可以通过插入块的方式来绘制装配图，在装配的过程中如果出现装配不当，用户可以对零件进行单独的编辑修改。

19.5.2　绘制三维装配图的方法

绘制装配图一般有以下 3 种方法。

- 按照装配关系法：在同一个绘图区域中，逐个绘制零件的三维图，最后完成三维装配图。
- 块插入法：先绘制单个零件，然后将其创建成块形式。通过三维旋转、三维移动等编辑命令将插入的实体图块逐一定位，最后进行总装配。
- 复制法：与块插入法类似，先绘制好各个零件图，然后分别将各个零件依次复制到同一个视图中，并进行三维编辑，直到装配图完成。

后两种方法较为简单，在绘制装配图前，要先定好基准，然后根据所绘制的装配图的特点，选择上面介绍的三种方法进行装配图的绘制。

19.6　变速箱三维装配实例

本节以如图 19-119 所示的变速箱装配为例，讲述三维装配图的绘制方法。

(1) 启动 AutoCAD 2014，单击快速访问工具栏中的【新建】按钮，建立一个新的空白图形。

(2) 单击【图层】工具栏中的【图层特性】按钮，在【图层特性管理器】选项板中添加如图 19-120 所示的图层并设置图层参数。

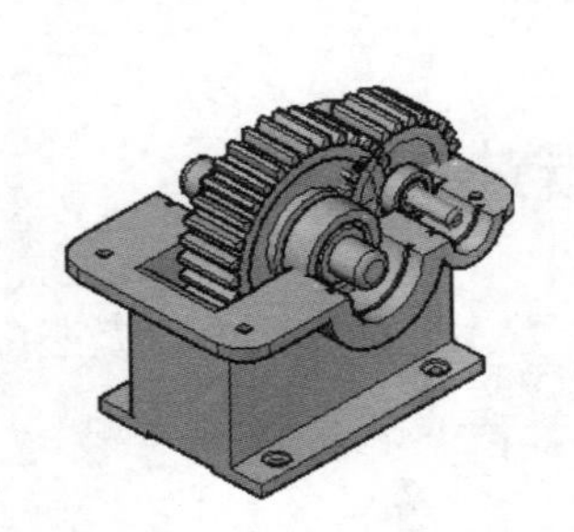

图 19-119　变速箱装配体

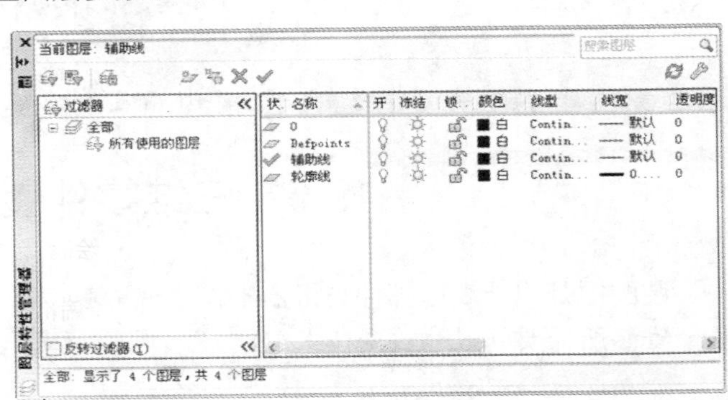

图 19-120　【图层特性管理器】选项板

19.6.1　创建零件块

1. 创建箱体块

(1) 启动 AutoCAD 2014，单击快速访问工具栏中的【新建】按钮，选择一个 3D 样板文件，新建一个空白图形。

(2) 将视图调整到前视方向，单击【坐标】面板中的【视图】按钮，新建 UCS。

(3) 执行【直线】命令，绘制截面轮廓，如图 19-121 所示。然后执行【合并】命令，将线条转换为一条多段线。

(4) 执行【拉伸】命令，以创建的多段线为拉伸对象，设置拉伸高度为 210，创建的拉伸体如图 19-122 所示。

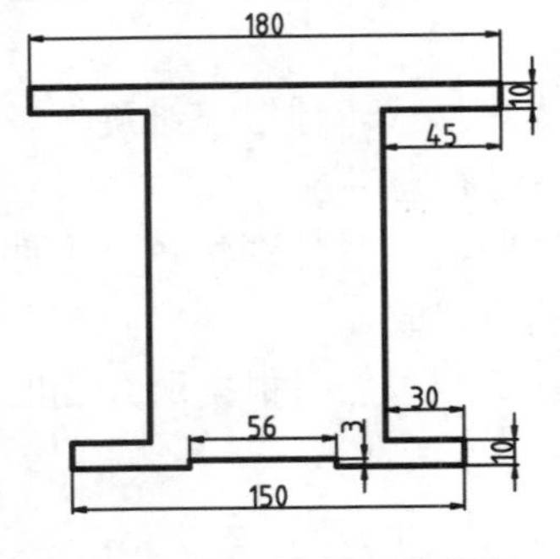

图 19-121　绘制二维轮廓

图 19-122　创建拉伸体

(5) 单击【坐标】面板中的【Z 轴矢量】按钮，新建 UCS，如图 19-123 所示。

(6) 执行【多段线】命令，在 XY 平面内绘制封闭多段线，如图 19-124 所示。

(7) 执行【拉伸】命令，将上一步绘制的多段线向实体内部拉伸 123 个单位，创建长方体。

(8) 执行【差集】命令，以基体作为被减实体，以长方体作为减去的实体，求差集的效果如图 19-125 所示。

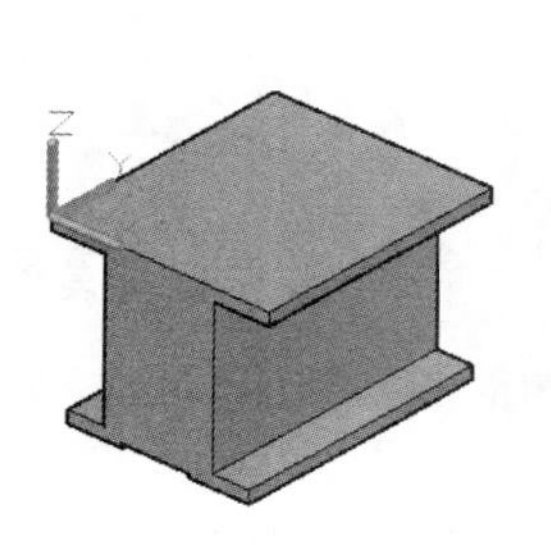

图 19-123　新建 UCS

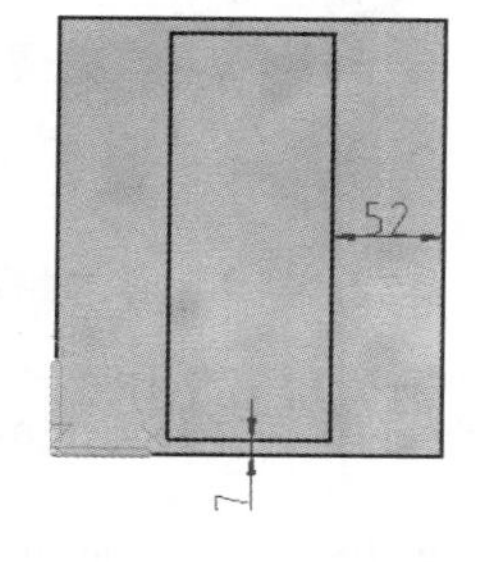

图 19-124　绘制多段线

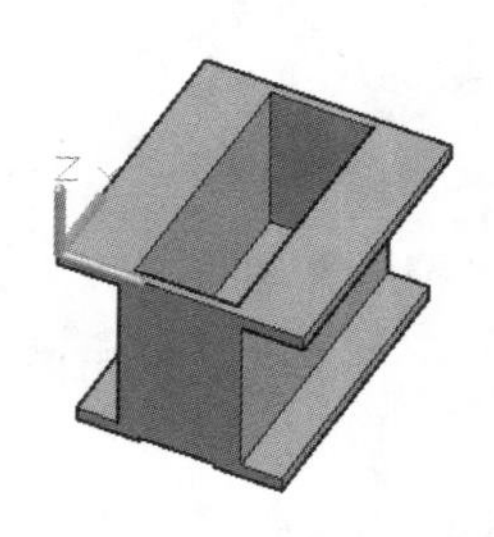

图 19-125　求差集的效果

(9) 新建 UCS，使坐标系 XY 平面与基座端面重合，如图 19-126 所示。

(10) 执行【长方体】命令，以端面两个角点为对角点，在两端分别创建高度为 30 的长方体，如图 19-127 所示。

(11) 执行【并集】命令，将所有实体进行合并，如图 19-128 所示。

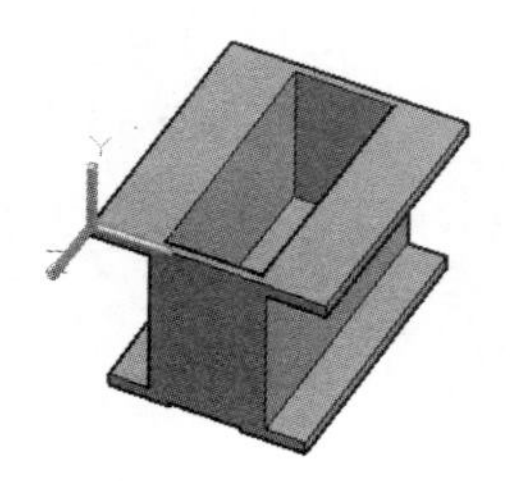

图 19-126　新建 UCS

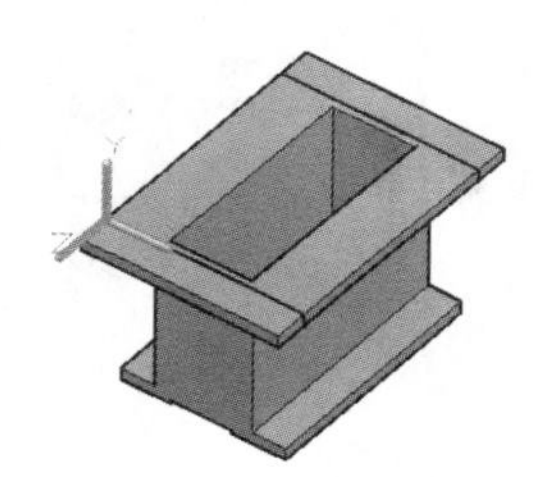

图 19-127　创建长方体

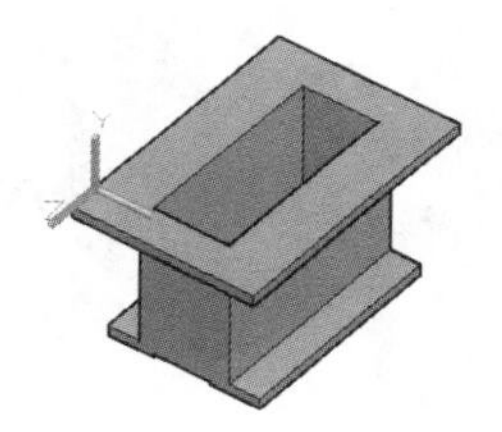

图 19-128　求并集的结果

(12) 将视图切换到左视方向，绘制如图 19-129 所示的 4 个圆。

(13) 执行【拉伸】命令，将 4 个圆向箱体内部拉伸 52 个单位，如图 19-130 所示。

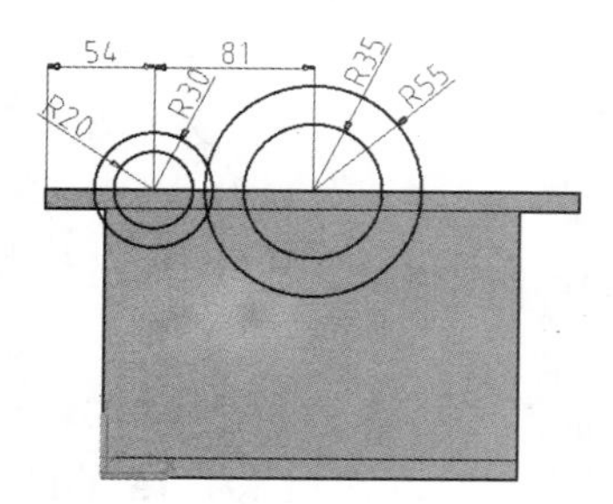

图 19-129　绘制圆

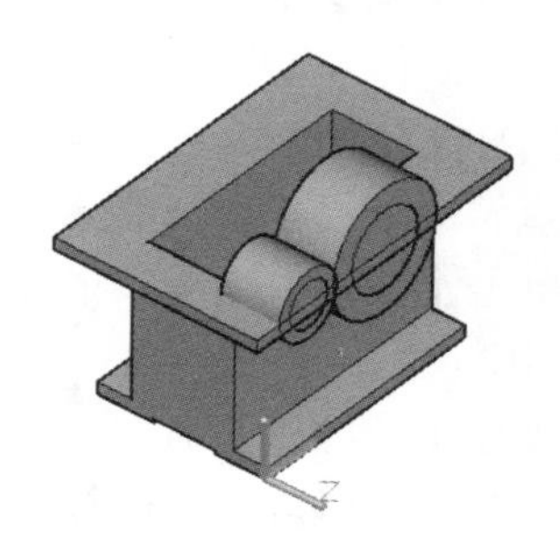

图 19-130　创建圆柱体

(14) 执行【三维镜像】命令，将创建的 4 个圆柱体镜像到箱体的另一侧，如图 19-131 所示。

(15) 执行【并集】命令，将箱体与外侧 4 个圆柱体进行合并。然后执行【剖切】命令，以箱体上表面为剖切平面，剖切箱体，并保留剖切面以下部分，如图 19-132 所示。

(16) 执行【差集】命令，从箱体上减去 4 个圆柱体，如图 19-133 所示。

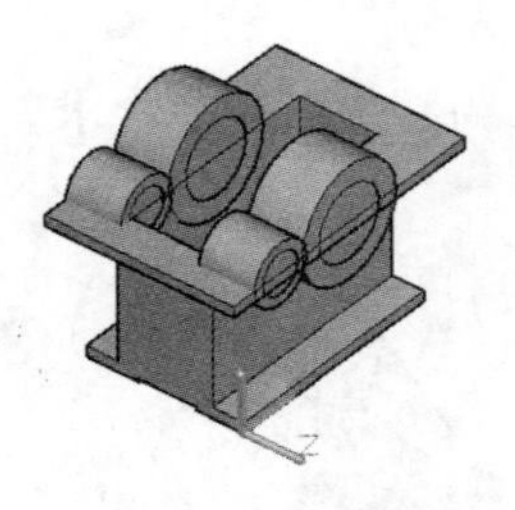

图 19-131　镜像圆柱体

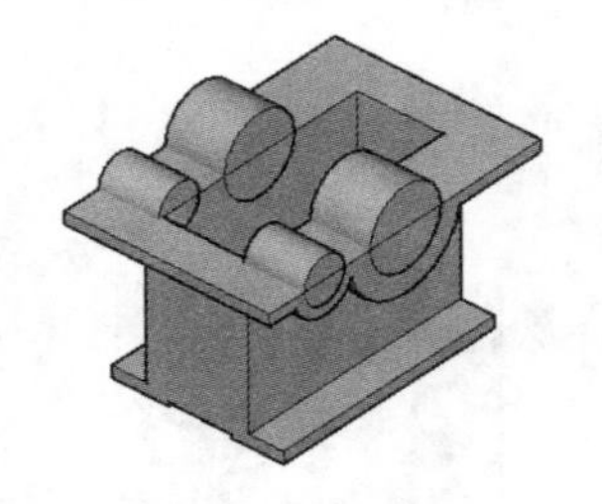

图 19-132　剖切实体的效果

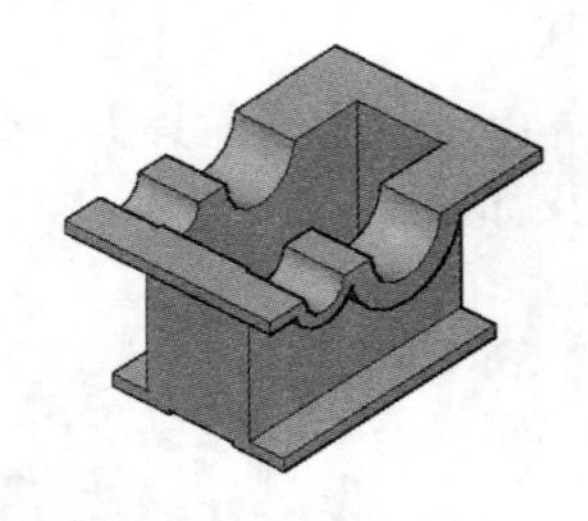

图 19-133　求差集的效果

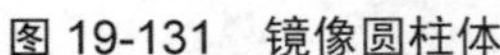

(17) 单击【坐标】面板中的【Z 轴矢量】按钮，在大圆的圆心新建 UCS，如图 19-134 所示。

(18) 执行【圆柱体】命令，以坐标(0,0,−17)为底面圆心，创建半径为 39、高度为 4 的圆柱体。以坐标(−81,0,−17)为底面圆心，创建半径为 24、高度为 4 的圆柱体，如图 19-135 所示。

(19) 执行【三维镜像】命令，将创建的两个圆柱体镜像到箱体另一侧。然后执行【差集】命令，从箱体中减去 4 个圆柱体，如图 19-136 所示。

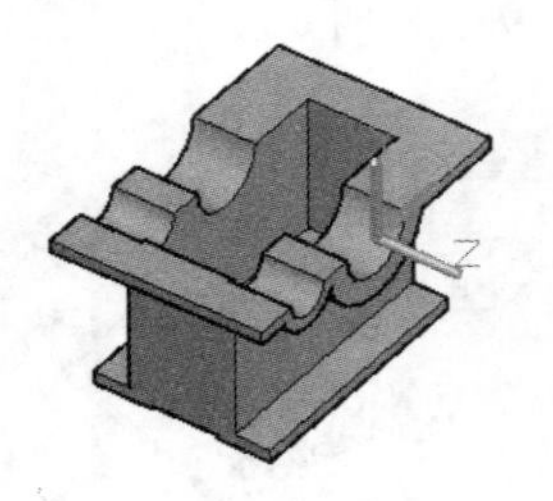

图 19-134　新建 UCS

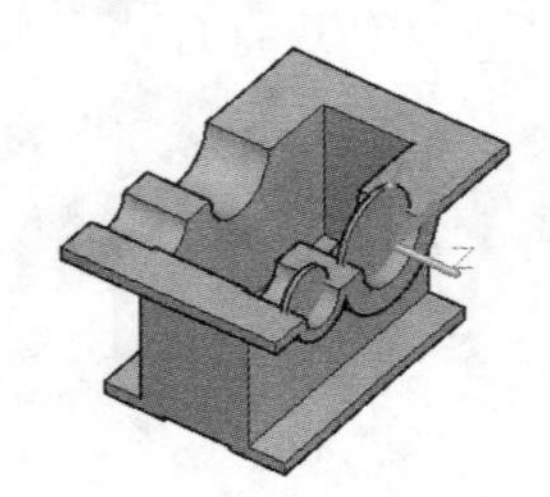

图 19-135　创建圆柱体

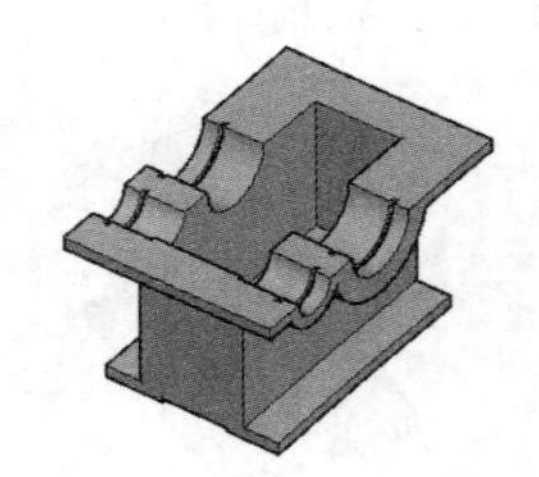

图 19-136　求差集的效果

(20) 执行【圆角边】命令，在 4 条竖直边创建半径为 25 的圆角，在两条内部边线创建半径为 11 的圆角，如图 19-137 所示。

(21) 执行【圆】命令，在箱体顶面 4 个圆角圆心绘制半径为 5 的圆，如图 19-138 所示。

(22) 执行【拉伸】命令，将 4 个圆向下拉伸，使拉伸体贯穿实体，然后执行【差集】命令，从箱体中减去 4 个圆柱体，如图 19-139 所示。

(23) 单击【坐标】面板中的【Z 轴矢量】按钮，在模型顶点新建 UCS，如图 19-140 所示。

(24) 执行【圆柱体】命令，以坐标(−15,30,0)为底面圆心，创建半径为 10、高为−3(即沿 Z 轴负向)的圆柱体，以同样的点作为底面圆心，创建半径为 5、高为−15 的圆柱体。然后执行【并集】命令，将两个圆柱体合并，如图 19-141 所示。

(25) 执行两次【三维镜像】命令，将合并后的圆柱体镜像到箱体的 4 个边角。然后执行【差集】命令，从箱体中减去 4 个组合圆柱体，如图 19-142 所示。

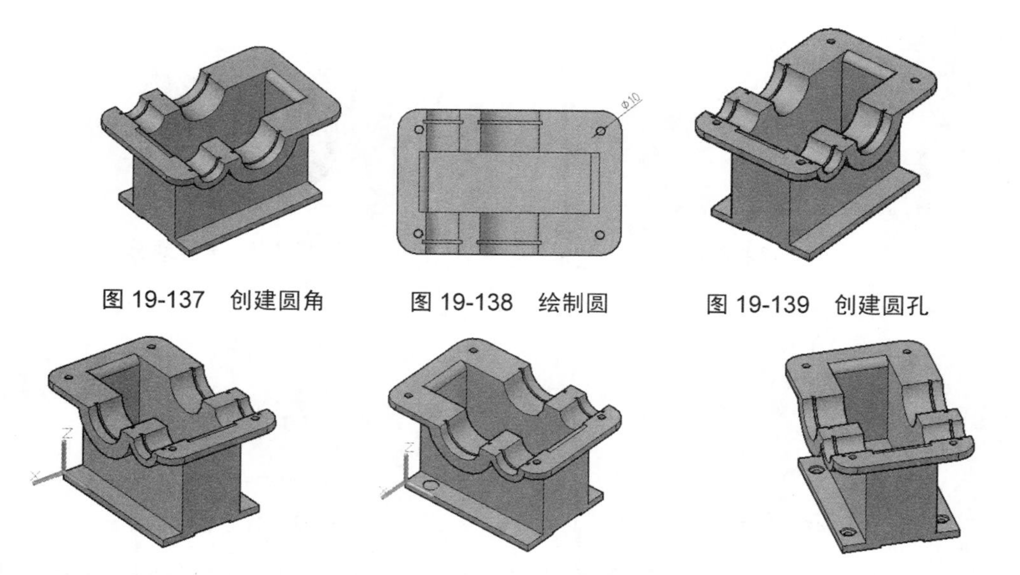

图 19-137　创建圆角　　图 19-138　绘制圆　　图 19-139　创建圆孔

图 19-140　新建 UCS　　图 19-141　并集之后的两个圆柱体　　图 19-142　求差集的结果

(26) 执行【写块】命令，弹出【写块】对话框，如图 19-143 所示。选择箱体作为块对象，选择合适的保存路径，将三维实体保存为“箱体块.dwg”。

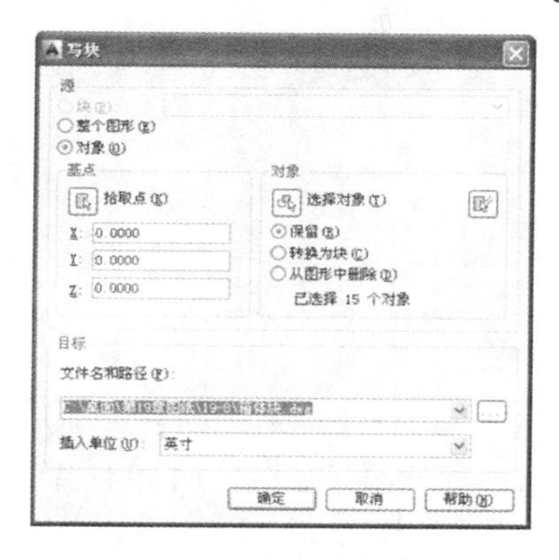

图 19-143　【写块】对话框

2. 创建大轴承块

(1) 单击快速访问工具栏中的【新建】按钮，建立一个新的空白图形。

(2) 执行【圆柱体】命令，以原点为中心，依次绘制半径为 54、42、33、23，高均为 35 的圆柱体，如图 19-144 所示。

(3) 执行【差集】命令，分别将半径为 42、23 的圆柱体，从半径为 54、33 的圆柱体中减去，结果如图 19-145 所示。

(4) 切换视图为俯视，视觉样式为【二维线框】，执行【圆环体】命令，以原点为中心，绘制一个半径为 37.5、圆管半径为 7.5 的圆环体，如图 19-146 所示。

(5) 切换视图为前视，执行【移动】命令，选择圆环体一点，输入坐标(@0,17.5)，将圆环体沿 Y 轴移动 17.5，如图 19-147 所示。

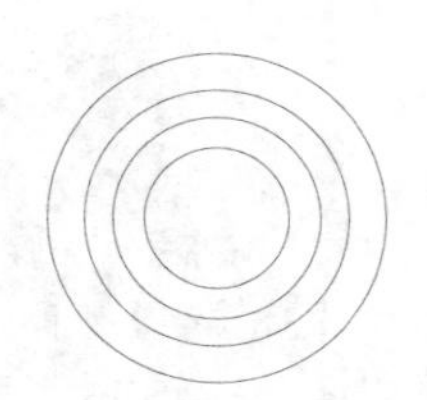
图 19-144 绘制圆柱体

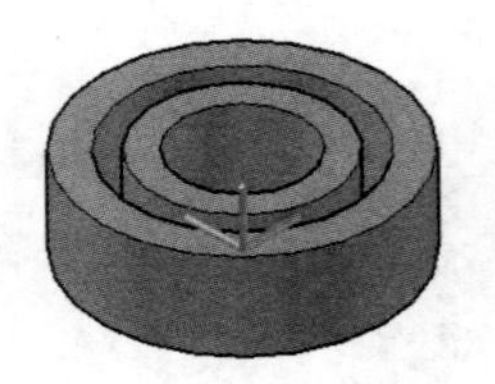
图 19-145 差集运算

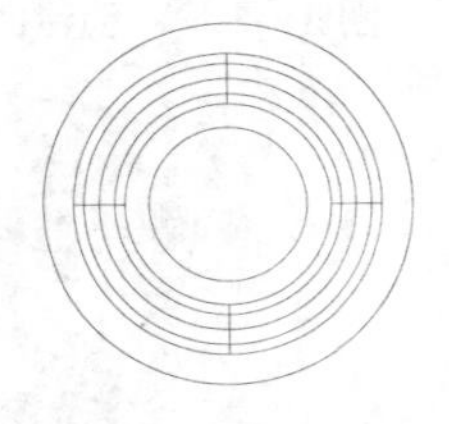
图 19-146 绘制圆环体

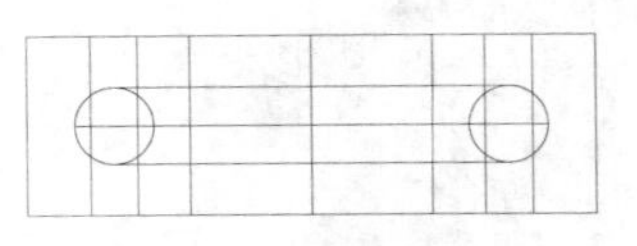
图 19-147 移动操作

(6) 切换视图为西南等轴测，执行【并集】命令，选择轴承的内外圈，进行并集运算，然后执行【差集】命令，从并集后的内外圈中减去圆环体，结果如图 19-148 所示。

(7) 切换视图为俯视，执行【球体】命令，以(37.5,0,17.5)为圆心，绘制半径为 7.5 的球体，如图 19-149 所示。

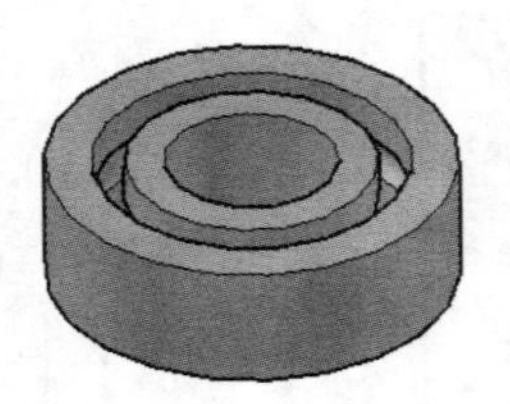
图 19-148 布尔运算

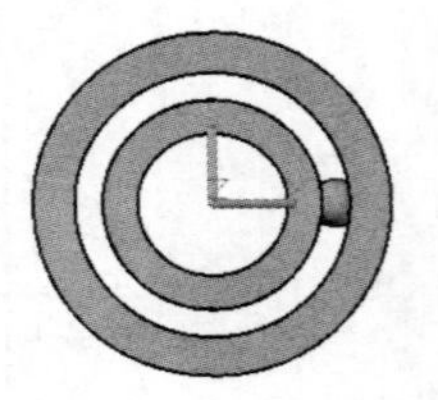
图 19-149 绘制球体

(8) 执行【三维阵列】命令，选择【环形阵列】选项，以球体为阵列对象，以原点为阵列中心，设置项目总数为 14，阵列结果如图 19-150 所示。

(9) 执行【写块】命令，将实体保存为“轴承块.dwg”块文件，保存至合适的路径，如图 19-151 所示。

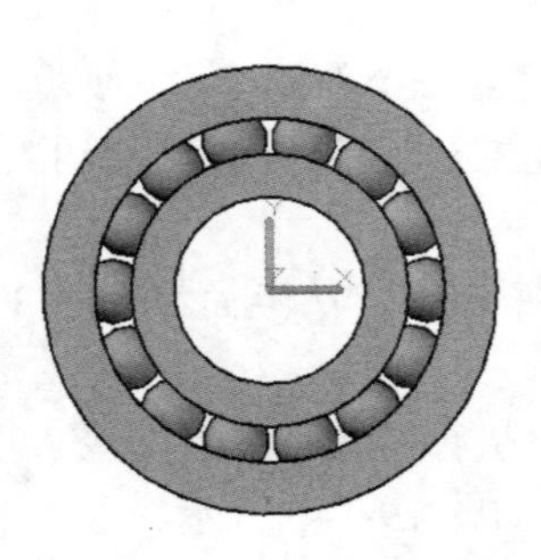
图 19-150 阵列球体

图 19-151 【写块】对话框

3. 创建小轴承块

创建小轴承块的步骤比较简单，只需将大轴承块按照需要的比例因子缩放即可。

(1) 单击快速访问工具栏中的【打开】按钮，打开之前创建的“大轴承块.dwg”文件，如图 19-152 所示。

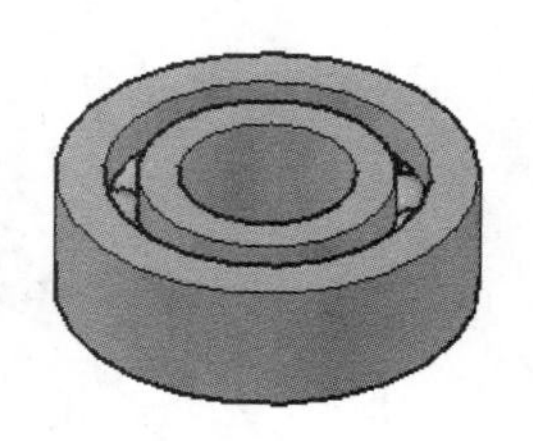

图 19-152　大轴承块

(2) 执行【缩放】命令，选择大轴承，将其按 0.54 的比例因子进行缩小。

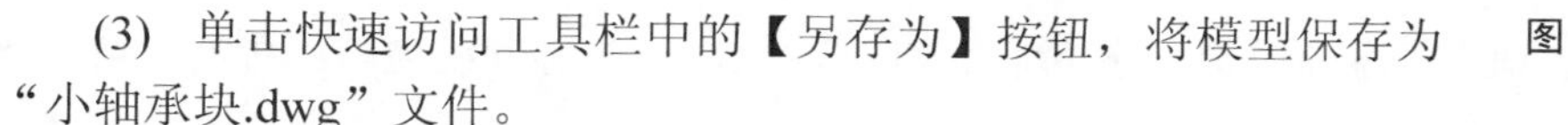

(3) 单击快速访问工具栏中的【另存为】按钮，将模型保存为“小轴承块.dwg”文件。

4. 创建大齿轮块

(1) 单击快速访问工具栏中的【新建】按钮，新建一个空白图形。

(2) 切换视图为俯视，执行【多段线】命令，绘制如图 19-153 所示的多段线。

(3) 执行【倒角】命令，在左右两边角创建 6×45° 的倒角，结果如图 19-154 所示。

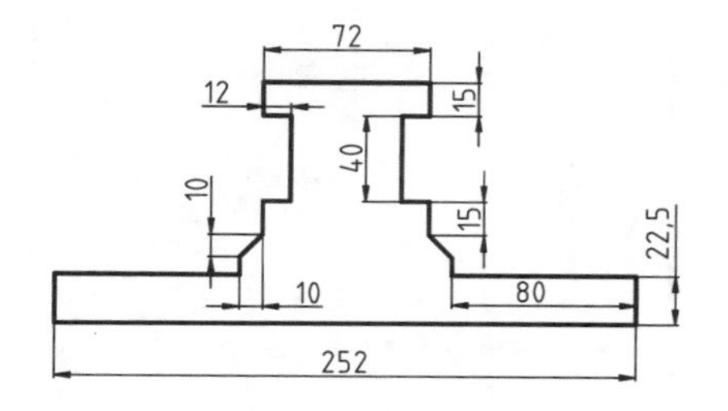

图 19-153　绘制多段线

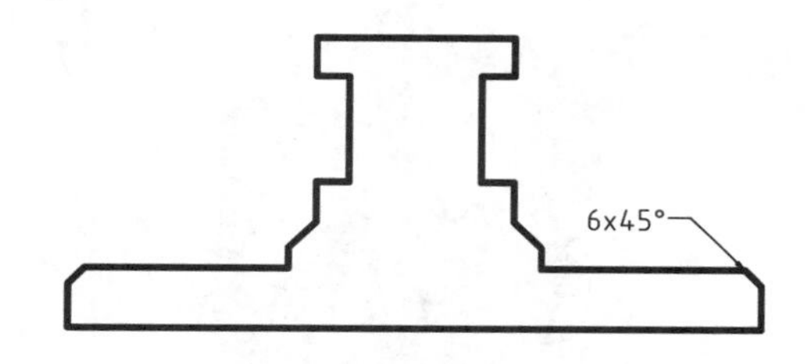

图 19-154　倒角处理

(4) 执行【旋转】命令，以最下端直线为旋转轴线，结果如图 19-155 所示。

(5) 切换视图为左视，执行【直线】和【圆弧】命令，绘制如图 19-156 所示尺寸的齿。

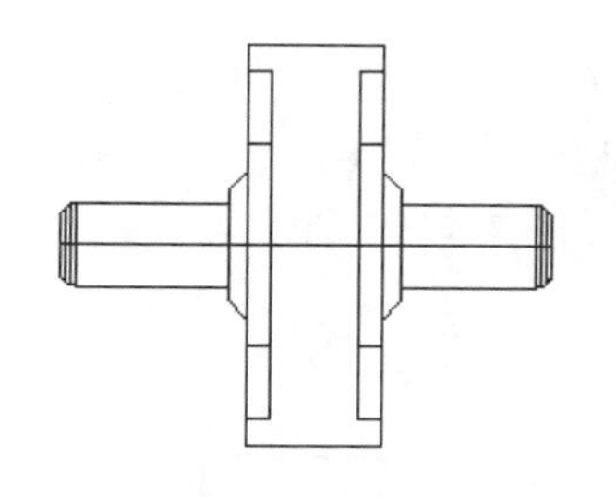

图 19-155　旋转操作

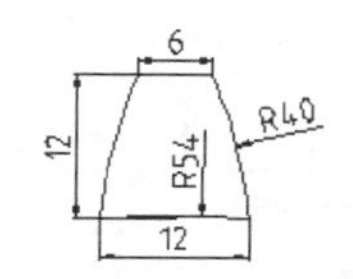

图 19-156　绘制齿

(6) 执行【拉伸】命令，拉伸绘制的齿轮廓，拉伸高度为 72，如图 19-157 所示。

(7) 执行【三维移动】命令，选择齿实体作为移动对象，选择齿根弧线中点作为移动基点，以齿轮外圆柱象限点为移动目标点，结果如图 19-158 所示。

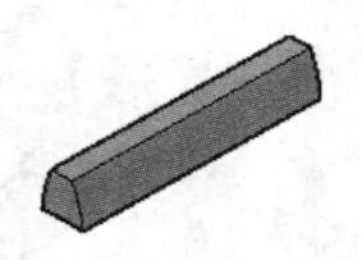

图 19-157　拉伸操作

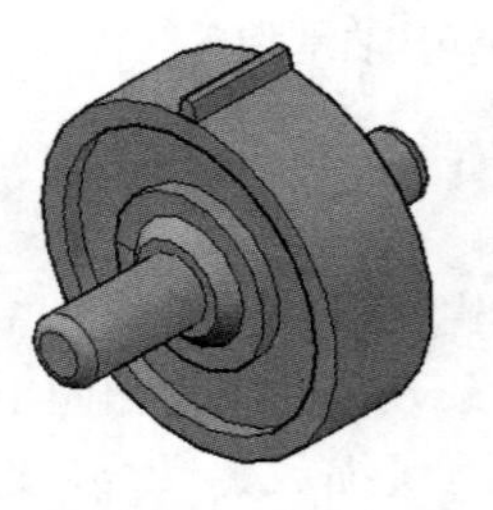

图 19-158　移动操作

(8) 执行【三维阵列】命令，选择齿作为阵列对象，以中心轴线为阵列中心，阵列数目为 32，结果如图 19-159 所示。

(9) 执行【写块】命令，将模型保存为“齿轮块.dwg”外部块，保存至合适路径，如图 19-160 所示。

图 19-159　阵列齿

图 19-160　【写块】对话框

5. 创建小齿轮块

(1) 单击快速访问工具栏中的【新建】按钮，新建一个空白图形。

(2) 切换视图为俯视，执行【多段线】命令，绘制如图 19-161 所示的图形。

(3) 执行【倒角】命令，在两端创建倒角，结果如图 19-162 所示。

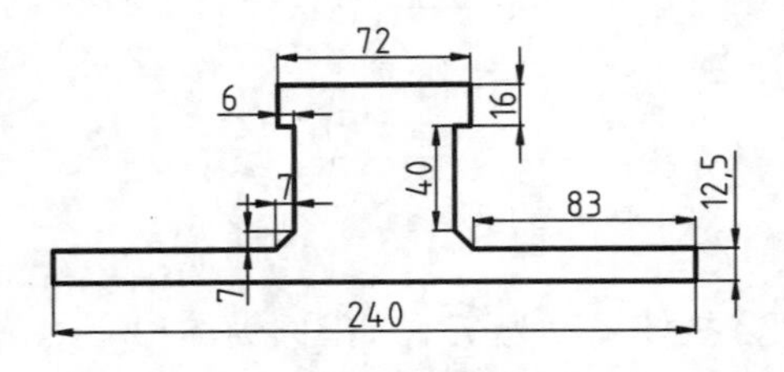

图 19-161　绘制多段线

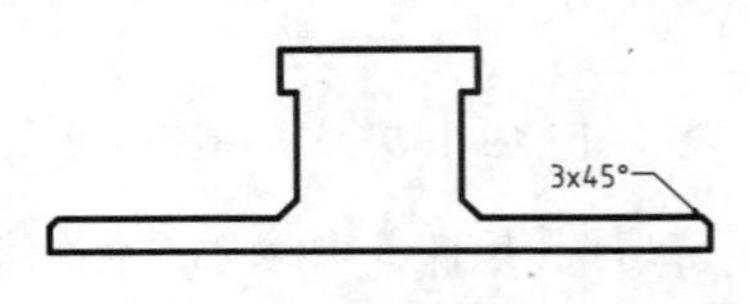

图 19-162　倒角处理

(4) 执行【旋转】命令，以最下端直线作为旋转轴线，结果如图 19-163 所示。

(5) 切换视图为左视方向，执行【直线】和【圆弧】命令，绘制如图 19-164 所示尺寸的齿。

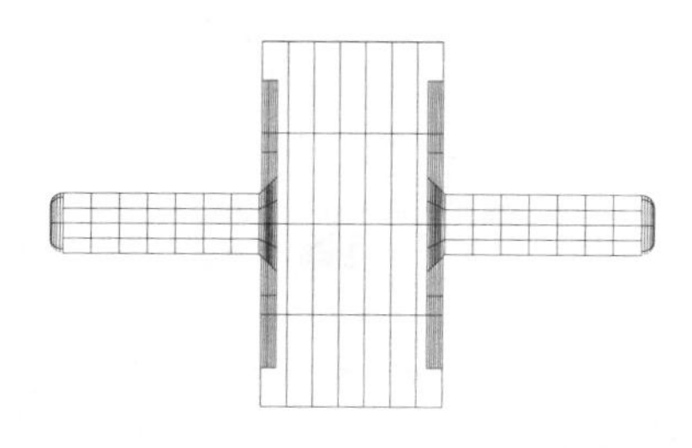

图 19-163　选择操作

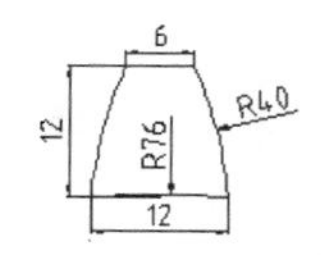

图 19-164　绘制齿

(6) 执行【拉伸】命令，以齿轮廓为拉伸对象，拉伸高度为 72，如图 19-165 所示。

(7) 执行【三维移动】命令，选择齿根弧线中点作为移动基点，以齿轮外圆柱象限点为移动目标点，移动结果如图 19-166 所示。

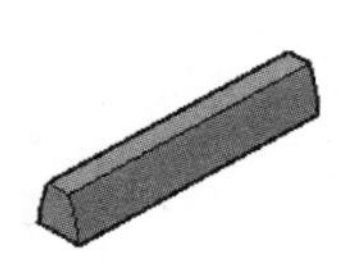

图 19-165　拉伸操作

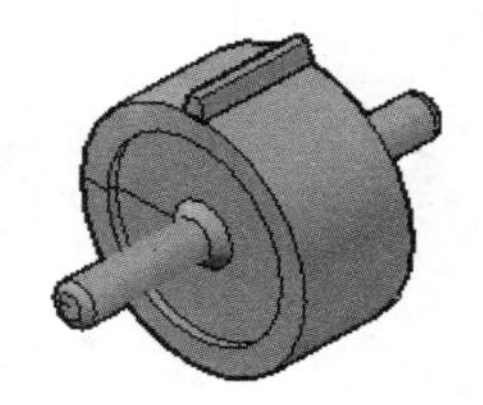

图 19-166　平移操作

(8) 执行【三维阵列】命令，选择齿作为阵列对象，以中心轴线为阵列中心，阵列数目为 27，结果如图 19-167 所示。

(9) 执行【写块】命令，将模型保存为“小齿轮块.dwg”外部块，保存至合适路径，如图 19-168 所示。

图 19-167　阵列齿

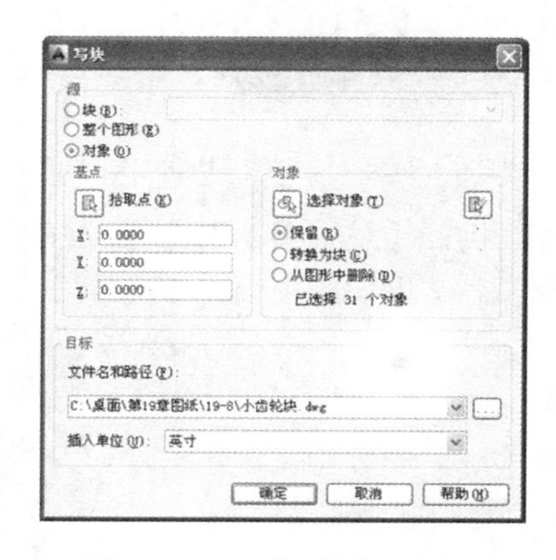

图 19-168　【写块】对话框

19.6.2　装配零件

(1) 单击快速访问工具栏中的【新建】按钮，新建一个空白图形。

(2) 执行【插入块】命令，弹出如图 19-169 所示的【选择图形文件】对话框，选择“箱体块”文件，插入图形。

(3) 依次将大轴承块、小轴承块，以及大齿轮、小齿轮分别插入，执行【复制】命令，将大轴承和小轴承各复制一个，调整位置，结果如图 19-170 所示。

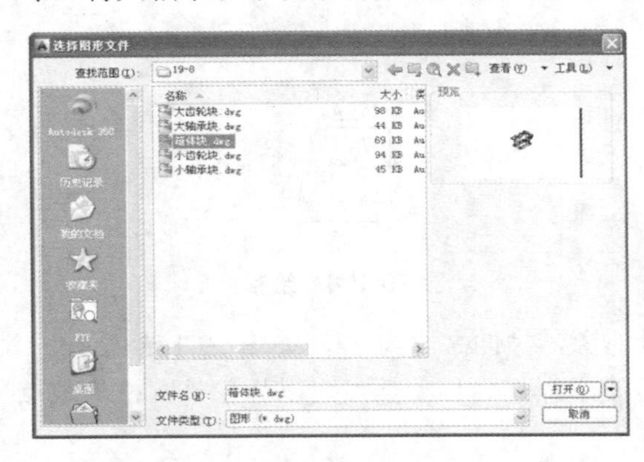

图 19-169 【选择图形文件】对话框

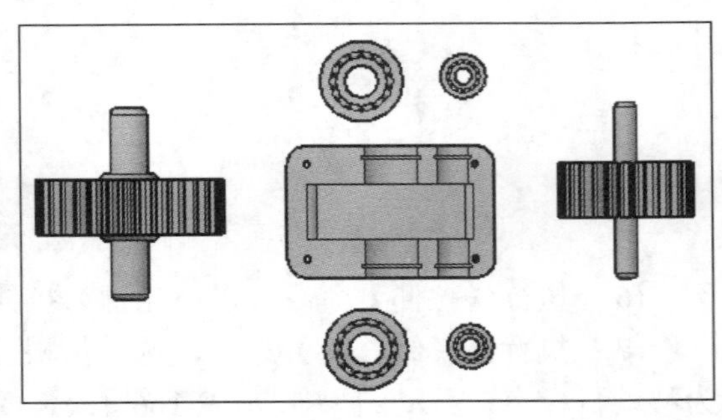

图 19-170 插入块

(4) 执行【三维旋转】命令，将 4 个轴承绕 X 轴旋转 90°；然后执行【三维移动】命令，以大轴承右端圆心为基点，移至大齿轮轴第一圆柱台阶的圆心，同样的方法移动另一个大轴承，结果如图 19-171 所示。

(5) 重复执行【平移】命令，按照步骤 4 的方式移动两个小轴承至小齿轮，结果如图 19-172 所示。

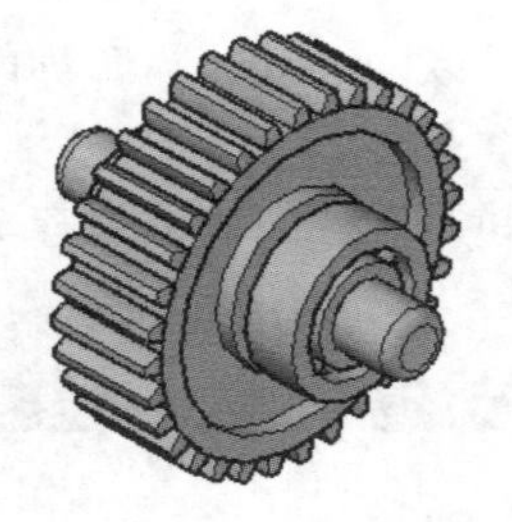

图 19-171 装配大轴承和大齿轮

图 19-172 装配小轴承和小齿轮

(6) 执行【三维移动】命令，分别捕捉圆心，依次将齿轮和轴承的组合体放置在箱体中间位置，结果如图 19-173 所示。

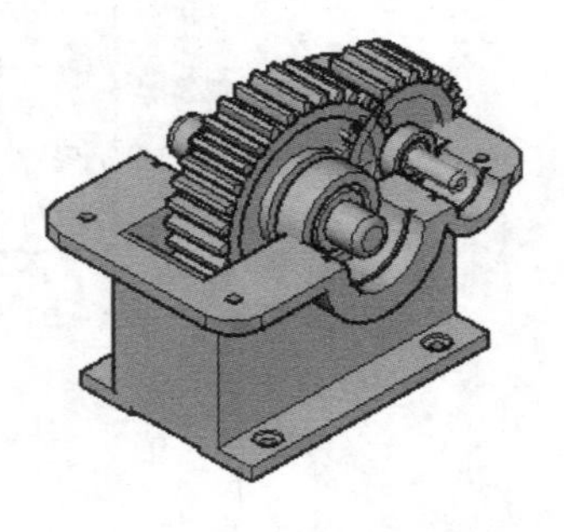

图 19-173 装配结果

19.7　思考与练习

一、简答题

1. 三维零件装配图绘制的思路是什么？
2. 三维零件装配图绘制的方法是什么？

二、操作题

1. 根据如图 19-174 所示的十字滑块二维图创建其三维模型。
2. 根据如图 19-175 所示的联轴器二维图创建其三维模型。

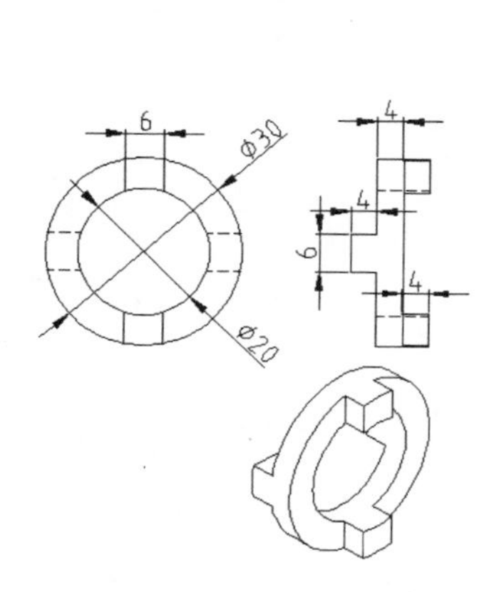

图 19-174　十字滑块零件图

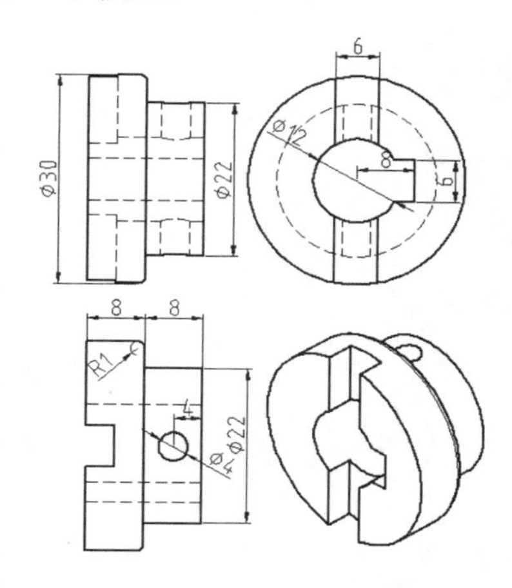

图 19-175　联轴器零件图

3. 由前两个操作题创建的零部件创建联轴器的装配图，效果如图 19-176 所示。

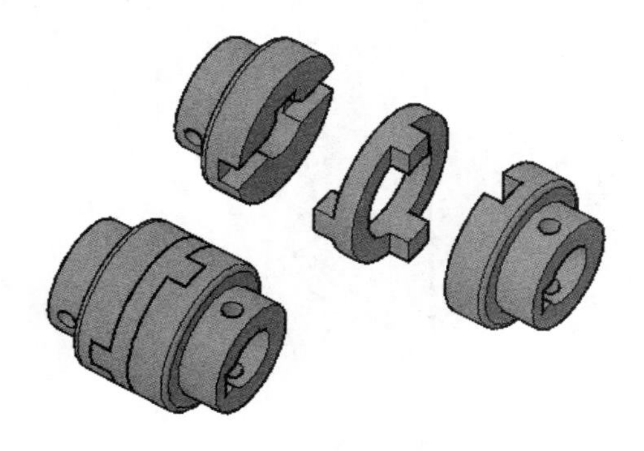

图 19-176　联轴器装配示意